Das nationale Crowdinvesting-Modell in Form von partiarischen Nachrangdarlehen als Finanzierungsvariante für Start-ups und dessen rechtliche Kompatibilität mit den Beteiligungsgrundsätzen von Venture Capital-Gebern

Europäische Hochschulschriften Recht

European University Studies in Law

Publications Universitaires Européennes de Droit

Band/Volume **6765**

Raffael Cammareri

Das nationale Crowdinvesting-Modell in Form von partiarischen Nachrangdarlehen als Finanzierungsvariante für Start-ups und dessen rechtliche Kompatibilität mit den Beteiligungsgrundsätzen von Venture Capital-Gebern

PETER LANG
Lausanne - Berlin - Bruxelles - Chennai - New York - Oxford

Bibliografische Information der Deutschen Nationalbibliothek
Die Deutsche Nationalbibliothek verzeichnet diese Publikation in der Deutschen Nationalbibliografie; detaillierte bibliografische Daten sind im Internet über http://dnb.d-nb.de abrufbar.

Zugl.: Leipzig, Univ., Diss., 2023

15
ISSN 0531-7312
ISBN 978-3-631-90547-0
EBOOK 978-3-631-90642-2
E-PUB 978-3-631-90643-9
DOI 10.3726/b21070

Verlegt durch:
Peter Lang GmbH, Berlin, Deutschland

info@peterlang.com http://www.peterlang.com/

Diese Publikation wurde begutachtet.

Meiner Ehefrau, Saskia Cammareri, LL.M.

Vorwort

Die vorliegende Arbeit entstand am Lehrstuhl für Bürgerliches Recht, Gesellschaftsrecht und Steuerrecht an der Universität Leipzig. Sie wurde vom Verfasser im Juni 2022 eingereicht und vom Dekan der Juristenfakultät der Universität Leipzig im August 2022 als Dissertation zur Erlangung der Promotionswürde angenommen. Rechtsprechung und Literatur sind auf dem Stand von Mai 2022.

Mein besonderer Dank gilt zunächst meinem Doktorvater, Herrn Professor Dr. *Gregor Roth*, für sein persönliches Engagement und seine hervorragende Unterstützung bei der Betreuung dieser Arbeit. Herrn Professor Dr. *Lutz Haertlein* danke ich für die freundliche Übernahme und zügige Erstellung des Zweitgutachtens.

Ein herzlicher Dank gebührt auch Herrn Dr. *Merih Markendorf*, Herrn Dr. *Konstantin Filbinger* und Herrn *Johannes Maximilian Hirt* für ihre konstruktive Anmerkungen und Hinweise sowie das sorgfältige Korrekturlesen des Manuskriptes.

Außerordentlich danken möchte ich meiner Familie. Meinen *Eltern* danke ich herzlichst für die Ermöglichung meiner Ausbildung und die stets vorbehaltlose Förderung auf meinem bisherigen persönlichen und beruflichen Lebensweg. Meinen *Schwiegereltern* danke ich insbesondere für den emotionalen Beistand während meiner Promotionszeit. Allergrößte Dankbarkeit gebührt meiner Ehefrau, *Saskia Cammareri*, LL.M., für ihre fachliche Unterstützung, ihr Verständnis, ihre Geduld, ihren Rückhalt, ihren Zuspruch und ihre Liebe. All dies hat im wesentlichen Maße zum Gelingen meiner Arbeit beigetragen. Ihr widme ich diese Arbeit.

Nürnberg, im Juli 2023
Dr. Raffael Cammareri

Inhaltsübersicht

Abkürzungsverzeichnis

a.A.	*andere Ansicht*
a.E.	*am Ende*
a.F.	*alte Fassung*
Abb.	*Abbildung*
ABl.	*Amtsblatt der Europäischen Union*
Abs.	*Absatz*
AEUV	*Vertrag über die Arbeitsweise der Europäischen Union*
aF	*alte Fassung*
AG	*Aktiengesellschaft*
AGB	*Allgemeine Geschäftsbedingungen*
AGBG	*AGB-Gesetz*
AktG	*Aktiengesetz*
Alt.	*Alternative*
Anh.	*Anhang*
Art.	*Artikel*
BaFin	*Bundesanstalt für Finanzdienstleistungsaufsicht*
BankR-HdB	*Bankrechts-Handbuch*
BB	*Betriebs-Berater*
BBC	*British Broadcasting Corporation*
BeckOK	*Beck'scher Online-Kommentar*
BeckRS	*Beck-online.Rechtsprechung*
BFH	*Bundesfinanzhof*
BGB	*Bürgerliches Gesetzbuch*
BGBl.	*Bundesgesetzblatt*
BGH	*Bundesgerichtshof*
BGHZ	*Entscheidungen des Bundesgerichtshofs in Zivilsachen*
BKR	*Zeitschrift für Bank- und Kapitalmarktrecht*
BörsG	*Börsengesetz*
BStBl.	*Bundessteuerblatt Teil II*
BT-Drs	*Drucksache des Deutschen Bundestags*
BVerfG	*Bundesverfassungsgericht*
BVerwG	*Bundesverwaltungsgericht*
BVerwGE	*Entscheidungen des Bundesverwaltungsgerichts*
bzgl.	*bezüglich*
bzw.	*beziehungsweise*

CRR-VO	*Verordnung (EU) Nr. 575/2013 des europäischen Parlaments und des Rats vom 26.06.2013 über Aufsichtsanforderungen an Kreditinstitute und Wertpapierfirmen und zur Änderung der Verordnung (EU) Nr. 646/2012, ABl. L 176/1 vom 27.06.2013*
DB	*Der Betrieb*
DStR	*Deutsches Steuerrecht*
EBIT	*earning before interest and taxes*
EDV-System	*Elektronisches Datenverarbeitungssystem*
EGBGB	*Einführungsgesetz zum Bürgerlichen Gesetzbuch*
ERP-Gründerkredit	*European Recovery Programm Gründerkredit*
EU	*Europäische Union*
EU-Crowdfunding-VO	*Verordnung (EU) Nr. 1503/2020 des Europäischen Parlaments und des Rates vom 07. Oktober 2020 über Europäische Schwarmfinanzierungsdienstleister für Unternehmen und zur Änderung der Verordnung (EU) 2017/1129 und der Richtlinie (EU) 2019/1937, ABl. L 347/1 vom 20. Oktober 2020*
EU-Crowdfunding-VO-E	*Vorschlag für eine Verordnung des Europäischen Parlaments und des Rates über Europäische Crowdfunding-Dienstleister für Unternehmen vom 08. März 2018, COM(2018) 113 final*
EU-Prospekt-VO	*Verordnung (EU) 2017/1129 des Europäischen Parlaments und des Rates vom 14.06.2017 über den Prospekt, der beim öffentlichen Angebot von Wertpapieren oder bei deren Zulassung zum Handel an einem geregelten Markt zu veröffentlichen ist und zur Aufhebung der Richtlinie 2003/71/EG, ABl. L 168/12 vom 30.06.2017*
EUR	*Euro*
EuZW-Beil.	*Beilage zur Europäischen Zeitschrift für Wirtschaftsrecht*
EWG	*Europäische Wirtschaftsgemeinschaft*
eWpG	*Gesetz über elektronische Wertpapiere vom 03. Juni 2021*
EZB	*Europäische Zentralbank*

f.	*folgend*
F.A.Z.	*Frankfurter Allgemeine Zeitung*
FB	*Finanz-Betrieb*
ff.	*folgende*
FinDAG	*Finanzdienstleistungsgesetz*
FinTech	*Finanztechnologie*
FinVermV	*Finanzanlagenvermittlungsverordnung*
Fn.	*Fußnote*
Frankfurt a.M.	*Frankfurt am Main*
GbR	*Gesellschaft bürgerlichen Rechts*
gem.	*gemäß*
GewO	*Gewerbeordnung*
ggf.	*gegebenenfalls*
GmbH	*Gesellschaft mit beschränkter Haftung*
GmbH & Co. KG	*Gesellschaft mit beschränkter Haftung und Compagnie Kommanditgesellschaft*
GmbHG	*Gesetz betreffend die Gesellschaft mit beschränkter Haftung*
GmbHR	*Die GmbH-Rundschau*
GwG	*Geldwäschegesetz*
GWR	*Gesellschafts- und Wirtschaftsrecht*
h.M.	*herrschende Meinung*
Hans.	*Hanseatisches*
HdB	*Handbuch*
Hertha BSC	*Hertha Berliner Sport-Club e.V.*
Hess. VGH	*Hessischer Verwaltungsgerichtshof*
HGB	*Handelsgesetzbuch*
Hs.	*Halbsatz*
HTGF	*High-Tech Gründerfonds*
i.V.m.	*in Verbindung mit*
IDW	*Institut der Wirtschaftsprüfer*
ifo	*ifo Institut – Leibniz-Institut für Wirtschaftsforschung an der Universität München e.V.*
Inc.	*Incorporation*
IPO	*Initial Public Offering*
JuS	*Juristische Schulung*
JZ	*Juristische Zeitschrift*
KAGB	*Kapitalanlagegesetzbuch*
KapitalanlageR	*Kapitalanlagerecht*
KASG	*Kleinanlegerschutzgesetz*

KfW	*Kreditanstalt für Wiederaufbau*
KMRK	*Kapitalmarktrechts-Kommentar*
KMU	*Kleine und mittlerer Unternehmen*
KSchG	*Kündigungsschutzgesetz*
KStG	*Körperschaftssteuergesetz*
KWG	*Kreditwesengesetz*
LG	*Landgericht*
lit.	*littera*
m. Anm.	*mit Anmerkungen*
m.w.N.	*mit weiteren Nennungen*
MBO	*Management-Buy-Out*
MDR	*Monatszeitschrift für Deutsches Recht*
Medtech	*Medizintechnik*
MiFID	*Richtlinie über Märkte für Finanzinstrumente, Richtline 2004/39/ EG des Europäischen Parlaments und des Rates vom 21. April 2004 über Märkte für Finanzinstrumente, zur Änderung der Richtlinien 85/611/EWG und 93/6/EWG des Rates und der Richtline 2000/12/ EG des Europäischen Parlaments und des Rates und zur Aufhebung der Richtline 93/22/EWG des Rates*
MiFID II	*Zweite Richtlinie über Märkte für Finanzinstrumente, Richtlinie 2014/65/EU des Europäischen Parlaments und des Rates vom 15. Mai 2014 über Märkte für Finanzinstrumente sowie zur Änderung der Richtlinien 2002/92/EG und 2011/61/EU*
MiFIR	*Verordnung (EU) Nr. 600/2014 des europäischen Parlamentes und des Rates vom 15. Mai 2014 über Märkte für Finanzinstrumente und zur Änderung der Verordnung (EU) Nr. 648/2012, ABl. L 173/84 vom 12. Juni 2012*
MMR	*MultiMedia und Recht*
MoMiG	*Gesetz zur Modernisierung des GmbH-Rechts und zur Bekämpfung von Missbräuchen*
MüKo	*Münchener Kommentar*
NJOZ	*Neue Juristische Online Zeitschrift*
NJW	*Neue Juristische Wochenschrift*
NJW-RR	*Neue Juristische Wochenschrift – Rechtsprechungs-Report*
Nr.	*Nummer*
NZI	*Neue Zeitschrift für Insolvenz- und Sanierungsrecht*
OLG	*Oberlandesgericht*
OWiG	*Ordnungswidrigkeitengesetz*
p.a.	*per annum*

PE	*Private Equity*
RdF	*Recht der Finanzinstrumente*
RDi	*Recht Digital*
RGZ	*Entscheidungen des Reichsgerichts in Zivilsachen*
Rn.	*Randnummer*
S.	*Seite*
Schwarmfinanzierung-Begleitgesetz	*Gesetz zur begleitenden Ausführung der Verordnung (EU) 2020/1503 und der Umsetzung der Richtlinie EU 2020/1504 zur Regelung von Schwarmfinanzierungsdienstleistern und andere europarechtliche Finanzmarktvorschriften, BGBl. 2021 I Nr. 30, S. 1568*
SE	*Societas Europaea*
SSM-VO	*Verordnung (EU) Nr. 1024/2013 des Rates vom 15.10.2013 zur Übertragung besonderer Aufgaben im Zusammenhang mit der Aufsicht über Kreditinstitute auf die Europäische Zentralbank, ABl. L 287 vom 29.10.2013*
St. Rspr.	*ständige Rechtsprechung*
StGB	*Strafgesetzbuch*
SWOT	*strenghts, weaknesses, opportunities and threats*
u.a.	*unter anderem*
UG (haftungsbeschränkt)	*Unternehmergesellschaft (haftungsbeschränkt)*
UK	*United Kingdom/Vereinigtes Königreich*
UmwG	*Umwandlungsgesetz*
UWG	*Gesetz gegen den unlauteren Wettbewerb*
v.	*vom*
VAG	*Versicherungsaufsichtsgesetz*
Var.	*Variante*
VC	*Venture Capital*
VerkProspG	*Verkaufsprospektgesetz*
VermAnlG	*Vermögensanlagengesetz*

VG	*Verwaltungsgericht*
vgl.	*vergleiche*
VIB	*Vermögensanlagen-Informationsblatt*
VIBBestV	*Vermögensanlagen-Informationsblatt-Bestätigungsverordnung*
Vorb.	*Vorbemerkung*
VuR	*Verbraucher und Recht*
WiWo	*WirtschaftsWoche*
WM	*Wertpapier-Mitteilung*
WpDVerOV	*Wertpapierdienstleistungs- Verhaltens und Organisationsverordnung*
WpHG	*Wertpapierhandelsgesetz*
WpPG	*Wertpapierprospektgesetz*
ZAG	*Zahlungsdiensteaufsichtsgesetz*
ZBB	*Zeitschrift für Bankrecht und Bankwirtschaft*
ZEuP	*Zeitschrift für Europäisches Privatrecht*
ZEW	*Leibniz-Zentrum für Europäische Wirtschaftsforschung*
ZfKE	*Zeitschrift für KMU und Entrepreneurship*
ZGR	*Zeitschrift für Unternehmens- und Gesellschaftsrecht*
ZHR	*Zeitschrift für das gesamte Handels- und Wirtschaftsrecht*
ZIP	*Zeitschrift für Wirtschaftsrecht*
ZUM	*Zeitschrift für Urheber- und Medienrecht*
ZVglRWiss	*Zeitschrift für Vergleichende Rechtswissenschaft*

A. Einleitung

I. Einführung in die Thematik

In Zeiten einer globalen Niedrigzinspolitik, volatiler Aktienkurse und stetig steigender Immobilienpreise sind insbesondere private Anleger gegenwärtig bemüht, alternative und lohnende Investitionsmöglichkeiten zu entdecken. Infolge eines spätestens seit der weltweiten Finanzkrise im Jahre 2008 schwindenden Vertrauens[1] in die Finanz- und Bankenbranche erfolgt die Suche nach geeigneten Kapitalanlagen immer öfter eigenständig von Zuhause und mithilfe des Internets. Auf Internet-Plattformen treffen die Kleinanleger nicht nur auf Gleichgesinnte, sondern auch auf gewünschte Investitionsobjekte. Die dort angebotenen Anlagearten und -bereiche sind unzählig und vielfältig. Neben Projekten im Bereich von erneuerbaren Energien, Immobilien und Filmproduktionen besteht zudem die Möglichkeit unmittelbar kleine und mittelständische Unternehmen (nachfolgend „KMU") zu finanzieren. Für diese Arbeit besonders hervorzuheben sind Beteiligungsangebote an jungen Unternehmen in ihrer Entstehungs- und Frühphase mit innovativen Produkt- und Geschäftsideen (sogenannte „Start-ups[2]").

Aufgrund teils fehlender alternativer Finanzierungsquellen versuchen kapitalsuchende Start-ups gezielt private Anleger von Investitionen zu überzeugen. Insoweit drängt das sogenannte *Early-Stage-Gap* die Gesellschaften in Finanzierungsvarianten wie das *Crowdinvesting-Modell*[3]. Das *Early-Stage-Gap* umschreibt die Schwierigkeit von jungen Unternehmen wachstumsfördernde Anschubfinanzierungen in der Entstehungs- und Frühphase zu erhalten.[4] So stellt es besonders im unmittelbar auf die Gründung folgenden Zeitraum eine Herausforderung dar, klassische Geldgeber – wie etwa konventionelle

---

1 *Spiegel.de*, Banken verlieren wegen Finanzkrise Vertrauen der Deutschen, abrufbar unter *https://www.spiegel.de/wirtschaft/service/banken-verlieren-wegen-finanzkrise-vertrauen-der-deutschen-a-953052.html* [zuletzt aufgerufen am 12.05.2022].

2 Zu dem Begriff siehe *Leopold/Frommann/Kühr*, Private Equity – Venture Capital, S. 3 ff.; *Schefczyk*, Venture Capital und Privat Equity, S. 10; *Geigenberger*, Risikokapital, S. 8, *Eckstaller/Huber-Jahn*, Private Equity und Venture Capital, S. 11 ff.; *Houben*, VC-Vertragsgestaltung, S. 6 ff.; *Krecek*, VC aus Investorensicht, S. 5 ff.

3 Zum Begriff ausführlich in Abschnitt B.I.2.e) und Abschnitt B.II.1.a).

4 Vgl. *Nietsch/Eberle*, DB 2014, 1788 (1789); *Braun*, Crowdfunding, S. 33; *Schulz*, Crowdinvesting, S. 8.

Kreditinstitute – für sich zu gewinnen. Denn Start-ups erwirtschaften regelmäßig weder Gewinne, noch können sie Sicherheiten stellen, so dass ein erhöhtes (Verlust-)Risiko für die Geldgeber vorherrschend ist.[5] Demgegenüber steht das Crowdinvesting-Modell als unkomplizierte Alternative. Die Internet-Plattformen bieten den jungen Unternehmen die Möglichkeit, die eigenen Ideen einem breiten Publikum vorzustellen und statt großer Summen durch wenige finanzstarke Kapitalgeber eine Vielzahl kleinerer Finanzbeiträge von Kleinanlegern einzuwerben. Die Hoffnung der Gründer der Start-ups (sogenannte „Gründer") besteht letztendlich darin, dass die privaten Anleger gemeinsam – als Schwarm bzw. *Crowd*[6] – mithilfe von Kleinstbeträgen die initiale Unternehmensentwicklung finanzieren werden.

Charakteristisch für das Crowdinvesting-Modell ist die vollumfängliche Durchführung und Abwicklung des Investmentprozesses mithilfe von Internet-Plattformen als sogenannte Crowdinvesting-Plattformen[7]. Diese stellen nicht nur die technische Infrastruktur zur Kommunikation und zum Vertragsabschluss zwischen den Kleinanlegern und Start-ups zur Verfügung, sondern agieren auch als *Gatekeeper.* Hierbei müssen die jungen Unternehmen zunächst erfolgreich einen umfassenden Bewerbungsprozess durchlaufen, bevor die Plattform die erwünschte Investmentopportunität online vermittelt. Im Rahmen ihrer Vermittlungstätigkeit unterstützen die Crowdinvesting-Plattformen zudem als Informationsintermediäre die kapitalsuchenden Start-ups bei der Bestimmung der für die Finanzierungsrunde und Crowdinvesting-Kampagne wesentlichen Informationsangaben, welche online auf der Plattform veröffentlich werden sollen. Zuletzt übernehmen die Crowdinvesting-Plattformen die Erstellung der für die Unternehmensfinanzierungen erforderlichen standardisierten Beteiligungsverträge.

Im Bereich der crowdbasierten Start-up-Finanzierung erfolgt die Beteiligung der Kleinanleger an den jeweiligen Gesellschaften regelmäßig in Form von Vermögensanlagen im Sinne des Vermögensanlagengesetzes (VermAnlG)

---

5 Vgl. *Schedensack*, Crowdinvesting, S. 89 ff.; *Schmitt/Doetsch*, BB 2013, 1451 (1452). Zum Begriff *Early-Stage-Gap* siehe Abschnitt B.II.1.b). Bzgl. Kreditvergaben an KMU auf EU-Ebene siehe *Fabricius*, BKR 2022, 139 (141 f.) m.w.N.

6 In dieser Arbeit wird der Begriff *Crowd* als Synonym sowohl für den einzelnen Kleinanleger als auch die Personengesamtheit sämtlicher Kleinanleger eines Projekts verstanden und verwendet. Zum Begriff Crowd siehe Abschnitt B.I.1. Zu den Begriffsalternativen *Schwarm* und *Publikum* ausführlich *Schedensack*, Crowdinvesting, S. 63 f.; *Drews*, Crowdfunding-Plattform, S. 11 f.

7 Zu den einzelnen Rollen der Crowdinvesting-Plattformen im Crowdinvesting-Modell siehe Abschnitt B.II.1.c) und Abschnitt C.II.1.

und insbesondere durch partiarische Nachrangdarlehen. Insoweit sind die als Crowdinvesting-Verträge bezeichneten Vereinbarungen nicht nur eigenkapitalähnlich ausgestaltet, sondern zumindest teilweise jenen Vermögensrechten von Venture Capital-Gebern (nachfolgend „VC-Geber" oder „professionelle Wagniskapitelgeber") nachempfunden. *Venture Capital* (oder abgekürzt nachfolgend „VC") ist eine Finanzierungsvariante aus dem Bereich des Wagnis- bzw. Risikokapitals und zeichnet sich dadurch aus, dass Investitionen in Start-ups regelmäßig durch Eigenkapital-Beteiligungen unmittelbar als (zukünftige) Gesellschafter des Unternehmens erfolgen, ohne weitergehende typische Banksicherheiten zu verlangen.[8] Primäres Ziel der VC-Geber ist in der Regel die Renditeerzielung durch die Wertsteigerung und spätere Wertrealisierung ihrer Unternehmensbeteiligungen im Rahmen einer Veräußerung der Geschäftsanteile an einen Dritten (sogenannter „Exit"). Darauf aufbauend ermöglichen auch Crowdinvesting-Verträge eine partiarische Beteiligung der Crowd an dem Erfolg des jeweiligen Start-ups. Je nach vertraglicher Ausgestaltung können die Kleinanleger neben der Teilnahme an Gewinnen der Gesellschaften, ebenfalls an Steigerungen des jeweiligen Unternehmenswertes im Laufe der Zeit sowie am Erlös bei einem erfolgreichen Exit partizipieren.[9]

Aufgrund der digitalen Vermittlung von massenhaften Vertragsabschlüssen von partiarischen Nachrangdarlehen zwischen Start-ups und Kleinanlegern durch die Crowdinvesting-Plattformen, ergibt sich das für das Crowdinvesting-Modell charakteristische Dreiecksgefüge[10] der Beteiligten.

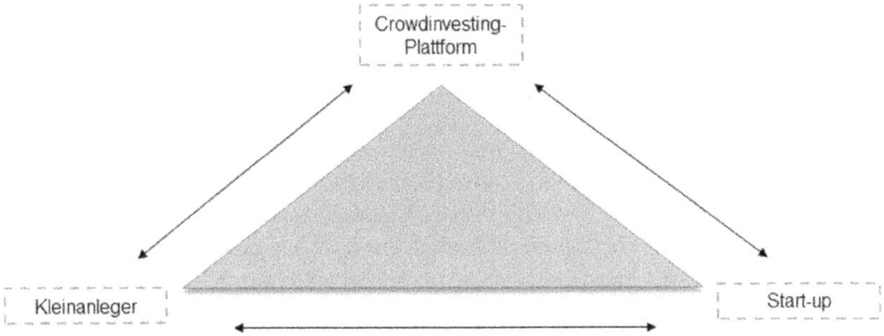

Abb. 1: Dreiecksgefüge im Crowdinvesting-Modell (eigene Darstellung)

8 Vgl. ausführlich Abschnitt F.I.

9 Zu den einzelnen Vermögensrechten siehe Abschnitt B.II.2.a); vgl. auch *Beck*, Crowdinvesting, S. 39.

10 Vgl. *Buck-Heeb/Omlor*, BKR 2022, 137.

Daraus resultierende bilaterale Rechtsbeziehungen zwischen den Parteien sind nicht nur zivil- und gesellschaftsrechtlich, sondern insbesondere aufsichts- und kapitalmarktrechtlich zu evaluieren. Neben der rechtlichen Bewertung der typischen Vertragsinhalte der partiarischen Nachrangdarlehen als sogenannte Crowdinvesting-Verträge ist zudem der Rechtsrahmen sowie dessen Anforderungen an das nationale Crowdinvesting-Modell zu bestimmen. Die rechtliche Untersuchung dient letztendlich der Beantwortung der Frage, inwieweit das Crowdinvesting-Modell als zusätzliche Finanzierungsvariante für Start-ups bei Frühphaseninvestments geeignet ist. Dabei ist an eine Qualifizierung des Crowdinvesting-Modells als Finanzierungsvariante für Start-ups lediglich zu denken, sofern der geltende Rechtsrahmen eine rechtssichere inhaltliche Ausgestaltung etwaiger Rechtsbeziehungen zwischen den Beteiligten gewährleistet. Als ernsthafte Finanzierungsvariante scheidet das Crowdinvesting-Modell aus, falls rechtliche Risiken etwaigen Vorteilen der innovativen Mitteleinwerbung entgegenstehen.

Die Relevanz entsprechender rechtlicher Erkenntnisse ergibt sich nicht nur für die Beteiligten des Crowdinvesting-Modells, sondern auch für VC-Geber. Letztere sind es, die im Rahmen von sogenannten Co- oder Anschlussfinanzierungen mit der Crowd – gemeinsam oder zeitlich nachgelagert – in Start-ups investieren. Vor allem die mittels Crowdinvesting-Kampagnen eingesammelten Kapitalsummen zeigen, dass der für die positive Entwicklung von jungen Unternehmen kennzeichnende Kapitalbedarf in der Regel nicht ausschließlich durch Kleinanleger gedeckt werden kann.[11] Voraussetzung für erfolgreiche Finanzierungsrunden von Start-ups ist folglich, dass das Crowdinvesting-Modell die für

---

11 Das Finanzierungsvolumen in KMU – also neben Start-ups auch mittelständische Unternehmen – durch Crowdinvesting betrug zwischen den Jahren 2011 und 2019 mehr als 340 Millionen Euro. Im Vergleich zu dem Investitionsumfang im Bereich des deutschen Venture Capitals sicherlich ein noch kleiner Teil, denn dieser hatte trotz der Covid-19-Pandemie alleine im ersten Halbjahr 2020 ein Volumen von über einer Milliarden Euro; siehe hierzu *Crowdinvest.de*, Crowdinvest Marktreport 2019, abrufbar unter *https://www.crowdinvest.de/sites/default/files/dateien/crowdinvest_marktreport_2019_-_deutschland_-_crowdinvest.de_.pdf* [zuletzt aufgerufen am 12.05.2022] und *Bundesverband Deutscher Kapitalbeteiligungsgesellschaften*, Pressemitteilung v. 12.10.2020 – Deutscher Beteiligungskapitalmarkt trotzt Covid-19, abrufbar unter *https://www.bvkap.de/bvk/nachrichten/2020-10-12/pressemitteilung-deutscher-beteiligungskapitalmarkt-trotzt-covid-19* [zuletzt aufgerufen am 12.05.2022].

den Ausbau der jeweiligen Produkt- oder Geschäftsidee erforderliche Liquidität durch die Crowd gemeinsam oder zeitlich nacheinander mit weiteren Investmentpartnern aus dem VC-Bereich ermöglichen kann. Angesichts der erhöhten Risikolage bei der Start-up-Finanzierung hinsichtlich des Kapitalverlusts im Vergleich zu konventionellen Anlagemöglichkeiten unterliegen Finanzierungen durch professionelle Wagniskapitalgeber bestimmten Investitionsvoraussetzungen. Diese Anforderungen sind als Beteiligungsgrundsätze zu verstehen und ergeben sich aus einer besonderen Interessen- und Risikoabwägung. Ist die Interessen- und Risikoabwägung im Einzelfall negativ und sind etwaige Beteiligungsgrundsätze folglich nicht erfüllt, werden die professionellen Wagniskapitalgeber von einer Finanzierung des jeweiligen Start-ups absehen.

Vor diesem Hintergrund stellt sich die Frage, inwiefern das Crowdinvesting-Modell mit den Beteiligungsgrundsätzen professioneller Wagniskapitalgeber vereinbar ist.[12] Eine Kompatibilität liegt vor, wenn die Interessenlage und Risikoabwägung der VC-Geber hinreichend in der rechtlichen Ausgestaltung der Crowdinvesting-Verträge und durch den von dem Gesetzgeber vorgegebenen Rechtsrahmen ausreichend Berücksichtigung finden. In Anbetracht des gegenwärtigen Status des Crowdinvesting-Modells als Nischenfinanzierung für junge Unternehmen ist eine Kompatibilitätsfähigkeit mit den Beteiligungsgrundsätzen von VC-Gebern insbesondere für die kapitalsuchenden Gesellschaften von Bedeutung. Denn nur, wenn die Start-ups neben Kleinanlegern weiterhin professionelle Wagniskapitalgeber als Investmentpartner gewinnen können, erfüllt das Crowdinvesting-Modell seinen Zweck als zusätzliche Finanzierungsvariante. Im Falle einer fehlenden Kompatibilität wären die durch das Crowdinvesting-Modell finanzierten jungen Unternehmen ausschließlich an die Kleinanleger gebunden und folglich diese Finanzierungsoption per se eine schlechte(re) Wahl für die Start-ups.

---

12 Siehe hierzu auch *Hornuf/Schwienbacher*, Should Securities Regulation Promote Crowdinvesting?, S. 1 ff.; *Hornuf/Schmitt*, Equity Crowdfunding in Germany and the UK: Follow-up Funding and Firm Survival, S. 1 ff. *Moedl*, Two's a Company, Three's a Crowd: Deal Breaker Terms in Equity Crowdfunding for Prospective Venture Capital, S. 1 ff.; *Herr/Bantleon*, DStR 2015, 532 (539); *Braun*, Deutsche Crowdinvesting-Portale: neue Geschäftsmodelle für KMU, S. 10 ff.

II. Zielsetzung und Untersuchungsgegenstand

Diese Arbeit verfolgt das Ziel, auf Basis einer eingehenden rechtlichen Untersuchung eine Aussage zu treffen, inwieweit das auf partiarischen Nachrangdarlehen basierte nationale Crowdinvesting-Modell unter rechtlichen Gesichtspunkten als zusätzliche Finanzierungsvariante für Start-ups geeignet ist. In diesem Zusammenhang wird rechtlich evaluiert, ob und inwieweit die massenhaften vertraglichen Beteiligungen von Kleinanlegern an jungen Unternehmen im Wege des Crowdinvesting-Modells mit bestehenden Beteiligungsgrundsätzen von VC-Gebern kompatibel sind.

1. Fokus auf zivil-, aufsichts- und kapitalmarktrechtliche Anforderungen

Innerhalb der Untersuchung werden die im Rahmen eines Crowdinvestings entstehenden Dreiecksbeziehungen zwischen den kapitalsuchenden Start-ups, Kleinanlegern und Crowdinvesting-Plattformen rechtlich analysiert. Ein Schwerpunkt dieser Arbeit liegt auf den Rechtsbeziehungen zwischen den jeweiligen Start-ups und den einzelnen Kleinanlegern. Aufgrund der Vielzahl bestehender Crowdinvesting-Plattformen und unterschiedlicher Vertragsgestaltungen beschränkt sich die Untersuchung auf die angebotenen Beteiligungsvereinbarungen in Form von partiarischen Nachrangdarlehen, welche den Kleinanlegern in der Vergangenheit durch die in Deutschland bekanntesten Crowdinvesting-Plattformen *Companisto*[13] und *Seedmatch*[14] bereitgestellt wurden. Die Arbeit legt der Bewertung die im Anhang beigefügten Musterbeteiligungsverträge jener Plattformen zugrunde.[15] Der Fokus liegt auf der Evaluation derjenigen Vertragsstruktur, die einer VC-Beteiligung im Bereich der Finanzierung von Start-ups nachgebildet und als partiarisches Nachrangdarlehen ausgestaltet ist.[16] Ausgenommen sind für die rechtliche Untersuchung des nationalen Crowdinvesting-Modells bei der Start-up-Finanzierung folglich Darlehens- oder ähnliche Verträge, die lediglich eine hohe (Fest-)Verzinsung beinhalten. Ferner werden ausschließlich Beteiligungsvorhaben herangezogen,

---

13 Companisto GmbH.

14 OneCrowd Loan GmbH.

15 Vgl. *Braun*, Crowdfunding, S. 91.

16 Insoweit sind anderweitige Finanzierungsmöglichkeiten von Start-ups nicht Teil der rechtlichen Begutachtung innerhalb dieser Arbeit. Insbesondere die Finanzierung von jungen Unternehmen durch sogenannte *Initial Coin Offerings* oder durch Aktien- bzw. Wertpapieremissionen ist ausgenommen.

die als Investitionsobjekte Start-ups bzw. junge Unternehmen vorsehen. Crowdinvesting-Kampagnen in anderen Bereichen, vor allem zur Finanzierung von Immobilienprojekten, werden nicht untersucht.

Zudem werden in dieser Arbeit aufsichts- und kapitalmarktrechtliche Anforderungen an das Crowdinvesting-Modell aufgezeigt, sowie bestehende Haftungs- und sonstige Risiken für die Beteiligten dargestellt und analysiert. Das Hauptaugenmerk der kapitalmarktrechtlichen Untersuchung liegt in der Darstellung der Anforderungen des VermAnlG. Denn die im Crowdinvesting verwendeten partiarischen Nachrangdarlehen sind unter den Begriff der Vermögensanlagen nach § 1 Abs. 2 Nr. 3, Nr. 4 VermAnlG zu subsumieren. Im Besonderen wird § 2a VermAnlG beleuchtet, welcher unter anderem für das Anbieten von partiarischen Nachrangdarlehen eine Privilegierung der Emittenten vorsieht. Die Vorschrift dient der Erleichterung des Crowdinvesting-Modells in Deutschland.[17] Eine entsprechende Privilegierung befreit die Emittenten etwa von der Pflicht zur Erstellung eines Verkaufsprospektes nach § 6 VermAnlG. Infolge eines fehlenden Verkaufsprospekts und einer eingeschränkten Aufsicht der Begebung durch die BaFin ist zudem die Frage der haftungsrechtlichen Folgen bei der fehlerhaften oder fehlenden Weitergabe von Informationen an die Kleinanleger zu beantworten. Insoweit haben bestehende Privilegierungen der Start-ups Konsequenzen für das normalerweise für Vermögensanlagen bestehende zivil- und kapitalmarktrechtliche Haftungsregime. Entsprechende Auswirkungen, sowie die zusätzliche Etablierung eines weitreichenden Widerrufrechts in § 2d VermAnlG, können zu einer fehlenden rechtlichen Kompatibilität mit den Beteiligungsanforderungen von professionellen Wagniskapitalgebern führen.

2. Kompatibilitätsfähigkeit mit Beteiligungsgrundsätzen von professionellen Wagniskapitalgebern?

Die Ergebnisse aus der rechtlichen Untersuchung des Crowdinvesting-Modells werden sodann in den Kontext zu VC-Beteiligungen gesetzt und mit den von professionellen Wagniskapitalgebern typischerweise geforderten Investitionsvoraussetzungen abgeglichen. Letztendlich wird hierdurch die Frage einer Kompatibilität beider Beteiligungsformen aus rechtlicher Sicht beantwortet.

Die Arbeit befasst sich vorrangig mit rechtlichen Aspekten, erörtert allerdings an einigen Stellen auch ökonomische Zusammenhänge. Des Weiteren

17 BT-Drs. 18/3994, S. 40 f. Ausführlich zur Einführung des § 2a VermAnlG siehe Abschnitt B.I.2.e)bb)(2).

werden lediglich die in der Bundesrepublik Deutschland geltenden Vorschriften und der nationale Venture Capital- und Crowdinvesting-Markt berücksichtigt. Das Hauptaugenmerk liegt auf zivilrechtlichen, gesellschaftsrechtlichen und kapitalmarktrechtlichen Regelungen. Für ein umfassendes Bild werden Erwägungen im Rahmen des straf- oder öffentlichen Rechts überblicksartig dargestellt. Eine steuerrechtliche Betrachtung findet nicht statt.

B. Grundlagen des nationalen Crowdinvesting-Modells für Start-ups

Für die rechtliche Bewertung des nationalen Crowdinvesting-Modells in Form von partiarischen Nachrangdarlehen werden in diesem Abschnitt B zunächst relevante Begrifflichkeiten geklärt und das Crowdinvesting von anderen Alternativen der Schwarmfinanzierung abgegrenzt (B.I). Daran anschließend ist die für den Untersuchungsgegenstand erforderliche aktuelle Ausgangslage zu bestimmen (B.II). Hierbei handelt es sich im Einzelnen um die Erläuterungen der unterschiedlichen Interessenlagen der Beteiligten des Crowdinvesting-Modells (B.II.1), sowie die Erörterung der typischerweise verwendeten Klauseln in einem als partiarisches Nachrangdarlehen ausgestalteter Crowdinvesting-Vertrag (B.II.2).

I. Begriffsbestimmungen

In enger Verbindung zu dem Themenkomplex Crowdinvesting stehen die Begriffe *Crowdsourcing* und *Crowdfunding*. Diese gilt es zunächst einzeln zu erläutern und voneinander abzugrenzen. Hierzu ist primär auf den Terminus Crowdsourcing (B.I.1) einzugehen, welcher als Oberbegriff über dem Crowdfunding anzusiedeln ist. Daran anschließend soll das Crowdfunding begrifflich hergeleitet und mit seinen Variationen umschrieben werden (B.I.2). Das Crowdfunding stellt wiederrum einen übergeordneten Themenkomplex zum Crowdinvesting dar. Deshalb soll zuletzt das Crowdinvesting (B.I.2.e) erörtert werden.[18]

1. Crowdsourcing

Der Begriff Crowdsourcing wurde erstmalig von *Jeff Howe* im Jahre 2006 in einem Artikel im Magazin *Wired*[19] kreiert und verwendet. Die Herleitung des

---

18 Zur Abgrenzung der einzelnen Themenkomplexe siehe insgesamt auch *Klöhn/Hornuf*, ZBB 2012, 237 (239); *Beck*, Crowdinvesting, S. 32 ff.; *Fischer*, Crowdinvesting, S. 4 ff.; *Söpper*, Crowdfunding, S. 1 ff.; *Heuer*, Crowdinvesting, S. 21 ff.; *Schedensack*, Crowdinvesting, S. 45 ff.; *Drews*, Crowdfunding-Plattform, S. 7 ff.; *Weber*, Crowdinvesting, S. 5 ff., 19 ff.

19 *Howe*, The Rise of Crowdsourcing, abrufbar unter *www.wired.com/2006/06/crowds/* [zuletzt aufgerufen am 12.05.2022]. Siehe insgesamt hierzu auch *Schulz*, Crowdinvesting, S. 4 ff.; *Ivanović*, Crowdinvesting, S. 37 f.; *Winde*, Regulierung Internet-Plattformen, S. 69; *Drews*, Crowdfunding-Plattform, S. 10 ff.

neuartigen Begriffs erfolgte aus dem Begriffspaar *Crowd* und *Sourcing*, wobei *Sourcing* eine Abkürzung der Bezeichnung *Outsourcing* darstellen sollte.[20] Während die *Crowd* allgemein mit „Menschenmasse" zu übersetzen ist, ist im Hinblick auf das Crowdsourcing das „Kollektiv sämtlicher Unterstützer" zu verstehen, welches sich an einem Crowdsourcing-Projekt beteiligt.[21] Der Begriff *Outsourcing* umschreibt den Vorgang in einem Unternehmen, in dem interne Arbeitsprozesse oder Unternehmensbereiche auf Drittanbieter ausgelagert werden.[22] Durch entsprechende Auslagerungen versprechen sich die Unternehmer neben einer Kostenreduktion in der Produktion auch weitere Vorteile, wie beispielsweise eine Entlastung des gesamten Unternehmens.[23]

Unternehmer wollen durch das Crowdsourcing gleichgelagerte Vorteile erreichen. Demnach definiert *Howes* Crowdsourcing als einen Prozess, bei dem Unternehmen Aufgaben auslagern, indem sie Freiwillige über das Internet zur Teilnahme an der Lösung von Aufgaben auffordern.[24] Die Auslagerung erfolgt folglich nicht auf eigens hierfür spezialisierte (Dritt-)Anbieter, sondern auf die Crowd, als zunächst unbestimmte Menschenmasse.[25] Die Anzahl der möglicherweise beteiligten Personen ist zunächst unbekannt und unbeschränkt. Jeder, der die Ansicht vertritt bei der ausgelagerten Aufgabe helfen zu können, ist berechtigt seinen Beitrag mithilfe des Internets zu leisten.

Entsprechende Auslagerungen von Aufgaben werden regelmäßig auf sogenannten *Crowdsourcing-Plattformen* veröffentlicht. Gegenwärtig gibt es zahlreiche Beispiele für etablierte Crowdsourcing-Plattformen. *Howes*[26] nennt

---

20 *Howe*, The Rise of Crowdsourcing, abrufbar unter *www.wired.com/2006/06/crowds/* [zuletzt aufgerufen am 12.05.2022].

21 *Brabham*, Moving the crowd at iStockphoto, abrufbar unter *www.firstmonday.org/ojs/index.php/fm/article/view/2159* [zuletzt aufgerufen am 12.05.2022], zum Begriff Crowd siehe auch *Schedensack*, Crowdinvesting, S. 63 f. *Weber*, Crowdinvesting, S. 5 f.; *Surowiecki*, The Wisdom of Crowds, S. 1 ff.

22 Vgl. *Unterberg*, in: Michelis/Schildhauer, Social Media Handbuch, S. 154.

23 Hierzu weiter *Forster*, Crowdfinancing, S. 16.

24 Original Wortlaut: „*Crowdsourcing is the act of taking a job traditionally performed by a designated agent (usually an employee) and outsourcing it to an undefined, generally large group of people in the form of an open call.*" von: *Howe*, Weblog von Jeff Howe, abrufbar unter *http://crowdsourcing.typepad.com/cs/2006/06/crowdsourcing_a.html* [zuletzt aufgerufen am 12.05.2022], übersetzt von: *Unterberg*, in: Michelis/Schildhauer, Social Media Handbuch, S. 150.

25 *Beck*, Crowdinvesting, S. 32 f.

26 *Howe*, The Rise of Crowdsourcing, abrufbar unter *www.wired.com/2006/06/crowds/* [zuletzt aufgerufen am 12.05.2022].

in seinem Artikel die Crowdsourcing-Plattform *iStock* (früher: *iStockphoto*). Nach eigenen Angaben ist *iStock* eine Crowdsourcing-Plattform im Bereich der Erstellung von Bildaufnahmen auf Vorrat ohne spezifischen Kundenauftrag, sogenannte Stockfotografie.[27] Die Plattform ermöglicht es Hobby-Fotografen ihre Bildaufnahmen Dritten online zur Verfügung zu stellen. Unternehmen können geeignetes Bildmaterial finden und verwenden, ohne eine spezialisierte Bildagentur hinzuziehen zu müssen. Vermittler zwischen Fotografen und Unternehmer ist infolgedessen nicht mehr die lokale Agentur, sondern die über das Internet auftretende Crowdsourcing-Plattform.

Dementsprechend ist Crowdsourcing untrennbar mit der technischen Fortentwicklung und dem Ausbau internetfähiger Infrastruktur verbunden.[28] Erst durch die Möglichkeit des Zugriffs auf das Internet durch jedermann konnten geeignete Plattformen entstehen. Durch Auslagerungen auf die Crowd sind Unternehmen in der Lage, Produkte kostensensibler erstellen zu lassen. Crowdsourcing kann für Unternehmen daher kostengünstiger als das Outsourcing oder die eigene Bearbeitung von auslagerungsfähigen Aufgaben sein.[29] Das bei *iStock* entstandene Angebot ist zudem größer und billiger, als ein regulärer Bildvorrat einer lokalen Agentur. Dies liegt zum einen daran, dass die Crowd teilweise keine monetäre Gegenleistung für erbrachte Leistungen erwartet. Zum anderen werden die von den Unternehmen gestellten Aufgaben nicht von hauptberuflichen Experten, sondern größtenteils von Amateuren bearbeitet. Selbst wenn eine Vergütung für die Bearbeitung gefordert wird, ist diese um ein Vielfaches geringer als die eines lokalen Experten.[30]

Trotz der Auslagerung von Aufgaben auf Amateure ist die Qualität der Endergebnisse gleichbleibend und vergleichbar mit der eines Experten. Gründe hierfür liegen wiederrum im technischen Fortschritt unserer Zeit. Durch die stetigen Verbesserungen der privaten Computerleistungen bei gleichzeitiger Verringerung der Anschaffungskosten für entsprechendes Material, ist es nun Amateuren möglich qualitativ hochwertige Ergebnisse herzustellen.[31]

---

27 *iStockphoto LP*, Über uns, abrufbar unter *www.istockphoto.com/de/about-us* [zuletzt aufgerufen am 12.05.2022].

28 Vgl. *Unterberg*, in: Michelis/Schildhauer, Social Media Handbuch, S. 149, 151.

29 Vgl. *Unterberg*, in: Michelis/Schildhauer, Social Media Handbuch, S. 149.

30 *Howe*, The Rise of Crowdsourcing, abrufbar unter *www.wired.com/2006/06/crowds/* [zuletzt aufgerufen am 12.05.2022].

31 Vgl. *Howe*, The Rise of Crowdsourcing, abrufbar unter *www.wired.com/2006/06/crowds/* [zuletzt aufgerufen am 12.05.2022]; *Unterberg*, in: Michelis/Schildhauer, Social Media Handbuch, S. 151.

Eine Fotokamera, welche für die professionelle Erstellung von Bildaufnahmen geeignet ist, ist heutzutage ebenso von Amateuren bezahlbar wie die erforderliche Bildbearbeitungssoftware. Solche Amateure werden teilweise als *Prosumenten* bezeichnet.[32] Hierbei handelt es sich um Konsumenten, die aufgrund ausreichenden Know-hows und der richtigen Ausrüstung ihr Hobby derart professionell betreiben, so dass diese mit den Experten in ihren Fachbereichen konkurrieren können.[33]

Der technische Fortschritt und die geringen Anschaffungskosten sind nicht die einzigen Ursachen für die gleichbleibende Qualität bei Crowdsourcing-Projekten. Insoweit beinhaltet Crowdsourcing neben den angeführten Merkmalen des Outsourcings, auch Eigenschaften des sogenannten *Open Source*-Prinzips. *Howes* Herleitung des Phänomens Crowdsourcing alleine aus den Gedanken des Outsourcings ist dahingehend unvollständig.[34] Bei *Open Source* handelt es sich um eine Herstellungsmethode, bei der ein Produkt durch die häufig ungebundene und unentgeltliche Mitarbeit von beliebigen Personen entsteht, wobei das Endprodukt der Allgemeinheit zugesprochen wird.[35] Das wohl populärste Beispiel ist die freie Online-Enzyklopädie *Wikipedia*.[36] Dort ist es jedem möglich, Artikel zu einem beliebigen Thema zu erstellen oder zu bearbeiten. Einen Auftraggeber, wie beim Out- oder Crowdsourcing, gibt es hingegen nicht. Angesichts der großen Anzahl der eingestellten und wiederbearbeiteten Artikel weist die Online-Enzyklopädie eine Qualität auf, die teils besser ist, als die des kommerziellen Konkurrenten *Brockhaus*.[37] Neben *Wikipedia* sind weitere Open Source-Projekte, wie beispielsweise der freie Internetbrowser *Mozilla Firefox*[38] oder das freie Computerbetriebssystem

---

32 Begriffszusammensetzung aus *Konsument* und *Produzent* bzw. *Professional*, siehe hierzu *Unterberg*, in: Michelis/Schildhauer, Social Media Handbuch, S. 151.

33 *Unterberg*, in: Michelis/Schildhauer, Social Media Handbuch, S. 152 m.w.N.

34 Vgl. *Unterberg*, in: Michelis/Schildhauer, Social Media Handbuch, S. 154.

35 *Unterberg*, in: Michelis/Schildhauer, Social Media Handbuch, S. 154.

36 Siehe hierzu auch *Klöhn/Hornuf*, ZBB 2012, 237 (239); *Fischer*, Crowdinvesting, S. 6 f.; *Weber*, Crowdinvesting, S. 7.

37 *Stern.de*, stern-Test: Wikipedia schlägt Brockhaus, abrufbar unter *www.stern.de/digital/online/stern-test-wikipedia-schlaegt-brockhaus-3221896.html* [zuletzt aufgerufen am 12.05.2022].

38 *Mozilla Firefox* ist Teil des *Mozilla-Projekts* der *Mozilla Foundation*, einer US-amerikanischen Non-Profit-Organisation, siehe hierzu ausführlich *Mozilla Foundation*, Über uns, abrufbar unter *www.mozilla.org/de/foundation/* [zuletzt aufgerufen am 12.05.2022].

Linux[39], weltweit erfolgreiche Anwendungen, die mit kommerziellen Anbietern konkurrieren. Im Ergebnis beruht die vergleichbare Qualität eines durch Open Source geschaffenen Produktes auf der Ausnutzung von Netzwerkeffekten durch das Zusammenwirken der Crowd. Wie Open Source-Projekte profitieren ebenfalls Crowdsourcing-Projekte von den entsprechenden Netzwerkeffekten. Insofern kann jeder Einzelne seine Ergebnisse dem Auftraggeber zur Verfügung stellen oder bereits vorhandene Resultate Anderer weiterbearbeiten. Durch die Neuerstellung oder Weiterbearbeitung von Ergebnissen durch die Crowd erhöht sich somit die Qualität des jeweiligen Endproduktes.

Neben den genannten Aspekten, bietet Crowdsourcing noch weitere Vorteile für den Unternehmer. So kann dieser durch die Zuhilfenahme der Crowd potenzielle Kunden am Entwicklungsprozess eines neuen Produktes teilhaben lassen. Wirtschaftliche Risiken, wie die Herstellung im Markt nicht nachgefragter Produkte, können so minimiert werden. Neben einer Senkung der allgemeinen Produktionskosten bei nicht lukrativen Produkten lässt sich so ferner ein Innovationsvorsprung gegenüber Wettbewerbern erarbeiten.[40] Hierbei handelt es sich um einen gesonderten Anwendungsbereich des Crowdsourcing, der sogenannten *Crowd Creation* bzw. *Crowd Production*.[41] Diese ist hauptsächlich in künstlerisch-kreativen Bereichen zu finden, wie etwa bei der Erstellung von T-Shirt Motiven, welche über die Plattform *Threatless* vermarktet werden.[42]

Im Ergebnis ist Crowdsourcing eigenständig zwischen dem Outsourcing und Open Source zu verorten.[43] Entgegen dem ökonomischen Ansatz von *Howe* müssen die Auftraggeber von Crowdsourcing-Projekten nicht zwingend aus den unternehmerischen Bereichen stammen. Heutzutage finden sich vielzählige Projekte, deren Initiatoren beispielsweise Privatpersonen oder gemeinnützige Vereinigungen sind, wie das Beispiel *Wikipedia*[44] zeigt. Auch muss

---

39 *Linux* wird durch die *Linux Foundation* gefördert, einem internationalen Konsortium mit über 100 Mitgliedern, siehe hierzu ausführlich *Linux Foundation*, About Us, abrufbar unter *www.linuxfoundation.org/about* [zuletzt aufgerufen am 12.05.2022].

40 *Unterberg*, in: Michelis/Schildhauer, Social Media Handbuch, S. 150 m.w.N.

41 *Unterberg*, in: Michelis/Schildhauer, Social Media Handbuch, S. 157.

42 Siehe hierzu *Threadless*, About Us, abrufbar unter *www.threadless.com/info/about/* [zuletzt aufgerufen am 12.05.2022].

43 Vgl. *Unterberg*, in: Michelis/Schildhauer, Social Media Handbuch, S. 155.

44 *Wikipedia* wird durch die *Wikimedia Foundation Inc.* gefördert, einer US-amerikanischen gemeinnützigen Gesellschaft, siehe hierzu *Wikipedia*, Wikimedia, abrufbar unter *https://de.wikipedia.org/wiki/Wikimedia* [zuletzt aufgerufen am 12.05.2022].

am Ende eines Crowdsourcing-Projektes nicht ein fertiges Produkt stehen. Vielmehr kann der Initiator in sämtlichen Bereichen die Crowd anstatt eines Experten beauftragen, um seinen angestrebten Zweck zu erreichen. Zusammengefasst ist Crowdsourcing also das Sammeln von Beiträgen einer Vielzahl von Menschen im Internet zur Erreichung eines gemeinsamen Ziels.[45] Die potenzielle kollektive Intelligenz der Crowd ist nicht zu unterschätzen. *James Surowieki* bezeichnet diese als die „Weisheit der Vielen".[46] Dabei zeigt er auf, dass unter gewissen Umständen die gemeinsame Gruppenentscheidung, welche sich aufgrund der Summe aller Informationen in einer Gruppe ergibt, besser ist, als diejenige Einzelentscheidung des klügsten Teilnehmers in derselben Gruppe.[47] Weitere Stimmen haben eine solche Schwarmintelligenz auch im Kontext wirtschaftlicher Entscheidungen nachgewiesen.[48]

2. Crowdfunding

Der Begriff *Crowdfunding* lässt sich aus dem englischen Begriffspaar *Crowd* und *Funding*, übersetzt die „Förderung/Unterstützung/Finanzierung", herleiten.[49] Der deutschsprachige Raum verwendet teilweise den Begriff *Schwarmfinanzierung*[50] als Synonym für Crowdfunding. Nicht nur im internationalen Kontext, sondern auch innerhalb des deutschsprachigen Raums, dominiert der Terminus Crowdfunding. Deshalb verwendet die vorliegende Arbeit diesen Begriff.

Grundsätzlich handelt es sich beim Crowdfunding um das Sammeln von (Geld-)Beiträgen durch eine Vielzahl von Menschen zur Erreichung eines gemeinsamen Ziels.[51] Wie das Crowdsourcing basiert ebenso das Crowdfunding

---

45 *Klöhn/Hornuf*, ZBB 2012, 237 (239); *Söpper*, Crowdfunding, S. 17 ff.; *Fischer*, Crowdinvesting, S. 6 f.

46 In Englisch: *The Wisdom of Crowds.*

47 Siehe hierzu *Surowiecki*, The Wisdom of Crowds, S. 1 ff.

48 Zusammenfassend *Schedensack*, Crowdinvesting, S. 66 ff.; *Ivanović*, Crowdinvesting, S. 53 ff.; *Moritz/Block*, ZfKE 2014, 57 (60).

49 Zum Thema Crowdfunding siehe auch *Söpper*, Crowdfunding, S. 23 ff.; *Fischer*, Crowdinvesting, S. 4 ff.; *Heuer*, Crowdinvesting, S. 21 ff.; *Schulz*, Crowdinvesting, S. 5 ff.; *Braun*, Crowdfunding, S. 13 ff.; *Schedensack*, Crowdinvesting, S. 45 ff.

50 Teilweise werden auch die Begriffe *Crowdfinanzierung*, *Crowdfinancing* oder *Crowdfinance* synonym verwendet; vgl. nur *Beck*, Crowdinvesting, S. 34 f.; *Schmitt/Doetsch*, BB 2013, 1451.

51 Vgl. *Fischer*, Crowdinvesting, S. 4; *Klöhn/Hornuf*, ZBB 2012, 237 (239); *Klöhn/Hornuf*, DB 2015, 47; *Beck*, Crowdinvesting, S. 34; *Schmitt/Doetsch*, BB 2013, 1451; *Bareiß*, ZUM 2012, 456 (457).

auf dem Gedanken der Nutzung von Netzwerkeffekten, wobei lediglich finanzielle Beiträge zur Unterstützung eines Vorhabens gesammelt werden.[52] Die finanzielle Unterstützung eines Vorhabens durch eine Vielzahl von Personen ist kein neues Phänomen unserer heutigen Zeit. So wurde bereits im Jahre 1885 der Sockel der Freiheitsstatue vor den Toren New Yorks durch die Einwohner der Stadt mittels monetärer Beiträge finanziert, da das hierzu erforderliche Geld der Stadtverwaltung zunächst fehlte.[53] Als Dank veröffentlichte die Zeitung *New York World* die Geldgeber namentlich in einer ihrer Ausgaben.[54] Im Gegensatz zu Crowdfunding-Kampagnen in der Vergangenheit werden bei gegenwärtigen Projekten moderne Technologien verwendet, um an die Masse herantreten zu können.[55] Insbesondere mithilfe des Internets können größere Personenkreise angesprochen werden, als es in früheren Zeiten durch Zeitungen oder andere Mittel der Bekanntmachung möglich war.[56] Zu diesem Zweck wurde in den letzten Jahren eine Vielzahl an Crowdfunding-Plattformen gegründet, die der Crowd im Internet auf ihren Webseiten Vorhaben zur finanziellen Unterstützung zugänglich machen. Die Plattformen agieren als Schnittstelle zwischen den Vorhaben bzw. deren Initiatoren und der Crowd.[57] Infolge der Erweiterung der Nutzung von Netzwerkeffekten mithilfe des Internets, ist die Definition des Crowdfundings dementsprechend anzupassen. Crowdfunding ist folglich die Finanzierung eines Vorhabens durch den Appell an die Masse unter Zuhilfenahme des Internets.[58]

Der Begriff Crowdfunding dient als Oberbegriff für unterschiedliche Unterstützungsmodelle durch die Crowd.[59] Hierbei handelt es sich im Einzelnen um das *Donation-*, *Reward-*, *Pre-Purchase-*, *Lending-* und *Crowdinvesting-Modell*, welche nachfolgend einzeln näher zu beschreiben sind. Sämtliche Modelle können zudem als Mischformen auftreten und werden in der wissenschaftlichen

52 Vgl. *Beck*, Crowdinvesting, S. 34.

53 Siehe hierzu *Veith*, BKR 2016, 184 f.; *Schmitt/Doetsch*, BB 2013, 1451.

54 Siehe hierzu den BBC-Artikel – *BBC News*, The Statue of Liberty and America's crowdfunding pioneer, abrufbar unter *http://www.bbc.com/news/magazine-21932675* [zuletzt aufgerufen am 12.05.2022].

55 Zur historischen Entwicklung des Crowdfundings siehe *Heuer*, Crowdinvesting, S. 21 ff.; *Braun*, Crowdfunding, S. 17 ff.; *Söpper*, Crowdfunding, S. 11 ff.

56 Zur Bedeutung des Internets siehe auch *Heuer*, Crowdinvesting, S. 24 f.

57 Vgl. *Fischer*, Crowdinvesting, S. 4.

58 Vgl. *Söpper*, Crowdfunding, S. 2. Siehe hierzu auch *Weber*, Crowdinvesting, S. 9.

59 *Beck*, Crowdinvesting, S. 34 f.; *Winde*, Regulierung Internet-Plattformen, S. 69 f.; *Schedensack*, Crowdinvesting, S. 49 ff.

Betrachtung teilweise durch andere Bezeichnungen umschrieben. Die Unterscheidung der einzelnen Modelle erfolgt grundsätzlich nach der Art und Weise der Gegenleistung, welche sich die Crowd aufgrund ihrer Unterstützungshandlung erhofft und vertraglich versprechen lässt.

a) Donation-Modell

Die erwartete Gegenleistung bei dem *Donation-Modell*[60] ist altruistischer Art, wie der englische Begriff *Donation*, also „Spende", bereits vermuten lässt. Insofern stellt die finanzielle Unterstützung rechtlich eine Schenkung dar, da die Crowd hierfür keine monetäre oder sonstige einklagbare Gegenleistung erwartet.[61] Das wohl populärste Beispiel einer Crowdfunding-Kampagne im Donation-Modell ist die im Jahre 2008 durchgeführte Präsidentschaftskampagne des damaligen Senators *Barack Obama*.[62] Annähernd 80 % seines Wahlkampfbudgets in Höhe von 750 Millionen US-Dollar stammten aus global bei Privatpersonen eingesammelten Crowdfunding-Beiträgen.[63]

b) Reward-Modell

Im Gegensatz zum Donation-Modell erwartet die Crowd beim *Reward-Modell*[64] einen *Reward*, also eine „Belohnung" als Gegenleistung für ihre finanziellen Unterstützungshandlungen. Die vereinbarte Belohnung ist typischerweise ideeller Art, kann aber auch eine materielle Form annehmen.[65] Dies gilt

---

60 Wird auch *donation-based Crowdfunding* genannt, siehe *Beck*, Crowdinvesting, S. 35; *Heuer*, Crowdinvesting, S. 26; *Ivanović*, Crowdinvesting, S. 39; *Drews*, Crowdfunding-Plattform, S. 13 f.; *Weber*, Crowdinvesting, S. 22 ff.

61 Siehe hierzu auch *Klöhn/Hornuf*, ZBB 2012, 237 (239); *Fischer*, Crowdinvesting, S. 4 f.; *Beck*, Crowdinvesting, S. 35; *Schmitt/Doetsch*, BB 2013, 1451; *Schedensack*, Crowdinvesting, S. 50 f.

62 Siehe hierzu auch *Jansen/Pfeifle*, ZIP 2012, 1842 (1843); *Fischer*, Crowdinvesting, S. 5.

63 *The New York Times*, Obama Hauls in Record $750 Million for Campaign, abrufbar unter *http://www.nytimes.com/2008/12/05/us/politics/05donate.html* [zuletzt aufgerufen am 12.05.2022]; *Jansen/Pfeifle*, ZIP 2012, 1842 (1843); *Fischer*, Crowdinvesting, S. 5.

64 Wird auch *reward-based Crowdfunding* genannt, siehe *Beck*, Crowdinvesting, S. 35; *Schedensack*, Crowdinvesting, S. 52; *Ivanović*, Crowdinvesting, S. 39; *Drews*, Crowdfunding-Plattform, S. 14 f.; *Weber*, Crowdinvesting, S. 24 ff.

65 Vgl. *Fischer*, Crowdinvesting, S. 4; *Klöhn/Hornuf*, ZBB 2012, 237 (239); *Schmitt/Doetsch*, BB 2013, 1451; *Beck*, Crowdinvesting, S. 35 f.; *Heuer*, Crowdinvesting, S. 26 f.

beispielsweise für das im Jahre 2017 erfolgreich abgeschlossene Crowdfunding-Projekt hinsichtlich der Namensgebung des Nürnberger Fußballstadions. Eine in Nürnberg ansässige Bank sicherte sich mithilfe der Geldbeiträge der Crowd für drei Jahre die Namensrechte an dem Stadion und benannte dieses nach der Nürnberger Fußball-Legende *Max Morlok* um.[66] Als Dankeschön standen den einzelnen Geldgebern mehrere unterschiedliche Fanartikel zur Verfügung, aus denen sie je nach Höhe des eingezahlten Geldbetrags wählen konnten.[67]

c) Pre-Purchase-Modell

Bei Crowdfunding-Projekten im *Pre-Purchase-Modell* handelt es sich regelmäßig um eine Vorfinanzierung durch Vorbestellungen eines gewünschten Endproduktes, um so eine Serienproduktion eines bestehenden Prototypen zu ermöglichen.[68] Als Gegenleistung für die Vorfinanzierung versprechen sich die Geldgeber einen schnelleren Zugang zu den fertiggestellten Serienprodukten und einen reduzierten Kaufpreis gegenüber späteren Käufern.[69] Vereinzelt wird das Pre-Purchase-Modell als Teil des Reward-Modells angesehen.[70] Das wohl weltweit erfolgreichste Crowdfunding-Projekt im Pre-Purchase-Modell war die Finanzierung der *Pebble Time Smartwatch* auf der US-amerikanischen Crowdfunding-Plattform *Kickstarter.*[71] Anstatt der erhofften Vorfinanzierung in Höhe von 100.000 US-Dollar wurden mehr als 20 Millionen US-Dollar

66 Zur Kampagne siehe *Startnext.de*, Max-Morlock-Stadion gemeinsam möglich machen!, abrufbar unter *https://www.startnext.com/maxgemeinsam* [zuletzt aufgerufen am 12.05.2022].

67 Als Gegenleistungen wurden den Geldgebern u.a. Anstecknadeln, Poster oder den eigenen Namen auf einem Stadionsitz versprochen, siehe hierzu *Startnext.de*, Max-Morlock-Stadion gemeinsam möglich machen!, abrufbar unter *https://www.startnext.com/maxgemeinsam* [zuletzt aufgerufen am 12.05.2022].

68 *Heuer*, Crowdinvesting, S. 27; *Klöhn/Hornuf*, ZBB 2012, 237 (239) als Subskriptionsmodell bezeichnend; *Schmitt/Doetsch*, BB 2013, 1451; *Beck*, Crowdinvesting, S. 35 f. als Teil des Reward-Modells. Zur rechtlichen Einordnung siehe *Wick*, VuR 2018, 49 ff.

69 Vgl. *Fischer*, Crowdinvesting, S. 4; *Klöhn/Hornuf*, ZBB 2012, 237 (239); *Beck*, Crowdinvesting, S. 35 f.

70 Vgl. *Beck*, Crowdinvesting, S. 35 f.; *Schedensack*, Crowdinvesting, S. 52 f.

71 Siehe hierzu *Kickstarter.com*, Pebble Time, abrufbar unter *https://www.kickstarter.com/projects/getpebble/pebble-time-awesome-smartwatch-no-compromises?lang=de* [zuletzt aufgerufen am 12.05.2022]; *Schmitt/Doetsch*, BB 2013, 1451.

eingenommen.[72] Dabei war der Crowd eine Reduzierung des geplanten Verkaufspreises von bis zu 20 % versprochen worden.

d) Lending-Modell

Bei dem *Lending-Modell*[73] beteiligen sich eine Vielzahl von Kreditgebern mittels eines Teilbetrages an der Bereitstellung einer Darlehenssumme nach vorher bestimmten Konditionen. Als Darlehensnehmer kommen Unternehmen[74], Privatpersonen oder gemeinnützige Organisationen in Frage.[75] Infolge regulatorischer Anforderungen erfolgt die Kreditvergabe häufig nicht unmittelbar zwischen den Crowdlending-Plattformen, Kreditgebern und Darlehensnehmern, sondern weiterhin über Banken als Intermediäre.[76] Die Darlehensgeber erwarten als Gegenleistung die Tilgung der Darlehensbeträge bei Fälligkeit, sowie vorher festgelegte Zinszahlungen.[77] Ein Beispiel für eine in Deutschland erfolgreich durchgeführte Crowdlending-Kampagne ist die Kreditaufnahme des Berliner Fußballvereins Hertha BSC. Dieser hatte in den Jahren 2016 und 2017 auf der Crowdlending-Plattform *Kapilendo* eine Darlehenssumme von insgesamt 2,5 Millionen Euro von der Crowd eingesammelt.[78]

---

72 *Kickstarter.com*, Pebble Time, abrufbar unter *https://www.kickstarter.com/projects/getpebble/pebble-time-awesome-smartwatch-no-compromises?lang=de* [zuletzt aufgerufen am 12.05.2022].

73 Wird auch *Crowdlending*, *lending-based-Crowdfunding* oder *Peer-to-Peer-Lending* genannt, vgl. u.a. *Beck*, Crowdinvesting, S. 35 f.; *Heuer*, Crowdinvesting, S. 26 f.; *Schedensack*, Crowdinvesting, S. 59 f.; *Ivanović*, Crowdinvesting, S. 40; *Winde*, Regulierung Internet-Plattformen, S. 71 f.; *Drews*, Crowdfunding-Plattform, S. 15 f.; *Quarch*, Crowdlending, S. 57 ff.; *Weber*, Crowdinvesting, S. 26 f.; *Stamm*, in: Habersack/Mülbert/Schlitt-Unternehmensfinanzierung, § 23, Rn. 23.94 ff.

74 Wird dann als *Peer-to-Business-Lending* bezeichnet.

75 Vgl. *Beck*, Crowdinvesting, S. 36.

76 Zusammenfassend *Schedensack*, Crowdinvesting, S. 61 ff.

77 *Beck*, Crowdinvesting, S. 36; *Stamm*, in: Habersack/Mülbert/Schlitt-Unternehmensfinanzierung, § 23, Rn. 23.94.

78 *Berliner Morgenpost*, Hertha bekommt in Windeseile eine Million Euro von Fans, abrufbar unter *https://www.morgenpost.de/sport/hertha/article210485477/Hertha-bekommt-in-Windeseile-eine-Million-Euro-von-Fans.html* [zuletzt aufgerufen am 12.05.2022].

e) *Crowdinvesting-Modell*

aa) *Monetäre Rendite im Fokus – Erfolgsbeteiligung bei Start-up-Finanzierung*

Auch das in dieser Arbeit zu besprechende *Crowdinvesting-Modell*[79] stellt eine Unterform des Crowdfundings dar.[80] Ähnlich wie bei dem Lending-Modell erwarten die Kleinanleger bei dem Crowdinvesting-Modell eine monetäre Rendite als Gegenleistung für ihren Finanzierungsbeitrag.[81] Im Bereich der Finanzierung von Start-ups soll diese jedoch nicht ausschließlich durch Zinszahlungen, sondern vielmehr partiarisch im Rahmen einer Beteiligung an dem Erfolg des Unternehmens erwirtschaftet werden. Demzufolge enthalten entsprechende Crowdinvesting-Verträge eine Festzinsvereinbarung sowie zusätzlich eine Erfolgsbeteiligung. Je nach Ausgestaltung können die Kleinanleger nicht nur an möglichen Gewinnen der Unternehmen, sondern ebenfalls an den Steigerungen des jeweiligen Unternehmenswertes im Laufe der Zeit sowie am Erlös bei einem erfolgreichen Exit partizipieren.[82]

bb) *Finanzierungsinstrumente*

(1) *Konzentration auf Darlehensverträge*

Allgemein handelt es sich bei dem Crowdinvesting-Modell um eine Finanzierungsform, bei der Unternehmen mithilfe von Crowdinvesting-Plattformen Eigenkapital- oder hybride Finanzierungsinstrumente über das Internet an Kleinanleger ausgeben.[83] Hybride Finanzierungsinstrumente zeichnen sich dadurch aus, dass sie je nach Ausgestaltung dem Eigen- oder Fremdkapital des Emittenten zugerechnet werden können.[84] Die in Deutschland verwendeten

---

79 Wird auch *equity-based Crowdfunding* oder *Equity Crowdfunding* genannt, siehe *Beck*, Crowdinvesting, S. 35 ff.; *Heuer*, Crowdinvesting, S. 28 ff.; *Winde*, Regulierung Internet-Plattformen, S. 70 f.; *Ivanović*, Crowdinvesting, S. 40 f.; *Weber*, Crowdinvesting, S. 27 ff.; *Drews*, Crowdfunding-Plattform, S. 16 ff.

80 Vgl. *Fischer*, Crowdinvesting, S. 7 f.; *Klöhn/Hornuf*, ZBB 2012, 237 (239); *Ivanović*, Crowdinvesting, S. 37 f.; *Dorfleitner/Hornuf/Wannenmacher*, ifo Schnelldienst 73–8, 33 (34 ff.).

81 Vgl. *Fischer*, Crowdinvesting, S. 8; *Nietsch/Eberle*, ZVglRWiss 2017, 205 (206 f.).

82 Zu den einzelnen Vermögensrechten siehe Abschnitt B.II.2.a); vgl. auch *Beck*, Crowdinvesting, S. 39.

83 *Klöhn/Hornuf*, ZBB 2012, 237 (239); *Klöhn/Hornuf*, DB 2015, 47; *Fischer*, Crowdinvesting, S. 7 f.; *Schedensack*, Crowdinvesting, S. 77 ff.; *Ivanović*, Crowdinvesting, S. 40; *Weber*, Crowdinvesting, S. 28.

84 Vgl. *Beck*, Crowdinvesting, S. 37; *Ivanović*, Crowdinvesting, S. 71 ff.

Crowdinvesting-Verträge sind in der Regel als partiarische Darlehen, Nachrangdarlehen oder partiarische Nachrangdarlehen ausgestaltet.[85] Im Bereich der Beteiligung am Erfolg von Start-ups erfolgt die Finanzierung der Gesellschaften durch die Crowd regelmäßig mithilfe von partiarischen Nachrangdarlehen, während in der Vergangenheit Finanzierungsinstrumente in Form von vinkulierten Namensaktien, nicht verbrieften Genussrechten und stillen Beteiligungen angeboten wurden.[86]

(2) Kleinanlegerschutzgesetz und Vermögensanlagengesetz

Der Grund für die Wahl des jeweiligen Finanzierungsinstrumentes durch die Emittenten ergibt sich aufgrund des jeweils gültigen Rechtsrahmens, welcher gegenwärtig insbesondere Vermögensanlagen im Sinne des VermAnlG privilegiert.[87] Mit dem Kleinanlegerschutzgesetz (KASG) vom 03. Juli 2015[88] erfuhr das Crowdinvesting erstmalig eine gesetzliche Regulierung in Deutschland.[89] Nach der medienwirksamen Insolvenz des Windparkbetreibers *Prokon Regenerative Energien GmbH* entschied der deutsche Gesetzgeber bestehende Regelungslücken im Hinblick auf den sogenannten Grauen Kapitalmarkt zu schließen und die Transparenz von Vermögensanlagen zu erhöhen.[90] Neben vielzähligen Gesetzesänderungen und -erweiterungen wurde unter anderem das Crowdinvesting-Modell[91] in § 2a VermAnlG normiert. Während das VermAnlG grundsätzlich die Emission von Vermögensanlagen zu regulieren versucht, sieht es infolge des neu eingefügten § 2a VermAnlG die Befreiung von Emissionspflichten für das Crowdinvesting-Modell vor. Hierbei ist

---

85 *Klöhn/Hornuf/Schiling*, ZBB 2016, 142 (145, 148 f.); *Spindler*, ZBB 2017, 129 (130 f.); *Beck*, Crowdinvesting, S. 37; *Dorfleitner/Hornuf/Wannenmacher*, ifo Schnelldienst 73–8, 33 (36); *Schulz*, Crowdinvesting, S. 16 ff.; *Winde*, Regulierung Internet-Plattformen, S. 35 ff.; *Weber*, Crowdinvesting, S. 259; *Ivanović*, Crowdinvesting, S. 40, 69, 75, 81.

86 *Hainz/Hornuf*, ifo Forschungsberichte, April 2019, Ausgabe 102, (36); *Hainz/Hornuf/Klöhn*, ifo Forschungsberichte, 2017, Ausgabe 78, (29 f.); *Klöhn/Hornuf/Schiling*, ZBB 2016, 142 (145, 148 f.); *Danwerth*, ZBB 2016, 20 (23); *Fischer*, Crowdinvesting, S. 22; vgl. auch *Drews*, Crowdfunding-Plattform, S. 55, 80.

87 Vgl. *Weber*, Crowdinvesting, S. 259 ff.; *Ivanović*, Crowdinvesting, S. 75.

88 BGBl. 2015 I Nr. 28, S. 1114.

89 Vgl. *Ivanović*, Crowdinvesting, S. 68, 295 ff.

90 BT-Drs. 18/3994, S. 1 ff.; vgl. auch *Danwerth*, ZBB 2016, 20 (22 ff.); *Schedensack*, Crowdinvesting, S. 337 f.; *Schulz*, Crowdinvesting, S. 85 f.; *Drews*, Crowdfunding-Plattform, S. 67 f.

91 Dort unter dem Begriff der Schwarmfinanzierung.

im Besonderen die Befreiung der Emittenten von der Pflicht zur Erstellung eines Verkaufsprospektes nach § 6 VermAnlG zu nennen. Sinn und Zweck der Befreiungstatbestände ist die Unterstützung von KMU, um diesen einen erleichterten Zugang zu weiteren Finanzierungsquellen zu ermöglichen.[92] Bei solchen von den Befreiungstatbeständen erfassten Vermögensanlagen handelt es sich gemäß § 2a Abs. 1 i.V.m. § 1 Abs. 2 Nr. 3, Nr. 4, Nr. 5, Nr. 7 VermAnlG um partiarische Darlehen, partiarische Nachrangdarlehen, Nachrangdarlehen, Genussrechte[93] oder sonstige Anlagen, die eine Verzinsung und Rückzahlung oder einen vermögenswerten Barausgleich im Austausch für die zeitweise Überlassung von Geld gewähren oder in Aussicht stellen. In Bezug auf die vorher geltende Rechtslage wurde der Anwendungsbereich des VermAnlG durch das KASG um partiarische Darlehen, Nachrangdarlehen und partiarische Nachrangdarlehen sowie Genussrechte erweitert (geregelt in § 1 VermAnlG). Obwohl stille Beteiligungen bereits zu Beginn des Crowdinvesting-Modells als Vermögensanlagen herangezogen wurden, entschied sich der Gesetzgeber gegen eine Privilegierung entsprechender Finanzierungsinstrumente im Rahmen des § 2a VermAnlG.[94] Demzufolge sind stille Beteiligungen nicht vom Anwendungsbereich des § 2a VermAnlG umfasst, was zu einer Fokussierung hinsichtlich der Ausgestaltung der Crowdinvesting-Verträge auf privilegierte und im Bereich der Finanzierung von Start-ups auf partiarische Nachrangdarlehen führte.[95] Die privilegierten Vermögensanlagen nach § 2a VermAnlG i.V.m. § 1 Abs. 2 Nr. 3 bis Nr. 5 und Nr. 7 VermAnlG entbinden folglich die Emittenten unter anderem von den in §§ 6 ff. VermAnlG geregelten Pflichten zur Erstellung eines kostenintensiven Verkaufsprospektes bei der Emission. Basierend auf einer ökonomischen Betrachtungsweise der Emittenten sind diese in ihrer Auswahl auf die entsprechenden Ausgestaltungen beschränkt, da die mit der Erstellung eines Verkaufsprospektes einhergehenden Erstellungskosten nicht mit den angestrebten Finanzierungssummen bei einer Start-up-Finanzierung vereinbar wären.[96] Infolge der regelmäßigen Verwendung von hybriden Finanzierungsinstrumenten liegt im Ergebnis die Bezeichnung Crowdinvesting

---

92 BT-Drs. 18/3994, S. 40 f.

93 Wobei Genussrechte erst in Ergänzung im Jahre 2019 als privilegierte Vermögensanlage hinzugefügt wurden. Siehe zum Thema VermAnlG und Privilegierung nach § 2a VermAnlG insgesamt Abschnitt E.I.2.

94 Vgl. Abschnitt E.I.2.b).

95 Siehe hierzu Abschnitt E.I.2.b).

96 *Hainz/Hornuf/Klöhn*, ifo Forschungsberichte, 2017, Ausgabe 78, (22).

näher, als der international verwendete Begriff *equity-based Crowdfunding*, da dieser ausschließlich Eigenkapitalbeteiligungen umfassen würde.[97]

(3) Alternative Beteiligungsvarianten bei der crowdbasierten Start-up-Finanzierung

Im Vergleich von partiarischen Nachrangdarlehen zu anderweitig denkbaren Beteiligungsvarianten für die Start-up-Finanzierung im Crowdinvesting-Modell stellt derzeit vor allem der unmittelbare Erwerb von Geschäftsanteilen keine geeignete alternative Finanzierungsform für die Start-up-Finanzierung im Crowdinvesting-Modell dar. Insofern erfordert beispielsweise der Erwerb[98] von Geschäftsanteilen an einer Gesellschaft mit beschränkter Haftung (nachfolgend „GmbH") einen erhöhten Formaufwand durch zeit- und kostenaufwendige notarielle Beurkundungen.[99] Hierbei fehlt es den Gesellschafterbeteiligungen an der erforderlichen Fungibilität und Flexibilität im Hinblick auf die hohe Anzahl der Kleinanleger und die Verbindung des Crowdinvestings mit dem Internet. Ferner würde die Gesellschafterstellung der Kleinanleger zu Mitsprache- und Stimmrechten der Investoren führen, die im Rahmen des Crowdinvestings zumindest von Seiten der Gründer grundsätzlich unerwünscht sind.[100] Selbiges Argument spricht letztendlich gegen eine unmittelbare

---

97 Vgl. *Beck*, Crowdinvesting, S. 37 f.; *Heuer*, Crowdinvesting, S. 28 ff. Siehe auch *Schedensack*, Crowdinvesting, S. 54; *Ivanović*, Crowdinvesting, S. 40 f.; *Winde*, Regulierung Internet-Plattformen, S. 70 f.; *Drews*, Crowdfunding-Plattform, S. 17; *Weber*, Crowdinvesting, S. 28 ff.

98 Zur Digitalisierung des Gesellschaftsrechts, etwa im Bereich der Gründung einer GmbH siehe Gesetz zur Umsetzung der Digitalisierungsrichtlinie (DiRUG) vom 05.07.2021, BGBl. I S. 3338.

99 Vgl. *Beck*, Crowdinvesting, S. 175; *Fischer*, Crowdinvesting, S. 20. Zur Forderung der Praxis auch die Vermittlung von GmbH-Anteilen als Teil der gesetzgeberischen Regelung innerhalb des Crowdinvesting-Modells zu berücksichtigen siehe beispielsweise *Bundesverband Crowdfunding und Bundesverband Deutsche Startups*, Gemeinsame Stellungnahme von Bundesverband Crowdfunding und Bundesverband Deutsche Startups – Bundesverband Crowdfunding, abrufbar unter *https://www.bundesverband-crowdfunding.de/2019/04/gemeinsame-stellungnahme-von-bundesverband-crowdfunding-und-bundesverband-deutsche-startups/* [zuletzt aufgerufen am 12.05.2022] sowie *Bundesverband Crowdfunding e.V.*, Stellungnahme des Bundesverband Crowdfunding e.V. – Evaluierung Änderungen VermAnlG, abrufbar unter *https://www.bundesverband-crowdfunding.de/2021/11/stellungnahme-vermoegensanlagengesetz-2021/* [zuletzt aufgerufen am 12.05.2022].

100 Vgl. Abschnitt B.II.1.b).

Crowd-Beteiligung in Form von Aktien. Lediglich stimmrechtslose Vorzugsaktien nach § 12 Abs. 1 S. 2 AktG würden den genannten Anforderungen eines Crowdinvestings gerecht werden, wobei mit der Aktienausgabe wiederum die Veröffentlichung eines kostenintensiven Wertpapierprospektes verbunden sein könnte und dies folglich gegen eine kostensensible Finanzierungsalternative von jungen Gesellschaften spräche.[101] Zudem würde die Ausgabe von Vorzugsaktien zu einem kontinuierlichen Abfluss von Liquidität aus der Gesellschaft in Form des Vorzuges führen. Sofern ein Vorzug nicht bzw. nicht vollständig durch das jeweilige Start-up geleistet werden könnte, würden den Vorzugsaktionären gemäß § 140 Abs. 2 AktG wiederum Stimmrechte zustehen.

Die fehlende Möglichkeit einer kostengünstigen Wertpapieremission ohne Veröffentlichung von Prospekten zum Zwecke der Unternehmensfinanzierung haben inzwischen ebenfalls der europäische und nationale Gesetzgeber erkannt und in § 3 Nr. 2 Wertpapierprospektgesetz (WpPG) i.V.m. Art. 3 Abs. 1 EU-Prospekt-VO[102] einen entsprechenden Befreiungstatbestand bei Wertpapieren bis zu einem Emissionsvolumen von acht Millionen Euro normiert.[103] Gemäß Art. 2 lit.a EU-Prospekt-VO i.V.m. Art. 4 Abs. 1 Nr. 44 RL 2014/65/EU[104] handelt es sich bei Wertpapieren insbesondere um Aktien und andere gleichzustellende Wertpapiere, sowie Aktienzertifikate, Schuldverschreibungen und andere verbriefte Schuldtitel. Zudem trat im Jahre 2021 das Gesetz zur Einführung[105] von elektronischen Wertpapieren (eWpG) in Kraft, welches eine Modernisierung der Emission von Wertpapieren ermöglicht.[106] Hierfür ist die Ausgabe von digitalen Wertpapieren angedacht, welche unter Nutzung von innovativen

---

101 Hinsichtlich einer Befreiung von der Erstellung eines Prospektes gilt § 3 Nr. 2 WpPG i.V.m. Art. 3 Abs. 1 EU-Prospekt-VO. Demnach liegt der Schwellenwert für eine prospektfreie Emission bei acht Millionen Euro, siehe hierzu ausführlich nächster Abschnitt.

102 Verordnung (EU) 2017/1129 des Europäischen Parlaments und des Rates vom 14.06.2017 über den Prospekt, der beim öffentlichen Angebot von Wertpapieren oder bei deren Zulassung zum Handel an einem geregelten Markt zu veröffentlichen ist und zur Aufhebung der Richtlinie 2003/71/EG, ABl. L 168/12 vom 30.06.2017.

103 Ausführlich hierzu siehe Abschnitt E.VI.

104 Richtlinie 2014/65/EU des Europäischen Parlaments und des Rates vom 15. Mai 2014 über Märkte für Finanzinstrumente sowie zur Änderung der Richtlinien 2002/92/EG und 2011/61/EU, ABl. 2014 L 173, S. 349.

105 Gesetz über elektronische Wertpapiere (eWpG) vom 03.06.2021, BGBl. 2021 I Nr. 29, S.1423.

106 Zu diesem Thema siehe etwa *Linardatos*, ZBB 2020, 329 ff.

Technologien, wie zum Beispiel der Blockchain oder mithilfe eines elektronischen Wertpapierregisters, die Finanzierungen von Unternehmen erleichtern sollen.[107] Inwieweit etwaige Neuerungen im Bereich der Emission von Wertpapieren zu alternativen Instrumenten im Bereich der Eigenkapital-Beteiligung bei der Start-up-Finanzierung unter Teilnahme der Crowd führen, lässt sich zum gegenwärtigen Zeitpunkt nicht abschließend bestimmen. Insoweit sind die Reaktionen der Crowdinvesting-Praxis bis dato zurückhaltend und unterschiedlich. Rückschlüsse ergeben sich unter anderem aus dem Umstand, dass die gegenwärtig hauptsächlich verwendeten partiarischen Nachrangdarlehen nicht vom Wertpapierbegriff nach Art. 1 Abs. 1, Abs. 2 EU-Prospekt-VO i.V.m. Art. 2 lit.a, lit.d EU-Prospekt-VO und §§ 1, 2 Nr. 1 WpPG sowie § 2 Abs. 1 S. 1 eWpG umfasst sind und als privilegierte Vermögensanlagen im Sinne des § 2a VermAnlG i.V.m. § 1 Abs. 2 Nr. 3 bis Nr. 5 und Nr. 7 VermAnlG ausschließlich dem Anwendungsbereich des VermAnlG unterliegen. Angesichts einer fehlenden Vereinbarkeit der bestehenden Crowdinvesting-Verträge für Start-ups mit den Regelungen der EU-Prospekt-VO bzw. des WpPG und eWpG wären die Plattformen gezwungen ihre Beteiligungsmodelle und Verträge für die crowdbasierte Start-up-Finanzierung beizubehalten. Andererseits müsste diese auf die Emission von Wertpapieren umstellen bzw. die Angebote entsprechend ergänzen. Hierzu wären zudem die kapitalsuchenden Gesellschaften aufgefordert, die Rechtsform einer Aktiengesellschaft (nachfolgend „AG") zu wählen, welche zwar als Publikumsgesellschaft die Beteiligung einer Vielzahl von (Klein-)Aktionären ermöglicht, allerdings zu erhöhten Verwaltungskosten führen würde. Der erhöhte Abfluss von Investorengeldern infolge von Transaktionskosten entspricht nicht dem Finanzierungszweck von jungen Unternehmen in deren Frühphase und ist letztendlich im Sinne der betroffenen Gesellschaften so gering wie möglich zu halten.[108]

cc) Netzwerkeffekte mittels Internet

Das Crowdinvesting-Modell schickt sich an, eine weitere Finanzierungsvariante für Start-ups zu werden. Getrieben durch den Gedanken des Crowdsourcings versuchen die Beteiligten Netzwerkeffekte durch das Internet zu nutzen

---

107 Ausführlich *Preuße/Wöckener/Gillenkirch*, BKR 2021, 460 ff.; *Lehmann*, NJW 2021, 2318 ff.

108 Siehe zur Forderung einer AG Light *Bundesverband Crowdfunding e.V.*, Stellungnahme des Bundesverband Crowdfunding e.V. – Evaluierung Änderungen VermAnlG, abrufbar unter *https://www.bundesverband-crowdfunding.de/2021/11/stellungnahme-vermoegensanlagengesetz-2021/* [zuletzt aufgerufen am 12.05.2022].

und mithilfe der Schwarmintelligenz[109] erfolgreich zu investieren. Einen Vergleich mit anderen Kapitalgebern scheuen die Crowdinvesting-Parteien nicht. Insofern sollen nicht nur die besten Produkt- und Geschäftsmodelle finanziert, sondern auch eine durchschnittlich höhere Rendite erzielt werden im Vergleich zu Investmentrenditen von professionellen Wagniskapitalgebern.[110] In einem direkten Vergleich ist die Ausfallwahrscheinlichkeit der von der Crowdfinanzierten Unternehmen derzeit wohl geringer als bei solchen Unternehmen, die anderweitig eine Finanzierung erhielten.[111] Aufgrund des kurzen Bestehens des Crowdinvesting-Modells in Deutschland scheint die Aussagekraft entsprechender Vergleiche jedoch beschränkt. Weitere Untersuchungen, insbesondere hinsichtlich der tatsächlich erwirtschafteten Renditen sind bisher nicht veröffentlicht, obwohl bereits mehrere crowdfinanzierte Unternehmen erfolgreich einen Exit vollzogen haben.

II. Ausgangslage bei der crowdbasierten Start-up-Finanzierung

Nachdem die notwendigen Begrifflichkeiten erläutert und voneinander abgrenzt wurden, wird im Rahmen dieses Abschnitts die Ausgangslage des aktuell in Deutschland vorwiegend durchgeführten Crowdinvesting-Modells bei der Finanzierung von Start-ups bestimmt. Hierbei sind die Beteiligten und deren Interessen festzulegen (B.II.1.). Des Weiteren werden die derzeitigen Ausgestaltungen der partiarischen Nachrangdarlehen als Crowdinvesting-Verträge und deren Charakteristika in Bezug auf Start-ups erörtert (B.II.2.).

---

109 Vgl. *Braun*, Crowdfunding, S. 23 f.

110 So zum Beispiel *Seedmatch* mit Renditeangaben von 16 bzw. 15 Prozent p.a., siehe hierzu *Seedmatch*, Seedmatch Fundingindex 2020, abrufbar unter *https://www.seedmatch.de/fundingindex* [zuletzt aufgerufen am 12.05.2022] und *Becker*, Seedmatch – 15 Prozent Rendite p. a.: Die Power der Crowd zahlt sich aus, abrufbar unter *https://blog.seedmatch.de/15-prozent-rendite-p-a-die-power-der-crowd-zahlt-sich-aus/* [zuletzt aufgerufen am 12.05.2022].

111 Siehe hierzu auch *Klöhn*, ZIP 2017, 2125 (2126) m.w.N. sowie der F.A.Z.-Artikel von *Hock*, F.A.Z. – Investieren im Netz: Die Crowd hat die besseren Start-ups, abrufbar unter *https://www.faz.net/1.4998778* [zuletzt aufgerufen am 12.05.2022]; *Bundesverband Crowdfunding e.V.*, Stellungnahme des Bundesverband Crowdfunding e.V. – Evaluierung Änderungen VermAnlG, abrufbar unter *https://www.bundesverband-crowdfunding.de/2021/11/stellungnahme-vermoegensanlagengesetz-2021/* [zuletzt aufgerufen am 12.05.2022].

1. Beteiligte und Interessenlagen

Während die partiarischen Nachrangdarlehen als Crowdinvesting-Verträge zwischen den Start-ups und den Kleinanlegern die Grundlage für die wirtschaftliche Beteiligung der Crowd an den Unternehmen darstellt, werden bei dem derzeitigen Crowdinvesting-Modell weitere Vertragsverhältnisse geschlossen. Das Crowdinvesting-Modell zeichnet sich dadurch aus, dass in einem Dreieck drei unterschiedliche Parteien beteiligt sind und diese jeweils miteinander in Rechtsbeziehungen stehen. Neben den Geldgebern (B.II.1.a)) und kapitalsuchenden Gesellschaften (B.II.1.b)), bedarf es zusätzlich der Beteiligung einer Crowdinvesting-Plattform (B.II.1.c)), die mit beiden Partnern Vertragsbeziehungen eingeht und als Anlagevermittler[112] besondere Aufgaben übernimmt. Nachfolgend werden die einzelnen Beteiligten einer Crowdinvesting-Kampagne dargestellt.

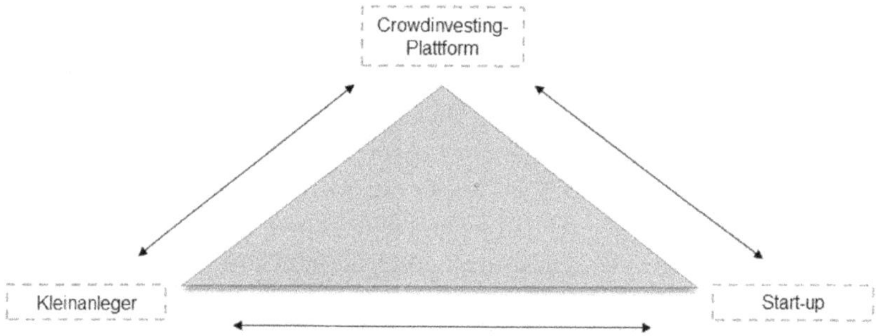

Abb. 1: Dreiecksgefüge im Crowdinvesting-Modell (eigene Darstellung)

a) Die Crowd als (Klein-)Anleger

Im Bereich des Crowdinvestings erwartet die *Crowd*[113] eine monetäre Rendite als Gegenleistung für die jeweils eingesetzten Finanzierungs-

112 Siehe ausführlich hierzu Abschnitt D.I.2.

113 Dementsprechend wird die Crowd auch als Investoren, Crowdinvestoren, Mikroinvestoren, Kleinanleger, Anleger, Kapitalgeber, Geldgeber oder Unterstützer bezeichnet, wobei dies sowohl eine Einzelperson als auch eine Personengemeinschaft sein kann und in dieser Arbeit einheitlich dargestellt wird; vgl. hierzu insgesamt auch *Söpper*, Crowdfunding, S. 6, 68 f.; *Bareiß*, ZUM 2012, 456 (458); *Fischer*, Crowdinvesting, S. 11 f.; *Beck*, Crowdinvesting, S. 110; *Nietsch/Eberle*, ZVglRWiss 2017, 205 (206); *Weitnauer*, GWR 2015, 309 (310 f.); *Weber*, Crowdinvesting, S. 10 f. Die Plattform *Companisto* bezeichnet die Kleinanleger, die auf ihrer Plattform eine Beteiligung zeichnen als *Companisten*.

beiträge.[114] Neben natürlichen Personen können auch juristische Personen an einem Crowdinvesting teilnehmen.[115] Derzeit bestehen wenige Erkenntnisse über die Charakteristika typischer Kleinanleger im Crowdinvesting. Wissenschaftliche Auswertungen diesbezüglich wurden bisher kaum veröffentlicht.[116] Eine Umfrage der Crowdinvesting-Plattform *Companisto* ergab jedoch, dass der durchschnittliche Kleinanleger auf der Plattform 39 Jahre und männlich ist.[117] Darüber hinaus hat er bereits Investmenterfahrung und ist hauptsächlich an Start-ups in der Wachstumsphase interessiert.[118] Zudem sind die Investoren regelmäßig überdurchschnittlich gebildet und waren in der Vergangenheit vermehrt in den Branchen der Informationstechnologie, Finanzdienstleistungen, Beratungen oder im Umfeld von professionellen Wagniskapitalgebern tätig.[119] Inzwischen mehren sich allerdings die Ansichten, die einen unerfahrenen Anlegerkreis im Rahmen des Crowdinvestings vermuten.[120] Dies wird unter anderem auf Untersuchungen gestützt, welche die Investitionsentscheidungen der Anleger als Forschungsgrundlage hatten. Insoweit ergeben sich Investitionsentscheidungen der Kleinanleger weniger aus einer sonst typischen betriebswirtschaftlichen Analyse des Geschäftsmodells der einzelnen Start-ups, sondern vielmehr infolge einer Bewertung der Gründer und jener

---

114 *Klöhn/Hornuf*, ZBB 2012, 237 (245); *Fischer*, Crowdinvesting, S. 8; *Nietsch/Eberle*, ZVglRWiss 2017, 205 (206 f.); *Braun*, Crowdfunding, S. 34; *Beck*, Crowdinvesting, S. 142.

115 *Hainz/Hornuf*, ifo Forschungsberichte, April 2019, Ausgabe 102, (7, 44 ff.); *Hainz/Hornuf/Klöhn*, ifo Forschungsberichte, 2017, Ausgabe 78, (38 f.); *Braun*, Crowdfunding, S. 17 f.; *Söpper*, Crowdfunding, S. 68, 78.

116 *Beck*, Crowdinvesting, S. 111; *Klöhn*, ZIP 2017, 2125 (2126 f.); zusammenfassend *Schedensack*, Crowdinvesting, S. 132 ff.

117 *WirtschaftsWoche-Gründer*, Crowdinvesting: Wie die Schwarm-Investoren ticken, abrufbar unter *http://gruender.wiwo.de/crowdinvesting-wie-die-schwarm-investoren-ticken/* [zuletzt aufgerufen am 12.05.2022]. Mit ähnlichem Ergebnis auch *Hainz/Hornuf*, ifo Forschungsberichte, April 2019, Ausgabe 102, (44); *Hainz/Hornuf/Klöhn*, ifo Forschungsberichte, 2017, Ausgabe 78, (37).

118 *WirtschaftsWoche-Gründer*, Crowdinvesting: Wie die Schwarm-Investoren ticken, abrufbar unter *http://gruender.wiwo.de/crowdinvesting-wie-die-schwarm-investoren-ticken/* [zuletzt aufgerufen am 12.05.2022]. Vgl. auch *Klöhn/Hornuf*, ZBB 2012, 237 (243 f.). Vgl. auch *Drews*, Crowdfunding-Plattform, S. 433.

119 *Klöhn/Hornuf*, ZBB 2012, 237 (245); *Beck*, Crowdinvesting, S. 88; *Schedensack*, Crowdinvesting, S. 132 f.

120 So etwa *Schedensack*, Crowdinvesting, S. 132 f.

Videopräsentationen, welche auf den jeweiligen Crowdinvesting-Plattformen veröffentlich werden.[121] In Anbetracht dessen weist die Crowd bei Crowdinvestings eine Heterogenität auf.[122]

Das Hauptinteresse der Kleinanleger liegt in der Renditemaximierung ihrer Investitionen, gefolgt von der Vereinbarung von Informations- und Kontrollrechten zum Schutz des eigenen Investments gegenüber den Kapitalsuchenden, sowie einem geringen Verwaltungsaufwand hinsichtlich der eigenen Beteiligung.[123] Im Gegensatz zu professionellen Wagniskapitalgebern erwartet die Crowd keine Mitsprache- oder Stimmrechte für Entscheidungen innerhalb des Unternehmens.[124] Weitere extrinsische und intrinsische Motive einzelner Kleinanleger für Investitionen sind grundsätzlich zwar denkbar, insgesamt jedoch im Bereich des Crowdinvestings als nachgelagert zu betrachten.[125] Insbesondere altruistische und idealistische Motive können je nach Art der Produktidee oder des Geschäftsmodells der jeweiligen Start-ups zusätzlich einzelne Kleinanleger zur Finanzierung bewegen.[126]

b) Kapitalsuchende Unternehmen und Gründer der Start-ups

aa) Kapitalsuchende Unternehmen

Bei dem Crowdinvesting-Modell im Bereich der Start-up-Finanzierung handeln die kapitalsuchenden Gesellschaften in der Regel als Emittenten[127] von Vermögensanlagen, die sich zumindest eine teilweise Finanzierung ihrer

121 *Schedensack*, Crowdinvesting, S. 133 m.w.N. Zur Präsentation allgemein *Drews*, Crowdfunding-Plattform, S. 83.

122 Vgl. *Wallmeroth*, Investor Behavior in Equity Crowdfunding, S. 23; *Schedensack*, Crowdinvesting, S. 133; *Winde*, Regulierung Internet-Plattformen, S. 51.

123 *Beck*, Crowdinvesting, S. 113 f.; *Business Angels Netzwerk Deutschland e.V.*, BAND-quartal 1/2014, abrufbar unter *https://www.business-angels.de/ausgabe-012014/* [zuletzt aufgerufen am 12.05.2022], S. 6; zusammenfassend *Schedensack*, Crowdinvesting, S. 134 ff.

124 *Beck*, Crowdinvesting, S. 113 f.

125 Zusammenfassend *Ivanović*, Crowdinvesting, S. 51 f.; *Schedensack*, Crowdinvesting, S. 134 ff.

126 Vgl. *Schedensack*, Crowdinvesting, S. 136.

127 Insoweit werden auch die Begriffe Initiatoren, Projektinitiatoren, Kapitalsuchende, Kapitalnehmer oder Unternehmen verwendet; vgl. *Fischer*, Crowdinvesting, S. 12; *Söpper*, Crowdfunding, S. 68 f.; *Braun*, Crowdfunding, S. 17; *Winde*, Regulierung Internet-Plattformen, S. 52 ff.; *Drews*, Crowdfunding-Plattform, S. 21; *Weber*, Crowdinvesting, S. 9 f.; *Nietsch/Eberle*, ZVglRWiss 2017, 205 (206).

Projekte durch die Crowd erhoffen.[128] Häufig sind die Unternehmen juristische Personen, die hauptsächlich die Rechtsform einer Kapitalgesellschaft gewählt haben.[129] Die Beteiligungsangebote der Emittenten im Crowdinvesting-Modell sind zahlreich und haben in den letzten Jahren an Vielfalt gewonnen. So besteht gegenwärtig die Möglichkeit nicht nur in Start-ups zu investieren, sondern auch mittelständische Unternehmen, Filmproduktionen, Immobilienvorhaben oder Projekte im Bereich der erneuerbaren Energien zu finanzieren.

Die Interessenlagen der jungen Unternehmen für eine Finanzierung durch die Crowd können verschieden sein. Dem Grunde nach unterliegen alle Gesellschaften zunächst einem Kapitalbedarf, um ihre Projekt- oder Geschäftsideen weiterentwickeln zu können.[130] Ferner fehlen den Start-ups für gewöhnlich Finanzierungsalternativen, da beispielsweise Banksicherheiten nicht gestellt werden können oder ein erhöhtes Zinsniveau vorherrschend ist.[131] Vor allem das *Early-Stage-Gap* drängt die jungen Unternehmen in alternative Finanzierungsvarianten wie das Crowdinvesting. Das *Early-Stage-Gap* umschreibt die Schwierigkeit von Start-ups wachstumsfördernde Finanzierungen in deren Entstehungs- und Frühphasen zu erhalten.[132] So ist es besonders in diesen Phasen schwer, Geldgeber von Investitionen zu überzeugen, da die Gesellschaften regelmäßig noch keine Gewinne erwirtschaften oder das für Frühphaseninvestitionen vorgesehene Risikokapital von professionellen Wagniskapitalgebern nicht ausreichend vorhanden ist.[133]

---

128 Zur rechtlichen Einordnung siehe ausführlich Abschnitt E.

129 So ist bei *Seedmatch* die Rechtsform GmbH oder UG (haftungsbeschränkt) Voraussetzung, um an einer Crowdinvesting-Kampagne in Form eines Seed Investments als Start-up teilnehmen zu können, *Seedmatch*, Für Gründer, abrufbar unter *https://www.seedmatch.de/fuer-gruender* [zuletzt aufgerufen am 12.05.2022]. Vgl. hierzu auch *Hainz/Hornuf*, ifo Forschungsberichte, April 2019, Ausgabe 102, (29 f.), hiernach ist der Anteil der GmbH im Vergleich zu anderen Gesellschaftsformen innerhalb des Berichtszeitraumes mit 96% beziffert. Vgl. auch *Ivanović*, Crowdinvesting, S. 99.

130 Vgl. *Ivanović*, Crowdinvesting, S. 58 ff.

131 *Beck*, Crowdinvesting, S. 83 f.; *Braun*, Crowdfunding, S. 33; andere Erkenntnisse dagegen bei *Löher u. a.*, IfM-Materialien, Nr. 241, S. 16.

132 Vgl. *Nietsch/Eberle*, DB 2014, 1788 (1789); *Braun*, Crowdfunding, S. 33; *Schulz*, Crowdinvesting, S. 8.

133 Vgl. alleine *Schedensack*, Crowdinvesting, S. 89 ff.; *Schmitt/Doetsch*, BB 2013, 1451 (1452). Bzgl. Kreditvergaben an KMU auf EU-Ebene siehe hierzu auch *Fabricius*, BKR 2022, 139 (141 f.) m.w.N.

Überdies stellt Crowdinvesting eine Finanzierungsform für die Start-ups dar, welche teilweise als zeitlich schnelle Möglichkeit der einzelnen Unternehmen dienen kann, Kapital zu erlangen.[134] So sind Crowdinvesting-Kampagnen nicht selten bereits innerhalb weniger Wochen erfolgreich beendet. Im Vergleich zu Beteiligungsvorhaben von professionellen Wagniskapitalgebern, welche zunächst aufwändige Due Diligence-Prüfungen und Vertragsverhandlungen voraussetzen, besteht beim Crowdinvesting die Aussicht, innerhalb von kurzer Zeit den erforderlichen Kapitalbedarf decken zu können. Zusätzlich zu einer schnellen Finanzierung versprechen sich Start-ups mit einer Crowdinvesting-Kampagne eine hohe Bewertung ihres Unternehmens, um daraus nicht nur eine erhöhte Finanzierungssumme mit einer geringeren Partizipation der Crowd für ihre Kleinstbeträge abzuleiten, sondern zudem die Höhe der Bewertung als Signal für eine gute Investmentchance gegenüber potentiellen Investoren darstellen zu können.[135]

Im Gegensatz zu der Geschwindigkeit der Kapitaleinsammlung im Rahmen einer Crowdinvesting-Kampagne sind die entstehenden Kosten für die Start-ups vergleichbar mit Finanzierungsrunden durch professionelle Wagniskapitalgeber.[136] Während die Kosten bei entsprechenden Finanzierungsrunden in der Regel durch Notar- und Rechtsberatungskosten entstehen, ergeben sich die Kosten bei Crowdinvesting-Finanzierungen vorwiegend durch Zahlungen von Provisionen an die Crowdinvesting-Plattformen und weitere Ausgaben für die Durchführung der Kampagne.[137] Eine weitere monetäre und zeitliche Belastung ergibt sich allerdings hinsichtlich der Betreuung der Crowd, welche nicht nur infolge der Vielzahl der einzelnen Geldgeber einen erhöhten Verwaltungsaufwand mit sich bringen, sondern auch aufgrund der Anonymität der Investoren eine Plattform bietet, auf welcher kritische oder enttäuschte Anleger öffentlichkeitswirksam ihren Unmut artikulieren können.[138] Demnach haben die kapitalsuchenden Gesellschaften für gewöhnlich das Interesse den Verwaltungsaufwand mit den Kleinanlegern so gering wie möglich zu halten und gleichzeitig die Anzahl von kritischen Anlegern zu minimieren.[139]

---

134 *Löher u. a.*, IfM-Materialien, Nr. 241, S. 16 ff.

135 *Beck*, Crowdinvesting, S. 84; *Schedensack*, Crowdinvesting, S. 142.

136 *Schedensack*, Crowdinvesting, S. 140.

137 *Beck*, Crowdinvesting, S. 175; *Fischer*, Crowdinvesting, S. 20.

138 *Herr/Bantleon*, DStR 2015, 532 (539); *Weitnauer*, GWR 2015, 309 (310); *Schedensack*, Crowdinvesting, S. 142.

139 Siehe hierzu auch *Schedensack*, Crowdinvesting, S. 142.

Neben dem Interesse an einer zeitnahen und ausreichenden Finanzierung zur Deckung des gegenwärtigen Kapitalbedarfs wählen immer mehr Unternehmen die Beteiligung der Crowd, da das Crowdinvesting im Vergleich zu anderweitigen Finanzierungsvarianten besondere Vorteile bieten kann. Hierbei sind unter anderem Marketing- und Feedbackeffekte hinsichtlich des zu vermarktenden Produktes oder der Geschäftsidee bei einer Crowdinvesting-Kampagne zu nennen.[140] Unter Heranziehung des Grundgedanken des Crowdsourcings[141] können die Kapitalsuchenden bereits mithilfe der Finanzierungsrunde an die Masse herantreten und potenzielle Kunden anwerben.[142] Hierzu ist der Erfolg oder Misserfolg der Crowdinvesting-Kampagne gleichzeitig ein Parameter, inwieweit das angebotene Produkt oder die Geschäftsidee tatsächlich den Anforderungen der anvisierten Endkundengruppe entspricht oder ggf. noch zu verbessern ist.

Ferner haben die jungen Unternehmen ein Interesse daran, die Weitergabe und Offenlegung von Informationen gegenüber der Crowd zu minimieren. Mit Blick auf das teilweise innovative Umfeld im Start-up-Bereich besteht die Gefahr im Wege der Crowdinvesting-Kampagne die für den Erfolg des Unternehmens wesentlichen Informationen preisgeben zu müssen.[143] Zudem ergibt sich der Wunsch einer restriktiven Offenlegung von Informationen gegenüber potentiellen Konkurrenten oder Vertragspartner der Gesellschaften, da im Rahmen der Veröffentlichung eines Businessplans relevante Angaben auf den Crowdinvesting-Plattformen herausgegeben werden.[144] Im Übrigen haben die Gesellschaften bei einer Crowdinvesting-Kampagne das Interesse Beteiligungen an dem Erfolg der Start-ups anbieten zu können, ohne den Geldgebern etwaige gesellschaftsrechtliche oder vertragliche Mitspracherechte einräumen zu müssen.[145] Im Vergleich zu Beteiligungen von professionellen

---

140 *Weitnauer*, GWR 2015, 309 (310); *Beck*, Crowdinvesting, S. 87; *Schmitt/Doetsch*, BB 2013, 1451 (1452); *Schedensack*, Crowdinvesting, S. 95 ff., 139 ff.; *Ivanović*, Crowdinvesting, S. 56 f.; *Schulz*, Crowdinvesting, S. 8 f.; *Löher u. a.*, IfM-Materialien, Nr. 241, S. 16.

141 Siehe hierzu ausführlich Abschnitt B.I.1.

142 *Löher u. a.*, IfM-Materialien, Nr. 241, S. 16; *Schulz*, Crowdinvesting, S. 9 f.

143 *Schmitt/Doetsch*, BB 2013, 1451 (1452); *Herr/Bantleon*, DStR 2015, 532 (539).

144 *Weitnauer*, GWR 2015, 309 (310); *Schedensack*, Crowdinvesting, S. 141.

145 Vgl. *Beck*, Crowdinvesting, S. 83 f.; *Ivanović*, Crowdinvesting, S. 82; *Business Angels Netzwerk Deutschland e.V.*, BANDquartal 1/2014, abrufbar unter *https://www.business-angels.de/ausgabe-012014/* [zuletzt aufgerufen am 12.05.2022], S. 6; *Schedensack*, Crowdinvesting, S. 140 m.w.N.

Wagniskapitalgebern nehmen die Investoren bei einer Crowdfinanzierung mittels partiarischen Nachrangdarlehen grundsätzlich keine unmittelbare Stellung als Gesellschafter des Unternehmens ein.[146] Zudem ergeben sich die Rechte und Pflichten hinsichtlich der Crowdbeteiligung aus standardisierten Vereinbarungen, deren Regelungen im Einzelfall nicht verhandelt werden können. In Anbetracht dessen wird hierdurch eine einseitige Durchsetzung von Vertragsinhalten zugunsten der Start-ups erreicht.[147]

bb) Gründer

Die Interessenlage der Gründer der Start-ups bei Crowdinvestings ist ähnlich zu derjenigen der vorgenannten kapitalsuchenden Gesellschaften und vergleichbar mit den Interessen der Gründer bei Finanzierungen durch professionelle Wagniskapitalgeber. Das primäre Interesse liegt in dem Versuch, eine ausreichende Finanzierung des jeweiligen Unternehmens zu erlangen und den Wert der eigenen Unternehmensbeteiligungen an den Gesellschaften zu steigern.[148] Ferner soll der eigene Verwaltungsaufwand im Umgang mit der Crowd möglichst minimiert und der Liquiditätsabfluss für Maßnahmen reduziert werden, die nicht ausschließlich den Geschäftsprozess fördern.[149] Lediglich der Wunsch nach Autonomie und Selbständigkeit in Bezug auf die Unternehmensführung scheint bei Gründern innerhalb von Crowdinvesting-Finanzierungen stärker ausgeprägt zu sein, als bei Gründern von Start-ups mit Investitionen von professionellen Wagniskapitalgebern. Aufgrund der fehlenden Ausgabe von unmittelbaren Unternehmensbeteiligungen und der Beschränkung etwa auf Vermögensanlagen ohne die Einräumung von Mitsprache- und Stimmrechten der Kapitalgeber haben die Kleinanleger keine Möglichkeit eine aktive unternehmerische Position innerhalb des Start-ups einzunehmen.[150] Die Investoren sind somit bei Crowdinvestings auf die Funktion als Kapitalgeber und ggf. Feedbackgeber hinsichtlich des Produkts oder der Geschäftsidee beschränkt.

---

146 Vgl. Abschnitt F.I.

147 *Schedensack*, Crowdinvesting, S. 140.

148 *Beck*, Crowdinvesting, S. 84.

149 *Beck*, Crowdinvesting, S. 84; *Business Angels Netzwerk Deutschland e.V.*, BANDquartal 1/2014, abrufbar unter *https://www.business-angels.de/ausgabe-012014/* [zuletzt aufgerufen am 12.05.2022], S. 6.

150 Vgl. *Business Angels Netzwerk Deutschland e.V.*, BANDquartal 1/2014, abrufbar unter *https://www.business-angels.de/ausgabe-012014/* [zuletzt aufgerufen am 12.05.2022], S. 6.

Die Möglichkeit unmittelbaren Einfluss auf die Geschäftsentwicklung des jeweiligen Start-ups zu nehmen besteht daher nicht.

c) *Crowdinvesting-Plattformen*

Die Crowdinvesting-Plattformen[151] handeln in der Regel aufsichtsrechtlich als Anlagevermittler[152], indem sie der Crowd Vermögensanlagen auf ihren Onlinepräsenzen zur Zeichnung anbieten.[153] In ihrer Funktion als Anlagevermittler entscheiden die Plattformen als sogenannte *Gatekeeper*, welche kapitalsuchenden Gesellschaften den Kleinanlegern zur Investition angeboten werden.[154] Hierzu müssen sich die Unternehmen zunächst bewerben, wobei die Ablehnungsquote durch die Plattformen allgemein bis zu 99 % betragen kann.[155] Wurde ein entsprechendes Start-up ausgewählt, wird dieses bei der avisierten Finanzierungsrunde unterstützt.[156] Als Informationsintermediäre beteiligen

---

151 Der Gesetzgeber bezeichnet die Crowdinvesting-Plattformen insoweit als Internet-Dienstleistungsplattformen, ohne hierzu eine entsprechende Definition bereits zu stellen, vgl. *Danwerth*, ZBB 2016, 20 (29). Darüber hinaus werden auch die Begriffe Vermittlungsplattformen oder -portale verwendet; vgl. *Fischer*, Crowdinvesting, S. 12; *Braun*, Crowdfunding, S. 18; *Drews*, Crowdfunding-Plattform, S. 21 ff.; *Ivanović*, Crowdinvesting, S. 47 ff.; *Weber*, Crowdinvesting, S. 11 ff.; *Söpper*, Crowdfunding, S. 68 ff.

152 Zur rechtlichen Einordnung siehe ausführlich Abschnitt D. Vgl. auch *Klöhn/Hornuf/Schiling*, ZBB 2016, 142 (145); *Klöhn/Hornuf*, ZBB 2012, 237 (245); *Beck*, Crowdinvesting, S. 144 ff.; *Söpper*, Crowdfunding, S. 170. Für die Zahlungsabwicklung bedienen sich die Plattformen regelmäßig eines Treuhandkontos eines externen Anbieters, wie beispielweise *Seedmatch* hinsichtlich der *secupay AG*, als Anbieter von bargeldlosen Zahlungen im Internet.

153 Siehe ausführlich hierzu Abschnitt D.I.2.

154 Vgl. *Söpper*, Crowdfunding, S. 71; *Drews*, Crowdfunding-Plattform, S. 21; *Klöhn/Hornuf/Schiling*, ZBB 2016, 142 (145); *Spindler*, ZBB 2017, 129 (130); *Schulz*, Crowdinvesting, S. 13; *Klöhn/Hornuf*, ZBB 2012, 237 (245); *Uffmann*, JZ 2016, 928 ff. Siehe allgemein zu Crowdfunding-Plattformen *Ivanović*, Crowdinvesting, S. 50; *Drews*, Crowdfunding-Plattform, S. 186 ff.

155 *Klöhn/Hornuf/Schiling*, ZBB 2016, 142 (145) m.w.N.; zum Ablauf bei *Seedmatch* siehe auch *Schmitt/Doetsch*, BB 2013, 1451 (1452 f.), *Spindler*, ZBB 2017, 129 (130). Zu weiteren Zahlen hinsichtlich des Bewerberprozesses siehe *Löher*, The interaction of equity crowdfunding platforms and ventures: an analysis of the preselection process, S. 51 ff. Zusammenfassend auch *Schedensack*, Crowdinvesting, S. 143 ff.; *Schulz*, Crowdinvesting, S. 13 ff.; *Winde*, Regulierung Internet-Plattformen, S. 73 ff.; *Weber*, Crowdinvesting, S. 14 ff., 34 ff.; *Ivanović*, Crowdinvesting, S. 45 ff.

156 *Schedensack*, Crowdinvesting, S. 155 f.

sich die Plattformen bei der Erstellung von Prospekten und bestimmen, welche Informationen an die Kleinanleger weitergeleitet werden.[157] Insbesondere die für eine Beteiligung erforderliche Bestimmung des Unternehmenswerts wird üblicherweise von den Plattformen in Abstimmung mit den Start-ups übernommen.[158] Des Weiteren handeln die Crowdinvesting-Plattformen als Kommunikationsmedium zwischen den Emittenten und der Crowd. Insofern findet die Kommunikation zwischen den Beteiligten einer Finanzierungsrunde größtenteils in den eingerichteten Onlinebereichen der jeweiligen Plattformen statt.[159] Außerdem erstellen die Plattformen die für ein Crowdinvesting erforderlichen standardisierten Finanzierungsverträge zwischen den einzelnen Kleinanlegern und den Emittenten.[160] Die Vertragsabschlüsse mit den Kleinanlegern erfolgen sodann online, auf den Onlinepräsenzen der jeweiligen Plattformen.[161] Für die genannten Leistungen erwarten die Crowdinvesting-Plattformen eine Vergütung, die auf Seiten der Emittenten variabel ausgestaltet ist und sich an der Höhe der jeweils eingesammelten Finanzierungssumme bemisst.[162] Zusätzlich werden teilweise feststehende Verwaltungspauschalen vereinbart.[163] Darüber hinaus sieht beispielsweise die Plattform *Companisto* eine weitere erfolgsabhängige Vergütung auf Seiten der Crowd vor.[164] Hierbei verpflichten sich die Kleinanleger zur Zahlung eines prozentualen Anteils ihrer Gewinneinnahmen.[165]

---

157 *Klöhn/Hornuf/Schiling*, ZBB 2016, 142 (145); *Schedensack*, Crowdinvesting, S. 146 f.; *Drews*, Crowdfunding-Plattform, S. 21.

158 *Klöhn/Hornuf/Schiling*, ZBB 2016, 142 (145, 157 f.).

159 *Klöhn/Hornuf/Schiling*, ZBB 2016, 142 (145); *Spindler*, ZBB 2017, 129 (130); *Schedensack*, Crowdinvesting, S. 154 f.

160 *Klöhn/Hornuf/Schiling*, ZBB 2016, 142 (145); *Klöhn/Hornuf*, DB 2015, 47 (50); *Klöhn/Hornuf*, ZBB 2012, 237 (245); bei *Seedmatch Schmitt/Doetsch*, BB 2013, 1451 (1452 f.); *Ivanović*, Crowdinvesting, S. 49 f.; *Drews*, Crowdfunding-Plattform, S. 21 f.

161 Ausführlich hierzu siehe Abschnitt C.I.2.

162 *Beck*, Crowdinvesting, S. 148; *Klöhn/Hornuf/Schiling*, ZBB 2016, 142 (147); *Schmitt/Doetsch*, BB 2013, 1451 (1453); *Ivanović*, Crowdinvesting, S. 49; *Braun*, Crowdfunding, S. 35; *Drews*, Crowdfunding-Plattform, S. 87 f.; *Spindler*, ZBB 2017, 129 (130); *Weitnauer/Parzinger*, GWR 2013, 153 (154).

163 *Beck*, Crowdinvesting, S. 148.

164 Vgl. *Weitnauer/Parzinger*, GWR 2013, 153 (154).

165 Sogenannte *Carried Interests*, vgl. *Beck*, Crowdinvesting, S. 148; *Klöhn/Hornuf/Schiling*, ZBB 2016, 142 (147); *Spindler*, ZBB 2017, 129 (130).

Das Hauptinteresse der Crowdinvesting-Plattformen liegt in der Erwirtschaftung eines höchstmöglichen Gewinns durch die Vermittlung von Investmentmöglichkeiten.[166] Zur erfolgreichen Vermittlung müssen die Plattformen stetig kapitalsuchende Emittenten akquirieren und ausreichend investitionsbereite Kleinanleger auf ihre Onlinepräsenzen leiten. Aufgrund der Vergütungsstruktur sind die Crowdinvesting-Plattformen daran interessiert, attraktive Investmentchancen mit möglichst hohen Volumina anzubieten. Insoweit haben diese ein Interesse daran, den zu ermittelnden Finanzierungsbedarf der einzelnen Start-ups zu maximieren, um so eine höchstmögliche eigene Vergütung zu erreichen.[167] Neben der angestrebten hohen Vergütung führt die vielfache Vermittlung von Vermögensanlagen zu einer Verdrängung konkurrierender Crowdinvesting-Plattformen.[168] Dies ergibt sich aus dem Umstand, dass die regelmäßige Vermittlung von Vermögensanlagen den Bekanntheitsgrad, die Reputation, sowie die Attraktivität der jeweiligen Plattform erhöht.[169] Je besser die Kleinanleger oder Emittenten die angebotenen Vermögensanlagen und die jeweilige Crowdinvesting-Plattform kennen, desto mehr sind diese bereit dort zu investieren bzw. sich finanzieren zu lassen.[170] Zudem kann der erfolgreiche Abschluss von einer Vielzahl von Crowdinvesting-Kampagnen den Zulauf von weiteren interessierten Geldgebern sowie die Finanzierungssummen für die kapitalsuchenden Start-ups durchschnittlich erhöhen.[171]

In Anbetracht des Gesagten handelt es sich bei Crowdinvesting um einen zweiseitigen Markt, bei dem die Plattformen sowohl die Interessen der Kleinanleger als auch die der Emittenten zu berücksichtigen haben.[172] Lediglich im Falle einer ausreichenden Berücksichtigung beider Interessenlagen können Crowdinvesting-Plattformen auf die Dauer wirtschaftlich erfolgreich sein und sich von konkurrierenden Plattformen abgrenzen.[173] Infolge eines aktuell

---

166 *Schedensack*, Crowdinvesting, S. 149.

167 *Löher*, The interaction of equity crowdfunding platforms and ventures: an analysis of the preselection process, S. 51 ff.; *Schedensack*, Crowdinvesting, S. 151.

168 Zu den Auswirkungen der Konkurrenz der Plattformen im Rahmen des Crowdinvestings siehe zusammenfassend *Klöhn/Hornuf/Schiling*, ZBB 2016, 142 (147); *Schedensack*, Crowdinvesting, S. 147 ff.

169 *Beck*, Crowdinvesting, S. 145 ff.; *Schedensack*, Crowdinvesting, S. 151 ff.

170 Insgesamt hierzu siehe auch *Schedensack*, Crowdinvesting, S. 148.

171 Vgl. *Hornuf/Schwienbacher*, The Emergence of Crowdinvesting in Europe, S. 8.

172 *Schedensack*, Crowdinvesting, S. 147 ff.; *Klöhn/Hornuf/Schiling*, ZBB 2016, 142 (147).

173 Vgl. *Klöhn/Hornuf/Schiling*, ZBB 2016, 142 (147).

bestehenden Wettbewerbs zwischen den Crowdinvesting-Plattformen und angesichts ihrer Funktion als Klausel-Produzent versuchen die Plattformen bei der Erstellung der Crowdinvesting-Verträge die Interessen der Beteiligten dementsprechend zu berücksichtigen, um so eine attraktive und von der Konkurrenz abgrenzbare Vermögensanlage zu gestalten, die letztendlich zu einer zahlreichen Vermittlung führen soll.[174] Eine Abkehr vom zweiseitigen Markt kann sich jedoch ergeben, wenn einzelne Bereiche innerhalb des Crowdinvesting-Marktes ein Ungleichgewicht der Interessen zwischen Kapitalgebern und kapitalsuchenden Unternehmen mit sich bringen. Ein solches Ungleichgewicht kann bei der Start-up-Finanzierung im Bereich der Entstehungs- und Frühphase vorherrschend sein, da die Qualität der jungen Unternehmen als rentables Investmentobjekt meist nicht innerhalb von kurzer Zeit für die Kapitalgeber oder die Plattformen sichtbar wird, sondern bis zur Realisierung Jahre vergehen können.[175] Insofern besteht die Gefahr, dass die Crowdinvesting-Plattformen das Interesse der Kapitalgeber nach einer guten Investition weniger und das Finanzierungsbedürfnis der kapitalsuchenden Start-ups stärker berücksichtigen, um mehr junge Unternehmen in einer entsprechenden Phase für Finanzierungen anzulocken.[176] Gegenwärtig existiert in Deutschland eine Vielzahl von Crowdinvesting-Plattformen, die vorwiegend finanzielle Beteiligungen mittels hybrider Finanzierungsinstrumenten anbieten.[177] Überwiegend handelt es sich um Beteiligungsverträge in Form von partiarischen Darlehen, Nachrangdarlehen oder partiarischen Nachrangdarlehen.[178] Während sich einige Plattformen auf die Finanzierung von Unternehmen bzw. Projekten aus einer Branche, wie etwa der Immobilienbranche, spezialisiert haben, bieten andere Plattformen Investitionsmöglichkeiten aus unterschiedlichen Geschäftszweigen an. Die bekanntesten und wirtschaftlich erfolgreichsten Crowdinvesting-Plattformen außerhalb der Immobilienfinanzierung in Deutschland sind *Companisto* und *Seedmatch*. Während *Companisto* bis Ende des ersten Quartals 2022 insgesamt

174 Sogenanntes *Race to the top*-Szenario, vgl. hierzu *Klöhn/Hornuf/Schiling*, ZBB 2016, 142 (147).

175 *Klöhn/Hornuf/Schiling*, ZBB 2016, 142 (147).

176 Sogenanntes *Race to the bottom*-Szenario, vgl. hierzu *Klöhn/Hornuf/Schiling*, ZBB 2016, 142 (147).

177 Einen Überblick über die einzelnen Plattformen in Deutschland *Hainz/Hornuf*, ifo Forschungsberichte, April 2019, Ausgabe 102, (16).

178 Siehe hierzu ausführlich Abschnitt B.I.2.e)bb)(1).

mehr als 141 Millionen Euro[179] vermittelte, sammelte *Seedmatch* annähernd 67 Millionen Euro[180] für ihre Emittenten ein. Für die branchenübergreifende Finanzierung von Start-ups im Rahmen des Crowdinvesting-Modells boten beide Plattformen in der Vergangenheit überwiegend partiarische Nachrangdarlehen als Unternehmensbeteiligungsmöglichkeiten an. Während *Seedmatch* gegenwärtig weiterhin entsprechende Beteiligungsvarianten bei der Start-up-Finanzierung anbietet, teilte *Companisto*[181] im Jahre 2019 mit, dass sie aufgrund einer Neupositionierung das Crowdinvesting-Modell verlassen und im Rahmen des Aufbaus eines Business-Angel- und Investoren-Netzwerkes interessierten professionellen Wagniskapitalgebern lediglich Eigenkapitalfinanzierungen anbieten werden. Neben der Start-up-Finanzierung durch partiarische Nachrangdarlehen werden zudem teilweise sogenannte *Venture Loan-* bzw. *Venture Debt*-Finanzierungen für (Wachstums-)Unternehmen in deren späteren Entwicklungs- und Wachstumsphasen angeboten.[182] Hierbei handelt es sich regelmäßig um die darlehensweise Bereitstellung von Kapital an bereits etablierte Unternehmen mit einer Festzins- und Nachrangvereinbarung, jedoch ohne ein partiarisches Element.

179 Stand: 24.03.2022 – *Companisto*, Höhe der Investmentzusagen, abrufbar unter *https://www.companisto.com/de* [zuletzt aufgerufen am 12.05.2022].

180 Stand: 24.03.2022 – *Seedmatch*, Höhe des investierten Kapitals, abrufbar unter *https://www.seedmatch.de/* [zuletzt aufgerufen am 24.03.2022].

181 *Companisto*, Neupositionierung von Companisto, abrufbar unter *https://www.companisto.com/de/press#/pressreleases/neupositionierung-companisto-wird-zum-investoren-netzwerk-2895496* [zuletzt aufgerufen am 12.05.2022]; *wallstreet-online*, Neupositionierung: Companisto wird zum Investoren-Netzwerk, abrufbar unter *https://www.wallstreet-online.de/nachricht/11594561-startup-investments-neupositionierung-companisto-investoren-netzwerk* [zuletzt aufgerufen am 12.05.2022].

182 Siehe hierzu etwa *Seedmatch*, Für Gründer, abrufbar unter *https://www.seedmatch.de/fuer-gruender* [zuletzt aufgerufen am 12.05.2022].

d) Tabellarische Zusammenfassung der Interessenlage der Beteiligten des Crowdinvesting-Modells

Kleinanleger	**Start-up**	**Crowdinvesting-Plattform**
• <u>Hauptmotiv:</u> Monetäre Rendite und Renditemaximierung durch wirtschaftliche Beteiligung am Gewinn-, Unternehmenswert und ggf. Exit-Erlös; zeitlich unbegrenzter Anlagehorizont möglich (*Life-Time-*Beteiligung)	• <u>Hauptmotiv:</u> Finanzierungs-bedürfnis der Projekt- oder Geschäftsidee	• <u>Hauptmotiv:</u> Erwirtschaftung eines maximalen Gewinns durch Vermittlung
• Einräumung von Informations- und Kontrollrechten; Mitsprache-/ Stimmrechte der Crowd nicht erforderlich	• Ausgabe von Unternehmens-beteiligungen mit reduzierten Informations- und ohne Mitsprache-/ Stimmrechte der Crowd	• Umfassendes Angebot an Investitions-möglichkeiten für Crowd – Plattform als *Gatekeeper* und *Informations-intermediär*
• Keine eigenständige Unternehmensbe-wertung; Absicherung durch *Down-Round-Protection*	• Hohe Unternehmens-bewertung	• Steigerung der Vermittlungsrate und der Unternehmens-bewertungen zur Maximierung des eigenen Gewinns und zur Verdrängung der Konkurrenz

Kleinanleger	**Start-up**	**Crowdinvesting-Plattform**
• Altruistische oder idealistische Motive[183] möglich, aber nachrangig	• Nutzung des Crowdinvesting-Modells als schnelle Finanzierungsform • Nutzung standardisierte Beteiligungsvereinbarungen	• Erstellung attraktiver Finanzierungsinstrumente sowohl für Crowd als auch für Start-ups – Plattform als *Klausel-Produzent* und Teilnehmer eines *zweiseitigen Crowdinvesting-Marktes*
• Geringer Verwaltungsaufwand mit der Beteiligung	• Nutzung von Marketing- und Feedbackeffekten des Crowdinvesting-Modells	• Vermittlung einer Vielzahl von Kleinanlegern und einfache Kommunikation zwischen den Beteiligten – Plattform als *Kommunikationsmedium*
	• Restriktive Offenlegung von Geschäftsinformationen	
	Gründer	
	• Erfolgreiche Finanzierung des Projektes und damit Steigerung der eigenen Unternehmensbeteiligung	

183 Weitere Interessen der Kleinanleger u.a. hinsichtlich Aspekte der Nachhaltigkeit siehe *Fabricius*, BKR 2022, 139 (140).

	• Geringer Verwaltungsaufwand im Umgang mit der Crowd	
	• Vermeidung von Liquiditätsabflüssen – ausschließliche Mittelverwendung zur Geschäftsförderung	
	• Wunsch nach Autonomie und Selbständigkeit – keine Mitsprache-/Stimmrechte der Crowd	

2. Charakteristika eines Crowdinvesting-Vertrages bei der Start-up-Finanzierung

Neben der Konzentration auf partiarische Nachrangdarlehen beinhalten Crowdinvesting-Verträge hinsichtlich der Finanzierung von Start-ups typische Vertragsklauseln, die nachfolgend erläutert werden sollen.

a) Partiarisches Element – Vermögensrechte

Ziel einer jeden Investition im Bereich des Crowdinvestings bei Start-ups ist die Partizipation an dem wirtschaftlichen Erfolg des jeweiligen Unternehmens. Daher sehen Crowdinvesting-Verträge grundsätzlich verschiedene Vermögensrechte der Kleinanleger vor, um entsprechende Beteiligungsmöglichkeiten im Laufe der Vertragsdauer abbilden zu können.[184] Die Vermögensrechte der Kleinanleger beinhalten üblicherweise eine geringe Festzinsvereinbarung, sowie eine Beteiligung am Gewinn und am Unternehmenswert der jeweiligen Gesellschaften. Zudem haben Kleinanleger gewöhnlich die Möglichkeit

---

184 Zu den Vermögensrechten im Allgemeinen siehe auch *Klöhn/Hornuf/Schiling*, ZBB 2016, 142 (154 ff.); *Söpper*, Crowdfunding, S. 88; *Ivanović*, Crowdinvesting, S. 134 ff.

bei einem erfolgreichen Exit wirtschaftlich von dem Erlös profitieren zu können, etwa dann, wenn die Gesellschafter der Start-ups ihre Geschäftsanteile an Dritte veräußern.

aa) Festzinsvereinbarung

In Abgrenzung zu dem in Abschnitt B.I.2.d) vorgestellten Lending-Modell, spielen Festzinsvereinbarungen beim Crowdinvesting-Modell lediglich eine untergeordnete Rolle.[185] Im Rahmen von Investitionen mittels Crowdinvesting-Verträgen beabsichtigen die Kleinanleger vielmehr eine dynamische Partizipation an dem wirtschaftlichen Erfolg der jeweiligen Start-ups, die nicht ausschließlich durch starre Zinsvereinbarungen abgebildet werden sollen. Die meisten Crowdinvesting-Verträge sehen zwar Festzinsvereinbarungen vor, die jeweiligen Zinshöhen variieren jedoch je nach Plattform und in Abhängigkeit zu anderweitigen Vermögensrechten zwischen 1 % p.a. und 8 % p.a.[186] Typischerweise sind die Zinsverpflichtungen der Emittenten endfällig ausgestaltet, so dass die aufgelaufenen Zinsen nach Beendigung der Verträge gemeinsam mit den Darlehensbeträgen aus- bzw. zurückbezahlt werden.[187] Ergibt sich die Fälligkeit der vertraglichen Zinsansprüche in einem vierteljährlichen oder jährlichen Rhythmus, so sind die Auszahlungen regelmäßig an die Vorgabe eines zu erwirtschaftenden Jahresüberschusses gekoppelt.[188] Insofern werden nur dann die vereinbarten Zinsen ausbezahlt, wenn zum Auszahlungszeitpunkt ein Jahresüberschuss durch die Start-ups erwirtschaftet wurde.

---

185 Vgl. *Schedensack*, Crowdinvesting, S. 162; *Schulz*, Crowdinvesting, S. 18.

186 Während beispielsweise Plattformen wie *Companisto* oder *Seedmatch* seinen Anlegern regelmäßig Festzinsen in Höhe von 1% anbieten, sehen einzelne Verträge einen Zinssatz in Höhe von 8 % vor, wobei dann auf anderweitige Vermögensrechte und insbesondere auf die für Crowdinvesting-Verträge typische Exit-Beteiligung anhand einer individuelle Beteiligungsquote verzichtet wird; vgl. *Klöhn/Hornuf/Schiling*, ZBB 2016, 142 (155); *Fischer*, Crowdinvesting, S. 22; *Söpper*, Crowdfunding, S. 88; *Weitnauer/Parzinger*, GWR 2013, 153 (154); *Schmitt/Doetsch*, BB 2013, 1451 (1453).

187 So etwa bei den Vereinbarungen von *Companisto* und *Seedmatch*; vgl. hierzu auch *Klöhn/Hornuf/Schiling*, ZBB 2016, 142 (155).

188 *Klöhn/Hornuf/Schiling*, ZBB 2016, 142 (155).

Die vertraglichen Regelungen einer Festzinsvereinbarung bei Companisto[189] lauten beispielsweise wie folgt:

*„**10. Ertragsunabhängige feste Verzinsung***

10.1. Die ertragsunabhängige feste Verzinsung des gewährten Darlehensbetrages beträgt 1% p.a., beginnend mit dem Tag des Crowdinvestingendes (Ziffer 4.3). Das letzte Jahr des partiarischen Darlehens ist zeitanteilig abzurechnen.

10.2. Die Festzinsen sind an den Companisten auszuzahlen, wenn der Vertrag gekündigt wird oder auf andere Weise endet (endfällige Verzinsung).

10.3. (…).“

Die vertraglichen Regelungen einer Festzinsvereinbarung bei Seedmatch[190] lauten beispielsweise wie folgt:

*„**§ 8 Ertragsunabhängige feste Verzinsung***

1. *Die ertragsunabhängige feste Verzinsung des gewährten Darlehensbetrages beträgt 1 % p.a., beginnend mit dem Abschluss des Vertrages.*
2. *Die Zinsen sind an den Investor auszuzahlen, wenn der Vertrag gekündigt wird oder auf andere Weise endet (endfällige Verzinsung).*
3. *(…).“*

bb) Wirtschaftliche Beteiligung

(1) Beteiligungsquote[191]

Im Gegensatz zu Finanzierungen von Unternehmen mittels Eigenkapital, begründen Kleinanleger bei dem Abschluss von partiarischen Nachrangdarlehen lediglich schuldrechtrechtliche Ansprüche. Die Investoren werden nicht

189 So beispielsweise bei dem Beteiligungsvertrag für ein partiarisches Nachrangdarlehen bei *Companisto* entsprechend dem als Anlage beigefügten Musterbeteiligungsvertrag.

190 So beispielsweise bei dem Beteiligungsvertrag für ein partiarisches Nachrangdarlehen bei *Seedmatch* entsprechend dem als Anlage beigefügten Musterbeteiligungsvertrag.

191 Wird auch als Investmentquote bezeichnet, vgl. *Klöhn/Hornuf/Schiling*, ZBB 2016, 142 (156 ff.); *Schulz*, Crowdinvesting, S. 20.

Gesellschafter der kapitalsuchenden Start-ups und partizipieren somit nicht kraft Gesellschafterstellung an etwaigen Gewinnen und sonstigen Erlösen. Um im Sinne des Crowdinvesting-Modells dennoch eine wirtschaftliche Erlösbeteiligung der Crowd zumindest vertraglich abbilden zu können, ist eine individuelle rechnerische Beteiligungsquote eines jeden Investors erforderlich. Bei diesen rechnerischen Beteiligungsquoten handelt es sich um eine wirtschaftliche Berechnungsgröße, um die Teilhabe an den Erlösen des jeweiligen Unternehmens errechnen zu können.[192] Die einzelnen Quoten ergeben sich aus dem Verhältnis des individuell investierten Darlehensbetrags eines jeden Kleinanlegers zur jeweiligen Bewertung des Unternehmens[193] und der Gesamtdarlehenssumme der Crowd.[194] Die jeweiligen Unternehmensbewertungen werden hierzu von den Crowdinvesting-Plattformen in Absprache mit den Start-ups vorgenommen.[195] Allgemein anerkannte Methoden zur Unternehmensbewertung finden keine Anwendung, da im Bereich der Start-up-Finanzierung üblicherweise keine gefestigten wirtschaftlichen Informationen, wie etwa Gewinne oder Umsätze, für die Bewertung herangezogen werden können, sondern ausschließlich eine Produkt- oder Geschäftsidee vorliegt.[196] Ebenso wenig bestehen Verhandlungsmöglichkeiten der Kleinanleger über die anvisierten Bewertungshöhen der jungen Unternehmen, wie dies bei Investitionen im professionellen Bereich von Beteiligungen durch Investoren üblich ist. Die Geldgeber können lediglich entscheiden, ob sie bei den jeweils vorgegebenen Unternehmensbewertungen ein Investment tätigen möchten oder nicht.[197]

Im Ergebnis ermöglichen die individuellen rechnerischen Beteiligungsquoten der Kleinanleger eine wirtschaftliche Teilhabe an späteren Erlösen der Unternehmen bzw. Unternehmenswerten, ohne Gesellschafter der Start-ups zu sein. Eine Teilhabe der Kleinanleger führt zu einer Verringerung der

---

192 Vgl. *Klöhn/Hornuf/Schiling*, ZBB 2016, 142 (156 f.); *Schulz*, Crowdinvesting, S. 20.

193 Hierbei handelt es sich um die sogenannte Pre-Money-Bewertung, also jene Unternehmensbewertung vor Kapitalzufluss, vgl. *Klöhn/Hornuf/Schiling*, ZBB 2016, 142 (157 f.); *Weitnauer*, in: Handbuch Venture Capital,S. 323, Rn. 24.

194 Zum Beispiel: Bei einer Pre-Money-Bewertung in Höhe von 1.000.000 Euro und einer Gesamtdarlehenssumme von 1.000.000 Euro, beträgt die Beteiligungsquote 0,005 %, wenn der Kleinleger 100 Euro investiert; kurz: 100/(1.000.000+1.000.000)=0,005; zum Beispiel *Klöhn/Hornuf/Schiling*, ZBB 2016, 142 (157).

195 *Klöhn/Hornuf/Schiling*, ZBB 2016, 142 (158).

196 *Klöhn/Hornuf/Schiling*, ZBB 2016, 142 (158).

197 *Klöhn/Hornuf/Schiling*, ZBB 2016, 142 (158).

wirtschaftlichen Partizipation der Gesellschafter an den Start-ups.[198] Insofern geben diese prozentual ihre aus den Eigenkapitalbeteiligungen resultierenden Vermögensrechte an die Kleinanleger ab. Demzufolge sind die erwirtschafteten Erlöse der jungen Unternehmen zwischen den Gesellschaftern und der Crowd zu verteilen.

(2) Gewinn- und Verlustbeteiligung

Crowdinvesting-Verträge sehen für gewöhnlich Regelungen hinsichtlich einer proportionalen Beteiligung der Crowd an den erwirtschafteten Jahresüberschüssen des Start-ups vor.[199] Die teilweise als Bonuszins[200] deklarierten Gewinnbeteiligungen ermöglichen den Kleinanlegern ein gesellschafterähnliches, schuldrechtliches Gewinnbezugsrecht im Verhältnis zu ihrer individuellen Beteiligungsquote. Für die Berechnung der Beteiligungshöhen am erzielten Gewinn einer Gesellschaft sind grundsätzlich zwei Modelle zu unterschieden. Während die Mehrzahl der Plattformen eine unbegrenzte Beteiligung am jeweiligen Jahresgewinn vorsieht (echte Gewinnbeteiligung), deckeln andere Plattformen den ausschüttungsfähigen Gewinn prozentual (unechte Gewinnbeteiligung).[201] Beide Gewinnbeteiligungsmodelle haben gemein, dass die Berechnung der an die Crowd auszuschüttenden Summe regelmäßig auf Grundlage des im steuerlichen Jahresabschluss ausgewiesenen Ertrags erfolgt.[202] Während grundsätzlich sowohl der handelsrechtliche, als auch der

198 *Klöhn/Hornuf/Schiling*, ZBB 2016, 142 (157).

199 *Klöhn/Hornuf/Schiling*, ZBB 2016, 142 (158 ff.); *Söpper*, Crowdfunding, S. 53 ff., 88, 98; *Weitnauer/Parzinger*, GWR 2013, 153 (154); *Ivanović*, Crowdinvesting, S. 135 f.; *Schulz*, Crowdinvesting, S. 18 f.

200 Beispielsweise bei *Companisto* und *Seedmatch*. Mit der Bestimmung der Regelung als Bonuszins und nicht als Erlösbeteiligung, versuchen die Plattformen eine Abgrenzung insbesondere zu den stillen Beteiligungen zu erlangen, um so nicht einer aus dem VermAnlG resultierenden Prospektpflicht zu unterliegen. Siehe hierzu im Einzelnen die Abgrenzung in Abschnitt E.I.2.

201 Zur sogenannten „echten" und „unechten" Gewinnbeteiligung mit Beispielen siehe *Klöhn/Hornuf/Schiling*, ZBB 2016, 142 (158).

202 Vgl. *Klöhn/Hornuf/Schiling*, ZBB 2016, 142 (158); *Schulz*, Crowdinvesting, S. 18. Auf eine exemplarische Anfrage des Verfassers bei *Seedmatch*, warum die Gewinnermittlung auf dem steuerlichen und nicht handelsrechtlichen Jahresabschluss basiere, wurde folgendes mitgeteilt: „*Sehr geehrte Investoren, vielen Dank für diese Nachfrage, gern möchten wir diese beantworten. Grundsätzlich kann gesagt werden, dass der Zweck, die Funktionen und die Adressaten der Handels- und der Steuerbilanz unterschiedlich sind. Der handelsrechtliche Jahresabschluss wird eher*

steuerliche Jahresabschluss als entsprechende Grundlage denkbar ist, zeigt sich in der Kautelarpraxis, dass der steuerliche Jahresabschluss etwa bei Verträgen zur Errichtung von stillen Gesellschaften bevorzugt wird.[203] Dies liegt unter anderem daran, dass bei nicht durch Wirtschaftsprüfer geprüften Gesellschaften zumindest der steuerliche Jahresabschluss einer Kontrolle durch das zuständige Finanzamt unterliegt und folglich den Darlehensgebern eine erhöhte Sicherheit hinsichtlich der Unternehmensangaben ermöglicht.[204] Zuletzt sehen typische Crowdinvesting-Verträge keine Verlustbeteiligung der Kleinanleger nach einem zuvor ermittelten Jahresfehlbetrag vor.[205] Dementsprechend können weder die eingezahlten Darlehenssummen noch die zuvor erzielten bzw. zu erzielenden Erlösbeteiligungen einem ermittelten oder zukünftigen Verlust des Unternehmens entgegenrechnet werden.

Die vertraglichen Regelungen zu einer Beteiligungsquote des Kleinanlegers und eines gewinnabhängigen jährlichen Bonuszinses bei *Companisto*[206] lauten beispielsweise wie folgt:

„11. Gewinnabhängiger jährlicher Bonuszins

11.1. Das Startup gewährt zusätzlich zu den Zinsen nach Ziffer 10 einen gewinnabhängigen jährlichen Bonuszins nach Maßgabe nachfolgender Bestimmungen, beginnend mit dem Tag des Crowdinvestingendes

---

intern im Unternehmen genutzt und der steuerliche Jahresabschluss extern (insbesondere für das Finanzamt um die Steuerzahlung festzusetzen). Wesentliche Funktionen des steuerlichen Jahresabschlusses sind unter anderem: -> Ermittlung der periodengerechten ertragsteuerlichen Bemessungsgrundlage. -> Sicherstellung der Gleichmäßigkeit der Besteuerung nach der Leistungsfähigkeit. -> Vermeidung von Gewinnverlagerungen durch außersteuerlich motivierte Ausweis- und Bewertungsvorschriften. Der steuerliche Jahresabschluss ist dadurch eine bessere Grundlage für die Ermittlung der Gewinnbeteiligung für die Crowdinvestoren. (…).“

203 *Kauffeld*, in: Blaurock, HdB-Stille Gesellschaft, § 8, Rn. 8.71.

204 Zur Unterscheidung zwischen Handelsbilanz und Steuerbilanz als Grundlage für die Gewinnermittlung bei stillen Gesellschaften im Einzelnen siehe *Kauffeld*, in: Blaurock, HdB-Stille Gesellschaft, § 8, Rn. 8.53 ff. Zur steuerlichen Bewertung des Crowdinvesting-Modells im Allgemeinen siehe *Schulz*, Crowdinvesting, S. 133 ff.

205 Vgl. *Klöhn/Hornuf/Schiling*, ZBB 2016, 142 (160); *Weber*, Crowdinvesting, S. 222 f.; *Schulz*, Crowdinvesting, S. 19.

206 So beispielsweise bei dem Beteiligungsvertrag für ein partiarisches Nachrangdarlehen bei *Companisto* entsprechend dem als Anlage beigefügten Musterbeteiligungsvertrag.

(Ziffer 4.3). Fällt der Tag der Beendigung des partiarischen Darlehens nicht auf einen Bilanzstichtag, so wird der Bonuszins zeitanteilig linear gekürzt. Der Bonuszins entfällt, wenn ein Jahresfehlbetrag festgestellt wird. Ein negativer Bonuszins ist ausgeschlossen. An Jahresfehlbeträgen ist der Companist nicht beteiligt.

11.2. Der gewinnabhängige Bonuszins ist jedes Jahr zum 31.07. zur Zahlung fällig. Im Falle des Verzugs fallen die gesetzlichen Verzugszinsen an.

*11.3. Maßgeblich für den Bonuszins ist der nach Ziffer 11.4 ermittelte Gewinn. Daran nimmt der Companist entsprechend seiner Beteiligungsquote teil. Die Beteiligungsquote richtet sich nach der Höhe des Investments des Companisten, der Höhe der Gesamtinvestments aller Companisten und der Premoney-Bewertung des Startups. Die Premoney-Bewertung des Startups beträgt EUR 20.000.000. Bei Erreichen des Investmentlimits (Ziffer 2.5) durch die Gesamtinvestments aller Companisten beträgt die Beteiligungsquote je 100 Euro Darlehensbetrag 0,0004444444 % (vor- und nachstehend „**Beteiligungsquote**"), vorbehaltlich einer eventuellen Reduzierung in Folge eines Exits nach Ziffer 12 und einer eventuellen Verwässerung nach Ziffer 16. Wird durch die Gesamtinvestments aller Companisten nicht das Investmentlimit (Ziffer 2.5) erreicht, so berechnet sich die Beteiligungsquote je 100 Euro Darlehensbetrag nach folgendem Schlüssel:*

Beteiligungsquote je 100 Euro Darlehensbetrag:
*100 / (Premoney-Bewertung des Startups (Ziffer 11.3) + Gesamtinvestments aller Companisten) * 100*

*z.B. 100 / (EUR 20.000.000+ EUR 1.250.000) * 100*
= 0,0004705882 %
➜ *Bei einem Gesamtinvestment aller Companisten in dem Crowdinvesting von EUR 500.000 würde die Beteiligungsquote je 100 Euro Darlehensbe*trag somit 1.250.000 % betragen.

11.4. Der Ergebnisbeteiligung des Companisten wird der im steuerlichen Jahresabschluss des Startups ausgewiesene Gewinn (vor Steuern) ohne Berücksichtigung von Dividendenzahlungen an die Gesellschafter des Startups und ohne Berücksichtigung der Bonuszinszahlungen aus den partiarischen Darlehensverträgen mit den Companisten und ohne Berücksichtigung von Gewinnanteilen weiterer Verträge, insbesondere stiller Beteiligungen, die eine Beteiligung am Gewinn des Startups vorsehen (nachfolgend „Ertrag"), zugrunde gelegt. Zu dem Ertrag hinzugerechnet werden alle Ergebnisse (vor Steuern) von Unternehmen, an denen das Startup eine Mehrheitsbeteiligung hält (§ 16 AktG) (nachfolgend „Tochterunternehmen"), soweit die Ergebnisse der Tochterunternehmen nicht im Wege eines Ergebnisabführungsvertrages, im Wege von Ausschüttungen oder in sonstiger Weise bereits an das Startup abgeführt wurden (und somit bereits in dem Ergebnis des Startups enthalten sind). Die Ergebniszurechnung erfolgt in der Höhe, in der das Startup an dem jeweiligen Tochterunternehmen beteiligt ist.

Beispiel:

Gewinn (vor Steuern) des Startups	*EUR 1.000.000*
Beteiligung des Startups an „Tochterunternehmen A"	*60 %*
Gewinn (vor Steuern) von „Tochterunternehmen A"	*EUR 100.000*

Zugrunde zu legender Ertrag für die Ergebnisbeteiligung:

EUR 1.000.000 + 60 % x EUR 100.000 = EUR 1.060.000

➜ *In diesem Falle würde der Companist entsprechend seiner Beteiligungsquote (Ziffer 11.3) an einem Gesamtgewinn von EUR 1.060.000 teilnehmen.*

11.5. Wird der Jahresabschluss des Startups (z. B. auf Grund einer Betriebsprüfung) bestandskräftig geändert, so ist diese Änderung auch bei den Bonuszinsen zu berücksichtigen; daraus resultierende Ausgleichszahlungen sind innerhalb von vier Wochen nach bestandskräftiger Änderung des Jahresabschlusses vorzunehmen."

Die vertraglichen Regelungen zu einer Beteiligungsquote des Kleinanlegers und eines gewinnabhängigen jährlichen Bonuszinses bei *Seedmatch*[207] lauten beispielsweise wie folgt:

*„**§ 2 Darlehensvertrag und Investmentquote des Investors***

1. (…)

*6. Je 250 Euro Darlehensbetrag entspricht einem Anteil am wirtschaftlichen Erfolg des Startups in Höhe von 0,01666667 % (nachfolgend „**Investmentquote**"). Dies entspricht zum gegenwärtigen Zeitpunkt einem Post-Money*

207 So beispielsweise bei dem Beteiligungsvertrag für ein partiarisches Nachrangdarlehen bei *Seedmatch* entsprechend dem als Anlage beigefügten Musterbeteiligungsvertrag.

Unternehmenswerts in Hohe von 1.500.000 Euro, welcher sich aus einem Pre-Money Unternehmenswert in Hohe von 1.200.000 Euro und dem Fundinglimit ergibt. Die Investmentquote des Investors beträgt entsprechend der Höhe seines Darlehensbetrags [0,XXXXXXXX %]. Die Formel zur Berechnung der Investmentquote (IN) lautet:

$$IN = DB / (Upre + FL)$$

DB … Darlehensbetrag des Investors
Upre… Pre-Money Unternehmenswert, der diesem Funding zugrunde liegt
FL… Fundinglimit

Beispiel:
*Ein Investor investiert 1.000 Euro. Die Pre-Money Unternehmensbewertung ist zur Berechnung der Investmentquote mit 2.000.000 Euro festgelegt, das Fundinglimit beträgt 500.000 Euro. Die Investmentquote des Investors in % be*läuft sich demnach auf 0,04 %:

$$IN = 1.000 / (2.000.000 + 500.000) = 0,04\ \%$$

Ist 60 Tage (Frist für SEPA-Rücklastschriften) nach Ablauf der Fundingfrist bzw. der verlängerten Fundingfrist das Fundinglimit nicht erreicht worden, sinkt der Post-Money Unternehmenswert und steigt die Investmentquote (IN) des Investors entsprechend. Die Investmentquote wird dann nach folgender Formel berechnet:

$$IN = DB / (Upre + V)$$

DB … Darlehensbetrag des Investors
Upre… Pre-Money Unternehmenswert, der diesem Funding zugrunde liegt
V… Tatsächlich eingesammeltes Kapital im Rahmen dieses Crowdfundings

Beispiel:
Ein Investor investiert 1.000 Euro. Die Pre-Money Unternehmensbewertung ist zur Berechnung der Investmentquote mit 2.000.000 Euro festgelegt, das Fundinglimit beträgt 500.000 Euro.

Das tatsächlich eingesammelte Kapital beträgt nach Ablauf des Fundings 350.000 Euro. Die Investmentquote des Investors berechnet sich entsprechend:

$$IN = 1.000 / (2.000.000 + 350.000) = 0,04255319\ \%$$

7. *Für Investoren, die in den ersten 7 Tagen ab dem Fundingstart investieren, also bis zum 11.05.2017 um 23:59 Uhr, wird die Investmentquote – abweichend von Abs. 6 – um 10 % erhöht.*
8. *Die Investmentquote ist – z.B. im Falle einer eventuellen Reduzierung in Folge einer Verwässerung nach § 14 – immer in Prozent mit acht Nachkommastellen (z.B. 0,12345678 %) anzugeben, sofern erforderlich. Dies gilt insb. für die Vorgaben nach § 5 Abs. 4 und § 14 Abs. 5.*
9. *Ist 60 Tage nach Ablauf der Fundingfrist bzw. der verlängerten Fundingfrist das Fundinglimit nicht erreicht worden, so wird die nach Abs. 6 entsprechend gestiegene Investmentquote (je 250 Euro Darlehensbetrag) innerhalb von zwei Wochen im Investor-Relations-Kanal und per E-Mail mitgeteilt.*

(…)"

„***§ 9 Gewinnabhängiger jährlicher Bonuszins***

1. *Das Startup gewährt zusätzlich zu den Zinsen nach § 8 einen gewinnabhängigen jährlichen Bonuszins nach Maßgabe nachfolgender Bestimmungen, beginnend mit dem Abschluss des Vertrages. Besteht das partiarische Darlehen nicht während des ganzen Geschäftsjahres, so wird der Bonuszinssatz zeitanteilig gekürzt. Der Bonuszins entfällt, wenn die nach § 9 Abs. 4 durchzuführende Ermittlung des Gewinns ein negatives Rechenergebnis ergibt.*
2. *Der Bonuszins ist jeweils am 31. Juli des nachfolgenden Jahres zur Zahlung fällig. Der fällige Bonuszinsanspruch ist im Falle des Verzugs in seiner jeweiligen Höhe mit 6 % p.a. zu verzinsen.*
3. *Maßgeblich für den Bonuszins ist der nach § 9 Abs. 4 ermittelte Gewinn. Daran nimmt der Investor in Höhe seiner Investmentquote gem. § 2 Abs. 6 teil, vorbehaltlich einer eventuellen Reduzierung in Folge einer Verwässerung nach § 14.*
4. *Zur Berechnung der Gewinnbeteiligung des Investors wird der im steuerlichen Jahresabschluss ermittelte Jahresüberschuss/Jahresfehlbetrag vor Berücksichtigung der Bonuszinsen des Investors nach Durchführung folgender Korrekturen zugrunde gelegt:*

   a) Folgende Positionen sind hinzuzurechnen:

   i. außerordentliche Aufwendungen;

   ii. Verluste aus der Veräußerung oder Zerstörung von Wirtschaftsgütern des Anlagevermögens, die vor dem Beginn des partiarischen Vertrags angeschafft wurden;

iii. Ertragsminderung aufgrund erhöhter Absetzungen oder Sonderabschreibungen nach steuerrechtlichen Vorschriften;
iv. Bildung steuerfreier Rücklagen, soweit sie einen Betrag von 2,0 % des Jahresumsatzes (wie er im steuerlichen Jahresabschluss ausgewiesen ist) übersteigen;
v. Vergütung der Geschäftsführung des Startup, soweit sie insgesamt den Betrag von jährlich 100.000 Euro pro Geschäftsführer überschreitet;
vi. Aufwendungen aus sonstigen Steuern

b) Folgende Positionen sind abzuziehen:

vii. außerordentliche Erträge;
viii. Erträge aus der Veräußerung oder Zerstörung von Wirtschaftsgütern des Anlagevermögens, die vor dem Beginn partiarischen Darlehens angeschafft wurden;
ix. Erträge aus der Auflösung solcher Rücklagen, die zuvor nach Abs. 4 iv) hinzugerechnet wurden.
x. Erträge aus sonstigen Steuern
xi. Einnahmen und Ausgaben aus der Aufnahme, dem Rückkauf oder der Rückzahlung von Darlehen
xii. Erträge aus öffentlichen Fördermitteln

Zum Nachweis über die Höhe des ermittelten gewinnabhängigen, jährlichen Bonuszinses wird das Startup dem Investor eine detaillierte und nachvollziehbare Berechnung in elektronischer Form zur Verfügung stellen.

5. *Wird der Jahresabschluss des Startup (z. B. auf Grund einer Betriebsprüfung) bestandskräftig geändert, so ist diese Änderung auch bei den Bonuszinsen zu berücksichtigen; Ausgleichszahlungen erfolgen innerhalb von vier Wochen nach bestandskräftiger Änderung des Jahresabschlusses.“*

(3) Beteiligung am Exit-Erlös

Als weiteres Vermögensrecht sehen Crowdinvesting-Verträge typischerweise eine Erlösbeteiligung der Crowd vor, sofern die Geschäftsanteile der finanzierten Start-ups im Wege eines Exits erfolgreich durch die Gesellschafter veräußert werden.[208] Da den Kleinanlegern eine Gesellschafterstellung fehlt und sie

208 Vgl. *Ivanović*, Crowdinvesting, S. 137 f.

nicht unmittelbar am Vermögen der Gesellschaft beteiligt sind, kann die wirtschaftliche Teilhabe an einem Exit-Erlös nur durch vertragliche Regelungen mittelbar gewährleistet werden.[209] Insoweit sehen die Vereinbarungen mit der Crowd einzelne Exit-Fälle vor, an denen eine Erlösbeteiligung der Kleinanleger im Rahmen der jeweiligen individuellen Beteiligungsquoten möglich sein soll. So wird die Crowd beispielsweise an Erlösen aus einem Börsengang der Start-ups oder einem Unternehmensverkauf beteiligt.[210]

Infolge der rein schuldrechtlichen Rechtsbeziehungen zwischen den Kleinanlegern und den Emittenten, bedarf es zudem zusätzlicher Bestimmungen betreffend der Aufrechterhaltung oder der Beendigung der Crowdinvesting-Verträge nach einem erfolgreichen Exit, da Veränderungen in der Gesellschafterstruktur zunächst keine Auswirkungen auf die Crowd haben.[211] Dementsprechend werden etwa bei *Seedmatch* Crowdinvesting-Verträge dann automatisch beendet, wenn mehr als 50 % der Geschäftsanteile veräußert wurden.[212] *Companisto* ermöglicht den Kleinanlegern dagegen die Fortführung der Vertragsbeziehungen in angepasster Form. Die individuellen Beteiligungsquoten der Crowd reduzieren sich dabei im Verhältnis zu den veräußerten Geschäftsanteilen proportional. Erfolgt aber ein Exit mit einer Anteilsveräußerung von mehr als 90 %, so sind die Unternehmen berechtigt sämtliche Vertragsbeziehungen mit den Kleinanlegern gegen Ablösezahlungen hinsichtlich der noch bestehenden Beteiligungsquoten einseitig zu beenden.

Die vertraglichen Regelungen eines Bonuszinses nach einem Exit bei *Companisto*[213] lauten beispielsweise wie folgt:

„12. Bonuszins nach Exitfall

> *12.1. Der Companist ist nicht am Vermögen des Startup und somit nicht am Stammkapital beteiligt. Das Startup gewährt jedoch zusätzlich zu den Zinsen nach den Ziffern 10 und 11 einen Bonuszins im Falle eines Exits. Damit ist der Companist an einem Exit wirtschaftlich mittelbar beteiligt.*

---

209 *Klöhn/Hornuf/Schiling*, ZBB 2016, 142 (163 f.).

210 *Klöhn/Hornuf/Schiling*, ZBB 2016, 142 (163); *Schulz*, Crowdinvesting, S. 19.

211 *Klöhn/Hornuf/Schiling*, ZBB 2016, 142 (163).

212 *Klöhn/Hornuf/Schiling*, ZBB 2016, 142 (165).

213 So beispielsweise bei dem Beteiligungsvertrag für ein partiarisches Nachrangdarlehen bei *Companisto* entsprechend dem als Anlage beigefügten Musterbeteiligungsvertrag.

12.2. Exit im Sinne dieses Vertrages bedeutet:

(i) Veräußerung von mehr als 50 % der Geschäftsanteile an dem Startup an einen von den Altgesellschaftern verschiedenen Dritten (Ziffer 13) (nachfolgend „Erwerber"),

(ii) Veräußerung wesentlicher Teile (mehr als 50 %, basierend auf dem Verkehrswert) der Vermögenswerte des Startups an einen von den Altgesellschaftern verschiedenen Dritten (Ziffer 13),

(iii) Tausch oder Einbringung von mehr als 50 % der Geschäftsanteile an dem Startup oder Verschmelzung mit einem von den Altgesellschaftern verschiedenen Dritten (Ziffer 13) als aufnehmenden Rechtsträger,

(iv) Liquidation des Startups, einschließlich durch ein Insolvenzverfahren und Verteilung eines Schlussverteilungsüberschusses gemäß § 199 Satz 2 InsO oder Verteilung des Vermögens des Startups gemäß §§ 72, 73 GmbHG,

(v) öffentliche Platzierung neuer und/oder bereits bestehender Geschäftsanteile des Startups an einer oder mehreren Börsen („IPO-Exit"),

(vi) eine sonstige, zu vergleichbaren wirtschaftlichen Ergebnissen führende Transaktion, insbesondere, aber nicht ausschließlich, nach dem Umwandlungsgesetz, jeweils im Rahmen einer oder mehrerer zusammenhängender Transaktionen oder im Rahmen einer Reihe von Transaktionen in einem engen zeitlichen Zusammenhang (nachfolgend „Exitfall"). Eine Veräußerung der Geschäftsanteile des Startups im Sinne des Satzes 1 kann auch mittelbar, z.B. über die Veräußerung von Geschäftsanteilen an den Altgesellschaftern selbst erfolgen, wenn es sich bei den Altgesellschaftern um juristische Personen handelt. Die Übernahme der Mehrheit der Geschäftsanteile im Rahmen einer Kapitalerhöhung oder durch Mitarbeiter des Startups im Rahmen eines Mitarbeiterbeteiligungsprogramms ist kein Exitfall. Tritt ein Exitfall deshalb nicht ein, weil Handlungen vorgenommen wurden, die lediglich dazu dienten, den Eintritt des Exitfalls zu verhindern, tritt keine Befreiung von der Zahlung des Bonuszinses nach Exitfall ein.

12.3. Der Companist erhält im Exitfall von dem Startup einen Bonuszins in der Höhe, als ob er in dem Umfang seiner Beteiligungsquote (Ziffer 11.3) unmittelbar an dem Exiterlös (Ziffer 12.4) beteiligt wäre, abzüglich eines Werts, der der Höhe nach dem gewährten

Darlehensbetrag des Companisten multipliziert mit der Exitquote entspricht (nachfolgend „Exitzins"). Ein negativer Exitzins ist ausgeschlossen. Die Beteiligungsquote ist auf den Zeitpunkt unmittelbar vor dem Exit zu bestimmen.

Beispiel:
Beteiligungsquote vor dem Exitfall: 0,1 %
Gewährter Darlehensbetrag des Companisten: EUR 1.000
Umfang des Erwerbs der Geschäftsanteile des Startups:
60,00 % des Stammkapitals (Exitquote)
Exiterlös: EUR 6.000.000
➔ *Exitzins = 0,1 % x 6.000.000 – (1.000 EUR x 60 %)*
= EUR 5.400

Im Exitfall reduziert sich die Beteiligungsquote (Ziffer 11.3), die den Bonuszinsen (Ziffern 11 und 12) des Companisten zugrunde liegt, in dem Umfang, in dem der Erwerber die Geschäftsanteile oder das wesentliche Betriebsvermögen des Startups erworben hat (nachfolgend „Exitquote").

Beteiligungsquote nach dem Exitfall:
Beteiligungsquote vor dem Exitfall – (Beteiligungsquote x Umfang der Veräußerung des Startups)

z.B. 0,10 % – (0,10 % x 60,00 %) = 0,04 %

Bleiben einzelne oder alle Altgesellschafter nach dem Exitfall mittelbar an dem Startup beteiligt oder wird ihnen nachträglich eine mittelbare Beteiligung an dem Startup eingeräumt, zum Beispiel über eine direkte oder indirekte Beteiligung an dem Erwerber, so reduziert sich die Beteiligungsquote (Ziffer 11.3) in dem Umfang nicht, in dem die Altgesellschafter mittelbar an dem Startup beteiligt bleiben. Die mittelbare Beteiligung ist dann auch entsprechend bei der Berechnung der Exitquote zu berücksichtigen. Dies gilt nicht für eine marktübliche Vergütung, die im Exitfall der Erwerber als Anreiz zur Weiterbeschäftigung von Altgesellschaftern auslobt.

Beispiel
Die Geschäftsanteile des Startups werden zu 100 % von einem Erwerber übernommen. An dem Erwerber wird den Altgesellschaftern eine

Beteiligung (Stammkapital, stille Beteiligung o.ä.) in Höhe von 20 % eingeräumt. In diesem Falle sind die Altgesellschafter weiterhin mit 20 % mittelbar an dem Startup beteiligt. Die Beteiligungsquote des Companisten bleibt dann zu 20 % bestehen. Die Exitquote würde in diesem Falle dann nicht 100 % betragen, sondern nur 80 % und die Beteiligungsquote des Companisten würde sich dann nicht um 100 % reduzieren, sondern nur um 80 %, also z.B. von 0,10 % auf 0,02 %.

12.4. Exiterlös im Sinne dieses Vertrages ist jedwede unmittelbare oder mittelbare Gegenleistung für die Übertragung oder Einräumung der Geschäftsanteile oder der Vermögenswerte und der Liquidationserlös. Hierbei sind sämtliche mit dem Exit in Beziehung stehenden vertraglichen Abreden sowie jegliche Zahlungen an die Gesellschafter zu berücksichtigen. Falls die Gegenleistung ganz oder teilweise nicht in Geld erfolgt, dann ist insoweit der Verkehrswert in Geld anzusetzen. Bei einem IPO-Exit (Ziffer 12.2) wird der Exiterlös anhand des Emissionspreises berechnet. Zu berücksichtigen sind alle Transaktionen durch die der Erwerber Geschäftsanteile oder Betriebsvermögen erworben hat. Nicht Teil des Exiterlöses sind diejenigen Finanzmittel, die der Käufer dem Startup zur Verfügung stellt, damit dieses die Forderungen der Companisten, insbesondere die Bonuszinsen nach Exitfall, sowie Fremdkapitalverbindlichkeiten bedienen kann.

12.5. Erwirbt der Erwerber nach dem Exitfall weitere Geschäftsanteile oder weiteres wesentliches Betriebsvermögen, so sind Ziffer 12.3 und Ziffer 12.4 mit der Maßgabe entsprechend anzuwenden, dass jeweils die Beteiligungsquote vor dem Exitfall auf den weiteren Exiterlös anzuwenden ist. Dies gilt solange fort, bis der Erwerber 100 % der Geschäftsanteile des Startups oder des wesentlichen Betriebsvermögens erworben hat.

Beispiel (basierend auf obigem Beispiel):
Beteiligungsquote vor dem Exitfall: 0,1 %
Beteiligungsquote nach dem Exitfall: 0,04 %
Zum Exitfall erworbenes Stammkapital:
60,00 % des Stammkapitals
Bisher nicht vom Erwerber gehaltenes Stammkapital:
40,00 % des Stammkapitals
Weiteres neu erworbenes Stammkapital:
30,00 % des Stammkapitals
Weiterer Exiterlös (für die neuen Geschäftsanteile): EUR 3.000.000

➔ *Weiterer Exitzins = 0,1 % x 3.000.000 – (1.000 EUR x 30 %) = EUR 2.700*

Beteiligungsquote nach dem weiteren Erwerb:

Beteiligungsquote nach dem Exitfall – (Beteiligungsquote nach dem Exitfall) x (Weiteres erworbenes Stammkapital/bisher nicht vom Erwerber gehaltenes Stammkapital)

z.B. 0,04 % – (0,04 %) x (30,00 % / 40,00 %)

= 0,01 %

12.6. *Erwirbt der Erwerber unmittelbar oder mittelbar in einer oder in mehreren Transaktionen neun Zehntel der Geschäftsanteile des Startups (nachfolgend „qualifizierter Exitfall"), so ist das Startup berechtigt, innerhalb von zwei Wochen nach Eintritt des qualifizierten Exitfalls die Beteiligungsquote (Ziffer 11.3), die den Bonuszinsen (Ziffern 11 und 12) des Companisten nach Anwendung der Ziffern 12.1 bis 12.5 zugrunde liegt (nachfolgend „Restbeteiligungsquote"), gegen Zahlung eines Ablösebonuszinses auf 0,00 % zu reduzieren. Der Ablösebonuszins entspricht dem Unternehmenswert des Startups zum Zeitpunkt des qualifizierten Exitfalls (nachfolgend „Exit-Unternehmenswert") mulitpliziert mit der Restbeteiligungsquote, abzüglich eines Werts, der der Höhe nach dem gewährten Darlehensbetrag des Companisten multipliziert mit der Rest-Exitquote entspricht. Der Exit-Unternehmenswert entspricht dem Exiterlös (Ziffer 12.4) hochgerechnet auf einen Vollerwerb des Startups. Die Rest-Exitquote entspricht 100 % minus der Exitquote (Ziffer 12.3).*

<u>*Beispiel*</u> *(basierend auf obigen Beispielen):*

Restbeteiligungsquote:	*0,01 %*
Exiterlös:	*EUR 9.000.000*
Exitquote:	*90 %*

➔ *Exit-Unternehmenswert = EUR 9.000.000 / 90 % = EUR 10.000.000*
➔ *Rest-Exitquote = 100 % – 90 % = 10 %*
➔ *Ablösebonuszins = EUR 10.000.000 x 0,01 % – (1.000 EUR x 10 %) = EUR 900*

12.7. *Der Exitzins und der Ablösebonuszins sind mit dem Exitfall (Ziffer 12.2) bzw. mit dem qualifiziertem Exitfall (Ziffer 12.6) fällig. Im Falle des Verzugs fallen zusätzlich zu dem Exitzins bzw. Ablösebonuszins die gesetzlichen Verzugszinsen an.*

12.8 Im Falle eines IPO-Exit (Ziffer 12.2), sind der Companist und das Startup jeweils berechtigt, zu verlangen, dass die Zahlungsansprüche des Companisten, insbesondere Exitzins und Ablösebonuszins, statt durch Leistung eines Geldbetrages durch Aktien an dem Startup erfüllt werden."

Die vertraglichen Regelungen zu einer Beteiligung am Exit-Erlös in Form eines Bonuszinses nach einem Exitereignis bei *Seedmatch*[214] lauten beispielsweise wie folgt:

„***§ 11 Bonuszins nach Exitereignis***

1. *Der Investor ist weder am Stammkapital, noch am Vermögen des Startups beteiligt. Das Startup gewährt jedoch zusätzlich zu den Zinsen nach § 8 und § 9 und unter Berücksichtigung des § 10 Abs. 3 einmalig einen Bonuszins nach Eintritt eines Exitereignisses. Damit ist der Investor an einem Exit des Startups wirtschaftlich mittelbar beteiligt.*
2. *Ein Exitereignis im Sinne dieses Vertrages liegt vor, wenn mindestens 50 % der Geschäftsanteile der Gründer an dem Startup in einem einheitlichen Vorgang bzw. in engem zeitlichen Zusammenhang an Dritte nach Abs. 8 veräußert werden. Eine Veräußerung der Geschäftsanteile am Startup im Sinne des Satzes 1 kann auch mittelbar z.B. über die Veräußerung von Geschäftsanteilen an die Gründern selbst erfolgen, wenn es sich bei den Gründern um juristische Personen handelt. Für eine Veräußerung ist es unerheblich, ob sie durch eine Übertragung von Nominalanteilen am Startup an Dritte gegen Barzahlung oder Gewährung von Anteilen oder sonstigen Rechten im Rahmen einer Verschmelzung, Vermögensübertragung oder ähnlichen zu vergleichbaren wirtschaftlichen Ergebnissen führenden Transaktionen oder im Wege einer öffentlichen Platzierung neuer und/ oder bereits bestehender Anteile der Gesellschaft an einer oder mehreren Börsen erreicht wurde.*
3. *Ein Exitereignis liegt auch vor bei der Veräußerung der wesentlichen Vermögensgegenstände (einschließlich von Immaterialgüterrechten und Geschäftsanteilen in Tochtergesellschaften) des Startups, der Verteilung*

214 So beispielsweise bei dem Beteiligungsvertrag für ein partiarisches Nachrangdarlehen bei *Seedmatch* entsprechend dem als Anlage beigefügten Musterbeteiligungsvertrag.

eines Schlussverteilungsüberschusses gemäß § 199 Satz 2 InsO, und der Verteilung des Vermögens des Startups gemäß §§ 72, 73 GmbHG.

4. *Tritt ein Exitereignis deshalb nicht ein, weil Handlungen vorgenommen wurden, die lediglich dazu dienten, den Eintritt des Exitereignisses gegenüber dem Investor zu verhindern, tritt keine Befreiung von der Zahlung des Bonuszinses nach Exitereignis ein.*
5. *Die Höhe des Bonuszinses nach Exitereignis in Euro berechnet sich nach folgender Formel: Der Exiterlös (Abs. 6) wird multipliziert mit der vor dem Exitereignis aktuellen Investmentquote des Investors (§ 2 Abs. 6 i.V.m. § 14); abzüglich eines Werts, der der Höhe nach dem gewährten Darlehensbetrag des Investors entspricht. Ein negativer Bonuszins nach Exitereignis ist ausgeschlossen. Zum Nachweis über die Höhe des ermittelten Bonuszinses nach Exitereignis wird das Startup dem Investor eine detaillierte und nachvollziehbare Berechnung in elektronischer Form über den Investor-Relations-Kanal der Internetplattform zur Verfügung stellen.*

$$BZexit = (EE \times INvor) - DB$$

BZexit … Bonuszins nach Exitereignis
EE … Exiterlös
INvor … Investmentquote des Investors vor dem Exitereignis
DB … Darlehensbetrag des Investors

Beispiel:
Im Rahmen eines Trade Sales verkaufen die Gründer (der Gesellschafterkreis zum Zeitpunkt des Crowdfundings) 100 % ihrer Geschäftsanteile an einen Dritten. Die Geschäftsanteile der Gründer sind seit Abschluss des Investmentvertrags nicht verwässert. Die von den Gründern verkauften Geschäftsanteile machen somit 100 % der gesamten Geschäftsanteile am Startup aus. Der Exiterlös beträgt 7.000.000 Euro. Der Darlehensbetrag des Investors ist 1.000 Euro, die Investmentquote des Investors beträgt 0,05 %. Der Bonuszins nach Exit berechnet sich wie folgt:

$$BZexit = (0{,}05\,\% \times 7.000.000) - 1.000 = 2.500\ Euro$$

6. *Der Exiterlös ist die Gesamtheit der Gegenleistungen, die die Gründer oder deren Gesellschafter im Rahmen des Exitereignisses für die Veräußerung der Geschäftsanteile des Startups erlangen. Dabei ist es unerheblich, ob die Gegenleistung in Geld oder wirtschaftlichen Zuwendungen anderer*

Art besteht. Wird eine Gegenleistung nicht in Geld erbracht, so tritt für die Berechnung des Exiterlöses der Wert der Gegenleistung an seine Stelle. Werden im Rahmen des Exitereignisses weniger als 100 % der Geschäftsanteile der Gründer am Startup veräußert und/oder sind die Anteile der Gründer seit Abschluss dieses Investmentvertrags verwässert (§ 14), so wird für die Berechnung des Exiterlöses die Veräußerung aller Geschäftsanteile des Startups angenommen.

Beispiel:
Im Rahmen eines Trade Sales verkaufen die Gründer (der Gesellschafterkreis zum Zeitpunkt des Crowdfundings) 50 % ihrer Geschäftsanteile an einen Dritten. Die Geschäftsanteile der Gründer sind seit Abschluss des Investmentvertrags um 20 % verwässert (§ 14). Die von den Gründern verkauften Geschäftsanteile machen somit 40 % der gesamten Geschäftsanteile am Startup aus. Der Exiterlös für diese 40 % der Geschäftsanteile beträgt 4.000.000 Euro. Der auf 100 % der Geschäftsanteile des Startups hochgerechnete Exiterlös beträgt demnach:

EE = 4.000.000 Euro / 40 % = 10.000.000 Euro

Der Darlehensbetrag des Investors ist 1.000 Euro, die Investmentquote des Investors, die ebenfalls um 20 % verwässert ist, beträgt zum Zeitpunkt des Exitereignisses 0,04 %. Der Bonuszins nach Exit beträgt:
BZexit = (0,04 % x 10.000.000) – 1.000 = 3.000 Euro

7. *Zum Exiterlös hinzugerechnet werden Leistungen, soweit sie deshalb nicht zum Exiterlös zählen, weil sie auf Handlungen und Gestaltungen beruhen, die vornehmlich dazu dienen, den Bonuszins der Investoren zu verringern.*
8. *Dritte im Sinne dieses Vertrags sind natürliche und juristische Personen, die mit den Gründern weder verbunden im Sinne des § 15 Aktiengesetzes, noch deren Angehörige im Sinne des § 15 Abgabenordnung sind.*
9. *Der Bonuszins ist 2 Monate nach dem Exitereignis fällig. Ansonsten gilt § 7 Abs. 2 entsprechend.*

(…)

§ 16 *Kündigung*

1. *(…)*

6. *Nach Eintritt des Exitereignisses nach § 11 endet der Vertrag automatisch. Eine bereits erklärte Kündigung, die noch nicht wirksam geworden ist, ist hinfällig.*"

(4) Beteiligung am Unternehmenswert bzw. Life-Time-Gewinn- und Exit-Beteiligung

Spiegelbildlich zu professionellen Wagniskapitalgebern, die als Gesellschafter Geschäftsanteile an Start-ups halten und somit von einer Steigerung des Unternehmenswertes profitieren können, versuchen Crowdinvesting-Verträge ebenfalls entsprechende Partizipationsmöglichkeiten auf schuldrechtlicher Basis zu simulieren.[215] Während Gesellschafter lediglich im Falle einer Veräußerung ihrer Geschäftsanteile an einen Dritten eine Wertsteigerung realisieren, können Kleinanleger etwa bei *Seedmatch* bei Beendigung ihrer Vertragsbeziehungen zu den Start-ups von einem Zuwachs des jeweiligen Unternehmenswertes profitieren.[216] Insoweit erhält die Crowd nach Vertragsende eine Zahlung seitens der Gesellschaft, deren Höhe sich anteilig aus ihrer rechnerischen Beteiligungsquote an dem zuvor ermittelten Unternehmenswert und abzüglich des jeweiligen Darlehensbetrages errechnet.[217] Im Ergebnis simulieren die Crowdinvesting-Verträge bei Vertragsbeendigung einen Exit des jeweiligen Kleinanlegers in Form einer Beteiligung am Unternehmenswert. Im Gegensatz zu einer tatsächlichen Veräußerung von Geschäftsanteilen ist allerdings nicht ein Dritter als Erwerber Schuldner etwaiger Kaufpreiszahlungen, sondern das Start-up selbst. Folglich führt eine vertragliche Beteiligung der Kleinanleger am Unternehmenswert der Gesellschaft bei der Beendigung der Vereinbarungen zu einem unmittelbaren Liquiditätsabfluss bei den Start-ups und nicht bei einem Dritten, welcher Geschäftsanteile erwirbt.

---

215 Vgl. Abschnitt F.I.

216 Die Partizipation an dem Unternehmenswert ist bei *Seedmatch* grundsätzlich dann ausgeschlossen, wenn der Kleinanleger die außerordentliche Kündigung des Darlehensvertrages schuldhaft verursacht hat. Vgl. hierzu *Ivanović*, Crowdinvesting, S. 136 f.

217 So erfolgt die Unternehmensbewertung bei *Seedmatch* generell mit einem EBIT- oder Umsatz-Multiple, wobei bei einem Vergleich beider Werte der höhere Wert als weitere Berechnungsgrundlage für eine Beteiligung der Kleinanleger herangezogen wird. Insoweit variieren die EBIT-Multiple derzeit zwischen 5 und 8,5 und die Umsatz-Multiple zwischen 0,75 und 4.; vgl. insgesamt *Klöhn/Hornuf/Schiling*, ZBB 2016, 142 (161); *Schulz*, Crowdinvesting, S. 19.

Für die Ermittlung des Unternehmenswertes sehen die Crowdinvesting-Plattformen zum Teil unterschiedliche Bewertungsmethoden vor. Während bei *Companisto* in der Vergangenheit die Art der Bewertungsmethode[218] von der Frage abhing, welche Vertragspartei den Vertrag beendet hatte, wurde inzwischen die Beteiligung am Unternehmenswert durch eine sogenannte Life-Time-Gewinn- und Exit-Beteiligung[219] ersetzt. Hiernach besteht für Kleinanleger die Möglichkeit nachvertraglich von den Entwicklungen der Start-ups (für weitere 100 Jahre) im Hinblick auf die jeweiligen Bonuszinsen (jährlicher Gewinn und Exit) zu profitieren, obwohl die Crowdinvesting-Verträge durch die Gesellschaft einseitig gekündigt werden. Eine nachvertragliche Beteiligung ist jedoch ausgeschlossen, wenn der Kleinanleger durch eine Kündigung die Vertragsbeziehung beendet.

Die vertraglichen Regelungen zur Life-Time-Gewinn- und Exit-Beteiligung bei *Companisto*[220] lauten beispielsweise wie folgt:

„***18. Vertragsbeendigung und Life-Time-Gewinn- und Exit-Beteiligung***

18.1. (...)

18.2. Endet dieser Vertrag aufgrund einer Kündigung des Startups, so erhält der Companist seinen Darlehensbetrag zurückgezahlt (Ziffer 0) sowie die feste Verzinsung (Ziffer 10) ausgezahlt. Darüber

---

218 Insoweit ist bei Verträgen von *Companisto* das Ertragswertverfahren nach den Grundsätzen des Instituts der Wirtschaftsprüfer (IDW) zur Durchführung von Unternehmensbewertung nach *IDW S1-Standard* vorgesehen, wenn das Unternehmen den Vertrag kündigt. Die Kosten des von der Plattform bestimmten Wirtschaftsprüfers trägt das Unternehmen. Beenden dagegen die Kleinanleger die Vertragsbeziehungen, können diese zwischen einer Unternehmensbewertung nach *IDW S1-Standard* oder einer EBIT- bzw. Umsatz-Multiple-Bewertung entscheiden. Wählen die Kleinanleger eine Bewertung nach einer EBIT- oder Umsatz-Multiple-Bewertung, so entscheidet in einem Vergleich beider Bewertungen der höhere Wert. Gegenwärtig beträgt der EBIT-Multiple bei *Companisto* 6,5 und der Umsatz-Multiple 1. Die anteiligen Kosten des Bewertungsverfahren tragen diejenigen Kleinanleger, welche gemeinsam ihrer Beteiligungen beendet haben; vgl. insgesamt *Klöhn/Hornuf/Schiling*, ZBB 2016, 142 (161).

219 *Companisto*, Zwei Crowdinvesting-Modelle im Vergleich, abrufbar unter *https://www.companisto.com/de/academy/anlageformen-und-strategien/gewinnbeteiligung-oder-festverzinsung* [zuletzt aufgerufen am 12.05.2022].

220 So beispielsweise bei dem Beteiligungsvertrag für ein partiarisches Nachrangdarlehen bei *Companisto* entsprechend dem als Anlage beigefügten Musterbeteiligungsvertrag.

hinaus werden der gewinnabhängige jährliche Bonuszins (Ziffer 11) und der Bonuszins im Exitfall (Ziffer 12) trotz Vertragsbeendigung für weitere 100 Jahre ab Vertragsende weiter an den Companisten gezahlt (nachfolgend „Life-Time-Gewinn- und Exit-Beteiligung"). Für die nachvertragliche Life-Time-Gewinn- und Exit-Beteiligung ist diejenige Beteiligungsquote des Companisten anzuwenden, die sich ergeben hätte, wenn der Vertrag nicht beendet und das Darlehen nicht zurückgezahlt worden wäre. Nachvertragliche Verwässerungen durch Kapitalerhöhungen oder Reduzierungen der Beteiligungsquote durch einen (Teil-)Exit sind zu berücksichtigen. Die Life-Time-Gewinn- und Exit-Beteiligung endet nicht durch den Tod des Companisten, sondern ist vererbbar. Während des Bestands der Life-Time-Gewinn- und Exit-Beteiligung bleiben die in Ziffer 7 genannten Informationsrechte des Companisten bestehen.

(...)"

Die vertraglichen Regelungen zu einer Beteiligung am Unternehmenswert in Form eines Bonuszinses nach Kündigung bei *Seedmatch*[221] lauten beispielsweise wie folgt:

„***§ 10 Bonuszins nach Kündigung***

1. *Das Startup zahlt zusätzlich zu den Zinsen nach § 8 und § 9 einmalig einen Bonuszins nach wirksamer Kündigung nach Maßgabe nachfolgender Bestimmungen. Die Auszahlung erfolgt nach Maßgabe des § 7 Abs. 2 dieses Vertrages.*
2. *Der Bonuszins nach Kündigung bemisst sich nach dem der Investmentquote (§ 2 Abs. 6 i.V.m. § 14) entsprechenden Anteil am Ergebnis (EBIT) der Steuerbilanz des letzten zum Zeitpunkt der Fälligkeit der ersten Rate (§ 7 Abs. 2) abgeschlossenen Geschäftsjahres, welches mit dem Faktor 8,5 zu multiplizieren ist; abzüglich eines Werts, der der Höhe nach dem gewährten Darlehensbetrag des Investors entspricht. Wenn die Ausführung des Innovationsvorhabens teilweise oder vollständig durch Tochtergesellschaften des Startups erfolgt, so ist für die oben genannte Berechnung ein konsolidiertes EBIT des Startups und seiner Tochtergesellschaften zu ermitteln.*

221 So beispielsweise bei dem Beteiligungsvertrag für ein partiarisches Nachrangdarlehen bei *Seedmatch* entsprechend dem als Anlage beigefügten Musterbeteiligungsvertrag.

Ein negativer Bonuszins ist ausgeschlossen. Bei der Berechnung des Ergebnisses (EBIT) sind die Korrekturen entsprechend § 9 Abs. 4 lit.a, lit.b durchzuführen. Anstelle des EBIT-Multiples wird der Umsatz-Multiple herangezogen, sofern der Wert des Ergebnisses (EBIT) multipliziert mit Faktor 8,5 kleiner ist als der Wert des Umsatzes multipliziert mit Faktor 1,8. In diesem Fall erhält der Investor dem seiner Investmentquote (§ 2 Abs. 6 i.V.m. § 14) entsprechenden Anteil am Umsatz der Steuerbilanz des letzten zum Zeitpunkt der Fälligkeit der ersten Rate (§ 7 Abs. 2) abgeschlossenen Geschäftsjahres, welcher mit dem Faktor 1,8 zu multiplizieren ist; abzüglich eines Werts, der der Höhe nach dem gewährten Darlehensbetrag des Investors entspricht. Wenn die Ausführung des Innovationsvorhabens teilweise oder vollständig durch Tochtergesellschaften des Startups erfolgt, so ist für die oben genannte Berechnung ein konsolidierter Umsatz des Startups und seiner Tochtergesellschaften zu ermitteln. Zum Nachweis über die Höhe des ermittelten Bonuszinses nach Kündigung wird das Startup dem Investor eine detaillierte und nachvollziehbare Berechnung in elektronischer Form zur Verfügung stellen. Die Formel für die Berechnung des Bonuszinses nach Kündigung (BZkünd) ist wie folgt:

BZkünd = [IN x max {EBIT x EBIT-Multiple);(Umsatz x Umsatz-Multiple)}] – DB

IN … Investmentquote des Investors zum Zeitpunkt der Kündigung
DB … Darlehensbetrag des Investors

Beispiel:
Der Investor beabsichtigt, den Investmentvertrag zum erstmöglichen Zeitpunkt, 31.12.2022, zu kündigen und reicht fristgerecht (§ 16) vor dem 30.06.2022 die Kündigung ein. Das im steuerlichen Jahresabschluss zum 31.12.2022 festgestellte Ergebnis beträgt 1.500.000 Euro, der Umsatz 3.700.000 Euro. Die vertraglich festgelegten EBIT- und Umsatz-Multiples betragen 8,5 (EBIT) und 1,8 (Umsatz). Das Produkt beim EBIT (1.500.000 x 8,5 = 12.750.000) ist größer als beim Umsatz (3.700.000 x 1,8 = 6.660.000) und somit für die Berechnung des Bonuszinses maßgeblich. Der Darlehensbetrag des Investors ist 1.000 Euro, die Investmentquote zum Stichtag 31.12.2022 beträgt 0,0667 %. Der Bonuszins nach Kündigung berechnet sich demnach wie folgt:

BZkünd = 0,0667 % x max {12.750.000;6.660.000} – 1.000 = 7.504,25 Euro

3. *Tritt ein Exitereignis nach § 11 Abs. 2 ein und wird aus diesem Anlass das partiarische Nachrangdarlehen wirksam beendet (§ 16 Abs. 6), entfällt der Anspruch auf Bonuszins nach Kündigung nach dieser Vorschrift (§ 10).*
4. *Der Bonuszins nach Kündigung wird zudem nicht gewährt, wenn der Investor eine außerordentliche Kündigung schuldhaft verursacht hat.*"

b) Verwaltungsrechte

aa) Einwirkungsrechte

Den Kleinanlegern stehen als Darlehensgeber grundsätzlich keine gesellschafterähnlichen Einwirkungsrechte in Form von Mitwirkungs- und Stimmrechten zu.[222] Um entsprechende Rechte der Crowd einzuräumen, müssten diese wiederum vertraglich vereinbart werden. In Anbetracht der aktuellen Crowdinvesting-Verträge und der Interessenlage der Beteiligten wird derzeit umfänglich auf derartige Regelungen verzichtet.[223] Die Kleinanleger haben daher gegenwärtig keine Einwirkungsrechte, um etwa die Geschäftsführung der Start-ups anweisen zu können.[224]

bb) Informationsrechte

Den Kleinanlegern steht im Rahmen ihrer Vertragsverhältnisse mit dem Start-up ein Informationsrecht zu.[225] Etwaige vertragliche Ausprägungen des Informationsrechts beinhalten die Übermittlung des Jahresabschlusses der Gesellschaften, sowie die quartalsweise Berichterstattung bezüglich einzelner vorher festgelegter Informationen. Darüber hinaus verpflichten sich die Start-ups regelmäßig Übersichten zu den erzielten Erlösbeteiligungen zu erstellen und der Crowd zugänglich zu machen. *Seedmatch* sieht zusätzlich eine ad-hoc Pflicht der Emittenten hinsichtlich solcher Ereignisse vor, die von wesentlicher Bedeutung für das Unternehmen sind. Der Versand bzw. die Veröffentlichung der Informationen erfolgt per E-Mail-Verteiler oder mittels einem von den Crowdinvesting-Plattformen zur Verfügung gestellten Investor-Relations-Kanal auf den jeweiligen

222 Zur Begründung siehe *Schedensack*, Crowdinvesting, S. 163; *Söpper*, Crowdfunding, S. 95; *Ivanović*, Crowdinvesting, S. 141; *Schulz*, Crowdinvesting, S. 21.

223 Zur Interessenlage siehe ausführlich Ziffer B.II.1. Vgl. auch *Schedensack*, Crowdinvesting, S. 163; *Klöhn/Hornuf/Schiling*, ZBB 2016, 142 (168).

224 *Klöhn/Hornuf/Schiling*, ZBB 2016, 142 (168).

225 Vgl. *Schedensack*, Crowdinvesting, S. 163; *Ivanović*, Crowdinvesting, S. 141; *Schulz*, Crowdinvesting, S. 21. Zum einheitlichen Informationsrecht siehe ausführlich *Roth*, Das einheitliche Recht auf Information, S. 177 ff.

Onlinepräsenzen der Plattformen.[226] Ähnlich den Einwirkungsrechten verzichten Crowdinvesting-Verträge in der Regel auf ein mögliches weitergehendes Informationsrecht in der vertraglichen Ausprägung von Auskunfts-, Einsichts- und Kontrollrechten der Crowd gegenüber den Emittenten.[227] Während in früheren Crowdinvesting-Verträgen bei *Seedmatch* ein Kontrollrecht der Kleinanleger gemäß § 233 HGB vereinbart wurde, wurde dieses sukzessiv zeitlich[228] und inhaltlich[229] eingeschränkt und schließlich vollständig aus den Verträgen genommen.

In der Vergangenheit ist es vermehrt zu fehlenden oder verspäteten Informationsbereitstellungen seitens der Emittenten gekommen.[230] Für solche Fälle sehen nicht alle Crowdinvesting-Verträge Regelungen vor. Während *Companisto* eine dahingehende Pflichtverletzung nicht sanktioniert, bestehen beispielsweise bei *Seedmatch* außerordentliche Kündigungsrechte der Crowd, soweit das Unternehmen den quartalsweise erforderlichen Bericht an zwei aufeinanderfolgenden Terminen mit jeweils einem Verzug von mindestens sechs Wochen verspätet veröffentlicht oder die Veröffentlichung des Berichts bis zur Fälligkeit des nachfolgenden Berichts nicht nachgeholt hat.[231] Allerdings bleibt in Frage zu stellen, inwiefern Kündigungsmöglichkeiten der Crowd tatsächlich als Sanktionsmechanismen für die fehlende oder fehlerhafte Informationsbereitstellung der Start-ups geeignet sind. Mit Blick auf den zusätzlichen Abschluss von Nachrangabreden mit vorinsolvenzlichen Durchsetzungssperren als weitere Regelungen der Crowdinvesting-Verträge (Abschnitt B.II.2.c)), bleiben die Forderungen der Kleinanleger nachrangig, sodass eine Rückzahlung für

---

226 *Schulz*, Crowdinvesting, S. 21.

227 Weder *Companisto*, noch *Seedmatch* sehen derzeit entsprechende Rechte vor; *Klöhn/Hornuf/Schiling*, ZBB 2016, 142 (173).

228 So wurde das vertragliche Kontrollrecht auf ein Jahr begrenzt; vgl. *Klöhn/Hornuf/Schiling*, ZBB 2016, 142 (176).

229 Das Kontrollrecht konnte nur durch alle Kleinanleger gemeinsam ausgeübt werden und bezog sich letztendlich nur noch auf die Überprüfung der für den Jahresabschluss erforderlichen Bücher und Papiere; vgl. *Klöhn/Hornuf/Schiling*, ZBB 2016, 142 (176).

230 *Seedmatch* gab an, dass 20 % der bis zum dritten Quartal 2014 finanzierten Unternehmen ihrer Pflicht zur Berichterstattung nur verspätet nachgekommen sind, *Seedmatch*, VibeWrite: Antrag auf Eröffnung des Insolvenzverfahrens gestellt, abrufbar unter *https://blog.seedmatch.de/vibewrite-antrag-auf-eroeffnung-insolvenzverfahrens/* [zuletzt aufgerufen am 12.05.2022]; vgl. auch *Klöhn/Hornuf/Schiling*, ZBB 2016, 142 (173).

231 Vgl. *Klöhn/Hornuf/Schiling*, ZBB 2016, 142 (173).

die Gesellschaften lediglich verpflichtend ist, sofern die einzelnen Auszahlungen nicht zur insolvenzrechtlichen Zahlungsunfähigkeit oder Überschuldung der Unternehmen führen. Insoweit ist anzunehmen, dass die Verletzung von Informationspflichten gegenüber der Crowd dann wahrscheinlich ist, wenn sich das Unternehmen bereits in der Krise befindet, sodass eine Kündigung der Crowdinvesting-Verträge wirtschaftlich zu keiner Besserstellung der Kleinanleger führen würde.

Die vertraglichen Regelungen zum Informationsrecht der Kleinanleger bei *Companisto*[232] lauten beispielsweise wie folgt:

„*7. **Informationsrechte***

7.1. Der Companist erhält zu den auf der Webseite veröffentlichten Terminen

- *eine Aufstellung zum Umsatz, Rohertrag und EBIT des Startups (jeweils Zahlen und mit Soll-/Ist-Vergleich in Bezug auf die aktuelle Jahres-Finanzplanung) für das jeweils letzte abgelaufene Quartal sowie Text-Ausführungen zur Liquiditätssituation des Startups (ohne Nennung von Zahlen) und Ausführungen zu aktuellen Erfolgen, aktuellen Herausforderungen, außerordentlichen Ereignissen und nächsten Schritten und zu den Bereichen „strategische Ausrichtung & Produkt", „Marketing & Vertrieb" und „Presse" (jeweils ohne Zahlen) sowie „Personal" (mit Angabe der aktuellen Mitarbeiterzahl)*

  und bis zum 31. Januar eines jeden Jahres
- *eine aktualisierte Jahres-Finanzplanung auf Monatsbasis für das laufende Kalenderjahr mit mindestens Planzahlen zu Umsatz, Rohertrag und EBIT des Startups*

  sowie bis zum 30. Juni eines jeden Jahres für das vorangegangene Geschäftsjahr
- *den Jahresabschluss des Startups bestehend aus Bilanz, Gewinn- und Verlustrechnung und Anhang und*
- *eine Mitteilung über den auf seinen Darlehensbetrag entfallenden Gewinn.*

232 So beispielsweise bei dem Beteiligungsvertrag für ein partiarisches Nachrangdarlehen bei *Companisto* entsprechend dem als Anlage beigefügten Musterbeteiligungsvertrag.

7.2. *Die zur Verfügung zu stellenden Unterlagen können dem Companisten elektronisch auf der Webseite oder per E-Mail zur Verfügung gestellt werden. Der Companist ist daher verpflichtet die bei Companisto hinterlegte E-Mail-Adresse stets aktuell zu halten. Weitergehende Informations- und Kontrollrechte bestehen nicht.*

7.3. *Der Companist hat über alle auf der Internetplattform als vertraulich gekennzeichneten Angelegenheiten des Startups Stillschweigen zu bewahren.*

8. Jahresabschluss

8.1. *Der handelsrechtliche und steuerrechtliche Jahresabschluss des Startups ist bis zum 30. Juni des auf das Geschäftsjahr folgenden Jahres mit Anhang und – soweit gesetzlich erforderlich – Lagebericht aufzustellen und, falls dies gesetzlich angeordnet ist, durch einen Wirtschaftsprüfer oder vereidigten Buchprüfer prüfen zu lassen.*

8.2. *Der Jahresabschluss muss den handelsrechtlichen Grundsätzen ordnungsmäßiger Buchführung und Bilanzierung sowie den steuerrechtlichen Gewinnermittlungsvorschriften entsprechen."*

Die vertraglichen Regelungen zum Informationsrecht der Kleinanleger bei *Seedmatch*[233] lauten beispielsweise wie folgt:

„***§ 5 Informationsrechte und -pflichten***

1. *Der Investor erhält für jedes Geschäftsjahr spätestens einen Monat nach Erstellung des jeweiligen Jahresabschlusses (§ 6) entweder eine Gewinnmitteilung und die zugrunde liegende Berechnung über die auf seinen Darlehensbetrag entfallenden Bonuszinsen nach §§ 9, 10 und 11 oder im Falle des Ausbleibens von Bonuszinsen – eine dementsprechende Mitteilung und Berechnung, jeweils in detaillierter, nachvollziehbarer und elektronischer Form über den Investor-Relations-Kanal der Internetplattform.*
2. *Das Startup übermittelt dem Investor im Falle von Zinsauszahlungen bzw. Bonuszinsauszahlungen nach §§ 8, 9, 10 und 11 spätestens einen Monat nach Erstellung des Jahresabschlusses (§ 6) für das jeweilige Geschäftsjahr eine Steuerbescheinigung nach § 12 Abs 2.*

---

233 So beispielsweise bei dem Beteiligungsvertrag für ein partiarisches Nachrangdarlehen bei *Seedmatch* entsprechend dem als Anlage beigefügten Musterbeteiligungsvertrag.

3. *Die in Abs. 1 und Abs. 2 sowie in § 6 Abs. 2 genannten Rechte stehen dem Investor auch nach Kündigung des partiarischen Darlehens in dem zur Überprüfung des Zinsanspruchs erforderlichen Umfang zu.*
4. *Das Startup wird, sofern die Fundingschwelle erreicht wird, jeweils zum 30. Januar, 30. April, 30. Juli und 30. Oktober eines jeden Jahres, erstmals frühestens 30 Tage nach Überschreiten der Fundingschwelle zum nächsten der vorgenannten Termine, ein Reporting über den Investor-Relations-Kanal der Internetplattform veröffentlichen, aus dem sich der Fortschritt des Innovationsvorhabens ergibt. Das Reporting muss einen Rückblick auf das zurückliegende Quartal als auch eine Vorschau auf das kommende Quartal enthalten zu Markt, Produkt, Finanzen, Wettbewerb, Marketing und Vertrieb, Forschung und Entwicklung, GuV, Cash-Flow mit Abweichungserläuterungen bzw. mit Wahrscheinlichkeitserläuterung zum Erfüllungsgrad der Prognosen bezogen auf das aktuelle Geschäftsjahr, wichtigen Meilensteinen, die Änderung der Kapitalverhältnisse und die aktuelle Investmentquote je 250 Euro Investment.*
5. *Das Startup ist ferner verpflichtet, Informationen, die für das Startup und/oder das Innovationsvorhaben von wesentlicher Bedeutung sind, insbesondere den aktuellen Jahresabschluss, bekanntzumachen, und zwar bis zum Ablauf der Fundingfrist bzw. der verlängerten Fundingfrist auf der Internetplattform und – im Falle des Erreichens der Fundingschwelle – nach dem vorgenannten Zeitraum über den Investor-Relations-Kanal der Internetplattform.*
6. *Sollte der Investor-Relations-Kanal auf der Internetplattform nicht mehr zur Verfügung stehen, kann das Startup die in den vorgenannten sowie nachfolgenden Regelungen genannten Unterlagen und Informationen auch per E-Mail an den Investor übermitteln.*
7. *Der Investor verpflichtet sich, den Inhalt dieses Vertrages sowie alle Informationen, die er in der Rolle als Investor im Rahmen dieser Vereinbarung erhalten hat oder künftig erhalten wird, streng vertraulich zu behandeln, es sei denn, die Informationen werden ohne Verletzung dieser Vereinbarung öffentlich bekannt, einem zur Verschwiegenheit verpflichteten Rechtsanwalt, Steuerberater oder Wirtschaftsprüfer zur Verfügung gestellt oder die Offenlegung ist aufgrund zwingender gesetzlicher Vorschriften erforderlich.*
8. *Sämtliche Rechte nach diesem § 5 stehen dem Investor gegen das Startup auch in Bezug auf derzeitige sowie ggf. weitere, zukünftige Tochtergesellschaften zu.*

§ 6 Jahresabschluss

1. *Die für das Startup bestehende Pflicht, aufgrund gesetzlicher Vorschriften ordnungsgemäße Bücher zu führen und Jahresabschlüsse zu erstellen, ist auch im Interesse des Investors zu erfüllen.*
2. *Der handelsrechtliche und steuerrechtliche Jahresabschluss des Startups (Bilanz, Gewinn- und Verlustrechnung und – soweit gesetzlich erforderlich – mit Anhang und Lagebericht) ist innerhalb der gesetzlich vorgesehenen Fristen zu erstellen und dem Investor unverzüglich nach Erstellung in elektronischer Form über den Investor-Relations-Kanal der Internet-Plattform zu übermitteln. Verzögert sich die Fertigstellung des Jahresabschlusses, wird das Startup dem Investor zunächst einen vorläufigen Jahresabschluss übermitteln.*"

c) Qualifizierte Nachrangklausel

Eine qualifizierte Nachrangabrede ist wesentliches Element eines Crowdinvesting-Vertrags im Bereich der Finanzierung von Start-ups.[234]

Die Vereinbarung einer Nachrangabrede sieht grundsätzlich vor, dass der Darlehensgeber mit sämtlichen Forderungen gegenüber dem Start-up im Rang hinter sämtliche Forderungen von aktuellen oder zukünftigen Gläubigern im Sinne des § 39 Abs. 1 Nr. 5 tritt. Bei der Vereinbarung eines Nachranges handelt es sich um eine abgestufte Verteilungsregelung der Insolvenzmasse im Rahmen eines Insolvenzverfahrens der jeweiligen Gesellschaft. Während die Kleinanleger als Gläubiger infolge eines schuldrechtlichen Rechtsverhältnisses normalerweise als Insolvenzgläubiger gemäß § 38 InsO zu berücksichtigen wären, werden diese aufgrund der Nachrangklausel erst nachfolgend als nachrangige Insolvenzgläubiger im Sinne des § 39 Abs. 1 InsO zu befriedigen sein. Zudem werden die Vereinbarungen mit einer vor- bzw. außerinsolvenzlichen Durchsetzungssperre der Forderungen der Crowd verbunden. Hierbei handelt es sich um eine qualifizierende Komponente der sonst einfachen Nachrangvereinbarung. Insoweit wird vereinbart, dass die Befriedigung des Darlehensgebers nur dann zu erfolgen hat, sofern über das Vermögen der Gesellschaft nicht das Insolvenzverfahren eröffnet wurde und für die Befriedung der Ansprüche ausreichend Vermögen vorhanden ist, so dass eine Auszahlung keinen Insolvenzgrund herbeiführen würde.

---

234 Ausführlich hierzu siehe Abschnitt C.I.3.b).

Sinn und Zweck der vorinsolvenzlichen Durchsetzungssperre ist der Erhalt der Liquidität innerhalb der Gesellschaft und die Vermeidung einer insolvenzrechtlichen Zahlungsunfähigkeit oder Überschuldung der Start-ups. Gläubiger, die entsprechenden Regelungen unterliegen, können ausschließlich dann fällige Forderungen gegenüber den Start-ups gelten machen, soweit die jeweiligen Gesellschaften die Ansprüche aus liquiden Mitteln befriedigen können.[235] Ferner sind qualifiziert nachrangige Forderungen nicht als Fremdkapital innerhalb der Überschuldungsbilanz im Sinne des § 19 Abs. 2 S. 1 InsO zu passivieren. Im Ergebnis können die Forderungen der Crowd innerhalb einer Überschuldungsbilanz gemäß § 19 Abs. 2 S. 2 InsO unberücksichtigt bleiben und führen demnach nicht zur Überschuldung der jeweiligen Gesellschaften. Besonders im Bereich der Finanzierung von jungen Unternehmen sind qualifizierte Nachrangvereinbarungen wesentlicher Bestandteil, da die Gesellschaften in der Regel wenig Eigenkapital aufweisen und durch die hohen Finanzierungssummen der Kapitalgeber sonst der Gefahr einer Überschuldung unterliegen würden.[236]

Die vertraglichen Regelungen zum qualifizierten Nachrang hinsichtlich der Forderungen der Kleinanleger bei *Companisto*[237] lauten beispielsweise wie folgt:

„***15. Qualifizierte Nachrangklausel***

15.1. Der Companist tritt hiermit gemäß § 19 Abs. 2, Satz 2 InsO mit seinen sämtlichen Ansprüchen aus diesem Vertrag (einschließlich Tilgung, Zinsen und Bonuszinsen) („Rangrücktrittsforderungen“) gegen das Startup im Rang hinter sämtliche Forderungen gegenwärtiger und zukünftiger anderer Gläubiger (mit Ausnahme gegenüber anderen Rangrücktrittsgläubigern, insbesondere anderer Companisten oder den Gesellschaftern des Startups) in den Rang hinter die Forderungen im Sinne des § 39 Abs. 1 Nr. 5 InsO zurück.

15.2. Die Rangrücktrittsforderungen der Companisten sind demnach insbesondere solange und soweit ausgeschlossen, wie a) im Falle der Auflösung des Startups die Ansprüche der nicht im Rang hinter den

235 Vgl. *Bitter*, ZIP 2015, 345 (346); *Klöhn/Hornuf/Schiling*, ZBB 2016, 142 (177 f.).

236 Vgl. *Schulz*, Crowdinvesting, S. 22.

237 So beispielsweise bei dem Beteiligungsvertrag für ein partiarisches Nachrangdarlehen bei *Companisto* entsprechend dem als Anlage beigefügten Musterbeteiligungsvertrag.

Forderungen i.S.d. § 39 Abs. 1 Nr. 5 InsO nachrangigen Gläubiger aus dem Vermögen des Startups noch nicht erfüllt worden sind; oder b) die Ansprüche einen Grund für die Eröffnung eines Insolvenzverfahrens herbeiführen würden oder sich das Startup in Insolvenz befindet.

15.3. Sämtliche nachrangige Darlehen sind im Verhältnis untereinander gleichrangig.

15.4. Die Rangrücktrittsforderungen dürfen auch nicht durch Zahlungen im Wege der Aufrechnung erfüllt werden.

15.5. Zahlungen auf die Rangrücktrittsforderungen kann der Companist nur verlangen, wenn die Leistung aus einem Bilanzgewinn, einem etwaigen Liquidationsüberschuss oder aus sonstigem freien Vermögen, das das zur Erhaltung des Stammkapitals erforderliche Vermögen des Startups übersteigt, möglich ist.

15.6. Erhält der Companist trotz der Nachrangigkeit Zahlungen, auch im Wege der Aufrechnung, aus dem partiarischen Darlehen, hat er diese ungeachtet anderer Vereinbarungen zurückzugewähren.“

Die vertraglichen Regelungen zum qualifizierten Nachrang hinsichtlich der Forderungen der Kleinanleger bei *Seedmatch*[238] lauten beispielsweise wie folgt:

„*§ 13 Qualifizierte Nachrangklausel*

1. *Die Tilgung des Darlehens, die Zahlung der festen Zinsen wie auch der Bonuszinsen sowie sämtliche andere Ansprüche des Investors sind so lange und soweit ausgeschlossen, wie*
   a) *im Falle der Auflösung des Startups die Ansprüche der nicht nachrangigen Gläubiger aus dem Vermögen des Startups noch nicht erfüllt worden sind;*
   b) *die Ansprüche einen Grund für die Eröffnung eines Insolvenzverfahrens herbeiführen würden oder sich das Startup in Insolvenz befindet.*
2. *Die Erfüllung dieser nachrangigen Ansprüche kann nur aus einem etwaigen frei verfügbaren Jahres- oder Liquidationsüberschuss oder aus dem die sonstigen Verbindlichkeiten des Startup übersteigenden frei verfügbaren*

238 So beispielsweise bei dem Beteiligungsvertrag für ein partiarisches Nachrangdarlehen bei *Seedmatch* entsprechend dem als Anlage beigefügten Musterbeteiligungsvertrag. Vgl. *Schulz*, Crowdinvesting, S. 21.

Vermögen geltend gemacht werden, und zwar nur nach Befriedigung sämtlicher anderer Gläubiger der Gesellschaft.

3. *Sämtliche partiarische Nachrangdarlehen sind im Verhältnis untereinander gleichrangig.*
4. *Die nachrangigen Ansprüche dürfen auch nicht durch Zahlungen im Wege der Aufrechnung erfüllt werden.*
5. *Erhält der Investor trotz der Nachrangigkeit Zahlungen, auch im Wege der Aufrechnung, aus dem partiarischen Darlehen, hat er diese ungeachtet anderer Vereinbarungen zurückzugewähren.*"

d) Vertragsdauer und Kündigungen

In sämtlichen Crowdinvesting-Verträgen finden sich Regelungen hinsichtlich der Vertragsdauer. Grundsätzlich erfolgt die Beteiligung der Crowd innerhalb einer vertraglich bestimmten Mindestlaufzeit, während dieser weder die Kleinanleger noch die Emittenten die Verträge ordentlich kündigen können.[239] Mit Blick auf das Vertragsende bestehen derzeit zwei unterschiedliche Modelle.[240] Zum einen werden unbefristete Verträge angeboten, bei denen eine Partei für eine Beendigung des Vertrages nach Ablauf der Mindestlaufzeit ordentlich kündigen kann.[241] Zum anderen existieren befristete Verträge mit einer vorher bestimmten finalen Laufzeit.[242] Hierzu bedarf es keiner ordentlichen Kündigung, da der Vertrag automatisch nach Zeitablauf beendet ist. Die derzeitige (Mindest-)Vertragsdauer der aktuellen Darlehensverträge beläuft sich je nach Crowdinvesting-Plattform auf fünf bis acht Jahre.[243] Hierbei ist teilweise zwischen Mindestlaufzeiten für Kleinanleger und Emittenten zu unterscheiden. So bestimmt beispielsweise

---

239 Vgl. *Klöhn/Hornuf/Schiling*, ZBB 2016, 142 (152); *Weitnauer/Parzinger*, GWR 2013, 153 (154); *Schmitt/Doetsch*, BB 2013, 1451 (1453); *Ivanović*, Crowdinvesting, S. 103, 142.

240 Vgl. *Schedensack*, Crowdinvesting, S. 164.

241 So hat beispielsweise *Companisto* seit Dezember 2016 die Life-Time-Beteiligung eingeführt. Eine unbefristete Beteiligung, die nach dem Ende der Mindestlaufzeit nicht automatisch beendet ist. Siehe hierzu *Companisto*, Zwei Crowdinvesting-Modelle im Vergleich, abrufbar unter *https://www.companisto.com/de/academy/anlageformen-und-strategien/gewinnbeteiligung-oder-festverzinsung* [zuletzt aufgerufen am 12.05.2022]; *Klöhn/Hornuf/Schiling*, ZBB 2016, 142 (152).

242 Vgl. *Klöhn/Hornuf/Schiling*, ZBB 2016, 142 (152); *Schulz*, Crowdinvesting, S. 21.

243 *Klöhn/Hornuf/Schiling*, ZBB 2016, 142 (152 ff.).

Seedmatch in seinen derzeitigen Crowdinvesting-Verträgen eine Mindestlaufzeit von fünf Jahren für die Kleinanleger und acht Jahren für die Emittenten, nach welchen die Parteien jeweils frühestens zur ordentlichen Kündigung berechtigt sind. Hiervon unberührt bleibt allerdings das Recht zur außerordentlichen Kündigung bestehen.

Die vertraglichen Regelungen zur Vertragsbeendigung bei *Companisto*[244] lauten beispielsweise wie folgt:

„***3. Beginn und Dauer des partiarischen Darlehens***

3.1. Der Companist gewährt dem Startup ein qualifiziert nachrangiges partiarisches Darlehen.

3.2. Das partiarische Darlehen ist unbefristet, beginnend mit dem Abschluss des Vertrages.

3.3. Der Vertrag ist aufschiebend bedingt auf die vollständige Zahlung des Darlehensbetrages (Ziffer 4.1). Sollte der Darlehensbetrag zwei Wochen nach Abschluss dieses Vertrages nicht gezahlt worden sein, so gilt die Bedingung endgültig als nicht eingetreten.

3.4. Der Vertrag ist auflösend bedingt durch das Nichterreichen der Investmentschwelle bis zum 12.02.2018, 24 Uhr. Companisto ist berechtigt die Frist zum Erreichen der Investmentschwelle auf insgesamt bis zu 4 Monate zu verlängern. Der Vertrag ist ferner auflösend bedingt durch die Unterschreitung der Investmentschwelle um mehr als 10 % infolge von wirksamen Widerrufserklärungen durch Companisten. Eine Verzinsung der Darlehensbeträge findet in den hier geregelten Fällen dann nicht statt. Der überwiesene Darlehensbetrag ist dann unverzüglich zurückzuerstatten.

3.5. Der Companist erklärt, dass er sich nicht in einem offensichtlichen Wettbewerbsverhältnis zum Startup befindet, indem er (i) mittelbar oder unmittelbar an einem zum Startup im Wettbewerb stehenden Unternehmen beteiligt ist, wobei das Halten von Aktien an Wettbewerbern über die Börse bis zu einer Beteiligungsquote von 5 % unschädlich ist oder (ii) eine an einem zum Startup im Wettbewerb stehenden Unternehmen eine aktive Rolle ausübt.

---

244 So beispielsweise bei dem Beteiligungsvertrag für ein partiarisches Nachrangdarlehen bei *Companisto* entsprechend dem als Anlage beigefügten Musterbeteiligungsvertrag.

(…)

18. Vertragsbeendigung und Life-Time-Gewinn- und Exit-Beteiligung

18.1. Das partiarische Darlehen kann nur in Gänze und frühestens zum 31.12.2024 (Vertragsende bei Kündigung nach Mindestlaufzeit) unter Einhaltung einer Kündigungsfrist von vier Monaten in Textform gekündigt werden (Mindestlaufzeit). Nach Ablauf der Mindestlaufzeit kann das partiarische Darlehen in Gänze unter Einhaltung einer Kündigungsfrist von vier Monaten zum Ende eines Geschäftsjahres des Startups gekündigt werden (Vertragsende bei verlängerter Laufzeit). Während der Laufzeit entstehen keine Kosten.

18.2. Endet dieser Vertrag aufgrund einer Kündigung des Startups, so erhält der Companist seinen Darlehensbetrag zurückgezahlt (Ziffer 0) sowie die feste Verzinsung (Ziffer 10) ausgezahlt. Darüber hinaus werden der gewinnabhängige jährliche Bonuszins (Ziffer 11) und der Bonuszins im Exitfall (Ziffer 12) trotz Vertragsbeendigung für weitere 100 Jahre ab Vertragsende weiter an den Companisten gezahlt (nachfolgend „Life-Time-Gewinn- und Exit-Beteiligung"). Für die nachvertragliche Life-Time-Gewinn- und Exit-Beteiligung ist diejenige Beteiligungsquote des Companisten anzuwenden, die sich ergeben hätte, wenn der Vertrag nicht beendet und das Darlehen nicht zurückgezahlt worden wäre. Nachvertragliche Verwässerungen durch Kapitalerhöhungen oder Reduzierungen der Beteiligungsquote durch einen (Teil-)Exit sind zu berücksichtigen. Die Life-Time-Gewinn- und Exit-Beteiligung endet nicht durch den Tod des Companisten, sondern ist vererbbar. Während des Bestands der Life-Time-Gewinn- und Exit-Beteiligung bleiben die in Ziffer 7 genannten Informationsrechte des Companisten bestehen.

18.3. Endet dieser Vertrag aufgrund einer Kündigung des Companisten, so erhält der Companist seinen Darlehensbetrag (Ziffer 0) zurückgezahlt sowie die feste Verzinsung (Ziffer 10) ausgezahlt. Eine nachvertragliche Life-Time-Gewinn- und Exit-Beteiligung (Ziffer 18.2) erfolgt dann nicht. Es erfolgt auch kein anderer Ausgleich für etwaige Wertsteigerungen des Startups.

18.4. Das Recht zur außerordentlichen Kündigung aus wichtigem Grund bleibt unberührt. Als wichtiger Grund für eine Kündigung durch das Startup gilt insbesondere, wenn der Companist sich, entgegen Ziffer 3.5 in einem offensichtlichen Wettbewerbsverhältnis zum Startup befindet, indem er mittelbar oder unmittelbar an einem zum Startup im Wettbewerb stehenden Unternehmen beteiligt ist oder eine an einem zum Startup im Wettbewerb stehenden Unternehmen aktive Rolle ausübt.

18.5. Reduziert sich die Beteiligungsquote (Ziffer 11.3), die den Bonuszinsen (Ziffern 11 und 12) zugrunde liegt, aufgrund eines vollständigen Exits auf 0,00 % (Ziffern 12.3, 12.5 und 12.6), endet dieser Vertrag automatisch. Es endet dann auch eine etwaige bestehende nachvertragliche Life-Time-Gewinn- und Exit-Beteiligung.

18.6. (…).“

Die vertraglichen Regelungen zur Vertragsbeendigung bei *Seedmatch*[245] lauten beispielsweise wie folgt:

„*§ 1 Beginn und Dauer des partiarischen Darlehens*

1. *Der Investor gewährt dem Startup ein qualifiziert nachrangiges partiarisches Darlehen.*
2. *Das partiarische Darlehen ist unbefristet, beginnend mit dem Abschluss des Vertrages.*
3. *Der Vertrag ist auflösend bedingt durch das Nichterreichen der Fundingschwelle bis zum Ablauf der Fundingfrist.*
4. *Der Vertrag ist ferner auflösend bedingt durch das Unterschreiten der Fundingschwelle infolge wirksamer Widerrufserklärungen durch Investoren, vorausgesetzt die Widerrufserklärungen gehen innerhalb von zwei Wochen nach Ende der Fundingfrist bzw. der verlängerten Fundingfrist bei dem Startup ein.*
5. *Das Startup wird den Investor in den vorgenannten Fällen unverzüglich über die Auflösung des partiarischen Darlehens informieren.*
6. *Der Investor erklärt, dass er sich nicht in einem Wettbewerbsverhältnis zum Startup befindet, indem er mittelbar oder unmittelbar an einem zum Startup im Wettbewerb stehenden Unternehmen beteiligt ist oder eine aktive Rolle in einem zum Startup im Wettbewerb stehenden Unternehmen ausübt.*

(…)

---

245 So beispielsweise bei dem Beteiligungsvertrag für ein partiarisches Nachrangdarlehen bei *Seedmatch* entsprechend dem als Anlage beigefügten Musterbeteiligungsvertrag.

§ 16 Kündigung

1. *Das Startup ist berechtigt, das partiarische Darlehen frühestens zum 31.12.2025 mit einer Frist von sechs Monaten zum Ende des jeweiligen Geschäftsjahres ordentlich zu kündigen.*
2. *Der Investor ist berechtigt, das partiarische Darlehen frühestens zum 31.12.2022 mit einer Frist von sechs Monaten zum Ende des jeweiligen Geschäftsjahres ordentlich zu kündigen.*
3. *Das Recht zur außerordentlichen Kündigung aus wichtigem Grund bleibt unberührt.*
4. *Als wichtiger Grund für eine außerordentliche Kündigung durch den Investor gilt insbesondere, wenn*
   a) *der Darlehensbetrag in wesentlichem Umfang nicht seinem Zweck entsprechend verwendet worden ist; oder*
   b) *das Startup mit seinem Reporting im Sinne von § 5 Abs. 4 für zwei aufeinander folgende Termine mit mindestens 6 Wochen in Verzug ist; oder*
   c) *das Startup bei Ausbleiben eines Reportings im Sinne von § 5 Abs. 4 dieses bis zur Fälligkeit des darauffolgenden Reportings nicht nachholt; oder*
   d) *das Startup wesentliche Pflichten aus diesem Vertrag nachhaltig verletzt hat.*

5. *Als wichtiger Grund für eine außerordentliche Kündigung durch das Startup gilt insbesondere, wenn*
   a) *der Investor den Darlehensbetrag nicht binnen einer Frist von zwei Wochen nach Fälligkeit an Secupay zahlt; oder*
   b) *der Investor sich, entgegen § 1 Abs. 6 in einem offensichtlichen Wettbewerbsverhältnis zum Startup befindet, indem er mittelbar oder unmittelbar an einem zum Startup im Wettbewerb stehenden Unternehmen beteiligt ist oder eine an einem zum Startup im Wettbewerb stehenden Unternehmen aktive Rolle ausübt.*

6. *Nach Eintritt des Exitereignisses nach § 11 endet der Vertrag automatisch. Eine bereits erklärte Kündigung, die noch nicht wirksam geworden ist, wird hinfällig.“*

e) Verwässerung und Verwässerungsschutz bei Folgefinanzierungen

aa) Verwässerung und Verwässerungsschutz im Aktienrecht

Veränderungen in der Kapitalstruktur von Gesellschaften durch die Neuausgabe von Geschäftsanteilen beeinflussen in aller Regel unmittelbar die Unternehmensbeteiligungen der Gesellschafter bzw. Aktionäre. So führt die Erhöhung des Grundkapitals einer AG zu prozentualen Verwässerungen der Beteiligungen der Altaktionäre, sofern nicht diese die neu ausgegebenen Aktien übernehmen.[246] Daraus entstehende Folgen sind neben einer rechnerischen Reduzierung der quotalen Beteiligungshöhe und das damit einhergehende Absinken der mitgliedschaftsrechtlichen Stimmkraft des einzelnen Altaktionärs (insbesondere mit Blick auf ggf. bestehende Minderheitsrechte), auch eine wirtschaftliche Verschlechterung der Beteiligungen bei unternehmensinternen Erlösverteilungen. Weiter drohen Wertverluste infolge einer Kursverwässerung der alten Aktien, resultierend aus der regelmäßigen Ausgabe der neuen Aktien unter dem Börsenwert.[247]

Um die Altaktionäre von den dargestellten Nachteilen einer Kapitalerhöhung zu schützen, sieht § 186 Abs. 1 S. 1 AktG ein gesetzliches Bezugsrecht der Altaktionäre vor.[248] Mithilfe der Ausübung dieses Bezugsrechts ist es dem berechtigten Aktionär möglich, an der Kapitalerhöhung teilzunehmen, neu ausgegebene Aktien zu zeichnen und damit seine initiale Beteiligungshöhe an der Gesellschaft sicherzustellen. Ferner verhindert das gesetzliche Bezugsrecht eine wirtschaftliche Verwässerung der bestehenden Beteiligungen der Altaktionäre.[249] Jeder Altaktionär ist berechtigt, entweder die im Wege der Kapitalerhöhung ausgegebenen Aktien zum neuen und meist reduzierten Ausgabepreis zu zeichnen oder seine Bezugsrechte gesondert an Dritte zu veräußern, um den Wertverlust seiner Beteiligung angesichts der Verwässerung zu kompensieren.[250]

---

246 *Koch*, in: Hüffer/Koch-AktG, § 186, Rn. 2; *Schürnbrand/Verse*, in: MüKo-AktG, § 182, Rn. 3; § 186, Rn. 1 f.

247 Zu den Folgen einer Verwässerung insgesamt *Grigoleit*, in: Grigoleit-AktG,§ 186, Rn. 1; *Schürnbrand/Verse*, in: MüKo-AktG, § 182, Rn. 3; *Koch*, in: Hüffer/Koch-AktG, § 186, Rn. 2.

248 *Schürnbrand/Verse*, in: MüKo-AktG, § 182, Rn. 2.

249 *Koch*, in: Hüffer/Koch-AktG, § 186, Rn. 1 f.; *Schürnbrand/Verse*, in: MüKo-AktG, § 186, Rn. 1 f.

250 *Schürnbrand/Verse*, in: MüKo-AktG, § 186, Rn. 1 ff.

bb) Verwässerung der individuellen Beteiligungsquote bei Folgefinanzierungen

Im Gegensatz zum Aktienrecht existieren für Kleinanleger im Crowdinvesting-Modell keine gesetzlichen Regelungen hinsichtlich einer Verwässerung bzw. eines Verwässerungsschutzes der jeweiligen individuellen Beteiligungsquoten im Rahmen von Folgefinanzierungen. Demnach sind die Crowdinvesting-Verträge zu erweitern, um die vertraglichen Unternehmensbeteiligungen der Crowd wirtschaftlich an das Beteiligungsverhältnis eines Aktionärs bzw. analog eines Gesellschafters anzugleichen. Insofern sind Regelungen zur Verwässerung der individuellen rechnerischen Beteiligungsquoten der Kleinanleger bei weiteren Kapitalmaßnahmen der Gesellschaft wesentlicher Bestandteil einer Start-up-Finanzierung mithilfe von Crowdinvesting-Verträgen.[251] Das Ziel ist hierbei zunächst eine rechnerische Verringerung der individuellen Beteiligungsquoten der Kleinanleger bei Anschlussfinanzierungen zu ermöglichen, wenn durch weiteres Kapital die Kapitalstruktur der Gesellschaften vergrößert wird.[252] Für Neuinvestoren ist die Verwässerung der Beteiligungsquoten der bereits beteiligten Crowd Voraussetzung für die eigenen Beteiligungen. Bei einer fehlenden Verwässerung würden die Kleinanleger von der vergrößerten Beteiligungsstruktur der Gesellschaften bei unveränderten Quoten wirtschaftlich übermäßig profitieren.[253] Dies wäre ein wirtschaftliches Ergebnis, bei dem Folgefinanzierungen kaum realisierbar wären, da Neuinvestoren keine Finanzierungsanreize hätten.[254] Infolge einer fehlenden Verwässerung der Beteiligungsquoten würden demnach kaum Kapitalgeber in das durch Crowdinvesting finanzierte Start-up investieren. Dabei haben ebenso die Kleinanleger ein Interesse an einer Beteiligung weiterer

---

251 Insoweit kommen sowohl Kapitalmaßnahmen in Form von Eigenkapitalbeteiligungen, wie auch weitere Finanzierungsrunden durch Crowdinvesting in Frage. Vgl. *Ivanović*, Crowdinvesting, S. 138 ff.; *Schulz*, Crowdinvesting, S. 20.

252 Die Vergrößerung der Kapitalstruktur durch Eigenkapital erfolgt hauptsächlich durch eine Erhöhung des Stammkapitals bei einer GmbH. Dementsprechend sehen beispielweise die Verträge bei *Companisto* einen Verwässerungsfaktor (Multiplikator) vor, um die Beteiligungsquoten der Kleinanleger entsprechend anzupassen. Der Verwässerungsfaktor ist der Quotient aus dem Stammkapital vor der Kapitalerhöhung durch das Stammkapital nach der Kapitalerhöhung. Siehe hierzu auch *Weitnauer/Parzinger*, GWR 2013, 153 (154); *Weitnauer*, in: Handbuch Venture Capital, S. 359, Rn. 137, S. 356, Rn. 128 ff.

253 Siehe hierzu auch *Klöhn/Hornuf/Schiling*, ZBB 2016, 142 (166 f.).

254 Vgl. *Klöhn/Hornuf/Schiling*, ZBB 2016, 142 (166).

Investoren, um das Start-up durch weitere Liquidität am Markt etablieren zu können.[255]

cc) Wirtschaftliche Verwässerung und Verwässerungsschutz

Obwohl die Verwässerung der individuellen Beteiligungsquoten der Kleinanleger bei einer Folgefinanzierung grundsätzlich gewollt ist, muss die Crowd vor einer sogenannten *Down Round* geschützt werden. Hierbei handelt es sich um ein Szenario, bei welchem die neuen Kapitalgeber im Rahmen ihres Einstiegs eine niedrigere Unternehmensbewertung für die Kapitalbereitstellung zu Grunde legen, als bei einer vorangegangenen Finanzierung durch die Crowd angenommen wurde.[256] Aufgrund der Festlegung einer niedrigeren Unternehmensbewertung erhalten die Neuinvestoren für die gleiche Kapitalsumme eine höhere Beteiligungsquote an dem jeweiligen Start-up, als die Crowd in der Vergangenheit für ihre Beteiligungsquoten äquivalent bezahlen musste. Infolge des Wertverlustes verwässern die individuellen rechnerischen Beteiligungsquoten der Kleinanleger dementsprechend wirtschaftlich, soweit kein Verwässerungsschutz vereinbart wurde. Etwaige Bezugs- oder Nachkaufrechte, um einem wirtschaftlichen Verwässerungseffekt, ähnlich wie bei Aktionären gemäß § 186 AktG, entgegenzutreten, stehen den Kleinanlegern nicht zu.[257] Zudem kann die Crowd die nachfolgende Unternehmensbewertung mit den Neuinvestoren weder beeinflussen noch entsprechend § 255 Abs. 2 AktG rügen.[258]

Um einen Schutz vor einer wirtschaftlichen Verwässerung durch eine *Down Round* zu gewährleisten, sehen die Crowdinvesting-Verträge Verwässerungsschutzklauseln vor.[259] So ist bei den Vereinbarungen der Crowdinvesting-Plattformen *Seedmatch* und *Companisto* eine wirtschaftliche Verwässerung der Beteiligungsquoten der Kleinanleger lediglich dann möglich, sofern die neu festgelegten Unternehmensbewertungen bei weiteren Finanzierungen nicht geringer ausfallen, als diejenigen bei den vorangegangenen Investitionen durch die Crowd. Anderenfalls bleiben die Beteiligungsquoten der Crowd unverändert und verwässern nicht proportional wie vorgesehen.[260] In Anbetracht dessen scheinen Folgefinanzierungen

---

255 Vgl. *Klöhn/Hornuf/Schiling*, ZBB 2016, 142 (166).

256 Vgl. *Klöhn/Hornuf/Schiling*, ZBB 2016, 142 (166 f.); *Schulz*, Crowdinvesting, S. 20.

257 Vgl. *Klöhn/Hornuf/Schiling*, ZBB 2016, 142 (166 f.).

258 Vgl. *Klöhn/Hornuf/Schiling*, ZBB 2016, 142 (166 f.).

259 Sogenannte Anti-Dilution-Regelungen oder Down-Round-Protection-Klauseln; allgemein hierzu *Einem Von/Schmid/Meyer*, BB 2004, 2702 ff.

260 Vgl. *Klöhn/Hornuf/Schiling*, ZBB 2016, 142 (166 f.).

durch Eigenkapitalinvestoren oder weitere Crowdinvesting-Kampagnen ausschließlich möglich, wenn die ursprünglichen Unternehmensbewertungen der Start-ups nicht zu hoch angesetzt werden. Sind dagegen die Werte in den ersten Finanzierungsrunden überhöht, riskieren die Start-ups kein weiteres Kapital durch weitere Finanzierungsrunden aufnehmen zu können. Die Neuinvestoren werden selten bereit sein, Investitionen in Gesellschaften zu tätigen, soweit nicht die Beteiligungsquoten der bereits vorhandenen Geldgeber verwässern. Eine angemessene initiale Unternehmensbewertung ist auch im Interesse der Kleinanleger, da bei weiterem Finanzierungsbedarf die Aufnahme von zusätzlichem Kapital durch eine Folgefinanzierungsrunde die Fortführung des Start-ups und somit die Investitionen der Crowd vor einem Ausfall absichert.[261]

Die vertraglichen Regelungen zur Verwässerung und zum Verwässerungsschutz der Kleinanleger bei *Companisto*[262] lauten beispielsweise wie folgt:

„16. Verwässerung

16.1. Den Parteien ist bewusst, dass das Startup für das weitere Wachstum unter Umständen weitere Eigenmittel in neuen Finanzierungsrunden, insbesondere durch Folgefinanzierungen durch Venture Capital-Gesellschaften, aufnehmen wird. Das Startup bedarf für diese Maßnahmen nicht der Zustimmung des Companisten. Ein Bezugsrecht des Companisten besteht nicht.

Kapitalerhöhungen des Startups

16.2. Die Parteien sind sich darüber einig, dass die Beteiligungsquote (Ziffer 11.3), die den Bonuszinsen (Ziffern 11 und 12) des Companisten zugrunde liegt, durch Kapitalerhöhungen des Startups verwässert wird.

Im Falle einer Kapitalerhöhung ändert sich die Beteiligungsquote durch Multiplikation mit einem Verwässerungsfaktor. Der Verwässerungsfaktor errechnet sich als Quotient aus dem vor der

---

261 Vgl. *Klöhn/Hornuf/Schiling*, ZBB 2016, 142 (166).

262 So beispielsweise bei dem Beteiligungsvertrag für ein partiarisches Nachrangdarlehen bei *Companisto* entsprechend dem als Anlage beigefügten Musterbeteiligungsvertrag.

Kapitalerhöhung vorhandenen Stammkapital (Zähler) und dem nach der Kapitalerhöhung vorhandenen Stammkapital (Nenner).

Altes Stammkapital / Erhöhtes Stammkapital = *Verwässerungsfaktor*

z.B. EUR 25.000 / EUR 27.778 = 0,9

➜ *In diesem Fall würde die neue Beteiligungsquote das 0,9-fache der alten Beteiligungsquote betragen.*

16.3. Ziffer 16.2 gilt bei Kapitalherabsetzungen entsprechend.

16.4. Die Beteiligungsquote bleibt unverändert, wenn die durch eine Kapitalerhöhung neu geschaffenen Geschäftsanteile an dem Startup (i) ausschließlich von den Altgesellschaftern oder von mit den Altgesellschaftern verbunden Personen (Ziffer 13) oder (ii) im Rahmen eines Modells des Startups zur Mitarbeiterbeteiligung übernommen werden. Die Beteiligungsquote bleibt ebenfalls unverändert (iii) bei der Wandlung von bis zum Crowdinvestingende (Ziffer 4.3) abgeschlossenen Wandeldarlehen.

16.5. Eine Verwässerung der Beteiligungsquote findet nicht statt, insoweit die Kapitalerhöhung oder die Höhe der Kapitalerhöhung vorrangig der Verwässerung der Beteiligungsquote der Companisten dient. Dies ist insbesondere der Fall, wenn das Stammkapital um den für die Abbildung der neuen Gesellschaftsverhältnisse notwendigen Betrag hinaus erhöht wird.

16.6. Kapitalerhöhungen, die vor dem Crowdinvestingende (Ziffer 4.3) beurkundet werden führen nicht zu einer Verwässerung der Beteiligungsquote.

Weiteres Crowdinvesting auf Companisto

16.7. Die Parteien sind sich ferner darüber einig, dass sich die Beteiligungsquote (Ziffer 11.3), die den Bonuszinsen (Ziffern 11 und 12) des Companisten zugrunde liegt, auch durch ein erneutes Crowdinvesting auf der Internetplattform (Anschluss-Crowdinvesting) verwässert wird.

Die neue Beteiligungsquote des Companisten (BQneu) nach jedem neuen Crowdinvesting auf der Internetplattform berechnet sich dann wie folgt:

BQneu = BQalt x (1- IK/BW)

BQalt: Beteiligungsquote des Companisten vor dem

Anschluss-Crowdinvesting
IK: In dem Anschluss-Crowdinvesting investiertes Kapital
BW: Unternehmenswert des Startups in dem Anschluss-Crowdinvesting (Postmoney)

16.8. *Den Parteien ist ferner bewusst, dass das Startup im Rahmen eines Anschluss-Crowdinvestings auf der Internetplattform Verträge anbieten kann, deren Konditionen mit den partiarischen Darlehen, die im Rahmen des vorliegenden Crowdinvestings angeboten werden, nicht übereinstimmen.*

16.9. *Im Nachgang einer Verwässerung hat das Startup den Companisten über seine aktuelle Beteiligungsquote zu informieren.*

Down-Round-Protection

16.10. *Wenn der Ausgabebetrag pro 1 Euro Stammeinlage im Rahmen einer Ausgabe von neuen Geschäftsanteilen oder einer Erhöhung des Nennbetrags bestehender Geschäftsanteile aufgrund einer Kapitalerhöhung des Startups unter EUR 70,87 liegt (nachfolgend „Anti-Dilution-Schwelle"), bleibt die Beteiligungsquote abweichend von Ziffer 16.2 unverändert.*

Einzahlungen in eine Kapitalrücklage sowie Mezzanine-Finanzierungen sind bei Berechnung des Ausgabebetrags zu berücksichtigen.

Wird durch die Gesamtinvestments aller Companisten nicht das Investmentlimit (Ziffer 2.5) erreicht, so berechnet sich die Anti-Dilution-Schwelle nach folgendem Schlüssel:

Anti-Dilution-Schwelle:
(Premoney-Bewertung des Startups (Ziffer 11.3) + Gesamtinvestments aller Companisten) / Stammkapital des Startups (Ziffer 2.2)
z.B. (EUR 20.000,000 + EUR 1.250.000) / EUR 317.469,00 = EUR 66,94
➜ *In diesem Fall würde die Anti-Dilution-Schwelle EUR 66,94 betragen.*

16.11. *Wenn eine Kapitalerhöhung nicht zu einer Verwässerung geführt hat, wird die Anti-Dilution-Schwelle auf Grundlage des erhöhten Stammkapitals neu berechnet."*

Die vertraglichen Regelungen zur Verwässerung und zum Verwässerungsschutz der Kleinanleger bei *Seedmatch*[263] lauten beispielsweise wie folgt:

„§ 14 Verwässerung

1. *Den Parteien ist bewusst, dass das Startup zur Finanzierung des Innovationsvorhabens unter Umständen weitere Eigenmittel in neuen Finanzierungsrunden aufnehmen wird. Das Startup bedarf für diese Maßnahmen nicht der Zustimmung des Investors. Ein Bezugsrecht des Investors besteht nicht.*
2. *Partiarische Darlehen verwässern von ihrer Natur her üblicherweise nicht. Dieser Vertrag sieht jedoch ausnahmsweise eine Verwässerung unter bestimmten Bedingungen vor.*

a) Verwässerung bei Kapitalerhöhung des Startups

Die Parteien sind sich darüber einig, dass die Investmentquote (§ 2 Abs. 6), die den Bonuszinsen (§§ 9, 10, 11) des Investors zugrunde liegt, durch effektive Kapitalerhöhungen des Startups verwässert wird. Berücksichtigt werden jedoch lediglich effektive Kapitalerhöhungen, denen ein Pre-Money Unternehmenswert zugrunde gelegt wird, der mindestens dem Post-Money Unternehmenswert nach § 2 Abs. 6 (unter Berücksichtigung des tatsächlich eingesammelten Kapitals) entspricht, auf dem dieses Funding basiert und bei denen dem Startup neues Kapital in Form von Stammeinlagen und dem Unternehmenswert entsprechende Zuzahlungen in die Kapitalrücklage zugeführt werden (nachfolgend „relevante Kapitalerhöhungen").

Die aktualisierte Investmentquote des Investors (INakt) nach jeder relevanten Kapitalerhöhung berechnet sich demnach wie folgt:

$$INakt = INvor \times StKvor / StKakt$$

INvor … Investmentquote des Investors vor der relevanten Kapitalerhöhung
StKvor … Stammkapital des Startups vor der relevanten Kapitalerhöhung

263 So beispielsweise bei dem Beteiligungsvertrag für ein partiarisches Nachrangdarlehen bei *Seedmatch* entsprechend dem als Anlage beigefügten Musterbeteiligungsvertrag.

StKakt … Stammkapital des Startups nach der relevanten Kapitalerhöhung

Beispiel:
Im Rahmen einer relevanten Kapitalerhöhung nimmt das Startup 500.000 Euro frisches Kapital in Form von 2.500 neuen Geschäftsanteilen mit einem Nennbetrag von jeweils 1,00 Euro und einer entsprechenden Zuzahlung in die Kapitalrücklage in Höhe von 497.500 Euro auf. Das Stammkapital des Startups vor der Kapitalerhöhung beträgt 25.000 Euro. Das neue Stammkapital beträgt 27.500 Euro. Die Investmentquote des Investors vor der relevanten Kapitalerhöhung beträgt 0,01 %. Die aktualisierte Investmentquote nach Durchführung der Kapitalerhöhung reduziert sich demnach wie folgt:

INakt = 0,01 % x 25.000 / 27.500 = 0,00909091 %

b) Verwässerung durch erneutes Funding auf Seedmatch

Die Parteien sind sich darüber einig, dass die Investmentquote (§ 2 Abs. 6), die den Bonuszinsen (§§ 9, 10, 11) des Investors zugrunde liegt, auch durch ein erneutes Funding auf der Internetplattform (nachfolgend „Crowd-Anschlussfinanzierung") verwässert wird. Die aktualisierte Investmentquote des Investors (INakt) nach jeder Crowd-Anschlussfinanzierung auf der Internetplattform berechnet sich demnach wie folgt:

INakt = INvor x (1- Vfund/Ufund)

INvor … Investmentquote des Investors vor der Crowd-Anschlussfinanzierung
Vfund … Tatsächlich eingesammeltes Kapital im Rahmen der Crowd-Anschlussfinanzierung
Ufund … Post-Money Unternehmenswert, der der Crowd-Anschlussfinanzierung zugrunde liegt

Beispiel:
Im Rahmen einer Crowd-Anschlussfinanzierung bei Seedmatch sammelt das Startup 250.000 Euro weiteres Kapital ein. Die Post-Money Unternehmensbewertung der Crowd-Anschlussfinanzierung beläuft sich auf 4.000.000 Euro. Die Investmentquote des Investors

vor dem erneuten Funding bei Seedmatch beläuft sich auf 0,01375 %. Die Verwässerung beläuft sich demnach auf

INakt = 0,01375 % x (1 – 250.000 / 4.000.000) = 0,01289063 %

3. *Eine relevante Kapitalerhöhung verwässert die Investmentquote des Investors dann nicht, wenn sie vorrangig zum Zweck der Verwässerung durchgeführt wird. Sie verwässert insoweit nicht, als sie der Höhe nach vorrangig zum Zweck der Verwässerung durchgeführt wird.*
4. *Den Parteien ist ferner bewusst, dass das Startup im Rahmen einer Crowd-Anschlussfinanzierung auf der Internetplattform Investmentverträge anbieten kann, deren Konditionen mit den partiarischen Darlehen, die im Rahmen dieses Fundings auf der Internetplattform angeboten werden, nicht übereinstimmen.*
5. *Im Nachgang einer Verwässerung hat das Startup den Investor über den Investor-Relations-Kanal von Seedmatch unverzüglich über seine aktuelle Investmentquote bzw. die aktuelle Investmentquote je 250 Euro Darlehensbetrag und über die exakte Höhe der Verwässerung in Prozent zu informieren.*
6. *Eine relevante Kapitalerhöhung verwässert die Investmentquote auch dann nicht, wenn sie während des Fundings abgeschlossen wurde (maßgeblich ist das Datum der notariellen Beurkundung der Kapitalerhöhung).“*

f) Abtretbarkeit und Übertragbarkeit

Die aus den Crowdinvesting-Verträgen resultierenden Rechte und Pflichten sind grundsätzlich nicht ohne Zustimmung der anderen Vertragspartei auf Dritte abtretbar bzw. im Ganzen übertragbar. Um eine Abtretbarkeit und ggf. zukünftige Handelbarkeit[264] zu ermöglichen, enthalten die Vereinbarungen vorwiegend einen Passus, welcher die erforderliche Zustimmung der jeweiligen Start-ups bereits vertraglich antizipiert. Die Kleinanleger können daher Crowdinvesting-Verträge auf Dritte übertragen, ohne die vorherige Zustimmung des jeweiligen Unternehmens abwarten zu müssen. Vertragliche Einschränkungen ergeben sich in zeitlicher und inhaltlicher Form. So ist die Übertragung regelmäßig erst

---

264 Siehe hierzu etwa *Beck*, Crowdinvesting, S. 138 ff.; *Ivanović*, Crowdinvesting, S. 143; *Schulz*, Crowdinvesting, S. 22.

nach Ablauf einer vorher definierten Haltefrist möglich.[265] Zudem dürfen die Vereinbarungen nicht auf Dritte übertragen werden, die in einem unmittelbaren Wettbewerbsverhältnis zu den Start-ups stehen.[266] Demnach sollen potenzielle Wettbewerber keine wesentlichen Informationen der Gesellschaft durch die Hintertür eines Crowdinvestings erlangen können.

Die vertraglichen Regelungen zur Abtretung bzw. Übertragung bei *Companisto*[267] lauten beispielsweise wie folgt:

„***17. Abtretung des partiarischen Darlehens durch den Companisten***

17.1. Die Abtretung der Rechte aus dem partiarischen Darlehen im Ganzen durch den Companisten ist ohne Zustimmung des Startups möglich, muss dem Startup und Companisto jedoch unverzüglich nach der Abtretung in Textform mitgeteilt werden. Eine teilweise Abtretung von Ansprüchen aus diesem Vertrag durch den Companisten ist vorbehaltlich Ziffer 17.3 ausgeschlossen.

17.2. Die Rechte aus dem partiarischen Darlehen dürfen durch den Companisten erst nach Abschluss des Crowdinvestings auf der Internetplattform abgetreten werden (Haltefrist). Sie dürfen nur an solche Personen abgetreten werden, die sich nicht in einem offensichtlichen Wettbewerbsverhältnis zum Startup befinden (Ziffer 3.5).

17.3. Ab dem Zeitpunkt, ab dem Companisto ein Verfahren zur Übertragung des partiarischen Darlehens auf einer eigenen Plattform anbietet (Handelsplattform), darf die Abtretung der Rechte aus dem partiarischen Darlehen durch den Companisten ausschließlich auf und mit Hilfe dieser Handelsplattform erfolgen. Auf dieser Handelsplattform ist, soweit dies dort vorgesehen ist, auch eine teilweise Abtretung von Ansprüchen aus diesem Vertrag zulässig. Die Handelsplattform kann vorsehen, dass der Verkaufspreis für die Abtretung nicht unter dem Nominalwert des abgetretenen Darlehensbetrages liegen darf.“

---

265 *Weitnauer/Parzinger*, GWR 2013, 153 (154).

266 *Fischer*, Crowdinvesting, S. 24; *Weitnauer/Parzinger*, GWR 2013, 153 (154).

267 So beispielsweise bei dem Beteiligungsvertrag für ein partiarisches Nachrangdarlehen bei *Companisto* entsprechend dem als Anlage beigefügten Musterbeteiligungsvertrag.

Die vertraglichen Regelungen zur Abtretung bzw. Übertragung bei *Seedmatch*[268] lauten beispielsweise wie folgt:

„***§ 15 Übertragung des partiarischen Darlehens durch den Investor***

1. *Der Investor kann seinen Vertrag (partiarisches Nachrangdarlehen) im Ganzen einem Dritten übertragen, so lange es sich bei dem Dritten um eine natürliche Person oder eine juristische Person in Form einer AG, GmbH oder UG (haftungsbeschränkt) handelt und er die Übertragung des Vertrags sowie die Stammdaten des Dritten dem Startup in Textform mitgeteilt hat. Das Startup erteilt seine Zustimmung zu einer Übertragung hiermit im Voraus.*
2. *Den Vertrag darf der Investor nur an solche Personen übertragen, die sich nicht in einem offensichtlichen Wettbewerbsverhältnis zum Startup befinden (§ 1 Abs. 6).*“

---

268 So beispielsweise bei dem Beteiligungsvertrag für ein partiarisches Nachrangdarlehen bei *Seedmatch* entsprechend dem als Anlage beigefügten Musterbeteiligungsvertrag.

C. Rechtsbeziehungen im Crowdinvesting-Modell

Zur Analyse und Beurteilung des Crowdinvesting-Modells, welches für die Finanzierung von Start-ups hauptsächlich verwendet wird, werden in diesem Abschnitt C die einzelnen Beziehungen zwischen den Vertragsparteien rechtlich dargestellt und bewertet. Hierbei handelt es sich zunächst um die Rechtsbeziehungen zwischen den Start-ups und den jeweiligen Kleinanlegern (C.I). Die in dieser Arbeit als Crowdinvesting-Verträge bezeichneten Vertragsverhältnisse sind meistens als partiarische Nachrangdarlehen ausgestaltet und unterliegen zusätzlichen kapitalmarktrechtlichen Anforderungen hinsichtlich der Emission von Vermögensanlagen im Sinne des VermAnlG.[269] Als weitere Rechtsbeziehung ist das Verhältnis zwischen den Crowdinvesting-Plattformen und den Kleinanlegern zu erörtern (C.II). Aufgrund der besonderen Stellung der Plattformen zwischen der Crowd und den kapitalsuchenden Unternehmen schließen diese mit den Kleinanlegern neben den Nutzungsvereinbarungen zu der Nutzung der Webseiten auch Auskunftsverträge ab. Insoweit handeln die Crowdinvesting-Plattformen als Anlagevermittler[270] und unterliegen weitergehenden Auskunfts- und Aufklärungspflichten gegenüber den Kleinanlegern. Zuletzt sind die Rechtbeziehungen zwischen den Crowdinvesting-Plattformen und den Start-ups rechtlich zu beleuchten (C.III). Die dabei zwischen den Parteien geschlossenen Vereinbarungen werden als Fundingverträge bezeichnet und stellen im Ergebnis Maklerverträge im Sinne der §§ 652 ff. BGB dar, wobei der jeweiligen Crowdinvesting-Plattform das alleinige Vertriebsrecht im Sinne eines Alleinauftrages eingeräumt wird.

269 Zu den kapitalmarktrechtlichen Anforderungen im Einzelnen siehe ausführlich Abschnitt E.

270 Siehe ausführlich hierzu Abschnitt D.I.2.

I. Rechtsbeziehungen Start-up – Kleinanleger: Crowdinvesting-Vertrag

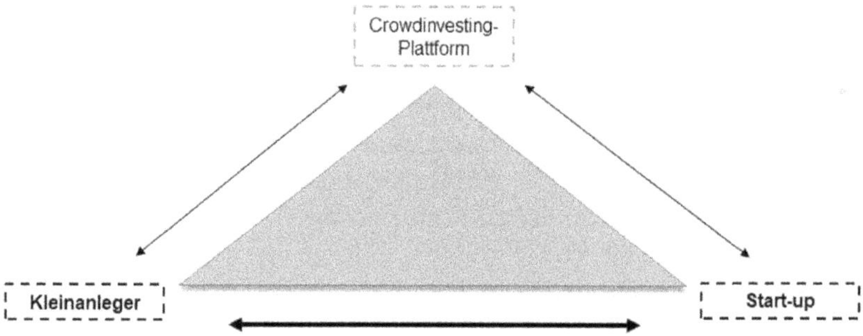

Abb. 2: Dreiecksgefüge im Crowdinvesting-Modell: Rechtsbeziehung Start-up – Kleinanleger (eigene Darstellung)

1. Vertragstyp

Die als Crowdinvesting-Verträge bezeichneten Vereinbarungen beinhalten typischerweise eine Darlehensgewährung mit anschließender Partizipationsmöglichkeit der Kleinanleger am wirtschaftlichen Erfolg der jungen Unternehmen. Im Hinblick darauf gilt es zu überprüfen, inwiefern es sich bei den als partiarische Nachrangdarlehen formulierten Verträgen tatsächlich um solche handelt. Hierfür sind die angebotenen Verträge von Genussrechten und stillen Beteiligungen gemäß §§ 230 ff. HGB abzugrenzen, da diese ähnliche Gestaltungsformen aufweisen können.[271] Die Abgrenzung dient nicht nur dem akademischen Diskurs, sondern kann je nach Einordnung kapitalmarktrechtliche Auswirkungen haben.[272] So unterliegen die jeweiligen Vertragstypen unterschiedlichen gesetzlichen Anforderungen, welche die Start-ups bei der Emission

---

271 Zur Abgrenzung der Beteiligungsformen im Rahmen von Crowdfunding oder -investing siehe auch *Nietsch/Eberle*, DB 2014, 1788 (1793); *Weitnauer/Parzinger*, GWR 2013, 153 (154 ff.); *Söpper*, Crowdfunding, S. 98 ff.; *Fischer*, Crowdinvesting, S. 40 ff.; *Braun*, Crowdfunding, S. 41 ff.; 89 ff.; *Schedensack*, Crowdinvesting, S. 260 ff.; *Weber*, Crowdinvesting, S. 214 ff. Zur Abgrenzung hinsichtlich einer GbR siehe *Schulz*, Crowdinvesting, S. 25 f.

272 Zu den kapitalmarktrechtlichen Anforderungen des Crowdinvesting-Modells siehe Abschnitt E.

von Beteiligungsmöglichkeiten gegenüber den Kleinanlegern zu berücksichtigen haben. Insbesondere im Rahmen von kapitalmarktrechtlichen Voraussetzungen differenziert das VermAnlG zwischen partiarischen Nachrangdarlehen, Genussrechten und stillen Gesellschaften. Hierbei unterliegt die Emission von partiarischen Nachrangdarlehen oder Genussrechten einer Privilegierung in § 2a VermAnlG, während die Emission von stillen Gesellschaften die Erfüllung des vollständigen Pflichtenkatalogs des VermAnlG durch die Emittenten erfordert. Abweichende Einordnungen der Crowdinvesting-Verträge führen demnach zu Unsicherheiten hinsichtlich der einzelnen Pflichten der Emittenten, welche im Falle von Pflichtverletzungen zu Haftungen führen können.[273]

a) Darstellung und Abgrenzung von stillen Gesellschaften, partiarischen Darlehen und Genussrechten

aa) Stille Gesellschaften

Stille Gesellschaften sind gesetzlich in den §§ 230 ff. HGB normiert. Gemäß § 230 Abs. 1 HGB ist stiller Gesellschafter, wer sich durch die Leistung einer Einlage an dem Handelsgewerbe eines Dritten beteiligt. Die stille Gesellschaft ist als BGB-Innengesellschaft und damit als Personengesellschaft ausgestaltet, für deren wirksames Bestehen die Verfolgung und Förderung eines gemeinsamen Zwecks im Sinne des § 705 BGB erforderlich ist.[274] Der Begriff stille Gesellschaft resultiert aus der Tatsache, dass diese nicht in das Handelsregister einzutragen ist und der stille Gesellschafter folglich nicht nach außen gegenüber Dritten auftritt.[275] Der gemeinsame Zweck muss auf den Abschluss von Handelsgeschäften auf gemeinschaftliche Rechnung und mit Gewinnerzielungsabsicht gerichtet sein, während dessen Verfolgung durch die jeweiligen Beitragsleistungen der Vertragsbeteiligten erfolgt.[276] Der Inhaber des Handelsgewerbes hat die Gesellschaft auf gemeinsame Rechnung, aber unter alleiniger

---

273 Siehe hierzu Abschnitt E.V.

274 BFH, BStBl. II 1978, 256; vgl. auch *Blaurock*, in: Blaurock, HdB-Stille Gesellschaft, § 4, Rn. 4.3 ff.; 4.9 f.; *Mock*, in: Röhricht/Graf v. Westphalen/Hass-HGB, § 230, Rn. 1 ff.; *Hoffmann-Theinert*, in: BeckOK-HGB, § 230, Rn. 7; *K. Schmidt*, in: MüKo-HGB, § 230, Rn. 2 ff., 54; *Gehrlein*, in: Ebenroth/Boujong/Joost/Strohn-HGB, § 230, Rn. 4; *Kaspras/Schirrmacher*, in: Centrale für GmbH, HdB-GmbH, Teil I, Rn. 864 ff.

275 *Kaspras/Schirrmacher*, in: Centrale für GmbH, HdB-GmbH, Teil I, Rn. 865; *Blaurock*, in: Blaurock, HdB-Stille Gesellschaft, § 4, Rn. 4.4; 4.10.

276 *K. Schmidt*, in: MüKo-HGB, § 230, Rn. 70; *Blaurock*, in: Blaurock, HdB-Stille Gesellschaft, § 4, Rn. 4.6 f., 4.9.

Verantwortung zu führen.[277] Der stille Gesellschafter ist seinerseits verpflichtet seinen Beitrag in Form der Überlassung von Kapital, Arbeitskraft oder sonstigen Vermögenswerten zu leisten.[278]

Abzugrenzen ist die gemeinsame Zweckverfolgung im Sinne des § 705 BGB von wechselseitigen Leistungspflichten hinsichtlich eines schuldrechtlichen Austauschvertrags oder von einseitigen Interessen bzw. Absichten, welche die jeweiligen Beteiligten in ihren jeweiligen Sphären zum Abschluss der Vereinbarung motivieren.[279] Bei der stillen Gesellschaft handelt es sich nicht um eine ausschließlich schuldrechtliche Rechtsbeziehung, sondern um ein gesellschaftsrechtlich relevantes Gemeinschaftsverhältnis in Form einer Innen- und Personengesellschaft mit gesellschaftsrechtlichen Kontroll- und Informationsrechten, wie in § 233 HGB geregelt.[280] Sämtliche Angelegenheiten zur Verfolgung des gemeinsamen Zwecks liegen folglich in der gemeinschaftlichen, gesellschaftlichen Sphäre und sind demnach gemeinsame Angelegenheiten aller Parteien, verbunden in einer sozialrechtlichen Personengemeinschaft mit einer gesonderten Organisationsstruktur und entsprechenden Rechten.[281]

Für die Leistung seiner Einlage in das Vermögen des Unternehmens erwartet der stille Gesellschafter gemäß § 231 Abs. 2 Hs. 2 HGB zumindest eine Beteiligung an dem Gewinn der jeweiligen Gesellschaft.[282] Eine Beteiligung am Verlust des Unternehmens ist zwar gesetzlich vorgesehen, kann aber gemäß § 231 Abs. 2 Hs. 1 HGB durch die Beteiligten vertraglich ausgeschlossen werden. Ist der stille Gesellschafter am Gewinn und Verlust der Gesellschaft beteiligt, ohne gleichzeitig Einfluss auf die Führung der Geschäfte zu erhalten,

---

277 *Gehrlein*, in: Ebenroth/Boujong/Joost/Strohn-HGB, § 230, Rn. 47 f.; *K. Schmidt*, in: MüKo-HGB, § 230, Rn. 138; *Blaurock*, in: Blaurock, HdB-Stille Gesellschaft, § 4, Rn. 4.6, 4.10 ff., § 5, Rn. 5.18; *Freitag*, in: Staudinger-BGB (2015), § 488, Rn. 70; BFH, BStBl. II 1978, 256 f.; BFH, BStBl. II 1988, 62 (64 f.); BFH, BStBl. II 1988, 186 (187 f.).

278 *Blaurock*, in: Blaurock, HdB-Stille Gesellschaft, § 4, Rn. 4.6.

279 Siehe hierzu insbesondere die Abgrenzung zum partiarischen Darlehen und Genussrecht in den nachfolgenden Abschnitten.

280 *K. Schmidt*, in: MüKo-HGB, § 230, Rn. 4 ff.; *Blaurock*, in: Blaurock, HdB-Stille Gesellschaft, § 4, Rn. 4.9, 4.17 ff.

281 *Blaurock*, in: Blaurock, HdB-Stille Gesellschaft, § 4, Rn. 4.18 f.

282 *K. Schmidt*, in: MüKo-HGB, § 230, Rn. 38 ff.; *Gehrlein*, in: Ebenroth/Boujong/Joost/Strohn-HGB, § 230, Rn. 19; *Blaurock*, in: Blaurock, HdB-Stille Gesellschaft, § 4, Rn. 4.3; *Hoffmann-Theinert*, in: BeckOK-HGB, § 230, Rn. 1, 14; *Kaspras/Schirrmacher*, in: Centrale für GmbH, HdB-GmbH, Teil I, Rn. 864.

handelt es sich in aller Regel um eine sogenannte typische stille Gesellschaft.[283] Grundsätzlich wird die stille Gesellschaft als gesetzgeberisches Leitbild der Teilnahme an einem fremden Handelsgewerbe gesehen.[284] Insofern wird die Einlage des stillen Gesellschafters nicht gemeinschaftliches Gesellschaftsvermögen im Sinne des § 718 BGB, sondern vielmehr Alleinvermögen der Gesellschaft.[285] In Anbetracht dessen ist der Gesellschafter nach § 230 Abs. 1 HGB verpflichtet die Einlage so zu erbringen, dass diese vollständig in das Vermögen des Inhabers des Handelsgewerbes übergeht.

Trotz der Gründung einer reinen BGB-Innengesellschaft ist es möglich die Rechte des stillen Gesellschafters an die eines Gesellschafters des jeweiligen Unternehmens anzunähern. Hierzu können dem stillen Gesellschafter zusätzliche mitgliedschaftliche Rechte und insbesondere Vermögens- und Mitwirkungsrechte eingeräumt werden.[286] Die als atypische stille Beteiligungen bezeichneten Verhältnisse beinhalten in aller Regel weitergehende Rechte zur Einflussnahme auf die Geschäftsführung der Gesellschaft, sowie umfassende Vermögensrechte, die nicht nur eine Gewinnbeteiligung vorsehen, sondern auch die Partizipation an den stillen Reserven bzw. dem Unternehmenswert der Gesellschaft ermöglichen.[287]

Grundsätzlich unterliegen stille Gesellschaften keiner festen Vertragslaufzeit, sondern entsprechen dem gesellschaftsrechtlichen Grundsatz einer Beteiligung auf unbestimmte Zeit, mit der Möglichkeit einer Kündigung und anschließenden Auflösung der Gesellschaft gemäß § 234 HGB. Zudem ist die stille Gesellschaft nicht auf Dritte übertragbar, sofern die Übertragung nicht

---

283 *Roth*, in: Hopt-HGB, § 230, Rn. 3; *Mock*, in: Röhricht/Graf v. Westphalen/Hass-HGB, § 230, Rn. 21, 25 ff.; *Kaspras/Schirrmacher*, in: Centrale für GmbH, HdB-GmbH, Teil I, Rn. 865; *Blaurock*, in: Blaurock, HdB-Stille Gesellschaft, § 4, Rn. 4.24 f.

284 Siehe hierzu unter historischer Bezugnahme *K. Schmidt*, in: MüKo-HGB, § 230, Rn. 70.

285 *Blaurock*, in: Blaurock, HdB-Stille Gesellschaft, § 4, Rn. 4.1, 4.3; 4.8; *Mock*, in: Röhricht/Graf v. Westphalen/Hass-HGB, § 230, Rn. 3; *K. Schmidt*, in: MüKo-HGB, § 230, Rn. 9.

286 BGH WM 2006, 691 (693); BGHZ 106, 7 (10 f.); *Kaspras/Schirrmacher*, in: Centrale für GmbH, HdB-GmbH, Teil I, Rn. 865; *Blaurock*, in: Blaurock, HdB-Stille Gesellschaft, § 4, Rn. 4.26 ff.

287 BGH ZIP 1992, 1552 f.; *Blaurock*, in: Blaurock, HdB-Stille Gesellschaft, § 4, Rn. 4.3; *Mock*, in: Röhricht/Graf v. Westphalen/Hass-HGB, § 230, Rn. 23; *Kaspras/Schirrmacher*, in: Centrale für GmbH, HdB-GmbH, Teil I, Rn. 865; *Hoffmann-Theinert*, in: BeckOK-HGB, § 230, Rn. 89 f.

gesondert im Vertrag geregelt wurde.[288] Im Allgemeinen ist der Großteil der gesetzlichen Normierungen hinsichtlich der inhaltlichen Ausgestaltung von stillen Gesellschaften abdingbar und im Einzelnen durch die Vertragsparteien frei bestimmbar, so dass verschiedene Varianten mit unterschiedlichen Vertragszwecken möglich sind.[289]

bb) Partiarische Darlehen

(1) Wesen, Merkmale und Rechtsnatur

Partiarische Darlehen sind Teil der sogenannten partiarischen Rechtsverhältnisse. Hierbei handelt es sich um Austauschverträge nichtgesellschaftsrechtlicher Art, durch die jemand einem anderen eine Leistung gegen einen Anteil an dem Gewinn, den der andere erzielt, verspricht.[290] Neben Darlehensvereinbarungen, können vor allem Miet-, Pacht- und Dienstverträge um ein partiarisches Element erweitert werden.[291] Bei partiarischen Darlehen liegt der Schwerpunkt der vertraglichen Gegenleistung für die Darlehensüberlassung in der Einräumung einer Beteiligung an dem Gewinn oder Umsatz des Unternehmens des Darlehensnehmers.[292] Aufgrund der besonderen Ausgestaltung handelt es sich bei partiarischen Darlehen um eine Sonderform des Darlehensvertrages im Sinne der §§ 488, 607 BGB.[293] Die Ausgestaltung von partiarischen Darlehen und im Besonderen des partiarischen Elements ist gesetzlich nicht geregelt. Neben einer zusätzlichen gewinnabhängigen Verzinsung zu einem vereinbarten Festzins ist ebenfalls ein ausschließlicher dynamischer

---

288 *Blaurock*, in: Blaurock, HdB-Stille Gesellschaft, § 4, Rn. 4.21 f.

289 *Blaurock*, in: Blaurock, HdB-Stille Gesellschaft, § 4, Rn. 4.24 ff.; *Kauffeld*, in: Blaurock, HdB-Stille Gesellschaft, § 10, Rn. 10.1; vgl. auch *Fischer*, Crowdinvesting, S. 36.

290 *Blaurock*, in: Blaurock, HdB-Stille Gesellschaft, § 5, Rn. 5.16; *K. Schmidt*, in: MüKo-HGB, § 230, Rn. 54; *Schäfer*, in: MüKo-BGB, Vorb. § 705, Rn. 112; *Mock*, in: Röhricht/Graf v. Westphalen/Hass-HGB, § 230, Rn. 10 ff.

291 Vgl. *Blaurock*, in: Blaurock, HdB-Stille Gesellschaft, § 5, Rn. 516, 5.39, 5.49; *Wedemann*, in: Oetker-HGB, § 230, Rn. 35, 38; *Freitag*, in: Staudinger-BGB (2015), § 488, Rn. 70, 210; *Schäfer*, in: MüKo-BGB, Vorb. § 705, Rn. 112 ff.; *Mock*, in: Röhricht/Graf v. Westphalen/Hass-HGB, § 230, Rn. 10 ff.

292 *Schücking*, in: MünchHdbGesR-Bd.1, § 2, Rn. 40; *Kaspras/Schirrmacher*, in: Centrale für GmbH, HdB-GmbH, Teil I, Rn. 868; *Hoffmann-Theinert*, in: BeckOK-HGB, § 230, Rn. 15; siehe auch *Freitag*, in: Staudinger-BGB (2015), § 488, Rn. 70 mit der Bezeichnung „*equity kicker*".

293 *Hoffmann-Theinert*, in: BeckOK-HGB, § 230, Rn. 15; *Blaurock*, in: Blaurock, HdB-Stille Gesellschaft, § 5, Rn. 5.20.

Zinsanspruch des Darlehensgebers denkbar.[294] Dieser kann, je nach Ergebnis des jeweiligen Unternehmens, zu einer erhöhten oder niedrigeren Verzinsung der Darlehensvaluta führen kann.

Trotz der Vereinbarung einer Beteiligung am Gewinn oder Umsatz des Unternehmens unterliegen die partiarischen Darlehensverträge einer schuldrechtlichen Natur in Form eines synallagmatischen Austauschvertrages.[295] Zwar verbindet die Vertragsparteien das gemeinschaftliche wirtschaftliche Ziel eines hohen Unternehmensgewinnes, dieser soll jedoch einzig durch die Tätigkeit des Darlehensnehmers erwirtschaftet werden.[296] Im Ergebnis stellt die Einräumung einer Erlösbeteiligung das Entgelt für die Überlassung der Nutzung der Darlehensvaluta durch den Darlehensgeber dar.[297] Für einen Darlehensvertrag typisch, bleibt der Darlehensnehmer im Sinne des § 488 Abs. 1 S. 2 BGB verpflichtet, die Darlehenssumme bei Fälligkeit an den Darlehensgeber zurückzuzahlen.[298] Das Interesse des Darlehensgebers beschränkt sich auf die Zurverfügungstellung von Kapital und den Erhalt einer Erlösbeteiligung bei einem wirtschaftlichen Erfolg sowie die Rückzahlung der Darlehenssumme nach Fälligkeit. Weitergehende, das wirtschaftliche Interesse an einem hohen Gewinn übersteigende gemeinsame Interessen bestehen zwischen dem Darlehensnehmer und Darlehensgeber nicht.[299] Der Darlehensgeber ist insbesondere nicht Teil einer gemeinschaftlichen Tätigkeit unter gemeinsamer Verantwortung und auf gemeinsame Rechnung.[300] Vielmehr bleibt die Herbeiführung des wirtschaftlichen Erfolgs im ausschließlichen Verantwortungsbereich des

---

294 *Schücking*, in: MünchHdbGesR-Bd.1, § 2, Rn. 40; *Hoffmann-Theinert*, in: BeckOK-HGB, § 230, Rn. 15.

295 *Wedemann*, in: Oetker-HGB, § 230, Rn. 35; *Hoffmann-Theinert*, in: BeckOK-HGB, § 230, Rn. 15.

296 *Blaurock*, in: Blaurock, HdB-Stille Gesellschaft, § 5, Rn. 5.17.

297 *Schücking*, in: MünchHdbGesR-Bd.1, § 2, Rn. 40; *Hoffmann-Theinert*, in: BeckOK-HGB, § 230, Rn. 15; Bezeichnung als Entschädigung: *Blaurock*, in: Blaurock, HdB-Stille Gesellschaft, § 5, Rn. 5.17.

298 *Schücking*, in: MünchHdbGesR-Bd.1, § 2, Rn. 40; *Blaurock*, in: Blaurock, HdB-Stille Gesellschaft, § 5, Rn. 5.22.

299 *Hoffmann-Theinert*, in: BeckOK-HGB, § 230, Rn. 15.

300 So aber bei der stillen Gesellschaft *Gehrlein*, in: Ebenroth/Boujong/Joost/Strohn-HGB, § 230, Rn. 47 f.; *K. Schmidt*, in: MüKo-HGB, § 230, Rn. 138; *Blaurock*, in: Blaurock, HdB-Stille Gesellschaft, § 4, Rn. 4.6, 4.10 ff., § 5, Rn. 5.18; *Freitag*, in: Staudinger-BGB (2015), § 488, Rn. 70.

Darlehensnehmers, welcher auf eigene Rechnung diesen zu realisieren versucht.[301] Der Darlehensgeber hat keinen Einfluss auf die Herbeiführung des wirtschaftlichen Erfolgs der Unternehmung.[302]

(2) Abgrenzung partiarischer Darlehen von stillen Gesellschaften

(a) Existenz partiarischer Darlehen

Mit Blick auf die zuvor dargestellten Ausführungen lassen sich partiarische Darlehen von stillen Beteiligungen abgrenzen. Bei partiarischen Darlehen fehlt es an der Verfolgung eines in § 705 BGB normierten und damit gesellschaftsrechtlich relevanten gemeinsamen Zwecks.[303] Eine Unterscheidung beider Beteiligungsvarianten anhand einer gemeinsamen Zweckverfolgung wurde in der Vergangenheit von *Schön* kritisiert.[304] Nach seiner Ansicht sei eine Unterscheidung zwischen stiller Gesellschaft und partiarischem Darlehen grundsätzlich nicht möglich und in jeder partiarischen Darlehensvereinbarung[305] die Begründung einer stillen Gesellschaft zu sehen.[306] Das gemeinsame Interesse der Vertragsparteien an dem wirtschaftlichen Erfolg des Unternehmens sei für eine gemeinsame Zweckverfolgung im Sinne des § 705 BGB ausreichend, da dieses kein Individualinteresse, sondern vielmehr ein Gemeininteresse darstelle.[307] Die Förderung des gemeinsamen Interesses durch die Erfüllung vereinbarter Vertragspflichten des Darlehensnehmers und Darlehensgebers führe

---

301 *Blaurock*, in: Blaurock, HdB-Stille Gesellschaft, § 5, Rn. 5.18; BFH, BStBl. II 1988, 62 (64 f.); BFH, BStBl. II 1988, 186 (187 f.); BFH, BStBl. II 1978, 256.

302 *Blaurock*, in: Blaurock, HdB-Stille Gesellschaft, § 5, Rn. 5.18.

303 BGHZ 127, 176 (177 f.); *Freitag*, in: Staudinger-BGB (2015), § 488, Rn. 70; *Wedemann*, in: Oetker-HGB, § 230, Rn. 35; *Hoffmann-Theinert*, in: BeckOK-HGB, § 230, Rn. 15; *Blaurock*, in: Blaurock, HdB-Stille Gesellschaft, § 5, Rn. 5.17; *Mock*, in: Röhricht/Graf v. Westphalen/Hass-HGB, § 230, Rn. 13. Zu den Crowdinvesting-Verträgen siehe *Ivanović*, Crowdinvesting, S. 75 ff., 156 ff.

304 *Schön*, ZGR 1993, 210 ff.; kritisch auch *Freitag*, in: Staudinger-BGB (2015), § 488, Rn. 70; *K. Schmidt*, in: MüKo-HGB, § 230, Rn. 58, die jedoch im Ergebnis die Existenz des partiarischen Darlehens bejahen. *K. Schmidt* spricht sich für die Angleichung von typischer stiller Gesellschaft und partiarischen Darlehen auf der Rechtsfolgenseite aus.

305 Gemeint ist damit die Erlösbeteiligung an einem Unternehmen *K. Schmidt*, in: MüKo-HGB, § 230, Rn. 57; *Schön*, ZGR 1993, 210 ff.

306 Im Ergebnis so *Schön*, ZGR 1993, 210 (241).

307 *Schön*, ZGR 1993, 210 (217 ff.).

zu einem gemeinsamen Zweck im Sinne des § 705 BGB.[308] Im Ergebnis lehnt *Schön* die Existenz eines partiarischen Darlehens grundsätzlich ab.

Obwohl die Abgrenzung zwischen stiller Gesellschaft und partiarischem Darlehen im Einzelfall schwierig zu bestimmen ist, bleibt die Existenz eines schuldrechtlichen Darlehens mit Erlösbeteiligung zu bejahen. Zwar ist anzuerkennen, dass zumindest die Vereinbarung über eine typische stille Beteiligung einen ähnlichen Kreditcharakter wie das partiarische Darlehen aufweist und grundlegend eine gemeinsame Interessens- und Geschäftsgrundlage zur erfolgreichen Erwirtschaftung eines Unternehmensgewinns bildet.[309] Allerdings unterscheiden sich beide Vertragstypen hinsichtlich der Vereinbarung über die jeweiligen eigenen Beitrags- und Förderpflichten zur Erreichung der Erwirtschaftung eines Unternehmensgewinns. Im Sinne eines gesellschaftsrechtlich relevanten gemeinsamen Zwecks nach § 705 BGB müsste nicht nur eine gemeinsame Interessens- bzw. Geschäftsgrundlage für die Gewinnerwirtschaftung als Vertragsgrundlage bestehen, sondern auch für den Vertragserfolg weitergehende gegenseitige Beitrags- und Förderpflichten vereinbart werden.[310] Im Ergebnis liegt ein gemeinsamer Zweck vor, wenn nach dem Willen der Vertragsparteien die Gewinnerwirtschaftung durch den Träger des Unternehmens Hauptpflicht ist und nicht bloß Nebenpflicht oder Geschäftsgrundlage für die Gewinnerwartung des Geldgebers.[311] Die Hauptpflicht des Geschäftsinhabers ist die absprachegemäße Führung des Unternehmens für gemeinsame Rechnung, sowie die auf den Gewinn hinwirkende Tätigkeit unter Verwendung der hierzu erbrachten Einlage des stillen Gesellschafters.[312] Die Hauptpflicht des stillen Gesellschafters besteht in der Beitragsleistung seiner Einlage, die den bei Vertragsschluss vereinbarten gemeinsamen Zweck im Sinne des § 705 BGB fördert.[313] Ohne weitere Absprachen zu der Beitrags- oder Förderungsleistung beider Vertragsparteien ist das Bestehen gemeinsamer Gewinninteressen für

---

308 *Schön*, ZGR 1993, 210 (217 ff.).

309 Zum Kreditcharakter der typischen stillen Gesellschaft *K. Schmidt*, in: MüKo-HGB, § 230, Rn. 17, 58.

310 *Blaurock*, in: Blaurock, HdB-Stille Gesellschaft, § 5, Rn. 5.17; *K. Schmidt*, in: MüKo-HGB, § 230, Rn. 58; *Schäfer*, in: MüKo-BGB, Vorb. § 705, Rn. 109, § 705, Rn. 146 ff., 157 f.

311 *K. Schmidt*, in: MüKo-HGB, § 230, Rn. 58, 62; *Blaurock*, in: Blaurock, HdB-Stille Gesellschaft, § 5, Rn. 5.17.

312 Siehe hierzu *Gehrlein*, in: Ebenroth/Boujong/Joost/Strohn-HGB, § 230, Rn. 3, 47 f.; *K. Schmidt*, in: MüKo-HGB, § 230, Rn. 562.

313 Zur Förderpflicht siehe *K. Schmidt*, in: MüKo-HGB, § 230, Rn. 58.

einen gemeinsamen Zweck nicht ausreichend. Insofern ist das Erstreben eines reinen Kapitalzuwachses in nahezu allen Kapitalanlagen vorhanden.[314] Zwar kann die Gewinnerzielungsabsicht beider Vertragsparteien einen gemeinsamen Zweck begründen, hierfür müsste die Vereinbarung aber weitergehende Beitrags- oder Förderpflichten vorsehen. Dementsprechend ist der gemeinsame Zweck von persönlichen und individuellen Motiven der einzelnen Beteiligten abzugrenzen, so dass im Ergebnis die Existenz von partiarischen Darlehen gegeben und anhand einer fehlenden Vereinbarung eines gemeinsamen Zwecks von stillen Gesellschaften zu unterscheiden ist.[315]

Letztendlich hat ebenso der Gesetzgeber die Existenz eines partiarischen Darlehens anerkannt. Neben einer Anerkennung im Steuerrecht, wie beispielsweise in § 20 Abs. 1 Nr. 4 EStG, wurde das partiarische Darlehen zudem in den Katalog des § 1 Abs. 2 Nr. 3 VermAnlG aufgenommen und wird folglich neben der stillen Gesellschaft in § 1 Abs. 2 Nr. 1 VermAnlG als Vermögensanlage aufgezählt.[316]

(b) Zwingende und indizielle Abgrenzungsmerkmale

Um die stille Gesellschaft von einem partiarischen Darlehen abgrenzen zu können, bedarf es einer umfassenden Gesamtbetrachtung und Würdigung aller Umstände im Einzelfall sowie einer Auslegung der Willen der Vertragsparteien hinsichtlich der wirtschaftlichen Zielsetzung der Vereinbarung.[317] Primär gilt es zu hinterfragen, auf welcher Grundlage das zwischen den Vertragsparteien geschlossene Rechtsverhältnis beruht.[318] Bei einem rein kreditrechtlichen Ausgangspunkt in Form eines schuldrechtlichen Austauschvertrages zwischen den Parteien handelt es sich allgemein um ein partiarisches Darlehen.[319] Dagegen

---

314 Vgl. BFH, BStBl. II 2008, 852 (854 f.); *K. Schmidt*, in: MüKo-HGB, § 230, Rn. 58; a.A. *Freitag*, in: Staudinger-BGB (2015), § 488, Rn. 70; wohl auch *Fischer*, Crowdinvesting, S. 41; *Braun*, Crowdfunding, S. 92.

315 Zur Abgrenzung zwischen gemeinsamen Zweck und persönlichen Motiven in Gestalt des Endzwecks einer Darlehensvereinbarung siehe *Schäfer*, in: MüKo-BGB, Vorb. § 705, Rn. 110, § 705, Rn. 151. Zum Steuerrecht siehe auch *Dautel*, DStR 2001, 925 ff; *Weidmann*, BB 2012, 1059 ff.

316 Vgl. *Schedensack*, Crowdinvesting, S. 261.

317 BFH, BStBl. II 1978, 256; OLG Dresden DStR 2000, 649 m. Anm. *Haas*; BGH WM 1967, 321 (322); OLG Frankfurt a. M. WM 1982, 198 (199 f.); *Blaurock*, in: Blaurock, HdB-Stille Gesellschaft, § 5, Rn. 5.32; 5.35; *K. Schmidt*, in: MüKo-HGB, § 230, Rn. 61; *Freitag*, in: Staudinger-BGB (2015), § 488, Rn. 70; *Mock*, in: Röhricht/Graf v. Westphalen/Hass-HGB, § 230, Rn. 14; vgl. auch *Schulz*, Crowdinvesting, S. 30 ff.

318 *K. Schmidt*, in: MüKo-HGB, § 230, Rn. 58.

319 So *K. Schmidt*, in: MüKo-HGB, § 230, Rn. 58.

ist von einer stillen Gesellschaft auszugehen, wenn die Rechtsgrundlage gesellschaftsrechtlicher Natur ist.[320]

Entsprechend den Ausführungen zum gesellschaftsrechtlichen gemeinsamen Zweck im Sinne des § 705 BGB ist die gemeinsame Zweckverfolgung mit jeweils vereinbarten Beitrags- und Förderpflichten der Parteien für die Begründung einer stillen Gesellschaft wesentlich.[321] Fehlt es an einem gemeinsamen Zweck kann keine stille Gesellschaft vorliegen.[322] Zwingende und indizielle Abgrenzungsmerkmale zur Frage des Bestehens eines gemeinsamen Zwecks können sich aus den einzelnen Vertragsregelungen und der damit zugrundliegenden Willensrichtung der Parteien ergeben.

Verwaltungs- und Kontrollrechte – Übernahme Geschäftsführung

Eine Abgrenzung partiarischer Darlehen von stillen Gesellschaften kann anhand der den Kapitalgebern eingeräumten Verwaltungs- und Kontrollrechten erfolgen. Umfassen die Beteiligungen weitergehende Befugnisse der Geldgeber zur Übernahme der Geschäftsführung, so handelt es sich zwingend um eine atypische stille Gesellschaft.[323] Dagegen sehen typische stille Beteiligungen lediglich Informations- und Kontrollrechte nach § 233 HGB vor, die, wie bei partiarischen Darlehen, grundsätzlich abweichend und ggf. über dem Umfang des § 233 HGB hinaus vereinbart werden können.[324] Außerdem sind weitergehende Informations- und Kontrollrechte ebenfalls bei Bankkrediten als sogenannte Covenants möglich, so dass entsprechende Rechte auch bei Darlehensvereinbarungen vorliegen können.[325] Sind dagegen die Rechte

---

320 *K. Schmidt*, in: MüKo-HGB, § 230, Rn. 58.

321 Vgl. *Gehrlein*, in: Ebenroth/Boujong/Joost/Strohn-HGB, § 230, Rn. 76; *K. Schmidt*, in: MüKo-HGB, § 230, Rn. 58, 61.

322 Vgl. *Wedemann*, in: Oetker-HGB, § 230, Rn. 35; *Hoffmann-Theinert*, in: BeckOK-HGB, § 230, Rn. 15; *K. Schmidt*, in: MüKo-HGB, § 230, Rn. 42.

323 BGH ZIP 1992, 1552; vgl. *Gehrlein*, in: Ebenroth/Boujong/Joost/Strohn-HGB, § 230, Rn. 77; *K. Schmidt*, in: MüKo-HGB, § 230, Rn. 64; *Wedemann*, in: Oetker-HGB, § 230, Rn. 37; *Schücking*, in: MünchHdbGesR-Bd.1, § 2, Rn. 44; *Mock*, in: Röhricht/Graf v. Westphalen/Hass-HGB, § 230, Rn. 15. Zu Crowdinvesting-Verträge vgl. *Ivanović*, Crowdinvesting, S. 79 ff.

324 BGH ZIP 1992, 1552; BGHZ 127, 176 (179 ff.); BFH, BStBl. II 2006, 334 (336); *Keul*, in: MünchHdbGesR-Bd.2, § 73, Rn. 13 f.; *K. Schmidt*, in: MüKo-HGB, § 230, Rn. 62, 64; *Blaurock*, in: Blaurock, HdB-Stille Gesellschaft, § 5, Rn. 5.36 f.; *Schäfer*, in: MüKo-BGB, Vorb. § 705, Rn. 115; *Mock*, in: Röhricht/Graf v. Westphalen/Hass-HGB, § 230, Rn. 16.

325 OLG Stuttgart NZG 2001, 750; OLG Hamm NZI 2000, 544 (545); *Blaurock*, in: Blaurock, HdB-Stille Gesellschaft, § 5, Rn. 5.37; *Mock*, in: Röhricht/Graf v. Westphalen/

der Kapitalgeber derart ausgestaltet, dass diese auf die Geschäftsführung der Gesellschaft bzw. auf die Geschäfte Einfluss nehmen können, verstärkt dies im Ergebnis den Eindruck eines gemeinsamen Zwecks und folglich einer stillen Beteiligung.[326] Etwaige Einflussmöglichkeiten können sich zum Beispiel aus erweiterten Mitwirkungs- oder Zustimmungsrechten sowie gesonderten Stimmrechten bei Gesellschafterversammlungen ergeben.[327] Folglich kann die Einräumung von Geschäftsführungsbefugnissen zwar als zwingendes Abgrenzungsmerkmal herangezogen werden, während jedoch die Einräumung von Informations- und Kontrollrechten bzw. sonstigen erweiterten Rechten lediglich eine Indizwirkung für das Bestehen einer stillen Gesellschaft entfaltet.[328]

Abtretung von Rechten – Verlustteilnahme
Weitere Unterscheidungen ergeben sich anhand der Möglichkeit zur Übertragung von Rechten auf Dritte oder der vertraglich vereinbarten Teilnahme des Geldgebers am Verlust des Unternehmens. Fehlt es an der Einräumung von Abtretungsrechten bzw. ist eine Übertragung auf Dritte ggf. verboten oder eine Verlustbeteiligung vertraglich vereinbart, spricht dies für eine gesellschaftsrechtliche Ausgestaltung der Rechtsbeziehung und somit das Bestehen einer stillen Gesellschaft.[329] Im Besonderen die Vereinbarung der Teilnahme am

---

Hass-HGB, § 230, Rn. 16; *K. Schmidt*, in: MüKo-HGB, § 230, Rn. 62, 64 insbesondere unter Nennung der Schwierigkeit der Abgrenzung von gesellschafterähnlichen Kontrollrechten und inzwischen typischen Covenants bei Bankkrediten.

326 Zur Indizwirkung bei Kontroll- und Einwirkungsrechte siehe auch *Freitag*, in: Staudinger-BGB (2015), § 488, Rn. 70; *K. Schmidt*, in: MüKo-HGB, § 230, Rn. 64; BGHZ 127, 176 (179 f.); OLG Hamm NZI 1999, 271 (273).

327 *K. Schmidt*, in: MüKo-HGB, § 230, Rn. 60, 64; *Schücking*, in: MünchHdbGesR-Bd.1, § 2, Rn. 44.

328 *Blaurock*, in: Blaurock, HdB-Stille Gesellschaft, § 5, Rn. 5.37.

329 *Zur Übertragung von Rechten*: vgl. BGHZ 127, 176 (185); *Freitag*, in: Staudinger-BGB (2015), § 488, Rn. 70; *K. Schmidt*, in: MüKo-HGB, § 230, Rn. 65; *Blaurock*, in: Blaurock, HdB-Stille Gesellschaft, § 5, Rn. 5.25; 5.33; *Schücking*, in: MünchHdbGesR-Bd.1, § 2, Rn. 44; *Schäfer*, in: MüKo-BGB, Vorb. § 705, Rn. 115. *Zur Verlustbeteiligung*: *Blaurock*, in: Blaurock, HdB-Stille Gesellschaft, § 5, Rn. 5.23, 5.33; *Kaspras/Schirrmacher*, in: Centrale für GmbH, HdB-GmbH, Teil I, Rn. 868; *Freitag*, in: Staudinger-BGB (2015), § 488, Rn. 70; BGH BB 1951, 849 f.; BGH WM 1967, 321 (322 f.); BGH WM 1958, 293 (294 f.); BGH WM 1959, 944 (946); BGH WM 1957, 1335 (1336 f.); BGH WM 1965, 1052 (1053); BFH DStR 2010, 2448 (2449); OLG Dresden DStR 2000, 649; OLG Stuttgart NZG 2001, 750; OLG Hamm NZI 2000, 544 (545); *Wedemann*, in: Oetker-HGB, § 230, Rn. 37; *K. Schmidt*, in: MüKo-HGB, § 230, Rn. 60, 63; *Schäfer*, in: MüKo-BGB, Vorb. § 705, Rn. 112 f.; *Gehrlein*, in: Ebenroth/Boujong/Joost/Strohn-HGB, § 230, Rn. 77.

Verlust des Unternehmens erhöht das Risiko des Geldgebers hinsichtlich der Rückführung seiner Kapitalsumme wesentlich, so dass letztendlich kein Darlehen, sondern zwingend die Einnahme einer Gesellschafterstellung und folglich eine stille Gesellschaft vorliegen muss.[330]

Festzinsvereinbarung – Einräumung von Kreditsicherheiten
Zur weiteren Abgrenzung stiller Beteiligungen von partiarischen Darlehen dient die Vereinbarung eines Festzinses und die Einräumung von Kreditsicherheiten. Insoweit handelt es sich zwingend um einen partiarischen Darlehensvertrag, wenn eine Festverzinsung ohne jegliche Erlösbeteiligung vorgesehen ist.[331] Zudem können Absprachen hinsichtlich der Vereinbarung von Kreditsicherheiten und insbesondere Personalsicherheiten, wie etwa Bürgschaften, zur Absicherung von Ansprüchen des Geldgebers eine indizielle Wirkung für das Bestehen eines Darlehensvertrages entfalten.[332] Dagegen spricht die fehlende Vereinbarung von Sicherheiten bei Kapitalsummen in einer bedeutsamen Höhe für eine stille Gesellschaft, da eine ungesicherte Zurverfügungstellung von Darlehenssummen in solchen Fällen grundsätzlich untypisch ist.[333]

Bestimmungsgemäße Verwendung des Kapitals
Darüber hinaus sprechen Verpflichtungen des Geschäftsinhabers zur bestimmungsgemäßen Verwendung des erhaltenen Kapitals für eine stille Gesellschaft.[334] Sind folglich vertragliche Abreden zwischen den Vertragsparteien

---

330 BGH WM 1957, 1335 (1336 f.); BGH WM 1965, 1052 (1053); OLG Hamm NJW-RR 1994, 1382 (1383); *Schäfer*, in: MüKo-BGB, Vorb. § 705, Rn. 113; *Blaurock*, in: Blaurock, HdB-Stille Gesellschaft, § 5, Rn. 5.23; *Freitag*, in: Staudinger-BGB (2015), § 488, Rn. 70; *K. Schmidt*, in: MüKo-HGB, § 230, Rn. 60; *Mock*, in: Röhricht/Graf v. Westphalen/Hass-HGB, § 230, Rn. 15. Zu Crowdinvesting-Verträgen vgl. *Ivanović*, Crowdinvesting, S. 79.

331 *Gehrlein*, in: Ebenroth/Boujong/Joost/Strohn-HGB, § 230, Rn. 77; *Freitag*, in: Staudinger-BGB (2015), § 488, Rn. 70; BGHZ 127, 176 (181); BGH WM 1967, 321 (322 f.); OLG Dresden DStR 2000, 649; *K. Schmidt*, in: MüKo-HGB, § 230, Rn. 38, 60, 63; *Blaurock*, in: Blaurock, HdB-Stille Gesellschaft, § 5, Rn. 5.24, 5.33; *Mock*, in: Röhricht/Graf v. Westphalen/Hass-HGB, § 230, Rn. 17; *Schäfer*, in: MüKo-BGB, Vorb. § 705, Rn. 115; *Hoffmann-Theinert*, in: BeckOK-HGB, § 230, Rn. 15.

332 *K. Schmidt*, in: MüKo-HGB, § 230, Rn. 68; *Freitag*, in: Staudinger-BGB (2015), § 488, Rn. 70; *Wedemann*, in: Oetker-HGB, § 230, Rn. 36; *Roth*, in: Hopt-HGB, § 230, Rn. 4; BFH, BStBl. II 1978, 256; BGHZ 127, 176 (178); BFH, BStBl. II 1997, 755 (757); BFH, BStBl. II 1997, 761 (763 f.).

333 BGHZ 127, 176 (178); BFH, BStBl. II 1978, 256; OLG Hamm NZI 1999, 271 (273).

334 RGZ 126, 386 (391); BGH NJW 1988, 413 (414); BGH NJW 1951, 308; BGHZ 127, 176 (179 f.); BFH, BStBl. II 1997, 755 (757 ff.); *Schäfer*, in: MüKo-BGB, Vorb. § 705,

getroffen worden, für welchen Zweck bzw. für welche Maßnahmen der Geschäftsinhaber die durch den Geldgeber erlangten Finanzmittel zu verwenden hat, indizieren die Absprachen einen gemeinsamen Zweck mit jeweils eigenen Beitrags- oder Förderpflichten der Beteiligten. Zu beachten ist allerdings, dass ebenso der Darlehensnehmer gegenüber dem Darlehensgeber verpflichtet sein kann, die erhaltenen Mittel ausschließlich im Rahmen einer Zweckbestimmung zu verwenden, soweit diese Vertragsinhalt wurde.[335] Ferner kann die Einräumung einer Erlösbeteiligung den Darlehensnehmer dazu verpflichten, die Geschäfte vereinbarungsgemäß zu betreiben.[336] Werden dagegen bei Darlehensgewährung keine Abreden hinsichtlich einer Verwendung getroffen, stehen die Finanzmittel dem Darlehensnehmer grundsätzlich zur freien Verfügung.[337] Für eine Abgrenzung zwischen stiller Gesellschaft und partiarischem Darlehen ist der Umfang der Absprache zur Mittelverwendung maßgebend.[338]

Kündigungsmöglichkeiten – Vertragsdauer – Nachrangvereinbarung
Schließlich sind vertraglich vorgesehene Kündigungsmöglichkeiten und Regelungen hinsichtlich einer kurzen Vertragsdauer weitere Indizien für einen schuldrechtlichen Darlehensvertrag, da stille Gesellschaften dem Grunde nach auf Dauer angelegt sind.[339] Enthalten dagegen die Vereinbarungen Klauseln

---

Rn. 114; *Blaurock*, in: Blaurock, HdB-Stille Gesellschaft, § 5, Rn. 5.35; *Gehlein*, in: Ebenroth/Boujong/Joost/Strohn-HGB, § 230, Rn. 76. Zu den Pflichten des Unternehmensträgers hinsichtlich einer Gewinnerzielung siehe auch *K. Schmidt*, in: MüKo-HGB, § 230, Rn. 62.

335 Zur Abgrenzung von vertraglicher Zweckbestimmung und individuellen Motiven bzw. Absichten bei der Darlehensgewährung siehe *K.P.Berger*, in: MüKo-BGB, § 488, Rn. 9.

336 *Blaurock*, in: Blaurock, HdB-Stille Gesellschaft, § 5, Rn. 5.17.

337 Zum Verwendungsrisiko seitens des Darlehensgebers siehe *Wiese*, in: Schulze-BGB, § 488, Rn. 6.

338 Vgl. *Schäfer*, in: MüKo-BGB, Vorb. § 705, Rn. 114.

339 *Kündigung*: BGHZ 127, 176 (178); BFH, BStBl. II 1997, 755 (758); RGZ 99, 161 (163); *Keul*, in: MünchHdbGesR-Bd.2, § 73, Rn. 13; *Blaurock*, in: Blaurock, HdB-Stille Gesellschaft, § 5, Rn. 5.22, 5.26; *Schücking*, in: MünchHdbGesR-Bd.1, § 2, Rn. 44; *Kaspras/Schirrmacher*, in: Centrale für GmbH, HdB-GmbH, Teil I, Rn. 868; *Schäfer*, in: MüKo-BGB, Vorb. § 705, Rn. 115; *K. Schmidt*, in: MüKo-HGB, § 230, Rn. 61, 67; *Laufzeit/Vertragsdauer*: BGHZ 127, 176 (178); *Lienau/Lotz*, DStR 1991, 618 (620); *Freitag*, in: Staudinger-BGB (2015), § 488, Rn. 70; *Wedemann*, in: Oetker-HGB, § 230, Rn. 36; *Roth*, in: Hopt-HGB, § 230, Rn. 4; *Schücking*, in: MünchHdbGesR-Bd.1, § 2, Rn. 44.

zur Auflösung, Abwicklung oder Abfindung spricht dies für eine stille Gesellschaft.[340] Teilweise wird zudem der Abschluss einer Nachrangvereinbarung als Indiz für eine stille Gesellschaft herangezogen, obwohl eine entsprechende Abrede für ein Darlehen und dessen kreditrechtlichen Charakter typisch ist.[341]

Beteiligung am Unternehmensvermögen oder -wert – Vertragsbezeichnung
Erhält der Kapitalgeber für seine Investition eine schuldrechtliche, rechnerische Beteiligung am Unternehmensvermögen bzw. am Unternehmenswert der Gesellschaft ist wiederum von einer atypischen stillen Gesellschaft auszugehen.[342] Insofern erhält der Geldgeber nicht nur eine Beteiligung am Gewinn des Unternehmens, sondern partizipiert auch an Wertveränderungen hinsichtlich des Umlauf- und Anlagevermögens, sowie am inneren Geschäftswert und an Rücklagen der Gesellschaft.[343] Zuletzt kommt der von den Beteiligten gewählten Vertragsbezeichnung eine Indizwirkung zu, wobei dieser nach dem Grundsatz *falsa demonstratio non nocet* lediglich eine untergeordnete Bedeutung beigemessen werden kann.[344]

---

340 *K. Schmidt*, in: MüKo-HGB, § 230, Rn. 67.

341 So etwa BFH, BStBl. II 2006, 334 (336); siehe hierzu auch *K. Schmidt*, in: MüKo-HGB, § 230, Rn. 61; *Mock*, in: Röhricht/Graf v. Westphalen/Hass-HGB, § 230, Rn. 20. Zum Nachrangdarlehen *Freitag*, in: Staudinger-BGB (2015), § 488, Rn. 98 und hinsichtlich Crowdinvesting-Verträgen vgl. *Ivanović*, Crowdinvesting, S. 81.

342 *K. Schmidt*, in: MüKo-HGB, § 230, Rn. 54, 60, 79 f.; *Gehrlein*, in: Ebenroth/Boujong/Joost/Strohn-HGB, § 230, Rn. 77; *Weitnauer/Parzinger*, GWR 2013, 153 (154 f.); *Mock*, in: Röhricht/Graf v. Westphalen/Hass-HGB, § 230, Rn. 15, 129 ff.; zur Gewinnverteilung mit Geschäftsanteil siehe auch BGHZ 127, 176 (181).

343 RGZ 126, 386 (390 f.); BGHZ 7, 174 (178); BFH, BStBl. II 1994, 700 (701 f.); BFH, BStBl. II 1994, 243 (245 f.); *K. Schmidt*, in: MüKo-HGB, § 230, Rn. 79 f.; *Schücking*, in: MünchHdbGesR-Bd.1, § 2, Rn. 44.

344 BGH BB 1951, 849 f.; BGH WM 1967, 321 (322); BGH WM 1965, 1052 (1053 f.); BFH, BStBl. II 1983, 563 (566); BFH, BStBl. II 1984, 623 (624); BFH, BStBl. II 2006, 334 (336); *Hoffmann-Theinert*, in: BeckOK-HGB, § 230, Rn. 15; *K. Schmidt*, in: MüKo-HGB, § 230, Rn. 61; *Schäfer*, in: MüKo-BGB, Vorb. § 705, Rn. 115; *Blaurock*, in: Blaurock, HdB-Stille Gesellschaft, § 5, Rn. 5.34; *Mock*, in: Röhricht/Graf v. Westphalen/Hass-HGB, § 230, Rn. 14; *Ballerstedt*, JuS 1963, 253 (261 f.).

cc) *Genussrechte*

(1) *Wesen, Merkmale und Rechtsnatur*

Genussrechte werden weitestgehend zur Fremdkapitalfinanzierung von Unternehmen und insbesondere Kapitalgesellschaften verwendet.[345] Eine Begriffsdefinition oder weitergehende Regelungen zu den Genussrechten lassen sich aus dem Gesetz nicht entnehmen. Vielmehr wird das Genussrecht ausschließlich in einzelnen Vorschriften, wie beispielsweise in § 221 Abs. 3, Abs. 4 AktG, § 8 Abs. 3 Körperschaftssteuergesetz (KStG), § 23 Umwandlungsgesetz (UmwG) oder § 214 Abs. 1 S. 1 Nr. 4 Versicherungsaufsichtsgesetz (VAG) erwähnt.[346] Die fehlende gesetzliche Normierung von Genussrechten geht zurück auf die Intention des Gesetzgebers, welcher die Praxis in den unterschiedlichen Gestaltungen der Vereinbarungen nicht hemmen wollte.[347] Im Ergebnis handelt es sich bei den Vereinbarungen von Genussrechten um schuldrechtliche Beziehungen zwischen der Gesellschaft und dem Rechtsinhaber auf Basis einzelner Austauschverträge.[348] Infolge der fehlenden gesetzlichen Normierung ist das Genussrecht ein Dauerschuldverhältnis eigener Art, wobei die jeweilige Ausgestaltung im Einzelnen variieren kann.[349]

---

345 Vgl. *Mock*, NZI 2014, 102; zum Begriff ausführlich *Habersack*, in: MüKo-AktG, § 221, Rn. 63 ff., 80; *Blaurock*, in: Blaurock, HdB-Stille Gesellschaft, § 5, Rn. 5.38; *Wedemann*, in: Oetker-HGB, § 230, Rn. 39; in Bezug zu Crowdinvesting *Heuer*, Crowdinvesting, S. 68 ff.; *Weber*, Crowdinvesting, S. 218 ff.; *Fischer*, Crowdinvesting, S. 37 f.

346 *Habersack*, in: MüKo-AktG, § 221, Rn. 61; *Wöckener/Becker*, in: Habersack/Mülbert/Schlitt-Unternehmensfinanzierung, § 13, Rn. 13.1; *Merkt*, in: K. Schmidt/Lutter-AktG, § 221, Rn. 48; *Koch*, in: Hüffer/Koch-AktG, § 221, Rn. 23.

347 Vgl. *Habersack*, in: MüKo-AktG, § 221, Rn. 64; *Haberstock/Greitemann*, in: Hölters-AktG, § 221, Rn. 22; *Koch*, in: Hüffer/Koch-AktG, § 221, Rn. 23.

348 BGHZ 119, 305 (309 f.); *Koch*, in: Hüffer/Koch-AktG, § 221, Rn. 26; *Seiler*, in: BeckOGK-AktG, § 221, Rn. 28; *Habersack*, in: MüKo-AktG, § 221, Rn. 64; *Merkt*, in: K. Schmidt/Lutter-AktG, § 221, Rn. 51; *Wöckener/Becker*, in: Habersack/Mülbert/Schlitt-Unternehmensfinanzierung, § 13, Rn. 13.1; *Blaurock*, in: Blaurock, HdB-Stille Gesellschaft, § 5, Rn. 5.38; *Kaspras/Schirrmacher*, in: Centrale für GmbH, HdB-GmbH, Teil I, Rn. 861 f.

349 H.M. BGHZ 119, 305 (330); BGHZ 156, 38 (42 ff.); BGH WM 2016, 1533 (1534), Rn. 11; *Koch*, in: Hüffer/Koch-AktG, § 221, Rn. 27; *Seiler*, in: BeckOGK-AktG, § 221, Rn. 25 ff.; *ablehnend* insbesondere *Habersack*, in: MüKo-AktG, § 221, Rn. 87 ff.; *Merkt*, in: K. Schmidt/Lutter-AktG, § 221, Rn. 51 f., welche bei einem Genussrecht mit Verlustteilnahme von einer stillen Gesellschaft und bei einem Genussrecht ohne Verlustteilnahme von einem partiarischen Darlehen ausgehen. Siehe hierzu auch *Schön*, JZ 1993, 925 (930).

Für die Erbringung einer Bar- oder Sachleistung erhält der Genussrechtsinhaber normalerweise Vermögensrechte in Form einer Beteiligung am Gewinn- und/oder Liquidationserlös des jeweiligen Unternehmens, wie sie im Allgemeinem einem Gesellschafter zustehen.[350] Der Genussrechtsinhaber partizipiert somit an der wirtschaftlichen Entwicklung der Gesellschaft, ohne eine Stellung als Gesellschafter einzunehmen.[351] Weitere Vermögensrechte können sich aus der Vereinbarung eines zusätzlichen Zinses zur Barleistung des Genussrechtsinhabers ergeben. Insofern sind verschiedene Ausgestaltungen möglich. Neben einem zusätzlichen Mindestzinses ist zudem ein gewinnabhängiger Festzins mit oder ohne zusätzliche Erlösbeteiligung denkbar.[352] Darüber hinaus unterscheiden sich vertragliche Regelungen zur Barleistung hinsichtlich der Begründung bzw. des Umfangs eines Rückzahlungsanspruchs des Genussrechtsinhabers nach Vertragsende. Während einerseits ein fester und unbedingter Rückzahlungsanspruch betreffend des Nennwertes der Barleistung vertraglich begründet wird, werden andererseits die Barleistungen zusätzlich mit einem Verlust der Gesellschaft verrechnet, so dass der Genussrechtsinhaber gesellschafterähnlich an Jahresfehlbeträgen der Unternehmen teilnehmen kann.[353] Typischerweise wird die letzte Variante, also die Vereinbarung einer Verlustteilnahme, bei Genussrechten verwendet.[354] Zudem besteht die Möglichkeit, dass etwaige Ansprüche der Genussrechtsinhaber mit einem Nachrang versehen werden. Hierzu werden die Forderungen der Genussrechtsinhaber im

---

350 *Blaurock*, in: Blaurock, HdB-Stille Gesellschaft, § 5, Rn. 5.38; *Kaspras/Schirrmacher*, in: Centrale für GmbH, HdB-GmbH, Teil I, Rn. 861; *Habersack*, in: MüKo-AktG, § 221, Rn. 65, 76, 94 ff., 114 f.; *Merkt*, in: K. Schmidt/Lutter-AktG, § 221, Rn. 62; *Wöckener/Becker*, in: Habersack/Mülbert/Schlitt-Unternehmensfinanzierung, § 13, Rn. 13.1.

351 *Kaspras/Schirrmacher*, in: Centrale für GmbH, HdB-GmbH, Teil I, Rn. 861; *Seibt*, in: Scholz-GmbHG, § 14, Rn. 135 f.; *K. Schmidt*, in: K. Schmidt/Lutter-AktG, § 221, Rn. 50, 62.

352 Vgl. etwa *Habersack*, in: MüKo-AktG, § 221, Rn. 76 ff.; 99; *Merkt*, in: K. Schmidt/Lutter-AktG, § 221, Rn. 63 ff.

353 *Merkt*, in: K. Schmidt/Lutter-AktG, § 221, Rn. 67; *Habersack*, in: MüKo-AktG, § 221, Rn. 76 ff., 87 ff., 93, 101 ff.; *Seiler*, in: BeckOGK-AktG, § 221; Rn. 36 ff.; *Koch*, in: Hüffer/Koch-AktG, § 221, Rn. 24 ff.

354 *Seiler*, in: BeckOGK-AktG, § 221, Rn. 39; *Wedemann*, in: Oetker-HGB, § 230, Rn. 39.

Sinne eines hybriden Genussrechts an diejenigen Ansprüche der Gesellschafter des Unternehmens angenähert.[355]

Neben Vermögensrechten werden den Genussrechtsinhabern teilweise schuldrechtliche Rechte und Informationsrechte hinsichtlich ihrer Ansprüche gegenüber der Gesellschaft zugesprochen.[356] Infolge fehlender gesetzlicher Regelungen ist jedoch die Reichweite der einzelnen schuldrechtlichen Rechte durch die Beteiligten unterschiedlich gestaltbar und im Vergleich zu gesellschaftsrechtlichen Partizipationsmöglichkeiten meistens gering ausgestaltet.[357] Den Genussrechtsinhabern kann, trotz der freien schuldrechtlichen Gestaltungsmöglichkeiten, keine Gesellschafterstellung mit gesonderten Mitgliedschaftsrechten und vor allem Stimmrechten oder Anfechtungsrechten eingeräumt werden.[358]

Grundsätzlich sind Genussrechte frei veräußerlich und vererblich, sofern keine abweichende Vereinbarung getroffen wird.[359] Die Kapitalüberlassung des Genussrechtsinhabers gegenüber der Gesellschaft erfolgt in aller Regel für einen längeren Zeitraum, meistens für mehr als fünf Jahre und häufig zwischen zehn und 15 Jahren.[360] Mit Blick auf den Willen einer langen Vertragslaufzeit

---

355 *Habersack*, in: MüKo-AktG, § 221, Rn. 76 ff., 111 ff.; *Merkt*, in: K. Schmidt/Lutter-AktG, § 221, Rn. 68.

356 BGH WM 2016, 1533 (1534), Rn. 11 ff.; *Blaurock*, in: Blaurock, HdB-Stille Gesellschaft, § 5, Rn. 5.38; *Seibt*, in: Scholz-GmbHG, § 14, Rn. 142; *Habersack*, in: MüKo-AktG, § 221, Rn. 86, 119 ff.; *Wöckener/Becker*, in: Habersack/Mülbert/Schlitt-Unternehmensfinanzierung, § 13, Rn. 13.1.

357 Vgl. *Habersack*, in: MüKo-AktG, § 221, Rn. 64, 86; 119 ff.; *Seibt*, in: Scholz-GmbHG, § 14, Rn. 142; *Kaspras/Schirrmacher*, in: Centrale für GmbH, HdB-GmbH, Teil I, Rn. 862; *Söpper*, Crowdfunding, S. 107.

358 RGZ 105, 236 (239); BGHZ 119, 305 (309, 316); BGHZ 120, 141 (146 f.); BGHZ 156, 38 (43); BGHZ 197, 284 (291), Rn. 20; BGH NZG 2015, 161 (164), Rn. 62 ff.; vgl. auch RGZ 83, 295 (297); RGZ 115, 227 (230); RGZ 132, 199 (206); *Wöckener/Becker*, in: Habersack/Mülbert/Schlitt-Unternehmensfinanzierung, § 13, Rn. 13.3; *Seibt*, in: Scholz-GmbHG, § 14, Rn. 135, 142; *Habersack*, in: MüKo-AktG, § 221, Rn. 86, 119; *Merkt*, in: K. Schmidt/Lutter-AktG, § 221, Rn. 85. *Kaspras/Schirrmacher*, in: Centrale für GmbH, HdB-GmbH, Teil I, Rn. 862; *Koch*, in: Hüffer/Koch-AktG, § 221, Rn. 26.

359 *Seibt*, in: Scholz-GmbHG, § 14, Rn. 149; *Blaurock*, in: Blaurock, HdB-Stille Gesellschaft, § 5, Rn. 5.38; *Kaspras/Schirrmacher*, in: Centrale für GmbH, HdB-GmbH, Teil I, Rn. 861.

360 Mindestens fünf Jahre, so dass typischerweise das Genussrechtskapital als Eigenkapital anerkannt wird, vgl. Art. 63 lit.g der Verordnung (EU) Nr. 575/2013 des europäischen Parlaments und des Rats vom 26.06.2013 über Aufsichtsanforderungen an Kreditinstitute und Wertpapierfirmen und zur Änderung der

sind regelmäßig die ordentlichen Kündigungsrechte für die Genussrechtsinhaber ausgeschlossen, während den Unternehmen ein entsprechendes Recht nach Ablauf einer Mindestlaufzeit zugesprochen wird.[361]

(2) Abgrenzung Genussrechte von stillen Gesellschaften

Aufgrund der vertraglichen Einräumung von Teilnahmerechten an der Entwicklung von Gesellschaften können die Genussrechtsvereinbarungen den Regelungsinhalten von stillen Gesellschaften nach den §§ 230 ff. HGB ähneln, so dass beide Partizipationsmöglichkeiten voneinander abzugrenzen sind.

(a) Abgrenzung anhand einer Verlustbeteiligung oder eines gemeinsamen Zwecks im Sinne des § 705 BGB

Verlustbeteiligung des Genussrechtsinhabers
Eine Ansicht in der Literatur unternimmt eine Abgrenzung zwischen Genussrecht und stiller Gesellschaft anhand der Vereinbarung einer Verlustbeteiligung des Genussrechtsinhabers.[362] Mit der Teilnahme am Verlust des Unternehmens verfüge der Genussrechtsinhaber nicht mehr über einen festen Rückzahlungsanspruch hinsichtlich seiner Barleistung und beteilige sich folglich zusätzlich am unternehmerischen Risiko der Gesellschaft.[363] Eine Erfolgs- und Verlustteilnahme sei typisch für die stille Gesellschaft und die durch das Gesetz vorgesehene Beteiligungsvariante.[364] Dahingehend sei die Vereinbarung über eine Verlustteilnahme ein zwingendes Indiz für eine stille Beteiligung.[365] Die Ausgestaltung der Verlustteilnahme betreffend komme neben der Anrechnung von Verlusten der Gesellschaft auf den Rückzahlungsanspruch bzw. Zinsanspruch des Genussrechtsinhabers auch die Vereinbarung über einen Rangrücktritt der Forderungen in Frage.[366] Insofern können die von einem Rangrücktritt

---

Verordnung (EU) Nr. 646/2012, ABl. L 176/1 vom 27.06.2013 (CRR-VO); vgl. *Seiler*, in: BeckOGK-AktG, § 221, Rn. 41.

361 *Seiler*, in: BeckOGK-AktG, § 221, Rn. 35, 41.

362 *Habersack*, in: MüKo-AktG, § 221, Rn. 87 ff.; *Merkt*, in: K. Schmidt/Lutter-AktG, § 221, Rn. 51 f.; *Schön*, ZGR 1993, 210 (234 f.); *Habersack*, ZHR 155 1991, 378 (381 ff.); *Schön*, JZ 1993, 925 (929 f.); *Kratzsch*, BB 2005, 2603 (2610); *Meilicke*, BB 1987, 1609 (1611 f.); *Meilicke*, BB 1989, 465 f.

363 *Merkt*, in: K. Schmidt/Lutter-AktG, § 221, Rn. 52.

364 *Habersack*, in: MüKo-AktG, § 221, Rn. 89.

365 *Merkt*, in: K. Schmidt/Lutter-AktG, § 221, Rn. 52; *Habersack*, in: MüKo-AktG, § 221, Rn. 89; BGH WM 1957, 1335 ff.

366 *Merkt*, in: K. Schmidt/Lutter-AktG, § 221, Rn. 52.

betroffenen Forderungen des Genussrechtsinhabers zumindest bei einer (drohenden) Insolvenz der Gesellschaft zeitweise oder dauerhaft entfallen, so dass sich ebenfalls ein typisches unternehmerisches Risiko eines Gesellschafters ergebe.[367]

Gemeinsame Zweckverfolgung im Sinne des § 705 BGB
Entsprechend den Ausführungen zur Abgrenzung der partiarischen Darlehen von stillen Gesellschaften grenzen die Rechtsprechung und herrschende Meinung die schuldrechtlichen Genussrechte von den gesellschaftsrechtlichen stillen Gesellschaften anhand der Vereinbarung einer gemeinsamen Zweckverfolgung im Sinne des § 705 BGB ab.[368] Ist ein gemeinsamer Zweck zwischen dem Genussrechtsinhaber und der Gesellschaft mit etwaigen eigenen Beitrags- und Förderpflichten vereinbart, so handelt es sich im Ergebnis nicht um ein Genussrecht, sondern zwingend um eine stille Gesellschaft. Angesichts der gleichgelagerten Abgrenzung kann auf die Ausführungen in Abschnitt C.I.1.a)bb)(2) verwiesen werden.

Ergebnis
Mit Blick auf beide Ansichten überzeugt die Mindermeinung nicht. Zum einen beabsichtigte der Gesetzgeber mit der Unterlassung einer weitergehenden Regulierung von Genussrechten eine flexible schuldrechtliche Teilnahmemöglichkeit an Unternehmensentwicklungen.[369] Eine Beschränkung der Verlustteilnahme auf stille Gesellschaften wäre nicht vereinbar mit dem Grundsatz der Vertragsfreiheit und dem Willen des Gesetzgebers.[370] Zum anderen ist die Verlustteilnahme als zwingendes Abgrenzungsmerkmal ungeeignet, da diese ebenso bei stillen Gesellschaften lediglich dispositiver Natur ist und zwischen den Parteien vertraglich abbedungen werden kann. In Anbetracht dessen besteht die Möglichkeit der Vereinbarung einer stillen Gesellschaft

---

367 *Habersack*, in: MüKo-AktG, § 221, Rn. 102; *Merkt*, in: K. Schmidt/Lutter-AktG, § 221, Rn. 52.

368 BGHZ 156, 38 (43); *Rieder/Holzmann*, in: Grigoleit-AktG, § 221, Rn. 24; *Seiler*, in: BeckOGK-AktG, § 221, Rn. 34; *Stöber*, NZG 2017, 1401 (1404); *Wagner*, in: Assmann/Schütze/Buck-Heeb-KapitalanlageR, § 18, Rn. 41; *Blaurock*, in: Blaurock, HdB-Stille Gesellschaft, § 5, Rn. 5.38; *Mock*, in: Röhricht/Graf v. Westphalen/Hass-HGB, § 230, Rn. 9; *Wedemann*, in: Oetker-HGB, § 230, Rn. 39.

369 Vgl. *Haberstock/Greitemann*, in: Hölters-AktG, § 221, Rn. 22; *Koch*, in: Hüffer/Koch-AktG, § 221, Rn. 23.

370 *Stöber*, NZG 2017, 1401 (1404); siehe hierzu auch *Blaurock*, in: Blaurock, HdB-Stille Gesellschaft, § 5, Rn. 5.38.

ohne eine Verlustteilnahme, aber unter Annahme einer gesellschaftsrechtlich relevanten gemeinsamen Zweckverfolgung. Während die Verlustteilnahme als Abgrenzungskriterium zwischen stillen Gesellschaften und partiarischen Darlehen herangezogen wird, kann es bei Genussrechten an der für Darlehen kredittypischen Ausgestaltung mit einem festen und unbedingten Rückzahlungsanspruch fehlen.[371] Insofern handelt es sich bei Genussrechten um ein Rechtsverhältnis eigener Art, welches ebenfalls die Einräumung einer Verlustteilnahme ermöglicht und diese zudem typischerweise in der Vertragspraxis vereinbart wird.[372]

(b) Zwingende und indizielle Abgrenzungsmerkmale

Hinsichtlich der Abgrenzung der schuldrechtlichen Genussrechte von gesellschaftsrechtlichen stillen Beteiligungen ist folglich der herrschenden Ansicht zu folgen. Für eine Unterscheidung zwischen beiden Beteiligungsvarianten bedarf es einer umfassenden Gesamtbetrachtung und Würdigung aller Umstände im Einzelfall sowie einer Auslegung der Willen der Vertragsparteien angesichts der wirtschaftlichen Zielsetzung der Vereinbarung.[373] Hierzu ist die Frage zu stellen, inwieweit die Parteien bei Vertragsabschluss eine gemeinsame Zweckverfolgung zur Erreichung gemeinsamer Ziele vereinbart haben. Abzugrenzen ist die Verfolgung von eigenen, ggf. divergierenden Interessen und der über die Kapitalbereitstellung hinausgehende Wille der Verfolgung eines gemeinsamen Zwecks im Sinne des § 705 BGB.

Wurden dem Geldgeber etwa keine gesellschaftsrechtlichen Rechte, wie Kontroll- und Mitspracherechte, gegenüber der Gesellschaft eingeräumt, kann dies eine fehlende Vereinbarung hinsichtlich der Errichtung einer stillen Gesellschaft indizieren, so dass im Ergebnis ein schuldrechtliches Genussrecht vorliegen könnte.[374] Im Umkehrschluss führt die Einräumung von Informations- und Kontrollrechten allerdings nicht unausweichlich zu einer stillen Gesellschaft, da entsprechende Rechte auch den Genussrechtsinhabern zumindest vertraglich

371 Vgl. *Seiler*, in: BeckOGK-AktG, § 221, Rn. 34 f.; *Blaurock*, in: Blaurock, HdB-Stille Gesellschaft, § 5, Rn. 5.38; *Wöckener/Becker*, in: Habersack/Mülbert/Schlitt-Unternehmensfinanzierung, § 13; Rn. 13.13.

372 *Blaurock*, in: Blaurock, HdB-Stille Gesellschaft, § 5, Rn. 5.38.

373 Vgl. BFH, BStBl. II 2008, 852 (855 f.); *Blaurock*, in: Blaurock, HdB-Stille Gesellschaft, § 5, Rn. 5.38.

374 BGHZ 156, 38 (43); BGH WM 1959, 434 (436); *Wöckener/Becker*, in: Habersack/Mülbert/Schlitt-Unternehmensfinanzierung, § 13; Rn. 13.10; *Blaurock*, in: Blaurock, HdB-Stille Gesellschaft, § 5, Rn. 5.38; *Mock*, in: Röhricht/Graf v. Westphalen/Hass-HGB, § 230, Rn. 9.

und bezüglich der jeweiligen Investments eingeräumt werden.[375] Ferner spricht eine feste Vertragslaufzeit für die Vereinbarung eines Genussrechts, da, mit Blick auf einen gesellschaftsrechtlich relevanten gemeinsamen Zweck, eine stille Gesellschaft in der Regel nicht auf eine vorher bestimmte Laufzeit festgelegt ist.[376] Zudem sind Genussrechte grundsätzlich frei übertragbar, während stille Gesellschaften eine Übertragung im Allgemeinen nicht vorsehen.[377] Ein weiteres Abgrenzungsmerkmal ergibt sich anhand der Tatsache einer möglichen Verbriefung der jeweiligen Vermögensrechte. Wurden die Rechte der Geldgeber verbrieft, indiziert dies den Willen der Vertragsparteien des Abschlusses eines Genussscheins und nicht einer stillen Beteiligung. Zuletzt ermöglicht die jeweilige Bezeichnung der Vereinbarung eine indizielle Abgrenzung zwischen stiller Gesellschaft und Genussrecht, da sich hieraus zumindest im Ansatz die Intention der Vertragsparteien andeuten kann.[378]

(3) Abgrenzung Genussrechte von partiarischen Darlehen

Die bisherigen Darstellungen zu Genussrechten und partiarischen Darlehen zeigen, dass der Übergang zwischen beiden schuldrechtlichen Beteiligungsmöglichkeiten fließend sein kann. Die Einordnung als Genussrecht ist zumindest dann möglich, wenn das Rechtsverhältnis eine Vereinbarung über die Teilnahme am Verlust der Gesellschaft vorsieht.[379] Die Verlustteilnahme ist regelmäßig Vertragsbestandteil von Genussrechten und grundsätzlich nicht mit dem Kreditcharakter von Darlehen vereinbar, da diese eine feste und unbedingte Rückzahlung der Darlehensvaluta voraussetzen.[380] Infolgedessen handelt es sich bei der Verlustteilnahme um ein zwingendes Abgrenzungsmerkmal zwischen Genussrechten und partiarischen Darlehen. Beteiligt sich der Geldgeber folglich nicht nur

---

375 *Wöckener/Becker*, in: Habersack/Mülbert/Schlitt-Unternehmensfinanzierung, § 13; Rn. 13.10.

376 *Blaurock*, in: Blaurock, HdB-Stille Gesellschaft, § 5, Rn. 5.38.

377 *Blaurock*, in: Blaurock, HdB-Stille Gesellschaft, § 5, Rn. 5.38.

378 *Wöckener/Becker*, in: Habersack/Mülbert/Schlitt-Unternehmensfinanzierung, § 13; Rn. 13.10.

379 Im Ergebnis *Seiler*, in: BeckOGK-AktG, § 221, Rn. 34; *Wöckener/Becker*, in: Habersack/Mülbert/Schlitt-Unternehmensfinanzierung, § 13, Rn. 13.11; *Merkt*, in: K. Schmidt/Lutter-AktG, § 221, Rn. 53; *Habersack*, in: MüKo-AktG, § 221, Rn. 93. Zur Frage der Existenz eines partiarischen Darlehens siehe Abschnitt C.I.1.a)bb)(2)(a).

380 *Wöckener/Becker*, in: Habersack/Mülbert/Schlitt-Unternehmensfinanzierung, § 13, Rn. 13.11; *Habersack*, in: MüKo-AktG, § 221, Rn. 93.

am Erfolg des Unternehmens, sondern zusätzlich an den Jahresfehlbeträgen der Gesellschaft, liegt zwingend ein Genussrecht vor.

Anzumerken bleibt, dass eine Abrede über einen Nachrang hinsichtlich der Forderungen des Kapitalgebers nicht als Merkmal einer Verlustteilnahme zu werten ist. Im Fall einer solchen Vereinbarung folgt demnach keine zwingende Einordnung als Genussrecht. Mit Blick auf § 2 Abs. 2 VermAnlG hat der Gesetzgeber die Existenz von Nachrangdarlehen positiv geregelt.[381] Insofern besteht die Möglichkeit der Kombination von Nr. 3 (partiarisches Darlehen) und Nr. 4 (Nachrangdarlehen) des § 2 Abs. 2 VermAnlG in Form eines partiarischen Nachrangdarlehens, während in Nr. 5 des § 2 Abs. 2 VermAnlG das Genussrecht gesondert geregelt ist, so dass auch bei (partiarische) Darlehensverträgen ein Nachrang vereinbart werden kann.

Ein weiteres Abgrenzungsmerkmal ergibt sich bezüglich der Vertragslaufzeit. Während Darlehensverträge typischerweise eine feste Laufzeit vorsehen bzw. zumindest eine Beendigung durch ordentliche Kündigungsrechte ermöglichen, können Genussrechte mit einer unbegrenzten Laufzeit und ohne ordentliche Kündigungsrechte ausgestaltet sein.[382] Die Abgrenzung zwischen beiden schuldrechtlichen Beteiligungsvarianten ist insbesondere mit Blick auf das ordentliche Kündigungsrecht in § 489 Abs. 2 BGB von Bedeutung, da die Norm dem Darlehensnehmer ein Recht zur ordentlichen Vertragskündigung mit einer dreimonatigen Frist einräumt, sofern die Vereinbarung lediglich einen veränderlichen Zinssatz vorsieht.[383]

b) Einordnung der Crowdinvesting-Verträge

aa) Genussrechte vs. partiarische (Nachrang-)Darlehen

Für die Einordnung der Crowdinvesting-Verträge bedarf es einer umfassenden Gesamtbetrachtung und Würdigung sämtlicher Umstände im Einzelfall.[384] Angesichts der in Abschnitt B.II.2 aufgeführten Charakteristika der

---

381 So aber *Habersack*, in: MüKo-AktG, § 221, Rn. 93; *Merkt*, in: K. Schmidt/Lutter-AktG, § 221, Rn. 53.

382 *Seiler*, in: BeckOGK-AktG, § 221, Rn. 34 f.; *Wöckener/Becker*, in: Habersack/Mülbert/Schlitt-Unternehmensfinanzierung, § 13, Rn. 13.11.

383 *Habersack*, in: MüKo-AktG, § 221, Rn. 93; *Merkt*, in: K. Schmidt/Lutter-AktG, § 221, Rn. 53; *Seiler*, in: BeckOGK-AktG, § 221, Rn. 34 f.; *Wöckener/Becker*, in: Habersack/Mülbert/Schlitt-Unternehmensfinanzierung, § 13, Rn. 13.11.

384 Vgl. zur Würdigung *Freitag*, in: Staudinger-BGB (2015), § 488, Rn. 70. Zur Abgrenzung hinsichtlich Crowdinvesting-Verträge siehe auch *Fischer*, Crowdinvesting, S. 40 ff.; *Nietsch/Eberle*, DB 2014, 1788 (1793); *Weitnauer/Parzinger*, GWR 2013,

Crowdinvesting-Verträge liegt der Schluss nahe, dass die Vereinbarungen mit der Crowd keine Genussrechte darstellen.[385] Die Crowdinvesting-Verträge beinhalten überwiegend darlehenstypische Merkmale. Im Gegensatz zu klassischen Genussrechtsvereinbarungen erfolgt die Beteiligung der Kleinanleger lediglich an der positiven Entwicklung der Unternehmen.[386] Beteiligungen am Verlust der Gesellschaften sind nicht vorgesehen und werden zudem nicht mit zukünftigen Gewinnen verrechnet.[387] Ferner enthalten die Vereinbarungen mit der Crowd Regelungen zur Gewährung von Festzinsen, die klassischerweise bei Genussrechten nicht vereinbart werden.[388] Allerdings kann das Argument der festen Zinsvereinbarung ausschließlich als ein Indiz für einen Darlehensvertrag gewertet werden. Die Höhe der Festzinsen ist häufig niedrig ausgestaltet, so dass diese wirtschaftlich eine untergeordnete Rolle spielen.[389] Weitere Indizien für einen Darlehensvertrag ergeben sich aus der Benennung der jeweiligen Verträge. So sind die Beteiligungsverträge von *Seedmatch* und *Companisto* als partiarische Nachrangdarlehen bezeichnet, wobei der Bezeichnung im Rahmen des Grundsatzes *falsa demonstratio non nocet* eine untergeordnete Bedeutung beigemessen werden darf.[390] Zusätzlich ist bei den Crowdinvesting-Verträgen ein Fälligkeitszeitpunkt hinsichtlich der Rückzahlung der eingezahlten Kapitalsummen durch die Kleinanleger vereinbart. Die Vereinbarungen sind zwar teilweise unbefristet, können aber nach Ablauf einer Mindestlaufzeit ordentlich einseitig gekündigt werden.[391] Vor diesem Hintergrund überwiegt der Eindruck eines Darlehensvertrages.

Die fehlende Verlustbeteiligung, die Bezeichnung der Vereinbarungen als partiarische Nachrangdarlehen und die (Teil-)Vergütung der Crowd durch einen (niedrigen) Festzins, sprechen im Ergebnis gegen eine Genussrechtsvereinbarung und für ein partiarisches Nachrangdarlehen. Im Besonderen die fehlende Verlustbeteiligung und die Vereinbarung eines Festzinses spiegeln

---

153 (154 f.); *Söpper*, Crowdfunding, S. 98 ff.; *Bareiß*, ZUM 2012, 456 (461 f.); *Winde*, Regulierung Internet-Plattformen, S. 58 ff.; *Schedensack*, Crowdinvesting, S. 260 ff.; *Weber*, Crowdinvesting, S. 253 ff., 258.

385 Vgl. *Schulz*, Crowdinvesting, S. 35 f.

386 Zu den Vermögensrechten siehe Abschnitt B.II.2.a).

387 Zur fehlenden Verlustbeteiligung siehe Abschnitt B.II.2.a)bb)(2).

388 Zur Festverzinsung siehe Abschnitt B.II.2.a)aa).

389 Vgl. *Schulz*, Crowdinvesting, S. 27.

390 Vgl. *Hoffmann-Theinert*, in: BeckOK-HGB, § 230, Rn. 15; *Ballerstedt*, JuS 1963, 253 (261 f.); *Schulz*, Crowdinvesting, S. 26.

391 Zur Vertragsdauer siehe Abschnitt B.II.2.d).

den auf ein Kreditverhältnis gerichteten Willen der Vertragsparteien wider. Etwaige weitergehende Vermögensrechte der Kleinanleger sind Ausfluss der wirtschaftlichen Willensrichtung der Vertragsparteien und grundsätzlich als partiarisches Element bei einem Darlehen anerkannt.

bb) Stille Gesellschaft vs. partiarisches (Nachrang-)Darlehen

Um die Crowdinvesting-Verträge entsprechend den zuvor dargestellten Vorgaben als stille Gesellschaften oder partiarische (Nachrang-)Darlehen einordnen zu können, bedarf es erneut einer umfassenden Würdigung sämtlicher Umstände.[392] Mit Blick auf die typischen Vertragsklauseln ist keine eindeutige Einordnung der Vereinbarungen der Start-ups mit der Crowd möglich.[393] Vor allem die in Abschnitt C.I.1.a)bb)(2) dargestellten Abgrenzungsmerkmale führen zu keinem vorzeitigen Ergebnis. So sehen Crowdinvesting-Verträge zwar keine Verlustbeteiligungen vor, ermöglichen aber eine Übertragung der Beteiligungen auf Dritte.[394] Neben den darlehenstypischen Festzinsvereinbarungen werden den Kleinanlegern zusätzliche Vermögensrechte eingeräumt.[395] Die der Crowd vertraglich zugesprochenen Informations- und Kontrollrechte sind im Vergleich zu den Rechten eines stillen Gesellschafters nach § 233 HGB beschränkt, können aber bei stillen Gesellschaften anderweitig vereinbart werden. Darüber hinaus bestehen Kündigungsmöglichkeiten für die Vertragsparteien, während weitergehende Verwaltungsrechte, wie beispielweise Befugnisse zur Geschäftsführung, nicht vorgesehen sind.[396]

(1) Abgrenzung nach gemeinsamem Zweck – Haupt- und Förderpflichten

In Bezug auf vorgenannte Abgrenzungsschwierigkeiten verbleibt als letztes zwingendes Unterscheidungsmerkmal die Frage, inwiefern die Parteien eines Crowdinvesting-Vertrages einen gesellschaftsrechtlich relevanten gemeinsamen Zweck vereinbart haben, den sie durch eigene Beitragspflichten zu fördern

---

392 *Freitag*, in: Staudinger-BGB (2015), § 488, Rn. 70; zur Abgrenzung siehe auch *Schulz*, Crowdinvesting, S. 28 ff.

393 Zur Schwerfälligkeit der Abgrenzung von stiller Gesellschaft und partiarischem Darlehen im Rahmen des Crowdinvestings, *Schedensack*, Crowdinvesting, S. 260; *Weber*, Crowdinvesting, S. 225 f., 253 ff.; *Schulz*, Crowdinvesting, S. 34 f.

394 Siehe hierzu im Einzelnen die Ziffern B.II.2.a)bb)(2).

395 Zu den Vermögensrechten siehe insgesamt Abschnitt B.II.2.a).

396 Siehe hierzu Abschnitt B.II.2.d).

bereit sind.[397] Bei stillen Gesellschaften resultiert der gemeinsame Zweck in dem lohnenden Betrieb des Handelsgewerbes durch den tätigen Gesellschafter, der gemeinsam mit dem stillen Gesellschafter (weiter-)geführt werden soll.[398] Der gemeinsame Zweck der Parteien ist auf die Erzielung eines Gewinns aus dem Betrieb des Handelsgewerbes gerichtet.[399] Das Ziel der gemeinsamen Gewinnerwirtschaftung soll nicht nur die Geschäftsgrundlage darstellen, sondern eine Haupt- und Förderpflicht der Beteiligten begründen.[400] Das Bestehen gemeinsamer Gewinninteressen ist für einen gemeinsamen Zweck nicht ausreichend, da das Erstreben eines reinen Kapitalzuwachses in nahezu allen Kapitalanlagen veranlagt und für eine gesellschaftsrechtliche Beteiligung nicht genügend ist.[401] Dementsprechend ist der gemeinsame Zweck von persönlichen und individuellen Motiven der einzelnen Beteiligten abzugrenzen. In Anbetracht dessen besteht die Hauptpflicht des stillen Gesellschafters in der Beitragsleistung seiner Einlage, die den vereinbarten gemeinsamen Zweck im Sinne des § 705 BGB zu fördern hat.[402] Die Hauptpflicht des Geschäftsinhabers ist die Führung des Unternehmens für gemeinsame Rechnung, sowie die auf den Gewinn hinwirkende Tätigkeit unter Verwendung der hierzu erbrachten Einlage des stillen Gesellschafters.[403]

Im Gegensatz zu Schwarmfinanzierungen mithilfe des Donation-Modells[404] kann bei Crowdinvesting-Verträgen davon ausgegangen werden, dass sowohl die Start-ups bzw. die Gründer, als auch die Kleinanleger jeweils mit Gewinnerzielungsabsicht kontrahieren.[405] Altruistische Motive können zwar begleitend vorhanden sein, spiegeln aber nicht das Hauptinteresse der Beteiligten wider. Inwiefern jedoch das gemeinsame Gewinnerzielungsinteresse der Parteien mit etwaigen Haupt- und Förderpflichten verbunden ist, lässt sich ausschließlich

---

397 Vgl. BGHZ 127, 176 (177 ff.); *Fischer*, Crowdinvesting, S. 41; a.A. *Schön*, ZGR 1993, 210 (241 ff.), der partiarische Darlehen allgemein als stille Gesellschaften deklariert.

398 So *Gehrlein*, in: Ebenroth/Boujong/Joost/Strohn-HGB, § 230, Rn. 3 m.w.N.

399 *Ballerstedt*, JuS 1963, 253 (261 f.).

400 *K. Schmidt*, in: MüKo-HGB, § 230, Rn. 58.

401 Vgl. BFH, BStBl. II 2008, 852 (854 f.); *K. Schmidt*, in: MüKo-HGB, § 230, Rn. 58; a.A. wohl *Fischer*, Crowdinvesting, S. 41.

402 Zur Förderpflicht siehe *K. Schmidt*, in: MüKo-HGB, § 230, Rn. 58.

403 Siehe hierzu *Gehrlein*, in: Ebenroth/Boujong/Joost/Strohn-HGB, § 230, Rn. 47; *K. Schmidt*, in: MüKo-HGB, § 230, Rn. 562.

404 Siehe hierzu B.I.2.a).

405 So wohl auch *Fischer*, Crowdinvesting, S. 40 ff.

mithilfe der jeweiligen Beteiligungsverträge ermitteln.[406] Insofern werden beispielhaft die Verträge der Plattformen *Seedmatch* und *Companisto* herangezogen.

(2) Seedmatch: vertragliche Haupt- und Förderpflichten

Die Beteiligungsverträge von *Seedmatch* sehen Haupt- und Förderpflichten der Vertragsparteien vor. Insoweit vereinbaren die Beteiligten eine Mittelverwendung, die den Einsatz der eingenommenen Kapitalsumme für das vertraglich umschriebene Vorhaben regelt.

So findet sich in der Präambel des Musterbeteiligungsvertrags von *Seedmatch* folgender Satz zum Zwecke des jeweiligen Crowdinvestings:

> *„(...) Das Startup beabsichtigt, zur Finanzierung des im Businessplan, der ebenso wie dieser Vertrag Bestandteil des Investmentangebots ist, dargestellten Innovationsvorhabens (nachfolgend „Innovationsvorhaben") sein Unternehmenskapital durch die Aufnahme qualifizierter nachrangiger partiarischer Darlehen zu stärken. (...)".*[407]

Zudem ergibt sich eine Zweckvereinbarung zur Verwendung der eingenommenen Mittel aus nachfolgender Passage:

> *„(...) 2. Der Darlehensbetrag ist durch das Startup ausschließlich für folgende Zwecke zu verwenden: a) Verwirklichung des Innovationsvorhabens, so wie auf der Internetplattform beschrieben; (...)".*[408]

Vor diesem Hintergrund besteht die Haupt- und Förderpflicht der Start-ups in der vertragsgemäßen Verwendung der eingenommenen Kapitalsummen, um den jeweiligen gemeinsamen Zweck zu verwirklichen. Der gemeinsame Zweck ist das einzelne Vorhaben, welches der Crowd mithilfe von online präsentierten Informationen offenbart wird und sich wirtschaftlich aus dem Businessplan ergibt. Die Haupt- und Förderpflichten der Kleinanleger sind die Zahlungen der jeweils vereinbarten Kapitalsummen, um die vertraglich festgelegten Zwecke zu fördern und damit die Realisierung des Vorhabens zu ermöglichen.

Im Rahmen einer Abwägung hinsichtlich der vorgenannten Erkenntnisse sind die Voraussetzungen einer stillen Gesellschaft im Sinne der

---

406 Für eine grundlegende Zweckbindung siehe *Söpper*, Crowdfunding, S. 115; offen *Schedensack*, Crowdinvesting, S. 267 f.

407 So beispielsweise bei dem Beteiligungsvertrag für ein partiarisches Nachrangdarlehen bei *Seedmatch* entsprechend dem als Anlage beigefügten Musterbeteiligungsvertrag.

408 So beispielsweise § 2 des Beteiligungsvertrags für ein partiarisches Nachrangdarlehen entsprechend dem als Anlage beigefügten Musterbeteiligungsvertrag.

§§ 230 ff. BGB erfüllt.[409] Die Kleinanleger beabsichtigen als stille Gesellschafter an dem Start-up nicht nur wirtschaftlich zu partizipieren, sondern hierzu die vertraglich vereinbarten Zwecke mit zu fördern. Die vertraglich bestimmte Zweckvereinbarung beinhaltet den für eine gesellschaftsrechtliche Beziehung erforderlichen gemeinsamen Zweck im Sinne des § 705 BGB, sowie entsprechende Haupt- und Förderpflichten der Beteiligten. Insoweit werden die für die Förderung des Geschäftsbetriebs relevanten Dokumente, wie etwa der Businessplan, als Bestandteil in den Vertrag aufgenommen. Dem Kleinanleger kommt es gerade darauf an, mit seinem finanziellen Beitrag die dargestellte zukünftige Geschäftsentwicklung zu fördern. Umgekehrt zeigt das Start-up mit Umschreibung des Vorhabens innerhalb einer Zweckvereinbarung, dass sich dieses mithilfe der finanziellen Beiträge der Crowd zu einem lohnenden Betrieb entwickeln kann. Beide Parteien kommen überein, dass die anvisierte Entwicklung durch die dargestellte Mittelverwendung realisierbar ist. Durch die Aufnahme einer Mittelverwendung und den Abschluss einer vertraglichen Zweckvereinbarung sollen die finanziellen Beiträge der Kleinanleger den Geschäftsbetrieb des Start-ups fördern. Die Unternehmen verpflichten sich dahingehend, die eingenommenen Mittel entsprechend der Zweckvereinbarung zu verwenden. Etwaige Förderpflichten der Parteien sind in der Zweckvereinbarung vertraglich festgelegt und zeigen demnach nicht nur eine Gewinnerzielungsabsicht, sondern auch weitergehende Motive zur Förderung des Vorhabens. Insoweit ist letztere die Geschäftsgrundlage für den Abschluss der einzelnen Crowdinvesting-Verträge. Die jeweiligen Haupt- und Förderpflichten der Vertragsparteien dienen der Erfüllung der jeweiligen Vorhaben der Start-ups und der zukünftigen Erwirtschaftung von Gewinnen. Demnach sind die Anforderungen an einen gemeinsamen Zweck im Sinne des § 705 BGB erfüllt. Die Grundlage der Beteiligungen ist folglich gesellschaftsrechtlicher Natur. Hiergegen spricht im Ergebnis auch nicht die anderweitige Bezeichnung der Vertragsbeziehungen als partiarische Nachrangdarlehen (*falsa demonstratio non nocet*) und die darlehensnahe Ausgestaltung des jeweiligen Vertragstextes.

---

409 Im Ergebnis ebenso *Weitnauer/Parzinger*, GWR 2013, 153 (155); offen *Klöhn/Hornuf*, DB 2015, 47.

(3) Companisto: vertragliche Haupt- und Förderpflichten

Ähnliche Vertragsabschnitte wie bei *Seedmatch* sind in den aktuellen Beteiligungsverträgen[410] von *Companisto* nicht zu finden. Die Beteiligten vereinbaren vertraglich weder zu welchen Zwecken die eingenommenen Mittel verwendet werden sollen, noch wird eine bindende Umschreibung des zu unterstützenden Vorhabens vorgenommen. Zwar umfassen die der Crowd online zur Verfügung gestellten Informationen das geplante Vorhaben der Start-ups, zum Gegenstand der Beteiligungsverträge werden diese Informationen aber nicht gemacht bzw. nicht konkret in die jeweiligen Vereinbarungen einbezogen. Aus den Verträgen und den weitergehenden Informationen an die Crowd lassen sich also weder eine Vereinbarung über die Verwendung der Mittel, noch ein anderer gesellschaftsrechtlich relevanter gemeinsamen Zweck entnehmen. Die bloße Hingabe von Kapital und die daran anschließende Verwendung durch den Unternehmensträger ist für einen gemeinsamen Zweck im Sinne des § 705 BGB nicht ausreichend.[411] Die gemeinsame Gewinnerzielungsabsicht der Beteiligten stellt lediglich die Geschäftsgrundlage dar und ist somit ein persönliches Motiv der Parteien.[412] Die für die Crowd bestimmten Informationen dienen im Ergebnis einer vorgelagerten Einschätzung eines möglich bestehenden (Ausfall-)Risikos des Investitionsvorhabens, dessen Umfang auch bei einer Darlehensvergabe typisch ist. Weitergehende Kontrollmöglichkeiten über eine zweckdienliche Verwendung der eingenommenen Mittel bestehen für die Kleinanleger darüber hinaus nicht. Eine Verpflichtung zur zweckdienlichen Verwendung, wie bei stillen Gesellschaft üblich, ist vertraglich nicht vorgesehen.[413] Die Hauptpflicht des Geschäftsinhabers liegt in der Folge einzig in der Einräumung einer Beteiligung am wirtschaftlichen Erfolg des Unternehmens aufgrund der erbrachten Kapitalsumme der Crowd. Die Kleinanleger verpflichten sich dagegen ausschließlich zur Erbringung der vertraglich vereinbarten Kapitalsumme. Der Wille der Crowd als Gesellschafter weitergehende Förderpflichten einzugehen, lässt sich weder aus den Beteiligungsverträgen, noch aus den äußeren Umständen entnehmen. Bei den Hauptpflichten der Parteien handelt es sich

---

410 So beispielsweise bei dem Beteiligungsvertrag für ein partiarisches Nachrangdarlehen bei *Companisto* entsprechend dem als Anlage beigefügten Musterbeteiligungsvertrag.

411 BFH, BStBl. II 2008, 852 (854 f.).

412 Vgl. hierzu BFH, BStBl. II 2008, 852 (854 ff.), der gemeinsame Ziele der Vertragsparteien als gemeinsamen Zweck nicht ausreichen lässt. A.A. wohl *Fischer*, Crowdinvesting, S. 41.

413 Vgl. *Fischer*, Crowdinvesting, S. 40.

um typische Leistungspflichten eines partiarischen Darlehens. Demzufolge sind die Crowdinvesting-Verträge der Plattform *Companisto* reine Austauschverhältnisse, jeweils in Form eines partiarischen Nachrangdarlehens.[414]

Infolge der Ausgestaltung der Crowdinvesting-Verträge als partiarische Nachrangdarlehen lässt sich der Vertragstyp der Vereinbarungen als klassischer Darlehensvertrag im Sinne der §§ 488 ff. BGB bestimmen.[415] Insofern verpflichten sich die Vertragsparteien grundlegend zu den in § 488 Abs. 1 BGB bestimmten Leistungen und Gegenleistungen in Form von Darlehensgewährung und -rückgewährung, sowie die damit verbundenen Zahlungen von Zinsen. Die Regelungen des Verbraucherdarlehensvertrages gemäß §§ 491 ff. BGB finden bei Crowdinvesting-Verträgen keine Anwendung. Zwar erfüllen die Kleinanleger regelmäßig die Verbrauchereigenschaft gemäß § 13 BGB, allerdings handelt die Crowd entgegen dem Wortlaut des § 491 Abs. 2 S. 1 BGB nicht als Darlehensnehmer, sondern als Darlehensgeber gegenüber den kapitalsuchenden Gesellschaften.[416]

(4) Ergebnis

Die bespielhafte Abgrenzung der Beteiligungsverträge von *Seedmatch* und *Companisto* zeigt, wie vertragliche Unterschiede innerhalb der Vereinbarungen zu divergierenden Einordnungen der Crowdinvesting-Verträge führen können. Insbesondere die Bezeichnung der Verträge als partiarische Nachrangdarlehen schützt nicht vor einer anderweitigen rechtlichen Einordnung (*falsa demonstratio non nocet*). Mit Blick auf die unterschiedlichen gesetzlichen Anforderungen der jeweiligen Vertragstypen läge es im Interesse der Crowdinvesting-Plattformen, als Ersteller der Vereinbarungen, von Klauseln abzusehen, die eine anderweitige rechtliche Einordnung zulassen. Zudem sollten die Vereinbarungen rechtlich überprüft werden, um so bestehende Pflichten zu identifizieren und mögliche Haftungsrisiken auszuschließen. Zusätzlich ist der Gesetzgeber gefordert, Unterschiede hinsichtlich den zuvor genannten

---

414 Im Ergebnis so auch *Söpper*, Crowdfunding, S. 101 ff.; *Nietsch/Eberle*, DB 2014, 1788 (1793); a.A. *Weitnauer/Parzinger*, GWR 2013, 153 (154 f.) und *Fischer*, Crowdinvesting, S. 41, der in der positiven Entwicklung des Unternehmens einen gemeinsamen Zweck feststellt.

415 *Rohe*, in: BeckOK-BGB, § 488, Rn. 101; *Herr/Bantleon*, DStR 2015, 532 (533); *Freitag*, in: Staudinger-BGB (2015), § 488, Rn. 70; *Fischer*, Crowdinvesting, S. 37; *Braun*, Crowdfunding, S. 92; *Söpper*, Crowdfunding, S. 101; *Schulz*, Crowdinvesting, S. 26 f.

416 *Söpper*, Crowdfunding, S. 69; *Klöhn/Hornuf/Schiling*, ZBB 2016, 142 (145).

Beteiligungsvarianten im Rahmen des Crowdinvestings abzubauen. Hierzu ist der Schutz der Kleinanleger nicht durch die Unterscheidung verschiedener Vertragstypen zu gewährleisten, sondern vielmehr durch einen unmissverständlich definierten Rechtsrahmen, der Unsicherheiten der Beteiligten ausschließt und das Crowdinvesting-Modell weiter fördert.[417]

2. Vertragsschluss

a) Vertragsschluss bei Companisto und Seedmatch

Die Vertragsparteien bei den Crowdinvesting-Verträgen sind der jeweilige Kleinanleger und das zu finanzierende Start-up. Der für einen wirksamen Vertrag erforderliche Vertragsschluss findet ausschließlich online mithilfe der Crowdinvesting-Plattformen statt. Einer tatsächlichen Unterschriftenleistung durch die Parteien bedarf es nicht.[418] Für einen wirksamen Vertragsschluss sehen die Beteiligungsverträge bei *Companisto* das Anklicken des hierfür vorgesehenen Buttons auf der Webseite durch den Kleinanleger vor, um so ein Angebot zum Vertragsschluss im Sinne des § 145 BGB abgeben zu können.[419] Das jeweilige Start-up kann sodann das Angebot des Kleinanlegers durch eine Bestätigung mittels E-Mail annehmen.[420] Dagegen wird bei *Seedmatch* bereits die Bereitstellung einer Beteiligungsmöglichkeit auf der Onlinepräsenz der Plattform als eine *offerta ad incertas personas* durch den Emittenten

---

417 Zur Kritik ausführliche siehe Abschnitt E.I.2.b).

418 *Söpper*, Crowdfunding, S. 68.

419 Zur Rechtsnatur des Antrags nach § 145 BGB siehe *Busche*, in: MüKo-BGB, § 145, Rn. 5. Insoweit ist anzumerken, dass § 145 BGB den Begriff Antrag als Vertragsangebot vorsieht. Diese Arbeit verwendet den Begriff Angebot, im Gleichlauf mit dem Begriff in den etwaigen Beteiligungsverträgen, als Synonym. Vgl. auch *Schedensack*, Crowdinvesting, S. 257 f.; *Weber*, Crowdinvesting, S. 190 ff.

420 So lautet beispielsweise der Wortlaut der Ziffer 2.9 des Beteiligungsvertrags für ein partiarisches Nachrangdarlehen bei *Companisto* entsprechend dem als Anlage beigefügten Musterbeteiligungsvertrag: „*Durch das Anklicken des hierfür vorgesehenen Buttons auf der Webseite nach Auswahl der Investitionshöhe durch den Companisten, gibt der Companist ein Angebot auf Abschluss eines partiarischen Darlehensvertrages nach Maßgabe dieses Vertrages ab. Der partiarische Darlehensvertrag kommt erst dann zustande, wenn Companisto oder das Startup den Abschluss des Vertrages mit einer E-Mail bestätigen. Eines gesonderten schriftlichen Vertragsschlusses bedarf es darüber hinaus nicht.*“. Siehe insgesamt hierzu auch *Schedensack*, Crowdinvesting, S. 257 f.

angesehen.[421] Demnach handelt es sich um ein verbindliches Angebot zum Vertragsschluss an eine unbestimmte Personengruppe.[422] Durch das Anklicken des vorgesehenen Onlinebuttons nimmt der jeweilige Kleinanleger das Angebot an.[423] Um den Erfordernissen eines wirksamen Vertragsschlusses zu entsprechen und dabei die *essentialia negotii* final zu bestimmen, hat der Kleinanleger vor Abgabe seiner Willenserklärung den von ihm gewünschten Investmentbetrag online auf der Plattform einzugeben.

b) Rechtliche Stellung der Crowdinvesting-Plattformen

In Anbetracht unterschiedlicher Vertragsschlussvarianten mithilfe der Crowdinvesting-Plattformen, stellt sich die Frage welche rechtliche Rolle diese im Dreiecksgefüge mit kapitalsuchenden Start-ups und Kleinanlegern einnehmen. Neben einer Stellvertretung nach den §§ 164 ff. BGB ist an eine Botenstellung der Plattformen zu denken. Zudem besteht die Möglichkeit des Betriebs eines sogenannten multilateralen Handelssystems im Sinne des § 1 Abs. 1a) S. 2 Nr. 1b) KWG. Hierbei werden Willenserklärungen von Interessenten lediglich nach vorher festgelegten Regeln innerhalb eines Systems zusammenführt, wie dies etwa bei Börsen üblich ist.[424]

Für eine rechtliche Bewertung sind die allgemeinen zivilrechtlichen Vorschriften anzuwenden.[425] Das Ergebnis dieser zivilrechtlichen Analyse ist vor allem hinsichtlich der aufsichtsrechtlichen Regulierung des Crowdinvesting-Modells von Interesse. Wie später in Abschnitt D.I.2 aufgezeigt wird, unterscheiden sich die aufsichtsrechtlichen Pflichten der Crowdinvesting-Plattformen je nachdem, ob diese als Stellvertreter oder Bote handeln bzw. Willenserklärungen der Vertragsparteien online im Wege eines multilateralen Handelssystems im Sinne

---

421 Vgl. *Schedensack*, Crowdinvesting, S. 258; *Weber*, Crowdinvesting, S. 190 f.; *Braun*, Crowdfunding, S. 49.

422 Zur *offerta ad incertas personas* siehe auch *Busche*, in: MüKo-BGB, § 145, Rn. 16, 27.

423 So lautet beispielsweise der Wortlaut in der Präambel des Investmentvertrags für ein partiarisches Nachdrangdarlehen von *Seedmatch* entsprechend dem als Anlage beigefügten Musterbeteiligungsvertrag: „*Der Abschluss von Verträgen über partiarische Darlehen zwischen dem Startup und Investoren geschieht in der Weise, dass die Investoren nach der Auswahl der Investmentsumme auf der Internetplattform durch Anklicken eines hierfür vorgesehenen Buttons das Angebot des Startup zum Abschluss eines Vertrages über ein nachrangiges partiarisches Darlehen annehmen. Eines gesonderten schriftlichen Vertragsschlusses bedarf es darüber hinaus nicht.*".

424 Hierzu ausführlich nachfolgender Abschnitt.

425 Vgl. *Söpper*, Crowdfunding, S. 68.

des § 1 Abs. 1a) S. 2 Nr. 1b) KWG zusammenführen. Der Betrieb eines multilateralen Handelssystems gilt als Finanzdienstleistung, welche einer Erlaubnispflicht durch die BaFin im Sinne des § 32 KWG unterliegen kann.[426]

aa) Stellvertretung nach §§ 164 ff. BGB

Für eine wirksame Stellvertretung als Vertreter der einzelnen Kleinanleger bzw. der Start-ups müssten die Crowdinvesting-Plattformen nach § 164 Abs. 1 S. 1 BGB eigene Willenserklärungen gegenüber den jeweiligen anderen Parteien abgeben.[427] Inwiefern die abgegebenen Erklärungen als eigene oder fremde Willenserklärungen zu verstehen sind, richtet sich nach dem objektiven Empfängerhorizont und ist aus der Sicht eines objektiven Beobachters zu beurteilen (§§ 133, 157 BGB).[428] Hierfür ist der möglicherweise eingeräumte Entscheidungsspielraum der tatsächlich handelnden und erklärenden Person zu berücksichtigen.[429]

(1) Crowdinvesting-Plattformen – keine Vertreter der einzelnen Kleinanleger

Den Crowdinvesting-Plattformen werden bei Vertragsabschlüssen zwischen den jeweiligen Kleinanlegern und den Start-ups keine eigenen Entscheidungsspielräume zugesprochen.[430] Die Plattformen erklären einheitlich innerhalb ihrer AGB[431], dass die für ein Investment erforderlichen Entscheidungen nur im Verantwortungsbereich der Kleinanleger stehen, so dass eine Stellvertretung für die einzelnen Investoren auszuschließen ist.[432] Im Ergebnis werden die Investmentverträge auf den Webseiten der Plattformen der Crowd zur Verfügung gestellt. Der einzelne Kleinanleger bewertet daraufhin eigenständig

---

426 Ausführlich hierzu BaFin, Merkblatt – multilaterales Handelssystem (Stand: vom 07.12.2009, geändert am 25.07.2013).

427 Vgl. *Schubert*, in: MüKo-BGB, § 164, Rn. 80, 116; *Schäfer*, in: BeckOK-BGB, § 164, Rn. 11; *Dörner*, in: Schulze-BGB, § 164, Rn. 4.

428 *Dörner*, in: Schulze-BGB, § 164, Rn. 4; *Schubert*, in: MüKo-BGB, § 164, Rn. 81; *Schäfer*, in: BeckOK-BGB, § 164, Rn. 11.

429 *Schubert*, in: MüKo-BGB, § 164, Rn. 70 f.; *Hoffmann*, JuS 1970, 179 (181); *Schilken*, in: Staudinger-BGB (2019), Vorb. §§ 164 ff., Rn. 75; *Mock*, JuS 2008, 309.

430 Im Ergebnis auch *Söpper*, Crowdfunding, S. 72 f.; *Klöhn/Hornuf*, ZBB 2012, 237 (250); *Schmitt/Doetsch*, BB 2013, 1451 (1454); *Weitnauer/Parzinger*, GWR 2013, 153 (155).

431 Zu den AGB der Crowdinvesting-Plattformen ausführlich siehe Abschnitt C.II.2.a).

432 So etwa der letzte Satz der Ziffer 13.5 oder der erste Satz der Ziffer 13.7 der entsprechend als Anlage beigefügten AGB von *Companisto*: „*(…) Die Entscheidung für ein Investment trifft jeder Investor unabhängig und eigenverantwortlich.*“ und „*Es obliegt allein dem Companisten, zu entscheiden, ob er unter Nutzung der*

die ihm angebotene Beteiligung im Rahmen eines eigenen Entscheidungsprozesses und beurteilt selbst, ob und mit welcher Kapitalsumme eine Investition zu erfolgen hat. Im Investitionsprozess ist den Crowdinvesting-Plattformen folglich objektiv kein eigener Entscheidungsspielraum durch die Geldgeber im Sinne einer eigenen Willenserklärung nach § 164 Abs. 1 S. 1 BGB eröffnet. Insofern ist objektiv für die Start-ups als Vertragspartei nicht ersichtlich, dass die Crowdinvesting-Plattformen eigenständige Entscheidungen im Namen des Kleinanlegers treffen können. Auch das tatsächliche Auftreten der Crowdinvesting-Plattformen innerhalb einer Crowdinvesting-Kampagne führt zu keinem anderen Ergebnis. Entsprechend der eigenen Darstellung sind die Plattformen mit einem elektronischen schwarzen Brett[433] vergleichbar, auf dem ausschließlich die Möglichkeiten zum Vertragsabschluss angeboten werden sollen.[434] Ein objektiver Beobachter wird demnach die abgegebenen Willenserklärungen nicht den Plattformen, sondern jeweils den einzelnen Kleinanlegern zuordnen.

(2) Crowdinvesting-Plattformen – keine Vertreter der Start-ups

Hinsichtlich der Vergleichbarkeit der Crowdinvesting-Plattformen mit einem elektronischen schwarzen Brett übernehmen die Plattformen ausschließlich die Zurverfügungstellung der technischen Infrastruktur auf den Webseiten sowie die Abwicklung des Zeichnungsprozesses zwischen den Beteiligten.[435] Darüber hinaus ermöglichen die Plattformen unter anderem einen digitalen Kommunikationskanal, so dass die Kleinanleger und kapitalsuchenden Start-ups miteinander online interagieren können. Die Einräumung eines eigenen Entscheidungsspielraums hinsichtlich der Vertragsabschlüsse und der *essentialia negotii* durch die Emittenten ist hierbei objektiv für die Kleinanleger nicht ersichtlich.[436] Insoweit sind die Plattformen normalerweise nicht ermächtigt,

---

Companisto-Webseite in Crowdinvestingprojekte investiert und in welches Crowdinvestingprojekt er investiert."

433 Siehe hierzu BaFin, Merkblatt – multilaterales Handelssystem (Stand: vom 07.12.2009, geändert am 25.07.2013), Ziffer 1d).

434 So etwa der erste Satz in Ziffer 1.2 der entsprechend als Anlage beigefügten AGB von *OneCrowd Loans GmbH (Seedmatch)*: „*OneCrowd Loans ermöglicht es den Emittenten, in eigener Verantwortung erstellte Informationen auf der Internetplattform bereitzustellen.*"

435 Vgl. Abschnitt C.II.1.

436 Vgl. *Söpper*, Crowdfunding, S. 72 f.; *Klöhn/Hornuf*, ZBB 2012, 237 (250 f.); *Schmitt/Doetsch*, BB 2013, 1451 (1454); *Weitnauer/Parzinger*, GWR 2013, 153 (155).

etwaige Konditionen der Standardverträge einseitig abzuändern bzw. mit den interessierten Kleinanlegern nachzuverhandeln.[437] Auch unter Berücksichtigung der tatsächlichen Rolle[438] der Crowdinvesting-Plattformen zwischen den Kleinanlegern und den Start-ups ist für die Crowd erkennbar, dass die Plattformen keine eigenen Willenserklärungen im Namen der Start-ups abgeben. Im Rahmen des Zeichnungsprozesses dienen die Plattformen objektiv als digitaler Übermittler der Angebote der Crowdinvesting-Plattformen und somit fremder Willenserklärungen gegenüber der Crowd.

bb) Botenstellung oder multilaterales Handelssystem im Sinne des KWG

Im Gegensatz zu einer Stellvertretung handelt der Bote ohne eigenen Entscheidungsspielraum und übermittelt lediglich fremde Willenserklärungen an Dritte.[439] Hierzu ist die tatsächliche Übertragung einer Willensäußerung durch den Boten wesentliche Voraussetzung.[440] An einer Übertragung fehlt es regelmäßig bei dem Betrieb von multilateralen Handelssystemen. Gemäß § 1 Abs. 1a) S. 2 Nr. 1b) KWG handelt es sich um ein multilaterales Handelssystem, wenn die Interessen einer Vielzahl von Personen am Kauf und Verkauf von Finanzinstrumenten innerhalb des Systems und nach festgelegten Bestimmungen in einer Weise zusammengebracht werden, die zu einem Vertrag über den Kauf dieser Finanzinstrumente führt. Die Verträge werden mithilfe des sogenannten *matchings* geschlossen, indem bestehende Interessen nach einem vorher festgelegten Regelwerk zusammengeführt werden.[441] Innerhalb dieses Regelwerks haben die Parteien keine Entscheidungsspielräume und können im Einzelfall nicht entscheiden, ob sie das Geschäft mit einem bestimmten Vertragspartner eingehen wollen oder nicht.[442] Während Vertragsschlüsse mithilfe eines Boten außerhalb der Plattformen geschlossen werden, erfolgen die

---

437 *Söpper*, Crowdfunding, S. 72 f.

438 Zur rechtstatsächlichen Rolle der Crowdinvesting-Plattformen siehe ausführlich Abschnitt C.II.1.

439 *Schubert*, in: MüKo-BGB, § 164, Rn. 116; *Schäfer*, in: BeckOK-BGB, § 164, Rn. 11; *Dörner*, in: Schulze-BGB, § 164, Rn. 4.

440 Vgl. *Söpper*, Crowdfunding, S. 73.

441 BaFin, Merkblatt – multilaterales Handelssystem (Stand: vom 07.12.2009, geändert am 25.07.2013), Ziffer 1d); Zum Begriff siehe auch *Assmann*, in: Assmann/Schneider/Mülbert-Wertpapierhandelsrecht, § 2, Rn. 258.

442 BaFin, Merkblatt – multilaterales Handelssystem (Stand: vom 07.12.2009, geändert am 25.07.2013), Ziffer 1d); *Klöhn/Hornuf*, ZBB 2012, 237 (250 f.); *Kumpan*, in: Schwark/Zimmer-KMRK, § 2 WpHG, Rn. 141.

Abschlüsse bei multilateralen Handelssystemen unmittelbar innerhalb des jeweiligen Systems.[443]

Anders als bei Börsen- oder börsenähnlichen Geschäften mittels multilateralen Handelssystemen ist bei Crowdinvesting-Kampagnen das Start-up als Vertragspartei für den Vertragsschluss vorbestimmt. Die Intention der Kleinanleger zum Vertragsschluss mit dem jeweils ausgesuchten Start-up ist dabei von wesentlicher Bedeutung für das Crowdinvesting. Zudem ist der Preis für die jeweilige Beteiligung an dem Unternehmen durch die den Beteiligungsverträgen zugrundeliegende Bewertung[444] vorgegeben und nicht durch ein dynamisches Regelwerk mittels Angebot und Nachfrage definiert.[445] Lediglich begrenzte Zeichnungsfristen und ein limitiertes Zeichnungsvolumen für die Kleinanleger weichen von einem klassischen Beteiligungsgeschäft ab. Die Bestimmung der Crowdinvesting-Plattformen als multilaterale Handelssysteme infolge begrenzter Investmentvolumina oder beschränkter Zeichnungszeiträume ist allerdings für die Annahme eines vordefinierten Regelwerkes nicht ausreichend.[446] Die eingeschränkte Verfügbarkeit von Vertragsinhalten ist typisch für Online-Plattformen.[447] Die Plattformen ähneln einem elektronischen schwarzem Brett, auf dem Möglichkeiten zum Vertragsabschluss angeboten werden.[448] Die Verteilung der einzelnen Crowdinvesting-Verträge erfolgt zwar mithilfe des EDV-Systems der Crowdinvesting-Plattformen, die rechtliche Zuteilung an geeignete Kleinanleger, auch im Hinblick auf mögliche Wettbewerber, wird jedoch durch das Start-up gewährleistet.[449] Trotz der hohen

---

443 BaFin, Merkblatt – multilaterales Handelssystem (Stand: vom 07.12.2009, geändert am 25.07.2013), Ziffer 1d); siehe hierzu auch *Klöhn/Hornuf*, ZBB 2012, 237 (250); *Kumpan*, in: Schwark/Zimmer-KMRK, § 2 WpHG, Rn. 138.

444 Zur Unternehmensbewertung als Bestimmung der individuellen Beteiligungsquote siehe Abschnitt B.II.2.a)bb)(1).

445 Zur Erforderlichkeit des *matching* nach den Marktregeln siehe BaFin, Merkblatt – multilaterales Handelssystem (Stand: vom 07.12.2009, geändert am 25.07.2013), Ziffer 1d).

446 So aber *Söpper*, Crowdfunding, S. 74, welcher im Ergebnis ein (nichtdiskretionäres) Regelwerk bejaht. Für den Bereich des WpHG siehe *Drews*, Crowdfunding-Plattform, S. 154 f.

447 Insoweit sind auch Waren, die beispielsweise durch Dritte auf Handelsplattformen wie etwa *Amazon* angeboten werden, grundsätzlich in der Menge beschränkt.

448 Siehe hierzu BaFin, Merkblatt – multilaterales Handelssystem (Stand: vom 07.12.2009, geändert am 25.07.2013), Ziffer 1d).

449 Zur Zuteilung *Klöhn/Hornuf*, ZBB 2012, 237 (250). Siehe hierzu auch *Assmann*, in: Assmann/Schneider/Mülbert-Wertpapierhandelsrecht, § 2, Rn. 127.

Anzahl der Kleinanleger haben die Emittenten grundsätzlich Interesse an der Offenlegung der Identitäten ihrer Vertragspartner. Etwaige gleichgelagerte Interessen bestehen bei multilateralen Handelssysteme nicht. Zudem wird bei börsenähnlichen Handelssystemen eine nicht nur einmalige, sondern vielmehr kontinuierliche Zusammenführung der Interessen vorausgesetzt, wozu es grundsätzlich eines Sekundärmarktes bedarf.[450] Die Vermittlung von Beteiligungsmöglichkeiten im Rahmen einer einmaligen Erstausgabe von Beteiligungsverträgen ist daher nicht ausreichend.[451] Dem folgend handelt es sich bei den Crowdinvesting-Plattformen regelmäßig um Erklärungsboten, die fremde Willenserklärungen beider Vertragsparteien mithilfe eines hierzu unterhaltenen EDV-Systems online übermitteln.[452]

c) Mindest- und Maximalinvestmentschwelle[453]

Besonderheiten bei Crowdinvesting-Verträgen ergeben sich hinsichtlich der Regelungen über sogenannte Mindest- und Maximalinvestmentschwellen. Bei einer Mindestinvestmentschwelle handelt es sich um einen vorher bestimmten Wert, der den Mindestkapitalbedarf des Emittenten zum Zeitpunkt der Crowdinvesting-Kampagne widerspiegelt. Die Maximalinvestmentschwelle legt dagegen fest, welcher Maximalbetrag durch die Crowd aufgenommen werden soll. Ziel einer jeden Crowdinvesting-Kampagne ist es, innerhalb der vorgesehenen Zeichnungsfrist[454] zumindest die Mindestinvestmentsumme aufzunehmen, in der Hoffnung, eine vollständige Finanzierung des Unternehmens in Höhe des Maximalbetrages durch die Crowd zu erreichen. Wird

---

450 *Kumpan*, in: Schwark/Zimmer-KMRK, § 2 WpHG, Rn. 138; *Klöhn/Hornuf*, ZBB 2012, 237 (251).

451 So *Klöhn/Hornuf*, ZBB 2012, 237 (251); *Braun*, Crowdfunding, S. 152 ff.

452 Mit ähnlichem Ergebnis hinsichtlich Botenstellung der Plattformen beim Lending-Modell *Stamm*, in: Habersack/Mülbert/Schlitt-Unternehmensfinanzierung, § 23, Rn. 23.102; a.A. *Söpper*, Crowdfunding, S. 73 f.; *Fischer*, Crowdinvesting, S. 46 f., welche eine Botenstellung der Plattformen verneinen und ein (nichtdiskretionäres) Regelwerk annehmen.

453 Die entsprechenden Bezeichnungen sind in der Praxis unterschiedlich. So nennt beispielsweise *Companisto* die Schwellenwerte Investmentschwelle und Investmentlimit, *Seedmatch* dagegen Fundingschwelle und Fundinglimit; vgl. auch *Weber*, Crowdinvesting, S. 14 f. Im Vergleich zum Lending-Modell siehe *Stamm*, in: Habersack/Mülbert/Schlitt-Unternehmensfinanzierung, § 23, Rn. 23.103.

454 Bei *Seedmatch* wird der Zeitraum als sogenannte Fundingfrist, bei *Companisto* als Investitionsfrist bezeichnet.

die Mindestsumme nicht fristgerecht aufgenommen, soll der Emittent nicht an die bis dahin geschlossenen Verträge gebunden sein.[455] Ist dagegen die Maximalschwelle überschritten liegt eine Überzeichnung der Crowdinvesting-Kampagne vor. Die Entscheidung zur Überzeichnung liegt im Ermessen des jeweiligen Emittenten.

Die Etablierung von Regelungen zu Mindest- und Maximalinvestmentschwellen in Crowdinvesting-Verträgen lassen sich auf den nachfolgenden Gedanken zurückführen. Im Falle des Nichterreichens der Mindestinvestmentschwellen haben die Emittenten mit einer zu geringen Anzahl von Kleinanlegern kontrahiert. Die hierbei aufgenommenen Darlehenssummen sind zu gering, um den jeweils zuvor errechneten Kapitalbedarf der jeweiligen Unternehmen zu decken und eine erfolgreiche Geschäftsentwicklung zu ermöglichen.[456] Das so entstehende unternehmerische Risiko einer ausreichenden Finanzierung der Start-ups würden gleichfalls diejenigen Kleinanleger tragen, welche bereits investiert haben. Eine Mindestinvestmentschwelle verringert demnach ebenfalls das Verlustrisiko der Kleinanleger durch eine Unterfinanzierung.[457]

Dagegen sind die Emittenten ohne Bestimmung einer Maximalinvestmentschwelle der Gefahr einer unbegrenzten und unkontrollierten Überfinanzierung durch die Crowd ausgesetzt. In Anbetracht der teilweise erstaunlichen Geschwindigkeiten von Finanzierungen einzelner Start-ups durch Crowdinvesting-Kampagnen ist dies eine durchaus realistische Gefahr.[458] Bei einer solchen Überfinanzierung sind die Emittenten mit einer zu großen Anzahl von Darlehensforderungen und folglich mit erhöhten Finanzierungkosten (z.B. Zinslasten) konfrontiert, die eine erfolgreiche wirtschaftliche Entwicklung der Unternehmen verhindern kann. Ein Risiko, welches neben dem Emittenten ebenso die Crowd zu tragen hat.[459]

---

455 Sogenanntes *Alles-oder-Nichts-Prinzip*; vgl. *Söpper*, Crowdfunding, S. 83; *Weitnauer/Parzinger*, GWR 2013, 153 (154); *Schedensack*, Crowdinvesting, S. 75 ff.; *Weber*, Crowdinvesting, S. 16 f.; *Winde*, Regulierung Internet-Plattformen, S. 76 f.; *Drews*, Crowdfunding-Plattform, S. 22.

456 *Weitnauer/Parzinger*, GWR 2013, 153 (154); *Söpper*, Crowdfunding, S. 83.

457 Vgl. *Söpper*, Crowdfunding, S. 83 f.

458 So wurde beispielsweise die Maximalinvestmentsumme in Höhe von 750.000 Euro bei dem Start-up *Protonet* innerhalb von 90 Minuten nach Beginn der Kampagne bei *Seedmatch* überschritten, siehe hierzu *protonet.com*, Crowdfunding Weltrekord, abrufbar unter *https://protonet.com/de/blog/crowdfunding-weltrekord/* [zuletzt aufgerufen am 12.05.2022].

459 Siehe hierzu auch *Söpper*, Crowdfunding, S. 83.

aa) Mindestinvestmentschwelle – Unterfinanzierung

Aufgrund des bestehenden Risikos einer Unterfinanzierung der Start-ups bei Crowdinvesting-Kampagnen wird die Wirksamkeit der Vertragsabschlüsse von der Erreichung einer vorher jeweils festgelegten Mindestinvestmentschwelle abhängig gemacht.[460] Die Crowdinvesting-Verträge sehen zwar keine aufschiebenden Bedingungen gemäß § 158 Abs. 1 BGB vor, beinhalten aber vorwiegend entsprechende auflösende Bedingungen nach § 158 Abs. 2 BGB.[461] Sind die Mindestinvestmentsummen im Rahmen der vorgegebenen Laufzeiten nicht erreicht, werden sämtliche bis dahin geschlossene Verträge abgewickelt und die einzelnen Darlehensbeträge an die Kleinanleger zurückbezahlt.[462] Im Umkehrschluss bedeutet dies, dass die Vereinbarungen zunächst wirksam geschlossen werden, unabhängig davon, ob der jeweilige Schwellenwert erreicht wurde oder nicht.

(1) Auflösende Bedingung nach § 158 Abs. 2 BGB – aufschiebende Bedingung nach § 158 Abs. 1 BGB

Die rechtliche Etablierung einer auflösenden Bedingung nach § 158 Abs. 2 BGB (*Bedingung: Nichterreichung der Mindestinvestmentschwelle*) erscheint auf den ersten Blick für die Start-ups vorzugswürdiger. Insoweit nehmen weitere Klauseln der Crowdinvesting-Verträge den Zeitpunkt des wirksamen Vertragsschlusses als Voraussetzung für den Eintritt anderweitiger Rechtsfolgen. So stellen beispielsweise die Verträge von *Seedmatch* die vereinbarten Festverzinsungen in Abhängigkeit zu dem wirksamen Abschluss des jeweiligen Vertrages.[463] Bei einer aufschiebenden Bedingung nach § 158 Abs. 1 BGB

460 Vgl. *Söpper*, Crowdfunding, S. 83 f.; *Braun*, Crowdfunding, S. 50.

461 So beispielweise Ziffer 3.4 des Beteiligungsvertrags für ein partiarisches Nachrangdarlehen bei *Companisto* entsprechend dem als Anlage beigefügten Musterbeteiligungsvertrag: „*Der Vertrag ist auflösend bedingt durch das Nichterreichen der Investmentschwelle bis zum [Datum], 24 Uhr. (…)*"; zur Klausel siehe auch Abschnitt B.II.2.a)aa). Siehe hierzu insgesamt auch *Weitnauer/Parzinger*, GWR 2013, 153 (154); *Ivanović*, Crowdinvesting, S. 102 f.; *Fischer*, Crowdinvesting, S. 22 f.; *Söpper*, Crowdfunding, S. 83 f.

462 Vgl. *Weitnauer/Parzinger*, GWR 2013, 153 (154); *Söpper*, Crowdfunding, S. 84; insoweit werden die Darlehensbeträge nicht unmittelbar dem Unternehmen zur Verfügung gestellt, sondern zunächst auf ein Konto eines Treuhänders überwiesen, so dass auch dieser im Falle eines Nichterreichens der Mindestsumme die entsprechenden Beträge zurückzugewähren hat.

463 Zum Wortlaut der Klausel siehe Abschnitt B.II.2.a)aa).

(*Bedingung: Erreichung der Mindestinvestmentschwelle*) wäre der Vertrag zunächst in einem Schwebezustand und würde erst durch das Erreichen der Mindestinvestmentschwelle volle Rechtswirkung entfalten.[464] Demnach wäre der Beginn der Zinsforderungen des Kleinanlegers von der Erreichung der Mindestinvestmentschwelle abhängig.[465] Ein Zeitpunkt, der angesichts der Dynamik von Crowdinvesting-Kampagnen für den Einzelinvestor ggf. nicht immer eindeutig ermittelbar sein könnte. Dagegen bleibt der wirksame Abschluss des Vertrags zum Zeitpunkt des Anklickens des hierfür vorgesehenen Buttons oder der erhaltenen Bestätigungs-E-Mail für den Kleinanleger sowie der Zahlung des Darlehensbetrages stets nachvollziehbar.[466] Allerdings wäre der zuvor dargestellte Lösungsansatz ebenfalls mit einer aufschiebenden Bedingung nach § 158 Abs. 1 BGB i.V.m. § 159 BGB rechtlich umsetzbar. Insofern ermöglicht die Rückbeziehung im Sinne des § 159 BGB den jeweiligen vorgelagerten Vertragsschluss zwischen Kleinanleger und Start-up als Bezugspunkt für die Festzinsermittlung zu bestimmen, ohne bereits die bedingte Wirksamkeit der Vereinbarung vor Erreichung der Mindestinvestmentschwelle begründen zu müssen.

(2) *Qualifizierte Nachrangklausel im Kontext von Mindestinvestmentschwellen*

Vorteilhaft für die Crowd wäre die Variante hinsichtlich einer aufschiebenden Bedingung nach § 158 Abs. 1 BGB (*Bedingung: Erreichung der Mindestinvestmentschwelle*) mit Blick auf die Wirksamkeit der in den Crowdinvesting-Verträgen regelmäßig vorgesehenen Vereinbarung von qualifizierten Nachrangabreden betreffend etwaiger Ansprüche gegenüber den Start-ups. Wie die Ausführungen in Abschnitt B.II.2.c) zeigen, führen zwischen den Vertragsparteien vereinbarte qualifizierte Nachrangabreden zu einer Rangverschiebung der Ansprüche und Schlechterstellung der Kleinanleger von der Stellung als Insolvenzgläubiger nach § 38 InsO zu einem nachrangigen

---

464 Zur aufschiebende Bedingung allgemein *Mansel*, in: Jauernig, BGB, § 158, Rn. 7.

465 Vgl. *Mansel*, in: Jauernig, BGB, § 158, Rn. 7; § 199, Rn. 2.

466 Hierbei ist anzumerken, dass, im Gegensatz zu *Seedmatch*, die Zinsberechnungen bei *Companisto* erst mit Ende der Crowdinvesting-Kampagne beginnen. Die entsprechenden Zinsforderungen entstehen also unabhängig von einem Wirksamwerden eines Vertrages vor oder nach Erreichung der Mindestinvestmentschwelle. Dementsprechend wäre bei *Companisto* auch eine Vertragskonstellation mittels aufschiebender Bedingung denkbar. Zum Zeitpunkt des Vertragsschlusses bei Crowdinvesting-Verträgen siehe Abschnitt C.I.2.a).

Insolvenzgläubiger gemäß § 39 InsO im Falle der Eröffnung eines Insolvenzverfahrens über das Vermögen der kapitalsuchenden Gesellschaften. Ziel ist es die Forderungen der Kleinanleger gegenüber der Gesellschaft im Rahmen einer Überschuldungbilanz nach § 19 Abs. 2 S. 2 InsO nicht zu berücksichtigen, um so eine Insolvenzreife und die Eröffnung von Insolvenzverfahren über das Vermögen der Unternehmen zu vermeiden.

(a) Qualifizierte nachrangige Wirkung der Rückforderungen der Kleinanleger bis zur (Nicht-)Erreichung der Mindestinvestmentschwelle

Ist also bei einer auflösend bedingten Vertragskonstruktion (*Bedingung: Nichterreichung der Mindestinvestmentschwelle*) die Mindestinvestmentschwelle zwar noch nicht erreicht, wurde aber während der Crowdinvesting-Kampagne bereits über das Vermögen der kapitalsuchenden Gesellschaft das Insolvenzverfahren eröffnet, sind die investierten Kleinanleger infolge des auflösend bedingten wirksamen Abschlusses der vereinbarten Nachrangabrede in Bezug auf ihre Ansprüche als nachrangige Insolvenzgläubiger nach § 39 Abs. 1 S. 1 Nr. 5 InsO zu betrachten. Dahingehend sind die Forderungen im Rahmen des Insolvenzverfahrens entsprechend § 42 InsO als unbedingte Forderungen zu bewerten, solange die Bedingung nicht eingetreten ist.[467] Eine Rückführung der Darlehensvaluta wäre folglich erst mit vorheriger Befriedigung sämtlicher im Rang vor den Kleinanleger stehenden Gläubiger möglich.[468] Eine derartige insolvenzrechtliche Rangverschiebung der Ansprüche und Schlechterstellung der Kleinanleger vor Erreichen der Mindestinvestmentschwelle könnte dagegen mithilfe einer aufschiebenden Bedingung nach § 158 Abs. 1 BGB verhindert werden. Insoweit ist die Regelung zu § 42 InsO dem Wortlaut nach für aufschiebende Bedingungen nicht anwendbar.[469] Die Regelungen des Crowdinvesting-Vertrags und somit auch der Vereinbarung eines qualifizierten Nachrangs würden erst mit Bedingungseintritt – also mit Erreichung der Mindestinvestmentschwelle – wirksam werden. Damit wären die Kleinanleger vor Bedingungseintritt und

467 Vgl. *Thonfeld*, in: Karsten Schmidt-InsO, § 42, Rn. 2; *Knof*, in: Uhlenbruck-InsO, § 42, Rn. 1 f.

468 Zur verfahrensgemäßen Behandlung der bedingten Forderungen im Insolvenzverfahren und in Abhängigkeiten zu dem Zeitpunkt des Bedingungseintritts siehe *Knof*, in: Uhlenbruck-InsO, § 42, Rn. 4 ff.; *Thonfeld*, in: Karsten Schmidt-InsO, § 42, Rn. 3 ff.

469 *Knof*, in: Uhlenbruck-InsO, § 42, Rn. 1.

mit Eröffnung des Insolvenzverfahrens weiterhin als vorrangige Insolvenzgläubiger im Sinne des § 38 InsO einzuordnen.[470]

(b) Fehlende qualifizierte nachrangige Wirkung der Rückforderungen von Kleinanlegern bei Nichterreichung der Mindestinvestmentschwelle

Allgemein anzumerken bleibt jedoch, dass die Wahrscheinlichkeit der Erreichung der Mindestinvestmentschwelle nachdem über das Vermögen der Gesellschaft das Insolvenzverfahren eröffnet wurde gering sein wird. Insofern kann davon ausgegangen werden, dass mit Eröffnung des Insolvenzverfahrens auch die auflösende Bedingung nach § 158 Abs. 2 BGB (*Bedingung: Nichterreichung der Mindestinvestmentschwelle*) mit Ablauf der Zeichnungsfrist eintreten würde, da sich keine weiteren Geldgeber an dem insolventen Start-up beteiligen werden. Die Wirksamkeit der Rechtsverhältnisse würde folglich nach Bedingungseintritt mit einer *ex-nunc*-Wirkung enden.[471] Gemäß § 158 Abs. 2 Hs. 2 BGB tritt zum Zeitpunkt des Bedingungseintritts der frühere Rechtszustand ein. In der Folge sehen die Vereinbarungen von *Seedmatch* und *Companisto* vor, dass im Falle der Nichterreichung der Mindestinvestmentschwelle die Darlehensvaluta unverzüglich an den Kleinanleger rückzuerstatten ist und keine Verzinsung der Darlehensvaluta erfolgt.[472] Die so aus einem vertraglichen Rückabwicklungsverhältnis[473] entstehenden Rückforderungen der Kleinanleger unterliegen dabei keinem qualifizierten Nachrang und sind im Insolvenzverfahren dem Grunde nach als Insolvenzforderungen im Sinne des § 38 InsO einzuordnen.[474]

---

470 Zur Einwertung der aufschiebend bedingten Forderung als Insolvenzforderung nach § 38 InsO sowie zu den reduzierten Verfahrensrechten siehe exemplarisch *Bitter*, in: MüKo-InsO, § 42, Rn. 11.

471 Statt vieler *Herrler*, in: Staudinger-BGB (2020), § 158, Rn. 3, 21.

472 Zum Wortlaut der Klausel etwa bei *Seedmatch* siehe Abschnitt B.II.2.a)aa).

473 Im Falle eines fehlenden Rückabwicklungsverhältnisses ist an ein Bereicherungsanspruch nach § 812 Abs. 1 S. 2 BGB (*condictio ob causam finitam*) zu denken. Vgl. hierzu *Herrler*, in: Staudinger-BGB (2020), § 158, Rn. 22, *Bork*, in: Staudinger-BGB (2020), § 159, Rn. 9; BGH MDR 1959, 658 f.; *Reymann*, in: BeckOGK-BGB, § 159, Rn. 9; *Westermann*, in: MüKo-BGB, § 159, Rn. 3. Zur Diskussion der Rechtsnatur von Ausgleichsansprüche bei fehlender Rückbeziehungsvereinbarung siehe zusammenfassend etwa *Rövenkamp*, in: BeckOK-BGB, § 159, Rn. 8; *Bork*, in: Staudinger-BGB (2020), § 159, Rn. 9; *Mansel*, in: Jauernig, BGB, § 159, Rn. 1.

474 Zur Einordnung der Rückforderungsansprüche der Kleinanleger im Rahmen eines Rückabwicklungsverhältnisses nach Widerrufserklärungen siehe Abschnitt C.I.2.d)dd).

Eine Wirksamkeit der qualifizierten Nachrangabreden, welche auch im Rückabwicklungsverhältnis ihre Wirkung entfalten würde, könnte nur dann angenommen werden, wenn die Parteien eine entsprechende rückbeziehende Wirkung im Sinne des § 159 BGB gesondert geregelt haben. Grundsätzlich wirkt der Eintritt einer Bedingung nach § 158 Abs. 2 BGB nicht zurück, so dass eine (Rück-)Wirkung von Vertragsklauseln im Rahmen des § 159 BGB gesondert zu regeln ist.[475] Allerdings sehen die Crowdinvesting-Verträge von *Seedmatch* und *Companisto* keine ausdrücklichen Regelungen zur Rückbeziehung etwaiger intendierter Rechtswirkung von einzelnen Vertragsinhalten vor. Vielmehr wird der vollständige Vertrag in Abhängigkeit zu dem (Nicht-)Eintritt der Bedingung gestellt und vertraglich lediglich geregelt, dass im Falle der Nichterreichung der Mindestinvestmentschwelle die Darlehensvaluta unverzüglich an die Kleinanleger rückzuerstatten sind und keine Verzinsung der Darlehensvaluta erfolgt.

Eine weitergehende Rückbeziehungsvereinbarung zwischen den Parteien ergibt sich auch nicht konkludent[476], etwa durch Auslegung der Crowdinvesting-Verträge.[477] Im Rahmen der Auslegung ist der wirkliche Wille der Parteien anhand objektiv normativer Maßstäbe zu ermitteln.[478] Indizien für die Auslegung des jeweiligen Parteienwillen und einer (hypothetischen) Interessenlage sind u.a. eine vereinbarte Risikoverteilung bei Eintritt der auflösenden Bedingung und somit beim Scheitern des Vertrages.[479] Indizien eines gemeinsamen Parteiwillens sowie einer entsprechenden Interessenlage bei Crowdinvesting-Verträgen von *Seedmatch* und *Companisto* hinsichtlich der Wirkung von qualifizierten Nachrangabreden ergeben sich allerdings weder unmittelbar aus den individuellen Vereinbarungen noch mittelbar aus weiteren Umständen außerhalb der vertraglichen Beziehungen im Sinne der §§ 133, 157 BGB.

Interessenlage der kapitalsuchenden Start-ups hinsichtlich des Risikos bei Nichterreichung der Mindestinvestmentschwelle

Auf Seiten der Start-ups besteht auf den ersten Blick das Interesse einer rückbeziehenden Wirkung von qualifizierten Nachrangabreden im Sinne des § 159 BGB

475 Zur *ex-nunc*-Wirkung siehe Fn. 471.

476 *Bork*, in: Staudinger-BGB (2020), § 159, Rn. 3.

477 Vgl. zur Möglichkeit der Auslegung des Parteienwillens BGH MDR 1959, 658 f.; *Westermann*, in: MüKo-BGB, § 159, Rn. 4.

478 *Reymann*, in: BeckOGK-BGB, § 159, Rn. 8.

479 *Reymann*, in: BeckOGK-BGB, § 159, Rn. 8.

hinsichtlich der (Rück-)Forderungsansprüche der Crowd bei Nichterreichung der Mindestinvestmentschwelle. Die bilanzielle Wirkung der qualifizierten Nachrangabreden ist insofern für die Gesellschaften von Bedeutung, als durch deren wirksame Vereinbarung die Forderungen der Kleinanleger gegenüber der Gesellschaft weiterhin nicht im Rahmen einer Überschuldungbilanz nach § 19 Abs. 2 S. 2 InsO zu berücksichtigen sind, um so eine Insolvenzreife und die Eröffnung von Insolvenzverfahren über das Vermögen der Unternehmen zu vermeiden.[480] Dies gilt auch bei der Nichterreichung der Mindestinvestmentschwelle und der Rückführung der einzelnen Darlehensvaluta an die Darlehensgeber. Anzumerken ist jedoch, dass qualifizierte Nachrangvereinbarung grundsätzlich bedingungsfrei auszugestalten sind, um die gewünschte bilanzielle Ausbuchung der Gläubigerforderungen in der Überschuldungsbilanz sowie eine insolvenzvermeinende Wirkung zu erzielen.[481] Wie in Abschnitt C.I.3.b)aa)(2) dargestellt, hatte der BGH im Jahre 2015 u.a. entschieden, dass es zur Vermeidung einer Passivierungspflicht nach § 19 Abs. 2 S. 1 InsO nicht ausreichend sei, wenn die erforderliche vorinsolvenzliche Beschränkung der Forderungsdurchsetzung von Gläubigern zeitlich begrenzt werde.[482] Der für die insolvenzrechtliche Bewertung erforderliche Überschuldungsstatus der Unternehmen würde seiner Funktion, die Schuldendeckungsfähigkeit des Schuldners zutreffend abzubilden, nicht gerecht werden, wenn etwaige vertragliche Begrenzungen vereinbart würden.[483] Insoweit also etwa auflösende Bedingungen hinsichtlich der Wirksamkeit der Crowdinvesting-Verträge zusätzlich zu den qualifizierten Nachrangabreden aufgenommen werden, wird die gewünschte bilanzielle Wirkung solange nicht eintreten, bis die Mindestinvestmentschwelle erreicht ist. Dem folgend kann die rückbeziehende Wirkung von qualifizierten Nachrangabreden betreffend der Rückforderungen der Crowd nicht im Interesse der Start-ups sein, da die bilanzielle nachrangige Wirkung grundsätzlich erst mit Nichteintritt der Bedingung wirksam würde. Im Ergebnis werden also die kapitalsuchenden Gesellschaften bereits aus objektiven Gesichtspunkten jeweils bis zur Erreichung der Mindestinvestmentschwelle das Risiko des Scheiterns des Vertrags zu tragen haben. Dies gilt unabhängig davon, ob im Falle der Rückabwicklung der Verträge infolge des Bedingungseintritts eine Rückbeziehung im Sinne des § 159 BGB gewollt

---

480 Vgl. Abschnitt B.II.2.c).

481 *Förschle/Heinz*, in: Sonderbilanzen, Abschnitt Q, Rn. 82. Zu den Voraussetzungen einer insolvenzvermeidende qualifizierte Nachrangabrede siehe ausführlich Abschnitt C.I.3.b)aa).

482 BGHZ 204, 231 (245 f.), Rn. 38.

483 BGHZ 204, 231 (238 f.), Rn. 19.

gewesen wäre. Insofern ist eine Rückbeziehung der Wirkung von qualifizierten Nachrangabreden bei Nichterreichung der Mindestinvestmentschwelle nicht im Interesse der Start-ups.

Interessenlage der Kleinanleger hinsichtlich des Risikos bei Nichterreichung der Mindestinvestmentschwelle
Ferner ist davon auszugehen, dass im Falle der Rückabwicklung der Crowdinvesting-Verträge auch auf Seiten der Kleinanleger kein Interesse an der intendierten (Rück-)Wirkung der qualifizierten Nachrangabrede für Forderungen der Crowd besteht. Eine rückbeziehende Wirkung würde die Kleinanleger im Insolvenzfall der Gesellschaft im Gläubigergefüge der Unternehmen ausschließlich schlechter stellen, ohne hierfür etwa durch Zinszahlungen eine Kompensation bis zum Bindungseintritt erhalten zu haben. Zudem würde der gewünschte bilanzielle Effekt von qualifizierten Nachrangabreden ohnehin frühest bei Nichteintritt der Bedingung und Erreichen der Mindestinvestmentschwelle seine Wirkung entfalten, so dass ebenso das Interesse der Kleinanleger an einer Finanzierung des Start-ups durch hybride Instrumente erst mit der entsprechenden bilanziellen Wirkung vorhanden sein wird. Vor Eintritt der bilanziellen Wirkung und vor Erreichen der Mindestinvestmentschwelle ist folglich davon auszugehen, dass ebenfalls auf Seiten der Crowd kein Interesse besteht, welches eine rückbeziehende Wirkung von qualifizierten Nachrangabreden begründen würde.

bb) Mindestinvestmentschwelle – Widerruf durch Kleinanleger

Die Crowdinvesting-Verträge sehen typischerweise eine weitere auflösende Bedingung nach § 158 Abs. 2 BGB vor, soweit die Mindestinvestmentschwellen zunächst erfolgreich überschritten wurden, dann aber die Investmentsummen durch erklärte Widerrufe[484] einzelner Kleinanleger unter die Schwellenwerte zurückfallen.[485] Ist die Crowdinvesting-Kampagne bereits vor Unterschreitung der Mindestinvestmentschwelle beendet worden, erfolgt eine Abwicklung sämtlicher Verträge, da diese aufgrund § 158 Abs. 2 BGB vollständig ihre Rechtswirkung verlieren.[486] Insoweit sind den Kleinanlegern die

---

484 Zur Einordnung der Rückforderungsansprüche der Kleinanleger im Rahmen eines Rückabwicklungsverhältnisses nach Widerrufserklärungen siehe Abschnitt C.I.2.d)dd).

485 Zum Widerrufsrecht der Kleinanleger siehe Abschnitt C.I.2.d). Vgl. auch *Weber*, Crowdinvesting, S. 209 ff.

486 Vgl. *Söpper*, Crowdfunding, S. 84; zur aufschiebende Bedingung allgemein *Mansel*, in: Jauernig, BGB, § 158, Rn. 7. Auf die im vorherigen Abschnitt C.I.2.c)aa)

investierten Kapitalbeträge – entsprechend den Ausführungen aus dem vorherigen Abschnitt C.I.2.c)aa) – zurückzugewähren.[487]

Eine Rückgewähr sämtlicher Beiträge an die Crowd ist insbesondere für die Start-ups nachteilig, wenn die Mittel bereits für den Geschäftsbetrieb verwendet wurden und eine Rückführung wirtschaftlich kaum möglich erscheint.[488] Um die Gefahr der Rückführung sämtlicher Mittel zu minimieren, haben die Crowdinvesting-Plattformen unterschiedliche Maßnahmen in die Crowdinvesting-Verträge etabliert. So besteht beispielsweise die Möglichkeit, Überzeichnungen zuzulassen, die bei etwaigen Widerrufen durch Kleinanleger ein Unterschreiten der Mindestinvestmentschwelle verhindern können.[489] Zudem sehen die Vereinbarungen der Plattformen von *Companisto* und *Seedmatch* Ausschlussfristen bei Widerrufserklärungen[490] vor bzw. normieren prozentuale Grenzen für das Absinken der Investmentsummen[491] unter die Mindestinvestmentschwelle, so dass erst bei deren Erreichen sämtliche Verträge aufgelöst werden.

cc) Maximalinvestmentschwelle

Im Gegensatz zu den Regelungen hinsichtlich des Erreichens von Mindestinvestmentschwellen, beinhalten Crowdinvesting-Verträge keine Rechtsfolgen bei der Überschreitung von Maximalinvestmentschwellen. Zwar wird der entsprechende Schwellenwert in den jeweiligen Verträgen grundlegend bestimmt, ein Bedingungseintritt aber nicht an die Überschreitung des Wertes geknüpft.

---

dargestellte Schlechterstellung der Kleinanleger infolge der Vereinbarung einer qualifizierten Nachrangabrede und einer auflösenden Bedingung wird hingewiesen.

487 Vgl. auch *Söpper*, Crowdfunding, S. 83.

488 *Schneider*, WM 2018, 2061 (2066).

489 Vgl. *Schneider*, WM 2018, 2061 (2066).

490 So beispielweise § 1 Ziffer 4 des Beteiligungsvertrags für ein partiarisches Nachrangdarlehen bei *Seedmatch* entsprechend dem als Anlage beigefügten Musterbeteiligungsvertrag: „*Der Vertrag ist ferner auflösend bedingt durch das Unterschreiten der Fundingschwelle infolge wirksamer Widerrufserklärungen durch Investoren, vorausgesetzt die Widerrufserklärungen gehen innerhalb von zwei Wochen nach Ende der Fundingfrist bzw. der verlängerten Fundingfrist bei dem Startup ein.*“.

491 So beispielsweise Ziffer 3.4 des Beteiligungsvertrags für ein partiarisches Nachrangdarlehen bei *Companisto* entsprechend dem als Anlage beigefügten Musterbeteiligungsvertrag: „*(…) Der Vertrag ist ferner auflösend bedingt durch die Unterschreitung der Investmentschwelle um mehr als 10 % infolge von wirksamen Widerrufserklärungen durch Companisten. (…)*“.

Demnach besteht die Gefahr einer Überfinanzierung der Emittenten, da trotz des Erreichens des Schwellenwertes weiterhin wirksam Verträge zwischen den Parteien geschlossen werden können. Im Falle von Crowdinvesting-Kampagnen können so innerhalb von wenigen Minuten nach Überschreiten des Maximalschwellenwertes mehrere hundert Verträge wirksam geschlossen werden. Unproblematisch ist dies bei denjenigen Crowdinvesting-Plattformen, die einen Vertragsschluss erst durch die eigene Annahme oder die des jeweiligen Start-ups vorsehen. Hierbei werden nach dem Erreichen der Maximalinvestmentschwelle keine online übermittelten Angebote der einzelnen Kleinanleger mehr angenommen. Ein Vertragsschluss ist demzufolge ausgeschlossen, wenn die Plattformen oder Emittenten unmittelbar nach Überschreitung des Schwellenwertes die Vertragsannahmen unterlassen. Im Gegensatz dazu müssen jene Crowdinvesting-Plattformen die Vertragsannahmen durch die Kleinanleger aktiv verhindern, welche im Rahmen von *offerta ad incertas personas* Beteiligungsmöglichkeiten auf ihren Webseiten anbieten. Dementsprechend bedarf es einer Verknüpfung zwischen der Anzahl der bisher abgeschlossenen Verträge bzw. der bereits vergebenen Investmentsumme und der noch zur Verfügung stehenden Restsumme bis zur Maximalinvestmentschwelle. Um eine Überschreitung der Maximalinvestmentschwelle zu verhindern, müssen die Plattformen also einen automatischen Mechanismus implementieren, welcher das Angebot auf der Webseite deaktiviert oder die Vertragsannahmen der Crowd verhindert.[492] Insofern erfolgt eine Zuteilung der Angebotsannahmen der Kleinanleger mit technischer Hilfe der Plattformen.[493]

d) Widerrufsrechte

aa) Widerrufsrecht nach §§ 312g[494] Abs. 1, 355 BGB

(1) Anwendungsbereich: Fernabsatzvertrag gemäß § 312c Abs. 1 BGB

Crowdinvesting-Verträge erfüllen die Voraussetzungen eines Fernabsatzvertrages im Sinne des § 312c Abs. 1 BGB.[495] Die Vertragsschlüsse erfolgen

---

492 Vgl. *Söpper*, Crowdfunding, S. 81.

493 Zur Frage, inwiefern die Crowdinvesting-Plattformen dadurch ein nichtdiskretionäres Regelwerk etabliert haben, siehe Abschnitt C.I.2.b)bb).

494 Nach der zum 13.06.2014 geänderten Fassung des BGB.

495 Siehe hierzu insgesamt auch *Fischer*, Crowdinvesting, S. 32 ff.; *Söpper*, Crowdfunding, S. 84 f.; *Danwerth*, WM 2016, 1212 (1213 f.); *Weber*, Crowdinvesting, S. 193 ff.; *Schedensack*, Crowdinvesting, S. 240 f., 258 f.; *Heuer*, Crowdinvesting, S. 123 f.; *Schneider*, WM 2018, 2061 (2069); *Riethmüller*, DB 2015, 1451 (1455).

ausschließlich unter Verwendung des Internets als Fernkommunikationsmittel ohne gleichzeitige körperliche Anwesenheit der Parteien.[496] Zudem nehmen die Kleinanleger größtenteils eine Verbraucherstellung[497] nach § 13 BGB ein, während die Crowdinvesting-Plattformen ein für den Fernabsatz organisiertes Vertriebs- und Dienstleistungssystem betreiben.[498] Das Tatbestandsmerkmal eines Fernabsatzsystems ist erfüllt, wenn in dem Betrieb die personellen, sachlichen und organisatorischen Voraussetzungen geschaffen wurden, die notwendig sind, um regelmäßig Geschäfte im Fernabsatz zu bewältigen.[499] Wie die Webseiten der Crowdinvesting-Plattformen zeigen, sind diese Unternehmen personell, sachlich und im Besonderen technisch ausschließlich für Geschäfte über das Internet eingerichtet. Eine anderweitige Möglichkeit des Vertragsschlusses mit den Emittenten wird der Crowd nicht angeboten. Für die Einordung der zwischen den einzelnen Kleinanlegern und den Start-ups geschlossenen Crowdinvesting-Verträge als Fernabsatzverträge ist unschädlich, dass die Crowdinvesting-Plattformen in ihrer Funktion als Boten[500], und nicht die

---

496 Die Präsentation von Beteiligungsmöglichkeiten als *offerta ad incertas personas* auf den Webseiten der Crowdinvesting-Plattformen erfolgt ebenso über das Fernkommunikationsmittel Internet im Sinne des § 312c Abs. 2 BGB, wie auch infolge des Anklickens eines Buttons auf der entsprechenden Webseite (als Angebot oder Annahme). Ferner stellt eine E-Mail zur Vertragsannahme ein Fernkommunikationsmittel dar. Insofern wird die E-Mail explizit in der Legaldefinition gemäß § 312c Abs. 2 BGB aufgezählt. Vgl. *Danwerth*, WM 2016, 1212 (1213); *Söpper*, Crowdfunding, S. 84; zum Begriff des Fernkommunikationsmittels allgemein siehe *Schulte-Nölke*, in: Schulze-BGB, § 312c, Rn. 1 ff.; *Wendehorst*, in: MüKo-BGB,§ 312c, Rn. 11 ff.

497 Etwas anderes gilt dann, wenn nicht ein Verbraucher, sondern beispielsweise eine GmbH oder UG (haftungsbeschränkt) als Vertragspartei auftritt oder die Investition im Rahmen einer gewerblichen Tätigkeit erfolgt. Dabei ist anzumerken, dass eine reine Vermögensverwaltung nicht als gewerbliche Tätigkeit anzusehen ist. Siehe hierzu beispielhaft BGH WM 2000, 1799 f. m.w.N. Zu einer Vermögensverwaltung können so, neben dem Halten von Geschäftsanteilen oder dem Erwerb von Aktien, auch die Beteiligung von Privatpersonen mittels partiarischem Nachrangdarlehen gezählt werden; so *Fischer*, Crowdinvesting, S. 32 f. Zur privaten Vermögensverwaltung allgemein *Micklitz*, in: MüKo-BGB, § 13, Rn. 57. Insgesamt *Söpper*, Crowdfunding, S. 84 f.; *Weber*, Crowdinvesting, S. 194 f.

498 Vgl. *Danwerth*, WM 2016, 1212 (1213 f.); zu den Voraussetzungen eines Fernabsatzvertrages insgesamt *Wendehorst*, in: MüKo-BGB, § 312c, Rn. 11 ff.; *Schulte-Nölke*, in: Schulze-BGB, § 312c, Rn. 3 ff.

499 Siehe hierzu *Wendehorst*, in: MüKo-BGB, § 312c, Rn. 22.

500 Zur Stellung der Crowdinvesting-Plattformen als Boten siehe Abschnitt C.I.2.b)bb).

Start-ups selbst Fernkommunikationsmittel verwenden. Entsprechend dem Wortlaut des § 312c Abs. 1 BGB umfasst die Regelung auch die Beteiligung Dritter sofern diese „im Namen oder Auftrag" des Unternehmens handeln.[501]

(2) Beschränkter Anwendungsbereich: Verträge über Finanzdienstleistungen nach § 312 Abs. 5 BGB

§ 312 Abs. 5 BGB enthält Beschränkungen des Anwendungsbereichs unter anderem für Verträge über Finanzdienstleistungen. Vor allem die dort aufgeführten Dienstleistungen im Zusammenhang mit Kreditgewährungen oder Geldanlagen können im Rahmen des Crowdinvesting-Modells in Frage kommen.

(a) Kreditgewährung

Bei der Kreditgewährung handelt es sich um die Darlehensvergabe, bei der im Allgemeinen der Darlehensnehmer und nicht der Darlehensgeber eine Verbraucherstellung einnimmt.[502] Bei dem Crowdinvesting-Modell agieren jedoch typischerweise die Kleinanleger als Geldgeber, welche gleichzeitig die Verbrauchereigenschaften des § 13 BGB erfüllen.[503] Dementsprechend scheidet eine Kreditgewährung zumindest dann aus, wenn die Kleinanleger als Verbraucher Investments in Start-ups tätigen.

(b) Geldanlage

Unabhängig von der Frage der Erfüllung einer Verbrauchereigenschaft, fallen Crowdinvesting-Verträge unter den Begriff der Geldanlage im Sinne des § 312 Abs. 5 S. 1 BGB.[504] Der Begriff der Geldanlage als Teil der Finanzdienstleistung ergibt sich aus Art. 2 lit.b der Fernabsatzfinanzdienstleistungsrichtlinie[505] bzw. Art. 2 Nr. 12 der Verbraucherrechterichtlinie[506] und erfasst

---

501 *Busch*, in: BeckOGK-BGB, § 312c, Rn. 9.

502 *Schedensack*, Crowdinvesting, S. 258 f.; *Danwerth*, WM 2016, 1212 (1214).

503 So auch *Danwerth*, WM 2016, 1212 (1214); *Schedensack*, Crowdinvesting, S. 258.

504 Vgl. *Söpper*, Crowdfunding, S. 85; *Danwerth*, WM 2016, 1212 (1213 f.); *Ehmann/Forster*, GWR 2014, 163 (165); *Schedensack*, Crowdinvesting, S. 258.

505 Richtlinie 2002/65/EG des Europäischen Parlaments und des Rates vom 23. September 2002 über den Fernabsatz von Finanzdienstleistungen an Verbraucher und zur Änderung der Richtlinie 90/619/EWG des Rates und der Richtlinien 97/7/EG und 98/27/EG, EU ABl. 2002 L 271, S. 16.

506 Richtlinie 2011/83/EU des Europäischen Parlaments und des Rates vom 25. Oktober 2011 über die Rechte der Verbraucher, zur Abänderung der Richtlinie 93/13/EWG des Rates und der Richtlinie 1999/44/EG des Europäischen Parlaments und des Rates sowie zur Aufhebung der Richtlinie 85/577/EWG des Rates und der

sämtliche Finanzinstrumente.[507] Zu den Finanzinstrumenten zählen neben Wertpapieren, Derivaten und Devisen auch andere Kapitalanlagen, wie Crowdinvesting-Verträge in Form von partiarischen Nachrangdarlehen oder stillen Beteiligungen.[508]

(c) Rechtsfolgen für die Crowdinvesting-Verträge

Die Einschränkungen nach § 312 Abs. 5 BGB dürften angesichts ihrer engen Voraussetzungen für den Bereich des Crowdinvestings kaum von praktischer Relevanz sein.[509] Entsprechend dem Wortlaut des § 312 Abs. 5 S. 1 BGB entfaltet der eingeschränkte Anwendungsbereich nur für solche Fälle seine Wirkung, wenn erstmalige Vereinbarungen mit daran anschließenden aufeinanderfolgenden Vorgängen oder einer dran anschließenden Reihe getrennter, in einem zeitlichen Zusammenhang stehenden Vorgängen gleicher Art vorliegen. Hierfür sollen sodann lediglich im Rahmen der ersten Vereinbarung die §§ 312 bis 312h BGB ihre Geltung entfalten. Aufeinanderfolgende Vorgänge sind allerdings bei dem Crowdinvesting-Modell unüblich. Vielmehr investiert der Kleinanleger einmalig eine Kapitalsumme in den Emittenten, ohne weitere Vertragsschlüsse in einem zeitlichen Zusammenhang vorzusehen.

(3) Kein beschränkter Anwendungsbereich nach § 312 Abs. 2 Nr. 1 lit.a BGB

Die in § 312 Abs. 2 Nr. 1 lit.a BGB genannte Beschränkung des Anwendungsbereiches der §§ 312 ff. BGB bei notariell beurkundeten Verträgen über Finanzdienstleistungen ist bei Crowdinvesting-Verträgen nicht anwendbar. Zwar handelt es sich bei letzteren um Verträge über Finanzdienstleistungen, diese sehen aber nur in den seltensten Fällen eine notarielle Beurkundung vor.[510]

Richtlinie 97/7/EG des Europäischen Parlaments und des Rates, EU ABl. 2011 L 304, S. 64.

507 *Martens*, in: BeckOK-BGB, § 312, Rn. 61 f.; *Schulte-Nölke*, in: Schulze-BGB, § 312, Rn. 27; *Wendehorst*, in: MüKo-BGB, § 312, Rn. 142; *Danwerth*, WM 2016, 1212 (1213 f.); zur historischen Entwicklung des Art. 2 lit.b der Finanzdienstleistungen-RL im Bezug zu der ausschließlichen Anwendung auf Finanzinstrumente siehe *Wendehorst*, in: MüKo-BGB, § 312, Rn. 142.

508 Vgl. *Danwerth*, WM 2016, 1212 (1214); *Ehmann/Forster*, GWR 2014, 163 (165); *Wendehorst*, in: MüKo-BGB, § 312, Rn. 142. Im Ergebnis auch *Schedensack*, Crowdinvesting, S. 258.

509 So auch *Danwerth*, WM 2016, 1212 (1214); vgl. *Söpper*, Crowdfunding, S. 85.

510 *Danwerth*, WM 2016, 1212 (1213 f.). Siehe hierzu auch Abschnitt B.I.2.e)bb).

(4) Widerrufsrecht gemäß §§ 312g Abs. 1, 355 BGB

(a) Kein Ausschluss nach § 312g Abs. 2 S. 1 Nr. 8, 1. Alt. BGB

Aufgrund der Anwendbarkeit der §§ 312 ff. BGB und der Bestimmung der Crowdinvesting-Verträge als Fernabsatzverträge ergibt sich für die Kleinanleger ein Widerrufsrecht nach den §§ 312g Abs. 1, 355 BGB. Die in § 312g Abs. 2 BGB genannten Ausnahmen finden insoweit keine Anwendung. Lediglich die in § 312g Abs. 2 S. 1 Nr. 8, 1. Alt. BGB normierte Ausnahme würde in Frage kommen.[511] Demnach müssten die Verträge die Erbringung von Finanzdienstleistungen zum Gegenstand haben, deren Preisbildung Schwankungen auf dem Finanzmarkt unterliegt.[512] Etwaige Schwankungen sind bei Crowdinvesting-Verträgen jedoch nicht möglich. Vielmehr handelt es sich bei den Vereinbarungen um Beteiligungsmöglichkeiten, die innerhalb eines bestimmten Zeitraumes zu einem vorher festgelegten Preis gezeichnet werden können. Innerhalb oder nach Ende des vorgegebenen Zeichnungszeitraumes ist eine Änderung des jeweiligen Preises vertraglich nicht vorgesehen, so dass Preisschwankungen nicht entstehen können.[513] Des Weiteren bestehen gegenwärtig keine Sekundärmärkte, auf denen die Verträge gehandelt werden können.[514]

---

511 Siehe insgesamt hierzu auch *Fischer*, Crowdinvesting, S. 33 ff.; *Danwerth*, WM 2016, 1212 (1213 f.); *Söpper*, Crowdfunding, S. 85; *Weber*, Crowdinvesting, S. 196 ff.; *Schedensack*, Crowdinvesting, S. 259.

512 Die gesetzlich geforderten Preisschwankungen haben dabei auf dem Finanzmarkt zu erfolgen, so dass eine anderweitige Einflussnahme der Plattformen auf den Preis nicht ausreichen würden; so beispielsweise LG Krefeld BKR 2011, 32 (36) hinsichtlich Festpreisgeschäften über Zertifikate; vgl. auch *Fischer*, Crowdinvesting, S. 33 f.

513 So auch *Fischer*, Crowdinvesting, S. 33 f. im Ergebnis *Danwerth*, WM 2016, 1212 (1213); *Weber*, Crowdinvesting, S. 196 ff.

514 Eine Ausnahme war die Crowdinvesting-Plattform *Bergfürst*, die einen Sekundärmarkt für ausgegebene Aktien ermöglichte. Mittlerweile ist eine Beteiligung bei *Bergfürst* nur noch im Bereich der Immobilien und mit partiarische Nachrangdarlehen möglich, für die kein Sekundärmarkt angeboten wird, vgl. *Klöhn*, ZIP 2017, 2125 (2126); *Weitnauer/Parzinger*, GWR 2013, 153 f. Grundsätzlich ist jedoch ein Handel mit Crowdinvesting-Verträgen denkbar. Insofern wird derzeit lediglich die Übertragung/Abtretung der Verträge an Wettbewerber untersagt. Zur Rechtslage bei *Bergfürst* unter dem Begriff *Crowdbanking* siehe *Fischer*, Crowdinvesting, S. 34, vgl. auch *Danwerth*, WM 2016, 1212 (1213).

(b) Informations- und sonstige Pflichten

Angesichts der Einordnung der Crowdinvesting-Verträge als Fernabsatzverträge über Finanzdienstleistungen sind die Start-ups verpflichtet die Kleinanleger nach den Maßgaben des § 312d Abs. 2 BGB i.V.m. Art. 246b EGBGB zu informieren. Zudem haben die Unternehmen die Pflichten aus den §§ 312i Abs. 1, 312j Abs. 3 BGB zu erfüllen. Soweit ersichtlich werden die Pflichten von den Crowdinvesting-Plattformen regelmäßig erfüllt.[515]

(c) Widerrufsfrist

Die Widerrufsfrist bei Crowdinvesting-Verträgen beträgt 14 Tage und beginnt mit dem Vertragsschluss, wenn zeitgleich eine wirksame Widerrufsbelehrung durch den Emittenten erfolgt, §§ 355 Abs. 2, 356 Abs. 3 S. 1 BGB.[516] Entspricht die Widerrufsbelehrung nicht den gesetzlichen Vorgaben oder wird sie vollständig durch das Start-up unterlassen, beginnt die Widerrufsfrist nicht zu laufen. Dies hat zur Folge, dass die Kleinanleger ihre Verträge unabhängig von einem Fristerfordernis widerrufen können.[517] Infolge der Einordnung der Crowdinvesting-Verträge als Verträge über Finanzdienstleistungen (Abschnitt C.I.2.d)aa)(2)) ist die in § 356 Abs. 3 S. 2 BGB festgelegte maximale Widerrufsfrist von einem Jahr und 14 Tagen nicht anwendbar.[518] Insoweit sind nach § 356 Abs. 3 S. 3 BGB Verträge über Finanzdienstleistungen von der maximalen Widerrufsfrist nach § 356 Abs. 3 S. 2 BGB ausgenommen. Eine Begrenzung des Widerrufsrechts bei Crowdinvesting-Verträgen bleibt lediglich aufgrund des § 356 Abs. 4 Nr. 4 BGB (Erfüllung des Vertrages auf Wunsch des Verbrauchers vor Ausübung des Widerrufsrechts) und durch eine ausnahmsweise anzunehmende Verwirkung möglich.[519]

515 Siehe hierzu etwa Fn. 558.

516 Die Voraussetzungen für eine ordnungsgemäße Widerrufsbelehrung ergeben sich aus § 356 Abs. 3 S. 1 BGB der auf Art. 246a § 1 Abs. 2 Nr. 1 EGBGB und Art. 246b § 2 Abs. 1 EGBGB verweist. Insoweit ist anzumerken, dass der Gesetzgeber seit der Änderung des Gesetzes die Widerrufsbelehrung durch eine Widerrufsunterrichtung ersetzt hat. In dieser Arbeit wird dennoch der Begriff Widerrufsbelehrung bevorzugt.

517 Vgl. *Weber*, Crowdinvesting, S. 200.

518 So auch *Weber*, Crowdinvesting, S. 200.

519 So *Grüneberg*, in: Grüneberg-BGB, § 356, Rn. 8; zur Verwirkung eines bestehenden Widerrufsrecht bei fehlerhafter oder unterbliebener Widerrufsbelehrung siehe *Grüneberg*, in: Grüneberg-BGB, § 242, Rn. 107; *Habersack/Schürnbrand*, ZIP 2014, 749 ff.; OLG Düsseldorf NJW 2014, 1599 ff.; OLG Köln BKR 2012, 162 ff.; *Hölldampf*, WM 2014, 1659 ff. Zur Rechtsprechung des EuGH im Falle des Widerrufs von Fernabsatzverträgen, die auf ausdrücklichen Wunsch des Verbrauchers von

(d) Widerrufserklärung und Rechtsfolgen

Der durch den einzelnen Kleinanleger zu erklärende Widerruf ist unmittelbar an die andere Vertragspartei und somit an das jeweilige Start-up zu richten, § 355 Abs. 1 S. 2 BGB. Gründe für einen Widerruf müssen gemäß § 355 Abs. 1 S. 4 BGB nicht angegeben werden. Durch das entstehende Rückabwicklungsschuldverhältnis ist die jeweilige Kapitalsumme an den Kleinanleger zurückzugewähren.[520] Angesichts der Bestimmung der Crowdinvesting-Verträge als Verträge über Finanzdienstleistungen (Abschnitt C.I.2.d)aa)(2)), sind zudem die modifizierten Rechtsfolgen des § 357b BGB und insbesondere mögliche Zahlungspflichten des Verbrauchers gegenüber dem Unternehmen in Form eines Wertersatzes nach § 357b Abs. 2 BGB zu berücksichtigen.[521]

Aufgrund einer fehlenden maximalen Widerrufsfrist bei Verträgen über Finanzdienstleistungen gemäß § 356 Abs. 3 S. 2, S. 3 BGB, können Kleinanleger ihre Crowdinvesting-Verträge ohne zeitliche Begrenzungen widerrufen, sobald die Crowd nicht oder nicht ordnungsgemäß über ihr Widerrufsrecht belehrt wurde (sogenanntes ewiges Widerrufsrecht). Die Emittenten sind demnach verpflichtet über das Widerrufsrecht nach §§ 312g, 355 BGB zu belehren.[522] Entsprechende Belehrungen sind gegenwärtig weder bei der Crowdinvesting-Plattform *Companisto* noch bei *Seedmatch* vorzufinden. Infolge einer fehlenden Belehrung ist es den Geldgebern möglich, sich mittels Widerrufserklärung unabhängig von einer Frist von ihren Beteiligungen an solchen Start-ups zu lösen, die nicht den wirtschaftlichen Erwartungen der Kleinanleger genügen.[523] Die so entstehende Gefahr der massenhaften Ausübung der bestehenden Widerrufsrechte, kann sich auf die weiteren Vertragsverhältnisse zwischen dem Emittenten und der Crowd auswirken. Es besteht die Möglichkeit, dass die bereits überschrittene Mindestinvestmentschwelle durch Widerrufserklärungen im Nachhinein wieder unterschritten wird. Dann würden sämtliche noch bestehende Crowdinvesting-Verträge ihre Rechtswirkung verlieren, da durch die Unterschreitung des Schwellenwertes die vertraglich geregelte

---

beiden Seiten bereits vollständig erfüllt wurden, siehe EuGH, Urteil v. 11.09.2019 – C-143/18 = BKR 2020, S. 81 ff.

520 Zum Rückabwicklungsverhältnis bei wirksamen Widerrufserklärungen siehe *Stadler*, in: Jauernig, BGB, § 355, Rn. 9; *Müller-Christmann*, in: BeckOK-BGB, § 355, Rn. 37 ff.; *Fritsche*, in: MüKo-BGB, § 355, Rn. 59.

521 Vgl. *Danwerth*, WM 2016, 1212 (1214).

522 Zur doppelten Belehrungspflicht siehe etwa auch *Schneider*, WM 2018, 2061 (2069).

523 Entgegen *Danwerth*, WM 2016, 1212 (1216), der wohl eine Maximalfrist von einem Jahr annimmt.

auflösende Bedingung bei Nichterreichung der Mindestinvestmentschwelle nach § 158 Abs. 2 BGB eingetreten ist.[524]

bb) Widerrufsrecht nach § 495 Abs. 1 BGB

Der Vollständigkeit halber ist an dieser Stelle darauf hinzuweisen, dass bei Crowdinvesting-Verträgen kein Widerrufsrecht nach § 495 Abs. 1 BGB besteht.[525] Für die Anwendung dieser Norm wäre das Vorliegen eines Verbraucherdarlehensvertrags gemäß § 491 Abs.1, Abs. 2 BGB erforderlich, bei dem ein Unternehmer nach § 14 BGB die Darlehensgeberstellung einnimmt, während der Verbraucher im Sinne des § 13 BGB Darlehensnehmer ist. Typischerweise ist die Parteienkonstellation bei Crowdinvesting-Verträgen umkehrt.[526] Der Emittent versucht als Unternehmer seinen Kapitalbedarf mithilfe von Investitionen von einer Vielzahl von Kleinanlegern zu decken. Ein Verbraucherdarlehensvertrag im Sinne des § 491 Abs.1, Abs. 2 BGB ist folglich nicht gegeben.

cc) Widerrufsrecht nach § 2d VermAnlG

Infolge der Privilegierung des Crowdinvestings durch das KASG und der Befreiung der Anbieter von der Pflicht zur Erstellung eines Verkaufsprospektes nach § 6 VermAnlG, normierte der Gesetzgeber in § 2d VermAnlG ein Widerrufsrecht für Anleger.[527] Erfüllen demnach die Crowdinvesting-Verträge die Anforderungen des § 2a VermAnlG, so steht den einzelnen Geldgebern ein unabdingbares 14-tägiges Widerrufsrecht gemäß § 2d Abs. 1, Abs. 3 VermAnlG zur Verfügung.[528] Sinn und Zweck eines entsprechenden Widerrufsrechts ist eine gesetzgeberische Korrektivwirkung.[529] Den Zeichnern von privilegierten Vermögensanlagen werden nach § 2a VermAnlG weniger Informationen zur

---

524 Siehe hierzu im Einzelnen C.I.2.c)bb) und Abschntt C.I.2.d)dd); vgl. auch *Söpper*, Crowdfunding, S. 84; *Schneider*, WM 2018, 2061 (2066).

525 So auch *Danwerth*, WM 2016, 1212 (1214); *Weber*, Crowdinvesting, S. 193; *Schedensack*, Crowdinvesting, S. 259.

526 Vgl. *Danwerth*, WM 2016, 1212 (1214); *Braun*, Crowdfunding, S. 101 f.

527 Ausführlich zum KASG und der Privilegierung nach § 2a VermAnlG siehe Abschnitt E.I.2.

528 Zum Befreiungstatbestand § 2a VermAnlG im Einzelnen siehe Abschnitt E.I.2. Die Unabdingbarkeit des Widerrufsrechts ergibt sich aus § 2d Abs. 5 VermAnlG.

529 Vgl. hierzu auch *Schneider*, WM 2018, 2061 (2067); *Izzo-Wagner/Otto*, in: Siering/Izzo-Wagner-VermAnlG, § 2d, Rn. 2 ff.; *Ivanović*, Crowdinvesting, S. 143, 354 ff.; *Weber*, Crowdinvesting, S. 201; als „Ausgleich“ für die Ausnahmeregelung *Buck-Heeb*, NJW 2015, 2535 (2537).

Verfügung gestellt als denjenigen Anlegern, die bei nicht-privilegierten Vermögensanlagen ein Verkaufsprospekt entsprechend der Voraussetzungen der §§ 6 f. VermAnlG erhalten.[530] Aufgrund bestehender Informationsdefizite haben die Anleger die Möglichkeit sich mittels Widerrufsrecht nach § 2d VermAnlG von vertraglichen Verpflichtungen zu lösen.[531]

(1) Persönlicher Anwendungsbereich des § 2d VermAnlG

Während die zuvor dargestellten und jeweils aus dem BGB resultierenden Widerrufsrechte auf die Eigenschaft der Anleger als Verbraucher im Sinne des § 13 BGB abstellen, ist ein derartiger Zusatz bei § 2d VermAnlG nicht zu finden. Nach dem Wortlaut ist davon auszugehen, dass das in § 2d VermAnlG normierte Widerrufsrecht für sämtliche Anleger innerhalb eines Crowdinvestings Geltung entfaltet.[532] Insofern sind nicht nur Kleinanleger zum Widerruf nach § 2d VermAnlG berechtigt, sondern ebenfalls Geldgeber, die sich als Unternehmen oder Unternehmer im Sinne des § 14 BGB an einem Start-up beteiligen.[533] Demzufolge steht etwa professionellen Wagniskapitalgebern das in § 2d VermAnlG normierte Widerrufsrecht zu, soweit diese mittels privilegierten Crowdinvesting-Verträgen in Start-ups investieren.[534]

Der erweiterte persönliche Anwendungsbereich des § 2d VermAnlG auf Unternehmer unterlag in der Vergangenheit mehrfacher Kritik.[535] In der Tat ist eine Ausdehnung des Widerrufsrechts zu hinterfragen.

(a) Sinn und Zweck des § 2d VermAnlG

Aus der Gesetzesbegründung zu § 2d VermAnlG lassen sich nur wenige Informationen über den Sinn und Zweck der Regelung entnehmen. Dennoch ist anzuerkennen, dass die gesetzliche Einräumung eines Widerrufsrechts dem Ausgleich für die in § 2a VermAnlG normierte Privilegierung von Crowdinvesting-Verträgen und die fehlende Verpflichtung der Emittenten zur

---

530 Vgl. BT-Drs. 18/4708, S. 65; *Roth*, GWR 2015, 243 (245); *Heuer*, Crowdinvesting, S. 123, 238.

531 Kritisch hierzu *Danwerth*, WM 2016, 1212 (1214 f.); *Casper*, ZBB 2015, 265 (279).

532 Kritisch hierzu *Casper*, ZBB 2015, 265 (279); *Danwerth*, WM 2016, 1212 (1214 f.); *Izzo-Wagner/Otto*, in: Siering/Izzo-Wagner-VermAnlG, § 2d, Rn. 9 ff.

533 Zur Beteiligung mittels juristischer Personen im Rahmen eines Crowdinvestings siehe Abschnitt D.I.3.b).

534 *Schneider*, WM 2018, 2061 (2063); *Casper*, ZBB 2015, 265 (279); *Danwerth*, WM 2016, 1212 (1214).

535 *Danwerth*, WM 2016, 1212 (1214 f.); *Casper*, ZBB 2015, 265 (279).

Veröffentlichung eines Verkaufsprospektes dienen soll.[536] Infolge eines fehlenden Verkaufsprospektes steht den Anlegern ein begrenzter Umfang von Informationen für ihre Investitionsentscheidung zur Verfügung. Entsprechende Informationsdefizite zeigen sich erst nach Vertragsabschluss. Hierzu ermöglicht das Widerrufsrecht eine innerhalb der Widerrufsfrist nachgelagerte Lösungsmöglichkeit von den vertraglichen Verpflichtungen.

Die Einräumung von Widerrufsrechten ist im Allgemeinen der Legislative nicht unbekannt. Regelmäßig werden für verbraucherschützende Sachverhalte Widerrufsrechte normiert und folglich vom zivilrechtlichen Grundsatz *pacta sunt servanda* abgewichen. Die Begründung ist häufig eine fehlende umfassende Entscheidungsgrundlage der Verbraucher bei komplexen Sachverhalten, die Ermöglichung einer nachträglichen Bedenkzeit bei langfristigen Verpflichtungen und teilweise emotionalen Entscheidungen der Verbraucher (wie bei Verbraucherkreditverträgen) sowie die Distanz zwischen den Vertragsparteien (wie bei Fernabsatzgeschäften).[537]

Mit Blick auf etwaige Begründungen ist die Normierung eines gesonderten Widerrufsrechts bei Crowdinvesting-Verträgen im Sinne des § 2d VermAnlG zweckmäßig. So werden die langfristigen Vereinbarungen nicht nur mithilfe von Fernkommunikationsmitteln abgeschlossen, sondern enthalten zudem komplexe Sachverhalte im Bereich der Unternehmens- und Beteiligungsfinanzierung. Zusätzlich werden die Crowdinvesting-Verträge zumindest auch von Verbrauchern im Sinne des § 13 BGB unterzeichnet, welche im Bereich der Finanzierung von Unternehmen als grundsätzlich unerfahren einzustufen sind und folglich eines besonderen Schutzes bedürfen. Im Ergebnis ermöglicht § 2d VermAnlG eine weitere Bedenkzeit des Anlegers und dient als Korrektiv für Gefahren bei verfrühten, ggf. teils emotionsgebundenen Vertragsabschlüssen, welche im Rahmen von Crowdinvesting-Kampagnen, beispielsweise durch die Etablierung von online-Tickern oder günstigen Konditionen bei einem unmittelbaren Vertragsabschluss (z.B. als sogenannter Early-Bird-Bonus), verstärkt werden können.

---

536 Vgl. hierzu auch *Schneider*, WM 2018, 2061 (2067); *Izzo-Wagner/Otto*, in: Siering/Izzo-Wagner-VermAnlG, § 2d, Rn. 2 ff.; als „Ausgleich" für die Ausnahmeregelung *Buck-Heeb*, NJW 2015, 2535 (2537).

537 Vgl. die Kommentierungen für Verbraucherkreditverträge hinsichtlich des Widerrufsrechts nach § 495 BGB – statt vieler beispielsweise *Nietsch*, in: Erman-BGB, § 495, Rn. 1 – oder für Fernabsatzgeschäfte hinsichtlich des Widerrufsrechts nach §§ 312g, 312c BGB – statt vieler beispielsweise *Koch*, in: Erman-BGB, § 312c, Rn. 1.

(b) Keine Vergleichbarkeit von Verbrauchern und Unternehmern im Lichte des § 2d VermAnlG – teleologische Reduktion

Die zuvor dargestellte Argumentationslinie für Anleger, welche als unerfahrene Kapitalgeber und Verbraucher im Sinne des § 13 BGB schutzwürdig sind, ist schwer auf Unternehmer im Sinne des § 14 BGB übertragbar. Aus der Gesetzesbegründung lässt sich nicht entnehmen, dass dem Gesetzgeber eine gesonderte Schutzbedürftigkeit von Unternehmern vergleichbar wichtig war. So wurde zum einen § 2d VermAnlG dem Gesetzesentwurf im letzten Augenblick hinzugefügt, mit dem Ergebnis, dass eine Ausdifferenzierung des Regelungsinhaltes zwischen Verbraucher und Unternehmer unmöglich war. Zum anderen zeigen die Aussagen von unterschiedlichen Bundestagsabgeordneten zum § 2d VermAnlG, dass der Verbraucherschutz im Gesetzgebungsverfahren besonders hervorgehoben wurde.[538]

Angesichts einer fehlenden Vergleichbarkeit des Erfahrungshorizontes bei Finanzierungsgeschäften ist nicht ersichtlich, inwieweit Unternehmern ein gesondertes Widerrufsrecht nach § 2d VermAnlG eingeräumt werden sollte. Zwar unterliegen gleichfalls Unternehmer einem Informationsdefizit, wenn diese im Wege einer Crowdinvesting-Kampagne in kapitalsuchende Start-ups investieren und infolge der Privilegierung nach § 2a VermAnlG keinen Verkaufsprospekt erhalten.[539] Doch insbesondere professionelle Wagniskapitalgeber sind bei Zeichnung von Crowdinvesting-Verträgen weniger schutzbedürftig als unerfahrene Kleinanleger. Es ist anzunehmen, dass Unternehmer nicht durch emotionale Bindungen Investitionsentscheidungen treffen, sondern vielmehr etwaige Beteiligungsmöglichkeiten auf Grundlage von Tatsachen und Informationen bewerten, welche ggf. außerhalb der Crowdinvesting-Plattform zur Verfügung gestellt werden.[540] Professionelle Investoren werden bei Bedarf weitere unternehmensbezogene Informationen von den Start-ups und deren Geschäftsführungen einfordern und regelmäßig entsprechend erhalten, soweit diese ein großvolumiges Investment in Aussicht stellen. Vor diesem Hintergrund ist der Anwendungsbereich des § 2d VermAnlG auf Privatanleger

538 Etwa die Aussagen der Bundestagsabgeordneten Antje Tillmann (CDU/CSU), BT-Plenarprotokoll 18/100, S. 9502 f., Hansjörg Durz (CDU/CSU), BT-Plenarprotokoll 18/100, S. 9515, Christian Petry (SPD), BT-Plenarprotokoll 18/100, S. 9516 oder Dr. Frank Steffel (CDU/CSU), BT-Plenarprotokoll 18/100, S. 9517.

539 So allgemein die Begründung des Finanzausschusses BT-Drs. 18/4708, S. 65; vgl. auch *Schneider*, WM 2018, 2061 (2068 f.).

540 Zu den Gründen der Etablierung eines weiteren Widerrufsrechts ausführlich *Schneider*, WM 2018, 2061 (2067 ff.).

teleologisch zu reduzieren. Folglich sollten solche Unternehmer nicht vom Anwendungsbereich erfasst sein, die in einer professionellen Art und Weise vergleichbare Investitionen in Start-ups tätigen.

(2) Widerrufsfrist

Nach § 2d Abs. 3 VermAnlG beginnt die 14-tägige Widerrufsfrist mit dem Vertragsschluss zwischen den Beteiligten.[541] Erforderlich ist hierzu ein deutlicher Hinweis auf das Widerrufsrecht, einschließlich Name und Anschrift desjenigen, gegenüber dem der Widerruf zu erklären ist.[542] Wird in der Vereinbarung nicht ordnungsgemäß auf das bestehende Widerrufsrecht hingewiesen, beginnt die Frist gemäß § 2d Abs. 3 S. 2 Hs. 2 VermAnlG erst zu dem Zeitpunkt, zu dem der Anleger einen solchen Hinweis in Textform erhält. Ist der Zeitpunkt des Beginns der Widerrufsfrist zwischen den Beteiligten strittig, trägt der Emittent der Vermögensanlagen die Beweislast für den Beginn, § 2d Abs. 3 S. 3 VermAnlG.[543] Unabhängig von dem Beginn des Widerrufrechts erlischt dieses spätestens zwölf Monate nach dem Vertragsschluss gemäß § 2d Abs. 3 S. 4 VermAnlG.

(3) Widerrufserklärung

Gemäß § 2d Abs. 2 VermAnlG hat die Widerrufserklärung in Textform gegenüber dem Anbieter der Vermögensanlage zur erfolgen, wobei die Erklärung keiner Begründung bedarf.[544] Im Rahmen des Crowdinvesting ist das jeweilige Start-up gleichzeitig der Anbieter und der Emittent der jeweiligen Vermögensanlage.[545] Sowohl die Beteiligungsverträge von *Companisto* als auch diejenigen von *Seedmatch* verneinen eine Anbietereigenschaft der Crowdinvesting-Plattform und verweisen auf die einzelnen kapitalsuchenden Emittenten.[546] In diesen Fällen ist der Widerruf der Kleinanleger gegenüber

541 Zur Kritik an der Dauer der Widerrufsfrist zusammenfassend *Schneider*, WM 2018, 2061 (2065 f.).

542 Zur Länge des Widerrufsrechts kritisch *Danwerth*, WM 2016, 1212 (1215). Insgesamt zur Frist siehe auch *Schneider*, WM 2018, 2061 (2065 ff.).

543 Zur Beweislastumkehr kritisch *Danwerth*, WM 2016, 1212 (1217).

544 *Casper*, ZBB 2015, 265 (280); *Schneider*, WM 2018, 2061 (2064).

545 Siehe hierzu Abschnitt E.I.1.d). Teilweise wird die Anbietereigenschaft fälschlicherweise auch den Crowdinvesting-Plattformen zugesprochen, siehe hierzu ausführlich *Schneider*, WM 2018, 2061 (2064 f.); *Casper*, ZBB 2015, 265 (276); *Uffmann*, JZ 2016, 928 (930); *Danwerth*, WM 2016, 1212 (1215); *Danwerth*, ZBB 2016, 20 (28); *Gerlach/Köhler*, ZBB 2017, 84 (88).

546 Ausführlich zu den Hinweisen beider Crowdinvesting-Plattformen siehe Abschnitt E.I.1.d).

dem jeweiligen Start-up und nicht gegenüber der Crowdinvesting-Plattform zu erklären.[547] Unabhängig davon können anderweitige Empfangsboten der jeweiligen Anbieter gegenüber den Kleinanlegern eingesetzt werden.[548] Insofern sehen die Regelungen bei *Companisto*[549] vor, dass nicht das einzelne Start-up, sondern die Plattform als Erklärungsempfänger für den Widerruf des jeweiligen Kleinanlegers fungiert.

(4) Rechtsfolgen

Entsprechend § 2d Abs. 4 S. 1 VermAnlG sind die empfangenen Leistungen im Falle eines Widerrufs unverzüglich zurückzugewähren. In Anbetracht dessen ist entsprechend § 121 Abs. 1 S. 1 BGB ein Handeln ohne schuldhaftes Zögern gefordert.[550] Für den Zeitraum zwischen der Auszahlung und der Rückzahlung des Anlagebetrages hat der Emittent gemäß § 2d Abs. 4 S. 2 VermAnlG die vereinbarte Gegenleistung gegenüber dem Anleger zu erbringen. Demnach schuldet der Emittent die in dem entsprechenden Zeitraum aufgelaufene Verzinsung bzw. sonstige gewinnabhängige Vergütungen.[551]

---

547 Siehe auch *Danwerth*, WM 2016, 1212 (1215); *Casper*, ZBB 2015, 265 (279), die grundsätzlich die jeweiligen Crowdinvesting-Plattformen als Anbieter und somit als Empfänger der Widerrufserklärungen bestimmen. Klarstellend *Weber*, Crowdinvesting, S. 202 f.

548 *Schneider*, WM 2018, 2061 (2064 f.).

549 Zum Hinweis des Widerrufsrechts bei *Companisto* siehe Fn. 558. Dagegen verweist *Seedmatch* richtigerweise innerhalb des Hinweises auf die Start-ups als Empfänger der Widerrufserklärungen, siehe hierzu Fn. 557.

550 Zum Begriff der Unverzüglichkeit siehe auch *Armbrüster*, in: MüKo-BGB, § 121, Rn. 7; zu den Rechtsfolgen nach § 2d Abs. 4 VermAnlG *Izzo-Wagner/Otto*, in: Siering/Izzo-Wagner-VermAnlG, § 2d, Rn. 19. Zur Unverzüglichkeit siehe auch *Schneider*, WM 2018, 2061 (2066).

551 Vgl. *Casper*, ZBB 2015, 265 (280), der richtigerweise auf etwaige Berechnungsschwierigkeiten hinweist. Siehe hierzu auch *Schedensack*, Crowdinvesting, S. 475 f., der eine Streichung des Satz 2 aufgrund eines voraussetzungslosen Bereicherungsrechts des Widerrufserklärenden auf Kosten des Widerrufsempfängers fordert. Einer Streichung ist zwar zuzustimmen, scheint aber in der Praxis kaum von Relevanz zu sein, da innerhalb der Widerrufsfrist keine oder nur geringe Zinsen bzw. gewinnabhängige Vergütungen anfallen werden. Vgl. auch *Schneider*, WM 2018, 2061 (2066). Zur Frage weitergehender Folgen nach einem Widerruf siehe *Weber*, Crowdinvesting, S. 209 ff.

(5) Besonderheiten und Kritik

(a) Gesetzliche Hinweispflicht auf § 2d VermAnlG

Auffällig im Zusammenhang mit dem auslösenden Ereignis der Widerrufsfrist im Rahmen des § 2d VermAnlG ist die Wortwahl des Gesetzgebers. Insoweit fordert dieser keine für Widerrufsrechte typische Unterrichtung[552] oder Belehrung[553], sondern einen deutlichen Hinweis auf das Widerrufsrecht der Anleger. Aufgrund der erstmaligen und teils differenzierten Wortwahl[554] innerhalb des VermAnlG scheint der Gesetzgeber von einer weniger umfassenden Mitteilungspflicht bei privilegierten Vermögensanlagen ausgehen zu wollen.[555] Der Hinweispflicht folgen keine weiteren gesetzlichen Konkretisierungen, in welcher Form und mit welchem Inhalt der Anleger auf sein Widerrufsrecht hingewiesen werden soll.[556] Lediglich die Bezeichnung des Erklärungsempfängers, einschließlich des jeweiligen Namens und der Anschrift, wurde in die Regelung des § 2d Abs. 3 VermAnlG eingearbeitet. Daraus entstehende Unsicherheiten zeigen sich bereits in der Praxis. Während die Crowdinvesting-Plattform *Seedmatch*[557] einen den Belehrungspflichten ähnlichen, besonders hervorgehobenen Hinweistext in die Beteiligungsverträge aufgenommen hat, verzichtet *Companisto* auf einen Hinweis innerhalb der Verträge. Einzig in einem separat beigefügten Verbraucherinformationsblatt[558] weist die Crowdinvesting-Plattform auf ein bestehendes Widerrufsrecht der Anleger im Sinne des § 2d VermAnlG hin.

---

552 Wie etwa gemäß § 356 Abs. 3 S. 1 BGB.

553 Vgl. § 305 Abs. 2 S. 2 KAGB.

554 So sieht § 11 Abs. 2 S. 4 VermAnlG eine Belehrungspflicht vor.

555 Vgl. *Schneider*, WM 2018, 2061 (2065); a.A. *Schedensack*, Crowdinvesting, S. 259; *Casper*, ZBB 2015, 265 (280), die von einer drucktechnisch hervorgehobenen Belehrungspflicht ausgehen.

556 Vgl. *Danwerth*, WM 2016, 1212 (1216); *Heuer*, Crowdinvesting, S. 239.

557 So beispielsweise in Ziffer 17 des Beteiligungsvertrags für ein partiarisches Nachrangdarlehen entsprechend dem als Anlage beigefügten Musterbeteiligungsvertrag, in der die Crowd auf das Widerrufsrecht nach § 2d VermAnlG und die Widerrufsfolgen hingewiesen wird und den Anlegern der Namen und die Anschrift der Gesellschaft unter besonderer Hervorhebung, insbesondere durch Umrandung, mitgeteilt wird.

558 So beispielsweise in Ziffer 3 der Verbraucherinformationen nach Art. 246b § 2 Abs. 1 i.V.m. Art. 246b § 1 Abs. 1 EGBGB, in der die Crowd auf das Widerrufsrecht nach § 2d VermAnlG und die Widerrufsfolgen hingewiesen wird und den Anlegern der Namen und die Anschrift von *Companisto* ohne besondere Hervorhebung mitgeteilt wird.

Von einer besonderen Hervorhebung des Hinweises wird hierbei abgesehen. Mit Blick auf die Form beider Hinweisvarianten scheinen die derzeitigen Ausgestaltungen jedoch die gesetzlichen Anforderungen für einen ordnungsgemäßen Hinweis zu erfüllen.[559] Während die unmittelbare Nennung des Hinweises in den Crowdinvesting-Verträgen durch *Seedmatch* vom Regelungsinhalt des § 2d Abs. 3 S. 2 Hs. 1 VermAnlG umfasst ist, entspricht der mittelbare Hinweis durch *Companisto* mithilfe eines beigefügten Verbraucherinformationsblattes zumindest den Anforderungen des § 2d Abs. 3 S. 2 Hs. 2 VermAnlG.

Trotz Erfüllung der formalen Hinweisanforderungen ist die dargestellte Rechtslage für die kapitalsuchenden Start-ups ungünstig. Aufgrund fehlender konkreter Bestimmungen hinsichtlich der Ausgestaltung der Hinweise und der Abkehr des Gesetzgebers von den für Widerrufsrechte typischen Belehrungs- bzw. Unterrichtungspflichten besteht die Unsicherheit der nicht ordnungsgemäßen Erfüllung der in § 2d VermAnlG normierten Hinweispflichten. Etwaige Unsicherheiten beinhalten die Gefahr einer Widerrufsfrist von zwölf Monaten ab Vertragsschluss nach § 2d Abs. S. 4 VermAnlG, da der Lauf der 14-tägigen Frist nicht beginnt bis der jeweilige Anleger ordnungsgemäß auf sein Widerrufsrecht hingewiesen wurde. Infolge eines so verlängerten Widerrufsrechts der Anleger, haben diese die Möglichkeit, sich von Investitionen bzw. Crowdinvesting-Verträgen mittels Widerrufsrecht zu lösen, die nicht die gewünschte wirtschaftliche Entwicklung innerhalb eines Jahres erreicht haben.[560] Auf die wirtschaftlichen Folgen von möglichen massenhaften Widerrufen der Crowd für die Start-ups sei an dieser Stelle auf Abschnitt C.I.2.d)aa)(4)(d) hingewiesen. In Anbetracht dessen ist der Gesetzgeber zur Nachbesserung[561] des Gesetzeswortlauts des § 2d VermAnlG aufgefordert. Eine Unterscheidung von Hinweis- und Belehrungs- bzw. Unterrichtungspflichten ist nicht erforderlich. Insoweit sollte den Anbietern von privilegierten Vermögensanlagen, ähnlich wie bei § 11 Abs. 2 S. 4 VermAnlG, eine Belehrungspflicht auferlegt werden. In der Praxis sind die Belehrungen innerhalb der Beteiligungsverträge besonders hervorzuheben. Zudem könnte den Anbietern ein Mustertext zur Verfügung gestellt werden, um so aufkommenden Rechtsunsicherheiten entgegenzutreten.[562]

---

559 Zur falschen Benennung des Erklärungsempfängers innerhalb des Hinweises zum Widerrufsrecht bei *Companisto* siehe Abschnitt C.I.2.d)cc)(3).

560 *Danwerth*, WM 2016, 1212 (1216); vgl. auch *Heuer*, Crowdinvesting, S. 239.

561 Insoweit wird teilweise die Aufhebung des § 2d VermAnlG gefordert *Heuer*, Crowdinvesting, S. 239; *Danwerth*, WM 2016, 1212 (1218).

562 Mit weiteren Ausführungen hierzu *Schneider*, WM 2018, 2061 (2069).

(b) Fehlende Konkurrenzregelung

Angesichts der Abschlüsse der Crowdinvesting-Verträge zwischen den Kleinanlegern als Verbraucher und Start-ups mithilfe des Internets ist neben dem Widerrufsrecht nach § 2d VermAnlG regelmäßig ebenso das Widerrufsrecht nach §§ 312g Abs. 1, 355 BGB einschlägig.[563] Eine gesetzliche Regelung, die das Verhältnis beider Widerrufsrechte zueinander normiert, wurde bisher durch den Gesetzgeber unterlassen. Mit Bezug auf die aus beiden Widerrufsrechten resultierenden unterschiedlichen Pflichten und Rechtsfolgen ist allerdings eine Konkurrenzregelung anzuraten.[564] Das Widerrufsrecht nach § 2d VermAnlG sollte, entsprechend der gesetzlichen Möglichkeit eines Vorrangs nach § 312g Abs. 3 BGB, vorrangig Anwendung finden. Insofern erfasst der Anwendungsbereich – gemäß dem Wortlaut – nicht nur Verbraucher, sondern sämtliche Anleger, sofern nicht der Meinung gefolgt wird, der Anwendungsbereich sei auf Verbraucher zu reduzieren.[565] Zudem wurde § 2d VermAnlG mit Blick auf dessen Anwendung bewusst für die einzelnen Vertragsverhältnisse zwischen der Crowd und dem Emittenten konzipiert.

Die Statuierung eines Vorrangs des § 2d VermAnlG wäre jedoch ausschließlich auf europarechtlicher Ebene möglich.[566] Insofern resultiert das konkurrierende Widerrufsrecht bei Fernabsatzverträgen aus der Fernabsatzfinanzdienstleistungsrichtlinie[567] bzw. der Verbraucherrechterichtlinie[568.569]

563 Vgl. *Maas*, in: Assmann/Schlitt/v. Kopp-Colomb-WpPG/VermAnlG, § 2a, Rn. 28; *Weber*, Crowdinvesting, S. 204; *Ivanović*, Crowdinvesting, S. 356.

564 Vgl. *Schedensack*, Crowdinvesting, S. 474 f.; *Schneider*, WM 2018, 2061 (2069); *Heuer*, Crowdinvesting, S. 123 f.; *Danwerth*, WM 2016, 1212 (1216 f.).

565 Vgl. *Schneider*, WM 2018, 2061 (2069). Zur teleologischen Reduktion siehe Abschnitt C.I.2.d)cc)(1).

566 Im Ergebnis auch *Danwerth*, WM 2016, 1212 (1217); *Schedensack*, Crowdinvesting, S. 474 f.; *Schneider*, WM 2018, 2061 (2069); *Ivanović*, Crowdinvesting, S. 356.

567 Richtlinie 2002/65/EG des Europäischen Parlaments und des Rates vom 23. September 2002 über den Fernabsatz von Finanzdienstleistungen an Verbraucher und zur Änderung der Richtlinie 90/619/EWG des Rates und der Richtlinien 97/7/EG und 98/27/EG, EU ABl. 2002 L 271, S. 16.

568 Richtlinie 2011/83/EU des Europäischen Parlaments und des Rates vom 25. Oktober 2011 über die Rechte der Verbraucher, zur Abänderung der Richtlinie 93/13/EWG des Rates und der Richtlinie 1999/44/EG des Europäischen Parlaments und des Rates sowie zur Aufhebung der Richtlinie 85/577/EWG des Rates und der Richtlinie 97/7/EG des Europäischen Parlaments und des Rates, EU ABl. 2011 L 304, S. 64.

569 Zur Vollharmonisierung beider zuvor genannten Richtlinie und zur Unzulässigkeit von nationalen Abweichungen *Schneider*, WM 2018, 2061 (2069).

Die gesetzliche Etablierung eines Vorranges vor den §§ 312g Abs. 1, 355 BGB ist daher auf nationaler Ebene unzulässig, da § 2d VermAnlG – wie zuvor dargestellt – gegenwärtig von den europäischen Maßgaben zum Fernabsatz abweicht.[570] Dementsprechend sollte der europäische Gesetzgeber durch Anpassung der Richtlinie und sodann der nationale Gesetzgeber durch Umsetzung in nationales Recht zukünftig einen Anwendungsvorrang des § 2d VermAnlG schaffen.

(c) Erforderlichkeit eines § 2d VermAnlG

In der Vergangenheit wurde der für das Crowdinvesting-Modell statuierte § 2d VermAnlG teilweise kritisiert und sogar vereinzelt dessen vollständige Abschaffung gefordert.[571] Im Hinblick auf die in diesem Abschnitt dargestellte Thematik des § 2d VermAnlG sind zwar gesetzgeberische Anpassungen vorzunehmen, der Erhalt eines speziellen Widerrufsrechts für das Crowdinvesting-Modell ist aber weiterhin empfehlenswert. Zum einen ergibt sich die Etablierung des § 2d VermAnlG aus dem Schutzbedürfnis der Anleger, die bei einer Crowdinvesting-Kampagne durch privilegierte Vermögensanlagen nach § 2a VermAnlG in Start-ups investieren. Zum anderen wird verkannt, dass der Regelungsinhalt des § 2d VermAnlG nicht nur das in dieser Arbeit zu besprechende Crowdinvesting-Modell nach § 2a VermAnlG abdeckt, sondern darüber hinaus Schwarmfinanzierungen nach den §§ 2b, 2c VermAnlG umfasst. Bei Abschaffung des § 2d VermAnlG würde folglich den Geldgebern nach §§ 2b, 2c VermAnlG ein Widerrufsrecht versagt werden, da es dort teilweise an anderweitigen Widerrufsrechten fehlt.[572] Die Erforderlichkeit eines § 2d VermAnlG ist dementsprechend gegeben und eine vollständige Abschaffung zu verneinen.

---

570 *Schneider*, WM 2018, 2061 (2069); *Danwerth*, WM 2016, 1212 (1217); *Schedensack*, Crowdinvesting, S. 475, der im Ergebnis weiter für eine Doppelbelehrung plädiert und dem Widerrufsrecht nach §§ 312g Abs. 1, 355 BGB den Vorrang geben möchte.

571 So insbesondere *Danwerth*, WM 2016, 1212 (1214 ff.); *Casper*, ZBB 2015, 265 (279); *Heuer*, Crowdinvesting, S. 237 ff. Befürwortend dagegen *Schneider*, WM 2018, 2061 (2067 ff.); *Schedensack*, Crowdinvesting, S. 473 f. Zusammenfassend *Weber*, Crowdinvesting, S. 204 f.

572 Vgl. *Schedensack*, Crowdinvesting, S. 474.

dd) *Fehlende qualifizierte nachrangige Wirkung der Rückforderungen von Kleinanlegern nach Erklärung eines Widerrufs*

Wie in Abschnitt C.I.2.c)aa)(2)(b) dargestellt, hat sich gezeigt, dass im Falle des Eintritts der vertraglich vereinbarten auflösenden Bedingung nach § 158 Abs. 2 BGB (*Bedingung: Nichterreichung der Mindestinvestmentschwelle*) bei Crowdinvesting-Verträgen, die aus dem vertraglichen Rückabwicklungsverhältnis entstehenden Forderungen der Kleinanlegern grundsätzlich nicht der Wirkung einer qualifizierten Nachrangabrede unterliegen. Dementsprechend ermöglichen die nicht-nachrangingen Rückforderungen der Kleinanleger eine unmittelbare Inanspruchnahme der Start-ups ohne vorinsolvenzliche Durchsetzungssperre bzw., soweit bereits über das Vermögen der Gesellschaften das Insolvenzverfahren eröffnet wurde, eine Zuordnung der Forderungen als Insolvenzforderung nach § 38 InsO.

Selbiges Resultat ergibt sich letztendlich auch bei erklärten gesetzlichen Widerrufsrechten durch Kleinanleger. Infolge der Widerrufserklärung ändert sich das bestehende Schuldverhältnis zwischen den Parteien mit *ex-nunc*-Wirkung[573] in ein Rückabwicklungsverhältnis.[574] Insoweit sind die Parteien nicht mehr an ihre Willenserklärungen und damit ihre Vertragsverpflichtungen gebunden.[575] Mit Blick auf die den Kleinanlegern gesetzlich eingeräumten Widerrufsrechte nach § 312g Abs. 1, 355 BGB und § 2d VermAnlG ergeben sich die Inhalte des Rückabwicklungsverhältnisses primär aus dem Gesetzeswortlaut des § 357b BGB und § 2d Abs. 4 VermAnlG. So wird beispielsweise in § 2d Abs. 4 S. 1 VermAnlG geregelt, dass die empfangenen Leistungen der Gesellschaften durch den Kleinanleger (etwa die Darlehensvaluta) unverzüglich zurückzugewähren sind.[576] Darüber hinausgehende vertragliche Abreden zwischen den Parteien hinsichtlich des Rückabwicklungsverhältnisses, wie beispielsweise eine Modifizierung des Rückforderungsanspruchs des Kleinanleger durch einen qualifizierten Nachrang, sind mit dem Sinn und Zweck des § 2d VermAnlG nicht vereinbar. So stellt § 2d Abs. 5 VermAnlG klar, dass Abweichungen von dem Norminhalt des § 2d VermAnlG gesetzlich nicht gestattet sind. Insoweit also § 2d Abs. 4 S. 1 VermAnlG von einem Rückforderungsanspruch des Kleinanlegers ohne qualifiziert nachrangige Wirkung

573 Vgl. BGH WM 2017, 1711 (1718), Rn. 65.

574 Vgl. *Stadler*, in: Jauernig, BGB, § 355, Rn. 9; *Müller-Christmann*, in: BeckOK-BGB, § 355, Rn. 37 ff.; *Fritsche*, in: MüKo-BGB, § 355, Rn. 59.

575 *Müller-Christmann*, in: BeckOK-BGB, § 355, Rn. 37.

576 Zu den Rechtsfolgen des § 2d VermAnlG siehe Abschnitt C.I.2.d)cc)(4).

ausgeht, kann eine solche nicht vertraglich für das Rückabwicklungsverhältnis nach Widerrufserklärung vereinbart werden.

Dem ist hinzuzufügen, dass dahingehend auch kein Wille der Parteien bei Vertragsschluss ersichtlich ist. Wie die Auslegung in Abschnitt C.I.2.c)aa)(2)(b) zeigt, haben weder die Start-ups noch die Kleinanleger ein Interesse eine qualifiziert nachranginge Wirkung der Rückforderungsansprüche der Kleinanleger im Rahmen eines Rückabwicklungsverhältnis zu vereinbaren. Für die jungen Unternehmen ist insbesondere deshalb die bilanzielle Wirkung der qualifizierten Nachrangabreden von Bedeutung, da dadurch etwaige Forderungen der Crowd nicht in der Überschuldungsbilanz nach § 19 Abs. 2 S. 2 InsO zu berücksichtigen sind.[577] Hierdurch besteht die Möglichkeit eine Insolvenzreife der Gesellschaft und die Eröffnung eines Insolvenzverfahrens über das Vermögen des Start-ups zu vermeiden. Dies gilt grundsätzlich auch bei dem Widerruf von Crowdinvesting-Verträgen durch Kleinanleger und die Rückgewährung der Darlehensvaluta durch die Gesellschaft. Um jedoch die bilanzielle und insolvenzvermeindende Wirkung zu ermöglichen, sind die Abreden zum qualifizierten Nachrang grundsätzlich bedingungsfrei auszugestalten.[578] Nach der Rechtsprechung des BGH ist für die Vermeidung einer Passivierungspflicht nach § 19 Abs. 2 S. 1 InsO und eine wirksame vorinsolvenzliche Beschränkung erforderlich, dass die Forderungsdurchsetzung der Gläubiger zeitlich nicht begrenzt wird.[579] Der für die insolvenzrechtliche Bewertung erforderliche Überschuldungsstatus der Unternehmen würde seiner Funktion, die Schuldendeckungsfähigkeit des Schuldners zutreffend abzubilden, nicht gerecht, wenn etwaige vertragliche Begrenzungen vereinbart würden.[580] Eine solche vertragliche Begrenzung ist jedoch die vertragliche oder gesetzliche Einräumung von Widerrufsrechten, welche einseitig als Gestaltungsrecht durch Kleinanleger erklärt werden können. In Anbetracht dessen wird die mit qualifizierten Nachrangabreden intendierte Wirkung während den einzelnen Widerrufsfristen nicht erzielt. Da die bilanzielle Wirkung also erst mit Ablauf der Widerrufsfristen eintreten kann, haben neben den Kleinanlegern auch die Start-ups kein Interesse an einer Erstreckung des Regelungsinhalts von qualifizierten

577 Vgl. Abschnitt B.II.2.c).

578 *Förschle/Heinz*, in: Sonderbilanzen, Abschnitt Q, Rn. 82. Zu den Voraussetzungen einer insolvenzvermeidende qualifizierte Nachrangabrede siehe ausführlich Abschnitt C.I.3.b)aa).

579 BGHZ 204, 231 (245 f.), Rn. 38.

580 BGHZ 204, 231 (238 f.), Rn. 19.

Nachrangabreden auf das Rückabwicklungsverhältnis im Rahmen eines erklärten Widerrufs.

3. Vertragsinhalt

a) *Standardverträge – AGB – §§ 305 ff. BGB*

Bei den Crowdinvesting-Verträgen handelt es sich allgemein um standardisierte Vereinbarungen, die nicht von den Vertragsparteien selbst, sondern von den einzelnen Crowdinvesting-Plattformen in ihrer Funktion als Klausel-Produzenten entworfen werden.[581] Individuelle Verhandlungen der einzelnen Kleinanlegern mit den Start-ups über den Inhalt der Vereinbarungen sind nicht möglich.[582] Die Kleinanleger können ausschließlich zu den vorgegebenen und für alle Investoren identischen Vertragskonditionen innerhalb eines Beteiligungsvorhabens investieren.[583] Die erstellten Standardverträge einer Crowdinvesting-Plattform unterscheiden sich regelmäßig einzig in den unternehmensspezifischen Angaben der jeweiligen Emittenten, wie etwa Parteienangabe, Höhe der einzunehmenden Kapitalsumme und die daraus abgeleiteten Vermögensrechte für die Crowd.[584] Infolge der Verwendung eines standardisierten Vertragswerks für eine Vielzahl von Kleinanlegern sind die Voraussetzungen des § 305 Abs. 1 BGB bei Crowdinvesting-Verträgen grundsätzlich erfüllt.[585] Obwohl die Verträge von den Plattformen entworfen werden, sind die Vereinbarungen den kapitalsuchenden Start-ups zuzurechnen, so dass diese als Verwender im Sinne des § 305 Abs. 1 S. 1 BGB anzusehen sind.[586] Insoweit übernehmen die Plattformen im Rahmen ihrer Tätigkeit als Anlagevermittler lediglich die Erstellung der Vertragsinhalte und reichen diese an die Kleinanleger

581 Siehe hierzu Abschnitt B.II.1.c), vgl. *Söpper*, Crowdfunding, S. 120 f.; *Klöhn/Hornuf*, ZBB 2012, 237 (245); *Klöhn/Hornuf/Schiling*, ZBB 2016, 142 (147); *Ivanović*, Crowdinvesting, S. 118; *Weber*, Crowdinvesting, S. 230 ff.; *Schedensack*, Crowdinvesting, S. 175.

582 *Schedensack*, Crowdinvesting, S. 175; *Klöhn/Hornuf/Schiling*, ZBB 2016, 142 (147).

583 Vgl. *Klöhn/Hornuf/Schiling*, ZBB 2016, 142 (147).

584 So *Söpper*, Crowdfunding, S. 121.

585 So auch *Söpper*, Crowdfunding, S. 120 f.; *Weber*, Crowdinvesting, S. 231 f.; *Schedensack*, Crowdinvesting, S. 175.

586 Vgl. *Basedow*, in: MüKo-BGB, § 305, Rn. 21. Ähnlich der Situation eines Maklers, der im Auftrag seines Kunden ein Vertragsformular entwickelt, vgl. hierzu *Grüneberg*, in: Grüneberg-BGB, § 305, Rn. 12.

weiter.[587] Folglich gelten die standardisierten Crowdinvesting-Verträge gegenüber den Kleinanlegern als von den Start-ups gestellt und verwendet.[588]

aa) Bereichsausnahme gemäß § 310 Abs. 4 S. 1 Var. 3 BGB
Partiarische Nachrangdarlehen

Aufgrund der gesellschafterähnlichen Ausgestaltung der Crowdinvesting-Verträge stellt sich die Frage, inwiefern die Bereichsausnahme gemäß § 310 Abs. 4 S. 1 Var. 3 BGB einschlägig sein könnte. Die Regelungen der §§ 305 ff. BGB sind nicht anwendbar, soweit es sich bei den Vereinbarungen mit der Crowd um Verträge des Gesellschaftsrechts handelt. Derartige Vereinbarungen sind zumindest dann nicht anzunehmen, wenn die Crowdinvesting-Verträge, wie bei *Companisto*, als partiarische Nachrangdarlehen ausgestaltet sind. Hierbei liegt der Vertragsschwerpunkt in einem schuldrechtlichen Austauschverhältnis, welches grundsätzlich nicht vom Wortlaut des § 310 Abs. 4 S. 1 BGB umfasst ist.[589]

Stille Gesellschaften

Handelt es sich bei den Crowdinvesting-Verträgen um stille Gesellschaften, ist ein schuldrechtliches Austauschverhältnis nicht unmittelbar gegeben. Vielmehr entsprechen die Vereinbarungen zur Errichtung von stillen Gesellschaften den Regelungen der Bereichsausnahme des § 310 Abs. 4 S. 1 BGB, da diese grundsätzlich dem Gesellschaftsrecht entspringen.[590] Hierzu wird die Ansicht vertreten, dass der historische Gesetzgeber von einem umfassenden Gesellschaftsbegriff ausging, der letztendlich ebenso stille Gesellschaften umfassen sollte.[591] Es wird argumentiert, dass der Gesetzgeber bewusst auf eine Begriffsdefinition verzichtet hat.[592] Demnach fällt auch die stille Beteiligung nach §§ 230 ff. HGB gemäß § 21 AGBG bzw. § 310 Abs. 4 S. 1 Var. 3 BGB unter

---

587 Vgl. *Schedensack*, Crowdinvesting, S. 175.

588 Vgl. *Grüneberg*, in: Grüneberg-BGB, § 305, Rn. 12; *Söpper*, Crowdfunding, S. 120 f.; *Schedensack*, Crowdinvesting, S. 175.

589 *Becker*, in: BeckOK-BGB, § 310, Rn. 29; vgl. auch BGHZ 127, 176 (182 ff.); BGH WM 2001, 314 (315). Im Ergebnis auch *Ivanović*, Crowdinvesting, S. 118 f.; *Weber*, Crowdinvesting, S. 232.

590 So entschied der BGHZ 127, 176 (183) hinsichtlich der Frage der Anwendbarkeit des § 23 Abs. 1 AGBG bei stillen Gesellschaften, dessen Inhalt inzwischen in § 310 Abs. 4 S. 1 BGB wiederzufinden ist.

591 Vgl. BGHZ 127, 176 (183).

592 BGHZ 127, 176 (183) m.w.N.

den Begriff „Gesellschaftsrecht", da diese eine Gesellschaft im Sinne des § 705 BGB ist.

Ausnahmen aus der Rechtsprechung zum erweiterten Anwendungsbereich des AGB-Rechts bei stillen Gesellschaften ergeben sich infolge einer teleologischen Reduktion, soweit die Struktur der jeweiligen Vereinbarung überwiegend einen schuldrechtlichen Austauschcharakter aufweist.[593] Mit Blick auf etwaige Abgrenzungsschwierigkeiten zwischen partiarischen Darlehen und typisch stillen Beteiligungen wird vermehrt eine Anwendung des AGB-Rechts für typisch stille Beteiligungen angenommen.[594] Dadurch wird jedoch die bestehende Rechtsunsicherheit hinsichtlich der Abgrenzung beider Vertragstypen lediglich auf die Differenzierung zwischen typischer und atypischer stiller Gesellschaft verlagert.[595] Der BGH kommt letztendlich zu dem Ergebnis, dass typisch ausgestaltete stille Gesellschaften einen mit dem partiarischen Darlehen vergleichbaren Kreditcharakter und folglich einen schuldrechtlichen Schwerpunkt aufweisen können.[596] Dies ist zumindest anzunehmen, sofern die aus einem Gesellschaftsverhältnis resultierenden Rechte des stillen Gesellschafters beschränkt oder reduziert werden, wie etwa hinsichtlich der Teilnahme am Verlust der Gesellschaft oder mit Blick auf Rechte aus dem Mitgliedschaftsbereich.[597] Im Umkehrschluss wurde in der Vergangenheit ein schuldrechtlicher Schwerpunkt insbesondere bei atypisch stillen Gesellschaften abgelehnt oder etwa dann verneint, soweit dem typischen stillen Gesellschafter Informations- und Kontrollrechte im Sinne der §§ 233 Abs. 1, Abs. 3 HGB eingeräumt wurden bzw. sich die Übertragbarkeit der Verträge auf Ehegatten und Abkömmlinge beschränkte und der stille Gesellschafter am Verlust der Gesellschaft teilnahm.[598] Die vorgenannten Rechte und Pflichten sind Teil des Organisations- und Mitgliedschaftsbereichs einer stillen Gesellschaft und folglich gesellschaftsrechtlicher Art sowie ohne überwiegenden schuldrechtlichen Austauschcharakter.[599]

---

593 BGHZ 127, 176 (183 f.).

594 Vgl. *K. Schmidt*, in: MüKo-HGB, § 230, Rn. 124; kritisch *Lamprecht*, in: Blaurock, HdB-Stille Gesellschaft, § 9, Rn. 9.33.

595 *K. Schmidt*, in: MüKo-HGB, § 230, Rn. 124.

596 BGHZ 127, 176 (183 f.).

597 BGHZ 127, 176 (183 ff.).

598 BGHZ 127, 176 (183 ff.); *K. Schmidt*, in: MüKo-HGB, § 230, Rn. 124.

599 BGHZ 127, 176 (183 ff.).

Einordnung Crowdinvesting-Verträge

In Anbetracht der Ausgestaltung der Crowdinvesting-Verträge überwiegt der schuldrechtliche Austauschcharakter der geschlossenen Vertragsverhältnisse, so dass diese nicht der Bereichsausnahme des § 310 Abs. 4 S. 1 Var. 3 BGB unterliegen. Als Beispiel können die Vereinbarungen der Crowdinvesting-Plattform *Seedmatch* herangezogen werden. Entsprechend der in Abschnitt C.I.1.b) durchgeführten Abgrenzung handelt es sich bei den Vereinbarungen um Verträge zur Errichtung von stillen Gesellschaften. Trotz des gesellschaftsrechtlichen Elements in Form eines gemeinsamen Zwecks im Sinne des § 705 BGB, liegt der Schwerpunkt in einem schuldrechtlichen Austauschverhältnis zwischen den Start-ups und Kleinanlegern. Die Crowd wird weder am Verlust der jeweiligen Gesellschaft beteiligt, noch werden den Kleinanlegern Kontrollrechte eingeräumt, die im Sinne des § 233 Abs. 1, Abs. 3 HGB zur Einsicht in die Bücher und Papiere der Start-ups ermächtigen.[600] Zudem ist die Übertragbarkeit der Vereinbarungen auf Dritte nur teilweise beschränkt. So haben die Kleinanleger grundsätzlich die Möglichkeit der Übertragung ihrer Crowdinvesting-Verträge. Einschränkungen ergeben sich lediglich im Hinblick der Übertragung auf einen unmittelbaren Wettbewerber und einer Haltefrist von wenigen Monaten.[601]

bb) Objektive Auslegung und Inhaltskontrolle bei Publikumsgesellschaften

Die Anwendbarkeit einer objektiven Auslegung und gerichtlichen Inhaltskontrolle – ähnlich zu den §§ 305 ff. BGB – für Crowdinvesting-Verträge, welche als stille Gesellschaften ausgestaltet sind, ergibt sich zudem aus der Rechtsprechung hinsichtlich der gesellschaftsrechtlichen Verträge sogenannter (stiller) Publikumsgesellschaften.[602] Hauptargument ist der besondere Schutz der Verbraucher im Falle einer Beteiligung an Publikumsgesellschaften, ohne eine Rechtsstellung mit unternehmerischen Entscheidungsbefugnissen zu

---

600 Zu den einzelnen Rechten siehe Abschnitt B.II.2.b).

601 Siehe hierzu Abschnitt B.II.2.f).

602 OLG Oldenburg NZG 1999, 896 (897); vgl. auch OLG Frankfurt a.M. NJW-RR 2014, 991 (992 f.); zuletzt BGH WM 2018, 1706 (1707). Zur Diskussion hinsichtlich der Frage der §§ 305 ff. BGB bei gesellschaftsrechtlichen Beteiligungen siehe die in BGH WM 2001, 314 (315) zitierte Rechtsprechung und Literatur, sowie *K. Schmidt*, JuS 1995, 268 ff.; *Drygala*, ZIP 1997, 968 ff.; OLG Oldenburg NZG 1999, 896 (898), m. Anm. *Michalksi/Schuldenburg*. Vgl. auch *K. Schmidt*, in: MüKo-HGB, § 230, Rn. 125, § 161, Rn. 130 ff.; *Gehrlein*, in: Ebenroth/Boujong/Joost/Strohn-HGB, § 230, Rn. 41 m.w.N.

erlangen.[603] Begründet wird der Zugang zu einer objektiven Auslegung und Inhaltskontrolle wie bei AGB mit der Änderung der Rechtslage aufgrund der europäischen Richtlinie 93/13/EWG vom 05. April 1993 über missbräuchliche Klauseln in Verbraucherverträgen.[604] Demnach ist nach Art. 2 lit.b der Richtlinie jede natürliche Person Verbraucher, die bei entsprechenden Verträgen zu einem Zweck handelt, der nicht einer gewerblichen oder beruflichen Tätigkeit zugeordnet werden kann. Es wird von den Richtern angenommen, dass das Anlagegeschäft bei einem Großteil der Investoren keine berufliche oder gewerbliche Tätigkeit darstellt, so dass diese die Verbrauchereigenschaft der Richtlinie erfüllen.[605] Insofern unterwirft die Rechtsprechung vorformulierte Gesellschaftsverträge einer der AGB-Kontrolle angenäherten gerichtlichen objektiven Auslegung und Inhaltskontrolle nach §§ 157, 242 BGB, wenn diese grundsätzlich nicht den §§ 305 ff. BGB zugänglich sind.[606] In letzter Konsequenz gehen die Richter davon aus, dass gleichfalls Verträge über Beteiligungen an Gesellschaften einer gerichtlichen Inhaltskontrolle unterliegen können, sofern Verbraucher im Sinne der dargestellten europäischen Richtlinie diese zeichnen und etwaige vertraglich eingeräumte Rechtsstellungen deutlich beschränkt sind.[607] Auf die Rechtsform der Publikumsgesellschaft kommt es nicht an, vorausgesetzt, die Formularverträge sind für eine Vielzahl von Anlegern vorformuliert und werden über den Bezirk eines Oberlandesgerichts hinaus verwendet.[608]

Im Ergebnis unterliegen Crowdinvesting-Verträge im Sinne des Verbraucherschutzes zumindest dann einer gerichtlichen Inhaltskontrolle und objektiven Auslegung entsprechend den §§ 305 ff. BGB, soweit diese als stille Gesellschaften ausgestaltet wurden. Zwar handelt es sich bei den kapitalsuchenden Start-ups nicht unmittelbar um (stille) Publikumsgesellschaften, dennoch sind die Überlegungen zum Verbraucherschutz auf Crowdinvesting-Verträge

---

603 OLG Frankfurt a.M. NJW-RR 2004, 991 (992); OLG Oldenburg NZG 1999, 896 (897).

604 OLG Oldenburg NZG 1999, 896 (897); OLG Frankfurt a.M. NJW-RR 2004, 991 (992).

605 Vgl. OLG Frankfurt a.M. NJW-RR 2004, 991 (992).

606 So beispielsweise zuletzt BGH, Urteil v. 01.07.2014 – II ZR 72/12, Rn. 17; OLG Oldenburg ZIP 2017, 1286 (1287). Vgl. auch *Keul*, in: MünchHdbGesR-Bd.2, § 76, Rn. 10.

607 OLG Frankfurt a.M. NJW-RR 2004, 991 (992) m.w.N.

608 Vgl. OLG Frankfurt a.M. NJW-RR 2004, 991 (992); BGH WM 2001, 314 (315).

übertragbar.[609] Vergleichbar mit (stillen) Publikumsgesellschaften werden bei Crowdinvesting-Kampagnen unterschiedliche Anlegergruppen angesprochen, die in verschieden strukturierte Beteiligungsmöglichkeiten investieren können.[610] Neben Investitionsmöglichkeiten mittels stiller Beteiligungen, bestehen aktuell zumindest auch partiarische Nachrangdarlehen als Crowdinvesting-Verträge. Dabei werden den Kleinanlegern weder als Darlehensgeber noch als stille Gesellschafter Rechtsstellungen eingeräumt, die unternehmerische Entscheidungen ermöglichen. Eine unterschiedliche Behandlung beider Vertragstypen betreffend der Anwendbarkeit einer gerichtlichen Inhaltskontrolle bzw. der §§ 305 ff. BGB erscheint nicht gerechtfertigt.[611] Auf das Erfordernis einer Publikumsgesellschaft kann es nicht ankommen. Insofern bedürfen gleichermaßen Kleinanleger, die im Rahmen eines Crowdinvestings als stille Gesellschafter investieren, einen besonderen Schutz, vorausgesetzt dem Fall, dass diesen vergleichbar mit den Darlehensgebern ausschließlich beschränkte bzw. reduzierte Rechtsstellungen eingeräumt werden. In Anbetracht dessen sind die Beteiligungsverträge zumindest einer der AGB-Kontrolle angenäherten objektiven Auslegung und Inhaltskontrolle nach den §§ 157, 242 BGB zu unterziehen.

b) Qualifizierte Nachrangabrede

Neben dem partiarischen Element ist die qualifizierte Nachrangabrede ein weiterer Baustein typischer Crowdinvesting-Verträge.[612] Infolge des massenhaften Abschlusses etwaiger Vereinbarungen mit der Crowd gilt zu hinterfragen, inwieweit diese mit den Start-ups wirksam vereinbart werden können.

Sinn und Zweck der schuldrechtlichen Vereinbarungen liegt zunächst in dem Rangrücktritt der Forderungen der Kleinanleger gegenüber den anderen Gläubigern im Sinne des § 39 Abs. 1 InsO für den Fall der Eröffnung eines Insolvenzverfahrens. Insoweit handelt es sich bei der einfachen Nachrangabrede um eine Verteilungsregelung der Insolvenzmasse während eines

---

609 Für eine (stille) Publikumsgesellschaft bedarf es neben einer Personengesellschaft auch der gesellschaftsrechtlichen Verbundenheit der stillen Gesellschaftsverhältnisse untereinander (sogenannte zweigliedrige Gesellschaft); siehe hierzu *Polzer*, in: MünchHdbGesR-Bd.2, § 74, Rn. 2.

610 Zur entsprechenden Begründung siehe OLG Frankfurt a.M. NJW-RR 2004, 991 (992).

611 Im Ergebnis auch *Söpper*, Crowdfunding, S. 121 ff.

612 Vgl. *Schulz*, Crowdinvesting, S. 22; *Ivanović*, Crowdinvesting, S. 104 ff.; *Weber*, Crowdinvesting, S. 226.

Insolvenzverfahrens der Gesellschaft.[613] Aufgrund des vereinbarten Rangrücktritts ist die Crowd erst aus dem Vermögen des Emittenten zu befriedigen, nachdem sämtliche Insolvenzgläubiger im Sinne des § 38 InsO und alle nachrangigen Insolvenzgläubiger nach § 39 Abs. 1 InsO eine vollständige Befriedigung erlangt haben.[614]

Neben der einfachen Nachrangabrede enthalten die Crowdinvesting-Verträge regelmäßig eine weitere qualifizierte Rangrücktrittsvereinbarung.[615] Inhaltlich vereinbaren die Beteiligten zusätzlich eine vor- bzw. außerinsolvenzliche Durchsetzungssperre für die Forderungen der Crowd gegenüber dem Unternehmen.[616] Der Zweck einer Sperre ist die Vermeidung einer insolvenzrechtlichen Zahlungsunfähigkeit der Start-ups nach § 17 InsO, indem die Geltendmachung der Forderungen verhindert wird und somit die vorübergehende oder dauerhafte Liquidität der Gesellschaften sichergestellt ist.[617] Darüber hinaus verhindern qualifizierte Rangrücktrittsvereinbarungen die Erfüllung des Überschuldungstatbestandes nach § 19 Abs. 2 S. 1 InsO.[618] Die Forderungen der Kleinanleger sind grundsätzlich im Rahmen einer Überschuldungsbilanz nicht als Fremdkapital zu passivieren. Infolge des § 19 Abs. 2 S. 2 InsO ergibt sich die für hybride Finanzinstrumente kennzeichnende Unterlassungspflicht der Passivierung von Forderungen, wenn für diese ein wirksamer Rangrücktritt entsprechend § 39 Abs. 2 InsO vereinbart wurde. Die Forderungen der Crowd bleiben so für die Ermittlung einer bilanziellen Überschuldung der Start-ups unberücksichtigt. Dabei wird eine Überschuldung der meist mit wenig Eigenkapital ausgestatteten Gesellschaften verhindert.

---

613 Vgl. *Bitter*, ZIP 2015, 345 (345 f.) der die einfache Nachrangabrede als Rangrücktritt im technischen Sinne bezeichnet; *Hirte*, in: Uhlenbruck-InsO, § 39, Rn. 55; *Berger*, ZInsO 2015, 1938 f.

614 Vgl. *Bitter*, ZIP 2015, 345 (345 f.); *Weber*, Crowdinvesting, S. 227.

615 Zur Unterscheidung siehe auch *Bitter*, ZIP 2015, 345 (345 f.); *Weber*, Crowdinvesting, S. 228 ff. Zur Rechtsnatur der Vereinbarungen siehe allgemein *Prosteder/Dachner*, in: BeckOK-InsO, § 39, Rn. 109; *K. Schmidt/Herchen*, in: Karsten Schmidt-InsO, § 39, Rn. 22; der in den Vereinbarungen lediglich eine schuldrechtliche Abrede mit einem erweiterten Umfang sieht. Allgemein zur Nachrangabrede *Mock*, in: Uhlenbruck-InsO, § 19, Rn. 233 ff.

616 Vgl. *Bitter*, ZIP 2015, 345 (346); *Prosteder/Dachner*, in: BeckOK-InsO, § 39, Rn. 115; *K. Schmidt/Herchen*, in: Karsten Schmidt-InsO, § 39, Rn. 22.

617 Vgl. *Bitter*, ZIP 2015, 345 (346); *Klöhn/Hornuf/Schiling*, ZBB 2016, 142 (177 f.).

618 Vgl. *Bitter*, ZIP 2015, 345 (346).

aa) Anforderungen an Nachrangabreden zur Vermeidung einer Überschuldung

In der jüngeren Vergangenheit waren die Anforderungen an Nachrangabreden zur Vermeidung einer rechnerischen Überschuldung im Sinne des § 19 Abs. 2 S. 2 InsO im Detail umstritten.[619] Mit Blick auf Crowdinvesting-Verträge ergeben sich zwei Fragestellungen. Zum einen ist zu hinterfragen, inwiefern § 19 Abs. 2 S. 2 InsO bei einer Finanzierung durch die Kleinanleger als Nichtgesellschafter anwendbar ist, da es sich bei Crowdinvesting-Verträgen nicht um Gesellschafterdarlehen handelt. Und zum anderen, ob für die Anwendbarkeit des § 19 Abs. 2 S. 2 InsO eine einfache Nachrangabrede ausreichend ist oder zusätzlich eine außer- bzw. vorinsolvenzliche Durchsetzungssperre vereinbart werden muss.[620]

(1) Rangrücktrittsvereinbarungen mit Nichtgesellschaftern

Mit seinem Urteil vom 03. Mai 2015 nahm sich der BGH unter anderem den obigen Fragestellungen an.[621] Hierbei urteilten die Richter aus Karlsruhe für eine analoge Anwendbarkeit des § 19 Abs. 2 S. 2 InsO bei Nichtgesellschaftern und folgten der bis dato überwiegenden Rechtsauffassung[622]. Als Argument für die Anwendbarkeit benannte das Gericht die bestehende Vertragsautonomie der Vertragsparteien und die vergleichbaren Rechts- und Interessenlagen mit Blick auf den Abschluss von Gesellschafterdarlehen.[623] Andere Ansichten in der Literatur verneinten eine vergleichbare Interessenlage mit Gesellschafterdarlehen. Insoweit sei bei Gesellschafterdarlehen für eine Rangrücktrittsvereinbarung

---

619 Vgl. etwa *Freitag*, in: Staudinger-BGB (2015), § 488, Rn. 98; *Hirte*, in: Uhlenbruck-InsO, § 39, Rn. 55; *Binder*, in: BeckOGK-BGB, § 488, Rn. 36 f.; *K. P. Berger*, in: MüKo-BGB, Vorb. § 488, Rn. 107. Hinsichtlich Crowdinvesting-Verträge zusammenfassend *Ivanović*, Crowdinvesting, S. 388 ff.

620 Siehe hierzu auch *Berger*, ZInsO 2015, 1938 (1939).

621 BGHZ 204, 231 ff.; Reaktionen der Literatur siehe beispielsweise BGH BB 2015, 973 ff. m. Anm. *Poelzig*; BGH ZIP 2015, 638 ff. m. Anm. *Bitter/Heim*; BGH GmbHR 2015, 472 ff. m. Anm. *Farian*; BGH GWR 2015, 256 ff. m. Anm. *Weitnauer*; BGH NZI 2015, 315 ff. m. Anm. *Schäfer*; *K. Schmidt*, ZIP 2015, 901 ff.; *Westphal/Kresser*, DB 2016, 33 ff.

622 Insbesondere *Habersack*, in: Habersack/Casper/Löbbe-GmbHG, Anh. § 30, Rn. 129 m.w.N.; *K. Schmidt*, in: Festschrift Frotscher 2013, 536 (544 f.); *Mock*, NZI 2014, 102 (103); *Henkel/Wentzler*, GmbHR 2013, 239; *Leithaus/Schaefer*, NZI 2010, 844 (846); *Kahlert/Gehrke*, DStR 2010, 227 (230).

623 BGHZ 204, 231 (235 f.), Rn. 14.

der § 135 Abs. 1 Nr. 2 InsO als insolvenzrechtliches Korrektiv statuiert worden.[624] Dieser sieht die Anfechtbarkeit von Darlehensrückführungen vor, soweit diese innerhalb des letzten Jahres vor Eröffnung des Insolvenzverfahrens oder danach vorgenommen wurden. Ein entsprechendes Korrektiv fehle im Hinblick auf Rangrücktrittsvereinbarungen mit Nichtgesellschaftern, so dass die Anwendbarkeit des § 19 Abs. 2 S. 2 InsO bei Nichtgesellschaftern letztendlich ausgeschlossen sei.[625] Der BGH erkannte jedoch richtigerweise ein Korrektiv infolge der Annahme der Anwendbarkeit des § 134 InsO für Rangrücktrittsvereinbarungen mit Nichtgesellschaftern.[626] § 134 Abs. 1 InsO regelt die Anfechtbarkeit von unentgeltlichen Leistungen an die Gläubiger. Dessen Anwendbarkeit ergibt sich aus der Rechtsnatur der überschuldungsvermeidenden Rangrücktrittsvereinbarung als verfügendem Schuldänderungsvertrag.[627] Die Forderung wird durch die Nachrangvereinbarung inhaltlich derart umgewandelt, dass sie nicht mehr zu passivieren ist.[628] Dies hat zur Folge, dass eine Befriedigung nur noch aus dem freien, nicht zur Schuldendeckung benötigten Vermögen der Gesellschaft möglich ist.[629] Demnach besteht ein Zahlungsverbot des Geschäftsführers für Forderungen, die nicht aus dem freien Vermögen der Gesellschaft zahlbar sind.[630] Wird trotz des vertraglich bestimmten Zahlungsverbots eine Forderung beglichen, handelt es sich um eine Leistung der Gesellschaft auf eine Nichtschuld, die grundsätzlich kondizierbar ist.[631] Folglich entspricht die verbotene Zahlung insolvenzrechtlich einer unentgeltlichen Leistung, die gemäß § 134 InsO angefochten werden kann.[632]

(2) Anforderungen an Nachrangabreden im Lichte des § 19 Abs. 2 S. 1 InsO

Mit selbiger Entscheidung beantwortete der BGH gleichfalls die Frage hinsichtlich der Voraussetzungen, welche an die Nachrangvereinbarungen zu stellen sind, um eine Passivierung von Forderungen im Sinne des § 19 Abs. 2 S. 1 InsO vermeiden zu können. Hierbei kamen die Richter zu dem – teilweise innerhalb

---

624 *Bitter*, ZIP 2015, 345 (347).

625 Insbesondere *Bitter*, ZIP 2015, 345 (347) m.w.N; *Bitter*, in: Scholz-GmbHG, Vorb. § 64, Rn. 69 m.w.N.

626 BGHZ 204, 231 (249 ff.), Rn. 46 ff.

627 Vgl. BGHZ 204, 231 (242, 244 ff.), Rn. 27, 32 ff.

628 Vgl. BGHZ 204, 231 (244), Rn. 32.

629 Vgl. BGHZ 204, 231 (244), Rn. 32.

630 Vgl. BGHZ 204, 231 (250 ff.), Rn. 50 ff.

631 Vgl. BGHZ 204, 231 (242 ff.), Rn. 27 ff.

632 Vgl. BGHZ 204, 231 (244 ff.), Rn. 32 ff.

der Literatur[633] begrüßten – Ergebnis, dass eine einfache Nachrangabrede den Voraussetzungen des § 19 Abs. 2 S. 1 InsO nicht genüge. Vielmehr müsse sich der Rangrücktritt auch auf den Zeitraum vor der Eröffnung eines Insolvenzverfahrens erstrecken.[634] Erforderlich sei eine vorinsolvenzliche Durchsetzungssperre, die Zahlungen außerhalb des Insolvenzverfahrens ausschließlich aus ungebundenem Vermögen und nur im Rang nach den Forderungen normaler Insolvenzgläubiger ermöglicht.[635] Bei fehlendem ungebundenem Vermögen müsse der Gläubiger dauerhaft daran gehindert sein seine Forderungen geltend zu machen.[636] Eine Beschränkung der Durchsetzung von Forderungen auf einzelne Gläubiger oder eine zeitliche Begrenzung reichten für eine Vermeidung der Passivierungspflicht nach § 19 Abs. 2 S. 1 InsO nicht aus.[637] Der Überschuldungsstatus würde in solchen Fällen seiner Funktion, die Schuldendeckungsfähigkeit des Schuldners zutreffend abzubilden, nicht gerecht werden.[638] Unproblematisch sei dagegen die Beschränkung der Nachrangabrede auf Fälle, in denen durch die Befriedigung einzelner Forderungen die Überschuldung oder Zahlungsunfähigkeit der Gesellschaft einzutreten droht oder eintritt.[639] Demzufolge könne ein Gläubiger seine Forderungen geltend machen, solange der Schuldner über ausreichende finanzielle Mittel zur Tilgung der Verbindlichkeit verfügt.[640] Ferner sei ein Rangrücktritt hinter § 39 Abs. 1 Nr. 5 InsO für die Vermeidung einer Passivierung der Forderung ausreichend.[641]

(3) Bedeutung der BGH-Rechtsprechung für Crowdinvesting-Verträge

Die aktuellen Crowdinvesting-Verträge sehen derzeit neben einer einfachen Nachrangabrede im Sinne des § 39 Abs. 2 InsO auch die Vereinbarung einer

---

633 Reaktionen der Literatur siehe beispielsweise BGH BB 2015, 973 ff. m. Anm. *Poelzig*; BGH ZIP 2015, 638 ff. m. Anm. *Bitter/Heim*; BGH GmbHR 2015, 472 ff. m. Anm. *Farian*; BGH GWR 2015, 256 ff. m. Anm. *Weitnauer*; BGH NZI 2015, 315 ff. m. Anm. *Schäfer*; *K. Schmidt*, ZIP 2015, 901 ff.; *Westphal/Kresser*, DB 2016, 33 ff.; mit Blick auf Crowdinvesting-Verträge siehe *Ivanović*, Crowdinvesting, S. 116 f.

634 BGHZ 204, 231 (236 f.), Rn. 16.

635 BGHZ 204, 231 (236 f.), Rn. 16.

636 BGHZ 204, 231 (236 f.), Rn. 16.

637 BGHZ 204, 231 (245 f.), Rn. 38.

638 BGHZ 204, 231 (238 f.), Rn. 19.

639 BGHZ 204, 231 (241 f.), Rn. 25 f.

640 BGHZ 204, 231 (241 f.), Rn. 25 f.

641 BGHZ 204, 231 (237 f.), Rn. 17 f.; so noch die Rechtsprechung vor dem MoMiG, BGH, v. 01.08.2001 – II ZR 88/99, S. 13.

vorinsolvenzlichen Durchsetzungssperre vor.[642] Infolge der Rechtsprechung des BGH entfalten die vereinbarten Rangrücktrittserklärungen die gewünschte Wirkung des § 19 Abs. 2 S. 2 InsO, wenn diese innerhalb von AGB wirksam vereinbart werden können.[643] Demnach sind die Forderungen der Crowd nicht im Sinne des § 19 Abs. 2 S. 1 InsO zu passivieren, obwohl die Kleinanleger keine Gesellschafterstellung einnehmen. Die Nachrangvereinbarungen der Crowdinvesting-Verträge erfüllen die von der Rechtsprechung aufgestellten Anforderungen.[644] So sieht beispielsweise die qualifizierte Nachrangklausel[645]

---

642 Vgl. *Söpper*, Crowdfunding, S. 96 ff.; *Klöhn/Hornuf/Schiling*, ZBB 2016, 142 (177 f.); *Ivanović*, Crowdinvesting, S. 104. Zum Thema Lending-Modell und qualifizierte Nachrangabreden siehe ausführlich *Klesen*, BKR 2021, 32 ff.

643 Zur Unwirksamkeit von vorinsolvenzlichen Durchsetzungssperren innerhalb von AGB mit Kleinanlegern siehe ausführlich Abschnitt C.I.3.b)bb).

644 Die Anforderungen zusammenfassend *Mock*, in: Uhlenbruck-InsO, § 19, Rn. 238 ff.

645 So lautet beispielsweise der Wortlaut der Ziffer 15 des Beteiligungsvertrags für ein partiarisches Nachrangdarlehen bei *Companisto* entsprechend dem als Anlage beigefügten Musterbeteiligungsvertrag (vgl. auch Abschnitt B.II.2.c)):
„15.1. Der Companist tritt hiermit gemäß § 19 Abs. 2, Satz 2 InsO mit seinen sämtlichen Ansprüchen aus diesem Vertrag (einschließlich Tilgung, Zinsen und Bonuszinsen) („Rangrücktrittsforderungen“) gegen das Startup im Rang hinter sämtliche Forderungen gegenwärtiger und zukünftiger anderer Gläubiger (mit Ausnahme gegenüber anderen Rangrücktrittsgläubigern, insbesondere Companisten oder den Gesellschaftern des Startups) in den Rang hinter die Forderungen im Sinne des § 39 Abs. 1 Nr. 5 InsO zurück.
15.2. Die Rangrücktrittsforderungen sind demnach insbesondere solange und soweit ausgeschlossen, wie a) im Falle der Auflösung des Startups die Ansprüche der nicht im Rang hinter den Forderungen i.S.d. § 39 Abs. 1 Nr. 5 InsO nachrangigen Gläubiger aus dem Vermögen des Startups noch nicht erfüllt worden sind; oder b) die Ansprüche einen Grund für die Eröffnung eines Insolvenzverfahrens herbeiführen würden oder sich das Startup in Insolvenz befindet.
15.3. Sämtliche nachrangige Darlehen sind im Verhältnis untereinander gleichrangig.
15.4. Die Rangrücktrittsforderungen dürfen auch nicht durch Zahlungen im Wege der Aufrechnung erfüllt werden.
15.5. Zahlungen auf die Rangrücktrittsforderungen kann der Companist nur verlangen, wenn die Leistung aus einem Bilanzgewinn, einem etwaigen Liquidationsüberschuss oder aus sonstigem freien Vermögen, das das zur Erhaltung des Stammkapitalerforderliche Vermögen des Startups übersteigt, möglich ist.
15.6. Erhält der Companist trotz der Nachrangigkeit Zahlungen, auch im Wege der Aufrechnung, aus dem partiarischen Darlehen, hat er diese ungeachtet anderer Vereinbarungen zurückzugewähren.“.

von *Companisto* weder eine Beschränkung auf einzelne Gläubiger noch eine zeitliche Befristung[646] des Rangrücktritts vor. Die Begrenzung der Geltendmachung der Forderungen, solange und soweit die Tilgung der Verbindlichkeiten zu einer Eröffnung des Insolvenzverfahrens führt, steht im Einklang mit der Rechtsprechung. Folglich können die Kleinanleger ihre Forderung geltend machen, solange und soweit das Start-up über ausreichend Finanzmittel für die Tilgung verfügt. Darüber hinaus werden die Kleinanleger, im Falle einer Insolvenz des Emittenten, erst aus der Insolvenzmasse befriedigt, wenn sämtliche Insolvenzgläubiger im Sinne des § 38 InsO und nachrangige Insolvenzgläubiger nach § 39 Abs. 1 Nr. 1 bis Nr. 5 InsO eine vollständige Befriedigung erlangt haben. Hinsichtlich der Reichweite der von *Companisto* vorgesehenen Rangrücktrittserklärung ist anzumerken, dass von dieser lediglich Haupt- und Nebenforderungen der Crowd, sowie Sekundäransprüche betreffend der Erfüllung der nachrangigen Verbindlichkeiten umfasst sein können.[647] Weitergehende Schadensersatzansprüche, wie etwa Forderungen aufgrund der Verletzung von Aufklärungspflichten des Emittenten, stehen hierbei außerhalb des vereinbarten Nachranges.[648]

bb) Wirksamkeit von qualifizierten Nachrangabreden in AGB

Angesichts der Verwendung der Crowdinvesting-Verträge als Standardverträge im Sinne von AGB[649], ist zu hinterfragen, ob die enthaltenen qualifizierten Rangrücktrittsvereinbarungen in solchen wirksam mit Kleinanlegern vereinbart werden können. Ausgehend von dem in Abschnitt C.I.3.a) erarbeiteten Ergebnis wird angenommen, dass sowohl Crowdinvesting-Verträge in Form von partiarischen Nachrangdarlehen, wie auch die Vereinbarungen zur Errichtung von stillen Gesellschaften einer AGB-Kontrolle nach §§ 305 ff. BGB bzw. einer der AGB-Kontrolle angenäherten Inhaltskontrolle nach den §§ 157, 242 BGB zugänglich sind.

Im Rahmen der Untersuchung der Verträge nach den §§ 305 ff. BGB gilt es zu überprüfen, ob die formularmäßig verwendeten qualifizierten Nachrangabreden

646 Dies unterliegt der Annahme, dass sowohl die Fristen für mögliche Widerrufsrechte der Kleinanleger bereits abgelaufen, als auch etwaige auflösende Bedingungen hinsichtlich der Mindestinvestmentschwelle nicht eingetreten sind. Siehe hierzu die Ausführungen in Abschnitt C.I.2.c)aa)(2) und Abschnitt C.I.2.d)dd).

647 Vgl. *Mock*, in: Uhlenbruck-InsO, § 19, Rn. 243 f.

648 So beispielsweise Prospekthaftungsansprüchen bei der Fremdkapitalfinanzierung mittels Genussrechten; *Mock*, NZI 2014, 102 (104).

649 Siehe hierzu Abschnitt C.I.3.a).

für die Crowd überraschend sind (§ 305c Abs. 1 BGB), die Kleinanleger entgegen dem Gebot von Treu und Glauben unangemessen benachteiligt werden (§ 307 Abs. 1 S. 1, Abs. 2 BGB) oder die Klauseln nicht dem Transparenzgebot entsprechen (§ 307 Abs. 1 S. 2 BGB). Infolge der ähnlichen Strukturen von Crowdinvesting-Verträgen, wird die Überprüfung der qualifizierten Rangrücktrittsvereinbarungen vereinheitlicht dargestellt und der jeweilige Beteiligungsvertrag von *Companisto* (partiarisches Nachrangdarlehen) und *Seedmatch* (stille Beteiligung) beispielhaft herangezogen.[650]

(1) Überraschende Klausel – § 305c Abs. 1 BGB

Eine Klausel ist im Sinne des § 305c Abs. 1 BGB überraschend, wenn sie von den Erwartungen des Vertragspartners deutlich abweicht und dieser den Umständen nach vernünftigerweise damit nicht zu rechnen braucht.[651] Die

---

650 Ein Beispiel einer qualifizierten Nachrangklausel von *Companisto* findet sich in Fn. 645. Der Wortlaut einer qualifizierten Nachrangklausel bei *Seedmatch* ergibt sich beispielsweise aus der Ziffer 13 des Beteiligungsvertrags für ein partiarisches Nachrangdarlehen entsprechend dem als Anlage beigefügten Musterbeteiligungsvertrag und lautet wie folgt (vgl. auch Abschnitt B.II.2.c)):
„*1. Die Tilgung des Darlehens, die Zahlung der festen Zinsen wie auch der Boniszinsen sowie sämtliche andere Ansprüche des Investors sind so lange und soweit ausgeschlossen, wie*
a) im Falle der Auflösung des Startups die Ansprüche der nicht nachrangigen Gläubiger aus dem Vermögen des Startups noch nicht erfüllt worden sind;
b) die Ansprüche einen Grund für die Eröffnung eines Insolvenzverfahrens herbeiführen würden oder sich das Startup in Insolvenz befindet.
2. Die Erfüllung dieser nachrangigen Ansprüche kann nur aus einem etwaigen frei verfügbaren Jahres- oder Liquidationsüberschuss oder aus dem die sonstigen Verbindlichkeiten des Startups übersteigenden frei verfügbaren Vermögen geltend gemacht werden, und zwar nur nach Befriedigung sämtlicher anderer Gläubiger der Gesellschaft.
3. Sämtliche partiarische Nachrangdarlehen sind im Verhältnis untereinander gleichrangig.
4. Die nachrangigen Ansprüche dürfen nicht durch Zahlungen im Wege der Aufrechnung erfüllt werden.
5. Erhält der Investor trotz der Nachrangigkeit Zahlungen, auch im Wege der Aufrechnung, aus dem partiarischen Darlehen, hat er diese ungeachtet anderer Vereinbarungen zurückzugewähren.“.

651 BGH NZI 2014, 503 (504), Rn. 12; *Poelzig*, BB 2014, 1684; *Primozic/Schaaf*, ZInsO 2014, 1831 (1834); *Basewdow*, in: MüKo-BGB, § 305c, Rn. 12; vgl. auch *Gehrlein*, WM 2017, 1385 (1386).

Klausel hat demnach einen Inhalt, auf den der Vertragspartner nach der Lage der Umstände vernünftigerweise nicht gefasst zu sein braucht, da sie nach den Gesamtumständen des Einzelfalls ungewöhnlich ist.[652] Demzufolge muss der Klausel ein sogenannter Überrumpelungseffekt innewohnen.[653] Die Erwartungen des Vertragspartners bzw. die Ungewöhnlichkeit der Regelung richten sich nach den Gesamtumständen zum Zeitpunkt des Vertragsschlusses.[654] Für die Erwartungen des Vertragspartners ist auf den durchschnittlichen Kenntnisstand eines (Klein-)Anlegers abzustellen, von dem ein normales Sprach-, Logik-, Fach- und Rechenverständnis erwartet werden kann.[655] Weitergehende rechts- oder wirtschaftswissenschaftliche Kenntnisse können nicht vorausgesetzt werden.[656]

Bei mezzaninen Finanzprodukten mit qualifizierten Rangrücktrittsvereinbarungen wird zusätzlich davon ausgegangen, dass das mit dem Vertragsabschluss verbundene unternehmerische Risiko für den jeweiligen Kleinanleger erkennbar sein muss.[657] Hierzu soll sich die Erkennbarkeit des unternehmerischen Risikos sowohl auf die einfache Nachrangabrede im Sinne des § 39 Abs. 2 InsO, als auch auf die vorinsolvenzliche Durchsetzungssperre erstrecken.[658] Für einen (Klein-)Anleger muss erkennbar sein, dass das Risiko sogar ein unternehmerisches Risiko übersteigen kann, da die Rückzahlung der Forderung durch den vereinbarten insolvenzvermeidenden Rangrücktritt zeitlich unbekannt in die Zukunft verschoben wird.[659] Ein etwaiger ungewisser zeitlicher Aufschub ist bei kurzfristig kündbaren Kapitalanlagen mit einer zeitnahen Liquidierbarkeit für den Anleger überraschend, sofern ihm keine mit den Eigenkapitalgebern vergleichbare Informations- und Mitwirkungsrechte eingeräumt werden.[660] Für die Beurteilung der Ungewöhnlichkeit einer Klausel

---

652 BGHZ 109, 197 (201); *Basewdow*, in: MüKo-BGB, § 305c, Rn. 12.

653 Vgl. BGHZ 109, 197 (201).

654 Vgl. BGH NZI 2014, 503 (504), Rn. 12.

655 Vgl. BGHZ 195, 1 (10 ff.), Rn. 25 ff.; *Pfeiffer*, NJW 2011, 1 (6 f.); *Poelzig*, WM 2014, 917 (921); *Bitter*, ZIP 2015, 345 (348).

656 *Poelzig*, WM 2014, 917 (921).

657 Vgl. OLG Düsseldorf NZI 2018, 317 (319 f.), Rn. 18; so auch *Poelzig*, WM 2014, 917 (921 f.); *Bitter*, ZIP 2015, 345 (348 ff.) ableitend aus OLG Schleswig GWR 2009, 173 ff. Vgl. auch *Ivanović*, Crowdinvesting, S. 102 ff.

658 Vgl. OLG Düsseldorf NZI 2018, 317 (319 f.), Rn. 18; LG Düsseldorf NZI 2017, 487 (490 f.) m. Anm. Schäfer; *Bitter*, ZIP 2015, 345 (348 ff.); *Weber*, Crowdinvesting, S. 237 ff.

659 OLG Düsseldorf NZI 2018, 317 (320), Rn. 18.

660 *Bitter*, ZIP 2015, 345 (349 f.); OLG Düsseldorf NZI 2018, 317 (320), Rn. 18.

zählt zudem der Grad der Abweichung vom dispositiven Recht, das äußere Erscheinungsbild des Vertragswerkes, der Gang und der Inhalt der Vertragsverhandlungen, sowie das Bestehen eines Widerspruchs zu der Werbung oder zu dem sonstigen Vertragsinhalt.[661]

Die in den Crowdinvesting-Verträgen vereinbarten qualifizierten Rangrücktrittsvereinbarungen sind keine überraschenden Klauseln im Sinne des § 305c Abs. 1 BGB.[662] Zwar weichen die Verträge von der gesetzlichen Ausgestaltung eines Darlehensvertrags gemäß § 488 BGB bzw. einer stillen Gesellschaft gemäß §§ 230 ff. HGB aufgrund der qualifizierten Rangrücktrittsvereinbarung ab. Eine Überrumpelung der Kleinanleger ist dennoch nicht ersichtlich. Insofern sind die Rechtsfolgen eines Rangrücktritts und einer vorinsolvenzlichen Durchsetzungssperre als Erklärung für den Kleinanleger bereits in die Vorbemerkung der Beteiligungsverträge mitaufgenommen.[663] Hinsichtlich der partiarischen Nachrangdarlehen sind die Verträge als solche bezeichnet, so dass die Überschrift eine Abweichung der Vereinbarung von der klassischen Vertragsgestaltung nahelegt.[664] Ferner enthalten die Vertragsklauseln Erläuterungen zu den aus den qualifizierten Nachrangabreden resultierenden Rechtsfolgen für

---

661 BGH NZI 2014, 503 (504), Rn. 12; *Grüneberg*, in: Grüneberg-BGB, § 305c, Rn. 3.

662 Zu Crowdinvesting-Verträge im Ergebnis auch *Schedensack*, Crowdinvesting, S. 263; *Ivanović*, Crowdinvesting, S. 119 ff.; hinsichtlich Nachrangdarlehen so auch *Poelzig*, WM 2014, 917 (920 ff.); *Gehrlein*, WM 2017, 1385 (1386 f.). Siehe *Bitter*, ZIP 2015, 345 (348 ff.) und *Weber*, Crowdinvesting, S. 239 f., welche in der Vereinbarung einer vorinsolvenzlichen Durchsetzungssperre eine überraschende Klausel im Sinne des § 305c Abs. 1 BGB erkennen, wenn nicht in besonderer Weise darauf hingewiesen wird.

663 So lautet beispielsweise der Wortlaut der Ziffer 2.11 der Vorbemerkung des Beteiligungsvertrags für ein partiarisches Nachrangdarlehen bei *Companisto* entsprechend dem als Anlage beigefügten Musterbeteiligungsvertrag: „*2.11. Qualifiziert nachrangig ist das Darlehen, da sämtliche Ansprüche der Companisten solange und soweit ausgeschlossen werden, wie sie einen Grund für die Eröffnung des Insolvenzverfahrens des Startups herbeiführen würden. Die partiarischen Nachrangdarlehen sind somit unternehmerische Beteiligungen mit eigenkapitalähnlichen Eigenschaften. Im Falle einer Insolvenz oder einer Liquidation des Startups werden die Companisten – genauso wie auch alle übrigen Gesellschafter des Startups – erst nach allen anderen Fremdgläubigern aus der Insolvenzmasse oder Liquidationsmasse bedient.*".

664 Mit ähnlicher Begründung auch OLG München NJOZ 2018, 1582 (1583), Rn. 7. Hinsichtlich der Beurteilung der Vereinbarung eines qualifizierten Rangrücktritts als überraschende Klausel ist es insoweit irrelevant, dass die Beteiligungsverträge von *Seedmatch* als partiarische Nachrangdarlehen bezeichnet werden, obwohl

die Kapitalgeber.[665] Der Vereinbarung wird hierzu eine eigenständige Klausel innerhalb des Vertragswerks gewidmet, welche wiederum die Überschrift „Qualifizierte Nachrangklausel" trägt.[666] Demzufolge ist die vereinbarte qualifizierte Nachrangabrede nicht redaktionstechnisch versteckt, sondern vielmehr infolge der drucktechnischen Hervorhebung für die Crowd erkennbar.[667] Zusätzlich werden die Kleinanleger außerhalb des Vertragswerkes mithilfe des Vermögensanlagen-Informationsblattes[668] und der Verbraucherinformationen[669] auf die Tatsache der Vereinbarung eines qualifizierten Nachranges

---

diese als gesellschaftsrechtliche Verträge bezüglich der Errichtung von stillen Gesellschaften einzuordnen sind.

665 Zur entsprechenden Klausel im Beteiligungsvertrag von *Companisto* siehe Fn. 645. Siehe hierzu auch OLG München NJOZ 2018, 1582 (1583), Rn. 7; OLG Düsseldorf NZI 2018, 317 (319 f.), Rn. 18; BGH GWR 2020, 399 m. Anm. *Heiser/Möller*. Bei dem vom OLG Düsseldorf zu beurteilendem Sachverhalt hatte es an etwaigen Erklärungen gefehlt, aufgrund dessen das Gericht eine überraschende Klausel annahm. Eine Beschwerde gegen das Urteil des OLG Düsseldorf wegen der fehlenden Zulassung einer Revision wurde durch den BGH mittels Beschlussfassung zurückgewiesen, siehe BGH, Urteil v. 11.04.2019 – IX ZR 10/18.

666 Sowohl bei den Beteiligungsverträgen von *Seedmatch*, wie auch bei den Vereinbarungen von *Companisto*.

667 Siehe hierzu die Rechtsprechung des BGH NZI 2014, 503 (504), Rn. 11 ff.; *K. P. Berger*, in: MüKo-BGB, Vorb. § 488, Rn. 107.

668 So weisen beispielweise die Vermögensanlagen-Informationsblätter von *Seedmatch* an mehreren Stellen auf die Rechtsfolgen eines qualifizierten Nachranges hin. Sowohl in Ziffer 5.1 (Struktur und Form der Vermögensanlage), als auch in Ziffer 6.4 (Darlehensrisiko) findet sich wortgleich folgende Textpassage: „*Da es sich um ein unbesichertes qualifiziertes Nachrangdarlehen handelt, wird darauf hingewiesen, dass die Zahlung der Zinsen und Tilgung des Darlehens insoweit ausgeschlossen ist, als zum Zeitpunkt der Fälligkeit der Zahlung im Fall der Liquidation oder Insolvenz die Emittentin die Ansprüche der nicht nachrangigen Gläubiger aus dem Vermögen der Emittentin noch nicht vollständig erfüllt sind oder die Erfüllung der Ansprüche des Anlegers aus dem von ihm gewährten Nachrangdarlehen zur Zahlungsunfähigkeit und/oder Überschuldung der Emittentin führen würde.*".

669 So beispielsweise Ziffer 2b (Wesentliche Merkmale der angebotenen Finanzdienstleistung) der Verbraucherinformationen nach Art. 246b § 2 Abs. 1 i.V.m. Art. 246b § 1 Abs. 1 EGBGB bei *Companisto*: „*(…) Qualifiziert nachrangig ist das Darlehen, da sämtliche Ansprüche des Investors solange und soweit ausgeschlossen werden, wie ihre Geltendmachung einen Grund für die Eröffnung des Insolvenzverfahrens des Startups herbeiführen würde. Die partiarischen Nachrangdarlehen sind somit unternehmerische Beteiligungen mit eigenkapitalähnlichen Eigenschaften. Im Falle einer Insolvenz oder einer Liquidation des Startups werden die Investoren erst nach*

und auf die Rechtsfolgen hingewiesen. Sowohl innerhalb des Vertragswerkes, als auch außerhalb sind die Erklärungen und Regelungen derart sprachlich gefasst, dass von dem durchschnittlichen Kleinanleger kein weitergehendes Verständnis oder gar rechts- oder wirtschaftswissenschaftliche Fachkenntnisse abverlangt werden. Letztendlich handelt es sich bei den von *Companisto* und *Seedmatch* verwendeten Crowdinvesting-Verträgen nicht um Kapitalanlagen mit einer kurzen Laufzeit, sondern vielmehr um Beteiligungen an Start-ups mit einem zeitlichen Horizont von mindestens fünf Jahren bzw. mit einer unbestimmten Vertragslaufzeit, so dass die Kleinanleger eine kurzfristige Liquidierbarkeit der Kapitalanlage nicht erwarten.[670]

Im Rahmen einer Gesamtschau der zuvor genannten Umstände ist die Vereinbarung eines Rangrücktritts zusammen mit einer vorinsolvenzlichen Durchsetzungssperre für die Kleinanleger nicht ungewöhnlich im Sinne des § 305c Abs. 1 BGB. Das mit der Vereinbarung eines qualifizierten Rangrücktritts verbundene zusätzliche unternehmerische Risiko ist für die Crowd erkennbar. Die Kleinanleger haben vernünftigerweise mit einer entsprechenden Vereinbarung zu rechnen. Eine Diskrepanz zwischen dem Vertragsinhalt und den Erwartungen der Kleinanleger ist nicht ersichtlich.

(2) Inhaltskontrolle – unangemessen Benachteiligung

Angesichts eines fehlenden Überrumpelungseffekts der qualifizierten Nachrangabreden bei Crowdinvesting-Verträgen gilt es weiter zu hinterfragen, ob die Klauseln in den AGB im Sinne der §§ 307 – 309 BGB wirksam vereinbart werden können. Hierzu müsste der Kontrollbereich des § 307 Abs. 3 S. 1 BGB zunächst für die vereinbarten Rangrücktrittsklauseln eröffnet sein, bevor der Inhalt der Vereinbarung auf eine unangemessene Benachteiligung der Crowd überprüft werden kann.

(a) Eröffnung der Inhaltskontrolle – § 307 Abs. 3 S. 1 BGB

Dem Wortlaut des § 307 Abs. 3 S. 1 BGB ist zu entnehmen, dass die Inhaltskontrolle von Regelungen innerhalb von AGB ausschließlich für solche Bestimmungen zugänglich ist, die von Rechtsvorschriften abweichen oder diese ergänzen. Demzufolge ist die Überprüfung auf solche Vereinbarungen beschränkt, durch die von Rechtsvorschriften abweichende oder diese ergänzende Regelungen

---

allen anderen Fremdgläubigern aus der Insolvenzmasse oder Liquidationsmasse bedient. Eine Nachschusspflicht besteht nicht. (…)".

670 Zur Vertragsdauer vgl. Abschnitt B.II.2.d).

vereinbart werden.[671] Hierbei handelt es sich also nicht um bloße deklaratorische Bestimmungen oder vertragliche Leistungsbeschreibungen, welche die Art und den Umfang der vereinbarten Hauptleistungen zwar konkretisieren, diese aber nicht bestimmen.[672] Aufgrund der fehlenden Bestimmtheit von Leistungsbeschreibungen kann ein wirksamer Vertrag auch dann angenommen werden, soweit die betreffenden Klauseln hinweggedacht werden können.[673] Im Ergebnis ist der Inhalt von (Preis-)Nebenabreden einer Kontrolle zugänglich, sofern sie das Hauptleistungsversprechen abweichend vom Gesetz oder nach Treu und Glauben sowie nach der Verkehrssitte verändern, ausgestalten oder modifizieren und im Falle der Unwirksamkeit dispositives Recht eintreten kann.[674]

In Anbetracht dessen ist die Inhaltskontrolle für qualifizierte Nachrangabreden nach § 307 Abs. 3 S. 1 BGB eröffnet, da es sich nicht nur um Leistungsbeschreibungen von Hauptpflichten der Vertragsparteien handelt.[675] Vielmehr verändern bzw. modifizieren die Abreden die festgelegten Hauptpflichten der Beteiligten. Durch die Vereinbarung einer qualifizierten Nachrangabrede wird der Versuch unternommen, die Aus- bzw. Rückzahlungen von fälligen Forderungen durch die Start-ups an die Kleinanleger zu verhindern, wenn hierdurch ein Insolvenzgrund entstehen würde bzw. wenn sich das Unternehmen bereits in einem eröffneten Insolvenzverfahren befindet. Wie in Abschnitt C.I.3.b)aa) dargelegt, dient die Abrede der Erfüllung der Anforderungen des § 19 Abs. 2 S. 2 InsO, um so eine Passivierung der Forderungen der Crowd im Rahmen der zu erstellenden Überschuldungsbilanz zu verhindern. Mit Blick auf die Rechtsvorschriften eines Darlehensvertrags gemäß §§ 488 ff. BGB weichen qualifizierte Rangrücktrittsvereinbarungen von der gesetzlich normierten Rückzahlungspflicht des Unternehmens nach § 488 Abs. 1 S. 2, 2. Alt. BGB ab.[676] Ferner werden infolge der Abreden die

---

671 *Gehrlein*, WM 2017, 1385 (1388); siehe hierzu auch BGH WM 2019, 592 (595), Rn. 29.

672 Vgl. BGH WM 2019, 592 (595), Rn. 29 f.; BGH NJW 2010, 150 (152), Rn. 20 ff.; BGHZ 100, 157 (173 f., 179).

673 So BGHZ 100, 157 (173 f.).

674 BGHZ 128, 54 (59); BGHZ 130, 150 (153 f.); BGHZ 137, 174 (175); zuletzt auch BGH WM 2019, 592 (595), Rn. 30; OLG München NJOZ 2018, 1582 (1583), Rn. 6 f.

675 Im Ergebnis auch OLG München NJOZ 2018, 1582 (1583), Rn. 6; OLG Düsseldorf NZI 2018, 317 (320), Rn. 18; für Crowdfunding-Modell allgemein *Oppenheim/Bögelholz*, BKR 2018, 504 (506).

676 Vgl. OLG Düsseldorf NZI 2018, 317 (320), Rn. 18. Siehe hierzu auch *Oppenheim/Bögelholz*, BKR 2018, 504 (506).

Kündigungsmöglichkeiten der Kleinanleger nach § 490 Abs. 1 BGB verändert.[677] Zudem modifiziert eine qualifizierte Rangrücktrittsvereinbarung die Darlehensforderungen der Crowd dahingehend, dass diese lediglich als nachrangige Forderungen entsprechend § 39 Abs. 1 InsO und nicht, wie gesetzlich vorgesehen, als Insolvenzforderungen nach §§ 38, 174 Abs. 1 InsO zu betrachten sind.[678]

Letztere Abweichung trifft ebenfalls für qualifizierte Nachrangabreden zu, welche als Teil von Beteiligungsverträgen im Falle der Errichtung von stillen Gesellschaften vereinbart werden. Nach § 236 Abs. 1 HGB ist der Rückforderungsanspruch eines stillen Gesellschafters hinsichtlich seiner geleisteten Einlage eine Insolvenzforderung im Sinne des § 38 InsO, solange der stille Gesellschafter weder atypisch, noch unmittelbar als Gesellschafter an der Gesellschaft beteiligt ist.[679] Regelmäßig wird dies bei Crowdinvesting-Verträgen zutreffen, da die beteiligten Kleinanleger keine unmittelbare Gesellschafterstellung einnehmen bzw. angesichts eines atypischen Verhältnisses keine weitergehenden Mitgliedschaftsrechte erhalten sollen. Demzufolge modifiziert der in Crowdinvesting-Verträgen enthaltene Rangrücktritt die aus einer stillen Gesellschaft resultierenden Ansprüche, so dass diese von den gesetzlichen Vorgaben abweichen. Da die qualifizierte Nachrangabrede bei sämtlichen Ausgestaltungen der Crowdinvesting-Verträge zumindest insolvenzrechtlich die Ansprüche der Crowd verändert, ist die Vereinbarung kontrollfähig im Sinne der §§ 307 ff. BGB.[680] Hierbei wird der einschlägigen Rechtsprechung des BGH gefolgt, welche eine Veränderung von Ansprüchen durch eine Rangverschiebung für die Eröffnung der Inhaltskontrolle im Sinne des § 307 Abs. 3 BGB für grundsätzlich ausreichend erachtet.[681] Insofern weicht die Vereinbarung eines Nachranges schon von dem Grundsatz der gleichmäßigen Gläubigerbefriedigung innerhalb des Insolvenzrechts ab und erfüllt somit die Anforderung einer Abweichung von Rechtsvorschriften im Sinne des § 307 Abs. 3 S. 1 BGB.[682]

---

677 Vgl. OLG Düsseldorf NZI 2018, 317 (320), Rn. 18.

678 So die Begründung des BGH NZI 2014, 503 (505), Rn. 19 ff.

679 Vgl. *Wedemann*, in: Oetker-HGB, § 236, Rn. 10 ff., 14; *K. Schmidt*, in: MüKo-HGB, § 236, Rn. 25, 29 ff.; *Hoffmann-Theinert*, in: BeckOK-HGB, § 236, Rn. 6; *Mock*, in: Uhlenbruck-InsO, § 19, Rn. 177 f.

680 Im Ergebnis auch *Schedensack*, Crowdinvesting, S. 263 f.; *Weber*, Crowdinvesting, S. 242 ff.; mit Bezug auf die Rechtsprechung des BGH auch *Ivanović*, Crowdinvesting, S. 129.

681 Vgl. BGH NZI 2014, 503 (505), Rn. 20.

682 So offengelassen BGH NZI 2014, 503 (504), Rn. 20.

Trotz zuvor dargestellter Begründung und Rechtsprechung zur Veränderung von Ansprüchen und Rangverschiebungen als Grund für die Eröffnung einer AGB-Inhaltskontrolle nach § 307 Abs. 3 BGB, wird durch den BGH[683] und Teile der Literatur[684] im speziellen Fall der Abrede von qualifizierten Rangrücktrittsvereinbarungen eine andere Ansicht vertreten. Insoweit sind die Vereinbarungen bei Nachrangdarlehen zumindest dann der Kontrolle nach § 307 Abs. 3 S. 1 BGB entzogen, soweit die Kapitalsummen der Anleger nicht als Fremd-, sondern als Eigenkapital deklariert werden und dadurch letztendlich der Gesellschaft Risikokapital zur Verfügung gestellt wird.[685] Da hierfür eine qualifizierte Nachrangabrede erforderlich sei, könne diese nicht als Modifikation der Hauptleistungspflichten gesehen werden, sondern stelle vielmehr den Kern der Leistungszusagen und schließlich ein nicht-kontrollfähiges Produktmerkmal einer Hybridfinanzierung dar.[686] Der BGH ergänzt dies dahingehend, dass es sich bei Nachrangdarlehen um einen eigenständigen Vertragstypus und eine besondere Finanzierungsform handle, zu welcher eine gewisse Bindungswirkung des Kapitals auch in Zeiten von wirtschaftlichen Unternehmenskrisen gehöre, die nicht nur eine bloße Nebenabrede zwischen den Vertragsparteien darstellen könne.[687] Insoweit werde das Kapital in der von den Parteien vereinbarten Art zeitlich von Beginn an dauerhaft zu Verfügung gestellt.[688] Im Falle der Unwirksamkeit der vorinsolvenzlichen Durchsetzungssperre könne das dispositive Recht das entsprechende Vertragsziel nicht aufrechthalten, so dass im Ergebnis eine Bindungswirkung entfallen würde.[689] Hierzu betont *Poelzig*[690] ferner, dass die Aufmerksamkeit der Anleger bei Nachrangdarlehen bereits aufgrund der Ausgestaltung des Rechtsprodukts „Nachrangdarlehen" auf die

683 BGH WM 2019, 592 ff.

684 *Poelzig*, WM 2014, 917 ff.

685 So hinsichtlich Darlehensverträgen beispielsweise vertretend von BGH WM 2019, 592 (596), Rn. 33; *Poelzig*, WM 2014, 917 (924); *Primozic/Schaaf*, ZInsO 2014, 1831 (1834 f.); siehe hierzu auch *Gehrlein*, WM 2017, 1385 (1388); *Bitter*, ZIP 2015, 345 (350 ff.); *Bitter*, ZIP 2015, 345 (350 ff.); zusammenfassend *Giedinghagen/Keller*, NJW-Spezial 2020, 207 f.

686 BGH WM 2019, 592 (596), Rn. 33; *Poelzig*, WM 2014, 917 (923).

687 BGH WM 2019, 592 (596), Rn. 32 f.

688 BGH WM 2019, 592 (596), Rn. 33.

689 BGH WM 2019, 592 (596), Rn. 33; a.A. *Gehrlein*, WM 2017, 1385 (1388 f.).

690 *Poelzig*, WM 2014, 917 (924); a.A. *Bitter*, ZIP 2015, 345 (351); *Weber*, Crowdinvesting, S. 242 ff.

Nachrangigkeit ihrer Forderungen gelenkt sei. Für das damit erhöhte Ausfallrisiko würden die Anleger erhöhte Zinszahlungen erhalten.[691]

Was für klassische Nachrangdarlehen mit einer hohen Verzinsung gelten kann, ist nicht problemlos auf andere Gestaltungen der Hybridfinanzierung und insbesondere auf relevante Crowdinvesting-Verträge mit einer niedrigen Festverzinsung und der Vereinbarung einer wirtschaftlichen Beteiligung adaptierbar. Mit Blick auf den Sinn und Zweck der Inhaltskontrolle nach den §§ 307 ff. BGB fällt der Gedanke schwer, die Kontrollfähigkeit von qualifizierten Nachrangklauseln bei mezzaninen Finanzprodukten lediglich anhand der Aufmerksamkeit der Vertragsbeteiligten zu bewerten. Die Bewertung der Kontrollfähigkeit mithilfe der Sichtweise der Anlegerseite würde dazu führen, dass bereits durch die Wahl einer geeigneten Produktbezeichnung die Eröffnung einer gerichtlichen Kontrolle unterbunden werden könnte. Im Ergebnis würden Crowdinvesting-Verträge mit nahezu identischen Vertragsgestaltungen, aber verschiedenen Produktbezeichnungen rechtlich unterschiedlich zu bewerten sein. Dies ist nicht nur für den Kleinanleger ein durchaus unbefriedigendes Ergebnis. Letztendlich ist der Wortlaut des § 307 Abs. 3 S. 1 BGB dahingehend eindeutig, dass es ausschließlich auf eine objektive Abweichung oder Ergänzung von Rechtsvorschriften ankommen kann.[692]

Außerdem ist nicht ersichtlich, inwieweit der für Hybridfinanzierungen typische Abschluss einer Nachrangabrede mit vorinsolvenzlicher Durchsetzungssperre vertragscharakteristisch für ein Nachrangdarlehen ist. Mit Blick auf die unterschiedlichen An- und Verwendungen von Nachrangdarlehen – unabhängig von der Abrede einer qualifizierten Rangrücktrittsvereinbarung – in der Praxis, ist nicht mit jedem Willen zum Abschluss eines Nachrangdarlehens gleichfalls eine dauerhafte Bindung des Kapitals für Zeiten von wirtschaftlichen Unternehmenskrisen verbunden. Auch wenn es sich bei Nachrangdarlehen um eine besondere Finanzierungsform handelt, erfolgt die intendierte Hybridisierung der Vereinbarung erst durch den zusätzlichen Abschluss von vorinsolvenzlichen Durchsetzungssperren. Entsprechende qualifizierte Nachrangabreden zeigen sich jedoch nicht allein bei Nachrangdarlehen, sondern werden ebenfalls in anderen mezzaninen Gestaltungskonstellationen bei Unternehmensfinanzierungen im Bereich des Risikokapitals verwendet (z.B. Genussrechte[693] und stille Gesellschaften).[694] Vor diesem Hintergrund weichen

691 *Poelzig*, WM 2014, 917 (924).
692 Im Ergebnis wohl auch zustimmend *Poelzig*, WM 2014, 917 (924).
693 Siehe hierzu BGH WM 2018, 853 (856 f.), Rn. 31.
694 BGHZ 204, 231 (235 f.), Rn. 14.

qualifizierte Nachrangabreden – wie zuvor dargestellt – unabhängig von der jeweiligen Gestaltungsform von insolvenzrechtlichen Rechtsvorschriften und vom Grundsatz der gleichmäßigen Gläubigerbefriedigung objektiv ab.

Insofern ist *Bitter*[695] zuzustimmen, der in der Hybridisierung von Finanzinstrumenten eine grundsätzliche Abweichung von Rechtsvorschriften sieht. So ordnet das Gesetz die unterschiedlichen Finanzierungsvarianten entweder der Eigen- oder der Fremdkapitalfinanzierung zu.[696] Je nach Zuordnung der jeweiligen Finanzierungsart und damit je nach wirtschaftlichem Risiko des Kapitalgebers gewährt das Gesetz unterschiedlich stark ausgeprägte Rechte. Insoweit erhält der Eigenkapitalfinanzierer grundsätzlich weitergehende Einflussrechte gegenüber der Gesellschaft, als der Fremdkapitalgeber. Als Gegenstück zu der Einräumung einer stärkeren Rechtsposition erhöht sich für gewöhnlich das wirtschaftliche Risiko des Eigenkapitalgebers, beispielsweise in Form der tieferen Rangbelegung im Rahmen der Verteilung der Insolvenzmasse. Werden, wie bei der Hybridisierung von Finanzinstrumenten, die Vor- und Nachteile beider gesetzlich vorgesehenen Finanzierungsmöglichkeiten miteinander verknüpft bzw. untereinander ausgetauscht, weicht dies von dem gesetzgeberischen Leitbild ab. Dementsprechend verändern qualifizierte Nachrangabreden die risikoangepassten insolvenzrechtlichen Rangvorschriften der §§ 38 f. InsO und das jeweilige Risiko der Kapitalgeber.

Dieses Ergebnis ist mit dem Zweck des § 307 Abs. 3 S. 1 BGB vereinbar. Der Sinn der Beschränkung ergibt sich aus der Tatsache, dass die Richter keine Bestimmungen zu überprüfen haben, die bereits der Gesetzeslage entsprechen. Zudem soll keine gerichtliche Zweckmäßigkeits- bzw. Billigkeitskontrolle von reinen wirtschaftlichen Faktoren, wie Preisabsprachen oder sonstigen Leistungsangeboten erfolgen.[697] In Anbetracht dessen ist der qualifizierten Nachrangabrede eine nicht ausschließliche wirtschaftliche Natur zuzusprechen. Eine gerichtliche Überprüfung der betreffenden Klausel dient demnach nicht nur der Zweckmäßigkeit bzw. Billigkeit. Insofern handelt es sich bei den

---

695 *Bitter*, ZIP 2015, 345 (351). Zum Grundsatz der gleichmäßigen Gläubigerbefriedigung bei einfachen Nachrangabreden offengelassen BGH WM 2014, 897 (899), Rn. 20.

696 Zur Begründung siehe *Bitter*, ZIP 2015, 345 (350 ff.).

697 So die Begründung zu § 6 AGBG, dessen Inhalt sich in § 307 Abs. 3 BGB wiederfindet, BT-Drs. 7/3919, S. 22.

Vereinbarungen um kontrollfähige Klauseln, die einer Inhaltskontrolle nach den §§ 307 ff. BGB zugänglich sind.[698]

(b) Unangemessene Benachteiligung – § 307 Abs. 1 S. 1 BGB

Nachdem die qualifizierte Nachrangabrede für eine Inhaltskontrolle nach den §§ 307 ff. BGB zugänglich ist, stellt sich die Frage nach einer unangemessenen Benachteiligung der Kleinanleger durch entsprechende Klauseln.[699] Die Bewertung einer Benachteiligung erfolgt nach § 307 Abs. 1 S. 1 BGB, da die §§ 308, 309 BGB keine Regelungen für Rangrücktrittsvereinbarungen vorsehen.[700]

Gemäß § 307 Abs. 1 S. 1 BGB ist eine Klausel unwirksam, wenn sie den Vertragspartner des Verwenders entgegen dem Gebot von Treu und Glauben unangemessen benachteiligt. Nach ständiger Rechtsprechung des BGH liegt eine unangemessene Benachteiligung vor, soweit der Verwender durch einseitige Vertragsgestaltung missbräuchlich eigene Interessen auf Kosten seines Vertragspartners durchzusetzen versucht, ohne von vornherein dessen Belange hinreichend zu berücksichtigen und ihm einen angemessenen Ausgleich zuzugestehen.[701] Für die Bewertung einer ungemessenen Benachteiligung der Kleinanleger sind sämtliche den Vertragsschluss begleitende Umstände sowohl zum Vorteil, als auch zum Nachteil der Crowd auszulegen, da diese regelmäßig die Verbrauchereigenschaft erfüllen und somit § 310 Abs. 3 Nr. 3 BGB anzuwenden ist.[702] Zunächst ist die Interessenlage beider Vertragspartner zu ermitteln und sodann gegeneinander abzuwägen.[703] Im Rahmen der Interessenermittlung

---

698 Im Ergebnis auch *Schedensack*, Crowdinvesting, S. 263 f.; *Weber*, Crowdinvesting, S. 244.

699 Siehe hierzu auch *Weber*, Crowdinvesting, S. 244 ff.; *Ivanović*, Crowdinvesting, S. 129 ff.

700 Vgl. *Mock*, in: Uhlenbruck-InsO, § 19, Rn. 252.

701 So beispielsweise BGHZ 147, 279 (282); BGHZ 143, 103 (113); BGHZ 90, 280 (284).

702 Siehe hierzu ausführlich *Badesdow*, in: MüKo-BGB, § 310, Rn. 114; *Poelzig*, WM 2014, 917 (924).

703 *H. Schmidt*, in: BeckOK-BGB, § 307, Rn. 32; *Wurmnest*, in: MüKo-BGB, § 307, Rn. 35. Siehe hierzu auch OLG Düsseldorf NZI 2018, 317 (322), Rn. 18 m. Anm. Schäfer, der für eine vollumfängliche Interessenabwägung auch die Interessen weiterer Gläubiger fordert, deren Forderungen nicht einem Nachrang unterstellt werden. Die Interessenabwägung mit entsprechenden Interessen Dritter kann nicht zugestimmt werden. Insoweit würde eine Erweiterung der Abwägung im Ergebnis erst recht zu einer Unangemessenheit der qualifizierten Nachrangklausel führen und zudem für Kleinanleger auch überraschend im Sinne des § 305c BGB sein.

gilt es zu hinterfragen, welche Interessen das Start-up an der Klausel und deren Aufrechterhaltung hat. Auf Seiten der Kapitalgeber sind hingegen Gründe zu erörtern, die für einen Wegfall sprechen.[704]

Das Interesse der Start-ups an der Vereinbarung eines qualifizierten Rangrücktritts ergibt sich in mehrfacher Hinsicht. Zum einen dient die entsprechende Abrede der Erfüllung des § 19 Abs. 2 S. 2 InsO, um so eine Überschuldung der Gesellschaften bei Forderungen der Kleinanleger zu vermeiden.[705] Zum anderen ermöglicht ein vereinbarter Rangrücktritt die Umgehung des Verbots, erlaubnispflichtige Einlagengeschäfte ohne die erforderliche Genehmigung nach § 32 KWG durchzuführen.[706] Unwirksame Nachrangabreden führen zur Einordnung der Crowdinvesting-Verträge als Einlagengeschäfte im Sinne des § 1 Abs. 1 KWG, für deren Betrieb eine Erlaubnis durch die BaFin erforderlich ist.[707] Mit Blick auf die (Rechts-)Folgen einer Unwirksamkeit der einfachen Nachrangabrede und/oder der vorinsolvenzlichen Durchsetzungssperre erscheint das Interesse des Start-ups an der Aufrechterhaltung der Vereinbarung von besonderer Bedeutung.[708] Die Vermeidung eines Insolvenzverfahrens, aufgrund der Unwirksamkeit der Nachrangklausel, ist sicherlich ebenso im Interesse der Kleinanleger. Infolge des fehlenden Rangrücktritts würde allerdings die Crowd als Insolvenzgläubiger im Sinne des § 38 InsO hochgestuft werden, so dass zumindest ein Teil des Vermögens der Kleinanleger im Falle eines Insolvenzverfahrens gesichert werden könnte. Des Weiteren liegt das Hauptinteresse der Kleinanleger nicht in der Erhaltung möglicherweise unwirksamer Regelungen, sondern hauptsächlich in der Partizipation an dem wirtschaftlichen Erfolg eines Start-ups.[709] Für ein entsprechendes Investment versprechen

---

704 Vgl. *Wurmnest*, in: MüKo-BGB, § 307, Rn. 35; *Oppenheim/Bögelholz*, BKR 2018, 504 (506).

705 Ähnlich OLG München NJOZ 2018, 1582 (1583 f.), Rn. 15; OLG Düsseldorf NZI 2018, 317 (321), Rn. 18. Vgl. auch *Bitter*, WuB 2020, 35 (39); *K. Schmidt*, in: Karsten Schmidt-InsO, § 19, Rn. 34 f.; *Mock*, in: Uhlenbruck-InsO, § 19, Rn. 154, 161; *Wolfer*, in: BeckOK-InsO, § 19, Rn. 48; *Drukarczyk/Schüler*, in: MüKo-InsO, § 19, Rn. 129. Zu den Interessen im Einzelnen siehe auch *Ivanović*, Crowdinvesting, S. 130 ff.

706 Ähnlich OLG Düsseldorf NZI 2018, 317 (321), Rn. 18; OLG München NJOZ 2018, 1582 (1583 f.), Rn. 15.

707 Zur aufsichtsrechtlichen Beurteilung siehe Abschnitt D.

708 Vgl. *Schedensack*, Crowdinvesting, S. 264 f.; *Weber*, Crowdinvesting, S. 246 f.

709 Vgl. BGH NZI 2014, 503 (505), Rn. 20 ff. In diesem Fall verneinten die Richter ein wirtschaftliches Interesse der Geldgeber, da diese als Eltern der Schule ihrer Kinder Kapital zur Verfügung stellten.

sich die Kleinanleger eine „unternehmerische Beteiligung mit eigenkapitalähnlichen Eigenschaften".[710] Als Teil des Hauptinteresses gilt gleichfalls die Durchsetzbarkeit von vollwertigen Rückzahlungs- und Zinsforderungen zum vereinbarten Fälligkeitszeitpunkt, ohne zeitliche Verzögerungen in Kauf nehmen zu müssen.[711]

Die Abwägung beider dargestellten Interessenlagen führt zu einer unangemessenen Benachteiligung der Kleinanleger im Sinne des § 307 Abs. 1 S. 1 BGB durch qualifizierte Nachrangabreden. Die unangemessene Benachteiligung ergibt sich aus den mit einer qualifizierten Rangrücktrittsabrede einhergehenden Nachteilen für die Crowd vergleichbar mit einem Gesellschafter des Unternehmens, ohne hierfür einen angemessenen Ausgleich, beispielsweise in Form von gesellschafterähnlichen Verwaltungsrechten oder einem erhöhten Zins, zu erlangen.[712] Aufgrund der einfachen Nachrangvereinbarung und der vorinsolvenzlichen Durchsetzungssperre treten die Kleinanleger mit ihren Forderungen nicht nur im Falle eines Insolvenzverfahrens im Rang hinter sonstige Gläubigerforderungen zurück, sondern sind bereits vor Eröffnung eines Verfahrens an einer Durchsetzung ihrer Forderungen gehindert. Die in den Crowdinvesting-Verträgen vereinbarten qualifizierten Rangrücktrittsvereinbarungen sehen keine zeitliche Begrenzung vor.[713] Befinden sich die jeweiligen Gesellschaften in einer unauflösbaren Krise, sind die einzelnen Kleinanleger folglich auf Dauer nicht in der Lage die Rückzahlung ihrer fälligen Forderungen zu verlangen.[714] Zudem fehlt der Crowd die für Gläubiger üblicherweise bestehende Möglichkeit der Stellung eines Insolvenzantrages nach §§ 13 f. InsO, da nachrangige Forderungen hierzu grundsätzlich nicht berechtigen.[715] Die Kleinanleger haben eine gesellschafterähnliche Stellung inne und tragen ebenfalls ein unternehmerisches Risiko, welches so von den Emittenten beabsichtigt und beworben wurde.[716] Allerdings werden der Crowd für das aus den Nachrangabreden

710 So beispielsweise der Wortlaut in Ziffer 2.11 der Vorbemerkung des Beteiligungsvertrages für ein partiarisches Nachrangdarlehen bei *Companisto* entsprechend dem als Anlage beigefügten Musterbeteiligungsvertrag.

711 Zur Interessenlage bei Nachrangdarlehen siehe *Poelzig*, WM 2014, 917 (925); *Gehrlein*, WM 2017, 1385 (1389 f.); LG Hamburg ZIP 2015, 368.

712 Vgl. *Weber*, Crowdinvesting, S. 247 ff.

713 Zum Wortlaut von qualifizierten Nachrangabreden siehe Fn. 645 und Fn. 650. Vgl. zum Erfordernis einer zeitlichen Begrenzung siehe *Bitter*, ZIP 2015, 345 (354).

714 Vgl. OLG München NJOZ 2018, 1582 (1584), Rn. 17; *Gehrlein*, WM 2017, 1385 (1389 f.). Insgesamt hierzu auch OLG Düsseldorf NZI 2018, 317 (319 ff.), Rn. 18.

715 Vgl. *Gehrlein*, WM 2017, 1385 (1389 f.).

716 Vgl. LG Hamburg ZIP 2015, 368 (369 f.).

resultierende Risiko keine Rechte eingeräumt, die den Mitwirkungs- und Kontrollrechten von Gesellschaftern vergleichbar sind.[717] Angesichts fehlender weitergehender Rechte erhält die Crowd eine schlechtere Rechtsposition als die Gesellschafter der Emittenten. Dies zeigt sich beispielsweise bei den aus den §§ 49 Abs. 3 GmbHG, 92 Abs. 1 AktG resultierenden Rechten.[718] Hiernach ist die Geschäftsführung bzw. der Vorstand den Gesellschaftern zum Rapport verpflichtet, sobald ein Verlust der Gesellschaft in Höhe der Hälfte des Stamm- bzw. Grundkapitals angenommen wird.[719] Zum Schutz des eigenen Vermögens haben sodann die Gesellschafter zu entscheiden, ob die jeweilige Gesellschaft weitergeführt werden soll oder nicht.[720] Entsprechende vermögensschützende Rechte für die Crowd sind bei den Crowdinvesting-Verträgen nicht vorgesehen. Diese beinhalten für jene lediglich ein Informationsrecht allgemeiner Natur. Demnach übersteigt das mit qualifizierten Nachrangabreden verbundene Risiko das unternehmerische Risiko eines Gesellschafters.[721]

Infolge des unausgeglichenen erhöhten Risikos der Kleinanleger im Vergleich zu dem von Gesellschaftern ist die Wahrung der Interessen der Crowd schützenswerter als die der Emittenten. Insbesondere das Erhaltungsinteresse der Start-ups im Rahmen der Umgehung der Erlaubnispflicht nach dem KWG muss hinter das Interesse der Kleinanleger zurücktreten, da § 32 KWG i.V.m. § 1 Abs. 1 S. 2 Nr. 1 KWG das breite Publikum vor Verlusten bei der Anlage zu schützen beabsichtigt.[722]

Ein derartiger Schutzzweck ist zudem nicht durch die gesetzgeberische Zulassung von Nachrangdarlehen als Vermögensanlage unterbrochen. Ein Teil der Literatur[723] begründet die Wirksamkeit von qualifizierten Rangrücktrittsvereinbarungen bei Crowdinvesting-Verträgen mit der Aufnahme

---

717 Vgl. *Poelzig*, WM 2014, 917 (925);*Gehrlein*, WM 2017, 1385 (1389 f.); *Weber*, Crowdinvesting, S. 247; *Bitter*, ZIP 2015, 345 (352 ff.); bedenklich dahingehend auch *Schedensack*, Crowdinvesting, S. 264; LG Hamburg ZIP 2015, 368 (369); zu den Rechten eines Kleinanlegers siehe Abschnitt B.II.2.b).

718 Vgl. *Poelzig*, WM 2014, 917 (925);*Gehrlein*, WM 2017, 1385 (1389 f.); zuletzt OLG Düsseldorf NZI 2018, 317 (321), Rn. 18.

719 Zur Einberufungspflicht der Geschäftsführer/Vorstände siehe *Liebscher*, in: MüKo-GmbHG, § 49, Rn. 55 ff.; *Spindler*, in: MüKo-AktG, § 92, Rn. 1 ff.

720 Vgl. *Liebscher*, in: MüKo-GmbHG, § 49, Rn. 55 ff.; *Spindler*, in: MüKo-AktG, § 92, Rn. 18.

721 So auch OLG Düsseldorf NZI 2018, 317 (321), Rn. 18.

722 Vgl. LG Hamburg ZIP 2015, 368; *Gehrlein*, WM 2017, 1385 (1389). Mit Bedenken auch *Schedensack*, Crowdinvesting, S. 264.

723 *Oppenheim/Bögelholz*, BKR 2018, 504 (507); *Schedensack*, Crowdinvesting, S. 265.

von Nachrangdarlehen als Vermögensanlagen in § 1 Abs. 2 Nr. 4 VermAnlG. In Anbetracht dessen können qualifizierte Nachrangabreden nicht treuwidrig innerhalb von AGB ausgestaltet sein, sofern der Gesetzgeber eine dahingehende Ausgestaltung als Vermögensanlage zulassen würde.[724] Die Argumentation verkennt jedoch die für die Bewertung einer unangemessenen Benachteiligung erforderliche Interessenabwägung im Einzelfall. Wie das zuvor dargestellte Ergebnis hinsichtlich der Crowdinvesting-Verträge der Plattformen *Companisto* und *Seedmatch* zeigt, führen qualifizierte Nachrangabreden innerhalb von AGB – unabhängig von der Ausgestaltung als Nachrangdarlehen oder stille Beteiligung – zu unangemessenen Benachteiligungen der Crowd, wenn für den qualifizierten Rangrücktritt kein Ausgleich mithilfe von gesellschafterähnlichen Verwaltungsrechten geschaffen wurde. Werden im Umkehrschluss beispielsweise solche Rechte gegenüber den Kleinanlegern eingeräumt, können ebenso Darlehensverträge bzw. stille Beteiligungen mit zusätzlichen qualifizierten Nachrangabreden AGB-konform ausgestaltet sein. Der dargestellte Verzicht der Emittenten auf die Einräumung von weitergehenden Kontrollrechten und die jeweilige individuelle Ausgestaltung eines Crowdinvesting-Vertrages ist folglich nicht Resultat der gesetzgeberischen Intention aus § 1 Abs. 2 Nr. 4 VermAnlG und § 2a VermAnlG, sondern vielmehr Ausfluss der Privatautonomie der beteiligten Parteien und dem Bedürfnis der Emittenten, die Rechte der Kleinanleger möglichst zu minimieren.[725] Im Ergebnis lassen sich aus der gesetzgeberischen Akzeptanz von Nachrangdarlehen als Vermögensanlagen keine Vorgaben herleiten, wie etwaige Nachrangdarlehen im Detail AGB-konform auszugestalten sind, um die Voraussetzungen des § 1 Abs. 2 Nr. 4 VermAnlG und in letzter Konsequenz des § 2a VermAnlG zu erfüllen. Insoweit ist der „Nachrang" in § 39 InsO beschrieben und beinhaltet grundsätzlich keine Vereinbarung einer vorinsolvenzlichen Durchsetzungssperre. Wie in den vorherigen Abschnitten dargelegt sind die Ausgestaltungsmöglichkeiten von Nachrangabreden vielzählig und können je nach den individuell gewünschten Rechtswirkungen des Vertragserstellers mit einer zusätzlichen vorinsolvenzlichen Durchsetzungssperre verbunden werden. Das Erfordernis der Vereinbarung einer vorinsolvenzlichen Durchsetzungssperre lässt sich weder aus § 1 Abs. 2 Nr. 4 VermAnlG noch aus § 2a VermAnlG entnehmen, sondern ist Folge der Notwendigkeit einer insolvenzrechtlichen

724 *Oppenheim/Bögelholz*, BKR 2018, 504 (507); *Schedensack*, Crowdinvesting, S. 265.

725 Siehe zur Interessenlage ausführlich Abschnitt B.II.1.b). Zu § 2a VermAnlG siehe ausführlich Abschnitt E.I.

Vermeidung der Passivierungspflicht von Forderungen, basierend auf der aktuellen BGH-Rechtsprechung, sowie einer Umgehung der Regelungen des KWG. Vor diesem Hintergrund bleiben grundsätzlich Ausgestaltungen von Crowdinvesting-Verträgen in Form von AGB-konformen Nachrangdarlehen denkbar, welche als Vermögensanlagen gemäß § 1 Abs. 2 Nr. 4 VermAnlG zu qualifizieren sind und den Privilegierungstatbestand des § 2a VermAnlG erfüllen können.

Neben dem fehlenden Ausgleich durch die Einräumung von gesellschafterähnlichen Verwaltungsrechten, werden die Kleinanleger bei den gegenständlichen Crowdinvesting-Verträgen auch nicht anderweitig kompensiert, als die Gesellschafter der Emittenten. Die in der Literatur teils umstrittene Ansicht, die Vergütung durch einen erhöhten Festzins sei für die Kompensation ausreichend, würde in Bezug zu Crowdinvesting-Verträgen zu keinem anderen Ergebnis führen.[726] Im Gegensatz zu Finanzprodukten mit einem ausschließlichen hohen Festzins sind die Vermögensrechte der Kleinanleger bei Crowdinvesting-Verträgen den Rechten eines Gesellschafters angenähert. Die Crowd partizipiert an dem wirtschaftlichen Erfolg des Emittenten mithilfe einer individuellen rechnerischen Beteiligungsquote.[727] Anhand der Beteiligungsquote nimmt der jeweilige Kleinanleger wie ein Gesellschafter an der Steigerung des Unternehmenswerts oder an einem Exit-Erlös des Unternehmens bzw. an dessen jährlichen Gewinnen teil.[728] Der sich von einer Gesellschafterstellung unterscheidende zusätzlich vereinbarte Festzins, beträgt bei den Crowdinvesting-Verträgen von *Companisto* und *Seedmatch* lediglich 1 % p.a. der jeweils investierten Kapitalsumme.[729] In Anbetracht dessen erhalten die Kleinanleger für ihr Vertragsrisiko zwar einen gesellschafterähnlichen Ausgleich in Form von entsprechenden Vermögensrechten. Das aber infolge fehlender gesellschafterähnlicher Verwaltungsrechte zudem entstehende (Verlust-)Risiko, wird nicht weitergehend kompensiert. Der geringe Festzins

---

726 Dafürsprechend *Poelzig*, WM 2014, 917 (925 f.); *Mock*, in: Uhlenbruck-InsO, § 19, Rn. 252; kritisch *Gehrlein*, WM 2017, 1385 (1390); zuletzt ablehnend OLG München NJOZ 2018, 1582 (1584), Rn. 18; OLG Düsseldorf NZI 2018, 317 (321), Rn. 18 m. Anm. *Schäfer*; insgesamt zur Frage der Anwendbarkeit des Preisargumentes siehe BGH NJW 1980, 1953 (1954); *Wurmnest*, in: MüKo-BGB, § 307, Rn. 45 f.; *Basedow*, in: MüKo-BGB, § 310, Rn. 115 f.; offengelassen *Ivanović*, Crowdinvesting, S. 133 f.; *Weber*, Crowdinvesting, S. 248.

727 Zur Beteiligungsquote siehe Abschnitt B.II.2.a)bb).

728 Zu den Vermögensrechten siehe Abschnitt B.II.2.a).

729 Zur Festzinsvereinbarung siehe Abschnitt B.II.2.a)aa).

kann jedenfalls nicht als ausreichende Kompensation betrachtet werden. Darüber hinaus verneint teilweise die Rechtsprechung[730] die Bewertung einer vereinbarten Vergütung als Kompensation für ein erhöhtes Verlustrisiko bei der Frage nach einer unangemessenen Benachteiligung der Anleger. Insofern ist richtig, dass preiskalkulatorische Erwägungen oder besondere „Gewinnchancen" keine Rechtfertigung für eine unbillige Klausel in den AGB darstellen können.[731] Ferner entzieht sich die Preiskontrolle einer richterlichen Überprüfung innerhalb der §§ 307 ff. BGB, da das Gericht nicht in der Lage ist, einen „gerechten" Preis zu bestimmen und dieser vielmehr im freien Wettbewerb zu bilden ist.[732]

(c) Unvereinbarkeit – § 307 Abs. 2 Nr. 1 BGB

Die in den vorherigen Abschnitten erkannte vertragliche Abweichung von dem insolvenzrechtlichen Grundsatz der gleichmäßigen Gläubigerbefriedigung durch die qualifizierten Nachrangabreden führen ferner zu einer unangemessenen Benachteiligung der Kleinanleger nach § 307 Abs. 2 Nr. 1 BGB.[733] Insoweit ist die betreffende Abweichung nicht mit dem Grundgedanken der gleichmäßigen Gläubigerbefriedigung vereinbar. Für die Vereinbarkeitsprüfung sind wiederrum die Interessen der Vertragsparteien miteinander abzuwägen.[734] Auf das Ergebnis der vorherigen Interessenabwägung wird verwiesen, die im Rahmen des § 307 Abs. 2 Nr. 1 BGB zu einer Unvereinbarkeit führt.[735]

(d) Transparenz – § 307 Abs. 1 S. 2 BGB

Nach § 307 Abs. 1 S. 2 BGB benachteiligt eine Klausel unangemessen die Gegenseite, wenn die Bestimmung nicht klar und verständlich ist. Zweck des Transparenzgebotes ist es, die Regelungen für den durchschnittlichen Vertragspartner verständlich zu gestalten und darüber hinaus die wirtschaftlichen Nachteile und Belastungen des Vertragspartners, welche sich aus der Klausel ergeben können, so deutlich werden zu lassen, wie es nach den Umständen gefordert

730 OLG Düsseldorf NZI 2018, 317 (321), Rn. 18; OLG München NJOZ 2018, 1582 (1584), Rn. 18.

731 Vgl. OLG Düsseldorf NZI 2018, 317 (321), Rn. 18; OLG München NJOZ 2018, 1582 (1584), Rn. 18.

732 Vgl. OLG Düsseldorf NZI 2018, 317 (321), Rn. 18; vgl. auch *Gehrlein*, WM 2017, 1385 (1390).

733 Zur Abweichung siehe *H. Schmidt*, in: BeckOK-BGB, § 307, Rn. 54; *Wurmnest*, in: MüKo-BGB, § 307, Rn. 66 ff.; siehe auch *K. Schmidt/Herchen*, in: Karsten Schmidt-InsO, § 39, Rn. 21.

734 Vgl. *Poelzig*, WM 2014, 917 (925).

735 Mit dem selben Ergebnis für Nachrangdarlehen *Gehrlein*, WM 2017, 1385 (1389 f.); *Poelzig*, WM 2014, 917 (924 ff.).

ist.[736] Die vorformulierte qualifizierte Nachrangabrede muss klar, durchschaubar und verständlich umschrieben sein.[737] Zusätzlich hat die Gestaltung der Rangrücktrittsvereinbarung derart konkret zu erfolgen, dass die dort gewählten Begrifflichkeiten nicht einseitig durch den Verwender ausgelegt werden können und die andere Vertragsseite eine unsichere Vertragslage vorfindet.[738] Hierzu soll der Geldgeber seine aus der Regelung resultierenden Rechte selbst und ohne fremde Hilfe erkennen können, damit er nicht von deren Durchsetzung abgehalten wird.[739] Der Verwender ist jedoch nicht verpflichtet, gängige Rechtsbegriffe zu erläutern oder den Vertragspartner über die aus der Klausel folgenden Pflichten zu belehren.[740] Die Verschaffung der erforderlichen Kenntnis liegt im Verantwortungsbereich des Anlegers.[741] Gegen das Transparenzgebot ist bei qualifizierten Nachrangklauseln verstoßen, soweit für die Kleinanleger nicht ohne weiteres erkennbar ist, welche Rechte sie im Verhältnis zu anderen Gläubigern des Emittenten haben.[742]

Die qualifizierten Nachrangklauseln der Crowdinvesting-Verträge von *Companisto* und *Seedmatch*[743] sind für die Crowd nicht klar und verständlich im Sinne des § 307 Abs. 1 S. 2 BGB formuliert.[744] Als durchschnittlicher Kleinanleger ist der unprofessionelle, juristisch und kaufmännisch ungebildete sowie, hinsichtlich den Fragen zur Unternehmensfinanzierung oder zum Insolvenzrecht, unerfahrene Privatanleger heranzuziehen, da die Vereinbarungen typischerweise für entsprechende Anlegergruppen konzipiert werden.[745]

736 Zuletzt BGH WM 2017, 517 (519), Rn. 15; BGH WM 2016, 1789 (1791), Rn. 31; *H. Schmidt*, in: BeckOK-BGB, § 307, Rn. 45.

737 Vgl. Hans. OLG Hamburg WM 2020, 1116 f.; *H. Schmidt*, in: BeckOK-BGB, § 307, Rn. 45.

738 Vgl. beispielsweise Hans. OLG Hamburg WM 2020, 1116 (1117); AG Itzehoe ZIP 2014, 1038 (1040); *H. Schmidt*, in: BeckOK-BGB, § 307, Rn. 45; *Poelzig*, WM 2014, 917 (926 f.).

739 Vgl. BGHZ 165, (21 f.); Hans. OLG Hamburg WM 2020, 1116 (1117); AG Itzehoe ZIP 2014, 1038 (1040).

740 BGH NZI 2014, 503 (505), Rn. 25 m.w.N. Siehe hierzu auch *Primozic/Schaaf*, ZInsO 2014, 1831 (1833 f.).

741 BGH NZI 2014, 503 (505), Rn. 25 m.w.N.

742 Vgl. LG Düsseldorf NZI 2017, 487 (488 ff.) m. Anm. *Schäfer*; AG Itzehoe ZIP 2014, 1038 (1040).

743 Zum Wortlaut von qualifizierten Nachrangabreden siehe Fn. 645 und Fn. 650.

744 Siehe hierzu auch *Weber*, Crowdinvesting, S. 252.

745 So beispielsweise BGH WM 2020, 311 (313), Rn. 23; BGH WM 2019, 2304 (2306), Rn. 24; BGH WM 2019, 592 (596), Rn. 38; Hans. OLG Hamburg WM 2020, 1116 (1117); vgl. zur Fragen des Durchschnittskunden zuletzt BGH, v. 28.05.2014 – VIII

Bei der Vereinbarung von qualifizierten Nachrangabreden mit Kleinanlegern ist die jeweilige Klausel klar und verständlich formuliert, wenn neben der Rangtiefe des einfachen Nachranges, auch die vorinsolvenzliche Durchsetzungssperre, deren Dauer und die Erstreckung auf Zinsen ausreichend dargestellt wird.[746] Die von *Companisto* und *Seedmatch* verwendeten Nachrangklauseln regeln eindeutig das Rangverhältnis der anderen Gläubiger zur Crowd bzw. das Verhältnis der Kleinanleger untereinander. Ferner benennen die relevanten Klauseln jeweils die vorinsolvenzliche Durchsetzungssperre und beinhalten die Erstreckung auf etwaige Zinsen und sonstige Ansprüche der Kleinanleger. Allerdings sind die mit der vorinsolvenzlichen Durchsetzungssperre einhergehenden Auswirkungen und Voraussetzungen für die (Rückzahlungs-)Ansprüche der Kleinanleger nicht ausreichend konkretisiert. Die Crowd übernimmt mit der vorinsolvenzlichen Durchsetzungssperre ein das Eigenkapital übersteigendes Verlust- und Geschäftsrisiko, ohne hierfür korrespondierende Informations- oder Mitwirkungsrechte entsprechend eines Gesellschafters zu erhalten.[747] Zwar werden die Kleinanleger mehrmals innerhalb des Vertragswerks auf die eigenkapitalähnliche Beteiligung und das damit verbundene Geschäftsrisiko hingewiesen, so dass die Crowd bei Abschluss der Crowdinvesting-Verträge in Kauf nimmt, dass neben dem bestehenden Insolvenzausfallrisiko ein weiteres unternehmerisches Risiko existiert.[748] Allerdings ist nicht nachvollziehbar, zu welchem Zeitpunkt und unter welchen Voraussetzungen die jeweiligen Ansprüche der Kleinanleger aufgrund der qualifizierten Nachrangabrede durchsetzbar werden. Insoweit sind die auslösenden Anforderungen der vorinsolvenzlichen Durchsetzungssperre in den relevanten Klauseln nicht hinreichend für den Kleinanleger

---

ZR 241/13, Rn. 28 m.w.N. Siehe hierzu auch *Bitter*, ZIP 2015, 345 (355); *Gehrlein*, WM 2017, 1385 (1387 f.); *Poelzig*, WM 2014, 917 (926 f.).

746 Vgl. BGH WM 2020, 311 (313), Rn. 25 sowie zu demselben Urteil *Poelzig*, WuB 2020, 191 (194); BGH WM 2019, 592 (596), Rn. 36; Hans. OLG Hamburg WM 2020, 1116 (1117); OLG Düsseldorf NZI 2018, 317 (320), Rn. 18; *Poelzig*, WM 2014, 917 (926 f.); *Gehrlein*, WM 2017, 1385 (1387); *Schmidt*, ZIP 2015, 901 (905).

747 Vgl. BGH WM 2019, 2304 (2306), Rn. 26; Hans. OLG Hamburg WM 2020, 1116 (1117); siehe hierzu auch BGH EWiR 2019, 743 (744) m. Anm. *Poelzig*. Zur Abwägung der Rechte siehe ausführlich Abschnitt C.I.3.b)bb)(2)(b).

748 Vgl. zum Thema unternehmerisches Risiko und Risikokapital auch BGH WM 2019, 2304 (2306), Rn. 26; *Bitter*, WuB 2020, 35 (38); Hans. OLG Hamburg WM 2020, 1116 (1117); OLG Düsseldorf NZI 2018, 317 (320), Rn. 18; *Gehrlein*, WM 2017, 1385 (1387).

bestimmt.[749] Zum einen zählen die Klauseln, infolge der Verwendung des Wortes „insbesondere", nur beispielhaft das Vorliegen von Insolvenzeröffnungsgründen als auslösende Gründe auf, so dass weitere, nicht näher definierte, Gründe ebenfalls die Durchsetzung von Ansprüchen der Crowd sperren können.[750] Zum anderen wird auf eine weitergehende detaillierte Beschreibung der Insolvenzgründe, namentlich Überschuldung oder Zahlungsunfähigkeit, vollständig verzichtet.[751] Zusätzlich legt die Formulierung „solange und soweit" nicht eindeutig fest, wann und wie lange der Nachrang und damit die Durchsetzungssperre gegenüber der Crowd begründet sein kann.[752] Es wird nicht klar und verständlich hervorgehoben, dass die Durchsetzungssperre bereits weit vor Eröffnung eines Insolvenzverfahrens ausgelöst und über eine längere Zeit bzw. sogar dauerhaft die Inanspruchnahme der Gesellschaft durch den Kleinanleger verhindern kann.[753] Im Ergebnis ist für den Kleinanleger nicht eindeutig ersichtlich, welche Auswirkungen die qualifizierte Nachrangabrede haben kann. Vor allem unprofessionelle Privatanleger und somit hauptsächlich juristische Laien sind nicht in der Lage, die aus den qualifizierten Rangrücktrittsvereinbarungen resultierenden wirtschaftlichen Belastungen zu erkennen.[754]

cc) Rechtsfolgen und Auswirkungen für das Crowdinvesting-Modell

Angesichts der zuvor festgestellten unangemessenen Benachteiligung der Kleinanleger bei der Vereinbarung von qualifizierten Nachrangklauseln gemäß § 307 Abs. 1 S. 1, S. 2, Abs. 2 Nr. 1 BGB wurden die Abreden nicht wirksam vereinbart. Hierbei sind sowohl die Regelungen zur einfachen Nachrangvereinbarung, wie auch diejenigen zur vorinsolvenzlichen Durchsetzungssperre als unwirksam anzusehen.[755] Gemäß § 306 Abs. 1 BGB bleibt hiervon die Wirksamkeit der übrigen Vereinbarungen unberührt.[756] Im Sinne des § 306 Abs. 2 BGB

---

749 Zu den Anforderungen im Einzelnen siehe Abschnitt C.I.3.b)aa). Siehe hierzu auch OLG Düsseldorf NZI 2018, 317 (320), Rn. 18.

750 Vgl. BGH WM 2020, 311 (313 f.), Rn. 27 f.; BGH WM 2019, 592 (597), Rn. 41; OLG Düsseldorf NZI 2018, 317 (320), Rn. 18.

751 Vgl. BGH WM 2020, 311 (313 f.), Rn. 27 f.; BGH WM 2019, 592 (597), Rn. 41.

752 Vgl. BGH WM 2020, 311 (314), Rn. 28.

753 Vgl. BGH WM 2020, 311 (314), Rn. 29; BGH WM 2019, 2304 (2306), Rn. 26; BGH WM 2019, 592 (597), Rn. 42.

754 Vgl. BGH WM 2019, 2304 (2306), Rn. 26.

755 So auch BGH WM 2020, 311 ff.; OLG München NJOZ 2018, 1582 ff. Offen gelassen bei OLG Düsseldorf NZI 2018, 317 ff.

756 Vgl. BGH WM 2020, 311 (314), Rn. 31.

sind die Kleinanleger also als Insolvenzgläubiger nach § 38 InsO und nicht als nachrangige Insolvenzgläubiger nach § 39 Abs. 1 InsO zu betrachten, soweit über das Vermögen der Start-ups das Insolvenzverfahren eröffnet wurde. Ein Ergebnis, welches der Crowd eine Besserstellung im Gläubigergefüge der Emittenten verspricht, da sie nun mit anderweitigen Gläubigern, wie beispielweise Banken oder sonstigen Fremdkapitalgebern, gleichrangig zu befriedigen sind.[757] Im Umkehrschluss ist jedoch die gleichmäßige Befriedigung für die anderen Gläubiger nachteilig, da die verteilungsfähige Insolvenzmasse an mehrere Gläubiger aufzuteilen ist. Schon aufgrund der Gefahr der Gläubigererweiterung durch die Crowd könnten allerdings sonstige Fremdkapitalgeber von Investitionen in die Emittenten absehen oder bereits gewährtes Kapital zurückziehen.

Darüber hinaus besteht die Gefahr der Erfüllung des Überschuldungstatbestandes im Sinne des § 19 Abs. 2 S. 1 InsO. Infolge der unwirksamen vorinsolvenzlichen Durchsetzungssperre sind die Forderungen der Crowd bilanziell zu passivieren.[758] Ein Umstand, der im Bereich der Frühfinanzierung von jungen Unternehmen zur Eröffnung eines Insolvenzverfahrens führen kann, da die Start-ups nur schwer eine positive Fortführungsprognose aufweisen können und regelmäßig nicht über hohe Eigenkapitalquoten verfügen. Zudem riskieren die Geschäftsführer der Start-ups die strafrechtliche Verfolgung wegen der Erfüllung des Tatbestandes einer Insolvenzverschleppung nach § 15a Abs. 4 InsO, wenn sie nicht frühzeitig einen Insolvenzantrag stellen. Zusätzlich können diese sodann persönlich gemäß §§ 64 GmbHG, 130a HGB, 92 f. AktG in Anspruch genommen werden.

Angesichts der unwirksamen vorinsolvenzlichen Durchsetzungssperre sind die Crowdinvesting-Verträge als Einlagengeschäfte der Start-ups im Sinne des § 1 Abs. 1 S. 2 Nr. 1 KWG zu bewerten.[759] Hieraus resultiert eine Erlaubnispflicht der Emittenten durch die BaFin nach § 32 Abs. 1 S. 1 KWG. Der unerlaubte Betrieb von Einlagengeschäften kann auf Ebene der Gesellschaften und der jeweiligen Geschäftsführung zu zivilrechtlichen und öffentlich-rechtlichen Inanspruchnahmen führen.[760] So

757 Siehe hierzu auch *Bitter*, ZIP 2015, 345 (355 f.).

758 Vgl. *Bitter*, WuB 2020, 35 (39); *K. Schmidt*, in: Karsten Schmidt-InsO, § 19, Rn. 34 f.; *Mock*, in: Uhlenbruck-InsO, § 19, Rn. 154, 161; *Wolfer*, in: BeckOK-InsO, § 19, Rn. 48; *Drukarczyk/Schüler*, in: MüKo-InsO, § 19, Rn. 129.

759 Ausführlich hierzu Abschnitt D.I. Vgl. auch *Bitter*, ZIP 2015, 345 (356); *Schedensack*, Crowdinvesting, S. 263.

760 Ausführlich hierzu Abschnitt D.I.1.d).

ergeben sich etwa zivilrechtliche Schadensersatzansprüche der Crowd aus § 823 Abs. 2 BGB i.V.m. § 32 Abs. 1 S. 1 KWG, die gleichfalls auf die Rückabwicklung der getätigten Investments gerichtet sein können.[761] Zudem kann bei Verstoß eine Rückabwicklung und die sofortige Einstellung des Geschäftsbetriebs durch die BaFin im Sinne des § 37 Abs. 1 Nr. 1 i.V.m. § 32 Abs. 1 Nr. 1 KWG erfolgen. Ferner ist der unerlaubte Betrieb von Einlagengeschäften gemäß § 54 Abs. 1 Nr. 2, Abs. 3 KWG strafbar und mit einer Geldbuße von bis zu zehn Millionen Euro sanktionierbar, § 30 OWiG i.V.m. § 59 KWG.

c) Verwässerungs- und Verwässerungsschutzklauseln

Die vertraglich vereinbarte Verwässerung der individuellen rechnerischen Beteiligungsquoten von Kleinanlegern im Rahmen weiterer Kapitalmaßnahmen ist wesentlicher Bestandteil von derzeitigen Crowdinvesting-Verträgen.[762] Demnach verringert sich die jeweilige Beteiligungsquote, soweit den Start-ups durch eine Folgefinanzierung weiteres Kapital zur Verfügung gestellt wird. Eine Verringerung der Beteiligungsquoten ohne vorherige Zustimmung der Kleinanleger, erscheint im Kontext der §§ 305 ff. BGB bedenklich.[763] Infolge der Ausgestaltung der Crowdinvesting-Verträge als Standardvereinbarungen ist die Verwässerungsklausel grundsätzlich einer AGB-Kontrolle zugänglich.[764] Insbesondere scheint die Inhaltskontrolle im Sinne des § 307 Abs. 3 S. 1 BGB eröffnet, da die Verwässerungsklausel die zwischen den Parteien vereinbarten Hauptpflichten im Nachhinein verändert und somit die Kleinanleger unangemessen benachteiligen kann.[765]

Eine unangemessene Benachteiligung der Kleinanleger ist zumindest dann ausgeschlossen, sofern neben der Verwässerungsklausel zusätzliche Regelungen vereinbart werden, welche die Crowd vor einer *Down Round* aufgrund niedrigerer Unternehmensbewertungen schützen.[766] Insoweit werden die individuellen Beteiligungsquoten der Kleinanleger bei Anschlussfinanzierungen mit einer gleichen oder höheren Unternehmensbewertung wertmäßig nicht verringert, sondern entsprechend der Vergrößerung der Kapitalstruktur

761 So zuletzt etwa BGH WM 2020, 311 (312 f.), Rn. 16 ff.
762 Ausführlich hierzu Abschnitt B.II.2.e).
763 Kritisch hierzu ebenfalls *Schedensack*, Crowdinvesting, S. 265 f.
764 Zur Ausgestaltung der Verträge im Kontext von AGB siehe Abschnitt C.I.3.a).
765 Vgl. *Schedensack*, Crowdinvesting, S. 265. Zur Eröffnung der Inhaltskontrolle ausführlich Abschnitt C.I.3.b)bb)(2)(a).
766 Vgl. *Schedensack*, Crowdinvesting, S. 265 f.

der Gesellschaften lediglich proportional angepasst. Der Vertragszweck der Crowdinvesting-Verträge ist im Sinne des § 307 Abs. 2 Nr. 2 BGB nicht gefährdet, da Folgefinanzierungen im Bereich der Unterstützung von Start-ups erforderlich sind, um die individuelle wirtschaftliche Beteiligung an dem Unternehmen zu sichern und zukünftig zu maximieren.[767]

II. Rechtsbeziehungen Crowdinvesting-Plattform – Kleinanleger

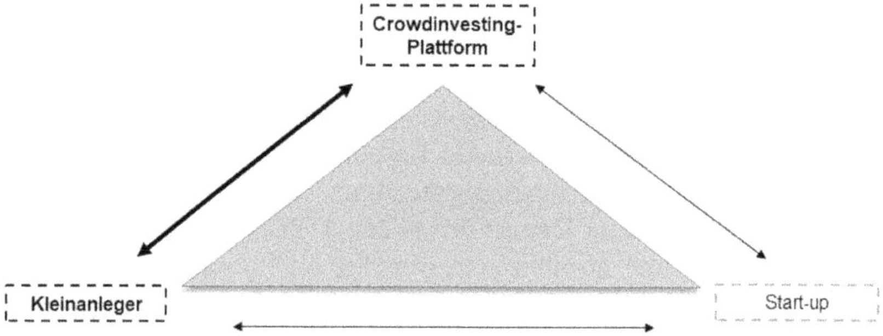

Abb. 3: Dreiecksgefüge im Crowdinvesting-Modell:
Rechtsbeziehung Crowdinvesting-Plattform – Kleinanleger (eigene Darstellung)

1. Die rechtstatsächlichen Rollen der Crowdinvesting-Plattform

Im Dreiecksgefüge des Crowdinvesting-Modells zwischen Start-up, Kleinanlegern und Crowdinvesting-Plattformen handeln letztere aufsichtsrechtlich als Anlagevermittler und nicht als Anlageberater.[768] Infolge ihrer vermittelnden Tätigkeit nehmen die Plattformen unterschiedliche Rollen

767 *Schedensack*, Crowdinvesting, S. 265 f. Zum Thema Folgefinanzierung siehe auch *Huber*, Crowdfunding und Venture Capital Anschlussfinanzierung – Das funktioniert, abrufbar unter *http://hoganlovells-blog.de/2014/08/14/crowdfunding-und-venture-capital-anschlussfinanzierung-das-funktioniert/* [zuletzt aufgerufen am 12.05.2022]; *Business Angels Netzwerk Deutschland e.V.*, BANDquartal 1/2014, abrufbar unter *https://www.business-angels.de/ausgabe-012014/* [zuletzt aufgerufen am 12.05.2022], S. 7.

768 Siehe ausführlich hierzu Abschnitt D.I.2.

innerhalb eines Crowdinvestings ein. So finden die Abschlüsse der einzelnen Crowdinvesting-Verträge zwischen den Start-ups und den Kleinanlegern ausschließlich auf den Onlinepräsenzen der Plattformen statt, nachdem die Beteiligungsmöglichkeiten den Kleinanlegern dort zur Zeichnung angeboten wurden. Im Wege des Zeichnungsprozesses leiten die Plattformen die Willenserklärungen als Erklärungsboten an die jeweils andere Vertragspartei weiter.[769] Ferner handeln die Crowdinvesting-Plattformen als Kommunikationsmedium zwischen den Emittenten und der Crowd. Insofern findet die Kommunikation zwischen den Beteiligten einer Finanzierungsrunde größtenteils in den eingerichteten Onlinebereichen der jeweiligen Plattformen statt.[770] Zudem übernehmen die Crowdinvesting-Plattformen die Funktion eines *Gatekeepers*.[771] Kapitalsuchende Unternehmen haben sich zunächst bei den Plattformen zu bewerben und werden für Finanzierungskampagnen zugelassen, wenn diese den qualitativen Kriterien der einzelnen Plattformen entsprechen.[772] Außerdem übernehmen die Crowdinvesting-Plattformen die Rolle eines Informationsintermediärs, indem sie die jungen Unternehmen bei der Erstellung der Informationspakete unterstützen, welche im Rahmen der Präsentation an die Kleinanleger weitergeleitet werden.[773] Letztendlich erstellen die Plattformen die für ein Crowdinvesting erforderlichen standardisierten Finanzierungsverträge zwischen den einzelnen Kleinanlegern und den Emittenten.[774] Als Gegenleistung für die Übernahme der zuvor aufgeführten Funktionen erwarten die Plattformen regelmäßig eine variable Vergütung von den Start-ups.[775] Zudem werden mit den Kleinanlegern teilweise zusätzliche Vereinbarungen

---

769 Zur Botenstellung der Crowdinvesting-Plattformen siehe Abschnitt C.I.2.b).

770 *Klöhn/Hornuf/Schiling*, ZBB 2016, 142 (145); *Spindler*, ZBB 2017, 129 (130); *Schedensack*, Crowdinvesting, S. 154 f.; *Schulz*, Crowdinvesting, S. 23.

771 Vgl. *Söpper*, Crowdfunding, S. 71; *Klöhn/Hornuf/Schiling*, ZBB 2016, 142 (145); *Spindler*, ZBB 2017, 129 (130); *Klöhn/Hornuf*, ZBB 2012, 237 (245); *Weber*, Crowdinvesting, S. 13 ff., 169; *Schulz*, Crowdinvesting, S. 23; *Uffmann*, JZ 2016, 928 ff.

772 Zur Funktion des Gatekeepers und zum Bewerbungsprozess siehe Abschnitt B.II.1.c).

773 *Klöhn/Hornuf/Schiling*, ZBB 2016, 142 (145); *Schulz*, Crowdinvesting, S. 23; *Drews*, Crowdfunding-Plattform, S. 83; *Schedensack*, Crowdinvesting, S. 146 f.

774 *Klöhn/Hornuf/Schiling*, ZBB 2016, 142 (145); *Klöhn/Hornuf*, DB 2015, 47 (50); *Klöhn/Hornuf*, ZBB 2012, 237 (245); bei *Seedmatch Schmitt/Doetsch*, BB 2013, 1451 (1452 f.).

775 Zur Rechtsbeziehung Crowdinvesting-Plattformen und Start-up siehe ausführlich Abschnitt C.III.

geschlossen, welche die Geldgeber verpflichten, einen prozentualen Anteil von Kapitalrückflüssen an die Plattformen weiterzureichen.[776]

2. Vertragstyp und Vertragsinhalt

a) Nutzungs- und Auskunftsvertrag

aa) Vertrag über die Nutzung einer Webseite

Um als Kleinanleger die auf den jeweiligen Crowdinvesting-Plattformen angebotenen Beteiligungsmöglichkeiten und die dabei im Zusammenhang stehenden veröffentlichten Informationen für eine Investition betrachten zu können, ist zunächst die Registrierung des einzelnen Geldgebers auf der Webseite erforderlich. Die Anmeldung erfolgt online und kostenfrei durch die Angabe der persönlichen Daten auf der Webseite.[777] Bei dem Registrierungsprozess haben die Kleinanleger ihre Zustimmung zu den AGB der Plattformen zu erteilen.[778] Zudem sind die Crowdinvesting-Plattformen als Anlagevermittler aufsichtsrechtlich verpflichtet, den Anlegern bereits bei Registrierung und vor der ersten Anlagevermittlung statusbezogen Informationen gemäß § 12 FinVermV hinsichtlich des Betreiberunternehmens mitzuteilen, sowie etwa über Vergütungen, Zuwendungen, Kosten und Risiken zu informieren.[779]

Mit vollständiger Registrierung des Kleinanlegers auf der Crowdinvesting-Plattform, kommt zwischen den beiden Parteien ein Vertrag über die Nutzung der Webseite zustande.[780] Die sich aus diesem Vertrag ergebenden Rechte

---

776 Etwa bei *Companisto* als sogenannte *Carried Interests*; zur Pooling- und Carryvereinbarung von *Companisto* siehe ausführlich Abschnitt C.II.2.b); vgl. auch *Weitnauer/Parzinger*, GWR 2013, 153 (154); *Beck*, Crowdinvesting, S. 148; *Klöhn/Hornuf/Schiling*, ZBB 2016, 142 (147); *Spindler*, ZBB 2017, 129 (130).

777 Vgl. *Uffmann*, JZ 2016, 928 (931 f.); *Bareiß*, ZUM 2012, 456 (460).

778 *Winde*, Regulierung Internet-Plattformen, S. 109.

779 Siehe hierzu Abschnitt C.II.2.a)bb)(3)(e). Zu der aufsichtsrechtlichen Bewertung der Crowdinvesting-Plattformen als Finanzanlagevermittler siehe Abschnitt D.III. Zur Einordnung der Crowdinvesting-Plattformen im Kontext des Telemediengesetzes siehe *Winde*, Regulierung Internet-Plattformen, S. 133 ff.

780 Vgl. Ziffer 6.2. der entsprechend als Anlage beigefügten AGB von *OneCrowd Loans GmbH (Seedmatch)*:
„6.2 (…) Mit der Bestätigung seiner Registrierung akzeptiert der Investor die hier aufgeführten Allgemeinen Geschäftsbedingungen und nimmt die statusbezogenen Informationen von OneCrowd Loans zu Kenntnis. Mit Eingang der Bestätigung bei OneCrowd Loans kommt ein Nutzungsvertrag nach Maßgabe dieser Allgemeinen Geschäftsbedingung zwischen OneCrowd Loans und dem Investor zustande. (…)"

und Pflichten werden durch die zum Vertragsschluss einbezogenen AGB der Plattformen näher bestimmt. In Anbetracht des darin vereinbarten Pflichtenkatalogs ist die Plattform dazu verpflichtet, den einzelnen Kleinanleger zur Nutzung der Webseite zuzulassen, einen Zugang zu den dort veröffentlichten Informationen zu gewähren, sowie die Zeichnung von Beteiligungsvereinbarungen zu ermöglichen.[781] Der Kleinanleger hat sich als Nutzer der Webseite den Nutzungsregeln zu unterwerfen. Vor allem ist er zu Verschwiegenheit hinsichtlich der erlangten Informationen verpflichtet.[782] Im Nutzungsvertrag wird keine Vergütung für die Leistungen der Plattformen vereinbart. Eine Vergütung für die Tätigkeit als Anlagevermittler erfolgt zum Teil durch den zusätzlichen Abschluss einer Vereinbarung, deren Höhe sich prozentual aus der jeweiligen investierten Kapitalsumme ergibt.[783]

bb) Auskunftsvertrag

(1) Konkludenter Vertragsschluss eines Auskunftsvertrages

Aufgrund der besonderen Stellung der Plattformen im Crowdinvesting-Modell als Anlagevermittler[784], schließen diese mit den Kleinanlegern einzeln Auskunftsverträge ab.[785] Obwohl die AGB der Plattformen teilweise ausdrücklich

---

Und hinsichtlich der entsprechend als Anlage beigefügten AGB von *Companisto* siehe Ziffer 2.1:
„*2.1 (…) Die Anmeldung ist kostenlos. Sie erfolgt durch Eröffnung eines Mitgliedskontos unter Zustimmung u.a. zu diesen AGB. Mit der Anmeldung kommt zwischen Companisto und dem Companisten ein Vertrag über die Nutzung der Companisto-Webseite zustande. (…)*“;
siehe hierzu insgesamt auch *Bareiß*, ZUM 2012, 456 (460); *Heuer*, Crowdinvesting, S. 85 f.; *Fischer*, Crowdinvesting, S. 58 f.; *Drews*, Crowdfunding-Plattform, S. 104; *Winde*, Regulierung Internet-Plattformen, S. 108 ff.; *Schulz*, Crowdinvesting, S. 22 f.; zu den vorvertraglichen Pflichten der Parteien siehe *Weber*, Crowdinvesting, S. 160 ff.; allgemein zum Vertragsschluss eines Webseitennutzungsvertrags nach Registrierung siehe *Kreutz*, ZUM 2018, 162 (166 f.).

781 Vgl. *Fischer*, Crowdinvesting, S. 58; *Söpper*, Crowdfunding, S. 120; *Schedensack*, Crowdinvesting, S. 244.

782 Zur Vertraulichkeit im Rahmen von offengelegter Informationen bei Crowdinvesting-Plattformen siehe *Schedensack*, Crowdinvesting, S. 243 f.

783 Zur Pooling- und Carryvereinbarung von *Companisto* siehe ausführlich Abschnitt C.II.2.b).

784 Siehe ausführlich hierzu Abschnitt D.I.2.

785 Zur Charakterisierung der Anlagenvermittlung als Auskunftsvertrag *Edelmann*, in: Assmann/Schütze-KapitalanlageR, § 3, Rn. 9; *Emmerich*, in: MüKo-BGB, § 311, Rn. 139 ff. Und hinsichtlich der Crowdinvesting-Verträge *Uffmann*, JZ 2016, 928

den Abschluss von Auskunfts- oder Beratungsverträgen[786] zwischen ihnen und den Geldgebern ausschließen[787], ist dennoch ein entsprechender Vertragsschluss zumindest konkludent anzunehmen.[788] Für die rechtliche Beurteilung der zwischen den Beteiligten bestehenden Rechtsbeziehungen ist nicht der Inhalt der jeweiligen AGB relevant, sondern vielmehr das tatsächliche Verhalten der Plattformen aus Sicht eines objektiven Empfängers.[789] So kommt ein Auskunftsvertrag mit einem Anlagevermittler konkludent zustande, wenn der interessierte Anleger die besonderen Erfahrungen und Kenntnisse des Vermittlers hinsichtlich seiner Anlageentscheidung in Anspruch nehmen will und der Anlagevermittler die gewünschte Tätigkeit beginnt.[790]

Mit Blick auf die von den Crowdinvesting-Plattformen übernommen Funktionen erscheint der Abschluss eines Auskunftsvertrages naheliegend. Insbesondere die Rolle der Plattformen als *Gatekeeper* und Informationsintermediäre, sowie die Erstellung der Crowdinvesting-Verträge lassen aus objektiver Sicht der Anleger den Schluss zu, dass von den Plattformen verbindliche

---

(932); *Winde*, Regulierung Internet-Plattformen, S. 121 ff.; *Schedensack*, Crowdinvesting, S. 230 ff.; *Schulz*, Crowdinvesting, S. 39 ff.; *Heuer*, Crowdinvesting, S. 85 f., 184.

786 Beratungsverträge zwischen den Kleinanlegern und den Crowdinvesting-Plattformen scheiden aus, da die Plattformen keine Informationen über die jeweiligen Anlageziele und die persönlichen Situationen der Kleinanleger einholen und somit eine Beratung nicht stattfinden kann; vgl. *Jansen/Pfeifle*, ZIP 2012, 1842 (1849); *Uffmann*, JZ 2016, 928 (933); *Drews*, Crowdfunding-Plattform, S. 117 ff.; *Weber*, Crowdinvesting, S. 169 ff.; *Schedensack*, Crowdinvesting, S. 231 f.; *Fischer*, Crowdinvesting, S. 26. Zur aufsichtsrechtlichen Einordnung siehe auch Abschnitt D.I.2.b)bb).

787 So beispielweise in Ziffer 5.2 der entsprechend als Anlage beigefügten AGB der *OneCrowd Loans GmbH (Seedmatch)*:
„5.2 Durch OneCrowd Loans erfolgt keinerlei Anlageberatung oder sonstige Beratung. Ein Auskunfts- oder Beratungsvertrag kommt nicht zustande. (…).“

788 So auch *Spindler*, ZBB 2017, 129 (135); *Uffmann*, JZ 2016, 928 (933 f.); *Nietsch/Eberle*, DB 2014, 1788 (1795); *Jansen/Pfeifle*, ZIP 2012, 1842 (1849); *Schedensack*, Crowdinvesting, S. 232 ff.; *Heuer*, Crowdinvesting, S. 86 f.

789 *Uffmann*, JZ 2016, 928 (932 f.); *Meschkowski/Wilhelmi*, BB 2014, 1411 (1413); *Fischer*, Crowdinvesting, S. 27 f. Zur fehlenden Ausschlussmöglichkeit durch AGB siehe ausführlich *Schedensack*, Crowdinvesting, S. 234 ff.; *Weber*, Crowdinvesting, S. 178 ff.

790 So die ständige Rechtsprechung des BGH; vgl. BGH WM 2014, 1036 (1037), Rn. 14; BGH WM 2000, 426 (427); *Emmerich*, in: MüKo-BGB, § 311, Rn. 142; *Uffmann*, JZ 2016, 928 (933); *Schedensack*, Crowdinvesting, S. 232.

Auskünfte über die Start-ups erteilt werden sollen. Die von den Plattformen beworbene Selektion der Unternehmen anhand eigener Qualitätskriterien, sowie die Möglichkeit der Zeichnung der Beteiligungen ausschließlich über die Plattformen begründet einen Vertrauenstatbestand hinsichtlich besonderer Erfahrungen und Kenntnisse der Plattformen.[791] Zudem deutet die Präsentation der ausgewählten Start-ups auf der Webseite ebenso wie die Gestaltung der Finanzierungsverträge auf eine besondere Kompetenz und eine inhaltliche Auseinandersetzung mit den Beteiligungsmöglichkeiten hin.[792] Entsprechende Erfahrungen und Kompetenzen möchten die Kleinanleger bei ihren Investitionsentscheidungen auch berücksichtigen.[793] Somit handeln die Plattformen aus objektiver Sicht eines Anlegers mit einem Rechtsbindungswillen, so dass folglich ein konkludenter Auskunftsvertrag geschlossen wird.[794]

(2) Kein Beratungsvertrag – keine Anlageberatung

Unter Bezugnahme auf das Ergebnis aus dem vorgehenden Abschnitt zum konkludenten Abschluss eines Auskunftsvertrages agieren Crowdinvesting-Plattformen in der Regel als Anlagevermittler und nicht als Anlageberater, deren Rechtsverhältnis auf einem Beratungsvertrag basiert.[795] Der Abschluss des Beratungsvertrags erfolgt vorwiegend nicht ausdrücklich und schriftlich zwischen den Parteien, sondern stillschweigend und konkludent.[796] Bei dem Beratungsvertrag handelt es sich um einen Vertrag *sui generis*, welcher nach der Rechtsprechung dann konkludent zustande kommt, wenn ein Anlageinteressent an den Anlageberater oder der Anlageberater an den Kunden herantritt, um über die Anlage eines Geldbetrages beraten zu werden bzw. zu

791 Vgl. *Schedensack*, Crowdinvesting, S. 230 f., 233; *Jansen/Pfeifle*, ZIP 2012, 1842 (1849); *Weber*, Crowdinvesting, S. 173 ff.; *Fischer*, Crowdinvesting, S. 28.

792 *Uffmann*, JZ 2016, 928 (933); *Jansen/Pfeifle*, ZIP 2012, 1842 (1849); *Schedensack*, Crowdinvesting, S. 233 f.; *Fischer*, Crowdinvesting, S. 26, 28.

793 *Jansen/Pfeifle*, ZIP 2012, 1842 (1849); *Fischer*, Crowdinvesting, S. 28; a.A. *Meschkowski/Wilhelmi*, BB 2014, 1411 (1413).

794 Vgl. *Schedensack*, Crowdinvesting, S. 233; *Heuer*, Crowdinvesting, S. 85 f.; *Jansen/Pfeifle*, ZIP 2012, 1842 (1849); *Weber*, Crowdinvesting, S. 173 ff.; a.A. *Meschkowski/Wilhelmi*, BB 2014, 1411 (1413); *Drews*, Crowdfunding-Plattform, S. 124 ff.; *Söpper*, Crowdfunding, S. 119.

795 Zur aufsichtsrechtlichen Einordnung siehe auch Abschnitt D.I.2.b)bb). Vgl. auch *Schulz*, Crowdinvesting, S. 37 f.; *Weber*, Crowdinvesting, S. 169 ff.; *Drews*, Crowdfunding-Plattform, S. 117 ff.

796 So etwa bei einer Bank, vgl. *Hannöver/Walz*, in: Schimansky/Bunte/Lwowski, BankR-HdB, § 110, Rn. 22.

beraten.[797] Während ein Auskunftsvertrag lediglich Informationspflichten gegenüber dem Anleger hinsichtlich einer ordnungsgemäßen Aufklärung über die Geldanlage vorsieht, enthält ein Beratungsvertrag weitergehende Pflichten des Beraters gegenüber dem Anleger.[798] Im Ergebnis setzt die Anlageberatung die Kenntnis des Beraters von persönlichen Umständen der einzelnen Anleger (wie beispielsweise Anlageziel und Risikobereitschaft) voraus, welche durch den Berater betreffend der Geldanlage zu überprüfen sind, so dass daraus eine persönliche Empfehlung erfolgen kann.[799] Vor diesem Hintergrund ist eine persönliche Empfehlung von dem bloßen Anpreisen von Geldanlagen auf Informationsverbreitungskanälen für eine unbestimmte Anzahl von Anlegern zu unterscheiden.[800] Weder *Companisto* noch *Seedmatch* überprüfen die persönlichen Umstände der Kleinanleger oder sprechen persönliche Empfehlungen aus.[801] Vielmehr bieten die Crowdinvesting-Plattformen unterschiedliche Investitionsmöglichkeiten einer unbestimmten Anzahl von Interessenten an, die sich hierfür lediglich auf der Webseite zu registriert haben. Im Rahmen des Registriervorgangs werden keine Daten erhoben, die für die Überprüfung der persönlichen Verhältnisse im Einzelnen erforderlich wären.[802]

(3) Spezielle Pflichten der Crowdinvesting-Plattformen als Anlagevermittler

Infolge der Tätigkeit der Crowdinvesting-Plattformen als Anlagevermittler[803] und der zivilrechtlichen Einordung der Vertragsbeziehung zu den Kleinanlegern als Auskunftsvertrag, unterliegen die Plattformen speziellen vertraglichen und aufsichtsrechtlichen Pflichten, die es nachfolgend zu erörtern gilt.

---

797 Zum Vertragscharakter bei Bankgeschäften vgl. *Hannöver/Walz*, in: Schimansky/Bunte/Lwowski, BankR-HdB, § 110, Rn. 20. Zur Bond-Entscheidung BGHZ 123, 126 ff.

798 Vgl. zur Bestimmung des Pflichtenumfangs eines Beratungsvertrages BGHZ 123, 126 (128 ff.).

799 Ausführlich hierzu *Schäfer*, in: Boos/Fischer/Schulte-Mattler-KWG, § 1, Rn. 141 ff.; *Schwennicke*, in: Schwennicke/Auerbach-KWG, § 1, Rn. 89 ff.; *Jansen/Pfeifle*, ZIP 2012, 1842 (1849); *Weber*, Crowdinvesting, S. 169 ff.; *Schedensack*, Crowdinvesting, S. 366; zur Bond-Entscheidung und den Voraussetzungen eines Beratungsvertrages BGHZ 123, 126 (128).

800 *Schäfer*, in: Boos/Fischer/Schulte-Mattler-KWG, § 1, Rn. 143, 146.

801 Siehe hierzu Abschnitt C.II.2.a)bb).

802 Siehe hierzu etwa den Registrierungsprozess bei *Seedmatch*.

803 Siehe ausführlich hierzu Abschnitt D.I.2. Zu den einzelnen Verhaltenspflichten der Crowdinvesting-Plattformen auch außerhalb ihrer Tätigkeit als Anlagevermittler siehe ausführlich *Winde*, Regulierung Internet-Plattformen, S. 201 ff.

(a) Pflicht zur Informationsverschaffung und Prüfung der Plausibilität von Informationen

Die Crowdinvesting-Plattformen sind grundsätzlich zur Prüfung der Plausibilität der durch die Start-ups zur Verfügung gestellten Informationen verpflichtet. Die Pflicht zur Plausibilitätsprüfung ergibt sich unmittelbar aus dem geschlossenen Auskunftsvertrag als vertragliche Primärpflicht.[804] Hiernach müssen sämtliche Informationen, die auf der Plattform zur Verfügung gestellt werden, sachlich richtig und vollständig sein und ein schlüssiges Gesamtbild ergeben.[805] In Anbetracht dessen sind die Plattformen zunächst verpflichtet, sich Kenntnis über die bereitgestellten Informationen zu verschaffen.[806] Darauf aufbauend haben die Plattformen die Informationen auf Plausibilität hin zu überprüfen. Im Falle von unvollständigen Informationen beinhaltet der Pflichtenumfang auch weitergehende Nachforschung zu unternehmen und bei Bedarf weitere Informationen einzuholen.[807] Insoweit ist es denkbar, dass öffentliche Informationen, wie etwa solche aus Handelsregistern oder Führungszeugnissen, zusätzlich von den Plattformen angefragt werden müssen.[808] Zudem umfasst die Pflicht die Überprüfung der Geschäftsmodelle der jeweiligen Start-ups.[809] Zwar sind grundsätzlich keine vollumfänglichen Markttauglichkeitsstudien erforderlich, eine knappe Analyse der im Einzelnen vorherrschenden Marktverhältnisse ist den Plattformen jedoch zumutbar.[810] Besteht außerdem das Geschäftsmodell des kapitalsuchenden Unternehmens in der Etablierung eines neuartigen Produkts, so umfasst die Prüfungspflicht der Crowdinvesting-Plattformen die Überprüfung des Produkts hinsichtlich der von den Gründern beworbenen Funktionen und somit der grundsätzlichen Funktionsfähigkeit.[811]

---

804 *Emmerich*, in: MüKo-BGB, § 311, Rn. 144; *Edelmann*, in: Assmann/Schütze/Buck-Heeb-KapitalanlageR, § 3, Rn. 30; *Weber*, Crowdinvesting, S. 180 ff.; *Heuer*, Crowdinvesting, S. 87, 185; siehe hierzu auch *Spindler*, ZBB 2017, 129 (134 f.).

805 Vgl. BGH WM 2014, 2310 ff., Rn. 13 ff.; BGH NZG 2009, 471 (472), Rn. 11; *Jansen/Pfeifle*, ZIP 2012, 1842 (1850); *Uffmann*, JZ 2016, 928 (933).

806 *Söpper*, Crowdfunding, S. 154; *Schedensack*, Crowdinvesting, S. 247 f.; *Jansen/Pfeifle*, ZIP 2012, 1842 (1850).

807 *Jansen/Pfeifle*, ZIP 2012, 1842 (1850).

808 *Schedensack*, Crowdinvesting, S. 248.

809 *Jansen/Pfeifle*, ZIP 2012, 1842 (1850). Siehe hierzu auch *Heuer*, Crowdinvesting, S. 88.

810 Vgl. *Fischer*, Crowdinvesting, S. 60, 152; *Schedensack*, Crowdinvesting, S. 248 f.

811 *Schedensack*, Crowdinvesting, S. 249; *Fischer*, Crowdinvesting, S. 60, 152.

(b) Auskunfts- und Aufklärungspflicht

Neben der aus dem Auskunftsvertrag resultierenden Pflicht zur Plausibilitätsprüfung sind die Crowdinvesting-Plattformen zur Auskunft und Aufklärung gegenüber den Kleinanlegern verpflichtet.[812] Der Umfang der Auskunfts- und Aufklärungspflicht erstreckt sich auf die angebotenen Beteiligungsmöglichkeiten an Start-ups. Die Erfüllung der Pflichten ergibt sich regelmäßig durch die Veröffentlichung von denjenigen Informationen, welche die einzelnen Unternehmen den Plattformen zur Verfügung stellen.[813] Angesichts dessen haben die Plattformen ein eigenes Interesse an der Richtigkeit und Vollständigkeit der von den Start-ups beigebrachten Informationen. Ferner sind die Plattformen als Anlagevermittler dazu verpflichtet, diejenigen Risiken vollumfänglich darzustellen, die mit einer Investition in junge Unternehmen verbunden sind.[814] Zudem enthält die Aufklärungspflicht im Sinne des § 13 Abs. 1 FinVermV die Verpflichtung der Plattformen sämtliche Informationen so auszuformulieren, dass sie für den Kleinanleger verständlich sind. Insofern ist der Aufklärungsgrad hinsichtlich des Empfängerhorizonts der Kleinanleger anzupassen.[815]

(c) Überprüfungspflicht der Angemessenheit der Vermögensanlage – Prüfungspflicht der Zeichnungsgrenzen nach § 2a VermAnlG

Aufgrund der aufsichtsrechtlichen Einordnung der Crowdinvesting-Plattformen als Finanzanlagevermittler nach § 34f Abs. 1 Nr. 3 GewO unterliegen diese den Pflichten aus §§ 34f, 34g GewO i.V.m. FinVermV[816,817] Die

812 Zur Auskunfts- und Aufklärungspflicht von Crowdinvesting-Plattformen siehe auch *Jansen/Pfeifle*, ZIP 2012, 1842 (1850); *Schedensack*, Crowdinvesting, S. 250 f.; *Winde*, Regulierung Internet-Plattformen, S. 201 ff.; *Weber*, Crowdinvesting, S. 183 f.; *Heuer*, Crowdinvesting, S. 87 f.

813 Vgl. *Schedensack*, Crowdinvesting, S. 250 f.

814 *Fischer*, Crowdinvesting, S. 61; *Schedensack*, Crowdinvesting, S. 251.

815 Zum Umfang der Informationen und des Prüfungs- und Aufklärungsgrades siehe Abschnitt C.II.2.a)bb)(3)(d).

816 Verordnung über die Finanzanlagenvermittlung, BGBl. 2012 I Nr. 19, S. 1006.

817 Vgl. *Schönleiter*, in: Landmann/Rohmer-GewO, § 34f, Rn. 154 ff.; *Will*, in: BeckOK-GewO,§ 34f, Rn. 155 ff.; zu den Pflichten von Crowdinvesting-Plattformen als Finanzanlagenvermittler siehe ausführlich *Klöhn*, ZIP 2017, 2125 (2127); *Spindler*, ZBB 2017, 129 (134); *Nietsch/Eberle*, ZVglRWiss 2017, 205 (214 f.); *Riethmüller*, DB 2015, 1451 (1454 f.); *Schedensack*, Crowdinvesting, S. 388 ff.; *Heuer*, Crowdinvesting, S. 81 f.; *Drews*, Crowdfunding-Plattform, S. 79; *Weitnauer*, in: Handbuch Venture Capital, S. 222 f.; *Weitnauer/Parzinger*, GWR 2013, 153 (155 f.); *Danwerth*, ZBB 2016, 20 (29). Zu den fehlenden Überprüfungspflichten im Rahmen des § 2a VermAnlG innerhalb des FinVermV bis zum 07.05.2016 siehe

Crowdinvesting-Plattformen haben gemäß § 16 Abs. 2 f. FinVermV die aufsichtsrechtliche Pflicht, die Vermögensanlage des Kleinanlegers auf ihre Angemessenheit zu überprüfen.[818] Hierzu sind sie nach § 16 Abs. 2 S. 2, Abs. 3 S. 2 FinVermV verpflichtet, die gesetzlich vorgesehenen Informationen hinsichtlich des Anlegers einzuholen und zu beurteilen, inwiefern die einzelnen Kenntnisse und Erfahrungen ausreichend sind, um die Risiken im Zusammenhang mit der Art der Finanzanlage angemessen beurteilen zu können. Nach § 16 Abs. 4 FinVermV darf sich die Plattform auf die Angaben der Kleinanleger verlassen, wenn ihr die Fehlerhaftigkeit oder Unvollständigkeit der Informationen nicht bekannt oder durch grobe Fahrlässigkeit unbekannt geblieben ist. Sollte der Finanzanlagevermittler zu der Erkenntnis gelangen, dass die Art der Finanzanlage nicht für den Anleger angemessen ist, so hat dieser den Anleger nach § 16 Abs. 2 S. 3 FinVermV darauf hinzuweisen, wobei kein Vermittlungsverbot besteht, sofern der Anleger eine derartige Finanzanlage dennoch zeichnen möchte.[819]

Zusätzlich zu den zuvor dargestellten Prüfungs- und Aufklärungspflichten ergibt sich für die Crowdinvesting-Plattformen eine weitere aufsichtsrechtliche Prüfungspflicht aus § 16 Abs. 3a FinVermV. Demnach sind die Plattformen zur Überprüfung der in § 2a Abs. 3 VermAnlG festgelegten Zeichnungsgrenzen verpflichtet, soweit die Anbieter der angebotenen Vermögensanlagen dem Befreiungstatbestand des § 2a VermAnlG unterliegen.[820] Werden die Zeichnungsgrenzen nicht oder fehlerhaft überprüft, handelt es sich nicht nur um eine Ordnungswidrigkeit nach § 26 Abs. 1 Nr. 4 FinVermV, sondern die Plattformen haften bei einem Wertverlust zudem für den Schaden, der sich aus der Differenz zwischen der gesetzlich vorgesehenen Investitionshöhe und der tatsächlichen Investitionshöhe ergibt.[821]

Gerlach/Köhler, ZBB 2017, 84 (86 ff.). Zur aufsichtsrechtlichen Einordnung der Crowdinvesting-Plattformen siehe Abschnitt D.III.

818 Zur Ausstrahlung von öffentlich-rechtlichen Pflichten auf das Zivilrecht in Zusammenhang mit dem Crowdinvesting siehe zusammenfassend *Schedensack*, Crowdinvesting, S. 253 f.; *Winde*, Regulierung Internet-Plattformen, S. 220 ff.

819 *Glückert*, in: Landmann/Rohmer-GewO, § 16 FinVermV, Rn. 3.

820 Zur der entsprechenden Überprüfungspflicht der Crowdinvesting-Plattformen siehe auch Abschnitt D.III und Abschnitt E.I.2.a). Zur fehlenden Verpflichtung der Überprüfung bis zum 07.05.2016 siehe *Gerlach/Köhler*, ZBB 2017, 84 (86 ff.).

821 *Heuer*, Crowdinvesting, S. 187. Siehe auch *Danwerth*, ZBB 2016, 20 (33); *Casper*, ZBB 2015, 265 (278); *Schedensack*, Crowdinvesting, S. 394.

(d) Prüfungs- und Aufklärungsgrad der Crowdinvesting-Plattformen

Sowohl im Bereich der Angemessenheits- wie auch in der Plausibilitätsprüfung hängt der jeweilige Prüfungs- und Aufklärungsgrad des Anlagevermittlers von dem Kenntnisstand und der Erfahrung der für eine Finanzierung von Unternehmen avisierten Anlegergruppe ab.[822] Handelt es sich bei dieser Gruppe um erfahrene Investoren bzw. ist der Investitionsbereich von einer geringen Informationsdichte geprägt, reduziert sich damit der Pflichtenkatalog des jeweiligen Anlagevermittlers.

Im Rahmen des Crowdinvesting-Modells ist die Prüfungs- und Aufklärungspflicht der Crowdinvesting-Plattformen im Vergleich zu anderen Anlagevermittlern verringert. Dies ergibt sich zum einen aus der Tatsache, dass es sich bei der Finanzierung von Start-ups um einen Investitionsbereich handelt, welche angesichts der Frühphase eines Unternehmens wenig prüfbare Informationen bereithält.[823] Zum anderen richtet beispielweise *Seedmatch* die angebotenen Beteiligungsmöglichkeiten lediglich an Anlegergruppen, die ausreichend Erfahrung und Kompetenz im Umgang mit derartigen Vermögensanlagen haben.[824] Insoweit bleibt der Grad der Aufklärung für die Plattformen reduziert, obwohl trotz Einschränkung auf erfahrene Investorengruppen und entsprechenden Hinweise im Sinne des § 16 Abs. 2 S. 4 f. FinVermV dennoch unerfahrene Anleger etwaige Vereinbarungen unterzeichnen.[825] Demzufolge sind die Prüfungs- und Aufklärungspflichten der Crowdinvesting-Plattformen auf das jeweilige Verkaufsprospekt und, falls dieses Rahmen des § 2a VermAnlG nicht erforderlich ist, ausschließlich auf die einzelnen Vermögensanlagen-Informationsblätter, sowie auf die von den Start-ups zur Verfügung gestellten Dokumente und die durch Gesetz vorgegebenen Informationen beschränkt. Zudem können

---

822 *Einsiedler*, WM 2013, 1109 (1110); *Heuer*, Crowdinvesting, S. 185 f.; a.A. *Schedensack*, Crowdinvesting, S. 251 der von einem Verständnishorizont eines durchschnittlichen Anlegers ausgeht.

823 Vgl. *Heuer*, Crowdinvesting, S. 185 f.

824 So Ziffer 3.1 und Ziffer 5.1 der entsprechend als Anlage beigefügten AGB der *OneCrowd Loans GmbH (Seedmatch)*:
„*3.1 Das Angebot von OneCrowd Loans richtet sich ausschließlich an den gut informierten, erfahrenen und selbstbestimmten Investor. (…).*
5.1 (…) OneCrowd Loans richtet sich ausschließlich an Investoren, die ausreichend Erfahrung und Kompetenz haben, um die Risiken dieser Vermögensanlagen zu verstehen und eigenverantwortlich Investmententscheidungen zu treffen. (…).“.

825 Zu einem fehlenden Vermittlungsverbot bei der Angemessenheitsprüfung siehe Abschnitt C.II.2.a)bb)(3)(c).

die Plattformen bei privilegierten Vermögensanlagen nach § 2a VermAnlG regelmäßig ihrer Pflicht zur Überprüfung der Angemessenheit der jeweiligen Vermögensanlage nach § 16 Abs. 2 S. 1 FinVermV gerecht werden, wenn diese ordnungsgemäß die Zeichnungsgrenzen entsprechend § 16 Abs. 3a FinVermV i.V.m. § 2a VermAnlG überprüfen.[826] Werden die relevanten Informationen nicht überprüft bzw. wird über den Inhalt nicht ordnungsgemäß aufgeklärt, verletzten die Plattformen ihre aus dem Auskunftsvertrag resultierenden Pflichten. Die Pflichtverletzungen können letztendlich nach den §§ 280 Abs. 1 S. 1, 675 Abs. 1, 611 BGB zu einer Inanspruchnahme durch den jeweiligen Kleinanleger führen.[827]

(e) Statusbezogene Informationen und weitere Offenlegungspflichten

Wie bei der Darstellung des Abschlusses eines Nutzungsvertrages erwähnt, unterliegen Crowdinvesting-Plattformen den aus § 12 FinVermV resultierenden statusbezogenen Informationspflichten. Hierbei handelt es sich primär um die Pflicht der Plattformbetreiber die Kleinanleger über die Plattform und deren Tätigkeitsbereiche zu informieren, um so eine mögliche Transparenz zu gewährleisten.[828] Gemäß § 12 Abs. 1 FinVermV sind dem Anleger die Informationen vor der ersten Anlageberatung oder -vermittlung in Textform zur Verfügung zu stellen. In Anbetracht dessen empfiehlt es sich den Kleinanlegern die betreffenden Informationen bereits mit Abschluss des jeweiligen Nutzungsvertrages zukommen zu lassen.[829]

Als gewerbebetreibende Finanzanlagevermittler sind die Crowdinvesting-Plattformen zusätzlich nach den §§ 12a, 13 FinVermV verpflichtet die Kleinanleger über bestehende Provisionsansprüche gemäß § 12a FinVermV oder mögliche Risiken der Finanzanlagen entsprechend § 13 Abs. 1, Abs. 2 FinVermV zu informieren.[830] Nach § 13 Abs. 1 S. 2 FinVermV müssen die Informationen derart ausgestaltet sein, dass der Anleger nach vernünftigem Ermessen die Art und Risiken der Finanzanlagen verstehen und auf dieser Grundlage eine Anlageentscheidung treffen kann. Darüber hinaus beinhalten die Offenlegungspflichten

826 Vgl. Abschnitt D.III.

827 Zur Haftung der Crowdinvesting-Plattformen siehe ausführlich Abschnitt E.V.2.

828 *Glückert*, in: Landmann/Rohmer-GewO, § 12 FinVermV, Rn. 1; *Schedensack*, Crowdinvesting, S. 389.

829 Insoweit sind einige Informationsangaben mit den Vorgaben aus § 312d Abs. 2 BGB i.V.m. Art. 246b EGBGB identisch. Siehe hierzu Abschnitt C.II.3.b).

830 Vgl. *Klöhn*, ZIP 2017, 2125 (2127 f.). Zum Informationsumfang und dem weitergehenden Ausgewogenheitsgebot nach § 4 Abs. 2 WpDVerOV a.F.) siehe *Schedensack*, Crowdinvesting, S. 390 ff.

der Finanzanlagervermittler nach § 13 Abs. 3 FinVermV die Angabe zu entstehenden Kosten und Nebenkosten. Schließlich haben die Crowdinvesting-Plattformen nach § 13 Abs. 5 FinVermV den Kleinanleger über bestehende Interessenkonflikte zu informieren, die zwischen ihnen oder ihren Mitarbeitern und den Anlegern oder zwischen den Anlegern bestehen können. Gemäß § 13 Abs. 6 FinVermV sind die einzelnen Informationen den Anlegern in Textform zu übermitteln, so dass die statusbezogenen Informationen aus § 12 FinVermV mit den allgemeinen Informationen aus §§ 12a, 13 FinVermV gemeinsam in einem Dokument zusammenfasst und dem Anleger zur Verfügung gestellt werden können.

(f) Allgemeine Verhaltenspflicht

Als Finanzanlagevermittler unterliegen Crowdinvesting-Plattformen außerdem der allgemeinen Verhaltenspflicht nach § 11 FinVermV. Hierbei handelt es sich um eine Generalklausel hinsichtlich des zuvor dargestellten Pflichtenumfangs aus §§ 12 ff. FinVermV.[831] Gemäß § 11 FinVermV sind die Plattformen dazu verpflichtet die Anlagevermittlung mit der erforderlichen Sachkenntnis, Sorgfalt und Gewissenhaftigkeit im Interesse des Anlegers auszuüben. Die Plattformen haben dabei die Funktionsweise, Chancen und Risiken der Crowdinvesting-Verträge zu kennen, sowie einen Sachkundenachweis gemäß § 34f Abs. 2 Nr. 4 GewO zu erbringen.[832] Ferner ergibt sich aus § 11 FinVermV eine Interessenswahrungspflicht des Finanzanlagevermittlers gegenüber den Anlegern. Demnach hat dieser loyal und im Interesse der Anleger zu handeln.[833] Nach § 14 Abs. 1 S. 1 FinVermV müssen zusätzlich sämtliche Informationen, einschließlich Werbemitteilungen, welche die Crowdinvesting-Plattformen den Anlegern zugänglich machen, redlich, eindeutig und nicht irreführend sein.[834] Etwaige daraus resultierenden Konkretisierungen der Pflichten ergeben sich aus § 14 Abs. 5 FinVermV i.V.m. § 4 Abs. 2 ff. WpDVerOV.[835] Die Grundsätze sind durch Crowdinvesting-Plattformen vor allem dann zu beachten, wenn diese in Blogeinträgen oder mithilfe sonstiger Maßnahmen für Beteiligungsmöglichkeiten an Start-ups werben.[836]

---

831 *Klöhn*, ZIP 2017, 2125 (2127); *Glückert*, in: Landmann/Rohmer-GewO, § 11 FinVermV, Rn. 3.

832 Vgl. *Glückert*, in: Landmann/Rohmer-GewO, § 11 FinVermV, Rn. 3.

833 *Glückert*, in: Landmann/Rohmer-GewO, § 11 FinVermV, Rn. 4.

834 *Schedensack*, Crowdinvesting, S. 389; *Klöhn*, ZIP 2017, 2125 (2128).

835 Ausführlich hierzu *Glückert*, in: Landmann/Rohmer-GewO, § 14 FinVermV, Rn. 6.

836 Vgl. *Schedensack*, Crowdinvesting, S. 389.

(4) Pflichten- und Haftungsausschluss durch AGB

Im Bewusstsein bestehender Pflichten gegenüber der Crowd versuchen Crowdinvesting-Plattformen regelmäßig im Wege ihrer AGB vertragliche und gesetzliche Prüfungs- und Aufklärungspflichten bzw. möglicherweise daraus entstehende Haftungsansprüche auszuschließen.[837] Dementsprechend verweigerten in der Vergangenheit etwa die Plattformen *Seedmatch*[838] und *Companisto*[839] eine Überprüfung der Angaben der Start-ups auf Korrektheit, Vollständigkeit und Plausibilität und übertrugen die alleinige Verantwortung für die jeweiligen Informationen auf die Unternehmen. Zudem schlossen beide Plattformen die Haftung für daraus resultierende Pflichtverletzungen aus.[840]

---

837 Vgl. *Uffmann*, JZ 2016, 928 (934); *Nietsch/Eberle*, DB 2014, 1788 (1789); *Söpper*, Crowdfunding, S. 119; *Schedensack*, Crowdinvesting, S. 234 f.; *Winde*, Regulierung Internet-Plattformen, S. 212 ff.; *Weber*, Crowdinvesting, S. 184 f.; *Bujotzek/Mocker*, BKR 2015, 358 (359).

838 So Ziffer 5.2 der entsprechend als Anlage beigefügten AGB der *OneCrowd Loans GmbH (Seedmatch)*:
„5.2 (…) Der jeweilige Emittent stellt die für die Anlageentscheidung relevanten Informationen, Dokumente und Dateien auf der Internetplattform zur Verfügung und nimmt deren Auswahl vor. Für die Richtigkeit, Vollständigkeit und Aktualität der Informationen, auch während der Laufzeit der Vermögensanlage, ist allein der Emittent verantwortlich. (…).“.

839 Vgl. Ziffer 13.4 und Ziffer 13.5 der entsprechend als Anlage beigefügten AGB von *Companisto*:
„13.4 (…) Die Informationen über die Crowdinvestingprojekte auf der Companisto-Webseite werden ausschließlich von den Crowdinvestingprojekten zur Verfügung gestellt. Eine Plausibilitätsprüfung der Angaben des Crowdinvestingprojektes oder eine Prüfung der Wirtschaftlichkeit des Crowdinvestingsprojektes durch Companisto findet nicht statt.
13.5 Die Informationen über die Unternehmen auf der Companisto-Website werden ausschließlich von den Unternehmen zur Verfügung gestellt. Die von den Unternehmen gemachten Prognosen sind keine Garantie für die zukünftige Entwicklung des Unternehmens. (…).“.

840 So etwa Ziffer 10.3 der entsprechend als Anlage beigefügten AGB der *OneCrowd Loans GmbH (Seedmatch)*:
„10.3 OneCrowd Loans haftet nicht für Schäden, die dem Investor durch die Nutzung der Internetplattform angebotenen Dienstleistungen bzw. der dort veröffentlichten Inhalte entstehen. (…) Unberührt bleibt ferner die Haftung von OneCrowd Loans für die Verletzung von Pflichten, deren Erfüllung die ordnungsgemäße Durchführung des Vertrages überhaupt erst ermöglicht und auf deren Einhaltung der Investor regelmäßig vertrauen darf.“.

Werden die Freizeichnungen einseitig in AGB geregelt, so sind die Klauseln in der Regel unwirksam.[841] Insofern handelt es sich bei den aus dem Auskunftsvertrag abzuleitenden Prüfungs- und Aufklärungspflichten um sogenannte Kardinalspflichten des Anlagevermittlers.[842] Ein Ausschluss von Kardinalspflichten ist nach der Rechtsprechung des BGH[843] im Rahmen von AGB grundsätzlich unwirksam. Die Kleinanleger werden nach § 307 Abs. 2 Nr. 2 BGB unangemessen benachteiligt, da die Freizeichnungen der Plattformen mittels AGB die Erreichung der Vertragszwecke gefährden.[844] Ferner würde ein Ausschluss der Prüfungspflichten auch eine Abweichung von dem wesentlichen Grundgedanken des § 16 Abs. 2 FinVermV bedeuten. Dahingehend normiert die Regelung die Pflicht der Anlagevermittler die Vermögensanlage auf Angemessenheit zu überprüfen. Demnach ergibt sich die Unwirksamkeit der Freizeichnung mittels AGB zudem aus § 307 Abs. 2 Nr. 1 BGB.[845] Mit Blick auf die Unwirksamkeit der Freizeichnung von Kardinalspflichten gilt selbiges entsprechend für den Haftungsausschluss der Plattformen für Pflichtverletzungen hinsichtlich der genannten Kardinalspflichten. Insoweit ist der jeweilige Haftungsausschluss gemäß § 309 Nr. 7b BGB bzw. nach § 307 Abs. 2 Nr. 2 BGB unwirksam.[846]

Vgl. auch Ziffer 11.1 der entsprechend als Anlage beigefügten AGB von *Companisto*:
„11.1 Companisto haftet, sofern Companisto Vorsatz oder grobe Fahrlässigkeit zur Last fällt. Für einfache Fahrlässigkeit haftet Companisto nur bei Verletzung einer Pflicht, deren Erfüllung die ordnungsgemäße Durchführung des Vertrags überhaupt erst ermöglicht und auf deren Einhaltung der Vertragspartner regelmäßig vertrauen darf (sog. Kardinalspflicht). Im Übrigen ist eine Schadensersatzhaftung für Schäden aller Art, gleich aufgrund welcher Anspruchsgrundlage, einschließlich der Haftung für Verschulden bei Vertragsschluss, ausgeschlossen.“.

841 Siehe hierzu insgesamt *Winde*, Regulierung Internet-Plattformen, S. 212 ff.

842 *Uffmann*, JZ 2016, 928 (934); *Fischer*, Crowdinvesting, S. 61; *Schedensack*, Crowdinvesting, S. 236 f.; *Heuer*, Crowdinvesting, S. 187.

843 BGH WM 2000, 426 (428 f.); *Grüneberg*, in: Grüneberg-BGB, § 307, Rn. 33.

844 *Uffmann*, JZ 2016, 928 (934); *Jansen/Pfeifle*, ZIP 2012, 1842 (1850); *Schedensack*, Crowdinvesting, S. 236 und *Fischer*, Crowdinvesting, S. 61 hinsichtlich § 307 Abs. 1 S. 1 BGB; *Wendland*, in: Staudinger-BGB (2019), § 307, Rn. 275 f.; *Weber*, Crowdinvesting, S. 185 ff.; *Spindler*, ZBB 2017, 129 (135).

845 *Heuer*, Crowdinvesting, S. 188; *Weber*, Crowdinvesting, S. 187.

846 *Uffmann*, JZ 2016, 928 (934); *Schedensack*, Crowdinvesting, S. 235 f.

b) *Companisto: Pooling- und Carryvereinbarung*

Die Crowdinvesting-Plattform *Companisto* schließt mit den einzelnen Kleinanlegern einen weiteren Vertrag ab.[847] Die als Pooling- und Carryvereinbarung deklarierte Vertragsbeziehung beinhaltet zunächst eine Stimmbindungsvereinbarung, welche die Plattform dazu berechtigt im Namen sämtlicher Crowdinvestoren die einzelnen Crowdinvesting-Verträge abzuändern oder zu beenden.[848] Hierzu muss sich die Mehrheit der Investoren in einem online durchgeführten Abstimmungsverfahren für die Abänderung bzw. Beendigung der Crowdinvesting-Verträge entscheiden.[849] Sinn und Zweck der Etablierung eines solchen sogenannten Stimmenpoolings liegen der Koordination einer Vielzahl von Zeichnern und die daraus resultierende einheitliche Stimmausübung im Fall eines Exits oder einer erforderlichen Anpassung der Verträge.[850]

Die wesentlichen vertraglichen Regelungen zur Poolingvereinbarung bei *Companisto*[851] lauten beispielsweise wie folgt:

„***3. Zurverfügungstellung eines elektronischen Abstimmungsverfahrens***

3.1. Companisto stellt die für die in dieser Poolingvereinbarung genannten Abstimmungsverfahren benötigte technische Infrastruktur zur Verfügung. Companisto kann sich hierfür eines Dritten bedienen

4. Pooling bei Ablöseangebot

4.1. Die Parteien sind sich darüber einig, dass die gebündelte Veräußerung oder Ablösung sämtlicher partiarischer Darlehen an einen Investor

847 Vgl hierzu *Ivanović*, Crowdinvesting, S. 85 ff.; *Winde*, Regulierung Internet-Plattformen, S. 65.

848 Zur Zulässigkeit von Kündigungen durch Mehrheitsbeschluss im Crowdinvesting *Schedensack*, Crowdinvesting, S. 266.

849 *Klöhn/Hornuf/Schiling*, ZBB 2016, 142 (147); *Weitnauer/Parzinger*, GWR 2013, 153 (154).

850 Vgl. *Business Angels Netzwerk Deutschland e.V.*, BANDquartal 1/2014, abrufbar unter *https://www.business-angels.de/ausgabe-012014/* [zuletzt aufgerufen am 12.05.2022], S. 7; *Companisto*, Crowdinvesting – 5 Voraussetzungen für Anschlussfinanzierungen, abrufbar unter *https://www.companisto.com/de/academy/profis/crowdinvesting-5-voraussetzungen-fuer-anschlussfinanzierungen* [zuletzt aufgerufen am 12.05.2022].

851 So beispielsweise bei der Poolingvereinbarung zum Beteiligungsvertrag für ein partiarisches Nachrangdarlehen bei *Companisto* entsprechend des als Anlage beigefügten Vertrages.

(neben einem Exit gemäß Ziffer 12 des partiarischen Darlehensvertrages) die besten Chancen auf einen Gewinn bietet. Es ist daher erstrebenswert, Angebote von Investoren, dem Startup oder sonstigen Dritten für den Erwerb oder die Ablösung sämtlicher partiarischer Darlehen zu erhalten (nachfolgend gemeinsam „Ablöseangebot"), sodass der Companist die Möglichkeit hat, für sein partiarisches Darlehen einen über dem Darlehensbetrag (einschließlich fester Verzinsung) liegenden Preis zu erzielen.

4.2. *Liegt ein Ablöseangebot vor, so wird auf der Webseite eine Abstimmung der Companisten durchgeführt. Bei dieser Abstimmung gewähren jede 100 Euro gewährter Darlehensbetrag an das Startup eine Stimme. Die Stimmabgabe ist nur einheitlich und nur auf der Webseite möglich. Das Ablöseangebot ist angenommen, wenn drei Viertel der abgegebenen Stimmen für die Veräußerung oder die Beendigung der partiarischen Darlehen gegen Zahlung einer Ablösesumme stimmen. Das Abstimmungsergebnis ist für alle Companisten verbindlich. Die Abstimmung dauert mindestens sieben Tage. Sie ist von Companisto mindestens drei Tage vor Beginn der Abstimmung per E-Mail und auf der Webseite anzukündigen. Die Ankündigung per E-Mail erfolgt an die von dem jeweiligen Companisten auf der Webseite in seinem Benutzerprofil hinterlegte E-Mail-Adresse. Der Companist ist daher verpflichtet die hinterlegte E-Mail-Adresse stets aktuell zu halten.*

4.3. *Wird das Ablöseangebot gemäß Ziffer 4.2 angenommen, so werden sämtliche partiarische Darlehensverträge vorzeitig vor Ablauf der Festlaufzeit beendet oder übertragen, sobald die Ablösesumme bei den Companisten eingegangen ist oder für die Companisten treuhänderisch hinterlegt wurde (nachfolgend „Community-Verkauf"). Wird die Ablösesumme hinterlegt, so hat dies bei einem Zahlungsdienstleister mit der Erlaubnis zum Betreiben von Finanztransfergeschäften zu erfolgen. Die Auszahlung einer hinterlegten Ablösesumme hat innerhalb von 14 Tagen ab Hinterlegung zu erfolgen. Sämtliche Zahlungen an die Companisten werden ausschließlich von Zahlungsdienstleistern mit der Erlaubnis zum Betreiben von Finanztransfergeschäften oder von dem Startup selbst durchgeführt, nicht jedoch von Companisto. Sobald die Auszahlung oder Hinterlegung der Ablösesumme stattgefunden hat, ist Companisto ermächtigt, die von den Companisten beschlossene Beendigung oder Veräußerung der partiarischen Darlehen in ihrem Namen mit dem Startup oder dem Erwerber der partiarischen Darlehen zu vereinbaren.*

4.4. *Zum Schutz der Companisten vor unseriösen Angeboten ist Companisto zur Weiterleitung eines Ablöseangebotes nur verpflichtet, wenn der Investor je 100 Euro Darlehensbetrag mindestens das Doppelte des Nominalwertes zuzüglich offener Zinsen bietet. Eine Weiterleitung von niedrigeren Angeboten ist zulässig, jedoch besteht für Companisto keine Verpflichtung.*

4.5. *Die Ziffern 4.1 bis 4.4 gelten auch in allen übrigen Fällen entsprechend, bei denen die Möglichkeit besteht sämtliche partiarische Darlehen gegen Zahlung einer Ablösesumme zu veräußern oder zu beenden; diese sind ebenfalls Ablöseangebote im Sinne dieses Vertrages.*

5. *Pooling bei Vertragsänderungen*

5.1. *Den Parteien ist bewusst, dass die partiarischen Darlehensverträge ggf. angepasst werden müssen, um die Chancen auf einen Exit, eine Anschlussfinanzierung oder einen IPO zu erhöhen. Die Companisten erklären sich deshalb dazu bereit, im Falle von geplanten Vertragsänderungen oder im Falle eines geplanten Verzichts auf die Anwendung einzelner Vorschriften darüber abzustimmen, ob eine entsprechende Änderung der partiarischen Darlehensverträge oder ein entsprechender Verzicht vorgenommen wird. Für das Quorum und das Verfahren gilt Ziffer 4.2 entsprechend. Die Vereinbarung einer Nachschusspflicht ist nicht zulässig.*

5.2. *Werden die Vertragsänderungen gemäß der Ziffern 5.1 und 4.2 angenommen, so sind die beschlossenen Änderungen oder Verzichtserklärungen für alle Companisten verbindlich. Companisto ist in diesem Fall ermächtigt, die von den Companisten beschlossenen Änderungen in ihrem Namen mit dem Startup zu vereinbaren oder die entsprechenden Verzichtserklärungen abzugeben.“*

Im Rahmen des Crowdinvestings werden Stimmbindungsvereinbarungen als wesentliche Bedingung für erfolgreiche Anschluss- oder Co-Finanzierungen durch professionelle Wagniskapitalgeber als Gesellschafter gesehen. Insoweit schrecken letztere regelmäßig von Verhandlungen mit einer Vielzahl von Crowdinvestoren zurück, wenn deren Stimmen nicht durch Poolings vereinheitlicht wurden und so ein einheitliches Handeln der Geldgeber gewährleistet ist.[852]

---

852 Siehe hierzu *Weitnauer*, in: Handbuch Venture Capital, S. 224; *Weitnauer/Parzinger*, GWR 2013, 153 (157); *Bujotzek/Mocker*, BKR 2015, 358 (360); *Business*

Durch die Vereinbarung eines Stimmenpoolings zwischen *Companisto* und dem jeweiligen Kleinanleger begründen diese eine Innen-GbR[853], mit welcher *Companisto* nicht nur ermächtigt wird den Crowdinvestor rechtlich nach außen zu vertreten, sondern auch in dessen Namen den Crowdinvesting-Vertrag – entsprechend dem Ergebnis des zwischen den Anlegern durchgeführten Abstimmungsverfahren – abzuändern bzw. zu beenden. Insofern ist die Innen-GbR auf die Koordination einer einheitlichen Willensbildung und Interessenvertretung der Kleinanleger mit Blick auf die Vertragsänderung oder -beendigung reduziert.[854] Eine weitergehende Begründung einer Außen-GbR der Investoren mit der Plattform, zum Beispiel um gemeinsam durch ein Beteiligungskonsortium wirtschaftliche Beteiligungen an den Start-ups in Form eines Sondervermögens zu erwerben, ist nicht ersichtlich.[855] Die Poolingvereinbarung sieht keinen gemeinschaftlichen Erwerb einer Unternehmensbeteiligung zum Gesamthandvermögen der GbR vor, so dass der jeweilige Kleinanleger im Ergebnis stets unmittelbar und ausschließlich an dem Start-up wirtschaftlich beteiligt ist.

Neben dem Stimmenpooling sieht die Vereinbarung zudem eine Provisionsvergütung für *Companisto* vor (sogenannte *Carried Interest*).[856] Hierbei verpflichtet sich der Kleinanleger zur Zahlung einer prozentualen Vergütung für sämtliche Erträge, die im Zusammenhang mit der jeweiligen Darlehenssumme ausgeschüttet werden.

Angels Netzwerk Deutschland e.V., BANDquartal 1/2014, abrufbar unter *https://www.business-angels.de/ausgabe-012014/* [zuletzt aufgerufen am 12.05.2022], S. 7. Zur Frage einer Kompatibilität mit den Grundsätzen von VC-Gebern siehe Abschnitt F.III.1.b)gg) und Abschnitt F.III.2.b)ee).

853 Zu Poolverträgen allgemein statt vieler BGHZ 179, 13 (19), Rn. 14; *Arnold*, in: MüKo-AktG, § 136, Rn. 78; *Rieckers*, in: BeckOGK-AktG, § 136, Rn. 50.

854 Vgl. zur stillen Gesellschaft in Abgrenzung zwei- zu mehrgliedrigen Gesellschaften *K. Schmidt*, in: MüKo-HGB, § 230, Rn. 85; *Blaurock*, in: Blaurock, HdB-Stille Gesellschaft, § 6, Rn. 6.55 ff.; *Bujotzek/Mocker*, BKR 2015, 358 (360); *Wedemann*, in: Oetker-HGB, § 230, Rn. 46; *Hoffmann-Theinert*, in: BeckOK-HGB, § 230, Rn. 28 f.; zum Investment- bzw. Kapital-Pool siehe *Herr/Bantleon*, DStR 2015, 532 (534).

855 *Weitnauer/Parzinger*, GWR 2013, 153 (156); *Wedemann*, in: Oetker-HGB, § 230, Rn. 47; zur Abgrenzung des Stimmrechtspooling zu einem Beteiligungskonsortium *Schäfer*, in: MüKo-BGB, Vorb. § 705, Rn. 69; *Winde*, Regulierung Internet-Plattformen, S. 64 ff.; *Ivanović*, Crowdinvesting, S. 83 ff.

856 Vgl. *Klöhn/Hornuf/Schiling*, ZBB 2016, 142 (147).

Die vertragliche Regelung zur Carryvereinbarung bei *Companisto*[857] lautet beispielsweise wie folgt:

„***6. Gewinnbeteiligung***

6.1. Companisten zahlen keine Gebühr für den Abschluss der partiarischen Darlehensverträge. Die gesamte Investition des Companisten fließt damit ohne Abzüge in das partiarische Darlehen. Companisto profitiert nur dann, wenn der Companist mit seinem partiarischen Darlehen Einnahmen erzielt: We win if you win. Companisten können sich also sicher sein, dass Companisto immer sein Bestes geben wird. Companisto erhält deshalb aus sämtlichen Bonuszinserträgen aus den partiarischen Darlehen (Ziffern 11 und 12) und aus allen sonstigen Erträgen, die über die Rückzahlung des Darlehensbetrages des Companisten hinaus gehen, eine Provision in Höhe von zehn Prozent der an den Companisten ausgeschütteten Beträge (nachfolgend „Gewinnbeteiligung“). Die Gewinnbeteiligung bezieht sich nicht auf die ertragsunabhängige feste Verzinsung (Ziffer 10 des partiarischen Darlehensvertrags). In Höhe der Gewinnbeteiligung tritt der Companist seine Ansprüche gegen das Startup an Companisto ab. Companisto nimmt die Abtretung an. Die Gewinnbeteiligung wird von dem Startups jeweils bei Auszahlung von Bonuszinsen direkt an Companisto gezahlt. Sie ist nur fällig, wenn dem Companisten über die ertragsunabhängige feste Verzinsung hinaus tatsächlich Bonuszinsen ausgezahlt werden.“

3. Vertragsschluss und Widerrufsrecht nach §§ 312g Abs. 1, 355 Abs. 1 BGB

a) *Beschränkter Anwendungsbereich nach § 312 Abs. 5 S. 1 BGB*

Wie im vorgehenden Abschnitt dargestellt werden die Vertragsbeziehungen zwischen den Crowdinvesting-Plattformen und den Kleinanlegern ausschließlich online abgeschlossen. Eine schriftliche Vertragsunterzeichnung der einzelnen Parteien erfolgt zu keinem Zeitpunkt. Da die Kleinanleger regelmäßig eine Verbraucherstellung im Sinne des § 13 BGB einnehmen, sind zudem die Regelungen der §§ 312 ff. BGB zu beachten. Bei den Vertragsverhältnissen zwischen der Crowd und den Crowdinvesting-Plattformen handelt es sich

857 So beispielsweise bei der Carryvereinbarung von *Companisto.*

folglich um Fernabsatzverträge gemäß § 312c Abs. 1 BGB, die den Kleinanlegern ein Widerrufsrecht nach §§ 312g Abs. 1, 355 Abs. 1 BGB einräumen.[858] Die Einordnung der Vertragsbeziehungen als Verbraucherverträge gemäß §§ 312, 310 Abs. 3 BGB ergibt sich durch die Bestimmung der Vereinbarungen als Finanzdienstleistungen im Sinne des § 312 Abs. 5 S. 1 BGB. Nach der dortigen Legaldefinition sind Finanzdienstleistungen Vertragsverhältnisse über Bankdienstleistungen sowie Dienstleistungen etwa im Zusammenhang mit Geldanlagen. Die Vertragsverhältnisse zwischen den Kleinanlegern und den Plattformen werden in Zusammenhang mit den später abzuschließenden Crowdinvesting-Verträgen geschlossen. Insofern handelt es sich bei den Beteiligungsverträgen um Geldanlagen, deren Vermittlung im Wege einer Anlagenvermittlung der Plattformen als Finanzdienstleistungen zu verstehen sind.[859]

Neben den Anforderungen an Verbraucherverträgen erfüllen die Vertragsverhältnisse zwischen den Kleinanlegern und den Crowdinvesting-Plattformen die Voraussetzung des § 312 Abs. 1 BGB im Sinne einer Verpflichtung des Verbrauchers zur Zahlung eines Preises. Eine Verpflichtung zur Zahlung eines Preises ist grundsätzlich gegeben, wenn der Verbraucher vertraglich zur Zahlung eines Preises in Geld als Gegenleistung verpflichtet ist.[860] Im Rahmen der Vertragsbeziehung zwischen den Kleinanlegern und den Plattformen ergibt sich eine entsprechende Verpflichtung spätestens mit Abschluss einer Carryvereinbarung[861], soweit eine solche zwischen den Parteien abgeschlossen wurde. Während die Nutzung der Plattform für den Kleinanleger zunächst kostenlos ist, verpflichtet sich letzterer durch die Carryvereinbarung zur Zahlung einer Provision an die Crowdinvesting-Plattform im Falle eines Investments. Bei fehlenden Abschlüssen von zusätzlichen Vereinbarungen ergibt sich die konkrete Verpflichtung zur Zahlung eines Preises in Geld infolge der Vergütung der Crowdinvesting-Plattformen durch die Start-ups.[862] Für die Tatbestandserfüllung ist es unerheblich, ob die

---

858 Zum Vertragsschluss zwischen den Kleinanlegern und den Start-ups mithilfe der Crowdinvesting-Plattformen siehe Abschnitt C.I.2. Vgl. auch *Schedensack*, Crowdinvesting, S. 240 ff.

859 Zum Widerrufsrecht der Kleinanleger bei Crowdinvesting-Verträgen siehe Abschnitt C.I.2.d).

860 Siehe hierzu insgesamt und auch zum Begriff der Entgeltlichkeit aus der alten Fassung des § 312 Abs. 1 BGB *Wendehorst*, in: MüKo-BGB, § 312, Rn. 39 f.

861 Siehe hierzu Abschnitt C.II.2.b).

862 Zur Abgrenzung zum Pre-Purchase-Modell siehe *Wendehorst*, in: MüKo-BGB, § 312, Rn. 35. Vgl. auch zum Begriff der Entgeltlichkeit im Crowdinvesting-Modell *Schedensack*, Crowdinvesting, S. 241 f.

Vergütung der Plattform mittelbar durch einen Dritten oder durch den Verbraucher selbst erfolgt.[863] Im Hinblick auf den Schutzzweck des § 312 Abs. 1 BGB und der daraus resultierenden erweiterten Informationspflichten der Plattformen nach § 312d Abs. 2 BGB i.V.m. Art. 246b EGBGB ist die Möglichkeit einer zukünftigen Provisionszahlung für das Erfordernis der Zahlung eines Preises nach § 312 Abs. 1 BGB ausreichend. Denn mit dem Abschluss von Nutzungs- und Auskunftsverträgen treten die Kleinanleger in einen geschäftlichen Kontakt zu den kapitalsuchenden Unternehmen und sollten demnach im Falle der nachfolgenden Zeichnung von Crowdinvesting-Verträgen die entsprechenden gesetzlichen Informationen erhalten.[864]

b) Informationspflichten und Widerrufsfrist

Angesichts der Einordnung der Vertragsverhältnisse zwischen den Kleinanlegern und Crowdinvesting-Plattformen als Finanzdienstleistungen unterliegen die Plattformen den Informationspflichten nach § 312d Abs. 2 BGB i.V.m. Art. 246b EGBGB. Zudem haben sie die in den §§ 312i Abs. 1, 312j Abs. 3 BGB bestimmten Pflichten zu erfüllen. Die Widerrufsfrist beträgt 14 Tage und beginnt mit dem Vertragsschluss, wenn zeitgleich eine wirksame Widerrufsbelehrung durch die jeweilige Plattform erfolgt, §§ 355 Abs. 2, 356 Abs. 3 S. 1 BGB.[865] Gleichgelagert wie bei bestehenden Widerrufsrechten der Kleinanleger hinsichtlich der Crowdinvesting-Verträge beginnt die Widerrufsfrist nicht zu laufen solange die Widerrufsbelehrung nicht oder nicht ordnungsgemäß erfolgte. Durch die Einordnung der Vertragsbeziehungen als Finanzdienstleistung ist zudem die maximale Widerrufsfrist gemäß § 356 Abs. 3 S. 2 BGB von einem Jahr und 14 Tagen nach § 356 Abs. 3 S. 3 BGB nicht anwendbar. Eine Begrenzung des Widerrufsrechts bleibt lediglich aufgrund des § 356 Abs. 4 Nr. 4 BGB und im Rahmen einer

---

863 Zur kausalen Verknüpfung *Wendehorst*, in: MüKo-BGB, § 312, Rn. 39 f.; vgl. auch *Schedensack*, Crowdinvesting, S. 241 f.

864 Insgesamt hierzu *Schedensack*, Crowdinvesting, S. 242. Zu den erweiterten Informationspflichten siehe Abschnitt C.II.3.b).

865 Die Voraussetzungen für eine ordnungsgemäße Widerrufsbelehrung ergeben sich aus § 356 Abs. 3 S. 1 BGB der auf Art. 246a § 1 Abs. 2 Nr. 1 EGBGB und Art. 246b § 2 Abs. 1 EGBGB verweist. Insoweit ist anzumerken, dass der Gesetzgeber seit der Änderung des Gesetzes die Widerrufsbelehrung durch eine Widerrufsunterrichtung ersetzt hat. In dieser Arbeit wird dennoch der Begriff Widerrufsbelehrung bevorzugt.

ausnahmsweise anzunehmenden Verwirkung nach § 242 BGB möglich.[866] Erforderliche Widerrufsbelehrungen werden derzeit weder von *Companisto* noch von *Seedmatch* vorgenommen. Hierbei ist zu vermuten, dass die Plattformen von derartigen Belehrungen absehen, um die Einordnung der Vertragsbeziehungen zu den Kleinanlegern als Auskunftsverträge zu vermeiden.[867]

c) Widerrufserklärung und Rechtsfolgen

Der durch den einzelnen Kleinanleger zu erklärende Widerruf ist unmittelbar an die andere Vertragspartei zu richten, § 355 Abs. 1 S. 2 BGB. Etwaige Gründe für einen Widerruf müssen dabei nach § 355 Abs. 1 S. 4 BGB nicht angegeben werden. Infolge der Einordnung der Vertragsverhältnisse zwischen den Kleinanlegern und den Crowdinvesting-Plattformen als Verträge über Finanzdienstleistungen sind die modifizierten Rechtsfolgen des § 357b BGB zu berücksichtigen.[868] Solange jedoch keine Provisionszahlungen gegenüber den Plattformen vorgenommen wurden, ist ein Rückabwicklungsverhältnis im Falle eines Widerrufes grundsätzlich unerheblich, da die Vertragsparteien jeweils nichts erhalten haben.[869]

III. Rechtsbeziehungen Crowdinvesting-Plattform – Start-up

Neben den zuvor dargestellten Rechtsbeziehungen stehen im Crowdinvesting-Modell ebenso die Crowdinvesting-Plattformen und die jeweiligen Start-ups in Vertragsverhältnissen zueinander.[870]

---

866 So *Grüneberg*, in: Grüneberg-BGB, § 356, Rn. 8; zur Verwirkung eines bestehenden Widerrufsrecht bei fehlerhafter oder unterbliebener Widerrufsbelehrung siehe *Grüneberg*, in: Grüneberg-BGB, § 242, Rn. 107 m.w.N.

867 So auch *Schedensack*, Crowdinvesting, S. 243.

868 Vgl. *Danwerth*, WM 2016, 1212 (1214).

869 *Schedensack*, Crowdinvesting, S. 243.

870 Hierbei handeln beide Vertragsparteien als Unternehmer im Sinne des § 14 BGB. Vor Abschluss des Fundingvertrags stehen die Beteiligten in einem vorvertraglichen Verhältnis zueinander, soweit keine Vorverträge oder Verschwiegenheitsvereinbarungen unterzeichnet wurden. Insofern ergeben sich gegenseitige Rücksichtnahmepflichten nach §§ 311 Abs. 2, 241 Abs. 1 BGB; vgl. *Schedensack*, Crowdinvesting, S. 226. Zu den vorvertraglichen Pflichten der Parteien siehe ausführlich *Weber*, Crowdinvesting, S. 36 ff.

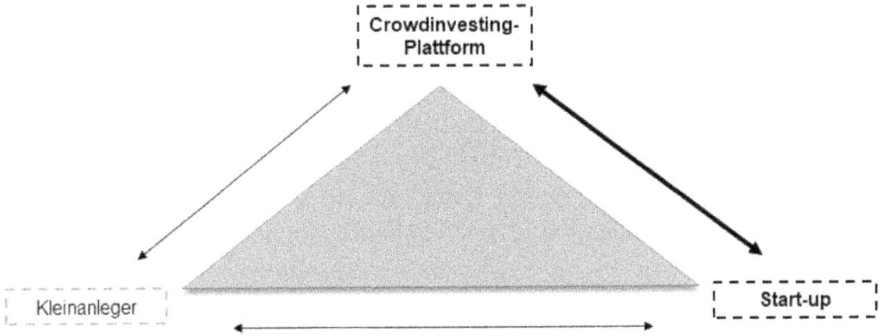

Abb. 4: Dreiecksgefüge im Crowdinvesting-Modell:
Rechtsbeziehung Crowdinvesting-Plattform – Start-up (eigene Darstellung)

Die vorwiegend als Fundingvertrag bezeichneten Vereinbarungen werden hauptsächlich zwischen den Plattformbetreibern und den einzelnen kapitalsuchenden Unternehmen geschlossen, wobei teilweise zusätzlich die Gesellschafter und Geschäftsführer der Start-ups vertraglich als Parteien einbezogen werden.[871] Der Vertragsschluss kann sowohl durch tatsächliche Unterschriftenleistung, als auch online erfolgen, nachdem die Plattform das jeweilige Start-up für ein Crowdinvesting als ausreichend qualifiziert eingestuft hat und die Kampagnenvorbereitung beginnen möchte.[872] Aufgrund der Tätigkeit der Plattformen als Anlagevermittler ist der Fundingvertrag ein Maklervertrag nach §§ 652 ff. BGB in der Form eines Alleinauftrages.[873] Insoweit wird der Plattform

871 Die Einbeziehung von natürlichen Personen, die hinter den Start-ups stehen, ist bereits aufgrund von möglichen Regressansprüchen infolge von Insolvenzverfahren sinnvoll, *Schedensack*, Crowdinvesting, S. 226.

872 Zum Ablauf siehe exemplarisch *Seedmatch*, Häufig gestellte Fragen von Gründern, abrufbar unter *https://www.seedmatch.de/faq* [zuletzt aufgerufen am 12.05.2022]. Zum Vertragsschluss siehe *Weber*, Crowdinvesting, S. 34 ff.

873 *Jansen/Pfeifle*, ZIP 2012, 1842 (1852); *Fischer*, Crowdinvesting, S. 30; *Uffmann*, JZ 2016, 928 (933 f.); *Braun*, Crowdfunding, S. 107 ff.; *Schulz*, Crowdinvesting, S. 41 f.; *Drews*, Crowdfunding-Plattform, S. 106 ff.; *Winde*, Regulierung Internet-Plattformen, S. 98 ff.; *Weber*, Crowdinvesting, S. 82 ff.; *Schedensack*, Crowdinvesting, S. 227 f. spricht von einem Maklerdienstvertrag. Allgemein zur Rechtbeziehung zwischen Anlagevermittler und Emittent siehe *Neidlinger*, Vermittlungsverträge, S. 33 ff. Infolge der rudimentären gesetzlichen Regelung des Maklervertrages, können die §§ 652 ff. BGB nur ergänzend zur Anwendung kommen. Zur fehlenden Anwendbarkeit des Handelsmaklerrechts nach den

das alleinige Vertriebsrecht hinsichtlich der Beteiligungsmöglichkeiten eingeräumt.[874] Zur Erfüllung der aus dem Alleinauftrag resultierenden Pflicht des Tätigwerdens des Anlagevermittlers ist die Crowdinvesting-Plattform zur Freischaltung der Finanzierungskampagne auf der Internetseite und der dortigen Möglichkeit eines Vertragsschlusses mit der Crowd verpflichtet.[875] Zudem haben die Plattformen die für die Kampagne erforderlichen Standardbeteiligungsverträge zu erstellen sowie die Veröffentlichung von weiteren Informationen auf den Webseiten zu ermöglichen.[876] Insofern kann die Einrichtung eines Kommunikationsbereichs für die Interaktion mit den Kleinanlegern als Hauptpflicht der Plattformen verstanden werden. Als Gegenleistung verpflichten sich die Start-ups zur Zahlung einer Vergütung, die hauptsächlich als Provision abhängig von der Erreichung der Mindestinvestmentschwelle und der letztendlich eingesammelten Kapitalsumme ist.[877] Ferner können weitergehende Zahlungspflichten folgen, wenn die Crowdinvesting-Plattformen zusätzliche Dienstleistungen anbieten. Zudem ergeben sich je nach Ausgestaltung der einzelnen Fundingverträge weitere Pflichten der Beteiligten. Vor allem ist an Mitteilungspflichten der Gesellschaften und Vertragsstrafen zu denken, soweit Informationen nicht richtig, nicht regelmäßig oder unvollständig weitergegeben werden.[878]

---

§§ 93 ff. HGB siehe ausführlich *Schedensack*, Crowdinvesting, S. 227 f.; *Winde*, Regulierung Internet-Plattformen, S. 104 ff.

874 *Uffmann*, JZ 2016, 928 (933); *Schedensack*, Crowdinvesting, S. 228.

875 Zur Pflicht zum Tätigwerden des Anlagevermittlers bei Alleinauftrag siehe *Roth*, in: MüKo-BGB, § 652, Rn. 245; *Jansen/Pfeifle*, ZIP 2012, 1842 (1852).

876 Zu den Pflichten der Crowdinvesting-Plattformen insgesamt vgl. *Schedensack*, Crowdinvesting, S. 228 f.

877 Nach *Klöhn/Hornuf/Schiling*, ZBB 2016, 142 (147) bis zu 13 % der eingeworbenen Kapitalsumme. Vgl. auch *Uffmann*, JZ 2016, 928 (933); *Jansen/Pfeifle*, ZIP 2012, 1842 (1852); *Schedensack*, Crowdinvesting, S. 229; *Ivanović*, Crowdinvesting, S. 103; *Schulz*, Crowdinvesting, S. 24; *Fischer*, Crowdinvesting, S. 30.

878 *Schedensack*, Crowdinvesting, S. 229.

D. Aufsichtsrechtliche Anforderungen an das Crowdinvesting-Modell

Finanzierungen von Start-ups durch das deutsche Crowdinvesting-Modell stehen grundsätzlich unter staatlicher Aufsicht. Je nach rechtlicher Ausgestaltung der Crowdinvesting-Verträge können neben den Start-ups als Emittenten auch die Crowdinvesting-Plattformen als Vertriebsplattformen und sogar die Kleinanleger aufsichtsrechtlichen Vorschriften unterliegen. Während sich in der jüngsten Vergangenheit auf europäischer Ebene mit der EU-Crowdfunding-VO[879] bemüht wurde, eine einheitliche Regulierung des Lending- und Crowdinvesting-Modells für europaweit vermittelnde Plattformen zu etablieren (D.VII), ist der aktuell geltende regulatorische Rahmen für national abzuschließende Crowdinvesting-Verträge in der Form von partiarischen Nachrangdarlehen und stillen Beteiligungen weiterhin durch nationale Vorschriften geprägt (Abschnitte D.I bis D.VI). Hierbei sind, mit Ausnahme des § 2a VermAnlG, keine Vorschriften zu finden, welche unmittelbar Vereinbarungen mit der Crowd in Deutschland zu regulieren versuchen. Anders jedoch als der vertriebs- und emissionsbezogene und somit kapitalmarktrechtliche Regelungsinhalt des VermAnlG, soll in diesem Abschnitt zunächst der aufsichtsrechtliche Rahmen für die Beteiligten am gegenwärtigen Crowdinvesting-Modell bestimmt werden. Eine kapitalmarktrechtliche Betrachtung erfolgt sodann gesondert im nachfolgenden Abschnitt E. Mit Blick auf die später noch zu lösende Frage einer rechtlichen Kompatibilität des Crowdinvesting-Modells mit VC-Transaktionen sind im Rahmen der Betrachtung der aufsichtsrechtlichen Regularien, insbesondere mögliche Erlaubnispflichten der Beteiligten, sowie daraus resultierende Rechtsprobleme zu erörtern.

I. Anwendbarkeit des Kreditwesengesetzes

Die Vorschriften des KWG sind auf das Crowdinvesting-Modell anwendbar, sofern zumindest einer der Beteiligten ein erlaubnispflichtiges Bankgeschäft im Sinne des § 1 Abs. 1 S. 1 f. KWG betreibt oder sonstige Finanzdienstleistungen nach § 1 Abs. 1a S. 1 f. KWG erbringt und keine gesetzlichen Ausnahmen

879 Verordnung (EU) Nr. 1503/2020 des Europäischen Parlaments und des Rates vom 07.10.2020 über Europäische Schwarmfinanzierungsdienstleister für Unternehmen und zur Änderung der Verordnung (EU) 2017/1129 und der Richtlinie (EU) 2019/1937, ABl. L 347/1 vom 20.10.2020.

einschlägig sind. Für den Betrieb bzw. die Erbringung von erlaubnispflichtigen Geschäften im Sinne des KWG kommen zunächst die kapitalsuchenden Start-ups (D.I.1) und die Crowdinvesting-Plattformen (D.I.2) in Frage. Des Weiteren können die Kleinanleger als Kapitalgeber (D.I.3) den Anforderungen des KWG unterliegen.

1. Start-ups als Kreditinstitute nach § 1 Abs. 1 S. 1 f. KWG

a) Einlagengeschäft nach § 1 Abs. 1 S. 2 Nr. 1, 1. Alt. und 2. Alt. KWG

Infolge der Annahme von Geldern als Emittenten von der Crowd ist es denkbar, dass Start-ups erlaubnispflichtige Bankgeschäfte in Form von Einlagengeschäften betreiben.[880] Der Tatbestand des Einlagengeschäfts ist nach § 1 Abs. 1 S. 2 Nr. 1, 1. Alt. bzw. 2. Alt. KWG erfüllt, soweit fremde Gelder als Einlagen (1. Alt.) oder unbedingt rückzahlbare Gelder des Publikums (2. Alt.) angenommen werden und der jeweilige Rückzahlungsanspruch nicht in Inhaber- oder Orderschuldverschreibungen verbrieft ist, unabhängig davon ob Zinsen vergütet werden. Zwar sehen die Crowdinvesting-Verträge der Plattformen *Companisto* und *Seedmatch* keine Verbriefung der Zahlungsansprüche der Kleinanleger in Inhaber- oder Orderschuldverschreibung vor.[881] Inwieweit aber die weiteren Voraussetzungen eines Einlagengeschäfts nach § 1 Abs. 1 S. 2 Nr. 1, 1. Alt. und 2. Alt. KWG erfüllt sein können ist aufgrund der in Abschnitt C.I.1 dargestellten unterschiedlichen Vertragstypen der Crowdinvesting-Verträge bei *Companisto* (partiarische Nachrangdarlehen) und *Seedmatch* (stille Gesellschaften)[882] nicht einheitlich zu beantworten. Insofern sind beide Vertragsalternativen nachfolgend einzeln zu betrachten, um eine adäquate Antwort geben zu können.

aa) Partiarische Nachrangdarlehen

(1) Rückzahlbarkeit der Ansprüche der Darlehensgeber

Sowohl bei Einlagen (1. Alt.), als auch bei anderen unbedingt rückzahlbaren Geldern des Publikums (2. Alt.) im Sinne § 1 Abs. 1 S. 2 Nr. 1 KWG ist es nach dem BGH erforderlich, dass diese jeweils bei Fälligkeit ohne zusätzliche

---

880 Siehe insgesamt hierzu auch *Schedensack*, Crowdinvesting, S. 338 f.; *Braun*, Crowdfunding, S. 160 f.; *Ivanović*, Crowdinvesting, S. 324 ff.; *Heuer*, Crowdinvesting, S. 40; *Fischer*, Crowdinvesting, S. 52 f.

881 Vgl. *Schedensack*, Crowdinvesting, S. 338.

882 Hierzu wird auf die Abgrenzung in Abschnitt C.I.1.b) verwiesen.

Voraussetzung jederzeit wieder zurückgefordert werden können.[883] Während sich das Erfordernis einer Rückzahlbarkeit der Gelder des Publikums betreffend der 2. Alt. des § 1 Abs. 1 S. 2 Nr. 1 KWG unmittelbar aus dem Wortlaut ergibt, dient die Rückzahlbarkeit von Geldern nach der Rechtsprechung des BGH[884] und BVerwG[885] sowie der Ansicht der BaFin[886] als Kriterium, um die Fremdheit der Gelder im Sinne der 1. Alt. des § 1 Abs. 1 S. 2 Nr. 1 KWG bestimmen zu können.[887] Zudem sind für die 2. Alt. ausschließlich Gelder des Publikums zu berücksichtigen.[888] In Abgrenzung zu konzerninternen Finanzierungen werden als Publikum sämtliche unabhängige Dritte verstanden, welche etwa als Teil eines Freundes- oder Bekanntenkreises Gelder zur Verfügung stellen.[889] In der Vergangenheit hatte der BGH die Annahme von Geldern von circa 150 Privatpersonen als Publikum im Sinne des § 1 Abs. 1 S. 2 Nr. 1, 2. Alt. KWG anerkannt.[890] Die Gelder sind folglich nach § 1 Abs. 1 S. 2 Nr. 1 KWG rückzahlbar, soweit zum Zeitpunkt der Geldannahme ein zivilrechtlicher Rückzahlungsanspruch der Geldgeber als unabhängige Dritte besteht.[891]

Bei partiarischen Nachrangdarlehen ist eine Rückzahlbarkeit der Gelder anzunehmen, wenn die Vereinbarung eine Rückzahlung der jeweiligen Darlehenssumme nach Beendigung des Vertrages vorsieht. Irrelevant ist, ob der Rückzahlungsanspruch von der Kündigung einer Partei und einer erst daran anschließenden Fälligstellung abhängig ist.[892] Steht die Rückzahlung in Bezug zu dem Erfolg des Unternehmens, wie beispielsweise bei einer Beteiligung am

---

883 BGH WM 2020, 311 (313), Rn. 19; BGH WM 2018, 1639 (1642), Rn. 21; BGH WM 2018, 787 (788), Rn. 19; BGH NStZ 2007, 647.

884 Zuletzt etwa in gemeinsamer Prüfung von 1. Alt. und 2. Alt. des § 1 Abs. 1 S. 2 Nr. 1 KWG siehe BGH WM 2020, 311 (313), Rn. 19.

885 BVerwGE 69, 120 (124, 126).

886 BaFin, Merkblatt – Tatbestand des Einlagengeschäfts (Stand: 11.03.2014), S. 3 f.

887 Vgl. auch *Freis-Janik*, in: Kümpel/Mülbert/Früh/Seyfried-Bank- und Kapitalmarktrecht, Rn. 2.78.

888 Zum Publikumsbegriff im Sinne des KWG siehe ausführlich BaFin, Merkblatt – Tatbestand des Einlagengeschäfts (Stand: 11.03.2014), S. 2 f.; *Schäfer*, in: Boos/Fischer/Schulte-Mattler-KWG, § 1, Rn. 46; *Schwennicke*, in: Schwennicke/Auerbach-KWG, § 1, Rn. 28.

889 *Schäfer*, in: Boos/Fischer/Schulte-Mattler-KWG, § 1, Rn. 46; *Freis-Janik*, in: Kümpel/Mülbert/Früh/Seyfried-Bank- und Kapitalmarktrecht, Rn. 2.82.

890 BGH WM 2006, 1898 (1900), Rn. 19.

891 *Schürmann/Langner*, in: Schimansky/Bunte/Lwowski, BankR-HdB, § 69, Rn. 6b; BaFin, Merkblatt – Tatbestand des Einlagengeschäfts (Stand: 11.03.2014), S. 4.

892 BaFin, Merkblatt – Tatbestand des Einlagengeschäfts (Stand: 11.03.2014), S. 4; *Schwennicke*, in: Schwennicke/Auerbach-KWG, § 1, Rn. 13, 23.

Verlust des Unternehmens, so handelt es sich nicht um rückzahlbare Ansprüche im Sinne des § 1 Abs. 1 S. 2 Nr. 1. KWG.[893]

Die als partiarische Nachrangdarlehen ausgestalteten Crowdinvesting-Verträge bei *Companisto* beinhalten eine Rückzahlungspflicht der Start-ups. Hierbei handelt es sich um sogenannte unbefristete und endfällige Darlehen, die eine Rückzahlungspflicht des Start-ups begründen, sobald die Vereinbarung durch eine Vertragsseite wirksam gekündigt bzw. in sonstiger Weise beendet wurde.[894] Demnach werden die Forderungen der Kleinanleger jeweils einen Tag nach Beendigung der Vereinbarung zur Rückzahlung fällig. Die Rückzahlbarkeit der Ansprüche der Kleinanleger gegenüber dem jeweiligen Start-up ist nicht abhängig von dem wirtschaftlichen Erfolg des einzelnen Unternehmens, sondern ausschließlich von dessen Zahlungsfähigkeit und dem Vorhandensein von ungebundenem Vermögen zum Zeitpunkt der Fälligkeit der Rückforderung infolge der vereinbarten qualifizierten Rangrücktrittsabrede. Die Kleinanleger partizipieren somit zwar an der positiven Unternehmensentwicklung der Gesellschaft, eine Teilnahme am Verlust ist jedoch ausgeschlossen.[895] Für die Frage der Existenz eines zivilrechtlichen Rückzahlungsanspruchs zum Zeitpunkt der Geldannahme, kommt es nicht auf die Vereinbarung einer wirksamen qualifizierten Rangrücktrittsabrede an, da die Abrede den Anspruch der Kleinanleger hinsichtlich der Geltendmachung lediglich bedingt (zum Erfordernis der Unbedingtheit des Anspruchs siehe nächster Abschnitt), dieser aber grundsätzlich rechtlich bestehen bleibt. Demzufolge existieren mit Abschluss der Verträge Rückzahlungsansprüche der Kleinanleger gegenüber den Start-ups auf Rückzahlung der jeweiligen Darlehenssummen im Sinne des § 1 Abs. 1 S. 2 Nr. 1 KWG. Zudem handelt es sich bei der Crowd um ein Publikum im Sinne des § 1 Abs. 1 S. 2 Nr. 1, 2. Alt. KWG, da die Kleinanleger

---

893 *Schäfer*, in: Boos/Fischer/Schulte-Mattler-KWG, § 1, Rn. 46; *Schwennicke*, in: Schwennicke/Auerbach-KWG, § 1, Rn. 26 f.

894 So lautet beispielsweise der Wortlaut einer Rückzahlungsvereinbarung gemäß Ziffer 9 des Beteiligungsvertrags für ein partiarisches Nachrangdarlehen (Rückzahlung des partiarischen Darlehens) bei *Companisto* entsprechend dem als Anlage beigefügten Musterbeteiligungsvertrag wie folgt:
„*9.1. Der Darlehensbetrag ist an den Companisten zurückzuzahlen, wenn das partiarische Darlehen von einer Vertragspartei wirksam gekündigt wird oder der Vertrag auf andere Weise endet (endfälliges Darlehen).*
9.2. Die Rückzahlung des partiarischen Darlehens ist einen Tag nach Beendigung des partiarischen Darlehens fällig (nachfolgend „Rückzahlungszeitpunkt“). (…)“.

895 Siehe hierzu Abschnitt B.II.2.a)bb)(2).

vorwiegend unabhängige Geldgeber in Bezug zu den einzelnen Start-ups sind und die Crowdinvesting-Kampagnen im Durchschnitt 300 Kleinanleger beinhaltet.[896]

(2) Qualifizierte Nachrangabreden – Unbedingtheit der Rückzahlungsansprüche der Darlehensgeber

Entsprechend der im vorherigen Abschnitt dargestellten Auffassung des BGH sind die Anforderungen an die Einlage (1. Alt.) bzw. an unbedingt rückzahlbare Gelder des Publikums (2. Alt.) erfüllt, wenn die rückzahlbaren Ansprüche ohne zusätzliche Voraussetzungen zurückgefordert werden können.[897] In Anbetracht dessen sollten die Rückzahlungsansprüche unbedingt, also von einem Ereignis in der Zukunft unabhängig ausgestaltet sein, um ein Einlagengeschäft im Sinne des § 1 Abs. 1 S. 2 Nr. 1 KWG darzustellen.[898]

Nach der Rechtsprechung des BGH sind allerdings Rückzahlungsansprüche nicht unbedingt ausgestaltet, sofern zwischen dem Kapitalgeber und dem Kapitalnehmer eine qualifizierte Nachrangabrede des Inhalts getroffen wird, dass die Forderung des Kapitalgebers außerhalb des Insolvenzverfahrens ausschließlich aus ungebundenem Vermögen und in der Insolvenz nur im Rang nach den Forderungen sämtlicher normaler Insolvenzgläubiger befriedigt werden darf.[899] Eine solche Abrede würde der Annahme einer Einlage oder anderer unbedingt rückzahlbarer Gelder des Publikums und damit eines Einlagengeschäfts im Sinne des § 1 Abs. 1 S. 2 Nr. 1 KWG entgegenstehen.[900] Weitere Voraussetzung ist die Wirksamkeit einer solchen

896 Vgl. *Hainz/Hornuf*, ifo Forschungsberichte, April 2019, Ausgabe 102, (47); *Hornuf/Schmitt*, Equity Crowdfunding in Germany and the UK: Follow-up Funding and Firm Survival, S. 15.

897 BGH WM 2020, 311 (313), Rn. 19; BGH WM 2018, 1639 (1642), Rn. 21; BGH WM 2018, 787 (788), Rn. 19; BGH NStZ 2007, 647.

898 *Schürmann/Langner*, in: Schimansky/Bunte/Lwowski, BankR-HdB, § 69, Rn. 6b.

899 BGH WM 2020, 311 (313), Rn. 19.

900 BGH WM 2018, 1639 (1642), Rn. 21; BGH WM 2020, 311 (313), Rn. 19; siehe hierzu auch BaFin, Merkblatt – Tatbestand des Einlagengeschäfts (Stand: 11.03.2014), S. 4 f.; *Schäfer*, in: Boos/Fischer/Schulte-Mattler-KWG, § 1, Rn. 46; *Stamm*, in: Habersack/Mülbert/Schlitt-Unternehmensfinanzierung, § 23, Rn. 23.122; *Schürmann/Langner*, in: Schimansky/Bunte/Lwowski, BankR-HdB, § 69, Rn. 6b; *Poelzig*, WM 2014, 917 (919); *Weitnauer*, in: Handbuch Venture Capital, S. 221, Rn. 83 f. Zum Erfordernis eines qualifizierten Rangrücktritts siehe auch die Regierungsbegründung BT-Drs. 15/3641, S. 36 im Rahmen des

Vereinbarung über den qualifizierten Nachrang, da sich nur so deren Wirkung entfalten kann.[901]

Bei partiarischen Nachrangdarlehen ist eine Bedingtheit der Rückzahlungsansprüche der Kleinanleger anzunehmen, wenn mit dieser ein wirksamer qualifizierter Rangrücktritt vereinbart wurde. Demnach sind die Ansprüche der Crowd solange und soweit ausgeschlossen, wie die jeweiligen Rückzahlungen einen Grund für die Eröffnung eines Insolvenzverfahrens über das Vermögen des Start-ups darstellen würden.[902] Wie sich aus Abschnitt B.II.2.c) ergibt, sehen die derzeitigen Crowdinvesting-Verträge qualifizierte Nachrangabreden vor, so dass die Ansprüche der Kleinanleger grundsätzlich bedingt wären.[903] Allerdings können die erforderlichen Nachrangabreden als Teil von AGB unwirksam mit der Crowd vereinbart worden sein (C.I.3.b)bb)). Insofern sind zivilrechtlich unwirksame Klauseln ebenso bankenrechtlich nicht zu berücksichtigen, so dass bei unwirksamen Nachrangvereinbarungen ein unbedingter Rückzahlungsanspruch der Kleinanleger anzunehmen ist.[904] Handelt es sich also um unwirksame Rangrücktrittsvereinbarungen mit der Crowd, sind die Rückzahlungsansprüche der Kleinanleger als unbedingt anzusehen. Dies hat zur Folge, dass die Voraussetzungen des § 1 Abs. 1 S. 2 Nr. 1 KWG bei Crowdinvesting-Verträgen in Form von partiarischen Nachrangdarlehen erfüllt sind, wenn keine oder unwirksame qualifizierte Nachrangabreden mit der Crowd vereinbart werden.[905]

(3) Erfüllung des Einlagenbegriffs nach § 1 Abs. 1 S. 2 Nr. 1, 1. Alt. KWG

Während die in den vorherigen Abschnitten dargestellten Voraussetzungen hinsichtlich der unbedingten Rückzahlbarkeit von Ansprüchen sowohl für die 1. Alt., als auch für die 2. Alt. des § 1 Abs. 1 S. 2 Nr. 1 KWG erforderlich waren, ist zu hinterfragen, inwieweit die im Rahmen des Crowdinvesting-Modells an die

---

Finanzkonglomeraterichtlinie-Umsetzungsgesetzes. A.A. *Henke*, WM 2010, 2157 (2163), der eine einfache Nachrangabrede als ausreichend ansieht.

901 BGH WM 2020, 311 (313), Rn. 20; BGH WM 2019, 2304 (2305), Rn. 18; BGH WM 2018, 1639 (1642), Rn. 22.

902 *Schäfer*, in: Boos/Fischer/Schulte-Mattler-KWG, § 1, Rn. 46; *Poelzig*, WM 2014, 917 (919); Regierungsbegründung BT-Drs. 15/3641, S. 36, BaFin, Merkblatt – Tatbestand des Einlagengeschäfts (Stand: 11.03.2014), S. 4 f.

903 Im Ergebnis so auch *Schedensack*, Crowdinvesting, S. 339.

904 BaFin, Merkblatt – Tatbestand des Einlagengeschäfts (Stand: 11.03.2014), S. 5.

905 A.A. etwa *Bujotzek/Mocker*, BKR 2015, 358 (359); *Nietsch/Eberle*, ZVglRWiss 2017, 205 (216).

Kleinanleger ausgegebenen partiarischen Nachrangdarlehen gleichfalls die weiteren Anforderungen des Einlagebegriffs im Sinne des § 1 Abs. 1 S. 2 Nr. 1, 1. Alt. KWG erfüllen. Der Begriff der Einlage ist gesetzlich nicht definiert und in der Vergangenheit vor allem durch die Rechtsprechung und Verwaltung geprägt worden. Nach allgemeiner Ansicht ist die Einlage als bankenwirtschaftlicher Begriff zu verstehen und mithilfe der bankenwirtschaftlichen Verkehrsauffassung zu bestimmen.[906] In ständiger Rechtsprechung des BGH geht dieser, im Einklang mit der Legislative und BaFin, davon aus, dass fremde Gelder durch Unternehmen als Einlagen anzunehmen sind, sofern diese von einer Vielzahl von Geldgebern auf Grundlage typisierter Verträge in Form von Darlehen oder in ähnlicher Weise laufende Gelder entgegengenommen und diese Gelder nicht bankenüblich besichert werden.[907] Für eine Vielzahl von Geldgebern sah es der BGH in seiner Entscheidung zur Winzergenossenschaft als ausreichend an, soweit die Gelder von 160 bis 300 Geldgebern angenommen wurden.[908] Zusätzlich wurde die Formel durch das BVerwG dahingehend erweitert, als das Einlagengeschäft die Annahme von fremden Geldern zum Zwecke der Finanzierung des eigenen Aktivgeschäfts erfordert, um einen Gewinn aus der positiven Differenz zwischen den Bedingungen der Geldannahme und dem Aktivgeschäft zu erzielen.[909] In Anbetracht dessen umfasst der Einlagebegriff in Abgrenzung zur 2. Alt. des § 1 Abs. 1 S. 2 Nr. 1 KWG nicht nur objektive Elemente, sondern insbesondere subjektiv die Absicht des Annehmenden, die Gelder für eigene Zwecke und zur Finanzierung des eigenen Aktivgeschäfts zu verwenden.[910]

Mit Blick auf das Crowdinvesting-Modell erfolgen die Investitionen der Crowd in einzelne Start-ups, so dass letzteren die Gelder zur weiteren Verwendung zur Verfügung gestellt werden. Die jungen Unternehmen beabsichtigen mit den eingenommenen Investitionssummen regelmäßig ihren weiteren

---

906 So etwa BGHZ 197, 1 (7), Rn. 20; BGH WM 2010, 928 (929), Rn. 17; BGH NJW 1995, 1494 (1495); *Schäfer*, in: Boos/Fischer/Schulte-Mattler-KWG, § 1, Rn. 40 f.

907 BGHZ 197, 1 (7 f.), Rn. 21; BaFin, Merkblatt – Tatbestand des Einlagengeschäfts (Stand: 11.03.2014), S. 8; BT-Drs. 13/7142, S. 62; *Freis-Janik*, in: Kümpel/Mülbert/Früh/Seyfried-Bank- und Kapitalmarktrecht, Rn. 2.76; *Schäfer*, in: Boos/Fischer/Schulte-Mattler-KWG, § 1, Rn. 40, 46.

908 BGHZ 197, 1 (10), Rn. 24.

909 BVerwGE 69, 120 (124, 126); *Reschke*, in: Beck/Samm/Kokemoor-KWG, § 1, Rn. 82 f.

910 BGHZ 197, 1 (9 f.), Rn. 23; BGH WM 2006, 1898 (1901), Rn. 20, 23; BGH WM 2001, 1204 (1206); *Reschke*, in: Beck/Samm/Kokemoor-KWG, § 1, Rn. 69; *Schäfer*, in: Boos/Fischer/Schulte-Mattler-KWG, § 1, Rn. 42, 46.

Geschäftsverlauf zu finanzieren und die eigene Geschäfts- oder Produktidee voranzutreiben zu können. Das Ziel und die Absicht der Start-ups und der Gründer ist die eingesammelten Gelder gewinnbringend einzusetzen und diese mit Ablauf der Crowdinvesting-Verträge, einschließlich etwaiger aufgelaufener Zinsen und weiterer Erfolgsbeteiligungen, zurückzahlen zu können. Die hierfür verwendeten partiarischen Nachrangdarlehen sind keine individuell ausgehandelten Vereinbarungen, sondern Standardverträge für eine Vielzahl von Kleinanlegern, welche im Durchschnitt von über 300 Geldgebern[911] gezeichnet werden. Eine bankenübliche Absicherung der Darlehen ist nicht vorgesehen. Im Ergebnis erfüllen die im Crowdinvesting-Modell verwendeten partiarischen Nachrangdarlehen den Einlagebegriff des § 1 Abs. 1 S. 2 Nr. 1, 1. Alt. KWG, soweit die dargestellten Voraussetzungen vorliegen und die Rückzahlungsansprüche unbedingt ausgestaltet sind (entweder infolge fehlender oder unwirksamer qualifizierter Nachrangabreden).

bb) Stille Gesellschaften

(1) Rückzahlbarkeit von Einlagen stiller Gesellschafter

Im Gegensatz zu reinen schuldrechtlichen Verhältnissen wie bei Darlehensverträgen ergibt sich die Rückzahlbarkeit von eingezahlten Gesellschaftereinlagen zunächst nicht zwangsläufig aus einer vereinbarten Rückzahlungspflicht der Kapitalsumme. Insofern ist der Einlagenbegriff des § 1 Abs. 1 S. 2 Nr. 1 KWG von dem gesellschaftsrechtlichen Begriff der Gesellschaftereinlage zu unterscheiden.[912] Bei einer stillen Gesellschaft handelt es sich grundsätzlich um ein gesellschaftsrechtliches Verhältnis, in dem der stille Gesellschafter durch die Erfüllung seiner Einlagepflicht eine Beteiligung an der Gesellschaft erhält und der Gesellschaft die Einlage in deren Alleinvermögen zur vollständigen Verfügung überlässt.[913] Der stille Gesellschafter erwirbt mit seiner Einlage ein gesellschaftsrechtliches Partizipationsrecht an der Gesellschaft und vor allem an deren Gewinnen. Im Ergebnis sind die im Rahmen einer stillen Gesellschaft geleisteten Vermögenseinlagen des stillen Gesellschafters weder fremd für die Gesellschaft im Sinne der 1. Alt., noch unbedingt rückzahlbar im Sinne der

911 Vgl. *Hainz/Hornuf*, ifo Forschungsberichte, April 2019, Ausgabe 102, (47); *Hornuf/Schmitt*, Equity Crowdfunding in Germany and the UK: Follow-up Funding and Firm Survival, S. 15.

912 *Kauffeld*, in: Blaurock, HdB-Stille Gesellschaft, § 18, Rn. 18.166.

913 Zur stillen Gesellschaft siehe Abschnitt C.I.1.a)aa).

2. Alt. des § 1 Abs. 1 S. 2 Nr. 1 KWG.[914] Dies ist zumindest anzunehmen, wenn das Rechtsverhältnis zwischen der Gesellschaft und dem stillen Gesellschafter zusätzlich eine Verlustteilnahme nach § 231 Abs. 2 HGB vorsieht und die Rückzahlbarkeit der eingezahlten Vermögenseinlage in Abhängigkeit zu der wirtschaftlichen Entwicklung der Gesellschaft steht.[915] Denn mit der Vereinbarung einer Verlustteilnahme trägt der stille Gesellschafter das unternehmerische Risiko der Gesellschaft entsprechend eines Gesellschafters in der Form von Eigenkapital.[916] Diese Rechtsposition ist nicht vergleichbar mit der eines schuldrechtlichen Fremdkapitalgeldgebers, wie etwa eines Darlehensgebers, der vom Schutzzweck des § 1 Abs. 1 S. 2 Nr. 1 KWG umfasst ist.

Etwas anderes muss jedoch gelten, soweit der stille Gesellschafter nicht unternehmerisch an der Gesellschaft beteiligt ist und demnach ausschließlich ein reduziertes unternehmerisches Risiko trägt. Eine fehlende unternehmerische Beteiligung kann angenommen werden, sofern die Ausgestaltung der stillen Gesellschaft, unabhängig von einem geschäftlichen Erfolg, lediglich eine Mindestausschüttung vorsieht und eine Beteiligung am Verlust der Gesellschaft vertraglich ausgeschlossen wird.[917] Mit Blick auf entsprechend ausgestaltete stille Gesellschaften sind diese mit den zuvor in Abschnitt D.I.1.a)aa) dargestellten partiarischen Darlehen derart vergleichbar, so dass unterschiedliche Ergebnisse hinsichtlich einer Einordnung beider Beteiligungsmöglichkeiten unter § 1 Abs. 1 S. 2 Nr. 1 KWG zu einem unbilligen Ergebnis für die jeweiligen Geldgeber als stille Gesellschafter führen würde. Eine Vergleichbarkeit der stillen Beteiligungen mit partiarischen Darlehen im Sinne des KWG ist deshalb möglich, da das Einlagengeschäft nach § 1 Abs. 1 S. 2 Nr. 1 KWG als bankwirtschaftlicher Begriff auch nach einer bankwirtschaftlichen Verkehrsauffassung zu bestimmen bleibt.[918] Für das Einlagengeschäft ist insoweit ausreichend, wenn von einer Vielzahl von Geldgebern auf Grundlage typisierter Verträge darlehensweise oder in ähnlicher Weise Gelder entgegengenommen

---

914 Vgl. BGHZ 90, 310 (313 ff.); *Schürmann/Langner*, in: Schimansky/Bunte/Lwowski, BankR-HdB, § 69, Rn. 8; *Schäfer*, in: Boos/Fischer/Schulte-Mattler-KWG, § 1, Rn. 46.

915 *Schwennicke*, in: Schwennicke/Auerbach-KWG, § 1, Rn. 26 f.

916 Vgl. BaFin, Merkblatt – Tatbestand des Einlagengeschäfts (Stand: 11.03.2014), S. 4, 6.

917 *Schäfer*, in: Boos/Fischer/Schulte-Mattler-KWG, § 1, Rn. 46.

918 So etwa BGHZ 197, 1 (7), Rn. 20; BGH WM 2010, 928 (929), Rn. 17; BGH NJW 1995, 1494 (1495); *Schäfer*, in: Boos/Fischer/Schulte-Mattler-KWG, § 1, Rn. 40 f.

werden.[919] Basierend auf einer reduzierten Ausgestaltung von stillen Gesellschaften werden die Gelder in einer ähnlichen Weise wie bei einem Darlehen angenommen. Wie die Unterscheidung in Abschnitt C.I.1.a)bb)(2) aufgezeigt hat, sind partiarische Darlehen und stille Beteiligung daher schwer bzw. kaum unterscheidbar, so dass letztere im bankwirtschaftlichen Sinne den Regelungen des KWG unterliegen können. Im Ergebnis ist eine Rückzahlbarkeit der Vermögenseinlage eines stillen Gesellschafters im Sinne der 1. Alt. und 2. Alt. des § 1 Abs. 1 S. 2 Nr. 1 KWG anzunehmen, wenn eine Verlustteilnahme des stillen Gesellschafters vertraglich ausgeschlossen und eine Mindestausschüttung gewährleistet wird.[920] Soweit also die Crowdinvesting-Verträge eine Mindestverzinsung vorsehen und eine Verlustteilnahme der Kleinanleger, wie bei *Seedmatch*, ausschließen, handelt es sich bei den Ansprüchen der Crowd um rückzahlbare Forderungen[921] im Sinne des § 1 Abs. 1 S. 2 Nr. 1 KWG.[922] Werden die Kapitalgeber dagegen am Verlust der Gesellschaft beteiligt, sind etwaige Ansprüche der Crowd nicht als rückzahlbar anzusehen, so dass die Vereinbarungen letztendlich nicht den Anforderungen des KWG unterliegen.

(2) Verlustteilnahme und qualifizierte Nachrangabreden – Unbedingtheit von Rückzahlungsansprüchen stiller Gesellschafter

Die Rückzahlungsansprüche der stillen Gesellschafter müssen zur Erfüllung des Tatbestandes des § 1 Abs. 1 S. 2 Nr. 1, 1. Alt. und 2. Alt. KWG unbedingt ausgestaltet und somit von einem Ereignis in der Zukunft unabhängig sein. Entsprechend der im vorherigen Abschnitt dargestellten Auffassung des BGH, sind die Anforderungen an die Einlage (1. Alt.) bzw. an unbedingt rückzahlbare Gelder des Publikums (2. Alt.) erfüllt, soweit die rückzahlbaren Ansprüche

---

919 BGHZ 197, 1 (7 f.), Rn. 21; BaFin, Merkblatt – Tatbestand des Einlagengeschäfts (Stand: 11.03.2014), S. 8; BT-Drs. 13/7142, S. 62; *Freis-Janik*, in: Kümpel/Mülbert/Früh/Seyfried-Bank- und Kapitalmarktrecht, Rn. 2.76; *Schäfer*, in: Boos/Fischer/Schulte-Mattler-KWG, § 1, Rn. 40, 46.

920 *Schäfer*, in: Boos/Fischer/Schulte-Mattler-KWG, § 1, Rn. 46; BGH NStZ 2011, 410; *Schwennicke*, in: Schwennicke/Auerbach-KWG, § 1, Rn. 26 f; *Schürmann/Langner*, in: Schimansky/Bunte/Lwowski, BankR-HdB, § 69, Rn. 6b; BaFin, Merkblatt – Tatbestand des Einlagengeschäfts (Stand: 11.03.2014), S. 4, 6; a.A. *Loritz*, ZIP 2001, 309 ff.

921 Hinsichtlich der Beendigung der Vereinbarung und der Fälligkeit der Forderung nach Beendigung wird auf Abschnitt D.I.1.a)aa)(1) verwiesen.

922 Zum Ausschluss der Verlustteilnahme siehe Abschnitt B.II.2.a)bb)(2).

ohne weitere Voraussetzungen zurückgefordert werden können.[923] In Anbetracht dessen sollten die Rückzahlungsansprüche gleichfalls unbedingt, also von einem Ereignis in der Zukunft unabhängig ausgestaltet sein, um ein Einlagengeschäft im Sinne des § 1 Abs. 1 S. 2 Nr. 1 KWG darzustellen.[924]

Hierzu stehen die Rückzahlungsansprüche eines stillen Gesellschafters hinsichtlich seiner geleisteten Vermögenseinlage erneut in Abhängigkeit zu der Frage der Teilnahme des stillen Gesellschafters am Verlust der Gesellschaft. Ist eine solche vertraglich ausgeschlossen, handelt es sich um unbedingt rückzahlbare Ansprüche im Sinne des § 1 Abs. 1 S. 2 Nr. 1. KWG, da die Forderungen nicht von einer negativen Entwicklung des Unternehmens abhängig sind.[925] Sehen die Verträge trotz Ausschluss der Teilnahme am Verlust der Gesellschaft zusätzlich qualifizierte Rangrücktrittsvereinbarungen vor, sind dennoch die Forderungen der stillen Gesellschafter als bedingt anzusehen.[926] Der BGH bewertet Rückzahlungsansprüche als unbedingt ausgestaltet, wenn zwischen dem Kapitalgeber und dem Kapitalnehmer eine qualifizierte Nachrangabrede des Inhalts getroffen wird, dass die Forderung des Kapitalgebers außerhalb des Insolvenzverfahrens ausschließlich aus ungebundenem Vermögen und in der Insolvenz nur im Rang nach den Forderungen sämtlicher normaler Insolvenzgläubiger befriedigt werden darf.[927] Eine entsprechende Abrede würde der Annahme einer Einlage oder anderer unbedingt rückzahlbarer Gelder des Publikums und damit eines Einlagengeschäfts im Sinne des § 1 Abs. 1 S. 2 Nr. 1 KWG entgegenstehen.[928] Weitere Voraussetzung ist die

---

923 BGH WM 2020, 311 (313), Rn. 19; BGH WM 2018, 1639 (1642), Rn. 21; BGH WM 2018, 787 (788), Rn. 19; BGH NStZ 2007, 647.

924 *Schürmann/Langner*, in: Schimansky/Bunte/Lwowski, BankR-HdB, § 69, Rn. 6b.

925 *Schürmann/Langner*, in: Schimansky/Bunte/Lwowski, BankR-HdB, § 69, Rn. 6b; *Schäfer*, in: Boos/Fischer/Schulte-Mattler-KWG, § 1, Rn. 46; BaFin, Merkblatt – Tatbestand des Einlagengeschäfts (Stand: 11.03.2014), S. 6.

926 *Schürmann/Langner*, in: Schimansky/Bunte/Lwowski, BankR-HdB, § 69, Rn. 6b; BaFin, Merkblatt – Tatbestand des Einlagengeschäfts (Stand: 11.03.2014), S. 4 f.; *Schäfer*, in: Boos/Fischer/Schulte-Mattler-KWG, § 1, Rn. 46.

927 BGH WM 2020, 311 (313), Rn. 19.

928 BGH WM 2018, 1639 (1642), Rn. 21; BGH WM 2020, 311 (313), Rn. 19; siehe hierzu auch BaFin, Merkblatt – Tatbestand des Einlagengeschäfts (Stand: 11.03.2014), S. 4 f.; *Schäfer*, in: Boos/Fischer/Schulte-Mattler-KWG, § 1, Rn. 46; *Stamm*, in: Habersack/Mülbert/Schlitt-Unternehmensfinanzierung, § 23, Rn. 23.122; *Schürmann/Langner*, in: Schimansky/Bunte/Lwowski, BankR-HdB, § 69, Rn. 6b; *Poelzig*, WM 2014, 917 (919); *Weitnauer*, in: Handbuch Venture Capital, S. 221, Rn. 83 f. Zum Erfordernis eines qualifizierten Rangrücktritts siehe auch die Regierungsbegründung BT-Drs. 15/3641, S. 36 im Rahmen des

Wirksamkeit einer solchen Vereinbarung über den qualifizierten Nachrang, da sich nur so deren Wirkung enthalten kann.[929]

In diesem Sinne beinhalten die Crowdinvesting-Verträge von *Seedmatch* zwar keine Verlustteilnahme der Kleinanleger, lassen aber gleichzeitig die Forderungen der Crowd durch die Vereinbarung eines qualifizierten Nachranges im Rang zurücktreten. Im Ergebnis könnten die Rückzahlungsansprüche der Geldgeber als bedingt betrachtet werden, so dass die Regelungen des KWG nicht anwendbar wären. Werden allerdings keine qualifizierten Nachrangvereinbarungen vereinbart bzw. sind solche mit der Crowd als AGB unwirksam, sind die daraus resultierenden Rückzahlungsansprüche aufgrund einer fehlenden Verlustteilnahme als unbedingt im Sinne des KWG anzusehen.[930] Infolgedessen kann das Einsammeln von Kapital mithilfe des Crowdinvesting-Modells in Form von stillen Beteiligungen den Begriff des Einlagengeschäfts nach § 1 Abs. 1 S. 2 Nr. 1, 1. Alt. und 2. Alt. KWG erfüllen.

(3) Erfüllung des Einlagenbegriffs nach § 1 Abs. 1 S. 2 Nr. 1, 1. Alt. KWG

Bezugnehmend auf die Ausführungen in Abschnitt D.I.1.a)aa)(3) hinsichtlich der Erfüllung des Einlagenbegriffs des § 1 Abs. 1 S. 2 Nr. 1, 1. Alt. KWG bei partiarischen Nachrangdarlehen ist gleichfalls bei der aufsichtsrechtlichen Bewertung der im Crowdinvesting-Modell verwendeten stillen Beteiligungen zu hinterfragen, ob diese den Begriff der Einlage erfüllen. Der Einlagenbegriff der 1. Alt. des § 1 Abs. 1 S. 2 Nr. 1 KWG ist gesetzlich nicht definiert, so dass grundsätzlich ebenfalls die Annahme von Geldern mithilfe von stillen Beteiligungen der Begrifflichkeit unterliegen können. Nach allgemeiner Ansicht ist die Einlage als bankenwirtschaftlicher Begriff zu verstehen und mithilfe der bankenwirtschaftlichen Verkehrsauffassung zu bestimmen.[931] In ständiger Rechtsprechung des BGH geht dieser, im Einklang mit der Legislative und BaFin, davon aus, dass fremde Gelder durch Unternehmen als Einlage angenommen werden, sofern diese von einer Vielzahl von Geldgebern auf

Finanzkonglomeraterichtlinie-Umsetzungsgesetzes. A.A. *Henke*, WM 2010, 2157 (2163), der eine einfache Nachrangabrede als ausreichend ansieht.

929 BGH WM 2018, 1639 (1642), Rn. 22.

930 Zur unwirksam vereinbarten qualifizierten Rangrücktrittsvereinbarung bei *Seedmatch* siehe Abschnitt C.I.3.b)bb).

931 So etwa BGHZ 197, 1 (7), Rn. 20; BGH WM 2010, 928 (929), Rn. 17; BGH NJW 1995, 1494 (1495); *Schäfer*, in: Boos/Fischer/Schulte-Mattler-KWG, § 1, Rn. 40 f.

Grundlage typisierter Verträge in Form von Darlehen oder in ähnlicher Weise laufende Gelder entgegengenommen und diese Gelder nicht bankenüblich besichert werden.[932]

Entsprechend den Ausführungen in den vorherigen Abschnitten sind zumindest solche stillen Beteiligungen in ähnlicher Weise wie Darlehensverträge ausgestaltet, die den Kleinanlegern eine erfolgsunabhängige Mindestvergütung versprochen und die Teilnahme am Verlust des Unternehmens vertraglich ausgeschlossen wird. Ferner sehen die Vereinbarungen mit der Crowd regelmäßig keine bankentypische Absicherung der Ansprüche vor. Auch die Erfüllung der vom BVerwG geforderten subjektiven Komponente des Einlagebegriffs ist bei stillen Beteiligungen denkbar. Das BVerwG sieht das Einlagengeschäft als gegeben an, wenn die Annahme von fremden Geldern zum Zwecke der Finanzierung des eigenen Aktivgeschäfts deshalb erfolgt, um einen Gewinn aus der positiven Differenz zwischen den Bedingungen der Geldannahme und dem Aktivgeschäft zu erzielen.[933] Die Start-ups und deren Gründer beabsichtigen durch die Finanzierung des Unternehmens die eigenen Produkt- oder Geschäftsideen gewinnbringend voranzutreiben und die eingesammelten Gelder mit Ablauf der Crowdinvesting-Verträge, einschließlich etwaiger aufgelaufener Zinsen und weiterer Erfolgsbeteiligungen, an die Kleinanleger zurückzahlen zu können. Gleichgelagert wie partiarische Darlehen, werden für die Unternehmensfinanzierung ausschließlich standardisierte Vereinbarungen für eine Vielzahl von Geldgebern angeboten. Im Durchschnitt werden die durch Crowdinvesting-Kampagnen angebotenen Beteiligungsvereinbarungen von 300 Geldgebern[934] gezeichnet, so dass im Ergebnis eine Vielzahl von Geldgebern im Sinne der Rechtsprechung des BGH angenommen werden kann. Die BGH-Richter sahen es in ihrer Entscheidung zur Winzergenossenschaft als ausreichend an, wenn die Gelder von 160 bis 300 Geldgebern angenommen wurden.[935]

---

932 BGHZ 197, 1 (7 f.), Rn. 21; BaFin, Merkblatt – Tatbestand des Einlagengeschäfts (Stand: 11.03.2014), S. 8; BT-Drs. 13/7142, S. 62; *Freis-Janik*, in: Kümpel/Mülbert/Früh/Seyfried-Bank- und Kapitalmarktrecht, Rn. 2.76; *Schäfer*, in: Boos/Fischer/Schulte-Mattler-KWG, § 1, Rn. 40, 46.

933 BVerwGE 69, 120 (124, 126); *Reschke*, in: Beck/Samm/Kokemoor-KWG, § 1, Rn. 82 f.

934 Vgl. *Hainz/Hornuf*, ifo Forschungsberichte, April 2019, Ausgabe 102, (47); *Hornuf/Schmitt*, Equity Crowdfunding in Germany and the UK: Follow-up Funding and Firm Survival, S. 15.

935 BGHZ 197, 1 (10), Rn. 24.

b) Gewerbsmäßiger Betrieb oder ein in kaufmännischer Weise eingerichteter Geschäftsbetrieb

Zur Erfüllung des Begriffs des Kreditinstituts nach § 1 Abs. 1 S. 1 KWG müsste das Einlagengeschäft der Start-ups gewerbsmäßig (D.I.1.b)aa)) oder in einem Umfang betrieben werden, der einen in kaufmännischer Weise eingerichteten Geschäftsbetrieb erfordert (D.I.1.b)bb)).

aa) Gewerbsmäßiger Betrieb eines Bankgeschäfts – § 1 Abs. 1 S. 1, 1. Alt. KWG

Bankgeschäfte werden gewerbsmäßig betrieben, sofern der jeweilige Betrieb auf eine gewisse Dauer angelegt ist und der Betreiber mit einer Gewinnerzielungsabsicht handelt.[936] Hinsichtlich der Dauerhaftigkeit des Betriebs ist nach Ansicht der BaFin bereits der Abschluss eines einzelnen Geschäfts ausreichend, soweit die Absicht einer Wiederholung besteht.[937] Darüber hinaus nimmt die BaFin eine Gewinnerzielungsabsicht des Betreibers an, sofern sich dieser durch das Bankgeschäft höhere Zinsen bei anderen Kreditinstituten erspart.[938] In Anbetracht der aktuellen Crowdinvesting-Praxis, handeln die kapitalsuchenden Start-ups zumindest dann mit Wiederholungsabsicht, wenn diese nicht nur einmalig Gelder von der Crowd einsammeln, sondern eine zweite Finanzierungsrunde mittels Crowdinvesting planen. Diese Planungsabsicht würde zwar für den Begriff der Gewerbsmäßigkeit genügen, müsste aber dokumentiert oder zumindest nach außen ersichtlich sein.[939] Als Indizien wären derartige Informationen auf der Internetpräsenz der Crowdinvesting-Plattformen, etwaige Hinweise in den Crowdinvesting-Verträgen, aber auch die Vertragsklausel zur Verwässerung der Beteiligung infolge einer Folgefinanzierung denkbar. Insbesondere die vertragliche Verwässerungsklausel dient der wirtschaftlichen

---

936 BaFin, Merkblatt – Tatbestand des Einlagengeschäfts (Stand: 11.03.2014), S. 10; *Schäfer*, in: Boos/Fischer/Schulte-Mattler-KWG, § 1, Rn. 22, 27 f.; *Schwennicke*, in: Schwennicke/Auerbach-KWG, § 1, Rn. 6.

937 So etwa beim Themenkomplex Crowdlending, BaFin, Merkblatt zur Erlaubnispflicht von Kreditvermittlungsplattformen (Stand: 14.05.2007); siehe hierzu auch *Schwennicke*, in: Schwennicke/Auerbach-KWG, § 1, Rn. 6; *Schäfer*, in: Boos/Fischer/Schulte-Mattler-KWG, § 1, Rn. 28.

938 So etwa beim Themenkomplex Crowdlending, BaFin, Merkblatt zur Erlaubnispflicht von Kreditvermittlungsplattformen (Stand: 14.05.2007).

939 Vgl. *Schäfer*, in: Boos/Fischer/Schulte-Mattler-KWG, § 1, Rn. 28.

Realisierung von weiteren Finanzierungsrunden und könnte für die Absicht der Start-ups eine Indizwirkung entfalten.

Startet das Start-up bereits eine zweite Crowdinvesting-Kampagne und sammelt ein weiteres Mal Kapital von der Crowd ein, so hat sich die geforderte Wiederholungsabsicht der BaFin manifestiert. Insofern haben in der Vergangenheit mehrere Start-ups erfolgreich Folgefinanzierungen mithilfe des Crowdinvestings durchgeführt.[940] Wurden Folgefinanzierungen zum Zwecke der Ersparnis von höheren Zinsen oder mit einer anderen Gewinnerzielungsabsicht durchgeführt, so könnte der gewerbsmäßige Betrieb im Sinne des KWG erfüllt sein. Entsprechende Absichten sind zwar nicht eindeutig nachzuweisen, dennoch liegt der Gedanke nahe, dass zumindest diejenigen Start-ups Folgefinanzierungen durch Crowdinvesting präferieren, deren Finanzierungsalternativen nur durch zusätzliche und erhöhte Kosten realisierbar wären.

bb) Umfang, der einen in kaufmännischer Weise eingerichteten Geschäftsbetrieb erfordert – § 1 Abs. 1 S. 1, 2. Alt. KWG

Im Gegensatz zum Begriff des gewerbsmäßigen Betriebs, kommt es bei einem kaufmännischen Geschäftsbetrieb im Sinne des § 1 Abs. 1 S. 1, 2. Alt. KWG nicht auf eine Wiederholungs- und Gewinnerzielungsabsicht des Betreibers an.[941] Ein in kaufmännischer Weise eingerichteter Geschäftsbetrieb ist bei den kapitalsuchenden Start-ups grundsätzlich anzunehmen. Zum einen wird die Kaufmannseigenschaft bei jedem Geschäftsbetrieb gemäß § 1 Abs. 2 HGB zunächst widerlegbar vermutet.[942] Zum anderen handelt es sich bei den Gesellschaften überwiegend um juristische Personen in der Rechtsform einer GmbH oder Unternehmergesellschaft (haftungsbeschränkt) (nachfolgend „UG"), die als Formkaufleute gemäß § 13 Abs. 3 GmbHG i.V.m. § 6 HGB einen in kaufmännischer Weise eingerichteten Geschäftsbetrieb unterhalten und zur ordnungsgemäßen Buchführung und Erstellung von Jahresabschlüssen (§§ 238, 242 ff. HGB) verpflichtet sind. Der BGH hatte in der Vergangenheit zumindest bei Gesellschaften in der Rechtsform einer GmbH die Eigenschaft als Formkaufmann

940 So finanzierte sich beispielsweise das inzwischen insolvente Start-up *Meine Spielzeugkiste* bzw. die dahinter stehende *Circus Internet GmbH* insgesamt dreimal mithilfe der Kleinanleger auf *Companisto*, siehe hierzu *Crowdinvest.de*, Finanzierungsgeschichte Meine Spielzeugkiste, abrufbar unter *https://www.crowdinvest.de/projekt/meine-spielzeugkiste-3* [zuletzt aufgerufen am 12.05.2022].

941 Vgl. VG Berlin NJW-RR 1997, 808 (809 f.); *Schäfer*, in: Boos/Fischer/Schulte-Mattler-KWG, § 1, Rn. 23.

942 *Kindler*, in: Ebenroth/Boujong/Joost/Strohn-HGB, § 1, Rn. 42.

für die Unterhaltung eines kaufmännisch eingerichteten Geschäftsbetriebs im Sinne des § 1 Abs. 1 S. 1, 2. Alt. KWG als ausreichend erachtet.[943] Dagegen wurde in einer späteren Entscheidung der BGH-Richter[944] die Erfüllung der Anforderung aufgrund einer Kaufmannseigenschaft bei einer GmbH & Co. KG offengelassen, da nach dem Wortlaut des § 1 Abs. 1 S. 1, 2. Alt. KWG das Erfordernis eines kaufmännisch eingerichteten Geschäftsbetriebs ausreichend ist. Demzufolge ist es unerheblich, ob der Kapitalsuchende tatsächlich einen solchen Geschäftsbetrieb führt, solange dieser objektiv erforderlich ist.[945]

Nach Ansicht der BaFin ist das Erfordernis eines Geschäftsbetriebs bei einem Einlagengeschäft erfüllt, wenn der Umfang des Einlagengeschäfts bei mehr als fünf Einzelanlagen die Summe von 12.500 Euro überschreitet. Handelt es sich darüber hinaus um mehr als 25 Einzelanlagen ist laut BaFin das Erfordernis eines Geschäftsbetriebes unabhängig von einer Anlagensumme erfüllt.[946] Die Judikative konnte gegenwärtig zwar noch keinen einheitlichen Schwellenwert bestimmen, das VG Frankfurt am Main[947] sah jedoch bei einem eingesammelten Kapital in Höhe von knapp über eine Millionen Euro und 18 Einzelanlagen bzw. der BGH[948] bei einer Gesamtdarlehenssumme ab zwei Millionen Euro und 150 bis 300 Einzelanlagen das Erfordernis eines Geschäftsbetriebs für gegeben an. Entsprechende Schwellenwerte dürften bei dem Crowdinvesting-Modell häufig erreichbar sein, so dass ein in kaufmännischer Weise eingerichteter Geschäftsbetrieb bei den Start-ups regelmäßig durch das Geschäftsmodell erforderlich sein wird. Insofern beteiligten sich in der Vergangenheit im Durchschnitt 300 Einzelanleger an Start-ups bei einer Gesamtinvestitionssumme in der Regel zwischen 100.000 Euro und 2,5 Millionen Euro.[949]

943 *Schäfer*, in: Boos/Fischer/Schulte-Mattler-KWG, § 1, Rn. 23 m.w.N.; vgl. BGH WM 2006, 1898 (1900), Rn. 19.

944 So etwa BGHZ 197, 1 (4), Rn. 12.

945 BaFin, Merkblatt – Tatbestand des Einlagengeschäfts (Stand: 11.03.2014), S. 10; *Schäfer*, in: Boos/Fischer/Schulte-Mattler-KWG, § 1, Rn. 24; *Schwennicke*, in: Schwennicke/Auerbach-KWG, § 1, Rn. 7 f.

946 BaFin, Merkblatt – Tatbestand des Einlagengeschäfts (Stand: 11.03.2014), S. 10.

947 VG Frankfurt a. M. ZIP 2007, 1203 (1205).

948 BGHZ 197, 1 (4, 10), Rn. 12, 24 f.; BGH WM 2006, 1898 (1900), Rn. 16.

949 Vgl. *Hainz/Hornuf*, ifo Forschungsberichte, April 2019, Ausgabe 102, (30 f.).

cc) Betreiber – keine Umgehung durch externe Zahlungsdienstleister

Betrachtet man die in den Crowdinvesting-Verträgen vereinbarten Zahlungsströme, so fällt auf, dass häufig nicht die Start-ups unmittelbar das Geld der Kleinanleger annehmen. Die Verträge von *Companisto* und *Seedmatch* sehen die Überweisung der jeweiligen Kapitalsummen mit Erfüllungswirkung auf ein Konto eines externen Zahlungsdienstleisters vor.[950] Dieser handelt als Treuhänder und reicht die erhaltene Summe insgesamt an das Start-up weiter.[951] Bei derartigen Konstellationen stellt sich die Frage, inwiefern die Kapitalsuchenden den Betreiberbegriff des KWG unterliegen, da die Geldsummen erst mittelbar den Gesellschaften zufließen. Um eine Umgehung von erlaubnispflichtigen Bankengeschäften mithilfe von Treuhandkonstruktionen zu unterbinden, ist die BaFin der Ansicht, dass bei einem Auseinanderfallen von der Stelle, die das Geld annimmt, und der Stelle, welche die Rückzahlung schuldet, stets die zur Rückzahlung verpflichtete Stelle als Betreiber im Sinne des KWG anzusehen

---

950 So lautet beispielsweise der Wortlaut gemäß Ziffer 2 des Beteiligungsvertrags für ein partiarisches Nachrangdarlehen (Darlehensbetrag und Investmentquote des Investors) bei *Seedmatch* entsprechend dem als Anlage beigefügten Musterbeteiligungsvertrag wie folgt:
„1. Der Investor leistet einen Darlehensbetrag in bar in Höhe von [die von Ihnen gewählte Summe] Euro. Dieser Darlehensbetrag ist nicht an das Startup, sondern mit Erfüllungswirkung gegenüber dem Startup an Secupay zu leisten. Nach Eingang des von dem Investor zu leistenden Darlehensbetrag bei Secupay hat das Startup keine weiteren Ansprüche gegen den Investor auf Erbringung des Darlehensbetrags. 2. (…).“.

951 So lautet beispielsweise der Wortlaut gemäß Ziffer 3 des Beteiligungsvertrags für ein partiarisches Nachrangdarlehen (Abruf des Darlehensbetrags bei Secupay) bei *Seedmatch* entsprechend dem als Anlage beigefügten Musterbeteiligungsvertrag wie folgt:
„1. Das Startup kann bei Erreichen der Fundingschwelle und dem Nicht-Unterschreiten der Fundingschwelle infolge von Widerrufen das über die Internetplattform eingeworbene Kapital von Secupay innerhalb und nach Maßgabe folgender Fristen abrufen:
a) 15 Tage nach Erreichen der Fundingschwelle den Betrag in Höhe der Fundingschwelle; jedoch maximal zwei Drittel des von Secupay eingezogenen Kapitals.
b) 30 bis 60 Tage nach Erreichen der Fundingschwelle ggfs. weitere Auszahlung in Höhe von maximal zwei Drittel des bei Secupay eingezogenen Kapitals.
c) 60 Tage nach Abschluss des letzten Investments den verbleibenden Betrag.
Das Startup hat den Darlehensbetrag unter den Satz 1 genannten Voraussetzungen spätesten 65 Tage nach Abschluss des letzten Investments abzurufen.“.

ist.[952] Dementsprechend ist es für den Betrieb eines Bankgeschäfts ausreichend, dass dieses im eigenen Namen betrieben wird.[953] Im Rahmen eines Crowdinvestings sind folglich die Start-ups als Betreiber des Einlagengeschäfts anzusehen, da die Annahme der Gelder in ihrem Namen erfolgt und diese als Vertragspartner der Crowd ausschließlich zur Rückzahlung der Kapitalsummen verpflichtet sind.

c) Zwischenergebnis – ggf. Erlaubnispflicht nach § 32 Abs. 1 S. 1 KWG

Angesichts der Erkenntnisse aus den vorherigen Abschnitten betreiben Start-ups dann keine erlaubnispflichtigen Bankgeschäfte im Sinne des KWG, soweit die Crowdinvesting-Verträge qualifizierte Nachrangabreden beinhalten, diese wirksam mit den Kleinanlegern vereinbart wurden und folglich unbedingte Rückzahlungsansprüche im Sinne des § 1 Abs. 1 S. 2 Nr. 1, 1. Alt. und 2. Alt KWG vorliegen.[954] Sind die Vereinbarungen jedoch nicht bzw. nicht wirksam vereinbart worden, ist eine Erlaubnispflicht nach § 32 Abs. 1 S. 1 KWG anzunehmen. Ausnahmetatbestände nach § 2 KWG sind nicht ersichtlich. Demzufolge wäre bereits vor Beginn der Crowdinvesting-Kampagne eine Erlaubnis zu beantragen.[955] Die finale Entscheidung über die Erteilung einer Erlaubnis liegt bei der BaFin bzw. EZB gemäß § 32 Abs. 1 i.V.m. § 1 Abs. 5 KWG und Art. 4 Abs. 1 i.V.m. Art. 14 SSM-VO[956.957] Der Inhalt des Antrags ergibt sich aus § 32 Abs. 1 S. 2 KWG, sowie aus weiteren Rechtsverordnungen und der Verwaltungspraxis. Hierbei sind vor allem Angaben zum Geschäftsmodell und den einzelnen Geschäftsprozessen zu machen, sowie diejenigen Maßnahmen zu beschreiben, welche die Anforderungen an die Unternehmenssteuerung und an das interne Kontrollsystem erfüllen sollen.[958] Das Zulassungsverfahren des Geschäftsbetriebs ist sehr formal, sowie zeit- und kostenintensiv. Nicht selten

---

952 BaFin, Merkblatt – Tatbestand des Einlagengeschäfts (Stand: 11.03.2014), S. 10.

953 *Schäfer*, in: Boos/Fischer/Schulte-Mattler-KWG, § 1, Rn. 27.

954 Vgl. Hans. OLG Hamburg WM 2020, 1116.

955 *Schwennicke*, in: Schwennicke/Auerbach-KWG, § 32, Rn. 5.

956 Verordnung (EU) Nr. 1024/2013 des Rates vom 15.10.2013 zur Übertragung besonderer Aufgaben im Zusammenhang mit der Aufsicht über Kreditinstitute auf die Europäische Zentralbank, ABl. L 287 vom 29.10.2013.

957 Vgl. *Scholz-Fröhling*, BKR 2017, 133 (137); *Kunz*, in: Bräutigam/Rücker-E-Commerce, Abschnitt C, Rn. 16; *Neumann*, EuZW-Beil. 2014, 9 (11 f.).

958 Zu den Anforderungen im Einzelnen siehe *Schwennicke*, in: Schwennicke/Auerbach-KWG, § 32, Rn. 22 ff.; *Kunz*, in: Bräutigam/Rücker-E-Commerce, Abschnitt C, Rn. 18 ff.; *Scholz-Fröhling*, BKR 2017, 133 (137).

scheitern sogenannte FinTech-Unternehmen an den hohen Hürden derartiger Voraussetzungen und an der meist geringen Kapitalausstattung im Gegensatz zu großen Kreditinstituten, so dass ebenso kapitalsuchende Start-ups mit entsprechenden Problemen konfrontiert wären.[959]

d) *Auswirkungen einer fehlenden Erlaubnis*

Werden trotz fehlender Erlaubnis erlaubnispflichtige Bankgeschäfte betrieben, so handelt es sich um den Betrieb von unerlaubten Geschäften nach § 37 Abs. 1 S. 1 Nr. 1 KWG. Insofern machen sich sowohl die Gesellschaft, als auch der Geschäftsführer persönlich und unbeschränkt schadensersatzpflichtig.[960] Der Anspruch auf Schadensersatz gegenüber der Gesellschaft ergibt sich aus § 823 Abs. 2 BGB i.V.m. § 32 Abs. 1 S. 1 KWG, wobei § 32 KWG als Schutzgesetz zugunsten der einzelnen Kleinanleger anzusehen ist.[961] Aufgrund der in § 840 BGB vorgesehenen Gesamtschuld haftet neben der Gesellschaft zudem die Mitglieder der Geschäftsführung persönlich gemäß § 823 Abs. 2 BGB i.V.m. §§ 32 Abs. 1 S. 1, 54 Abs. 1 Nr. 2, Abs. 2 KWG.[962] Neben der Leistung von Schadensersatz kann der Anspruch der Kleinanleger auf die zivilrechtliche Rückabwicklung der betreffenden Verträge gerichtet sein.[963]

Darüber hinaus ist das Betreiben von Bankgeschäften ohne erforderliche Erlaubnis nach § 54 Abs. 1 Nr. 2 KWG strafbar. Hiernach ist die vorsätzliche Begehung mit einer Freiheitsstrafe von bis zu fünf Jahren und die fahrlässige Begehung nach § 54 Abs. 2 KWG mit einer Freiheitsstrafe bis zu

959 Vgl. *Kunz*, in: Bräutigam/Rücker-E-Commerce, Abschnitt C, Rn. 17.

960 Vgl. *Nietsch/Eberle*, DB 2014, 2575 (2578); *Jansen/Pfeifle*, ZIP 2012, 1842 (1851).

961 BGHZ 197, 1 (3 f.), Rn. 10 f.; BGH WM 2020, 311 (312), Rn. 16 f.; Hans. OLG Hamburg WM 2020, 1116; BGH WM 2018, 2354 (2355), Rn. 7; BGH WM 2018, 1639 (1641), Rn. 13 f.; BGH WM 2005, 1217 (1218); BGH BKR 2007, 251 (252 ff.); *Nietsch/Eberle*, DB 2014, 2575 (2578); tendenziell *Fischer/Müller*, in: Boos/Fischer/Schulte-Mattler-KWG, § 32, Rn. 31; *Schwennicke*, in: Schwennicke/Auerbach-KWG, § 32, Rn. 93; *Nietsch/Eberle*, DB 2014, 2575 (2578); *Jansen/Pfeifle*, ZIP 2012, 1842 (1851); in Verbindung mit stillen Gesellschaften siehe auch Schleswig-Holsteinisches OLG BeckRS 2002, 11756.

962 BGHZ 197, 1 (3 f.), Rn. 10 f.; BGH WM 2020, 311 (312), Rn. 16 f.; BGH WM 2018, 2354 (2355), Rn. 7; BGH WM 2018, 1639 (1641), Rn. 13 f.; BGH WM 2005, 1217 (1218); BGH BKR 2007, 251 (253 f.); *Holle*, BKR 2018, 500 (501 ff.).

963 Hans. OLG Hamburg WM 2020, 1116; *Schürmann/Langner*, in: Schimansky/Bunte/Lwowski, BankR-HdB, § 69, Rn. 9; *Fischer/Müller*, in: Boos/Fischer/Schulte-Mattler-KWG, § 32, Rn. 31.

drei Jahren oder einer Geldstrafe bewehrt. Diese können zudem gegenüber leitenden Angestellten verhängt werden, § 14 Abs. 2 Nr. 1 bzw. Nr. 2 KSchG i.V.m. § 54 Abs. 2 KWG.[964] Zusätzlich kann die Gesellschaft mit einer Geldbuße in Höhe von bis zu zehn Millionen Euro sanktioniert werden, § 30 OWiG i.V.m. § 59 KWG.[965]

Bezüglich der zivil- und strafrechtlichen Konsequenzen bei dem unerlaubten Betreiben von Bankgeschäften besteht für die betroffenen Geschäftsführer und Gesellschaften eine Enthaftungsmöglichkeit. Diese ergibt sich dann, wenn die Geschäftsführer bzw. Gesellschaften Rechtsrat bei einem Rechtsanwalt[966] bzw. Erkundigungen bei der BaFin[967] einholen und der jeweilig konsultierte Experte eine Erlaubnispflicht nach § 32 KWG für das Geschäftsmodell ablehnt sowie für die Geschäftsführer die Notwendigkeit einer Erlaubnis hinsichtlich des Betreibens selbst nicht leicht erkennbar ist.[968] Es ist davon auszugehen, dass die Beteiligten einem unvermeidbaren Verbotsirrtum nach § 17 Abs. 1 StGB unterliegen, welcher eine zivil- und strafrechtliche Haftung gegenüber Dritten ausschließt.[969] Nach Ansicht des BGH unterliegen zivilrechtliche Haftungsansprüche, wie hier § 823 BGB i.V.m. §§ 32, 54 KWG, der strafrechtlichen Beurteilung hinsichtlich eines unvermeidbaren Verbotsirrtums nach § 17 Abs. 1 StGB, soweit die Schutznorm strafbewehrt ist.[970]

Davon unabhängig haben sowohl die Start-ups als auch die Kleinanleger das Recht die Crowdinvesting-Verträge aus wichtigem Grund im Sinne des § 314 BGB zu kündigen, sofern bei erlaubnispflichtigen Bankgeschäften eine Erlaubnis nach § 32 KWG fehlt.[971] Eine weitergehende Nichtigkeit der

---

964 *Fischer/Müller*, in: Boos/Fischer/Schulte-Mattler-KWG, § 32, Rn. 29, § 54, Rn. 10.

965 *Lindemann*, in: Boos/Fischer/Schulte-Mattler-KWG, § 54, Rn. 24.

966 Zu den Anforderungen und insbesondere zu Gefälligkeitsgutachten siehe BGH WM 2017, 1400 (1402), Rn. 29 ff.; siehe hierzu auch BGH WM 2017, 1501 (1502), Rn. 13 ff.

967 Siehe hierzu BGH WM 2012, 1333 (1336), Rn. 23; BGH WM 2017, 1501 (1502), Rn. 13 ff.

968 St. Rspr. zuletzt etwa BGH WM 2017, 1501 (1502), Rn. 13 ff.; BGH WM 2017, 1400 (1402), Rn. 29 ff. Hinsichtlich der Frage einer im Nachgang als unwirksam erachteten qualifizierten Nachrangabrede siehe BGH WM 2018, 1639 (1642), Rn. 24 ff.; *Holle*, BKR 2018, 500 ff.

969 Vgl. BGH WM 2020, 311 (314), Rn. 37; BGH WM 2018, 1639 (1642), Rn. 24 ff.

970 Vgl. BGH WM 2012, 1333 (1336), Rn. 22 f.; BGH WM 2017, 1400 (1402), Rn. 16 ff.; BGH WM 2017, 1501 (1502), Rn. 10; BGH WM 2018, 1639 (1642), Rn. 24 ff.

971 *Schürmann/Langner*, in: Schimansky/Bunte/Lwowski, BankR-HdB, § 69, Rn. 9. Insbesondere bei Abwicklungsanordnungen durch die BaFin, vgl. BVerwG GWR

Crowdinvesting-Verträge nach § 134 BGB ist dagegen zu verneinen.[972] Insoweit handelt es sich bei § 32 Abs. 1 S. 1 KWG nicht um ein Verbotsgesetz, sondern lediglich um eine Vorschrift, welche die Pflichten einer Vertragsseite regelt.[973] Handeln hingegen beide Vertragsparteien bewusst zusammen, kann jedoch das jeweilige Geschäft sittenwidrig im Sinne des § 138 Abs. 1 BGB und somit nichtig sein.[974]

Unabhängig von den zivil- und strafrechtlichen Folgen ist die BaFin als zuständige Behörde öffentlich-rechtlich befugt die sofortige Einstellung des Geschäftsbetriebs und die unverzügliche öffentlich-rechtliche Abwicklung der Bankgeschäfte nach § 37 Abs. 1 S. 1 Nr. 1 i.V.m. § 32 Abs. 1 S. 1 KWG anzuordnen.[975] Die Abwicklung kann derart ausgestaltet sein, dass die Betreiber der erlaubnispflichtigen Geschäfte den Kleinanlegern die eingenommenen Kapitalsummen zurückzugewähren haben. Bei der Abwicklungsanordnung handelt es sich um eine öffentlich-rechtliche Maßnahme, die unabhängig von etwaigen zivilrechtlichen Rechtsfolgen ergeht.[976] Gemäß § 37 Abs. 1 S. 4 KWG erstreckt sich die Befugnis der BaFin auch auf Dritte, die zum Betrieb von unerlaubten Geschäften im Sinne des KWG beitragen.[977] Demnach können die mit den Start-ups kooperierenden Crowdinvesting-Plattformen, sowie die zur Weiterleitung der Gelder beauftragten Treuhänder Adressaten von Maßnahmen der BaFin sein.

2011, 138 ff., m. Anm. *Schwennicke*; *Fischer/Müller*, in: Boos/Fischer/Schulte-Mattler-KWG, § 32, Rn. 33.

972 BGHZ 76, 119 (126); Hans. OLG Hamburg WM 2020, 1116; *Fischer/Müller*, in: Boos/Fischer/Schulte-Mattler-KWG, § 32, Rn. 30.Teilweise wird eine Gesamtnichtigkeit bzw. Teilnichtigkeit hinsichtlich der Fälligkeitsabrede bei Darlehensverträgen angenommen; siehe hierzu zusammenfassend *Mai*, BKR 2011, 199 f.; BVerwG GWR 2011, 138 f., m. Anm. *Schwennicke*; *Schwennicke*, in: Schwennicke/Auerbach-KWG, § 32, Rn. 91 f.

973 Hess. VGH WM 2009, 1889 (1893 f.); Hans. OLG Hamburg WM 2020, 1116; *Fischer/Müller*, in: Boos/Fischer/Schulte-Mattler-KWG, § 32, Rn. 30; *Poelzig*, WM 2014, 917 (919 f.); a.A. VG Frankfurt a. M. BB 2010, 1372 ff.; m. Anm. *Voß*.

974 BGH NJW 1990, 1356 (1357); *Schwennicke*, in: Schwennicke/Auerbach-KWG, § 32, Rn. 92.

975 Siehe hierzu auch *Nietsch/Eberle*, DB 2014, 2575 (2577 f.).

976 BVerwG BKR 2011, 208; BVerwG GWR 2011, 138 f., m. Anm. *Schwennicke*.

977 *Fischer/Müller*, in: Boos/Fischer/Schulte-Mattler-KWG, § 37, Rn. 7.

2. Crowdinvesting-Plattformen als Finanzdienstleistungsinstitute nach § 1 Abs. 1a S. 1 KWG

a) *Keine Kreditinstitute – keine Bankgeschäfte*

Unabhängig von einer Erlaubnispflicht der Start-ups ist zu untersuchen, ob ebenfalls Crowdinvesting-Plattformen erlaubnispflichtige Geschäfte im Sinne des § 32 Abs. 1 S. 1 KWG betreiben bzw. erbringen.[978] Im Gegensatz zu den kapitaleinsammelnden Start-ups können die Crowdinvesting-Plattformen ausschließlich erlaubnispflichtige Finanzdienstleistungen erbringen. Der Betrieb von Bankgeschäften gemäß § 1 Abs. 1 S. 2 KWG ist hingegen auszuschließen. So würde alleine das Kreditgeschäft nach § 1 Abs. 1 S. 2 Nr. 2, 1. Alt. KWG in Frage kommen, wozu jedoch die Gewährung von Gelddarlehen erforderlich wäre.[979] Anders als bei dem Lending-Modell[980] liegt die Hauptaufgabe der Crowdinvesting-Plattformen nicht in der Ausreichung von eingesammeltem Kapital, sondern lediglich in deren Vermittlung.[981] Die Gelder der Kleinanleger werden mittels Treuhänder an die Start-ups weitergeleitet, ohne dass die Plattformen Teil des Zahlungsverkehrs werden.[982] Die Gewährung von Gelddarlehen durch die Plattformen ist also auszuschließen.[983]

b) *Anlagenvermittlung nach § 1 Abs. 1a S. 2 Nr. 1 KWG*

Aufgrund ihrer Vermittlungstätigkeit können Crowdinvesting-Plattformen den Tatbestand der Anlagenvermittlung nach § 1 Abs. 1a S. 2 Nr. 1 KWG

---

978 Zu diesem Themenkomplex insgesamt siehe auch *Heuer*, Crowdinvesting, S. 76 f.; *Winde*, Regulierung Internet-Plattformen, S. 170 ff.

979 Vgl. *Weitnauer*, in: Handbuch Venture Capital, S. 222, Rn. 83 ff.; *Schmitt/Doetsch*, BB 2013, 1451 (1453); *Weitnauer/Parzinger*, GWR 2013, 153 (155). Zum Ausschluss von Finanzkommissions- und Emissionsgeschäften nach § 1 Abs. 1 S. 2 Nr. 4 und Nr. 10 KWG siehe *Weitnauer/Parzinger*, GWR 2013, 153 (155); *Klöhn/Hornuf*, ZBB 2012, 237 (249); *Schedensack*, Crowdinvesting, S. 364. Allgemein zu den Erlaubnispflichten bei Crowdfunding-Plattformen *Braun*, Crowdfunding, S. 139 ff., 155 ff.; *Drews*, Crowdfunding-Plattform, S. 233 ff.; *Schulz*, Crowdinvesting, S. 66 ff.

980 Siehe hierzu ausführlich BaFin, Merkblatt zur Erlaubnispflicht von Kreditvermittlungsplattformen (Stand: 14.05.2007); *Hartmann*, BKR 2017, 321; *Veith*, BKR 2016, 184. Zum Begriff siehe auch Abschnitt B.I.2.d).

981 Zur Anlagenvermittlung siehe ausführlich die nachfolgende Ziffer.

982 Siehe hierzu Abschnitt D.I.1.b)cc); vgl. auch *Schmitt/Doetsch*, BB 2013, 1451 (1453).

983 Im Ergebnis verneint auch *Schedensack*, Crowdinvesting, S. 363 Bankgeschäfte der Crowdinvesting-Plattformen.

erfüllen. Danach ist eine Anlagevermittlung die Vermittlung von Geschäften über die Anschaffung und Veräußerung von Finanzinstrumenten. Um Finanzinstrumente handelt es sich nach § 1 Abs. 11 S. 1 Nr. 2 KWG etwa dann, wenn diese als Vermögensanlagen im Sinne des § 1 Abs. 2 VermAnlG ausgestaltet sind. Darüber hinaus ist die Anlagenvermittlung jede finale Tätigkeit, die auf den Abschluss von Geschäften über die Anschaffung und Veräußerung von Finanzinstrumenten gerichtet ist.[984] Als entsprechende Tätigkeit ist die Weiterleitung eines Auftrages der einen Seite an die andere ausreichend.[985] Die Anlagevermittlung zeichnet sich folglich dadurch aus, dass der Vermittler als Bote die Willenserklärungen der Beteiligten übermittelt bzw. weiterleitet.[986] Hierfür kann sich dieser eines EDV-Systems bedienen.[987] Handelt es sich dagegen bei dem verwendeten EDV-System um eine Handelsplattform, auf der mittels eines vorher festgelegten Regelwerks börsenähnlich Willenserklärungen zusammengeführt werden, entspricht dies nicht der Anlagevermittlung im Sinne des KWG.[988] Insofern ist das Zusammenführen von Kauf- und Verkaufsaufträgen

---

984 *Schäfer*, in: Boos/Fischer/Schulte-Mattler-KWG, § 1, Rn. 134; *Schwennicke*, in: Schwennicke/Auerbach-KWG, § 1, Rn. 83. Für den Bereich des WpHG siehe *Drews*, Crowdfunding-Plattform, S. 149 ff. Zur Unterscheidung des zivil- und aufsichtsrechtlichen Begriff des Anlagevermittlers siehe *Winde*, Regulierung Internet-Plattformen, S. 85 ff., 188 ff.

985 BaFin, Merkblatt Anlagevermittlung (Stand: 17.05.2011, geändert am 13.07.2017); *Schäfer*, in: Boos/Fischer/Schulte-Mattler-KWG, § 1, Rn. 134. Siehe hierzu auch *Schedensack*, Crowdinvesting, S. 365 f., der neben einer Botenstellung die Anlagevermittlung zusätzlich mit einer finalen Einwirkung der Crowdinvesting-Plattformen auf die Kleinanleger begründet.

986 BaFin, Merkblatt Anlagevermittlung (Stand: 17.05.2011, geändert am 13.07.2017); *BaFin*, Crowdinvesting, abrufbar unter *https://www.bafin.de/DE/Aufsicht/FinTech/Crowdfunding/Crowdinvesting/crowdinvesting_node.html* [zuletzt aufgerufen am 12.05.2022]; *Klöhn/Hornuf*, ZBB 2012, 237 (250 f.); *Schwennicke*, in: Schwennicke/Auerbach-KWG, § 1, Rn. 83. Zur Anlagenvermittlung im Rahmen des Crowdinvestings siehe auch *Schäfer*, in: Boos/Fischer/Schulte-Mattler-KWG, § 1, Rn. 43, 139; *Heuer*, Crowdinvesting, S. 76 f., 87 ff.; *Schulz*, Crowdinvesting, S. 69 f.; *Fischer*, Crowdinvesting, S. 45 f.; *Weitnauer/Parzinger*, GWR 2013, 153 (155). Siehe hierzu auch *Jansen/Pfeifle*, ZIP 2012, 1842 (1851), die die Anlagevermittlung bereits aufgrund der Kontaktaufnahme der Plattform mit beiden Parteien bejahen.

987 BaFin, Merkblatt Anlagevermittlung (Stand: 17.05.2011, geändert am 13.07.2017); *Nietsch/Eberle*, DB 2014, 1788 (1790).

988 Vgl. BaFin, Merkblatt Anlagevermittlung (Stand: 17.05.2011, geändert am 13.07.2017); *Klöhn/Hornuf*, ZBB 2012, 237 (250 ff.); *Weitnauer*, in: Handbuch Venture Capital, S. 221, Rn. 86.

nach einem nichtdiskretionären Regelwerk und ohne Ermessenspielraum der Beteiligten Teil des Betriebs eines multilateralen Handelssystems nach § 1 Abs. 1a S. 2 Nr. 1b KWG.[989] Ein solches wurde in Abschnitt C.I.2 im Rahmen der Erläuterungen zum Vertragsschluss bei *Companisto* und *Seedmatch* abgelehnt.[990] Dabei wurde aufgezeigt, dass *Companisto* und *Seedmatch* Willenserklärungen der Beteiligten übermitteln bzw. weiterleiten und somit die Stellung eines Boten einnehmen. In Anbetracht dessen handelt es sich bei der Tätigkeit der Crowdinvesting-Plattformen um eine Anlagevermittlung im Sinne des § 1 Abs. 1a S. 2 Nr. 1 KWG, soweit diese Crowdinvesting-Verträge als Vermögensanalgen im Sinne des § 1 Abs. 2 VermAnlG ausgestaltet sind.[991] So ist die Anlagevermittlung neben der Anlageberatung auch ein zwingendes Erfordernis des § 2a Abs. 1, Abs. 3 VermAnlG, der für den Vertrieb von Crowdinvesting-Verträgen eine Befreiung von der Prospektpflicht vorsieht.[992]

aa) Keine Abschlussvermittlung nach § 1 Abs. 1a S. 2 Nr. 2 KWG

Aufgrund der vorgesehenen Übermittlung von fremden Willenserklärungen der Parteien scheidet bei dem Crowdinvesting-Modell die Abschlussvermittlung nach § 1 Abs. 1a S. 2 Nr. 2 KWG als Finanzdienstleistung aus.[993] Voraussetzung

---

989 Siehe hierzu *Schäfer*, in: Boos/Fischer/Schulte-Mattler-KWG, § 1, Rn. 135; *Klöhn/Hornuf*, ZBB 2012, 237 (251 f.); *Schedensack*, Crowdinvesting, S. 366 ff.

990 Siehe hierzu auch *Weitnauer*, in: Handbuch Venture Capital, S. 221, Rn. 83 ff.; *Weitnauer/Parzinger*, GWR 2013, 153 (155), der den Betrieb eines multilateralen Handelssystems bei Crowdinvesting-Plattformen annimmt.

991 Zur Einordnung der Crowdinvesting-Verträge als Vermögensanlagen siehe Abschnitt E.I.1.

992 Allerdings sind stille Beteiligungen nicht von der Befreiung der Prospektpflicht nach § 2a Abs. 1, Abs. 3 VermAnlG umfasst. Ausführlich zum VermAnlG siehe Abschnitt E.I.1.

993 Dementsprechend ist auch das Platzierungsgeschäft nach § 1 Abs. 1a S. 2 Nr. 1c KWG bei dem derzeitigen Crowdinvesting-Modell nicht anwendbar. Dieses stellt einen Sonderfall der Abschlussvermittlung dar, bei dem der Platzeur in offener Stellvertretung des Kunden gegenüber den Anlegern auftritt; siehe hierzu *Schäfer*, in: Boos/Fischer/Schulte-Mattler-KWG, § 1, Rn. 154 ff.; *Klöhn/Hornuf*, ZBB 2012, 237 (249 f.); *Nietsch/Eberle*, ZVglRWiss 2017, 205 (214); *Nietsch/Eberle*, DB 2014, 1788 (1790); *Schedensack*, Crowdinvesting, S. 368 f.; *Winde*, Regulierung Internet-Plattformen, S. 176 f.; *Braun*, Crowdfunding, S. 147; *Schulz*, Crowdinvesting, S. 72; *BaFin*, Crowdinvesting, abrufbar unter *https://www.bafin.de/DE/Aufsicht/FinTech/Crowdfunding/Crowdinvesting/crowdinvesting_node.html* [zuletzt aufgerufen am 12.05.2022]; *Weitnauer*, in: Handbuch Venture Capital, S. 221 f.

ist die Anschaffung und Veräußerung von Finanzinstrumenten im fremden Namen für fremde Rechnung. Hierzu haben die Plattformen als Stellvertreter zu handeln und werden durch die Beteiligten zum Kauf von Finanzinstrumenten oder zur Annahme von Willenserklärungen der Anleger bevollmächtigt.[994] Die Bevollmächtigungen sind in den Crowdinvesting-Verträgen allerdings nicht vorgesehen, so dass die Crowdinvesting-Plattformen letztendlich nicht als Stellvertreter handeln.[995]

bb) Keine Anlageberatung nach § 1 Abs. 1a S. 2 Nr. 1a KWG

Ebenso wenig sind die derzeitigen Crowdinvesting-Plattformen im Wege einer Anlageberatung nach § 1 Abs. 1a S. 2 Nr. 1a KWG tätig. Für eine Anlageberatung müssten diese die persönlichen Umstände der einzelnen Kleinanleger überprüfen und persönlich Finanzinstrumente empfehlen.[996] Nach dem Wortlaut ist die persönliche Empfehlung von dem bloßen Anpreisen von Finanzinstrumenten auf Informationsverbreitungskanälen für eine unbestimmte Anzahl von Anlegern zu unterscheiden.[997] Weder *Companisto* noch *Seedmatch* überprüfen die persönlichen Umstände der Kleinanleger oder sprechen persönliche Empfehlungen aus.[998] Vielmehr bieten die Crowdinvesting-Plattformen unterschiedliche Investitionsmöglichkeiten einer unbestimmten Anzahl von Interessenten an, die sich hierfür lediglich auf der Webseite zu registriert haben. Durch den Registriervorgang werden keine Daten erhoben, die für die Überprüfung der persönlichen Verhältnisse im Einzelnen erforderlich wären.[999]

---

994 Vgl. BaFin, Merkblatt Anlagevermittlung (Stand: 17.05.2011, geändert am 13.07.2017); *BaFin*, Crowdinvesting, abrufbar unter *https://www.bafin.de/DE/Aufsicht/FinTech/Crowdfunding/Crowdinvesting/crowdinvesting_node.html* [zuletzt aufgerufen am 12.05.2022]; *Schäfer*, in: Boos/Fischer/Schulte-Mattler-KWG, § 1, Rn. 157.

995 Siehe hierzu Abschnitt C.I.2.b)aa). Vgl. *Braun*, Crowdfunding, S. 149; *Winde*, Regulierung Internet-Plattformen, S. 182 ff.; *Schedensack*, Crowdinvesting, S. 369; *Klöhn/Hornuf*, ZBB 2012, 237 (249 f.); *Weitnauer/Parzinger*, GWR 2013, 153 (155).

996 Ausführlich hierzu *Schäfer*, in: Boos/Fischer/Schulte-Mattler-KWG, § 1, Rn. 141 ff.; *Schwennicke*, in: Schwennicke/Auerbach-KWG, § 1, Rn. 88 ff.; *Braun*, Crowdfunding, S. 154 f.; *Schulz*, Crowdinvesting, S. 71 f.; *Schedensack*, Crowdinvesting, S. 366. Für den Bereich des WpHG siehe *Drews*, Crowdfunding-Plattform, S. 153.

997 *Schäfer*, in: Boos/Fischer/Schulte-Mattler-KWG, § 1, Rn. 143, 146.

998 Siehe hierzu Abschnitt C.II.2.a)bb).

999 Siehe hierzu etwa den Registrierungsprozess bei *Seedmatch*.

c) Gewerbsmäßige Erbringung von Finanzdienstleistungen nach § 1 Abs. 1a S. 1, 1. Alt. KWG

Auch im Rahmen der Erbringung von Anlagenvermittlungen müssen die Finanzdienstleister gemäß § 1 Abs. 1a S. 1, 1. Alt. KWG gewerbsmäßig handeln. Wie bei dem Betrieb von Einlagengeschäften erörtert ist die Wiederholungs- und Gewinnerzielungsabsicht für den Begriff der Gewerbsmäßigkeit ausreichend.[1000] Wird für die Dienstleistung ein Entgelt verlangt, so ist von einer Gewinnerzielungsabsicht des Dienstleisters auszugehen.[1001] Demzufolge sind die Anlagevermittlungen der Crowdinvesting-Plattformen als gewerbsmäßig im Sinne des § 1 Abs. 1a S. 1, 1. Alt. KWG anzusehen.[1002] Insofern erhalten die Plattformen *Companisto* und *Seedmatch* Provisionen für die Vermittlung von Crowdinvesting-Verträgen, soweit die Start-ups mithilfe der Crowdinvesting-Kampagne erfolgreich finanziert wurden.[1003]

d) Bereichsausnahme nach § 2 Abs. 6 S. 1 Nr. 8e KWG

Trotz der gewerbsmäßigen Erbringung von Anlagevermittlungen kann eine Erlaubnispflicht der Crowdinvesting-Plattformen im Sinne des KWG ausgeschlossen sein. So sind Unternehmen nach § 2 Abs. 6 S. 1 Nr. 8e KWG keine Finanzdienstleistungsinstitute, wenn diese ausschließlich Anlagevermittlungen zwischen Kunden und Emittenten von Vermögensanlagen im Sinne des § 1 Abs. 2 VermAnlG erbringen, die Vermittlungen auf Vermögensanlagen beschränkt sind und diese erstmalig öffentlich angeboten werden.[1004] Zusätzlich dürfen sich die Unternehmen kein Eigentum oder keinen

---

1000 So etwa beim Themenkomplex Crowdlending, BaFin, Merkblatt zur Erlaubnispflicht von Kreditvermittlungsplattformen (Stand: 14.05.2007); siehe hierzu auch *Schwennicke*, in: Schwennicke/Auerbach-KWG, § 1, Rn. 6; *Schäfer*, in: Boos/Fischer/Schulte-Mattler-KWG, § 1, Rn. 22, 28.; BaFin, Merkblatt Anlagevermittlung (Stand: 17.05.2011, geändert am 13.07.2017); *Nietsch/Eberle*, DB 2014, 2575 (2577). Zur Gewerbsmäßigkeit ausführlich siehe Abschnitt D.I.1.b)aa).

1001 Siehe hierzu *Schäfer*, in: Boos/Fischer/Schulte-Mattler-KWG, § 1, Rn. 22.

1002 BaFin, Merkblatt Anlagevermittlung (Stand: 17.05.2011, geändert am 13.07.2017); vgl. auch *Schäfer*, in: Boos/Fischer/Schulte-Mattler-KWG, § 1, Rn. 28; *Nietsch/Eberle*, DB 2014, 2575 (2577); *Schedensack*, Crowdinvesting, S. 363.

1003 Zu den zivilrechtlich ausgestalteten Provisionsansprüchen der Plattformen gegenüber den Start-ups und/oder Kleinanlegern siehe Abschnitt C.II.2.b).

1004 Siehe hierzu ausführlich BaFin, Merkblatt zur Bereichsausnahme für die Vermittlung von Investmentvermögen und Vermögensanlagen (Stand: 16.04.2015, geändert am 02.11.2017).

Besitz an den Geldern der Kunden verschaffen. Die Bereichsausnahme ist also bei den Crowdinvesting-Plattformen erfüllt, sofern diese Vermögensanlagen im Sinne des § 1 Abs. 2 VermAnlG zwischen den Start-ups als Emittenten und den Kleinanlegern vermitteln.[1005] Zudem werden im gegenwärtigen Crowdinvesting-Modell die Beteiligungsmöglichkeiten der Crowd regelmäßig erstmals öffentlich angeboten. Ein nicht erstmaliges Angebot wäre lediglich über einen Sekundärmarkt realisierbar, welcher aktuell aber nicht von den Plattformen zur Verfügung gestellt wird.[1006] Darüber hinaus verschaffen sich die Plattformen derzeit weder Eigentum noch Besitz an den Geldern der Crowd. So verpflichteten sich Kleinanleger in der Vergangenheit ihre Gelder unmittelbar auf Konten der Plattformen bzw. auf Konten von Tochtergesellschaften der Plattformen einzuzahlen.[1007] Insoweit waren die Plattformen damals zumindest mittelbar in Besitz der Gelder der Crowd gekommen. Um die Bereichsausnahme des § 2 Abs. 6 S. 1 Nr. 8e KWG jedoch zu erfüllen und so eine Erlaubnispflicht im Sinne des KWG zu umgehen, wurde die Annahme der Gelder an unabhängige Treuhänder ausgelagert.[1008] Werden dagegen keine Vermögensanlagen im Sinne des § 1 Abs. 2 VermAnlG durch die Crowdinvesting-Plattformen vermittelt, besteht je nach Ausgestaltung der Vereinbarungen mit der Crowd die Möglichkeit der Anwendbarkeit der Regelung des KWG, da die Bereichsausnahme nach § 2 Abs. 6 S. 1 Nr. 8e KWG nicht einschlägig wäre. In Anbetracht dessen hätten die Plattformen die Regelungen des KWG zu erfüllen und würden grundsätzlich einer Erlaubnispflicht nach § 32 KWG unterliegen.[1009]

1005 Mit gleichem Ergebnis *Klöhn/Hornuf*, ZBB 2012, 237 (252); *Danwerth*, ZBB 2016, 20 (23 f.); *Casper*, ZBB 2015, 265 (280); *Nietsch/Eberle*, ZVglRWiss 2017, 205 (214); *Spindler*, ZBB 2017, 129 (133); *Gerlach/Köhler*, ZBB 2017, 84 (86); *Fischer*, Crowdinvesting, S. 47 f.; *Heuer*, Crowdinvesting, S. 77; *Schulz*, Crowdinvesting, S. 74 f.; *Winde*, Regulierung Internet-Plattformen, S. 192 ff.; *Drews*, Crowdfunding-Plattform, S. 174; *Weitnauer*, in: Handbuch Venture Capital, S. 222, Rn. 86; *Weitnauer/Parzinger*, GWR 2013, 153 (155); *Schedensack*, Crowdinvesting, S. 369 ff.; *Klöhn/Hornuf*, DB 2015, 47 (48); *Kunz*, in: Bräutigam/Rücker-E-Commerce, Abschnitt E, Rn. 79. Zum Anwendungsbereich des VermAnlG bei Crowdinvesting-Verträgen siehe Abschnitt E.I.1.

1006 Vgl. *Schedensack*, Crowdinvesting, S. 370.

1007 *Fischer*, Crowdinvesting, S. 48.

1008 Siehe Abschnitt D.I.1.b)cc).

1009 Zu den Folgen einer fehlenden Erlaubnis siehe Abschnitt D.I.1.d).

e) *Keine Erlaubnispflicht nach § 32 Abs. 1 S. 1 KWG*

Angesichts des Ausscheidens der Crowdinvesting-Plattformen aus dem Transfer des Geldes zwischen der Crowd und den Emittenten ist deren Tätigkeit als Anlagevermittler nicht erlaubnispflichtig im Sinne des § 32 Abs. 1 S. 1 KWG. Die Plattformen ersparen sich dahingehend nicht nur einen kosten- und zeitintensiven Gestattungsprozess, sondern entziehen sich ebenfalls einer staatlichen Aufsicht durch die BaFin. Eine Ausnahme von den Regelungen des KWG ist solange in Betracht zu ziehen, wie die Crowdinvesting-Verträge ausschließlich als Vermögensanlagen nach § 1 Abs. 2 VermAnlG ausgestaltet sind. Sollten den Kleinanlegern andere Formen von Beteiligungsmöglichkeiten angeboten werden, haben die Crowdinvesting-Plattformen die Anlagen im Hinblick auf die Konformität mit den Regelungen des KWG zu überprüfen und ggf. die dort geregelten Organisations- und Verhaltenspflichten einzuhalten. Zudem würden die Plattformen der Aufsicht der BaFin unterliegen.

3. Kleinanleger im Lichte des KWG

Neben Start-ups und Crowdinvesting-Plattformen können ebenso Kleinanleger den Anforderungen des KWG unterliegen. Es besteht die Möglichkeit, dass die Geldgeber durch die mehrmalige Ausreichung von Kapital an verschiedene Start-ups erlaubnispflichtige Kreditgeschäfte betreiben.

a) *Kreditgeschäft nach § 1 Abs. 1 S. 2 Nr. 2 KWG*

Gemäß § 1 Abs. 1 S. 2 Nr. 2, 1. Alt. KWG handelt es sich bei Kreditgeschäften um die Gewährung von Gelddarlehen im Sinne des § 488 BGB.[1010] Zur entsprechenden Erfüllung eines Kreditgeschäfts müsste es sich bei den Crowdinvesting-Verträgen also um Gelddarlehen (D.I.3.a)aa)) handeln und gleichzeitig dürfte keine oder keine wirksame qualifizierte Nachrangklausel vereinbart worden sein (D.I.3.a)bb)).

aa) Gelddarlehen

Unproblematisch unterliegen Crowdinvesting-Verträge zumindest dann dem Begriff des Gelddarlehens nach § 1 Abs. 1 S. 2 Nr. 2, 1. Alt. KWG, wenn diese als partiarische Darlehen ohne einen qualifizierten Rangrücktritt ausgestaltet

---

1010 BaFin, Merkblatt – Kreditgeschäft (Stand: 08.01.2009, geändert am 02.05.2016), S. 1; *Schäfer*, in: Boos/Fischer/Schulte-Mattler-KWG, § 1, Rn. 55.

sind.[1011] Handelt es sich dagegen um stille Beteiligungen, so ist die Einordnung der Vereinbarungen als Gelddarlehen im Sinne des KWG nicht eindeutig. Für eine Zuordnung ist das schuldrechtliche Gelddarlehen von der stillen Gesellschaft abzugrenzen. Hierbei kommt es darauf an, ob die Parteien mit ihren Crowdinvesting-Verträgen einen gesellschaftsrechtlichen gemeinsamen Zweck verfolgen.[1012] Die BaFin erkennt einen solchen Zweck in der Vereinbarung einer Verlustteilnahme durch den Geldgeber.[1013] Dagegen geht die Behörde von einem Gelddarlehen aus, sofern sowohl die Gewinn-, als auch die Verlustteilnahme ausgeschlossen wurden.[1014] Ist lediglich die Verlustteilnahme des stillen Gesellschafters ausgeschlossen, so ist die Einordnung der Vereinbarung als Gelddarlehen durch die BaFin im Einzelfall zu überprüfen.[1015] Hierfür hat diese im Einzelfall zu hinterfragen, ob die Vertragsparteien einen gemeinsamen Zweck aufgrund gemeinsamer Interessen oder unterschiedliche Interessen verfolgen.[1016] Die Ermittlung eines gemeinsamen Zwecks hat durch eine Gesamtbetrachtung und Würdigung sämtlicher Umstände im Einzelfall und des jeweiligen Vertragsinhalts zu erfolgen.[1017]

Eine entsprechende Ermittlung eines gemeinsamen Zwecks wurde exemplarisch in Abschnitt C.I.1.b) hinsichtlich der Crowdinvesting-Verträge von *Companisto* und *Seedmatch* durchgeführt. Unter Heranziehung der dortigen Ergebnisse und Argumentation können die Crowdinvesting-Verträge von *Companisto* unter den Begriff des Gelddarlehens im Sinne des KWG fallen, da diese als partiarische Darlehen rein schuldrechtlich ausgestaltet sind. Bei den Vereinbarungen von *Seedmatch* handelt es sich dagegen um stille Beteiligungen. So sind die Kleinanleger zwar von der Teilnahme an dem Verlust der Gesellschaft ausgeschlossen, dennoch haben sie mit dem Start-up eine gesellschaftsrechtlich

---

1011 Vgl. *Schäfer*, in: Boos/Fischer/Schulte-Mattler-KWG, § 1, Rn. 62; BaFin, Merkblatt – Kreditgeschäft (Stand: 08.01.2009, geändert am 02.05.2016), S. 3. Zum qualifizierten Rangrücktritt siehe nachfolgende Abschnitt D.I.3.a)bb).

1012 Vgl. *Schäfer*, in: Boos/Fischer/Schulte-Mattler-KWG, § 1, Rn. 62.

1013 BaFin, Merkblatt – Kreditgeschäft (Stand: 08.01.2009, geändert am 02.05.2016), S. 3.

1014 BaFin, Merkblatt – Kreditgeschäft (Stand: 08.01.2009, geändert am 02.05.2016), S. 3.

1015 BaFin, Merkblatt – Kreditgeschäft (Stand: 08.01.2009, geändert am 02.05.2016), S. 3; siehe hierzu auch *Schwennicke*, in: Schwennicke/Auerbach-KWG, § 1, Rn. 34, der wohl eine stille Beteiligung ohne Verlustteilnahme ausreichen lässt.

1016 Hinsichtlich Gelddarlehen *Schäfer*, in: Boos/Fischer/Schulte-Mattler-KWG, § 1, Rn. 62.

1017 Siehe hierzu insgesamt Abschnitt C.I.1.

relevante Mittelverwendung vereinbart. Insoweit handelt es sich um einen gemeinsamen Zweck der stillen Gesellschaft, der ein gesellschaftsrechtliches Verhältnis begründet und ein rein schuldrechtliches Darlehen ausschließt.

In Anbetracht der unterschiedlichen Zuordnungen haben insbesondere diejenigen Kleinanleger die Regelungen des KWG zu beachten, welche Crowdinvesting-Verträge unterzeichnen, die als partiarische Darlehen ohne einen qualifizierten Rangrücktritt ausgestaltet sind. Dagegen handelt es sich bei stillen Beteiligungen grundsätzlich nicht um Gelddarlehen im Sinne des § 1 Abs. 1 S. 2 Nr. 2, 1. Alt. KWG, so dass Geldgeber auch dann nicht einer Erlaubnispflicht nach § 32 KWG unterliegen, sofern diese mehrmals Kapital an Start-ups ausreichen.

bb) Kein Kreditgeschäft bei qualifizierter Nachrangklausel

Neben der im vorherigen Abschnitt durchgeführten Einordnung der partiarischen Darlehen als Gelddarlehen ist ein Kreditgeschäft nach § 1 Abs. 1 S. 2 Nr. 2, 1. Alt. KWG ausgeschlossen, wenn die jeweiligen Vereinbarungen eine qualifizierte Nachrangklausel beinhalten.[1018] Soweit diese wirksam zwischen den Start-ups und der Crowd vereinbart werden scheiden Kreditgeschäfte im Sinne des KWG aus. Sind die qualifizierten Nachrangvereinbarungen jedoch nicht oder nicht wirksam vereinbart, ist zumindest bei diesen Crowdinvesting-Verträgen ein Kreditgeschäft im Sinne des KWG anzunehmen, so dass diese einer Erlaubnispflicht nach § 32 KWG unterliegen können.

b) Gewerbsmäßiger Betrieb oder ein in kaufmännischer Weise eingerichteter Geschäftsbetrieb

Ein durch den Kleinanleger betriebenes Kreditgeschäft ist nach § 32 Abs. 1 S. 1 KWG erlaubnispflichtig, wenn dieses gewerbsmäßig betrieben wird (1. Alt.) bzw. wenn hierfür ein in kaufmännischer Weise eingerichteter Betrieb erforderlich ist (2. Alt.).

aa) Gewerbsmäßiger Betrieb nach § 32 Abs. 1 S. 1, 1. Alt. KWG

Die Gewerbsmäßigkeit eines Kreditgeschäfts im Sinne des § 32 Abs. 1 S. 1, 1. Alt. KWG ist anzunehmen, sofern der Kleinanleger als Betreiber mit Gewinnerzielungsabsicht handelt und das Geschäft auf eine gewisse

---

1018 BaFin, Merkblatt – Kreditgeschäft (Stand: 08.01.2009, geändert am 02.05.2016), S. 7.

Dauer angelegt ist.[1019] Für die Dauerhaftigkeit des Betriebs ist nach Ansicht der BaFin eine Wiederholungsabsicht des Anlegers ausreichend.[1020] Demzufolge hätte sich diese Absicht im Rahmen eines Crowdinvestings spätestens dann nachweislich bei einem Kleinanleger manifestiert, soweit dieser eine weitere Beteiligung an einem Start-up beabsichtigt bzw. eine solche tatsächlich eingeht. Zusätzlich kann von einer allgemeinen Gewinnerzielungsabsicht der Crowd ausgegangen werden.[1021] Insofern unterscheidet sich das Crowdinvesting-Modell von dem Donation-Modell dahingehend, dass altruistische Absichten nicht im Vordergrund stehen.[1022] Im Ergebnis wäre die Erfüllung der ersten Alternative des § 32 Abs. 1 S. 1 KWG bei denjenigen Geldgebern denkbar, die an mehreren Crowdinvesting-Kampagnen partizipieren und so ein Portfolio mit unterschiedlichen Crowdinvesting-Beteiligungen aufbauen.

bb) Ein kaufmännischer Weise eingerichteter Geschäftsbetrieb nach § 32 Abs. 1 S. 1, 2. Alt. KWG

Unabhängig von der ersten Alternative besteht bei Finanzierungen von Start-ups durch eine Vielzahl von Kleinanlegern die Möglichkeit der Erfüllung der zweiten Alternative des § 32 Abs. 1 S. 1 KWG. Hierzu müssten die Beteiligungsaktivitäten des einzelnen Kleinanlegers einen in kaufmännischer Weise eingerichteten Betrieb erfordern. Ein solches Erfordernis nimmt die BaFin bei Kreditgeschäften an, wenn der Kapitalgeber mindestens 21 Darlehen mit einem Gesamtdarlehensvolumen von über 500.000 Euro bzw., unabhängig von einer Summe, insgesamt mehr als 100 Darlehen abschließt.[1023] Ist einer der beiden Schwellenwerte erreicht, so ist ein in kaufmännischer Weise eingerichteter Geschäftsbetrieb erforderlich, unabhängig davon, ob es sich bei dem Betreiber um eine natürliche oder juristische Person handelt. Investiert der Kapitalgeber zudem mittels einer Kapitalgesellschaft, unterhält diese aufgrund ihrer Eigenschaft als Formkaufmann einen in kaufmännischer Weise eingerichteten

---

1019 Bei Kreditgeschäften BaFin, Merkblatt – Kreditgeschäft (Stand: 08.01.2009, geändert am 02.05.2016), S. 7.

1020 So etwa beim Themenkomplex Crowdlending, BaFin, Merkblatt zur Erlaubnispflicht von Kreditvermittlungsplattformen (Stand: 14.05.2007).

1021 Vgl. *Schedensack*, Crowdinvesting, S. 400.

1022 Siehe hierzu Abschnitt B.I.2.a).

1023 Entsprechende Schwellenwerte werden durch die BaFin dann herangezogen, wenn der Betreiber lediglich Kreditgeschäfte betreibt. Bei Kombinationen mit weiteren Geschäften siehe ausführlich BaFin, Merkblatt – Kreditgeschäft (Stand: 08.01.2009, geändert am 02.05.2016), S. 7 f.

Geschäftsbetrieb.[1024] Auf ein Erfordernis kommt es also nicht mehr an, da die Kaufmannseigenschaft nach § 1 Abs. 2 HGB zunächst widerlegbar und nach § 6 HGB unwiderlegbar vermutet wird.

cc) Zwischenergebnis

Mit Blick auf beide Alternativen ist der gewerbsmäßige Betrieb (1. Alt.) bzw. das Erfordernis eines entsprechenden Betriebs bei den Kleinanlegern (2. Alt.) im Rahmen des Crowdinvestings betreffend der vorgenannten Tatbestandsvoraussetzungen denkbar. Die Idee der Schwarmfinanzierung lebt von dem Gedanken der vielfachen Finanzierung durch die Crowd mit Kleinstbeträgen. Zu der Realisierung dieser Idee gehört sicherlich auch die Beteiligung eines Kleinanlegers an mehreren Start-ups. Dieser muss ein mögliches Ausfallrisiko seiner Beteiligungen durch eine breite Streuung kompensieren.[1025] Eine Umfrage von *Companisto* zeigt etwa, dass im Durchschnitt ein Kleinanleger drei Beteiligungen mit einer Gesamthöhe von 2.100 Euro hält.[1026] Dabei ist zu berücksichtigen, dass die Umfrage lediglich die Finanzierungsaktivitäten der Crowd auf der eigenen Plattform ermittelt. Weitergehende Angaben hinsichtlich der Beteiligungshäufigkeit der einzelnen Kleinanleger auf unterschiedlichen Crowdinvesting-Plattformen sind bisher nicht veröffentlicht. Doch unter anderem das Finanzierungsverhalten auf der Crowdinvesting-Plattform *Companisto* zeigt, dass zumindest der gewerbsmäßige Betrieb von Kreditgeschäft (1. Alt.) bei einer Vielzahl von Kleinanlegern denkbar ist, da sich diese regelmäßig mit Widerholungs- und Gewinnerzielungsabsicht an Start-ups beteiligen. Gleichfalls könnten Anleger, welche mithilfe eigener Kapitalgesellschaften

---

1024 Vgl. Abschnitt D.I.1.b)bb).

1025 So ist beispielsweise in einem Blog-Eintrag der Crowdinvesting-Plattform *Seedmatch* zu lesen: "Diese Möglichkeit, innerhalb von Startup-Investments das Risiko zu streuen, möchte Seedmatch mit einer möglichst breiten Auswahl an Startups aus den unterschiedlichsten Branchen ermöglichen. Investoren haben auf der Plattform die Möglichkeit, ihr einzusetzendes Kapital breit zu streuen und auf verschiedene Ideen und Innovationen zu setzen.“, *Seedmatch*, Themenreihe „Portfoliostrategie“, abrufbar unter *https://blog.seedmatch.de/themenreihe-portfoliostrategie/* [zuletzt aufgerufen am 12.05.2022].

1026 So berichtet bei *WirtschaftsWoche-Gründer*, Crowdinvesting: Wie die Schwarm-Investoren ticken, abrufbar unter *http://gruender.wiwo.de/crowdinvesting-wie-die-schwarm-investoren-ticken/* [zuletzt aufgerufen am 12.05.2022]; siehe bzgl. der mittlerweile insolventen Crowdinvesting-Plattform *Innovestment* auch *Klöhn/Hornuf*, ZBB 2012, 237 (244).

partizipieren, die Voraussetzungen des § 32 Abs. 1 S. 1, 2. Alt. KWG erfüllen. In der Vergangenheit beteiligten sich beispielsweise einige Anleger mittels Finanzierungsvehikel in der Rechtsform einer GmbH oder UG (haftungsbeschränkt).[1027] Bei derartigen Beteiligungen ist davon auszugehen, dass die Gesellschaften bereits durch ihre Kaufmannseigenschaft einen Gewerbebetrieb unterhalten. Auf die Anzahl der geschlossenen Beteiligungen kommt es nicht mehr an.

c) *Betrieb eines Kreditgeschäfts*

Entsprechend der Aussagen zum Betrieb eines Einlagengeschäfts auf Seiten der Start-ups ist ebenso bei den Kleinanlegern anzunehmen, dass diese das Kreditgeschäft im Sinne des KWG betreiben würden.[1028] Selbst wenn die Weitergabe der Kapitalsumme mithilfe eines Treuhänders erfolgt ist der Kleinanleger der schuldrechtliche Vertragspartner des Start-ups. Etwaige aus den Crowdinvesting-Verträgen resultierende zivilrechtliche Ansprüche bestehen lediglich zwischen dem jeweiligen Kleinanleger und dem Start-up. Ferner erfolgt die Weiterleitung der Gelder durch den Treuhänder ausschließlich im Namen der Crowd.

d) *Auswirkungen einer fehlenden Erlaubnis*

Wie dieser Abschnitt zu den KWG-Anforderungen zeigt, ist bei den Investitionstätigkeiten der Kleinanleger im Rahmen des nationalen Crowdinvesting-Modells von erlaubnispflichtigen Kreditgeschäften im Sinne des KWG auszugehen. Auch Anleger, die mithilfe von Kapitalgesellschaften Crowdinvesting-Verträge zeichnen, könnten den Regelungen des KWG unterliegen. Werden erlaubnispflichtige Kreditgeschäfte ohne Erlaubnis nach § 32 KWG betrieben, riskieren diese nicht nur die öffentlich-rechtliche und zivilrechtliche Inanspruchnahme durch die BaFin und Vertragspartner, sondern zudem weitergehende strafrechtliche Sanktionen. Die daraus resultierenden Rechtsfolgen wurden im Einzelnen in Abschnitt D.I.1.d) hinsichtlich des unerlaubten Betriebs von Einlagengeschäften der Start-ups erörtert und gelten entsprechend bei unerlaubten Kreditgeschäften der Crowd.

1027 So bei *Companisto* insgesamt 6,4 % aller Anleger, vgl.*Hainz/Hornuf*, ifo Forschungsberichte, April 2019, Ausgabe 102, (48 ff.); *Hainz/Hornuf/Klöhn*, ifo Forschungsberichte, 2017, Ausgabe 78, S. 37 ff.

1028 Siehe hierzu Abschnitt D.I.1.b)cc).

II. Anwendbarkeit des Wertpapierhandelsgesetzes

Aufgrund der Tätigkeit der Crowdinvesting-Plattformen als Anlagevermittler im Sinne des § 1 Abs. 1a S. 2 Nr. 1 KWG, können diese grundsätzlich Wertpapierdienstleistungen gemäß § 2 Abs. 8 S. 1 Nr. 4 WpHG erbringen.[1029] Soweit es sich bei den Crowdinvesting-Verträgen allerdings um Finanzinstrumente nach § 2 Abs. 4 Nr. 7 WpHG handelt, ist die Ausnahmeregelung gemäß § 3 Abs. 1 S. 1 Nr. 7e WpHG einschlägig. Hiernach sind Crowdinvesting-Plattformen nicht als Wertpapierdienstleistungsunternehmen anzusehen, sofern diese Vermögensanlagen nach § 1 Abs. 2 VermAnlG vermitteln, die erstmals öffentlich angeboten werden und die Unternehmen sich bei der Erbringung dieser Finanzdienstleistung kein Eigentum oder keinen Besitz an den Geldern verschaffen.[1030] Sind Crowdinvesting-Verträge demnach als Vermögensanlagen im Sinne des § 1 Abs. 2 VermAnlG ausgestaltet, ist von der Erfüllung der Ausnahmeregelung des § 3 Abs. 1 S. 1 Nr. 7e WpHG auszugehen.[1031] Wie im Rahmen des KWG erörtert, vermitteln die Crowdinvesting-Plattformen ausschließlich die von den Start-ups emittierten Beteiligungsmöglichkeiten zwischen diesen und den Kleinanlegern, die dabei erstmals öffentlich angeboten werden.[1032] Zudem verschaffen sich die Plattformen kein Eigentum oder keinen Besitz an den Geldern der Crowd, da der Zahlungstransfer auf externe Treuhänder ausgelagert wird.

Werden dagegen keine Vermögensanlagen im Sinne des § 1 Abs. 2 VermAnlG durch die Crowdinvesting-Plattformen vermittelt, besteht je nach Ausgestaltung der Vereinbarungen mit der Crowd die Möglichkeit der Anwendbarkeit der Regelung des WpHG. Hierbei ist eine Anwendbarkeit des WpHG anzunehmen, wenn die Plattformen einer Erlaubnispflicht nach § 32 KWG unterliegen

---

1029 Vgl. auch *Klöhn/Hornuf*, ZBB 2012, 237 (250 f.); *Danwerth*, ZBB 2016, 20 (29); *Klöhn*, ZIP 2017, 2125 (2127); *Spindler*, ZBB 2017, 129 (133 f.); *Gerlach/Köhler*, ZBB 2017, 84 (86); *Heuer*, Crowdinvesting, S. 78; *Braun*, Crowdfunding, S. 139 ff.; *Schulz*, Crowdinvesting, S. 75 f.; *Söpper*, Crowdfunding, S. 165. Eine Anwendbarkeit des WpHG bei den Start-ups als Emittenten bzw. Kleinanlegern ist nicht ersichtlich und wird daher nicht weiter thematisiert.

1030 Vgl. *Bujotzek/Mocker*, BKR 2015, 358 (359); *Schedensack*, Crowdinvesting, S. 397; *Gerlach/Köhler*, ZBB 2017, 84 (85 f.); *Nietsch/Eberle*, ZVglRWiss 2017, 205 (214); *Klöhn*, ZIP 2017, 2125 (2127).

1031 Zur Einordnung der als partiarische Nachrangdarlehen und stille Beteiligungen ausgestalteten Crowdinvesting-Verträge unter den Begriff der Vermögensanlage im Sinne des VermAnlG siehe Abschnitt E.I.1.

1032 Siehe hierzu Abschnitt D.I.2.d).

würden.[1033] Folglich wären diese bei ihrer Anlagenvermittlung vor allem zur Einhaltung der Organisation- und Verhaltenspflichten nach den §§ 63 ff. WpHG verpflichtet und würden der Aufsicht der BaFin unterliegen.[1034] Dagegen handelt es sich bei Crowdinvesting-Plattformen nicht um Wertpapierdienstleistungsunternehmen nach § 2 Abs. 10 WpHG, sofern die Vermittlung von Crowdinvesting-Verträgen im Zuge der Einführung der EU-Crowdfunding-VO[1035] gemäß § 3 Abs. 1 S. 1 Nr. 19 WpHG als Schwarmfinanzierungsdienstleistung nach Art. 2 Abs. 1 lit.a EU-Crowdfunding-VO und die Plattformen folglich als Schwarmfinanzierungsdienstleister nach Art. 2 Abs. 1 lit.e EU-Crowdfunding-VO zu bewerten ist. Insoweit ergeben sich die Regelungen – entsprechend den Ausführungen in Abschnitt D.VII – unmittelbar aus der EU-Crowdfunding-VO mit der Folge einer fehlenden Anwendbarkeit des WpHG.

III. Anwendbarkeit der Gewerbeordnung

Um die Unternehmen, die nach § 2 Abs. 6 S. 1 Nr. 8 KWG[1036] von einer Erlaubnispflicht nach dem KWG befreit sind, nicht vollständig einer staatlichen Kontrolle zu entziehen, sieht § 34f GewO eine Erlaubnispflicht nach den Maßgaben der GewO vor.[1037] So fallen unter die aufsichtsrechtlichen Anforderungen des § 34f Abs. 1 GewO etwa Finanzanlagenvermittler. Diese sind unter anderem solche, die nach § 34f Abs. 1 S. 1 Nr. 3 GewO hinsichtlich Vermögensanlagen im Sinne des § 1 Abs. 2 VermAnlG gewerbsmäßig Anlagevermittlungen nach § 1 Abs. 1a Nr. 1 KWG erbringen. Crowdinvesting-Plattformen sind als Finanzanlagenvermittler anzusehen, soweit diese Anlagevermittlungen erbringen, die der Bereichsausnahme nach § 2 Abs. 6 S. 1 Nr. 8 lit.e KWG unterliegen.[1038]

1033 Vgl. *Schedensack*, Crowdinvesting, S. 388, 397.

1034 Vgl. *Klöhn*, ZIP 2017, 2125 (2127 f.); zur den Pflichten im Einzelnen siehe *Schedensack*, Crowdinvesting, S. 388 ff., 397; *Drews*, Crowdfunding-Plattform, S. 233 ff., 254 ff. Zur Anwendbarkeit des Produktinterventionsrecht der BaFin nach § 15 Abs. 1 WpHG i.V.m. § 18 Abs. 2 VermAnlG und Art. 42 MiFID siehe Abschnitt E.III.2. Zur fehlenden unmittelbaren Anwendbarkeit der Regelungen des MiFID II, siehe *Klöhn*, ZIP 2017, 2125 (2127).

1035 Ausführlich hierzu Abschnitt D.VII.

1036 Zur Bereichsausnahme siehe Abschnitt D.I.2.d).

1037 Vgl. *Jansen/Pfeifle*, ZIP 2012, 1842 (1851 f.); *Braun*, Crowdfunding, S. 167 ff.; *Ivanović*, Crowdinvesting, S. 326 f.; *Schulz*, Crowdinvesting, S. 78 ff. Zur Anwendbarkeit des § 34c Abs. 1 Nr. 2 GewO als lex generalis zu § 34f GewO siehe *Schedensack*, Crowdinvesting, S. 372.

1038 Siehe hierzu Abschnitt D.I.2.

In Anbetracht der Erfüllung des Erlaubnistatbestandes nach § 34f Abs. 1 S. 1 Nr. 3 GewO wurde zum Beispiel *Companisto* eine Erlaubnis durch das Bezirksamt Berlin erteilt.[1039] Die Zuständigkeit der jeweiligen Aufsichtsbehörden ist nicht in der GewO geregelt. Vielmehr hat der Bundesgesetzgeber gemäß § 155 Abs. 2 GewO die Regelung der Zuständigkeiten den Landesgesetzesgebern überlassen, so dass je nach Bundesland unterschiedliche Behörden zuständig sind.[1040] Liegen keine Versagungsgründe nach § 34f Abs. 2 GewO bei dem Antragsteller vor, hat die Behörde die Erlaubnis zu erteilen.[1041] Ihr steht hierbei kein Ermessenspielraum zu. Generell handelt sich bei der Finanzanlagenvermittlung um eine Tätigkeit, die einem präventiven Verbot mit Erlaubnisvorbehalt unterliegt.[1042] Versagungsgründe können sich aus dem § 34f Abs. 2 Nr. 1 bis Nr. 4 GewO ergeben.[1043]

Nach erfolgreicher Zulassung der Crowdinvesting-Plattformen als Finanzanlagenvermittler haben diese die aus den §§ 34f, 34g GewO i.V.m. FinVermV resultierenden Pflichten zu erfüllen.[1044] Werden die Pflichten nicht ordnungsgemäß erfüllt bzw. das Gewerbe ohne Erlaubnis ausgeübt, kann die zuständige Behörde die Fortsetzung des Geschäftsbetriebs einstellen, § 15 Abs. 2 GewO.[1045] Etwaige Verstöße begründen zusätzlich Ordnungswidrigkeiten nach §§ 144 ff. GewO.[1046] Zudem kann die Ausübung der

---

1039 So gibt *Companisto* die Erlaubnis im Impressum auf der eigenen Webseite an, *Companisto*, Impressum – Companisto, abrufbar unter *https://www.companisto.com/de/page/impressum* [zuletzt aufgerufen am 12.05.2022]; ferner ist *Companisto* ordnungsgemäß im Vermittlerregister (*www.vermittlerregister.info*) eingetragen.

1040 Siehe hierzu *Deutscher Industrie und Handelskammertag e.V.*, Für die Erlaubniserteilung zuständige Behörden, abrufbar unter *https://www.dihk.de/de/themen-und-positionen/recht-in-der-wirtschaft/gewerberecht/finanzdienstleister/finanzanlagenvermittler-nach-gewo-4952* [zuletzt aufgerufen am 12.05.2022]; kritisch hierzu etwa *Nietsch/Eberle*, ZVglRWiss 2017, 205 (216 f.).

1041 *Will*, in: BeckOK-GewO,§ 34f, Rn. 70 f.

1042 *Will*, in: BeckOK-GewO,§ 34f, Rn. 70 f.

1043 Vgl. *Schönleiter*, in: Landmann/Rohmer-GewO, § 34f, Rn. 97 ff.; *Will*, in: BeckOK-GewO,§ 34f, Rn. 74 ff.; zu den Versagungsgründen hinsichtlich Crowdinvesting-Plattformen siehe ausführlich *Heuer*, Crowdinvesting, S. 79 ff.; *Weitnauer*, in: Handbuch Venture Capital, S. 222, Rn. 87.

1044 Zu den einzelnen Pflichten siehe Abschnitt C.II.2.a)bb)(3).

1045 Vgl. *Will*, in: BeckOK-GewO,§ 34f, Rn. 143 ff.; *Schönleiter*, in: Landmann/Rohmer-GewO, § 34f, Rn. 21 ff.

1046 Vgl. *Jansen/Pfeifle*, ZIP 2012, 1842 (1852).

Finanzanlagenvermittlung ohne eine Erlaubnis bzw. nachdem diese entzogen wurde zu zivilrechtlichen Inanspruchnahmen durch Konkurrenten[1047] der jeweiligen Crowdinvesting-Plattform oder durch die Kleinanleger[1048] führen. Während Verstöße gegen die GewO das Rechtsverhältnis zwischen den einzelnen Crowdinvesting-Plattformen und der Crowd betreffen, sind rechtliche Auswirkungen auf bereits geschlossene Crowdinvesting-Verträge zwischen den Kleinanlegern und den Start-ups nicht zu befürchten.[1049] Diese bleiben wirksam bestehen, so dass sowohl die Start-ups als auch die Crowd von Pflichtverletzungen des Finanzvermittlers weder rechtlich noch wirtschaftlich betroffen sind.

IV. Anwendbarkeit des Zahlungsdiensteaufsichtsgesetzes

Neben den in den vorherigen Abschnitten dargestellten Gesetzen kann das Crowdinvesting-Modell ebenfalls vom Anwendungsbereich des ZAG umfasst sein. Nach § 10 Abs. 1 S. 1, 1. Alt. ZAG unterliegen unter anderem gewerbsmäßige Zahlungsdienste einer Erlaubnispflicht der BaFin, wenn diese von einem Zahlungsinstitut erbracht werden. Nach § 1 Abs. 1 S. 1 Nr. 1, 1. Alt. ZAG sind Zahlungsinstitute Unternehmen, die gewerbsmäßig Zahlungsdienste erbringen, ohne Zahlungsdienstleister im Sinne der § 1 Abs. 1 S. 1 Nr. 2 bis Nr. 5 ZAG zu sein. Insoweit handelt es sich etwa bei Finanztransfergeschäften um Zahlungsdienste gemäß § 1 Abs. 1 S. 2 Nr. 6 ZAG. Finanztransfergeschäfte sind Dienste, bei denen ohne Einrichtung eines Kontos Geldbeträge ausschließlich zur Übermittlung der Beträge an den Zahlungsempfänger entgegengenommen und ggf. für diesen verfügbar gemacht werden.[1050]

Aufgrund der Übertragung der Abwicklung des Zahlungsverkehrs zwischen den Beteiligten eines Crowdinvestings auf einen Treuhänder hat nur dieser den

---

1047 Insoweit handelt es sich um einen Wettbewerbsverstoß gemäß § 3a UWG; vgl. *Schönleiter*, in: Landmann/Rohmer-GewO, § 34f, Rn. 171; *Will*, in: BeckOK-GewO, § 34f, Rn. 175 f.

1048 Die zivilrechtliche Inanspruchnahme kann mit der Verletzung von Beratungs- und Informationspflichten aus dem FinVermV begründet werden, siehe hierzu ausführlich Abschnitt E.V.2.b). Vgl. *Schönleiter*, in: Landmann/Rohmer-GewO, § 34f, Rn. 172 f.

1049 Siehe hierzu ausführlich *Heuer*, Crowdinvesting, S. 139 ff.

1050 BaFin, Merkblatt – Hinweise zum ZAG (Stand: 22.12.2011, geändert am 29.11.2017), S. 16.

Anforderungen des ZAG zu entsprechen.[1051] Der Treuhänder erfüllt die Voraussetzungen eines Zahlungsinstitutes im Sinne des § 1 Abs. 1 S. 1 Nr. 1 ZAG, indem er die Gelder der Kleinanleger gewerbsmäßig entgegennimmt und an die Start-ups vertragsgemäß auskehrt. So ist die von den Crowdinvesting-Plattformen *Companisto* und *Seedmatch* beauftragte *secupay AG* als Zahlungsinstitut durch die BaFin zugelassen.[1052] Die Erlaubnis der Gesellschaft beinhaltet ferner den Betrieb von Finanztransfergeschäften im Sinne des § 1 Abs. 1 S. 2 Nr. 6 ZAG.[1053] Die für eine Erlaubnis erforderlichen Anforderungen ergeben sich grundlegend aus § 10 Abs. 1 S. 2, Abs. 2 ZAG.[1054] In Anbetracht einer fehlenden Erlaubnispflicht für die Crowdinvesting-Plattformen nach dem ZAG ist davon auszugehen, dass die BaFin die in der Praxis durchgeführte Treuhandlösung im Crowdinvesting-Modell als ausreichend betrachtet.[1055] Die Annahme einer weiteren Erlaubnispflicht für die Crowdinvesting-Plattformen, trotz der Etablierung einer Zahlungsabwicklung zwischen den Kleinanlegern und Start-ups über einen Treuhänder, würde den Schutzzweck des ZAG unangemessen erweitern.[1056] Insofern ist dem Schutz der Anleger vor halbbaren Zahlungsverkehrssystemen[1057] mit der ZAG-Erlaubnis des Treuhänders Genüge getan, soweit die Gelder der Kleinanleger zunächst bei diesem verwahrt und nach Erreichen der Mindestinvestmentschwelle an das jeweilige Start-up ausbezahlt

---

1051 Zum Zahlungstransfer siehe Abschnitt D.I.1.b)cc). Zur Einordnung der Crowdinvesting-Plattformen als Zahlungsinstitute im Falle einer fehlenden Treuhandlösung siehe *Schedensack*, Crowdinvesting, S. 373 f.

1052 *secupay AG*, Impressum, abrufbar unter *https://www.secupay.com/impressum* [zuletzt aufgerufen am 12.05.2022]; *BaFin*, Registrierung der secupay AG als Zahlungsinstitut, abrufbar unter *https://portal.mvp.bafin.de/database/ZahlInstInfo/zahlinst.do?id=126737* [zuletzt aufgerufen am 12.05.2022]. Das Zahlungsinstituts-Register ergibt sich aus § 43 Abs.1 S. 1 Nr. 1 ZAG. Vgl. auch allgemein *Braun*, Crowdfunding, S. 135 ff.; *Ivanović*, Crowdinvesting, S. 327 f.; *Schulz*, Crowdinvesting, S. 78 f.

1053 *BaFin*, Registrierung der secupay AG als Zahlungsinstitut, abrufbar unter *https://portal.mvp.bafin.de/database/ZahlInstInfo/zahlinst.do?id=126737* [zuletzt aufgerufen am 12.05.2022].

1054 Zur Erlaubnispflicht im Allgemeinen siehe auch BaFin, Merkblatt – Hinweise zum ZAG (Stand: 22.12.2011, geändert am 29.11.2017), S. 56 f.

1055 Siehe hierzu auch BaFin, Merkblatt – Hinweise zum ZAG (Stand: 22.12.2011, geändert am 29.11.2017), S. 16 ff.

1056 Siehe hierzu ausführlich *Schedensack*, Crowdinvesting, S. 374 f. Zur Reichweite der Erlaubnispflicht siehe auch *Janßen*, VuR 2018, 54 (55 ff.).

1057 *Casper*, in: Casper/Terlau-ZAG, § 1, Rn. 109.

werden.[1058] Zudem würde eine weitere Erlaubnispflicht der Crowdinvesting-Plattformen die Tätigkeit der Treuhänder nicht verhindern, da der Zahlungstransfer weiterhin durch Dritte zu erfolgen hätte, um so die Bereichsausnahme nach § 2 Abs. 6 S. 1 Nr. 8 lit.e KWG für die Plattformen zu ermöglichen.

Werden Finanztransfergeschäfte ohne eine Erlaubnis erbracht, führt dies nicht nur zur Versagung und Abwicklung der unerlaubten Geschäfte, sondern ebenso zur Einstellung des Geschäftsbetriebs durch die BaFin nach § 7 Abs. 1 S. 1 ZAG. Zudem können die Verantwortlichen bzw. der Betreiber strafrechtlich gemäß §§ 63 Abs. 1 Nr. 4, 1. Alt., Abs. 3 ZAG und durch Bußgeld nach § 30 Abs. 1 OWiG sanktioniert werden.[1059] Derartige öffentlich-rechtliche Maßnahmen der BaFin können zudem gegenüber weiteren Beteiligten des Crowdinvesting-Modells gemäß § 7 Abs. 1 S. 4 ZAG angeordnet werden.[1060] Zusätzlich ist § 10 Abs. 1 S. 1 ZAG als Schutzgesetz im Sinne des § 823 Abs. 2 BGB und als Marktverhaltensregelung nach § 3a UWG anzusehen, so dass bei unerlaubten Zahlungsdiensten im Sinne des § 7 Abs. 1 S. 1 ZAG ebenfalls zivilrechtliche Inanspruchnahmen durch Dritte denkbar sind.[1061]

V. Anwendbarkeit des Kapitalanlagegesetzbuches

In der Vergangenheit verwendeten Crowdinvesting-Plattformen eigens gegründete Kapitalgesellschaften, um die einzelnen Beteiligungen der Kleinanleger in dieser zu bündeln und geschlossen als Kapitalgeber gegenüber den zu finanzierenden Start-ups aufzutreten. Während die Poolingmodelle[1062] im Rahmen der Regelungen des KAGB zu diskutieren waren, werden in der gegenwärtigen deutschen Crowdinvesting-Praxis mittelbare Beteiligungen an Start-ups mithilfe von Investmentvehikeln nur selten angeboten.[1063] In Anbetracht dessen

---

1058 *Schedensack*, Crowdinvesting, S. 374.

1059 Siehe hierzu ausführlich *Weiß*, WM 2016, 1774 ff.

1060 Siehe hierzu auch Abschnitt D.I.1.d).

1061 Insoweit zeigen die Sicherungspflichten nach §§ 17 f. ZAG, dass im ZAG auch ein Individualschutz bezweckt wird, vgl. *Janßen*, VuR 2018, 54 (59 ff.) m.w.N.; zum alten Recht siehe *Weitnauer/Parzinger*, GWR 2013, 153 (157); LG Köln MMR 2011, 815 (816 ff.).

1062 Hierbei ist das Pooling von Beteiligungen der Kleinanleger von der Bündelung von Stimmrechten zu unterscheiden. Zum sogenannten Stimmrechtspooling siehe Abschnitt C.II.2.b). Ein solches unterliegt nicht den Regelungen des KAGB, vgl. *Schedensack*, Crowdinvesting, S. 376.

1063 In Deutschland waren vor ihren jeweiligen Geschäftseinstellungen insbesondere die Crowdinvesting-Plattformen *Innovestment* und *Fundsters* für das

sind derzeit regelmäßig Geschäftsmodelle von Plattformen zu finden, die den Kleinanlegern partiarische Nachrangdarlehen als unmittelbare Beteiligung an kapitalsuchenden Unternehmen ermöglichen. Aufgrund der gegenwärtigen meist einheitlichen Ausgestaltung des Crowdinvesting-Modells, wie sie beispielweise bei der Plattform *Seedmatch* vorzufinden ist, sind die Vorschriften des KAGB nicht anwendbar. Nach § 17 Abs. 1 S. 1 KAGB werden insbesondere Kapitalverwaltungsgesellschaften reguliert, deren Betrieb einer Erlaubnispflicht nach § 20 Abs. 1 KAGB unterliegt.

Infolge einer unmittelbaren Beteiligung der Kleinanleger ohne Poolinggesellschaften fehlt es bereits an einem Investmentvermögen im Sinne des § 1 Abs. 1 S. 1 KAGB. Investmentvermögen ist jeder Organismus für gemeinsame Anlagen, der von einer Anzahl von Anlegern Kapital einsammelt, um es gemäß einer festgelegten Anlagestrategie zum Nutzen dieser Anleger zu investieren und der kein operativ tätiges Unternehmen außerhalb des Finanzsektors ist. Da es sich bei den Start-ups jedoch typischerweise um operative Unternehmen handelt, die sich außerhalb des Finanzsektors[1064] befinden, ist eine Erlaubnispflicht nach dem KAGB sowohl für die Crowdinvesting-Plattformen als auch für die Start-ups abzulehnen.[1065]

Crowdinvesting-Modell mithilfe von Poolinggesellschaften bekannt. Siehe hierzu *Söpper*, Crowdfunding, S. 57 f., *Schedensack*, Crowdinvesting, S. 376 ff.; *Spindler*, ZBB 2017, 129 (134).

1064 Insofern sind nicht Dienstleistungen im Finanzsektor zu verstehen, sondern vielmehr handelt es sich bei dem Tatbestandsmerkmal „außerhalb des Finanzsektors" um fondsartige Unternehmen, deren Geschäftsmodell als Kapitalsammelstelle ausgestaltet ist, vgl. *Schedensack*, Crowdinvesting, S. 339 f.

1065 BaFin, Auslegungsschreiben zum Anwendungsbereich des KAGB und zum Begriff des „Investmentvermögen" (Stand: 14.06.2013, geändert am 09.03.2015); *BaFin*, Crowdinvesting, abrufbar unter *https://www.bafin.de/DE/Aufsicht/FinTech/Crowdfunding/Crowdinvesting/crowdinvesting_node.html* [zuletzt aufgerufen am 12.05.2022]; ausführlich zum Thema KAGB bei sogenannten Kapitalsammelstellenmodelle *Weitnauer*, in: Handbuch Venture Capital, S. 222, Rn. 88 ff.; *Weitnauer/Parzinger*, GWR 2013, 153 (156 f.); *Braun*, Crowdfunding, S. 173 ff.; *Schulz*, Crowdinvesting, S. 76 f.; *Spindler*, ZBB 2017, 129 (134); *Schedensack*, Crowdinvesting, S. 339 f., 375 ff.

VI. Anwendbarkeit des Geldwäschegesetzes

Die Regelungen des GwG sind grundsätzlich ebenfalls bei der Durchführung eines Crowdinvestings zu beachten.[1066] Die Anwendbarkeit des GwG ergibt sich aus § 2 Abs. 1 GwG. Soweit einer der Beteiligten durch das Crowdinvesting-Modell ein erlaubnispflichtiges Geschäft nach § 2 Abs. 1 GwG betreibt, ist dieser ein Verpflichteter im Sinne des GwG. Ein Verpflichteter hat im Besonderen die in Abschnitt 3 des GwG aufgeführten allgemeinen Sorgfaltspflichten einzuhalten und ein Risikomanagement entsprechend den Vorgaben in Abschnitt 2 zu etablieren.[1067] Vor allem die kapitalsuchenden Start-ups sind nach § 2 Abs. 1 Nr. 1 GwG verpflichtet, wenn diese erlaubnispflichtige Einlagengeschäfte nach § 1 Abs. 1 S. 2 Nr. 1 KWG betreiben.[1068] Ist allerdings der Betrieb von Einlagengeschäften im Sinne des KWG auszuschließen, entfällt die Anwendbarkeit des GwG für Start-ups.

Dementgegen haben die für den Zahlungsverkehr verantwortlichen Treuhänder die Vorschriften des GwG als Verpflichtete im Sinne des § 2 Abs. 1 Nr. 3 GwG einzuhalten, da diese Finanztransfergeschäfte nach § 1 Abs. S. 2 Nr. 6 ZAG durchführen.[1069] Andererseits sind die Crowdinvesting-Plattformen keine Verpflichtete gemäß § 2 Abs. 1 Nr. 2 GwG, sofern diese der Bereichsausnahme des § 2 Abs. 6 S. 1 Nr. 8 lit.e KWG unterliegen und somit keine Finanzdienstleistungsinstitute darstellen.[1070]

Etwaige Verstöße der Beteiligten gegen bestehende Pflichten aus dem GwG werden nach § 56 GwG als Ordnungswidrigkeiten mit Bußgeldern sanktioniert. Für Kreditinstitute, Finanzdienstleister oder Zahlungsinstitute ist nach § 50 Nr. 1 lit.a, Nr. 1 lit.b GwG die BaFin die zuständige Aufsichtsbehörde. Die Höchstgrenze der Geldbußen ergeben sich aus § 56 Abs. 2, Abs. 3 GWG und können mehrere Millionen Euro betragen.[1071] Geldbußen für juristische Personen und Personenvereinigungen ergeben sich aus § 30 OWiG.[1072] Darüber

---

1066 *Weitnauer*, in: Handbuch Venture Capital, S. 224, Rn. 92; *Weitnauer/Parzinger*, GWR 2013, 153 (157).

1067 Zu den allgemeinen Sorgfaltspflichten siehe *Figura*, in: Herzog/Achtelik-GwG, § 10, Rn. 5 ff.; zu dem Risikomanagement *Herzog*, in: Herzog/Achtelik-GwG, § 4, Rn. 3 ff.; *Kunz*, in: Bräutigam/Rücker-E-Commerce, Abschnitt C, Rn. 32 ff.

1068 Zu den Einlagengeschäften siehe Abschnitt D.I.1.

1069 Zu dem Beispiel *secupay AG* siehe Abschnitt D.IV.

1070 *Weitnauer*, in: Handbuch Venture Capital, S. 224, Rn. 92; *Weitnauer/Parzinger*, GWR 2013, 153 (157); *Schedensack*, Crowdinvesting, S. 398. Zur Bereichsausnahme im KWG siehe Abschnitt D.I.2.d).

1071 Vgl. *Barreto da Rosa*, in: Herzog/Achtelik-GwG, § 56, Rn. 1, 105 ff.

1072 *Eschelbach*, in: Graf/Jäger/Wittig-WirtschaftsStR, § 17 GwG a.F., Rn. 15.

hinaus ist die leichtfertige Mitwirkung an einer Geldwäschehandlung gemäß § 261 Abs. 6 StGB strafbar.[1073]

VII. Verordnung über Europäische Schwarmfinanzierungsdienstleister für Unternehmen

1. Gesetzgebungsverfahren und Ziel der EU-Crowdfunding-VO

Mit Billigung des Europäischen Parlaments am 05. Oktober 2020[1074] sowie der Unterzeichnung der Präsidenten des Europäischen Parlamentes und des Rates am 07. Oktober 2020 wurde die Verordnung über Europäische Schwarmfinanzierungsdienstleister für Unternehmen (EU-Crowdfunding-VO)[1075] verabschiedet, welche sodann am 20. Oktober 2020 im Amtsblatt der Europäischen Union veröffentlicht und entsprechend Art. 51 der EU-Crowdfunding-VO am 09. November 2020 in Kraft getreten ist. Die unmittelbare Anwendung der Regelungen der Verordnung innerhalb der Mitgliedstaaten erfolgte nach einer zwölfmonatigen Umsetzungsfrist zum 10. November 2021, wobei sie bis zum 10. November 2022 im Rahmen eines Übergangszeitraumes parallel zu den nationalen Vorschriften gilt (Art. 51, 48 Abs. 1 EU-Crowdfunding-VO).[1076]

Während in der Vergangenheit die Europäische Kommission[1077] und ihre Dienststellen ein politisches Tätigwerden aufgrund der nationalen Lokalisierung der Crowdfunding-Märkte für nicht erforderlich hielten, folgte infolge

---

1073 Vgl. *Barreto da Rosa*, in: Herzog/Achtelik-GwG, § 56, Rn. 18.

1074 *Europäisches Parlament und Rat*, Neue Vorschriften zur Erleichterung von Crowdfunding in der EU, abrufbar unter *https://www.europarl.europa.eu/news/de/headlines/economy/20201001STO88312/neue-vorschriften-zur-erleichterung-von-crowdfunding-in-der-eu* [zuletzt aufgerufen am 12.05.2022].

1075 Verordnung (EU) Nr. 1503/2020 des Europäischen Parlaments und des Rates vom 07.10.2020 über Europäische Schwarmfinanzierungsdienstleister für Unternehmen und zur Änderung der Verordnung (EU) 2017/1129 und der Richtlinie (EU) 2019/1937, ABl. L 347/1 vom 20.10.2020.

1076 Vgl. *Freitag/Wolf*, WM 2021, 657 (658 f.); *Buck-Heeb/Omlor*, BKR 2022, 137; *Fabricius*, BKR 2022, 139; *Rennig*, RDi 2022, 1 f.; *Woesch*, RdF 2022, 4; *Riethmüller*, BKR 2022, 149; *Woesch*, BKR 2022, 199; *Renner/Seidel*, BKR 2022, 176 (178 f.).

1077 So im Jahr 2014: Kommission, Mitteilung der Kommission an das Europäische Parlament, den Rat, den Europäischen Wirtschafts- und Sozialausschuss und den Ausschuss der Regionen „Freisetzung des Potenzials von Crowdfunding in der Europäischen Union" vom 27.03.2014, COM(2014) 172 final; letztmalig im Jahr 2016: Commission staff, Crowdfunding in the EU Capital Markets Union on 03.05.2016, SWD(2016) 154 final.

mehrerer Studien und der Beratung mit Interessenvertretern der Entschluss, eine europäische Rechtsgrundlage für das Crowdfunding etablieren zu müssen.[1078] Im Zusammenhang mit der Veröffentlichung des FinTech-Aktionsplans[1079] wurde im März 2018 durch die Europäische Kommission ein erster Entwurf einer Verordnung über Europäische Crowdfunding-Dienstleister für Unternehmen (EU-Crowdfunding-VO-E) vorgelegt.[1080] Die Regulierung des Crowdfundings war dabei Bestandteil der im Jahr 2015 angestrebten Schaffung einer europäischen Kapitalmarktunion.[1081]

Als Grundlage für inhaltliche Verhandlungen und der Findung einer politischen Einigung, leitete die Europäische Kommission den Entwurf[1082] der EU-Crowdfunding-VO im Rahmen des ordentlichen Gesetzgebungsverfahren nach Art. 294 AEUV unter anderem dem Ausschuss[1083] für Wirtschaft und Währung

---

1078 Vgl. *Will/Quarch*, WM 2018, 1481; *Quarch*, Crowdlending, S. 433 ff.; *Aschenbeck/Drefke*, RdF 2019, 12 (14); *Schedensack*, Crowdinvesting, S. 524; *Renner/Seidel*, BKR 2022, 176 (179).

1079 Kommission, Mitteilung der Kommission an das Europäische Parlament, den Rat, die Europäische Zentralbank, den Europäischen Wirtschafts- und Sozialausschuss und den Ausschuss der Regionen „FinTech-Aktionsplan: Für einen wettbewerbsfähigeren und innovativeren EU-Finanzsektor" vom 08.03.2018, COM(2018) 109 final.

1080 Kommission, Vorschlag für eine Verordnung des Europäischen Parlaments und des Rates über Europäische Crowdfunding-Dienstleister für Unternehmen vom 08.03.2018, COM(2018) 113 final.

1081 Kommission, Mitteilung der Kommission an das Europäische Parlament, den Rat, den europäischen Wirtschafts- und Sozialausschuss und den Ausschuss der Regionen „Aktionsplan zur Schaffung einer Kapitalmarktunion" vom 30.09.2015, COM(2015) 468 final. Zusammenfassend zuletzt *Drews*, Crowdfunding-Plattform, S. 373 ff.; *Fabricius*, BKR 2022, 139 (141).

1082 Siehe hierzu *Klein/Nathmann*, BB 2019, 1158 (1161 ff.); *Aschenbeck/Drefke*, RdF 2019, 12 (18 f.).

1083 Finaler Bericht Ausschuss für Wirtschaft und Währung, Bericht über den Vorschlag für eine Richtlinie des Europäischen Parlaments und des Rates zur Änderung der Richtlinie 2014/65/EU über Märkte für Finanzinstrumente (COM(2018)0099 – C8-0102/2018 – 2018/0047(COD)) vom 09.11.2018, A8-0364/2018. Zuvor eingereichte Änderungsvorschläge der Ausschussmitglieder Ausschuss für Wirtschaft und Währung, Änderungsanträge 137 – 334 – Entwurf eines Berichts zum Vorschlag einer Verordnung für Europäische Crowdfunding-Dienstleister für Unternehmen vom 13.09.2018, 2018/0048(COD). Initialer Entwurf des Ausschusses der den Vorschlag der Kommission abänderte, Ausschuss für Wirtschaft und Währung, Entwurf eines Berichts über den Vorschlag für eine Verordnung des Europäischen Parlaments und des Rates über

des Europäischen Parlamentes und im Anschluss, im Wege des sogenannten Trilog-Verfahrens, an das Europäische Parlament sowie den Rat weiter. Mit Unterstützung der durch den Rat etablierten *Arbeitsgruppe Finanzdienstleistungen* wurde eine politische Einigung zwischen dem Rat und dem Europäischen Parlament erzielt, so dass eine frühzeitige Einigung innerhalb der zweiten Lesung im Sinne des Art. 294 Abs. 7 AEUV ermöglicht wurde.[1084] Darüber hinaus hatte der Ausschuss für Wirtschaft und Währung des Europäischen Parlamentes dem im Trilog-Verfahrenen gefundenen Kompromissvorschlag zugestimmt.[1085]

Ziel der EU-Crowdfunding-VO ist es, die einzelnen nationalen Crowdfunding-Märkte gesamtheitlich zu integrieren, sowie den Zugang zu Kapital für KMU zu erleichtern.[1086] Zudem soll die Verordnung einen einheitlichen Rechtsrahmen für das europäische Crowdfunding gewähren und unterschiedlichen nationalen Regelungen entgegenwirken.[1087] Adressat der EU-Crowdfunding-VO sind die Crowdfunding-Plattformen als sogenannte Schwarmfinanzierungsdienstleister[1088], denen als Mittelpunkt der verschiedenen Crowdfunding-Modelle

---

Europäische Crowdfunding-Dienstleister für Unternehmen (COM(2018)0113 – C8-0103/2018 – 2018/0048(COD)) vom 10.08.2018, 2018/0048(COD).

1084 Zur politischen Einigung zwischen dem Ratsvorsitz und dem Europäischen Parlament siehe Pressemitteilung *Rat d. EU*, Kapitalmarktunion: Vorsitz und Parlament erzielen vorläufige Einigung über Vorschriften für Crowdfunding-Plattformen, abrufbar unter *https://www.consilium.europa.eu/de/press/press-releases/2019/12/19/capital-markets-union-presidency-and-parliament-reach-preliminary-agreement-on-rules-for-crowdfunding-platforms/* [zuletzt aufgerufen am 12.05.2022].

1085 Das Gesetzgebungsverfahren zusammenfassend in *Europäisches Parlament und Rat*, Einzelne Arbeitsschritte des Gesetzgebungsverfahrens zur EU-Crowdfunding-VO, abrufbar unter *https://oeil.secure.europarl.europa.eu/oeil/popups/ficheprocedure.do?lang=en&reference=2018/0047(COD)* [zuletzt aufgerufen am 12.05.2022]; siehe hierzu auch *Rusch*, ZBB 2020, 217 (218 f.) und bis zum Entwurf der Verordnung *Aschenbeck/Drefke*, RdF 2019, 12 (14 f.).

1086 Zur nachfolgenden Begründung siehe ausführlich Ziffer 3 ff. der EU-Crowdfunding-VO sowie Kommission, Vorschlag für eine Verordnung des Europäischen Parlaments und des Rates über Europäische Crowdfunding-Dienstleister für Unternehmen vom 08.03.2018, COM(2018) 113 final, S. 1 ff.

1087 Ziffer 6 der Präambel der EU-Crowdfunding-VO spricht insoweit von einer aktuellen Fragmentierung des Rechtsrahmens entlang der nationalen Grenzen.

1088 Im Rahmen des Entwurfs zur EU-Crowdfunding-VO noch unter dem Begriff der Crowdfunding-Dienstleistung; siehe hierzu auch *Rusch*, ZBB 2020, 217 (219); *Aschenbeck/Drefke*, RdF 2019, 12 (18 f.); *Buck-Heeb*, BKR 2022, 169; *Schulz*,

eine EU-Zulassung für länderübergreifende Finanzierungen von Unternehmen ermöglicht werden soll.[1089] Zweck der Verordnung ist unter anderem das Schutzniveau für Anleger zu erhöhen.[1090] Hierfür umfasst die Verordnung die Einführung von Schutzvorkehrungen zur Risikominimierung, wie Wohlverhaltens-, Sorgfalts- und Organisationspflichten der Plattformen, sowie die Einräumung von Informationsrechten der einzelnen Investoren.[1091] Ferner sollen gemäß Art. 23 Abs. 2 der EU-Crowdfunding-VO Anlagebasisinformationsblätter von den Emittenten erstellt und den Anlegern zur Verfügung gestellt werden.[1092]

2. Anwendungsbereich der EU-Crowdfunding-VO

Während das Donation-, Reward- und Pre-Purchase-Modell nicht von der EU-Crowdfunding-VO umfasst sind, zielen die Vorschriften neben dem Lending-Modell[1093] auch auf das Crowdinvesting-Modell als sogenannte anlagenbasierte Schwarmfinanzierung ab.[1094] Anknüpfungspunkt der Regulierung ist der europaweite Betrieb von Crowdfunding-Plattformen sowie die Erbringung von Schwarmfinanzierungsdienstleistungen, wie etwa die Vermittlung von Krediten oder die Platzierung von übertragbaren Wertpapieren bzw. sogenannten für die Schwarmfinanzierungszwecke zugelassene Instrumenten nach Art. 2 Abs. 1 lit.a EU-Crowdfunding-VO. Während in dem Entwurf[1095] zur Verordnung den Plattformbetreibern eine sogenannte *Opt-in*-Möglichkeit hinsichtlich der Wahl zu einer EU-weiten oder

---

Crowdinvesting, S. 118 ff.; *Rennig*, RDi 2022, 1 (2). Zur Haftung und den Verhaltenspflichten der Crowdinvesting-Plattformen siehe etwa *Renner/Seidel*, BKR 2022, 176 ff.; *Buck-Heeb*, BKR 2022, 169 ff.; *Rusch*, BKR 2022, 192 ff.; *Izzo-Wagner/Otto*, BKR 2022, 163 ff.

1089 Vgl. *Freitag/Wolf*, WM 2021, 657 (658).

1090 Vgl. etwa Präambel (16) und (18) der EU-Crowdfunding-VO.

1091 Ausführlich zu den Schutzvorkehrungen *Freitag/Wolf*, WM 2021, 657 (659 ff.); *Renner/Faller/Walter*, BKR 2021, 394 (399) und im Entwurf *Will/Quarch*, WM 2018, 1481 (1486 ff.); *Schedensack*, Crowdinvesting, S. 524 ff.

1092 *Freitag/Wolf*, WM 2021, 657 (662); *Renner/Faller/Walter*, BKR 2021, 394 (399).

1093 Siehe hierzu Abschnitt B.I.2.d).

1094 Vgl. Kommission, Vorschlag für eine Verordnung des Europäischen Parlaments und des Rates über Europäische Crowdfunding-Dienstleister für Unternehmen vom 08.03.2018, COM(2018) 113 final, S. 2. Zu den unterschiedlichen Crowdfunding-Modellen siehe im Einzelnen Abschnitt B.I.2.

1095 Vgl. zu Art. 2 Abs. 2 lit.c der EU-Crowdfunding-VO-E auch *Aschenbeck/Drefke*, RdF 2019, 12 (15); *Will/Quarch*, WM 2018, 1481 (1485 f.).

lediglich nationalen Zulassung in einem Mitgliedstaat eingeräumt wurde, unterliegen die Plattformen mit Inkrafttreten der EU-Crowdfunding-VO ausschließlich den europäischen Vorschriften, sofern der Anwendungsbereich der Verordnung entsprechend Art. 1 EU-Crowdfunding-VO eröffnet ist. Ist der Anwendungsbereich dagegen nicht eröffnet, bleibt weiterhin das nationale Recht mit etwaigen Zulassungsregelungen anwendbar, mit der Folge, dass die Dienstleistungen der Plattformen auf das jeweilige nationale Gebiet beschränkt sind.[1096] Insoweit hat der deutsche Gesetzgeber die Gesetzeskonkurrenz zwischen der europäischen und den betreffenden nationalen Regelungen mithilfe des Schwarmfinanzierung-Begleitgesetzes[1097] klargestellt. Hierzu wurde der Anwendungsbereich des VermAnlG nach § 1 S. 2 VermAnlG für Vermögensanlagen angepasst und Ausnahmetatbestände im KWG nach § 2 Abs. 1 Nr. 8 KWG (*keine Kreditinstitute*) bzw. gemäß § 2 Abs. 6 S. 1 Nr. 9 KWG i.V.m. § 1 Abs. 1a S. 2 Nr. 1 KWG i.V.m. § 1 Abs. 11 S. 1 Nr. 11 KWG (*keine Finanzdienstleistungen und keine Finanzinstrumente bei Schwarmfinanzierungsinstrumenten*) eingeführt.[1098] Zudem bestimmt die EU-Crowdfunding-VO in Art. 1 Abs. 2 lit.c einen Schwellenwert in Höhe von fünf Millionen Euro[1099] für Emissionen innerhalb von zwölf Monaten, welche den Anwendungsbereich der

1096 *Rusch*, ZBB 2020, 217 (219); *Rotter/Ertl*, BKR 2022, 184; *Engelmann-Pilger*, BKR 2022, 144.

1097 Gesetz zur begleitenden Ausführung der Verordnung (EU) 2020/1503 und der Umsetzung der Richtlinie EU 2020/1504 zur Regelung von Schwarmfinanzierungsdienstleistern (Schwarmfinanzierung-Begleitgesetz) und andere europarechtliche Finanzmarktvorschriften, BGBl. 2021 I Nr. 30, S. 1568.

1098 Weitere relevanten Anpassungen aus dem Schwarmfinanzierung-Begleitgesetz ergeben sich beispielweise für das WpHG (insbesondere die Ausnahmenorm nach § 3 Abs. 1 S. 1 Nr. 19 WpHG – *kein Wertpapierdienstleistungsunternehmen*) oder für das BGB (§ 513 BGB – *keine Anwendbarkeit der §§ 491 ff. BGB für Existenzgründer bei Anwendbarkeit des EU-Crowdfunding-VO*).

1099 Im ursprünglichen Entwurf der Kommission war der Schwellenwert noch auf eine Millionen Euro bestimmt, Kommission, Vorschlag für eine Verordnung des Europäischen Parlaments und des Rates über Europäische Crowdfunding-Dienstleister für Unternehmen vom 08.03.2018, COM(2018) 113 final. Der Entwurf des Ausschusses für Wirtschaft und Währung des Europäischen Parlamentes sah dagegen in Art. 2 Abs. 2 lit.d einen Schwellenwert von acht Millionen Euro vor. Zu den einzelnen Änderungen durch den Ausschuss für Wirtschaft und Währung des Europäischen Parlaments siehe *Aschenbeck/Drefke*, RdF 2019, 12 (16 f.).

Verordnung zusätzlich beschränkt.[1100] Emissionen, die den festgelegten Schwellenwert übersteigen, sind nicht von den Regelungen der EU-Crowdfunding-VO erfasst und werden folglich weiterhin ausschließlich nach nationalem Recht zu bewerten sein.[1101] Inwieweit tatsächlich ein gesonderter Schwellenwert für den Anwendungsbereich der EU-Crowdfunding-VO erforderlich ist, bleibt zumindest der Höhe nach kritisch zu hinterfragen. Neben den in der jüngeren Vergangenheit eingeführten europäischen Schwellenwerten, wie demjenigen der EU-Prospekt-VO[1102] von acht Millionen Euro, oder nationale Schwellenwerte, wie beispielsweise bei privilegierten Vermögensanlagen[1103] gemäß § 2a Abs. 1 VermAnlG von sechs Millionen Euro, ist nicht nachvollziehbar, inwieweit ein weiterer Schwellenwert in Höhe von fünf Millionen Euro das Ziel einer einheitlichen Kapitalmarktunion fördern und das Schutzniveau von Anlegern durch einen europäischen Rechtsrahmen verbessern kann.[1104] Dem Grund nach sollten die Schwellenwerte angeglichen werden, um Rechtsunsicherheiten für Gesetzesanwender zu vermeiden und einen klaren Regelungsrahmen im Sinne der Kapitalmarktunion zu etablieren.[1105]

a) Partiarische Nachrangdarlehen und stille Beteiligungen – keine Kredite im Sinne des Art. 2 Abs. 1 lit.b der EU-Crowdfunding-VO

Angesichts der in dieser Arbeit dargestellten und im deutschen Crowdinvesting-Modell für die Finanzierung von Start-ups regelmäßig verwendeten partiarischen Nachrangdarlehen bzw. stillen Beteiligungen ist die Anwendbarkeit der EU-Crowdfunding-VO auf entsprechende Beteiligungsmöglichkeiten zu überprüfen.[1106]

1100 Die weiteren Beschränkungen der Entwürfe der EU-Crowdfunding-VO zusammenfassend *Aschenbeck/Drefke*, RdF 2019, 12 (15 ff.); *Will/Quarch*, WM 2018, 1481 (1484 ff.); *Rennig*, RDi 2022, 1 (3); *Engelmann-Pilger*, BKR 2022, 144 (145 f.).

1101 *Engelmann-Pilger*, BKR 2022, 144 (146).

1102 Siehe hierzu ausführlich Abschnitt E.VI.

1103 Siehe hierzu ausführlich Abschnitt E.I.2.

1104 Vgl. *Freitag/Wolf*, WM 2021, 657 (659). Zum politischen Kompromiss und der Übergangsregelung in Art. 49 EU-Crowdfunding-VO siehe *Engelmann-Pilger*, BKR 2022, 144 (146); *Rennig*, RDi 2022, 1 (3).

1105 Vgl. *Rotter/Ertl*, BKR 2022, 184.

1106 Vgl. *Engelmann-Pilger*, BKR 2022, 144 (147); *Rennig*, RDi 2022, 1 (3 f.); *Riethmüller*, BKR 2022, 149 (151); *Rotter/Ertl*, BKR 2022, 184 (185); hinsichtlich des Entwurfs zur EU-Crowdfunding-VO und einer entsprechenden Einordnung siehe *Aschenbeck/Drefke*, RdF 2019, 12 (18 f.).

Mit Blick auf die in der EU-Crowdfunding-VO vorgenommene Unterscheidung der sogenannten Schwarmfinanzierungsdienstleistungen zwischen anlagebasierter und kreditbasierter Schwarmfinanzierung gilt es zunächst zu klären, ob partiarische Nachrangdarlehen und stille Beteiligungen den europäischen Regelungen zur kreditbasierten Schwarmfinanzierung unterliegen können. Hierzu sieht Art. 2 Abs. 1 lit.a unterlit.i) der EU-Crowdfunding-VO als Schwarmfinanzierungsdienstleistung unter anderem die Vermittlung von Krediten durch die Plattformen vor. Gemäß Art. 2 Abs. 1 lit.b der EU-Crowdfunding-VO handelt es sich bei einem Kredit um *„eine Vereinbarung, in deren Rahmen ein Anleger einem Projektträger für einen vereinbarten Zeitraum einen vereinbarten Geldbetrag zur Verfügung stellt und der Projektträger die unbedingte Verpflichtung übernimmt, diesen Betrag zuzüglich der aufgelaufenen Zinsen gemäß dem Ratenzahlungsplan an den Anleger zurückzuzahlen*". Während der initiale Vorschlag der Europäischen Kommission von einer Definition des Kreditbegriffs grundsätzlich absah, definierte der Entwurf[1107] des Ausschusses für Wirtschaft und Währung des Europäischen Parlaments zwar ein Darlehen in Art. 3 Abs. 1 lit.la, verzichtete jedoch auf die Zusätze hinsichtlich eines Ratenzahlungsplans und einer unbedingten (Rück-)Zahlungsverpflichtung der Unternehmen.[1108] Die in dem Entwurf und der bestehenden Verordnung vorzufindende Unterscheidung zwischen den Begriffen Darlehen und Kredit resultiert lediglich aus verschiedenen Übersetzungen in die deutsche Sprache. Beide englische Fassungen verwenden jeweils den Begriff *loan*, unter welchem im Deutschen sowohl das Darlehen als auch der Kredit zu verstehen ist.[1109]

aa) Ratenzahlungsplan

Aufgrund der Etablierung der zuvor dargestellten zusätzlichen Erfordernisse eines Ratenzahlungsplans und einer unbedingten (Rück-)Zahlungsverpflichtung der Unternehmen innerhalb des europäischen Kreditbegriffs, ist davon auszugehen, dass der Gesetzgeber die kreditbasierte Schwarmfinanzierung hauptsächlich auf das Lending-Modell und die dabei verwendeten typischen

---

1107 Ausschuss für Wirtschaft und Währung, Bericht über den Vorschlag für eine Richtlinie des Europäischen Parlaments und des Rates zur Änderung der Richtlinie 2014/65/EU über Märkte für Finanzinstrumente (COM(2018)0099 – C8-0102/2018 – 2018/0047(COD)) vom 09.11.2018, A8-0364/2018.

1108 Vgl. *Rotter/Ertl*, BKR 2022, 184 (185); *Izzo-Wagner/Otto*, BKR 2022, 155 (157 ff.).

1109 *PONS GmbH*, Loan – Langenscheidt Englisch-Deutsch Wörterbuch, abrufbar unter *https://de.pons.com/%C3%BCbersetzung/englisch-deutsch/loan* [zuletzt aufgerufen am 12.05.2022].

Darlehensvereinbarungen zwischen den Investoren als Darlehensgeber und den Unternehmen als Darlehensnehmer konzentrieren wollte.[1110] Die weitere Anforderung des Bestehens eines Ratenzahlungsplans zeigt, dass der Gesetzgeber bei der Bestimmung des Kreditbegriffs ein Darlehen mit einem starren Rückzahlungsplan von Darlehensvaluta und aufgelaufener Zinsen vor Augen hatte. Der Definition lässt sich jedoch keine Aussage darüber entnehmen, inwieweit weitergehende Vermögensrechte zwischen den Vertragsparteien vereinbart werden können. Die Vereinbarung eines dynamischen partiarischen Elements scheint prima facie nicht gegen den europäischen Kreditbegriff zu sprechen. Dies gilt zumindest solange, wie die Verträge neben einem partiarischen Element auch eine Festzinsvereinbarung und eine unbedingte Rückzahlungsverpflichtung des Darlehensnehmers vorsehen. Folglich kann der europäische Kreditbegriff ebenfalls deutsche Crowdinvesting-Verträge umfassen, welche den Investoren neben einem Festzins ergänzend eine Erfolgsbeteiligung an den jeweiligen Start-ups einräumen.[1111]

bb) Unbedingte (Rück-)Zahlungsverpflichtung

Zu problematisieren bleiben aber Vereinbarungen, welche darüber hinaus qualifizierte Nachrangabreden beinhalten. Insoweit sieht Art. 2 Abs. 1 lit.b der EU-Crowdfunding-VO eine unbedingte (Rück-)Zahlungsverpflichtung der Darlehensnehmer hinsichtlich der Darlehensvaluta und den aufgelaufenen Zinsen vor. Das Merkmal der Unbedingtheit der Zahlbarkeit jener Ansprüche gleicht der im deutschen KWG verwendeten Definition eines Einlagengeschäfts, welches gemäß § 1 Abs. 1 S. 2 Nr. 1 KWG für Bankgeschäfte die Annahme von Einlagen als unbedingt rückzahlbare Gelder von Dritten voraussetzt. Im deutschen Recht ist ein unbedingter Rückzahlungsanspruch ausgeschlossen, soweit zwischen den Vertragsparteien eine wirksame qualifizierte Nachrangvereinbarung getroffen wird, welche neben einem einfachen Rangrücktritt für den Fall einer Insolvenz zusätzlich eine vorinsolvenzliche Durchsetzungssperre beinhaltet.[1112] Im Ergebnis lassen sich die Ausführungen auf das europäische Merkmal der unbedingten (Rück-)Zahlungsverpflichtung der Unternehmen in Art. 2 Abs. 1 lit.b der

---

1110 Im Ergebnis *Freitag/Wolf*, WM 2021, 657 (658 f.); für eine pauschale Erfassung wohl zur Zeiten des Entwurfs der Verordnung *Schäfer/Eckhold*, in: Assmann/Schütze/Buck-Heeb-KapitalanlageR, § 16a, Rn. 2.

1111 Vgl. *Schedensack*, Crowdinvesting, S. 525 im Rahmen der Einordnung des Entwurfs zur EU-Crowdfunding-VO.

1112 Ausführlich hierzu siehe Abschnitt D.I.1.a).

EU-Crowdfunding-VO übertragen. Es ist davon auszugehen, dass der Begriffszusatz der Unbedingtheit, welcher in letzter Stufe des Gesetzgebungsverfahrens implementiert wurde, die Einbeziehung von Nachrangdarlehen unter den Begriff des europäischen Kredites unterbinden sollte. Dies wohl wissend, dass vor allem das deutsche Crowdinvesting-Modell eine qualifizierte Nachrangvereinbarung voraussetzt, um den Tatbestand von erlaubnispflichtigen Einlagengeschäften im Sinne des KWG nicht zu erfüllen.[1113] Ferner bestehen zwischen dem europäischen und deutschen Verständnis keine unterschiedlichen Auffassungen bezüglich der Ausgestaltung der Unbedingtheit von Ansprüchen, da gleichfalls auf europäischer Ebene der deutsche Einlagebegriff mit dem Erfordernis einer Unbedingtheit von (Rück-)Zahlungsansprüchen bekannt und von der europäischen Begriffsbestimmung der Einlage umfasst ist.[1114] So zeigen die der Verordnung vorgelagerten Erwägungsgründe, dass der Gesetzgeber die kreditbasierte Schwarmfinanzierung von den Tätigkeiten der Kreditinstitute unterscheiden wollte. Insofern wird in Ziffer 11 der Präambel zur EU-Crowdfunding-VO klargestellt, „*die Vermittlung von Krediten innerhalb des Anwendungsbereichs dieser Verordnung ist von der Tätigkeit eines Kreditinstitutes zu unterscheiden, das Kredite für eigene Rechnung gewährt und Einlagen oder andere rückzahlbare Gelder von Kunden annimmt*“.

Letztendlich erfüllen die im Rahmen des deutschen Crowdinvesting-Modells für die Finanzierung von Start-ups regelmäßig verwendeten partiarischen Nachrangdarlehen oder stillen Beteiligungen zumindest dann nicht den europäischen Kreditbegriff nach Art. 2 Abs. 1 lit.b EU-Crowdfunding-VO, wenn zwischen den Vertragsparteien wirksam qualifizierte Nachrangabreden vereinbart wurden.[1115] Dies zeigt, dass der Gesetzgeber unter der kreditbasierten

---

1113 *European Commission. Directorate General for Financial Stability, Financial Services and Capital Markets Union*, Identifying market and regulatory obstacles to cross-border development of crowdfunding in the EU, abrufbar unter *https://data.europa.eu/doi/10.2874/65957* [zuletzt aufgerufen am 12.05.2022] dort insbesondere auf S. 37. Siehe hierzu auch *Rusch*, ZBB 2020, 217 (220 f.); *Renner/Faller/Walter*, BKR 2021, 394 (398); im Ergebnis auch *Engelmann-Pilger*, BKR 2022, 144 (147); *Freitag/Wolf*, WM 2021, 657 (658); *Rennig*, RDi 2022, 1 (4); *Rotter/Ertl*, BKR 2022, 184 (185); *Riethmüller*, BKR 2022, 149 (151); *Izzo-Wagner/Otto*, BKR 2022, 155 (158).

1114 *Rusch*, ZBB 2020, 217 (220 f.); *Izzo-Wagner/Otto*, BKR 2022, 155 (158); *Rennig*, RDi 2022, 1 (4).

1115 Im Rahmen des Lending-Modells zum selben Ergebnis vgl. *Freitag/Wolf*, WM 2021, 657 (658 f.); *Rusch*, ZBB 2020, 217 (220 f.); *Kuthe/Dresler-Lenz*, CB 2020,

Schwarmfinanzierung lediglich Vereinbarungen als Kredite verstanden haben möchte, welche zwar neben einer Festzinsvereinbarung auch ein zusätzliches partiarisches Element ermöglichen, weitergehende qualifizierte Nachrangabreden hinsichtlich etwaiger Ansprüche der Investoren aber nicht vom Begriff umfasst sein sollen. Werden allerdings die qualifizierten Nachrangabreden nicht oder nicht wirksam mit den Kleinanlegern innerhalb der Darlehensvereinbarung vereinbart, können die Crowdinvesting-Verträge dem Kreditbegriff nach Art. 2 Abs. 1 lit.b EU-Crowdfunding-VO unterliegen. Insoweit sind die Regelungen der EU-Crowdfunding-VO auf Crowdinvesting-Plattformen anwendbar, sofern diese die Crowdinvesting-Verträge vertreiben und anbieten würden.

b) Partiarische Nachrangdarlehen und stille Beteiligungen – keine für Schwarmfinanzierungsangebote zugelassenen Instrumente im Sinne des Art. 2 Abs. 1 lit.n EU-Crowdfunding-VO

Obwohl partiarische Nachrangdarlehen und stille Beteiligungen nicht Teil der kreditbasierten Schwarmfinanzierung sind, wenn diese wirksam qualifizierte Nachrangabreden enthalten, bleibt die Möglichkeit bestehen, dass der Anwendungsbereich der EU-Crowdfunding-VO für diese Beteiligungsformen dennoch eröffnet ist. Neben kreditbasierten Schwarmfinanzierungen umfasst die EU-Crowdfunding-VO zudem anlagebasierte Schwarmfinanzierungen, welche unter anderem nach Art. 2 Abs. 1 lit.a unterlit. ii 2. Alt. der EU-Crowdfunding-VO die Platzierung von sogenannten für Schwarmfinanzierungszwecke zugelassenen Instrumenten vorsieht. Gemäß Art. 2 Abs. 1 lit.n der EU-Crowdfunding-VO handelt es sich bei für Schwarmfinanzierungszwecke zugelassenen Instrumenten – in Bezug auf jeden Mitgliedsstaat – *um Anteile einer Gesellschaft mit beschränkter Haftung, die keinen Beschränkungen unterliegen, durch die eine Übertragung der Anteile effektiv verhindert würde, einschließlich Beschränkungen der Art und Weise, wie diese Anteile öffentlich angeboten oder beworben werden dürfen.*

Zu hinterfragen ist, inwieweit partiarische Nachrangdarlehen und stille Beteiligungen als Anteile einer Gesellschaft mit beschränkter Haftung im Sinne vorgenannter Definition verstanden werden, da neben gesellschaftsrechtlichen Geschäftsanteilen ebenso anderweitige Anteile, etwa im Sinne einer Erfolgs- oder Gewinnbeteiligung bei den jeweiligen Gesellschaften, umfasst

---

471 (473 f.); *Rotter/Ertl*, BKR 2022, 184 (185); *Izzo-Wagner/Otto*, BKR 2022, 155 (158); *Rennig*, RDi 2022, 1 (4); *Riethmüller*, BKR 2022, 149 (151).

sein könnten. Nach einem initialen Verständnis des Begriffs *„für Schwarmfinanzierungszwecke zugelassene Instrumente“* oder auf Englisch *„admitted instruments for crowdfunding purposes“* wäre davon auszugehen, dass sämtliche in den jeweiligen Mitgliedsstaaten für das Crowdfunding zugelassenen Instrumente der EU-Crowdfunding-VO unterliegen, soweit diese nach Art. 2 Abs. 1 lit.n uneingeschränkt übertragbar wären. Insofern würden mitunter die im Rahmen des deutschen VermAnlG nach § 2a Abs. 1 VermAnlG i.V.m. § 1 Abs. 2 Nr. 3, 4, 5, 7 VermAnlG für Schwarmfinanzierungen zugelassenen Vermögensanlagen und somit insbesondere partiarischen Nachrangdarlehen, nicht aber stille Beteiligungen[1116], in den Anwendungsbereich der EU-Crowdfunding-VO einbezogen sein.[1117]

Allerdings verfolgt die Begriffsdefinition in Art. 2 Abs. 1 lit.n der EU-Crowdfunding-VO einen gesellschaftsrechtlichen Ansatz, fokussierend auf gesellschaftsrechtliche Anteile an Gesellschaften mit beschränkter Haftung, ohne anderweitige Beteiligungsmöglichkeiten davon zu umfassen. Auch die englische Fassung lässt keinen anderen Schluss zu, da in dieser Anteile an einer Gesellschaft mit beschränkter Haftung als *„shares of a private limited company“* bezeichnet und demzufolge gesellschaftsrechtliche Anteile an Gesellschaften dargestellt werden. Im Ergebnis meint die deutsche Übersetzung bei Anteilen einer Gesellschaft mit beschränkter Haftung also lediglich den gesellschaftsrechtlichen Überbegriff von Anteilen an Kapitalgesellschaften und vor allem die in Deutschland vorzufindenden Geschäftsanteile an einer GmbH oder UG (haftungsbeschränkt) bzw. Aktien an einer AG oder SE).[1118] Dies zeigt letztendlich ebenfalls die Unterscheidung des europäischen Gesetzgebers innerhalb der Verordnung zwischen dem dargestellten Merkmal Anteile einer Gesellschaft mit beschränkter Haftung in Art. 2 Abs. 1 lit.n und dem gesondert verwendeten Begriff der Gewinnbeteiligung in Art. 11 Abs. 8 lit.b der EU-Crowdfunding-VO. Wären anderweitige Beteiligungsmöglichkeiten vom Merkmal Anteile einer Gesellschaft mit beschränkter Haftung umfasst, hätte der Gesetzgeber in Art. 11 Abs. 8 lit.b der EU-Crowdfunding-VO die gleiche Begrifflichkeit und nicht gesondert den Begriff der Gewinnbeteiligung verwendet. Infolge einer unterschiedlichen Verwendung beider Begriffe hatte der Gesetzgeber folglich Kenntnis von der Existenz anderweitiger Beteiligungsmöglichkeiten an Unternehmen und grenzte diese innerhalb der Verordnung

1116 Zum Anwendungsbereich des VermAnlG siehe ausführlich Abschnitt E.I.1.

1117 *Freitag/Wolf*, WM 2021, 657 (658 f.).

1118 Vgl. *Rennig*, RDi 2022, 1 (4); *Woesch*, RdF 2022, 4 (9); *Riethmüller*, BKR 2022, 149.

ausdrücklich voneinander ab. Anderweitige Beteiligungsmöglichkeiten am Erfolg bzw. Gewinn der Unternehmen sind demnach nicht vom Anwendungsbereich des Art. 2 Abs. 1 lit.n der EU-Crowdfunding-VO umfasst.

Zudem bekräftigen die der Verordnung beigefügten gesetzgeberischen Erwägungsgründe das in Art. 2 Abs. 1 lit.n der EU-Crowdfunding-VO ausschließlich auf Geschäftsanteile bzw. Aktien konzentrierte Begriffsverständnis des Gesetzgebers.[1119] Besonders in Ziffer 13 und Ziffer 14 der Präambel zur Verordnung wird deutlich, dass der Verordnungsgeber bei der Definition von für Schwarmfinanzierungszwecke zugelassenen Instrumenten die Geschäftsanteile an GmbH und UG (haftungsbeschränkt) sowie Aktien im Blick hatte. Denn im Rahmen der Frage der Form einer Übertragbarkeit von Anteilen weist er auf nationale Regelungen zur notariellen Beurkundung von Anteilsübertragungen hin, wie sie in Deutschland bei der Übertragung von Geschäftsanteilen an einer GmbH oder UG (haftungsbeschränkt) gemäß § 15 Abs. 3, Abs. 4 GmbHG vorzufinden sind. Durch den Verordnungsgeber wird in Ziffer 14 der Präambel der EU-Crowdfunding-VO betont, dass trotz nationaler notarieller Beurkundungspflichten hinsichtlich der Übertragbarkeit von Anteilen an Gesellschaften mit beschränkter Haftung die EU-Crowdfunding-VO anwendbar bleiben soll.[1120]

c) *Ergebnis*

Im Ergebnis werden weder Crowdinvesting-Verträge in Form von partiarischen Nachrangdarlehen noch in Form von stillen Beteiligungen in den Anwendungsbereich der EU-Crowdfunding-VO einbezogen, so dass das deutsche Crowdinvesting-Modell und vor allem die Tätigkeiten der Crowdinvesting-Plattformen zumindest solange einer ausschließlich nationalen Regulierung nach dem VermAnlG (basierend auf § 1 Abs. 1 S. 2 VermAnlG) unterliegen, wie etwaige Beteiligungsmöglichkeiten der Crowd angeboten werden. Insbesondere die fehlende europäische Zulassung von partiarischen Nachrangdarlehen widerspricht dem Gedanken einer Harmonisierung des europäischen Crowdinvesting-Marktes und zwingt die Crowdinvesting-Plattformen und Beteiligten entweder in eine nationale Lokalisierung oder in andere, mit der europäischen Regulierung konforme Beteiligungen.[1121]

1119 So bereits auch schon hinsichtlich des Entwurfs zur EU-Crowdfunding-VO, vgl. *Schedensack*, Crowdinvesting, S. 525 f.

1120 Vgl. *Freitag/Wolf*, WM 2021, 657 (659).

1121 Zum Entwurf der EU-Crowdfunding-VO bereits kritisch *Aschenbeck/Drefke*, RdF 2019, 12 (16); vgl. auch *Rotter/Ertl*, BKR 2022, 184 (185); *Rennig*, RDi 2022, 1 (4); *Will/Quarch*, WM 2018, 1481 (1490) hinsichtlich des Lending-Modells.

VIII. Zwischenergebnis – aufsichtsrechtliche Beurteilung

Wie dieser Abschnitt zu den aufsichtsrechtlichen Anforderungen zeigt, wird das Crowdinvesting-Modell von einer Vielzahl nationaler und europäischer aufsichtsrechtlicher Vorschriften flankiert. Hierbei sehen einige Regularien bei deren Missachtung teils empfindliche Rechtsfolgen und Auswirkungen für die Beteiligten vor. In Anbetracht dessen liegt es im Interesse der Beteiligten, die für sie geltenden Anforderungen zu erfüllen und die betreffenden Gesetze und Verordnungen einzuhalten. Wie an den Beispielen der Crowdinvesting-Plattformen *Companisto* und *Seedmatch* aufgezeigt, gelingt es den Plattformen das kosten- und zeitintensive Erlaubnisverfahren des KWG zu umgehen, indem der für die Finanzierung erforderliche Zahlungsstrom zwischen den Kleinanlegern und den Start-ups auf einen Treuhänder ausgelagert wurde. Was jedoch bei den Crowdinvesting-Plattformen gelingen mag, kann bei den anderen Beteiligten des Crowdinvesting-Modells weitreichende Folgen haben. Es besteht bei den Start-ups und den Kleinanlegern die Möglichkeit, dass diese unter den genannten Umständen erlaubnispflichtige Bankgeschäfte betreiben. Soweit die für Crowdinvesting-Verträge typischen qualifizierten Nachrangabreden wirksam vereinbart wurden, ist zwar eine Anwendbarkeit des KWG auszuschließen. Sind entsprechende Klauseln allerdings nicht oder nicht wirksam vereinbart, betreiben zumindest die Start-ups und Kleinanleger erlaubnispflichtige Bankgeschäfte im Sinne des KWG. Neben der daraus resultierenden Gefahr einer strafrechtlichen Verfolgung für die Geschäftsführungsmitglieder der Start-ups, ist gleichfalls die massenhafte zivilrechtliche Inanspruchnahme durch die Crowd denkbar. Insoweit würden sowohl die Gesellschaft mit ihrem Vermögen, als auch die einzelnen Geschäftsführer persönlich und unbeschränkt haften.

Zusätzlich führen unerlaubte Bankgeschäfte zum Einschreiten der BaFin. Ordnet diese als Maßnahme die Abwicklung sämtlicher Crowdinvesting-Verträge an, die infolge der fehlenden KWG-Erlaubnis abgeschlossen wurden, kann dies bei denjenigen Start-ups zu signifikanten ökonomischen Schäden führen, die größtenteils durch die Crowd finanziert wurden und nicht in der Lage sind das Abwicklungsverlangen zu befriedigen.

Ferner sind durch die vielseitigen Vertragsbeziehungen nicht nur die Betreiber von unerlaubten Geschäften Träger von rechtlichen und wirtschaftlichen Risiken, sondern ebenso die anderen Beteiligten des Crowdinvesting-Modells. Im Besonderen die Crowdinvesting-Plattformen können trotz einer erfolgreichen Umgehung aufsichtsrechtlicher Vorschriften Adressat von Maßnahmen der BaFin sein. So ist die Befugnis der BaFin nach § 37 Abs. 1 S. 4 KWG bzw.

§ 7 Abs. 1 S. 4 ZAG auf Unternehmen und deren Gesellschafter bzw. Organe erweitert, die an der Anbahnung, dem Abschluss oder der Abwicklung von derartigen Geschäften beteiligt sind.

Im Ergebnis liegt es im Interesse sämtlicher Parteien des Crowdinvesting-Modells, nicht nur die eigene Konformität hinsichtlich der nationalen und europäischen aufsichtsrechtlichen Regelungen regelmäßig zu überprüfen, sondern zudem die Einhaltung betreffender Vorschriften durch die anderen Beteiligten im Blick zu haben. Angesichts der teils erheblichen rechtlichen Auswirkungen einer fehlenden Erlaubnis auf Seiten der Kleinanleger, sollte die BaFin ihre Auffassung betreffend der Annahme eines gewerbsmäßigen Betriebs von Bankgeschäften bereits bei Vorliegen einer Wiederholungs- und Gewinnerzielungsabsicht abändern.[1122] Insofern sind die Anforderungen einer Gewerbsmäßigkeit mit den Schwellenwerten im Rahmen des Erfordernisses eines in kaufmännischer Weise eingerichteten Gewerbebetriebes anzugleichen, um so der Idee des Crowdinvesting-Modells gerecht zu werden.

1122 Ähnlich zum Lending-Modell *Hartmann*, BKR 2017, 321 (326).

E. Kapitalmarktrechtliche Anforderungen an das Crowdinvesting-Modell

Während die im vorstehenden Kapitel dargestellten aufsichtsrechtlichen Vorschriften primär die Beteiligten des Crowdinvesting-Modells betreffen und nur mittelbar Auswirkungen auf die Crowdinvesting-Verträge haben, tangieren die nachfolgend noch näher zu bestimmenden kapitalmarktrechtlichen Vorschriften unmittelbar die Vereinbarungen mit der Crowd. Aufgrund der vorwiegenden Ausgestaltung der Crowdinvesting-Verträge als partiarische Nachrangdarlehen und stille Beteiligungen ergibt sich die emissionsbezogene Regulierung des nationalen Crowdinvesting-Modells durch das VermAnlG. Angesichts der Anwendbarkeit des VermAnlG verfolgte der Gesetzgeber mit den im Jahre 2015 in Kraft getretenen Änderungen des VermAnlG durch das KASG die Erleichterung der Emissionen von Crowdinvesting-Verträgen in Deutschland.[1123] Die bezweckte Erleichterung erfolgte vor allem durch eine Befreiung der Start-ups als Anbieter der Crowdinvesting-Verträge von der grundsätzlich bestehenden Prospektpflicht nach § 6 VermAnlG (E.I). Infolge der Befreiung von der Prospektpflicht wurden weitergehende, aus dem VermAnlG resultierende (Informations-)Pflichten der Anbieter eingeschränkt (E.II). Damit zusammenhängend begrenzte der Gesetzgeber zudem die aufsichtsrechtliche Kontrolle der BaFin bei der Emission von Crowdinvesting-Verträgen (E.III). Als Interessensausgleich zur vereinfachten Emission wurde durch das KASG ferner ein zusätzliches anlegerschützendes Widerrufsrecht in § 2d VermAnlG implementiert (E.IV).[1124] Etwaige Einschränkungen von (Informations-)Pflichten der Anbieter von Crowdinvesting-Verträgen gegenüber der Crowd haben Auswirkungen auf das für Vermögensanlagen normalerweise bestehende zivil- und kapitalmarktrechtliche Haftungsregime, welches im Einzelnen in diesem Abschnitt rechtlich näherbeleuchtet wird (E.V).

1123 Zur gesetzgeberischen Intention des KASG ausführlich siehe Abschnitt B.I.2.e)bb)(2).

1124 Zum Sinn und Zweck des Widerrufsrechts nach § 2d VermAnlG siehe Abschnitt C.I.2.d)cc).

I. Prospektpflicht nach § 6 VermAnlG und deren Befreiung nach § 2a VermAnlG

Grundsätzlich unterliegen die kapitalsuchenden Start-ups der Pflicht zur Veröffentlichung eines Verkaufsprospekts nach § 6 VermAnlG, sofern diese zur Finanzierung des Unternehmens den Kleinanlegern Crowdinvesting-Verträge in Form von Vermögensanlagen nach § 1 Abs. 2 VermAnlG anbieten. Diese Pflicht ergibt sich im Einzelnen aus § 6 VermAnlG, der die Anbieter zur Veröffentlichung eines Verkaufsprospektes verpflichtet, wenn diese Vermögensanlagen im Sinne des § 1 Abs. 2 VermAnlG im Inland öffentlich anbieten und nicht von der entsprechenden Pflicht nach § 2a VermAnlG befreit sind. Der Umfang und Inhalt des Verkaufsprospektes ergibt sich aus § 7 VermAnlG sowie der Vermögensanlagen-Verkaufsprospektverordnung[1125].

1. Anwendbarkeit des VermAnlG

Neben dem Erfordernis eines im Inland öffentlichen Angebots von Vermögensanlagen nach § 1 Abs. 1 S. 1 VermAnlG ist für die Eröffnung des Anwendungsbereiches des VermAnlG nach § 1 Abs. 1 S. 2 VermAnlG Voraussetzung, dass die Crowdinvesting-Plattformen im Rahmen ihrer Vermittlungstätigkeit gemäß § 1 Abs. 1 S. 2 VermAnlG nicht den Regelungen der EU-Crowdfunding-VO unterliegen bzw. der in der Verordnung festgelegte Schwellenwert für Finanzierungssumme überschritten wird.[1126] Zudem bleibt der Anwendungsbereich des VermAnlG gemäß § 1 Abs. 2 VermAnlG verschlossen, soweit es sich bei den Crowdinvesting-Verträgen um verbriefte Wertpapiere im Sinne des WpPG oder um Anteile an einem Investmentvermögen nach § 1 Abs. 1 KAGB handelt bzw. die Annahme der Gelder als Einlagengeschäfte im Sinne des § 1 Abs. 1 S. 2 Nr. 1 KWG (§ 1 Abs. 2 VermAnlG a.E.) zu verstehen ist. Darüber hinaus haben die Vereinbarungen mit der Crowd den Begriff der Vermögensanlagen im Sinne des § 1 Abs. 2 Nr. 1 bis Nr. 7 VermAnlG zu erfüllen.

a) Vermögensanlagen nach § 1 Abs. 2 VermAnlG

Im Crowdinvesting-Modell werden hauptsächlich partiarische Nachrangdarlehen verwendet, die gemäß § 1 Abs. 2 Nr. 3 und Nr. 4 VermAnlG grundsätzlich

---

1125 Verordnung über Vermögensanlagen-Verkaufsprospekte vom 20.12.2004, BGBl. 2004 I Nr. 69, S. 3464, FNA 4110-3-4.

1126 Ausführlich hierzu in Abschnitt D.VII.

von dem Begriff der Vermögensanlage umfasst sind.[1127] Ferner sind diejenigen Crowdinvesting-Verträge als Vermögensanlage anzusehen, die als stille Beteiligungen ausgestaltet wurden. Diesbezüglich umfasst § 1 Abs. 2 Nr. 1 VermAnlG Anteile, die eine Beteiligung am Gewinn des Unternehmens gewähren und somit auch Ausgestaltungen mittels stiller Gesellschaften abdecken.[1128] Bei der Frage, inwiefern die einzelnen Vereinbarungen mit der Crowd dem Begriff der Vermögensanlage im Sinne des VermAnlG unterliegen, kommt es nicht auf die jeweilige Bezeichnung des Vertrages, sondern vielmehr auf dessen rechtlich relevanten Inhalt an (*falsa demonstratio non nocet*).

b) Vorrang der EU-Crowdfunding-VO

Sofern die Crowdinvesting-Plattformen durch die Vermittlung von Vermögensanlagen nach § 1 Abs. 1 S. 2 VermAnlG als Scharmfinanzierungsdienstleister nach Art. 2 Abs. 1 lit.e EU-Crowdfunding-VO sogenannte Schwarmfinanzierungdienstleistungen tätigen und der in Art. 1 Abs. 2 lit.c EU-Crowdfunding-VO bestimmte Schwellenwert von über fünf Millionen Euro nicht im Rahmen der Crowdinvesting-Kampagne überschritten wird, ist nicht das VermAnlG, sondern ausschließlich die EU-Crowdfunding-VO anwendbar. Bezugnehmend auf die Ausführungen in Abschnitt D.VII, versuchte der europäische Gesetzgeber mit Etablierung eines europäischen Rechtsrahmen unter anderem das Crowdinvesting-Modell als kredit- oder anlagenbasierte Schwarmfinanzierung einheitlich zu regulieren. Die Ergebnisse der Prüfung in Abschnitt D.VII.2 zeigen aber, dass die im nationalen Crowdinvesting-Modell regelmäßig verwendeten partiarischen Nachrangdarlehen und stillen Beteiligungen dem Grunde nach nicht der Anwendbarkeit der EU-Crowdfunding-VO unterliegen.[1129] Insofern sind die Vertragstypen nicht vom Begriff der für die Schwarmfinanzierungszwecke zugelassenen Instrumente nach Art. 2 Abs. 1 lit.n der EU-Crowdfunding-VO umfasst. Zudem erfüllen partiarische Nachrangdarlehen nicht den europäischen Begriff eines Kredites nach Art. 2 Abs. 1 lit.b der

---

1127 Zur Erfüllung der einzelnen Voraussetzungen und zur Kumulation von § 1 Abs. 2 Nr. 2 und Nr. 3 siehe auch *Danwerth*, ZBB 2016, 20 (23); *Schedensack*, Crowdinvesting, S. 340 f.; *Schulz*, Crowdinvesting, S. 82 ff.; *Drews*, Crowdfunding-Plattform, S. 52 ff.; zur Konzentration auf partiarische Nachrangdarlehen siehe Abschnitt B.I.2.e)bb)(1) und Abschnitt E.I.2.b).

1128 Auf eine Beteiligung des stillen Gesellschafters am Verlust der Gesellschaft nach § 231 Abs. 2 HGB kommt es hierbei nicht an, vgl. *Schedensack*, Crowdinvesting, S. 340 f.

1129 Vgl. *Renner/Seidel*, BKR 2022, 176 f.

EU-Crowdfunding-VO, soweit die in den Crowdinvesting-Verträgen vorgesehenen qualifizierten Nachrangabreden wirksam vereinbart werden und etwaige Verpflichtungen als nicht unbedingt anzusehen sind. Umgekehrt könnte jedoch der Anwendungsbereich der EU-Crowdfunding-VO folgerichtig eröffnet sein, wenn die qualifizierten Nachrangabreden nicht oder nicht wirksam mit der Crowd vereinbart werden.

c) Vorrang WpPG, KAGB und KWG

Entsprechend dem Wortlaut des § 1 Abs. 2 VermAnlG sind die Begriffsvoraussetzungen der Vermögensanlage nicht erfüllt, sofern es sich bei den Crowdinvesting-Verträgen entweder um verbriefte Wertpapiere im Sinne des WpPG oder um Anteile an einem Investmentvermögen nach § 1 Abs. 1 KAGB handelt bzw. die Annahme der Gelder als Einlagengeschäfte im Sinne des § 1 Abs. 1 S. 2 Nr. 1 KWG (a.E.) zu qualifizieren sind.[1130]

Während die Crowdinvesting-Verträge gewöhnlich keine verbrieften Wertpapiere im Sinne des WpPG[1131] darstellen oder als Anteile an einem Investmentvermögens nach § 1 Abs. 1 KAGB[1132] zu qualifizieren sind, wurde in Abschnitt D.I.1.a) aufgezeigt, dass die Annahme von Geldern mittels Crowdinvesting als Einlagengeschäfte im Sinne des § 1 Abs. 1 S. 2 Nr. 1, 2. Alt. KWG betrachtet werden können.[1133] Dies ergibt sich, wenn die für Crowdinvesting-Verträge (sowohl partiarische Darlehen, als auch stille Beteiligungen) typischen qualifizierten Nachrangvereinbarungen nicht oder nicht wirksam mit der Crowd vereinbart wurden.[1134] Infolge fehlender bzw. unwirksam vereinbarter

---

1130 Vgl. *Von Ammon*, in: Siering/Izzo-Wagner-VermAnlG, § 1, Rn. 71 ff.; *Maas*, in: Assmann/Schlitt/v. Kopp-Colomb-WpPG/VermAnlG, § 1 VermAnlG, Rn. 27 ff.

1131 So wurden im Zeitraum vom 01.08.2011 bis 01.04.2018 lediglich sechs Wertpapiere angeboten (davon vier mit Prospekten und davon drei bereits vor Inkrafttreten des KASG), zudem wurden keine Vermögensanlagen mit Prospekten angeboten, vgl. *Hainz/Hornuf*, ifo Forschungsberichte, April 2019, Ausgabe 102, (22, 43). Zur Frage der Anwendbarkeit des nationalen Crowdinvesting-Modells im Rahmen des WpPG siehe ausführlich Abschnitt E.VI. Vgl. auch *Renner/Seidel*, BKR 2022, 176 f.

1132 Siehe hierzu ausführlich Abschnitt D.V.

1133 Zur Anwendbarkeit des KWG beim nationalen Crowdinvesting-Modell siehe Abschnitt D.I.

1134 Zur Unwirksamkeit von qualifizierten Nachrangvereinbarungen im Rahmen von AGB siehe Abschnitt C.I.3.b)bb).

qualifizierter Nachrangabreden würden zwar weiterhin partiarische Darlehen im Sinne des § 1 Abs. 2 Nr. 3 VermAnlG oder stille Beteiligungen nach § 1 Abs. 2 Nr. 7 VermAnlG vorliegen, aber aufgrund der aufsichtsrechtlichen Einordnung von nicht-nachrangigen Darlehen oder stillen Beteiligungen als Einlagengeschäfte im Sinne des § 1 Abs. 1 S. 2 Nr. 1, 2. Alt. KWG, haben diese keinen eigenständigen Anwendungsbereich innerhalb des VermAnlG. Angesichts dessen würden sich partiarische Darlehen oder stille Beteiligungen nur dann dem Anwendungsbereich des KWG entziehen können, soweit diese bankübliche Besicherungen vorsehen.[1135] Solche sind allerdings gegenwärtig bei Investments in junge Unternehmen nicht üblich. Handelt es sich also bei der Finanzierung von Start-ups mithilfe der Crowd um Einlagengeschäfte im Sinne des KWG, sind die Crowdinvesting-Verträge keine Vermögensanlagen nach dem VermAnlG. Dies hat zur Folge, dass die Regelungen des VermAnlG nicht auf das Crowdinvesting-Modell anzuwenden sind. Ein daraus resultierender Pflichtenkatalog der Emittenten würde sich insbesondere aus den Regelungen des KWG mit einer Erlaubnispflicht nach § 32 KWG ergeben.[1136] Werden dagegen bei Darlehen oder stillen Beteiligungen die qualifizierten Nachrangvereinbarungen wirksam mit den einzelnen Kleinanlegern vereinbart bzw. bankübliche Besicherungen vorgenommen, unterliegen die Crowdinvesting-Verträge dem Begriff der Vermögensanlage nach § 1 Abs. 2 VermAnlG. Mit Blick auf die Ergebnisse aus Abschnitt C.I.3.b)cc) ist Voraussetzung, dass die qualifizierten Nachrangabreden die Kleinanleger durch die AGB-rechtlichen Ausgestaltung nicht unangemessen benachteiligen (§ 307 Abs. 1 S. 1 BGB) und innerhalb der Vereinbarungen transparent (§ 307 Abs. 1 S. 2 BGB) dargestellt werden.[1137]

d) Start-ups als Anbieter und Emittenten von Vermögensanlagen

Mit Blick auf die Bestimmungen des VermAnlG ist der Anbieter einer Vermögensanlage von dem Emittenten zu unterscheiden. Während Emittenten[1138] nach § 1 Abs. 3 VermAnlG diejenigen Personen oder Gesellschaften sind, deren Vermögensanlagen ausgegeben werden, treten Anbieter von Vermögensanlagen für das Anlegerpublikum erkennbar nach außen auf und sind für den Inhalt

1135 *Schedensack*, Crowdinvesting, S. 341.

1136 Siehe hierzu Abschnitt D.I.1.

1137 Siehe hierzu ausführlich Abschnitt C.I.3.b)bb)(2).

1138 Siehe hierzu auch *Maas*, in: Assmann/Schlitt/v. Kopp-Colomb-WpPG/VermAnlG, § 1 VermAnlG, Rn. 88.

der Anlagen verantwortlich.[1139] Es besteht die Möglichkeit, dass der Emittent einer Vermögensanlage gleichzeitig der Anbieter derselben Vermögensanlage sein kann.[1140] Im Rahmen des Crowdinvesting-Modells sind vorwiegend nicht die Crowdinvesting-Plattformen als Anbieter von Vermögensanlagen anzusehen, sondern vielmehr das jeweilige Start-up selbst, welches zugleich Emittent ist.[1141] Insofern handeln die Crowdinvesting-Plattformen lediglich als Anlagevermittler und übernehmen die für eine Vermittlung von Crowdinvesting-Verträgen erforderliche technische Umsetzung, während die Start-ups für die Crowd erkennbar nach außen als Anbieter auftreten und für den Inhalt der Crowdinvesting-Verträge die Verantwortung übernehmen.[1142] In Anbetracht dessen betonen die Plattformen *Companisto*[1143] und *Seedmatch*[1144] ausdrücklich

---

1139 BT-Drs. 15/3174, S. 42; BT-Drs. 17/6051, S. 32; *von Ammon*, in: Siering/Izzo-Wagner-VermAnlG, § 6, Rn. 11; *Uffmann*, JZ 2016, 928 (930); *Heuer*, Crowdinvesting, S. 94 f.; *Maas*, in: Assmann/Schlitt/v. Kopp-Colomb-WpPG/VermAnlG, § 6 VermAnlG, Rn. 3 ff.

1140 BT-Drs. 15/3174, S. 42; BT-Drs. 17/6051, S. 32; *Danwerth*, WM 2016, 1212 (1215); *Schedensack*, Crowdinvesting, S. 344; *Heuer*, Crowdinvesting, S. 94 f.

1141 So auch *von Ammon*, in: Siering/Izzo-Wagner-VermAnlG, § 2a, Rn. 20 f.; *Schedensack*, Crowdinvesting, S. 344, 387; *Maas*, in: Assmann/Schlitt/v. Kopp-Colomb-WpPG/VermAnlG, § 2a VermAnlG, Rn. 10; *Renner/Seidel*, BKR 2022, 176 (177); *Drews*, Crowdfunding-Plattform, S. 88. Siehe allgemein bzgl. Crowdfunding-Plattformen *Drews*, Crowdfunding-Plattform, S. 189 ff.

1142 Vgl. *Klöhn/Hornuf/Schiling*, ZBB 2016, 142 (145); *Heuer*, Crowdinvesting, S. 184; *Maas*, in: Assmann/Schlitt/v. Kopp-Colomb-WpPG/VermAnlG, § 2a VermAnlG, Rn. 10. Insoweit hat der Gesetzgeber die Anbietereigenschaft auf Seiten der Crowdinvesting-Plattformen selbst dann verneint, wenn diese die Erstellung des Vermögensanlagen-Informationsblattes übernehmen, vgl. BT-Drs. 18/3994, S. 41. Zur Tätigkeit der Crowdinvesting-Plattformen als Anlagevermittler siehe ausführlich Abschnitt D.I.2.b).

1143 So befindet sich beispielsweise auf der ersten Seite des Beteiligungsvertrags für ein partiarisches Nachrangdarlehen bei *Companisto* entsprechend dem als Anlage beigefügten Musterbeteiligungsvertrag ein entsprechender Hinweis, hervorgehoben durch eine Umrandung, mit folgendem Wortlaut: „*Anbieter und Emittent dieser Vermögensanlage ist die itravel GmbH. Companisto ist weder Anbieter noch Emittent der Vermögensanlage, sondern ist ausschließlich die Internet-Dienstleistungsplattform.*“.

1144 So befindet sich beispielsweise in der Präambel des Investmentvertrags für ein partiarisches Nachdrangdarlehen von *Seedmatch* entsprechend dem als Anlage beigefügten Musterbeteiligungsvertrag eine entsprechende Klausel mit folgendem Wortlaut: „*(...) Die Plattform ist auch nicht Anbieter von Vermögensanlagen, sondern lediglich eine von dem Startup beauftragte Internet-Dienstleistungsplattform*

in den Verträgen, dass sowohl die Anbieter-, als auch die Emittenteneigenschaft ausschließlich den kapitalsuchenden Start-ups zuzuordnen ist.[1145]

e) *Öffentliches inländisches Angebot*

Für die Anwendbarkeit des VermAnlG müssen die Vermögensanlagen nach § 1 Abs. 1 VermAnlG im Inland[1146] öffentlich angeboten werden. Öffentlich angeboten werden Vermögensanlagen, wenn durch die Emittierung eine unbegrenzte Anzahl von Personen angesprochen wird.[1147] Hierzu ist für die Erfüllung des kapitalmarktrechtlichen Angebotsbegriffs neben einem Antrag nach § 145 BGB bereits eine *invitatio ad offerendum* ausreichend.[1148]

Bei Crowdfinanzierungen ist das Erfordernis eines inländischen öffentlichen Angebots nach § 1 Abs. 1 VermAnlG regelmäßig erfüllt. Die Vermögensanlagen werden grundsätzlich einer unbestimmten Anzahl von Personen angeboten. Entsprechend der zivilrechtlichen Einordnung in Abschnitt C.I.2 hinsichtlich der Crowdinvesting-Verträge, welche mithilfe der Crowdinvesting-Plattformen *Companisto* und *Seedmatch* vermittelt werden, handelt es sich um ein Angebot nach § 145 BGB oder eine *invitatio ad offerendum* des kapitalsuchenden Start-ups. Ferner ist eine Begrenzung der Anlegerschaft auf einzelne Personen nicht vorgesehen. Vielmehr sind die Angebote auf den Crowdinvesting-Plattformen für jeden Interessierten sichtbar. Für jeden potenziellen Anleger besteht die Möglichkeit, die auf den Crowdinvesting-Plattformen angebotenen Beteiligungsmöglichkeiten zu sichten und später zu zeichnen. Ausreichend ist die anfängliche Registrierung auf den jeweiligen Crowdinvesting-Plattformen.[1149]

---

gemäß § 2a Abs. 3 VermAnlG. Ausschließlich das Startup ist Anbieter im Sinne des VermAnlG.".

1145 Siehe hierzu auch BT-Drs. 18/3994, S. 41, in welcher der Gesetzgeber die Regelung der Anbieter- und Emittenteneigenschaft den Beteiligten des Crowdinvestings überlässt.

1146 Siehe hierzu *von Ammon*, in: Siering/Izzo-Wagner-VermAnlG, § 1, Rn. 25; *Maas*, in: Assmann/Schlitt/v. Kopp-Colomb-WpPG/VermAnlG, § 1 VermAnlG, Rn. 23 ff.

1147 Vgl. BT-Drs. 18/3994, S. 39 f.; *von Ammon*, in: Siering/Izzo-Wagner-VermAnlG, § 1, Rn. 21; *Maas*, in: Assmann/Schlitt/v. Kopp-Colomb-WpPG/VermAnlG, § 1 VermAnlG, Rn. 11 ff.

1148 *Von Ammon*, in: Siering/Izzo-Wagner-VermAnlG, § 1, Rn. 13; *Maas*, in: Assmann/Schlitt/v. Kopp-Colomb-WpPG/VermAnlG, § 1 VermAnlG, Rn. 13; *Schedensack*, Crowdinvesting, S. 341.

1149 Zur Rechtsbeziehung zwischen Kleinanleger und Crowdinvesting-Plattform siehe ausführlich Abschnitt C.II.

Eine solche hindert nicht den Zugang einer unbestimmten Anzahl von Personen, da eine Registrierung in der Regel für jedermann möglich ist.[1150]

2. Befreiung von der Prospektpflicht beim Crowdinvesting-Modell

Mit Blick auf das Ergebnis in Abschnitt E.I.1 sind Crowdinvesting-Verträge in der Form von partiarischen Nachrangdarlehen und stillen Beteiligungen zumindest dann von dem Anwendungsbereich des VermAnlG erfasst, sofern etwaige qualifizierte Nachrangvereinbarungen wirksam mit der Crowd vereinbart wurden. Die AGB-rechtliche Überprüfung von Crowdinvesting-Verträgen in Abschnitt C.I.3.b) zeigt, dass eine wirksame Vereinbarung der Rangrücktritte unter den dort dargestellten Voraussetzungen grundsätzlich möglich erscheint. Dies ist der Fall, wenn die qualifizierten Nachrangabreden die Kleinanleger im Rahmen der AGB-rechtlichen Ausgestaltung nicht unangemessen benachteiligen (§ 307 Abs. 1 S. 1 BGB) und innerhalb der Vereinbarungen transparent (§ 307 Abs. 1 S. 2 BGB) dargestellt werden.[1151] In Anbetracht dessen geht die Crowdinvesting-Praxis gegenwärtig von einer Anwendbarkeit des VermAnlG für partiarische Nachrangdarlehen und stille Beteiligungen aus und veröffentlicht in den seltensten Fällen die nach § 6 VermAnlG geforderten Verkaufsprospekte.[1152] Der Grund für letzteres findet sich in § 2a VermAnlG, der für das Crowdinvesting einige Befreiungen von Vorschriften aus dem VermAnlG vorsieht.

a) Befreiung von der Prospektpflicht nach § 2a VermAnlG

Gemäß dem Wortlaut des § 2a Abs. 1 VermAnlG ist der Anbieter von der Prospektpflicht nach § 6 VermAnlG befreit, soweit dieser Vermögensanlagen im Sinne des § 1 Abs. 2 Nr. 3, Nr. 4, Nr. 5, oder Nr. 7 VermAnlG anbietet und der Verkaufspreis sämtlicher Vermögensanlagen desselben Emittenten die Summe von sechs Millionen Euro nicht innerhalb von zwölf Monaten übersteigt.[1153]

1150 Vgl. *Schedensack*, Crowdinvesting, S. 341 f.

1151 Siehe hierzu ausführlich Abschnitt C.I.3.b)bb)(2).

1152 Und dann nicht infolge von Emissionen von Vermögensanlagen, sondern aufgrund der Emittierung von Wertpapieren im Sinne des WpPG, siehe hierzu *Hainz/Hornuf*, ifo Forschungsberichte, April 2019, Ausgabe 102, (22, 36 ff.); *Hainz/Hornuf/Klöhn*, ifo Forschungsberichte, 2017, Ausgabe 78, (21 f.).

1153 Vor Anpassungen der VermAnlG durch das Gesetz zur weiteren Ausführung der EU-Prospektverordnung und zur Änderung von Finanzmarktgesetzen, BGBl. 2019 I Nr. 26, S. 1002, war der Schwellenwert auf 2,5 Millionen Euro beschränkt. Kritisch zum damaligen Maximalinvestitionsbetrag zusammenfassend *Nietsch/*

Der Maximalinvestitionsbetrag für die prospektfreie Emission von privilegierten Vermögensanlagen ist nicht als starrer Grenzwert zu verstehen, der bei einem einmaligen Angebot die Privilegierung „verbraucht".[1154] Vielmehr handelt es sich bei dem Maximalinvestitionsbetrag um einen dynamischen Grenzwert, der erneut von den einzelnen Emittenten für eine weitere prospektfreie Emission in Anspruch genommen werden kann, sofern die vorherigen emittierten Vermögensanlagen vollständig oder teilweise[1155] getilgt wurden.[1156] Mit Ergänzung des Wortlautes des § 2a Abs. 1 VermAnlG im Jahre 2019 bestätigte der Gesetzgeber die bis dato vorherrschende Meinung eines dynamischen Grenzwertes, in dem er den Schwellenwert auf einen Zeitraum von zwölf Monaten begrenzte.[1157] Darüber hinaus entfaltet der Maximalinvestitionsbetrag zum Schutz vor Umgehungen auch Wirkung, wenn die privilegierten

---

Eberle, DB 2014, 2575 (2578 f.); *Danwerth*, ZBB 2016, 20 (26 f.); *Gerlach/Köhler*, ZBB 2017, 84 (85). Wobei die meisten Emissionen den Maximalinvestitionsbetrag nicht erreichten, vgl. *Hainz/Hornuf*, ifo Forschungsberichte, April 2019, Ausgabe 102, (53 ff.); *Hainz/Hornuf/Klöhn*, ifo Forschungsberichte, 2017, Ausgabe 78, (29); *Klöhn*, ZIP 2017, 2125 (2128). Zur Kombination von prospektfreien und prospektpflichtigen Emissionen siehe *von Ammon*, in: Siering/Izzo-Wagner-VermAnlG, § 2a, Rn. 23 f.; *Schedensack*, Crowdinvesting, S. 350. Hinsichtlich der positiven Entwicklung der Investitionssummen nach der Erhöhung des Schwellenwertes bei Crowdfunding-Projekten insgesamt siehe *Bundesverband Crowdfunding e.V.*, Stellungnahme des Bundesverband Crowdfunding e.V. – Evaluierung Änderungen VermAnlG, abrufbar unter *https://www.bundesverband-crowdfunding.de/2021/11/stellungnahme-vermoegensanlagengesetz-2021/* [zuletzt aufgerufen am 12.05.2022].

1154 *Schedensack*, Crowdinvesting, S. 347.

1155 Siehe hierzu *Schedensack*, Crowdinvesting, S. 348 der eine teilweise Tilgung der vorherigen Vermögensanlage für ausreichend hält. Demnach darf der Grenzwert zu keinem Zeitpunkt durch Vermögensanlagen überschritten sein, die nicht getilgt wurden.

1156 So auch *von Ammon*, in: Siering/Izzo-Wagner-VermAnlG, § 2a, Rn. 33; *Danwerth*, ZBB 2016, 20 (28); *Casper*, ZBB 2015, 265 (276 f.). Vgl. auch *Danwerth*, ZBB 2016, 20 (28 f.); *Schedensack*, Crowdinvesting, S. 348. Siehe hierzu auch *Bundesverband Crowdfunding e.V.*, Stellungnahme des Bundesverband Crowdfunding e.V. - Evaluierung Änderungen VermAnlG, abrufbar unter *https://www.bundesverband-crowdfunding.de/2021/11/stellungnahme-vermoegensanlagengesetz-2021/* [zuletzt aufgerufen am 12.05.2022].

1157 Gesetz zur weiteren Ausführung der EU-Prospektverordnung und zur Änderung von Finanzmarktgesetzen, BGBl. 2019 I Nr. 26, S. 1002.

Vermögensanlagen den Anlegern von unterschiedlichen Anbietern[1158] bzw. auf mehreren Crowdinvesting-Plattformen[1159] angeboten werden.

Zur Befreiung von der Prospektpflicht bedarf es zusätzlich der Erfüllung der Voraussetzungen des § 2a Abs. 3 S.1 VermAnlG. Demnach hat die Vermittlung der Vermögensanlagen ausschließlich im Wege einer Anlagenberatung oder Anlagenvermittlung über solche Internet-Dienstleistungsplattformen zu erfolgen, die durch Gesetz oder Verordnung dazu verpflichtet sind, die Einhaltung der in § 2a Abs. 3 S.1 Nr. 1 bis Nr. 3 VermAnlG bestimmten Zeichnungsgrenzen zu überprüfen.[1160] Entsprechende Zeichnungsgrenzen ergeben sich hinsichtlich jedes einzelnen Anlegers. Insofern dürfen die Gesamtinvestitionen des einzelnen Anlegers, der keine Kapitalgesellschaft darstellt, bei demselben Emittenten die Summe von 1.000 Euro (Nr. 1) bzw. von 10.000 Euro (Nr. 2 – bei Selbstauskunft des Anlegers und einem frei verfügbaren Vermögen von mindestens 100.000 Euro) oder den zweifachen Betrag des durchschnittlichen monatlichen Nettoeinkommens des jeweiligen Anlegers (Nr. 3 – höchstens jedoch 25.000 Euro) nicht übersteigen.[1161]

1158 So wurde zur Klarstellung im Rahmen des Inkrafttretens des Art. 5 des Gesetzes zur Umsetzung der Zweiten Zahlungsdiensterichtlinie, BGBl. 2017 I Nr. 48, S. 2446, der Wortlaut des § 2a Abs. 1 VermAnlG angepasst und der Zusatz „von dem Anbieter" gestrichen; siehe hierzu BT-Drs. 18/12568, S. 130, 162.

1159 Diese Frage stellt sich in der gegenwärtigen Crowdinvesting-Praxis jedoch nicht, da die Plattformen in der Regel exklusiv die Vermögensanlagen für die Start-ups vermitteln. Vgl. auch *von Ammon*, in: Siering/Izzo-Wagner-VermAnlG, § 2a, Rn. 46; *Schedensack*, Crowdinvesting, S. 349 f.

1160 Zudem ergibt sich aus § 2a Abs. 3 S. 2 VermAnlG eine Befreiung von den Zeichnungshöchstgrenzen für Kapitalgesellschaften und Gesellschaften in der Form einer GmbH & Co. KG, deren Kommanditisten gleichzeitig Gesellschafter der GmbH oder an der Entscheidungsfindung der GmbH beteiligt sind, sofern die GmbH & Co. KG kein Investmentvermögen und keine Verwaltungsgesellschaft nach dem KAGB ist. Siehe hierzu BT-Drs. 19/1000, S. 74. Kritisch gegenüber den Zeichnungsgrenzen *Danwerth*, ZBB 2016, 20 (30 ff.) mit verfassungsrechtlichem Ansatz. Zusammenfassend *Nietsch/Eberle*, DB 2014, 2575 (2579). Siehe hierzu auch *Bundesverband Crowdfunding e.V.*, Stellungnahme des Bundesverband Crowdfunding e.V. - Evaluierung Änderungen VermAnlG, abrufbar unter *https://www.bundesverband-crowdfunding.de/2021/11/stellungnahme-vermoegensanlagengesetz-2021/* [zuletzt aufgerufen am 12.05.2022].

1161 Zu den einzelnen Voraussetzungen ausführlich *von Ammon*, in: Siering/Izzo-Wagner-VermAnlG, § 2a, Rn. 13 ff., 45 ff.; *Danwerth*, ZBB 2016, 20 (29); *Schedensack*, Crowdinvesting, S. 346 ff., 394 ff.; *Schulz*, Crowdinvesting, S. 86 ff.; *Drews*, Crowdfunding-Plattform, S. 49 ff.; *Riethmüller*, DB 2015, 1451 (1454). Vor

Betrachtet man die gegenwärtig aktiven Crowdinvesting-Plattformen, so handelt es sich bei diesen für gewöhnlich um Internet-Dienstleistungsplattformen im Sinne des § 2a Abs. 3 S.1 VermAnlG, da diese als Anlagevermittler Crowdinvesting-Verträge zwischen den Start-ups und den Kleinanlegern vermitteln.[1162] Aufgrund der regelmäßigen Erfüllung der Bereichsausnahme des § 2 Abs. 6 S. 1 Nr. 8 lit.e KWG, unterliegen diese den Regelungen der GewO, welche die Plattformen nach den §§ 34f, 34g Abs. 2 S. 1 Nr. 7 GewO i.V.m. § 16 Abs. 3a FinVermV zur Überprüfung der genannten Zeichnungsgrenzen in § 2a Abs. 3 VermAnlG verpflichten.[1163] Ferner sind zumindest solche Crowdinvesting-Verträge von dem Privilegierungstatbestand des § 2a VermAnlG erfasst, die als partiarische Nachrangdarlehen oder Genussrechte nach § 1 Abs. 2 Nr. 3, Nr. 4, Nr. 5 VermAnlG ausgestaltet sind. Handelt es sich dagegen um stille Beteiligungen, unterliegen die Anbieter der Vermögensanlagen der Prospektpflicht nach § 6 VermAnlG, da diese nicht vom Regelungsgehalt des § 2a Abs. 1 VermAnlG umfasst sind.[1164]

Zum Schluss ist für die Erfüllung der Befreiungsvorschrift auch § 2a Abs. 5 VermAnlG zu beachten. Eine Befreiung ist nach § 2a VermAnlG nur möglich, soweit zwischen dem Emittenten und dem jeweiligen Betreiber

---

Anpassungen der VermAnlG durch das Gesetz zur weiteren Ausführung der EU-Prospektverordnung und zur Änderung von Finanzmarktgesetzen, BGBl. 2019 I Nr. 26, S. 1002, war der Schwellenwert auf 10.000 Euro beschränkt. Zur Frage einer verfassungsrechtlichen Rechtfertigung der Ungleichbehandlung von natürlichen Personen und Kapitalgesellschaften siehe *Schulz*, Crowdinvesting, S. 103 ff. Hinsichtlich der positiven Entwicklung des Investitionssummen infolge der Erhöhung des Schwellenwertes siehe *Bundesverband Crowdfunding e.V.*, Stellungnahme des Bundesverband Crowdfunding e.V. - Evaluierung Änderungen VermAnlG, abrufbar unter *https://www.bundesverband-crowdfunding.de/2021/11/stellungnahme-vermoegensanlagengesetz-2021/* [zuletzt aufgerufen am 12.05.2022].

1162 *Danwerth*, ZBB 2016, 20 (29); *Schedensack*, Crowdinvesting, S. 351. Zur Anlagenvermittlung siehe hierzu Abschnitt D.I.2.

1163 Zur Prüfungspflicht des § 16 Abs. 3a FinVermV siehe auch Abschnitt C.II.2.a)bb)(3)(d). Kritisch zur Regelungstechnik des § 2a Abs. 3 VermAnlG hinsichtlich der aufsichtsrechtlichen Prüfungspflicht der Plattformen, bei einem emissionsbezogenen Pflichtenkatalog der Anbieter von Vermögensanlagen siehe *von Ammon*, in: Siering/Izzo-Wagner-VermAnlG, § 2a, Rn. 53; *Danwerth*, ZBB 2016, 20 (29); *Schedensack*, Crowdinvesting, S. 352; *Gerlach/Köhler*, ZBB 2017, 84 (85, 93 f.). Zur Erlaubnispflicht nach GewO siehe Abschnitt D.III.

1164 *Schedensack*, Crowdinvesting, S. 346.

der Crowdinvesting-Plattform keine maßgebliche Interessenverflechtung besteht.[1165] Ein solche ist nach § 2a Abs. 5 S. 2 Nr. 1, Nr. 2 VermAnlG anzunehmen, wenn Mitglieder der Geschäftsführung der Emittenten bzw. deren Angehörige[1166] gleichzeitig Mitglieder der Geschäftsführung der Plattformbetreiber sind oder eine Verbindung zwischen beiden Unternehmen nach § 15 AktG besteht. Sinn und Zweck des nachträglich eingefügten Absatzes 5 ist die Vermeidung von Fallgestaltungen, in denen ausschließlich zum Zwecke der Finanzierung von Emittenten eigene Crowdinvesting-Plattformen als Vertriebsvehikel gegründet werden, um die Anforderungen des § 2a VermAnlG zu erfüllen.[1167] Insoweit fehlt den Plattformen die zum Anlegerschutz geforderte Objektivität und Transparenz als Anlagevermittler.

b) Kritik an dem Privilegierungstatbestand nach § 2a VermAnlG

Im Falle der Anwendbarkeit des VermAnlG für das Crowdinvesting-Modell bleiben Anbieter von partiarischen Nachrangdarlehen von einer Prospektpflicht nach § 2a VermAnlG befreit, während stille Beteiligungen eine entsprechende Pflicht zur Veröffentlichung eines Verkaufsprospektes nach § 6 VermAnlG auslösen. Die vom Gesetzgeber infolge des KASG gewählte Unterscheidung beider Vermögensanlagen wurde in der Literatur und Praxis kritisiert.[1168] Eine Differenzierung im Rahmen der Privilegierung des Crowdinvesting-Modells ist

---

1165 Im Rahmen der Gesetzesänderung im Jahre 2019 wurde der *unmittelbare oder mittelbare Einfluss* in die *maßgebliche Interessenverflechtung* geändert, ohne die Anforderungen des Absatzes zu ändern. Siehe allgemein hierzu *Drews*, Crowdfunding-Plattform, S. 271 ff. Kritisch *Bundesverband Crowdfunding e.V.*, Stellungnahme des Bundesverband Crowdfunding e.V. - Evaluierung Änderungen VermAnlG, abrufbar unter *https://www.bundesverband-crowdfunding.de/2021/11/stellungnahme-vermoegensanlagengesetz-2021/* [zuletzt aufgerufen am 12.05.2022].

1166 Angehörige nach § 15 Abgabenordnung.

1167 BT-Drs. 18/12568, S. 162 f.

1168 *Klöhn/Hornuf*, ZBB 2012, 237 (265); *Danwerth*, ZBB 2016, 20 (25); *Casper*, ZBB 2015, 265 (277); *Klöhn/Hornuf*, DB 2015, 47 (50); *Bujotzek/Mocker*, BKR 2015, 358 (359); *Nietsch/Eberle*, DB 2014, 2575 (2579 f.); *Riethmüller*, DB 2015, 1451 (1454); *Winde*, Regulierung Internet-Plattformen, S. 62 ff.; *Maas*, in: Assmann/Schlitt/v. Kopp-Colomb-WpPG/VermAnlG, § 2a VermAnlG, Rn. 13 ff. Zur Frage einer verfassungsrechtlichen Rechtfertigung der Ungleichbehandlung einzelner Vermögensanlagen siehe *Schulz*, Crowdinvesting, S. 106 ff.

rechtlich nicht begründbar und gilt rechtspolitisch als verfehlt.[1169] Der von dem Gesetzgeber in Betracht gezogene Schutz der Kleinanleger ist bei partiarischen Nachrangdarlehen nicht geringer als bei stillen Beteiligungen, sondern durch fehlende gesetzliche Regelungen sogar erhöht.[1170] Dahingehend lässt sich die unterschiedliche Betrachtung des Gesetzgebers lediglich historisch begründen. So waren vor Einführung des § 2a VermAnlG partiarische Darlehen und Nachrangdarlehen nicht vom Regelungsinhalt des VermAnlG erfasst.[1171] Durch die daraus entstandene Regelungslücke wurden für das Crowdinvesting größtenteils entsprechende Darlehensvarianten gewählt, um den Anwendungsbereich des VermAnlG und die dort normierte Prospektpflicht zu umgehen.[1172] Aufgrund der konzentrierten Ausgabe von Darlehensverträgen sah sich der Gesetzgeber vermutlich gezwungen, diese im Besonderen im KASG zu regeln.

Später, mit Inkrafttreten des Artikel 5 des Gesetzes zur Umsetzung der Zweiten Zahlungsdiensterichtlinie[1173] im August 2017, änderte der Gesetzgeber teilweise die für das Crowdinvesting-Modell relevanten Normen im VermAnlG ab. Vorangegangen war ein Evaluierungsprozess der Bundesregierung bezüglich der durch das KASG eingeführten Befreiungsvorschriften in den §§ 2a bis 2c VermAnlG.[1174] Die Evaluierung beinhaltete neben Gutachten[1175] ein Konsultationsverfahren mit den betroffenen Verbänden und weiteren für das Crowdinvesting-Modell wesentlichen Parteien.[1176] Trotz Kritik[1177]

1169 Vgl. *Klöhn*, ZIP 2017, 2125 (2128); *Danwerth*, ZBB 2016, 20 (25); *Casper*, ZBB 2015, 265 (277); *Klöhn/Hornuf*, DB 2015, 47 (50); *Nietsch/Eberle*, DB 2014, 2575 (2579 f.).

1170 *Klöhn/Hornuf*, DB 2015, 47 (50 f.); *Maas*, in: Assmann/Schlitt/v. Kopp-Colomb-WpPG/VermAnlG, § 2a VermAnlG, Rn. 14.

1171 Vgl. *Klöhn*, ZIP 2017, 2125 (2128); *Nietsch/Eberle*, ZVglRWiss 2017, 205 (212); *Danwerth*, ZBB 2016, 20 (23); *Klöhn/Hornuf*, DB 2015, 47; *Bujotzek/Mocker*, BKR 2015, 358 f.; *Nietsch/Eberle*, DB 2014, 2575; *Buck-Heeb*, NJW 2015, 2535 (2536); *Spindler*, ZBB 2017, 129 (131).

1172 *Nietsch/Eberle*, ZVglRWiss 2017, 205 (212); *Klöhn*, ZIP 2017, 2125 (2128); *Bujotzek/Mocker*, BKR 2015, 358 f.; *Klöhn/Hornuf*, DB 2015, 47; *Nietsch/Eberle*, DB 2014, 2575; *Nietsch/Eberle*, DB 2014, 1788 (1792 f.).

1173 BGBl. 2017 I Nr. 48, S. 2446.

1174 Siehe hierzu auch *Drews*, Crowdfunding-Plattform, S. 71 ff.

1175 So etwa *Hainz/Hornuf/Klöhn*, ifo Forschungsberichte, 2017, Ausgabe 78.

1176 Siehe u.a. BT-Drs. 18/11888, S. 2; zusammenfassend *Gerlach/Köhler*, ZBB 2017, 84 (85).

1177 So etwa der *Bundesverband Crowdfunding e.V.*, Stellungnahme des Bundesverband Crowdfunding e.V. zum Kleinanlegerschutzgesetz (8. September 2016),

im Konsultationsverfahren hinsichtlich der Begrenzung der Befreiungstatbestände auf einzelne Vermögensanlagen entschied sich der Gesetzgeber gleichfalls im Jahre 2017 gegen eine Erweiterung der Privilegierung auf sämtliche in § 1 Abs. 2 VermAnlG genannte Vermögensanlagen.[1178] Dieser erkannte zwar ein erhöhtes (Verlust-)Risiko auf Seiten der Kleinanleger im Rahmen der Zeichnung von partiarischen Darlehen oder Nachrangrangdarlehen im Vergleich zu Genussrechten oder stillen Beteiligungen, sah aber den Evaluierungszeitraum von lediglich einem Jahr als zu gering an, um eine Erweiterung voranzutreiben.[1179]

Darauf aufbauend wurden die Regelungen zum Crowdinvesting-Modell innerhalb des VermAnlG im Jahre 2019 erneut einer Evaluierung[1180] unterzogen. Im Ergebnis sind, mit Inkrafttreten des Artikel 5 des Gesetzes zur weiteren Ausführung der EU-Prospektverordnung und zur Änderung von Finanzmarktgesetzen[1181] im Juli 2019, nun auch Genussrechte nach § 1 Abs. 2 Nr. 5 VermAnlG in den Privilegierungstatbestand des § 2a VermAnlG mitaufgenommen worden. Begründet wird die Erweiterung auf Genussrechte mit der Möglichkeit, die Anleger ebenfalls am Gewinn und einem Wertzuwachs der Gesellschaften beteiligen zu können.[1182] Von einer Erweiterung des Privilegierungstatbestandes auf stille Gesellschaften wurde wiederum und ohne Begründung abgesehen. Insoweit erfolgt eine weitere Evaluierung der Regelungen zum

---

abrufbar unter *http://www.bundesverband-crowdfunding.de/wp-content/uploads/2016/09/20160908_Bundesverband_Crowdfunding_KASG_Evaluation.pdf* [zuletzt aufgerufen am 12.05.2022].

1178 *Bundesregierung*, Bericht der Bundesregierung über die Evaluierung der Befreiungstatbestände, abrufbar unter *https://www.bundestag.de/blob/504710/1a1d8118889a0ef68ab70a3b0c5f0483/bericht-data.pdf* [zuletzt aufgerufen am 12.05.2022].

1179 *Bundesregierung*, Bericht der Bundesregierung über die Evaluierung der Befreiungstatbestände, abrufbar unter *https://www.bundestag.de/blob/504710/1a1d8118889a0ef68ab70a3b0c5f0483/bericht-data.pdf* [zuletzt aufgerufen am 12.05.2022].

1180 *Hainz/Hornuf*, ifo Forschungsberichte, April 2019, Ausgabe 102. Siehe hierzu auch *Drews*, Crowdfunding-Plattform, S. 74 ff.

1181 BGBl. 2019 I Nr. 26, S. 1002.

1182 BT-Drs. 19/1000, S. 75. Zur Kritik im Gesetzgebungsverfahren siehe etwa die Beiträge der Bundestagsmitglieder Stefan Schmidt (Bündnis 90/Die Grünen, S. 11935) und Hubertus Zdebel (die Linke, S. 11886) in der Plenarsitzung vom 09.05.2019; Stenografischer Bericht zur 98. Sitzung des Deutschen Bundestags - Plenarprotokoll 19/98.

Crowdinvesting-Modell innerhalb des VermAnlG im Jahre 2021, welche jedoch nach derzeitigem Kenntnisstand noch nicht abgeschlossen wurde.[1183]

Die gegenwärtigen Entscheidungen des Gesetzgebers sind misslich. Die für die Erstellung der Crowdinvesting-Verträge verantwortlichen Plattformen werden infolge des eingeschränkten Befreiungstatbestandes daran gehindert, möglicherweise besser geeignete Vertragsgestaltungen für das Crowdinvesting-Modell zu wählen.[1184] Durch die kostenintensive Erstellung von Verkaufsprospekten bleibt die Auswahl von privilegierten Vermögensanlagen im Sinne des § 2a Abs. 1 VermAnlG beschränkt. Dies führt im Ergebnis, wie die Untersuchungen der Vereinbarungen von *Companisto* und *Seedmatch* in Abschnitt C.I.1.b) verdeutlichen, zu Crowdinvesting-Verträgen, die zwar als partiarische Nachrangrangdarlehen bezeichnet sind, rechtlich aber stille Gesellschaften begründen. Eine nachträgliche Erweiterung des Privilegierungstatbestandes auf Genussrechte verschafft nur geringe Abhilfe, da gegenwärtig eine Unterscheidung zwischen partiarischen Nachrangdarlehen und stillen Beteiligung zu Unsicherheiten führen. Die hierbei entstehende Rechtsunsicherheit der Beteiligten eines Crowdinvestings, insbesondere im Hinblick auf die teils komplexe Abgrenzung der stillen Gesellschaft von dem partiarischen Darlehen, verringert den Schutz der Kleinanleger erheblich und führt folglich zum Gegenteil des von dem Gesetzgeber Beabsichtigten.[1185] Allerdings nicht nur die Kleinanleger, sondern auch die kapitalsuchenden Start-ups tragen hierdurch ein für sie kaum kalkulierbares rechtliches und mit Blick auf die Haftungsregelung des § 21 VermAnlG[1186] bei fehlender Veröffentlichung eines

---

1183 Vgl. BT-Drs. 19/1000, S. 64. Anmerkungen aus der Praxis siehe etwa *Bundesverband Crowdfunding e.V.*, Stellungnahme des Bundesverband Crowdfunding e.V. - Evaluierung Änderungen VermAnlG, abrufbar unter *https://www.bundesverband-crowdfunding.de/2021/11/stellungnahme-vermoegensanlagengesetz-2021/* [zuletzt aufgerufen am 12.05.2022].

1184 Vgl. *Klöhn*, ZIP 2017, 2125 (2128); *Danwerth*, ZBB 2016, 20 (25 f.); *Ivanović*, Crowdinvesting, S. 301 ff.; *Maas*, in: Assmann/Schlitt/v. Kopp-Colomb-WpPG/VermAnlG, § 2a VermAnlG, Rn. 14. Insoweit wären die Crowdinvesting-Plattformen auch bereit die derzeitigen Crowdinvesting-Verträge zu ändern, siehe hierzu die Untersuchung von *Klöhn/Hornuf/Schiling*, ZBB 2016, 142 ff.

1185 *Klöhn*, ZIP 2017, 2125 (2128); *Uffmann*, JZ 2016, 928 (930); *Klöhn/Hornuf*, DB 2015, 47 (50); *Nietsch/Eberle*, DB 2014, 1788 (1793); *Braun*, Crowdfunding, S. 36; *Weitnauer/Parzinger*, GWR 2013, 153 (154 f.).

1186 Zur Haftung im Rahmen des Crowdinvestings siehe ausführliche Abschnitt E.V.

Verkaufsprosektes ökonomisches Risiko.[1187] Dementsprechend ist dem Gesetzgeber anzuraten den Befreiungstatbestand nach § 2a VermAnlG auf sämtliche Vermögensanlagen im Sinne des § 1 Abs. 2 VermAnlG zu erweitern, um etwaige Unsicherheiten zu verhindern.

3. Keine Ausnahme nach § 2 Abs. 1 Nr. 3b VermAnlG

Vor allem § 2 Abs. 1 Nr. 3b VermAnlG wurde in der Vergangenheit und vor Inkrafttreten der Privilegierung des Crowdinvesting-Modells nach § 2a VermAnlG durch das KASG regelmäßig für Crowdfinanzierungen herangezogen, um die Pflichten aus dem VermAnlG zu umgehen.[1188] Dem Wortlaut entsprechend ermöglicht § 2 Abs. 1 Nr. 3b VermAnlG die umfassende Befreiung von den Pflichten aus dem VermAnlG für Angebote von Vermögensanlagen mit einem maximalen Emissionsvolumen von 100.000 Euro. Infolge der niedrigen Emissionsschwelle ist § 2 Abs. 1 Nr. 3b VermAnlG für die gegenwärtige Finanzierung von Start-ups durch das Crowdinvesting-Modell nur bedingt geeignet, da seit dem Jahr 2016 die Emissionsvolumina für gewöhnlich die Investitionsbeträge übersteigen.[1189] Seit Inkrafttreten des Privilegierungstatbestandes in § 2a VermAnlG fanden nur wenige Crowdfinanzierungen auf Plattformen unter Zuhilfenahme des Ausnahmetatbestandes nach § 2 Abs. 1 Nr. 3b VermAnlG statt.[1190]

II. Pflichtenreduktion bzw. -modifikation nach § 2a VermAnlG

Im Gegensatz zu dem Ausnahmetatbestand des § 2 VermAnlG[1191] sieht die Befreiungsvorschrift § 2a VermAnlG keinen vollständigen Ausschluss der Anwendbarkeit des VermAnlG vor, sondern reduziert bzw. modifiziert lediglich die Pflichten der Anbieter von privilegierten Vermögensanlagen. Insoweit bleiben sämtliche Vorschriften des VermAnlG anwendbar, die nicht explizit

---

1187 *Klöhn*, ZIP 2017, 2125 (2128); *Uffmann*, JZ 2016, 928 (930); *Klöhn/Hornuf*, DB 2015, 47 (50).

1188 *Klöhn/Hornuf*, ZBB 2012, 237 (240); *Drews*, Crowdfunding-Plattform, S. 44 ff.; *Schulz*, Crowdinvesting, S. 84 f.

1189 Vgl. etwa *Hainz/Hornuf*, ifo Forschungsberichte, April 2019, Ausgabe 102, (7); *Schulz*, Crowdinvesting, S. 85.

1190 *Schedensack*, Crowdinvesting, S. 345 f.; *Danwerth*, ZBB 2016, 20 (33).

1191 Siehe hierzu Abschnitt E.I.3.

durch § 2a VermAnlG ausgenommen wurden oder aufgrund der Befreiung von der Prospektpflicht als Folgepflichten ihre Geltung verlieren.[1192]

1. Erstellungspflicht von Vermögensanlagen-Informationsblätter nach § 13 VermAnlG

Obwohl die Anbieter von Crowdinvesting-Verträgen im Rahmen des § 2a VermAnlG von der Veröffentlichung eines Verkaufsprospektes befreit sein können, bleiben diese dennoch zumindest zur Erstellung und Hinterlegung eines Vermögensanlagen-Informationsblattes gemäß §§ 13 Abs. 1, 1. Alt., 14 VermAnlG verpflichtet. Die Hinterlegung des Vermögensanlagen-Informationsblattes erfolgt bei der BaFin nach § 14 VermAnlG, die dieses hinsichtlich der gesetzlichen Anforderungen überprüft.[1193] Gemäß § 13 Abs. 4 S. 2 Nr. 1 VermAnlG ist die Überprüfung durch die BaFin auf die formalen Voraussetzungen beschränkt, so dass die behördliche Kontrolle nicht die Richtigkeit der im Vermögensanlagen-Informationsblatt angegebenen Informationen umfasst.[1194] Zudem sind sowohl die Anbieter von Vermögensanlagen, als auch die Crowdinvesting-Plattformen als Internet-Dienstleistungsplattformen gemäß § 13a Abs. 2 VermAnlG zur Veröffentlichung des Vermögensanlagen-Informationsblattes auf ihren Onlinepräsenzen verpflichtet.[1195] Die Vermögensanlagen-Informationsblätter sind so zu veröffentlichen, dass deren Zugang ohne Beschränkung für jedermann möglich ist.[1196] Erst wenn die BaFin das Vermögensanlagen-Informationsblatt gestattet, darf dieses veröffentlicht und somit die Vermögensanlage öffentlich angeboten werden, § 13 Abs. 2, Abs. 1 VermAnlG.

1192 Vgl. BT-Drs. 18/3994, S. 41. Siehe hierzu auch *Schulz*, Crowdinvesting, S. 89 ff.

1193 Die formelle Prüfungskompetenz der BaFin wurde infolge des Inkrafttretens des Art. 5 des Gesetzes zur Umsetzung der Zweiten Zahlungsdiensterichtlinie, BGBl. 2017 I Nr. 48, S. 2446, im August 2017 neu hinzugefügt, vgl. BT-Drs. 451/17, S. 67 ff.; zu etwaigen Änderungen zusammenfasst siehe auch *Klöhn*, ZIP 2017, 2125 (2129 f.). Vgl. auch *Winde*, Regulierung Internet-Plattformen, S. 287 ff.; *Ivanović*, Crowdinvesting, S. 328 ff.

1194 *Klöhn*, ZIP 2017, 2125 (2127, 2129).

1195 Entsprechende Regelung ist Ausfluss aus der Tatsache, dass in der Vergangenheit die Crowdinvesting-Plattformen die Veröffentlichung des VIB unzulässigerweise von einer Registrierung auf den Onlinepräsenzen abhängig machten; vgl. *Schedensack*, Crowdinvesting, S. 392 f.

1196 Auch § 13a VermAnlG wurde infolge des Inkrafttretens des Art. 5 des Gesetzes zur Umsetzung der Zweiten Zahlungsdiensterichtlinie, BGBl. 2017 I Nr. 48, S. 2446, im August 2017 neu eingefügt, vgl. BT-Drs. 451/17, S. 69 f.

Die formalen Anforderungen an ein Vermögensanlagen-Informationsblatt ergeben sich im Einzelnen aus den §§ 13 Abs. 3 ff. VermAnlG. Hiernach enthält § 13 Abs. 3 i.V.m. Abs. 6 VermAnlG Regelungen zu den Mindestangaben mit wesentlichen Informationen, wie etwa die Angaben zur Identität des Anbieters und des Emittenten (§ 13 Abs. 3 S. 2 Nr. 2 VermAnlG) oder die mit der Vermögensanlage verbundenen Risiken (§ 13 Abs. 3 S. 2 Nr. 5 VermAnlG). Ferner regelt § 13 Abs. 4 f. VermAnlG Hinweispflichten, die durch den Anbieter zusätzlich in das Vermögensanlagen-Informationsblatt aufzunehmen sind. Werden die Hinweispflichten nicht ordnungsgemäß aufgenommen, unterliegen die Anbieter einer Haftung gemäß § 22 Abs. 4a Nr. 2 VermAnlG, auf deren Einzelheiten in Abschnitt E.V.1.a)cc) noch einzugehen ist. Zur Erstellung der Informationsblätter bietet die BaFin potenziellen Anbietern online eine Checkliste an.[1197]

2. Anlegerinformationen nach § 15 VermAnlG

Die aus § 15 VermAnlG resultierenden Pflichten der Anbieter von Vermögensanlagen werden durch die Privilegierung der Crowdinvesting-Verträge nach § 2a VermAnlG grundsätzlich nicht tangiert. Der Pflichtenbereich des § 15 VermAnlG ist ebenso für privilegierte Start-ups eröffnet und infolge der fehlenden Pflicht zur Veröffentlichung eines Verkaufsprospektes lediglich modifiziert.[1198] Demnach sind die Anbieter von Crowdinvesting-Verträgen gemäß § 15 Abs. 1 VermAnlG verpflichtet, Anlegern oder Interessierten auf deren Verlangen Vermögensanlagen-Informationsblätter von betreffenden Anlagen zu übermitteln (§ 15 Abs. 1 S. 1 VermAnlG) und den letzten veröffentlichten Jahresabschluss der Gesellschaft (§ 15 Abs. 1 S. 2 VermAnlG) in Text- bzw. Papierform zur Verfügung zu stellen. Die Pflicht zur Übermittlung von Vermögensanlagen-Informationsblättern besteht gleichfalls gegenüber den Crowdinvesting-Plattformen, die als Anlagevermittler die Dokumente von den Start-ups verlangen können (§ 15 Abs. 1 S. 3 VermAnlG). Neben dem Abs. 1 des § 15 VermAnlG sind insbesondere die Absätze 3 und 4 für das Crowdinvesting-Modell von Bedeutung. Insoweit beziehen sich die genannten Absätze unmittelbar auf das Vermögensanlagen-Informationsblatt und die in § 13 Abs. 4 VermAnlG aufgeführten Warnhinweise, welche die Anbieter in das Vermögensanlagen-Informationsblatt aufzunehmen haben.

1197 *BaFin*, Vermögensanlagen-Informationsblatt, abrufbar unter *https://www.bafin.de/DE/Aufsicht/FinTech/VIB/vib_node.html* [zuletzt aufgerufen am 12.05.2022].

1198 *Von Ammon*, in: Siering/Izzo-Wagner-VermAnlG, § 2a, Rn. 38.

Dem Wortlaut des § 15 Abs. 3 S. 1 VermAnlG nach ist jeder Kleinanleger verpflichtet, die Kenntnisnahme von entsprechenden Warnhinweisen vor Vertragsschluss mittels Unterschriftsleistung zu bestätigen. Werden für den Vertragsschluss ausschließlich Fernkommunikationsmittel verwendet, hat der Kleinanleger nach § 15 Abs. 4 S.1 VermAnlG die Kenntnisnahme in einer der Unterschriftenleistung gleichwertigen Art und Weise zu bestätigen. Eine solche Bestätigung ist als gleichwertig anzusehen, soweit sie vom Kleinanleger durch eigenständige Texteingabe vorgenommen wird, die zweifelsfrei seine Identität erkennen lässt, § 15 Abs. 4 S. 2 VermAnlG. Die Pflicht der Anleger zur Bestätigung der Kenntnisnahme der Warnhinweise wurde durch das KASG neu eingeführt. Sinn und Zweck der Regelung ist es, dem Anleger die teilweise hohen Risiken der jeweiligen Vermögensanlage durch das sorgfältige Lesen und das daran anschließende Bestätigen bewusst zu machen.[1199] Aufgrund des Erfordernisses einer manuellen Unterschriftsleistung in § 15 Abs. 3 VermAnlG, sah sich der Gesetzgeber gezwungen, die Regelung für Vertragsschlüsse durch Fernkommunikationsmittel in § 15 Abs. 4 VermAnlG abzuändern. Hierbei wurde die Gefahr eines Medienbruches erkannt, der bei Kommunikationsprozessen regelmäßig zu Abbrüchen der Zeichnungen führt und somit den Finanzierungsprozess von jungen Unternehmen gefährden könnte.[1200] In Anbetracht dessen soll die Bestätigung der Kenntnisnahme in einer rein elektronischen Form als Warnfunktion ausreichend sein.[1201] Um jedoch dem Aufwand der manuellen Unterschriftleistung zu entsprechen, ist zumindest eine eigene Texteingabe des Anlegers erforderlich.[1202] Hierzu bedarf es, gemäß dem Wortlaut des § 15 Abs. 4 VermAnlG, Angaben zu der Identität des jeweiligen Kleinanlegers.[1203]

Zur Schaffung von Rechtssicherheit bei dem elektronischen Zeichnungsprozess, regelt inzwischen die Vermögensanlagen-Informationsblatt-Bestätigungsverordnung (VIBBestV), welche Voraussetzungen unter anderem bei natürlichen Personen einer gleichwertigen Bestätigung im Sinne des § 15 Abs. 4 VermAnlG entsprechen.[1204] Angesichts der gesetzlichen

---

1199 BT-Drs. 18/3994, S. 48.

1200 BT-Drs. 18/3994, S. 70; BT-Drs. 18/4708, S. 66.

1201 Vgl. BT-Drs. 18/4708, S. 66.

1202 Vgl. BT-Drs. 18/4708, S. 66.

1203 *Von Ammon*, in: Siering/Izzo-Wagner-VermAnlG, § 15, Rn. 17.

1204 Die VIBBestV wurde im Rahmen von § 15 Abs. 5 VermAnlG durch das Bundesministerium der Finanzen erlassen. Zu den Voraussetzungen bei juristischen Personen siehe § 2 Abs. 1 Nr. 2b VIBBestV.

Anforderungen gemäß § 2 Abs. 1 Nr. 2a VIBBestV, teilen die Kleinanleger in der Crowdinvesting-Praxis normalerweise nicht nur ihre Vor- und Nachnamen dem einzelnen Start-up mit, sondern ergänzen die Angaben für Identifikationszwecke durch den Geburtsort, das Geburtsdatum, die jeweilige Anschrift, die Nummer des Personalausweises oder Reisepasses unter Angabe der ausstellenden Behörde, sowie einer E-Mail-Adresse und/oder Telefonnummer.[1205] Bei bestehenden Zweifeln hinsichtlich der Richtigkeit an den Angaben und um einen Missbrauch durch Dritte zu verhindern, ermöglicht § 2 Abs. 2 S. 1 VIBBestV zudem die Übersendung eines geeigneten Nachweises zu verlangen. Ein solcher Nachweise ist gemäß § 2 Abs. 2 S. 2 VIBBestV beispielsweise eine Kopie eines Reisepasses oder Personalausweises des jeweiligen Kleinanlegers. Werden die Vermögensanlagen-Blätter nicht gesetzesmäßig im Sinne des § 15 Abs. 1 VermAnlG den Kleinanlegern zur Verfügung gestellt oder die Bestätigungen der Crowd bezüglich der Warnhinweise gemäß § 15 Abs. 3 f. i.V.m. § 13 Abs. 4 VermAnlG nicht ordnungsgemäß eingeholt, unterliegen die Start-ups nach § 22 Abs. 4a Nr. 1, Nr. 3 VermAnlG einer Haftung. Diese wird im Rahmen der haftungsrechtlichen Situation beim Crowdinvesting noch näher beleuchtet.[1206]

3. Modifizierte Pflichten bei Erstellung von Jahresabschlüssen

Trotz einer Privilegierung nach § 2a VermAnlG bleiben Start-ups als Emittenten von Vermögensanlagen zur Erstellung und Veröffentlichung von Jahresabschlüssen im Sinne des § 23 f. VermAnlG verpflichtet, soweit sich die Pflichten nicht bereits durch Vorschriften aus dem HGB ergeben.[1207] Die Überprüfung erstellter Jahresabschlüsse durch externe Abschlussprüfer ist jedoch nach § 2a Abs. 2 S. 1 i.V.m. § 23 Abs. 2 Nr. 1 VermAnlG nicht erforderlich. Aufgrund des § 2a Abs. 2 S.2 VermAnlG ist zudem eine Verpflichtung zur Erstellung und Veröffentlichung eines den Jahresabschluss erweiternden Jahresberichts innerhalb des Crowdinvestings ausgeschlossen.[1208] Die reduzierten Erstellungs- und Veröffentlichungspflichten sollen im Crowdinvesting-Modell zur Entlastung der Start-ups führen, da die Erstellung eines Jahresberichts und dessen Prüfung

---

1205 Siehe hierzu auch BT-Drs. 18/4708, S. 66.

1206 Siehe hierzu Abschnitt E.V.1.a)cc).

1207 Vgl. auch *Schedensack*, Crowdinvesting, S. 360.

1208 BT-Drs. 18/3994, S. 41.

durch einen Abschlussprüfer meist mit einem hohen Verwaltungs- und Kostenaufwand verbunden ist.[1209]

III. Beschränkte aufsichtsrechtliche Kontrolle durch die BaFin

1. Aufsichtsrechtliche Kontrolle nach VermAnlG

Trotz Erfüllung des Befreiungstatbestandes des § 2a VermAnlG im Bereich des Crowdinvesting-Modells unterliegen Start-ups weiterhin im Rahmen des VermAnlG der aufsichtsrechtlichen Kontrolle durch die BaFin. Im Gegensatz zu den in Abschnitt D aufgeführten aufsichtsrechtlichen Anforderungen betreffen die Regelungen des VermAnlG weder die Kleinanleger, noch die Crowdinvesting-Plattformen, sondern ausschließlich die Start-ups als Anbieter[1210] von privilegierten Vermögensanlagen.

Die aus dem VermAnlG herzuleitenden Befugnisse der BaFin umfassen neben der Kontrolle des Emissionsprozesses der einzelnen Vermögensanlagen auch die Überprüfung der ordnungsgemäßen Erfüllung sämtlicher Pflichten der Anbieter. Insofern bleiben vor allem die in den §§ 26 ff. VermAnlG normierten Zuständigkeits-, Eingriffs- und Sanktionsnormen von der Privilegierung des § 2a VermAnlG unberührt. Lediglich diejenigen Regelungen, die eine Pflicht des Anbieters zur Erstellung eines Verkaufsprospektes nach § 6 VermAnlG voraussetzen, sind infolge der Privilegierung nicht durch die BaFin zu überprüfen.[1211] Der Prüfungsbereich der BaFin beschränkt sich auf die Überprüfung der Ausgestaltung der Vermögensanlagen, sowie die ordnungsgemäße Erstellung der Vermögensanlagen-Informationsblätter.

In Anbetracht dessen ist die BaFin zur Anordnung einer Untersagung des öffentlichen Angebots nach § 18 Abs. 1 Nr. 1 VermAnlG und Nr. 7 VermAnlG berechtigt, soweit der einzelne Crowdinvesting-Vertrag eine Nachschusspflicht der Kleinanleger entgegen § 5b VermAnlG vorsieht oder das Vermögensanlagen-Informationsblatt nicht ordnungsgemäß

1209 Zudem handelt es sich bei den Start-ups in der Regel um Kapitalgesellschaften nach §§ 267 Abs. 1, 267a Abs. 1 HGB für die auch handelsrechtlich nach §§ 264 Abs. 1 S. 3, S. 4, 316 Abs. 1 HGB Ausnahmen vorgesehen sind; vgl. *von Ammon*, in: Siering/Izzo-Wagner-VermAnlG, § 2a, Rn. 44; *Schedensack*, Crowdinvesting, S. 360.

1210 Vgl. Abschnitt E.I.1.d).

1211 Ausführlich zu dem eingeschränkten Pflichtenkreis der Anbieter gegenüber der BaFin, *Heuer*, Crowdinvesting, S. 121, 147 ff.

im Sinne des § 13 VermAnlG hinterlegt bzw. veröffentlicht wurde.[1212] Darüber hinaus sind fehlerhafte oder fehlende Veröffentlichungen von Vermögensanlagen-Informationsblättern als Ordnungswidrigkeiten der Anbieter einzustufen, die damit Gegenstand von Bußgeldverfahren gemäß § 29 Abs. 1 Nr. 6, Nr. 7 VermAnlG sein können. Im Rahmen des Bußgeldverfahrens gilt die BaFin als Verwaltungsbehörde im Sinne des § 36 Abs. 1 Nr. 1 OWiG, so dass diese bestehende Ordnungswidrigkeiten zu verfolgen und zu ahnden hat.[1213] Im Bußgeldverfahren gegenüber den Start-ups sind nach § 29 Abs. 3 VermAnlG Geldbußen in Höhe von bis zu 500.000 Euro denkbar. Entsprechende rechtskräftige Bußgeldentscheidungen der BaFin werden nach § 26c VermAnlG auf der Internetseite veröffentlicht. Neben rechtskräftigen Entscheidungen kann die BaFin gemäß § 26b Abs. 1 VermAnlG zudem ausgesprochene und sofort vollziehbare Maßnahmen gegenüber den Anbietern auf ihrer Internetseite veröffentlichen.[1214]

2. Produktinterventionsrecht nach MiFIR[1215]

Neben den aus § 18 Abs. 1 VermAnlG abgeleiteten Befugnissen der BaFin steht ihr ein sogenanntes Produktinterventionsrecht gemäß § 18 Abs. 2 VermAnlG i.V.m. § 15 WpHG und i.V.m. Art. 42 MiFIR zu. Dieses ergibt sich aufgrund der inzwischen unmittelbaren Anwendbarkeit des Art. 42 MiFIR, welcher gemäß § 18 Abs. 2 VermAnlG i.V.m. § 15 Abs. 1 S. 1 WpHG unter anderem Vermögensanlagen im Sinne des § 1 Abs. 2 VermAnlG umfasst.[1216] Da es sich bei Crowdinvesting-Verträgen in der Regel um Vermögensanlagen handelt,

---

1212 Zu der formalen Überprüfung des Vermögensanlagen-Informationsblattes durch die BaFin siehe Abschnitt E.II.1; vgl. auch *Izzo-Wagner/Siering*, in: Siering/Izzo-Wagner-VermAnlG, § 18, Rn. 21.

1213 Siehe hierzu auch *Baas/Bayazit*, in: Siering/Izzo-Wagner-VermAnlG, § 29, Rn. 18.

1214 Zum *Naming* und *Shaming* im Einzelnen *Izzo-Wagner/Siering/Bayazit*, in: Siering/Izzo-Wagner-VermAnlG, § 26c, Rn. 1. Etwa nach § 26b Abs. 2 Nr. 1a VermAnlG, aufgrund einer nicht privilegierten Vermögensanlage infolge einer Nachschusspflicht der Kleinanleger nach § 5b VermAnlG.

1215 Verordnung (EU) Nr. 600/2014 des europäischen Parlamentes und des Rates vom 15.05.2014 über Märkte für Finanzinstrumente und zur Änderung der Verordnung (EU) Nr. 648/2012, ABl. L 173/84 vom 12.06.2012.

1216 Zunächst wurde das Produktinterventionsrecht im Rahmen des Inkrafttretens des Kleinanlegerschutzgesetzes im Jahre 2015 in § 4b WpHG aF normiert. Nach dem 03.01.2018 ergibt sich die unmittelbare Anwendbarkeit des Art 42 MiFID aus § 15 Abs. 1 WpHG und § 18 Abs. 2 VermAnlG, vgl. *Buck-Heeb*, BKR 2017, 89 ff.; *Gerding*, BKR 2017, 441 f.

kann die BaFin nach Art. 42 Abs. 1 lit.a MiFIR unter anderem die Vermarktung, den Vertrieb oder den Verkauf von Crowdinvesting-Verträgen verbieten oder beschränken, soweit die Vereinbarungen mit den Kleinanlegern gemäß Art. 42 Abs. 2 lit.a i MiFIR erhebliche Bedenken für den Anlegerschutz aufwerfen.[1217] Solche Maßnahmen der BaFin müssen verhältnismäßig sein.[1218] Nach Art. 42 Abs. 2 lit.c MiFIR ist dies der Fall, wenn die Wesensart der durch die BaFin ermittelten Risiken, das Kenntnisniveau der betreffenden Anleger oder Marktteilnehmer und die wahrscheinliche Wirkung der Maßnahme auf Anleger und Marktteilnehmer berücksichtigt wurden.

Da das Produktinterventionsrecht zunächst adressatenlos ausgestaltet ist, kann das Verbot oder die Beschränkung mittels individuellen Verwaltungsaktes gegen einen bestimmten Beteiligten einer Crowdinvesting-Kampagne ausgesprochen werden. Zudem besteht die Möglichkeit des Ausspruchs einer Allgemeinverfügung, welche dann an einen unbestimmten Adressatenkreis gerichtet ist.[1219] Nach Art. 42 Abs. 2 MiFIR hat die BaFin die Befugnis bereits vor Emission der jeweiligen Vermögensanlage, deren Vermarktung zu verbieten oder einzuschränken.[1220] Zusätzlich werden die ausgesprochenen Maßnahmen auf der Internetpräsenz der BaFin gemäß Art. 42 Abs. 5 S.1 MiFIR öffentlich bekannt gegeben.

3. Kollektiver Verbraucherschutz

Mit Inkrafttreten des KASG erfolgte die Einführung des § 4 Abs. 1a Finanzdienstleistungsaufsichtsgesetz (FinDAG). Hierdurch wurde der Aufgabenbereich der BaFin um den kollektiven Verbraucherschutz erweitert.[1221] Angesichts

---

1217 Die weiteren Voraussetzungen ergeben sich aus § 42 Abs. 2 MiFIR; siehe ausführlich hierzu *Izzo-Wagner/Siering*, in: Siering/Izzo-Wagner-VermAnlG, § 18, Rn. 3, 22 ff. Zum Begriff der Vermögensanlagen bei Crowdinvesting-Verträgen siehe Abschnitt E.I.1. Zum Produktinterventionsrecht im Rahmen des Crowdinvestings siehe auch *Heuer*, Crowdinvesting, S. 146 f.

1218 Vgl. *Ehlers*, WM 2017, 420 (426); *Gerding*, BKR 2017, 441 (442).

1219 *Kollrus*, MDR 2015, 1396 (1398).

1220 *BaFin*, Produktintervention, abrufbar unter *https://www.bafin.de/DE/Aufsicht/BoersenMaerkte/Produktintervention/produktintervention_artikel.html* [zuletzt aufgerufen am 12.05.2022].

1221 Vgl. *Laars*, in: NomosKommentar-FinDAG, § 4, Rn. 4; *Roth*, GWR 2015, 243; *Buck-Heeb*, NJW 2015, 2535 (2540); *Danwerth*, ZBB 2016, 20 (23); *Riethmüller*, DB 2015, 1451 (1453); *Nietsch/Eberle*, DB 2014, 2575 (2577 f.); *Möllers/Kastl*, NZG 2015, 849 (855).

dessen ist die BaFin nach § 4 Abs. 1a S. 2 FinDAG nun befugt alle Anordnungen gegenüber Instituten und Unternehmen zu treffen, die geeignet und erforderlich sind, um verbrauchergefährdende Missstände zu verhindern oder zu beseitigen. Um solche Missstände handelt es sich nach § 4 Abs. 1a S. 3 FinDAG, soweit ein erheblicher, dauerhafter oder wiederholter Verstoß gegen ein Verbraucherschutzgesetz vorliegt, der nach seiner Art oder seinem Umfang die Interessen nicht nur einzelner Verbraucherinnen und Verbraucher gefährden kann oder beeinträchtigt. Demnach ist der Missstand von Einzelfällen zu unterscheiden, wobei aber kein flächendeckendes Verhalten eine gesamten Branche erforderlich ist.[1222] Zudem ergibt sich ein Missstand, wenn das Unternehmen einschlägige Entscheidungen des BGH zur Anwendung einer zivilrechtlichen verbraucherschützenden Norm missachtet oder systematische bzw. gewichtige Verstöße gegen verbraucherschützende Vorschriften vorliegen.[1223] Demzufolge hat die BaFin nach § 4 Abs. 1a FinDAG nicht nur öffentlich-rechtliche, sondern inzwischen auch zivilrechtliche Normen zu überwachen, die einen verbraucherschützenden Charakter aufweisen.[1224]

IV. Widerrufsrecht nach § 2d VermAnlG

Durch die Befreiung von der Prospektflicht nach § 2a VermAnlG steht den Anlegern von privilegierten Vermögensanlagen ein 14-tägiges Widerrufsrecht gemäß § 2d VermAnlG zu. Die Einzelheiten des Widerrufsrechts in Bezug zu den Crowdinvesting-Verträgen wurden in Abschnitt C.I.2.d)cc) dargestellt, so dass hierauf verwiesen wird.

V. Haftungsrechtliche Situation bei fehlenden oder fehlerhaften Informationen

Wie sich aus den vorstehenden Abschnitten ergibt, sind die Anbieter von Crowdinvesting-Verträgen als Vermögensanlagen dahingehend zu unterscheiden, ob diese zur Veröffentlichung eines Verkaufsprospektes nach § 6 VermAnlG verpflichtet sind oder infolge des § 2a VermAnlG von einer Prospektpflicht befreit werden. Handelt es sich dagegen bei der Finanzierung von Start-ups mithilfe der Crowd um Einlagengeschäfte im Sinne des KWG, sind die Crowdinvesting-Verträge keine Vermögensanlagen nach dem VermAnlG.

1222 BT-Drs. 18/3994, S. 36.

1223 BT-Drs. 18/3994, S. 36.

1224 *Buck-Heeb*, NJW 2015, 2535 (2541); BT-Drs. 18/3994, S. 37.

Dies hat zur Folge, dass die Regelungen des VermAnlG nicht auf das Crowdinvesting-Modell anzuwenden wären. Ein daraus resultierender Pflichten- und Haftungskatalog der Emittenten würde sich insbesondere aus den Regelungen des KWG mit einer Erlaubnispflicht nach § 32 KWG ergeben.[1225]

Die vom Gesetzgeber intendierte Erleichterung des Crowdinvesting-Modells im Rahmen des VermAnlG und mithilfe der Befreiung der Anbieter von der Prospektpflicht nach § 2a VermAnlG führt im Ergebnis zu einer verringerten Weitergabe von wesentlichen Informationen an die Crowd. Die Anbieter von privilegierten Crowdinvesting-Verträgen sind nicht verpflichtet die nach den §§ 6 f. VermAnlG geforderten Informationen mittels eines Verkaufsprospektes zur Verfügung zu stellen. Nichtsdestotrotz erhalten die Kleinanleger auf den Crowdinvesting-Plattformen regelmäßig eine Vielzahl von Informationen hinsichtlich der einzelnen Start-ups, ihren Gründern und den jeweiligen Geschäftsmodellen. Hierbei stellt sich die Frage, inwieweit die Befreiung der Anbieter von der Prospektpflicht Auswirkungen auf etwaige Haftungsansprüche hat, soweit diese Informationen nicht bzw. nicht ordnungsgemäß an die Crowd weitergeben werden (E.V.1).[1226] Im Einzelnen ist hier primär an spezialgesetzliche Prospekthaftungsansprüche aus dem VermAnlG und an allgemein anerkannte bürgerlich-rechtliche Prospekthaftungsansprüche zu denken. Ferner können sich deliktsrechtliche Haftungsansprüche ergeben. Neben möglichen Haftungstatbeständen gegenüber den Anbietern von Crowdinvesting-Verträgen sind zudem denkbare Haftungsansprüche gegenüber den Crowdinvesting-Plattformen zu erörtern (E.V.2). Letztendlich sind sie es, die auf ihren Webseiten den Kleinanlegern sämtliche Informationen übermitteln und demnach möglichen Haftungsansprüchen bei fehlenden oder fehlerhaften Informationen unterliegen können.[1227]

1. Die Haftung der Anbieter und Emittenten von Crowdinvesting-Verträgen

a) Spezialgesetzliche Prospekthaftung nach dem VermAnlG

Die aus dem VermAnlG abzuleitenden Prospekthaftungsansprüche kommen bei Crowdinvesting-Verträgen in Betracht, wenn die Regelungen des

1225 Siehe hierzu Abschnitt D.I.1.

1226 Zu möglichen Prospektmängeln im Bereich der Finanzierung von Start-ups siehe ausführlich *Schedensack*, Crowdinvesting, S. 297 f.; *Ivanović*, Crowdinvesting, S. 337 ff.

1227 Zur Rolle der Crowdinvesting-Plattformen siehe ausführlich Abschnitt C.II.1.

VermAnlG auf die Vereinbarungen anwendbar sind.[1228] Die Anwendbarkeit steht in Abhängigkeit zu der rechtlichen Ausgestaltung der einzelnen Vereinbarungen mit der Crowd. Wurden die für die Crowdinvesting-Verträge typischen qualifizierten Nachrangvereinbarungen nicht wirksam mit den Kleinanlegern vereinbart, handelt es sich bei den Verträgen um Einlagengeschäfte im Sinne des § 1 Abs. 1 S. 2 Nr. 1, 2. Alt. KWG, so dass die Voraussetzungen des § 1 Abs. 2 VermAnlG nicht erfüllt sind und das VermAnlG nicht anwendbar ist.[1229] Ein daraus resultierender Pflichten- und Haftungskatalog der Emittenten würde sich unmittelbar aus den Regelungen des KWG mit einer Erlaubnispflicht nach § 32 KWG ergeben.[1230] Sind dagegen die Voraussetzungen des VermAnlG erfüllt und handelt es sich bei den Crowdinvesting-Verträgen um Vermögensanlagen im Sinne des § 1 Abs. 2 VermAnlG, sind die aus den §§ 20 – 22 VermAnlG resultierenden Haftungstatbestände zumindest auf die Anbieter und Emittenten von Crowdinvesting-Verträgen anwendbar. Solche sind, wie in Abschnitt E.I.1.d) herausgearbeitet, vor allem die durch die Crowd finanzierte Start-ups, welche in Crowdinvesting-Kampagnen die Vermögensanlagen ausgeben und sowohl die Eigenschaften eines Emittenten, als auch die eines Anbieters von Vermögensanlagen erfüllen.

aa) Haftung nach §§ 20, 21 VermAnlG

(1) Haftungsvoraussetzungen

(a) Start-ups und Gründer als Anspruchsgegner

Die Haftungstatbestände der §§ 20, 21 VermAnlG betreffen die Pflicht der Anbieter von Vermögensanlagen zur Veröffentlichung eines ordnungsgemäßen Verkaufsprospektes gemäß § 6 VermAnlG. Verstoßen die Anbieter gegen diese Pflicht, indem etwa nach § 20 Abs. 1 S. 1 VermAnlG wesentliche Angaben im Verkaufsprospekt unrichtig oder unvollständig wiedergegeben werden oder nach § 21 Abs. 1 S. 1 VermAnlG trotz bestehender Pflicht kein Verkaufsprospekt veröffentlicht wurde, sind die in den jeweiligen Vorschriften genannten Anspruchsgegner zum Schadensersatz verpflichtet.

Während § 21 Abs. 1 S. 1 VermAnlG die Emittenten und Anbieter von Vermögensanlagen im Rahmen einer gesamtschuldnerischen Haftung als Anspruchsgegner vorsieht, können gemäß § 20 Abs. 1 S. 1 sowohl diejenigen,

---

1228 Vgl. *Fischer*, Crowdinvesting, S. 54; *Braun*, Crowdfunding, S. 180 ff.

1229 Zur Anwendbarkeit des VermAnlG bei derzeitigen Crowdinvesting-Verträgen siehe ausführlich Abschnitt E.I.1.

1230 Siehe hierzu Abschnitt D.I.1.

die für den Verkaufsprospekt die Verantwortung übernommen haben, als auch diejenigen, von denen der Erlass des Verkaufsprospektes ausgeht, als Gesamtschuldner Anspruchsgegner sein.[1231] In Anbetracht dessen umfasst der Adressatenkreis von § 20 VermAnlG nicht nur die Emittenten und Anbieter von Vermögensanlagen gemäß § 21 VermAnlG, sondern erweitert diesen um weitere Prospektverantwortliche, wie solche, die sich als tatsächliche Urheber des Prospektes darstellen (z.B. Hintermänner und Mitglieder der Leitungsgruppe) oder mittels Prospekterklärung die Verantwortung für den Verkaufsprospekt übernehmen.[1232]

Entsprechend den Darstellungen in Abschnitt E.I.1.d) sind die jeweiligen Start-ups als Emittenten und Anbieter der Vermögensanlagen zu identifizieren und folglich Anspruchsgegner hinsichtlich der §§ 20, 21 VermAnlG. Insoweit sind es jene, welche gegenüber der Crowd erkennbar nach außen als Prospektverantwortliche auftreten, den Inhalt der Vermögensanlage bestimmen und letztendlich die Verantwortung für die Richtigkeit und Vollständigkeit übernehmen.[1233] Zudem ist denkbar, dass die Gründer der Start-ups in ihrer Schlüsselfunktion einer Haftung nach § 20 VermAnlG unterliegen können, sofern eine Pflicht zur Veröffentlichung eines Verkaufsprospektes nach § 6 VermAnlG besteht und keine Privilegierung nach § 2a VermAnlG vorliegt. Dies ist anzunehmen, wenn die Gründer als tatsächliche Urheber der Prospekte durch etwaige Leitungsfunktionen oder als Hintermänner der Gesellschaften zwar nicht als Prospektverantwortliche nach außen auftreten, aber dennoch einen wesentlichen Einfluss auf die Erstellung der Verkaufsprospekte ausüben oder wesentlich an dem Start-up beteiligt sind.[1234] Eine Haftung nach

---

1231 Zu den Anspruchsgegnern im Einzelnen siehe *Lang/Ruf*, in: Siering/Izzo-Wagner-VermAnlG, § 20, Rn. 41 ff.; § 21, Rn. 29.

1232 *Lang/Ruf*, in: Siering/Izzo-Wagner-VermAnlG, § 20, Rn. 42; *Assmann*, in: Assmann/Schlitt/v. Kopp-Colomb-WpPG/VermAnlG, § 20 VermAnlG, Rn. 29 f.; *Assmann/Kumpan*, in: Assmann/Schütze/Buck-Heeb-KapitalanlageR, § 5, Rn. 262.

1233 Vgl. *Klöhn/Hornuf/Schiling*, ZBB 2016, 142 (145); *Heuer*, Crowdinvesting, S. 184; *Maas*, in: Assmann/Schlitt/v. Kopp-Colomb-WpPG/VermAnlG, § 2a VermAnlG, Rn. 10. Insoweit hat der Gesetzgeber die Anbietereigenschaft auf Seiten der Crowdinvesting-Plattformen selbst dann verneint, wenn diese die Erstellung des Vermögensanlagen-Informationsblattes übernehmen, vgl. BT-Drs. 18/3994, S. 41. Zur Tätigkeit der Crowdinvesting-Plattformen als Anlagevermittler siehe ausführlich Abschnitt D.I.2.b).

1234 *Assmann*, in: Assmann/Schlitt/v. Kopp-Colomb-WpPG/VermAnlG, § 20 VermAnlG, Rn. 29 f., § 21 WpPG, Rn. 81 ff.

§ 20 VermAnlG ist ebenso für sogenannte Prospektveranlasser vorgesehen, soweit diese ein eigenes geschäftliches Interesse an der Emission begründen und darauf hinwirken, dass ein unrichtiger oder unvollständiger Prospekt veröffentlicht wird.[1235] Bei Gründern der Start-ups besteht die Möglichkeit, dass diese die Erstellung des Verkaufsprospektes wesentlich unterstützen und somit beeinflussen können. Infolge einer geringen Anzahl an Mitarbeitern bei jungen Unternehmen, sind es in der Regel die Gründer, welche als Know-how-Träger die Informationen für den Prospekt zusammentragen und deren Richtigkeit und Vollständigkeit zu überprüfen und gewährleisten haben. Ferner haben die Gründer ein eigenes geschäftliches Interesse an dem Erfolg der jeweiligen Crowdinvesting-Kampagne, da diese regelmäßig nicht nur unmittelbar an dem Start-up beteiligt sind, sondern auch durch die erfolgreiche Finanzierung der Gesellschaft einen Erfolg als Gründer eines Start-ups nachweisen und so das avisierte Geschäftsmodell vorantreiben können.

(b) Weitere Voraussetzungen der §§ 20, 21 VermAnlG
Im Rahmen einer Inanspruchnahme ist der Erwerber der Vermögensanlagen nach den §§ 20 Abs. 1, 21 Abs. 1 VermAnlG berechtigt, von den Anspruchsgegnern gesamtschuldnerisch die Übernahme der Vermögensanlage Zug um Zug gegen Erstattung des Erwerbspreises zu verlangen und zusätzlich diejenigen Kosten zu fordern, die üblicherweise mit dem Erwerb der Vermögensanlage verbunden sind.[1236] Die Haftungsansprüche der Anleger sind gemäß §§ 20 Abs. 1 S. 1, 21 Abs. 1 S. 1 VermAnlG zeitlich auf solche Vermögensanlagen begrenzt, deren Erwerbsgeschäfte innerhalb von zwei Jahren nach dem ersten öffentlichen Angebot der Vermögensanlage abgeschlossen wurden.

Haftungsbegründende Kausalität
Zudem ist nach § 20 Abs. 4 Nr. 3 VermAnlG bzw. § 21 Abs. 4 VermAnlG der jeweilige Haftungstatbestand ausgeschlossen, sofern die Anleger die Unrichtigkeit bzw. Unvollständigkeit im Verkaufsprospekt oder die Pflicht des

1235 *Assmann*, in: Assmann/Schlitt/v. Kopp-Colomb-WpPG/VermAnlG, § 20 VermAnlG, Rn. 29 f., § 21 WpPG, Rn. 82; BGHZ 195, 1 (16 ff.), Rn. 35 ff.

1236 Der Erwerbspreis darf den ersten Erwerbspreis nicht überschreiten. Ist der Erwerber nicht mehr Inhaber der Vermögensanlage so ergeben sich die Rechtsfolgen nach §§ 20 Abs. 2, 21 Abs. 2 VermAnlG. Zur fehlenden Kollision von gesellschaftsrechtlichen Grundsätzen infolge Übernahme der Crowdinvesting-Verträge gegen Erstattung des Erwerbspreises bei stillen Gesellschaften siehe ausführlich *Heuer*, Crowdinvesting, S. 159 f.

Anbieters zur Veröffentlichung eines Verkaufsprospektes kannten.[1237] Insofern ist § 20 Abs. 4 Nr. 3 VermAnlG ein Beleg für das Erfordernis einer haftungsbegründenden Kausalität betreffend einer Haftung nach § 20 Abs. 1 VermAnlG, so dass ein ursächlicher Zusammenhang zwischen dem fehlerhaften Prospekt und dem Erwerb der Vermögensanlage bestehen muss.[1238] Eine entsprechende Kausalität wird grundsätzlich vermutet und die Darlegungs- und Beweislast liegt auf Seiten der Anspruchsgegner.[1239]

Während die Anforderung des Bestehens einer haftungsbegründenden Kausalität hinsichtlich einer Haftung nach § 21 Abs. 1 VermAnlG teilweise in der Literatur[1240] als erforderlich angesehen wird, lehnt dagegen die h.M.[1241] ein derartiges Merkmal bei § 21 VermAnlG ab. Insoweit beinhaltet § 21 VermAnlG einen anderen Haftungsgrund als § 20 VermAnlG, welcher primär für einen Informationsmangel eine Haftung vorsieht.[1242] Stattdessen handelt es sich bei § 21 VermAnlG um eine privatrechtliche Sanktionsvorschrift für einen Verfahrensverstoß.[1243] Hiernach ist der Anbieter einer Vermögensanlage nach § 6 VermAnlG grundsätzlich zur Veröffentlichung eines Verkaufsprospektes verpflichtet. Wird eine solche Veröffentlichung pflichtwidrig nicht erfüllt, liegt ein Verstoß gegen § 6 VermAnlG vor. Sinn und Zweck des § 21 VermAnlG

1237 Eine solche positive Kenntnis ergibt sich etwa dann, wenn zum Verkaufsprospekt ein Nachtrag vorliegt (§ 11 Abs. 1 VermAnlG). Eine fahrlässige Unkenntnis des Anlegers ist insoweit nicht ausreichend. Vgl. insgesamt hierzu *Lang/Ruf*, in: Siering/Izzo-Wagner-VermAnlG, § 20, Rn. 36.

1238 *Buck-Heeb*, Kapitalmarktrecht, Rn. 312; *Assmann*, in: Assmann/Schlitt/v. Kopp-Colomb-WpPG/VermAnlG, § 20 VermAnlG, Rn. 38; *Lang/Ruf*, in: Siering/Izzo-Wagner-VermAnlG, § 20, Rn. 33; *Assmann/Kumpan*, in: Assmann/Schütze/Buck-Heeb-KapitalanlageR, § 5, Rn. 268.

1239 *Assmann*, in: Assmann/Schlitt/v. Kopp-Colomb-WpPG/VermAnlG, § 20 VermAnlG, Rn. 38; *Assmann/Kumpan*, in: Assmann/Schütze/Buck-Heeb-KapitalanlageR, § 5, Rn. 268.

1240 Vgl. *Lang/Ruf*, in: Siering/Izzo-Wagner-VermAnlG, § 21, Rn. 17 ff.; *Assmann/Kumpan*, in: Assmann/Schütze/Buck-Heeb-KapitalanlageR, § 5, Rn. 292; *Assmann*, in: Assmann/Schlitt/v. Kopp-Colomb-WpPG/VermAnlG, § 21 VermAnlG, Rn. 14; *Horbach*, in: MünchHdbGesR-Bd.2, § 69, Rn. 40.; *Buck-Heeb*, Kapitalmarktrecht, Rn. 317. Insoweit wird eine entsprechende Kausalität zumindest in der Zeit widerlegbar vermutet, in welcher der Erwerb der Vermögensanlage vor Veröffentlichung eines Verkaufsprospekt erfolgt.

1241 Vgl. *Fleischer*, BKR 2004, 339 (346 f.); *Benecke*, BB 2006, 2597 (2599); *Gerlach/Köhler*, ZBB 2017, 84 (88); *Klöhn*, DB 2012, 1854 (1856, 1859).

1242 Vgl. *Klöhn*, DB 2012, 1854 (1855).

1243 *Fleischer*, WM 2004, 1897 (1903); *Klöhn*, DB 2012, 1854 (1857 f.).

ist folglich die Anbieter von Vermögensanlagen zur Einhaltung der Prospektpflicht und der Veröffentlichung der Prospekte zu bewegen. Infolge der Ausgestaltung des § 21 VermAnlG als Garantiehaftungsvorschrift kommt es für die Tatbestandserfüllung auf Ursächlichkeitsbeiträge nicht an.

Haftungsausschluss – haftungsausfüllende Kausalität
Ferner ergibt sich ein Haftungsausschluss der Anspruchsgegner nach § 20 Abs. 4 Nr. 1, Nr. 2 VermAnlG bei fehlerhaften Verkaufsprospekten, wenn die Vermögensanlagen nicht aufgrund des Verkaufsprospektes erworben wurden (Nr. 1) oder der Sachverhalt, über den unrichtige oder unvollständige Angaben im Verkaufsprosekt enthalten sind, nicht zu einer Minderung des Erwerbspreises der Vermögensanlage beigetragen hat (Nr. 2). Für eine Haftung nach § 20 Abs. 1 VermAnlG ist eine zusätzliche haftungsausfüllende Kausalität erforderlich, mit welcher der Nachweis zu erbringen ist, dass die fehlerhafte Veröffentlichung eines Verkaufsprospektes kausal für den Schaden ist.[1244] Die Beweislast liegt hierzu bei den Anspruchsgegnern im Sinne des § 20 Abs. 1 VermAnlG.[1245]

Verschulden
Des Weiteren bedarf es für die Begründung einer Haftung nach § 20 Abs. 3 VermAnlG eines Verschuldens des Anspruchsgegners. Dieser hat für grobe Fahrlässigkeit und Vorsatz einzustehen.[1246] Die Darlegungs- und Beweislast liegt auf Seiten der Anspruchsgegner.[1247] Inwieweit auch eine Haftung nach § 21 Abs. 1 VermAnlG von einem Verschulden abhängig sein soll, wird

---

1244 *Assmann/Kumpan*, in: Assmann/Schütze/Buck-Heeb-KapitalanlageR, § 5, Rn. 269; *Assmann*, in: Assmann/Schlitt/v. Kopp-Colomb-WpPG/VermAnlG, § 20 VermAnlG, Rn. 39.

1245 *Assmann*, in: Assmann/Schlitt/v. Kopp-Colomb-WpPG/VermAnlG, § 20 VermAnlG, Rn. 39; *Assmann/Kumpan*, in: Assmann/Schütze/Buck-Heeb-KapitalanlageR, § 5, Rn. 269.

1246 Vgl. *Lang/Ruf*, in: Siering/Izzo-Wagner-VermAnlG, § 20, Rn. 40; *Horbach*, in: MünchHdbGesR-Bd.2, § 69, Rn. 39; *Buck-Heeb*, Kapitalmarktrecht, Rn. 312; *Assmann/Kumpan*, in: Assmann/Schütze/Buck-Heeb-KapitalanlageR, § 5, Rn. 270. Hierbei könnte auch an ein Mitverschulden der Kleinanleger gedacht werden. Ein solches ist insbesondere dann möglich, wenn mit besonders hohen Renditen geworben werden würde. Allerdings wird in der Praxis ein Mitverschulden regelmäßig verneint, vgl. statt vieler *Schedensack*, Crowdinvesting, S. 309 f.

1247 Vgl. *Horbach*, in: MünchHdbGesR-Bd.2, § 69, Rn. 39; *Buck-Heeb*, Kapitalmarktrecht, Rn. 312.

unterschiedlich beantwortet. Während ein Teil der Literatur[1248] eine Verschuldensabhängigkeit hinsichtlich der Vereinbarkeit des § 21 VermAnlG mit den Grundsätzen des allgemeinen Schadensrechts zumindest für grobe Fahrlässigkeit und Vorsatz fordert, lehnt die h.M.[1249] ein Verschuldenserfordernis für eine Haftung nach § 21 VermAnlG ab. Entsprechend den Ausführungen zum Erfordernis einer haftungsbegründenden Kausalität bei § 21 VermAnlG und der rechtlichen Einordnung der Haftungsnorm als Sanktionsvorschrift für einen Verfahrensverstoß, ist eine Verschuldensabhängigkeit nicht erkennbar. Vielmehr ist Sinn und Zweck des § 21 VermAnlG eine fehlende Erfüllung der Veröffentlichungspflicht nach § 6 VermAnlG zu sanktionieren.[1250] Infolge der Ausgestaltung als Garantiehaftung, lässt zudem der Gesetzestext des § 21 VermAnlG keine Verschuldensabhängigkeit erkennen, da eine solche im Gesetzesentwurf[1251] zur Vorgängernorm zunächst noch berücksichtigt, später aber dann gestrichen wurde. Es ist davon auszugehen, dass der Gesetzgeber diese Möglichkeit der Regelung erkannt und sich dennoch dagegen entschieden hat. Sofern also Anbieter von Vermögensanlagen dem (Rechts-)Irrtum unterliegen, von der Veröffentlichungspflicht nach § 6 VermAnlG, etwa durch § 2a VermAnlG, befreit zu sein, kann dies nicht vor § 21 VermAnlG schützen. Etwas anderes muss jedoch gelten, wenn der Anbieter alles ihm Zumutbare unternimmt, um die Verfahrensvorschriften einzuhalten. Denkbar ist der Fall, in welchem vorgelagert Absprachen mit der BaFin erfolgen und diese von einer Befreiung des Anbieters von der Veröffentlichung eines Verkaufsprospektes im Sinne des § 2a VermAnlG ausgeht. Insofern findet die Haftung im Sinne des Schutzzweckes der Norm nach § 21 VermAnlG ihre Grenze, sofern der Anbieter die Verfahrensvorschrift berücksichtigen möchte und diese nicht pflichtwidrig ignoriert.[1252] Letztendlich müsste aber die Judikative

---

1248 *Buck-Heeb*, Kapitalmarktrecht, Rn. 318; *Assmann*, in: Assmann/Schlitt/v. Kopp-Colomb-WpPG/VermAnlG, § 21 VermAnlG, Rn. 15; *Assmann/Kumpan*, in: Assmann/Schütze/Buck-Heeb-KapitalanlageR, § 5, Rn. 294.

1249 *Horbach*, in: MünchHdbGesR-Bd.2, § 69, Rn. 49; *Benecke*, BB 2006, 2597 (2599 f.); *Fleischer*, BKR 2004, 339 (346 f.); *Gerlach/Köhler*, ZBB 2017, 84 (88); OLG Dresden WM 2014, 1120 (1126); OLG München GWR 2011, 574 m. Anm. Rusch; jeweils im Ergebnis auch, insbesondere aufgrund der Parallelvorschrift § 24 WpPG a.F und deren Vorgängervorschrift § 13a VerkProspG (aF).

1250 *Klöhn*, DB 2012, 1854 (1857 f.).

1251 So noch in § 13a Abs. 4 im RefE zum VerkProspG der Vorgängernorm von § 21 VermAnlG.

1252 *Klöhn*, DB 2012, 1854 (1859).

den Schutzzweck des § 21 VermAnlG im Einzelfall auslegen und hierüber abschließend entscheiden.

(2) *Anwendbarkeit bei Crowdinvesting-Verträgen*

Die Anwendbarkeit der spezialgesetzlichen Prospekthaftungsansprüche nach § 20 VermAnlG hinsichtlich fehlerhaften Verkaufsprospekten und nach § 21 VermAnlG bei fehlenden Verkaufsprospekten ist im Crowdinvesting-Modell gegeben, sofern die Start-ups als Anbieter der jeweiligen Vermögensanlage zur Veröffentlichung eines Verkaufsprospektes nach § 6 VermAnlG verpflichtet sind. Bleiben diese dagegen von der Prospektpflicht nach § 2a VermAnlG befreit, sind die §§ 20, 21 VermAnlG konsequenterweise ausgeschlossen.[1253] Soweit ersichtlich werden bei Crowdinvesting-Kampagnen in den seltensten Fällen Verkaufsprospekte im Sinne des VermAnlG veröffentlicht.[1254] Demnach ist anzunehmen, dass die Start-ups regelmäßig nicht nur von der Eröffnung des Anwendungsbereichs des VermAnlG, sondern auch von der Erfüllung des Privilegierungstatbestandes nach § 2a VermAnlG ausgehen. Liegt eine Privilegierung allerdings nicht vor und haben die Start-ups keine Kenntnis von ihrer Pflicht zur Erstellung eines Verkaufsprospektes nach § 6 VermAnlG, haften die Unternehmen nach § 21 VermAnlG. Eine Exkulpation basierend auf einem Rechtsirrtum oder aufgrund eines unterlassenen Einschreitens der BaFin ist nicht denkbar, da die Regelung des § 21 VermAnlG, wie zuvor in Abschnitt E.V.1.a)aa)(1)(b) dargestellt, grundsätzlich verschuldensunabhängig ausgestaltet ist. Etwas anderes ist anzunehmen, wenn sich die Gesellschaften vor Ausgabe der Verträge mit der BaFin abgestimmt haben und diese von einer Befreiung der Prospektpflicht nach § 2a VermAnlG ausgeht. § 21 VermAnlG soll als Verfahrensvorschrift den Verstoß gegen die Pflicht zur Veröffentlichung eines Verkaufsprospektes nach § 6 VermAnlG sanktionieren.[1255] Vor diesem Hintergrund ist eine Haftung nach § 21 VermAnlG entsprechend dem

---

1253 Zu dem Verhältnis der spezialgesetzlichen Prospekthaftung im Rahmen des Crowdinvestings und der Befreiung von der Prospektpflicht aufgrund des § 2a VermAnlG, siehe auch *Heuer*, Crowdinvesting, S. 154 ff.

1254 Und dann nicht infolge der Emission von Vermögensanlagen, sondern aufgrund der Emittierung von Wertpapieren im Sinne des WpPG, vgl. *Hainz/Hornuf*, ifo Forschungsberichte, April 2019, Ausgabe 102, (22, 36 ff.); *Hainz/Hornuf/Klöhn*, ifo Forschungsberichte, 2017, Ausgabe 78, (21 ff.).

1255 *Assmann*, in: Assmann/Schütze/Buck-Heeb-KapitalanlageR, § 5, Rn. 281 f.; *Lang/Ruf*, in: Siering/Izzo-Wagner-VermAnlG, § 21, Rn. 14; *Klöhn*, DB 2012, 1854 (1857 f.).

Schutzzweck der Norm darauf zu begrenzen, wenn die Start-ups alles ihnen Zumutbare unternehmen, um den verfahrensrechtlichen Vorschriften des VermAnlG gerecht zu werden.

bb) Haftung nach § 22 Abs. 1, Abs. 1a VermAnlG

In Anlehnung an den Haftungstatbestand des § 20 VermAnlG, haften Anbieter von privilegierten Crowdinvesting-Verträgen im Sinne des § 2a VermAnlG nach § 22 Abs. 1, Abs. 1a VermAnlG für irreführende oder unrichtige Vermögensanlagen-Informationsblätter. Erfüllen die Vereinbarungen der Anbieter nicht die Privilegierungsanforderungen des § 2a VermAnlG, ergibt sich die Haftung für ein irreführendes oder unrichtiges Vermögensanlagen-Informationsblatt unmittelbar aus § 22 Abs. 1 VermAnlG. In beiden Anspruchsvarianten ist allerdings eine weitergehende Haftung infolge eines unvollständigen Vermögensanlagen-Informationsblattes ausgeschlossen.[1256] Insoweit würde die Haftung wegen Unvollständigkeit dem Sinn und Zweck des Vermögensanlagen-Informationsblattes widersprechen, welches nach § 13 Abs. 3 S. 1 VermAnlG in knapper Form auf drei DIN-A4-Seiten, wie in Abschnitt E.II.1 dargestellt, lediglich die Kleinanleger informieren, nicht aber entsprechend dem Inhalt eines Verkaufsprospektes, vollständig aufklären kann.[1257]

Anspruchsgegner – Verschulden

Gemäß § 22 Abs. 1 Nr. 2 VermAnlG und § 22 Abs.1, Abs. 1a Nr. 2 VermAnlG ist eine Haftung zeitlich begrenzt. Demnach haften die Anbieter nur für Vermögensanlagen, die innerhalb von zwei Jahren nach dem ersten öffentlichen Angebot gemäß § 11 VermAnlG erworben wurden. Im Gegensatz zu § 21 VermAnlG ist ausschließlich der Anbieter von Vermögensanlagen Haftungsadressat des § 22 VermAnlG, während der Emittent nicht vom Wortlaut erfasst ist.[1258] Gemäß § 22 Abs. 3 VermAnlG haftet der Anbieter für Vorsatz oder grob

---

1256 Eine Ausnahme ergibt sich aus § 22 Abs. 4a Nr. 2VermAnlG für einen fehlenden Hinweis im Sinne des § 13 Abs. 4 VermAnlG. Siehe hierzu Abschnitt E.V.1.a)cc).

1257 Vgl. BT-Drs. 17/6051, S. 37 f.; vgl. auch *Assmann*, in: Assmann/Schlitt/v. Kopp-Colomb-WpPG/VermAnlG, § 22 VermAnlG, Rn. 16; *Buck-Heeb*, Kapitalmarktrecht, Rn. 320.

1258 Insoweit ist auch nur der Anbieter zur Erstellung und Hinterlegung eines Vermögensanlagen-Informationsblatts verpflichtet, § 13 VermAnlG. Im Rahmen des Crowdinvesting sind die Start-ups regelmäßig Anbieter und Emittenten von Vermögensanlagen im Sinne des VermAnlG, vgl. Abschnitt E.I.1.d).

fahrlässige Unkenntnis bezüglich der Unrichtigkeit des Vermögensanlagen-Informationsblattes.[1259] Nach Ansicht von *Heuer*[1260] könnte zudem eine leichte Fahrlässigkeit als ausreichend erachtet werden. Es wird argumentiert, dass aufgrund eines fehlenden Verweises von § 22 Abs. 3 VermAnlG auf Abs. 1a verringerte Voraussetzungen gelten und folglich eine leichte Fahrlässigkeit betreffend des Verschuldensmaßstabs bei einem privilegierten Anbieter nach § 2a VermAnlG angenommen werden könne. Dem ist nicht zuzustimmen, da Abs. 1a unmittelbar auf Abs. 1 verweist und folglich die dortigen Anspruchsvoraussetzungen lediglich modifiziert. In Anbetracht dessen ist Abs. 3 auch bei einem Anspruch im Rahmen des Abs. 1a anwendbar. Ein Verschulden wird nach § 22 Abs. 3 VermAnlG solange widerlegbar vermutet, bis sich der Anbieter exkulpieren kann.[1261]

Haftungsbegründende Kausalität
Entsprechend den Ausführungen zu § 20 VermAnlG muss gemäß § 22 Abs. 1, 2 VermAnlG das irreführende oder unrichtige Vermögensanlagen-Informationsblatt kausal für den Erwerb der Vermögensanlage sein. Im Sinne des § 22 Abs. 1 VermAnlG und angesichts des Wortlauts „auf Grund" wird die haftungsbegründende Kausalität nicht grundsätzlich vermutet, sondern bleibt durch den Kleinanleger darzulegen und zu beweisen.[1262] Insbesondere mit Blick auf die bestehende Darlegungs- und Beweislast auf Seiten der Kleinanleger hinsichtlich des kausalen Zusammenhangs zwischen dem irreführenden bzw. unrichtigen Vermögensanlagen-Informationsblatt und dem Erwerb der Vermögensanlage, stellt sich die Frage nach den Anforderungen an die Darlegungs- und Beweislast. Im Ergebnis hat der Anleger darzulegen und zu beweisen, dass sein Entschluss zum Erwerb der Vermögensanlage auf dem irreführenden oder unrichtigen Vermögensanlagen-Informationsblatt basierte.[1263] Infolge der Darlegung und des Beweises eines inneren Anlageentschlusses, sind dem jeweiligen

---

1259 *Assmann*, in: Assmann/Schütze/Buck-Heeb-KapitalanlageR, § 5, Rn. 311; *Lang/Ruf*, in: Siering/Izzo-Wagner-VermAnlG,§ 22, Rn. 38.

1260 *Heuer*, Crowdinvesting, S. 158.

1261 *Lang/Ruf*, in: Siering/Izzo-Wagner-VermAnlG, § 22, Rn. 38; *Assmann*, in: Assmann/Schütze/Buck-Heeb-KapitalanlageR, § 5, Rn. 311.

1262 BT-Drs. 17/6051, S. 37 f.; *Horbach*, in: MünchHdbGesR-Bd.2, § 69, Rn. 61; *Buck-Heeb*, Kapitalmarktrecht, Rn. 321.

1263 *Horbach*, in: MünchHdbGesR-Bd.2, § 69, Rn. 62; *Assmann*, in: Assmann/Schütze/Buck-Heeb-KapitalanlageR, § 5, Rn. 311.

Anleger Beweiserleichterungen zuzugestehen, da anderweitig die Darlegung einer inneren Willensbildung nicht möglich erscheint.[1264] Unter Bezugnahme auf die Rechtsprechung des BGH zur Parteivernehmung von Amts wegen beim Beweis der Kausalität bei fehlerhaften Ad-hoc-Mitteilungen, wird hierfür eine Anfangswahrscheinlichkeit als Anfangsbeweis für ausreichend erachtet.[1265] In Anbetracht dessen ist davon auszugehen, dass eine Anfangswahrscheinlichkeit als gegeben angesehen wird, soweit dem Anleger der Beweis gelingt, das irreführende bzw. unrichtige Vermögensanlagen-Informationsblatt bereits vor Erwerb der Vermögensanlage gekannt zu haben.[1266]

Haftungsausfüllende Kausalität
Des Weiteren bedarf es zwischen dem irreführenden oder unrichtigen Vermögensanlagen-Informationsblatt und dem Erwerb der Vermögensanlage einer haftungsausfüllenden Kausalität.[1267] Kannte folglich der Kleinanleger die Unrichtigkeit der Angaben des Vermögensanlagen-Informationsblattes beim Erwerb (§ 22 Abs. 4 Nr. 1 VermAnlG) oder hat der Sachverhalt, über den unrichtige Angaben im Vermögensanlagen-Informationsblatt enthalten sind, nicht zu einer Minderung des Erwerbspreises beigetragen (§ 22 Abs. 4 Nr. 2 VermAnlG), ist der Haftungsanspruch des Erwerbers ausgeschlossen. Sind dagegen die Voraussetzungen einer Haftung nach § 22 VermAnlG erfüllt, hat das Start-up als Anbieter des Crowdinvesting-Vertrages den Erwerbspreis für die Vermögensanlage zuzüglich den mit dem Erwerb verbundenen üblichen Kosten zu erstatten und die Vermögensanlage zu übernehmen, § 22 Abs. 1 VermAnlG.[1268]

cc) Haftung nach § 22 Abs. 4a VermAnlG

Als eigenständige Anspruchsgrundlage sieht § 22 Abs. 4a S. 1 VermAnlG eine Haftung der Anbieter von Vermögensanlagen vor, wenn ein Vermögensanlagen-Informationsblatt, entgegen § 15 VermAnlG, nicht

---

1264 *Hellgardt*, ZBB 2012, 73 (83); *Horbach*, in: MünchHdbGesR-Bd.2, § 69, Rn. 62. Zu Fragen der Darlegungs- und Beweisanforderungen siehe auch *Assmann*, in: Assmann/Schütze/Buck-Heeb-KapitalanlageR, § 5, Rn. 311.

1265 BGHZ 160, 134 (147).

1266 Vgl. *Horbach*, in: MünchHdbGesR-Bd.2, § 69, Rn. 61; *Hellgardt*, ZBB 2012, 73 (83).

1267 Zur Kausalität siehe auch *Lang/Ruf*, in: Siering/Izzo-Wagner-VermAnlG, § 22, Rn. 29; *Assmann*, in: Assmann/Schütze/Buck-Heeb-KapitalanlageR, § 5, Rn. 314.

1268 Ist der Erwerber nicht mehr Inhaber der Vermögensanlagen, richtet sich die Höhe des Haftungsanspruches nach dem Unterschiedsbetrag zwischen Erwerbspreis und Veräußerungspreis gemäß § 22 Abs. 2 VermAnlG.

zur Verfügung gestellt wurde (Nr. 1), ein Warnhinweis in dem Vermögensanlagen-Informationsblatt entsprechend der Angabe des § 13 Abs. 4 VermAnlG fehlt (Nr. 2) oder der Erwerber seine Kenntnisnahme von dem Warnhinweis nicht rechtskonform bestätigt hat (Nr. 3).

Anders als bei Abs. 3 und Abs. 4 des § 22 VermAnlG, ist davon auszugehen, dass die in Abs. 4 aufgeführten Ausschlussgründe nicht bei dem Anspruch aus Abs. 4a anwendbar sind und der Haftungsanspruch grundsätzlich verschuldensunabhängig ausgestaltet ist. Vor diesem Hintergrund ist auch kein Kausalzusammenhang, etwa zwischen der fehlenden Aushändigung des Vermögensanlagen-Informationsblatts (§ 22 Abs. 4a S. 1 Nr. 1 VermAnlG) und dem Erwerb der Vermögensanlagen erforderlich. Entgegen der teilweisen Annahme in der Literatur[1269], dass der fehlende Verweis des § 22 Abs. 3, Abs. 4 VermAnlG auf Abs. 4a VermAnlG auf einem redaktionellen Versehen des Gesetzgebers basiere, ist nicht zuzustimmen. Im Ergebnis ergibt sich das fehlende Erfordernis einer Kausalität bzw. eines Verschuldens aus derselben Regelungsrichtung wie § 21 VermAnlG (Abschnitt E.V.1.a)aa)(1)(b)).[1270] Insofern handelt es sich bei § 22 Abs. 4a VermAnlG um eine Sanktionsvorschrift für Verfahrensvorschriften mit einer Garantiehaftung.[1271] Dahingehend werden Anbieter von Vermögensanlagen sanktioniert, soweit diese ihre Pflichten aus den § 13 VermAnlG bzw. § 15 VermAnlG gemäß § 22 Abs. 4a S. 1 Nr. 1 bis Nr. 3 VermAnlG nicht ordnungsgemäß erfüllen. Auf eine Kausalität bzw. ein Verschulden des Anbieters kann es nicht ankommen. Zudem ist ein redaktionelles Versehen des Gesetzgebers nicht erkennbar, da dieser die Frage der Anwendbarkeit der Abs. 2 bis 4 auf den § 22 Abs. 4a VermAnlG im Gesetzgebungsverfahren durchaus erörtert und vor allem einen Verweis in § 22 Abs. 4a S. 2 VermAnlG auf Abs. 2 eingefügt hatte.[1272] Dementsprechend haften Start-ups als Anbieter von Crowdinvesting-Verträgen nach Abs. 4a unabhängig von der Frage eines Verschuldens oder Kausalzusammenhangs, wenn sie die in den Nr. 1 bis Nr. 3 des Abs. 4a genannten Anforderungen nicht erfüllen.

1269 Vgl. *Lang/Ruf*, in: Siering/Izzo-Wagner-VermAnlG, § 22, Rn. 32 f.; *Buck-Heeb*, Kapitalmarktrecht, Rn. 322.

1270 *Assmann*, in: Assmann/Schlitt/v. Kopp-Colomb-WpPG/VermAnlG, § 22 VermAnlG, Rn. 58 f.; *Assmann*, in: Assmann/Schütze/Buck-Heeb-KapitalanlageR, § 5, Rn. 312; 316; *Casper*, ZBB 2015, 265 (275).

1271 Vgl. *Assmann*, in: Assmann/Schütze/Buck-Heeb-KapitalanlageR, § 5, Rn. 312.

1272 Vgl. BT-Drs. 18/3994, S. 49, 70.

b) Bürgerlich-rechtliche Prospekthaftung

Während die vorgenannten spezialgesetzlichen Prospekthaftungsansprüche von der Anwendbarkeit des VermAnlG abhängen, sind die im Folgenden näher zu betrachtenden bürgerlich-rechtlichen Prospekthaftungsansprüche grundsätzlich auf das Crowdinvesting-Modell anwendbar.

aa) Bürgerlich-rechtliche Prospekthaftung im engeren Sinne[1273]

Die bürgerlich-rechtliche Prospekthaftung im engeren Sinne basiert auf den Grundzügen des Rechtsinstituts der *culpa in contrahendo*.[1274] Die Haftung umfasst im Rahmen der allgemeinen Vertrauenshaftung ein typisiertes Vertrauen der Anleger in die Richtigkeit eines Verkaufsprospektes.[1275] Aufgrund der Annahme eines typisierten Vertrauens der Anleger bei der Ausgabe eines Prospektes, bedarf es für die Haftungsbegründung keines unmittelbaren Kontaktes zwischen den Anlegern und dem sogenannten Prospektverantwortlichen.[1276] Die bürgerlich-rechtliche Prospekthaftung im engeren Sinne verlässt den Rechtsrahmen des § 311 Abs. 2 f. BGB und ist als richterlich entwickeltes Institut eigenständig zu betrachten.[1277] In Anbetracht dessen sind neben den Herausgebern des Prospekts ebenso die Gründer, Initiatoren und Gestalter der Gesellschaft, soweit diese das Management bilden oder beherrschen, und sogar die Hintermänner als Prospektverantwortliche anzusehen, die Einfluss auf die Gesellschaft bei der Initiierung eines Projekts haben.[1278]

Im Crowdinvesting-Modell sind folglich sowohl die Start-ups[1279], als auch die einzelnen Gründer und Gesellschafter mit besonderem

---

1273 Teilweise auch als eigentliche Prospekthaftung bezeichnet.

1274 Siehe allgemein *Klöhn/Hornuf*, ZBB 2012, 237 (248); *Nobbe*, WM 2013, 193 (197).

1275 *Assmann*, in: Assmann/Schütze/Buck-Heeb-KapitalanlageR, § 5, Rn. 8; *Nobbe*, WM 2013, 193 (197). Die bürgerlich-rechtliche Prospekthaftung im engeren Sinne im Rahmen des Crowdinvestings siehe ausführlich auch *Heuer*, Crowdinvesting, S. 160 ff.; *Schedensack*, Crowdinvesting, S. 276 ff.; *Nietsch/Eberle*, DB 2014, 1788 ff.

1276 Insoweit ist eine Garantenstellung ausreichend, vgl. BGHZ 79, 337 (341 ff.).

1277 *Siol*, in: Schimansky/Bunte/Lwowski, BankR-HdB, § 45, Rn. 32; *Assmann*, in: Assmann/Schütze/Buck-Heeb-KapitalanlageR, § 5, Rn. 23; *Schedensack*, Crowdinvesting, S. 276.

1278 So etwa BGH WM 2014, 2075 (2087), Rn. 110; BGHZ 79, 337 (340 ff.).

1279 Eine Unterscheidung zwischen Anbieter und Emittenten ist im Bereich des Crowdinvesting nicht erforderlich, vgl. *Schedensack*, Crowdinvesting, S. 302.

Einfluss[1280] dem Bereich der Prospektverantwortlichkeit zuzuordnen.[1281] Zudem unterliegen die im gegenwärtigen Crowdinvesting-Modell veröffentlichten Informationen dem bürgerlich-rechtliche Prospektbegriff, unabhängig von der Veröffentlichung eines Verkaufsprospektes. Für den bürgerlich-rechtlichen Prospektbegriff ist ausreichend, wenn marktbezogene schriftliche[1282] Erklärungen vorliegen, die tatsächlich oder zumindest nach dem von ihnen vermittelten Eindruck, das Publikum über die Anlage umfassend informieren sollen.[1283] Im Wege einer Gesamtbetrachtung ist kein abgeschlossenes Prospekt erforderlich, sondern ein Konglomerat von mehreren, miteinander verknüpften Dokumenten ausreichend.[1284] So veröffentlichen die Start-ups auf den jeweiligen Crowdinvesting-Plattformen, wie zum Beispiel auf der Plattform *Seedmatch*, unter anderem Musterbeteiligungsvertrag, Vermögensanlagen-Informationsblättern[1285], Unternehmenspräsentationen, Business- und Finanzpläne, sogenannte SWOT-Analysen[1286], betriebswirtschaftliche Auswertungen und Jahresabschlüsse der Gesellschaften.[1287] In Anbetracht dessen sind die daraus resultierenden Informationen

---

1280 Insofern ist auch an eine Haftung von VC-Gebern zu denken, soweit diese auf das Geschäftsgebaren des Start-ups Einfluss nehmen, vgl. hierzu *Schedensack*, Crowdinvesting, S. 303.

1281 Vgl. *Schedensack*, Crowdinvesting, S. 302 f. Zu einer Verantwortlichkeit der Crowdinvesting-Plattformen siehe Abschnitt E.V.2.

1282 Das Erfordernis der Schriftlichkeit scheint heute im Zeitalter der Digitalisierung überholt, vgl. *Klöhn*, WM 2012, 97 (103); *Nietsch/Eberle*, DB 2014, 1788 (1794); *Bader*, WM 2014, 2249 (2255); *Nobbe*, WM 2013, 193 (198); *Uffmann*, JZ 2016, 928 (935); *Schedensack*, Crowdinvesting, S. 285 f.

1283 BGHZ 191, 310 (316 f.), Rn. 19; *Emmerich*, in: MüKo-BGB, § 311, Rn. 159 ff.; *Uffmann*, JZ 2016, 928 (935).

1284 Zum Erfordernis einer Gesamtbetrachtung beim Crowdinvesting-Modell siehe *Schedensack*, Crowdinvesting, S. 294. Vgl. auch *Nobbe*, WM 2013, 193 (198); *Drews*, Crowdfunding-Plattform, S. 83.

1285 Aufgrund der kurzen Darstellung des Vermögensanlagen-Informationsblattes ist dieses alleine nicht für den bürgerlich-rechtlichen Prospektbegriff ausreichend, vgl. *Müchler*, WM 2012, 974 (980); *Uffmann*, JZ 2016, 928 (935); *Schedensack*, Crowdinvesting, S. 285. Zur Haftung ausführlich siehe Abschnitt E.V.1.a)cc).

1286 Die SWOT-Analyse dient als Instrument der strategischen Unternehmensplanung, vgl. *Wikipedia*, SWOT-Analyse, abrufbar unter *https://de.wikipedia.org/w/index.php?title=SWOT-Analyse&oldid=174975875* [zuletzt aufgerufen am 12.05.2022].

1287 Zur rechtlichen Analyse der einzelnen Informationsdokumente *Schedensack*, Crowdinvesting, S. 284 ff.

für den Kleinanleger derart umfangreich, dass es sich um eine umfassende Anlegerinformation im Sinne des bürgerlich-rechtlichen Prospektbegriffs handelt.[1288] Insoweit sind sämtliche in den genannten Dokumenten enthaltenen Informationen inhaltlich so miteinander verknüpft, dass es keines einheitlichen Prospektes bedarf.[1289]

Im Ergebnis haften die Start-ups im Rahmen der bürgerlich-rechtlichen Prospekthaftung im engeren Sinne, wenn die aus den zuvor genannten Dokumenten bzw. Informationen wesentlichen Angaben unrichtig oder unvollständig wiedergegeben werden, der entsprechende Mangel kausal für den Erwerb der Vermögensanlage war und die Unternehmen den Mangel zu verschulden haben.[1290] Die Wesentlichkeit der Angabe ist gegeben, soweit diese Umstände betrifft, welche objektiv zu den wertbildenden Faktoren einer Anlage gehören und ein durchschnittlich verständiger Anleger die Angaben bei seiner Anlageentscheidung berücksichtigen würde.[1291] Hierzu zählen Angaben über Nachteile oder Risiken der Anlage, sowie Umstände, welche den Vertragszweck vereiteln könnten.[1292] Im Crowdinvesting-Modell ist an etwaige Nachteile oder Risiken der Unternehmensbeteiligung zu denken, welche dem Kleinanleger hinsichtlich der Crowdinvesting-Kampagne unrichtig oder unvollständig dargelegt werden.

Während bei den spezialgesetzlichen Haftungsansprüchen nach dem VermAnlG die Haftungen grundsätzlich auf Vorsatz und grobe Fahrlässigkeit beschränkt sind, ergibt sich der Verschuldensmaßstab bei der bürgerlich-rechtlichen Prospekthaftung im engeren Sinne aus den §§ 276, 278 BGB.[1293] Folglich haften die Prospektverantwortlichen einer

---

1288 Vgl. *Uffmann*, JZ 2016, 928 (935); *Schedensack*, Crowdinvesting, S. 285 f., 294; *Spindler*, ZBB 2017, 129 (135 f.); *Bader*, WM 2014, 2249 (2255); *Nietsch/Eberle*, DB 2014, 1788 (1794); kritisch *Danwerth*, ZBB 2016, 20 (34). Zu Frage von flüchtigen, nicht speicherbaren Informationen siehe ausführlich *Schedensack*, Crowdinvesting, S. 286 ff.

1289 So auch der BGHZ 191, 310 (318 f.), Rn. 26.

1290 Zur Kausalität *Nietsch/Eberle*, DB 2014, 1788 (1794); *Heuer*, Crowdinvesting, S. 166 f.

1291 BGHZ 195, 1 (14), Rn. 32; *Assmann/Kumpan*, in: Assmann/Schütze/Buck-Heeb-KapitalanlageR, § 5, Rn. 53: Zu wesentlichen Angaben und Prospektmängel im Einzelnen siehe auch *Schedensack*, Crowdinvesting, S. 297 ff.

1292 BGHZ 195, 1 (9 f., 14 f.), Rn. 23, 33.

1293 *Nobbe*, WM 2013, 193 (200); *Nietsch/Eberle*, DB 2014, 1788 (1794); *Schedensack*, Crowdinvesting, S. 307 f.

Crowdinvesting-Kampagne nicht nur für Vorsatz und grobe Fahrlässigkeit, sondern darüber hinaus für einfache Fahrlässigkeit.[1294]

bb) Bürgerlich-rechtliche Prospekthaftung im weiteren Sinne[1295]

Neben der bürgerlich-rechtlichen Prospekthaftung im engeren Sinne, ist im Crowdinvesting-Modell gleichfalls an die bürgerlich-rechtliche Prospekthaftung im weiteren Sinne zu denken. Hierbei handelt es sich um einen Haftungstatbestand, der eine Haftung aus Verschulden bei Vertragsschluss gemäß §§ 311 Abs. 2, Abs. 3, 280 Abs. 1, 241 Abs. 2 BGB vorsieht.[1296] Anknüpfungspunkt ist die Inanspruchnahme ein über das normale Maß hinausgehendes besonderes persönliches Vertrauen bei den Vertragsverhandlungen.[1297] Die durch das besondere persönliche Vertrauen entstehende Sonderverbindung begründet ein quasivertragliches Schuldverhältnis, welches zur Aufklärung hinsichtlich der einzelnen Anlagemöglichkeit verpflichtet.[1298]

Für die ordnungsgemäße Erfüllung der Pflichten können sich die Anspruchsgegner eines Prospekts bedienen. Ist dieser fehlerhaft bzw. unvollständig oder werden weitergehende Angaben verwendet, die fehlerhaft oder unvollständig sind, handelt es sich um eine Verletzung der Aufklärungspflicht im Sinne des § 241 Abs. 2 BGB.[1299] Aufgrund der Haftung infolge eines besonderen Vertrauenstatbestandes nach § 311 Abs. 2, Abs. 3 BGB kommen ausschließlich Anspruchsgegner in Betracht, die tatsächlich in Kontakt mit den Kleinanlegern getreten sind und persönliches Vertrauen in Anspruch nehmen konnten.[1300] Insofern sind neben den Start-ups, den Gründern und Gesellschaftern auch Dritte potentielle Anspruchsgegner, die nicht unmittelbar Vertragspartei der Crowdinvesting-Verträge wurden.

Im Crowdinvesting-Modell unterliegen vorwiegend die Gründer eines Start-ups einer bürgerlich-rechtlichen Prospekthaftung im weiteren Sinne. Häufig

---

1294 *Siol*, in: Schimansky/Bunte/Lwowski, BankR-HdB, § 45, Rn. 64; *Heuer*, Crowdinvesting, S. 167; *Schedensack*, Crowdinvesting, S. 307; kritisch *Nobbe*, WM 2013, 193 (200).

1295 Teilweise auch als uneigentliche Prospekthaftung bezeichnet.

1296 St. Rspr. BGH WM 2013, 1597 (1598), Rn. 26 m.w.N.; *Emmerich*, in: MüKo-BGB, § 311, Rn. 185 f.; *Nobbe*, WM 2013, 193 (202).

1297 BGH WM 2013, 1597 (1598 f.), Rn. 26 f.; *Grüneberg*, in: Grüneberg-BGB, § 311, Rn. 71.

1298 *Uffmann*, JZ 2016, 928 (936).

1299 *Heuer*, Crowdinvesting, S. 168.

1300 *Emmerich*, in: MüKo-BGB, § 311, Rn. 185 f.

sind es sie, die mit ihren Persönlichkeiten und ihrer Expertise versuchen die Kleinanleger von ihrem Unternehmen, dem dahinterstehenden Geschäftsmodell und letztendlich einer Investition zu überzeugen. Hierfür treten die Gründer auf den Crowdinvesting-Plattformen in unmittelbaren Kontakt[1301] mit den Kleinanlegern und präsentieren diesen die Vermögensanlage und das Start-up anhand der Dokumente, die in Abschnitt E.V.1.b)aa) einzeln genannt wurden. Zudem werden teilweise kurze Videopräsentationen und Interviews online gestellt und mithilfe eines Investor-Relation-Bereichs der direkte Dialog mit der Crowd gesucht.[1302] Dieses so entstehende persönliche Vertrauen der Kleinanleger gegenüber den Gründern wird im Wege der Vertragsanbahnung für die Abschlüsse der Crowdinvesting-Verträge im Sinne des § 311 Abs. 3 BGB in Anspruch genommen. Sind die verwendeten Informationen fehlerhaft oder unvollständig, verstoßen die Gründer gegen die bestehenden Aufklärungspflichten und haften folglich persönlich im Rahmen der bürgerlich-rechtlichen Prospekthaftung im weiteren Sinne. Insoweit ergibt sich der Verschuldensmaßstab aus den §§ 276, 278 BGB und inkludiert somit die einfache Fahrlässigkeit.[1303] Dabei können Pflichtverletzungen der Gründer unmittelbar den Start-ups zugerechnet werden. Bei den Gründern handelt es sich für gewöhnlich um die Geschäftsführer der Gesellschaften in der Rechtsform einer GmbH oder UG (haftungsbeschränkt).[1304] Dementsprechend folgt die Organstellung der Geschäftsführer aus § 35 Abs. 1 S. 1 GmbHG und die jeweilige Zurechnung von Handlungen gemäß § 31 BGB analog.[1305] Insofern haben die Unternehmen für das Verhalten ihrer Organe und derjenigen Personen einzustehen, die sie sich zur Erfüllung bestehender Pflichten bedienen.

c) Deliktsrechtliche Haftungsansprüche

Neben spezialgesetzlichen Haftungsansprüchen, sind im Crowdinvesting-Modell ferner bürgerlich-rechtliche Haftungsansprüche aus Delikt denkbar. Als deliktsrechtliche Haftungsnormen sind §§ 823 Abs. 2 BGB i.V.m. 263 StGB und § 826 BGB, insbesondere aber §§ 823 Abs. 2 BGB i.V.m. 264a StGB zu

---

1301 Zur Kommunikation der Geschäftsleitung der Start-ups mit den Kleinanlegern mithilfe des Kommentarbereiches auf den Webseiten der Crowdinvesting-Plattformen siehe *Schedensack*, Crowdinvesting, S. 273.

1302 Vgl. *Heuer*, Crowdinvesting, S. 174 ff.

1303 Zum Vertretenmüssen insgesamt *Grüneberg*, in: Grüneberg-BGB, § 311, Rn. 28.

1304 Siehe hierzu Abschnitt B.II.1.b).

1305 *Stephan/Thieves*, in: MüKo-GmbHG, § 35, Rn. 227.

nennen.[1306] § 264a StGB sanktioniert den Kapitalanlagebetrug, der unter anderem erfüllt ist, wenn der Täter in Prospekten, Darstellungen oder Übersichten über den Vermögensgegenstand gegenüber einem größeren Kreis von Personen unrichtige vorteilhafte Angaben macht oder nachteilige Tatsachen verschweigt und dies im Zusammenhang mit dem Vertrieb von Anteilen erfolgt, welche eine Beteiligung an dem Ergebnis eines Unternehmens gewähren sollen (§ 264a Abs. 1 Nr. 1, Var. 3 StGB). Derartige Informationen müssen solche Umstände enthalten, die für den Erwerb oder die Erhöhung der Beteiligung erheblich sind.

Sowohl die bei dem Crowdinvesting-Modell verwendeten partiarischen Nachrangdarlehen, wie auch stillen Gesellschaften fallen unter den Begriff der Anteile nach § 264a Abs. 1 Nr. 1, Var. 3 StGB.[1307] Diese gewähren jeweils eine Beteiligung am Ergebnis der einzelnen Start-ups. Des Weiteren handelt es sich bei der Crowd um einen größeren Kreis von Personen im Sinne des § 264a StGB.[1308] Zudem finden sich die in der Strafnorm genannten Tatmittel, namentlich Prospekte, Darstellungen und Übersichten, innerhalb einer Crowdinvesting-Kampagne wieder. Während der strafrechtliche Prospektbegriff die von §§ 6 f. VermAnlG geforderten Verkaufsprospekte ebenso umfasst wie das Vermögensanlagen-Informationsblatt nach § 13 VermAnlG, handelt es sich bei den Informationen, die aufgrund einer Befreiung von der Prospektpflicht nach § 2a VermAnlG der Crowd zur Verfügung gestellt werden, zumindest um Darstellungen und Übersichten im strafrechtlichen Sinne.[1309] Übersichten stellen dahingehend schriftliche Zusammenstellungen von Daten dar, die einen Gesamtüberblick ermöglichen.[1310] Hiervon sind unter anderem Vermögensübersichten, wie Handels-, Steuer- oder Vermögensbilanzen erfasst, die von den Start-ups regelmäßig auf den Plattformen veröffentlicht werden.[1311]

1306 Zum Schutzgesetzcharakter des § 264a StGB im Sinne von § 823 Abs. 2 BGB siehe BVerfG WM 2008, 721 (722); BGHZ 116, 7 (12 ff.).

1307 *Worms*, in: Assmann/Schütze/Buck-Heeb-KapitalanlageR, § 11, Rn. 28; *Perron*, in: Schönke/Schröder-StGB, § 264a, Rn. 10; zum partiarischen Darlehen ausdrücklich BT-Drs. 10/318, S. 22.

1308 Zum Begriff siehe BT-Drs. 10/318, S. 23; *Ceffinato*, in: MüKo-StGB, § 264a, Rn. 70; *Perron*, in: Schönke/Schröder-StGB, § 264a, Rn. 33.

1309 Vgl. *Ceffinato*, in: MüKo-StGB, § 264a, Rn. 61 ff.; *Heuer*, Crowdinvesting, S. 181 f.

1310 *Ceffinato*, in: MüKo-StGB, § 264a, Rn. 65; *Perron*, in: Schönke/Schröder-StGB, § 264a, Rn. 20.

1311 *Perron*, in: Schönke/Schröder-StGB, § 264a, Rn. 20. Hinsichtlich Crowdinvesting *Heuer*, Crowdinvesting, S. 181 f.

Ferner umfasst der Begriff „Darstellung" sämtliche Äußerungen, die im Zusammenhang mit dem jeweiligen Vermögensgegenstand gemacht werden.[1312] Dementsprechend sind von diesem Begriff mitunter mündliche Äußerungen der Gründer erfasst, die im Rahmen von Interviews oder Videopräsentationen getätigt werden.

Sind die Anforderungen des § 264a StGB erfüllt, ist im Ergebnis ein zivilrechtlicher Haftungsanspruch nach §§ 823 Abs. 2 BGB i.V.m. 264a StGB begründet, soweit die weiteren Voraussetzungen der vorsätzlichen Veröffentlichung von fehlerhaften Informationen im Sinne des Tatbestandes des Kapitalanlagebetruges und deren Ursächlichkeit für den Erwerb der Anlage vorliegen.[1313] Zudem sind neben der strafrechtlichen und zivilrechtlichen Inanspruchnahme der Gründer auch die jeweiligen Start-ups zivilrechtliche Anspruchsgegner der Anleger. Hierzu kann das Verhalten der Gründer dem jeweiligen Unternehmen gemäß § 31 BGB analog zugerechnet werden, so dass sich eine gesamtschuldnerische Haftung gemäß § 840 Abs.1 BGB ergibt.[1314]

d) Anspruchsverhältnis und -konkurrenz

aa) Verhältnis spezialgesetzliche Prospekthaftungsansprüche zu deliktischen und bürgerlich-rechtlichen Prospekthaftungsansprüchen im weiteren Sinne

Infolge der aufgezeigten unterschiedlichen Haftungsansprüche, welche die Start-ups und Gründer betreffen können, stellt sich die Frage nach deren Verhältnis zueinander. Dazu sehen die vorgenannten spezialgesetzlichen Prospekthaftungsvorschriften, jeweils in ihren letzten Absätzen, Anwendungsregelungen vor. Demnach bleiben gemäß § 20 Abs. 6 S. 2 VermAnlG, § 21 Abs. 5 S. 2 VermAnlG und § 22 Abs. 6 S. 2 VermAnlG weitergehende Ansprüche, die nach den Vorschriften des bürgerlichen Rechts aufgrund von Verträgen oder unerlaubten Handlungen erhoben werden, von den spezialgesetzlichen Prospekthaftungsansprüchen unberührt. Folglich können vertragliche oder deliktische Ansprüche neben den spezialgesetzlichen Prospekthaftungsansprüchen geltend gemacht, da solche aus Vertrag oder unerlaubten Handlungen herrühren. Darüber hinaus sind bürgerlich-rechtliche

1312 *Ceffinato*, in: MüKo-StGB, § 264a, Rn. 63; *Perron*, in: Schönke/Schröder-StGB, § 264a, Rn. 21.

1313 Vgl. zur zivilrechtlichen Inanspruchnahme *Ceffinato*, in: MüKo-StGB, § 264a, Rn. 5.

1314 Vgl. *Leuschner*, in: MüKo-BGB, § 31, Rn. 35 f.

Prospekthaftungsansprüche im weiteren Sinne parallel zu den spezialgesetzlichen Ansprüchen anwendbar.[1315] Insoweit sind die jeweiligen Haftungsgründe, basierend auf unterschiedlichen Schutzrichtungen, grundsätzlich divergent.[1316] Allerdings verdrängen die spezialgesetzlichen Prospekthaftungsansprüche den bürgerlich-rechtlichen Prospekthaftungsanspruch im weiteren Sinne in dem Maße, als etwaige Anspruchsgegner von dem Anwendungsbereich der spezialgesetzlichen Regelungen umfasst sind. Der BGH hat dahingehend klargestellt, dass eine Haftung aus der bürgerlich-rechtlichen Prospekthaftung im weiteren Sinne ausgeschlossen ist, sofern der jeweilige Anspruchsgegner bereits Teil des Regelungsinhalts von spezialgesetzlichen Prospekthaftungsansprüchen ist, unabhängig davon, ob die Anspruchsvoraussetzungen im Ergebnis vorliegen oder nicht.[1317] Anspruchsgegner aus den spezialgesetzlichen Prospekthaftungsansprüchen des VermAnlG sind folglich die Prospektverantwortlichen nach § 20 Abs. 1 S. 1 VermAnlG sowie Emittenten und Anbieter von Vermögensanlagen nach § 21 Abs. 1 S. 1 VermAnlG.[1318] Insofern wird gegenwärtig vermehrt der Versuch unternommen, Sachverhalte mithilfe von bürgerlich-rechtlichen Prospekthaftungsansprüchen im weiteren Sinne gerichtlich voranzutreiben, da spezialgesetzliche Prospekthaftungsansprüche gegenüber Prospektverantwortlichen unbegründet oder nicht mehr durchsetzbar sind.[1319] Der BGH begründete die ausschließende Anspruchskonkurrenz zwischen den spezialgesetzlichen Prospekthaftungsansprüchen und den bürgerlich-rechtlichen Prospekthaftungsansprüchen im weiteren Sinne mit der Entscheidung des Gesetzgebers. Im Falle eines Nebeneinanders beider Haftungsansprüche würden zusätzliche gesetzliche Anforderungen an die spezialgesetzlichen

---

1315 BGH WM 2013, 1597 (1598), Rn. 26; *Nobbe*, WM 2013, 193 (204); *Suchomel*, NJW 2013, 1126 (1129 ff.); *Emmerich*, in: MüKo-BGB, § 311, Rn. 157. Im Rahmen des Crowdinvestings vgl. auch *Heuer*, Crowdinvesting, S. 174; *Schedensack*, Crowdinvesting, S. 272.

1316 Siehe zu den jeweiligen Schutzrichtungen Abschnitt E.V.1.a) und Abschnitt E.V.1.b)bb).

1317 BGHZ 228, 237 (246 f.), Rn. 26 zu § 13 VerkProspG i.V.m. §§ 44 ff. BörsG a.F. der Vorgängernorm von § 20 VermAnlG und BGHZ 220, 100 (123 f.), Rn. 55 zu § 127 Abs. 1 Investmentgesetz a.F. Zur Anwendbarkeit bei VermAnlG siehe *Buck-Heeb*, BKR 2021, 317 (319); *Klöhn*, NZG 2021, 1063 (1065); *Renner/Seidel*, BKR 2022, 176 (177 f.); *Buck-Heeb/Dieckmann*, BKR 2020, 425 (427).

1318 Siehe hierzu Abschnitt E.V.1.a)aa)(1)(a).

1319 Vgl. *Gottschalk/Völschow*, GWR 2021, 307 (308 f.); *Klöhn*, NZG 2021, 1063 (1065 f.), etwa infolge von Verjährung der Ansprüche oder Exkulpation der Prospektverantwortlichen im Rahmen der leichten Fahrlässigkeit.

Haftungsansprüche – wie etwa gesonderte Exkulpationsregelungen – andernfalls leerlaufen.[1320] Eine parallele Anwendbarkeit der bürgerlich-rechtlichen Prospekthaftungsanspruch im weiteren Sinne innerhalb eines Sachverhaltes bleibt folglich nur möglich, wenn die anvisierten Anspruchsgegner nicht den spezialgesetzlichen Haftungsregelungen des VermAnlG unterliegen und die Anforderungen der bürgerlich-rechtlichen Prospekthaftungsanspruch im weiteren Sinne erfüllt sind (siehe hierzu Anlagevermittler und Crowdinvesting-Verträge im nächsten Abschnitt).[1321] Ferner sind Sachverhaltskonstellationen denkbar, in welche die bürgerlich-rechtlichen Prospekthaftungsansprüche im weiteren Sinne nicht mit der Stellung des Anspruchsgegner als Prospektverantwortlicher und der Verwendung von fehlerhaften Prospekten, sondern mit weitergehenden Umständen begründet werden, welche nicht von den spezialgesetzlichen Regelungen umfasst sind.[1322] Denkbar ist hier beispielsweise eine unrichtige mündlichen Zusage eines Gründers, welche über den Inhalt bzw. die Verwendung des Prospektes und damit den Regelungsgehalt des § 20 VermAnlG hinausgeht.[1323]

bb) Verhältnis spezialgesetzliche Prospekthaftungsansprüche zu bürgerlich-rechtlichen Prospekthaftungsansprüchen im engeren Sinne

In Anbetracht der vorherigen Ausführungen ist eine parallele Anwendbarkeit des verbleibenden bürgerlich-rechtlichen Prospekthaftungsanspruchs im engeren Sinne und der spezialgesetzlichen Prospekthaftungsansprüche ebenfalls auszuschließen. Ein Gleichlauf beider Haftungsregime ergibt sich weder aus dem Gesetz, noch infolge unterschiedlicher Schutzrichtungen. So handelt es sich bei dem bürgerlich-rechtlichen Prospekthaftungsanspruch im engeren Sinne um einen Anspruch aufgrund des Verschuldens bei Vertragsschluss, der weder unmittelbar aus Vertrag noch aus einer unerlaubten Handlung, sondern ausschließlich aus dem Gesetz folgt.[1324] Zusätzlich liegt der Haftungsgrund und somit die Schutzrichtung beider Anspruchsvarianten in einem typisierten Vertrauen des Anlegers.[1325] Etwaige bestehende Unterschiede der jeweiligen

---

1320 BGHZ 228, 237 (246 f.), Rn. 26. Siehe hierzu auch *Buck-Heeb*, BKR 2021, 317 (318).

1321 *Klöhn*, NZG 2021, 1063 (1066).

1322 Vgl. BGHZ 228, 237 (246 f.), Rn. 26; *Gottschalk/Völschow*, GWR 2021, 307 (309).

1323 Vgl. BGHZ 220, 100 (123 f.), Rn. 55; *Klöhn*, NZG 2021, 1063 (1067).

1324 *Emmerich*, in: MüKo-BGB, § 311, Rn. 157; *Suchomel*, NJW 2013, 1126 (1129); *Nobbe*, WM 2013, 193 (201 f.).

1325 Siehe zu den jeweiligen Schutzrichtungen den Abschnitt E.V.1.a) und Abschnitt E.V.1.b)aa).

Verschuldensgrade sind Ausfluss des gesetzgeberischen Willens. Andernfalls würde bei einem Gleichlauf die Beschränkung der Haftung auf Vorsatz und grobe Fahrlässigkeit innerhalb der spezialgesetzlichen Prospekthaftungen leerlaufen.[1326] Dementsprechend verdrängen die jeweiligen spezialgesetzlichen Prospekthaftungsansprüche auch den bürgerlich-rechtlichen Prospekthaftungsanspruch im engeren Sinne.[1327]

cc) Anwendbarkeit der bürgerlich-rechtlichen Prospekthaftungsansprüche im engeren Sinne bei Ausnahmeregelung nach § 2a VermAnlG

Sind die Anbieter von der Pflicht zur Erstellung eines Verkaufsprospektes nach § 2a VermAnlG befreit, bleiben die Grundsätze der bürgerlich-rechtlichen Prospekthaftung im engeren Sinne für diese bestehen.[1328] Teilweise wird die Ansicht vertreten, dass Start-ups nicht einer bürgerlich-rechtlichen Prospekthaftung im engeren Sinne unterliegen, soweit diese von der Prospektpflicht nach § 2a VermAnlG befreit sind.[1329] Entsprechendes wird mit dem Willen des Gesetzgebers bei Einführung der Privilegierung nach § 2a VermAnlG argumentiert. Dieser habe mit der Privilegierung von Crowdinvesting-Verträgen die Finanzierung von KMU unterstützen wollen, ohne dass diese einen kostenintensiven Prospekt erstellen müssen.[1330] Wäre eine Haftung für die Informationsweitergabe nach der bürgerlich-rechtlichen Prospekthaftung im engeren Sinne anwendbar, müsste der Anbieter trotz Privilegierung einen vollumfänglichen Verkaufsprospekt erstellen lassen oder von der Emission von Crowdinvesting-Verträgen

---

1326 *Nobbe*, WM 2013, 193 (201 f.); vgl. *Spindler*, ZBB 2017, 129 (133) hinsichtlich einer Divergenz der unterschiedlichen Verjährungsregelungen.

1327 So die h.M., vgl. statt vieler: *Emmerich*, in: MüKo-BGB, § 311, Rn. 157.; *Assmann*, in: Assmann/Schütze/Buck-Heeb-KapitalanlageR, § 5, Rn. 27 ff.; *Nobbe*, WM 2013, 193 (201 f.); *Klöhn*, WM 2012, 97 (101); *Suchomel*, NJW 2013, 1126 (1131); hinsichtlich dem Verhältnis bürgerlich-rechtlicher Prospekthaftungsanspruch zu dem Haftungsanspruch aus § 13 VerkProspG i.V.m. §§ 45 ff. BörsG BGHZ 203, 1 (29 ff.), Rn. 71 ff.; zudem bestätigend BGHZ 220, 100 (123 f.), Rn. 55.

1328 Im Ergebnis auch *Bujotzek/Mocker*, BKR 2015, 358 (360); *Söpper*, Crowdfunding, S. 148; *Danwerth*, ZBB 2016, 20 (34); *Nietsch/Eberle*, DB 2014, 1788 (1794); *Klöhn/Hornuf*, ZBB 2012, 237 (248 f.); *Uffmann*, JZ 2016, 928 (935); *Spindler*, ZBB 2017, 129 (133); *Weitnauer/Parzinger*, GWR 2013, 153 (155); *Bader*, WM 2014, 2249 (2255); *Schedensack*, Crowdinvesting, S. 280 ff.

1329 So etwa *Heuer*, Crowdinvesting, S. 172 f.; *Weitnauer*, GWR 2015, 309 (310); *Assmann*, in: Assmann/Schütze/Buck-Heeb-KapitalanlageR, § 5, Rn. 30; *Braun*, Crowdfunding, S. 188 f.; *Renner/Seidel*, BKR 2022, 176 (177).

1330 BT-Drs. 18/3994, S. 40 f.

absehen.[1331] Führt man allerdings die dargestellte Ansicht konsequent zu Ende, sind bei fehlerhaften oder unvollständigen Informationen unerwünschte Haftungslücken gegenüber den Kleinanlegern zu erkennen. Dies ist denkbar, wenn eine zusätzliche Haftung des Informationsgebers hinsichtlich der bürgerlich-rechtlichen Prospekthaftung *im weiteren Sinne* ausgeschlossen ist.[1332] Im Gegensatz zur bürgerlich-rechtlichen Prospekthaftung *im engeren Sinne* basiert die bürgerlich-rechtliche Prospekthaftung *im weiteren Sinne* auf besonderem persönlichem Vertrauen der Kleinanleger. Ein solches ist im Bereich des Crowdinvesting-Modells gegenüber den Gründern von Start-ups anzunehmen.[1333] Fehlt hingegen ein besonderes persönliches Vertrauen, würden die jungen Unternehmen, als privilegierte Anbieter von Vermögensanlagen, nicht für unvollständige oder fehlerhafte Informationen haften. Eine so entstehende Haftungslücke ist weder mit dem Willen des Gesetzgebers, noch mit dem erforderlichen Schutz der Kleinanleger zu vereinbaren. Zwar beabsichtigte der Gesetzgeber mit der Einführung des Privilegierungstatbestandes nach § 2a VermAnlG einen vereinfachten Zugang von KMU zu Finanzierungsalternativen.[1334] Die damit einhergehende Reduzierung des Pflichtenkatalogs der Anbieter von privilegierten Vermögensanlagen und die Befreiung von der Pflicht zur Erstellung von Verkaufsprospekten erlauben jedoch nicht die Schlussfolgerung einer parallelen gesetzgeberischen Haftungseinschränkung.[1335] Die Anpassung des VermAnlG erfolgte um den Anlegerschutz allgemein zu erhöhen und die Anbieter zu verpflichten, interessierte Anleger bezüglich des Erwerbs von Vermögensanlagen ausreichend zu informieren.[1336] In Anbetracht dessen sollen Kleinanleger stets auf die Richtigkeit und Vollständigkeit von mitgeteilten Informationen vertrauen dürfen, unabhängig davon ob der jeweilige Anbieter den Privilegierungstatbestand nach § 2a VermAnlG

1331 Zur Argumentation siehe *Heuer*, Crowdinvesting, S. 171 ff. Siehe auch *Fischer*, Crowdinvesting, S. 56.

1332 Darüber hinaus würde nur eine Haftung aus § 22 VermAnlG bestehen bleiben. Eine entsprechende Haftung ist jedoch für fehlerhafte Informationen innerhalb des Vermögensanlagen-Informationsblattes begründet und somit für einen umfassenden Anlegerschutz nicht ausreichend. Zur Haftung nach § 22 VermAnlG siehe ausführlich Abschnitt E.V.1.a)bb). Vgl. auch *Schedensack*, Crowdinvesting, S. 281.

1333 Siehe hierzu Abschnitt E.V.1.b)bb).

1334 BT-Drs. 18/3994, S. 40.

1335 So auch *Schedensack*, Crowdinvesting, S. 281.

1336 BT-Drs. 18/3994, S. 28.

erfüllt oder zur Veröffentlichung eines Verkaufsprospektes verpflichtet ist. Zudem wäre ein Ausschluss der bürgerlich-rechtlichen Prospekthaftung im engeren Sinne auch unter ökonomischer Betrachtung verfehlt. Könnten die Kleinanleger bei privilegierten Anbietern von Vermögensanlagen nicht auf die Richtigkeit und Vollständigkeit der Informationen vertrauen, würden diese letztendlich keine Investitionen ohne Verkaufsprospekt tätigen.[1337] Insoweit wäre für Start-ups wiederum der vereinfachte Zugang zu Finanzierungsalternativen trotz einer Privilegierung versperrt, da sie ohne einen Verkaufsprospekt keine Kleinanleger für ihre Investitionsmöglichkeit überzeugen könnten.

2. Die Haftung der Crowdinvesting-Plattformen

Obwohl die Crowdinvesting-Plattformen typischerweise nicht als Anbieter bzw. Emittenten von Vermögensanlagen im Sinne des VermAnlG anzusehen sind, ist es dennoch denkbar, dass diese für fehlerhafte oder unvollständige Informationen gegenüber der Crowd haften. Dementsprechend sind mögliche gesetzliche und vertragliche Haftungstatbestände zu ermitteln und auf deren Anwendbarkeit sowie mögliche Erfüllungen der Voraussetzungen hin zu überprüfen.

a) Spezialgesetzliche Prospekthaftung nach dem VermAnlG

aa) Haftung nach §§ 21, 22 VermAnlG

Die im Rahmen der Haftung der Start-ups bzw. deren Gründer dargestellten spezialgesetzlichen Prospekthaftungen gemäß den §§ 21, 22 VermAnlG sind regelmäßig nicht auf die Crowdinvesting-Plattformen anwendbar. Entsprechend den Ausführungen in Abschnitt E.I.1.d) nehmen im derzeitigen Crowdinvesting-Modell die Plattformen weder die Eigenschaft eines Anbieters von Vermögensanlagen, noch die eines Emittenten ein, so dass eine spezialgesetzliche Prospekthaftung ausscheidet.[1338] Die Plattformen *Companisto*[1339] und

1337 *Schedensack*, Crowdinvesting, S. 279.

1338 So auch *von Ammon*, in: Siering/Izzo-Wagner-VermAnlG, § 2a, Rn. 20 f.; *Schedensack*, Crowdinvesting, S. 344, 387; *Maas*, in: Assmann/Schlitt/v. Kopp-Colomb-WpPG/VermAnlG, § 2a VermAnlG, Rn. 10. Allgemein zur Haftung von Plattformen im Bereich des Crowdfunding siehe *Braun*, Crowdfunding, S. 121 ff.

1339 So befindet sich beispielsweise auf der ersten Seite des Beteiligungsvertrags für ein partiarisches Nachrangdarlehen bei *Companisto* entsprechend dem als Anlage beigefügten Musterbeteiligungsvertrag ein entsprechender Hinweis, hervorgehoben durch eine Umrandung, mit folgendem Wortlaut: „*Anbieter und Emittent dieser Vermögensanlage ist die itravel GmbH. Companisto ist weder*

Seedmatch[1340] betonen ausdrücklich in den Vereinbarungen mit der Crowd, dass sowohl die Anbieter-, als auch die Emittenteneigenschaft ausschließlich den kapitalsuchenden Start-ups zuzuordnen ist.[1341] Erweitern in Zukunft die Plattformen ihr Aufgabenspektrum gegenüber den Start-ups und Kleinanlegern, etwa durch Übernahme der Anbietereigenschaft, hätten diese künftig die in den §§ 21, 22 VermAnlG normierten Regelungen zu berücksichtigen.

bb) Haftung nach § 20 VermAnlG

Etwas anderes kann bei einer Prospekthaftung nach § 20 Abs. 1 VermAnlG im Falle der Pflicht zur Veröffentlichung eines Verkaufsprospektes nach § 6 VermAnlG gelten, soweit die Crowdinvesting-Plattformen die Prospekterstellung beeinflussen oder sogar übernehmen. Entsprechend den Ausführungen in Abschnitt E.V.1.a)aa)(1)(a) ist der Adressatenkreis gemäß § 20 Abs. 1 S. 1 VermAnlG um sogenannte Projektveranlasser erweitert. Projektveranlasser sind diejenigen, von denen der Erlass des Prospektes ausgeht und welche im Ergebnis die tatsächlichen Urheber des Prospektes sind, ohne nach außen hierfür die Verantwortung zu übernehmen.[1342] Zudem können Projektveranlasser ein eigenes geschäftliches Interesse an der Emission der Vermögensanlage begründen und darauf hinwirken, dass ein unrichtiger oder unvollständiger Prospekt veröffentlicht wird.[1343] Ein eigenes geschäftliches Interesse seitens der Crowdinvesting-Plattform infolge der Vereinbarung einer Provision ist

---

Anbieter noch Emittent der Vermögensanlage, sondern ist ausschließlich die Internet-Dienstleistungsplattform.".

1340 So befindet sich beispielsweise in der Präambel des Investmentvertrags für ein partiarisches Nachdrangdarlehen von *Seedmatch* entsprechend dem als Anlage beigefügten Musterbeteiligungsvertrag eine entsprechende Klausel mit folgendem Wortlaut: „*(...) Die Plattform ist auch nicht Anbieter von Vermögensanlagen, sondern lediglich eine von dem Startup beauftragte Internet-Dienstleistungsplattform gemäß § 2a Abs. 3 VermAnlG. Ausschließlich das Startup ist Anbieter im Sinne des VermAnlG.*".

1341 Siehe hierzu auch BT-Drs. 18/3994, S. 41, in welcher der Gesetzgeber die Regelung der Anbieter- und Emittenteneigenschaft den Beteiligten des Crowdinvestings überlässt. Zur Haftung von Crowdfunding-Plattformen im Allgemeinen siehe *Drews*, Crowdfunding-Plattform, S. 205 ff.

1342 *Assmann/Kumpan*, in: Assmann/Schütze/Buck-Heeb-KapitalanlageR, § 5, Rn. 162, 262; *Assmann*, in: Assmann/Schlitt/v. Kopp-Colomb-WpPG/VermAnlG, § 20 VermAnlG, Rn. 30, § 21 WpPG, Rn. 81 ff.

1343 *Assmann*, in: Assmann/Schlitt/v. Kopp-Colomb-WpPG/VermAnlG, § 20 VermAnlG, Rn. 29 f., § 21 WpPG, Rn. 82; BGHZ 195, 1 (16 ff.), Rn. 35 ff.

allerdings auszuschließen.[1344] Um ein wirtschaftliches Eigeninteresse des Anlagevermittlers begründen zu können, müsste die Plattformen wirtschaftlich betrachtet ebenso in eigener Sache tätig sein.[1345] Der Anspruch auf Provision ist dafür grundsätzlich aber nicht ausreichend, da dieser ein mittelbares Interesse der Plattformen darstellt.[1346] Allerdings ist denkbar, dass die Crowdinvesting-Plattformen angesichts ihrer Funktion als Informationsintermediäre[1347] die Prospekterstellung durch die Start-ups derart beeinflussen oder übernehmen, dass erstere letztendlich als tatsächliche Urheber des Prospektes zu identifizieren wären. Abzugrenzen wäre hierzu die nur teilweise Unterstützung bei der Erstellung des Prospektes oder die ausschließliche zur Verfügungstellung von Informationen und Material für den Prospekt.[1348] Aufgrund der gegenwärtig meist fehlenden Veröffentlichung von Verkaufsprospekten im Crowdinvesting-Modell, basierend auf der Inanspruchnahme der Privilegierung nach § 2a VermAnlG, bleibt jedoch abzuwarten, ob und in welchem Umfang zukünftig etwaige Verkaufsprospekte mit Unterstützung der Crowdinvesting-Plattformen erstellt werden. Insofern müsste das jeweils angerufene Gericht tatrichterlich bewerten, ob die Handlungen der Plattformen im Crowdinvesting-Modell für eine Haftung nach § 20 Abs. 1 VermAnlG als ausreichend erachtet werden können.[1349]

b) Zivilrechtliche Haftung aus Vertragsverhältnis und öffentlich-rechtlichen Pflichten

Nicht nur die Start-ups, sondern auch die Crowdinvesting-Plattformen stehen entsprechend den Ausführungen in Abschnitt C.II.2, im unmittelbaren Vertragsverhältnis zu den einzelnen Kleinanlegern. Durch die Übernahme von unterschiedlichen Aufgaben im Crowdinvesting-Modell handelt es sich bei den mit den Kleinanlegern geschlossenen Vereinbarungen zivilrechtlich um

---

1344 Im Ergebnis so auch *Meschkowski/Wilhelmi*, BB 2014, 1411 (1413); *Uffmann*, JZ 2016, 928 (936 f.); *Spindler*, ZBB 2017, 129 (136); *Heuer*, Crowdinvesting, S. 189 f.

1345 Vgl. BGHZ 56, 81 (84).

1346 *Uffmann*, JZ 2016, 928 (936); *Schedensack*, Crowdinvesting, S. 274. Zum mittelbaren Interesse siehe BGHZ 56, 81 (84); BGH ZIP 1989, 1455 (1457).

1347 Siehe zu den übernommenen Funktionen der Crowdinvesting-Plattformen im Rahmen eines Crowdinvestings Abschnitt B.II.1.c).

1348 *Assmann/Kumpan*, in: Assmann/Schütze/Buck-Heeb-KapitalanlageR, § 5, Rn. 162.

1349 *Assmann*, in: Assmann/Schlitt/v. Kopp-Colomb-WpPG/VermAnlG, § 20 VermAnlG, Rn. 30, § 21 WpPG, Rn. 82 f.

einzelne Auskunftsverträge.[1350] Neben den aus den Vertragsbeziehungen resultierenden Pflichten, unterliegen die Plattformen zusätzlich einem aufsichtsrechtlichen Pflichtenkatalog (insbesondere aus FinVermV), der sich durch ihre Tätigkeit als Anlagevermittler ergibt. Die grundsätzlich öffentlich-rechtlichen Regelungen der §§ 11 ff. FinVermV haben eine anlegerschützende Funktion und folglich drittschützende Wirkung, so dass die dort normierten Pflichten der Anlagevermittler ebenfalls auf den Inhalt und Umfang der vertraglichen und vorvertraglichen Aufklärungspflichten der Crowdinvesting-Plattformen ausstrahlen.[1351] Während sich die Haftungsansprüche folglich aus den Auskunftsverträgen nach den §§ 280 Abs. 1 S. 1, 675 Abs. 1, 611 BGB i.V.m. §§ 11 ff. FinVermV ergeben können, ist auch an eine vorvertragliche zivilrechtliche Haftung aus den Pflichten der §§ 11 ff. FinVermV im Sinne der *culpa in contrahendo* gemäß §§ 280 Abs. 1, 311 Abs. 2, 241 Abs. 2 BGB zu denken.

Im Ergebnis haben Crowdinvesting-Plattformen die Pflicht zur Informationsverschaffung und Prüfung der Plausibilität von Informationen (Abschnitt C.II.2.a)bb)(3)(a)), die Auskunfts- und Aufklärungspflicht gegenüber den Kleinanlegern (Abschnitt C.II.2.a)bb)(3)(b)) sowie die Pflicht zur Überprüfung der Angemessenheit der Vermögensanlage (Abschnitt C.II.2.a) bb)(3)(c)). Werden die Prüfungs- und Aufklärungspflichten gegenüber den Kleinanlegern verletzt, können Schadensersatzansprüche der Crowd nach § 280 Abs. 1 S. 1 BGB entstehen.[1352] In Anbetracht dessen haben die Crowdinvesting-Plattformen die zu veröffentlichenden Verkaufsprospekte oder, bei Erfüllung des Privilegierungstatbestandes des § 2a VermAnlG, die Vermögensanlagen-Informationsblätter zu plausibilisieren und auf die Erfüllungen der gesetzlichen Anforderungen hin zu überprüfen.[1353] Ergibt sich beispielsweise die Erkenntnis, dass die Vermögensanlage nicht für den Kleinanleger angemessen war oder infolge einer fehlerhaften Prüfung der Informationsunterlage der Kleinanleger fehlerhaft über die Vermögensanlage aufgeklärt wurde, kann dies eine Haftung der Crowdinvesting-Plattform als

---

1350 Zum Auskunftsvertrag im Einzelnen siehe Abschnitt C.II.2.a)bb). Zur Einordnung der Crowdinvesting-Plattformen als Anlagevermittler siehe Abschnitt D.I.2.b). Zur fehlenden Haftung der Crowdinvesting-Plattformen im Rahmen von Plattformnutzungsverträgen siehe *Fischer*, Crowdinvesting, S. 58 f.

1351 *Will*, in: BeckOK-GewO, § 34g, Rn. 18; *Glückert*, in: Landmann/Rohmer-GewO, § 11 FinVermV, Rn. 2; *Schönleitner*, in: Landmann/Rohmer-GewO, § 34f, Rn. 172 f.; *Hingst*, in: Ennuschaft/Wank/Winkler-GewO, § 34f, Rn. 121.

1352 Vgl. *Schedensack*, Crowdinvesting, S. 270.

1353 Siehe hierzu Abschnitt C.II.2.a)bb).

Anlagevermittler begründen.[1354] Derartig fehlerhaftes Verhalten führt allerdings nur dann zu einer Haftung nach § 280 Abs. 1 S. 1 BGB, sofern der Fehler durch eine Prüfung hätte erkannt werden können und sich auf das Ergebnis der Prüfung negativ ausgewirkt.[1355] Ferner steht der Prüfungsgrad für die Angemessenheits- und Plausibilitätsprüfung in Abhängigkeit zu dem durch die Vermögensanlage avisierten Anlagebereich.[1356] Im Besonderen bei der Finanzierung von Start-ups ist eine geringere Prüfungsdichte der Crowdinvesting-Plattformen anzunehmen, da im Bereich der Frühphase eines Unternehmens lediglich wenig prüfbare Informationen vorliegen werden.[1357]

Mit Blick hierauf unternehmen die Crowdinvesting-Plattformen regelmäßig den Versuch, die vertraglichen und gesetzlichen Pflichten bzw. etwaige Haftungsansprüche der Crowd bei Pflichtverletzungen mittels ihrer AGB auszuschließen. Entsprechende Klauseln sind hingegen als unwirksam zu betrachten, soweit diese zum Ausschluss von Kardinalspflichten und der sich daraus ergebenden Haftung führen.[1358] Folglich können sich die Crowdinvesting-Plattformen nicht ihrer Prüfungs- und Aufklärungspflichten gegenüber den Kleinanlegern entledigen, so dass diese bei fehlerhaften und unvollständigen Informationen für daraus entstehende Schäden zu haften haben. Die Haftung umfasst den Anspruch auf Ersatz des Vertrauensschadens, der zudem durch die Rückabwicklung des jeweiligen Vertrages erfolgen kann.[1359]

c) Bürgerlich-rechtliche Prospekthaftung

aa) Bürgerlich-rechtliche Prospekthaftung im engeren Sinne

Wie im Rahmen der Haftung der Anbieter von Vermögensanlagen dargestellt, handelt es sich bei der bürgerlich-rechtlichen Prospekthaftung im engeren Sinne um eine allgemeine Vertrauenshaftung aufgrund der Annahme eines typisierten Vertrauens der Anleger hinsichtlich der Richtigkeit eines Verkaufsprospektes.[1360] Ein unmittelbarer Kontakt zwischen den Anlegern und den Emittenten als Ersteller der Prospekte ist nicht erforderlich, so dass auch

---

1354 Vgl. *Buck-Heeb/Dieckmann*, BKR 2020, 425 (427).

1355 Vgl. *Heuer*, Crowdinvesting, S. 185 f.

1356 *Einsiedler*, WM 2013, 1109 (1110); *Heuer*, Crowdinvesting, S. 185 f.

1357 Vgl. Abschnitt C.II.2.a)bb)(3)(d).

1358 Zur Unwirksamkeit eines Pflichten- und Haftungsausschlusses mittels AGB im Crowdinvesting-Modell siehe Abschnitt C.II.2.a)bb)(4).

1359 *Siol*, in: Schimansky/Bunte/Lwowski, BankR-HdB, § 45, Rn. 24.

1360 Siehe hierzu Abschnitt E.V.1.b)aa).

Crowdinvesting-Plattformen, als sogenannte Garanten, einer Haftung als Prospektverantwortliche unterliegen können.[1361] Ausreichend hierfür ist eine nach außen erkennbare Mitwirkung der Plattformen an der Gestaltung des Prospektes.[1362]

Eine Prospektverantwortlichkeit der Crowdinvesting-Plattformen ist deshalb in Betracht zu ziehen, da diese im Crowdinvesting-Modell eine besondere Rolle zwischen den Vertragsparteien einnehmen.[1363] Die Plattformen übernehmen in ihrer Funktion als *Gatekeeper* eine qualitative Vorauswahl der Start-ups, die auf ihrer Plattform für eine Finanzierung werben dürfen. Daneben handeln diese als Informationsintermediäre, indem sie die Start-ups bei der Erstellung erforderlicher Informationsprospekte und der Bewertung des Unternehmens unterstützen, sowie, nach außen erkennbar, die Crowdinvesting-Verträge als Musterverträge vorformulieren. Demnach erfolgt die Informationsweitergabe auf Basis eines von den Plattformen etablierten Standards. Diese bestimmen, welche Informationen an die Kleinanleger im Wege der Crowdinvesting-Kampagne weitergegeben werden sollen.[1364] Mit Blick auf die durch die Plattform durchgeführten Vorauswahl kommen nur solche Start-ups für eine Finanzierung auf der Crowdinvesting-Plattform in Frage, welche die Anforderungen der Plattformen erfüllen und somit eine gewisse Qualität vermuten lassen.[1365] In Anbetracht dessen ist eine nach außen erkennbare Mitwirkung der Crowdinvesting-Plattformen an der Gestaltung des Prospektes zu bejahen, so dass die Plattformen durch die bürgerlich-rechtlichen Prospekthaftung im engeren Sinne einer Haftung für fehlende oder fehlerhafte Informationen unterliegen können.[1366] Ein entsprechender Ausschluss der Haftung mittels einer Freizeichnung in den AGB ist ebenso betreffend der bürgerlich-rechtlichen Prospekthaftung ausgeschlossen.[1367] Sofern allerdings

---

1361 BGHZ 191, 310 (316 f.), Rn. 19 f.; *Uffmann*, JZ 2016, 928 (935).

1362 *Uffmann*, JZ 2016, 928 (935).

1363 Siehe zu den übernommenen Funktionen der Crowdinvesting-Plattformen im Rahmen eines Crowdinvestings Abschnitt B.II.1.c).

1364 Vgl. *Bujotzek/Mocker*, BKR 2015, 358 (360).

1365 Insoweit ist die Vorauswahl aber nicht ausreichend, um eine besondere berufliche Sachkunde der Plattformen zu begründen, vgl. *Schedensack*, Crowdinvesting, S. 306.

1366 Mit gleichem Ergebnis *Uffmann*, JZ 2016, 928 (935); *Spindler*, ZBB 2017, 129 (135); *Schedensack*, Crowdinvesting, S. 304 f.; *Nietsch/Eberle*, DB 2014, 1788 (1795); *Buck-Heeb/Dieckmann*, BKR 2020, 425 (427).

1367 Zur Argumentation siehe Abschnitt C.II.2.a)bb)(4).

eine spezialgesetzliche Prospekthaftung der Crowdinvesting-Plattformen, etwa durch § 20 VermAnlG, begründet wäre, scheidet eine bürgerlich-rechtliche Prospekthaftung im engeren Sinne infolge der Anspruchskonkurrenz gegenüber der *lex specialis* aus.[1368]

bb) Bürgerlich-rechtliche Prospekthaftung im weiteren Sinne

Ein vergleichbares Ergebnis ergibt sich hinsichtlich der bürgerlich-rechtlichen Prospekthaftung im weiteren Sinne. Wie bei der Haftung der Anbieter und Emittenten von Vermögensanlagen dargestellt, handelt es sich bei dem bürgerlich-rechtlichen Prospekthaftungsanspruch im weiteren Sinne um einen Haftungstatbestand aufgrund der Inanspruchnahme von besonderem persönlichem Vertrauen bei der Vertragsverhandlung nach § 311 Abs. 3 BGB.[1369] Daneben ist es für die Begründung einer Haftung ausreichend, wenn der Anspruchsgegner ein unmittelbares wirtschaftliches Eigeninteresse an dem Vertragsschluss zwischen den Vertragsparteien aufweist.[1370] Wie sich hieraus ergibt, können neben den Vertragsparteien auch Dritte Anspruchsgegner bezüglich der bürgerlich-rechtlichen Prospekthaftung im weiteren Sinne sein.

Als Dritte sind grundsätzlich Crowdinvesting-Plattformen in Betracht zu ziehen, da diese im Crowdinvesting-Modell als Anlagevermittler, *Gatekeeper* und Informationsintermediäre eine besondere Rolle zwischen den Vertragsparteien einnehmen.[1371] Zudem erhalten die Plattformen für die Erfüllung ihrer Aufgaben eine Vergütung in Form von Provisionen nach erfolgreichem Abschluss der jeweiligen Crowdinvesting-Kampagnen, so dass ebenfalls ein wirtschaftliches Eigeninteresse der Plattformen möglich erscheint. Allerdings ist die Absprache betreffend eines Provisionsanspruches für die Annahme eines wirtschaftlichen Eigeninteresses nicht ausreichend.[1372] Für die Erfüllung eines wirtschaftlichen Eigeninteresses müsste der Anlagevermittler, wirtschaftlich betrachtet, vielmehr gleichfalls in eigener Sache tätig sein.[1373] Ein Provisionsanspruch ist

---

1368 Ausführlich hierzu im Rahmen der haftungsrechtlichen Situation bei Start-ups und Gründern in Abschnitt E.V.1.d)bb).

1369 Abschnitt E.V.1.b)bb).

1370 BGH WM 2015, 2238 (2239), Rn. 15; *Nobbe*, WM 2013, 193 (202 f.); *Grüneberg*, in: Grüneberg-BGB, § 311, Rn. 61.

1371 Siehe zu den übernommenen Funktionen der Crowdinvesting-Plattformen im Rahmen eines Crowdinvestings Abschnitt B.II.1.c).

1372 Im Ergebnis so auch *Meschkowski/Wilhelmi*, BB 2014, 1411 (1413); *Uffmann*, JZ 2016, 928 (936 f.); *Spindler*, ZBB 2017, 129 (136); *Heuer*, Crowdinvesting, S. 189 f.

1373 BGHZ 56, 81 (84).

dahingehend nicht genügend, da dieser lediglich ein mittelbares Interesse der Plattformen widerspiegelt.[1374] Dementsprechend könnten die Crowdinvesting-Plattformen nicht im Rahmen der bürgerlich-rechtlichen Prospekthaftung im weiteren Sinne infolge eines wirtschaftlichen Eigeninteresses für fehlerhafte oder unvollständige Informationen der Start-ups haften.

Dagegen bleibt ein für die bürgerlich-rechtliche Prospekthaftung im weiteren Sinne erforderliches besonderes persönliches Vertrauen der Kleinanleger gegenüber den einzelnen Plattformen bei der Vertragsverhandlung denkbar. Im Ergebnis können die von den Crowdinvesting-Plattformen übernommenen Aufgaben geeignet sein, einen persönlichen Kontakt zu der Crowd und ein besonderes persönliches Vertrauen der Anleger während der Vertragsverhandlungen herzustellen bzw. aufzubauen.[1375] Vor allem die Funktion der Crowdinvesting-Plattformen als *Gatekeeper* und die Vorauswahl der Start-ups, welche auf der Plattform der Crowd für eine Beteiligung angeboten werden sollen, kann ein persönliches Vertrauen der Kleinanleger mit entsprechendem persönlichem Kontakt auf der eigenen Plattform nach der bürgerlich-rechtlichen Prospekthaftung im weiteren Sinne begründen.[1376] Auch wenn einzelne Stimmen in der Literatur[1377] ein derartiges Vertrauen verneinen, da der Prozess der Vorauswahl in der Vertragsanbahnung und nicht während des Vertragsabschlusses erfolge, kann ein solches Vertrauen der Kleinanleger auf den Abschluss des Crowdinvesting-Vertrages (nach-)wirken und die Entscheidung der Kleinanleger beeinflussen.[1378] Die Rolle der Plattformen als *Gatekeeper* sowie als Informationsintermediäre und die Übernahme der Erstellung der Crowdinvesting-Verträge lassen aus objektiver Sicht der Anleger den Schluss zu, dass von den Plattformen durch ihre Anlagenvermittlung[1379] verbindliche Auskünfte über die Start-ups erteilt werden. Die von den

1374 *Uffmann*, JZ 2016, 928 (936); *Schedensack*, Crowdinvesting, S. 274. Zum mittelbaren Interesse siehe BGHZ 56, 81 (84); BGH ZIP 1989, 1455 (1457).

1375 Im Ergebnis auch *Fischer*, Crowdinvesting, S. 63; *Schedensack*, Crowdinvesting, S. 275; *Uffmann*, JZ 2016, 928 (936 f.); *Spindler*, ZBB 2017, 129 (135 f.).

1376 *Uffmann*, JZ 2016, 928 (936 f.); *Spindler*, ZBB 2017, 129 (135 f.).

1377 *Heuer*, Crowdinvesting, S. 190 f.; *Meschkowski/Wilhelmi*, BB 2014, 1411 (1413 f.).

1378 *Uffmann*, JZ 2016, 928 (936 f.); *Nietsch/Eberle*, DB 2014, 1788 (1795); *Spindler*, ZBB 2017, 129 (135 f.). Zur Einflussnahme während der Vertragsverhandlung BGHZ 56, 81 (84 ff.).

1379 Zum dogmatischen Gleichlauf von Haftung aus vertraglicher Tätigkeit als Anlagevermittler und Prospekthaftung im weiteren Sinne siehe *Buck-Heeb/Dieckmann*, BKR 2020, 425 (427 f.).

Plattformen regelmäßig beworbene Selektion der Unternehmen anhand eigener Qualitätskriterien sowie die Möglichkeit der Zeichnung der Beteiligungen ausschließlich über die eigenen Plattformen begründet einen persönlichen Vertrauenstatbestand hinsichtlich besonderer Erfahrungen und Kenntnisse der Plattformen.[1380] Zudem deutet die Präsentation der ausgewählten Start-ups auf der Webseite ebenso wie die Gestaltung der Finanzierungsverträge auf eine besondere Kompetenz und eine inhaltliche Auseinandersetzung mit den Beteiligungsmöglichkeiten hin.[1381] Derartige Erfahrungen und Kompetenzen möchten die Kleinanleger bei ihren Investitionsentscheidungen berücksichtigen.[1382] Haftungsgrund ist insoweit die Verwendung von fehlerhaften Angaben bzw. die fehlende Aufklärung sowie Plausibilisierung der Angaben durch die Plattformen und folglich die Verletzung des persönlichen Vertrauens als Anlagevermittler gegenüber der Crowd.[1383] Auch an dieser Stelle bleibt anzumerken, dass im Falle der Begründetheit einer spezialgesetzliche Prospekthaftung (§ 20 VermAnlG), eine weitere Haftung der Crowdinvesting-Plattformen im Rahmen der bürgerlich-rechtlichen Prospekthaftung im weiteren Sinne infolge der Anspruchskonkurrenz gegenüber der *lex specialis* ausscheiden würde.[1384]

d) Deliktsrechtliche Haftung

Der Vollständigkeit halber sei an dieser Stelle angemerkt, dass Crowdinvesting-Plattformen, unabhängig von den vorgenannten Haftungstatbeständen, zusätzlich einer deliktrechtlichen Haftung unterliegen können. Insbesondere besteht die Gefahr der zivilrechtlichen Inanspruchnahme der Plattformen aufgrund eines Kapitalanlagenbetruges der Start-ups bzw. deren Gründer wegen Beihilfe gemäß §§ 823 Abs. 2 BGB i.V.m. 264a, 27 Abs.1 StGB.[1385]

1380 Vgl. *Schedensack*, Crowdinvesting, S. 233; *Jansen/Pfeifle*, ZIP 2012, 1842 (1849); *Fischer*, Crowdinvesting, S. 28.

1381 *Uffmann*, JZ 2016, 928 (933); *Jansen/Pfeifle*, ZIP 2012, 1842 (1849); *Schedensack*, Crowdinvesting, S. 233 f.; *Fischer*, Crowdinvesting, S. 26, 28.

1382 *Jansen/Pfeifle*, ZIP 2012, 1842 (1849); *Fischer*, Crowdinvesting, S. 28.

1383 Vgl. *Buck-Heeb/Dieckmann*, BKR 2020, 425 (427).

1384 Ausführlich hierzu im Rahmen der haftungsrechtlichen Situation bei Start-ups und Gründern in Abschnitt E.V.1.d)aa).

1385 Vgl. *Heuer*, Crowdinvesting, S. 192; *Ceffinato*, in: MüKo-StGB, § 264a, Rn. 5.

VI. EU-Prospektverordnung und Wertpapierprospektgesetz

1. Einführung EU-Prospekt-VO und WpPG

Mit Einführung der EU-Prospektverordnung des Europäischen Parlaments vom 14. Juni 2017 (EU-Prospekt-VO)[1386] ersetzten die europäischen Vorschriften das deutsche WpPG in weiten Teilen. Einzelne Regelungen der EU-Prospekt-VO entfalteten zwar bereits seit dem 21. Juli 2017 bzw. 21. Juli 2018 nationale Geltung, die vollumfängliche Anwendung ergab sich gemäß Art. 49 Abs. 2 EU-Prospekt-VO hingegen erst seit dem 21. Juli 2019.[1387] In der Folge reguliert das WpPG ausschließlich solche Bereiche, welche entweder nicht von der EU-Prospekt-VO erfasst werden oder ergänzt den Regelungsumfang der EU-Prospekt-VO auf nationaler Ebene basierend auf eingeräumten Gestaltungsoptionen der EU-Mitgliedsstaaten innerhalb der Verordnung. In Anbetracht dessen machte der deutsche Gesetzgeber in den Jahren 2018[1388] und 2019[1389] von der in Art. 1 Abs. 3 und Art. 3 Abs. 2 der EU-Prospekt-VO eingeräumten Option der Prospektpflichtbefreiung der Anbieter für Kleinemissionen Gebrauch und erhöhte den relevanten Schwellenwert von einer Millionen Euro auf acht Millionen Euro.[1390] Demzufolge bleiben nach § 3 Nr. 2 WpPG die Anbieter von Wertpapieren von der Prospektpflicht bei Emissionen befreit, soweit das Volumen von acht Millionen Euro nicht innerhalb von zwölf Monaten überschritten wird und das Angebot keiner Notifizierung nach Art. 25 EU-Prospekt-VO unterliegt.

1386 Verordnung (EU) 2017/1129 des Europäischen Parlaments und des Rates vom 14.06.2017 über den Prospekt, der beim öffentlichen Angebot von Wertpapieren oder bei deren Zulassung zum Handel an einem geregelten Markt zu veröffentlichen ist und zur Aufhebung der Richtlinie 2003/71/EG, ABl. L 168/12 vom 30.06.2017.

1387 Vgl. auch *Poelzig*, BKR 2018, 357 ff.; *Klöhn*, ZIP 2018, 1713 ff.; *Voß*, ZBB 2018, 305 ff.; *Wöckener/Kutzbach*, RdF 2018, 276 ff.; *Schulz*, NZG 2018, 921 ff.; *Schulteis*, GWR 2018, 365 ff.; *Pospiech*, NJW-Spezial 2019, 463 ff.; *Quarch*, Crowdlending, S. 223 ff.; *Drews*, Crowdfunding-Plattform, S. 361 ff.; *Geyer/Schelm*, BB 2019, 1731 ff.; *Schedensack*, Crowdinvesting, S. 522 ff.; *Schmitt/Bhatti/Storck*, ZEuP 2019, 287 ff.; *Bauerschmidt*, BKR 2019, 324 ff.

1388 Gesetz zur Ausübung von Optionen der EU-Prospektverordnung und zur Anpassung weiterer Finanzmarktgesetze, BGBl. 2018 I Nr. 25, S. 1102.

1389 Gesetz zur weiteren Ausführung der EU-Prospektverordnung und zur Änderung von Finanzmarktgesetztzen, BGBl. 2019 I Nr. 26, S. 1002.

1390 Zu den unionsrechtlichen und nationalen Schwellenwerten siehe auch *Bauerschmidt*, BKR 2019, 324 (326 f.).

Anstatt der Erstellung eines Prospektes verpflichten sich die privilegierten Anbieter ein sogenanntes Wertpapier-Informationsblatt mit wesentlichen Informationen entsprechend den Vorgaben der §§ 4 f. WpPG zu erstellen, dieses bei der BaFin zu hinterlegen und zu veröffentlichen. Zudem sind die in § 6 WpPG benannten Einzelanlageschwellen bei nicht qualifizierten Anlegern zu überprüfen, sofern die angebotenen Wertpapiere ausschließlich im Wege der Anlageberatung oder Anlagevermittlung über ein Wertpapierdienstleistungsunternehmen vermittelt werden. Insbesondere bei den Vorgaben zum Kurzinformationsblatt und den Einzelanlagenschwellen sowie hinsichtlich der vorgenannten Obergrenze für privilegierte prospektfreie Emissionen von Wertpapieren orientierte sich der nationale Gesetzgeber an den privilegierenden Regelungen im VermAnlG nach §§ 2a, 13, 13a.[1391] Allerdings bleibt unbegründet, warum sich die Schwellenwerte aus dem VermAnlG (§ 2a Abs. 1 VermAnlG – sechs Millionen Euro) und dem WpPG (§ 3 Nr. 2 WpPG – acht Millionen Euro) in der Höhe unterscheiden, da sie doch der gleichen Ratio unterliegen. Denn mit der durch die EU-Prospekt-VO eingeräumten und national entsprechend genutzten Möglichkeit der Befreiung der Anbieter von der Pflicht zur Erstellung eines Prospektes bei Kleinemissionen beabsichtigten sowohl der europäische, als auch der deutsche Gesetzgeber KMU den Zugang zum Kapitalmarkt zu erleichtern.[1392] Hierzu hatte der nationale Gesetzgeber die in Art. 3 Abs. 2 der EU-Prospekt-VO eingeräumte Obergrenze vollständig ausgeschöpft und sollte den Schwellenwert bei privilegierten Vermögensanlagen ebenfalls nachziehen, um einen Gleichlauf zu ermöglichen. Weitere Ziele der EU-Prospekt-VO sind zudem die Stärkung und Erweiterung des unionsweiten Verbraucher- und Anlegerschutzes, sowie die Harmonisierung des Aufsichtsrechts mit Blick auf die Emission von Wertpapieren gegenüber einer Vielzahl von Geldgebern.[1393]

1391 BT-Drs. 19/2435, S. 43, 45. Siehe hierzu auch *Poelzig*, BKR 2018, 357 (359, 364).

1392 Vgl. etwa Ziffer 1 der Präambel der EU-Prospekt-VO im Hinblick auf die Schaffung einer Kapitalmarktunion sowie BT-Drs. 19/2435, S. 32 f. Zusammenfassend auch *Poelzig*, BKR 2018, 357; *Bauerschmidt*, BKR 2019, 324 f.; *Pospiech*, NJW-Spezial 2019, 463. Zur Intention des Gesetzgebers bei dem KASG siehe Abschnitt B.I.2.e)bb)(2).

1393 Siehe hierzu etwa die Ziffern 3, 4 und 7 der Präambel der EU-Prospekt-VO.

2. Anwendungsbereiche und Auswirkungen auf die deutsche Crowdinvesting-Praxis im Bereich der Start-up-Finanzierung

Trotz der gesetzgeberischen Intention eines erleichterten Kapitalzugangs für KMU und der Befreiung der Wertpapieranbieter von der Erstellung eines Prospektes bei einem Emissionsvolumen von unter acht Millionen Euro reagierte die deutsche Crowdinvesting-Praxis im Bereich der Finanzierung von Start-ups auf die regulatorischen Neuerungen zurückhaltend. Der Grund hierfür liegt in den Anwendungsbereichen des WpPG und der EU-Prospekt-VO. Nach Art. 1 Abs. 1, Abs. 2 EU-Prospekt-VO i.V.m. Art. 2 lit.a, lit.d EU-Prospekt-VO und §§ 1, 2 Nr. 1 WpPG sind diese ausschließlich für öffentlich angebotene und übertragbare Wertpapiere eröffnet. Gemäß Art. 2 lit.a EU-Prospekt-VO i.V.m. Art. 4 Abs. 1 Nr. 44 RL 2014/65/EU[1394] handelt es sich bei den Wertpapieren vor allem um Aktien und andere gleichzustellende Wertpapiere, sowie Aktienzertifikate, Schuldverschreibungen und andere verbriefte Schuldtitel. Die im nationalen Crowdinvesting-Modell für die Start-up-Finanzierung aktuell hauptsächlich verwendeten partiarischen Nachrangdarlehen und stillen Beteiligungen fallen daher nicht unter die Anwendungsbereiche der EU-Prospekt-VO bzw. des WpPG, sondern unterliegen als Vermögenanlagen gemäß § 1 Abs. 2 Nr. 1, Nr. 3 und Nr. 4 VermAnlG weiterhin nur den kapitalmarktrechtlichen Regelungen des VermAnlG oder sind als Einlagenschäfte im Sinne des § 1 Abs. 1 S. 2 KWG zu bestimmen.[1395]

Angesichts einer fehlenden Vereinbarkeit der gegenständlichen Crowdinvesting-Verträge für Start-ups mit den Regelungen der EU-Prospekt-VO bzw. WpPG sind die Crowdinvesting-Plattformen gezwungen ihre Beteiligungsmodelle und Verträge für Start-ups aufrechtzuerhalten oder auf die Emission von Wertpapieren umzustellen bzw. um entsprechende Angebote zu ergänzen. Infolge der regulatorisch vereinfachten Möglichkeit der Emission von Wertpapieren erweiterten zwar vereinzelte nationale Crowdinvesting-Plattformen das Finanzierungsangebot mit der Zeichnungsmöglichkeit von Wertpapieren, wie etwa Unternehmensanleihen oder Genussscheinen. Während jedoch beispielsweise *Seedmatch*[1396] Wertpapierangebote in Form von

---

1394 Richtlinie 2014/65/EU des Europäischen Parlaments und des Rates vom 15. Mai 2014 über Märkte für Finanzinstrumente sowie zur Änderung der Richtlinien 2002/92/EG und 2011/61/EU, ABl. 2014 L 173, S. 349.

1395 *Renner/Seidel*, BKR 2022, 176 f. Siehe hierzu auch *Schulz*, Crowdinvesting, S. 81 f.

1396 Die Vermittlung der Wertpapiere erfolgt über die von Seedmatch hierzu gegründete Gesellschaft *OneCrowd Securities GmbH* als Vermittlerin für Rechnung und unter der Haftung der *Effecta GmbH* (Haftungsdach) im Sinne des

Anleihen nicht für Start-ups, sondern ausschließlich für etablierte Unternehmen vorsieht, teilte *Companisto*[1397] mit, aufgrund einer unternehmensinternen Neupositionierung das Crowdinvesting-Modell zu verlassen und im Rahmen des Aufbaus eines Business-Angel- und Investoren-Netzwerkes lediglich interessierten professionellen Wagniskapitalgebern Eigenkapitalfinanzierungen anbieten zu wollen. Angesichts dessen konzentriert sich gegenwärtig der deutsche Crowdinvesting-Markt in Bezug auf die Finanzierung von Start-ups weiterhin hauptsächlich auf partiarische Nachrangdarlehen und stille Beteiligungen.[1398] Insofern bleibt abzuwarten, inwieweit die Beteiligten der nationalen Crowdinvesting-Branche zukünftig die Gelegenheit der Emission von Wertpapieren auch für die Finanzierung von Start-ups nutzen und so neue Beteiligungsmöglichkeiten für die Kleinanleger entwickeln werden.[1399]

VII. Zwischenergebnis – kapitalmarktrechtliche Beurteilung

Wie dieser Abschnitt zeigt, variieren die kapitalmarktrechtlichen Anforderungen an das Crowdinvesting-Modell je nach rechtlicher Ausgestaltung der einzelnen Crowdinvesting-Verträge. Handelt es sich bei diesen um die typischerweise verwendeten partiarischen Nachrangdarlehen, so sind die Start-ups als Anbieter und Emittenten der Verträge nach § 2a VermAnlG von der in § 6 VermAnlG geregelten Pflicht zur Veröffentlichung eines Verkaufsprospektes befreit. Darüber hinaus unterliegen die kapitalsuchenden Gesellschaften lediglich in einem begrenzten Umfang den aus dem VermAnlG resultierenden Pflichten und folglich einer beschränkten aufsichtsrechtlichen Kontrolle durch die BaFin. In Anbetracht dessen entfaltet die durch den Gesetzgeber

---

§ 2 Abs. 10 KWG, siehe hierzu zusammenfassend *Seedmatch*, Neues Produkt „Crowdbonds", abrufbar unter *https://blog.seedmatch.de/neues-produkt-crowdbonds-so-investieren-sie-ueber-seedmatch-in-wertpapiere/* [zuletzt aufgerufen am 12.05.2022].

1397 *Companisto*, Neupositionierung von Companisto, abrufbar unter *https://www.companisto.com/de/press#/pressreleases/neupositionierung-companisto-wird-zum-investoren-netzwerk-2895496* [zuletzt aufgerufen am 12.05.2022]; *wallstreet-online*, Neupositionierung: Companisto wird zum Investoren-Netzwerk, abrufbar unter *https://www.wallstreet-online.de/nachricht/11594561-startup-investments-neupositionierung-companisto-investoren-netzwerk* [zuletzt aufgerufen am 12.05.2022].

1398 Zum Crowdinvesting-Markt im Jahre 2019 siehe auch *Dorfleitner/Hornuf/Wannenmacher*, ifo Schnelldienst 73-8, 33 (36).

1399 Vgl. *Drews*, Crowdfunding-Plattform, S. 373.

beabsichtige Erleichterung der Emission von Crowdinvesting-Verträgen durch die Einführung des KASG ihre Wirkung.

Rechtliche Unsicherheiten ergeben sich allerdings dann, sofern die durch die Crowdinvesting-Plattformen erstellten Verträge nicht den Anforderungen des VermAnlG entsprechen. Wie die Beispiele der Crowdinvesting-Plattformen *Companisto* und *Seedmatch* zeigen, ist dies der Fall, wenn die Vereinbarungen mit der Crowd zwar qualifizierte Nachrangklauseln vorsehen, diese aber nach AGB-Maßstäben nicht wirksam mit den Kleinanlegern vereinbart werden. Insoweit sind bei fehlenden bzw. unwirksamen Nachrangvereinbarungen die Verträge als Einlagengeschäfte im Sinne des KWG zu qualifizieren, so dass diese den Begriff der Vermögensanlagen nach § 1 Abs. 2 VermAnlG letztendlich nicht erfüllen. Sämtliche Regelungen des VermAnlG finden demnach keine Anwendung. Dies ist ein Ergebnis, welches das gegenwärtig in Deutschland bestehende Crowdinvesting-Modell in seinen Grundstrukturen berührt und eine Klarstellung durch den Gesetzgeber zumindest in Form einer Ausnahmeregelung erfordert.

Etwaige rechtliche Bedenken sind zudem auch dann nicht vollständig beseitigt, wenn die qualifizierten Nachrangvereinbarungen wirksam vereinbart werden. Selbst bei Annahme der Anwendbarkeit des VermAnlG bei Crowdinvesting-Verträgen bleiben weitere Unsicherheiten bestehen. Insofern werden die Anforderungen des Privilegierungstatbestandes gemäß § 2a VermAnlG nur teilweise durch die gegenwärtigen Crowdinvesting-Verträge erfüllt. Wie am Fall von *Seedmatch* aufgezeigt, laufen die Crowdinvesting-Plattformen Gefahr, den Start-ups Vereinbarungen zur Verfügung zu stellen, die zwar als partiarische Nachrangdarlehen bezeichnet werden, letztendlich aber stille Beteiligungen darstellen. Entsprechende Vermögensanlagen unterliegen nicht einer Privilegierung nach § 2a VermAnlG, mit der Folge der vollständigen Anwendbarkeit des VermAnlG und der Pflicht der Start-ups zur Veröffentlichung eines Verkaufsprospektes nach § 6 VermAnlG. Sich daraus ergebende negative Auswirkungen sind dem Gesetzgeber bekannt. Darauf wurde bereits mehrfach in verschiedenen Gesetzgebungsverfahren hingewiesen. Eine sachgerechte Eingliederung der stillen Gesellschaft in den Privilegierungstatbestand des § 2a VermAnlG ist jedoch mit dem Argument unterschiedlicher Gefahrenbereiche im Vergleich zum partiarischen Nachrangdarlehen nicht erfolgt.[1400] Der Gesetzgeber sollte Klarheit schaffen und ebenso stille Gesellschaften als privilegierte Vermögensanlagen im Sinne des § 2a VermAnlG qualifizieren.

1400 Ausführlich hierzu siehe Abschnitt E.I.2.b).

Weitere Unklarheiten ergeben sich innerhalb der Haftung der Start-ups bzw. der Crowdinvesting-Plattformen für fehlende oder fehlerhafte Informationen gegenüber der Crowd. Während die im VermAnlG geregelten spezialgesetzlichen Prospekthaftungsansprüche wiederrum von der Anwendbarkeit des VermAnlG abhängen, sind die bürgerlich-rechtlichen Prospekthaftungsansprüche davon unabhängig anwendbar. Insbesondere ist die Frage ungeklärt, inwieweit Start-ups als Anbieter von privilegierten Crowdinvesting-Verträgen für fehlerhafte Informationen zu haften haben, soweit diese zur Mitteilung der Informationen gesetzlich nicht verpflichtet waren. Eine Haftung ist mit der in diesem Abschnitt erfolgten Begründung zwar anzunehmen, eine einheitliche Rechtsauffassung ist allerdings bis dato nicht vorhanden.

F. Rechtliche Kompatibilität von Venture Capital und Crowdinvesting-Modell

In den vorstehenden Abschnitten wurde das Crowdinvesting-Modell mithilfe der als partiarische Nachrangdarlehen bezeichneten Beteiligungsvereinbarungen der Crowdinvesting-Plattformen *Companisto* und *Seedmatch* rechtlich erörtert. Darauf aufbauend wird unter Zuhilfenahme der gewonnenen Rechtserkenntnisse nachstehend die Frage erörtert, inwieweit entsprechende Crowdinvesting-Verträge mit den Beteiligungsanforderungen von professionellen Wagniskapitalgebern rechtlich kompatibel sind, nachdem initial die Grundlagen des in Deutschland praktizierten Venture Capitals dargestellt werden.

I. Grundlagen des Venture Capitals

Dieser Abschnitt erläutert die Grundzüge und -gedanken von Venture Capital in Deutschland. Hierfür werden zunächst die relevanten Begrifflichkeiten geklärt (F.I.1) und die Finanzierung mittels Wagniskapitals von anderweitigen Finanzierungsarten abgegrenzt (F.I.2). Darüber hinaus erfolgt eine Darstellung der einzelnen Finanzierungsphasen eines Start-ups (F.I.3), sowie eine Zusammenstellung der in Deutschland agierenden Wagniskapitalgebergruppen (F.I.4). Im Anschluss werden die Beteiligungsgrundsätze einer Venture Capital-Finanzierung hinsichtlich der bestehenden Interessen und Risiken aufgezeigt (F.I.5).

1. Begriffsbestimmungen

Der inzwischen in Deutschland[1401] häufig verwendete englische Begriff *Venture Capital* ist wörtlich mit Wagnis-, Risiko-, Beteiligungs- oder Chancenkapital zu übersetzen.[1402] Unter VC wird allgemein eine direkte Minderheitsbeteiligung

---

1401 Zur Entwicklung des Venture Capital in Deutschland siehe ausführlich *Weitnauer*, in: Handbuch Venture Capital, S. 29 ff.; *Schefczyk*, Venture Capital und Privat Equity, S. 7 ff.

1402 *Leopold/Frommann/Kühr*, Private Equity - Venture Capital, S. 3 ff.; *Dörrscheidt*, Grenze der Gestaltungsfreiheit, S. 1; *Weitnauer*, in: Handbuch Venture Capital, S. 4, Rn. 1 f.; *Stein*, VC-Finanzierungen, S. 4; *Geigenberger*, Risikokapital, S. 1 ff.; *Ruppen*, Corporate Governance bei VC, S. 19 ff. *Brehm*, Das Venture-Capital-Vertragswerk, S. 6; *Möller*, VC-Rechtsformen, S. 21; *Eckstaller/Huber-Jahn*, Private Equity und Venture Capital, S. 11 ff.

eines professionellen Wagniskapitalgebers an einem Start-up verstanden.[1403] Die Finanzierung erfolgt überwiegend in Form von vor- oder außerbörslichem Eigenkapital, wobei der VC-Geber zum Gesellschafter der Gesellschaft und somit mit seiner Einlage zu einem (mit-)haftenden Partner der Gründer wird.[1404] Neben einer Eigenkapitalbeteiligung verwenden VC-Geber teilweise auch sogenannte mezzanine oder hybride Beteiligungsformen[1405], die infolge ihrer Ausgestaltungen unterschiedlich behandelt und damit dem Fremd- oder Eigenkapital des jeweiligen Unternehmens zugeordnet werden können.[1406] Der Investitionshorizont für eine Beteiligung an einem Start-up beträgt auf Seiten des VC-Gebers durchschnittlich drei bis sieben Jahre, während die Beteiligungsquote regelmäßig bei 20 % bis 35 % des Stammkapitals liegt.[1407]

Aufgrund der Tatsache, dass Start-ups selten Sicherheiten für eine Finanzierung stellen können, versuchen die VC-Geber ihre Investitionen durch eine spezifische Vertragsgestaltung (nachfolgend „VC-Beteiligungsvertrag") abzusichern.[1408] Dies erfolgt primär durch die vertragliche Einräumung von umfangreichen Kontroll- und Mitspracherechten hinsichtlich grundlegender

---

1403 *Weitnauer*, in: Handbuch Venture Capital, S. 4, Rn. 1 f.; *Leopold/Frommann/Kühr*, Private Equity - Venture Capital, S. 3 ff.; *Schefczyk*, Venture Capital und Privat Equity, S. 10; *Geigenberger*, Risikokapital, S. 8, *Eckstaller/Huber-Jahn*, Private Equity und Venture Capital, S. 11 ff.; *Houben*, VC-Vertragsgestaltung, S. 6 ff.; *Krecek*, VC aus Investorensicht, S. 5 ff. Zu den einzelnen Finanzierungs- und Investitionsphasen siehe Abschnitt F.I.3.

1404 Vgl. *Weitnauer*, in: Handbuch Venture Capital, S. 4, Rn. 1 f.; *Leopold/Frommann/Kühr*, Private Equity - Venture Capital, S. 3 ff.; *Schefczyk*, Venture Capital und Privat Equity, S. 10; *Eckstaller/Huber-Jahn*, Private Equity und Venture Capital, S. 11 ff.; *Houben*, VC-Vertragsgestaltung, S. 6 ff.; *Krecek*, VC aus Investorensicht, S. 5 f.; in diesem Zusammenhang werden die Gründer häufig auch als Entrepreneure bezeichnet.

1405 Zur Erklärung siehe Abschnitt F.I.2.c).

1406 Siehe hierzu Abschnitt F.I.2.c).

1407 Vgl. *Schefczyk*, Venture Capital und Privat Equity, S. 10; *Nathusius*, Syndizierte VC-Finanzierung, S. 11; *Weitnauer*, in: Handbuch Venture Capital, S. 4, Rn. 1; die jeweilige Beteiligungsquote ist von der vereinbarten Unternehmensbewertung des Start-ups abhängig. Siehe zum rein betriebswirtschaftlichen Thema der Unternehmensbewertung *Leopold/Frommann/Kühr*, Private Equity - Venture Capital, S. 126 ff.; *Nathusius*, Syndizierte VC-Finanzierung, S. 157 ff.; *Ziegert*, VC-Beteiligungsvertrag, S. 112 ff.; *Pytlik*, Vertragsgestaltung bei VC-Finanzierungen, S. 23 ff.

1408 Vgl. *Nathusius*, Syndizierte VC-Finanzierung, S. 12 f.; *Ruppen*, Corporate Governance bei VC, S. 21; *Brehm*, Das Venture-Capital-Vertragswerk, S. 6 m.w.N..;

Unternehmensentscheidungen und der Verwendung des zur Verfügung gestellten Kapitals.[1409] Zudem nehmen die VC-Geber zum Teil eine aktive Berater- und Unterstützerrolle in der Unternehmensleitung und -führung ein.[1410] Im Hinblick auf die für gewöhnlich fehlende unternehmerische Erfahrung junger Gründer, kann die Berater- und Unterstützungshandlung der VC-Geber in der Frühphase jener Unternehmen von essentieller Bedeutung sein.[1411]

2. Abgrenzung zu anderweitigen Finanzierungsarten

a) Klassische Fremdkapitalfinanzierungen

Der Investitions- und Finanzierungshorizont der VC-Geber liegt allgemein in der Entstehungs- bzw. Frühphase eines Unternehmens. Diese Phase zeichnet sich dadurch aus, dass klassische Fremdkapitalfinanzierungen in der Regel nicht möglich erscheinen, da die Start-ups weder relevante Sicherheiten stellen können, noch eine ausreichende Kreditwürdigkeit der Gründer gegeben ist.[1412] Solche Faktoren sind jedoch für Finanzierungen mittels Banken-, Lieferanten- oder Kundendarlehen von wesentlicher Bedeutung.[1413] Ferner können Kreditanfragen der Gründer aufgrund strenger Eigenkapitalanforderungen von den Kreditinstituten teilweise nicht bedient werden.[1414] Insoweit scheitert eine

---

zum VC-Beteiligungsvertrag siehe auch *Ziegert*, VC-Beteiligungsvertrag, S. 1 ff.; *Pytlik*, Vertragsgestaltung bei VC-Finanzierungen, S. 1 ff.

1409 Vgl. *Weitnauer*, in: Handbuch Venture Capital, S. 6, Rn. 4; *Nathusius*, Syndizierte VC-Finanzierung, S. 11 ff.; *Ruppen*, Corporate Governance bei VC, S. 21; *Schefczyk*, Venture Capital und Privat Equity, S. 10 m.w.N.

1410 Das sogenannte *Venture Management* oder die *hands on-Betreuung* der VC-Geber kann neben der Bereitstellung von einem Netzwerk an weiteren Kontakten, auch den fachlichen Rat für die Gründer, sowie die Besetzung von Gremienposten beinhalten; vgl. *Weitnauer*, in: Handbuch Venture Capital, S. 6, Rn. 4; *Schefczyk*, Venture Capital und Privat Equity, S. 10.

1411 Siehe hierzu *ZEW*, Studie - Ursachen für das Scheitern junger Unternehmen in den ersten fünf Jahren ihres Bestehens, abrufbar unter *ftp://ftp.zew.de/pub/zew-docs/gutachten/Scheitern_junger_Unternehmen_2010.pdf* [zuletzt aufgerufen am 12.05.2022].

1412 Zu den Phasen im Einzelnen siehe Abschnitt F.I.3.

1413 *Geigenberger*, Risikokapital, S. 6 ff.; *Brehm*, Das Venture-Capital-Vertragswerk, S. 7; *Kußmaul/Richter*, DStR 2000, 1155 (1156); *Möller*, VC-Rechtsformen, S. 21; *Pfeifer*, BB 1999, 1665 (1667).

1414 Insbesondere aufgrund des Basel-III-Abkommens und deren späteren gesetzgeberischen Umsetzungen; siehe insgesamt hierzu *Weitnauer*, in: Handbuch Venture Capital, S. 4, Rn. 1.

klassische Fremdkapitalfinanzierung eines Start-ups vorwiegend an einer für die Gegenseite geeigneten Risikoabsicherung.[1415]

b) *Private Equity*

Des Weiteren ist die Finanzierung mittels VC von Investitionen im Bereich des *Private Equity* (oder abgekürzt nachfolgend „PE") abzugrenzen.[1416] PE-Geber beteiligen sich grundsätzlich mit einem anderen Investitions- und Finanzierungsschwerpunkt an Gesellschaften.[1417] Allgemein werden für PE-Investitionen Unternehmen mit einer längeren Historie bevorzugt, die neben einem hohen Wachstumspotenzial ebenso eine höhere Gewinnrealisierung versprechen.[1418] Typische Investitionsobjekte sind etwa im Markt etablierte mittelständische Unternehmen. Die Finanzierungssummen der PE-Geber sind im Vergleich zu VC-Investitionen höher, während das Ausfallrisiko geringer ist.[1419] Ähnlich wie bei Beteiligungen an einem Start-up erfolgt die Finanzierung eines Unternehmens in Form von vor- oder außerbörslichem Eigenkapital, wobei zusätzlich Fremdkapitalfinanzierungen hinzutreten können.[1420]

c) *Hybride bzw. mezzanine Beteiligungsformen*

Neben Eigenkapitalbeteiligungen[1421] bedienen sich Geldgeber teilweise sogenannter hybrider bzw. mezzaniner

---

1415 Siehe hierzu auch *Geigenberger*, Risikokapital, S. 6 ff.; *Weitnauer*, in: Handbuch Venture Capital, S. 4, Rn. 1.

1416 Zum Begriff *Private Equity* siehe auch *Leopold/Frommann/Kühr*, Private Equity - Venture Capital, S. 6 ff.; *Eckstaller/Huber-Jahn*, Private Equity und Venture Capital, S. 11; *Ivanović*, Crowdinvesting, S. 64 f.

1417 *Leopold/Frommann/Kühr*, Private Equity - Venture Capital, S. 7; *Geigenberger*, Risikokapital, S. 2.

1418 Vgl. *Weitnauer*, in: Handbuch Venture Capital, S. 4, Rn. 2; *Geigenberger*, Risikokapital, S. 2; *Brehm*, Das Venture-Capital-Vertragswerk, S. 7; *Leopold/Frommann/Kühr*, Private Equity - Venture Capital, S. 6 ff.; *Krecek*, VC aus Investorensicht, S. 6 ff.

1419 Vgl. *Weitnauer*, in: Handbuch Venture Capital, S. 4, Rn. 2; *Brehm*, Das Venture-Capital-Vertragswerk, S. 7; *Leopold/Frommann/Kühr*, Private Equity - Venture Capital, S. 6 ff.; *Krecek*, VC aus Investorensicht, S. 6 ff.

1420 *Leopold/Frommann/Kühr*, Private Equity - Venture Capital, S. 6 ff.; *Geigenberger*, Risikokapital, S. 2; *Brehm*, Das Venture-Capital-Vertragswerk, S. 7; *Krecek*, VC aus Investorensicht, S. 7 ff.; *Houben*, VC-Vertragsgestaltung, S. 7 f.

1421 Siehe hierzu etwa *Ivanović*, Crowdinvesting, S. 69 f.

Beteiligungsformen.[1422] Hierbei handelt es sich regelmäßig um Finanzierungen in Form von Nachrang- und/oder partiarischen (Gesellschafter-)Darlehen, stillen Beteiligungen, Genussrechten oder Wandeldarlehen.[1423] Die Charakteristika der Beteiligungen liegen, aufgrund der vertraglich abgeschlossenen Nachrangabreden, in der bilanziellen Betrachtungsweise als Mischform, die weder dem Eigen-, noch dem Fremdkapital des Start-ups unmittelbar zugeordnet werden kann.[1424] Das Wort *mezzanine* stammt von dem italienischen Wort *mezzanino*[1425] und beschreibt das Zwischengeschoss in einem Treppenhaus zwischen zwei Etagen.[1426] Die Zurverfügungstellung von Kapital mittels hybrider bzw. mezzaniner Beteiligungsformen erfolgt ohne die Gewährung von Sicherheiten, aber mit der Einräumung von umfassenden Kontroll-, Informations- und Mitspracherechten der Kapitalgeber.[1427]

Teilweise werden nachrangige Wandeldarlehen in der VC-Praxis verwendet, um eine initiale Beteiligung des VC-Gebers an dem Start-up zu ermöglichen. Dazu erhalten die Investoren als Darlehensgeber eine Wandlungsoption, welche zur zeitlich nachgelagerten Wandlung der Darlehensrückzahlungsansprüche, zuzüglich etwaiger angefallener Zinsen, in Geschäftsanteile der Gesellschaft berechtigt.[1428] Zudem werden nicht selten Mezzanine-Finanzierungen bei

---

1422 Ausführlich hierzu *Weitnauer*, in: Handbuch Venture Capital, S. 5, Rn. 3; S. 401 ff.; *Antonczyk*, VC-Verträge, S. 16 ff.

1423 Vgl. *Weitnauer*, in: Handbuch Venture Capital, S. 402, Rn. 279; *Schefczyk*, Venture Capital und Privat Equity, S. 10; *Antonczyk*, VC-Verträge, S. 17; *Brehm*, Das Venture-Capital-Vertragswerk, S. 7; *Ivanović*, Crowdinvesting, S. 71 ff.

1424 Vgl. *Weitnauer*, in: Handbuch Venture Capital, S. 397 ff.; *Brehm*, Das Venture-Capital-Vertragswerk, S. 7.

1425 *PONS GmbH*, Mezzanino - Langenscheidt Italienisch-Deutsch Wörterbuch, abrufbar unter *https://de.langenscheidt.com/italienisch-deutsch/mezzanino* [zuletzt aufgerufen am 12.05.2022].

1426 Vgl. *Weitnauer*, in: Handbuch Venture Capital, S. 397 ff.; *Brehm*, Das Venture-Capital-Vertragswerk, S. 7.

1427 Vgl. *Weitnauer*, in: Handbuch Venture Capital, S. 403, Rn. 285 ff.

1428 Hierbei handelt es sich um einen sogenannten *Equity Kicker*, wie sie beispielsweise der HTGF verwendet. Zur Beteiligungsstruktur des HTGF siehe *Guth*, in: Handbuch Venture Capital, S. 189, Rn. 267. Zum HTGF siehe Abschnitt F.I.4.g). Daneben sind auch *Non-Equity-Kicker* – also Sondervergütungen zum Laufzeitende der Beteiligungen unabhängig der Wertentwicklung des Start-ups – oder *Virtual-Equity-Kicker* – also Sondervergütungen abhängig von der Wertentwicklung des Start-ups ohne entsprechende Wandlungsoption – möglich. Siehe insgesamt hierzu *Weitnauer*, in: Handbuch Venture Capital, S. 403 ff.; 323 ff.

Liquiditätsengpässen von Start-ups gewählt, um einen kurzfristigen Kapitalbedarf in Form von Überbrückungskrediten (sogenannter *bridge loan*) zu decken.[1429]

3. Finanzierungs- und Investitionsphasen der Venture Capital-Geber

Obwohl VC-Finanzierungen charakteristisch in der Frühphase eines Unternehmens erfolgen, können die einzelnen Beteiligungszeitpunkte der VC-Geber je nach Unternehmens- bzw. Finanzierungsphase und dem jeweiligen Anlageschwerpunkt variieren.[1430] Dementsprechend sind nachfolgende Phasen zu unterscheiden, wobei die Grenzen im Einzelfall verschwimmen können.[1431]

a) Early-Stage-Phase

Die tatsächliche Frühphase eines Unternehmens (nachfolgend „Early-Stage-Phase") zeichnet sich durch die Vorplanung und -bereitung einer Geschäfts- oder Produktidee aus, in der die Gründer zunächst ohne einen Investor agieren.[1432] Die Early-Stage-Phase kann in zwei Unterphasen unterteilt werden.

Die zeitlich voranstehende Unterphase (nachfolgend „Seed-Phase") umfasst die interne Ausarbeitung der Idee durch die Gründer.[1433] Hierzu werden Businesspläne und Konzepte erstellt, der entsprechende Markt analysiert und ggf. ein erster Prototyp angefertigt.[1434] Die Erkenntnisse der Seed-Phase sollen in der darauffolgenden Unterphase (nachfolgend „Start-up-Phase") umgesetzt werden, um so einen Markteintritt zu

---

1429 Vgl. *Brehm*, Das Venture-Capital-Vertragswerk, S. 7 m.w.N.

1430 Zu den einzelnen VC-Gebergruppen in Deutschland siehe Abschnitt F.I.4.

1431 Zu den Phasen siehe insgesamt auch *Weitnauer*, in: Handbuch Venture Capital, S. 14, Rn. 27 f.; *Schefczyk*, Venture Capital und Privat Equity, S. 24 f.; *Geigenberger*, Risikokapital, S. 52 ff.; *Eckstaller/Huber-Jahn*, Private Equity und Venture Capital, S. 22 f.; *Ivanović*, Crowdinvesting, S. 58 ff.; *Brehm*, Das Venture-Capital-Vertragswerk, S. 11.

1432 Vgl. *Schefczyk*, Venture Capital und Privat Equity, S. 24; *Geigenberger*, Risikokapital, S. 52 f.; *Eckstaller/Huber-Jahn*, Private Equity und Venture Capital, S. 22; *Brehm*, Das Venture-Capital-Vertragswerk, S. 11.

1433 Vgl. *Schefczyk*, Venture Capital und Privat Equity, S. 24; *Antonczyk*, VC-Verträge, S. 48 f.; *Eckstaller/Huber-Jahn*, Private Equity und Venture Capital, S. 22; *Geigenberger*, Risikokapital, S. 52 f.

1434 Vgl. *Geigenberger*, Risikokapital, S. 52 f.; *Brehm*, Das Venture-Capital-Vertragswerk, S. 11.

ermöglichen.[1435] Hierfür werden die angefertigten Prototypen bis zur Markt- und/oder Produktionsreife weiterentwickelt und mögliche Vertriebskanäle, Produktionsanlagen und Marketingkonzepte herausgearbeitet.[1436] Der kumulierte Verlust eines Start-ups ist in dieser Phase am höchsten.[1437] Bis die ersten Verkaufserfolge und damit der erste Cashflow generiert wird, verschieben die Ausgaben die Gewinnschwelle zeitlich weiter in die Zukunft.[1438] Um die Verluste zu minimieren und eine schnelle Entwicklung der Unternehmung zu gewährleisten, ist in der Start-up-Phase der Einstieg von professionellen VC-Gebern, wie beispielsweise VC-Gesellschaften[1439] oder Business Angels[1440], möglich.[1441] Da die Gründer in der Start-up-Phase erstmalig in der Geschäftswelt nach außen auftreten, erfolgt zu diesem Zeitpunkt häufig die juristische Gründung der Gesellschaften.[1442] Größtenteils werden die Gesellschaftsformen UGt (haftungsbeschränkt) oder GmbH gewählt.[1443]

b) Later-Stage-Phase

Die Early-Stage-Phase wird von der Expansionsphase des Start-ups (nachfolgend „Later-Stage-Phase") abgelöst, welche erneut in mehrere Unterphasen unterteilt werden kann.[1444]

Während die First-Stage-Phase hauptsächlich von der Markteinführung des Produktes geprägt ist, umfasst die Second-Stage-Phase den Produktions- und

1435 *Weitnauer*, in: Handbuch Venture Capital, S. 14, Rn. 27 f.; *Schefczyk*, Venture Capital und Privat Equity, S. 24; *Antonczyk*, VC-Verträge, S. 49 f.

1436 Teilweise wird die Start-up-Phase auch als Serie-A-Phase bezeichnet, vgl. *Brehm*, Das Venture-Capital-Vertragswerk, S. 11; *Weitnauer*, in: Handbuch Venture Capital, S. 14, Rn. 27 f.; *Geigenberger*, Risikokapital, S. 54.

1437 *Geigenberger*, Risikokapital, S. 54.

1438 Vgl. *Geigenberger*, Risikokapital, S. 54.

1439 Zu den VC-Gesellschaften ausführlich siehe Abschnitt F.I.4.e).

1440 Zu den Business Angels ausführlich siehe Abschnitt F.I.4.c).

1441 Vgl. *Geigenberger*, Risikokapital, S. 54.

1442 Vgl. *Schefczyk*, Venture Capital und Privat Equity, S. 24; *Geigenberger*, Risikokapital, S. 54; *Brehm*, Das Venture-Capital-Vertragswerk, S. 11.

1443 Vgl. *Brehm*, Das Venture-Capital-Vertragswerk, S. 11, der auch die AG als Kapitalgesellschaft für Start-ups vorsieht.

1444 Zur Expansionsphase insgesamt siehe auch *Weitnauer*, in: Handbuch Venture Capital, S. 14, Rn. 27 f.; *Schefczyk*, Venture Capital und Privat Equity, S. 24; *Geigenberger*, Risikokapital, S. 54 f.; *Antonczyk*, VC-Verträge, S. 50 f.; *Eckstaller/Huber-Jahn*, Private Equity und Venture Capital, S. 23.

Vertriebsausbau, sowie die Wachstumsfinanzierung des Unternehmens.[1445] Das Ziel der Second-Stage-Phase ist die Durchdringung des anvisierten Marktes.[1446] In der darauffolgenden Third-Stage-Phase[1447] erfolgt sodann die Ausschöpfung des Marktes und die Etablierung einer möglichen Alleinstellung des Start-ups. Infolge der erfolgreichen Platzierung des Unternehmens auf dem Markt und die Generierung von Umsätzen und Gewinnen wird in der zeitlich letzten Fourth-Stage-Phase die Realisierung der Investitionen des VC-Gebers mit erheblichen Gewinnen vorbereitet und für einen Exit vorangetrieben.[1448] In der nachfolgenden Desinvestitionsphase erfolgt schließlich der Austritt des Geldgebers aus dem Unternehmen.[1449]

c) Desinvestitionsphase

Nach Beendigung der Vorbereitung für einen Exit erfolgt in der Desinvestitionsphase der tatsächliche Ausstieg des VC-Gebers aus dem Unternehmen. Da es sich hierbei nicht mehr um eine Investitionshandlung des Investors handelt, ist diese grundsätzlich nicht mehr einer Finanzierungs- und Investitionsphase im VC-Bereich zuzuordnen.[1450] Für den Exit sind unterschiedliche Ausstiegsszenarien (sogenannte „Exit-Kanäle“) denkbar, wobei der Börsengang (sogenanntes „Initial Public Offering“ oder kurz „IPO“) sowie die Veräußerung der Geschäftsanteile an einen strategischen Investor (sogenannter „Trade Sale“) die wohl häufigsten Exit-Varianten darstellen.[1451] In der VC- bzw. in der anschließenden PE-Praxis werden zudem andere Exit-Kanäle gewählt. So beispielsweise

---

1445 Vgl. *Schefczyk*, Venture Capital und Privat Equity, S. 24; *Brehm*, Das Venture-Capital-Vertragswerk, S. 11 f; *Weitnauer*, in: Handbuch Venture Capital, S. 14, Rn. 27 f.; *Geigenberger*, Risikokapital, S. 54 f.

1446 Vgl. *Brehm*, Das Venture-Capital-Vertragswerk, S. 11 f; *Weitnauer*, in: Handbuch Venture Capital, S. 14, Rn. 27 f.; *Geigenberger*, Risikokapital, S. 54 f.

1447 Stellenweise wird die Second-Stage und Third-Stage-Phase auch gemeinsam als Second-Stage-Phase bezeichnet, siehe hierzu *Weitnauer*, in: Handbuch Venture Capital, S. 14, Rn. 27 f.

1448 Aufgrund des vorbereitenden Charakters der Fourth-Stage-Phase, wird diese teilweise auch als Bridge-Stage-Phase oder Bridge-Financing gekennzeichnet, vgl. *Weitnauer*, in: Handbuch Venture Capital, S. 14, Rn. 27 f.; *Geigenberger*, Risikokapital, S. 54 f.; *Brehm*, Das Venture-Capital-Vertragswerk, S. 12.

1449 Zur Desinvestitionsphase siehe nachfolgender Abschnitt F.I.3.c).

1450 Vgl. *Brehm*, Das Venture-Capital-Vertragswerk, S. 12.

1451 Ausführlich zu den Exit-Varianten *Weitnauer*, in: Handbuch Venture Capital, S. 527 ff.; *Eckstaller/Huber-Jahn*, Private Equity und Venture Capital, S. 25.

der Geschäftsanteilsverkauf an die Gründer bzw. das Management (sogenanntes „Management-Buy-Out“ oder kurz „MBO“) oder an das Unternehmen selbst (sogenanntes „Buy Back“).[1452] Je nach Investitionshorizont veräußern professionelle Wagniskapitalgeber teilweise ihre Beteiligungen auch an andere Investoren (sogenannter „Secondary Purchase“).[1453] Ferner sind an dieser Stelle der Vollständigkeit halber die Insolvenz und Liquidation einer Gesellschaft als Exit-Kanäle aufzuzählen.[1454] Diese werden allerdings nicht zur Gewinnrealisierung, sondern als unfreiwilliger Exit zur Minimierung möglicher oder bereits eingetretener Verluste und zur Abwicklung des Unternehmens durchgeführt.

d) Zusammenfassung

Im Hinblick auf die im einzelnen dargestellten Phasen lassen sich die Zeiträume für einen Einstieg eines VC-Gebers in ein Start-up von der Seed-Phase bis zur First- bzw. Second-Stage-Phase beschränken.[1455] Jedoch sind weitere Kapitalzuführungen und damit die Aufstockung der jeweiligen Beteiligungen in den darauffolgenden Finanzierungs- und Investitionsphasen der Gesellschaften möglich. Während VC-Geber üblicherweise eine erste Investition in der Start-up-Phase avisieren, erfolgt in der zeitlich vorgelagerten Seed-Phase die Finanzierung der Unternehmung durch die Gründer selbst. Insofern können etwaige Finanzierungsabsichten von professionellen Wagniskapitalgebern zeitlich mit jenen der Crowd im Rahmen des Crowdinvesting-Modells korrelieren, wobei die Finanzierung von Start-ups mithilfe der Crowd regelmäßig in der Seed-Phase erfolgt und folglich zeitlich früher in Betracht gezogen wird.[1456]

4. Venture Capital-Geber in Deutschland

Für die Finanzierung von Start-ups stehen den jungen Unternehmen typischerweise unterschiedliche Wagniskapitalgebergruppen zur Auswahl, die je nach Investitionsstrategie und Anlagehorizont bereit sind, sich an einer erfolgsversprechenden Produkt- oder Geschäftsidee zu beteiligen. Neben der klassischen

---

1452 *Löwisch*, in: MüKo-GmbHG, § 43a, Rn. 54; *Beisel*, in: Unternehmenskauf, § 13, Rn. 1 ff.; *Wetinauer*, in: Handbuch Venture Capital, S. 4 Rn. 2.

1453 Vgl. *Brehm*, Das Venture-Capital-Vertragswerk, S. 12; *Weitnauer*, in: Handbuch Venture Capital, S. 527; Rn. 11 ff.

1454 Zur Insolvenz siehe *Weitnauer*, in: Handbuch Venture Capital, S. 529 ff.

1455 Vgl. *Geigenberger*, Risikokapital, S. 56; *Eckstaller/Huber-Jahn*, Private Equity und Venture Capital, S. 24; *Brehm*, Das Venture-Capital-Vertragswerk, S. 12.

1456 *Nietsch/Eberle*, ZVglRWiss 2017, 205 (207); *Weitnauer*, GWR 2015, 309.

monetären Unterstützung fördern zudem manche VC-Geber die Start-ups durch anderweitige Unterstützungshandlungen, um die Entwicklung des Unternehmens bestmöglich voranzutreiben.

a) Ersparnisse der Gründer, Familien und Freunde

Die erste Kapitalgebergruppe in der Frühphase eines Start-ups sind häufig die Gründer selbst[1457], sowie ihre Familien und Freunde.[1458] So gaben im Rahmen einer Umfrage 74,9 % der insgesamt 2.013 befragten deutschen Start-ups an, durch die Ersparnisse der Gründer mitfinanziert zu sein, während 22,0 % der Start-ups weitere finanzielle Unterstützung von Familien und Freunden erhielten.[1459] Die Finanzierung erfolgt vorwiegend in der Seed-Phase und hauptsächlich in Form einer klassischen Darlehensvergabe, ohne Sicherheitsleistungen durch die Gründer.[1460] Bestimmte Investitionsstrategien oder -schwerpunkte werden bei einer Finanzierung durch die Gründer, Familien oder Freunde grundsätzlich nicht verfolgt.[1461] Darüber hinaus sind die Beteiligungen in der Regel nicht an einen zeitlichen Anlagehorizont geknüpft.

b) Acceleratoren/Inkubatoren/Company Builder

Neben einem finanziellen Investment erhalten Start-ups bei Acceleratoren (F.I.4.b)aa)), Inkubatoren (F.I.4.b)bb)) und Company Buildern (F.I.4.b)cc)) weitere Unterstützungshandlungen in der Entwicklung und dem Aufbau ihrer Produkt- oder Geschäftsidee.[1462] So werden den ausgewählten Unternehmen meist Räumlichkeiten mit einer geeigneten Infrastruktur zur Verfügung

---

1457 Die Finanzierung eines Start-ups nur mit eigenen Ersparnissen und ohne externes Kapital wird als *Bootstrapping* bezeichnet - Ableitung von dem englischen Begriff *bootstrap* und auf Deutsch Stiefelriemen, in Anlehnung an die Geschichte des Barons von Münchhausen, der sich selbst an den Haaren aus einem Sumpf gezogen haben soll; siehe hierzu *Gründerszene*, Definition Bootstrapping, abrufbar unter *https://www.gruenderszene.de/lexikon/begriffe/bootstrapping* [zuletzt aufgerufen am 12.05.2022].

1458 Teilweise auch *love money* oder *3f money* (*family, friends and fools*) genannt; siehe hierzu *Weitnauer*, in: Handbuch Venture Capital, S. 9, Rn. 11; *Geigenberger*, Risikokapital, S. 52 f.

1459 Zur Befragung aus dem Jahre 2021 *Kollmann/Kleine-Stegemann/Then-Bergh/Harr*, PwC-Deutscher Startup Monitor 2021, S. 36.

1460 *Geigenberger*, Risikokapital, S. 52.

1461 *Geigenberger*, Risikokapital, S. 53.

1462 Zum Inkubator siehe auch *Weitnauer*, in: Handbuch Venture Capital, S. 195 ff.

gestellt.[1463] Zudem unterstützen erfahrene Mitarbeiter die Gründer bei dem Unternehmensaufbau und der Geschäftsführung.[1464] Ferner ermöglichen die jeweiligen Einheiten den Gründern den Zugang zu einem breiten Netzwerk an Investoren, Experten oder potenziellen Geschäftspartnern.[1465] Das Ziel ist es die Start-ups bestmöglich durch Kapitalzufuhr und weitergehende Unterstützungshandlungen zu fördern. Als Gegenleistung für die Förderung wird eine Eigenkapitalbeteiligung an den Start-ups in Form von Geschäftsanteilen angestrebt, wobei die Einzelheiten der Förderprogramme stark variieren können.[1466] Im Rahmen der in Abschnitt F.I.4.a) genannten Befragung wurden insgesamt 11,5 % der befragten Start-ups von Inkubatoren, Acceleratoren und Company Builder unterstützt.[1467]

aa) Acceleratoren

In Abgrenzung zu den anderen Unterstützungsmodellen in diesem Abschnitt versuchen Acceleratoren[1468] primär den Entwicklungsprozess ihrer Start-ups kurzzeitig zu beschleunigen, um so einen möglichen darauffolgenden Finanzierungsprozess vorzubereiten.[1469] Das Ziel ist es, die bestehende Produkt- oder Geschäftsidee durch Unterstützungshandlungen innerhalb der Early-Stage-Phase zur Marktreife auszuarbeiten und dann potenziellen Investoren anzubieten.[1470] Beispiele möglicher Unterstützungshandlungen können ein gezieltes Coaching der Gründer oder der Transfer von Know-how sein. Die

---

1463 Vgl. *Weitnauer*, in: Handbuch Venture Capital, S. 195, Rn. 1.

1464 Vgl. *Weitnauer*, in: Handbuch Venture Capital, S. 195, Rn. 1.

1465 Vgl. *Weitnauer*, in: Handbuch Venture Capital, S. 196, Rn. 1.

1466 Siehe hierzu auch *Weitnauer*, in: Handbuch Venture Capital, S. 196, Rn. 1.

1467 Zur Befragung aus dem Jahre 201 *Kollmann/Kleine-Stegemann/Then-Bergh/Harr*, PwC-Deutscher Startup Monitor 2021, S. 36.

1468 Der Begriff *Accelerator* stammt aus dem Englischen und kann mit Beschleuniger (*to accelerate sth. – etwas beschleunigen*) übersetzt werden. Zur Beschreibung siehe *Gründerszene*, Definition Accelerator, abrufbar unter *https://www.gruenderszene.de/lexikon/begriffe/accelerator* [zuletzt aufgerufen am 12.05.2022]. Als Beispiel ist hier der *Seven Accelerator* der *ProSiebenSat.1 Gruppe* zu nennen, welcher für eine variable Beteiligung in Höhe von bis zu 2,5 Millionen Euro investiert, wobei das Investment in Form von zugesprochenen Medienleistungen (TV-Werbung) erfolgt; *ProSiebenSat.1 Accelerator*, Program, abrufbar unter *https://www.sevenaccelerator.com/our-approach* [zuletzt aufgerufen am 12.05.2022].

1469 Vgl. *Weitnauer*, in: Handbuch Venture Capital, S. 196, Rn. 3.

1470 Vgl. *Weitnauer*, in: Handbuch Venture Capital, S. 196, Rn. 3.

Zusammenarbeit zwischen den Gründern und dem Accelerator erfolgt für nur wenige Monate.[1471]

bb) Inkubatoren

Im Gegensatz zu Acceleratoren sehen Inkubatoren[1472] ihr Tätigkeitsfeld nicht in der Beschleunigung der Entwicklung eines bestehenden Start-ups, sondern vielmehr in der gemeinsamen Entfaltung neuer Produkt- oder Geschäftsideen.[1473] Demzufolge ist meistens keine finale und ausgereifte Idee vorhanden, die von außen unterstützt werden kann. Ziel der Inkubatoren ist es, den anstehenden Entstehungs- und Ausarbeitungsprozess potenzieller Produkt- oder Geschäftsideen mit den Gründern gemeinsam zu fördern. Die jeweiligen Ideen sollen durch die Förderer und Ideengeber gemeinsam weiterentwickelt werden. Der Beteiligungszeitraum der Inkubatoren ist in der Early-Stage-Phase und dort vor allem in der Seed-Phase eines Start-ups anzusiedeln.[1474] Die Inkubatoren sind häufig Teil von privaten Unternehmen (sogenannten „Corporates") oder öffentlichen Einrichtungen bzw. Universitäten.[1475] Im Vergleich zu den Acceleratoren ist die Zusammenarbeit zwischen den Gründern und Inkubatoren enger ausgestaltet.[1476] Die finanzielle Beteiligung ist zudem regelmäßig

---

1471 Durchschnittlich ist die Phase eines Accelerators auf drei bis sechs Monate beschränkt; vgl. *Weitnauer*, in: Handbuch Venture Capital, S. 9, Rn. 14, S. 196, Rn. 3.

1472 Der aus der Medizin stammende Begriff *Inkubator* beschreibt einen Brutkasten für Unternehmensgründungen, der den Gründern eine optimale Umgebung bereitstellt, um erfolgreich in das Geschäftsleben zu starten; siehe *Gründerszene*, Definition Inkubator, abrufbar unter *https://www.gruenderszene.de/lexikon/begriffe/inkubator* [zuletzt aufgerufen am 12.05.2022]. Beispielweise der *main incubator*, als Inkubator der *Commerzbank* unterstützt dieser FinTech-Unternehmen nach individuellen Bedürfnissen; *main incubator*, Finanzierung von FinTechs, abrufbar unter *https://www.main-incubator.com/finanzierung/* [zuletzt aufgerufen am 12.05.2022].

1473 *Ivanović*, Crowdinvesting, S. 67 f.

1474 Siehe hierzu auch *Weitnauer*, in: Handbuch Venture Capital, S. 12, Rn. 20.

1475 Vgl. *Weitnauer*, in: Handbuch Venture Capital, S. 196, Rn. 3; bei Hochschul-Inkubatoren handelt es sich um Gründerzentren, in denen abgeschlossene Projekte aus der Forschung für den Eintritt in den Markt vorbereitet werden; siehe hierzu auch *Weitnauer*, in: Handbuch Venture Capital, S. 12, Rn. 21; S. 196, Rn. 1 f.

1476 Siehe hierzu den WiWo-Artikel, *WiWo Gründer*, Hilfe für Gründer: Was Inkubatoren und Acceleratoren bieten, abrufbar unter *https://gruender.wiwo.de/hilfe-fuer-gruender-was-inkubatoren-und-acceleratoren-bieten/* [zuletzt aufgerufen am 12.05.2022].

höher.[1477] Ferner wird der Zeitraum einer Zusammenarbeit individuell bestimmt und ist nicht an allgemein geltende Voraussetzungen gebunden.

cc) *Company Builder*

In den letzten Jahren haben sich neben Inkubatoren und Acceleratoren sogenannte Company Builder[1478] auf dem deutschen VC-Markt etablieren können. Company Builder weisen sowohl Merkmale von Acceleratoren, als auch von Inkubatoren auf. Hiervon abweichend unterstützen Company Builder primär Produkt- oder Geschäftsideen, welche nicht von externen Ideengebern, sondern vielmehr innerhalb des Company Builders selbst entwickelt werden.[1479] Insofern handelt es sich bei den Company Builder um den Versuch eigene Gründungsideen auszuarbeiten und diese durch angehörige Teams voranzutreiben. Nur bei Bedarf sollen einzelne externe Experten rekrutiert werden. Anders als bei strategischen Entwicklungen von neuen Geschäftsfeldern innerhalb eines Unternehmens zeichnen sich Company Builder dadurch aus, dass diese keine unternehmensinternen Fachabteilungen darstellen, sondern der Geschäftszweck des Unternehmens ausschließlich auf die autonome Ausarbeitung von Produkt- oder Geschäftsideen fokussiert ist. Im Ergebnis lässt sich der Beginn einer Beteiligung eines Company Builders an einem Start-up auf die frühestmögliche Phase beschränken.

c) *Business Angels*

Im Gegensatz zu Inkubatoren, Acceleratoren und Company Buildern, handelt es sich im Allgemeinen bei Business Angels um vermögende Einzelinvestoren bzw. einen Zusammenschluss von mehreren Privatinvestoren, welche teilweise selbst erfolgreich ein Start-up gegründet haben.[1480] Business Angels

---

1477 *deutsche-startups.de*, Inkubator, Accelerator oder Venture Capital? Wie Unternehmen die Zukunft meistern können, abrufbar unter *https://www.deutsche-startups.de/2019/08/19/inkubator-accelerator-oder-venture-capital/* [zuletzt aufgerufen am 12.05.2022].

1478 Einer der wohl bekanntesten Company Builder in Deutschland ist *Rocket Internet*, wobei auch weiterhin externe Ideen aufgegriffen und inkubiert werden; siehe hierzu *Rocket Internet*, We build companies, abrufbar unter *https://www.rocket-internet.com/* [zuletzt aufgerufen am 12.05.2022].

1479 *WiWo Gründer*, Hilfe für Gründer: Was Inkubatoren und Acceleratoren bieten, abrufbar unter *https://gruender.wiwo.de/hilfe-fuer-gruender-was-inkubatoren-und-acceleratoren-bieten/* [zuletzt aufgerufen am 12.05.2022].

1480 Vgl. *Geigenberger*, Risikokapital, S. 33 ff.; *Löntz*, Finanzierung durch Business Angels, S. 1. Siehe zusammenfassend auch *Ivanović*, Crowdinvesting, S. 63 f.

können auf einen langjährigen Erfahrungsschatz hinsichtlich der Entwicklung von Gründungsideen und der Führung von Start-ups zurückgreifen.[1481] Neben einer Eigenkapitalbeteiligung werden die Gründer mit unternehmerischem Know-how und einem Zugang zu einem großen Netzwerk an relevanten Kontakten unterstützt (sogenannte „Unternehmer-Angel").[1482] Teilweise ist der Business Angel zudem als strategischer Berater zu betrachten, welcher seine Beratungsleistungen als eine Investition einbringt, die durch die Einräumung von Geschäftsanteilen an dem Start-up ausgeglichen werden soll (sogenannter „Berater-Angel").[1483] Neben den Unternehmer- und Berater-Angels sind auch Privatinvestoren aktiv, die lediglich als Geldgeber nach vielversprechenden Investitionsmöglichkeiten suchen, ohne den Gründern einen weiteren Mehrwert anzubieten (sogenannter „Finanzierungs-Angel").[1484]

In der Regel investieren Business Angels zwischen 30.000 Euro und 100.000 Euro, wobei je nach Branche höhere bzw. niedrigere Investitionssumme möglich sind.[1485] Ähnlich wie bei Inkubatoren und Acceleratoren, erfolgt die Unterstützungshandlung eines Business Angels vorwiegend in der Early-Stage-Phase eines Start-ups.[1486] Aufgrund der oft engen Verbindung von den Gründern und ihren Geldgebern unterliegt die Beteiligung keinem feststehenden Anlagehorizont, so dass längerfristige Beteiligungen möglich sind.[1487] Mit Blick auf die Quote der Finanzierungsbeteiligungen an Start-ups nehmen Business Angels die größte Gruppe der professionellen Wagniskapitalgeber ein.

1481 Vgl. *Löntz*, Finanzierung durch Business Angels, S. 20 f.; *Geigenberger*, Risikokapital, S. 33 ff.

1482 *Weitnauer*, in: Handbuch Venture Capital, S. 9, Rn. 11; *Geigenberger*, Risikokapital, S. 34 f.; *Löntz*, Finanzierung durch Business Angels, S. 20 f.

1483 *Weitnauer*, in: Handbuch Venture Capital, S. 9, Rn. 11; *Geigenberger*, Risikokapital, S. 34 f.; *Löntz*, Finanzierung durch Business Angels, S. 21 unter Verwendung des Begriffs *Income Seeking Angels*, welche durch eine Beteiligung eine Managementposition im Start-up erlangen möchten.

1484 Vgl. *Löntz*, Finanzierung durch Business Angels, S. 21; *Weitnauer*, in: Handbuch Venture Capital, S. 9, Rn. 11.

1485 *Fryges/Gottschalk/Licht/Müller*, Hightech-Gründungen und Business Angels, S. III, 58 ff.

1486 Insgesamt zum Thema siehe auch *Weitnauer*, in: Handbuch Venture Capital, S. 197 ff.

1487 Vgl. *Weitnauer*, in: Handbuch Venture Capital, S. 9, Rn. 11; *Geigenberger*, Risikokapital, S. 34 f.

So finanzierten diese insgesamt 30,1 % der an der in Abschnitt F.I.4.a) genannten Befragung teilnehmenden Start-ups.[1488]

d) *Family Offices*

Als weitere Kapitalgebergruppe im Bereich des VC treten immer häufiger Family Offices in den Vordergrund. Hierbei handelt es sich um Gesellschaften, die privates Vermögen bankenunabhängig verwalten.[1489] Neben privaten Family Offices, die das Vermögen einzelner oder mehrerer Familienmitglieder betreuen, verwalten externe Family Offices das Kapitalvermögen verschiedener wohlhabender Familien gemeinsam.[1490] In der Vergangenheit investierten rund 10 % der deutschen Vermögensverwalter in Start-ups, wobei teilweise unterschiedliche Beteiligungswege gewählt wurden.[1491] Neben unmittelbaren Eigenkapitalfinanzierungen durch eigene Beteiligungsvehikel, werden auch Investitionen in unabhängige VC-Fonds getätigt, welche dann ausgewählte Start-ups finanzieren.[1492] Teilweise treten Family Offices gleichfalls als Business Angel auf.[1493] Insofern haben die Geldgeber der Family Offices das ihnen zur Verfügung stehende Vermögen selbst durch die erfolgreiche Gründung eines Start-ups erlangt.[1494] Im Gegensatz zu anderen professionellen Wagniskapitalgebern verfolgen Family Offices keine einheitliche Investitions- und

---

1488 Zur Befragung aus dem Jahre 2021 *Kollmann/Kleine-Stegemann/Then-Bergh/Harr*, PwC-Deutscher Startup Monitor 2021, S. 36.

1489 *BaFin*, Merkblatt Family Offices, abrufbar unter *https://www.bafin.de/SharedDocs/Veroeffentlichungen/DE/Merkblatt/mb_140514_familyoffices.html* [zuletzt aufgerufen am 12.05.2022].

1490 *BaFin*, Merkblatt Family Offices, abrufbar unter *https://www.bafin.de/SharedDocs/Veroeffentlichungen/DE/Merkblatt/mb_140514_familyoffices.html* [zuletzt aufgerufen am 12.05.2022].

1491 *Garbs*, VC-Magazin 10/2016, 14 (15).

1492 *Garbs*, VC-Magazin 10/2016, 14 (16 ff.); darüber hinaus besteht mittlerweile auch die Möglichkeit in Fonds von Family Offices im VC-Bereich zu investieren. So bietet beispielsweise das Family Office der Familie Reimann einen eigenen Fonds mit einem Volumen von bis zu 50 Millionen Euro an; *Manager Magazin*, Family Office der Reimanns öffnet sich für Dritte, abrufbar unter *http://www.manager-magazin.de/unternehmen/artikel/family-office-der-reimanns-oeffnet-sich-fuer-dritte-a-1139545.html* [zuletzt aufgerufen am 12.05.2022].

1493 Vgl. *Weitnauer*, in: Handbuch Venture Capital, S. 9, Rn. 11.

1494 So beispielweise das Family Office von Hasso Plattner, Mitgründer des Softwareunternehmens SAP, *Hasso Plattner Ventures*, About Us, abrufbar unter *http://hp-ventures.com/* [zuletzt aufgerufen am 12.05.2022].

Exit-Strategie, so dass Beteiligungen in unterschiedlichen Phasen eines Start-ups möglich sind. Hierzu können im Einzelnen die Grenzen zwischen VC und PE verschwimmen. Zudem ist der Anlagehorizont nicht auf die im VC-Bereich üblichen drei bis sieben Jahre beschränkt.[1495]

e) Unabhängige Venture Capital-Gesellschaften und Venture Capital-Fonds

Weitere typische Wagniskapitalgeber im VC-Bereich sind unabhängige und renditeorientierte VC-Gesellschaften und VC-Fonds.[1496] Grundsätzlich sammeln VC-Gesellschaften Kapitalvermögen in Fonds, die durch Anleger oder weitere Dachfonds kapitalisiert werden.[1497] Bei den Anlegern handelt es sich etwa um Banken, Versicherungen oder sonstige Wirtschaftsunternehmen.[1498] Die Beteiligungsbedingungen variieren je nach Investitionsstrategie der Gesellschaft hinsichtlich der jeweiligen Branche, der Höhe des Kapitalbedarfs, der angebotenen Unterstützungsbereitschaft für die Gründer, sowie dem Anlagehorizont bis zum Exit.[1499] Grundsätzlich beteiligen sich VC-Gesellschaften bzw. VC-Fonds an Start-ups vom Beginn der Early-Stage-Phase bis zum Ende der Later-Stage-Phase. Wie bei VC-Finanzierungen üblich erwarten die Geldgeber eine Wertsteigerung ihrer Beteiligungen an den Unternehmen, welche sich durch einen Exit als Gewinn realisieren soll.

Als Beispiel für eine unabhängige deutsche VC-Gesellschaft ist *Capnamic Ventures Management GmbH* zu nennen. Ein von ihr geführter VC-Fonds investiert in deutschsprachige Start-ups aus dem Tech-Bereich.[1500] Im Rahmen einer Finanzierungsrunde beteiligt sich der Fonds an jungen Unternehmen in der Early-Stage-Phase mit einer Anfangsinvestition von bis zu 500.000 Euro,

---

1495 Vgl. *deutsche-startups.de*, Was Gründer wirklich über Family Offices wissen müssen, abrufbar unter *https://www.deutsche-startups.de/2019/05/16/family-offices-startups/* [zuletzt aufgerufen am 12.05.2022].

1496 *Brehm*, Das Venture-Capital-Vertragswerk, S. 7 f.; *Ivanović*, Crowdinvesting, S. 66 f.

1497 *Weitnauer*, in: Handbuch Venture Capital, S. 6, Rn. 6 ff.

1498 *Weitnauer*, in: Handbuch Venture Capital, S. 6, Rn. 6 ff.

1499 *Brehm*, Das Venture-Capital-Vertragswerk, S. 7 f.; *Weitnauer*, in: Handbuch Venture Capital, S. 6, Rn. 6 ff.

1500 *Capnamic Ventures*, Capnamic closes USD 215m venture capital fund for early-stage investments in German-speaking countries, abrufbar unter *https://capnamic.com/news/new-fund-115m/* [zuletzt aufgerufen am 12.05.2022].

wobei den Gründern daneben Mentorenprogramme zur Unterstützung angeboten werden.[1501]

f) Industrielle Investoren – Corporate Venture Capital

Bei industriellen Investoren oder sogenannten Corporate-VCs handelt es sich meist um etablierte Konzerne oder Unternehmen außerhalb des Finanzbereichs, die sich mithilfe von Beteiligungen an Start-ups einen Zugang zu technischen Innovationen für das eigene Produktportfolio versprechen.[1502] Primäres Finanzierungsziel ist nicht der Wertzuwachs der Geschäftsanteile an der jeweiligen Gesellschaft, sondern vielmehr der Transfer von innovativer Technologie und somit die Erreichung von strategischen Unternehmenszielen.[1503] Die Wagniskapitalgeber haben die Möglichkeit neue Technologien zu integrieren, ohne eigene kostenintensive Entwicklungsprozesse aufzubauen.[1504] Dementsprechend ist der Investitionsfokus bei industriellen Investoren regelmäßig auf die jeweilige Branche beschränkt. Mögliche Finanzierungen können in unterschiedlichen Entwicklungsphasen der Start-ups und mit verschiedenen Kapitalsummen erfolgen.

Die Beteiligung eines Corporate-VC an einem Start-up erfolgt häufig zwar mit einem institutionellen Investor gemeinsam, jedoch unmittelbar durch eigenständige Beteiligungsvehikel und nicht, wie bei den vorgenannten unabhängigen VC-Gesellschaften, mittelbar durch Investitionen in einen Fonds. Infolge der gemeinsamen Investition mit einem institutionellen Investor kann die technologische Expertise aus dem Unternehmen mit den Finanzierungserfahrungen eines institutionellen Investors gebündelt werden.[1505] Für den institutionellen Investor ist die gemeinsame Beteiligung mit dem Corporate-VC vielversprechend, da in diesem ein späterer potenzieller Käufer der eigenen Geschäftsanteile an dem Start-up gesehen werden kann.[1506] Positive Effekte

---

1501 *Capnamic Ventures*, Capnamic closes USD 215m venture capital fund for early-stage investments in German-speaking countries, abrufbar unter *https://capnamic.com/news/new-fund-115m/* [zuletzt aufgerufen am 12.05.2022].

1502 Siehe hierzu *Leopold/Frommann/Kühr*, Private Equity - Venture Capital, S. 34, 167 ff.

1503 Sogenanntes Window of technology; siehe hierzu auch *Weitnauer*, in: Handbuch Venture Capital, S. 13, Rn. 24; *Leopold/Frommann/Kühr*, Private Equity - Venture Capital, S. 34, 167 ff.

1504 *Leopold/Frommann/Kühr*, Private Equity - Venture Capital, S. 167 ff.

1505 *Weitnauer*, in: Handbuch Venture Capital, S. 13, Rn. 24 f.

1506 *Weitnauer*, in: Handbuch Venture Capital, S. 13, Rn. 24 f.

einer industriellen Beteiligung ergeben sich ferner auf Seiten der Gründer. So können diese auf die umfangreiche Expertise des Unternehmenspartners zurückgreifen, der zudem zukünftiger Kunde und Abnehmer der entwickelten Produkte sein kann. Allerdings bedeutet das Investment aus der Industrie einen unmittelbaren Einfluss des Geldgebers auf das Start-up, sowie die Fortentwicklung der Geschäfts- oder Produktidee nach dessen Interessen.[1507] Weitergehende Partnerschaften mit anderweitigen, möglicherweise konkurrierenden Geschäftspartnern können dadurch begrenzt sein.[1508]

g) *Staatliche Förderung – Public Venture Capital*

Neben den bisher genannten privatwirtschaftlichen Kapitalgebern unterstützt zusätzlich die staatliche Hand potenzielle Produkt- oder Geschäftsideen in Deutschland. So waren im Jahre 2021 insgesamt 43,2% der deutschen Start-ups durch staatliche Mittel zumindest mitfinanziert worden.[1509] Im VC-Bereich erfolgen die Finanzierungen von Start-ups in der Regel durch (halb)staatliche Förderinstitute, eigene Beteiligungsgesellschaften oder durch Beteiligungen an ausgewählten privatwirtschaftlich geführten VC-Fonds.[1510] Der Grund für staatliche Unterstützungshandlungen ist meistens ein politischer Auftrag, wie die regionale Wirtschaft auf Landesebene zu stärken oder KMU zu fördern.

Als (halb)staatliches Förderinstitut ist die Finanzierungstätigkeit des *High-Tech Gründerfonds* zu nennen. Dieser besteht in Form einer Public-Private-Partnership, ist also ein gemischt wirtschaftliches Unternehmen, bestehend aus der staatlichen Hand sowie privaten Wirtschaftsteilnehmern.[1511] Gegenwärtig beinhaltet der *High-Tech Gründerfons* neben einem staatlichen Zuschuss durch das *Bundesministerium für Wirtschaft und Energie* und der *KfW*, auch Gelder von insgesamt 30 Wirtschaftsunternehmen.[1512] Der aus drei Fonds bestehende Zusammenschluss von Staat und Wirtschaft

---

1507 *Weitnauer*, in: Handbuch Venture Capital, S. 13, Rn. 24 f.

1508 *Weitnauer*, in: Handbuch Venture Capital, S. 13, Rn. 24 f.

1509 *Kollmann/Kleine-Stegemann/Then-Bergh/Harr*, PwC-Deutscher Startup Monitor 2021, S. 36.

1510 Dazu auch *Weitnauer*, in: Handbuch Venture Capital, S. 8, Rn. 10, S. 12, Rn. 22 f.

1511 Siehe zur Public-Private-Partnership in der Rechtsform einer GmbH *Fleischer*, in: MüKo-GmbHG, § 1, Rn. 25.

1512 Siehe hierzu *HTFG*, HTGF Fonds, abrufbar unter *https://www.htgf.de/de/ueber uns/fonds/* [zuletzt aufgerufen am 12.05.2022].

verfügt über ein Investitionsvolumen von über 890 Millionen Euro.[1513] Diese Gelder werden hauptsächlich in Start-ups investiert, die sich in ihrer Frühphase befinden, wobei der Finanzierungsschwerpunkt in der Seed-Phase liegt.[1514] Die Höhe der Erstfinanzierung kann bis zu eine Millionen Euro betragen, während weitere Kapitalzuführungen in Höhe von bis zu drei Millionen Euro möglich sind.[1515] Mit seiner Unterstützung ist der *High-Tech Gründerfonds* derzeit Deutschlands aktivster Frühphaseninvestor.[1516]

Neben dem *High-Tech Gründerfonds* unterstützt die öffentliche Hand potenzielle Start-ups mithilfe eigener VC-Beteiligungsgesellschaften. So beispielsweise durch den im Jahre 2016 neu aufgesetzten Co-Investitionsfonds der *Coparion GmbH & Co. KG*. Das Investitionsziel von *Coparion* ist die Co-Finanzierung von Unternehmen in der Technologiebranchen und einer Investitionshöhe von bis zu zehn Millionen Euro mithilfe weiterer Investoren.[1517] Die Stellung des Staates als Co-Investor ergibt sich aus Art. 107 Abs. 1 AEUV, der grundsätzlich staatliche Beihilfen verbietet, es sei denn, diese entsprechen dem Grundsatz eines marktwirtschaftlich handelnden Kapitalgebers. Daraus folgt, dass öffentliche und private Investoren, letztere dann als sogenannte *Leadinvestoren*, gemeinsam, gleichzeitig und zu denselben Bedingungen ein Unternehmen zu finanzieren haben.[1518] Insoweit tragen beide Investoren die gleichen Chancen und Risiken zu identischen Bedingungen.

Als weitere Säule der VC-Förderung in Deutschland werden staatliche Gelder in ausgewählte privatwirtschaftlich geführte VC-Fonds investiert. Insofern beteiligte sich die *KfW* im Jahre 2015 an dem *3. Fonds der Life Science Venture Capital*-Gesellschaft *Forbion Capital Partners*.[1519] Deren

---

1513 *HTFG*, HTGF Fonds, abrufbar unter *https://www.htgf.de/de/ueberuns/fonds/* [zuletzt aufgerufen am 12.05.2022].

1514 *HTFG*, Investmentkriterien, abrufbar unter *https://www.htgf.de/de/gruender/* [zuletzt aufgerufen am 12.05.2022].

1515 *HTFG*, Investmentkriterien, abrufbar unter *https://www.htgf.de/de/gruender/* [zuletzt aufgerufen am 12.05.2022].

1516 So der *HTFG*, HTGF Fonds, abrufbar unter *https://www.htgf.de/de/ueberuns/fonds/* [zuletzt aufgerufen am 12.05.2022].

1517 *Coparion*, Kapital mit Weitblick, abrufbar unter *https://coparion.vc* [zuletzt aufgerufen am 12.05.2022].

1518 Also *pari passu*, siehe hierzu *Weitnauer*, in: Handbuch Venture Capital, S. 12, Rn. 22.

1519 *KfW*, KfW stärkt den deutschen Technologiestandort mit neuem Wagniskapital-Produkt, abrufbar unter *https://www.kfw.de/KfW-Konzern/Newsroom/Aktuelles/Pressemitteilungen/Pressemitteilungen-Details_274688.html* [zuletzt aufgerufen am 12.05.2022].

Investitionsschwerpunkt liegt in dem Bereich Pharma und in Unternehmen aus dem Medtech-/Diagnostiksegment.[1520]

Neben den zuvor aufgezählten unmittelbaren Förderungswegen für den VC-Bereich, können Start-up-Gründer von staatlicher Unterstützung im Rahmen der Existenzgründung profitieren. Hierfür besteht eine Vielzahl von öffentlichen Förderprogrammen, die beispielsweise eine Kreditvergabe[1521] oder Steuererleichterungen[1522] vorsehen.

5. Beteiligungsgrundsätze von Venture Capital-Geber

Für die Bewertung einer Kompatibilitätsfähigkeit des in Deutschland angebotenen Crowdinvesting-Modells für die Finanzierung von Start-ups mithilfe von partiarischen Nachrangdarlehen mit den Beteiligungsgrundsätzen professioneller Wagniskapitalgeber bedarf es zunächst eines Überblicks über die für gewöhnlich von VC-Gebern eingeforderten Beteiligungsgrundsätze. Hierzu sind die vor und während einer Frühphasenfinanzierung bestehenden Interessenlagen der VC-Geber und Gründer darzustellen (F.I.5.a)), sowie die aus einer VC-Beteiligung resultierenden Risiken zu benennen (F.I.5.b)). Im Anschluss werden die Interessenlagen der professionellen Wagniskapitalgeber mit jenen der Kleinanleger als Teil der Crowd gegenübergestellt (F.I.5.c)).

1520 *KfW*, KfW stärkt den deutschen Technologiestandort mit neuem Wagniskapital-Produkt, abrufbar unter *https://www.kfw.de/KfW-Konzern/Newsroom/Aktuelles/Pressemitteilungen/Pressemitteilungen-Details_274688.html* [zuletzt aufgerufen am 12.05.2022].

1521 Siehe hierzu beispielsweise den ERP-Gründerkredit – StartGeld mit bis zum 100.000 Euro, der KfW, *Bundesministerium für Wirtschaft und Energie*, ERP-Gründerkredit - StartGeld, abrufbar unter *http://www.foerderdatenbank.de/Foerder-DB/Navigation/Foerderrecherche/suche.html?get=cdf6c10fa2d2b87624a5726ed9b9c731;views;document&doc=9855* [zuletzt aufgerufen am 12.05.2022].

1522 Siehe hierzu beispielsweise das Förderprogramm INVEST, welches u.a. Steuererleichterungen für Business Angels ermöglicht, *Bundesministerium für Wirtschaft und Energie*, INVEST - Zuschuss für Wagniskapital, abrufbar unter *http://www.bmwi.de/Redaktion/DE/Dossier/invest.html* [zuletzt aufgerufen am 12.05.2022].

a) Interessenlagen der Beteiligten

aa) Interessen der Gründer[1523]

(1) Ausreichende Finanzierung – hohe Unternehmensbewertung

Das Hauptinteresse der Gründer in der Frühphase ihres Unternehmens ist dessen ausreichende Finanzierung, um die angestrebte Geschäftsentwicklung vorantreiben zu können.[1524] Im Rahmen einer Finanzierungsrunde mit professionellen Wagniskapitalgebern sind die Gründer deshalb an einer unmittelbaren, vollständigen und unbefristeten Kapitalbereitstellung interessiert.[1525] Zeitlich verzögernde Regelungen in den Auszahlungsvereinbarungen, wie etwa die Auszahlung von Teilbeträgen nach der Erfüllung von vorher definierten Meilensteinen, werden zwar häufig von professionellen Wagniskapitalgebern gefordert und sind in VC-Beteiligungsverträgen vorgesehen, werden jedoch von Gründern häufig in den Vertragsverhandlungen beanstandet.[1526]

Die Höhen der zu investierenden Kapitalsummen bei einer Frühphasenfinanzierung bemessen sich nach einer vorher zwischen den Beteiligten vereinbarten Unternehmensbewertung und der von dem jeweiligen VC-Geber vorgesehenen Beteiligungsquote an dem Start-up.[1527] In Anbetracht dessen haben die Gründer ein Interesse, die Bewertungen ihres Unternehmens so hoch wie möglich anzusetzen, um in der Folge eine höhere Kapitalsumme vom professionellen Wagniskapitalgeber zu erhalten. Infolge fehlender belastbarer Unternehmenskennzahlen in der Frühphase eines Unternehmens ist die Höhe der Unternehmensbewertung häufig das Verhandlungsergebnis zwischen den VC-Gebern und den Gründern und resultiert nicht aus üblichen Berechnungsmethoden zur Bewertung von Unternehmen.[1528]

1523 Es werden die Interessen der Gründer in der Frühphase ihrer Start-ups zusammengefasst, in dem diese selbst noch Geschäftsführer sind. Spätere Interesse, nachdem sich das Start-up bereits mehrere Jahre am Markt etablieren konnte, werden nicht berücksichtigt.

1524 Vgl. *Krecek*, VC aus Investorensicht, S. 25; *Leffler*, Haftung bei VC, S. 35.

1525 *Brehm*, Das Venture-Capital-Vertragswerk, S. 19; *Schefczyk*, Venture Capital und Privat Equity, S. 22; *Krecek*, VC aus Investorensicht, S. 25.

1526 Siehe hierzu auch *Brehm*, Das Venture-Capital-Vertragswerk, S. 19.

1527 Vgl. *Weitnauer*, in: Handbuch Venture Capital, S. 322 ff.

1528 Vgl. *Weitnauer*, in: Handbuch Venture Capital, S. 322, Rn. 21, 25 f.; *Ruppen*, Corporate Governance bei VC, S. 27; *Klöhn/Hornuf/Schiling*, ZBB 2016, 142 (158).

(2) Kein Abfluss von Liquidität

Hat das Start-up einmal ausreichend Kapital eingesammelt, versuchen die Gründer die erhaltene Liquidität ausschließlich für geschäftsfördernde Maßnahmen auszugeben. Anderweitige Liquiditätsabflüsse, wie Dividenden- oder Zinsausschüttungen, werden daher häufig ausgeschlossen.[1529] Das Kapital soll allein der Entwicklung und Beschleunigung des Wachstums, sowie der Stärkung der Marktposition des Start-ups dienen.[1530]

(3) Aktive Unterstützung der Venture Capital-Geber – Autonomie der Gründer

Neben einer ausreichenden Finanzierung haben Gründer regelmäßig ein Interesse an weitergehenden Unterstützungshandlungen durch erfahrene Investoren.[1531] Insoweit erhoffen sich diese Hilfestellungen bei unternehmensbezogenen Entscheidungen, wie bei Personalangelegenheiten oder der strategischen Ausrichtung ihres Start-ups.[1532] Darüber hinaus versuchen die Gründer von einem bestehenden Netzwerk und der Reputation der Kapitalgeber zu profitieren.[1533] Die Reputation eines beteiligten Investors kann das Renommee der jungen Unternehmen beeinflussen und deren Bonität für weitere Finanzierungsrunden verbessern.[1534] Ein bestehendes Netzwerk der Geldgeber ermöglicht zudem die Vermittlung von geschäftsfördernden Kontakten wie etwa potenziellen Kunden oder Geschäftspartnern.[1535]

1529 *Brehm*, Das Venture-Capital-Vertragswerk, S. 19 f.; *Ziegert*, VC-Beteiligungsvertrag, S. 81; *Krecek*, VC aus Investorensicht, S. 25.

1530 *Brehm*, Das Venture-Capital-Vertragswerk, S. 18 f.; *Leffler*, Haftung bei VC, S. 35 f.

1531 Siehe hierzu auch *Ziegert*, VC-Beteiligungsvertrag, S. 82; *Brehm*, Das Venture-Capital-Vertragswerk, S. 19; *Geigenberger*, Risikokapital, S. 9; *Krecek*, VC aus Investorensicht, S. 26; *Leffler*, Haftung bei VC, S. 36.

1532 *Ziegert*, VC-Beteiligungsvertrag, S. 82; *Brehm*, Das Venture-Capital-Vertragswerk, S. 19; *Krecek*, VC aus Investorensicht, S. 26.

1533 *Geigenberger*, Risikokapital, S. 10; *Brehm*, Das Venture-Capital-Vertragswerk, S. 19; *Krecek*, VC aus Investorensicht, S. 26; *Nathusius*, Syndizierte VC-Finanzierung, S. 83 ff.

1534 *Nathusius*, Syndizierte VC-Finanzierung, S. 83 ff.; *Ziegert*, VC-Beteiligungsvertrag, S. 81 ff.; *Weitnauer*, in: Handbuch Venture Capital, S. 6, Rn. 4; *Brehm*, Das Venture-Capital-Vertragswerk, S. 19.

1535 *Geigenberger*, Risikokapital, S. 9; *Ziegert*, VC-Beteiligungsvertrag, S. 81 ff.; *Brehm*, Das Venture-Capital-Vertragswerk, S. 19; *Krecek*, VC aus Investorensicht, S. 26; *Leffler*, Haftung bei VC, S. 36.

Die Grenzen der Unterstützung sind nach Ansicht der Gründer erreicht, wenn der Einfluss der VC-Geber das Interesse der Gründer an Autonomie und maximaler unternehmerischer Eigenständigkeit zu stark eingeschränkt.[1536] Um eine zu große Einflussnahme zu verhindern und den eigenen Handlungsspielraum hinsichtlich der Unternehmensführung so breit wie möglich auszugestalten, werden teilweise nur wenige Unternehmensinformationen an die Investoren weitergeleitet.[1537] Auch deshalb ist es das Ziel der Gründer, stets eine Mehrheitsbeteiligung an ihrem Start-up zu halten, um somit eine Stimmmehrheit bei etwaigen Unternehmensentscheidungen ausüben zu können.[1538]

(4) Rentabilität – aber nicht um jeden Preis

Nicht nur die Wagniskapitalgeber, sondern ebenso die Gründer haben ein Interesse an der Rentabilität ihrer Start-up-Beteiligungen.[1539] Entgegen den Erwartungen der Investoren hat die Renditeerzielung der Gründer nicht innerhalb eines vorher bestimmten Anlagehorizonts zu erfolgen. Vielmehr soll die positive Entwicklung der Geschäfte auf Dauer angelegt sein und muss nicht notwendigerweise durch einen Exit abgeschlossen werden.[1540] In den meisten Fällen sehen Gründer in der Entwicklung einer eigenen Geschäftsidee und der Gründung eines Start-ups ein Lebenswerk, mit dem gleichfalls emotionale Aspekte wie Anerkennung und Renommee einhergehen können.[1541]

1536 Hierzu auch *Ziegert*, VC-Beteiligungsvertrag, S. 81 f.; *Schefczyk*, Venture Capital und Privat Equity, S. 22; *Brehm*, Das Venture-Capital-Vertragswerk, S. 19; *Krecek*, VC aus Investorensicht, S. 25.

1537 *Brehm*, Das Venture-Capital-Vertragswerk, S. 19; zum Thema Informationsasymmetrie insgesamt siehe Abschnitt F.I.5.b)bb).

1538 *Schefczyk*, Venture Capital und Privat Equity, S. 22; *Krecek*, VC aus Investorensicht, S. 25.

1539 *Brehm*, Das Venture-Capital-Vertragswerk, S. 20.

1540 *Möller*, VC-Rechtsformen, S. 25; *Ziegert*, VC-Beteiligungsvertrag, S. 81.

1541 *Ziegert*, VC-Beteiligungsvertrag, S. 44 f., 81 f.; *Brehm*, Das Venture-Capital-Vertragswerk, S. 20; *Pfeifer*, BB 1999, 1665 (1666, 1671).

bb) Interessen der Venture Capital-Geber

(1) Rentabilität durch Wertsteigerung und -realisierung

(a) Vorbestimmter Anlagehorizont

Das Hauptinteresse eines VC-Gebers liegt in der Wertsteigerung und -realisierung seiner Beteiligung an einem Start-up.[1542] Um dies zu ermöglichen sollen während der durchschnittlichen Beteiligungsdauer von drei bis sieben Jahren keine Gewinne, insbesondere durch Zins- oder Dividendenzahlungen, aus dem Start-up abgeschöpft werden.[1543] Insofern verfolgen die Gründer und Investoren die gleichen Interessen.[1544] Ein Interessenswiderstreit kann sich jedoch aufgrund des genannten kurzen Anlagehorizonts und der eindeutigen Exit-Perspektive der VC-Geber ergeben.[1545] Während die kurzfristige Renditemaximierung kein wesentliches Ziel der Gründer darstellt, ist diese für VC-Geber von essenzieller Bedeutung.[1546]

(b) Marktfähige Unternehmensbewertung und Down-Round-Protection

Um die Möglichkeit zu erhalten, sich an innovativen Start-ups beteiligen zu können, verhandeln professionelle Wagniskapitalgeber die sogenannte Einstiegsbewertung mit den Gründern vor jeder Finanzierungsrunde individuell. Allgemein anerkannte Bewertungsmethoden finden dabei keine Anwendung, da vorwiegend keine gefestigten wirtschaftlichen Informationen, wie Gewinne oder Umsätze, für die Bewertung herangezogen werden können, sondern

---

1542 *Schefczyk*, VC-Strategien, S. 28; *Schefczyk*, Venture Capital und Privat Equity, S. 22 f.; *Ziegert*, VC-Beteiligungsvertrag, S. 81 ff.; *Möller*, VC-Rechtsformen, S. 24; *Brehm*, Das Venture-Capital-Vertragswerk, S. 20.

1543 *Huber*, Crowdfunding und Venture Capital Anschlussfinanzierung – Das funktioniert, abrufbar unter *http://hoganlovells-blog.de/2014/08/14/crowdfunding-und-venture-capital-anschlussfinanzierung-das-funktioniert/* [zuletzt aufgerufen am 12.05.2022]; *Brehm*, Das Venture-Capital-Vertragswerk, S. 20; *Möller*, VC-Rechtsformen, S. 24.

1544 Vgl. *Geigenberger*, Risikokapital, S. 8.

1545 *Brehm*, Das Venture-Capital-Vertragswerk, S. 20; *Möller*, VC-Rechtsformen, S. 25; *Huber*, Crowdfunding und Venture Capital Anschlussfinanzierung – Das funktioniert, abrufbar unter *http://hoganlovells-blog.de/2014/08/14/crowdfunding-und-venture-capital-anschlussfinanzierung-das-funktioniert/* [zuletzt aufgerufen am 12.05.2022].

1546 *Schefczyk*, VC-Strategien, S. 28; *Brehm*, Das Venture-Capital-Vertragswerk, S. 20; *Krecek*, VC aus Investorensicht, S. 27; *Leffler*, Haftung bei VC, S. 35; *Pfeifer*, BB 1999, 1665 (1666).

ausschließlich eine Produkt- oder Geschäftsidee vorliegt.[1547] Für entsprechende Prognosen oder Bewertungen fehlen in der Regel ausreichende und fundierte Vergangenheitswerte.[1548] Je nach vorherrschendem Investitionsklima zum Zeitpunkt des Beteiligungsvorhabens, etwa hinsichtlich der Region, der Branche und dem Tätigkeitsschwerpunkt des jeweiligen Start-ups, können die Unternehmensbewertungen der Gesellschaften folglich variieren. Die für die Beteiligung des VC-Gebers zugrunde gelegte Einstiegsbewertung von Start-ups ist das Ergebnis von Angebot und Nachfrage.[1549] Stehen beispielweise zum Zeitpunkt der avisierten Beteiligung mehrere junge Unternehmen mit einer ähnlichen Produkt- oder Geschäftsideen als Investitionsobjekt zur Verfügung, werden die VC-Geber eine niedrigere Bewertung für ihren Einstieg vorschlagen. Scheint dagegen der Bereich des Unternehmens zum Zeitpunkt des möglichen Investments besonders innovativ, erfolgsversprechend oder einzigartig, so dass ggf. mehrere Geldgeber ein Einstiegsinteresse bekunden, werden die Gründer eine vergleichbar höhere Bewertung des Start-ups erreichen können.

Etwaige Bewertungsfragen bei der Start-up-Finanzierung haben nicht nur Einfluss auf die Unternehmensbeurteilung beim initialen Einstieg der professionellen Wagniskapitalgeber, sondern sind auch Gegenstand von zeitlich nachgelagerten Verhandlungen mit weiteren VC-Gebern bei Anschlussfinanzierungen. Basiert die Anschlussfinanzierungsrunde auf einer niedrigeren Folgebewertung als die anfängliche Einstiegsbewertung, so würden die Folgeinvestoren für die gleiche Kapitalsumme eine höhere Beteiligungsquote an dem jeweiligen Start-up erhalten, als die VC-Geber im Rahmen des Einstiegs für ihre Beteiligungsquoten äquivalent bezahlen mussten. Um eine wirtschaftliche Verwässerung durch eine sogenannte *Down-Round* zu verhindern, sehen VC-Beteiligungsverträge, in Anlehnung an das in § 186 Abs. 1 S. 1 AktG geregelte Bezugsrecht[1550] eines Aktionärs, typischerweise eine *Down-Round-Protection* vor.[1551] Dem Altinvestor wird dabei ein einseitiges Bezugsrecht auf Grundlage eines vertraglich vereinbarten Berechnungsmodells[1552] eingeräumt, mit welchem dieser berechtigt ist, durch die Übernahme von neuen Geschäftsanteilen

1547 *Klöhn/Hornuf/Schiling*, ZBB 2016, 142 (158).

1548 Vgl. *Ruppen*, Corporate Governance bei VC, S. 27.

1549 Zur fehlenden Transparenz der Bewertung der Start-ups im Rahmen des Crowdinvestings siehe auch *Weitnauer*, in: Handbuch Venture Capital, S. 224, Rn. 94.

1550 Siehe hierzu ausführlich Ziffer B.II.2.e)aa).

1551 Vgl. *Weitnauer*, in: Handbuch Venture Capital, S. 356, Rn. 128.

1552 Zu den einzelnen Varianten siehe *Weitnauer*, in: Handbuch Venture Capital, S. 359, Rn. 137; S. 356, Rn. 128 ff.

zum Nennwert im Wege einer Kapitalerhöhung der Gesellschaft seinen durch die Verwässerung erlittenen Wertverlust zu kompensieren.

(c) Erlös- und Liquidationspräferenzen – Prinzip: Last-in, First-out

Zur weiteren Absicherung ihrer Investitionen und Renditeabsichten, sehen professionelle Wagniskapitalgeber regelmäßig besondere Verteilungsregelungen für den Fall einer Erlösausschüttung in den VC-Beteiligungsverträgen vor. Die als Erlös- und Liquidationspräferenzen bezeichneten Vorzugsrechte ermöglichen VC-Gebern eine vorrangige Auszahlung eines vertraglich vereinbarten Betrages bei Erlösausschüttungen an die Gesellschafter infolge eines Exits oder einer Liquidation der Gesellschaft.[1553] Je nach vertraglicher Ausgestaltung der Vorzugsrechte dienen diese zunächst dem Schutz der von professionellen Wagniskapitalgebern bei der jeweiligen Finanzierungsrunde erbrachten Investitionsbeträge. Die VC-Geber werden im Falle einer Erlösausschüttung vertraglich berechtigt, vorab ihre Investitionsbeträge zu erhalten, bevor die restlichen Erlöse unter den Gesellschaftern des Start-ups verteilt werden.[1554] Insofern ist eine bevorzugte Verteilungsregelung für die professionellen Wagniskapitalgeber sinnvoll, wenn der Erlös aus einem Exit oder einer Liquidation der Gesellschaft nicht ausreichend ist, um sämtliches investiertes Kapital der Gesellschafter *pro rata* entsprechend ihrer Beteiligungsverhältnisse an dem Unternehmen vollständig an diese zurückzuführen.

Neben dem Interesse der VC-Geber ihre geleisteten Investitionen durch Erlös- und Liquidationspräferenzen vertraglich zu schützen, können etwaige Regelungen weitergehende Vermögensrechte beinhalten. Insoweit versuchen professionelle Wagniskapitalgeber häufig ihre Renditeabsichten mithilfe von Vorzugsrechten abzusichern. Hierzu können die an die Investoren auszuschüttenden Beträgen um Prämienaufschläge erweitert werden, so dass die Geldgeber neben einer Rückführung ihrer geleisteten Investitionsbeträge auch weitere Kapitalausschüttungen vorrangig vor den anderen Gesellschaftern der Start-ups erhalten.[1555] Entsprechende Prämienaufschläge können durch eine zusätzliche Verzinsung oder durch die Erhöhung des Ausschüttungsbetrages um das Vielfache der initial geleisteten Investitionsbeträge, beispielsweise das Doppelte oder Dreifache, erfolgen.[1556]

1553 Zu den Erlösverteilungs- und Liquidationspräferenzen bei VC-Gebern siehe *Weitnauer*, in: Handbuch Venture Capital, S. 379 ff.

1554 *Brehm*, Das Venture-Capital-Vertragswerk, S. 179.

1555 Vgl. *Weitnauer*, in: Handbuch Venture Capital, S. 225, Rn. 100 f.; S. 379 ff.

1556 *Brehm*, Das Venture-Capital-Vertragswerk, S. 180.

Die Erlös- und Liquidationspräferenzen werden in der Regel von VC-Gebern gefordert, wenn das jeweilige Start-up bereits in einer vorherigen Investitionsphase durch professionelle Wagniskapitalgeber finanziert wurde und der weitere VC-Geber sich im Rahmen einer späteren Anschlussfinanzierungsrunde an der Gesellschaft beteiligen möchte. In der VC-Praxis gilt das Prinzip „*Last-in, First-out*", welches besagt, dass dem zeitlich letzten Geldgeber, eine vorrangige Rückführung der vereinbarten Kapitalsumme im Falle einer Erlösausschüttung bzw. einer Liquidation der Gesellschaft vertraglich zugesprochen wird.[1557] Die zeitlich früheren professionellen Wagniskapitalgeber partizipieren folglich erst auf nachfolgender Stufe und nach vollständiger Befriedigung der Geldgeber auf erster Stufe von möglichen Kapitalzuflüssen aus der Gesellschaft. Das Prinzip basiert auf der Annahme, dass der letzte Geldgeber häufig zu der höchsten Unternehmensbewertung in das Unternehmen einsteigen und folglich das höchste Risiko eines Verlustes tragen wird.[1558] In Anbetracht dessen machen spätere VC-Geber ihre Beteiligung für gewöhnlich von einem erstrangigen Vorzugsrecht abhängig.

(d) Mitveräußerungspflicht – Drag-along Rights

Typischerweise beinhalten VC-Beteiligungsverträge Regelungen zu Mitveräußerungspflichten sämtlicher Gesellschafter der Start-ups für den Fall eines potenziellen Exits. Die Vereinbarung von sogenannten *Drag-along Rights* korreliert mit dem Interesse der professionellen Wagniskapitalgeber, nicht nur den Wert ihrer Beteiligungen an den Unternehmen zu steigern, sondern diese auch innerhalb eines bestimmten Anlagehorizonts durch einen Exit in Form eines *Trade Sales* zu realisieren.[1559] So sind im Besonderen strategische Investoren häufig bereit, für die Möglichkeit einer vollständigen Übernahme einer Gesellschaft eine erhöhte Unternehmensbewertung und folglich einen höheren Preis pro Geschäftsanteil zu bezahlen.[1560] Um einen solchen Verkauf an einen interessierten Erwerber zu gewährleisten, sollen sich sämtliche Gesellschafter in einem VC-Beteiligungsvertrag verpflichten, ihre Geschäftsanteile an der

---

1557 Vgl. *Weitnauer*, in: Handbuch Venture Capital, S. 225, Rn. 100 f.; S. 379 ff.; *Weitnauer/Parzinger*, GWR 2013, 153 (158); *Business Angels Netzwerk Deutschland e.V.*, BANDquartal 1/2014, abrufbar unter *https://www.business-angels.de/ausgabe-012014/* [zuletzt aufgerufen am 12.05.2022], S. 7.

1558 *Brehm*, Das Venture-Capital-Vertragswerk, S. 180.

1559 *Dörrscheidt*, Grenze der Gestaltungsfreiheit, S. 219.

1560 *Antonczyk*, VC-Verträge, S. 122; *Ziegert*, VC-Beteiligungsvertrag, S. 170; *Ruppen*, Corporate Governance bei VC, S. 203; *Dörrscheidt*, Grenze der Gestaltungsfreiheit, S. 219.

Gesellschaft zu den angebotenen Konditionen mitzuveräußern. Je nach Ausgestaltung der Vereinbarung wird die Mitveräußerungspflicht entweder auf einseitiges Verlangen des VC-Gebers oder durch eine mehrheitliche Gesellschafterentscheidung ausgelöst.[1561] Die *Drag-along Rights* basieren auf der Annahme, dass ein potenzieller Exit in Form eines *Trade Sales* in aller Regel am wahrscheinlichsten und wirtschaftlich lukrativsten ist, wenn sämtliche Geschäftsanteile im Wege eines Gesamtverkaufs dem interessierten Erwerber angeboten werden können.[1562]

(2) Ausschließlich vertragliche Sicherheiten – keine typischen Kreditsicherheiten

(a) Covenants – Einfluss- und Kontrollrechte

Obwohl bei der Finanzierung von Start-ups üblicherweise keine adäquaten Sicherheiten zur Verfügung stehen, wie zum Beispiel solche, die von Kreditinstituten bei einer Fremdfinanzierung gefordert werden, versuchen die Investoren ihre Beteiligungen mithilfe von sogenannten Covenants vertraglich abzusichern, um in erhöhtem Maße auf die Geschäftsentwicklung der Gesellschaft Einfluss nehmen und die Gründer kontrollieren zu können.[1563] Professionelle Wagniskapitalgeber fordern regelmäßig umfangreiche vertraglich geregelte Einfluss- und Kontrollrechte, wie Informationsrechte in Form von quartalsweise zu erstellenden Lageberichten der Gesellschaft oder Zustimmungsrechte zu vorher festgelegten Geschäftsführungsmaßnahmen.[1564] Entsprechende Investorenrechte stehen grundsätzlich im Einklang mit dem Wunsch der Gründer nach einer aktiven Unterstützung durch die VC-Geber, können aber bei einer zu starken Ausprägung dem Interesse der Gründer nach Autonomie und unternehmerischer Eigenständigkeit entgegenstehen.[1565]

1561 *Brehm*, Das Venture-Capital-Vertragswerk, S. 168 f.

1562 *Weitnauer*, in: Handbuch Venture Capital, S. 377 f.; *Ziegert*, VC-Beteiligungsvertrag, S. 170; *Ruppen*, Corporate Governance bei VC, S. 203; *Dörrscheidt*, Grenze der Gestaltungsfreiheit, S. 219.

1563 *Ziegert*, VC-Beteiligungsvertrag, S. 82 f.; *Schefczyk*, Venture Capital und Privat Equity, S. 35 ff.; *Brehm*, Das Venture-Capital-Vertragswerk, S. 21; *Leffler*, Haftung bei VC, S. 36.

1564 *Schefczyk*, Venture Capital und Privat Equity, S. 36 f.; *Ziegert*, VC-Beteiligungsvertrag, S. 82 f.; *Brehm*, Das Venture-Capital-Vertragswerk, S. 21; *Leffler*, Haftung bei VC, S. 36.

1565 Zu dem Interesse der Gründer nach Unterstützung und Autonomie siehe Abschnitt F.I.5.a)aa)(3).

(b) Zusicherungs- und Garantieerklärungen

Zusätzlich versuchen professionelle Wagniskapitalgeber ihren Einstieg in Start-ups mit dem Erfordernis der Abgabe von Zusicherungs- und Garantieerklärungen seitens der Gesellschaften, Gründer und ggf. weiteren Altgesellschafter hinsichtlich der Richtigkeit und Vollständigkeit von investitionsrelevanten Informationen abzusichern.[1566] Inhaltlich sind etwa bestehende Rechtsverhältnisse, wie stille Beteiligungen oder sonstige Gewinnbezugsrechte darzulegen. Neben diesen sogenannten *Title*-Garantien geben zumindest die Gründer und Start-ups operative Garantien ab. Hierbei bestätigen diese den VC-Gebern die finanzielle Situation der Gesellschaft, insbesondere die Richtigkeit und Vollständigkeit des letzten Jahresabschlusses. Werden die selbständigen Garantieerklärungen unrichtig oder unvollständig abgegeben, haften je nach Inhalt und Umfang der abgegebenen Garantien das Start-up, die Gründer und Altgesellschafter gesamt- oder teilschuldnerisch gegenüber den VC-Gebern für daraus resultierende Schäden.[1567] Bezüglich des Haftungsinhalts und -umfangs sind jedoch keine allgemeinen Aussagen möglich, da diese grundsätzlich Teil der Vertragsverhandlungen zwischen den Beteiligten sind. Insofern ist eine Haftung unabhängig eines Verschuldens ebenso denkbar, wie auch die Begrenzung des Haftungsregimes auf grobe Fahrlässigkeit im Hinblick auf die fahrlässige Unkenntnis von Tatsachen.[1568]

(3) Weitergehende Interessen der industriellen Investoren

Neben dem grundlegenden finanziellen Interesse jeder Kapitalgebergruppe verfolgen industrielle Investoren[1569] weitergehende strategische Ziele. Insoweit versuchen letztere durch die Förderung von Innovationen ihre Produktpalette für den bestehenden Markt zu erweitern sowie neu entstandene Märkte schnellstmöglich zu erschließen.[1570] Durch die Beteiligung an einem Start-up nutzen diese Geldgeber die Möglichkeit kostengünstig neue Produkt- und Geschäftsideen in das Unternehmen zu integrieren, ohne eigenständige und

1566 Zu den Zusicherungen und Garantien innerhalb von VC-Beteiligungen vgl. *Weitnauer*, in: Handbuch Venture Capital, S. 363, Rn. 152 ff.

1567 Vgl. *Weitnauer*, in: Handbuch Venture Capital, S. 364, Rn. 156 ff.

1568 Typische Zusätze in Regelungen innerhalb von Beteiligungsvereinbarungen sind „nach bester Kenntnis"; vgl. *Weitnauer*, in: Handbuch Venture Capital, S. 364, Rn. 155.

1569 Zu den industriellen Investoren im Einzelnen siehe Abschnitt F.I.4.f).

1570 *Ziegert*, VC-Beteiligungsvertrag, S. 82 f.; *Weitnauer*, in: Handbuch Venture Capital, S. 13, Rn. 24 f.

kostenintensive Entwicklungsprozesse einrichten zu müssen.[1571] Angesichts der strategischen Ausrichtung ist bei industriellen Investoren weder ein vorher bestimmter Anlagehorizont noch eine eindeutige Exit-Perspektive feststellbar.

b) Risiken einer Venture Capital-Beteiligung

Bei VC-Beteiligungen ergeben sich typische ökonomische Risiken aufgrund bestehender Interessengegensätze zwischen den Gründern und VC-Gebern, sowie infolge von Unsicherheiten, die aus der Finanzierung von Unternehmen in deren Frühphasen resultieren. Entsprechende Risiken lassen sich aus der finanzierungstheoretischen Wissenschaft herleiten und sind in sogenannte exogene und endogene Risiken zu unterteilen.[1572]

aa) Exogene Risiken

Im Bereich der Wagniskapitalfinanzierung sind exogene Risiken grundsätzlich solche, die aus dem Beteiligungsvorhaben selbst entstehen. Hierbei handelt es sich, wie nachfolgend im Einzelnen dargestellt wird, um Realisierungs- und Ertragsunsicherheiten bzw. um Risiken betreffend der Fähigkeiten der Gründer oder anderen Know-how-Träger innerhalb der jeweiligen Start-ups.

(1) Realisierungs- und Ertragsunsicherheiten

Realisierungs- und Ertragsunsicherheiten ergeben sich regelmäßig durch bestehende Prognose- und Bewertungsprobleme hinsichtlich der durch die Start-ups anvisierten Märkte.[1573] Aufgrund der meist innovativen Produkt- und Geschäftsideen werden vorwiegend unbekannte Märkte erschlossen, deren positive wirtschaftliche Entwicklungen nicht prognostiziert oder bewertet werden können.[1574] Für entsprechende Prognosen oder Bewertungen fehlen in der Regel ausreichende und fundierte Vergangenheitswerte.[1575] Einzige Bewertungsgrundlage sind bestehende Erfahrungswerte und Branchenkenntnisse der Kapitalgeber, sowie ein von den Gründern erstellter Businessplan.

1571 *Frank*, VC-Magazin 2015, 38 f.

1572 Vgl. *Brehm*, Das Venture-Capital-Vertragswerk, S. 16.

1573 *Stein*, VC-Finanzierungen, S. 2 ff., 35 ff.; *Ruppen*, Corporate Governance bei VC, S. 27; *Brehm*, Das Venture-Capital-Vertragswerk, S. 16; *Möller*, VC-Rechtsformen, S. 24; *Heitzer*, FB 2006, 514; *Krecek*, VC aus Investorensicht, S. 53 f.

1574 *Ruppen*, Corporate Governance bei VC, S. 27 f.; *Brehm*, Das Venture-Capital-Vertragswerk, S. 16; *Heitzer*, FB 2006, 514 f.

1575 Vgl. *Ruppen*, Corporate Governance bei VC, S. 27.

Die sich hieraus ergebenden Unsicherheiten können, je nach Produkt- und Geschäftsidee, zu einem erhöhten Ausfallrisiko der Investitionen auf Seiten der VC-Geber führen, so dass diese ggf. von einer Beteiligung absehen. Entscheiden sich mehrere professionelle Wagniskapitalgeber gegen eine Beteiligung angesichts erhöhter Prognose- und Bewertungsschwierigkeiten, kann dies auf Seiten der Gründer und Start-ups zu weitergehenden Unsicherheiten bezüglich einer ausreichenden Finanzierung des Vorhabens führen.[1576]

(2) Humankapital – Bindung von Gründern und Know-how-Trägern

Der wirtschaftliche Erfolg eines Start-ups steht grundsätzlich in Abhängigkeit zu den Fähigkeiten der einzelnen Gründer und weiterer Know-how-Träger innerhalb des Unternehmens.[1577] So ist beispielsweise die Umsetzung einer Produkt- oder Geschäftsidee nur durch die Gründer möglich, wenn lediglich diese derartige (Programmier-)Kenntnisse haben, um den für die Geschäftsentwicklung erforderlichen Algorithmus zu verwenden. Demzufolge sind Finanzierungsvorhaben von VC-Gebern hauptsächlich Investitionen in das Humankapital der einzelnen Start-ups.[1578] Je besser die Gründer die Produkt- oder Geschäftsidee vorantreiben und umsetzen, umso höher ist die Wahrscheinlichkeit eines wirtschaftlichen Erfolges des Start-ups. Das so bestehende Abhängigkeitsverhältnis ist für professionelle Wagniskapitalgeber ein weiteres exogenes Risiko, welches die beabsichtigte Wertsteigerung und -realisierung der eigenen Beteiligung beeinflussen kann. Insofern ist es Aufgabe der Investoren potenzielle Abgänge von Gründern oder Know-how-Trägern aus dem Unternehmen einzuschätzen und diese ggf. zu verhindern. Dementsprechend beinhaltet die Investition in das Humankapital eines Start-ups das Risiko, dass die Geschäfts- oder Produktidee infolge des Ausscheidens von Gründern oder Know-how-Trägern nicht erfolgreich umgesetzt werden kann.

(a) Vesting und Incentivierung mittels Mitarbeiterbeteiligungsprogramm sowie Wettbewerbsverbote

Die VC-Beteiligungsverträge sehen typischerweise Regelungen vor, welche die Gründer und Know-how-Träger an die Unternehmen binden und einen Ausstieg verhindern sollen.[1579] Entsprechende Ziele erreichen VC-Geber

---

1576 *Brehm*, Das Venture-Capital-Vertragswerk, S. 16; *Heitzer*, FB 2006, 514 f.

1577 *Ruppen*, Corporate Governance bei VC, S. 27 f.; *Brehm*, Das Venture-Capital-Vertragswerk, S. 16; *Heitzer*, FB 2006, 514 f.

1578 Vgl. *Leopold*, DStR 1999, 470 (476).

1579 *Antonczyk*, VC-Verträge, S. 117 ff.

üblicherweise durch die Vereinbarung von sogenannten *vesting-Klauseln* oder Beteiligungsprogramme für Mitarbeiter, die für das einzelne Start-up von wesentlicher Bedeutung sind. Während Beteiligungsprogramme eine Incentivierung der Mitarbeiter darstellen, sehen *vesting-Klauseln* den vollständigen oder teilweisen Verlust der gesellschaftsrechtlichen Beteiligung an der Gesellschaft vor, soweit die Tätigkeit im Unternehmen aufgegeben wird.[1580] Insoweit steht die Beteiligung der Gründer als Gesellschafter in engem Zusammenhang mit deren Tätigkeit als Geschäftsführer oder Mitarbeiter im Unternehmen. In Anbetracht dessen nehmen die Geldgeber zusätzlich Einfluss auf die Inhalte der Anstellungsverträge. Diese werden im Rahmen der Beteiligung des VC-Gebers in der Regel neu verhandelt und um Verbote von Tätigkeiten ergänzt, welche in unmittelbaren Wettbewerb zum jeweiligen Start-up stehen.[1581] Zudem stellen professionelle Wagniskapitalgeber vertraglich sicher, dass sämtliche für die Weiterentwicklung der Geschäfts- oder Produktideen erforderlichen gewerblichen Schutzrechte und Patente bei der Finanzierung der Gesellschaft im Unternehmen liegen und nicht bei Abgängen der Gründer und Know-how-Träger verloren gehen.[1582]

(b) Vinkulierung, Vorerwerbsrechte und Mitveräußerungsrechte – Tag-along Rights

Neben der dargestellten *vesting-Klausel*, versuchen professionelle Wagniskapitalgeber die Gründer, als Mitgesellschafter der Start-ups, auch durch die Vereinbarung von Vinkulierungsregelungen und Vorerwerbsrechten sowie die Einräumung von Mitveräußerungsrechten an die Gesellschaften zu binden.

Bei der Vinkulierung von Geschäftsanteilen handelt es sich um Anteilsübertragungssperren an gesellschaftsfremde Dritte bzw. die Möglichkeit der Gründer, nur vorbehaltlich einer Zustimmung durch die VC-Geber oder der übrigen Gesellschafter im Wege einer Beschlussfassung ihre Geschäftsanteile ganz oder teilweise an solche Dritte übertragen zu dürfen.[1583] Teilweise werden die Vinkulierungsregelungen mit Vorkaufsrechten der übrigen Gesellschafter im Sinne

---

1580 Vgl. *Weitnauer*, in: Handbuch Venture Capital, S. 383, Rn. 220 ff.; zur Zulässigkeit von *vesting*-Klauseln innerhalb von VC-Beteiligungsverträgen siehe *Brehm*, Das Venture-Capital-Vertragswerk, S. 143 ff.

1581 *Brehm*, Das Venture-Capital-Vertragswerk, S. 148; *Weitnauer*, in: Handbuch Venture Capital, S. 387, Rn. 235 ff.

1582 *Weitnauer*, in: Handbuch Venture Capital, S. 386, Rn. 229 ff.

1583 *Brehm*, Das Venture-Capital-Vertragswerk, S. 163; *Weitnauer*, in: Handbuch Venture Capital, S. 205, Rn. 38.

der §§ 463 ff. BGB verbunden, so dass der veräußerungswillige Gesellschafter seine Beteiligung an dem Start-up zunächst den verbleibenden Gesellschaftern zu denselben Konditionen andienen muss, bevor dieser anschließend zur Veräußerung an einen gesellschaftsfremden Dritten berechtigt wäre, soweit kein Gesellschafter die angedienten Geschäftsanteile vorab erwirbt.[1584]

Während die vorgenannten Vinkulierungsregelungen und Vorkaufsrechte eine unkontrollierte Veräußerung von Geschäftsanteilen an Dritte zu verhindern bzw. erschweren versuchen, berechtigen vertragliche Mitveräußerungsrechte die VC-Geber ihre Geschäftsanteile teilweise oder vollständig mitzuveräußern, sofern ein Gründergesellschafter seine Beteiligung an einen Erwerbsinteressenten veräußern möchte. Entsprechend dem Interesse von professionellen Wagniskapitalgebern, das Humankapital und vor allem die Gründer an die Gesellschaft zu binden, ermöglichen sogenannte *Tag-along Rights* das Mitausscheiden der Geldgeber durch einen *Trade Sale*, wenn die Know-how-Träger das Unternehmen verlassen und somit eine weitere Wertsteigerung der Beteiligungen an den jeweiligen Start-ups als unwahrscheinlich erachtet wird.[1585] Je nach inhaltlicher Ausgestaltung des Mitveräußerungsrechts, sind die VC-Geber berechtigt, dem Erwerbsinteressenten ihre Geschäftsanteile zu denselben Konditionen vorrangig und vollständig oder *pro rata* im Verhältnis der Gesellschafter untereinander anzubieten. Sollten etwaige Voraussetzungen des *Tag-along Rights* nicht erfüllt sein, wäre der professionelle Wagniskapitalgeber berechtigt, einer Übertragung der Geschäftsanteile des veräußerungswilligen Gründers an den Erwerbsinteressenten nicht zuzustimmen, so dass, in Abhängigkeit zu den Bestimmungen der Vinkulierung, eine Verfügung des Gründers ggf. vertraglich nicht zulässig wäre.

bb) Endogene Risiken

Endogene Risiken ergeben sich unmittelbar aus den (Vertrags-)Beziehungen zwischen den Gründern und VC-Gebern.[1586] Abgleitet aus der

1584 Zu den Vinkulierungs- und Vorerwerbsregelungen siehe auch *Möller*, VC-Rechtsformen, S. 70 ff., 99 ff.; *Antonczyk*, VC-Verträge, S. 117 ff.; *Dörrscheidt*, Grenze der Gestaltungsfreiheit, S. 153 ff.; *Brehm*, Das Venture-Capital-Vertragswerk, S. 163 f.

1585 *Brehm*, Das Venture-Capital-Vertragswerk, S. 162 ff.

1586 *Ruppen*, Corporate Governance bei VC, S. 28 ff.; *Heitzer*, FB 2006, 514 f.; *Brehm*, Das Venture-Capital-Vertragswerk, S. 17.

wirtschaftswissenschaftlichen Principal-Agent-Theorie[1587], handelt es sich bei endogenen Risiken um Informationsasymmetrien vor oder nach Vertragsschluss, sowie um Anreizkonflikte zum vertragsgemäßen Verhalten.[1588] Im Einzelnen lassen sich die für VC-Beteiligungen relevanten Risiken wie folgt unterteilen.

(1) Hidden Information

Das Risiko der *Hidden Information* umschreibt die Gefahr des Verschweigens oder der nicht wahrheitsgemäßen Wiedergabe von entscheidenden Informationen durch die Gründer gegenüber den VC-Gebern.[1589] Aufgrund der ausgeprägten fachlichen Ausrichtung und der hohen Beschäftigungsintensität im eigenen Unternehmen erhalten Gründer ein vertieftes Verständnis für die Realisierbarkeit der angestrebten Innovationen.[1590] Demzufolge entsteht gegenüber den interessierten VC-Gebern ein Informationsvorsprung. Dieser Vorsprung führt dazu, dass die Gründer entscheiden können, welche Informationen an die Investoren weitergegeben und welche diesen verschwiegen werden sollen.[1591] Darüber hinaus neigen Gründer teilweise dazu, die Geschäftsentwicklung zu optimistisch einschätzen. Dies resultiert aus einer zu persönlichen Bindung zu dem eigenen Produkt und der typischerweise fehlenden unternehmerischen

---

1587 Der sogenannte *Principal* wäre in diesem Fall der VC-Geber als Unternehmenseigentümer bzw. Kapitalgeber, während die Gründer/Geschäftsführer als die sogenannten *Agenten* anzusehen sind; vgl. *Schefczyk*, VC-Strategien, S. 113.

1588 Zur Principal-Agent-Theorie im VC-Bereich ausführlich *Schefczyk*, Venture Capital und Privat Equity, S. 49 ff.; *Schefczyk*, VC-Strategien, S. 113 ff.; *Ruppen*, Corporate Governance bei VC, S. 28 ff.; *Stein*, VC-Finanzierungen, S. 34 ff.; *Ziegert*, VC-Beteiligungsvertrag, S. 56 ff.; *Nathusius*, Syndizierte VC-Finanzierung, S. 48 ff.; *Möller*, VC-Rechtsformen, S. 24 ff.; *Brehm*, Das Venture-Capital-Vertragswerk, S. 17; *Krecek*, VC aus Investorensicht, S. 50 ff.

1589 *Nathusius*, Syndizierte VC-Finanzierung, S. 52 ff.; *Brehm*, Das Venture-Capital-Vertragswerk, S. 17; *Schefczyk*, VC-Strategien, S. 122 f.; *Schefczyk*, Venture Capital und Privat Equity, S. 49, 58 f.; *Möller*, VC-Rechtsformen, S. 25.

1590 *Brehm*, Das Venture-Capital-Vertragswerk, S. 17; *Möller*, VC-Rechtsformen, S. 25; *Antonczyk*, VC-Verträge, S. 88 ff. Insoweit wird auch von einer adversen Selektion der Risiken gesprochen, siehe hierzu *Stein*, VC-Finanzierungen, S. 35 f.; *Ruppen*, Corporate Governance bei VC, S. 28 ff.; *Schefczyk*, VC-Strategien, S. 123; *Antonczyk*, VC-Verträge, S. 90; *Nathusius*, Syndizierte VC-Finanzierung, S. 52 f. bezeichnet dies als Qualitätsunsicherheit.

1591 *Nathusius*, Syndizierte VC-Finanzierung, S. 52 ff.; *Antonczyk*, VC-Verträge, S. 88; *Brehm*, Das Venture-Capital-Vertragswerk, S. 17.

Erfahrung.[1592] Eine bestehende Informationsasymmetrie zugunsten der Gründer beinhaltet also nicht nur die Gefahr des Verschweigens von Informationen, sondern birgt zudem das Risiko der verstärkt positiven bzw. nicht tatsachengerechten Darstellung von wesentlichen Informationen gegenüber den Investoren.

Auch im umgekehrten Fall können Informationsasymmetrien zwischen den Beteiligten bestehen.[1593] Dies ist beispielsweise möglich, wenn die Produkt- oder Geschäftsidee durch externe Faktoren, wie marktbezogene Kriterien, bewertbar ist.[1594] Insoweit haben VC-Geber in der Regel erweiterte Branchenkenntnisse, mit denen eine Bewertung der Produkt- oder Geschäftsidee leichter möglich erscheint.

Als Unterpunkt der *Hidden Information* ist das Risiko der *Hidden Characteristics* zu nennen. Hierbei handelt es sich um die Gefahr der Vortäuschung von tatsächlich fehlenden unternehmerischen Fähigkeiten oder sonstigen Qualifikationsmerkmalen durch die Gründer gegenüber den VC-Gebern.[1595] Ähnlich wie bei den *Hidden Information* sollen ebenso bei den *Hidden Chracteristics* die Investoren von der erfolgsversprechenden Entwicklung des Start-ups überzeugt werden, um sie so zu einer Finanzierung zu bewegen.[1596]

(2) Hold-up

Die Gefahr eines *Hold-up* beschreibt das Ausnutzen von Abhängigkeiten der einen Vertragsseite von der anderen nach der Vertragsunterzeichnung im Rahmen eines opportunistischen Verhaltens.[1597] Entsprechende Abhängigkeiten werden durch einseitige opportunistische Verhaltensweisen geschaffen und dienen dazu, die andere Vertragsseite unter Druck zu setzen, um diese

---

1592 *Nathusius*, Syndizierte VC-Finanzierung, S. 53 f.

1593 Vgl. *Möller*, VC-Rechtsformen, S. 26.

1594 Vgl. *Nathusius*, Syndizierte VC-Finanzierung, S. 53 f.

1595 *Schefczyk*, Venture Capital und Privat Equity, S. 49; *Brehm*, Das Venture-Capital-Vertragswerk, S. 17; *Nathusius*, Syndizierte VC-Finanzierung, S. 52 f.; *Krecek*, VC aus Investorensicht, S. 52 f.

1596 *Nathusius*, Syndizierte VC-Finanzierung, S. 52 f.; *Brehm*, Das Venture-Capital-Vertragswerk, S. 17; *Krecek*, VC aus Investorensicht, S. 52 f.

1597 *Schefczyk*, VC-Strategien, S. 121; *Schefczyk*, Venture Capital und Privat Equity, S. 50; *Nathusius*, Syndizierte VC-Finanzierung, S. 59 f.; *Houben*, VC-Vertragsgestaltung, S. 54 ff.; *Brehm*, Das Venture-Capital-Vertragswerk, S. 18; *Antonczyk*, VC-Verträge, S. 96 ff.; *Heitzer*, FB 2006, 514 (515).

beispielsweise zu Neuverhandlungen zu zwingen.[1598] Die Erscheinungsformen von opportunistischem Verhalten sind vielfältig. Neben der Androhung des Abzugs von Humankapital[1599] durch die Gründer, kann auch die Verweigerung einer gemeinsamen Geschäftsstrategie[1600] bzw. die Verhinderung eines angestrebten Exits[1601] zu einem *Hold-up* führen.

(3) Hidden Action

Während bei einem *Hold-up* opportunistisches Verhalten der Begründung eines Abhängigkeitsverhältnisses dient, handelt es sich bei einer *Hidden Action* um allgemeine Verhaltensrisiken der anderen Vertragsseite. Insoweit besteht beispielsweise die Gefahr, dass eingeräumte Verhaltensspielräume einseitig ausgenutzt werden.[1602] Ein entsprechendes Verhalten wird als *Moral Hazard* bezeichnet und resultiert aus fehlenden Anreizen zum vertragskonformen Verhalten einer Vertragspartei.[1603]

Auf Seiten der VC-Geber handelt es sich im Einzelnen um das Risiko der missbräuchlichen Verwendung von Humankapital oder finanziellen Mitteln durch die Gründer, wonach die Kapitalgeber die Ressourcen primär zu anderen Zwecken dem Start-up und den Gründern zur Verfügung stellen.[1604] So ist es möglich, dass die Gründer die bereitgestellten Ressourcen für anderweitige Produkt- und Geschäftsideen[1605] oder nicht erforderliche Geschäftsreisen[1606]

1598 Vgl. *Nathusius*, Syndizierte VC-Finanzierung, S. 59; *Möller*, VC-Rechtsformen, S. 25 f.

1599 *Hold-up* 1. Art.

1600 *Hold-up* 2. Art.

1601 *Hold-up* 3. Art; hierzu insgesamt *Brehm*, Das Venture-Capital-Vertragswerk, S. 17 f.; *Antonczyk*, VC-Verträge, S. 96 ff.

1602 *Nathusius*, Syndizierte VC-Finanzierung, S. 56; *Antonczyk*, VC-Verträge, S. 92 ff.

1603 Siehe hierzu auch *Schefczyk*, Venture Capital und Privat Equity, S. 50; *Nathusius*, Syndizierte VC-Finanzierung, S. 56 f.; *Stein*, VC-Finanzierungen, S. 38 ff.; *Möller*, VC-Rechtsformen, S. 26; *Ruppen*, Corporate Governance bei VC, S. 28 ff.

1604 Vgl. *Nathusius*, Syndizierte VC-Finanzierung, S. 56 ff.; *Brehm*, Das Venture-Capital-Vertragswerk, S. 17 f.; *Heitzer*, FB 2006, 514 (515); als missbräuchliche Verwendung wird hier auch die Verringerung des Arbeitseinsatzes der Gründer verstanden (sogenanntes *Shirking*); siehe hierzu *Nathusius*, Syndizierte VC-Finanzierung, S. 56 ff.

1605 Insoweit besteht die Gefahr, dass die Gründer Investitionsentscheidungen treffen, die nicht mit den abgesprochenen Zielen der VC-Geber vereinbar sind; vgl. *Nathusius*, Syndizierte VC-Finanzierung, S. 57 f.

1606 Hierbei handelt es sich um versteckten, arbeitsplatzbezogenen Konsum (sogenannte Perk Consumption), der im Ergebnis zu einer Verringerung des

verwenden, anstatt das Start-up strategisch und kaufmännisch voranzutreiben.[1607] In der Folge kann eine *Hidden Action* zu Manipulationen der Unternehmensbilanzen führen, um so die missbräuchliche Mittelverwendung gegenüber den Wagniskapitalgebern im Sinne der *Hidden Information*[1608] zu verschweigen.[1609]

Auf Seiten der Start-ups sind *Hidden Actions* hinsichtlich vereinbarter Unterstützungshandlungen der VC-Geber denkbar. Der professionelle Wagniskapitalgeber kann etwa nach der Vertragsunterzeichnung die zugesagten Beratungsleistungen nicht erbringen oder, aufgrund eines fehlenden Interesses an dem Unternehmen bzw. dessen Entwicklungsprozess, von weiteren finanziellen Zusagen absehen.[1610]

Unternehmenswertes führt; siehe hierzu *Nathusius*, Syndizierte VC-Finanzierung, S. 57 f.

1607 *Nathusius*, Syndizierte VC-Finanzierung, S. 56 ff.; *Brehm*, Das Venture-Capital-Vertragswerk, S. 17 f.; *Heitzer*, FB 2006, 514 (515).

1608 Zu den *Hidden Information* siehe Abschnitt F.I.5.b)bb)(1).

1609 Insoweit werden Bilanzmanipulationen oder sonstige missbräuchliche Verhalten als *Moral Hazard* entsprechend der *Hidden Information* bezeichnet, siehe hierzu *Nathusius*, Syndizierte VC-Finanzierung, S. 56 ff. m.w.N.

1610 Vgl. *Nathusius*, Syndizierte VC-Finanzierung, S. 58.

c) *Tabellarischer Vergleich Interessen Kleinanleger als Teil der Crowd und Venture Capital-Geber*

Kleinanleger	VC-Geber
• Hauptmotiv: Monetäre Rendite und Renditemaximierung durch wirtschaftliche Beteiligung am Gewinn-, Unternehmenswert und ggf. Exit-Erlös; zeitlich unbegrenzter Anlagehorizont möglich (*Life-Time*-Beteiligung)	• Hauptmotiv: Monetäre Rendite und Renditemaximierung durch Wertsteigerung und -realisierung der unmittelbaren Beteiligung als Gesellschafter ausschließlich durch einen Exit innerhalb eines Anlagehorizonts von drei bis sieben Jahren Absicherung der Wertsteigerung und -realisierung mittels Exit-Fähigkeit der Beteiligung durch Bindung der Gründer (z.B. durch *vesting*-Regelungen) und VC-typische Regelungen (wie etwa *Drag-* und *Tag-along-Rights*) sowie Kontrolle von Liquiditätsab-nd -zuflüssen (insb. durch Erlös- und Liquiditätspräferenzen)
• Einräumung von Informations- und Kontrollrechten; Mitsprache-/ Stimmrechte der Crowd nicht erforderlich	• Einräumung von Covenants im Rahmen von Einfluss- und Kontrollrechten (Zustimmungsrechte zu Geschäftsführermaßnahmen und Garantien) und insbesondere von Stimm- und Mitspracherechten als Gesellschafter der Start-ups zur Reduzierung von exogenen und endogenen Risiken
• Keine eigenständige Unternehmensbewertung; Absicherung durch *Down-Round-Protection*	• Eigenständige Unternehmens-bewertung und Verhandlung mit Gründern sowie Absicherung durch *Down-Round-Protection*
• Altruistische oder idealistische Motive möglich, aber nachrangig	• Grundsätzlich ausschließlich monetäre Motive; bei industriellen Investoren zusätzlich strategische Motive möglich
• Geringer Verwaltungsaufwand mit der Beteiligung	• Erhöhter Verwaltungsaufwand bzgl. der Beteiligung, vor allem im Hinblick auf etwaige Einflussrechte und ggf. Unterstützungshandlungen gegenüber den Gründern und den jungen Unternehmen

II. Definition, Bedeutung und Erforderlichkeit einer rechtlichen Kompatibilität

1. Definition und Bedeutung einer rechtlichen Kompatibilität

Eine Kompatibilität des Crowdinvesting-Modells mit den Beteiligungsanforderungen von VC-Gebern ist anzunehmen, wenn die Interessenlagen der einzelnen Beteiligten innerhalb der Finanzierung eines Start-ups mit den jeweiligen Rendite- und Risikoprofilen etwaiger Finanzierungspartner korrelieren.[1611] Aufgrund des gegenwärtigen Investitionsvolumens des deutschen VC-Marktes gegenüber der Nischenfinanzierung mittels Crowdinvesting ist für eine erfolgsversprechende Kompatibilität festzustellen, dass das Crowdinvesting-Modell die Interessen und Risikoerwägungen der VC-Geber ausreichend zu berücksichtigen hat. In Anbetracht dessen steht das Crowdinvesting-Modell, wie nachfolgend näher darzulegen[1612] ist, im Bereich der Beteiligung an Start-ups in Abhängigkeit zu Anschluss- bzw. Co-Finanzierungen durch professionelle Wagniskapitalgeber. Von einer rechtlichen Kompatibilität kann also ausgegangen werden, soweit der durch den Gesetzgeber vorgegebene Rechtsrahmen und die rechtlichen Ausgestaltungen der Crowdinvesting-Verträge die Interessen- und Risikolagen der VC-Geber angemessen berücksichtigen und einbeziehen.

2. Erforderlichkeit einer Kompatibilität

Im Zusammenhang mit dem Vergleich des Crowdinvesting-Modells und den VC-Investitionen durch professionelle Wagniskapitalgeber ist die Frage zu stellen, inwieweit eine Vereinbarkeit beider Finanzierungsformen für Start-ups überhaupt erforderlich ist. Die Erforderlichkeit einer Kompatibilität beider Investmentvarianten kann sich auf mehreren Ebenen ergeben.

Zum einen erfolgt die Finanzierung durch die Crowd regelmäßig in den Seed-Phasen der Gesellschaften, in der selbst VC-Geber teilweise von einer Investition

---

1611 Siehe hierzu auch *Weitnauer*, in: Handbuch Venture Capital, S. 224 ff.; *Business Angels Netzwerk Deutschland e.V.*, BANDquartal 1/2014, abrufbar unter *https://www.business-angels.de/ausgabe-012014/* [zuletzt aufgerufen am 12.05.2022], S. 6 ff.; *Huber*, Crowdfunding und Venture Capital Anschlussfinanzierung – Das funktioniert, abrufbar unter *http://hoganlovells-blog.de/2014/08/14/crowdfunding-und-venture-capital-anschlussfinanzierung-das-funktioniert/* [zuletzt aufgerufen am 12.05.2022]. Vgl. auch *Weitnauer*, GWR 2015, 309 (312).

1612 Siehe hierzu ausführlich Abschnitt F.II.2.

absehen und erst zeitlich versetzt, mittels einer Anschlussfinanzierung, eine Beteiligung an dem jeweiligen Start-up avisieren.[1613] Das Crowdinvesting-Modell ist zwar in der Lage das sogenannte *Early-Stage-Gap*[1614] zu schließen. Allerdings reichen die gegenwärtig bei Crowdinvesting-Kampagnen eingesammelten Kapitalsummen in aller Regel nicht aus, um ein junges Unternehmen durch sämtliche in Abschnitt F.I.3 dargestellten Finanzierungs- und Investitionsphasen zu begleiten.[1615] Folglich sind die kapitalsuchenden Gesellschaften stets auf weitere Finanzierungsarten angewiesen, von denen in der Frühphase Venture Capital eine aussichtsreiche Variante sein kann. Wären die Crowdinvesting-Verträge nicht mit VC-Beteiligungen kompatibel, würde den durch die Crowd finanzierten Start-ups solange eine Finanzierungseinbahnstraße drohen, bis klassische Finanzierungsvarianten, wie Bankkredite, möglich erschienen. Ein Großteil der potenziellen Risikofinanzierer würde hierbei nicht mehr in Frage kommen.

Zum anderen ergibt sich die Frage einer Kompatibilität auch im Rahmen von Co-Finanzierungen zwischen VC-Gebern und der Crowd. Infolge einer höheren gemeinsamen Finanzierungkraft und einer weiteren Risikodiversifizierung durch mehrere unterschiedliche Kapitalgebergruppen, haben Kleinanleger die Möglichkeit, nicht nur in der Seed-Phase eines Start-ups zu partizipieren, sondern sich zudem mittelfristig in späteren Entwicklungsphasen gemeinsam mit professionellen Wagniskapitalgebern zu beteiligen. Die Vorteile von Co-Finanzierungen sind offensichtlich. So können die VC-Geber als sogenannte *Leadinvestoren* handeln, die grundsätzlich mit VC-Erfahrung investieren, sowie die für professionelle Investoren typischen Unterstützungs- und Kontrollhandlungen gegenüber dem Start-up übernehmen. Daneben haben gleichfalls professionelle Geldgeber die Möglichkeit, von einer finanziellen Beteiligung der Crowd zu profitieren. Neben den Vorteilen des Crowdinvesting-Modells, wie

---

1613 Zu den einzelnen Finanzierungs- und Investitionsphasen siehe Abschnitt F.I.3.

1614 Vgl. etwa *Business Angels Netzwerk Deutschland e.V.*, BANDquartal 1/2014, abrufbar unter *https://www.business-angels.de/ausgabe-012014/* [zuletzt aufgerufen am 12.05.2022], S. 4; *Ivanović*, Crowdinvesting, S. 62. Zum Begriff *Early-Stage-Gap* siehe Abschnitt B.II.1.b).

1615 Wobei infolge der aus dem VermAnlG resultierenden Maximalinvestitionsschwelle von sechs Millionen Euro inzwischen auch Anschlussfinanzierungen durch die Crowd möglich erscheinen. Siehe hierzu insgesamt auch *Weitnauer*, GWR 2015, 309 (310, 312). Vgl. auch *Ivanović*, Crowdinvesting, S. 62.

erweiterter Marketing-Effekte und erster Kundenresonanzen durch einzelne Kleinanleger, können VC-Geber als Teil des Schwarms dessen Intelligenz für eine Einschätzung der Erfolgsaussichten einzelner Start-ups nutzen.[1616] Dahingehend wird teilweise die Ansicht vertreten, dass selbst bei wirtschaftlichen Einschätzungen der Schwarm erfolgreichere Entscheidungen treffen kann als einzelne erfahrene Geldgeber.[1617]

III. Szenarien einer rechtlichen Kompatibilität

Unter Berücksichtigung der in Abschnitt F.I dargestellten unterschiedlichen VC-Geber-Gruppen in Deutschland, sowie der Interessen- und Risikolagen bei VC-Investitionen, erscheinen derzeit zwei Szenarien einer Kompatibilität mit dem Crowdinvesting-Modell rechtlich möglich. Zum einen ist eine unmittelbare Partizipation der professionellen Kapitalgeber als Teil der Crowd denkbar (F.III.1).[1618] Insoweit wären diese, wie sämtliche Kleinanleger, ebenfalls Zeichner von den für das Crowdinvesting-Modell gegenwärtig verwendeten partiarischen Nachrangdarlehen oder stillen Beteiligungen. Zum anderen besteht die Möglichkeit der Beteiligung von VC-Gebern neben den einzelnen Kleinanlegern (F.III.2). Hierbei würden die professionelle Wagniskapitalgeber weiterhin die für VC-Investitionen üblichen Eigenkapitalfinanzierungen durchführen, während die einzelnen Kleinanleger Crowdinvesting-Verträge zeichnen.

1. Venture Capital-Geber als Teil der Crowd

Unter Bezugnahme der in Abschnitt F.II.1 herausgearbeiteten Definition einer Kompatibilität des Crowdinvesting-Modells mit den Beteiligungsgrundsätzen der VC-Geber, ist eine Vereinbarkeit zwischen der Crowd und professionellen Wagniskapitalgebern innerhalb des Crowdinvesting-Modells anzunehmen, wenn die Interessen- und Risikolagen der VC-Geber ausreichend in den Crowdinvesting-Verträgen abgebildet werden. Hierzu müssen sich die für eine

1616 Zu den Vorteilen des Crowdinvesting-Modells siehe auch Abschnitt B.II.1.b). Im Vergleich zu Business Angels siehe auch *Business Angels Netzwerk Deutschland e.V.*, BANDquartal 1/2014, abrufbar unter *https://www.business-angels.de/ausgabe-012014/* [zuletzt aufgerufen am 12.05.2022], S. 4 f., 8 ff.

1617 Siehe hierzu etwa *Hock*, F.A.Z. - Investieren im Netz: Die Crowd hat die besseren Start-ups, abrufbar unter *https://www.faz.net/1.4998778* [zuletzt aufgerufen am 12.05.2022].

1618 Zur Idee schon damals *Klöhn/Hornuf*, ZBB 2012, 237 (244).

Finanzierung von professionellen Investoren typischen Vertragsklauseln in den Crowdinvesting-Verträgen wiederfinden, um so die für VC-Geber erwünschte Exit-Fähigkeit der Start-ups zu gewährleisten.[1619] Ferner dürfen die anderweitigen Vertragsbeziehungen zwischen den Start-ups und den Kleinanlegern nicht die Umsetzung der Beteiligungsgrundsätze der VC-Geber erschweren bzw. unmöglich machen. Zusätzlich sehen sich professionelle Wagniskapitalgeber nur dann in der Lage, Crowdinvesting-Verträge mit den Start-ups abzuschließen, soweit der durch den Gesetzgeber hierfür bestimmte Rechtsrahmen entsprechende VC-Investitionen und Beteiligungsgrundsätze angemessen berücksichtigt.

a) *Venture Capital-Geber als Crowdinvestor*

Primär ist die Finanzierung von Start-ups im Rahmen von Crowdinvesting-Verträgen für solche professionelle Wagniskapitalgeber denkbar, die von Eigenkapitalbeteiligungen und damit der Stellung als Gesellschafter innerhalb der Unternehmen absehen können. Ferner sind Crowd-Finanzierungen für diejenigen VC-Geber eine Alternative, die geringe Kapitalsummen vor allem in der Frühphase der Gesellschaften investieren. Zudem eignen sich Beteiligungen mittels Crowdinvesting für Geldgeber, die Start-ups ausschließlich durch einen finanziellen Beitrag unterstützen wollen, ohne dabei einen unmittelbaren Einfluss auf die Geschäfte der Unternehmen zu nehmen.

Neben VC-Gebern aus der Gruppe der Familien und Freunde kommen finanzielle Beteiligung an Start-ups mittels Crowdinvesting-Verträgen bei Business Angels in der Form der Finanzierungs-Angels in Betracht. Insofern unterstützen diese Geschäfts- und Produktideen mit einem finanziellen Beitrag, ohne weitergehende Beratungs- oder sonstige Unterstützungsleistungen zu erbringen.[1620] Mit Blick auf weitergehende Unterstützungshandlungen scheiden solche Business Angels als Crowdinvestoren aus, die als Unternehmer-Angels und Berater-Angels den Start-ups ein Netzwerk von interessanten Kontakten zur Verfügung stellen und die Gründer bei ihrer Geschäftsentwicklung aktiv unterstützen. Derartige Investoren versprechen sich grundsätzlich wirtschaftlich attraktivere Konditionen hinsichtlich ihrer Beteiligungen an dem jeweiligen Start-up als sonstige Geldgeber, die lediglich eine finanzielle Partizipation eingehen. Dementsprechend kommen regelmäßig die weiteren in Abschnitt F.I.4

1619 *Weitnauer*, GWR 2015, 309 (312).
1620 Zu den Business Angels siehe ausführlich Abschnitt F.I.4.c).

genannten VC-Geber nicht als Vertragspartner eines Crowdinvesting-Vertrages in Betracht. Insbesondere unabhängige VC-Gesellschaften, industrielle Investoren und Geldgeber aus dem Bereich des Public Venture Capital, werden keine von den Crowdinvesting-Plattformen erarbeiteten und nicht einzeln ausverhandelte Vereinbarungen zeichnen.[1621]

b) Crowdinvesting-Vertrag versus Venture Capital-Beteiligungsgrundsätze

Unter Heranziehung der Erkenntnis aus vorgenanntem Abschnitt F.III.1.a) kann davon ausgegangen werden, dass zumindest für Business Angels, in der Form der Finanzierung-Angels, eine Investition innerhalb des Crowdinvesting-Modells sinnvoll erscheint. Hierzu müssten allerdings die standardmäßig ausgegebenen Crowdinvesting-Verträge die für eine VC-Investition typischen Beteiligungsgrundsätze angemessen berücksichtigen und entsprechende Vertragsklauseln beinhalten.

aa) Verwässerung und Verwässerungsschutz der Beteiligungsquoten

Grundlegender Regelungsinhalt bei VC-Investitionen ist die mit Anschlussfinanzierungen im Zusammenhang stehende wirtschaftliche Verwässerung[1622] der Beteiligungsquoten bereits investierter Kapitalgeber.[1623] Während bei Eigenkapitalfinanzierungen durch die Erhöhung des Stammkapitals der Gesellschaften und die Übernahme neu ausgegebener Geschäftsanteile die Beteiligungen der Altgesellschafter ohne weitere Bezüge verwässern, ist dies bei vertraglich geregelten Beteiligungsquoten grundsätzlich nicht der Fall. Insoweit sehen die Crowdinvesting-Vereinbarungen von *Companisto* und *Seedmatch* richtigerweise die vertragliche Verwässerung der individuellen Beteiligungsquoten der Crowdinvestoren bei Folgefinanzierungen vor.[1624] Zwar ist die vereinbarte Verwässerung der Beteiligungsquoten für die Geldgeber zunächst nicht vorteilhaft, erleichtert jedoch den Einstieg von weiteren Investoren durch Anschlussfinanzierungen. Ohne Verwässerung der Beteiligungsquoten der Altinvestoren würden diese anderenfalls überproportional von der durch die Folgenfinanzierung

---

1621 Vgl. *Klöhn*, ZIP 2017, 2125 (2126 ff.). Im Einzelnen siehe hierzu der nachfolgende Abschnitt F.III.1.b).

1622 Zur Verwässerung siehe Abschnitt B.II.2.e).

1623 Vgl. *Weitnauer*, in: Handbuch Venture Capital, S. 359, Rn. 137, S. 356, Rn. 128 ff.

1624 Zum Thema Verwässerung und Verwässerungsschutz siehe Abschnitt B.II.2.e).

erweiterten Kapitalstruktur der Gesellschaften profitieren und Folgeinvestoren von solchen nachgelagerten Finanzierungen absehen.[1625] Zudem halten die Vereinbarungen mit der Crowd einer AGB-Kontrolle stand, so dass mitunter professionelle Wagniskapitalgeber eine Verwässerung ihrer Beteiligungsquoten akzeptieren müssten.[1626]

Zusätzlich enthalten die Crowdinvesting-Verträge den bei VC-Beteiligungen typischerweise vereinbarten Schutz vor niedrigeren Unternehmensbewertungen bei nachfolgenden Finanzierungsrunden durch eine sogenannte *Down-Round-Protection*.[1627] Insofern ist eine Verwässerung der individuellen Beteiligungsquoten bei Anschlussfinanzierungen ausgeschlossen, soweit diese auf Grundlage einer niedrigeren Unternehmensbewertung erfolgen, als die zeitlich vorgelagerte Finanzierung. Hierbei werden die Altinvestoren vor einer Abwertung der eigenen Beteiligungen geschützt, da Folgeinvestoren aufgrund einer niedrigeren Unternehmensbewertung eine höhere Beteiligungsquote mit weniger Kapitaleinsatz erhalten würden.[1628] Etwaige Schutzmechanismen stimmen mit den Beteiligungsgrundsätzen eines professionellen Wagniskapitalgebers überein und sprechen demnach für eine Kompatibilität der Crowdinvesting-Verträge mit der Interessen- und Risikolage der VC-Geber.

bb) Fehlende Verhandlungen über Unternehmensbewertungen

Die Bewertungen von Gesellschaften in deren Frühphasen sind durch die üblicherweise angewandten Methoden der Unternehmensbewertung kaum abbildbar. Hierfür fehlen bei Start-ups die für Unternehmensbewertungen erforderlichen Berechnungsfaktoren, so dass die Werte der jungen Unternehmen vorwiegend nicht analytisch ermittelt, sondern zwischen den Gründern und Geldgebern einzeln verhandelt werden.[1629] Derartige Verhandlungen sind hingegen im

---

1625 Siehe hierzu auch *Huber*, Crowdfunding und Venture Capital Anschlussfinanzierung – Das funktioniert, abrufbar unter *http://hoganlovells-blog.de/2014/08/14/crowdfunding-und-venture-capital-anschlussfinanzierung-das-funktioniert/* [zuletzt aufgerufen am 12.05.2022]; *Business Angels Netzwerk Deutschland e.V.*, BANDquartal 1/2014, abrufbar unter *https://www.business-angels.de/ausgabe-012014/* [zuletzt aufgerufen am 12.05.2022], S. 7.

1626 Zur AGB-Kontrolle siehe Abschnitt C.I.3.c).

1627 Zu den einzelnen Varianten siehe *Weitnauer*, in: Handbuch Venture Capital, S. 359, Rn. 137; S. 356, Rn. 128 ff. Zur *Down-Round-Protection* vgl. Abschnitt B.II.2.e).

1628 Vgl. *Weitnauer*, in: Handbuch Venture Capital, S. 356, Rn. 128.

1629 *Weitnauer*, in: Handbuch Venture Capital, S. 322 ff.; *Beck*, Crowdinvesting, S. 261 ff.; vgl. auch Abschnitt F.I.5.a)bb)(1)(b).

Crowdinvesting-Modell nicht vorgesehen. Vielmehr sind es die Crowdinvesting-Plattformen, die gemeinsam mit den jeweiligen Start-ups einen Unternehmenswert bestimmen, auf dessen Grundlage sich die Investoren beteiligen können oder von einer Investition absehen müssen.[1630]

Infolge der fehlenden Beteiligung der Crowdinvestoren an den Verhandlungen zur Bewertung der kapitalsuchenden Gesellschaften, besteht die Gefahr der zu optimistischen bzw. zu hohen Bewertung der einzelnen Start-ups.[1631] Während auf Seiten der Start-ups der Unternehmenswert in Korrelation zur Höhe der einzusammelnden Finanzierungssumme steht, profitieren Crowdinvesting-Plattformen mittelbar von hohen Unternehmensbewertungen. Insoweit stehen Provisionsansprüche der Plattformen, resultierend aus der Vermittlung von Crowdinvesting-Verträgen, in Abhängigkeit zu den festgelegten Finanzierungssummen, welche die einzelnen Unternehmen hinsichtlich eines Crowdinvestings einsammeln können.[1632] Entsprechend hohe Unternehmensbewertungen sind jedoch auf Seiten der Crowdinvestoren nicht vorteilheilhaft. Die Höhe der einzelnen wirtschaftlichen Beteiligungsquote der Crowdinvestoren steht ebenfalls in Abhängigkeit zu der jeweiligen Bewertung der Gesellschaft. Je höher also die Unternehmensbewertung des Start-ups ausfällt, desto teurer bzw. geringer wird damit die Beteiligungsquote des jeweiligen Crowdinvestors an dem einzelnen Unternehmen.[1633]

Wie die jeweiligen Bewertungen der einzelnen Start-ups erfolgen, wird nicht immer von den Plattformen kommuniziert. Fehlende Informationen über die

---

1630 Vgl. Abschnitt B.II.2.a)bb).

1631 Vgl. *Beck*, Crowdinvesting, S. 261 ff. Zum sogenannten *endowment effect* der Gründer siehe etwa *Schedensack*, Crowdinvesting, S. 143 m.w.N.

1632 So lautet beispielsweise der Wortlaut der Ziffer 5.2 des Beteiligungsvertrags für ein partiarisches Nachrangdarlehen bei *Companisto* hinsichtlich der *Prelovee GmbH*: „*Für die Abwicklung des Crowdinvestings fällt bei dem Startup eine erfolgsabhängige Vergütung für die Leistungen von Companisto, als Betreiberin der Crowdinvestingplattform, sowie ein Werbekostenzuschuss für Marketingtätigkeiten von Companisto, in Höhe von jeweils zehn Prozent des durch die durchgeführte Finanzierungsrunde eingesammelten Kapitals an. Für die Abwicklung der administrativen Aufgaben und die Investorenverwaltung während der partiarischen Nachrangdarlehenslaufzeit zahlt das Startup an Companisto ferner eine Verwaltungspauschale in Höhe von EUR 2.000 pro Jahr, für jedes Jahr in dem partiarische Nachrangdarlehensverträge zwischen dem Startup und Companisten bestehen.*“.

1633 Siehe hierzu ausführlich *Beck*, Crowdinvesting, S. 261 f.

Art und Weise der durchgeführten Bewertungen und vor allem die fehlende Partizipationsmöglichkeiten der Crowdinvestoren bei den Verhandlungen über die einzelnen Unternehmensbewertungen sind für professionelle Wagniskapitalgeber untypisch.[1634] Im Rahmen der Beteiligung an einem Start-up mittels Crowdinvesting-Vertrag hat dieser somit die festgelegte Bewertung des jeweiligen Start-ups zu akzeptieren oder von einer Beteiligung grundlegend abzusehen. In Anbetracht dessen ist eine Kompatibilitätsfähigkeit des Crowdinvesting-Modells zumindest dann zu verneinen, wenn die Höhe der Unternehmensbewertungen nicht die Interessen der professionellen Wagniskapitalgeber ordnungsgemäß widerspiegelt und die wirtschaftlichen Beteiligungsquoten im Vergleich zu Eigenkapitalbeteiligungen zu teuer bzw. gering ausfallen. Demnach sind die Crowdinvesting-Plattformen angehalten, bei den Verhandlungen oder Bestimmungen der Unternehmensbewertungen auch mögliche Investitionen von VC-Gebern zu berücksichtigen und die Werte nicht zu hoch anzusetzen.

cc) Fehlende vertragliche Erlösverteilungs- bzw. Liquidationspräferenzen

Auffällig, im Vergleich der Vertragsinhalte der Crowdinvesting-Vereinbarungen zu den üblichen Vertragsklauseln einer VC-Investition, sind die fehlenden vertraglichen Regelungen hinsichtlich der Verteilung von Erlös- bzw. Liquidationspräferenzen. Bei VC-Transaktionen gilt der Grundsatz „*Last-in, First-out*".[1635] Hierbei wird dem Investor, der zeitlich als letzter das Start-up finanziert, eine vorrangige Rückführung einer vereinbarten Kapitalsumme für den Fall einer Erlösausschüttung bzw. einer Liquidation der Gesellschaft zugesprochen. Die im Finanzierungszyklus des jeweiligen Start-ups zeitlich früheren VC-Geber partizipieren folglich erst auf nachfolgender Stufe und nach vollständiger Befriedigung der Geldgeber auf erster Stufe von möglichen Kapitalzuflüssen aus der Gesellschaft.[1636]

Entsprechende Verteilungsregelungen sind in den Vereinbarungen der Crowdinvesting-Plattformen *Companisto* und *Seedmatch* nicht vorgesehen.

1634 Vgl. *Weitnauer*, in: Handbuch Venture Capital, S. 224, Rn. 94.

1635 Vgl. *Weitnauer*, in: Handbuch Venture Capital, S. 225, Rn. 100 f.; S. 379 ff.; *Weitnauer/Parzinger*, GWR 2013, 153 (158); *Business Angels Netzwerk Deutschland e.V.*, BANDquartal 1/2014, abrufbar unter *https://www.business-angels.de/ausgabe-012014/* [zuletzt aufgerufen am 12.05.2022], S. 7. Siehe hierzu ausführlich Abschnitt F.I.5.a)bb)(1)(c).

1636 Zu den Erlösverteilungs- und Liquidationspräferenzen bei VC-Gebern siehe *Weitnauer*, in: Handbuch Venture Capital, S. 379 ff.

Insofern weicht die Gestaltung der Crowdinvesting-Verträge von den VC-Beteiligungsgrundsätzen ab. Anzumerken ist allerdings, dass Crowdinvestoren, infolge des schuldrechtlichen Charakters der Crowdinvesting-Verträge, im Rang vor den Gesellschaftern der Start-ups zu befriedigen sind und stets primär vor den Eigenkapitalgebern von möglichen Kapitalzuflüssen profitieren.[1637] Auszahlungsbedingung bleibt lediglich die Erfüllung der Voraussetzungen der qualifizierten Nachrangvereinbarung, soweit diese wirksam vereinbart wurde.[1638] Vor diesem Hintergrund ist die Abweichung von dem Grundsatz „*Last-in, First-out*" für die Crowd und schließlich den einzelnen VC-Geber als Zeichner eines Crowdinvesting-Vertrages vorteilhaft. Insbesondere Finanzierungs-Angels, die normalerweise als zeitlich erste Gruppe der professionellen Wagniskapitalgeber in Start-ups investieren, haben so die Möglichkeit, Auszahlungen eines Bonuszinses und die eingezahlten Kapitalsummen nicht von etwaigen Erlösverteilungs- bzw. Liquidationspräferenzen anderweitiger VC-Geber abhängig zu machen. Demnach ist das Risiko des Ausbleibens von Kapitalrückflüssen im Falle eines Exits aufgrund vorheriger Befriedigung bestehender Erlösverteilungs- bzw. Liquidationspräferenzen verringert und spricht für eine VC-Investition durch einen Crowdinvesting-Vertrag.

dd) Informationsasymmetrie und fehlende Mitbestimmung

Die bei VC-Investitionen auftretende Gefahr der Informationsasymmetrie zwischen den Geldgebern und den Gründern von Start-ups besteht ebenso bei dem Crowdinvesting-Modell weiter fort.[1639] Im Gegenteil scheint die Verteilung

---

1637 Vgl. *Weitnauer*, in: Handbuch Venture Capital, S. 225, Rn. 100; *Weitnauer*, GWR 2015, 309 (312); *Weitnauer/Parzinger*, GWR 2013, 153 (158).

1638 Insoweit wäre eine Befriedigung der Crowd nur aus einem der Gesellschaft frei verfügbaren Vermögen möglich. Hierbei ist jedoch anzunehmen, dass entsprechende qualifizierte Nachrangvereinbarungen bei den Vereinbarungen von *Companisto* und *Seedmatch* nicht wirksam mit der Crowd vereinbart werden konnten, so dass bestehende Bonus- und/oder Zinsansprüche aus den Crowdinvesting-Verträgen vor den Gesellschaftern der Start-ups und ohne weitere Voraussetzungen zu begleichen sind. Zum strukturellen Vorrang siehe auch *Weitnauer*, in: Handbuch Venture Capital, S. 203, Rn. 32. Zur Frage der Wirksamkeit von qualifizierten Nachrangvereinbarungen mit professionellen Wagniskapitalgebern, siehe nachfolgend Abschnitt F.III.1.b)ii).

1639 Zu den Informationsasymmetrien bei VC-Beteiligungen siehe Abschnitt F.I.5.b)bb); siehe hierzu auch *Fischer*, Crowdinvesting, S. 102; *Klöhn/Hornuf*,

von Informationen bei den von *Companisto* und *Seedmatch* verwendeten Crowdinvesting-Verträgen teils zu einem höheren Grad divergierend als bei VC-Beteiligungsverträgen üblich. Die Informationsasymmetrie ergibt sich etwa aufgrund einer fehlenden Durchführung von Due Diligence-Prüfungen bezüglich der einzelnen Start-ups.[1640] Investieren professionelle Wagniskapitalgeber als Teil der Crowd und sind somit Zeichner von Crowdinvesting-Verträgen, würden diese keine eigene Überprüfung der Gesellschaften vornehmen können, sondern sich vielmehr auf die erteilten Informationen der Start-ups und Gründer verlassen müssen. Dementsprechend stehen die Crowdinvestoren und ihre jeweiligen Anlageentscheidungen in vollständiger Abhängigkeit zu den einseitig übermittelten Informationen der Start-ups.

Zusätzlich erweitert sich die Informationsasymmetrie durch die fehlende Pflicht der Start-ups zur Veröffentlichung eines Verkaufsprospektes, soweit die Crowdinvesting-Verträge als partiarische Nachrangdarlehen einer Privilegierung nach § 2a VermAnlG unterliegen. Hierbei besteht die Gefahr der fehlenden Weitergabe von wesentlichen und anlagerelevanten Informationen an die Crowd. Vor allem solche Informationen, die das innovative Geschäftsmodell bzw. neue Produktideen betreffen, werden infolge wettbewerblicher Bedenken in den seltensten Fällen mit einer Vielzahl von Anlegern geteilt.[1641] Folglich ist der Umfang der durch die Start-ups weiterzugebenden Informationen an die Kleinanleger zu gering und nicht mit den typischen Angaben vergleichbar, die sonst von VC-Gebern verlangt werden.

ZBB 2012, 237 (255 f.); *Klöhn*, ZIP 2017, 2125 (2130); *Nietsch/Eberle*, ZVglRWiss 2017, 205 (207).

1640 Zum fehlenden Due Diligence Prozess vgl. *Weitnauer*, in: Handbuch Venture Capital, S. 224, Rn. 94; *Klöhn/Hornuf*, ZBB 2012, 237 (255 f.); *Business Angels Netzwerk Deutschland e.V.*, BANDquartal 1/2014, abrufbar unter *https://www.business-angels.de/ausgabe-012014/* [zuletzt aufgerufen am 12.05.2022], S. 3 f.

1641 Vgl. *Fischer*, Crowdinvesting, S. 102; *Weitnauer*, in: Handbuch Venture Capital, S. 225, Rn. 99; *Weitnauer*, GWR 2015, 309 (310); *Schmitt/Doetsch*, BB 2013, 1451 (1452, 1454); *Business Angels Netzwerk Deutschland e.V.*, BANDquartal 1/2014, abrufbar unter *https://www.business-angels.de/ausgabe-012014/* [zuletzt aufgerufen am 12.05.2022], S. 5; *Companisto*, Crowdinvesting – 5 Voraussetzungen für Anschlussfinanzierungen, abrufbar unter *https://www.companisto.com/de/academy/profis/crowdinvesting-5-voraussetzungen-fuer-anschlussfinanzierungen* [zuletzt aufgerufen am 12.05.2022].

Darüber hinaus sehen die Crowdinvesting-Verträge keine Mitspracherechte der Crowdinvestoren vor.[1642] Hieraus können sich weitere endogene Risiken, insbesondere aus dem Bereich der *hidden action* ergeben.[1643] Angesichts fehlender Mitspracherechte der Crowd und die fehlende Vereinbarung einer Mittelverwendung, wie bei den Crowdinvesting-Verträgen von *Companisto*, besteht beispielsweise die Gefahr der missbräuchlichen Verwendung der eingenommenen Mittel durch die Gründer.[1644] Diese Gefahren widersprechen den Beteiligungsgrundsätzen von VC-Gebern, die durch die vertragliche Einräumung von Einfluss- und Mitspracherechten grundsätzlich versuchen ihre Investments abzusichern und die anvisierte Rentabilität ihrer Beteiligung im vorher bestimmten Anlagehorizont voranzutreiben.[1645]

Das Bestehen von Informationsasymmetrien zwischen den Gründern eines Start-ups und den Geldgebern vermindert folglich die Kompatibilitätsfähigkeit des Crowdinvesting-Modells. Besonders hervorzuheben ist die fehlende Überprüfung der Start-ups durch einen Beteiligten innerhalb des Crowdinvesting-Modells infolge zu geringer Informationen oder fehlender Mitbestimmungsrechte. Mit Blick auf die Sonderstellung der Crowdinvesting-Plattformen im Dreiecksverhältnis zwischen Investoren, kapitalsuchenden Unternehmen und den Plattformen scheinen diese in der adäquaten Position Due Diligence-Prüfungen durchführen zu können. Solange die Plattformen allerdings die Verantwortlichkeiten nicht übernehmen wollen und sich die VC-Geber zur eigenständigen Überprüfung der Start-ups veranlasst fühlen, werden diese nicht als Teil der Crowd wirtschaftlich zu denselben Konditionen wie Kleinanleger investieren. Dementsprechend verhindern bestehende Informationsasymmetrien und fehlende Mitbestimmungsrechte eine Beteiligung der VC-Geber als Crowdinvestoren im Rahmen des Crowdinvesting-Modells.

1642 Zu den fehlenden Mitspracherechten im Crowdinvesting-Modell siehe Abschnitt B.II.2.b). Siehe hierzu auch *Companisto*, Crowdinvesting – 5 Voraussetzungen für Anschlussfinanzierungen, abrufbar unter *https://www.companisto.com/de/academy/profis/crowdinvesting-5-voraussetzungen-fuer-anschlussfinanzierungen* [zuletzt aufgerufen am 12.05.2022].

1643 Zu den *hidden action* siehe Abschnitt F.I.5.b)bb)(3).

1644 Zur fehlenden Vereinbarung einer Mittelverwendung bei *Companisto* siehe Abschnitt C.I.1.b)bb)(3).

1645 Zu den Mitspracherechten der VC-Geber siehe Abschnitt F.I.5.a)bb)(2)(a).

ee) Fehlende Bindung der Gründer und Know-how-Träger

Typisch für die Finanzierung von Start-ups durch professionelle Wagniskapitalgeber sind die Investitionen in innovative Ideen oder Fähigkeiten der Gründer bzw. wesentliche Mitarbeiter der Unternehmen.[1646] Insoweit wird durch die VC-Beteiligungsverträge versucht das Humankapital wirtschaftlich an die Gesellschaft zu binden, um so einen Ausstieg der Personen aus dem Unternehmen zu unterbinden.[1647]

Durch die Vereinbarung von *vesting-Klauseln* oder Beteiligungsprogrammen für Mitarbeiter, die für das einzelne Start-up von wesentlicher Bedeutung sind, sollen Know-how-Träger an die Gesellschaft gebunden werden.[1648] Hierzu sehen *vesting*-Klauseln den teilweisen oder vollständigen Verlust der Beteiligungen der Gründer an der Gesellschaft vor, wenn diese das Unternehmen verlassen möchten und ihre Anstellungsverträge mit der Gesellschaft kündigen.[1649] Folglich steht die Beteiligung der Gründer als Gesellschafter in engem Zusammenhang mit deren Tätigkeit als Geschäftsführer oder Mitarbeiter im Unternehmen. Insofern versuchen die Geldgeber zusätzlichen Einfluss auf die Inhalte der Anstellungsverträge zu nehmen und diese ggf. um etwaige Sonderregelungen, wie Wettbewerbsverbote, zu erweitern.[1650]

Zudem stellen professionelle Wagniskapitalgeber vertraglich sicher, dass sämtliche für die Weiterentwicklung der Geschäfts- oder Produktideen erforderlichen gewerblichen Schutzrechte und Patente bei der Finanzierung der Gesellschaft in dem Unternehmen liegen und nicht bei Abgängen der Gründer und Know-how-Träger verloren gehen.[1651] Schließlich sehen VC-Beteiligungsverträge üblicherweise Bestimmungen vor, welche vorzeitige oder unkontrollierte Veräußerungen von Geschäftsanteilen der Gründer an Dritte, ohne die Teilnahme der VC-Geber, erschweren oder unterbinden sollen. Neben Vinkulierungsregelungen und Vorerwerbsrechten der professionellen Wagniskapitalgeber, setzen vor allem Mitveräußerungsrechte (*Tag-along Rights*) die VC-Geber rechtlich in die Lage, ihre Beteiligungen an dem jeweiligen Start-up zumindest ganz oder teilweise an einen Dritten mitzuveräußern zu können, sofern die Gründer und Know-how-Träger das Unternehmen

---

1646 Siehe hierzu Abschnitt F.I.5.b)aa)(2).

1647 Siehe hierzu auch Abschnitt F.I.5.b)aa)(2).

1648 Ausführlich hierzu Abschnitt F.I.5.b)aa)(2)(a).

1649 Vgl. *Weitnauer*, in: Handbuch Venture Capital, S. 383, Rn. 220 ff.

1650 *Weitnauer*, in: Handbuch Venture Capital, S. 387, Rn. 235 ff.

1651 *Weitnauer*, in: Handbuch Venture Capital, S. 386, Rn. 229 ff.

als Gesellschafter verlassen möchten und eine weitere Wertsteigerung nach Ausscheiden der Gründer als unwahrscheinlich erachtet wird.[1652]

Etwaige Absicherungsmaßnahmen der Investitionen der Crowd mit Blick auf Abgänge von Gründern oder wesentlichen Mitarbeitern, sehen die Crowdinvesting-Verträge von *Companisto* und *Seedmatch* grundsätzlich nicht vor. Zwar versichern die einzelnen kapitalsuchenden Gesellschaften bei *Seedmatch*, dass sämtliche gewerbliche Schutzrechte und Patente, die für den Betrieb und das Geschäftsmodell der jeweiligen Start-ups erforderlich sind, bei den Unternehmen liegen.[1653] Weitergehende Klauseln hinsichtlich der Bindung des Humankapitals an die Gesellschaft, etwa in Form von Incentivierungen durch Mitarbeiterbeteiligungsprogramme, *vesting-Klauseln*, Vinkulierungsregelungen, Vorerwerbs- oder Mitveräußerungsrechte, werden jedoch nicht vereinbart. Darüber hinaus haben die Crowdinvestoren keinen Einfluss auf die Gestaltung von Anstellungsverträgen des Managements.

Wird folglich das Crowdinvesting-Modell als primäre Finanzierungsquelle in der Frühphase des Unternehmens gewählt, besteht für die Geldgeber die Gefahr des konsequenzlosen Abgangs von Gründern oder Know-how-Trägern aus den Unternehmen. Infolgedessen sind bei Crowdinvesting-Verträgen die exogenen Risiken im Rahmen des Humankapitals im Vergleich zu typischen VC-Eigenkapitalbeteiligungen erhöht und dadurch die angestrebte Wertsteigerung und -realisierung der jeweiligen Beteiligungen durch die Abgänge stärker gefährdet. Eine erhöhte Gefahr ist für eine Kompatibilität hemmend, so dass letztendlich VC-Geber von einer Beteiligung an Start-ups mittels Crowdinvesting absehen werden.

ff) Transaktionskosten

Die aus dem Crowdinvesting-Modell resultierenden Kosten ergeben sich aus Provisionsabsprachen zwischen dem einzelnen Crowdinvestor und den Crowdinvesting-Plattformen bzw. zwischen den Start-ups und den

---

1652 *Brehm*, Das Venture-Capital-Vertragswerk, S. 162 ff.; *Weitnauer*, in: Handbuch Venture Capital, S. 205, Rn. 38. Ausführlich hierzu Abschnitt F.I.5.b)aa)(2)(b).

1653 Eine entsprechende Versicherung ist ein Zusatzdokument zum jeweiligen Crowdinvesting-Vertrag und wird als Selbsterklärung des einzelnen Start-ups bezeichnet. So lautet beispielsweise der Wortlaut der Selbsterklärung hinsichtlich der *pareton GmbH* in Ziffer 3 bei *Seedmatch*: *„3. Das Startup bestätigt, dass alle Schutzrechte, Lizenzen, Marken und Domains, die zum Geschäftsbetrieb nötig sind, sich im Besitz des Startup befinden.“*.

Crowdinvesting-Plattformen.[1654] Weitere Transaktionskosten fallen zudem aufgrund der Erstellung von kostenintensiven Verkaufsprospekten an, soweit die Crowdinvesting-Verträge nicht die Anforderungen des Privilegierungstatbestandes gemäß § 2a VermAnlG erfüllen.[1655] Etwaige Transaktionskosten widersprechen dem Grundsatz der VC-Geber bezüglich der Wertsteigerung der Beteiligungen ohne Abfluss von Liquidität. Ebenso verfolgen prinzipiell die Gründer das Ziel, Kapitalabflüsse zu unterbinden oder nur für solche Maßnahmen zu gestatten, die das Geschäftsmodell des Start-ups fördern.[1656] Unabhängig von der Frage, inwieweit entsprechende Finanzierungskosten als geschäftsfördernde Maßnahmen anzusehen sind, entstehen selbige ebenfalls bei dem Erwerb von klassischen VC-Beteiligungen in Form von Geschäftsanteilen. Bedingt von dem jeweiligen Investitionsvolumen und der Intensität der Vertragsverhandlungen, vor allem im Hinblick auf erforderliche Prüfungs-, Beratungs- und Notarkosten, können die Transaktionskosten bei VC-Beteiligungen dahingehend sogar die Gesamtkosten einer Crowdinvesting-Kampagne überschreiten. Angesichts dessen sind die bei dem Crowdinvesting-Modell entstehenden Transaktionskosten mit den Kosten bei VC-Finanzierungen vergleichbar.[1657] Ein Ausschluss der Kompatibilitätsfähigkeit des Crowdinvesting-Modells infolge erhöhter Kosten ist insofern nicht anzunehmen. Im Ergebnis führen die Kosten nur dann zu einer fehlenden Kompatibilität zwischen dem Crowdinvesting-Modell und den VC-Beteiligungsgrundsätzen der professionellen Wagniskapitalgeber, wenn die Ausgaben im Vergleich zu den Transaktionskosten bei VC-Beteiligungen stark erhöht wären.

gg) Stimmbindungsvereinbarung und Mitveräußerungspflicht (Drag-along Rights)

Als Teil der Crowd können professionelle Wagniskapitalgeber der Stimmbindung unterliegen. Typischerweise schließen die Crowdinvestoren bei *Companisto* eine zusätzliche Stimmbindungsvereinbarung mit der Plattform ab, welche die Plattform dazu berechtigt im Namen sämtlicher Crowdinvestoren

1654 Zu den einzelnen Rechtsbeziehungen siehe Abschnitt C.

1655 Zur Privilegierung nach § 2a VermAnlG siehe Abschnitt E.I.2. Insgesamt hierzu siehe auch *Business Angels Netzwerk Deutschland e.V.*, BANDquartal 1/2014, abrufbar unter *https://www.business-angels.de/ausgabe-012014/* [zuletzt aufgerufen am 12.05.2022], S. 5.

1656 Vgl. Abschnitt F.I.5.a)aa)(2).

1657 *Löher u. a.*, IfM-Materialien, Nr. 241, S. 39; *Schedensack*, Crowdinvesting, S. 140.

die einzelnen Crowdinvesting-Verträge abzuändern oder zu beenden.[1658] Dazu muss sich die Mehrheit der Investoren in einem Abstimmungsverfahren für die Abänderung bzw. Beendigung der Crowdinvesting-Verträge entscheiden. Sinn und Zweck der Etablierung eines sogenannten Stimmenpoolings liegt in der Koordination einer Vielzahl von Zeichnern und die daraus resultierende einheitliche Stimmausübung im Fall eines Exits oder einer erforderlichen Anpassung der Verträge.[1659] Im Rahmen des Crowdinvesting-Modells werden Stimmbindungsvereinbarungen als wesentliche Bedingung für erfolgreiche Anschluss- oder Co-Finanzierungen durch VC-Geber als Gesellschafter gesehen. Die professionellen Wagniskapitalgeber schrecken vorwiegend von Verhandlungen mit einer Vielzahl von Crowdinvestoren zurück, sofern diese nicht durch Stimmenpoolings vereinheitlicht wurden und so ein einheitliches Handeln der Geldgeber gewährleistet ist.[1660]

Aufgrund der vertraglich vereinbarten Stimmbindung mit der Plattform, ist der einzelne VC-Geber als Zeichner von Crowdinvesting-Verträgen an Entscheidungen der Stimmgemeinschaft gebunden, soweit sich die Mehrheit in einem Abstimmungsverfahren zum Beispiel für die Annahme eines Ablöseangebotes eines neuen Investors entscheidet. In Anbetracht dessen hängen die Investitionen der professionellen Wagniskapitalgeber von der Mehrheit der größtenteils nicht-professionellen Geldgeber ab, wenn die VC-Geber als Teil der Crowd partizipieren, was im Ergebnis gegen eine Kompatibilität spricht. Ferner ergeben sich weitergehende endogene Risiken aus den Stimmbindungsvereinbarungen, etwa durch nicht sachgemäße Abstimmungen basierend auf Informationsasymmetrien zwischen den Start-ups, ihren Gründern und der Crowd.[1661] So kann ein zu geringer Umfang an Informationspflichten gegenüber

---

1658 Siehe hierzu auch Abschnitt C.II.2.b).

1659 Vgl. *Business Angels Netzwerk Deutschland e.V.*, BANDquartal 1/2014, abrufbar unter *https://www.business-angels.de/ausgabe-012014/* [zuletzt aufgerufen am 12.05.2022], S. 7; *Companisto*, Crowdinvesting – 5 Voraussetzungen für Anschlussfinanzierungen, abrufbar unter *https://www.companisto.com/de/academy/profis/crowdinvesting-5-voraussetzungen-fuer-anschlussfinanzierungen* [zuletzt aufgerufen am 12.05.2022].

1660 Siehe hierzu *Weitnauer*, in: Handbuch Venture Capital, S. 224, Rn. 94; *Weitnauer/Parzinger*, GWR 2013, 153 (157); *Bujotzek/Mocker*, BKR 2015, 358 (360); *Business Angels Netzwerk Deutschland e.V.*, BANDquartal 1/2014, abrufbar unter *https://www.business-angels.de/ausgabe-012014/* [zuletzt aufgerufen am 12.05.2022], S. 7.

1661 Zu den Informationsasymmetrien und die Frage einer Kompatibilität siehe Abschnitt F.III.1.b)dd).

der Crowd zu fehlerhaften oder unvollständigen Entscheidungsgrundlagen für das Abstimmungsverfahren führen. Die daraus resultierenden Entscheidungen der Crowd würden letztendlich gleichfalls die VC-Geber binden und die jeweiligen Investitionen unkontrollierbar beeinflussen.

Neben der Vereinbarung eines Stimmenpoolings spricht ebenso die fehlende Verpflichtung der Kleinanleger zur Mitveräußerung (*Drag-along Rights*) ihrer Beteiligungen innerhalb der Crowdinvesting-Verträge gegen eine Kompatibilität des Crowdinvesting-Modells mit den VC-Beteiligungsgrundsätzen von professionellen Wagniskapitalgebern. Insoweit verpflichten *Drag-along Rights* grundsätzlich zu einer Mitveräußerung der jeweils eigenen Beteiligung an einem Start-up, sofern der VC-Geber seine Beteiligung an einen Dritten veräußern möchten.[1662] Die Mitveräußerungspflicht steht dabei in Einklang mit dem Interesse der professionellen Wagniskapitalgeber, den Wert ihrer Beteiligung im Wege eines Exits innerhalb des jeweils anvisierten Anlagehorizonts durch Veräußerung realisieren zu können. Hierzu wird angenommen, dass der Exit an einen Interessenten am wahrscheinlichsten und wirtschaftlich attraktivsten ist, wenn die Beteiligungen an einer Gesellschaft vollumfänglich veräußert werden können. Die Mitveräußerungspflichten sind in der Regel als ein einseitiges Ausübungsrecht der VC-Geber ausgestaltet oder werden durch eine Mehrheitsentscheidung im Gesellschafterkreis ausgelöst. Während Crowdinvesting-Verträge weder eine Mitveräußerungspflicht der Kleinanleger vorsehen, noch diese einseitig durch den VC-Geber ausgelöst werden könnten, bleibt zumindest die Möglichkeit der vollständigen Beendigung der Crowdinvesting-Verträge durch Mehrheitsentschluss der Kleinanleger im Rahmen des Stimmenpoolings und im Falle eines Ablöseangebots bestehen. Im Ergebnis können so die Kleinanleger und die VC-Geber einen Exit ermöglichen und an diesem wirtschaftlich partizipieren. Allerdings bleibt dennoch das Risiko für professionelle Wagniskapitalgeber bestehen, die Entscheidungen über eine solche Beendigung der Vereinbarungen gemeinsam mit der Crowd treffen zu müssen und so der Gefahr einer unsachgemäßen und auf Informationsasymmetrien resultierenden Entscheidungen ausgesetzt zu sein.

hh) Abfluss von Liquidität aufgrund von Zahlungsvereinbarungen

Eines der Beteiligungsinteressen von professionellen Wagniskapitalgebern ist der Erhalt von erwirtschafteten Mitteln innerhalb der Gesellschaft, um die

---

1662 Zu den Mitveräußerungspflichten siehe Ziffer F.I.5.a)bb)(1)(d).

Liquidität im angestrebten Investitionszeitraum von drei bis sieben Jahren ausschließlich für die weitere Geschäftsentwicklung zu verwenden.[1663] Hierfür verzichten VC-Geber regelmäßig auf Gewinnausschüttungen innerhalb des Investitionszeitraumes. Durch die Ausgestaltung der Crowdinvesting-Verträge erhalten Crowdinvestoren nicht nur eine gesellschafterähnliche, wirtschaftliche Beteiligung an den Start-ups, sondern weitergehende Vergütungen, die vorwiegend als Bonuszinsen deklariert werden. Insbesondere gewinnabhängige jährliche Bonuszinsen oder Sonderzahlungen nach der wirksamen Kündigung eines Crowdinvesting-Vertrages, können zu erhöhten Mittelabflüssen aus den Gesellschaften innerhalb des Investitionszeitraumes des VC-Gebers führen.[1664] Entsprechende Zahlungen bemessen sich bei *Seedmatch* nach der jeweiligen Beteiligungsquote des einzelnen Kleinanlegers und des EBITs bzw. Umsatzes des letzten abgeschlossenen Geschäftsjahres des Start-ups zuzüglich eines Faktors von 8,5 (EBIT) bzw. 1,8 (Umsatz).[1665]

Die zuvor dargestellten Zahlungen entsprechen nicht den Beteiligungsgrundsätzen professioneller Wagniskapitalgeber. Solange jedoch VC-Geber selbst als Teil der Crowd von zusätzlichen Zahlungen profitieren können, ist es durchaus denkbar, dass selbige von ihren typischen Beteiligungsgrundsätzen abweichen und einen teilweise früheren Mittelrückfluss in Form von Bonuszinsen und Sonderzahlungen akzeptieren. Hierbei handelt es sich um eine wirtschaftliche Abwägung, die infolge der dynamischen Beteiligungsgrundsätze vor allem bei Business-Angels zu Gunsten eines Crowdinvestings ausfallen könnte.

ii) Qualifizierte Nachrangvereinbarungen

(1) Wirksamkeit gegenüber Unternehmern

Wie in Abschnitt C.I.3.b)bb) dieser Arbeit erörtert, besteht die Gefahr der unwirksamen Vereinbarung von qualifizierten Nachrangabreden mit Kleinanlegern innerhalb von AGB. Bei den Vereinbarungen handelt es sich zumindest dann um unangemessene Benachteiligungen nach § 307 Abs. 1 S.1, Abs. 2 Nr. 1 BGB, wenn sich die Kleinanleger als Verbraucher an Start-ups mittels Crowdinvesting-Verträgen beteiligen. Eine unangemessene

1663 Siehe hierzu Abschnitt F.I.5.a)bb)(1).

1664 Zu dem partiarischen Element der Crowdinvesting-Verträge siehe Abschnitt B.II.2.a).

1665 Zu den einzelnen Berechnungen der Bonuszinsen am Unternehmenswert siehe Abschnitt B.II.2.a)bb)(4).

Benachteiligung ist nach § 307 Abs. 1 S. 1 BGB deshalb anzunehmen, weil die Geldgeber durch die Vereinbarung eines qualifizierten Rangrücktritts hinsichtlich ihrer Forderungen mit den Gesellschaftern der Start-ups wirtschaftlich gleichgestellt werden, ohne eine angemessene Kompensation, wie etwa in Form von Stimm- und Mitwirkungsrechten, zu erhalten. Ferner ergibt sich eine unangemessene Benachteiligung aus § 307 Abs. 2 Nr. 1 BGB, da die mit den Verbrauchern vereinbarten qualifizierten Nachrangabreden vom insolvenzrechtlichen Grundsatz der gleichmäßigen Gläubigerbefriedigung abweichen.[1666]

Entsprechende Überlegungen treffen zwar auch auf professionelle Wagniskapitalgeber zu, die mithilfe von Crowdinvesting-Verträgen eine Beteiligung an Start-ups anstreben.[1667] Im Gegensatz zu den Vereinbarungen mit Verbrauchern, benachteiligen aber qualifizierte Nachrangabreden die VC-Geber nicht unangemessen. Insoweit handelt es sich bei diesen um Unternehmer im Sinne des § 14 BGB, sodass für die Beurteilung einer unangemessenen Benachteiligung zusätzlich das Gebot der Rücksichtnahme auf die im Handelsverkehr geltenden Gewohnheiten und Gebräuche gemäß § 310 Abs. 1 S. 2 BGB i.V.m. § 346 HGB einzubeziehen ist.[1668]

Ein Handelsbrauch liegt grundsätzlich vor, wenn es sich um eine im Verkehr der Kaufleute[1669] untereinander verpflichtende Regel handelt, die auf einer gleichmäßigen, einheitlichen und freiwilligen tatsächlichen Übung beruht, die sich innerhalb eines angemessenen Zeitraumes für vergleichbare Geschäftsvorfälle herausgebildet hat und der eine einheitliche Auffassung der Beteiligten zugrunde liegt.[1670] Einem entsprechenden Handelsbrauch kommt dabei eine Indizwirkung für die Angemessenheit der Klauseln zu.[1671] Für die persönliche Voraussetzung des Handelsbrauchs ist ausreichend, wenn sich dieser im Rahmen der tatsächlichen Übung auf einen bestimmten Verkehrskreis, wie etwa

1666 Zu den einzelnen Unwirksamkeitsgründen ausführlich Abschnitt C.I.3.b)bb).

1667 Zur Entwicklung der Rechtsprechung des BGH hinsichtlich des Verbots einer Freizeichnung von Kardinalspflichten innerhalb von AGB zwischen Unternehmern siehe zusammenfassend *Leuschner*, AGB-Recht für Verträge zwischen Unternehmen 2014, S. 21 ff.

1668 BGHZ 201, 230 (247), Rn. 43; *Basedow*, in: MüKo-BGB, § 310, Rn. 17.

1669 Nach h.M. erstreckt sich § 310 Abs. 1 S. 2 BGB auf sämtliche Unternehmer im Sinne des § 14 BGB, vgl. *Basedow*, in: MüKo-BGB, § 310, Rn. 8.; *Becker*, in: BeckOK-BGB, § 310, Rn. 3.

1670 St. Rspr. BGH NJW 1994, 659 (660).

1671 *Basedow*, in: MüKo-BGB, § 310, Rn. 17 ff.; *Becker*, in: BeckOK-BGB, § 310, Rn. 5.

eine bestimmte Branche, erstreckt.[1672] Als solche Branche kann die VC-Praxis verstanden werden. Diese besteht typischerweise aus kapitalsuchenden Unternehmen in ihrer Frühphase und professionellen Wagniskapitalgebern, welche bereit sind die Gesellschaften zu finanzieren. Die Finanzierungsrunde – als tatsächliche Übung[1673] – folgt normalerweise einem seit mehreren Jahren gleich ablaufenden, sich wiederholenden und vergleichbaren Prozess.[1674] Zusammengefasst wird für die Zurverfügungstellung von Kapital eine direkte oder indirekte Beteiligung an dem Unternehmen eingeräumt. Wie in Abschnitt F.I.5 dargestellt ergeben sich die VC-Beteiligungsgrundsätze aus einer Abwägung der Interessenlagen der Beteiligten und insbesondere der VC-Geber. Ausfluss der Beteiligungsgrundsätze sind die VC-Vertragsklauseln. Auch qualifizierte Nachrangabreden sind Teil der VC-Vertragsklauseln. Diese werden etwa im Rahmen von kurzfristigen Brückendarlehen von professionellen Wagniskapitalgebern gegenüber Gesellschaften oder bei der Finanzierung von Start-ups im Bereich von VC-Beteiligungen als Teil sogenannter Wandeldarlehen verwendet.[1675] Den VC-Gebern ist grundsätzlich bewusst, dass mit der Vereinbarung eines qualifizierten Rangrücktrittes eine insolvenzrechtliche Schlechterstellung im Gläubigergefüge der Gesellschaft einhergehen wird. Vielmehr akzeptieren die Geldgeber freiwillig den qualifizierten Rangrücktritt der eigenen Forderungen, um im Rahmen einer eigenkapitalähnlichen Ausgestaltung die gewünschte Ausbuchung der Forderungen aus der Überschuldungbilanz des Start-ups nach § 19 Abs. 2 S. 2 InsO zu ermöglichen. Zudem ist der Abschluss einer qualifizierten Nachrangabrede bei der Vielzahl von gleichgelagerten Investmentaktivitäten der VC-Geber durch Wandeldarlehen maßgeblich[1676], um eine Anwendung des KWG auszuschließen sowie keiner Erlaubnispflicht nach § 32 KWG zu unterliegen.[1677] Mit Blick auf etwaige Darstellungen unterliegt der Abschluss von qualifizierten Nachrangabreden als Teil von typischen

1672 *Maulzsch*, in: MüKo-HGB, § 346, Rn. 5, 11.

1673 Im Detail siehe *Fest*, in: Ebenroth/Boujong/Joost/Strohn-HGB, §346, Rn. 12; *Maulzsch*, in: MüKo-HGB, § 346, Rn. 11; *Lehmann-Richter*, in: BeckOK-HGB, § 346, Rn. 6.

1674 Zu der Anforderung im Detail siehe *Maulzsch*, in: MüKo-HGB, § 346, Rn. 12; *Fest*, in: Ebenroth/Boujong/Joost/Strohn-HGB, §346, Rn. 19.

1675 Siehe hierzu Abschnitt F.I.2.c).

1676 Im Detail siehe *Maulzsch*, in: MüKo-HGB, § 346, Rn. 13; *Lehmann-Richter*, in: BeckOK-HGB, § 346, Rn. 5.

1677 Siehe für die Kleinanleger ausführlich Abschnitt D.I.3 und Abschnitt F.III.1.c)aa).

VC-Klauseln bei der Start-up-Finanzierung einem Handelsbrauch. Unter Heranziehung der besonderen Stellung von qualifizierten Rangrücktrittsvereinbarungen bei der eigenkapitalähnlichen Ausgestaltung der VC-Beteiligungen sind diese für professionelle Wagniskapitalgeber[1678] angemessen. Insbesondere die Erforderlichkeit der Verhinderung einer Überschuldung der Gesellschaft im Finanzierungsprozess ist ebenso im Interesse des Geldgebers, wie der Start-ups. Insoweit können qualifizierte Nachrangabreden wirksam mit professionellen Wagniskapitalgebern vereinbart werden.

(2) Ungleichbehandlung von Verbrauchern und Unternehmern
Ein fehlender Gleichlauf hinsichtlich der Wirksamkeit einer Vereinbarung von qualifizierten Nachrangabreden bei Verbrauchern und Unternehmern innerhalb von Crowdinvesting-Verträgen, führt im Ergebnis zu einer Ungleichbehandlung von Kleinanlegern und VC-Gebern. Im Besonderen die wirksam vereinbarte vorinsolvenzliche Durchsetzungssperre kann zu einer Verhinderung der Begleichung geschuldeter Forderungen auf Seiten der professionellen Wagniskapitalgeber führen, während die Forderungen gegenüber den Kleinanlegern durch die Gesellschaften zu befriedigen sind. Zusätzlich ergeben sich durch die Unwirksamkeit der qualifizierten Nachrangabreden bei Kleinanlegern unterschiedliche insolvenzrechtliche Rangverhältnisse im Gläubigergefüge der einzelnen Start-ups. Insofern sind professionelle Wagniskapitalgeber als nachrangige Insolvenzgläubiger anzusehen, deren Rang sich im Einzelnen aus § 39 Abs. 1, 2 InsO ergibt. Bei den Kleinanlegern handelt es sich dagegen um Insolvenzgläubiger gemäß § 38 InsO, die, im Falle einer Insolvenz der Gesellschaften, vor den VC-Gebern zu befriedigen wären. Entsprechende Ungleichbehandlungen von Kleinanlegern und VC-Gebern innerhalb desselben Crowdinvestings sprechen gegen eine Kompatibilitätsfähigkeit der Crowdinvesting-Verträge. Im Vergleich zu den Beteiligungen der Kleinanleger, sind die unternehmerischen Risiken und insbesondere das Risiko eines Totalverlustes der einzelnen Beteiligungen bei professionellen Wagniskapitalgebern erhöht, ohne dabei günstigere Beteiligungskonditionen zu erhalten.

(3) Gefahr der Überschuldung nach § 19 Abs. 2 S. 1 InsO
Neben bestehenden Ungleichbehandlungen von Verbrauchern und Unternehmern innerhalb von Crowdinvesting-Verträgen, können unwirksam vereinbarte qualifizierte Nachrangabreden auch zur Erfüllung des

1678 Insoweit ist davon auszugehen, dass sämtliche professionelle Wagniskapitalgeber die Anforderungen des § 14 BGB erfüllen.

Überschuldungstatbestandes im Sinne des § 19 Abs. 2 S. 1 InsO führen. Nach § 19 Abs. 2 S. 2 InsO sind solche Forderungen nicht in der Überschuldungsbilanz einer Gesellschaft zu passivieren, über die wirksam ein Nachrang gemäß § 39 Abs. 2 InsO vereinbart wurde. Infolge fehlender wirksamer Nachrangvereinbarungen mit den Kleinanlegern, sind damit die jeweiligen aus den Crowdinvesting-Verträgen entstehenden Forderungen nicht als nachrangig zu betrachten und deswegen als bestehende Verbindlichkeiten in die Überschuldungsbilanz der einzelnen Start-ups aufzunehmen.[1679] Als Folge der Passivierungspflicht der Forderungen erhöht sich die Gefahr einer Überschuldung der jungen Unternehmen nach § 19 Abs. 2 S. 1 InsO. Den kapitalaufnehmenden Gesellschaften droht bereits in ihrer Frühphase eine solche Gefahr, bevor sie einen ausreichenden Vermögensstamm aufgebaut haben, welcher die aus den Crowdinvesting-Verträgen entstehenden Forderungen deckt. Die Bewertung einer gegenwärtigen Überschuldung der Start-ups erfolgt vor allem aus einer Wahrscheinlichkeitsprognose hinsichtlich der positiven Fortführung der Gesellschaften im Sinne des § 19 Abs. 2 S. 1 InsO. Eine positive Fortführungswahrscheinlichkeit ist jedoch bei Start-ups besonders schwierig zu prognostizieren. Hierbei handelt es sich um eine Einzelfallentscheidung, die neben dem Fortführungswillen der Geschäftsführer und Gesellschafter ebenso die objektive Überlebensfähigkeit der Gesellschaft berücksichtigt.[1680] Im Ergebnis umfasst also die Frage der Überlebensfähigkeit von Start-ups eine Bewertung der zeitnahen Erfolgsfähigkeit der jeweiligen innovativen Geschäfts- oder Produktideen. Dies ist eine Prognose, die nicht nur die Geschäftsführung aufgrund der Gefahr einer strafbewehrten Insolvenzverschleppung bereits zum Zeitpunkt der Crowdfinanzierung zu beantworten hat, sondern auch professionelle Wagniskapitalgeber berücksichtigen sollten.

c) Rechtsrahmen versus Venture Capital-Beteiligungsgrundsätze

Neben den Inhalten der Crowdinvesting-Verträge hat der durch den Gesetzgeber bestimmte Rechtsrahmen ebenfalls Auswirkungen auf die Frage der Kompatibilität des Crowdinvesting-Modells mit den Beteiligungsgrundsätzen von

1679 Zur Unwirksamkeit der qualifizierten Nachrangabreden mit Kleinanlegern siehe Abschnitt C.I.3.b)bb).

1680 Zur Fortführungsprognose *H.-F. Müller*, in: MüKo-GmbHG, § 64, Rn. 25; hinsichtlich der Schwierigkeit der positiven Fortführungsprognose bei Start-ups *Haarmann/Vorwerk*, BB 2015, 1603 ff.

professionellen Wagniskapitalgebern. Insbesondere Unsicherheiten betreffend der Anwendbarkeit von einzelnen gesetzlichen Regelungen und daraus resultierender Pflichten der Beteiligten können zu einem fehlenden Investitionsinteresse der VC-Geber führen.

aa) Rechtliche Unsicherheiten hinsichtlich der Anwendbarkeit des KWG

(1) Einlagengeschäfte der Start-ups

Die Beteiligten des gegenwärtigen Crowdinvesting-Modells verbindet die Annahme der fehlenden Anwendbarkeit der Regelungen des KWG. Wie die Darstellungen in Abschnitt D.I allerdings zeigen, findet das KWG Anwendung, wenn die in den Crowdinvesting-Verträgen enthaltenen qualifizierten Nachrangvereinbarungen nicht wirksam mit den Kleinanlegern vereinbart wurden. Fehlende qualifizierte Nachrangabreden führen auf Seiten der Start-ups zu einer Erlaubnispflicht gemäß § 32 Abs. 1 S. 1 KWG. Dies ergibt sich dadurch, dass die Start-ups Einlagengeschäfte im Sinne des § 1 Abs. 1 S. 2 Nr. 1, 2. Alt. KWG betreiben, indem sie von einer Vielzahl von Kleinanlegern unbedingt rückzahlbare Gelder annehmen. Weder die jungen Gesellschaften bei *Companisto* noch bei *Seedmatch* sind gegenwärtig in Besitz einer entsprechenden Erlaubnis.[1681] Insofern ist die BaFin befugt, die öffentlich-rechtliche Abwicklung der Crowdinvesting-Verträge anzuordnen, soweit sie die zwischen den Kleinanlegern und Start-ups vereinbarten qualifizierten Nachrangabreden für unwirksam erachtet. Darüber hinaus haben die Kleinanleger die Möglichkeit bestehende Vereinbarungen zivilrechtlich gemäß § 314 BGB außerordentlich zu kündigen oder im Wege der Geltendmachung des Anspruches auf Schadensersatz die Rückabwicklung der Verträge nach § 31 BGB i.V.m. §§ 823 Abs. 2 BGB, 32 KWG zu fordern.[1682]

Im Besonderen die öffentlich-rechtliche Abwicklungsanordnung der BaFin gegenüber einem Start-up führt zu einer vollständigen Rückgewähr sämtlicher mittels Crowdinvesting eingenommener Kapitalsummen. Infolgedessen würden gleichfalls VC-Geber als Zeichner der Crowdinvesting-Verträge ihre Investitionssummen zurückerhalten. Befinden sich hingegen die zur Rückgewähr verpflichteten Start-ups nicht in der finanziellen Situation die Rückzahlungsansprüche der Crowd zu befriedigen, ist die Gefahr einer Insolvenz

---

1681 Ausführlich zu der Frage der Anwendbarkeit des KWG bei den Plattformen *Companisto* und *Seedmatch* siehe Abschnitt D.I.1.

1682 Zu den Auswirkungen einer fehlenden Erlaubnis nach § 32 KWG siehe Abschnitt D.I.1.d).

der Unternehmen immanent gegeben. Die Wahrscheinlichkeit einer vollständigen Befriedigung der Crowd im Rahmen eines Insolvenzverfahrens ist als gering einzustufen. Insoweit müssten neben den Kleinanlegern auch professionelle Kapitalgeber ihre Investitionssummen abschreiben. Etwaige Insolvenzrisiken sprechen grundsätzlich gegen eine Kompatibilitätsfähigkeit des Crowdinvesting-Modells. Insofern erweitern diese die für VC-Investitionen typischen Risiken im Bereich der Frühphasenfinanzierung und sind von VC-Gebern zusätzlich zu berücksichtigen.

(2) Gefahr des Ausschlusses des VermAnlG

Unterliegt die Annahme der Gelder von Kleinanlegern dem Begriff des Einlagengeschäfts im Sinne des § 1 Abs. 1 S. 2 Nr. 1, 2. Alt. KWG, sind die Regelungen des VermAnlG gemäß § 1 Abs. 2 a.E. VermAnlG für die jeweiligen Crowdinvesting-Verträge ausgeschlossen. Partiarische Nachrangdarlehen oder stille Beteiligungen erfüllen nicht den Begriff der Vermögensanlagen nach § 1 Abs. 2 VermAnlG, soweit die in den Vereinbarungen enthaltenen qualifizierten Nachrangvereinbarungen unwirksam mit den Kleinanlegern vereinbart wurden.[1683] Durch die fehlende Anwendbarkeit des VermAnlG sind die für das Crowdinvesting-Modell bestimmten Privilegierungen in § 2a VermAnlG vollständig ausgeschlossen. Vor diesem Hintergrund scheint die neuerliche gesetzgeberische Regulierung des Crowdinvesting-Modells innerhalb des VermAnlG verfehlt. Die sich daraus ergebenden Rechtsunsicherheiten führen zu einer fehlenden Kompatibilitätsfähigkeit des Crowdinvesting-Modells, da sie professionelle Wagniskapitalgeber von einer Beteiligung mithilfe eines Crowdinvesting-Vertrages abschrecken können.

bb) Rechtliche Unsicherheiten bei der Anwendbarkeit des VermAnlG

Wie im vorherigen Abschnitt dargestellt ist die Anwendbarkeit des VermAnlG für Crowdinvesting-Verträge ausgeschlossen, sofern die Start-ups durch die Annahme von Geldern der Crowd Einlagengeschäfte im Sinne des KWG betreiben. Jedoch selbst bei Annahme der Anwendbarkeit des VermAnlG auf gegenwärtige Crowdinvesting-Verträge, können die nachfolgend im Einzelnen darzustellenden Regelungen eine Kompatibilitätsfähigkeit der Vereinbarungen mit den VC-Beteiligungsgrundsätzen von professionellen Wagniskapitalgebern reduzieren.

1683 Siehe hierzu Abschnitt E.I.1.

(1) Vertragstypus der Crowdinvesting-Verträge

Durch die Privilegierung von partiarischen Nachrangdarlehen durch § 2a VermAnlG, werden Crowdinvesting-Verträge regelmäßig als solche ausgestaltet, um so der Pflicht der Emittenten zur Veröffentlichung eines Verkaufsprospektes zu entgehen. Unsicherheiten für Start-ups und Crowdinvestoren ergeben sich unter anderem, wenn die Vereinbarungen mit der Crowd rechtlich einem anderen Vertragstypus zuzuordnen sind. Mit Blick auf die in Abschnitt C.I.1 erfolgte rechtliche Einordnung der Crowdinvesting-Verträge der Plattformen *Companisto* und *Seedmatch* zeigt sich die Gefahr von divergierenden Vertragstypen in der Praxis. Vor allem die Einordnung der Vereinbarungen von *Seedmatch* als stille Beteiligungen haben weitgehende Auswirkungen auf die Vertragsbeziehungen zwischen den Start-ups und der Crowd.

Entsprechende Folgen haben ebenso die VC-Geber bezüglich ihrer Beteiligung mittels Crowdinvesting zu berücksichtigen. Die Crowdinvesting-Verträge in der Form von stillen Beteiligungen erfüllen nicht die Anforderungen des Privilegierungstatbestandes des § 2a VermAnlG. Dies hat zur Folge, dass die Emittenten vollständig den Regelungen des VermAnlG unterliegen und zur Veröffentlichung eines Verkaufsprospektes gemäß den §§ 6 f. VermAnlG verpflichtet sind. Ein erweiterter Pflichtenkreis der Emittenten führt zudem zu einer ausgedehnten Haftung hinsichtlich fehlender oder fehlerhafter Informationen gegenüber Crowdinvestoren. Die daraus resultierende Gefahr der Inanspruchnahme der Start-ups durch Kleinanleger hat letztendlich Auswirkungen auf die Investments der VC-Geber. Entweder nehmen diese parallel die Gesellschaft selbst in Anspruch und tragen alle rechtlichen und wirtschaftlichen Risiken, die aus der gerichtlichen oder außergerichtlichen Durchsetzung der Ansprüche entstehen können. Oder sie berücksichtigen, unter Verbleib als Investor, möglicherweise auftretende Ertragsunsicherheiten infolge der Gefahr des Abflusses von Liquidität resultierend aus der Inanspruchnahme durch die Crowd.[1684]

In Anbetracht bestehender Unsicherheiten betreffend der rechtlichen Einordnung von Crowdinvesting-Verträgen, führt die gesetzgeberische Unterscheidung von privilegierten und nicht-privilegierten Vermögensanlagen zu einer fehlenden Kompatibilitätsfähigkeit gegenwärtiger Crowdinvesting-Verträge mit den Interessen von VC-Gebern. Angesichts der teils schwierigen Unterscheidung von partiarischen Nachrangdarlehen und stillen

---

1684 Zur Frage der Kompatibilität und Haftung im Crowdinvesting-Modell siehe Abschnitt F.III.1.c)bb)(4).

Beteiligungen wird die Gefahr einer anderweitigen rechtlichen Einordnung der Vereinbarungen auf die Crowdinvestoren ausgelagert. Unter Bezugnahme der in Abschnitt E.I.2.b) geäußerten Kritik, sollte der Gesetzgeber im Hinblick auf die Förderung einer Kompatibilitätsfähigkeit der Crowdinvesting-Verträge zumindest die Beteiligung der Crowd in Form von stillen Gesellschaften mittels § 2a VermAnlG privilegieren.

(2) Gesetzliche Widerrufsrechte

(a) § 2d VermAnlG als Widerrufsrecht der Venture Capital-Geber

Investieren professionelle Wagniskapitalgeber mittels Crowdinvesting-Verträgen in Start-ups, stehen diesen teilweise die gleichen Rechte aus Gesetz zu wie Kleinanlegern. Insbesondere das durch den Gesetzgeber für Crowdinvesting-Verträge etablierte Widerrufsrecht in § 2d VermAnlG kann von VC-Gebern ausgeübt werden. § 2d VermAnlG setzt nicht das Bestehen einer Verbraucherstellung des Zeichners nach § 13 BGB voraus, sondern umfasst sämtliche Anleger, unabhängig ihrer Stellung als Verbraucher oder Unternehmer.[1685] Demnach können VC-Geber ihre Willenserklärung hinsichtlich des Abschlusses der Crowdinvesting-Verträge innerhalb einer Frist von 14 Tagen nach Vertragsschluss gemäß § 2d Abs. 3 S. 1 VermAnlG widerrufen. Inwieweit ein für VC-Beteiligungen untypisches Widerrufsrecht die Kompatibilitätsfähigkeit von Crowdinvesting-Verträgen bei professionellen Wagniskapitalgebern fördert, vermag an dieser Stelle nicht beurteilt zu werden. Ein Hindernis für VC-Investitionen im Bereich des Crowdinvestings stellt es jedoch nicht dar.

(b) Gesetzliche Widerrufsrechte der Kleinanleger

Während Widerrufsrechte auf Seiten der professionellen Wagniskapitalgeber eine Kompatibilitätsfähigkeit des Crowdinvesting-Modells nicht tangieren, können Widerrufsrechte bei Kleinanlegern zu einem fehlenden Investitionsinteresse der VC-Geber führen. Insofern begründen verbraucherschützende Widerrufsrechte die Gefahr des kurzfristigen, unkalkulierbaren und massenhaften Abzuges von erforderlicher Liquidität bei den finanzierten Start-ups. Zusätzlich besteht die Gefahr des Liquidationsabflusses wenn durch vermehrte Widerrufserklärungen die zunächst überschrittene Mindestinvestmentschwelle nachträglich unterschritten wird. Durch die vertraglich geregelte auflösende Bedingung bei Nichterreichung der Mindestinvestmentschwelle, sind sämtliche Crowdinvesting-Verträge abzuwickeln und bereits eingenommene

1685 Ausführlich hierzu Abschnitt C.I.2.d)cc).

Kapitalsummen vollständig an die Kleinanleger zurückzugewähren.[1686] Im Rahmen der Abwicklung sämtlicher Vertragsbeziehungen würde zwar der einzelne VC-Geber seine Investition zurückerhalten. Allerdings bleibt auch an dieser Stelle die Gefahr einer fehlenden Leistungsfähigkeit der jungen Unternehmen bestehen. Sind diese nicht in der wirtschaftlichen Lage, Teile der oder sämtliche eingenommene Kapitalsummen an die Kleinanleger zurückzugewähren, ist das Risiko einer Insolvenz grundsätzlich gegeben. In der Folge müsste der VC-Geber mit einer Abschreibung seiner Investition rechnen.

Mit Blick auf die den Kleinanlegern zur Verfügung stehenden Widerrufsrechte scheint die Gefahr des Abzuges von Liquidität nicht auf eine Widerrufsfrist von 14 Tagen nach Vertragsschluss beschränkt zu sein. Verlängerte Widerrufsfristen ergeben sich im Crowdinvesting-Modell, wenn die Emittenten die Kleinanleger nicht ordnungsgemäß über sämtliche ihnen zustehende Widerrufsrechte informieren. Unsicherheiten über die zu erfüllenden Informationspflichten durch die Emittenten bestehen bezüglich des § 2d VermAnlG. Entgegen anderen gesetzlich normierten Widerrufsrechten, sieht § 2d VermAnlG eine Hinweispflicht der Emittenten und keine Belehrungs- bzw. Unterrichtungspflicht vor, ohne diese jedoch näher zu konkretisieren.[1687] Aufgrund fehlender höchstrichterlicher Rechtsprechung und einer derzeit nicht bestehenden einheitlichen Anwendungspraxis können so Verfehlungen bei der Erfüllung der Hinweispflichten durch die Emittenten bestehen. Nicht ordnungsgemäß erfüllte Hinweispflichten führen letztendlich gemäß § 2d Abs. 3 S. 4 VermAnlG zu einem Erlöschen des Widerrufsrechts erst zwölf Monate nach dem jeweiligen Vertragsschluss.

Zudem steht der Crowd ein weiteres Widerrufsrecht nach §§ 312g Abs. 1, 355 BGB zur Verfügung, da die Crowdinvesting-Verträge Fernabsatzverträge im Sinne des § 312c Abs. 1 BGB darstellen und die Kleinanleger regelmäßig die Verbrauchereigenschaften des § 13 BGB erfüllen.[1688] Infolgedessen sind die Emittenten verpflichtet die Crowd über die Widerrufsrechte zu belehren. Eine solche Belehrung wird bei den Crowdinvesting-Plattformen *Companisto* und *Seedmatch* nicht durchgeführt, so dass die Widerrufsfrist nach § 355 Abs. 2 S. 1 BGB nicht zu laufen beginnt. Den Kleinanlegern steht daher ein zeitlich unbefristetes Widerrufsrecht zu, welches nicht auf ein Jahr beschränkt ist. Dies ergibt sich aus der Tatsache, dass Crowdinvesting-Verträge den Verträgen über Finanzdienstleistungen zuzuordnen sind und entsprechend

1686 Vgl. Abschnitt C.I.2.c).
1687 Siehe hierzu ausführlich Abschnitt C.I.2.d)cc).
1688 Siehe hierzu ausführlich Abschnitt C.I.2.d)aa).

dem Wortlaut des § 356 Abs. 3 S. 3 BGB eine zeitliche Begrenzung des Widerrufsrechts nicht vorgesehen ist. Etwaige zeitliche Ausübungsgrenzen ergeben sich somit lediglich hinsichtlich der strengen Regeln einer Verwirkung im Sinne des § 242 BGB.

(3) Zeichnungshöchstgrenzen bei § 2a Abs. 3 S. 1 VermAnlG

Gemäß § 2a Abs. 3 S. 1 VermAnlG darf der Gesamtbetrag sämtlicher Vermögensanlagen, gezeichnet bei einem Emittenten innerhalb von zwölf Monaten, 25.000 Euro pro Anleger nicht überschreiten, soweit die einzelnen Vermögensanlagen von einer Privilegierung des § 2a VermAnlG profitieren sollen. Die Zeichnungshöchstgrenze ist im Crowdinvesting-Modell nach § 2a Abs. 3 S. 2 VermAnlG nicht zu beachten, wenn der Anleger in der Rechtsform einer Kapitalgesellschaft oder einer GmbH & Co. KG investiert, deren Kommanditist gleichzeitig Gesellschafter der GmbH oder in der Entscheidungsfindung der GmbH beteiligt ist. Zudem darf die GmbH & Co. KG kein Investmentvermögen und keine Verwaltungsgesellschaft nach dem KAGB darstellen.

Die Ausgestaltung des Schwellenwerts und dessen Ausnahmen sind für professionelle Wagniskapitalgeber im VC-Bereich nur teilweise fördernd. Zum einen ist die Ausnahme bei Finanzierungen durch Kapitalgesellschaften und einzelne Gesellschaften in der Form einer GmbH & Co. KG mit Blick auf die unterschiedlichen VC-Gebergruppen bzw. der Möglichkeit von Investitionen als natürliche Person oder durch anderweitige Beteiligungsformen zu eng gefasst.[1689] Zum anderen überschreiten die VC-Investitionssummen vorwiegend die zuvor genannte Zeichnungshöchstgrenze. Dies zeigt sich exemplarisch bei Business Angels, welche, als Investoren im Kontext der VC-Geber, eher geringe Summen investieren. Selbst diese finanzieren in der Regel Startups mit Beteiligungssummen von über 25.000 Euro.[1690] Insoweit ist zu berücksichtigen, dass der vorbenannte Schwellenwert die Gesamtsumme sämtlicher Vermögensanlagen eines Anlegers innerhalb von zwölf Monaten betrifft, unabhängig davon, ob die Finanzierung in einem oder mehreren Schritten erfolgen soll.[1691] In Anbetracht dessen scheiden Crowdinvesting-Verträge für solche professionelle Wagniskapitalgeber aus, die sich mit mehr als 25.000 Euro an einem

---

1689 Zu den einzelnen VC-Gebern siehe ausführlich Abschnitt F.I.4.

1690 Siehe hierzu Abschnitt F.I.4.c).

1691 BT-Drs. 18/3994, S. 41; *Von Ammon*, in: Siering/Izzo-Wagner-VermAnlG, § 2a, Rn. 62.

Start-up beteiligen wollen und dabei keine privilegierte Gesellschaftsform des § 2a Abs. 3 S. 2 VermAnlG als Beteiligungsvehikel verwenden.

Während die Beteiligung an einem Start-up durch eine Kapitalgesellschaft oder in der Form einer GmbH & Co. KG im VC-Bereich nicht untypisch ist, verhindert die Begrenzung eine erweiterte Finanzierungsvielfalt durch professionelle Wagniskapitalgeber im Bereich der natürlichen Personen und anderweitiger Personengesellschaften. Insbesondere Business Angels investieren häufig während der Frühphase von jungen Unternehmen als natürliche Personen.[1692] Durch die Begrenzung der professionellen Wagniskapitalgeber im Crowdinvesting-Modell können diese nur teilweise als sogenannte *Leadinvestoren* agieren. Diese zeichnen sich unter anderem dadurch aus, dass sie infolge ihrer Anlageerfahrung die kapitalsuchenden Start-ups genau überprüfen und dadurch bestehende Risiken auch im Sinne der Crowd erkennen.[1693]

Ein Grund für die Eingrenzung des Ausnahmetatbestandes ist nicht ersichtlich. Der Gesetzgeber versuchte durch die in § 2a Abs. 3 S.1 VermAnlG aufgezählten Zeichnungsgrenzen ein Klumpenrisiko auf Seiten der Anleger zu unterbinden und zur Diversifikation der Anlagen anzuregen.[1694] Hiervon sollten Formkaufleute ausgenommen werden, da bei diesen ein höherer Professionalitätsstandard hinsichtlich Geldanlagen vorherrscht.[1695] Ferner beabsichtigte der Gesetzgeber professionelle Investitionsgesellschaften in der Form einer GmbH & Co. KG von den in § 2a Abs. 3 S. 1 VermAnlG genannten Schwellenwerten zu befreien.[1696]

Entsprechende Erwägungen sind zwar nachvollziehbar, sollten jedoch nicht mit der Form bestimmter Gesellschaften begründet werden, sondern vielmehr in Abhängigkeit zur Professionalität des einzelnen Anlegers stehen.[1697] Um demnach das Crowdinvesting-Modell und den Privilegierungstatbestand § 2a VermAnlG für sämtliche VC-Geber zu öffnen, ist der Ausnahmetatbestand von dem Erfordernis des Bestehens einer bestimmten Gesellschaftsform zu lösen und eine Begriffserweiterung vorzunehmen. In Betracht zu

1692 Zu den einzelnen VC-Gebern in Deutschland siehe Abschnitt F.I.4.

1693 Unter dem Begriff „Anker-Investoren“ siehe *Nietsch/Eberle*, DB 2014, 2575 (2579).

1694 BT-Drs. 18/3994, S. 41.

1695 BT-Drs. 18/4708, S. 64.

1696 BT-Drs. 19/1000, S. 74.

1697 Als ausreichend betrachtend *Riethmüller*, DB 2015, 1451 (1454). Zur Frage einer verfassungsrechtlichen Rechtfertigung der Ungleichbehandlung von natürlichen Personen und Kapitalgesellschaften siehe *Schulz*, Crowdinvesting, S. 103 ff.

ziehen ist der aus dem WpHG stammende Begriff des professionellen Kunden.[1698] Gemäß § 67 Abs. 2 S. 1 WpHG sind professionelle Kunden solche, die über ausreichende Erfahrungen, Kenntnisse und Sachverstand verfügen, um Anlageentscheidungen zu treffen und die damit verbundenen Risiken angemessen beurteilen zu können. Vor allem für Business Angels, die als natürliche Personen VC-Investitionen tätigen, besteht nach § 67 Abs. 6 WpHG die Möglichkeit als professioneller Kunde eingestuft zu werden, soweit die dort genannten Anforderungen erfüllt werden. Bestehende gesetzliche Voraussetzungen sollten allerdings auf die Zeichnung von Crowdinvesting-Verträgen durch VC-Geber angepasst werden. Mit Blick auf die Anforderungen aus § 67 Abs. 6 S. 3 Nr. 1 und Nr. 3 WpHG ist die Anzahl der hiernach zu tätigenden Geschäfte auf zwei bis fünf pro Jahr zu reduzieren und die Pflicht zur mindestens einjährigen Tätigkeit in einem Beruf am Kapitalmarkt auf VC-Investitionen zu erweitern. Dagegen scheint der in § 67 Abs. 6 S. 3 Nr. 2 WpHG genannte Schwellenwert von 500.000 Euro ebenso auf Investitionen von Business Angels übertragbar.

(4) *Haftungsrahmen bei fehlenden oder unvollständigen Informationen*

(a) Start-ups und Gründer als haftungsrechtliche Anspruchsgegner der Venture Capital-Geber

Für die Frage einer Kompatibilitätsfähigkeit der Crowdinvesting-Verträge mit den Risiko- und Interessenlagen von professionellen Wagniskapitalgebern ist zudem der jeweilige Haftungsrahmen bei der fehlenden oder unvollständigen Weitergabe von wesentlichen Informationen zu vergleichen. So sind Zusicherungs- und Garantieerklärungen der Gründer bzw. Start-ups gegenüber den VC-Gebern regelmäßig Teil der Vertragsverhandlung und -gestaltung.[1699] Darüber hinaus geben häufig Altgesellschafter der jungen Unternehmen selbständige Garantieerklärungen gegenüber den Neuinvestoren ab. Unterteilt werden die Garantieerklärungen in *Title*- und operative Garantien. Während bei den *Title*-Garantien bestehende Rechtsverhältnisse, wie stille Beteiligungen oder sonstige Gewinnbezugsrechte Dritter mitgeteilt und deren Richtigkeit bzw. Vollständigkeit durch die Erklärenden dargelegt werden müssen, bestätigen meisten die Gründer bei den operativen Garantien die finanzielle Situation

---

1698 So auch *Klöhn/Hornuf*, DB 2015, 47 (53); *Bujotzek/Mocker*, BKR 2015, 358 (359); zur Differenzierung siehe auch *Nietsch/Eberle*, DB 2014, 2575 (2579).

1699 Zu den Zusicherungen und Garantien innerhalb von VC-Beteiligungen vgl. *Weitnauer*, in: Handbuch Venture Capital, S. 363, Rn. 152 ff. Siehe hierzu Abschnitt F.I.5.a)bb)(2)(b).

der Gesellschaft und die Richtigkeit und Vollständigkeit des letzten Jahresabschlusses. Werden die selbständigen Garantieerklärungen unrichtig oder unvollständig abgegeben, haften je nach Inhalt und Umfang der abgegebenen Garantien das Start-up, die Gründer und Altgesellschafter gesamt- oder teilschuldnerisch gegenüber den VC-Gebern für daraus resultierende Schäden.[1700]

Im Rahmen der von *Companisto* erstellten Crowdinvesting-Verträge werden keine Garantieerklärungen durch die Beteiligten abgegeben. Lediglich bei *Seedmatch* veröffentlichen die einzelnen Start-ups in einem Zusatzdokument eine durch die Geschäftsführung unterzeichnete Selbsterklärung. Hierbei bestätigen die Unternehmen standardmäßig und ohne Berücksichtigung etwaiger Besonderheiten des jeweiligen Geschäftsmodells, die im jeweiligen Business Plan wahrheitsgemäß dargestellte finanzielle Situation der Gesellschaft, die Existenz und Lastenfreiheit der Geschäftsanteile, sowie den Besitz sämtlicher für den Geschäftsbetrieb erforderlicher Schutzrechte, Lizenzen, Marken und Domains.[1701] Weitergehende einzelvertragliche Regelungen bezüglich der Haftung der Start-ups, Gründer und ggf. Altgesellschafter für fehlerhafte oder unvollständige Informationen, sehen die gegenwärtigen Crowdinvesting-Verträge nicht vor.

Eine Vergleichbarkeit zwischen einem vertraglich einzeln ausverhandelten Haftungsregime und einem durch Gesetz oder Rechtsfortbildung entwickelten Haftungsrahmen ist letztendlich nur im Hinblick auf eine grundsätzliche Haftung der Beteiligten für fehlerhafte oder unvollständige Informationen möglich. Unterschiede können sich hinsichtlich des Haftungsumfangs[1702], der einzeln bestimmbaren Verschuldensmaßstäbe der jeweiligen Beteiligten oder anderweitig vereinbarter Beweislasterleichterungen ergeben. Dennoch ist in den Crowdinvesting-Verträgen ebenso ein Haftungsrahmen für fehlende oder unvollständige Informationen vorgesehen, obwohl einzelvertragliche Regelungen nicht vorhanden sind und keine einzelnen Garantien abgegeben werden. Wie in Abschnitt E.V.1.a)aa) dargestellt sind die spezialgesetzlichen Prospekthaftungen nach den §§ 20, 21 VermAnlG bei Crowdinvesting-Verträgen anwendbar, soweit diese Vermögensanlagen nach

---

1700 Vgl. *Weitnauer*, in: Handbuch Venture Capital, S. 364, Rn. 156 ff.

1701 Siehe hierzu auch *Klöhn/Hornuf/Schiling*, ZBB 2016, 142 (147); *Schedensack*, Crowdinvesting, S. 309.

1702 Trotz vergleichbarem Haftungsrahmen bleibt jedoch der Haftungsumfang hinsichtlich der erteilten Auskünfte, insbesondere im Hinblick bestehender Informationsasymmetrien, weiter gering zu klassischen VC-Beteiligungen. Zur fehlenden Kompatibilität infolge Informationsasymmetrien siehe Abschnitt F.III.1.b)dd).

§ 1 Abs. 2 VermAnlG darstellen und die kapitalsuchenden Gesellschaften nicht von der Pflicht zur Erstellung eines Verkaufsprospektes nach § 6 VermAnlG befreit sind. Einzelne Start-ups haften als Anbieter und Emittent der Vermögensanlage gegenüber den VC-Gebern für sämtliche Informationen, die entweder nicht, fehlerhaft oder unvollständig im Rahmen eines Verkaufsprospektes veröffentlicht wurden. Dementsprechend haben professionelle Wagniskapitalgeber bei gezeichneten Crowdinvesting-Verträgen die Möglichkeit die Start-ups, als Emittenten von Vermögensanlagen, sowie die Gründer infolge unvollständiger oder fehlerhafter Informationen unmittelbar in Anspruch zu nehmen.

Ein derartiger Haftungsrahmen ist ferner gewährleistet, wenn die kapitalsuchenden Gesellschaften von der Erstellung eines Verkaufsprospektes gemäß § 2a VermAnlG befreit sind. Durch die fehlende Anwendbarkeit der spezialgesetzlichen Prospekthaftungen nach den §§ 20 f. VermAnlG, kommen für eine Inanspruchnahme der Start-ups und Gründer die Haftungstatbestände des §§ 22 Abs. 1a, Abs. 4a VermAnlG, sowie Ansprüche aus der bürgerlich-rechtlichen Prospekthaftung in Betracht.[1703] Die §§ 22 Abs. 1a, Abs. 4a VermAnlG sind jedoch ausschließlich auf einen vergleichbaren Haftungsrahmen begrenzt. Diese sehen zwar eine Haftung der Start-ups für fehlerhafte oder unvollständige Informationen und Hinweise vor, beschränken sie aber gleichzeitig auf wenige Informations- und Hinweispflichten, die innerhalb der Vermögensanlagen-Informationsblätter zu erfüllen sind.[1704] Durch die begrenzte spezialgesetzliche Haftungssituation bei privilegierten Anbietern von Vermögensanlagen ist der Haftungsrahmen erst durch die Anwendbarkeit der bürgerlich-rechtlichen Prospekthaftung im engeren Sinne und im weiteren Sinne mit dem Haftungsrahmen bei typischen VC-Investitionen vergleichbar und folglich kompatibel. Insoweit haften die Gründer von jungen Unternehmen etwa persönlich nach der bürgerlich-rechtlichen Prospekthaftung im weiteren Sinne, wenn diese im persönlichen Kontakt zu den professionellen Wagniskapitalgebern standen und ihnen entgegengebrachtes Vertrauen in Anspruch nehmen konnten.[1705] Wie in Abschnitt E.V.1.b)bb) erörtert, ist dies regelmäßig bei dem Crowdinvesting-Modell der Fall, so dass letztendlich die bürgerlich-rechtliche Prospekthaftung im weiteren Sinne gleichfalls

1703 Zum Verhältnis der einzelnen Haftungsansprüche zueinander siehe ausführlich Abschnitt E.V.1.d).

1704 Siehe hierzu Abschnitt E.V.1.a)cc).

1705 Siehe hierzu Abschnitt E.V.1.b)bb).

gegenüber VC-Gebern Anwendung findet. Zudem können die Geldgeber im Rahmen der bürgerlich-rechtlichen Prospekthaftung im weiteren Sinne auch die Start-ups mittelbar in Anspruch nehmen. Bei den Gründern handelt es sich häufig um die Geschäftsführer der Gesellschaften, die in der Rechtsform einer GmbH oder UG (haftungsbeschränkt) agieren. Dementsprechend sind etwaige Pflichtverletzungen der Geschäftsführung den Unternehmen nach § 31 BGB analog zuzurechnen.

(b) Crowdinvesting-Plattformen als haftungsrechtliche Anspruchsgegner der Venture Capital-Geber

Zusätzlich zu der Möglichkeit der Inanspruchnahme der Start-ups und Gründer bei fehlenden oder unvollständigen Informationen erweitern VC-Geber ihren Haftungsrahmen auf Crowdinvesting-Plattformen, soweit diese Crowdinvesting-Verträge zeichnen.[1706] Insofern schließen ebenso professionelle Wagniskapitalgeber Auskunftsverträge mit den jeweiligen Crowdinvesting-Plattformen, die grundsätzlich als Anlagevermittler handeln.[1707]

Erfüllen die Plattformen nicht ihre aus dem Vertragsverhältnis bestehenden Kardinalspflichten, wie Prüfungs- und Aufklärungspflichten, haften diese für daraus entstehende Schäden gemäß §§ 280 Abs. 1 S. 1, 675 Abs. 1, 611 BGB. Der Ausschluss der Pflichten bzw. Haftungsansprüche gegenüber den Vertragsparteien innerhalb von AGB ist auch gegenüber VC-Gebern unwirksam. Obwohl professionelle Wagniskapitalgeber überwiegend die Begriffsvoraussetzungen des § 14 BGB erfüllen und als Unternehmer VC-Beteiligungen eingehen, bleiben die Regelungen der Inhaltskontrolle nach §§ 305 ff. BGB im Umfang des § 310 Abs. 1 S. 2 BGB erhalten. Insoweit ist der Ausschluss von Kardinalspflichten bzw. einer daraus resultierenden Haftung in AGB ebenfalls gegenüber Unternehmern unwirksam.[1708]

(c) Venture Capital-Geber als Haftungsanspruchsgegner

Neben den Möglichkeiten der Inanspruchnahme von Gründern, Start-ups und Crowdinvesting-Plattformen, laufen VC-Geber durch die Zeichnung von Crowdinvesting-Verträgen Gefahr, selbst als Anspruchsgegner

---

1706 Zu der Haftung der Crowdinvesting-Plattformen im Einzelnen siehe Abschnitt E.V.2.

1707 Zu der Einordnung der Rechtsbeziehungen zwischen Crowdinvesting-Plattform und (Klein-)Anleger siehe Abschnitt C.II.

1708 Zur Unwirksamkeit eines entsprechenden Ausschlusses siehe Abschnitt C.II.2.a)bb)(4).

für fehlende oder unvollständige Informationen herangezogen zu werden. Eine Haftung der professionellen Wagniskapitalgeber ist zumindest mit Blick auf die bürgerlich-rechtliche Prospekthaftung im weiteren Sinne nach §§ 311 Abs. 2, Abs. 3, 280 Abs. 1, 241 Abs. 2 BGB zu hinterfragen, wenn diese gegenüber den Kleinanlegern ein über das Normale hinausgehende besonderes persönliches Vertrauen bei Vertragsverhandlungen aufbauen.[1709] Hierbei sind Szenarien denkbar, in denen sich VC-Geber basierend auf ihrer Expertise für ein Investment in das einzelne Start-up mittels Crowdinvesting-Vertrag aussprechen. Werden die Aussagen für potenzielle Zeichner beispielsweise mittels Videopräsentationen oder Interviews auf den Webseiten der Crowdinvesting-Plattformen online gestellt, ist, je nach Intensität der Darstellung und Ausgestaltung, von einem persönlichen Kontakt zwischen den Kleinanlegern und den VC-Gebern auszugehen. Ein etwaiger Kontakt kann als Inanspruchnahme von persönlichem Vertrauen, sowie Einflussnahme auf die Entscheidung der Kleinanleger zum Zeitpunkt der Vertragsanbahnung gewertet werden. Daraus resultierende Aufklärungspflichten nach § 241 Abs. 2 BGB würden sich folglich auf die für das Investment werbenden Geldgeber erstrecken, so dass im Falle von fehlenden oder unvollständigen Informationen diese als weitere Anspruchsgegner im Rahmen der bürgerlich-rechtlichen Prospekthaftung im weiteren Sinne in Betracht zu ziehen wären.[1710]

d) Zwischenergebnis

Zeichnen professionelle Wagniskapitalgeber Crowdinvesting-Verträge neben den Kleinanlegern, so scheint dies nur möglich, soweit die VC-Geber ihre Beteiligungsinteressen und Risikoabwägungen dem Crowdinvesting-Modell anpassen. Wie dieser Abschnitt zeigt, entsprechen die Regelungen der Crowdinvesting-Verträge nicht den Beteiligungsgrundsätzen von typischen VC-Finanzierungen. Ferner ergeben sich aus dem vom Gesetzgeber definierten

---

1709 Vgl. *Business Angels Netzwerk Deutschland e.V.*, BANDquartal 1/2014, abrufbar unter *https://www.business-angels.de/ausgabe-012014/* [zuletzt aufgerufen am 12.05.2022], S. 8. Zu den Voraussetzungen im Einzelnen siehe Abschnitt E.V.1.b)bb) und Abschnitt E.V.2.c)bb).

1710 Ein die Haftung begründendes wirtschaftliches Eigeninteresse der VC-Geber, kann, ähnlich wie bei der Frage der Haftung der Crowdinvesting-Plattformen, verneint werden, da die Geldgeber lediglich ein mittelbares Interesse an der Anwerbung von Kleinanlegern haben, soweit sie neben der Crowd selbst Crowdinvesting-Verträge zeichnen. Zur Frage des wirtschaftlichen Eigeninteresses bei Crowdinvesting-Plattformen siehe Abschnitt E.V.2.c).

Rechtsrahmen rechtliche Unsicherheiten, die Crowdinvestments in Start-ups gefährden. So ist gegenwärtig den VC-Gebern eine Eigenkapitalfinanzierung mit individuell vereinbarten Vertragsinhalten anzuraten, da der Abschluss von Crowdinvesting-Verträgen die von professionellen Wagniskapitalgebern grundsätzlich geforderte Exit-Fähigkeit[1711] der jungen Unternehmen nicht ermöglicht.

Neben bereits vorgegebenen Unternehmens- und Einstiegsbewertungen der einzelnen Start-ups, sowie fehlenden Regelungen zur Bindung der Gründer und Know-how-Träger an die Gesellschaften, widerspricht die Unterwerfung der VC-Geber unter Stimmbindungsvereinbarungen deren Beteiligungsinteresse. Grundlegend ist zwar das Pooling von Stimmrechten auch in VC-Transaktionen vorzufinden, im Bereich des Crowdinvesting-Modells erfolgt jedoch die Stimmbindung von professionellen Wagniskapitalgebern mit einer Vielzahl von Kleinanlegern. Demnach stehen Entscheidungen über das getätigte Investment in Abhängigkeit von teils unerfahrenen Anlegern. Zudem basieren die Entscheidungen der Crowdinvestoren auf einseitig durch das jeweilige Start-up übermittelten Informationen. Der durch den gegenwärtigen Rechtsrahmen und die Crowdinvesting-Verträge bestimmte Umfang der Informationen ist grundsätzlich nicht mit den Inhalten typischer VC-Beteiligungsverträge vergleichbar. Infolge der teilweisen fehlenden Pflicht zur Erstellung von Verkaufsprospekten nach § 2a VermAnlG und daraus resultierenden Informationsasymmetrien, besteht die Gefahr von wirtschaftlichen Fehlentscheidungen der Crowd, die gleichfalls professionelle Wagniskapitalgeber zu tragen haben.

Eine fehlende Kompatibilität ergibt sich zudem aus dem Risiko eines massenhaften Abflusses von Liquidität aus den jungen Unternehmen. Insoweit verhindern Mittelabflüsse innerhalb des Beteiligungshorizontes der VC-Geber die anvisierten Wertsteigerungen der jeweiligen Beteiligungen und die damit verbundenen Renditeerwartungen. Liquiditätsabflüsse können vor allem aus Zahlungsverpflichtungen der Gesellschaften gegenüber den einzelnen Kleinanlegern und Unsicherheiten aus einem vom Gesetzgeber fehlerhaft abgesteckten Rechtsrahmen entspringen. So führen vom Gesetzgeber ungenau formulierte Widerrufsrechte, sowie fehlende Konkurrenzregelungen zu den unterschiedlich bestehenden Verbraucherwiderrufsrechten zu der Möglichkeit die Verträge einseitig und unbefristet durch die Kleinanleger aufzulösen.

1711 Siehe hierzu *Weitnauer*, GWR 2015, 309 (312).

Zusätzliche Unsicherheiten ergeben sich aus der teilweisen rechtlichen Einordnung der Crowdinvesting-Verträge als stille Beteiligungen, obwohl die Beteiligten von partiarischen Nachrangdarlehen ausgehen. Aufgrund erhöhter gesetzlicher Anforderungen an die Pflichten der Emittenten von stillen Beteiligungen und der fehlenden Privilegierung durch § 2a VermAnlG, sind Start-ups Haftungsansprüchen ausgesetzt, sofern diese den Pflichtenkatalog nicht vollumfänglich erfüllen. Zudem führen mit den Kleinanlegern unwirksam abgeschlossene qualifizierte Rangrücktrittsvereinbarungen zu einer anderweitigen rechtlichen Zuordnung der Crowdinvesting-Verträge. Im Ergebnis finden die Regelungen des KWG Anwendung, während das VermAnlG ausgeschlossen bleibt. Fehlende bankenrechtliche Gestattungen der BaFin gemäß § 32 KWG begründen gegenüber den Start-ups Rückgewähransprüche, die sowohl zivilrechtlich durch die Crowd, als auch mittels öffentlich-rechtlicher Anordnungen durch die BaFin geltend gemacht werden können.

Entsprechende Gefahren von Liquiditätsabflüssen aus den einzelnen Start-ups können letztendlich nicht nur die Renditeerwartungen der VC-Geber verringern, sondern im Bereich der Frühfinanzierung von jungen Unternehmen ebenfalls zur Insolvenz derselbigen führen. Durch unwirksame qualifizierte Rangrücktrittsvereinbarungen mit den Kleinanlegern, sind die einzelnen Forderungen aus den Crowdinvesting-Verträgen im Rahmen einer Überschuldungsbilanz gemäß § 19 Abs. 2 S. 2 InsO zu passivieren.[1712] In Anbetracht dessen ist das Risiko einer insolvenzrechtlichen Überschuldung der Start-ups nach § 19 Abs. 2 InsO grundsätzlich gegeben. Die Unternehmen werden in ihrer Frühphase selten in der finanziellen Lage sein, massenhaft gegen sie gerichtete Zahlungsforderungen aus ihrem Vermögensstamm befriedigen zu können. Im Falle der Eröffnung von Insolvenzverfahren würden VC-Geber zudem im Gläubigergefüge eine nachrangige, gesellschafterähnliche Position im Sinne des § 39 InsO hinter den Kleinanlegern einnehmen. Im Gegensatz zu den Abreden mit Verbrauchern, bleiben qualifizierte Rangrücktrittsvereinbarungen zwischen den Start-ups und den professionellen Wagniskapitalgebern wirksam.

Etwaige Ungleichbehandlungen der Kleinanleger und VC-Geber als Teil der Crowd sind insofern nicht mit deren Beteiligungsinteressen vereinbar und führen im Ergebnis zu einer fehlenden Kompatibilität mit den Crowdinvesting-Verträgen und somit mit dem Crowdinvesting-Modell.

1712 Zur Unwirksamkeit der qualifizierten Nachrangabreden mit Kleinanlegern siehe Abschnitt C.I.3.b)bb).

2. Venture Capital-Geber neben der Crowd

Sollen professionelle Wagniskapitalgeber Start-ups finanzieren, welche zusätzlich Kapital mithilfe des Crowdinvesting-Modells von der Crowd einsammeln, so haben die mit den Kleinanlegern zu schließenden Crowdinvesting-Verträge die Beteiligungsgrundsätze der VC-Geber zu berücksichtigen.[1713] Ferner sind Regulierungsbemühungen der Legislative hinsichtlich des Crowdinvesting-Modells nicht nur mit Blick auf die Beteiligten der Crowdinvesting-Kampagne zu bewerten, sondern auch die Interessen- und Risikolagen außenstehender professioneller Wagniskapitalgeber einzubeziehen. Investieren VC-Geber also nicht als Darlehensgeber oder stille Gesellschafter innerhalb von Crowdinvesting-Verträgen, sondern gesondert im Wege der für VC-Finanzierungen typischen Eigenkapitalbeteiligungen, so ist das Crowdinvesting-Modell VC-kompatibel, wenn die Interessen- und Risikolagen der professionellen Wagniskapitalgebern als Gesellschafter der jeweiligen Start-ups angemessen berücksichtigt werden.

a) Venture Capital-Geber als Gesellschafter der Start-ups

Für Beteiligungen von professionellen Wagniskapitalgebern an Start-ups, die gleichzeitig oder vorgelagert eine Finanzierung durch die Crowd erhalten, sind grundsätzlich sämtliche in Abschnitt F.I.4 genannten VC-Geber-Gruppen in Betracht zu ziehen. Insoweit würden die VC-Investitionen weiterhin in Form einer Eigenkapitalbeteiligung erfolgen, in welcher die Geldgeber eine Gesellschafterstellung innerhalb des Start-ups einnehmen. Infolge der üblichen VC-Beteiligung durch die Übernahme oder den Erwerb von Geschäftsanteilen an einer Gesellschaft haben die VC-Geber die Möglichkeit, ihre Investitionsbedingungen individuell zu verhandeln. Die zwischen den Gesellschaftern und der Gesellschaft zu schließenden Beteiligungs- und Gesellschaftervereinbarungen können insofern die für VC-Beteiligungen typischen Vertragsklauseln beinhalten. In Anbetracht dessen entstehen zwischen den VC-Gebern und der Crowd keine unmittelbaren vertraglichen Beziehungen, so dass das Crowdinvesting-Modell lediglich mittelbar die Interessen und Risikoabwägungen der professionellen Wagniskapitalgeber berühren kann.

1713 Vgl. *Companisto*, Crowdinvesting – 5 Voraussetzungen für Anschlussfinanzierungen, abrufbar unter *https://www.companisto.com/de/academy/profis/crowdinvesting-5-voraussetzungen-fuer-anschlussfinanzierungen* [zuletzt aufgerufen am 12.05.2022].

b) *Crowdinvesting-Vertrag versus Venture Capital-Beteiligungsgrundsätze*

Obwohl die zwischen den Start-ups und der Crowd geschlossenen Vereinbarungen nicht unmittelbar die professionellen Wagniskapitalgeber betreffen, sind die eingegangen Rechtsbeziehungen gleichfalls von den VC-Gebern bei ihrem Einstieg als Gesellschafter der jungen Unternehmen zu berücksichtigen. Verhindern die Crowdinvesting-Verträge die Durchsetzung der VC-Beteiligungsgrundsätze, werden die professionellen Wagniskapitalgeber von einer Finanzierung der Start-ups als Co-Investoren oder im Rahmen von Anschlussfinanzierungen absehen.

aa) *Wirtschaftliche Verwässerung der Beteiligungen der Crowd*

Die in den Crowdinvesting-Verträgen enthaltenen Regelungen zur wirtschaftlichen Verwässerung der Beteiligungsquoten der Kleinanleger im Falle weiterer Finanzierungen ist wesentliche Voraussetzung für Anschlussfinanzierungen durch professionelle Wagniskapitalgeber.[1714] Aufgrund der Vergrößerung der Kapital- und Beteiligungsstruktur der Start-ups durch neue Eigenkapitalinvestoren, sind die jeweils vertraglich eingeräumten Beteiligungsquoten der Crowd zu verwässern. Bei einer fehlenden Verwässerung würden die Kleinanleger mit einer unveränderten Quote von der vergrößerten Beteiligungsstruktur wirtschaftlich überproportional zu ihrem Investment profitieren.[1715] Ein Ergebnis, bei dem Anschlussfinanzierungen kaum realisierbar wären, da Neuinvestoren bezüglich ihrer Beteiligungsquoten benachteiligt werden würden und somit keine Finanzierungsanreize hätten.[1716] Etwaige Interessen der VC-Geber haben die Crowdinvesting-Plattformen *Companisto* und *Seedmatch* erkannt und ihre Crowdinvesting-Verträge um Verwässerungsklauseln ergänzt. Hierbei sind die Klauseln zumindest dann wirksam in Standardverträgen mit der

---

1714 Zur Verwässerungsklausel im Einzelnen siehe Abschnitt B.II.2.e); siehe hierzu auch *Business Angels Netzwerk Deutschland e.V.*, BANDquartal 1/2014, abrufbar unter *https://www.business-angels.de/ausgabe-012014/* [zuletzt aufgerufen am 12.05.2022], S. 7.

1715 Vgl. *Huber*, Crowdfunding und Venture Capital Anschlussfinanzierung – Das funktioniert, abrufbar unter *http://hoganlovells-blog.de/2014/08/14/crowdfunding-und-venture-capital-anschlussfinanzierung-das-funktioniert/* [zuletzt aufgerufen am 12.05.2022].

1716 Vgl. *Klöhn/Hornuf/Schiling*, ZBB 2016, 142 (166).

Crowd vereinbart, solange neben den Regelungen zur Verwässerung auch eine *Down-Round-Protection* mitaufgenommen wurde.[1717]

bb) Hohe Unternehmensbewertungen und Down-Round-Protection

Wie in Abschnitt F.III.1.b)bb) dargestellt besteht bei dem derzeitigen Crowdinvesting-Modell die Gefahr der zu hohen Unternehmensbewertung der einzelnen Start-ups durch die Gründer und Crowdinvesting-Plattformen. Entsprechend hohe Bewertungen betreffen unmittelbar auch Investitionsvorhaben von VC-Gebern durch Anschlussfinanzierungsrunden in Form von Eigenkapital.[1718] Zwar verhandeln professionelle Wagniskapitalgeber eigenständig über die Einstiegsbewertung mit den jeweiligen Start-ups. Divergiert diese jedoch mit der Anfangsbewertung, die für die Crowdinvesting-Kampagne festgelegt wurde, so sind die Beteiligungsquoten der Crowd gegen eine zu niedrige Folgebewertung der professionellen Wagniskapitalgeber abgesichert. Insoweit beinhalten die Crowdinvesting-Verträge regelmäßig eine sogenannte *Down-Round-Protection*, die bei einer niedrigeren Folgebewertung dazu führt, dass die wirtschaftlichen Beteiligungsquoten der Kleinanleger nicht verwässern.[1719] Folglich würden die Beteiligungsquoten der Kleinanleger unverändert bleiben, während sich die Kapital- und Beteiligungsstruktur des jeweiligen Unternehmens aufgrund der Anschlussfinanzierungsrunde vergrößert. Ein Ergebnis, bei diesem die VC-Geber aus wirtschaftlichen Gesichtspunkten wohl von einer Investition absehen würden und Folgefinanzierungen nicht durchführbar wären. Eine Kompatibilität ist also anzunehmen, soweit die Anfangsbewertungen innerhalb der Crowdinvesting-Kampagne nicht zu hoch angesetzt werden, um eine zeitlich nachgelagerte Anschlussfinanzierung mit einer höheren Folgebewertung und der Verwässerung der Beteiligungsquoten der Kleinanleger zu ermöglichen.

1717 Zur AGB-Kontrolle der Verwässerungsklauseln innerhalb von Crowdinvesting-Verträgen siehe Abschnitt C.I.3.c). Zur *Down-Round-Protection* siehe Abschnitt F.III.2.b)bb) und Abschnitt F.I.5.a)bb)(1)(b) sowie Abschnitt B.II.2.e)cc).

1718 Zur fehlenden Transparenz der Bewertung der Start-ups im Rahmen des Crowdinvestings siehe auch *Weitnauer*, in: Handbuch Venture Capital, S. 224, Rn. 94.

1719 Zur *Down-Round-Protection* vgl. Abschnitt F.I.5.a)bb)(1)(b) und Abschnitt B.II.2.e)cc).

cc) Struktureller Vorrang der Crowdinvesting-Verträge

Angesichts der Charakteristika der Crowdinvesting-Verträge, profitieren die Kleinanleger vorrangig vor den Eigenkapitalgebern von Kapitalzuflüssen, wie beispielsweise aus einem Exit.[1720] Insbesondere sind die Forderungen der Crowd primär zu befriedigen, sofern die in den Verträgen vorgesehenen qualifizierten Nachrangvereinbarungen nicht wirksam vereinbart wurden.[1721] Erst nachrangig partizipieren die Gesellschafter der Start-ups und somit die VC-Geber von möglichen Kapitalzuflüssen. Der für VC-Beteiligungen relevante Grundsatz des „*Last in, First out*" und die damit einhergehenden Erlösverteilungs- und Liquidationspräferenzen finden auf das Verhältnis zwischen den Kleinanlegern und Eigenkapitalinvestoren keine Anwendung.[1722] Demnach besteht für professionelle Wagniskapitalgeber als Gesellschafter die Gefahr der vorrangigen Verteilung eines Kapitalerlöses gegenüber der Crowd, ohne dabei selbst beteiligt zu sein.

Widerspricht der dargestellte strukturelle Vorrang der Crowdinvesting-Verträge den Beteiligungsgrundsätzen der VC-Geber, werden sich letztere nicht im Wege von Anschluss- oder Co-Finanzierungen an crowdfinanzierten Start-ups beteiligen.[1723] In der Folge müssen sich die kapitalsuchenden Start-ups bei einer angedachten Co-Finanzierung für eine Geldgebergruppe entscheiden. Bei VC-Investitionen innerhalb von Anschlussfinanzierungen wären die Start-ups ferner gezwungen, die Kleinanleger mit einem vorzeitigen Ablöseangebot zur Beendigung der einzelnen Vereinbarungen zu bewegen, um so die von VC-Investoren geforderte Gestaltung der Erlösverteilungs- und Liquidationspräferenzen zuzulassen.[1724]

1720 Vgl. *Weitnauer*, in: Handbuch Venture Capital, S. 225, Rn. 100 f.; *Weitnauer*, GWR 2015, 309 (312); *Business Angels Netzwerk Deutschland e.V.*, BANDquartal 1/2014, abrufbar unter *https://www.business-angels.de/ausgabe-012014/* [zuletzt aufgerufen am 12.05.2022], S. 7.

1721 Vgl. *Weitnauer*, in: Handbuch Venture Capital, S. 203, Rn. 32.

1722 Zum Prinzip des „*Last in, First out*" siehe Abschnitt F.I.5.a)bb)(1)(c) und Abschnitt F.III.1.b)cc). Vgl. auch *Weitnauer*, GWR 2015, 309 (312).

1723 Ggf. könnten die VC-Geber das vorgenannte Risiko in die Einstiegsbewertung im Rahmen der Anschlussfinanzierung einpreisen, vgl. *Weitnauer*, GWR 2015, 309 (312). Allerdings darf die Einstiegsbewertung nicht die in Abschnitt F.III.2.b)bb) dargestellte *Down-Round-Protection* der Crowd zur Folge haben, da sonst keine entsprechende Verwässerung der Crowd gewährleistet ist.

1724 Vgl. *Weitnauer*, in: Handbuch Venture Capital, S. 225, Rn. 100 f.; *Weitnauer/Parzinger*, GWR 2013, 153 (158).

dd) Schutz vor Weitergabe von vertraulichen Informationen

Im Rahmen einer gleichzeitigen oder nachgelagerten Investition in ein crowdfinanziertes Start-up, verlangen professionelle Wagniskapitalgeber grundsätzlich, dass die jungen Unternehmen keine wettbewerbsrelevanten Informationen an die Crowd weitergeben.[1725] So ist ein Wissensvorsprung gegenüber konkurrierender Unternehmen bei Finanzierungen in der Frühphase von Gesellschaften entscheidend über den Erfolg der einzelnen Start-ups. Obwohl die Crowdinvesting-Verträge Verschwiegenheitsvereinbarungen mit den einzelnen Kleinanlegern vorsehen, ist die Weitergabe von wesentlichen Informationen an Dritte kaum zu verhindern.[1726] Dies ergibt sich unter anderem infolge der Abtretbarkeit der Vereinbarungen an Dritte, ohne die sonst bei VC-Investitionen erforderliche Zustimmung des Start-ups durch vereinbarte Vinkulierungsbestimmungen.[1727]

Dementsprechend sollten die an die Crowd zu übermittelnden Informationen keine Angaben enthalten, die wettbewerbsrelevant oder sonst besonders schützenswert sind. So erläutert richtigerweise der *Bundesverband Crowdfunding* in seinen Reporting Guidelines, dass jedes Start-up den Grad der Offenlegung der Informationen selber zu bestimmen hat.[1728] Die dabei dem *Bundesverband Crowdfunding* angehörige Crowdinvesting-Plattform *Companisto*, untersagt in den Crowdinvesting-Verträgen den Start-ups die Weitergabe von Geschäftsgeheimnissen oder sonstigen wesentlichen Leistungs- und Finanzkennzahlen, so dass eine Kompatibilität mit professionellen Wagniskapitalgebern grundsätzlich möglich erscheint.[1729]

1725 Vgl. *Weitnauer*, GWR 2015, 309 (310).

1726 So auch *Weitnauer*, in: Handbuch Venture Capital, S. 225, Rn. 99; *Business Angels Netzwerk Deutschland e.V.*, BANDquartal 1/2014, abrufbar unter *https://www.business-angels.de/ausgabe-012014/* [zuletzt aufgerufen am 12.05.2022], S. 5.

1727 *Weitnauer*, in: Handbuch Venture Capital, S. 225, Rn. 97 ff. *Companisto* und *Seedmatch* verbieten die Übertragung der Crowdinvesting-Verträge an Personen, die sich in einem offensichtlichen Wettbewerbsverhältnis zum jeweiligen Start-up befinden; zu den Abtretbarkeit siehe Abschnitt B.II.2.f).

1728 *Bundesverband Crowdfunding e.V.*, Reporting Guidelines für Crowdfunding-Plattformen, abrufbar unter *https://www.bundesverband-crowdfunding.de/reporting-guidelines-fuer-crowdfunding-plattformen-im-bundesverband-crowdfunding-e-v/* [zuletzt aufgerufen am 12.05.2022].

1729 Vgl. *Companisto*, Crowdinvesting – 5 Voraussetzungen für Anschlussfinanzierungen, abrufbar unter *https://www.companisto.com/de/academy/profis/crowdinvesting-5-voraussetzungen-fuer-anschlussfinanzierungen* [zuletzt aufgerufen am 12.05.2022]; allgemein zum Grad der Informationsdichte *Weitnauer*, in: Handbuch Venture Capital, S. 225, Rn. 99.

ee) Stimmbindungsvereinbarung und fehlende Mitbestimmung der Crowd

Während die Unterwerfung eines VC-Gebers unter eine Stimmbindungsvereinbarung innerhalb einer Crowdinvesting-Beteiligung nachteilig sein kann, fördert dagegen das vertragliche Stimmenpooling der Kleinanleger die Beteiligungsbereitschaft eines professionellen Wagniskapitalgebers als Co-Investor oder im Rahmen einer Anschlussfinanzierung. Wie in Abschnitt F.III.1.b)gg) erörtert, bevorzugen die VC-Geber eine Beteiligung an einem crowdfinanzierten Start-up, wenn die Kleinanleger ihre aus den Crowdinvesting-Verträgen abgeleiteten Rechte lediglich gemeinsam und einheitlich ausüben können. So tritt der Schwarm an Kleinanlegern geschlossen gegenüber den Start-ups und professionellen Wagniskapitalgebern auf, die letztendlich nicht mit jedem einzelnen Crowdinvestor über mögliche Vertragsänderungen oder -beendigungen verhandeln müssen.[1730]

Zusätzlich erhöhen fehlende Mitspracherechte der Crowd die Investitionsbereitschaft von professionellen Wagniskapitalgebern.[1731] Insbesondere im Hinblick auf die mögliche Unerfahrenheit von einzelnen Kleinanlegern und bestehenden Informationsasymmetrien bevorzugen VC-Geber den Ausschluss der Kleinanleger bei strategischen oder unternehmensinternen Entscheidungen.[1732]

ff) Abfluss von Liquidität aufgrund von Zahlungsvereinbarungen

Der Abfluss von Liquidität infolge vertraglicher Zahlungsvereinbarungen in Form von Bonuszinsen gegenüber der Crowd, ist nicht mit den Beteiligungsgrundsätzen von VC-Gebern vereinbar.[1733] Insoweit verzichten professionelle Wagniskapitalgeber regelmäßig auf eine Ausschüttung der durch die Start-ups

1730 Vgl. *Weitnauer*, in: Handbuch Venture Capital, S. 224, Rn. 94; *Weitnauer/Parzinger*, GWR 2013, 153 (157); *Business Angels Netzwerk Deutschland e.V.*, BAND-quartal 1/2014, abrufbar unter *https://www.business-angels.de/ausgabe-012014/* [zuletzt aufgerufen am 12.05.2022], S. 7.

1731 Vgl. *Weitnauer*, in: Handbuch Venture Capital, S. 224, Rn. 94; *Companisto*, Crowdinvesting – 5 Voraussetzungen für Anschlussfinanzierungen, abrufbar unter *https://www.companisto.com/de/academy/profis/crowdinvesting-5-voraussetzungen-fuer-anschlussfinanzierungen* [zuletzt aufgerufen am 12.05.2022].

1732 Zu den Informationsasymmetrien siehe etwa auch Abschnitt F.I.5.b)bb) und Abschnitt F.III.1.b)dd).

1733 Beispielhaft siehe etwa *Brand Eins*, Jung und brauchte das Geld, abrufbar unter *https://www.brandeins.de/magazine/brand-eins-wirtschaftsmagazin/2017/strategie/jung-und-brauchte-das-geld* [zuletzt aufgerufen am 12.05.2022].

erwirtschafteten Gewinne, um die weitere Geschäftsentwicklung mithilfe der bestehenden Liquidität zu ermöglichen. Ziel ist die Wertsteigerung und spätere Wertrealisierung der Eigenkapitalbeteiligung durch einen Exit innerhalb von drei bis sieben Jahren.[1734] Vor allem die innerhalb der Crowdinvesting-Verträge vereinbarten gewinnabhängigen jährlichen Bonuszinsen und Sonderzahlungen, deren Höhe sich aus einer Bewertung des Unternehmenswertes zum Zeitpunkt der Kündigung der Vereinbarung durch die Kleinanleger ergeben, können zu verfrühten Mittelabflüssen aus den jungen Unternehmen führen.[1735] Während im Rahmen der Beteiligung als Crowdinvestor die einzelnen VC-Geber gleichzeitig mit der Crowd von Liquiditätsabflüssen profitieren, bleiben etwaige Partizipationsmöglichkeiten als Gesellschafter der jungen Unternehmen aus.

Um dennoch eine Kompatibilität mit den Beteiligungsgrundsätzen der professionellen Wagniskapitalgeber zu ermöglichen, versuchten die Crowdinvesting-Plattformen in der Vergangenheit die Mittelabflüsse dahingehend zu minimieren, indem sie die Laufzeit der Crowdinvesting-Verträge verlängerten.[1736] Eine frühestmögliche Beendigung der Vereinbarungen ist bei der Crowdinvesting-Plattform *Seedmatch* erst fünf Jahre nach Vertragsschluss durch die einzelnen Kleinanleger möglich. Bis zu diesem Zeitpunkt sind hohe Sonderzahlungen durch wirksame Kündigungen ausgeschlossen.[1737] Dementsprechend sind Start-ups innerhalb der ersten fünf Jahre lediglich verpflichtet geringe Basisverzinsungen zu zahlen und mögliche Unternehmensgewinne anteilig an die Crowd weiterzugeben, soweit solche bereits in deren Frühphase entstehen. Hierbei haben VC-Geber abzuwägen, inwieweit Gewinne aufgrund hoher Anfangsausgaben innerhalb der angestrebten Finanzierungsphase tatsächlich entstehen werden und sie grundsätzlich in den Abfluss an die Crowd einwilligen.[1738]

1734 Siehe hierzu insgesamt Abschnitt F.I.5.a)bb)(1).

1735 Zu dem partiarischen Element der Crowdinvesting-Verträge siehe Abschnitt B.II.2.a).

1736 Siehe hierzu *Companisto*, Crowdinvesting – 5 Voraussetzungen für Anschlussfinanzierungen, abrufbar unter *https://www.companisto.com/de/academy/profis/crowdinvesting-5-voraussetzungen-fuer-anschlussfinanzierungen* [zuletzt aufgerufen am 12.05.2022].

1737 Vgl. Abschnitt B.II.2.d).

1738 Vgl. *Huber*, Crowdfunding und Venture Capital Anschlussfinanzierung – Das funktioniert, abrufbar unter *http://hoganlovells-blog.de/2014/08/14/crowdfunding-und-venture-capital-anschlussfinanzierung-das-funktioniert/* [zuletzt aufgerufen am 12.05.2022].

Vor dem Hintergrund möglicher Co-Finanzierungen von VC-Gebern bei einem Investitionshorizont von drei bis sieben Jahren sind verlängerte Vertragslaufzeiten von mindestens fünf Jahren nur teilweise geeignet Liquiditätsabflüsse durch Vertragskündigungen der Crowd vorzeitig zu verhindern. Auch im Hinblick auf zeitlich spätere Anschlussfinanzierungen durch professionelle Wagniskapitalgeber scheinen die Verlängerungen der Laufzeiten weiterhin mit den VC-Beteiligungsgrundsätzen nicht vereinbar. Steigen VC-Geber später in das durch die Crowd finanzierte Start-up ein, besteht weiterhin die Gefahr eines verfrühten Mittelabflusses durch zeitlich frühere Vertragsbeendigungen seitens der Kleinanleger.

gg) Qualifizierte Nachrangvereinbarungen bei Kleinanlegern

Beteiligen sich professionelle Wagniskapitalgeber als Gesellschafter an crowdfinanzierten Start-ups haben die Investoren ein Interesse daran zu verstehen, inwieweit die zwischen den jungen Gesellschaften und den einzelnen Kleinanlegern geschlossenen Rechtsverhältnisse das eigene Investment wirtschaftlich beeinträchtigen können. Eine Beeinträchtigung ergibt sich aus der Gefahr der Überschuldung der Start-ups gemäß § 19 Abs. 2 S. 1 InsO, durch unwirksam vereinbarte qualifizierte Nachrangabreden mit den Kleinanlegern.[1739] Angesichts fehlender qualifizierter Nachrangabreden sind die aus den Crowdinvesting-Verträgen resultierenden Forderungen in die Überschuldungsbilanz des § 19 Abs. 2 S. 2 InsO aufzunehmen und zu passivieren. Je nach Höhe der eingesammelten Kapitalsummen aus den Finanzierungsrunden mit weiteren VC-Gebern und den bestehenden Vermögensstämmen, ergibt sich die Möglichkeit der vorzeitigen Überschuldung der Start-ups, sofern eine positive Fortführung der Unternehmen nicht überwiegend wahrscheinlich ist.[1740] In Anbetracht dessen haben professionelle Wagniskapitalgeber vor der Durchführung einer Anschluss- oder Co-Finanzierung zumindest die Informationen von den Gesellschaftern einzuholen, inwieweit die jeweiligen Vermögensrücklagen die Forderungen der Crowd decken und somit eine vorzeitige Überschuldung nach § 19 Abs. 2 S. 1 InsO ausgeschlossen werden kann. Andernfalls riskieren die VC-Geber ihre Investitionen aufgrund einer vorzeitigen Überschuldung

---

1739 Zur Unwirksamkeit der qualifizierten Nachrangabreden mit Kleinanlegern siehe Abschnitt C.I.3.b)bb).

1740 Zur Fortführungswahrscheinlichkeit bei Unternehmen in der Frühphase siehe Abschnitt F.III.1.b)ii)(3).

und der insolvenzrechtlichen Abwicklung der von ihnen finanzierten Start-ups oder einer Weiterreichung der Investmentsumme an die Kleinanleger.

c) Rechtsrahmen versus Venture Capital-Beteiligungsgrundsätze

Ähnlich wie bei einem Investment der VC-Geber als Teil der Crowd hat der durch den Gesetzgeber bestimmte Rechtsrahmen auch dann Auswirkungen auf die Frage der Kompatibilität des Crowdinvesting-Modells mit den Beteiligungsgrundsätzen von professionellen Wagniskapitalgebern, wenn sich diese gesondert von den Kleinanlegern als Eigenkapitalinvestoren an Start-ups beteiligen. Insbesondere Unsicherheiten betreffend der Anwendbarkeit von einzelnen gesetzlichen Regelungen und daraus resultierenden Pflichten der Beteiligten können zu einem fehlenden Investitionsinteresse der VC-Geber führen.

aa) Rechtliche Unsicherheiten hinsichtlich der Anwendbarkeit des KWG

(1) Einlagengeschäfte der Start-ups

Wie in Abschnitt D.I dargestellt, führen nicht wirksam vereinbarte Nachrangabreden innerhalb des Crowdinvesting-Modells zur Anwendbarkeit des KWG, soweit die Start-ups Investorengelder annehmen. Insofern erfüllen die kapitalsuchenden Unternehmen den Tatbestand des Einlagengeschäfts im Sinne des § 1 Abs. 1 S. 2 Nr. 1, 2. Alt. KWG, deren Betrieb der Erlaubnis durch die BaFin nach § 32 KWG erfordert. Entsprechende Gestattungen werden gegenwärtig nicht von den kapitalsuchenden Start-ups beantragt. Der Betrieb von Einlagengeschäften im Sinne des KWG ohne die Erlaubnis der BaFin, kann zu öffentlich-rechtlichen Abwicklungsanordnungen sämtlicher geschlossener Crowdinvesting-Verträge nach § 37 Abs. 1 S. 1 Nr. 1 i.V.m. § 32 Abs. 1 S. 1 KWG durch die BaFin führen. Zusätzlich haben die Kleinanleger die Möglichkeit, die geschlossenen Vereinbarungen mit den Start-ups nach § 314 BGB außerordentlich zu kündigen oder durch einen Schadensersatzanspruch die Rückabwicklung der Verträge nach § 31 BGB i.V.m. § 823 Abs. 2 BGB i.V.m. § 32 Abs. 1 S. 1 KWG zu fordern.[1741]

Die Gefahr der Abwicklung bereits geschlossener Verträge mit der Crowd sowie das daran anschließende Risiko des massenhaften Abzuges von Liquidität auf Seiten der Start-ups haben wirtschaftlich ebenfalls die VC-Geber

---

1741 Zu den öffentlich-rechtlichen und zivilrechtlichen Folgen einer fehlenden Erlaubnis der BaFin siehe hierzu Abschnitt D.I.1.d).

als Gesellschafter der Unternehmen zu tragen. Bestehende Unsicherheiten hinsichtlich der Frage der Anwendbarkeit des KWG im Rahmen des Crowdinvestings betreffen unmittelbar ebenso professionelle Wagniskapitalgeber, soweit diese neben der Crowd als Eigenkapitalinvestoren Start-ups finanzieren. Genannte Unsicherheiten widersprechen folglich den Beteiligungsinteressen der VC-Geber und reduzieren eine Kompatibilitätsfähigkeit der Crowdinvesting-Verträge.

(2) Gefahr des Ausschlusses des VermAnlG

Infolge der Möglichkeit der Anwendbarkeit des KWG bei Crowdinvesting-Verträgen mit nicht wirksam vereinbarten qualifizierten Nachrangabreden ergeben sich weitergehende Rechtsunsicherheiten betreffend der Regelungen des VermAnlG. Gemäß § 1 Abs. 2 VermAnlG handelt es sich bei den Vereinbarungen mit der Crowd um Vermögensanlagen, sofern die Annahmen von Geldern Dritter nicht als Einlagengeschäfte im Sinne des § 1 Abs. 1 S. 2 Nr. 1, 2. Alt. KWG zu qualifizieren sind. Sind demnach die Geschäfte mit der Crowd als Einlagengeschäfte der Start-ups einzuordnen, findet der für das Crowdinvesting-Modell etablierte Privilegierungstatbestand des § 2a VermAnlG keine Anwendung. Mit Blick auf die Gefahr des Ausschlusses der Anwendbarkeit des VermAnlG bei dem Crowdinvesting-Modell, erscheint dessen neuerliche Regulierung durch den Gesetzgeber innerhalb des VermAnlG verfehlt. Dies gilt umso mehr als durch Unsicherheiten betreffend den Pflichtenumfang der Start-ups als Emittenten auch eine Kompatibilitätsfähigkeit mit Eigenkapitalfinanzierungen durch VC-Gebern gefährdet ist. Insoweit schrecken professionelle Wagniskapitalgeber von Investitionen in jungen Unternehmen zurück, wenn das jeweilige Start-up durch mögliche Pflichtverletzungen übermäßig durch die Crowd in Anspruch genommen werden kann.

bb) Rechtliche Unsicherheiten bei der Anwendbarkeit des VermAnlG

Während der vorherige Abschnitt Unsicherheiten bei dem Crowdinvesting-Modell im Falle der Anwendbarkeit des KWG aufzeigt, werden nachfolgend Rechtsunsicherheiten für das Crowdinvesting innerhalb der Anwendbarkeit des VermAnlG dargestellt.

(1) Vertragstypus der Crowdinvesting-Verträge

Bestehende Unsicherheiten bei der rechtlichen Einordnung von Crowdinvesting-Verträgen führen ferner zu einer fehlenden Kompatibilität des Crowdinvesting-Modells wenn sich VC-Geber als Gesellschafter an den jeweiligen crowdfinanzierten Start-ups beteiligen. Im Falle der rechtlichen Einordnung der gegenwärtigen Crowdinvesting-Verträge als stille Beteiligungen, erfüllen diese nicht den Privilegierungstatbestand des § 2a VermAnlG.[1742] Zum einen folgt hieraus die Pflicht der Start-ups zur Veröffentlichung eines Verkaufsprospektes gemäß den §§ 6 f. VermAnlG. Zum anderen ergibt sich eine Haftung aus den §§ 20, 21 VermAnlG hinsichtlich fehlender oder fehlerhafter Informationen gegenüber den Kleinanlegern.[1743] Durch die rechtliche Einordnung der Vereinbarungen von *Seedmatch* als stille Beteiligungen, entsteht so die Gefahr der existenzgefährdenden Inanspruchnahme seitens der Crowd, da die Start-ups kein Verkaufsprospekt veröffentlicht und ggf. ihre erweiterten Informationspflichten nicht ordnungsgemäß erfüllt haben.

Als Gesellschafter der Unternehmen haben gleichfalls professionelle Wagniskapitalgeber genannte Unsicherheiten wirtschaftlich zu tragen. Im Falle der massenhaften Inanspruchnahme durch die Kleinanleger und des damit verbundenen Abflusses von Liquidität, sind die Renditeerwartungen der VC-Geber herabzusetzen und bei einer anschließenden Zahlungsunfähigkeit oder Überschuldung der Start-ups die bestehenden Beteiligungen abzuwickeln. Demzufolge sollte der Gesetzgeber im Hinblick der Förderung einer Kompatibilitätsfähigkeit der Crowdinvesting-Verträge mit VC-Investitionen Klarheit schaffen und die Unsicherheiten bei der teils schwerfälligen Einordnung der Vereinbarungen auflösen sowie stille Beteiligungen im Rahmen des § 2a VermAnlG ebenfalls privilegieren.[1744]

(2) Widerrufsrechte der Crowd

Wie in Abschnitt F.III.1.c)bb)(2) erörtert, führen Rechtsunsicherheit bei verbraucherschützenden Widerrufsrechten auf Seiten der Kleinanleger zu einer Unvereinbarkeit mit den Beteiligungsgrundsätzen professioneller Wagniskapitalgeber. Dies ergibt sich auch dann, wenn die VC-Geber nicht Teil der Crowd sind, sondern sich als Gesellschafter an dem jeweiligen Start-up beteiligen. Unabhängig von der Beteiligungsvariante der einzelnen professionellen Wagniskapitalgeber, bleibt die Gefahr des nachträglichen, massenhaften und teils zeitlich unbeschränkten Abzuges von Liquidität bei den Gesellschaften durch Widerrufserklärungen der Kleinanleger bestehen.

1742 Ausführlich hierzu siehe Abschnitt E.I.

1743 Zur Haftung der Emittenten von Vermögensanlagen im Rahmen des Crowdinvestings siehe Abschnitt E.V.1.

1744 Siehe hierzu auch Abschnitt E.I.2.b).

(3) Kein Kombinationsverbot nach § 2a Abs. 4 VermAnlG

Teilweise wird die Ansicht vertreten, dass das in § 2a Abs. 4 VermAnlG normierte Kombinationsverbot zu einer fehlenden Kompatibilität zwischen dem Crowdinvesting-Modell und VC-Eigenkapitalfinanzierungen führen kann.[1745] Insofern verbietet § 2a Abs. 4 VermAnlG die kombinierte Erfüllung des Privilegierungstatbestandes nach § 2a Abs. 1 VermAnlG und den in § 2 Abs. 1 Nr. 3 VermAnlG aufgezählten Ausnahmetatbeständen, solange die jeweiligen Vermögensanlagen öffentlich angeboten werden oder eine auf diese Weise angebotene Vermögensanlage nicht vollständig getilgt ist. Sinn und Zweck des Kombinationsverbotes ist die Verhinderung einer Umgehung der in § 2a Abs. 3 VermAnlG genannten Zeichnungsgrenzen durch Aufspaltung der Gesamtfinanzierungssumme auf einzelne Ausnahmetatbestände.[1746]

Obwohl VC-Investitionen den Begriff der Vermögensanlage regelmäßig erfüllen, da der Erwerb bzw. die Übernahme von Geschäftsanteilen dem § 1 Abs. 2 Nr. 1 VermAnlG unterliegt, ist nicht ersichtlich, inwieweit die Voraussetzungen des Kombinationsverbotes nach § 2a Abs. 4 VermAnlG in der VC-Praxis erfüllt werden. Insoweit werden potentielle Investitionsmöglichkeiten in Start-ups den VC-Gebern für gewöhnlich nicht öffentlich, sondern vielmehr persönlich angeboten und sodann durch die Beteiligten individuell ausverhandelt. Ein öffentliches Angebot gegenüber einer Vielzahl von professionellen Wagniskapitalgerbern ist folglich auszuschließen.[1747] In Anbetracht dessen sind bereits die Anforderungen des § 2a Abs. 4 VermAnlG hinsichtlich eines öffentlichen Angebots bei VC-Finanzierungen nicht erfüllt. Im Ergebnis führt damit das in § 2a Abs. 4 VermAnlG normierte Kombinationsverbot nicht zu einer fehlenden Kompatibilität beider Finanzierungsvarianten, so dass eine entsprechende Verknüpfung möglich bleibt.

1745 *Aschenbeck/Drefke*, RdF 2015, 284 (289); siehe auch *Danwerth*, ZBB 2016, 20 (33); *Schedensack*, Crowdinvesting, S. 357 f.

1746 BT-Drs. 18/3994, S. 42; *Von Ammon*, in: Siering/Izzo-Wagner-VermAnlG, § 2a, Rn. 77; *Riethmüller*, DB 2015, 1451 (1454).

1747 Im Ergebnis auch *Schedensack*, Crowdinvesting, S. 357. Im Falle eines öffentlichen Angebots siehe *Aschenbeck/Drefke*, RdF 2015, 284 (289 f.); *Schedensack*, Crowdinvesting, S. 358 f.

(4) *Haftung bei fehlenden oder unvollständigen Informationen*

(a) Start-ups und Gründer als haftungsrechtliche Anspruchsgegner der Crowd

Aufgrund der spezialgesetzlichen Prospekthaftungen nach den §§ 20, 21 VermAnlG bzw.[1748] infolge der bürgerlich-rechtlichen Prospekthaftungen im Falle der Erfüllung der Privilegierungsanforderungen gemäß § 2a VermAnlG, haften die Start-ups als Emittenten von Vermögensanlagen für fehlende oder unvollständige Informationen gegenüber den Kleinanlegern.[1749] Derartige Haftungsregime betreffen mittelbar wirtschaftlich gleichfalls VC-Geber, soweit sich diese als Gesellschafter in Form von Eigenkapitalfinanzierungen an den jungen Unternehmen beteiligen.[1750] Insbesondere bestehende Unsicherheiten bezüglich des jeweiligen Pflichtenumfanges der Emittenten gegenüber den Kleinanlegern führen zu einer erhöhten Gefahr der Inanspruchnahme durch die Crowd.[1751] Aus der erhöhten Gefahr der Inanspruchnahme kann sich eine fehlende Investitionsbereitschaft der VC-Geber ergeben, da angesichts der Möglichkeit des Abflusses von Liquidität die professionellen Wagniskapitalgeber ihre Renditeerwartungen zu reduzieren hätten.

Zusätzlich führt die massenhafte Geltendmachung von Ansprüchen aus Prospekthaftungen nicht selten zur Eröffnung von Insolvenzverfahren entsprechender Unternehmen. Demzufolge sprechen Unsicherheiten hinsichtlich des Umfangs der Informationspflichten der Start-ups gegenüber den Kleinanlegern für eine fehlende Kompatibilität der Crowdinvesting-Verträge mit Beteiligungsgrundsätzen von VC-Gebern.

(b) Venture Capital-Geber als haftungsrechtliche Anspruchsgegner der Crowd

Nicht nur als Teil der Crowd, sondern auch als Gesellschafter von Start-ups besteht für VC-Geber die Gefahr unmittelbar im Rahmen der bürgerlich-rechtlichen Prospekthaftung im weiteren Sinne von Kleinanlegern in Anspruch genommen zu werden. Die Begründung einer Haftung ergibt sich unabhängig von der Tatsache, ob der jeweilige professionelle Wagniskapitalgeber als Co-Investor das junge Unternehmen mittels Eigenkapital oder als Teil

---

1748 Zum Verhältnis der einzelnen Haftungsansprüche zueinander siehe ausführlich Abschnitt E.V.1.d).

1749 Zur Haftung der Emittenten von Crowdinvesting-Verträgen siehe ausführlich Abschnitt E.V.1.

1750 Vgl. *Weitnauer*, in: Handbuch Venture Capital, S. 224, Rn. 95 f.; *Weitnauer/Parzinger*, GWR 2013, 153 (157).

1751 Zu den kapitalmarktrechtlichen Anforderungen des Crowdinvesting siehe Abschnitt E.

der Crowd mit Fremdkapital finanziert. An dieser Stelle kann auf die Ausführungen unter Abschnitt F.III.1.c)bb)(4)(c) verwiesen werden, in welchem die potentielle Haftung der VC-Geber als Zeichner von Crowdinvesting-Verträgen dargestellt ist.

d) Zwischenergebnis

Finanzieren professionelle Wagniskapitalgeber mittels Eigenkapital in Start-ups, die entweder vorgelagert oder gleichzeitig Kapital mithilfe von Crowdinvesting aufnehmen, so haben die Geldgeber die zwischen der Crowd und den Gesellschaften geschlossenen Rechtsverhältnisse zu berücksichtigen. Obwohl die VC-Geber, als zukünftige Gesellschafter der jungen Unternehmen, nicht direkt mit der Crowd kontrahieren, betreffen die aus den Crowdinvesting-Verträgen resultierenden Rechte und Pflichten der Vertragsparteien ebenso mittelbar die professionellen Wagniskapitalgeber.

In der Vergangenheit versuchten die für die Crowdinvesting-Verträge verantwortlichen Crowdinvesting-Plattformen Regelungen aufzunehmen, die eine Kompatibilität der Vereinbarungen mit den VC-Beteiligungsinteressen gewährleisten sollten. So finden sich in den gegenwärtigen Crowdinvesting-Verträgen der Plattformen *Companisto* und *Seedmatch* Klauseln zur Verwässerung der Beteiligungsquoten der Kleinanleger im Falle von Anschlussfinanzierungen durch weitere Geldgeber. Zudem unterwerfen sich die Zeichner von Crowdinvesting-Verträgen Stimmbindungsvereinbarungen, die eine einheitliche Stimmausübung in Bezug auf das Investment ermöglichen sollen. Ein Stimmenpooling der Kleinanleger verhindert die Verhandlung der Start-ups mit einer Vielzahl von Vertragsparteien, welche professionelle Wagniskapitalgeber grundsätzlich abschrecken würde. Des Weiteren gewähren die Crowdinvesting-Verträge lediglich geringe Informationsrechte und keine gesellschafterähnlichen Mitgliedschaftsrechte, wie Stimmrechte. Insofern ist die Weitergabe von vertraulichen Informationen durch einzelne Kleinanleger an Dritte unterbunden, während die Crowd, als Gruppe der unerfahrenen Geldgeber, keine wesentlichen Entscheidungen zum Fortgang der Gesellschaft treffen kann.

Trotz Anpassungen bzw. Erweiterungen des Inhaltes der Crowdinvesting-Verträge, sind die aus den Vereinbarungen resultierenden Rechte und Pflichten der Start-ups, sowie der durch den Gesetzgeber gegenwärtig festgelegte Rechtsrahmen nicht mit den Beteiligungsinteressen professioneller Wagniskapitalgeber vereinbar. Durch die vielzähligen Rechtsbeziehungen zwischen den Kleinanlegern und den jungen Unternehmen, verlieren letztere ihre von

VC-Gebern grundsätzlich geforderte Exit-Fähigkeit. Vor allem der strukturelle Vorrang der schuldrechtlichen Verträge vor den Gesellschaftern der Start-ups im Falle von Kapitalzuflüssen, widerspricht dem im VC-Bereich verfolgten Grundsatz des „*Last-in, First-out*". Ferner ergeben sich Unvereinbarkeiten betreffend der Gefahr eines überhöhten Abflusses von Liquidität aus den Unternehmen innerhalb des Beteiligungshorizontes der VC-Geber. Mittelabflüsse können dabei aus vertraglichen Zahlungsvereinbarungen der Gesellschaften gegenüber der Crowd entstehen. Insoweit sehen die Crowdinvesting-Verträge Sonderzahlungen im Falle der Beendigung der Vereinbarungen durch die Kleinanleger vor. Die Höhe entsprechender Verpflichtungen basiert teilweise auf einer zum Zeitpunkt des Ausscheidens durchgeführten Unternehmensbewertung. Entscheiden sich die Kleinanleger während der Beteiligung von VC-Gebern die Crowdinvesting-Verträge zu kündigen, besteht die Gefahr eines überhöhten Abflusses von Liquidität, welche ausschließlich dem weiteren Aufbau der Geschäftstätigkeit der Start-ups dienen sollte. Etwaige Kündigungsmöglichkeiten ergeben sich zum Teil bereits nach einer Beteiligung an dem Unternehmen von fünf Jahren. Insbesondere im Rahmen von Anschlussfinanzierungen und somit dem zeitlich nachgelagerten Einstieg von VC-Gebern, kann der im VC-Bereich typische Beteiligungshorizont von drei bis sieben Jahren mit den Kündigungsmöglichkeiten der Crowd kollidieren.

Risiken eines überhöhten Mittelabflusses ergeben sich zudem aus gesetzlichen Rückforderungs- bzw. Haftungsansprüchen gegenüber den Start-ups. Die Ansprüche sind das Ergebnis aus Unsicherheiten infolge eines nicht eindeutig vom Gesetzgeber abgesteckten Rechtsrahmens. So haben Kleinanleger etwa unbefristete Rechte zum Widerruf der Crowdinvesting-Verträge, aufgrund ungenau formulierter Widerrufsregelungen[1752] und im Einzelnen nicht geregelter Konkurrenzen[1753] der unterschiedlichen verbraucherschützenden Widerrufsrechte zueinander. Zusätzlich können Unsicherheiten betreffend der rechtlichen Einordnung der Crowdinvesting-Verträge zu Inanspruchnahmen der jungen Unternehmen führen. Insofern erweitert die Emission von stillen Beteiligungen den gesetzlichen Pflichtenkreis der Start-ups hinsichtlich der Veröffentlichung von Verkaufsprospekten und der Weitergabe von anlagerelevanten Informationen an die Kleinanleger. Die vom Gesetzgeber für das Crowdinvesting-Modell eingefügte Privilegierung der Emittenten nach § 2a VermAnlG findet hierbei keine Anwendung. Demnach sind solche jungen

1752 Ausführlich hierzu Abschnitt C.I.2.d)cc)(5)(a).
1753 Siehe hierzu Abschnitt C.I.2.d)cc)(5)(b).

Gesellschaften Haftungsansprüchen von Kleinanlegern ausgesetzt, die zwar partiarische Nachrangdarlehen der Crowd anbieten wollen, bei rechtlicher Betrachtung der Vereinbarungen aber stille Beteiligungen darstellen.

Neben einer zivilrechtlichen Inanspruchnahme durch die Crowd, ergeben sich weitere Gefahren von Liquidationsabflüssen durch öffentlich-rechtliche Maßnahmen. Diese sind zumindest dann möglich, wenn die BaFin die zwischen den Start-ups und den Kleinanlegern abgeschlossenen qualifizierten Rangrücktrittsvereinbarungen für unwirksam erachtet. Im entsprechenden Fall unterliegt das Crowdinvesting-Modell nicht dem Anwendungsbereich des VermAnlG, sondern ist als Einlagengeschäft der Start-ups im Sinne des KWG zu qualifizieren. Angesichts gegenwärtig fehlender Gestattungen zu Einlagengeschäften im Sinne des § 32 KWG, wären sämtliche Vereinbarungen mit der Crowd rückabzuwickeln und die in den Crowdinvesting-Kampagnen eingenommen Kapitalsummen vollständig an die Kleinanleger zurückzugewähren. Wie diese Arbeit zeigt, sind die in den Crowdinvesting-Verträgen vereinbarten qualifizierten Rangrücktrittsvereinbarungen als unwirksam einzuordnen, sofern die Kleinanleger keinen Ausgleich für die vereinbarten qualifizierten Nachrangabreden erhalten. Als Kompensation wäre die Einräumung von gesellschafterähnlichen Mitgliedschaftsrechten denkbar, die jedoch in den Crowdinvesting-Verträgen von *Companisto* und *Seedmatch* nicht vorgesehen sind.

Die unangemessene Benachteiligung der Crowd und die damit einhergehende Unwirksamkeit der qualifizierten Nachrangvereinbarungen, führt zu einer Passivierungspflicht der Forderungen der Kleinanleger in der Überschuldungsbilanz der einzelnen Start-ups gemäß § 19 Abs. 2 S. 2 InsO. In Anbetracht dessen mindert das Risiko des massenhaften Abflusses von Liquidität nicht nur die Renditeerwartungen der professionellen Wagniskapitalgeber, sondern erhöht vielmehr die Gefahr des vollständigen Verlustes der jeweiligen Investitionen. Im Ergebnis werden Start-ups in ihren Frühphasen selten in der finanziellen Lage sein, massenhafte Zahlungsansprüche mit ihrem bestehenden Vermögensstamm zu begleichen. Insoweit besteht die Gefahr von Insolvenzen der jungen Unternehmen, die letztendlich auch VC-Geber als Gesellschafter im Rahmen eines Investitionsvorhabens einzukalkulieren haben.

G. Zusammenfassung und Schlussbemerkung

Die Finanzierung eines Unternehmens durch eine Vielzahl von Anlegern ist kein Novum unserer heutigen Zeit. Die Innovation des Crowdinvesting-Modells resultiert vielmehr aus der massenhaften Beteiligung von Geldgebern mit Kleinstbeträgen, die mithilfe des Internets und der Vermittlung durch Crowdinvesting-Plattformen in Start-ups investieren können. Der Grundgedanke basiert auf dem Crowdsourcing und der Ausnutzung von Netzwerkeffekten durch den Schwarm. Die im Crowdinvesting-Modell verwendeten partiarischen Nachrangdarlehen sollen den Grundzügen einer Eigenkapital-Beteiligung eines professionellen Wagniskapitalgebers an einem jungen Unternehmen entsprechen. Insofern erfüllt der VC-Geber regelmäßig seine Renditeerwartung nicht durch Zins- oder Dividendenzahlungen, sondern durch die Wertsteigerung seiner Geschäftsanteile an dem jeweiligen Start-up, die er im Wege eines Exits realisieren möchte. Vor diesem Hintergrund ist die in den Crowdinvesting-Verträgen vorgesehene wirtschaftliche Beteiligungsmöglichkeit zwar mit einer geringen Festzinsvereinbarung versehen, die den Kleinanlegern zugestandenen Vermögensrechte ergeben sich aber überwiegend durch eine Beteiligung am Unternehmenswert der Start-ups und am Exit-Erlös mithilfe rechnerischer Beteiligungsquoten.

Diese Arbeit zeigt, dass sich das Crowdinvesting-Modell als Finanzierungsvariante für kapitalsuchende junge Unternehmen noch in den Kinderschuhen befindet. Die Ausgabe von partiarischen Nachrangdarlehen als eigenkapital- und gesellschafterähnliche Beteiligungsmöglichkeit für Kleinanleger kommt im Massengeschäft mit dem von der Legislative vorgegebenen Rechtsrahmen an seine Grenzen. Obwohl der Gesetzgeber das Crowdinvesting-Modell bereits früh im Rahmen der Förderung der Gründerkultur als unterstützungswürdig erachtete und mit dem KASG eine durch Erleichterungen geprägte Regulierung versuchte, bleiben Rechtsunsicherheiten bestehen. Unsicherheiten ergeben sich aus der lediglich teilweisen gesetzgeberischen Privilegierung der mezzaninen Beteiligungsformen. Während partiarische Nachrangdarlehen als privilegierte Vermögensanlagen den Erleichterungen des § 2a VermAnlG unterliegen, bleiben stille Gesellschaften nach den §§ 230 ff. HGB weiterhin davon ausgenommen. Bestehende Abgrenzungsschwierigkeiten, sowie die daraus resultierenden zivil- und kapitalmarktrechtlichen Auswirkungen betreffen nicht nur die Crowdinvesting-Plattformen als Ersteller der Crowdinvesting-Verträge, sondern ebenfalls die Start-ups und Kleinanleger, soweit die Vereinbarungen im Nachgang falschen rechtlichen Annahmen unterworfen wurden. Der mit dem KASG intendierte erweiterte Verbraucherschutz durch den Gesetzgeber ist zu hinterfragen.

Doch nicht ausschließlich der Gesetzgeber, sondern ebenso die in der Crowdinvesting-Praxis häufig gewählte mezzanine Ausgestaltung der Vereinbarungen mithilfe einer qualifizierten Nachrangabrede führt zu rechtlichen Unsicherheiten innerhalb des Crowdinvesting-Modells. Hierzu zeigt die beispielhafte Untersuchung der durch die Crowdinvesting-Plattformen *Companisto* und *Seedmatch* formularmäßig erstellten Crowdinvesting-Verträge, dass vereinbarte qualifizierte Nachrangabreden die Kleinanleger nach § 307 Abs. 1 S. 1, Abs. 2 Nr. 1 BGB unangemessen benachteiligen können. Eine solche Benachteiligung ist anzunehmen, sofern die Vereinbarungen keinen Ausgleich für die eigenkapitalähnliche Behandlung der Investments der Geldgeber vorsehen. Ein solcher Ausgleich wäre in der Form der Gewährung von gesellschafterähnlichen Stimm- und Mitwirkungsrechten gegenüber den Start-ups denkbar. Die Unwirksamkeit der qualifizierten Nachrangabrede hat weitreichende aufsichts- und kapitalmarktrechtliche Konsequenzen für die Beteiligten des Crowdinvesting-Modells. Insbesondere die potentielle Anwendbarkeit des KWG und das Erfordernis einer Erlaubnis nach § 32 KWG für die Ausgabe von Crowdinvesting-Verträgen kann bei den Start-ups zu existenzgefährdenden Folgen führen.

Die mit dieser Arbeit für das Crowdinvesting-Modell gewonnenen rechtlichen Erkenntnisse sind zudem von professionellen Wagniskapitalgebern zu berücksichtigen, soweit diese durch Anschluss- oder Co-Finanzierungen in junge Unternehmen investieren möchten, welche eine Beteiligung Crowd vorsehen. Eine Kompatibilität des Crowdinvesting-Modells mit den von VC-Gebern überwiegend geforderten Beteiligungsgrundsätzen ist anzunehmen, wenn die Interessen- und Risikoabwägungen der professionellen Wagniskapitalgeber angemessen berücksichtigt werden. Für eine rechtliche Abwägung ist neben der inhaltlichen Ausgestaltung der Crowdinvesting-Verträge auch der durch den Gesetzgeber vorgegebene Rechtsrahmen ausschlaggebend. Dies gilt, wenn der VC-Geber ein Investment als Teil der Crowd tätigt oder eine Eigenkapital-Finanzierung außerhalb der Crowdinvesting-Kampagne durchführt.

Als Teil der Crowd und somit Partei eines Crowdinvesting-Vertrags müsste der VC-Geber auf individuell ausverhandelte Rechte und auf umfangreiche Informations-, Stimm- und Mitwirkungsrechte verzichten, die ihm sonst als Gesellschafter des Start-ups eingeräumt werden. Sich hieraus ergebende Informationsasymmetrien, sowie die Vereinbarung einer Stimmbindung mit einer Vielzahl von teils unerfahrenen Kleinanlegern, beinhalten die Gefahr von wirtschaftlichen Fehlentscheidungen der Crowd. Diese hätten sodann gleichfalls die professionellen Wagniskapitalgeber mitzutragen. Obwohl die schuldrechtliche Ausgestaltung der Beteiligungsvereinbarungen mit der Crowd den VC-Gebern einen strukturellen Vorrang bei der Erlösverteilung im Gläubigergefüge des jeweiligen Start-ups erlaubt, besteht zwischen den Kleinanlegern als Verbraucher und den professionellen Wagniskapitalgebern eine Ungleichbehandlung hinsichtlich der Vereinbarung von qualifizierten Nachrangabreden. Insoweit ist der Crowdinvesting-Vertrag als Partizipationsvariante für VC-Geber grundsätzlich nur unter Abkehr von den eigenen Beteiligungsgrundsätzen möglich. Zudem führen die in dieser Arbeit aufgezeigten Rechtsunsicherheiten im Umgang mit dem für das Crowdinvesting-Modell anwendbaren Rechtsrahmen und dem vom Gesetzgeber forcierten Verbraucherschutz nicht nur zu ungewollten und ggf. unkontrollierbaren Abflüssen von Liquidität aus den Unternehmen, sondern können ferner zur Existenzgefährdung der Start-ups führen.

Die Möglichkeit von Liquiditätsabflüssen aus der Gesellschaft betrifft selbst dann professionelle Wagniskapitalgeber, wenn diese nicht als Teil der Crowd, sondern von diesen getrennt im Wege einer Eigenkapital-Finanzierungsrunde eine Gesellschafterstellung im jeweiligen Start-up einnehmen. Die Erkenntnisse dieser Arbeit zeigen, dass infolge von Unsicherheiten bezüglich der Anwendbarkeit des Rechtsrahmens für das Crowdinvesting-Modell die kapitalaufnehmenden Gesellschaften durch die Kleinanleger zivil- und haftungsrechtlich in Anspruch genommen werden können. Entsprechende Inanspruchnahmen haben ebenso die VC-Geber als Gesellschafter der Start-ups wirtschaftlich mitzutragen. Zusätzlich kann das VC-Investment durch Maßnahmen der BaFin gefährdet werden, sofern diese das Crowdinvesting-Modell rechtlich anderweitig bewertet. Darüber hinaus bestehen für den VC-Bereich vertraglich untypische strukturelle Vorränge der schuldrechtlichen Crowdinvesting-Verträge, sowie Zahlungsansprüche der Crowd gegenüber den Unternehmen in Form von Bonus- und Sonderzahlungen, welche ebenfalls eine ausschließliche Fokussierung auf die Wertsteigerung der Geschäftsanteile verhindern. Als Ergebnis ist die von professionellen Wagniskapitalgebern vorgegebene Exit-Fähigkeit der Start-ups nicht vollumfänglich gewährleistet. Obwohl in der Vergangenheit die Ersteller der Crowdinvesting-Verträge versuchten durch Anpassung der Vereinbarungen eine Kompatibilität mit den Beteiligungsgrundsätzen von professionellen Wagniskapitalgebern zu erreichen, ist eine solche gegenwärtig nicht gegeben. Mit Blick auf die vom Gesetzgeber beabsichtigte Erhöhung des Verbraucherschutzes, sowie Unsicherheiten betreffend der Anwendbarkeit des Rechtsrahmens, ist ein Nebeneinander von Kleinanlegern und professionellen Wagniskapitalgebern nur dann möglich, wenn letztere von ihren VC-Beteiligungsgrundsätzen abweichen.

Für die Zukunft bleibt abzuwarten, wie sich der Crowdinvesting-Markt hinsichtlich der Finanzierung von Start-ups entwickelt. Die gesetzgeberischen Initiativen auf europäischer Ebene durch die EU-Crowdfunding-VO und die EU-Prospektverordnung versprechen Neuerungen. Allerdings werden die für den deutschen Crowdinvesting-Markt typischen partiarischen Nachrangdarlehen nicht in Gänze berücksichtigt. Es ist davon auszugehen, dass zukünftig das Crowdinvesting-Modell um neue Beteiligungs- und Vertragsstrukturen ergänzt wird. Hierbei sind für den Erfolg des jeweiligen Modells die Risiko- und Interessenlagen von professionellen Wagniskapitalgebern einzubeziehen, um eine rechtliche Kompatibilität des Crowdinvesting-Modells zu ermöglichen. Der Gesetzgeber muss hierfür den Diskurs mit den unterschiedlichen Kapitalgebergruppen offen halten, um rechtlich geeignete Beteiligungsmodelle zu erlauben. Eine Abkehr vom partiarischen Nachrangdarlehen ist dabei anzunehmen. Vor allem eine Erleichterung der Emission von Eigenkapitalbeteiligungen mit GmbH-Anteilen[1754] wurde in der Vergangenheit durch die Interessensvertreter mehrfach gefordert.[1755] Zudem vermeldete die Crowdinvesting-Plattform *Companisto* Anfang des Jahres 2019 eine Neupositionierung als Business-Angel- und Investoren-Netzwerk.[1756] Insofern erfolgte eine Abkehr vom gegenwärtigen Crowdinvesting-Modell mit partiarischen Nachrangdarlehen. In Anbetracht

1754 Zur Digitalisierung des Gesellschaftsrechts siehe Gesetz zur Umsetzung der Digitalisierungsrichtlinie (DiRUG) vom 05.07.2021, BGBl. I S. 3338.

1755 *Bundesverband Crowdfunding e.V.*, Pressemitteilung v. 09.05.2019 - Verbesserungen für Crowdfunding-Plattformen werden zum Wachstum der Branche beitragen – Chance verpasst bei Eigenkapitalfinanzierungen von jungen Unternehmen, abrufbar unter *https://www.bundesverband-crowdfunding.de/2019/05/vermanl-evaluierung-bundestag-beschluss/* [zuletzt aufgerufen am 12.05.2022] und zuletzt *Bundesverband Crowdfunding e.V.*, Stellungnahme des Bundesverband Crowdfunding e.V. - Evaluierung Änderungen VermAnlG, abrufbar unter *https://www.bundesverband-crowdfunding.de/2021/11/stellungnahme-vermoegensanlagengesetz-2021/* [zuletzt aufgerufen am 12.05.2022].

1756 *Companisto*, Neupositionierung von Companisto, abrufbar unter *https://www.companisto.com/de/press#/pressreleases/neupositionierung-companisto-wird-zum-investoren-netzwerk-2895496* [zuletzt aufgerufen am 12.05.2022]; *wallstreet-online*, Neupositionierung: Companisto wird zum Investoren-Netzwerk, abrufbar unter *https://www.wallstreet-online.de/nachricht/11594561-startup-investments-neupositionierung-companisto-investoren-netzwerk* [zuletzt aufgerufen am 12.05.2022].

dessen wird die Crowdinvesting-Plattform den Kleinanlegern zukünftig keine entsprechenden Vereinbarungen von kapitalsuchenden Unternehmen zur Zeichnung anbieten. Der Fokus liegt nunmehr auf der ausschließlichen Vermittlung von Eigenkapitalbeteiligungen in Form von Wertpapier- oder Aktienemissionen an Business Angel und professionelle Investoren.

Anhang

Anlagenverzeichnis

I. Musterbeteiligungsverträge der Crowdinvesting-Plattformen

1. Anlage: Beispiel Musterbeteiligungsvertrag – partiarisches Nachrangdarlehen zur Finanzierung eines Start-ups der Crowdinvesting-Plattform *Seedmatch*

Exemplarisch hinsichtlich der Finanzierung des Start-ups *pareton GmbH*.

Mindestlaufzeit bis *31.12.2022* (ordentliche Kündigung durch Kleinanleger) oder *31.12.2025* (ordentliche Kündigung durch Start-up).

Deckblatt zum Investmentvertrag

Dies ist eine unverbindliche Zusammenfassung von Angaben aus dem nachfolgenden Investmentvertrag. Die Angaben auf dieser Seite erfolgen nur aus Informationszwecken, maßgeblich ist ausschließlich der nachfolgende Investmentvertrag.

Startup:	**pareton GmbH** Reitschulstr. 18 74379 Ingersheim
Investmentdatum:	***[Datum des Vertragsschlusses]***
Investmentnummer:	***[Ihre Investmentnummer]***
Investmenthöhe:	***[die von Ihnen gewählte Summe]*** Euro
Mindestvertragslaufzeit:	31.12.2022 (Investor) / 31.12.2025 (Startup)
Early-Investor-Bonus:	***[ja/nein]***

Der Investor trägt bei dieser Form des Investments das unternehmerische Risiko des Startups in Höhe seines Investments. Der Erwerb dieser Vermögensanlage ist mit erheblichen Risiken verbunden und kann zum vollständigen Verlust des eingesetzten Vermögens führen. Das Investmentangebot ist nur für Investoren geeignet, die das Risiko eines Totalverlusts finanziell verkraften können.

Die in dem Vertrag verwendete männliche Form bezieht selbstverständlich die weibliche Form mit ein. Auf die Verwendung beider Geschlechtsformen wird lediglich mit Blick auf die bessere Lesbarkeit des Textes verzichtet. Sie ist selbstverständlich geschlechtsneutral und wertfrei zu verstehen.

Investmentvertrag

in Form eines partiarischen Nachrangdarlehens

(nachfolgend der „Vertrag")

zwischen

pareton GmbH

Reitschulstr. 18

74379 Ingersheim

eingetragen im Handelsregister des Amtsgerichts Stuttgart unter HRB 749615

– nachfolgend „Startup" oder „Emittent" genannt –

und

[Name des Investors]

[Straße Nr]

[PLZ] [Stadt]

– nachfolgend „Investor" genannt –

– Startup und Investor nachfolgend auch gemeinsam „Parteien" genannt –

Präambel

Gegenstand des Startups ist die Entwicklung und der Vertrieb von Steuererklärungssoftware als Webanwendung und Datenerfassung. Alleinige Gesellschafter des Startups sind aktuell:

- Matthias Raisch (68,58% und Gründer)
- WF Ventures GmbH (22,86%)
- Matthias Müller-Brockhausen (2,41%)
- Michael Müller-Brockhausen (2,41%).
- Mansur Müller-Brockhausen (1,25%)
- Franziska Förstner (1,25%)
- Jens Spahn (1,25%)

Das aktuelle Stammkapital des Startups beträgt 36.455 Euro. Das Startup beabsichtigt, zur Finanzierung des im Businessplan, der ebenso wie dieser Vertrag Bestandteil des Investmentangebots ist, dargestellten Innovationsvorhabens (nachfolgend „Innovationsvorhaben") sein Unternehmenskapital durch die Aufnahme qualifiziert nachrangiger partiarischer Darlehen zu stärken. Das Startup hat einen aktuellen Mindestkapitalbedarf in Höhe von 50.000 Euro (nachfolgend „Fundingschwelle"), welcher über die Internetplattform www.seedmatch.de gedeckt werden soll.

Das Startup kann im Rahmen des Fundingprozesses maximal 300.000 Euro (nachfolgend „Fundinglimit") von Investoren aufnehmen.

Durch die Zurückhaltung der Banken bei Finanzierungen von Early-Stage Unternehmen bietet sich für Crowdinvestoren die Möglichkeit, am wirtschaftlichen Potenzial und den Zukunftschancen dieses Startups zu partizipieren.
Die Investoren gewähren mit dem vorliegenden Vertrag dem Startup ein partiarisches Darlehen. Partiarische Darlehen vermitteln keine gesellschaftsrechtliche Beteiligung am Startup. Das Startup räumt den Investoren vielmehr einen endfälligen vertraglichen Anspruch auf Rückzahlung des Darlehensbetrages (keine Tilgung während der Laufzeit), auf Zahlung einer endfälligen ertragsunabhängigen Festverzinsung in Höhe von 1% p.a. und eines jährlichen gewinnabhängigen Bonuszinses, eines Bonuszinses nach Kündigung und alternativ eines Bonuszinses nach einem Exit des Startups ein.

Die Seedmatch GmbH, eingetragen im Handelsregister des Amtsgerichts Dresden unter HRB 27674 (nachfolgend „Seedmatch"), betreibt unter www.seedmatch.de
eine Internet-Dienstleistungsplattform gem. § 2a Abs. 3 VermAnlG, auf der Startups die Möglichkeit erhalten, sich zu präsentieren und Kapitalgeber für sich zu gewinnen (nachfolgend „Internetplattform"). Investoren können sich auf der Internetplattform über Startups informieren und direkt online investieren. Eine Anlageberatung findet über die Internetplattform nicht statt. Die Plattform ist auch nicht Anbieter der Vermögensanlage, sondern lediglich eine von dem Startup beauftragte Internet-Dienstleistungsplattform gem. § 2a Abs. 3 VermAnlG. Ausschließlich das Startup ist Anbieter im Sinne des VermAnlG.

Ihre Darlehensbeträge überweisen die Investoren nicht unmittelbar an das betreffende Startup, sondern mit schuldbefreiender Wirkung auf ein offenes Treuhandsammelkonto gemäß § 13 Abs. 1 Satz 2 Nr. 1 b) ZAG der Secupay AG, Goethestraße 6, 01896 Pulsnitz, eingetragen im Handelsregister des Amtsgerichts Dresden unter HRB 27612 (nachfolgend „Secupay"), info@secupay.ag, Aufsichtsbehörde Bundesanstalt für Finanzdienstleistungsaufsicht, eingetragen im Zahlungsinstituts-Register nach § 30 ZAG.

Investoren können von dem Zeitpunkt an, ab dem das Startup auf der Internetplattform eingestellt und freigeschaltet ist, d. h. ab dem 04.05.2017 (nachfolgend „Fundingstart"), für die Dauer von 60 Tagen (nachfolgend „Fundingfrist") partiarische Darlehen an das Startup vergeben, soweit nicht schon vor Ablauf der Fundingfrist das Fundinglimit erreicht ist. Die Fundingfrist kann einmalig um 60 Tage verlängert werden (nachfolgend „verlängerte Fundingfrist"), sofern die Fundingschwelle innerhalb der Fundingfrist erreicht wurde.

Der Abschluss von Verträgen über partiarische Darlehen zwischen dem Startup und Investoren geschieht in der Weise, dass die Investoren nach der Auswahl der Investmentsumme auf der Internetplattform durch Anklicken eines hierfür vorgesehenen Buttons das Angebot des Startup zum Abschluss eines Vertrages über ein nachrangiges partiarisches Darlehen annehmen. Eines gesonderten schriftlichen Vertragsschlusses bedarf es darüber hinaus nicht.

Bei diesem Angebot des Startups auf Abschluss eines Vertrags über das qualifiziert nachrangige partiarische Darlehen handelt es sich um eine Investition mit großen Chancen und Risiken, die im Investmentangebot und im Vermögensanlagen-Informationsblatt (VIB) vom Startup aufgezeigt werden.
Qualifiziert nachrangig ist das Darlehen, da sämtliche Ansprüche der Investoren solange und soweit ausgeschlossen werden, wie sie einen Grund für die Eröffnung des Insolvenzverfahrens herbeiführen würden.

Der Investor trägt in Höhe seines Darlehensbetrages und der vertraglich vereinbarten Zinsen das Insolvenzrisiko des Startups. Ohne selbst Gesellschafter zu sein, ist der Investor nach diesem Vertrag durch die Bonuszinsen nach § 9, §10 und §11 anteilig in hohem Maße am wirtschaftlichen Erfolg des Startups beteiligt. Eine über den Verlust des Darlehensbetrags hinausgehende Haftung, insbesondere eine Nachschusspflicht, besteht nicht.

Der Investor trägt bei dieser Form des Investments das unternehmerische Risiko des Startups in Höhe seines Investments. Der Erwerb dieser Vermögensanlage ist mit erheblichen Risiken verbunden und kann zum vollständigen Verlust des eingesetzten Vermögens führen. Gleiches gilt für den Zins und die Bonuszinsen. Der in Aussicht gestellte Ertrag ist nicht gewährleistet und kann auch niedriger ausfallen. Das Angebot ist daher nur für Investoren geeignet, die das Risiko eines Totalverlusts finanziell verkraften können.

Dies vorausgeschickt vereinbaren die Parteien das Folgende:

§ 1 Beginn und Dauer des partiarischen Darlehens

1. Der Investor gewährt dem Startup ein qualifiziert nachrangiges partiarisches Darlehen.
2. Das partiarische Darlehen ist unbefristet, beginnend mit dem Abschluss des Vertrages.
3. Der Vertrag ist auflösend bedingt durch das Nichterreichen der Fundingschwelle bis zum Ablauf der Fundingfrist.
4. Der Vertrag ist ferner auflösend bedingt durch das Unterschreiten der Fundingschwelle infolge wirksamer Widerrufserklärungen durch Investoren, vorausgesetzt die Widerrufserklärungen gehen innerhalb von zwei Wochen nach Ende der Fundingfrist bzw. der verlängerten Fundingfrist bei dem Startup ein.
5. Das Startup wird den Investor in den vorgenannten Fällen unverzüglich über die Auflösung des partiarischen Darlehens informieren.
6. Der Investor erklärt, dass er sich nicht in einem Wettbewerbsverhältnis zum Startup befindet, indem er mittelbar oder unmittelbar an einem zum Startup im Wettbewerb stehenden Unternehmen beteiligt ist oder eine aktive Rolle in einem zum Startup im Wettbewerb stehenden Unternehmen ausübt.

§ 2 Darlehensbetrag und Investmentquote des Investors

1. Der Investor leistet einen Darlehensbetrag in bar in Höhe von ***[die von Ihnen gewählte Summe]*** Euro. Dieser Darlehensbetrag ist nicht an das Startup, sondern mit Erfüllungswirkung gegenüber dem Startup an Secupay zu leisten. Nach Eingang des von dem Investor zu leistenden Darlehensbetrags bei Secupay hat das Startup keine weiteren Ansprüche gegen den Investor auf Erbringung des Darlehensbetrags.
2. Der Darlehensbetrag ist durch das Startup ausschließlich für folgende Zwecke zu verwenden:

   a) Verwirklichung des Innovationsvorhabens, so wie auf der Internetplattform beschrieben;

   b) Begleichung der an Seedmatch für die Vermittlung des Darlehensbetrags zu entrichtenden Vergütung in Höhe von 5 bis 10% in Abhängigkeit der tatsächlich erreichten Fundingsumme und sonstiger mit dem Crowdfunding in Zusammenhang stehender Kosten;

   c) Begleichung der an Secupay für die Abwicklung der nach diesem Vertrag zu leistenden Zahlungen zu entrichtenden Vergütung in Höhe von 1,25% des eingesammelten Kapitals bis 100.000 Euro, in Höhe von 0,40% des eingesammelten Kapitals über 100.000 Euro bis 500.000 Euro und in Höhe von 0,30% des eingesammelten Kapitals über 500.000 Euro.

3. Hat der Investor keinen Lastschriftauftrag erteilt, ist der Darlehensbetrag sofort zur Zahlung auf folgendes Konto von Secupay bei der Landesbank Hessen-Thüringen Girozentrale NL. Düsseldorf unter Angabe der jeweiligen Investmentnummer fällig.

   Kontonummer 706 050 000 1, BLZ 300 500 00 bzw.
   IBAN: DE16 3005 0000 7060 5000 01, BIC: WELADEDDXXX (40002 Düsseldorf)

4. Das Startup verpflichtet sich, dafür Sorge zu tragen, dass der Darlehensbetrag ohne weitere Kosten für den Investor zurückgewährt wird, sofern und soweit der Darlehensbetrag nicht innerhalb einer Frist von zwölf Monaten bestimmungsgemäß für das Innovationsvorhaben verwendet wurde.

5. Das Startup verpflichtet sich, dafür Sorge zu tragen, dass der Darlehensbetrag von Secupay vollständig und kostenfrei an den Investor zurückgewährt wird, wenn der partiarische Darlehensvertrag aufgrund einer wirksamen Widerrufserklärung oder in Fällen des § 1 Abs. 3 oder Abs. 4 aufgelöst wird.

6. Je 250 Euro Darlehensbetrag entspricht einem Anteil am wirtschaftlichen Erfolg des Startups in Hohe von 0,01666667% (nachfolgend „Investmentquote"). Dies entspricht zum gegenwartigen Zeitpunkt einem Post- Money Unternehmenswerts in Hohe von 1.500.000 Euro, welcher sich aus einem Pre-Money Unternehmenswert in Hohe von 1.200.000 Euro und dem Fundinglimit ergibt. Die Investmentquote des Investors beträgt entsprechend der Höhe seines Darlehensbetrags [0,XXXXXXXX%]. Die Formel zur Berechnung der Investmentquote (IN) lautet:

   IN = DB / (Upre + FL)

   DB ... Darlehensbetrag des Investors
   Upre... Pre-Money Unternehmenswert, der diesem Funding zugrunde liegt
   FL... Fundinglimit

   <u>Beispiel:</u>
   Ein Investor investiert 1.000 Euro. Die Pre-Money Unternehmensbewertung ist zur Berechnung der Investmentquote mit 2.000.000 Euro festgelegt, das Fundinglimit beträgt 500.000 Euro. Die Investmentquote des Investors in % beläuft sich demnach auf 0,04%:

   IN = 1.000 / (2.000.000 + 500.000) = 0,04%

   Ist 60 Tage (Frist für SEPA-Rücklastschriften) nach Ablauf der Fundingfrist bzw. der verlängerten Fundingfrist das Fundinglimit nicht erreicht worden, sinkt der Post-Money Unternehmenswert und steigt die Investmentquote (IN) des Investors entsprechend. Die Investmentquote wird dann nach folgender Formel berechnet:

   IN = DB / (Upre + V)

   DB ... Darlehensbetrag des Investors
   Upre... Pre-Money Unternehmenswert, der diesem Funding zugrunde liegt
   V... Tatsächlich eingesammeltes Kapital im Rahmen dieses Crowdfundings

   <u>Beispiel:</u>
   Ein Investor investiert 1.000 Euro. Die Pre-Money Unternehmensbewertung ist zur

Berechnung der Investmentquote mit 2.000.000 Euro festgelegt, das Fundinglimit beträgt 500.000 Euro.

Das tatsächlich eingesammelte Kapital beträgt nach Ablauf des Fundings 350.000 Euro. Die Investmentquote des Investors berechnet sich entsprechend:

IN = 1.000 / (2.000.000 + 350.000) = 0,04255319%

7. Für Investoren, die in den ersten 7 Tagen ab dem Fundingstart investieren, also bis zum 11.05.2017 um 23:59 Uhr, wird die Investmentquote - abweichend von Abs. 6 - um 10% erhöht.

8. Die Investmentquote ist – z.B. im Falle einer eventuellen Reduzierung in Folge einer Verwässerung nach § 14 – immer in Prozent mit acht Nachkommastellen (z.B. 0,12345678%) anzugeben, sofern erforderlich. Dies gilt insb. für die Vorgaben nach § 5 Abs. 4 und § 14 Abs. 5.

9. Ist 60 Tage nach Ablauf der Fundingfrist bzw. der verlängerten Fundingfrist das Fundinglimit nicht erreicht worden, so wird die nach Abs. 6 entsprechend gestiegene Investmentquote (je 250 Euro Darlehensbetrag) innerhalb von zwei Wochen im Investor-Relations-Kanal und per E-Mail mitgeteilt.

§ 3 Abruf des Darlehensbetrags bei Secupay

1. Das Startup kann bei Erreichen der Fundingschwelle und dem Nicht-Unterschreiten der Fundingschwelle infolge von Widerrufen das über die Internetplattform eingeworbene Kapital von Secupay innerhalb und nach Maßgabe folgender Fristen abrufen:

   a) 15 Tage nach Erreichen der Fundingschwelle den Betrag in Höhe der Fundingschwelle; jedoch maximal zwei Drittel des von Secupay eingezogenen Kapitals.

   b) 30 bis 60 Tage nach Erreichen der Fundingschwelle ggfs. weitere Auszahlung in Höhe von maximal zwei Dritteln des bei Secupay eingezogenen Kapitals.

   c) 60 Tage nach Abschluss des letzten Investments den verbleibenden Betrag.

   Das Startup hat den Darlehensbetrag unter den in Satz 1 genannten Voraussetzungen spätestens 65 Tage nach Abschluss des letzten Investments abzurufen.

§ 4 Keine Mitwirkungs- und Stimmrechte

1. Die Geschäftsführung steht allein dem Startup, handelnd durch seinen oder seine Geschäftsführer, zu.

2. Dem Investor stehen keinerlei Mitwirkungsbefugnisse, Stimm- und Weisungsrechte hinsichtlich der Führung des Geschäftsbetriebs des Startups, dessen Verwaltung und Bilanzierung zu.

§ 5 Informationsrechte und -pflichten

1. Der Investor erhält für jedes Geschäftsjahr spätestens einen Monat nach Erstellung des jeweiligen Jahresabschlusses (§ 6) entweder eine Gewinnmitteilung und die zugrunde liegende Berechnung über die auf seinen Darlehensbetrag entfallenden Bonuszinsen nach §§ 9, 10 und 11 oder im Falle des Ausbleibens von Bonuszinsen – eine dementsprechende

Mitteilung und Berechnung, jeweils in detaillierter, nachvollziehbarer und elektronischer Form über den Investor-Relations-Kanal der Internetplattform.

2. Das Startup übermittelt dem Investor im Falle von Zinsauszahlungen bzw. Bonuszinsauszahlungen nach §§ 8, 9, 10 und 11 spätestens einen Monat nach Erstellung des Jahresabschlusses (§ 6) für das jeweilige Geschäftsjahr eine Steuerbescheinigung nach § 12 Abs. 2.

3. Die in Abs. 1 und Abs. 2 sowie in § 6 Abs. 2 genannten Rechte stehen dem Investor auch nach Kündigung des partiarischen Darlehens in dem zur Überprüfung des Zinsanspruchs erforderlichen Umfang zu.

4. Das Startup wird, sofern die Fundingschwelle erreicht wird, jeweils zum 30. Januar, 30. April, 30. Juli und 30. Oktober eines jeden Jahres, erstmals frühestens 30 Tage nach Überschreiten der Fundingschwelle zum nächsten der vorgenannten Termine, ein Reporting über den Investor-Relations-Kanal der Internetplattform veröffentlichen, aus dem sich der Fortschritt des Innovationsvorhabens ergibt. Das Reporting muss einen Rückblick auf das zurückliegende Quartal als auch eine Vorschau auf das kommende Quartal enthalten zu Markt, Produkt, Finanzen, Wettbewerb, Marketing und Vertrieb, Forschung und Entwicklung, GuV, Cash-Flow mit Abweichungserläuterungen bzw. mit Wahrscheinlichkeitserläuterung zum Erfüllungsgrad der Prognosen bezogen auf das aktuelle Geschäftsjahr, wichtigen Meilensteinen, die Änderung der Kapitalverhältnisse und die aktuelle Investmentquote je 250 Euro Investment.

5. Das Startup ist ferner verpflichtet, Informationen, die für das Startup und/oder das Innovationsvorhaben von wesentlicher Bedeutung sind, insbesondere den aktuellen Jahresabschluss, bekanntzumachen, und zwar bis zum Ablauf der Fundingfrist bzw. der verlängerten Fundingfrist auf der Internetplattform und – im Falle des Erreichens der Fundingschwelle – nach dem vorgenannten Zeitraum über den Investor-Relations-Kanal der Internetplattform.

6. Sollte der Investor-Relations-Kanal auf der Internetplattform nicht mehr zur Verfügung stehen, kann das Startup die in den vorgenannten sowie nachfolgenden Regelungen genannten Unterlagen und Informationen auch per E-Mail an den Investor übermitteln.

7. Der Investor verpflichtet sich, den Inhalt dieses Vertrages sowie alle Informationen, die er in der Rolle als Investor im Rahmen dieser Vereinbarung erhalten hat oder künftig erhalten wird, streng vertraulich zu behandeln, es sei denn, die Informationen werden ohne Verletzung dieser Vereinbarung öffentlich bekannt, einem zur Verschwiegenheit verpflichteten Rechtsanwalt, Steuerberater oder Wirtschaftsprüfer zur Verfügung gestellt oder die Offenlegung ist aufgrund zwingender gesetzlicher Vorschriften erforderlich.

8. Sämtliche Rechte nach diesem § 5 stehen dem Investor gegen das Startup auch in Bezug auf derzeitige sowie ggf. weitere, zukünftige Tochtergesellschaften zu.

§ 6 Jahresabschluss

1. Die für das Startup bestehende Pflicht, aufgrund gesetzlicher Vorschriften ordnungsgemäße Bücher zu führen und Jahresabschlüsse zu erstellen, ist auch im Interesse des Investors zu erfüllen.

2. Der handelsrechtliche und steuerrechtliche Jahresabschluss des Startups (Bilanz, Gewinn- und Verlustrechnung und – soweit gesetzlich erforderlich – mit Anhang und Lagebericht) ist innerhalb der gesetzlich vorgesehenen Fristen zu erstellen und dem Investor unverzüglich nach Erstellung in elektronischer Form über den Investor-Relations-Kanal der Internet-Plattform zu übermitteln. Verzögert sich die Fertigstellung des Jahresabschlusses, wird das Startup dem Investor zunächst einen vorläufigen Jahresabschluss übermitteln.

§ 7 Rückzahlung des partiarischen Darlehens

1. Der Darlehensbetrag ist an den Investor zurückzuzahlen, wenn das partiarische Darlehen von einer der Vertragsparteien wirksam gekündigt wird oder der Vertrag auf andere Weise endet (endfälliges Darlehen).

2. Die Rückzahlung des partiarischen Darlehens erfolgt, vorbehaltlich der Rangrücktrittsregelung gemäß § 13, in vier gleichen Vierteljahresraten, von denen die erste Rate drei Monate nach Beendigung des partiarischen Darlehens fällig wird. Die Rückzahlung des partiarischen Darlehens ist angemessen zu strecken, wenn die Zahlung nach Satz 1 unter Berücksichtigung der Vermögenslage des Startups nicht zu vertreten ist. Die Auszahlung ist insbesondere dann zu strecken, wenn das Fortbestehen und das Wachstum des Startups durch die Auszahlung des Darlehensbetrags nachhaltig gefährdet werden würde. Das Startup hat das Vorliegen der Voraussetzungen nach Satz 2 und 3, den Investoren gegenüber schriftlich in elektronischer Form über den Investor-Relations-Kanal nachzuweisen. Auf die nachhaltige Gefährdung des Wachstums darf sich das Startup höchstens für einen Zeitraum von insgesamt zwei Jahren berufen. Der fällige Rückzahlungsanspruch ist im Falle einer Streckung in seiner jeweiligen Höhe mit 6% p.a. fest zu verzinsen. Die Zinsen werden mit der letzten Rate fällig. Eine darüberhinausgehende Verzinsung des Rückzahlungsanspruchs wird nicht gewährt.

§ 8 Ertragsunabhängige feste Verzinsung

1. Die ertragsunabhängige feste Verzinsung des gewährten Darlehensbetrages beträgt 1% p.a., beginnend mit dem Abschluss des Vertrages.

2. Die Zinsen sind an den Investor auszuzahlen, wenn der Vertrag gekündigt wird oder auf andere Weise endet (endfällige Verzinsung).

3. Die Auszahlung erfolgt nach Maßgabe des § 7 Abs. 2 dieses Vertrages.

§ 9 Gewinnabhängiger jährlicher Bonuszins

1. Das Startup gewährt zusätzlich zu den Zinsen nach § 8 einen gewinnabhängigen jährlichen Bonuszins nach Maßgabe nachfolgender Bestimmungen, beginnend mit dem Abschluss des Vertrages. Besteht das partiarische Darlehen nicht während des ganzen Geschäftsjahres, so wird der Bonuszinssatz zeitanteilig gekürzt. Der Bonuszins entfällt, wenn die nach § 9 Abs. 4 durchzuführende Ermittlung des Gewinns ein negatives Rechenergebnis ergibt.

2. Der Bonuszins ist jeweils am 31. Juli des nachfolgenden Jahres zur Zahlung fällig. Der fällige Bonuszinsanspruch ist im Falle des Verzugs in seiner jeweiligen Höhe mit 6% p.a. zu verzinsen.

3. Maßgeblich für den Bonuszins ist der nach § 9 Abs. 4 ermittelte Gewinn. Daran nimmt der Investor in Höhe seiner Investmentquote gem. § 2 Abs. 6 teil, vorbehaltlich einer eventuellen Reduzierung in Folge einer Verwässerung nach § 14.

4. Zur Berechnung der Gewinnbeteiligung des Investors wird der im steuerlichen Jahresabschluss ermittelte Jahresüberschuss/Jahresfehlbetrag vor Berücksichtigung der Bonuszinsen des Investors nach Durchführung folgender Korrekturen zugrunde gelegt:

   a) Folgende Positionen sind hinzuzurechnen:
      i. außerordentliche Aufwendungen;
      ii. Verluste aus der Veräußerung oder Zerstörung von Wirtschaftsgütern des Anlagevermögens, die vor dem Beginn des partiarischen Vertrags angeschafft wurden;
      iii. Ertragsminderung aufgrund erhöhter Absetzungen oder Sonderabschreibungen nach steuerrechtlichen Vorschriften;
      iv. Bildung steuerfreier Rücklagen, soweit sie einen Betrag von 2,0% des Jahresumsatzes (wie er im steuerlichen Jahresabschluss ausgewiesen ist) übersteigen;
      v. Vergütung der Geschäftsführung des Startup, soweit sie insgesamt den Betrag von jährlich 100.000 Euro pro Geschäftsführer überschreitet;
      vi. Aufwendungen aus sonstigen Steuern

   b) Folgende Positionen sind abzuziehen:
      vii. außerordentliche Erträge;
      viii. Erträge aus der Veräußerung oder Zerstörung von Wirtschaftsgütern des Anlagevermögens, die vor dem Beginn partiarischen Darlehens angeschafft wurden;
      ix. Erträge aus der Auflösung solcher Rücklagen, die zuvor nach Abs. 4 iv) hinzugerechnet wurden.
      x. Erträge aus sonstigen Steuern
      xi. Einnahmen und Ausgaben aus der Aufnahme, dem Ruckkauf oder der Ruckzahlung von Darlehen
      xii. xii. Erträge aus öffentlichen Fördermitteln

   Zum Nachweis über die Höhe des ermittelten gewinnabhängigen, jährlichen Bonuszinses wird das Startup dem Investor eine detaillierte und nachvollziehbare Berechnung in elektronischer Form zur Verfügung stellen.

5. Wird der Jahresabschluss des Startup (z. B. auf Grund einer Betriebsprüfung) bestandskräftig geändert, so ist diese Änderung auch bei den Bonuszinsen zu berücksichtigen; Ausgleichszahlungen erfolgen innerhalb von vier Wochen nach bestandskräftiger Änderung des Jahresabschlusses.

§ 10 Bonuszins nach Kündigung

1. Das Startup zahlt zusätzlich zu den Zinsen nach § 8 und § 9 einmalig einen Bonuszins nach wirksamer Kündigung nach Maßgabe nachfolgender Bestimmungen. Die Auszahlung erfolgt nach Maßgabe des § 7 Abs. 2 dieses Vertrages.

2. Der Bonuszins nach Kündigung bemisst sich nach dem der Investmentquote (§ 2 Abs. 6 i.V.m. § 14) entsprechenden Anteil am Ergebnis (EBIT) der Steuerbilanz des letzten zum Zeitpunkt der Fälligkeit der ersten Rate (§ 7 Abs. 2) abgeschlossenen Geschäftsjahres, welches mit dem Faktor 8,5 zu multiplizieren ist; abzüglich eines Werts, der der Höhe nach dem gewährten Darlehensbetrag des Investors entspricht. Wenn die Ausführung des Innovationsvorhabens teilweise oder vollständig durch Tochtergesellschaften des Startups erfolgt, so ist für die oben genannte Berechnung ein konsolidiertes EBIT des Startups und seiner Tochtergesellschaften zu ermitteln. Ein negativer Bonuszins ist ausgeschlossen. Bei der Berechnung des Ergebnisses (EBIT) sind die Korrekturen entsprechend § 9 Abs. 4 lit. a, lit. b durchzuführen. Anstelle des EBIT-Multiples wird der Umsatz-Multiple herangezogen, sofern der Wert des Ergebnisses (EBIT) multipliziert mit Faktor 8,5 kleiner ist als der Wert des Umsatzes multipliziert mit Faktor 1,8. In diesem Fall erhält der Investor dem seiner Investmentquote (§ 2 Abs. 6 i.V.m. § 14) entsprechenden Anteil am Umsatz der Steuerbilanz des letzten zum Zeitpunkt der Fälligkeit der ersten Rate (§ 7 Abs. 2) abgeschlossenen Geschäftsjahres, welcher mit dem Faktor 1,8 zu multiplizieren ist; abzüglich eines Werts, der der Höhe nach dem gewährten Darlehensbetrag des Investors entspricht. Wenn die Ausführung des Innovationsvorhabens teilweise oder vollständig durch Tochtergesellschaften des Startups erfolgt, so ist für die oben genannte Berechnung ein konsolidierter Umsatz des Startups und seiner Tochtergesellschaften zu ermitteln. Zum Nachweis über die Höhe des ermittelten Bonuszinses nach Kündigung wird das Startup dem Investor eine detaillierte und nachvollziehbare Berechnung in elektronischer Form zur Verfügung stellen. Die Formel für die Berechnung des Bonuszinses nach Kündigung (BZkünd) ist wie folgt:

BZkünd = [IN x max {(EBIT x EBIT-Multiple);(Umsatz x Umsatz-Multiple)}] – DB

IN ... Investmentquote des Investors zum Zeitpunkt der Kündigung
DB ... Darlehensbetrag des Investors

<u>Beispiel:</u>
Der Investor beabsichtigt, den Investmentvertrag zum erstmöglichen Zeitpunkt, 31.12.2022, zu kündigen und reicht fristgerecht (§ 16) vor dem 30.06.2022 die Kündigung ein. Das im steuerlichen Jahresabschluss zum 31.12.2022 festgestellte Ergebnis beträgt 1.500.000 Euro, der Umsatz 3.700.000 Euro. Die vertraglich festgelegten EBIT- und Umsatz-Multiples betragen 8,5 (EBIT) und 1,8 (Umsatz). Das Produkt beim EBIT (1.500.000 x 8,5 = 12.750.000) ist größer als beim Umsatz (3.700.000 x 1,8 = 6.660.000) und somit für die Berechnung des Bonuszinses maßgeblich. Der Darlehensbetrag des Investors ist 1.000 Euro, die Investmentquote zum Stichtag 31.12.2022 beträgt 0,0667%. Der Bonuszins nach Kündigung berechnet sich demnach wie folgt:

BZkünd = 0,0667% x max {12.750.000;6.660.000} - 1.000 = 7.504,25 Euro

3. Tritt ein Exitereignis nach § 11 Abs. 2 ein und wird aus diesem Anlass das partiarische Nachrangdarlehen wirksam beendet (§ 16 Abs. 6), entfällt der Anspruch auf Bonuszins nach Kündigung nach dieser Vorschrift (§ 10).

4. Der Bonuszins nach Kündigung wird zudem nicht gewährt, wenn der Investor eine außerordentliche Kündigung schuldhaft verursacht hat.

§ 11 Bonuszins nach Exitereignis

1. Der Investor ist weder am Stammkapital, noch am Vermögen des Startups beteiligt. Das Startup gewährt jedoch zusätzlich zu den Zinsen nach § 8 und § 9 und unter Berücksichtigung des § 10 Abs. 3 einmalig einen Bonuszins nach Eintritt eines

Exitereignisses. Damit ist der Investor an einem Exit des Startups wirtschaftlich mittelbar beteiligt.

2. Ein Exitereignis im Sinne dieses Vertrages liegt vor, wenn mindestens 50% der Geschäftsanteile der Gründer an dem Startup in einem einheitlichen Vorgang bzw. in engem zeitlichen Zusammenhang an Dritte nach Abs. 8 veräußert werden. Eine Veräußerung der Geschäftsanteile am Startup im Sinne des Satzes 1 kann auch mittelbar z.B. über die Veräußerung von Geschäftsanteilen an den Gründern selbst erfolgen, wenn es sich bei den Gründern um juristische Personen handelt. Für eine Veräußerung ist es unerheblich, ob sie durch eine Übertragung von Nominalanteilen am Startup an Dritte gegen Barzahlung oder Gewährung von Anteilen oder sonstigen Rechten im Rahmen einer Verschmelzung, Vermögensübertragung oder ähnlichen zu vergleichbaren wirtschaftlichen Ergebnissen führenden Transaktionen oder im Wege einer öffentlichen Platzierung neuer und/ oder bereits bestehender Anteile der Gesellschaft an einer oder mehreren Börsen erreicht wurde.

3. Ein Exitereignis liegt auch vor bei der Veräußerung der wesentlichen Vermögensgegenstände (einschließlich von Immaterialgüterrechten und Geschäftsanteilen in Tochtergesellschaften) des Startups, der Verteilung eines Schlussverteilungsüberschusses gemäß § 199 Satz 2 InsO, und der Verteilung des Vermögens des Startups gemäß §§ 72, 73 GmbHG.

4. Tritt ein Exitereignis deshalb nicht ein, weil Handlungen vorgenommen wurden, die lediglich dazu dienten, den Eintritt des Exitereignisses gegenüber dem Investor zu verhindern, tritt keine Befreiung von der Zahlung des Bonuszinses nach Exitereignis ein.

5. Die Höhe des Bonuszinses nach Exitereignis in Euro berechnet sich nach folgender Formel: Der Exiterlös (Abs. 6) wird multipliziert mit der vor dem Exitereignis aktuellen Investmentquote des Investors (§ 2 Abs. 6 i.V.m. § 14); abzüglich eines Werts, der der Höhe nach dem gewährten Darlehensbetrag des Investors entspricht. Ein negativer Bonuszins nach Exitereignis ist ausgeschlossen. Zum Nachweis über die Höhe des ermittelten Bonuszinses nach Exitereignis wird das Startup dem Investor eine detaillierte und nachvollziehbare Berechnung in elektronischer Form über den Investor-Relations-Kanal der Internetplattform zur Verfügung stellen.

BZexit = (EE x INvor) – DB

BZexit ... Bonuszins nach Exitereignis
EE ... Exiterlös
INvor ... Investmentquote des Investors vor dem Exitereignis
DB ... Darlehensbetrag des Investors

<u>Beispiel:</u>
Im Rahmen eines Trade Sales verkaufen die Gründer (der Gesellschafterkreis zum Zeitpunkt des Crowdfundings) 100% ihrer Geschäftsanteile an einen Dritten. Die Geschäftsanteile der Gründer sind seit Abschluss des Investmentvertrags nicht verwässert. Die von den Gründern verkauften Geschäftsanteile machen somit 100% der gesamten Geschäftsanteile am Startup aus. Der Exiterlös beträgt 7.000.000 Euro. Der Darlehensbetrag des Investors ist 1.000 Euro, die Investmentquote des Investors beträgt 0,05%. Der Bonuszins nach Exit berechnet sich wie folgt:

BZexit = (0,05% x 7.000.000) – 1.000 = 2.500 Euro

6. Der Exiterlös ist die Gesamtheit der Gegenleistungen, die die Gründer oder deren Gesellschafter im Rahmen des Exitereignisses für die Veräußerung der Geschäftsanteile des Startups erlangen. Dabei ist es unerheblich, ob die Gegenleistung in Geld oder

wirtschaftlichen Zuwendungen anderer Art besteht. Wird eine Gegenleistung nicht in Geld erbracht, so tritt für die Berechnung des Exiterlöses der Wert der Gegenleistung an seine Stelle. Werden im Rahmen des Exitereignisses weniger als 100% der Geschäftsanteile der Gründer am Startup veräußert und/oder sind die Anteile der Gründer seit Abschluss dieses Investmentvertrags verwässert (§ 14), so wird für die Berechnung des Exiterlöses die Veräußerung aller Geschäftsanteile des Startups angenommen.

Beispiel:
Im Rahmen eines Trade Sales verkaufen die Gründer (der Gesellschafterkreis zum Zeitpunkt des Crowdfundings) 50% ihrer Geschäftsanteile an einen Dritten. Die Geschäftsanteile der Gründer sind seit Abschluss des Investmentvertrags um 20% verwässert (§ 14). Die von den Gründern verkauften Geschäftsanteile machen somit 40% der gesamten Geschäftsanteile am Startup aus. Der Exiterlös für diese 40% der Geschäftsanteile beträgt 4.000.000 Euro. Der auf 100% der Geschäftsanteile des Startups hochgerechnete Exiterlös beträgt demnach:

EE = 4.000.000 Euro / 40% = 10.000.000 Euro

Der Darlehensbetrag des Investors ist 1.000 Euro, die Investmentquote des Investors, die ebenfalls um 20% verwässert ist, beträgt zum Zeitpunkt des Exitereignisses 0,04%. Der Bonuszins nach Exit beträgt:

BZexit = (0,04% x 10.000.000) – 1.000 = 3.000 Euro

7. Zum Exiterlös hinzugerechnet werden Leistungen, soweit sie deshalb nicht zum Exiterlös zählen, weil sie auf Handlungen und Gestaltungen beruhen, die vornehmlich dazu dienen, den Bonuszins der Investoren zu verringern.

8. Dritte im Sinne dieses Vertrags sind natürliche und juristische Personen, die mit den Gründern weder verbunden im Sinne des § 15 Aktiengesetzes, noch deren Angehörige im Sinne des § 15 Abgabenordnung sind.

9. Der Bonuszins ist 2 Monate nach dem Exitereignis fällig. Ansonsten gilt § 7 Abs. 2 entsprechend.

§ 12 Auszahlungskonto/Steuern

1. Zinsen und die Rückzahlung des Darlehensbetrags sind auf das Konto des Investors zu überweisen, das dieser im Rahmen seines Investments auf der Internetplattform angegeben hat oder auf das Konto, das sein Rechtsnachfolger über die Internetplattform angibt.

2. Das Startup wird, soweit gesetzlich festgeschrieben, die Abgeltungssteuer zzgl. Solidaritätszuschlag und ggf. Kirchensteuer einbehalten und an das zuständige Finanzamt abführen. Eine entsprechende Steuerbescheinigung wird dem Investor übermittelt.

§ 13 Qualifizierte Nachrangklausel

1. Die Tilgung des Darlehens, die Zahlung der festen Zinsen wie auch der Bonuszinsen sowie sämtliche andere Ansprüche des Investors sind so lange und soweit ausgeschlossen, wie

   a) im Falle der Auflösung des Startups die Ansprüche der nicht nachrangigen Gläubiger aus dem Vermögen des Startups noch nicht erfüllt worden sind;

b) die Ansprüche einen Grund für die Eröffnung eines Insolvenzverfahrens herbeiführen würden oder sich das Startup in Insolvenz befindet.

2. Die Erfüllung dieser nachrangigen Ansprüche kann nur aus einem etwaigen frei verfügbaren Jahres- oder Liquidationsüberschuss oder aus dem die sonstigen Verbindlichkeiten des Startup übersteigenden frei verfügbaren Vermögen geltend gemacht werden, und zwar nur nach Befriedigung sämtlicher anderer Gläubiger der Gesellschaft.

3. Sämtliche partiarische Nachrangdarlehen sind im Verhältnis untereinander gleichrangig.

4. Die nachrangigen Ansprüche dürfen auch nicht durch Zahlungen im Wege der Aufrechnung erfüllt werden.

5. Erhält der Investor trotz der Nachrangigkeit Zahlungen, auch im Wege der Aufrechnung, aus dem partiarischen Darlehen, hat er diese ungeachtet anderer Vereinbarungen zurückzugewähren.

§ 14 Verwässerung

1. Den Parteien ist bewusst, dass das Startup zur Finanzierung des Innovationsvorhabens unter Umständen weitere Eigenmittel in neuen Finanzierungsrunden aufnehmen wird. Das Startup bedarf für diese Maßnahmen nicht der Zustimmung des Investors. Ein Bezugsrecht des Investors besteht nicht.

2. Partiarische Darlehen verwässern von ihrer Natur her üblicherweise nicht. Dieser Vertrag sieht jedoch ausnahmsweise eine Verwässerung unter bestimmten Bedingungen vor.

   a) **Verwässerung bei Kapitalerhöhung des Startups**

   Die Parteien sind sich darüber einig, dass die Investmentquote (§ 2 Abs. 6), die den Bonuszinsen (§§ 9, 10, 11) des Investors zugrunde liegt, durch effektive Kapitalerhöhungen des Startups verwässert wird. Berücksichtigt werden jedoch lediglich effektive Kapitalerhöhungen, denen ein Pre-Money Unternehmenswert zugrunde gelegt wird, der mindestens dem Post-Money Unternehmenswert nach § 2 Abs. 6 (unter Berücksichtigung des tatsächlich eingesammelten Kapitals) entspricht, auf dem dieses Funding basiert und bei denen dem Startup neues Kapital in Form von Stammeinlagen und dem Unternehmenswert entsprechende Zuzahlungen in die Kapitalrücklage zugeführt werden (nachfolgend „relevante Kapitalerhöhungen").

   Die aktualisierte Investmentquote des Investors (INakt) nach jeder relevanten Kapitalerhöhung berechnet sich demnach wie folgt:

   INakt = INvor x StKvor / StKakt

   INvor ... Investmentquote des Investors vor der relevanten Kapitalerhöhung
   StKvor ... Stammkapital des Startups vor der relevanten Kapitalerhöhung
   StKakt ... Stammkapital des Startups nach der relevanten Kapitalerhöhung

   Beispiel:
   Im Rahmen einer relevanten Kapitalerhöhung nimmt das Startup 500.000 Euro frisches Kapital in Form von 2.500 neuen Geschäftsanteilen mit einem Nennbetrag von jeweils 1,00 Euro und einer entsprechenden Zuzahlung in die Kapitalrücklage in Höhe von 497.500 Euro auf. Das Stammkapital des Startups vor der Kapitalerhöhung beträgt

25.000 Euro. Das neue Stammkapital beträgt 27.500 Euro. Die Investmentquote des Investors vor der relevanten Kapitalerhöhung beträgt 0,01%. Die aktualisierte Investmentquote nach Durchführung der Kapitalerhöhung reduziert sich demnach wie folgt:

INakt = 0,01% x 25.000 / 27.500 = 0,00909091%

b) Verwässerung durch erneutes Funding auf Seedmatch

Die Parteien sind sich darüber einig, dass die Investmentquote (§ 2 Abs. 6), die den Bonuszinsen (§§ 9, 10, 11) des Investors zugrunde liegt, auch durch ein erneutes Funding auf der Internetplattform (nachfolgend „Crowd-Anschlussfinanzierung") verwässert wird. Die aktualisierte Investmentquote des Investors (INakt) nach jeder Crowd-Anschlussfinanzierung auf der Internetplattform berechnet sich demnach wie folgt:

INakt = INvor x (1- Vfund/Ufund)

INvor ... Investmentquote des Investors vor der Crowd-Anschlussfinanzierung
Vfund ... Tatsächlich eingesammeltes Kapital im Rahmen der Crowd-Anschlussfinanzierung
Ufund ... Post-Money Unternehmenswert, der der Crowd-Anschlussfinanzierung zugrunde liegt

Beispiel:
Im Rahmen einer Crowd-Anschlussfinanzierung bei Seedmatch sammelt das Startup 250.000 Euro weiteres Kapital ein. Die Post-Money Unternehmensbewertung der Crowd-Anschlussfinanzierung beläuft sich auf 4.000.000 Euro. Die Investmentquote des Investors vor dem erneuten Funding bei Seedmatch beläuft sich auf 0,01375%. Die Verwässerung beläuft sich demnach auf

INakt = 0,01375% x (1 - 250.000 / 4.000.000) = 0,01289063%

3. Eine relevante Kapitalerhöhung verwässert die Investmentquote des Investors dann nicht, wenn sie vorrangig zum Zweck der Verwässerung durchgeführt wird. Sie verwässert insoweit nicht, als sie der Höhe nach vorrangig zum Zweck der Verwässerung durchgeführt wird.

4. Den Parteien ist ferner bewusst, dass das Startup im Rahmen einer Crowd-Anschlussfinanzierung auf der Internetplattform Investmentverträge anbieten kann, deren Konditionen mit den partiarischen Darlehen, die im Rahmen dieses Fundings auf der Internetplattform angeboten werden, nicht übereinstimmen.

5. Im Nachgang einer Verwässerung hat das Startup den Investor über den Investor-Relations-Kanal von Seedmatch unverzüglich über seine aktuelle Investmentquote bzw. die aktuelle Investmentquote je 250 Euro Darlehensbetrag und über die exakte Höhe der Verwässerung in Prozent zu informieren.

6. Eine relevante Kapitalerhöhung verwässert die Investmentquote auch dann nicht, wenn sie während des Fundings abgeschlossen wurde (maßgeblich ist das Datum der notariellen Beurkundung der Kapitalerhöhung).

§ 15 Übertragung des partiarischen Darlehens durch d…

1. Der Investor kann seinen Vertrag (partiarisches Nachrang… …anzen einem Dritten übertragen, so lange es sich bei dem Dritten um eine natürl… …der eine juristische Person in Form einer AG, GmbH oder UG (haftungsbeschrän… …d er die Übertragung des Vertrags sowie die Stammdaten des Dritten d… … Textform mitgeteilt hat. Das Startup erteilt seine Zustimmung zu einer Über… …mit im Voraus.

2. Den Vertrag darf der Investor nur an solche Personen übertragen, die … in einem offensichtlichen Wettbewerbsverhältnis zum Startup befinden (§ 1 Abs. …

§ 16 Kündigung

1. Das Startup ist berechtigt, das partiarische Darlehen frühestens zum 31.12.2025 m… Frist von sechs Monaten zum Ende des jeweiligen Geschäftsjahres ordentlich zu kün…n.

2. Der Investor ist berechtigt, das partiarische Darlehen frühestens zum 31.12.2022 mit einer Frist von sechs Monaten zum Ende des jeweiligen Geschäftsjahres ordentlich zu kündigen.

3. Das Recht zur außerordentlichen Kündigung aus wichtigem Grund bleibt unberührt.

4. Als wichtiger Grund für eine außerordentliche Kündigung durch den Investor gilt insbesondere, wenn

   a) der Darlehensbetrag in wesentlichem Umfang nicht seinem Zweck entsprechend verwendet worden ist; oder

   b) das Startup mit seinem Reporting im Sinne von § 5 Abs. 4 für zwei aufeinander folgende Termine mit mindestens 6 Wochen in Verzug ist; oder

   c) das Startup bei Ausbleiben eines Reportings im Sinne von § 5 Abs. 4 dieses bis zur Fälligkeit des darauffolgenden Reportings nicht nachholt; oder

   d) das Startup wesentliche Pflichten aus diesem Vertrag nachhaltig verletzt hat.

5. Als wichtiger Grund für eine außerordentliche Kündigung durch das Startup gilt insbesondere, wenn

   a) der Investor den Darlehensbetrag nicht binnen einer Frist von zwei Wochen nach Fälligkeit an Secupay zahlt; oder

   b) der Investor sich, entgegen § 1 Abs. 6 in einem offensichtlichen Wettbewerbsverhältnis zum Startup befindet, indem er mittelbar oder unmittelbar an einem zum Startup im Wettbewerb stehenden Unternehmen beteiligt ist oder eine an einem zum Startup im Wettbewerb stehenden Unternehmen aktive Rolle ausübt.

6. Nach Eintritt des Exitereignisses nach § 11 endet der Vertrag automatisch. Eine bereits erklärte Kündigung, die noch nicht wirksam geworden ist, wird hinfällig.

§ 17 Widerrufsre……giges Widerrufsrecht gem. § 2d VermAnlG.

Der Investor hat…

HINWEIS A… …ERRUFSRECHT GEM. § 2d VermAnlG

Widerrufs…

…rtragserklärung innerhalb von 14 Tagen ohne Angabe von Gründen
Sie könn… …rung, aus der Ihr Entschluss zum Widerruf des Vertrags eindeutig
mittels … …extform widerrufen. Die Frist beginnt mit Vertragsschluss, wenn der Vertrag
hervor… …ögensanlage einen deutlichen Hinweis auf das Widerrufsrecht enthält,
über d… Name und Anschrift desjenigen, gegenüber dem der Widerruf zu erklären ist;
einsc… …nt die Widerrufsfrist zu dem Zeitpunkt, zu dem Sie einen solchen Hinweis in
sons… …erhalten. Ist der Beginn der Widerrufsfrist streitig, so trifft die Beweislast den
Tex… …en. Das Widerrufsrecht erlischt spätestens zwölf Monate nach dem Vertragsschluss.
Em…

Z… Wahrung der Widerrufsfrist genügt die rechtzeitige Absendung des Widerrufs. Der
…derruf ist zu richten an: pareton GmbH, Reitschulstr. 18, 74379 Ingersheim; E-Mail:

seedmatch@taxbutler.de; Fax: 07142-469545931

Widerrufsfolgen

Im Fall des Widerrufs sind die empfangenen Leistungen unverzüglich zurückzugewähren. Für den Zeitraum zwischen der Auszahlung und der Rückzahlung des Anlagebetrags hat der Emittent die vereinbarte Gegenleistung gegenüber dem Anleger zu erbringen.

Ende der Widerrufsbelehrung

§ 18 Mediationsklausel

1. Alle Streitigkeiten, die sich aus, in Durchführung oder im Zusammenhang mit dem partiarischen Darlehen zwischen den Parteien ergeben, werden einvernehmlich durch ein Mediationsverfahren beigelegt.

2. Können sich die Parteien nicht innerhalb von drei Wochen nach Zugang des Mediationsantrags auf einen Mediator einigen, wird dieser vom Munich Center for Dispute Resolution, Forschungsinstitut der Ludwig-Maximilians-Universität München, Veterinärstraße 5, 80539 München, hilfsweise durch die Rechtsanwaltskammer Sachsen bestimmt.

3. Eine Klage vor den ordentlichen Gerichten ist erst zulässig, wenn eine Vertragspartei die Mediation nach einer ersten gemeinsamen Mediationssitzung für gescheitert erklärt oder wenn seit Eingang des Antrags auf Durchführung der Mediation zwei Monate vergangen sind, ohne dass es zu einer gemeinsamen Mediationssitzung gekommen ist.

4. Die Einrede der Mediationsklausel schließt die Zulässigkeit von Klagen, Rechtsmitteln oder Rechtsbehelfen, die zur Wahrung gesetzlicher Ausschlussfristen erforderlich sind, sowie die Zulässigkeit von Anträgen auf Eilrechtsschutz und auf Beweissicherung vor oder während des Mediationsverfahrens nicht aus. Unabhängig hiervon sind die Parteien jedoch im Rahmen der Mediation gehalten, freiwillig einvernehmlich die Aufrechterhaltung, Änderung oder Ergänzung darauf gerichteter Maßnahmen zu überprüfen und zu regeln.

5. Verjährungsfristen und vertragliche Ausschlussfristen wer Mediationsantrags bis zum Abschluss der Mediation gehem ugang des einig, dass sodann die Dreimonatsfrist nach § 203 S. 2 BGB arteien sind sich darüber

6. Die Kosten des Mediationsverfahrens tragen die Parteien je zur nsonsten trägt jede Partei ihre eigenen Kosten und die ihrer Berater.

§ 19 Textform; Salvatorische Klausel; Gerichtsstand

1. Änderungen und Ergänzungen dieses Vertrages bedürfen zu ihrer Wirksamk er Textform. Dies gilt auch für eine Vereinbarung, mit der das Textformerfordernis abbedun werden soll. Mündliche Nebenabreden bestehen nicht. Die Vertragssprache ist Deutsch.

2. Die Parteien vereinbaren hinsichtlich sämtlicher Rechtsbeziehungen aus diesem Vertragsverhältnis die Anwendung des Rechts der Bundesrepublik Deutschland unter Ausschluss des UN-Kaufrechts, es sei denn, dass dem Investor dadurch der Schutz entzogen würde, der ihm durch die zwingenden Vorschriften des Staates gewährt wird, in dem er seinen gewöhnlichen Aufenthalt hat. In letzterem Fall gilt das Recht des Staates in dem der Investor seinen gewöhnlichen Aufenthalt hat.

3. Sollten einzelne Bestimmungen dieses Vertrages unwirksam oder nicht durchführbar sein, so bleiben die übrigen Bestimmungen hiervon unberührt. Die Parteien verpflichten sich, an Stelle der unwirksamen oder undurchführbaren Bestimmungen solche Bestimmungen zu treffen, die den mit den unwirksamen oder undurchführbaren Bestimmungen verfolgten wirtschaftlichen Zwecken in zulässiger Weise am nächsten kommen. Gleiches gilt für den Fall, dass dieser Vertrag eine Lücke aufweist.

4. Soweit der Investor Kaufmann ist, ist Gerichtsstand für sämtliche Streitigkeiten aus und in Zusammenhang mit diesem Vertrag der Sitz des Startup. In allen übrigen Fällen gilt der gesetzliche Gerichtsstand.

5. Dieser Vertrag wird nach Vertragsschluss im Investor-Relations-Kanal der Internetplattform gespeichert und dem Investor dort zugänglich gemacht.

[Name des Investors]

Matthias Raisch,

Geschäftsführer der pareton GmbH

2. Anlage: Beisp .erbeteiligungsvertrag – partiarisches ur Finanzierung eines Start-ups der Crowdinvesting-Nachrangdar sto Plattform Co

Exemplarisch hin n der Finanzierung des Start-ups *itravel GmbH*.

Mindestlaufzeit .12.2024 (ordentliche Kündigung durch eine Vertragspartei).

Beteiligungsvertrag in Form eines partiarischen Nachrangdarlehens

1. Parteien

1.1. Dieser Vertrag (nachfolgend „der Vertrag" genannt) wird zwischen der itravel GmbH, Sechtemer Straße 5, 50968 Köln, eingetragen im Handelsregister des Amtsgerichts Köln unter HRB 32279 (nachfolgend „Startup" genannt) und Ihnen (nachfolgend „Companist" genannt) geschlossen. Die Parteien werden nachfolgend gemeinsam auch als „die Parteien" und einzeln als „eine Partei" bezeichnet.

2. Vorbemerkungen

2.1. Gegenstand des Unternehmens des Startups ist die Erbringung von allen Leistungen im Bereich Reise und Touristik, insbesondere Vermittlung und Vertrieb von touristischen Dienstleistungen und Produkten über alle Vertriebskanäle, auch über e-commerce und digitale Medien; Bereitstellung von Diensten und Inhalten über elektronische und mobile Medien; Betrieb von Online-Plattformen.

2.2. Das Stammkapital des Startups beträgt EUR 317.469,00. Alleinige Gesellschafter des Startups sind die Abacus Consulting Management & Equity GmbH, die Criticality Labs Ltd, die Curtis Newton Labs GmbH, Dr. Johannes Dähnert, die Jazzya Investments S.L., Brent Hoberman, die Delaunay Capital Partners GmbH, die e42 II GmbH, Silke Walprecht, die Global Classified LLC, Anil Hansjee, die Serendipity Investments S.L., Fabrica Grinda, Richard Cooperstein, die Richter Asset Management GmbH, Prof. Kenneth P. Morse, Dr. Christian Schultz, die FF Performance One GmbH, Ola Ahlvarsson, Gerrit Müller, die absolut invest GmbH, die boocon GmbH, Sina Afra, die Atlantic Internet II GmbH & Co. KG, Christoph Kabelitz, die Unique Innovation Fund GmbH, die BA4V Fonds I GmbH & Co. KG, die TA Venture Holding Ltd, die Digital Tech Fund SCA und die venturecapital.de VC GmbH & Co. KGaA (nachfolgend „aktuelle Gesellschafter"). Die aktuellen Gesellschafter werden nachfolgend zusammen mit Axel Schwiegelow und Erik Schmiegelow auch „Altgesellschafter" genannt. Das Startup beabsichtigt sein Unternehmenskapital durch die Aufnahme qualifiziert nachrangiger partiarischer Darlehen zu stärken.

2.3. Die qualifiziert nachrangigen partiarischen Darlehen werden auf der Internetplattform Companisto.com (nachfolgend „Webseite bzw. Internetplattform") an Investoren (nachfolgend „Companisten") vermittelt (nachfolgend „Crowdinvesting").

2.4. Die Webseite wird von der Companisto GmbH, eingetragen im Handelsregister des Amtsgerichts Charlottenburg unter HRB 132811 (nachfolgend „Companisto"), betrieben. Es sollen mindestens EUR 100.000 (nachfolgend „Investmentschwelle") über die Webseite eingesammelt werden.

2.5. Das Startup wird im Rahmen des Crowdinvestings qualifiziert nachrangige partiarische Darlehen in maximaler Höhe von insgesamt EUR 2.500.000 (nachfolgend „Investmentlimit") an Companisten begeben. Die Companisten werden je 100 Euro Darlehensbetrag mit einem Anteil am Gewinn des Startups in Höhe von 0,0004444444% beteiligt (auf der Webseite und nachfolgend als „Anteil" bezeichnet).

2.6. Die Companisten gewähren mit dem vorliegenden Vertrag dem Startup ein partiarisches Darlehen. Partiarische Darlehen vermitteln keine gesellschaftsrechtliche Beteiligung am Startup. Das Startup räumt den Companisten vielmehr einen endfälligen vertraglichen Anspruch auf Rückzahlung des Darlehensbetrages (keine Tilgung während der Laufzeit), auf Zahlung einer endfälligen ertragsunabhängigen Festverzinsung in Höhe von 1% p.a. auf den bereitgestellten Darlehensbetrag und eines jährlichen gewinnabhängigen Bonuszinses und eines Bonuszinses nach einem Exit des Startups ein.

2.7. Ihre Darlehensbeträge überweisen die Companisten nicht unmittelbar an das betreffende Startup, sondern mit schuldbefreiender Wirkung auf ein offenes Treuhandsammelkonto gemäß § 13 Abs. 1 Satz 2 Nr. 1 b) ZAG der Secupay AG, Goethestraße 6, 01896 Pulsnitz, eingetragen im Handelsregister des Amtsgerichts Dresden unter HRB 27612 (nachfolgend „Secupay"), info@secupay.ag, Aufsichtsbehörde Bundesanstalt für Finanzdienstleistungsaufsicht, eingetragen im Zahlungsinstituts-Register nach § 30 ZAG.

2.8. Companisten können von dem Zeitpunkt an, ab dem das Startup auf der Internetplattform eingestellt und freigeschaltet ist, d. h. ab dem 12.12.2017, für die Dauer von 2 Monaten (nachfolgend „Investitionsfrist") partiarische Darlehen an dem Startup zeichnen, soweit nicht schon vor Ablauf der

Anbieter und Emittent dieser Vermögensanlage ist die itravel GmbH. Companisto ist weder Anbieter noch Emittent der Vermögensanlage, sondern ist ausschließlich die Internet-Dienstleistungsplattform.

Investitionsfrist das Investmentlimit erreicht ist. Die Investitionsfrist kann auf insgesamt bis zu 4 Monate verlängert werden. Ein Anspruch auf Abschluss eines partiarischen Darlehensvertrages mit dem Startup besteht nicht.

2.9. Durch das Anklicken des hierfür vorgesehenen Buttons auf der Webseite nach Auswahl der Investitionshöhe durch den Companisten, gibt der Companist ein Angebot auf Abschluss eines partiarischen Darlehensvertrages nach Maßgabe dieses Vertrages ab. Der partiarische Darlehensvertrag kommt erst dann zustande, wenn Companisto oder das Startup den Abschluss des Vertrages mit einer E-Mail bestätigten. Eines gesonderten schriftlichen Vertragsschlusses bedarf es darüber hinaus nicht.

2.10. Bei diesem Angebot des Startups auf Abschluss eines Vertrags über ein qualifiziert nachrangiges partiarisches Darlehen handelt es sich um eine Investition mit Chancen und Risiken.

2.11. Qualifiziert nachrangig ist das Darlehen, da sämtliche Ansprüche der Companisten solange und soweit ausgeschlossen werden, wie sie einen Grund für die Eröffnung des Insolvenzverfahrens des Startups herbeiführen würden. Die partiarischen Nachrangdarlehen der Companisten sind somit unternehmerische Beteiligungen mit eigenkapitalähnlichen Eigenschaften. Im Falle einer Insolvenz oder einer Liquidation des Startups werden die Companisten - genauso wie auch alle übrigen Gesellschafter des Startups - erst nach allen anderen Fremdgläubigern aus der Insolvenzmasse oder Liquidationsmasse bedient.

2.12. Der Companist trägt in Höhe seines Darlehensbetrages und der vertraglich vereinbarten Zinsen das Insolvenzrisiko des Startups. Ohne selbst Gesellschafter zu sein, ist der Companist nach diesem Vertrag durch die Bonuszinsen nach den Ziffern 11 und 12 anteilig am wirtschaftlichen Erfolg des Startups beteiligt. Eine über den Verlust des Darlehensbetrags hinausgehende Haftung, insbesondere eine Nachschusspflicht, besteht nicht.

Ein Totalverlust des eingesetzten Darlehenskapitals kann nicht ausgeschlossen werden. Gleiches gilt für den Zins und die Bonuszinsen. Das Angebot ist daher nur für Companisten geeignet, die das Risiko eines Totalverlusts finanziell verkraften können.

2.13. Dies vorausgeschickt vereinbaren die Parteien das Folgende:

3. Beginn und Dauer des partiarischen Darlehens

3.1. Der Companist gewährt dem Startup ein qualifiziert nachrangiges partiarisches Darlehen.

3.2. Das partiarische Darlehen ist unbefristet, beginnend mit dem Abschluss des Vertrages.

3.3. Der Vertrag ist aufschiebend bedingt auf die vollständige Zahlung des Darlehensbetrages (Ziffer 4.1). Sollte der Darlehensbetrag zwei Wochen nach Abschluss dieses Vertrages nicht gezahlt worden sein, so gilt die Bedingung endgültig als nicht eingetreten.

3.4. Der Vertrag ist auflösend bedingt durch das Nichterreichen der Investmentschwelle bis zum 12.02.2018, 24 Uhr. Companisto ist berechtigt die Frist zum Erreichen der Investmentschwelle auf insgesamt bis zu 4 Monate zu verlängern. Der Vertrag ist ferner auflösend bedingt durch die Unterschreitung der Investmentschwelle um mehr als 10% infolge von wirksamen Widerrufserklärungen durch Companisten. Eine Verzinsung der Darlehensbeträge findet in den hier geregelten Fällen dann nicht statt. Der überwiesene Darlehensbetrag ist dann unverzüglich zurückzuerstatten.

3.5. Der Companist erklärt, dass er sich nicht in einem offensichtlichen Wettbewerbsverhältnis zum Startup befindet, indem er (i) mittelbar oder unmittelbar an einem zum Startup im Wettbewerb stehenden Unternehmen beteiligt ist, wobei das Halten von Aktien an Wettbewerbern über die Börse bis zu einer Beteiligungsquote von 5 % unschädlich ist oder (ii) eine an einem zum Startup im Wettbewerb stehenden Unternehmen eine aktive Rolle ausübt.

4. Darlehensbetrag des Companisten

4.1 Der Companist leistet einen Darlehensbetrag in Höhe des auf der Webseite von ihm ausgewählten Betrages (nachfolgend „Darlehensbetrag"). Der Darlehensbetrag ist sofort zu erbringen. Der Darlehensbetrag ist nicht an das Startup, sondern mit Erfüllungswirkung gegenüber dem Startup an Secupay zu leisten. Nach Eingang des von dem Companisten zu leistenden Darlehensbetrags bei Secupay hat das Startup keine weiteren Ansprüche gegen den Companisten auf Erbringung des Darlehensbetrags.

4.2 Das Startup wird für die Abwicklung des Crowdinvestings eine Vergütung in Höhe von bis zu zehn Prozent des eingesammelten Kapitals an Companisto zahlen.

4.3 Das Startup kann nach Erreichen der Investmentschwelle die von den Companisten investierten Darlehensbeträge von Secupay abrufen. Der Abruf kann nicht vor Ablauf von zwei Wochen nach Erreichen der Investmentschwelle erfolgen und das Startup hat die Darlehensbeträge spätestens 65 Tage nach dem Tag an dem entweder (i) das Investmentlimit erreicht ist oder (ii) nach Erreichen der Investmentschwelle die Investitionsfrist bzw. die verlängerte Investitionsfrist abgelaufen ist (nachfolgend „Crowdinvestingende") abzurufen.

4.4 Das Startup verpflichtet sich, dafür Sorge zu tragen, dass der Darlehensbetrag von Secupay vollständig und kostenfrei an den Companisten zurückgewährt wird, wenn der partiarische Darlehensvertrag aufgrund wirksamer Widerrufserklärungen aufgelöst wird oder die Investmentschwelle nicht innerhalb der Investitionsfrist erreicht wird.

5. Kosten

5.1. Für den Abschluss des partiarischen Darlehens entstehen dem Companisten über den investierten Betrag hinaus keine weiteren Kosten.

§ 15 Übertragung des partiarischen Darlehens durch den Investor

1. Der Investor kann seinen Vertrag (partiarisches Nachrangdarlehen) im Ganzen einem Dritten übertragen, so lange es sich bei dem Dritten um eine natürliche Person oder eine juristische Person in Form einer AG, GmbH oder UG (haftungsbeschränkt) handelt und er die Übertragung des Vertrags sowie die Stammdaten des Dritten dem Startup in Textform mitgeteilt hat. Das Startup erteilt seine Zustimmung zu einer Übertragung hiermit im Voraus.

2. Den Vertrag darf der Investor nur an solche Personen übertragen, die sich nicht in einem offensichtlichen Wettbewerbsverhältnis zum Startup befinden (§ 1 Abs. 6).

§ 16 Kündigung

1. Das Startup ist berechtigt, das partiarische Darlehen frühestens zum 31.12.2025 mit einer Frist von sechs Monaten zum Ende des jeweiligen Geschäftsjahres ordentlich zu kündigen.

2. Der Investor ist berechtigt, das partiarische Darlehen frühestens zum 31.12.2022 mit einer Frist von sechs Monaten zum Ende des jeweiligen Geschäftsjahres ordentlich zu kündigen.

3. Das Recht zur außerordentlichen Kündigung aus wichtigem Grund bleibt unberührt.

4. Als wichtiger Grund für eine außerordentliche Kündigung durch den Investor gilt insbesondere, wenn

   a) der Darlehensbetrag in wesentlichem Umfang nicht seinem Zweck entsprechend verwendet worden ist; oder

   b) das Startup mit seinem Reporting im Sinne von § 5 Abs. 4 für zwei aufeinander folgende Termine mit mindestens 6 Wochen in Verzug ist; oder

   c) das Startup bei Ausbleiben eines Reportings im Sinne von § 5 Abs. 4 dieses bis zur Fälligkeit des darauffolgenden Reportings nicht nachholt; oder

   d) das Startup wesentliche Pflichten aus diesem Vertrag nachhaltig verletzt hat.

5. Als wichtiger Grund für eine außerordentliche Kündigung durch das Startup gilt insbesondere, wenn

   a) der Investor den Darlehensbetrag nicht binnen einer Frist von zwei Wochen nach Fälligkeit an Secupay zahlt; oder

   b) der Investor sich, entgegen § 1 Abs. 6 in einem offensichtlichen Wettbewerbsverhältnis zum Startup befindet, indem er mittelbar oder unmittelbar an einem zum Startup im Wettbewerb stehenden Unternehmen beteiligt ist oder eine an einem zum Startup im Wettbewerb stehenden Unternehmen aktive Rolle ausübt.

6. Nach Eintritt des Exitereignisses nach § 11 endet der Vertrag automatisch. Eine bereits erklärte Kündigung, die noch nicht wirksam geworden ist, wird hinfällig.

§ 17 Widerrufsrecht

Der Investor hat ein vierzehntägiges Widerrufsrecht gem. § 2d VermAnlG.

HINWEIS AUF DAS WIDERRUFSRECHT GEM. § 2d VermAnlG

Widerrufsrecht

Sie können Ihre Vertragserklärung innerhalb von 14 Tagen ohne Angabe von Gründen mittels einer Erklärung, aus der Ihr Entschluss zum Widerruf des Vertrags eindeutig hervorgeht, in Textform widerrufen. Die Frist beginnt mit Vertragsschluss, wenn der Vertrag über die Vermögensanlage einen deutlichen Hinweis auf das Widerrufsrecht enthält, einschließlich Name und Anschrift desjenigen, gegenüber dem der Widerruf zu erklären ist; sonst beginnt die Widerrufsfrist zu dem Zeitpunkt, zu dem Sie einen solchen Hinweis in Textform erhalten. Ist der Beginn der Widerrufsfrist streitig, so trifft die Beweislast den Emittenten. Das Widerrufsrecht erlischt spätestens zwölf Monate nach dem Vertragsschluss.

Zur Wahrung der Widerrufsfrist genügt die rechtzeitige Absendung des Widerrufs. Der Widerruf ist zu richten an: pareton GmbH, Reitschulstr. 18, 74379 Ingersheim; E-Mail:

seedmatch@taxbutler.de; Fax: 07142-469545931

Widerrufsfolgen

Im Fall des Widerrufs sind die empfangenen Leistungen unverzüglich zurückzugewähren. Für den Zeitraum zwischen der Auszahlung und der Rückzahlung des Anlagebetrags hat der Emittent die vereinbarte Gegenleistung gegenüber dem Anleger zu erbringen.

Ende der Widerrufsbelehrung

§ 18 Mediationsklausel

1. Alle Streitigkeiten, die sich aus, in Durchführung oder im Zusammenhang mit dem partiarischen Darlehen zwischen den Parteien ergeben, werden einvernehmlich durch ein Mediationsverfahren beigelegt.

2. Können sich die Parteien nicht innerhalb von drei Wochen nach Zugang des Mediationsantrags auf einen Mediator einigen, wird dieser vom Munich Center for Dispute Resolution, Forschungsinstitut der Ludwig-Maximilians-Universität München, Veterinärstraße 5, 80539 München, hilfsweise durch die Rechtsanwaltskammer Sachsen bestimmt.

3. Eine Klage vor den ordentlichen Gerichten ist erst zulässig, wenn eine Vertragspartei die Mediation nach einer ersten gemeinsamen Mediationssitzung für gescheitert erklärt oder wenn seit Eingang des Antrags auf Durchführung der Mediation zwei Monate vergangen sind, ohne dass es zu einer gemeinsamen Mediationssitzung gekommen ist.

4. Die Einrede der Mediationsklausel schließt die Zulässigkeit von Klagen, Rechtsmitteln oder Rechtsbehelfen, die zur Wahrung gesetzlicher Ausschlussfristen erforderlich sind, sowie die Zulässigkeit von Anträgen auf Eilrechtsschutz und auf Beweissicherung vor oder während des Mediationsverfahrens nicht aus. Unabhängig hiervon sind die Parteien jedoch im Rahmen der Mediation gehalten, freiwillig einvernehmlich die Aufrechterhaltung, Änderung oder Ergänzung darauf gerichteter Maßnahmen zu überprüfen und zu regeln.

5. Verjährungsfristen und vertragliche Ausschlussfristen werden mit Zugang des Mediationsantrags bis zum Abschluss der Mediation gehemmt. Die Parteien sind sich darüber einig, dass sodann die Dreimonatsfrist nach § 203 S. 2 BGB gilt.

6. Die Kosten des Mediationsverfahrens tragen die Parteien je zur Hälfte. Ansonsten trägt jede Partei ihre eigenen Kosten und die ihrer Berater.

§ 19 Textform; Salvatorische Klausel; Gerichtsstand

1. Änderungen und Ergänzungen dieses Vertrages bedürfen zu ihrer Wirksamkeit der Textform. Dies gilt auch für eine Vereinbarung, mit der das Textformerfordernis abbedungen werden soll. Mündliche Nebenabreden bestehen nicht. Die Vertragssprache ist Deutsch.

2. Die Parteien vereinbaren hinsichtlich sämtlicher Rechtsbeziehungen aus diesem Vertragsverhältnis die Anwendung des Rechts der Bundesrepublik Deutschland unter Ausschluss des UN-Kaufrechts, es sei denn, dass dem Investor dadurch der Schutz entzogen würde, der ihm durch die zwingenden Vorschriften des Staates gewährt wird, in dem er seinen gewöhnlichen Aufenthalt hat. In letzterem Fall gilt das Recht des Staates in dem der Investor seinen gewöhnlichen Aufenthalt hat.

3. Sollten einzelne Bestimmungen dieses Vertrages unwirksam oder nicht durchführbar sein, so bleiben die übrigen Bestimmungen hiervon unberührt. Die Parteien verpflichten sich, an Stelle der unwirksamen oder undurchführbaren Bestimmungen solche Bestimmungen zu treffen, die den mit den unwirksamen oder undurchführbaren Bestimmungen verfolgten wirtschaftlichen Zwecken in zulässiger Weise am nächsten kommen. Gleiches gilt für den Fall, dass dieser Vertrag eine Lücke aufweist.

4. Soweit der Investor Kaufmann ist, ist Gerichtsstand für sämtliche Streitigkeiten aus und in Zusammenhang mit diesem Vertrag der Sitz des Startup. In allen übrigen Fällen gilt der gesetzliche Gerichtsstand.

5. Dieser Vertrag wird nach Vertragsschluss im Investor-Relations-Kanal der Internetplattform gespeichert und dem Investor dort zugänglich gemacht.

Matthias Raisch, ***[Name des Investors]***

Geschäftsführer der pareton GmbH

2. Anlage: Beispiel Musterbeteiligungsvertrag – partiarisches Nachrangdarlehen zur Finanzierung eines Start-ups der Crowdinvesting-Plattform *Companisto*

Exemplarisch hinsichtlich der Finanzierung des Start-ups *itravel GmbH*.

Mindestlaufzeit bis 31.12.2024 (ordentliche Kündigung durch eine Vertragspartei).

Beteiligungsvertrag in Form eines partiarischen Nachrangdarlehens

1. Parteien

1.1. Dieser Vertrag (nachfolgend „der Vertrag" genannt) wird zwischen der itravel GmbH, Sechtemer Straße 5, 50968 Köln, eingetragen im Handelsregister des Amtsgerichts Köln unter HRB 32279 (nachfolgend „Startup" genannt) und Ihnen (nachfolgend „Companist" genannt) geschlossen. Die Parteien werden nachfolgend gemeinsam auch als „die Parteien" und einzeln als „eine Partei" bezeichnet.

2. Vorbemerkungen

2.1. Gegenstand des Unternehmens des Startups ist die Erbringung von allen Leistungen im Bereich Reise und Touristik, insbesondere Vermittlung und Vertrieb von touristischen Dienstleistungen und Produkten über alle Vertriebskanäle, auch über e-commerce und digitale Medien; Bereitstellung von Diensten und Inhalten über elektronische und mobile Medien; Betrieb von Online-Plattformen.

2.2. Das Stammkapital des Startups beträgt EUR 317.469,00. Alleinige Gesellschafter des Startups sind die Abacus Consulting Management & Equity GmbH, die Criticality Labs Ltd, die Curtis Newton Labs GmbH, Dr. Johannes Dähnert, die Jazzya Investments S.L., Brent Hoberman, die Delaunay Capital Partners GmbH, die e42 II GmbH, Silke Walprecht, die Global Classified LLC, Anil Hansjee, die Serendipity Investments S.L., Fabrica Grinda, Richard Cooperstein, die Richter Asset Management GmbH, Prof. Kenneth P. Morse, Dr. Christian Schultz, die FF Performance One GmbH, Ola Ahlvarsson, Gerrit Müller, die absolut invest GmbH, die boocon GmbH, Sina Afra, die Atlantic Internet II GmbH & Co. KG, Christoph Kabelitz, die Unique Innovation Fund GmbH, die BA4V Fonds I GmbH & Co. KG, die TA Venture Holding Ltd, die Digital Tech Fund SCA und die venturecapital.de VC GmbH & Co. KGaA (nachfolgend „aktuelle Gesellschafter"). Die aktuellen Gesellschafter werden nachfolgend zusammen mit Axel Schwiegelow und Erik Schmiegelow auch „Altgesellschafter" genannt. Das Startup beabsichtigt sein Unternehmenskapital durch die Aufnahme qualifiziert nachrangiger partiarischer Darlehen zu stärken.

2.3. Die qualifiziert nachrangigen partiarischen Darlehen werden auf der Internetplattform Companisto.com (nachfolgend „Webseite bzw. Internetplattform") an Investoren (nachfolgend „Companisten") vermittelt (nachfolgend „Crowdinvesting").

2.4. Die Webseite wird von der Companisto GmbH, eingetragen im Handelsregister des Amtsgerichts Charlottenburg unter HRB 132811 (nachfolgend „Companisto"), betrieben. Es sollen mindestens EUR 100.000 (nachfolgend „Investmentschwelle") über die Webseite eingesammelt werden.

2.5. Das Startup wird im Rahmen des Crowdinvestings qualifiziert nachrangige partiarische Darlehen in maximaler Höhe von insgesamt EUR 2.500.000 (nachfolgend „Investmentlimit") an Companisten begeben. Die Companisten werden je 100 Euro Darlehensbetrag mit einem Anteil am Gewinn des Startups in Höhe von 0,0004444444% beteiligt (auf der Webseite und nachfolgend als „Anteil" bezeichnet).

2.6. Die Companisten gewähren mit dem vorliegenden Vertrag dem Startup ein partiarisches Darlehen. Partiarische Darlehen vermitteln keine gesellschaftsrechtliche Beteiligung am Startup. Das Startup räumt den Companisten vielmehr einen endfälligen vertraglichen Anspruch auf Rückzahlung des Darlehensbetrages (keine Tilgung während der Laufzeit), auf Zahlung einer endfälligen ertragsunabhängigen Festverzinsung in Höhe von 1% p.a. auf den bereitgestellten Darlehensbetrag und eines jährlichen gewinnabhängigen Bonuszinses und eines Bonuszinses nach einem Exit des Startups ein.

2.7. Ihre Darlehensbeträge überweisen die Companisten nicht unmittelbar an das betreffende Startup, sondern mit schuldbefreiender Wirkung auf ein offenes Treuhandsammelkonto gemäß § 13 Abs. 1 Satz 2 Nr. 1 b) ZAG der Secupay AG, Goethestraße 6, 01896 Pulsnitz, eingetragen im Handelsregister des Amtsgerichts Dresden unter HRB 27612 (nachfolgend „Secupay"), info@secupay.ag, Aufsichtsbehörde Bundesanstalt für Finanzdienstleistungsaufsicht, eingetragen im Zahlungsinstituts-Register nach § 30 ZAG.

2.8. Companisten können von dem Zeitpunkt an, ab dem das Startup auf der Internetplattform eingestellt und freigeschaltet ist, d. h. ab dem 12.12.2017, für die Dauer von 2 Monaten (nachfolgend „Investitionsfrist") partiarische Darlehen an dem Startup zeichnen, soweit nicht schon vor Ablauf der

Investitionsfrist das Investmentlimit erreicht ist. Die Investitionsfrist kann auf insgesamt bis zu 4 Monate verlängert werden. Ein Anspruch auf Abschluss eines partiarischen Darlehensvertrages mit dem Startup besteht nicht.

2.9. Durch das Anklicken des hierfür vorgesehenen Buttons auf der Webseite nach Auswahl der Investitionshöhe durch den Companisten, gibt der Companist ein Angebot auf Abschluss eines partiarischen Darlehensvertrages nach Maßgabe dieses Vertrages ab. Der partiarische Darlehensvertrag kommt erst dann zustande, wenn Companisto oder das Startup den Abschluss des Vertrages mit einer E-Mail bestätigten. Eines gesonderten schriftlichen Vertragsschlusses bedarf es darüber hinaus nicht.

2.10. Bei diesem Angebot des Startups auf Abschluss eines Vertrags über ein qualifiziert nachrangiges partiarisches Darlehen handelt es sich um eine Investition mit Chancen und Risiken.

2.11. Qualifiziert nachrangig ist das Darlehen, da sämtliche Ansprüche der Companisten solange und soweit ausgeschlossen werden, wie sie einen Grund für die Eröffnung des Insolvenzverfahrens des Startups herbeiführen würden. Die partiarischen Nachrangdarlehen der Companisten sind somit unternehmerische Beteiligungen mit eigenkapitalähnlichen Eigenschaften. Im Falle einer Insolvenz oder einer Liquidation des Startups werden die Companisten - genauso wie auch alle übrigen Gesellschafter des Startups - erst nach allen anderen Fremdgläubigern aus der Insolvenzmasse oder Liquidationsmasse bedient.

2.12. Der Companist trägt in Höhe seines Darlehensbetrages und der vertraglich vereinbarten Zinsen das Insolvenzrisiko des Startups. Ohne selbst Gesellschafter zu sein, ist der Companist nach diesem Vertrag durch die Bonuszinsen nach den Ziffern 11 und 12 anteilig am wirtschaftlichen Erfolg des Startups beteiligt. Eine über den Verlust des Darlehensbetrags hinausgehende Haftung, insbesondere eine Nachschusspflicht, besteht nicht.

Ein Totalverlust des eingesetzten Darlehenskapitals kann nicht ausgeschlossen werden. Gleiches gilt für den Zins und die Bonuszinsen. Das Angebot ist daher nur für Companisten geeignet, die das Risiko eines Totalverlusts finanziell verkraften können.

2.13. Dies vorausgeschickt vereinbaren die Parteien das Folgende:

3. Beginn und Dauer des partiarischen Darlehens

3.1. Der Companist gewährt dem Startup ein qualifiziert nachrangiges partiarisches Darlehen.

3.2. Das partiarische Darlehen ist unbefristet, beginnend mit dem Abschluss des Vertrages.

3.3. Der Vertrag ist aufschiebend bedingt auf die vollständige Zahlung des Darlehensbetrages (Ziffer 4.1). Sollte der Darlehensbetrag zwei Wochen nach Abschluss dieses Vertrages nicht gezahlt worden sein, so gilt die Bedingung endgültig als nicht eingetreten.

3.4. Der Vertrag ist auflösend bedingt durch das Nichterreichen der Investmentschwelle bis zum 12.02.2018, 24 Uhr. Companisto ist berechtigt die Frist zum Erreichen der Investmentschwelle auf insgesamt bis zu 4 Monate zu verlängern. Der Vertrag ist ferner auflösend bedingt durch die Unterschreitung der Investmentschwelle um mehr als 10% infolge von wirksamen Widerrufserklärungen durch Companisten. Eine Verzinsung der Darlehensbeträge findet in den hier geregelten Fällen dann nicht statt. Der überwiesene Darlehensbetrag ist dann unverzüglich zurückzuerstatten.

3.5. Der Companist erklärt, dass er sich nicht in einem offensichtlichen Wettbewerbsverhältnis zum Startup befindet, indem er (i) mittelbar oder unmittelbar an einem zum Startup im Wettbewerb stehenden Unternehmen beteiligt ist, wobei das Halten von Aktien an Wettbewerbern über die Börse bis zu einer Beteiligungsquote von 5 % unschädlich ist oder (ii) eine an einem zum Startup im Wettbewerb stehenden Unternehmen eine aktive Rolle ausübt.

4. Darlehensbetrag des Companisten

4.1 Der Companist leistet einen Darlehensbetrag in Höhe des auf der Webseite von ihm ausgewählten Betrages (nachfolgend „Darlehensbetrag"). Der Darlehensbetrag ist sofort zu erbringen. Der Darlehensbetrag ist nicht an das Startup, sondern mit Erfüllungswirkung gegenüber dem Startup an Secupay zu leisten. Nach Eingang des von dem Companisten zu leistenden Darlehensbetrags bei Secupay hat das Startup keine weiteren Ansprüche gegen den Companisten auf Erbringung des Darlehensbetrags.

4.2 Das Startup wird für die Abwicklung des Crowdinvestings eine Vergütung in Höhe von bis zu zehn Prozent des eingesammelten Kapitals an Companisto zahlen.

4.3 Das Startup kann nach Erreichen der Investmentschwelle die von den Companisten investierten Darlehensbeträge von Secupay abrufen. Der Abruf kann nicht vor Ablauf von zwei Wochen nach Erreichen der Investmentschwelle erfolgen und das Startup hat die Darlehensbeträge spätestens 65 Tage nach dem Tag an dem entweder (i) das Investmentlimit erreicht ist oder (ii) nach Erreichen der Investmentschwelle die Investitionsfrist bzw. die verlängerte Investitionsfrist abgelaufen ist (nachfolgend „Crowdinvestingende") abzurufen.

4.4 Das Startup verpflichtet sich, dafür Sorge zu tragen, dass der Darlehensbetrag von Secupay vollständig und kostenfrei an den Companisten zurückgewährt wird, wenn der partiarische Darlehensvertrag aufgrund wirksamer Widerrufserklärungen aufgelöst wird oder die Investmentschwelle nicht innerhalb der Investitionsfrist erreicht wird.

5. Kosten

5.1. Für den Abschluss des partiarischen Darlehens entstehen dem Companisten über den investierten Betrag hinaus keine weiteren Kosten.

6. Geschäftsführung des Startups

6.1. Die Geschäftsführung steht allein dem Startup, handelnd durch seinen oder seine Geschäftsführer, zu.

6.2. Dem Companisten stehen keinerlei Mitwirkungsbefugnisse, Stimm- und Weisungsrechte hinsichtlich der Führung des Geschäftsbetriebs des Startups, dessen Verwaltung und Bilanzierung zu.

7. Informationsrechte

7.1. Der Companist erhält zu den auf der Webseite veröffentlichten Terminen

- eine Aufstellung zum Umsatz, Rohertrag und EBIT des Startups (jeweils Zahlen und mit Soll-/Ist-Vergleich in Bezug auf die aktuelle Jahres-Finanzplanung) für das jeweils letzte abgelaufene Quartal sowie Text-Ausführungen zur Liquiditätssituation des Startups (ohne Nennung von Zahlen) und Ausführungen zu aktuellen Erfolgen, aktuellen Herausforderungen, außerordentlichen Ereignissen und nächsten Schritten und zu den Bereichen „strategische Ausrichtung & Produkt", „Marketing & Vertrieb" und „Presse" (jeweils ohne Zahlen) sowie „Personal" (mit Angabe der aktuellen Mitarbeiterzahl)

und bis zum 31. Januar eines jeden Jahres

- eine aktualisierte Jahres-Finanzplanung auf Monatsbasis für das laufende Kalenderjahr mit mindestens Planzahlen zu Umsatz, Rohertrag und EBIT des Startups

sowie bis zum 30. Juni eines jeden Jahres für das vorangegangene Geschäftsjahr

- den Jahresabschluss des Startups bestehend aus Bilanz, Gewinn- und Verlustrechnung und Anhang und
- eine Mitteilung über den auf seinen Darlehensbetrag entfallenden Gewinn.

7.2. Die zur Verfügung zu stellenden Unterlagen können dem Companisten elektronisch auf der Webseite oder per E-Mail zur Verfügung gestellt werden. Der Companist ist daher verpflichtet die bei Companisto hinterlegte E-Mail-Adresse stets aktuell zu halten. Weitergehende Informations- und Kontrollrechte bestehen nicht.

7.3. Der Companist hat über alle auf der Internetplattform als vertraulich gekennzeichneten Angelegenheiten des Startups Stillschweigen zu bewahren.

8. Jahresabschluss

8.1. Der handelsrechtliche und steuerrechtliche Jahresabschluss des Startups ist bis zum 30. Juni des auf das Geschäftsjahr folgenden Jahres mit Anhang und – soweit gesetzlich erforderlich – Lagebericht aufzustellen und, falls dies gesetzlich angeordnet ist, durch einen Wirtschaftsprüfer oder vereidigten Buchprüfer prüfen zu lassen.

8.2. Der Jahresabschluss muss den handelsrechtlichen Grundsätzen ordnungsmäßiger Buchführung und Bilanzierung sowie den steuerrechtlichen Gewinnermittlungsvorschriften entsprechen.

9. Rückzahlung des partiarischen Darlehens

9.1. Der Darlehensbetrag ist an den Companisten zurückzuzahlen, wenn das partiarische Darlehen von einer der Vertragsparteien wirksam gekündigt wird oder der Vertrag auf andere Weise endet (endfälliges Darlehen).

9.2. Die Rückzahlung des partiarischen Darlehens ist einen Tag nach Beendigung des partiarischen Darlehens fällig (nachfolgend „Rückzahlungszeitpunkt"). Würde die Zahlung nach Satz 1 zu einer (drohenden) Zahlungsunfähigkeit oder Überschuldung des Startups führen, erfolgt die Rückzahlung abweichend von Satz 1 in vier gleichen Monatsraten, von denen die erste Rate einen Tag nach Beendigung des partiarischen Darlehens fällig wird. Das Startup hat das Vorliegen der Voraussetzungen nach Satz 2 schriftlich nachzuweisen. Ab dem Rückzahlungszeitpunkt ist das partiarische Darlehen bis zur Rückzahlung in seiner jeweiligen Höhe mit 6% p.a. fest zu verzinsen. Die Zinsen werden mit der letzten Rate fällig. Erfolgt die Rückzahlung nicht fristgemäß, so sind zusätzlich zu der festen Verzinsung von 6% p.a. die gesetzlichen Verzugszinsen anwendbar.

10. Ertragsunabhängige feste Verzinsung

10.1. Die ertragsunabhängige feste Verzinsung des gewährten Darlehensbetrages beträgt 1% p.a., beginnend mit dem Tag des Crowdinvestingendes (Ziffer 4.3). Das letzte Jahr des partiarischen Darlehens ist zeitanteilig abzurechnen.

10.2. Die Festzinsen sind an den Companisten auszuzahlen, wenn der Vertrag gekündigt wird oder auf andere Weise endet (endfällige Verzinsung).

10.3. Die Auszahlung erfolgt nach Maßgabe der Ziffer 9.2 dieses Vertrages.

11. Gewinnabhängiger jährlicher Bonuszins

11.1. Das Startup gewährt zusätzlich zu den Zinsen nach Ziffer 10 einen gewinnabhängigen jährlichen Bonuszins nach Maßgabe nachfolgender Bestimmungen, beginnend mit dem Tag des Crowdinvestingendes (Ziffer 4.3). Fällt der Tag der Beendigung des partiarischen Darlehens nicht auf einen Bilanzstichtag, so wird der Bonuszins zeitanteilig linear gekürzt. Der Bonuszins entfällt, wenn ein Jahresfehlbetrag festgestellt wird. Ein negativer Bonuszins ist ausgeschlossen. An Jahresfehlbeträgen ist der Companist nicht beteiligt.

11.2. Der gewinnabhängige Bonuszins ist jedes Jahr zum 31.07. zur Zahlung fällig. Im Falle des Verzugs fallen die gesetzlichen Verzugszinsen an.

11.3. Maßgeblich für den Bonuszins ist der nach Ziffer 11.4 ermittelte Gewinn. Daran nimmt der Companist entsprechend seiner Beteiligungsquote teil. Die Beteiligungsquote richtet sich nach der Höhe des Investments des Companisten, der Höhe der Gesamtinvestments aller Companisten und der Premoney-Bewertung des Startups. Die Premoney-Bewertung des Startups beträgt EUR 20.000.000. Bei Erreichen des Investmentlimits (Ziffer 2.5) durch die Gesamtinvestments aller Companisten beträgt die Beteiligungsquote je 100 Euro Darlehensbetrag 0,0004444444% (vor- und nachstehend „Beteiligungsquote"), vorbehaltlich einer eventuellen Reduzierung in Folge eines Exits nach Ziffer 12 und einer eventuellen Verwässerung nach Ziffer 16. Wird durch die Gesamtinvestments aller Companisten nicht das Investmentlimit (Ziffer 2.5) erreicht, so berechnet sich die Beteiligungsquote je 100 Euro Darlehensbetrag nach folgendem Schlüssel:

Beteiligungsquote je 100 Euro Darlehensbetrag:

	100	/	(Premoney-Bewertung des Startups (Ziffer 11.3)	+	Gesamtinvestments aller Companisten	) * 100
z.B.	100	/	(EUR 20.000.000	+	EUR 1.250.000	) * 100
=	0,0004705882%					

➔ Bei einem Gesamtinvestment aller Companisten in dem Crowdinvesting von EUR 1.250.000 würde die Beteiligungsquote je 100 Euro Darlehensbetrag somit 0,0004705882% betragen.

11.4. Der Ergebnisbeteiligung des Companisten wird der im steuerlichen Jahresabschluss des Startups ausgewiesene Gewinn (vor Steuern) ohne Berücksichtigung von Dividendenzahlungen an die Gesellschafter des Startups und ohne Berücksichtigung der Bonuszinszahlungen aus den partiarischen Darlehensverträgen mit den Companisten und ohne Berücksichtigung von Gewinnanteilen weiterer Verträge, insbesondere stiller Beteiligungen, die eine Beteiligung am Gewinn des Startups vorsehen (nachfolgend „Ertrag"), zugrunde gelegt. Zu dem Ertrag hinzugerechnet werden alle Ergebnisse (vor Steuern) von Unternehmen, an denen das Startup eine Mehrheitsbeteiligung hält (§16 AktG) (nachfolgend „Tochterunternehmen"), soweit die Ergebnisse der Tochterunternehmen nicht im Wege eines Ergebnisabführungsvertrages, im Wege von Ausschüttungen oder in sonstiger Weise bereits an das Startup abgeführt wurden (und somit bereits in dem Ergebnis des Startups enthalten sind). Die Ergebniszurechnung erfolgt in der Höhe, in der das Startup an dem jeweiligen Tochterunternehmen beteiligt ist.

Beispiel:

Gewinn (vor Steuern) des Startups	EUR 1.000.000
Beteiligung des Startups an „Tochterunternehmen A"	60%
Gewinn (vor Steuern) von „Tochterunternehmen A"	EUR 100.000

Zugrunde zu legender Ertrag für die Ergebnisbeteiligung:

EUR 1.000.000 + 60% x EUR 100.000 = EUR 1.060.000

➔ In diesem Falle würde der Companist entsprechend seiner Beteiligungsquote (Ziffer 11.3) an einem Gesamtgewinn von EUR 1.060.000 teilnehmen.

11.5. Wird der Jahresabschluss des Startups (z. B. auf Grund einer Betriebsprüfung) bestandskräftig geändert, so ist diese Änderung auch bei den Bonuszinsen zu berücksichtigen; daraus resultierende Ausgleichszahlungen sind innerhalb von vier Wochen nach bestandskräftiger Änderung des Jahresabschlusses vorzunehmen.

12. Bonuszins nach Exitfall

12.1. Der Companist ist nicht am Vermögen des Startup und somit nicht am Stammkapital beteiligt. Das Startup gewährt jedoch zusätzlich zu den Zinsen nach den Ziffern 10 und 11 einen Bonuszins im Falle eines Exits. Damit ist der Companist an einem Exit wirtschaftlich mittelbar beteiligt.

12.2. Exit im Sinne dieses Vertrages bedeutet:

(i) Veräußerung von mehr als 50% der Geschäftsanteile an dem Startup an einen von den Altgesellschaftern verschiedenen Dritten (Ziffer 13) (nachfolgend „Erwerber"),

(ii) Veräußerung wesentlicher Teile (mehr als 50%, basierend auf dem Verkehrswert) der Vermögenswerte des Startups an einen von den Altgesellschaftern verschiedenen Dritten (Ziffer 13),

(iii) Tausch oder Einbringung von mehr als 50% der Geschäftsanteile an dem Startup oder Verschmelzung mit einem von den Altgesellschaftern verschiedenen Dritten (Ziffer 13) als aufnehmenden Rechtsträger,

(iv) Liquidation des Startups, einschließlich durch ein Insolvenzverfahren und Verteilung eines Schlussverteilungsüberschusses gemäß § 199 Satz 2 InsO oder Verteilung des Vermögens des Startups gemäß §§ 72, 73 GmbHG,

(v) öffentliche Platzierung neuer und/oder bereits bestehender Geschäftsanteile des Startups an einer oder mehreren Börsen („IPO-Exit"),

(vi) eine sonstige, zu vergleichbaren wirtschaftlichen Ergebnissen führende Transaktion, insbesondere, aber nicht ausschließlich, nach dem Umwandlungsgesetz,

jeweils im Rahmen einer oder mehrerer zusammenhängender Transaktionen oder im Rahmen einer Reihe von Transaktionen in einem engen zeitlichen Zusammenhang (nachfolgend „Exitfall"). Eine Veräußerung der Geschäftsanteile des Startups im Sinne des Satzes 1 kann auch mittelbar, z.B. über die Veräußerung von Geschäftsanteilen an den Altgesellschaftern selbst erfolgen, wenn es sich bei den Altgesellschaftern um juristische Personen handelt. Die Übernahme der Mehrheit der Geschäftsanteile im Rahmen einer Kapitalerhöhung oder durch Mitarbeiter des Startups im Rahmen eines Mitarbeiterbeteiligungsprogramms ist kein Exitfall. Tritt ein Exitfall deshalb nicht ein, weil Handlungen vorgenommen wurden, die lediglich dazu dienten, den Eintritt des Exitfalls zu verhindern, tritt keine Befreiung von der Zahlung des Bonuszinses nach Exitfall ein.

12.3. Der Companist erhält im Exitfall von dem Startup einen Bonuszins in der Höhe, als ob er in dem Umfang seiner Beteiligungsquote (Ziffer 11.3) unmittelbar an dem Exiterlös (Ziffer 12.4) beteiligt wäre, abzüglich eines Werts, der der Höhe nach dem gewährten Darlehensbetrag des Companisten multipliziert mit der Exitquote entspricht (nachfolgend „Exitzins"). Ein negativer Exitzins ist ausgeschlossen. Die Beteiligungsquote ist auf den Zeitpunkt unmittelbar vor dem Exit zu bestimmen.

Beispiel:

Beteiligungsquote vor dem Exitfall:	0,1 %
Gewährter Darlehensbetrag des Companisten:	EUR 1.000
Umfang des Erwerbs der Geschäftsanteile des Startups:	60,00 % des Stammkapitals (Exitquote)
Exiterlös:	EUR 6.000.000

➔ Exitzins = 0,1% x 6.000.000 – (1.000 EUR x 60%) = EUR 5.400

Im Exitfall reduziert sich die Beteiligungsquote (Ziffer 11.3), die den Bonuszinsen (Ziffern 11 und 12) des Companisten zugrunde liegt, in dem Umfang, in dem der Erwerber die Geschäftsanteile oder das wesentliche Betriebsvermögen des Startups erworben hat (nachfolgend „Exitquote").

Beteiligungsquote nach dem Exitfall:

	Beteiligungsquote vor dem Exitfall	-	(Beteiligungsquote vor dem Exitfall	x	Umfang der Veräußerung) des Startups
z.B.	10 %	-	(0,10 %	x	60,00 %)
=	0,04 %				

Bleiben einzelne oder alle Altgesellschafter nach dem Exitfall mittelbar an dem Startup beteiligt oder wird ihnen nachträglich eine mittelbare Beteiligung an dem Startup eingeräumt, zum Beispiel über eine direkte oder indirekte Beteiligung an dem Erwerber, so reduziert sich die Beteiligungsquote (Ziffer 11.3) in dem Umfang nicht, in dem die Altgesellschafter mittelbar an dem Startup beteiligt bleiben. Die mittelbare Beteiligung ist dann auch entsprechend bei der

Berechnung der Exitquote zu berücksichtigen. Dies gilt nicht für eine marktübliche Vergütung, die im Exitfall der Erwerber als Anreiz zur Weiterbeschäftigung von Altgesellschaftern auslobt.

Beispiel

Die Geschäftsanteile des Startups werden zu 100% von einem Erwerber übernommen. An dem Erwerber wird den Altgesellschaftern eine Beteiligung (Stammkapital, stille Beteiligung o.ä.) in Höhe von 20% eingeräumt. In diesem Falle sind die Altgesellschafter weiterhin mit 20% mittelbar an dem Startup beteiligt. Die Beteiligungsquote des Companisten bleibt dann zu 20% bestehen. Die Exitquote würde in diesem Falle dann nicht 100% betragen, sondern nur 80% und die Beteiligungsquote des Companisten würde sich dann nicht um 100% reduzieren, sondern nur um 80%, also z.B. von 0,10% auf 0,02%.

12.4. Exiterlös im Sinne dieses Vertrages ist jedwede unmittelbare oder mittelbare Gegenleistung für die Übertragung oder Einräumung der Geschäftsanteile oder der Vermögenswerte und der Liquidationserlös. Hierbei sind sämtliche mit dem Exit in Beziehung stehenden vertraglichen Abreden sowie jegliche Zahlungen an die Gesellschafter zu berücksichtigen. Falls die Gegenleistung ganz oder teilweise nicht in Geld erfolgt, dann ist insoweit der Verkehrswert in Geld anzusetzen. Bei einem IPO-Exit (Ziffer 12.2) wird der Exiterlös anhand des Emissionspreises berechnet. Zu berücksichtigen sind alle Transaktionen durch die der Erwerber Geschäftsanteile oder Betriebsvermögen erworben hat. Nicht Teil des Exiterlöses sind diejenigen Finanzmittel, die der Käufer dem Startup zur Verfügung stellt, damit dieses die Forderungen der Companisten, insbesondere die Bonuszinsen nach Exitfall, sowie Fremdkapitalverbindlichkeiten bedienen kann.

12.5. Erwirbt der Erwerber nach dem Exitfall weitere Geschäftsanteile oder weiteres wesentliches Betriebsvermögen, so sind Ziffer 12.3 und Ziffer 12.4 mit der Maßgabe entsprechend anzuwenden, dass jeweils die Beteiligungsquote vor dem Exitfall auf den weiteren Exiterlös anzuwenden ist. Dies gilt solange fort, bis der Erwerber 100% der Geschäftsanteile des Startups oder des wesentlichen Betriebsvermögens erworben hat.

Beispiel (basierend auf obigem Beispiel):

Beteiligungsquote vor dem Exitfall:	0,1 %
Beteiligungsquote nach dem Exitfall:	0,04 %
Zum Exitfall erworbenes Stammkapital:	60,00 % des Stammkapitals
Bisher nicht vom Erwerber gehaltenes Stammkapital:	40,00 % des Stammkapitals
Weiteres neu erworbenes Stammkapital:	30,00 % des Stammkapitals
Weiterer Exiterlös (für die neuen Geschäftsanteile):	EUR 3.000.000

➔ Weiterer Exitzins = 0,1% x 3.000.000 – (1.000 EUR x 30%) = EUR 2.700

Beteiligungsquote nach dem weiteren Erwerb:

	Beteiligungsquote nach dem Exitfall	-	(Beteiligungsquote nach dem Exitfall	x	(Weiteres erworbenes Stammkapital	/	Bisher nicht vom Erwerber gehaltenes Stammkapital	)
z.B.	0,04 %	-	(0,04 %	x	(30,00 %	/	40,00 %	)
=	0,01 %							

12.6. Erwirbt der Erwerber unmittelbar oder mittelbar in einer oder in mehreren Transaktionen neun Zehntel der Geschäftsanteile des Startups (nachfolgend „qualifizierter Exitfall"), so ist das Startup berechtigt, innerhalb von zwei Wochen nach Eintritt des qualifizierten Exitfalls die Beteiligungsquote (Ziffer 11.3), die den Bonuszinsen (Ziffern 11 und 12) des Companisten nach Anwendung der Ziffern 12.1 bis 12.5 zugrunde liegt (nachfolgend „Restbeteiligungsquote"), gegen Zahlung eines Ablösebonuszinses auf 0,00% zu reduzieren. Der Ablösebonuszins entspricht dem Unternehmenswert des Startups zum Zeitpunkt des qualifizierten Exitfalls (nachfolgend „Exit-Unternehmenswert") mulitpliziert mit der Restbeteiligungsquote, abzüglich eines Werts, der der Höhe nach dem gewährten Darlehensbetrag des Companisten multipliziert mit der Rest-Exitquote entspricht. Der Exit-Unternehmenswert entspricht dem Exiterlös (Ziffer 12.4) hochgerechnet auf einen Vollerwerb des Startups. Die Rest-Exitquote entspricht 100% minus der Exitquote (Ziffer 12.3).

Beispiel (basierend auf obigen Beispielen):

Restbeteiligungsquote:	0,1 %
Exiterlös:	EUR 9.000.000
Exitquote:	90%

➔ Exit-Unternehmenswert = EUR 9.000.000 / 90% = EUR 10.000.000

➔ Rest-Exitquote = 100% - 90% = 10%

➔ Ablösebonuszins = EUR 10.000.000 x 0,01 % - (1.000 EUR x 10%) = EUR 900

12.7. Der Exitzins und der Ablösebonuszins sind mit dem Exitfall (Ziffer 12.2) bzw. mit dem qualifiziertem Exitfall (Ziffer 12.6) fällig. Im Falle des Verzugs fallen zusätzlich zu dem Exitzins bzw. Ablösebonuszins die gesetzlichen Verzugszinsen an.

12.8. Im Falle eines IPO-Exit (Ziffer 12.2), sind der Companist und das Startup jeweils berechtigt, zu verlangen, dass die Zahlungsansprüche des Companisten, insbesondere Exitzins und Ablösebonuszins, statt durch Leistung eines Geldbetrages durch Aktien an dem Startup erfüllt werden.

13. Verbundene Personen, Dritte

13.1. Verbunde Personen im Sinne dieses Vertrages sind (jeweils in Bezug auf einzelne oder alle in der Vorschrift benannten Personen):

- Verbundene Unternehmen nach § 15 AktG,
- Angehörige nach § 15 Abgabenordnung (AO),
- Verbundene Unternehmen (§ 15 AktG) von Angehörigen (§ 15 AO),
- Treuhänder, Treuhänder von verbundenen Unternehmen (§ 15 AktG) und Treuhänder von Angehörigen (§ 15 AO).

13.2. Dritte im Sinne dieses Vertrages sind alle natürlichen oder juristischen Personen, die keine verbundenen Personen nach Ziffer 13.1 sind.

14. Auszahlungskonto/Steuern

14.1. Zinsen, die Rückzahlung des Darlehensbetrags und alle sonstigen Zahlungen an den Companisten sind auf das auf der Webseite von dem Companisten hinterlegte, auf den Namen des Companisten lautende, Bankkonto zu überweisen. Sämtliche Zahlungen an den Companisten werden ausschließlich von Zahlungsdienstleistern mit der Erlaubnis zum Betreiben von Finanztransfergeschäften oder von dem Startup selbst durchgeführt, nicht jedoch von

Companisto. Zahlungen erfordern bei Companisten aus Deutschland die vorherige Mitteilung der Steueridentifikationsnummer des Companisten (nur bei natürlichen Personen). Der Companist verpflichtet sich daher, Companisto seine Steueridentifikationsnummer mitzuteilen (nur bei Companisten aus Deutschland und nur bei natürlichen Personen) und die bei Companisto hinterlegte Kontoverbindung stets aktuell zu halten. Ein deutsches Bankkonto ist nicht erforderlich. Überweisungen auf ein Bankkonto der Europäischen Union, welches in Euro geführt wird, erfolgen kostenfrei, bei Überweisungen auf andere Bankkonten trägt der Companist die Kosten der Überweisung. Wenn der Companist keine Bankverbindung und Steueridentifikationsnummer hinterlegt, behält das Startup die auszuzahlenden Beträge bis zur Hinterlegung der Bankverbindung und der Steueridentifikationsnummer ein.

14.2. Das Startup wird, soweit gesetzlich festgeschrieben, die Abgeltungssteuer sowie sonstige etwaige einzubehaltende Steuern einbehalten und an das zuständige Finanzamt abführen. Eine entsprechende Bescheinigung wird dem Companisten auf elektronischem Wege übermittelt.

14.3. Soweit der Companist auf der Companisto-Webseite Daten in seinem Profil hinterlegt oder Companisto von den Finanzbehörden Daten übermittelt bekommt, ist Companisto berechtigt, diese Daten zu verwenden und denjenigen Crowdinvestingprojekten, an denen sich der Companist beteiligt hat, sowie deren Dienstleistern zur Verfügung zu stellen, damit Auszahlungen aus den Beteiligungen (z.B. Zinsen oder Darlehensrückzahlungen) an die Companisten erfolgen können und die entsprechenden Anmeldungen, insbesondere Kapitalertragsteuer, Solidaritätszuschlag und ggf. Kirchensteuer von Companisto oder den Crowdinvestingprojekten oder von deren Dienstleistern bei den hierfür zuständigen Stellen vorgenommen werden können. Dies betrifft insbesondere, jedoch nicht ausschließlich, den Vor- und Nachnamen des Companisten, das Geschlecht, die Adressdaten, die Beteiligungshöhe, die Bankverbindung, Informationen zu Freistellungsaufträgen und die Steueridentifikationsnummer des Companisten.

14.4. Der Companist erklärt sich damit einverstanden, dass Companisto, die Crowdinvestingprojekte und deren Dienstleister beim Bundeszentralamt für Steuern sowie bei jeder weiteren hierfür zuständigen Stelle die Kirchensteuermerkmale des Companisten abfragt. Der Companist kann der Herausgabe seiner Daten durch das Bundeszentralamt für Steuern widersprechen. Hierfür muss der Companist gegenüber dem Bundeszentralamt für Steuern einen Sperrvermerk erteilen. Ein einmal erteilter Sperrvermerk bleibt bis auf einen schriftlichen Widerruf bestehen.

14.5. Der Companist nimmt zustimmend zur Kenntnis, dass, falls er oder seine Erben und/oder sonstigen Anspruchsberechtigten nicht die für eine Auszahlung notwendigen Angaben hinterlegen (insbesondere die Bankverbindung und bei Companisten aus Deutschland die Steueridentifikationsnummer), nach Ablauf eines Zeitraumes von zwei Jahren ab Fälligkeit seines Auszahlungsanspruches, sein unwiderruflicher Verzicht auf seine fälligen Auszahlungsbeträge (Darlehensrückzahlungen, Fest- und Bonuszinszahlungen oder sonstige Zahlungen) und auf sein Anrecht auf diese Beträge als erklärt gilt, die damit auf die Companisto Beteiligungs GmbH & Co. KG übergehen, um unter anderem die im Zusammenhang mit dem für die Dauer von zwei Jahren inaktiven Mitgliedskonto entstandenen Verwaltungs- und Abrechnungskosten zu decken. Das Startup, die Companisto Beteiligungs GmbH & Co. KG oder Companisto werden den Companisten spätestens einen Monat vor Ablauf der Zweijahresfrist an diese Vorschrift per E-Mail an die von dem Companisten in seinem Companisto-Profil hinterlegte E-Mail-Adresse erinnern.

15. Qualifizierte Nachrangklausel

15.1. Der Companist tritt hiermit gemäß § 19 Abs. 2, Satz 2 InsO mit seinen sämtlichen Ansprüchen aus diesem Vertrag (einschließlich Tilgung, Zinsen und Bonuszinsen) („Rangrücktrittsforderungen") gegen das Startup im Rang hinter sämtliche Forderungen gegenwärtiger und zukünftiger anderer Gläubiger (mit Ausnahme gegenüber anderen Rangrücktrittsgläubigern, insbesondere anderer Companisten oder den Gesellschaftern des Startups) in den Rang hinter die Forderungen im Sinne des § 39 Abs. 1 Nr. 5 InsO zurück.

15.2. Die Rangrücktrittsforderungen der Companisten sind demnach insbesondere solange und soweit ausgeschlossen, wie a) im Falle der Auflösung des Startups die Ansprüche der nicht im Rang hinter den Forderungen i.S.d. § 39 Abs. 1 Nr. 5 InsO nachrangigen Gläubiger aus dem Vermögen des Startups noch nicht erfüllt worden sind; oder b) die Ansprüche einen Grund für die Eröffnung eines Insolvenzverfahrens herbeiführen würden oder sich das Startup in Insolvenz befindet.

15.3. Sämtliche nachrangige Darlehen sind im Verhältnis untereinander gleichrangig.

15.4. Die Rangrücktrittsforderungen dürfen auch nicht durch Zahlungen im Wege der Aufrechnung erfüllt werden.

15.5. Zahlungen auf die Rangrücktrittsforderungen kann der Companist nur verlangen, wenn die Leistung aus einem Bilanzgewinn, einem etwaigen Liquidationsüberschuss oder aus sonstigem freien Vermögen, das das zur Erhaltung des Stammkapitals erforderliche Vermögen des Startups übersteigt, möglich ist.

15.6. Erhält der Companist trotz der Nachrangigkeit Zahlungen, auch im Wege der Aufrechnung, aus dem partiarischen Darlehen, hat er diese ungeachtet anderer Vereinbarungen zurückzugewähren.

16. Verwässerung

16.1. Den Parteien ist bewusst, dass das Startup für das weitere Wachstum unter Umständen weitere Eigenmittel in neuen Finanzierungsrunden, insbesondere durch Folgefinanzierungen durch Venture Capital-Gesellschaften, aufnehmen wird. Das Startup bedarf für diese Maßnahmen nicht der Zustimmung des Companisten. Ein Bezugsrecht des Companisten besteht nicht.

Kapitalerhöhungen des Startups

16.2. Die Parteien sind sich darüber einig, dass die Beteiligungsquote (Ziffer 11.3), die den Bonuszinsen (Ziffern 11 und 12) des Companisten zugrunde liegt, durch Kapitalerhöhungen des Startups verwässert wird.

Im Falle einer Kapitalerhöhung ändert sich die Beteiligungsquote durch Multiplikation mit einem Verwässerungsfaktor. Der Verwässerungsfaktor errechnet sich als Quotient aus dem vor der Kapitalerhöhung vorhandenen Stammkapital (Zähler) und dem nach der Kapitalerhöhung vorhandenen Stammkapital (Nenner).

	Altes Stammkapital	/	Erhöhtes Stammkapital	=	Verwässerungsfaktor
z.B.	EUR 25.000	/	EUR 27.778	=	0,9

➔ In diesem Fall würde die neue Beteiligungsquote das 0,9-fache der alten Beteiligungsquote betragen.

16.3. Ziffer 16.2 gilt bei Kapitalherabsetzungen entsprechend.

16.4. Die Beteiligungsquote bleibt unverändert, wenn die durch eine Kapitalerhöhung neu geschaffenen Geschäftsanteile an dem Startup (i) ausschließlich von den Altgesellschaftern oder von mit den Altgesellschaftern verbunden Personen (Ziffer 13) oder (ii) im Rahmen eines Modells des Startups zur Mitarbeiterbeteiligung übernommen werden. Die Beteiligungsquote bleibt ebenfalls unverändert (iii) bei der Wandlung von bis zum Crowdinvestingende (Ziffer 4.3) abgeschlossenen Wandeldarlehen.

16.5. Eine Verwässerung der Beteiligungsquote findet nicht statt, insoweit die Kapitalerhöhung oder die Höhe der Kapitalerhöhung vorrangig der Verwässerung der Beteiligungsquote der Companisten dient. Dies ist insbesondere der Fall, wenn das Stammkapital um den für die Abbildung der neuen Gesellschaftsverhältnisse notwendigen Betrag hinaus erhöht wird.

16.6. Kapitalerhöhungen, die vor dem Crowdinvestingende (Ziffer 4.3) beurkundet werden führen nicht zu einer Verwässerung der Beteiligungsquote.

Weiteres Crowdinvesting auf Companisto

16.7. Die Parteien sind sich ferner darüber einig, dass sich die Beteiligungsquote (Ziffer 11.3), die den Bonuszinsen (Ziffern 11 und 12) des Companisten zugrunde liegt, auch durch ein erneutes Crowdinvesting auf der Internetplattform (Anschluss-Crowdinvesting) verwässert wird.

Die neue Beteiligungsquote des Companisten (BQneu) nach jedem neuen Crowdinvesting auf der Internetplattform berechnet sich dann wie folgt:

BQneu = BQalt x (1- IK/BW)

BQalt: Beteiligungsquote des Companisten vor dem Anschluss-Crowdinvesting

IK: In dem Anschluss-Crowdinvesting investiertes Kapital

BW: Unternehmenswert des Startups in dem Anschluss-Crowdinvesting (Postmoney)

16.8. Den Parteien ist ferner bewusst, dass das Startup im Rahmen eines Anschluss-Crowdinvestings auf der Internetplattform Verträge anbieten kann, deren Konditionen mit den partiarischen Darlehen, die im Rahmen des vorliegenden Crowdinvestings angeboten werden, nicht übereinstimmen.

16.9. Im Nachgang einer Verwässerung hat das Startup den Companisten über seine aktuelle Beteiligungsquote zu informieren.

Down-Round-Protection

16.10. Wenn der Ausgabebetrag pro 1 Euro Stammeinlage im Rahmen einer Ausgabe von neuen Geschäftsanteilen oder einer Erhöhung des Nennbetrags bestehender Geschäftsanteile aufgrund einer Kapitalerhöhung des Startups unter EUR 70,87 liegt (nachfolgend „Anti-Dilution-Schwelle"), bleibt die Beteiligungsquote abweichend von Ziffer 16.2 unverändert.

Einzahlungen in eine Kapitalrücklage sowie Mezzanine-Finanzierungen sind bei Berechnung des Ausgabebetrags zu berücksichtigen.

Wird durch die Gesamtinvestments aller Companisten nicht das Investmentlimit (Ziffer 2.5) erreicht, so berrechnet sich die Anti-Dilution-Schwelle nach folgendem Schlüssel:

Anti-Dilution-Schwelle:

	(Premoney-Bewertung des Startups (Ziffer 11.3)	+	Gesamtinvestments aller Companisten	)	/	Stammkapital des Startups (Ziffer 2.2)
z.B.	(EUR 20.000.000	+	EUR 1.250.000	)	/	EUR 317.469.00
=	EUR 66,94					

➔ In diesem Fall würde die Anti-Dilution-Schwelle EUR 66,94 betragen.

16.11. Wenn eine Kapitalerhöhung nicht zu einer Verwässerung geführt hat, wird die Anti-Dilution-Schwelle auf Grundlage des erhöhten Stammkapitals neu berechnet.

17. Abtretung des partiarischen Darlehens durch den Companisten

17.1. Die Abtretung der Rechte aus dem partiarischen Darlehen im Ganzen durch den Companisten ist ohne Zustimmung des Startups möglich, muss dem Startup und Companisto jedoch unverzüglich nach der Abtretung in Textform mitgeteilt werden. Eine teilweise Abtretung von Ansprüchen aus diesem Vertrag durch den Companisten ist vorbehaltlich Ziffer 17.3 ausgeschlossen.

17.2. Die Rechte aus dem partiarischen Darlehen dürfen durch den Companisten erst nach Abschluss des Crowdinvestings auf der Internetplattform abgetreten werden (Haltefrist). Sie dürfen nur an solche Personen abgetreten werden, die sich nicht in einem offensichtlichen Wettbewerbsverhältnis zum Startup befinden (Ziffer 3.5).

17.3. Ab dem Zeitpunkt, ab dem Companisto ein Verfahren zur Übertragung des partiarischen Darlehens auf einer eigenen Plattform anbietet (Handelsplattform), darf die Abtretung der Rechte aus dem partiarischen Darlehen durch den Companisten ausschließlich auf und mit Hilfe dieser Handelsplattform erfolgen. Auf dieser Handelsplattform ist, soweit dies dort vorgesehen ist, auch eine teilweise Abtretung von Ansprüchen aus diesem Vertrag zulässig. Die Handelsplattform kann vorsehen, dass der Verkaufspreis für die Abtretung nicht unter dem Nominalwert des abgetretenen Darlehensbetrages liegen darf.

18. Vertragsbeendigung und Life-Time-Gewinn- und Exit-Beteiligung

18.1. Das partiarische Darlehen kann nur in Gänze und frühestens zum 31.12.2024 (Vertragsende bei Kündigung nach Mindestlaufzeit) unter Einhaltung einer Kündigungsfrist von vier Monaten in Textform gekündigt werden (Mindestlaufzeit). Nach Ablauf der Mindestlaufzeit kann das partiarische Darlehen in Gänze unter Einhaltung einer Kündigungsfrist von vier Monaten zum Ende eines Geschäftsjahres des Startups gekündigt werden (Vertragsende bei verlängerter Laufzeit). Während der Laufzeit entstehen keine Kosten.

18.2. Endet dieser Vertrag aufgrund einer Kündigung des Startups, so erhält der Companist seinen Darlehensbetrag zurückgezahlt (Ziffer 9) sowie die feste Verzinsung (Ziffer 10) ausgezahlt. Darüber hinaus werden der gewinnabhängige jährliche Bonuszins (Ziffer 11) und der Bonuszins im Exitfall (Ziffer 12) trotz Vertragsbeendigung für weitere 100 Jahre ab Vertragsende weiter an den Companisten gezahlt (nachfolgend „Life-Time-Gewinn- und Exit-Beteiligung"). Für die nachvertragliche Life-Time-Gewinn- und Exit-Beteiligung ist diejenige Beteiligungsquote des Companisten anzuwenden, die sich ergeben hätte, wenn der Vertrag nicht beendet und das Darlehen nicht zurückgezahlt worden wäre. Nachvertragliche Verwässerungen durch Kapitalerhöhungen oder Reduzierungen der Beteiligungsquote durch einen (Teil-)Exit sind zu berücksichtigen. Die Life-Time-Gewinn- und Exit-Beteiligung endet nicht durch den Tod des Companisten, sondern ist vererbbar. Während des Bestands der Life-Time-Gewinn- und Exit-Beteiligung bleiben die in Ziffer 7 genannten Informationsrechte des Companisten bestehen.

18.3. Endet dieser Vertrag aufgrund einer Kündigung des Companisten, so erhält der Companist seinen Darlehensbetrag (Ziffer 9) zurückgezahlt sowie die feste Verzinsung (Ziffer 10) ausgezahlt. Eine nachvertragliche Life-Time-Gewinn- und Exit-Beteiligung (Ziffer 18.2) erfolgt dann nicht. Es erfolgt auch kein anderer Ausgleich für etwaige Wertsteigerungen des Startups.

18.4. Das Recht zur außerordentlichen Kündigung aus wichtigem Grund bleibt unberührt. Als wichtiger Grund für eine Kündigung durch das Startup gilt insbesondere, wenn der Companist sich, entgegen Ziffer 3.5 in einem offensichtlichen Wettbewerbsverhältnis zum Startup befindet, indem er mittelbar oder unmittelbar an einem zum Startup im Wettbewerb stehenden Unternehmen beteiligt ist oder eine an einem zum Startup im Wettbewerb stehenden Unternehmen aktive Rolle ausübt. Eine Verzinsung der Darlehensbeträge findet dann nicht statt.

18.5. Reduziert sich die Beteiligungsquote (Ziffer 11.3), die den Bonuszinsen (Ziffern 11 und 12) zugrunde liegt, aufgrund eines vollständigen Exits auf 0,00% (Ziffern 12.3, 12.5 und 12.6), endet dieser Vertrag automatisch. Es endet dann auch eine etwaige bestehende nachvertragliche Life-Time-Gewinn- und Exit-Beteiligung.

18.6. Bis vierzehn Tage nach dem Crowdinvestingende (Ziffer 4.3) ist das Startup berechtigt, von dem Vertrag mit dem Companisten zurückzutreten, dies gilt insbesondere, aber nicht ausschließlich, wenn der Companist sich in einem Wettbewerbsverhältnis zu dem Startup befindet (Ziffer 3.5). Eine Verzinsung der Darlehensbeträge findet dann nicht statt. Der überwiesene Darlehensbetrag ist dann unverzüglich zurückzuerstatten.

19. Prämien

19.1. Sofern das Startup in dem Crowdinvesting Prämien anbietet, nehmen die Parteien zur Kenntnis, dass alleine das Startup für die Zurverfügungstellung der Prämien verantwortlich ist und die Prämien ggf. limitiert sind. Die von dem Companisten ausgwählte Prämie wird dem Companisten in der Investitionsbestätigungs-E-Mail bestätigt. Es obliegt dem Companisten zu prüfen, ob die von ihm ausgewählte Prämie korrekt erfasst wurde. Der Versand der Prämien erfolgt durch das Startup. Companisto ist weder für den Versand noch die Zurverfügungstellung der Prämien zuständig. Alleiniger Ansprechpartner für die Prämien ist das Startup.

20. Haftungsbeschränkung und Haftungsfreistellung

20.1. Für eine Haftung der Parteien auf Schadensersatz gelten unbeschadet der sonstigen gesetzlichen Anspruchsvoraussetzungen die folgenden Haftungsausschlüsse und -begrenzungen:

20.2. Die Parteien haften, sofern ihnen Vorsatz oder grobe Fahrlässigkeit zur Last fällt. Für einfache Fahrlässigkeit haften die Parteien nur bei Verletzung einer Pflicht, deren Erfüllung die ordnungsgemäße Durchführung des Vertrags überhaupt erst ermöglicht und auf deren Einhaltung der Vertragspartner regelmäßig vertrauen darf (sog. Kardinalpflicht). Im Übrigen ist eine Schadensersatzhaftung für Schäden aller Art, gleich aufgrund welcher Anspruchsgrundlage, einschließlich der Haftung für Verschulden bei Vertragsschluss, ausgeschlossen.

20.3. Sofern die Parteien gemäß Ziffer 20.2 für einfache Fahrlässigkeit haften, ist die Haftung auf den Schaden begrenzt, mit dessen Entstehen nach den bei Vertragsschluss bekannten Umständen typischerweise gerechnet werden konnte. Eine Haftung für ein positives Erfüllungsinteresse wird, soweit rechtlich möglich, ausgeschlossen.

20.4. Vorstehende Haftungsausschlüsse und –beschränkungen gelten weder wenn eine Garantie für die Beschaffenheit der Ware übernommen wurde noch für Schäden, die nach dem Produkthaftungsgesetz zu ersetzen sind noch für Schäden an Leben, Körper oder Gesundheit.

20.5. Vorstehende Haftungsausschlüsse und –beschränkungen gelten auch zugunsten der Mitarbeiter der Parteien, Erfüllungsgehilfen und sonstiger Dritter, derer die Parteien sich zur Vertragserfüllung bedienen.

21. Schlussbestimmungen

21.1. Dieser Vertrag unterliegt dem Recht der Bundesrepublik Deutschland. Gerichtsstand für sämtliche Streitigkeiten aus und im Zusammenhang mit diesem Vertrag ist, soweit gesetzlich zulässig, der Sitz des Startups.

21.2. Änderungen oder Ergänzungen dieses Vertrages bedürfen zu ihrer Wirksamkeit der Schriftform. Dies gilt auch für einen etwaigen Verzicht auf das vorgenannte Erfordernis. Nebenabreden wurden außerhalb dieses Vertrages nicht getroffen.

21.3. Sollten einzelne Bestimmungen dieses Vertrages ganz oder teilweise unwirksam sein oder werden oder sollte sich in diesem Vertrag eine Lücke befinden, so wird hierdurch die Gültigkeit der übrigen Bestimmungen nicht berührt. Anstelle der unwirksamen Bestimmung ist eine solche wirksame Bestimmung zu vereinbaren, die dem Sinn und Zweck der unwirksamen Bestimmung, insbesondere ihrer wirtschaftlichen Intention entspricht. Im Falle einer Lücke ist diejenige Bestimmung zu vereinbaren, die nach dem Sinn und Zweck dieses Vertrages vereinbart worden wäre, hätte man diesen Punkt von vornherein bedacht.

3. Anlage: Beispiel Pooling- und Carryvereinbarung bei der Crowdinvesting-Plattform *Companisto*

Exemplarisch hinsichtlich der Finanzierung des Start-ups *itravel GmbH*.

Pooling- und Carryvereinbarung

1. Parteien

1.1. Dieser Vertrag (nachfolgend „der Vertrag“ genannt) wird zwischen der Companisto Beteiligungs GmbH & Co. KG, Köpenicker Str. 154, 10997 Berlin, eingetragen im Handelsregister des Amtsgerichts Charlottenburg unter HRA 47288 (nachfolgend „Companisto“ genannt) und Ihnen (nachfolgend „Companist“ genannt) geschlossen. Die Parteien werden nachfolgend gemeinsam auch als „die Parteien“ und einzeln als „eine Partei“ bezeichnet.

2. Vorbemerkungen

2.1. Der Companist hat der itravel GmbH, Sechtemer Straße 5, 50968 Köln, eingetragen im Handelsregister des Amtsgerichts Köln unter HRB 32279 (nachfolgend „Startup“ genannt) ein partiarisches Darlehen gewährt.

2.2. Neben dem Companisten haben eine Vielzahl weiterer Investoren auf der Webseite Companisto.com (nachfolgend „Webseite“) dem Startup ebenfalls partiarische Darlehen gewährt.

2.3. Dem Companisten und den weiteren Darlehensgebern (nachfolgend zusammen „Companisten“ genannt) ist bewusst, dass ihre Investition in das Startup ein elementarer Bestandteil der Venture-Capital-Finanzierung des Startups ist. Den Companisten ist ferner bewusst, dass das Startup für sein weiteres Wachstum und für die Steigerung seines Unternehmenswertes in der Zukunft möglicherweise weiteres Kapital (nachfolgend „Anschlussfinanzierungen“ genannt) aufnehmen muss. Schließlich ist den Companisten bewusst, dass die beste Chance auf eine Rendite besteht, wenn das Startup ganz oder teilweise an einen Großinvestor verkauft wird oder einen Börsengang realisiert (nachfolgend „Exit“ genannt).

2.4. Die Parteien sind sich darüber einig, dass die Chancen für eine Anschlussfinanzierung oder für einen Exit erheblich gesteigert werden, wenn die Companisten in Bezug auf die von ihnen gewährten Darlehen einheitlich agieren, sodass Venture Capital-Gesellschaften oder Unternehmenskäufer oder die einen IPO vorbereitenden Parteien nicht mit einer Vielzahl von Investoren einzeln verhandeln müssen.

2.5. Die Companisten beabsichtigen daher Entscheidungen in Bezug auf ihre Darlehen in einem Abstimmungsverfahren gemeinsam zu fassen. Es ist geplant, dass das Abstimmungsverfahren der Companisten von Companisto durchgeführt wird. Ferner ist geplant, dass Companisto dem Startup als zentraler Ansprechpartner für die Companisten dient.

2.6. Companisto soll eine Gewinnbeteiligung (Carry) aus den Gewinnen der Companisten aus den partiarischen Darlehen erhalten.

2.7. Diese Poolingvereinbarung kommt durch Anklicken des Investitionsbuttons auf der Webseite bei Abschluss des partiarischen Darlehensvertrages zustande. Eines gesonderten schriftlichen Vertragsschlusses bedarf es darüber hinaus nicht.

2.8. Dies vorausgeschickt vereinbaren die Parteien das Folgende:

3. Zurverfügungstellung eines elektronischen Abstimmungsverfahrens

3.1. Companisto stellt die für die in dieser Poolingvereinbarung genannten Abstimmungsverfahren benötigte technische Infrastruktur zur Verfügung. Companisto kann sich hierfür eines Dritten bedienen.

4. Pooling bei Ablöseangeboten

4.1. Die Parteien sind sich darüber einig, dass die gebündelte Veräußerung oder Ablösung sämtlicher partiarischer Darlehen an einen Investor (neben einem Exit gemäß Ziffer 12 des partiarischen Darlehensvertrages) die besten Chancen auf einen Gewinn bietet. Es ist daher erstrebenswert, Angebote von Investoren, dem Startup oder sonstigen Dritten für den Erwerb oder die Ablösung sämtlicher partiarischer Darlehen zu erhalten (nachfolgend gemeinsam „Ablöseangebot"), sodass der Companist die Möglichkeit hat, für sein partiarisches Darlehen einen über dem Darlehensbetrag (einschließlich fester Verzinsung) liegenden Preis zu erzielen.

4.2. Liegt ein Ablöseangebot vor, so wird auf der Webseite eine Abstimmung der Companisten durchgeführt. Bei dieser Abstimmung gewähren jede 100 Euro gewährter Darlehensbetrag an das Startup eine Stimme. Die Stimmabgabe ist nur einheitlich und nur auf der Webseite möglich. Das Ablöseangebot ist angenommen, wenn drei Viertel der abgegebenen Stimmen für die Veräußerung oder die Beendigung der partiarischen Darlehen gegen Zahlung einer Ablösesumme stimmen. Das Abstimmungsergebnis ist für alle Companisten verbindlich. Die Abstimmung dauert mindestens sieben Tage. Sie ist von Companisto mindestens drei Tage vor Beginn der Abstimmung per E-Mail und auf der Webseite anzukündigen. Die Ankündigung per E-Mail erfolgt an die von dem jeweiligen Companisten auf der Webseite in seinem Benutzerprofil hinterlegte E-Mail-Adresse. Der Companist ist daher verpflichtet die hinterlegte E-Mail-Adresse stets aktuell zu halten.

4.3. Wird das Ablöseangebot gemäß Ziffer 4.2 angenommen, so werden sämtliche partiarische Darlehensverträge vorzeitig vor Ablauf der Festlaufzeit beendet oder übertragen, sobald die Ablösesumme bei den Companisten eingegangen ist oder für die Companisten treuhänderisch hinterlegt wurde (nachfolgend „Community-Verkauf"). Wird die Ablösesumme hinterlegt, so hat dies bei einem Zahlungsdienstleister mit der Erlaubnis zum Betreiben von Finanztransfergeschäften zu erfolgen. Die Auszahlung einer hinterlegten Ablösesumme hat innerhalb von 14 Tagen ab Hinterlegung zu erfolgen. Sämtliche Zahlungen an die Companisten werden ausschließlich von Zahlungsdienstleistern mit der Erlaubnis zum Betreiben von Finanztransfergeschäften oder von dem Startup selbst durchgeführt, nicht jedoch von Companisto. Sobald die Auszahlung oder Hinterlegung der Ablösesumme stattgefunden hat, ist Companisto ermächtigt, die von den Companisten beschlossene Beendigung oder Veräußerung der partiarischen Darlehen in ihrem Namen mit dem Startup oder dem Erwerber der partiarischen Darlehen zu vereinbaren.

4.4. Zum Schutz der Companisten vor unseriösen Angeboten ist Companisto zur Weiterleitung eines Ablöseangebotes nur verpflichtet, wenn der Investor je 100 Euro Darlehensbetrag mindestens das Doppelte des Nominalwertes zuzüglich offener Zinsen bietet. Eine Weiterleitung von niedrigeren Angeboten ist zulässig, jedoch besteht für Companisto keine Verpflichtung.

4.5. Die Ziffern 4.1 bis 4.4 gelten auch in allen übrigen Fällen entsprechend, bei denen die Möglichkeit besteht sämtliche partiarische Darlehen gegen Zahlung einer Ablösesumme zu veräußern oder zu beenden; diese sind ebenfalls Ablöseangebote im Sinne dieses Vertrages.

5. Pooling bei Vertragsänderungen

5.1. Den Parteien ist bewusst, dass die partiarischen Darlehensverträge ggf. angepasst werden müssen, um die Chancen auf einen Exit, eine Anschlussfinanzierung oder einen IPO zu erhöhen. Die Companisten erklären sich deshalb dazu bereit, im Falle von geplanten Vertragsänderungen oder im Falle eines geplanten Verzichts auf die Anwendung einzelner Vorschriften darüber abzustimmen, ob eine entsprechende Änderung der partiarischen Darlehensverträge oder ein entsprechender Verzicht vorgenommen wird. Für das Quorum und das Verfahren gilt Ziffer 4.2 entsprechend. Die Vereinbarung einer Nachschusspflicht ist nicht zulässig.

5.2. Werden die Vertragsänderungen gemäß der Ziffern 5.1 und 4.2 angenommen, so sind die beschlossenen Änderungen oder Verzichtserklärungen für alle Companisten verbindlich. Companisto ist in diesem Fall ermächtigt, die von den Companisten beschlossenen Änderungen in ihrem Namen mit dem Startup zu vereinbaren oder die entsprechenden Verzichtserklärungen abzugeben.

6. Gewinnbeteiligung

6.1. Companisten zahlen keine Gebühr für den Abschluss der partiarischen Darlehensverträge. Die gesamte Investition des Companisten fließt damit ohne Abzüge in das partiarische Darlehen. Companisto profitiert nur dann, wenn der Companist mit seinem partiarischen Darlehen Einnahmen erzielt: We win if you win. Companisten können sich also sicher sein, dass Companisto immer sein Bestes geben wird. Companisto erhält deshalb aus sämtlichen Bonuszinserträgen aus den partiarischen Darlehen (Ziffern 11 und 12) und aus allen sonstigen Erträgen, die über die Rückzahlung des Darlehensbetrages des Companisten hinausgehen, eine Provision in Höhe von zehn Prozent der an den Companisten ausgeschütteten Beträge (nachfolgend „Gewinnbeteiligung"). Die Gewinnbeteiligung bezieht sich auch auf das Angebot zur Zeichnung von Aktien im Rahmen eines IPOs oder eines anderen Umtauschangebots (z.B. bei Umwandlung der partiarischen Darlehen in sonstige Unternehmensanteile). In diesen Fällen wird die Gewinnbeteiligung in Aktien und nicht in bar erhoben. Die Gewinnbeteiligung bezieht sich nicht auf die ertragsunabhängige feste Verzinsung (Ziffer 10 des partiarischen Darlehensvertrags). In Höhe der Gewinnbeteiligung tritt der Companist seine Ansprüche gegen das Startup an Companisto ab. Companisto nimmt die Abtretung an. Die Gewinnbeteiligung wird von dem Startup jeweils bei Auszahlung von Bonuszinsen direkt an Companisto gezahlt bzw. die Aktien werden direkt Companisto zur Zeichnung oder Übernahme zugeteilt. Sie ist nur fällig, wenn dem Companisten über die ertragsunabhängige feste Verzinsung hinaus tatsächlich Bonuszinsen ausgezahlt werden oder Aktien zur Zeichnung zur Übernahme zugeteilt werden.

7. Dauer der Vereinbarung, Übergang von Rechten

7.1. Der Companist scheidet aus dieser Vereinbarung automatisch aus, wenn sein partiarischer Darlehensvertrag endet.

7.2. Diese Vereinbarung gilt unabhängig davon, ob diese von sämtlichen Companisten abgeschlossen wird. Im Übrigen gilt diese Vereinbarung im Falle eines Ausscheidens eines Companisten aus diesem Vertrag zwischen den übrigen Parteien weiter.

7.3. Die an dieser Vereinbarung beteiligten Parteien verpflichten sich, ihren etwaigen Einzelrechtsnachfolgern aus den partiarischen Darlehensverträgen, die sich aus dieser Vereinbarung ergebenden Pflichten in der Weise aufzuerlegen, dass diese Einzelrechtsnachfolger an die Verpflichtungen aus dieser Vereinbarung so gebunden sind, als hätten sie diese Verpflichtungen selbst übernommen. Dies gilt auch für die in dieser Ziffer 7.3 übernommene Verpflichtung, die Verpflichtungen aus dieser Vereinbarung etwaigen Einzelrechtsnachfolgern aufzuerlegen.

7.4. Soweit einer Partei nach dieser Vereinbarung Rechte zustehen, gehen diese Rechte auf einen Rechtsnachfolger über, wenn dieser der Vereinbarung beitritt.

8. Auszahlungsdaten und Steuern

8.1. Da sämtliche Auszahlungen des Startups an den Companisten nach dem partiarischen Darlehensvertrag auf das auf der Webseite von dem Companisten hinterlegte Bankkonto erfolgen und die vorherige Mitteilung der Steueridentifikationsnummer des Companisten erfordern (nur bei Companisten aus Deutschland und nur bei natürlichen Personen) (Ziffer 14 des partiarischen Darlehensvertrages), verpflichtet sich der Companist, die auf der Webseite hinterlegte Kontoverbindung stets aktuell zu halten und auf der Webseite seine Steueridentifikationsnummer zu hinterlegen.

8.2. Soweit der Companist auf der Companisto-Webseite Daten in seinem Profil hinterlegt oder Companisto von den Finanzbehörden Daten übermittelt bekommt, ist Companisto berechtigt, diese Daten zu verwenden und denjenigen Crowdinvestingprojekten, an denen sich der Companist beteiligt hat, sowie deren Dienstleistern zur Verfügung zu stellen, damit Auszahlungen aus den Beteiligungen (z.B. Zinsen oder Darlehensrückzahlungen) an die Companisten erfolgen können und die entsprechenden Anmeldungen, insbesondere Kapitalertragsteuer, Solidaritätszuschlag und ggf. Kirchensteuer von Companisto oder den Crowdinvestingprojekten oder von deren Dienstleistern bei den hierfür zuständigen Stellen vorgenommen werden können. Dies bestrifft insbesondere, jedoch nicht ausschließlich, den Vor- und Nachnamen des Companisten, das Geschlecht, die Adressdaten, die Beteiligungshöhe, die Bankverbindung, Informationen zu Freistellungsaufträgen und die Steueridentifikationsnummer des Companisten.

8.3. Der Companist erklärt sich damit einverstanden, dass Companisto, die Crowdinvestingprojekte und deren Dienstleister beim Bundeszentralamt für Steuern sowie bei jeder weiteren hierfür zuständigen Stelle die Kirchensteuermerkmale des Companisten abfragt. Der Companist kann der Herausgabe seiner Daten durch das Bundeszentralamt für Steuern widersprechen. Hierfür muss der Companist gegenüber dem Bundeszentralamt für Steuern einen Sperrvermerk erteilen. Ein einmal erteilter Sperrvermerk bleibt bis auf einen schriftlichen Widerruf bestehen.

8.4. Der Companist nimmt zustimmend zur Kenntnis, dass, falls er oder seine Erben und/oder sonstigen Anspruchsberechtigten nicht die für eine Auszahlung notwendigen Angaben hinterlegen (insbesondere die Bankverbindung und bei Companisten aus Deutschland die Steueridentifikationsnummer), nach Ablauf eines Zeitraumes von zwei Jahren ab Fälligkeit seines Auszahlungsanspruches, sein unwiderruflicher Verzicht auf seine fälligen Auszahlungsbeträge (Darlehensrückzahlungen, Fest- und Bonuszinszahlungen oder sonstige Zahlungen) und auf sein Anrecht auf diese Beträge als erklärt gilt, die damit auf Companisto übergehen, um unter anderem die im Zusammenhang mit dem für die Dauer von zwei Jahren inaktiven Mitgliedskonto entstandenen Verwaltungs- und Abrechnungskosten zu decken. Das Startup, die Companisto GmbH oder Companisto werden den Companisten spätestens einen Monat vor Ablauf der Zweijahresfrist an diese Vorschrift per E-Mail an die von dem Companisten auf der Webseite hinterlegte E-Mail-Adresse erinnern. Der Companist ist daher verpflichtet die hinterlegte E-Mail-Adresse stets aktuell zu halten.

9. Schlussbestimmungen

9.1. Dieser Vertrag unterliegt dem Recht der Bundesrepublik Deutschland. Gerichtsstand für sämtliche Streitigkeiten aus und im Zusammenhang mit diesem Vertrag ist, soweit gesetzlich zulässig, Berlin.

9.2. Änderungen oder Ergänzungen dieses Vertrages bedürfen zu ihrer Wirksamkeit der Schriftform. Dies gilt auch für einen etwaigen Verzicht auf das vorgenannte Erfordernis. Nebenabreden wurden außerhalb dieses Vertrages nicht getroffen.

9.3. Sollten einzelne Bestimmungen dieses Vertrages ganz oder teilweise unwirksam sein oder werden oder sollte sich in diesem Vertrag eine Lücke befinden, so wird hierdurch die Gültigkeit der übrigen Bestimmungen nicht berührt. Anstelle der unwirksamen Bestimmung ist eine solche wirksame Bestimmung zu vereinbaren, die dem Sinn und Zweck der unwirksamen Bestimmung, insbesondere ihrer wirtschaftlichen Intention entspricht. Im Falle einer Lücke ist diejenige Bestimmung zu vereinbaren, die nach dem Sinn und Zweck dieses Vertrages vereinbart worden wäre, hätte man diesen Punkt von vornherein bedacht.

II. Allgemeine Geschäftsbedingungen der Crowdinvesting-Plattformen

1. Anlage: Allgemeine Geschäftsbedingung der *One Crowd Loans GmbH* (*Seedmatch*)

Stand: Juli 2019

Allgemeine Geschäftsbedingungen der OneCrowd Loans GmbH

1. Allgemeines

1.1. Die OneCrowd Loans GmbH, eingetragen im Handelsregister des Amtsgerichts Dresden unter HRB 27674, Käthe-Kollwitz-Ufer 79, 01309 Dresden, („OneCrowd Loans") betreibt gemeinsam mit der OneCrowd Securities GmbH unter seedmatch.de, econeers.de und mezzany.com verschiedene Crowdinvesting-Plattformen („Internetplattform"), auf der Unternehmen und Projektbetreiber („Emittenten") die Möglichkeit erhalten, sich zu präsentieren und Kapitalgeber zu gewinnen. Auf der Internetplattform registrierte Nutzer und Investoren („Investoren") können sich über die Emittenten informieren und direkt online in von diesen angebotene Vermögensanlagen investieren.

1.2. OneCrowd Loans ermöglicht es den Emittenten, in eigener Verantwortung erstellte Informationen auf der Internetplattform bereitzustellen. Investoren können die von Emittenten angebotenen Vermögensanlagen unter Nutzung der Internetplattform erwerben. OneCrowd Loans vermittelt über die Internetplattform für Emittenten lediglich Vermögensanlagen, für die die Befreiungen für Schwarmfinanzierungen im Sinne des § 2a VermAnlG gelten. OneCrowd Loans ist bei der Vermittlung dieser Vermögensanlagen ausschließlich als Internet-Dienstleistungsplattform im Sinne des § 2a Abs. 3 VermAnlG tätig und verfügt über eine Erlaubnis als Finanzanlagenvermittler gemäß § 34f Abs. 1 GewO.

1.3. OneCrowd Loans tritt unter den Marken Seedmatch®, Econeers ® und Mezzany® auf.

2. Geltungsbereich und Änderung der Geschäftsbedingungen

2.1. Diese Allgemeinen Geschäftsbedingungen gelten für die gesamte Geschäftsverbindung zwischen dem Investor und OneCrowd Loans als Betreiberin der Internetplattform, sofern nicht ausdrücklich etwas anderes vereinbart ist.

2.2. Hinsichtlich des Vertragsverhältnisses zwischen einem Investor und einem Emittenten gilt der gesondert abzuschließende Vertrag über den Erwerb der jeweiligen Vermögensanlage. Dieser Vertrag kommt allein zwischen dem Investor und dem Emittenten zustande.

2.3. Geschäftsbedingungen des Investors finden keine Anwendung, auch wenn OneCrowd Loans ihrer Geltung im Einzelfall nicht gesondert widersprochen hat.

2.4. OneCrowd Loans behält sich nach Maßgabe der nachfolgenden Bestimmungen das Recht vor, diese Allgemeinen Geschäftsbedingungen jederzeit zu ändern. Über Änderungen dieser Allgemeinen Geschäftsbedingungen wird OneCrowd Loans den Investor spätestens vier Wochen vor dem vorgeschlagenen Zeitpunkt ihres Wirksamwerdens über die von ihm mitgeteilte E-Mail-Adresse informieren. Ist ein Investor mit einer von OneCrowd Loans beabsichtigten Änderung nicht einverstanden, kann er der Änderung innerhalb eines Monats nach Mitteilung widersprechen. Widerspricht der Kunde fristgerecht, ist OneCrowd Loans berechtigt, den Vertrag zur Nutzung der Plattform mit einer Frist von einem Monat zum Ende des Kalendermonats zu kündigen.

3. Rechtliche Voraussetzungen für die Nutzung der Internetplattform

3.1. Das Angebot von OneCrowd Loans richtet sich ausschließlich an den gut informierten, erfahrenen und selbstbestimmten Investor. Auf der Internetplattform sind natürliche und juristische Personen zugelassen. Die Möglichkeit des Investors, bestimmte Vermögensanlagen zu erwerben, richtet sich nach den jeweiligen rechtlichen Bestimmungen der Vermögensanlage. Ein öffentliches Angebot außerhalb der im jeweiligen Angebot der Emittenten genannten Staaten findet nicht statt und ist auch nicht vorgesehen.

3.2. Das Angebot von OneCrowd Loans richtet sich nicht an Personen, die US-Bürger sind oder andere Personen, die in den USA oder einem ihrer Bundesstaaten oder Hoheitsgebiete körperschafts- oder einkommensteuerpflichtig sind.

3.3. Die auf den nachfolgenden Internetseiten enthaltenen Informationen sind nicht zur Weitergabe in die bzw. innerhalb der USA, Kanada, Australien, Japan oder anderer Jurisdiktionen, in denen ein solches Angebot bzw. eine solche Aufforderung nicht erlaubt ist, vorgesehen. Jede Verletzung dieser Beschränkung kann einen Verstoß gegen rechtliche Bestimmungen dieser Länder begründen. Das Kopieren, Weiterleiten oder sonstige Übermitteln der auf den nachfolgenden Internetseiten enthaltenen Informationen ist nicht gestattet.

3.4. Das Angebot von OneCrowd Loans richtet sich schließlich nicht an Investoren, die ihren Wohnsitz in einem Land haben, in dem die Vermittlung von Vermögensanlagen nicht zugelassen ist oder einer Erlaubnis bedarf, über die OneCrowd Loans in dem Land, in dem der Investor seinen Wohnsitz hat, nicht verfügt.

4. Technische Voraussetzungen für die Nutzung der Internetplattform

4.1. Der Zugang zur Internetplattform ist nur über einen Browser, der auf einem Computer oder mobilem Endgerät mit Internetverbindung läuft, möglich. Andere Zugangsverfahren werden nicht unterstützt.

4.2. Mit der Registrierung des Investors auf der Internetplattform findet jegliche Kommunikation zwischen OneCrowd Loans und dem Investor in Zusammenhang mit dem Erwerb von Vermögensanlagen ausschließlich in elektronischer Form über die Internetplattform und per E-Mail statt, soweit sich nicht ausdrücklich aus diesen Allgemeinen Geschäftsbedingungen etwas anderes ergibt. Erklärungen werden dem Investor nicht zusätzlich in Papierform zugesandt, sofern nicht hierzu eine gesetzliche Verpflichtung besteht.

4.3. Der Investor nimmt zur Kenntnis, dass die Anzeige und Ausdrucke der auf der Internetseite angezeigten Daten aufgrund individueller Hardware- oder Softwarekonfigurationen von der Bildschirmanzeige abweichen können. OneCrowd Loans hat keinen Einfluss auf Allgemeine Geschäftsbedingungen der OneCrowd Loans GmbH die Funktionsfähigkeit und Konfiguration der Geräte des Investors oder auf die Verfügbarkeit und Zuverlässigkeit seiner Internetverbindung mit dem Server von OneCrowd Loans. OneCrowd Loans haftet daher nicht für Schäden, die sich hieraus ergeben.

5. Risikohinweise, keine Anlageberatung

5.1. Die auf der Internetplattform angebotenen Vermögensanlagen sind mit wirtschaftlichen, rechtlichen und steuerlichen Risiken verbunden. Der Erwerb dieser Vermögensanlagen ist mit erheblichen Risiken verbunden und kann zum vollständigen Verlust des eingesetzten Vermögens führen. Der Investor sollte daher nur Gelder investieren, deren eventuellen Verlust er sich leisten kann. OneCrowd Loans richtet sich ausschließlich an Investoren, die ausreichend Erfahrung und Kompetenz haben, um die Risiken dieser Vermögensanlagen zu verstehen und eigenverantwortlich Investmententscheidungen zu treffen. OneCrowd Loans verweist für weitere Informationen zusätzlich auf die Allgemeinen Investorenhinweise.

5.2. Durch OneCrowd Loans erfolgt keinerlei Anlageberatung oder sonstige Beratung. Ein Auskunfts- oder Beratungsvertrag kommt nicht zustande. Es obliegt allein dem Investor, zu entscheiden, ob er unter Nutzung der Internetplattform Vermögensanlagen erwerben möchte. Die auf der Plattform verfügbaren Informationen stellen keine Beratungsleistung von OneCrowd Loans dar und ersetzen keine fachkundige Beratung. Der jeweilige Emittent stellt die für die Anlageentscheidung relevanten Informationen, Dokumente und Dateien auf der Internetplattform zur Verfügung und nimmt deren Auswahl allein vor. Für die Richtigkeit, Vollständigkeit und Aktualität der Informationen, auch während der Laufzeit der Vermögensanlage, ist allein der Emittent verantwortlich. OneCrowd Loans empfiehlt dem Investor, sich vor seiner Entscheidung über den Erwerb von Vermögensanlagen und über die rechtlichen, wirtschaftlichen und steuerlichen Folgen des Erwerbs dieser Vermögensanlagen zu informieren. OneCrowd Loans gibt Investoren keine persönlichen Empfehlungen zum Erwerb von Vermögensanlagen auf Grundlage einer Prüfung der persönlichen Umstände des Investors. Die persönlichen Umstände werden nur insoweit erfragt, wie dies im Rahmen der Anlagevermittlung gesetzlich vorgeschrieben ist, und lediglich mit dem Ziel, die gesetzlich vorgeschriebenen Hinweise zu erteilen, nicht aber mit dem Ziel, dem Investor eine persönliche Empfehlung zum Erwerb einer bestimmten Finanzanlage auszusprechen.

5.3. Für die auf der Internetplattform verfügbaren Informationen zu angebotenen Vermögensanlagen ist der jeweilige Emittent verantwortlich. Diese Informationen stellen in keinem Fall eine Anlageempfehlung seitens der OneCrowd Loans dar. OneCrowd Loans beurteilt nicht die Bonität des Emittenten und übernimmt keine Gewähr für die von diesem zur Verfügung gestellten Informationen, insbesondere nicht für deren Wahrheitsgehalt, deren Vollständigkeit oder deren Aktualität. Eine fachkundige Beratung oder der Erwerb von Fachkenntnissen kann durch die auf der Plattform zur Verfügung gestellten Informationen und Risikohinweise nicht ersetzt werden.

5.4. Bei den über die Plattform vermittelten Vermögensanlagen in Form von qualifizierten (partiarischen) Nachrangdarlehen ist die Rückzahlung der Darlehen und die Verzinsung gegenüber den Ansprüchen sämtlicher Drittgläubiger der Emittenten nachrangig. Dabei darf der Investor seine Forderungen aus dem Nachrangdarlehen soweit und solange nicht geltend machen, wie durch die Geltendmachung ein Grund für die Eröffnung eines Insolvenzverfahrens über das Vermögen des Emittenten entstehen würde. Im Falle der Insolvenz des Emittenten besteht die Möglichkeit, dass keinerlei Zahlungen an die Investoren mehr erfolgen. Im Übrigen sind qualifizierte (partiarische) Nachrangdarlehen mit einem deutlich höheren Ausfallrisiko behaftet als erstrangige Darlehen. Für den Investor besteht das Risiko des Totalverlusts des eingezahlten Kapitals.

5.5. Der Investor erkennt mit den Allgemeinen Geschäftsbedingungen auch die in den vorigen Absätzen aufgeführten Risiken an. Der Investor nutzt die Internetplattform auf eigenes Risiko.

6. Registrierung

6.1. Für die Nutzung der Internetplattform ist eine Registrierung als Investor erforderlich. Natürlichen Personen ist die Registrierung nur gestattet, wenn sie das 18. Lebensjahr vollendet haben und unbeschränkt geschäftsfähig sind. Mehrfachregistrierungen einer Person sind nicht gestattet. Die Anmeldung unter Angabe unrichtiger Daten ist unzulässig und führt zum Ausschluss von der Internetplattform.

6.2. Die Registrierung erfolgt in mehreren Schritten. Zunächst erfolgt die Angabe der Anrede, eines Vor- und Nachnamens und einer gültigen E-Mail-Adresse. Zum Zwecke der Registrierung sendet der Investor diese Daten an OneCrowd Loans. Durch den Aufruf des Links aus der dem Investor zugesandten Bestätigungs-E-Mail bestätigt der Investor die Identität seiner E-Mail-Adresse. Mit der Bestätigung seiner Registrierung akzeptiert der Investor die hier aufgeführten Allgemeinen Geschäftsbedingungen und nimmt die statusbezogenen Informationen von OneCrowd Loans zur Kenntnis. Mit Eingang der Bestätigung bei OneCrowd Loans kommt ein Nutzungsvertrag nach Maßgabe dieser Allgemeinen Geschäftsbedingungen zwischen OneCrowd Loans und dem Investor zustande. Anschließend kann der Investor selbstständig ein Passwort vergeben. Um anschließend Vermögensanlagen von Emittenten erwerben zu können, ist in einem weiteren Schritt die Angabe weiterer Daten des Investors erforderlich. Für den Fall, dass eine juristische Person als Investor registriert werden soll, gilt dies entsprechend. Der registrierte Investor ist verpflichtet, während der Dauer der Registrierung sämtliche Angaben stets aktuell zu halten und etwaige Änderungen seiner Daten unverzüglich mitzuteilen. Sollte der Investor dieser Verpflichtung nicht nachkommen, führt dies zum Ausschluss von der Internetplattform.

7. Nutzung der Plattform, Vertragsschluss mit dem Emittenten

7.1. OneCrowd Loans bietet dem Investor die Möglichkeit, auf der Internetplattform Vermögensanlagen von Emittenten zu erwerben. Hierfür stellt OneCrowd Loans einen digitalen Investmentprozess zur Verfügung.

7.2. Der Emittent gibt auf der Internetplattform ein öffentliches Angebot zum Erwerb von Vermögensanlagen basierend auf einem Investmentangebot, dem darin enthaltenen Investmentvertrag und dem Vermögensanlagen-Informationsblatt ab. Der Investor muss sich vor dem Erwerb mit den Angaben und zur Verfügung gestellten Informationen des Emittenten eingehend befassen und sich die Gegebenheiten und Risiken der Vermögensanlage vergegenwärtigen. Für die Richtigkeit, Vollständigkeit und Aktualität der Angaben und Informationen ist allein der Emittent verantwortlich. Der Investor kann sich anhand der vom Emittenten in eigener Verantwortung zur Verfügung gestellten Informationen über das Angebot informieren und durch Anklicken des Buttons „Jetzt investieren" den digitalen Investmentprozess starten.

7.3. Möchte der an dem Angebot interessierte Investor dieses annehmen, wählt er zunächst aus, welchen Betrag er in den Emittenten investieren möchte. Nach Eingabe aller weiteren im Investmentprozess erforderlichen Angaben erklärt der Investor durch das Klicken Allgemeine Geschäftsbedingungen der OneCrowd Loans GmbH Seite 2 auf den Button „Jetzt zahlungspflichtig zeichnen" die Annahme des Angebots. Der Investor erhält unmittelbar nach Annahme des Angebots am Bildschirm eine Bestätigung, die ihm anschließend auch per E-Mail zugesandt wird.

7.4. OneCrowd Loans bietet dem Investor weitere unentgeltliche Leistungen auf der Plattform an, insbesondere zur Kommunikation mit OneCrowd Loans, anderen Investoren oder den Emittenten. OneCrowd Loans ist für die von Investoren oder Emittenten veröffentlichten Inhalte nicht verantwortlich. Darüber hinaus besteht für den Investor die Möglichkeit seine Investments und sein Investorenprofil zu verwalten und von Emittenten zur Verfügung gestellte Dokumente einzusehen und herunterzuladen. Die von OneCrowd Loans angebotenen Leistungen entwickeln sich fort und können sich daher von Zeit zu Zeit verändern. OneCrowd Loans kann daher einzelne Funktionen oder Features hinzufügen, entfernen oder Leistungen zeitweise oder dauerhaft einstellen, zum Beispiel aus technischen oder rechtlichen Gründen.

8. Zahlungsbedingungen

8.1. OneCrowd Loans ist nicht berechtigt, sich Eigentum oder Besitz an Geldern oder Wertpapieren von Investoren zu verschaffen.

8.2. Die Zahlung erfolgt per Lastschrift über den Zahlungsdienstleister secupay AG, Goethestr. 6, 01896 Pulsnitz („Secupay"). Im Rahmen seines Crowdinvestings bei OneCrowd Loans tritt der Emittent seine Entgeltforderung gegenüber dem Investor in vollem Umfang und unwiderruflich an Secupay ab. Secupay zieht in der Folge das Entgelt per Lastschrift von dem vom Investor angegebenen Konto ein.

9. Vermittlungsprovision

9.1. Die Registrierung auf der Internetplattform und deren Nutzung sind für den Investor kostenlos.

9.2. Beim Zustandekommen eines Investmentvertrages zwischen Investor und Emittent fällt eine Vermittlungsprovision zugunsten von OneCrowd Loans an, die der Emittent zu zahlen hat. Die Höhe der Provision kann dem jeweiligen Vermögensanlagen-Informationsblatt des Emittenten entnommen werden.

9.3. Der Investor erklärt sich damit einverstanden, dass OneCrowd Loans die von einem Emittenten an OneCrowd Loans geleistete Vermittlungsprovision – vorbehaltlich der gesetzlichen Zulässigkeit – einbehält. Insoweit treffen der Investor und OneCrowd Loans die von der gesetzlichen Regelung des Rechts der Geschäftsbesorgung (§§ 675, 667 BGB, 384 HGB) abweichende Vereinbarung, dass ein Anspruch des Investors gegen OneCrowd Loans auf Herausgabe der Vermittlungsprovision nicht entsteht, sofern für die von OneCrowd Loans gegenüber dem Investor erbrachten Leistungen die Anwendbarkeit des Rechts der Geschäftsbesorgung in Betracht kommt.

10. Haftung von OneCrowd Loans

10.1. OneCrowd Loans ist bestrebt, einen kontinuierlichen Zugriff auf die Internetplattform zu ermöglichen, kann jedoch keine ständige Verfügbarkeit der Internetplattform gewährleisten. Insbesondere Wartung, Sicherheits- oder Kapazitätsgründe sowie Ereignisse außerhalb des Herrschaftsbereiches von OneCrowd Loans können zur vorübergehenden Einstellung der Leistungen von OneCrowd Loans und der Erreichbarkeit der Internetplattform führen. OneCrowd Loans behält sich vor, den Zugang zur Internetplattform jederzeit vorübergehend einzuschränken, wenn dies im Hinblick auf Kapazitätsgrenzen, die Sicherheit der Systeme von OneCrowd Loans oder zur Durchführung technischer Maßnahmen erforderlich ist.

10.2. Die auf der Website bereitgestellten Inhalte erheben keinen Anspruch auf Vollständigkeit, Korrektheit und Aktualität. Die Nutzung der Inhalte erfolgt auf eigenes Risiko.

10.3. OneCrowd Loans haftet nicht für Schäden, die dem Investor durch die Nutzung der Internetplattform angebotenen Dienstleistungen bzw. der dort veröffentlichten Inhalte entstehen. Dieser Haftungsausschluss gilt jedoch nicht bei vorsätzlichem oder grob fahrlässigem Verschulden von OneCrowd Loans oder eines Erfüllungsgehilfen. Der Haftungsausschluss gilt auch nicht für Schäden aus der Verletzung des Lebens, des Körpers oder der Gesundheit, die auf einer Pflichtverletzung von OneCrowd Loans oder eines Erfüllungsgehilfen beruhen. Unberührt bleibt ferner die Haftung von OneCrowd Loans für die Verletzung von Pflichten, deren Erfüllung die ordnungsgemäße Durchführung des Vertrages überhaupt erst ermöglicht und auf deren Einhaltung der Investor regelmäßig vertrauen darf.

11. Vertraulichkeit

11.1. Der Investor ist verpflichtet, die ihm über die Plattform zugänglich gemachten Unternehmensinformationen über Emittenten sowie die ihnen zur Verfügung gestellten Verträge und Dokumente geheim zu halten und Dritten nicht zugänglich zu machen. Derartige Informationen dürfen nur für die mit der Internetplattform verfolgten und in diesen Allgemeinen Geschäftsbedingungen genannten Ziele des Investments in Emittenten genutzt werden.

11.2. Das betrifft insbesondere die in den Businessplänen, in den (Unternehmens-) Reportings und in den Investor-Relations-Bereichen der Emittenten bereitgestellten Informationen. Ausgenommen von dieser Vertraulichkeitsverpflichtung sind Informationen, die (i) zum Zeitpunkt der Registrierung dem Investor und/oder allgemein bekannt sind und/oder (ii) durch eine Social-Sharing-Funktion bei OneCrowd Loans gekennzeichnet sind und/oder (iii) dem Investor später ohne Verletzung der vorstehenden Geheimhaltungspflicht bekannt werden; die Beweislast für das Vorliegen dieser Ausnahmen trägt der Investor.

11.3. Verstöße gegen diese Vorschrift können zu einer Schadensersatzverpflichtung des Investors und/oder zum sofortigen Ausschluss des Investors von der weiteren Nutzung der Internetplattform führen (Ziff. 13.3).

12. Kündigung des Nutzungsvertrages durch den Investor

12.1. Der Investor kann die gesamte Geschäftsverbindung mit One-Crowd Loans, soweit weder eine Laufzeit noch eine abweichende Kündigungsregelung vereinbart sind, jederzeit ohne Einhaltung einer Kündigungsfrist kündigen.

12.2. Der Investor kann seinen Account auf der Internetplattform jederzeit ohne Angabe von Gründen durch Senden einer E-Mail an investor@onecrowd.de deaktivieren und damit die Geschäftsverbindung mit OneCrowd Loans kündigen. Gesetzliche Kündigungsrechte des Investors bleiben unberührt.

13. Kündigung des Nutzungsvertrages durch OneCrowd Loans

13.1. OneCrowd Loans kann die Geschäftsbeziehung mit dem Investor jederzeit unter Einhaltung einer angemessenen Kündigungsfrist, die den berechtigten Belangen des Investors Rechnung trägt, ordentlich kündigen. OneCrowd Loans wird dabei eine Kündigungsfrist von zwei Wochen nicht unterschreiten.

13.2. OneCrowd Loans wird von ihrem Recht zur Kündigung insbesondere dann Gebrauch machen, wenn der Investor einer ihm von One-Crowd Loans angebotenen Änderung der Allgemeinen Geschäftsbedingungen gemäß Ziff. 2.4 dieser Allgemeinen Geschäftsbedingungen Allgemeine Geschäftsbedingungen der OneCrowd Loans GmbH widerspricht. Liegt der in Satz 1 aufgeführte Kündigungsgrund vor, behält sich OneCrowd Loans das Recht vor, unter Berücksichtigung der berechtigten Belange des Investors auch mit einer kürzeren Frist als der in Abs. 1 Satz 2 genannten Zweiwochenfrist zu kündigen.

13.3. OneCrowd Loans kann die Geschäftsbeziehung ohne Einhaltung einer Kündigungsfrist kündigen, wenn ein wichtiger Grund vorliegt, der OneCrowd Loans, auch unter Berücksichtigung der berechtigten Belange des Investors, eine Fortsetzung der Geschäftsbeziehung unzumutbar werden lässt. Ein wichtiger Grund liegt insbesondere vor bei einem wiederholten Verstoß gegen diese Allgemeinen Geschäftsbedingungen. Ein wichtiger Grund kann auch schon bei einem einmaligen schwerwiegenden Verstoß gegen diese Allgemeinen Geschäftsbedingungen gegeben sein, etwa bei Täuschung oder versuchter Täuschung von OneCrowd Loans durch vorsätzliche falsche Angaben eines Investors.

13.4. Eine Kündigung gemäß Abs. 1 oder Abs. 2 erfolgt durch E-Mail an die von dem Investor angegebene E-Mail-Adresse.

14. Schlussbestimmungen

14.1. Für die Vertragsbeziehungen zwischen dem Investor und OneCrowd Loans gilt deutsches Recht unter Ausschluss des UN-Kaufrechtes.

14.2. Der allgemeine Gerichtsstand von OneCrowd Loans wird durch den Sitz (Dresden) bestimmt. Ist der Investor ein Kaufmann oder übt er im Ausland eine vergleichbare gewerbliche Tätigkeit aus und ist die Geschäftsbeziehung dem Betrieb seines Handelsgewerbes zuzurechnen, so kann OneCrowd Loans den Investor an dem Gericht des allgemeinen Gerichtsstands von OneCrowd Loans oder bei einem anderen zuständigen Gericht verklagen. OneCrowd Loans selbst kann von den in Satz 2 genannten Investoren nur an dem Gericht ihres allgemeinen Gerichtsstands verklagt werden.

14.3. Ist eine Bestimmung dieser Allgemeinen Geschäftsbedingungen ganz oder teilweise unwirksam, so bleibt die Wirksamkeit der übrigen Bestimmungen hiervon unberührt. Das Gleiche gilt, wenn diese Vereinbarung eine Lücke aufweisen sollte. Die Parteien werden die Lücke oder die unwirksame oder nichtige Bestimmung in diesem Falle durch eine Regelung ersetzen, die dem wirtschaftlichen Zweck der Vereinbarung entspricht und dem von den Parteien Gewollten möglichst nahe kommt.

2. Anlage: Allgemeine Geschäftsbedingung der *Companisto GmbH* (*Companisto*)

Stand: 08. August 2017

Allgemeine Geschäftsbedingungen

1. Allgemeines

1.1. Dies sind die Allgemeinen Geschäftsbedingungen (nachfolgend „AGB") für die Nutzung der Webseite „companisto.com" und aller zu dieser Domain gehörenden Subdomains (nachfolgend „Companisto-Webseite") sowie für alle Geschäftsbeziehungen zwischen der Companisto GmbH, Köpenicker Str. 154, 10997 Berlin, Deutschland (nachfolgend „Companisto") und den Companisto-Mitgliedern (nachfolgend „Companist").

1.2. Betreiber der Companisto-Webseite und Vertragspartner aller Companisten ist Companisto.

1.3. Die Companisto-Webseite ist eine Online-Plattform, auf der Companisten die Möglichkeit gegeben wird, sich unmittelbar oder mittelbar an jungen Unternehmen (nachfolgend „Crowdinvestingprojekt") mit Fremd-, Mezzanine- oder Eigenkapital (nachfolgend „Beteiligung") zu beteiligen. Auf der Companisto-Webseite werden hierfür Informationen des Crowdinvestingprojektes veröffentlicht und Companisten haben die Möglichkeit, dem Crowdinvestingprojekt Fragen zu stellen. Bei einem Beteiligungserwerb wird Companisto nicht selbst Vertragspartner. Die Beteiligungs- oder Kaufverträge werden ausschließlich zwischen Companisto Venture Capital GmbH oder der Companisto Beteiligungs GmbH & Co. KG geschlossen.

1.4. Für sämtliche Dienste von Companisto (nachfolgend „Dienste") gelten ausschließlich die nachfolgenden AGB. Die AGB werden angenommen, indem die entsprechende Schaltfläche beim Beteiligungserwerb oder bei der Anmeldung als Companist bestätigt wird. Die AGB können jederzeit unter www.companisto.com/business-terms abgerufen, ausgedruckt oder lokal gespeichert werden und werden bei einem Beteiligungserwerb auch per E-Mail zugeschickt.

2. Anmeldung und Mitgliedskonto

2.1. Die Nutzung einiger Bereiche der Companisto-Webseite setzt die Anmeldung als Companist voraus. Die Anmeldung ist kostenlos. Sie erfolgt durch Eröffnung eines Mitgliedskontos unter Zustimmung u.a. zu diesen AGB. Mit der Anmeldung kommt zwischen Companisto und dem Companisten ein Vertrag über die Nutzung der Companisto-Webseite zustande. Mit Erwerb einer Beteiligung auf der Companisto-Webseite eröffnet der Erwerber gleichzeitig ein kostenloses Mitgliedskonto.

2.2. Die Anmeldung ist nur unbeschränkt geschäftsfähigen Person erlaubt. Insbesondere Minderjährige dürfen sich nicht bei Companisto anmelden.

2.3. Die von Companisto bei der Anmeldung abgefragten Daten sind vollständig und korrekt anzugeben. Bei der Anmeldung dürfen nur einzelne Personen als Inhaber des Mitgliedskontos angegeben werden (d.h. keine Ehepaare oder Familien).

2.4. Ändern sich nach der Anmeldung die angegebenen Daten, so ist der Companist selbst verpflichtet, die Angaben in seinem Mitgliedskonto umgehend zu korrigieren.

2.5. Der Companist ist für die Nutzung seines Mitgliedskontos selbst verantwortlich und sollte die Geheimhaltung seines Passworts sicherstellen. Sollte der Companist eine unautorisierte Nutzung seines Passworts oder seines Mitgliedskontos bemerken, ist er verpflichtet, Companisto dieses mitzuteilen.

2.6. Ein Mitgliedskonto ist nicht übertragbar. Mehrfachregistrierungen einer Person sind nicht gestattet.

2.7. Companisto behält sich das Recht vor, Mitgliedskonten von nicht vollständig durchgeführten Anmeldungen nach einer angemessenen Zeit zu löschen.

3. Companisto-Webseite

3.1. Companisto stellt mit der Companisto-Webseite lediglich eine Plattform zur Verfügung mittels derer Companisten Investitionen in Crowdinvestingprojekte tätigen und Crowdinvestingprojekte Investoren suchen können. Die Informationen über die Crowdinvestingprojekte auf der Companisto-Webseite werden ausschließlich von den Crowdinvestingprojekten zur Verfügung gestellt. Eine Plausibilitätsprüfung der Angaben des Crowdinvestingprojektes oder eine Prüfung der Wirtschaftlichkeit des Crowdinvestingprojektes durch Companisto findet nicht statt. Companisto steht daher nicht für die Richtigkeit und Vollständigkeit dieser Informationen ein. Informationen und Daten, welche auf der Companisto-Webseite als „vertraulich" gekennzeichnet sind (nachfolgend „vertrauliche Informationen"), unterliegen der Vertraulichkeit. Alle vertraulichen Informationen dürfen von dem Companisten ausschließlich zum Zwecke seiner Investitionsentscheidung genutzt werden und der Companist muss diese Informationen vertraulich behandeln. Die vertraulichen Informationen dürfen von dem Companisten in keiner Art oder Form an Dritte weitergegeben, veröffentlicht oder verbreitet werden. Keine vertraulichen Informationen sind solche Informationen, die (i) dem Companisten von dritter Seite ohne Bruch einer Vertraulichkeitsvereinbarung und ohne Verpflichtung zur Vertraulichkeit zur Verfügung gestellt wurde; (ii) bereits offenkundig sind oder (iii) von Companisto zur Weitergabe oder Bekanntmachung freigegeben worden sind.

3.2. Die Companisto-Webseite bietet Companisten die technische Möglichkeit, in dem von Companisto zur Verfügung gestellten Rahmen, die Companisto-Webseite zu nutzen, um selbst Inhalte zu veröffentlichen. Die auf der Companisto-Webseite von Companisten veröffentlichen Inhalte werden von Companisto grundsätzlich nicht geprüft und stellen nicht die Meinung von Companisto dar.

3.3. Der Companisto-Community ist ein freundlicher, sachlicher und fairer Umgangston wichtig. Companisto behält sich deshalb vor, Beiträge und Kommentare nicht zu veröffentlichen, zu löschen, zu bearbeiten, zu verschieben oder zu schließen, die gegen die Companisto-Netiquette verstoßen. Die jeweils aktuelle Netiquette kann unter www.companisto.com/netiquette abgerufen werden.

4. Vertragsschluss

4.1. Ein Vertrag über den Erwerb einer Beteiligung erfordert, dass der Companist auf der Companisto-Webseite das Zahlungsabwicklungsformular auf der Companisto-Webseite ausfüllt und den Button „Jetzt investieren" oder „Jetzt kaufen" am Ende des Zahlungsabwicklungsformulars anklickt. Dies stellt jedoch noch keinen Vertragsschluss dar, sondern der Companist gibt hiermit ein Angebot auf Erwerb einer Beteiligung nach Maßgabe der von dem Companisten in dem Zahlungsabwicklungsformular bestätigten Verträge ab. Vertragspartner des Companisten ist entweder das Crowdinvestingprojekt, ein anderer Companist, die Companisto Venture Capital GmbH oder die Companisto Beteiligungs GmbH & Co KG. Companisto wird nicht Vertragspartner. Einzelheiten regeln die von dem Companisten beim Beteiligungserwerb bestätigten Verträge.

4.2. Der Vertrag über einen Beteiligungserwerb kommt erst dann zustande, wenn Companisto den Beteiligungserwerb mit einer E-Mail bestätigt (Beteiligungsbestätigung). Eines gesonderten schriftlichen Vertragsschlusses bedarf es darüber hinaus nicht. Ein Anspruch des Companisten auf Abschluss eines Beteiligungsvertrages besteht nicht.

4.3. Die Möglichkeit des Erwerbs der auf der Companisto-Webseite angebotenen Beteiligungen ist zeitlich begrenzt. Die Angebotsdauer wird für jedes Crowdinvestingprojekt von Companisto individuell festgelegt. Companisto ist berechtigt, sie beliebig oft und beliebig lang zu verlängern.

4.4. Kommt es auf der Companisto-Webseite zu einem Vertragsschluss, teilt Companisto den Vertragspartnern nach Vertragsschluss auf Anfrage die zur wechselseitigen Kontaktaufnahme erforderlichen Daten mit.

5. Zahlungsabwicklung

5.1. Die Zahlungsabwicklung für sämtliche auf der Companisto-Webseite vorgenommenen Beteiligungserwerbe wird ausschließlich von Zahlungsdienstleistern mit der Erlaubnis zum Betreiben von Finanztransfergeschäften durchgeführt. Companisto oder der Zahlungsdienstleister werden nicht Vertragspartner des Beteiligungserwerbes. Companisto ist nicht berechtigt, sich Eigentum oder Besitz an Geldern oder Wertpapieren von Companisten zu verschaffen.

6. SEPA-Lastschriften

6.1. Wird die Bezahlung einer Beteiligung von einem Companisten per SEPA-Lastschrift vorgenommen, so wird die Frist für die Vorabankündigung der Lastschrift (Pre-Notification) auf 2 Tage verkürzt.

6.2. Der Companist hat im Falle einer Bezahlung per SEPA-Lastschrift für die Deckung des Kontos zu sorgen. Kosten, die aufgrund von Nichteinlösung oder Rückbuchung der Lastschrift entstehen, gehen zu Lasten des Companisten, solange die Nichteinlösung oder die Rückbuchung nicht durch Companisto verursacht wurde.

7. Provisionen, Agios, Gebühren

7.1. Die Anmeldung als Companist ist kostenlos.

7.2. Kommt es über die Companisto-Webseite zu einem Beteiligungserwerb, fällt zugunsten von Companisto oder der Companisto Venture Capital GmbH ggf. eine Provision an, die von dem Crowdinvestingprojekt zu begleichen ist. Einzelheiten regeln die von dem Companisten beim Beteiligungserwerb bestätigten Verträge.

7.3. Companisten dürfen gegen Provisionen mit Forderungen aus noch nicht erteilten Gutschriften und mit fälligen und/oder zukünftigen Forderungen nur dann aufrechnen, wenn diese Forderungen rechtskräftig festgestellt oder unbestritten sind.

8. Änderungen oder Beendigung von Diensten

8.1. Companisto ist zur Erbringung der kostenlosen Dienste nicht verpflichtet. Im Gegenzug ist der Companist berechtigt, jederzeit die Nutzung der Dienste einzustellen.

8.2. Die Dienste von Companisto entwickeln sich fort und können sich daher von Zeit u Zeit verändern- so können beispielsweise einzelne Funktionen oder Features hinzugefügt oder entfernt werden. Companisto kann auch einen Dienst zeitweise oder dauerhaft einstellen, zum Beispiel aus technischen oder rechtlichen Gründen. Sofern möglich, insbesondere bei der dauerhaften Einstellung eines Dienstes aus wirtschaftlichen Gründen, wird Companisto den Companisten im Rahmen des jeweiligen Dienstes über die bevorstehende Einstellung informieren.

9. Systemintegrität

9.1. Companisto behält sich vor, den Umfang und die Funktionalitäten der Webseite jederzeit zu ändern, einzuschränken oder diese einzustellen. Obwohl Companisto sich bemüht, seinen Service ohne technische Störungen anzubieten, können insbesondere Wartungsarbeiten, Weiterentwicklung und/oder andere Störungen die Nutzungsmöglichkeiten einschränken und/oder zeitweise unterbrechen. Unter Umständen kann es hierbei zu Datenverlusten kommen. Companisto übernimmt daher keine Gewähr für die Verfügbarkeit des Services oder das Ausbleiben von technischen Störungen oder Datenverlusten.

10. Profildaten/Steuern

10.1. Soweit der Companist auf der Companisto-Webseite Daten in seinem Profil hinterlegt oder Companisto von den Finanzbehörden Daten übermittelt bekommt, ist Companisto berechtigt, diese Daten zu verwenden und denjenigen Crowdinvestingprojekten, an denen sich der Companist beteiligt hat, sowie deren Dienstleistern zur Verfügung zu stellen, damit Auszahlungen aus den Beteiligungen (z.B. Zinsen oder Darlehensrückzahlungen) an die Companisten erfolgen können und die entsprechenden Anmeldungen, insbesondere Kapitalertragssteuer, Solidaritätszuschlag und ggf. Kirchensteuer von Companisto oder den Crowdinvestingprojekten oder von deren Dienstleistern bei den hierfür zuständigen Stellen vorgenommen werden können. Dies betrifft insbesondere, jedoch nicht ausschließlich, den Vor- und Nachnamen des Companisten, das Geschlecht, die Adressdaten, die Beteiligungshöhe, die Bankverbindung, Informationen zu Freistellungsaufträgen und die Steueridentifikationsnummer des Companisten.

10.2. Der Companist erklärt sich damit einverstanden, dass Companisto, die Crowdinvestingprojekte deren Dienstleister beim Bundeszentralamt für Steuern sowie bei jeder weiteren hierfür zuständigen Stelle die Kirchensteuermerkmale des Companisten abfragen, damit ggf. die Kirchensteuer für den Companisten abgeführt werden kann. Der Companist kann der Herausgabe seiner Daten durch das Bundeszentralamt für Steuern widersprechen. Hierfür muss der Companist gegenüber dem Bundeszentralamt für Steuern einen Sperrvermerk erteilen. Ein einmal erteilter Sperrvermerk bleibt bis auf einen schriftlichen Widerruf bestehen.

11. Haftungsbeschränkung

Für eine Haftung von Companisto auf Schadensersatz gelten unbeschadet der sonstigen gesetzlichen Anspruchsvoraussetzungen die folgenden Haftungsausschlüsse und –begrenzungen:

11.1. Companisto haftet, sofern Companisto Vorsatz oder grobe Fahrlässigkeit zur Last fällt. Für einfache Fahrlässigkeit haftet Companisto nur bei Verletzung einer Pflicht, deren Erfüllung die ordnungsgemäße Durchführung des Vertrags überhaupt erst ermöglicht und auf deren Einhaltung der Vertragspartner regelmäßig vertrauen darf (sog. Kardinalspflicht). Im Übrigen ist eine Schadensersatzhaftung für Schäden aller Art, gleich aufgrund welcher Anspruchsgrundlage, einschließlich der Haftung für Verschulden bei Vertragsschluss, ausgeschlossen.

11.2. Sofern Companisto gemäß Ziffer 11.1 für einfache Fahrlässigkeit haftet, ist Companistos Haftung auf den Schaden begrenzt, mit dessen Entstehen Companisto nach den bei Vertragsschluss bekannten Umständen typischerweise rechnen musste. Ist ein Beteiligungserwerb oder ein hiermit zusammenhängender Vertrag unwirksam, beschränken sich hieraus etwa ergebende Ansprüche des Companisten gegen Companisto auf die Erstattung des für den Beteiligungserwerb gezahlten Entgeltes.

11.3. Vorstehende Haftungsausschlüsse und –beschränkungen gelten weder wenn Companisto eine Garantie für die Beschaffenheit der Ware übernommen hat noch für Schäden, die nach dem Produkthaftungsgesetz zu ersetzen sind noch für Schäden am Leben, Körper oder Gesundheit.

11.4. Vorstehende Haftungsausschüsse und –beschränkungen gelten auch zugunsten der Mitarbeiter von Companisto, Erfüllungsgehilfen und sonstiger Dritter, deren Companisto sich zur Vertragserfüllung bedient.

12. Beendigung des Nutzungsverhältnisses

12.1. Der Nutzungsvertrag für die Companisto-Webseite wird auf unbestimmte Zeit geschlossen und kann von Companisto und dem Companisten jederzeit mit sofortiger Wirkung beendet werden. Für die Beendigung des Nutzungsvertrags muss der Companist eine E-Mail an service@companisto.com (mailto:service@companisto.com) schreiben.

12.2. Companisto ist berechtigt, Companisten ohne Angabe von Gründen jederzeit von der Teilnahme an Foren, dem Kommentarsystem, anderen von Companisto angebotenen, Kommunikationsbereichen, dem Companisto Business Club, neuen Investitionsmöglichkeiten auf Companisto sowie jedem anderen von Companisto angebotenem Bereich, Dienstleistung oder System auszuschloe0en oder den Zugang teilweise oder in Gänze, zeitweise oder dauerhaft, zu beschränken.

12.3. Companisto gewährt auch in den Fällen der Beendigung des Nutzungsverhältnisses durch Companisto und im Falle der Beschränkung des Zugangs des Companisten, denjenigen Companisten, die Beteiligungen auf Companisto halten, die Möglichkeit ihre Beteiligungen auf Companisto zu verwalten (Einsicht in die Beteiligungsübersicht, Einsicht von Investoren Updates, Hinterlegung der notwendigen Auszahlungs- und Steuerinformationen, Aktualisierung von Stammdaten, Stimmabgabe bei Poolingabstimmungen). Dies beinhaltet jedoch nicht, die Nutzung des Kommentarsystems auf Companisto sowie andere nicht zwingend für die Wahrnehmung der Rechte aus den Beteiligungen erforderlichen Companisto-Dienste.

12.4. Das Recht zur Kündigung aus wichtigem Grund bleibt unberührt.

12.5. Gesetzliche Kündigungsrechte bleiben unberührt.

13. Risikohinweis

13.1. Crowdinvestings bieten große Chancen, sind jedoch Risikoinvestments. Im schlechtesten Fall besteht die Gefahr des Verlustes der gesamten Investition, Crowdinvestings sind daher nicht zur Altersvorsorge geeignet. Eine Nachschusspflicht besteht jedoch nicht. Das Risiko kann minimiert werden, indem man als Investor seinen Investmentbetrag auf mehrere Crowdinvestings verteilt und nicht alles in einem Crowdinvesting investiert. Diese Strategie wird häufig von professionellen Anlagern angewandt, da so das Risiko auf mehrere Investments gestreut wird. So können erfolgreiche Investments andere, weniger erfolgreiche Investments ausgleichen.

13.2. Durch Companisto erfolgt keinerlei Anlageberatung oder sonstige Beratung. Ein Auskunft- oder Betragungsvertrag kommt nicht zustande. Companisto ist nicht verpflichtet, über laufende Entwicklungen des Crowdinvestingprojektes zu unterrichten.

13.3. Bei den Beteiligungen der Companisten handelt es sich zumeist um partiarische Nachrangdarlehen. Dies sind unternehmerische Beteiligungen mit eigenkaptialähnlichen Eigenschaften. Im Falle einer Insolvenz des Unternehmens werden die Companisten erst nach allen anderen Fremdgläubigern aus der Insolvenzmasse bedient.

13.4. Companisto ist von der Idee und dem Team der auf der Webseite präsentierten Crowdinvestingprojekte überzeugt. Die Informationen über die Crowdinvestingprojekte auf der Companisto-Webseite werden ausschließlich von den Crowdinvestingprojekten zur Verfügung gestellt. Eine Plausibilitätsprüfung der Angaben des Crowdinvestingprojektes oder eine Prüfung der Wirtschaftlichkeit des Crowdinvestingprojektes durch Companisto findet nicht statt.

13.5. Die Informationen über die Unternehmen auf der Companisto-Webseite werden ausschließlich vom Unternehmen zur Verfügung gestellt. Die von den Unternehmen gemachten Prognosen sind keine Garantie für die zukünftige Entwicklung des Unternehmens. Crowdinvestings sind daher nur für Investoren geeignet, die das Risiko eines Totalausfalls des investierten Kapitals verkraften können. Die Entscheidung für ein Investment trifft jeder Investor unabhängig und eigenverantwortlich.

13.6. Die Beteiligung an einem Crowdinvestingprojekt ist eine seltene Gelegenheit. Es besteht daher nur ein eingeschränkter Markt für Beteiligungen an Crowdinvestingprojekten. Die Veräußerung von Beteiligungen an Crowdinvestingprojekten ist in Ermangelung eines entsprechenden Marktes nur eingeschränkt möglich.

13.7. Es obliegt allein dem Companisten, zu entschieden, ob er unter Nutzung der Companisto-Webseite in Crowdinvestingprojekte investiert und in welches Crowdinvestingprojekte er investiert. Die auf der Companisto-Webseite verfügbaren Informationen stellen keine Beratungsleistung von Companisto dar und ersetzten keine fachkundige Beratung. Companisto empfiehlt daher, sich vor der Investition in ein Crowdinvestingprojekt und auch während der Laufzeit der Beteiligung gegebenenfalls über die rechtlichen, wirtschaftlichen und steuerlichen Folgen einer Beteiligung u informieren. Jede Beteiligung kann einen Totalverlust der Investitionssumme zur Folge haben. Der Companist sollte daher nur Gelder investieren, deren eventuellen Verlust er sich leisten kann.

14. Vertragsübernahme

14.1. Im Falle der (i) Insolvenz-Anmeldung von Companisto oder (i) wenn über das Vermögen von Companisto das Insolvenzverfahren rechtskräftig eröffnet wird oder (iii) die Eröffnung eines solchen Verfahrens mangels Masse abgelehnt wird oder (iv) Companisto liquidiert wird oder (v) Companisto den Geschäftsbetrieb einstellt, sind die Companisto Holding GmbH, eingetragen im Handelsregister des Amtsgerichts Charlottenburg unter HRB 141442 B, sowie ihre Tochtergesellschaften im Rahmen eines echten Vertrages zugunsten Dritter berechtigt, das Geschäftsverhältnis mit dem Companisten an Stelle von Companisto fortzuführen, dies beinhaltet insbesondere die Verwaltung und Nutzung des Kundenprofils und der Kundendaten des Companisten.

15. Schlussbestimmungen

15.1. Es gilt deutsches Recht unter Ausschluss des UN-Kaufrechts (CISG). Gerichtsstand für sämtliche Streitigkeiten aus und im Zusammenhang mit diesem Vertrag ist, gesetzlich zulässig, Berlin.

15.2. Sollte es Widersprüche zwischen diesen AGB und anderen Regelungen geben, die der Companist bestätigt, haben die anderen Regelungen Vorrang. Dies gilt insbesondere für die Verträge zum Beteiligungserwerb.

15.3. Sollten einzelne Bestimmungen dieser AGB ganz oder teilweise nichtig oder unwirksam sein oder werden, so wird dadurch die Wirksamkeit der übrigen Bestimmungen nicht berührt. An die Stelle von nicht einbezogenen oder unwirksamen Allgemeinen Geschäftsbedingungen tritt das Gesetzesrecht (§ 306 Abs. 2 BGB). Im Übrigen werden die Parteien anstelle der nichtigen oder unwirksamen Bestimmung eine wirksame Regelung treffen, die ihr wirtschaftlich möglichst nahe kommt, soweit keine ergänzende Vertragsauslegung vorrangig oder möglich ist.

15.4. Companisto behält sich vor, diese AGB jederzeit und ohne Nennung von Gründen zu ändern. Die geänderten Bedingungen werden den Companisten per E-Mail spätestens zwei Wochen vor ihrem Inkrafttreten zugesendet. Widerspricht ein Companist der Geltung der neuen AGB nicht innerhalb von zwei Wochen nach Empfang der E-Mail schriftlich oder in Textform gegenüber Companisto, gelten die geänderten AGB als angenommen. Companisto wird die Companisten in der E-Mail, die die geänderten Bedingungen enthält, auf die Bedeutung dieser Zweiwochenfrist gesondert hinweisen. Die jeweils aktuellen AGB können unter www.companisto.com/business-terms abgerufen werden. Wenn ein Companist mit den geänderten Bedingungen nicht einverstanden ist, muss er die Nutzung der Dienste von Companisto einstellen.

Literaturverzeichnis

Antonczyk, Ron Christian: Venture-Capital-Verträge – Eine empirische Untersuchung des Einflusses von Anreizkonflikten zwischen Wagnisfinanciers und Unternehmensgründern – (zugl. Diss. Aachen 2006), Aachen 2006 (zitiert als: *Antonczyk*, VC-Verträge).

Aschenbeck, Tanja / Drefke, Thorge: Neueste Entwicklungen der Crowdfunding-Regulierung und aufsichtsrechtliche Anforderungen an Crowdfunding in Deutschland, RdF 2015, S. 284 ff.

dies.: EU-Crowdfunding-VO als (Teil-)Lösung der Regulierung von ICO – eine vertane Chance?, RdF 2019, S. 12 ff.

Assmann, Heinz-Dieter / Schlitt, Michael / Kopp-Colomb, Wolf v. (Hrsg.): Wertpapierprospektgesetz/Vermögensanlagengesetz, 3. Auflage, Köln 2017 (zitiert als: *Bearbeiter*, in: Assmann/Schlitt/v. Kopp-Colomb-WpPG/VermAnlG).

ders. / Schneider, Uwe H. / Mülbert, Peter O. (Hrsg.): Wertpapierhandelsrecht – Kommentar – WpHG, MAR, PRIIP, MiFIR, Leerverkaufs-VO, EMIR, 7. Auflage, Köln 2019 (zitiert als: *Bearbeiter*, in: Assmann/Schneider/Mülbert-Wertpapierhandelsrecht).

ders. / Schütze, Rolf A. / Buck-Heeb, Petra (Hrsg.): Handbuch des Kapitalanlagerechts, 5. Auflage, München 2020 (zitiert als: *Bearbeiter*, in: Assmann/Schütze/Buck-Heeb-KapitalanlageR).

Bader, Georg: Dringender Reformbedarf beim Crowdinvesting!, WM 2014, S. 2249 ff.

Ballerstedt, Kurt: Der gemeinsame Zweck als Grundbegriff des Rechts der Personengesellschaften, JuS 1963, S. 253 ff.

Bareiß, Andreas: Filmfinanzierung 2.0, ZUM 2012, S. 456 ff.

Bauerschmidt, Jonathan: Die Prospektverordnung in der europäischen Kapitalmarktunion, BKR 2019, S. 324 ff.

Beck, Heinz / Samm, Carl-Theodor / Kokemoor, Axel (Hrsg.): Kommentar zum Kreditwesengesetz mit CRR, 224. Aktualisierung, Heidelberg 2022 (zitiert als: *Bearbeiter*, in: Beck/Samm/Kokemoor-KWG).

Beck, Ralf: Crowdinvesting – Die Investition der Vielen, 4. Auflage, Kulmbach 2017 (zitiert als: *Beck*, Crowdinvesting).

Beisel, Wilhelm / Klumpp, Hans-Hermann (Hrsg.): Der Unternehmenskauf – Gesamtdarstellung der zivil- und steuerrechtlichen Vorgänge einschließlich gesellschafts-, arbeits- und kartellrechtlicher Fragen bei der Übertragung eines Unternehmens, 7. Auflage, München 2016 (zitiert als: Bearbeiter, in: Unternehmenskauf).

Benecke, Martina: Haftung für Inanspruchnahme von Vertrauen – Aktuelle Fragen zum neuen Verkaufsprospektgesetz, BB 2006, S. 2597 ff.

Berger, Christian: Rangrücktrittsvereinbarungen zwischen Zivil- und Insolvenzrecht – Zugleich Bemerkung zu BGH, Urt. v. 5.3.2015 – IX ZR 133/14, ZInsO 2015, 681 –, ZInsO 2015, S. 1938 ff.

Bitter, Georg: Wirksamkeit von Rangrücktritten und vorinsolvenzlichen Durchsetzungssperren, ZIP 2015, S. 345 ff.

ders.: BGH, Urteil vom 1. Oktober 2019 (VI ZR 156/18) m. Anm. *Bitter*, WuB 2020, S. 35 ff.

Blaurock, Uwe (Hrsg.): Handbuch Stille Gesellschaft, 9. Auflage, Köln 2020 (zitiert als: *Bearbeiter*, in: Blaurock, HdB-Stille Gesellschaft).

Boos, Karl-Heinz / Fischer, Reinfried / Schulte-Mattler, Hermann (Hrsg.): Kommentar zu Kreditwesengesetz, VO (EU) Nr. 575/2013 (CRR) und Ausführungsvorschriften, Band 1, 5. Auflage, München 2016 (zitiert als: *Bearbeiter*, in: Boos/Fischer/Schulte-Mattler-KWG).

Braun, Michael Josef: Rechtsfragen des Crowdfunding – Eine zivil- und aufsichtsrechtliche Untersuchung der Schwarmfinanzierung über das Internet (zugl. Diss. Saarbrücken 2017), Saarbrücken 2017 (zitiert als: *Braun*, Crowdfunding).

Braun, Susanne: Deutsche Crowdinvesting-Portale: neue Geschäftsmodelle für KMU – Lüneburger Beiträge zur Gründungsforschung – Disskussionspapier Nr. 11, Lüneburg 2015 (zitiert als: *Braun*, Deutsche Crowdinvesting-Portale: neue Geschäftsmodelle für KMU).

Bräutigam, Peter / Rücker, Daniel (Hrsg.): E-Commerce – Rechtshandbuch, 1. Auflage, München 2017 (zitiert als: *Bearbeiter*, in: Bräutigam/Rücker-E-Commerce).

Brehm, Christian: Das Venture-Capital-Vertragswerk: Die Bedeutung für Management und Strategie des Zielunternehmens (zugl. Diss. Passau 2011), Passau 2011 (zitiert als: *Brehm*, Das Venture-Capital-Vertragswerk).

Buck-Heeb, Petra: Das Kleinanlegerschutzgesetz, NJW 2015, S. 2535 ff.

dies.: Aufsichtsrechtliches Produktverbot und zivilrechtliche Rechtsfolgen – Der Anleger zwischen Mündigkeit und Schutzbedürftigkeit, BKR 2017, S. 89 ff.

dies.: Aktuelle Entwicklungen des Prospektrechts und der Prospekthaftung, BKR 2021, S. 317 ff.

dies.: Schwarmfinanzierungs-Gesetzgebung zwischen Zivil- und Aufsichtsrecht – Zur Haftung des Schwarmfinanzierungsdienstleisters, BKR 2022, S. 169 ff.

dies.: Kapitalmarktrecht, 12. Auflage, Heidelberg 2022 (zitiert als: *Buck-Heeb*, Kapitalmarktrecht).

dies. / Dieckmann, Andreas: Haftung bei Prospektverwendung – Zum Verhältnis von Prospekthaftung und Anlageberater-/Anlagevermittlerhaftung –, BKR 2020, S. 425 ff.

dies. / Omlor, Sebastian: Schwarmfinanzierung und Crowdfunding – Das Symposium, BKR 2022, S. 137 ff.

Bujotzek, Peter / Mocker, Felix: Kleinanlegerschutzgesetz – offene Fragen beim Crowdinvesting, BKR 2015, S. 358 ff.

Casper, Matthias: Das Kleinanlegerschutzgesetz – zwischen berechtigtem und übertriebenem Paternalismus, ZBB 2015, S. 265 ff.

ders. / Terlau, Matthias (Hrsg.): Kommentar zum Zahlungsdiensteaufsichtsgesetz (ZAG) – Das Aufsichtsrecht des Zahlungsverkehrs und des E-Geldes, 2. Auflage, München 2020 (zitiert als: *Bearbeiter*, in: Casper/Terlau-ZAG).

Centrale für GmbH (Hrsg.): GmbH-Handbuch, Band 1, Werksstand: 180. Lieferung – 03.2022, Tübingen, (zitiert als: *Bearbeiter*, in: Centrale für GmbH, HdB-GmbH).

Danwerth, Christopher: Crowdinvesting – Ist das Kleinanlegerschutzgesetz das junge Ende einer innovativen Finanzierungsform?, ZBB 2016, S. 20 ff.

ders.: Widerrufsjoker 2.0? – Das Last-minute-Widerrufsrecht des § 2d VermAnlG beim Crowdinvesting, WM 2016, S. 1212 ff.

Dautel, Ralph: Steuergestaltungen mit partiarischen Darlehen, DStR 2001, S. 925 ff.

Deubert, Michael / Förschle, Gerhart / Störk, Ulrich (Hrsg.): Sonderbilanzen – Von der Gründungsbilanz bis zur Liquidationsbilanz, 6. Auflage, München 2021 (zitiert als: Bearbeiter, in: Sonderbilanzen).

Dorfleitner, Gregor / Hornuf, Lars / Wannenmacher, Lena: Der deutsche FinTech-Markt im Jahr 2020, ifo Schnelldienst, 8/2020, 73, Nr. 8, S. 33 ff.

Dörrscheidt, Kolja: Grenzen der Gestaltungsfreiheit bei omnilateralen außerstatuarischen Gesellschafterabreden – Eine Untersuchung am Beispiel der Vertragsgestaltung bei Venture Capital-Beteiligungen, Nordstedt 2008 (zitiert als: *Dörrscheidt*, Grenze der Gestaltungsfreiheit).

Drescher, Ingo / Fleischer, Holger / Schmidt, Karsten (Hrsg.): Münchener Kommentar zum Handelsgesetzbuch – Band 5 – Viertes Buch. Handelsgeschäfte – Erster Abschnitt. Allgemeine Vorschriften – Zweiter Abschnitt.

Handelskauf – Dritter Abschnitt. Kommissionsgeschäft, §§ 343–406, CISG, 5. Auflage, München 2021 (zitiert als: *Bearbeiter*, in: MüKo-HGB).

Drews, Malte: Die Crowdfunding-Plattform im Sinne des § 2a VermAnlG – Aufsichtsrechtliche Regulierung – Zivilrechtliche Einordnung – Anlegerschutz (zugl. Diss. Kiel 2020), Berlin 2021 (zitiert als: *Drews*, Crowdfunding-Plattform).

Drygala, Tim: Anwendbarkeit des AGB-Gesetzes auch auf Gesellschaftsverträge – eine Nebenwirkung der Richtline über missbräuchliche Klauseln in Verbraucherverträgen?, ZIP 1997, S. 968 ff.

Ebenroth, Carsten Thomas / Boujong, Karlheinz / Joost, Detlev / Strohn, Lutz (Hrsg.): Kommentar zum Handelsgesetzbuch, Band 1 – §§ 1–342e, 4. Auflage, München 2020 (zitiert als: *Bearbeiter*, in: Ebenroth/Boujong/Joost/Strohn-HGB).

dies. (Hrsg.): Kommentar zum Handelsgesetzbuch, Band 2 – §§ 343–475h – Transport-, Bank- und Börsenrecht, 4. Auflage, München 2020 (zitiert als: *Bearbeiter*, in: Ebenroth/Boujong/Joost/Strohn-HGB).

Eckstaller, Claudia / Huber-Jahn, Ingrid: Private Equity und Venture Capital – Begriff – Grundlagen – Perspektiven, Sternenfels 2006 (zitiert als: *Eckstaller/Huber-Jahn*, Private Equity und Venture Capital).

Ehlers, Jan-Heinrich: Das Produktinterventionsrecht der BaFin nach § 4b WpHG, WM 2017, S. 420 ff.

Ehmann, Timo / Forster, Jens: Umsetzung der Verbraucherrechterichtlinie – Teil 1: Der neue „allgemeine Teil" des Verbraucherschutzrechts, GWR 2014, S. 163 ff.

Einem Von, Christoph / Schmid, Stefanie / Meyer, Arndt: „Weighted-Average" – Verwässerungsschutz bei Venture Capital-Beteiligungen, BB 2004, S. 2702 ff.

Einsiedler, Mark: Rückvergütungen und verdeckte Innenprovisionen, WM 2013, S. 1109 ff.

Engelmann-Pilger, Jens: Anwendungsbereich der ECSP-VO und offene Fragen für die Praxis in Deutschland, BKR 2022, S. 144 ff.

Ennuschat, Jörg / Wank, Rolf / Winkler, Daniela (Hrsg.): Kommentar zur Gewerbeordnung, 9. Auflage, München 2020 (zitiert als: *Bearbeiter*, in: Ennuschaft/Wank/Winkler-GewO).

Erb, Volker / Schäfer, Jürgen (Hrsg.): Münchener Kommentar zum Strafgesetzbuch, Band 5 – §§ 263–297, 4. Auflage, München 2022 (zitiert als: *Bearbeiter*, in: MüKo-StGB).

Fabricius, Constantin: Die ECSP-VO als alternative Anlage- und Fremdfinanzierungslösung – Welche Chancen und Risiken bieten sich für Investoren und Mittelstand?, BKR 2022, S. 139 ff.

Fischer, Wolfgang: Rechtslage, Zukunftsperspektiven und Regulierungsansätze des Crowdinvestings in Deutschland (zugl. Diss. Berlin 2016), Frankfurt am Main 2017 (zitiert als: *Fischer*, Crowdinvesting).

Fleischer, Holger: Prospektpflicht und Prospekthaftung für Vermögensgegenstände des Grauen Kapitalmarkts nach dem Anlegerschutzverbesserungsgesetz, BKR 2004, S. 339 ff.

ders.: Zur Haftung bei fehlendem Verkaufsprospekt im deutschen und US-amerikanischen Kapitalmarktrecht, WM 2004, S. 1897 ff.

ders. / Goette, Wulf (Hrsg.): Münchener Kommentar zum Gesetz betreffend die Gesellschaften mit beschränkter Haftung, Band 1 – §§ 1–34, 4. Auflage, München 2022 (zitiert als: *Bearbseiter*, in: MüKo-GmbHG).

dies. (Hrsg.): Münchener Kommentar zum Gesetz betreffend die Gesellschaften mit beschränkter Haftung, Band 2 – §§ 35–52, 3. Auflage, München 2019 (zitiert als: *Bearbeiter*, in: MüKo-GmbHG).

dies. (Hrsg.): Münchener Kommentar zum Gesetz betreffend die Gesellschaften mit beschränkter Haftung, Band 3 – §§ 53–88, 3. Auflage, München 2018 (zitiert als: *Bearbeiter*, in: MüKo-GmbHG).

Forster, Markus: Crowdfinancing – (k)eine Finanzierungsalternative für Startups und Jungunternehmen?, Linz 2012 (zitiert als: *Forster*, Crowdfinancing).

Frank, Bernd: Wenn Konzerne Start-ups unterstützen – Auf der Suche nach interessanten Innovationen (und neuen Märkten), VC-Magazin 2015, S. 38 ff.

Freitag, Robert / Wolf, Anja: Das Privatrecht des Crowdfunding nach Inkrafttreten der Schwarmfinanzierungsverordnung, WM 2021, S. 657 ff.

Fridgen, Alexander / Geiwitz, Arndt / Göpfert, Burkard (Hrsg.): Beck'scher Online-Kommentar zur InsO, EGInsO, COVInsAG, InsVV, EUInsVO, Spezialthemen und Länderberichte, 26. Edition, Stand: 15.01.2022, München 2022 (zitiert als: *Bearbeiter*, in: BeckOK-InsO).

Fryges, Helmut / Gottschalk, Sandra / Licht, Geiorg / Müller, Kathrin: Hightech-Gründungen und Business Angels – Endbericht für das Bundesministerium für Wirtschaft und Technologie – Projekt Nr. 04/07 – Aktenzeichen: ID – 02 08 15, 2007 (zitiert als: *Fryges/Gottschalk/Licht/Müller*, Hightech-Gründungen und Business Angels).

Giarbs, Holger: Family Offices und deren Investitionen in Venture Capital und Private Equity – Noch Luft nach oben, VC-Magazin 10/2016 S. 14 ff.

Gehrlein, Markus: Haftung für Vertrieb von durch Allgemeine Geschäftsbedingungen qualifiziert nachrangig ausgestaltete Darlehen, WM 2017, S. 1385 ff.

Geigenberger, Isabel: Risikokapital für Unternehmensgründer – Der Weg zum Venture-Capital, 2.Auflage, München 2006 (zitiert als: *Geigenberger*, Risikokapital).

Gerding, Martin: Die Ungleichbehandlung der betroffenen Anleger als Folge einer Produktintervention nach Art. 42 MiFIR, BKR 2017, S. 441 ff.

Gerlach, Finn / Köhler, Silvie: § 2a VermAnlG – Hilfestellung oder Haftungsfalle für Crowdfunding-Plattformen?, ZBB 2017, S. 84 ff.

Geyer, Matthias / Schelm, Joachim: Das neue europäische Prospektrecht – ein Überblick aus Sicht der Praxis, BB 2019, S. 1731 ff.

Giedinghagen, Jan / Keller, Tobias: Das qualifizierte Nachrangdarlehen, NJW-Spezial 2020, S. 207 ff.

Goette, Wulf / Habersack, Mathias / Kalss, Susanne (Hrsg.): Münchener Kommentar zum Aktiengesetz, Band 2 – §§ 76–117, MitbestG, DrittelbG, 5. Auflage, München 2019 (zitiert als: *Bearbeiter*, in: MüKo-AktG).

dies. (Hrsg.): Münchener Kommentar zum Aktiengesetz, Band 3 – §§ 118–178, 5. Auflage, München 2022 (zitiert als: *Bearbeiter*, in: MüKo-AktG).

dies. (Hrsg.): Münchener Kommentar zum Aktiengesetz, Band 4 – §§ 179–277, 5. Auflage, München 2021 (zitiert als: *Bearbeiter*, in: MüKo-AktG).

Gottschalk, Eckart / Völschow, Clemens: Anspruchskonkurrenz im Rahmen der Prospekthaftung, GWR 2021, S. 307 ff.

Graf, Jürgen Peter / Jäger, Markus / Wittig, Petra (Hrsg.): Beck'sche Kurz-Kommentare – Wirtschafts- und Steuerstrafrecht, 2. Auflage, München 2017 (zitiert als: *Bearbeiter*, in: Graf/Jäger/Wittig-WirtschaftsStR).

Grigoleit, Hans Christoph (Hrsg.): Kommentar zum Aktiengesetz, 2. Auflage, München 2020 (zitiert als: *Bearbeiter*, in: Grigoleit-AktG).

Grüneberg, Christian (Hrsg.): Grüneberg – Bürgerliches Gesetzbuch mit Nebengesetzen, 81. Auflage, München 2022 (zitiert als: *Bearbeiter*, in: Grüneberg-BGB).

Grunewald, Barbara / Maier-Reimer, Georg / Westermann, Peter (Hrsg.): Ermann BGB – Handkommentar mit AGG, EGBGB, ErbbrauRG, LPartG, ProdHAftG, VBVG, VersAusglG, WEG und ausgewählten Rechtsquellen des IPR, 16. Auflage, Köln 2020 (zitiert als: *Bearbeiter*, in: Erman-BGB).

Gsell, Beate / Krüger, Wolfgang / Lorenz, Stephan / **Reyimann, *Christoph*** (Hrsg.): beck-online.GROSSKOMMENTAR zum Zivilrecht, Stand: 01.03.2022, München 2022 (zitiert als: *Bearbeiter*, in: BeckOGK-BGB).

Gummert, Hans / Weipert, Lutz (Hrsg.): Münchener Handbuch des Gesellschaftsrechts – Band 1 – BGB-Gesellschaft, Offene Handelsgesellschaft, Partnergesellschaft, Partnerreederei, EWIV, 5. Auflage, München 2019 (zitiert als: *Bearbeiter*, in: MünchHdbGesR-Bd.1).

dies. (Hrsg.): Münchener Handbuch des Gesellschaftsrechts – Band 2 – Kommanditgesellschaft, GmbH & Co. KG, Publikums-KG, Stille Gesellschaft, 5. Auflage, München 2019 (zitiert als: *Bearbeiter*, in: MünchHdbGesR-Bd.2).

Haarmann, Wilhelm / Vorwerk, Sabine: Rechtliche Anforderungen an die Feststellung der positiven Fortführungsprognose – insbesondere im Hinblick auf Start-up-Unternehmen, BB 2015, S. 1603 ff.

Habersack, Mathias: Genußrechte und sorgfaltswidrige Geschäftsführung – Ein Beitrag zum Schutz der Inhaber von Genußrechten mit Eigenkapitalcharakter, ZHR 155 1991, S. 378 ff.

ders. / Casper, Matthias / Löbbe, Marc (Hrsg.): Gesetz betreffend die Gesellschaft mit beschränkter Haftung (GmbH) – Großkommentar, Band 2 – §§ 29–52, 3. Auflage, Tübingen 2020 (zitiert als: *Bearbeiter*, in: Habersack/Casper/Löbbe-GmbHG).

ders. / Mülbert, Peter O. / Schlitt, Michael (Hrsg.): Unternehmensfinanzierung am Kapitalmarkt, 4. Auflage, Köln 2019 (zitiert als: *Bearbeiter*, in: Habersack/Mülbert/Schlitt-Unternehmensfinanzierung).

ders. / Schürnbrand, Jan: Verwirkung des Widerrufsrechts aus einem Verbraucherdarlehensvertrag bei fehlerhafter Widerrufsbelehrung, ZIP 2014, S. 749 ff.

Hainz, Christa / Hornuf, Lars: Praxiserfahrungen mit den Befreiungsvorschriften des Kleinanlegerschutzgesetzes: Eine aktuelle Bestandsaufnahme, ifo Forschungsberichte, April 2019, Ausgabe 102.

dies. / Klöhn, Lars: Praxiserfahrungen mit den durch das Kleinanlegerschutzgesetz vom 3.7.2015 eingeführten Befreiungsvorschriften in § 2a bis § 2c Vermögensanlagengesetz, ifo Forschungsberichte, 2017, Ausgabe 78.

Hartmann, Bernd: Digitale Ökonomie am Beispiel der Fintechs, BKR 2017, S. 321 ff.

Hau, Wolfgang / Poseck, Roman (Hrsg.): Beck'scher Online-Kommentar zum BGB, 61. Edition, Stand: 01.02.2022, München 2022 (zitiert als: *Bearbeiter*, in: BeckOK-BGB).

Häublein, Martin / Hoffmann-Theinert, Roland (Hrsg.): Beck'scher Online-Kommentar zum HGB, 35. Edition, Stand: 15.01.2022, München 2022 (zitiert als: *Bearbeiter*, in: BeckOK-HGB).

Heitzer, Bernd: Venture Capital-Finanzierungen von jungen innovativen Unternehmen, FB 2006, S. 514 ff.

Hellgardt, Alexander: Von der bürgerlich-rechtlichen Prospekthaftung zur Informationshaftung beim Vertrieb von Vermögensanlagen – Eine Nachlese zum „Rupert Scholz"-Urteil des BGH vor dem Hintergrund des neuen Vermögensanlagengesetzes, ZBB 2012, S. 73 ff.

Henke, Matthias: Zum einlagenlosen Einlagengeschäft im Kreditwesengesetz – Über die Reichweite des Einlagengeschäfts und das Verhältnis von Bankenaufsichts- und Gesellschaftsrecht –, WM 2010, S. 2157 ff.

Henkel, Andreas / Wentzler, Jochen: Die rechtssichere Gestaltung des Rangrücktritts, GmbHR 2013, S. 239 ff.

Henssler, Martin / Spindler, Gerald / Stilz, Eberhard (Hrsg.): beck-online. GROSSKOMMENTAR zum Aktienrecht, Stand: 01.02.2022, München 2022 (zitiert als: *Bearbeiter*, in: BeckOGK-AktG).

Herr, Sascha / Bantleon, Ulrich: Crowdinvesting als alternative Unternehmensfinanzierung – Grundlagen und Marktdaten in Deutschland, DStR 2015, S. 532 ff.

Herzog, Felix / Achtelik, Olaf (Hrsg.): Kommentar zum Geldwäschegesetz (GwG), 4. Auflage, München 2020 (zitiert als: *Bearbeiter*, in: Herzog/Achtelik-GwG).

Heuer, Jan Frederik: Die Regulierung von Crowdinvesting durch das Kleinanlegerschutzgesetz (zugl. Diss. Münster 2017), Frankfurt 2017 (zitiert als: *Heuer*, Crowdinvesting).

Hoffmann, Rolf: Grundfälle zum Recht der Stellvertretung, JuS 1970, S. 179 ff.

Hölldampf, Tilman: Rechtsmissbräuchliche Ausübung des Verbraucherwiderrufsrechts durch den Darlehensnehmer, WM 2014, S. 1659 ff.

Holle, Philipp Maximilian: Irrtum über die Erlaubnispflicht nach § 32 KWG und zivilrechtliche Haftung, BKR 2018, S. 500 ff.

Hölters, Wolfgang / Weber, Markus (Hrsg.): Kommentar zum Aktiengesetz, 4. Auflage, München 2022 (zitiert als: *Bearbeiter*, in: Hölters-AktG).

Hopt, Klaus (Hrsg.): Beck'sche Kurz-Kommentare – Handelsgesetzbuch mit GmbH & Co. KG, Handelsklauseln, Bank- und Kapitalmarktrecht, Transportrecht (ohne Seerecht), Band 9, 41. Auflage, München 2022 (zitiert als: *Bearbeiter*, in: Hopt-HGB).

Hornuf, Lars / Schmitt, Matthias: Equity Crowdfunding in Germany and the UK: Follow-up Funding and Firm Survival, CESifo Working Paper No. 6642, München 2017 (zitiert als: *Hornuf/Schmitt*, Equity Crowdfunding in Germany and the UK: Follow-up Funding and Firm Survival).

ders. / Schwienbacher, Armin: Should Securities Regulation Promote Crowdinvesting?, DOI 10.1007/s11187-017-9839-9, München 2015 (zitiert als: *Hornuf/ Schwienbacher*, Should Securities Regulation Promote Crowdinvesting?).

dies.: The Emergence of Crowdinvesting in Europe: With an in-depth analysis of the German market, SSRN 2481994, München 2015 (zitiert als: *Hornuf/ Schwienbacher*, The Emergence of Crowdinvesting in Europe).

Houben, Eike: Optimale Vertragsgestaltung bei Venture-Capital-Finanzierungen (zugl. Diss. Kiel 2003), Wiesbaden 2003 (zitiert als: *Houben*, VC-Vertragsgestaltung).

Hüffer, Uwe / Koch, Jens (Hrsg.): Beck'sche Kurz-Kommentare – Aktiengesetz, 16. Auflage, München 2022 (zitiert als: *Bearbeiter*, in: Hüffer/Koch-AktG).

Ivanović, Dennis: Crowdinvesting – Schwarmfinanzierungen im Spannungsfeld von Gesellschafts-, Kapitalmarkt- und Insolvenzrecht (zugl. Diss. Würzburg 2019), Berlin 2019 (zitiert als: *Ivanović*, Crowdinvesting).

Izzo-Wagner, Anna Lucia / Otto, Till: Verhaltenspflichten bei Vermittlung an Investoren unter der ECSP-VO, BKR 2022, S. 163 ff.

dies.: Aktuelle aufsichtsrechtliche Zulassungsvoraussetzungen unter der ECSP-VO, BKR 2022, S. 155 ff.

Jansen, David / Pfeifle, Theresa: Rechtliche Probleme des Crowdfundings, ZIP 2012, S. 1842 ff.

Janßen, Dominic: Zur Schutzgesetzqualität der §§ 10, 11 ZAG (§§ 8, 8 a ZAG a.F.) im Lichte der Argumentation zum aufsichtsrechtlichen Verbot mit Erlaubnisvorbehalt nach § 32 KWG, VuR 2018, S. 54 ff.

Kahlert, Günter / Gehrke, Dieter: Der Rangrücktritt nach MoMiG im GmbH-Recht: Insolvenz- und steuerrechtliche Aspekte, DStR 2010, S. 227 ff.

Klein, Johannes / Nathmann, Marc: Die EU-weite Regulierung des Crowdfunding-Markts – Vorstellung und Analyse des Vorschlags der EU-Kommission, BB 2019, S. 1158 ff.

Klesen, Raphael: Qualifizierter Rangrücktritt bei Crowdfunding, BKR 2021, S. 32 ff.

Klöhn, Lars: Grund und Grenzen der Haftung wegen unterlassener Prospektveröffentlichung gem. § 24 WpPG, § 21 VermAnlG, DB 2012, S. 1854 ff.

ders.: Die Ausweitung der bürgerlich-rechtlichen Prospekthaftung durch das „Rupert Schulz“-Urteil des BGH – Zugleich Besprechung von BGH WM 2012, 19 –, WM 2012, S. 97 ff.

ders.: Erfüllte Versprechen? Die Regulierung des Crowdinvesting-Marktes zum Ende der 18. Legislaturperiode – Und was der Gesetzgeber in der 19. Legislaturperiode ändern sollte, ZIP 2017, S. 2125 ff.

ders.: Die neue Prospektfreiheit „kleiner“ Wertpapieremissionen unter 8 Mio. €, ZIP 2018, S. 1713 ff.

ders.: Das Verhältnis von culpa in contrahendo und gesetzlicher Prospekthaftung nach dem HCI-Beschluss des XI. Zivilsenats – Zugleich Bespr. von BGH Beschl. v. 19.1.2021 – XI ZB 35/18, NZG 2021, 1073 –, NZG 2021, S. 1063 ff.

ders. / Hornuf, Lars: Crowdinvesting in Deutschland, ZBB 2012, S. 237 ff.

dies.: Die Regelung des Crowdfunding im RegE des Kleinanlegerschutzgesetzes – Inhalt, Auswirkungen, Kritik, Änderungsvorschläge –, DB 2015, S. 47 ff.

dies. / Schiling, Tobias: Crowdinvesting-Verträge, ZBB 2016, S. 142 ff.

Kollmann, Tobias / Kleine-Stegemann, Lucas / Then-Bergh, Christina / Harr, Michael: Deutscher Startup Monitor 2021 – Nie war mehr möglich, 9. Auflage, Duisburg/Essen/Berlin 2021 (zitiert als: *Kollmann/Kleine-Stegemann/Then-Bergh/Harr*, PwC-Deutscher Startup Monitor 2021).

Kollrus, Harald: Kleinanlegerschutzgesetz – Produktintervention, Produkthaftung, Product Governance und Kohärenzprüfung, MDR 2015, S. 1396 ff.

Kratzsch, Alexander: Die Behandlung von Genussrechten im Steuerrecht, BB 2005, S. 2603 ff.

Krecek, Michael: Venture Capital aus Investorensicht – Entscheidungstheoretische Analyse von Strukturen und Vertragsklauseln (zugl. Diss. Leipzig 2005), Leipzig 2005 (zitiert als: *Krecek*, VC aus Investorensicht).

Kreutz, Oliver: Der Webseitennutzungsvertrag – Fiktion oder unbekanntes Rechtsgeschäft?, ZUM 2018, S. 162 ff.

Kümpel, Siegfried / Mülbert, Peter O / Früh, Andreas / Seyfried, Thorsten (Hrsg.): Bank- und Kapitalmarktrecht, 6. Auflage, Köln 2022 (zitiert als: *Bearbeiter*, in: Kümpel/Mülbert/Früh/Seyfried-Bank- und Kapitalmarktrecht).

Kußmaul, Heinz / Richter, Lutz: Betriebswirtschaftliche Aspekte von Venture Capital-Gesellschaften und ihre Bedeutung im Hinblick auf Existenzgründungen: Einordnung, Funktionsweise, Beteiligungsform, Finanzierungsphasen, DStR 2000, S. 1155 ff.

Kuthe, Thorsten / Dresler-Lenz, Meike: EU-Crowdfunding-Lizenz als wichtiger Vorstoß zum einheitlichen EU-Finanzmarkt, CB 2020, S. 471 ff.

Laars, Reinhard (Hrsg.): Nomos Bundesrecht – Erläuterungen – Finanzdienstleistungsaufsichtsgesetz, Rechtsstand: 10.1.2017 – Entspricht der 1255. Lieferung der Loseblattsammlung „Das deutsche Bundesrecht“ (1/2017), 4. Online-Auflage, Baden-Baden (zitiert als: *Bearbeiter*, in: NomosKommentar-FinDAG).

Landmann, Robert von / Rohmer, Ernst (Hrsg.): Kommentar zur Gewerbeordnung und ergänzende Vorschriften, Band 1 – Gewerbeordnung, 86. Ergänzungslieferung, Stand: Februar 2021, München (zitiert als: *Bearbeiter*, in: Landmann/Rohmer-GewO).

dies. (Hrsg.): Kommentar zur Gewerbeordnung und ergänzende Vorschriften, Band 2 – ergänzende Vorschriften, 86. Ergänzungslieferung, Stand: Februar 2021, München (zitiert als: ***Bearbeiter***, in: Landmann/Rohmer-GewO).

Leffler, Kristina: Persönliche Haftung in risikokapitalfinanzierten Gesellschaften – Materiellrechtliche Besonderheiten der Haftung der Organe und Gesellschafter auf Schadensersatz – (zugl. Diss. Hamburg 2003), Frankfurt am Main 2003 (zitiert als: *Leffler*, Haftung bei VC).

Lehmann, Matthias: Das Gesetz zur Einführung von elektronischen Wertpapieren, NJW 2021, S. 2318 ff.

Leithaus, Rolf / Schaefer, Thiemo: Rangrücktrittsvereinbarungen zur Vermeidung der Überschuldung anno 2010 – Unter welchen Voraussetzungen lässt sich eine Rangrücktrittsvereinbarung aufheben?, NZI 2010, S. 844 ff.

Leopold, Günter: Venture Capital – Das Eigenkapitalgeschäft mit kleinen und mittleren Unternehmen, DStR 1999, S. 470 ff.

ders. / Frommann, Holger / Kühr, Thomas: Private Equity – Venture Capital – Eigenkapital für innovative Unternehmer, 2. Auflage, München 2003 (zitiert als: *Leopold/Frommann/Kühr*, Private Equity – Venture Capital).

Leuschner, Lars: AGB-Recht für Verträge zwischen Unternehmen – Unter besonderer Berücksichtigung von Haftungsbeschränkungen – Forschungsprojekt im Auftrag des Bundesministeriums der Justiz und für Verbraucherschutz, Osnabrück 2014 (zitiert als: *Leuschner*, AGB-Recht für Verträge zwischen Unternehmen 2014).

Lienau, Alexander / Lotz, Thomas: Die Abgrenzung zwischen stiller Gesellschaft und partiarischem Darlehen und die steuerlichen Konsequenzen, DStR 1991, S. 618 ff.

Linardatos, Dimitrios: Elektronische Schuldverschreibungen auf den Inhaber – des Wertpapiers neue Kleider, ZBB 2020, S. 329 ff.

Löher, Jonas: The interaction of equity crowdfunding platforms and ventures: an analysis of the preselection process, S. 51–71, DOI 10.1080/13691066.2016.1252510, Bonn 2017 (zitiert als: *Löher*, The interaction of equity crowdfunding platforms and ventures: an analysis of the preselection process).

ders. / Schell, Sabrina / Schneck, Stefan / Werner, Arndt / Moog, Petra: Unternehmensgründung und Crowdinvesting, IfM-Materialien, Nr. 241, Bonn 2015 (zitiert als: *Löher* u. a., IfM-Materialien, Nr. 241).

Löntz, Axel: Finanzierung junger Unternehmen durch Business Angels – Eine betriebswirtschaftliche und steuerliche Analyse (zugl. Diss. Augsburg 2007), Lohmar – Köln 2007 (zitiert als: *Löntz*, Finanzierung durch Business Angels).

Loritz, Karl-Georg: Stille Beteiligungen und Einlagenbegriff des Kreditwesengesetzes, ZIP 2001, S. 309 ff.

Lüdicke, Jürgen / Mössner, Jörg Manfred / Hummel, Lars (Hrsg.): Das Steuerrecht der Unternehmen, Festschrift für Gerrit Frotscher zum 70. Geburtstag, Freiburg/München 2013 (zitiert als: *Bearbeiter*, in: Festschrift Frotscher 2013).

Mai, Jens: Die Abwicklung unerlaubt betriebener Einlagengeschäfte – zugleich Anmerkung zum Urteil des BVerwG vom 15.12.2010 – 8 C 37.09 –, BKR 2011, S. 199 ff.

Meilicke, Heinz: Welchen Genuß gewährt der Genußschein? – Eine Analyse einiger Genußscheinbedingungen, BB 1987, S. 1609 ff.

ders.: Inwieweit können Verluste aus Genußscheinen steuerlich geltend gemacht werden? – Dargestellt am Beispiel der Genußscheine der Firma Klöckner & Co. KGaA, BB 1989, S. 465 ff.

Meschkowski, Alexander / Wilhelmi, Frederike: Investorenschutz im Crowdinvesting, BB 2014, S. 1411 ff.

Michelis, Daniel / Schildhauer, Thomas (Hrsg.): Social Media Handbuch – Theorien, Methoden, Modelle und Praxis, 3. Auflage, Baden-Baden 2015 (zitiert als: *Bearbeiter*, in: Michelis/Schildhauer, Social Media Handbuch).

Mock, Sebastian: Grundfälle zum Stellvertretungsrecht, JuS 2008, S. 309 ff.

ders.: Genussrechtsinhaber in der Insolvenz des Emittenten, NZI 2014, S. 102 ff.

Moedl, Michael: Two's a Company, Three's a Crowd: Deal Breaker Terms in Equity Crowdfunding for Prospective Venture Capital, Max Planck Institute for Innovation and Competition Research Paper, No. 18-28, April 2019, München (zitiert als: *Moedl*, Two's a Company, Three's a Crowd: Deal Breaker Terms in Equity Crowdfunding for Prospective Venture Capital).

Möller, Matthias: Rechtsformen der Wagnisfinanzierung – Eine rechtsvergleichende Studie zu den USA und zu Deutschland – (zugl. Diss. Frankfurt am Main 2002), Frankfurt am Main 2002 (zitiert als: *Möller*, VC-Rechtsformen).

Möllers, Thomas / Kastl, Stephanie: Das Kleinanlegerschutzgesetz, NZG 2015, S. 849 ff.

Moritz, Alexandra / Block, Jörn: Crowdfunding und Crowdinvesting: State of the Art der wirtschaftswissenschaftlichen Literatur, ZfKE 2014, S. 57 ff.

Müchler, Henny: Die neuen Kurzinformationsblätter – Haftungsrisiken im Rahmen der Anlageberatung, WM 2012, S. 974 ff.

Nathusius, Eva: Syndizierte Venture-Capital-Finanzierung, Sternenfels 2005 (zitiert als: *Nathusius*, Syndizierte VC-Finanzierung).

Neidlinger, Eva-Maria: Vermittlungsverträge unter besonderer Beachtung der Anlagevermittlung (zugl. Diss. Berlin 2009), Berlin 2009 (zitiert als: *Neidlinger*, Vermittlungsverträge).

Neumann, Kerstin: The supervisory powers of national authorities and cooperation with the ECB – a new epoch of banking supervision, EuZW-Beil. 2014, S. 9 ff.

Nietsch, Michael / Eberle, Nicolas: Bankaufsichts- und prospektrechtliche Fragen typischer Crowdfunding-Modelle, DB 2014, S. 1788 ff.

dies.: Crowdinvesting – Welche Auswirkungen hat das geplante Kleinanlegerschutzgesetz?, DB 2014, S. 2575 ff.

dies.: Grundsatzfragen der Regulierung internetgestützter Alternativ-Finanzierungen (Online Alternative Finance) unter Berücksichtigung der Entwicklungen in Großbritannien und den Vereinigten Staaten, ZVglRWiss 2017, S. 205 ff.

Nobbe, Gerd: Prospekthaftung bei geschlossenen Fonds – Ein Überblick über die Rechtsprechung insbesondere des Bundesgerichtshofs –, WM 2013, S. 193 ff.

Oetker, Hartmut (Hrsg.): Handelsgesetzbuch – Kommentar, 7. Auflage, München 2021 (zitiert als: *Bearbeiter*, in: Oetker-HGB).

Oppenheim, Robert / Bögelholz, Daniel: Der qualifizierte Rangrücktritt in AGB – Zivilrechtliche Grenzen für Crowdfunding-Modelle? – Zugleich Anmerkung zu OLG München, Endurt. v. 25.4.2018 – 13 U 2823/17, BKR 2018, 518 (rechtskräftig) –, BKR 2018, S. 504 ff.

Pfeifer, Axel: Venture Capital als Finanzierungs- und Beteiligungsinstrument, BB 1999, S. 1665 ff.

Pfeiffer, Thomas: Was kann ein Verbraucher? – Zur Relevanz von Informationsverarbeitungskapazitäten im AGB-Recht und darüber hinaus, NJW 2011, S. 1 ff.

Pielow, Johann-Christian (Hrsg.): Beck'scher Online-Kommentar zum GewO, 56. Edition, Stand: 01.01.2022, München 2022 (zitiert als: *Bearbeiter*, in: BeckOK-GewO).

Poelzig, Dörte: BB-Kommentar: Der BGH hat zentrale Fragen für die Gestaltung von Nachrangdarlehen durch AGB beantwortet, BB 2014, S. 1684 ff.

dies.: Nachrangdarlehen als Kapitalanlage – Im „Bermuda-Dreieck" von Bankaufsichtsrecht, Kapitalmarktrecht und AGB-Recht –, WM 2014, S. 917 ff.

dies.: Erleichterungen der Prospektpflicht zur Anpassung an die EU-Prospektverordnung, BKR 2018, S. 357 ff.

dies.: BGH, Urteil vom 12. Dezember 2019 (IX ZR 77/19) m. Anm. *Poelzig*, WuB 2020, S. 191 ff.

Pospiech, Lutz: Die neue EU-Prospektverordnung, NJW-Spezial 2019, S. 463 ff.

Preuße, Karsten / Wöckener, Karsten / Gillenkirch, Daniel: Das Gesetz zur Einführung elektronischer Wertpapiere – Eine erste Bewertung aus Sicht der Praxis, BKR 2021, S. 460 ff.

Primozic, Frank / Schaaf, Joel Felix: AGB-Kontrolle von Rangrücktrittsvereinbarungen – Zugleich Besprechung von VG Frankfurt am Main, Beschl. v. 26.11.2013 – 9 L 2958/13.F, ZinsO 2014, 1865, und von BGH, Urt. v. 20.2.2014 – IX ZR 137/13, ZinsO 2014, 952, zur Zulässigkeit formularvertraglicher Rangrücktrittsvereinbarungen, ZInsO 2014, S. 1831 ff.

Pytlik, Matthias: Vertragsgestaltung bei Wagniskapitalfinanzierungen – Auswirkungen von Wettbewerb auf den Finanzierungsvertrag (zugl. Diss. Berlin 2003), Wiesbaden 2003 (zitiert als: *Pytlik*, Vertragsgestaltung bei VC-Finanzierungen).

Quarch, Benedikt M.: Die Europäische Regulierung des Crowdlendings – Ein interdisziplinärer und rechtsvergleichender Beitrag zu den rechtlichen Herausforderungen der FinTech-Disruption (zugl. Diss. Wiesbaden 2019), Tübingen 2020 (zitiert als: *Quarch*, Crowdlending).

Renner, Moritz / Faller, Veronica / Walter, Felix: Crowdlending nach der ECSP-VO, BKR 2021, S. 394 ff.

ders. / Seidel, Sebastian: Prospekthaftung nach dem Schwarmfinanzierung-Begleitgesetz, BKR 2022, S. 176 ff.

Rennig, Christopher: Schwarmfinanzierungs-Verordnung und deutsches Begleitgesetz, RDi 2022, S. 1 ff.

Riethimüller, *Tobias*: Auswirkungen des Kleinanlegerschutzgesetzes auf die Praxis der bankenunabhängigen Finanzierung, das Crowdinvesting und Crowdlending, DB 2015, S. 1451 ff.

ders.: Aufsichts- und kapitalmarktrechtlicher Gehalt der ECSP-Verordnung, BKR 2022, S. 149 ff.

Röhricht, Volker / Graf von Westphalen, Friedrich / Hass, Ulrich (Hrsg.): HGB – Kommentar zu Handelsstand, Handelsgesellschaften, Handelsgeschäften, besonderen Handelsverträgen und internationalem Vertragsrecht (ohne Bilanz-, Transport- und Seerecht), 5. Auflage, Köln 2019 (zitiert als: *Bearbeiter*, in: Röhricht/Graf v. Westphalen/Hass-HGB).

Roth, Gregor: Das einheitliche Recht auf Information – Ein Beitrag zur Institutionsbildung – (zugl. Diss. Hamburg 2004), Köln 2006 (zitiert als: *Roth*, Das einheitliche Recht auf Information).

Robth, Hans-Peter: Das neue Kleinanlegerschutzgesetz, GWR 2015, S. 243 ff.

Rotter, Klause / Ertl, Thomas: Anlegerschutz der ECSP-VO – Sichtweise eines Anwalts für Kapitalanleger, BKR 2022, S. 184 ff.

Ruppen, Daniel A.: Corporate Governance bei Venture-Capital-finanzierten Unternehmen (zugl. Diss. St. Gallen 2001), Wiesbaden 2002 (zitiert als: *Ruppen*, Corporate Governance bei VC).

Rusch, Konrad: Der finale Entwurf einer Verordnung über Europäische Schwamfinanzierungsdienstleister (ECSP-VO) – Anwendungsbereich und Regelungsüberblick, ZBB 2020, S. 217 ff.

Rusch, Konrad: Die Haftung für fehlerhafte Anlagebasisinformationsblätter nach der ECSP-VO in grenzüberschreitenden Sachverhalten, BKR 2022, S. 192 ff.

Säcker, Franz Jürgen / Rixecker, Roland / Oetker, Hartmut / Limberg, Bettina (Hrsg.): Münchener Kommentar zum Bürgerlichen Gesetzbuch, Band 1 – Allgemeiner Teil – §§ 1–240, AllgPersönlR, ProstG, AGG, 9. Auflage, München 2021 (zitiert als: *Bearbeiter*, in: MüKo-BGB).

dies. (Hrsg.): Münchener Kommentar zum Bürgerlichen Gesetzbuch, Band 2 – Schuldrecht – Allgemeiner Teil I – §§ 241–310, 8. Auflage, München 2019 (zitiert als: *Bearbeiter*, in: MüKo-BGB).

dies. (Hrsg.): Münchener Kommentar zum Bürgerlichen Gesetzbuch, Band 3 – Schuldrecht – Allgemeiner Teil II – §§ 311–432, 9. Auflage, München 2022 (zitiert als: *Bearbeiter*, in: MüKo-BGB).

dies. (Hrsg.): Münchener Kommentar zum Bürgerlichen Gesetzbuch, Band 4 – Schuldrecht – Besonderer Teil I – §§ 433–534, Finanzierungsleasing, CISG, 8. Auflage, München 2019 (zitiert als: *Bearbeiter*, in: MüKo-BGB).

dies. (Hrsg.): Münchener Kommentar zum Bürgerlichen Gesetzbuch, Band 6 – Schuldrecht – Besonderer Teil III, §§ 631–704, 8. Auflage, München 2020 (zitiert als: *Bearbeiter*, in: MüKo-BGB).

dies. (Hrsg.): Münchener Kommentar zum Bürgerlichen Gesetzbuch, Band 7 – Schuldrecht – Besonderer Teil IV – §§ 705–853,

Partnerschaftsgesellschaftsgesetz, Produkthaftungsgesetz, 8. Auflage, München 2020 (zitiert als: *Bearbeiter*, in: MüKo-BGB).

Schedensack, Jasper: Crowdinvesting – Phänomen – Rechtsbeziehungen – Regulierung (zugl. Diss. Halle-Wittenberg 2018), Berlin 2018 (zitiert als: *Schedensack*, Crowdinvesting).

Schefczyk, Michael: Erfolgsstrategien deutscher Venture Capital-Gesellschaften, 2. Auflage, Stuttgart 2000 (zitiert als: *Schefczyk*, VC-Strategien).

ders.: Finanzieren mit Venture Capital und Private Equity – Grundlagen für Investoren, Finanzintermediäre, Unternehmer und Wissenschaftler, 2. Auflage, Stuttgart 2006 (zitiert als: *Schefczyk*, Venture Capital und Privat Equity).

Schimansky, Herbert / Bunte, Hermann-Josef / Lwowski, Hans-Jürgen (Hrsg.): Bankrechts-Handbuch, Band 1 – §§ 1–89, Anh., 5. Auflage, München 2017 (zitiert als: *Bearbeiter*, in: Schimansky/Bunte/Lwowski, BankR-HdB).

dies. (Hrsg.): Bankrechts-Handbuch, Band 2 – §§ 90–142, Anh., 5. Auflage, München 2017 (zitiert als: *Bearbeiter*, in: Schimansky/Bunte/Lwowski, BankR-HdB).

Schmidt, Karsten: Abgrenzung zwischen stiller Gesellschaft und partiarischem Darlehen, JuS 1995, S. 268 ff.

ders.: Dogmatik und Praxis des Rangrücktritts, ZIP 2015, S. 901 ff.

ders. (Hrsg.): Beck'sche Kurz-Kommentare – Insolvenzordnung, 19. Auflage, München 2016 (zitiert als: *Bearbeiter*, in: Karsten Schmidt-InsO).

ders. (Hrsg.): Münchener Kommentar zum Handelsgesetzbuch – Band 3 – Zweites Buch. Handelsgesellschaften und stille Gesellschaft – Zweiter Abschnitt. Kommanditgesellschaft – Dritter Abschnitt. Stille Gesellschaft, §§ 161–237, Konzernrecht der Personengesellschaften, 4. Auflage, München 2019 (zitiert als: *Bearbeiter*, in: MüKo-HGB).

ders. / Lutter, Marcus (Hrsg.): Kommentar zum Aktiengesetz – Band 2 – §§ 133–410 AktG, 4. Auflage, Köln 2020 (zitiert als: *Bearbeiter*, in: K. Schmidt/Lutter-AktG).

Schmitt, Christian / Bhatti, Julia / Storck, Christian: Die neue europäische Prospekt-Verordnung – ein großer Wurf?, ZEuP 2019, S. 287 ff.

Schmitt, Christoph / Doetsch, Matthias: Crowdfunding: neue Finanzierungsmöglichkeit für die Frühphase innovativer Geschäftsmodelle, BB 2013, S. 1451 ff.

Schneider, Daniel: Das Widerrufsrecht beim Crowdinvesting – § 2d VermAnlG auf dem Prüfstand –, WM 2018, S. 2061 ff.

Scholz, Franz (Hrsg.): Kommentar zum GmbH-Gesetz – Band 1 – §§ 1–34, 12. Auflage, Köln 2018 (zitiert als: Bearbeiter, in: Scholz-GmbHG).

ders. (Hrsg.): Kommentar zum GmbH-Gesetz – Band 3 – §§ 53–88, 12. Auflage, Köln 2018 (zitiert als: *Bearbeiter*, in: Scholz-GmbHG).

Scholz-Fröhling, Sabine: FinTech und die bankaufsichtsrechtlichen Lizenzpflichten, BKR 2017, S. 133 ff.

Schön, Wolfgang: Gibt es das partiarische Darlehen?, ZGR 1993, S. 210 ff.

ders.: Ein Allgemeiner Teil der Genußrechte, JZ 1993, S. 925 ff.

Schönke, Adolf / Schröder, Horst (Hrsg.): Kommentar zum Strafgesetzbuch, 30. Auflage, München 2019 (zitiert als: *Bearbeiter*, in: Schönke/Schröder-StGB).

Schulteis, Thomas: Das Wertpapier-Informationsblatt gemäß § 3a WpPG bei öffentlichen Angeboten von Wertpapieren, GWR 2018, S. 365 ff.

Schulz, Jan: Crowdinvesting – Zivilrechtliche Einordnung, aufsichtsrechtliche Anforderungen und steuerliche Aspekte (zugl. Diss. Berlin 2020), München 2020 (zitiert als: *Schulz*, Crowdinvesting).

Schulz, Stephan: Neue Schwellenwerte für Wertpapierprospekte, NZG 2018, S. 921 ff.

Schulze, Reiner (Schriftleitung) (Hrsg.): Handkommentar zum Bürgerlichen Gesetzbuch, 11. Auflage, Baden-Baden 2022 (zitiert als: *Bearbeiter*, in: Schulze-BGB).

Schwark, Eberhard / Zimmer, Daniel (Hrsg.): Kapitalmarktrechts-Kommentar – Börsengesetz mit Börsenzulassungsverordnung, Wertpapierprospektgesetz, Wertpapierhandelsgesetz, Wertpapiererwerbs- und Übernahmegesetz, Europäische Marktmissbrauchsverordnung, 5. Auflage, München 2020 (zitiert als: *Bearbeiter*, in: Schwark/Zimmer-KMRK).

Schwennicke, Andreas / Auerbach, Dirk (Hrsg.): Kommentar zum Kreditwesengesetz mit Zahlungsdiensteaufsichtsgesetz, 4. Auflage, München 2021 (zitiert als: *Bearbeiter*, in: Schwennicke/Auerbach-KWG).

Siering, Lea Maria / Izzo-Wagner, Anna Lucia (Hrsg.): Kommentar zum Vermögensanlagengesetz mit Vermögensanlagen-Verkaufsprospektverordnung, Berlin 2017 (zitiert als: *Bearbeiter*, in: Siering/Izzo-Wagner-VermAnlG).

Söpper, Pascal: Crowdfunding – Reward-Crowdfunding, Crowdlending und Crowdinvesting – eine Analyse aus schuld-, gesellschafts- sowie kapitalmarktrechtlicher Sicht (zugl. Diss. Münster 2016), Münster 2016 (zitiert als: *Söpper*, Crowdfunding).

Spindler, Gerald: Crowdfunding und Crowdinvesting – Sach- und kollisionsrechtliche Einordnung sowie Überlagerung durch die E-Commerce-Richtlinie, ZBB 2017, S. 129 ff.

Staudinger, J. von / Coester-Waltjen, Dagmar / Mäsch, Gerald / Piekenbrock, Andreas / Wendland, Matthias / Stoffels, Markus (Hrsg.): J. von Staudingers Kommentar zum Bürgerlichen Gesetzbuch mit Einführungsgesetz und Nebengesetzen – Buch 2 – Recht der Schuldverhältnisse, §§ 305–310; UKlaG (AGB-Recht 1 und Unterlassungsklagengesetz), 18. Auflage, Berlin 2019 (zitiert als: *Bearbeiter*, in: Staudinger-BGB (2019)).

ders. / Freitag, Robert / Mülbert, Peter O. / Mansel, Heinz-Peter (Hrsg.): J. von Staudingers Kommentar zum Bürgerlichen Gesetzbuch mit Einführungsgesetz und Nebengesetzen – Buch 2 – Recht der Schuldverhältnisse, §§ 488–490; 607–609 (Darlehensrecht), Neubearbeitung, Berlin 2015 (zitiert als: *Bearbeiter*, in: Staudinger-BGB (2015)).

ders. / Herrler, Sebastian (Hrsg.): J. von Staudingers Kommentar zum Bürgerlichen Gesetzbuch mit Einführungsgesetz und Nebengesetzen – Buch 1 – Allgemeiner Teil, §§ 164–240 (Stellvertretung, Zustimmung, Fristen, Verjährung, Selbsthilfe, Sicherheitsleistung), Neubearbeitung, Berlin 2019 (zitiert als: *Bearbeiter*, in: Staudinger-BGB (2019)).

ders. / Roth, Herbert / Bork, Reinhard / Herrler, Sebastian (Hrsg.): J. von Staudingers Kommentar zum Bürgerlichen Gesetzbuch mit Einführungsgesetz und Nebengesetzen – Buch 1 – Allgemeiner Teil, §§ 139–163 (Teilnichtigkeit, Anfechtung, Vertrag, Bedingung und Zeitbestimmung), Neubearbeitung, Berlin 2020 (zitiert als: *Bearbeiter*, in: Staudinger-BGB (2020)).

Stein, Ingrid: Venture Capital-Finanzierungen: Kapitalstruktur und Exitentscheidung, Bad Soden 2004 (zitiert als: *Stein*, VC-Finanzierungen).

Stöber, Michael: Die Informationsrechte von Genussrechtsinhabern, NZG 2017, S. 1401 ff.

Stürner, Rolf (Hrsg.): Jauernig. Bürgerliches Gesetzbuch. Kommentar, 18. Auflage, München 2021 (zitiert als: *Bearbeiter*, in: Jauernig, BGB).

ders. / Eidenmüller, Horst / Schoppenmeyer, Heinrich (Hrsg.): Münchener Kommentar zur Insolvenzordnung, Band 1 – §§ 1–79 – Insolvenzrechtliche Vergütungsverordnung (InsVV), 4. Auflage, München 2019 (zitiert als: *Bearbeiter*, in: MüKo-InsO).

Suchomel, Jan-Ulf: Konkurrenz von § 20 VermAnlG und bürgerlich-rechtlicher Prospekthaftung bei fehlerhaftem Prospekt, NJW 2013, S. 1126 ff.

Surowiecki, James: The Wisdom of Crowds: Why the many are smarter than the few and how collective wisdom shapes business, economics, societies and nations, New York 2005 (zitiert als: *Surowiecki*, The Wisdom of Crowds).

Uffmann, Katharina: „Der Schwarm im Bürgerlichen Recht" – Rechtsbeziehung zwischen Crowdinvesting-Plattform und Investor, JZ 2016, S. 928 ff.

Uhlenbruck, Wilhelm / Hirte, Heribert / Vallender, Heinz (Hrsg.): Insolvenzordnung – Kommentar, Band 1, 15. Auflage, München 2019 (zitiert als: *Bearbeiter*, in: Uhlenbruck-InsO).

Veith, Julian: Crowdlending – Anforderungen an die rechtskonforme Umsetzung der darlehensweisen Schwarmfinanzierung, BKR 2016, S. 184 ff.

Voß, Thorsten: Das Gesetz zur Ausübung von Optionen der EU-Prospektverordnung, ZBB 2018, S. 305 ff.

Wallmeroth, Johannes: Investor Behavior in Equity Crowdfunding, SSRN 2881394, Lyon 2017 (zitiert als: *Wallmeroth*, Investor Behavior in Equity Crowdfunding).

Weber, Philipp: Die rechtlichen Beziehungen der Parteien einer gewinnbeteiligten Schwarmfinanzierung (Crowdinvesting) (zugl. Diss. Trier 2018), Hamburg 2019 (zitiert als: *Weber*, Crowdinvesting).

Weidmann, Matthias: Kriterien der Rechtsprechung für eine erfolgsabhängige Vergütung beim partiarischen Darlehen, BB 2012, S. 1059 ff.

Weiß, Udo: Strafrechtliche Risiken des unerlaubten Erbringens von Zahlungsdiensten, WM 2016, S. 1774 ff.

Weitnauer, Wolfgang: „Crowdinvesting 2.0" nach dem Kleinanlegerschutzgesetz, GWR 2015, S. 309 ff.

ders. (Hrsg.): Handbuch Venture Capital – Von der Innovation zum Börsengang, 6. Auflage, München 2019 (zitiert als: *Bearbeiter*, in: Handbuch Venture Capital).

ders. / Parzinger, Josef: Das Crowdinvesting als neue Form der Unternehmensfinanzierung, GWR 2013, S. 153 ff.

Westphal, Lars / Kresser, Matthias: Rangrücktrittsvereinbarungen in der Beratungspraxis – Zugleich eine Besprechung von BGH, Urteil vom 05.03.2015 – IX ZR 133/14, DB 2015 S. 732 –, DB 2016, S. 33 ff.

Wick, Johannes: Pre-Purchase Crowdfunding: ein atypischer Kaufvertrag außerhalb der Verbraucherrichtlinie, VuR 2018, S. 49 ff.

Will, Martin / Quarch, Benedikt M.: Der Kommissionsvorschlag einer EU-Crowdfunding-Verordnung – Eine kritische Analyse –, WM 2018, S. 1481 ff.

Winde, Viktoria: Die Regulierung anlagevermittelnder und -beratender Internet-Plattformen – Im Spannungsfeld von Zivil-, Aufsichts- und Telemedienrecht (zugl. Diss. Münster 2018), Baden-Baden 2019 (zitiert als: *Winde*, Regulierung Internet-Plattformen).

Wöckener, Karsten / Kutzbach, Annekatrin: Neue EU-Prospektverordnung – Anpassungsbedarf bei der Praxis der Prospekterstellung, RdF 2018, S. 276 ff.

Woesch, Philippe: Neue Vorgaben der ECSP-VO für Crowdfunding, Fintechs und Finanzinstrumente, RdF 2022, S. 4 ff.

ders.: Fronting-Bank-Modelle im Lichte der ECSP-VO, BKR 2022, S. 199 ff.

Ziegert, Nicholas: Der Venture Capital-Beteiligungsvertrag (VCB) – Typisierung, Amerikanisierung und Flexibilisierungselemente eines Finanzierungsvertrages (zugl. Diss. Freiburg 2004), Berlin 2005 (zitiert als: *Ziegert*, VC-Beteiligungsvertrag).

La région au XXIe siècle

Perspectives de France et d'Europe

PETER LANG
Bruxelles · Bern · Berlin · New York · Oxford · Wien

Thomas Perrin

La région au XXIe siècle

Perspectives de France et d'Europe

Action publique
Vol. 21

Région
Hauts-de-France

TVES
TERRITOIRES
VILLES
ENVIRONNEMENT
& SOCIÉTÉ
ULR 4477

Cet ouvrage a bénéficié d'une aide à la publication :
- du laboratoire TVES, Univ. Lille, Univ. Littoral Côte d'Opale, ULR 4477 - Territoires Villes Environnement & Société, F-59000 Lille, France
- de la Région Hauts-de-France, dispositif ValoRIS-Valorisation et rayonnement des initiatives scientifiques

Cette publication a fait l'objet d'une évaluation par les pairs.

Éditions scientifiques internationales
Bruxelles, 2022
1 avenue Maurice, B-1050 Bruxelles, Belgique
www.peterlang.com ; brussels@peterlang.com

ISSN 1783-6077
ISBN 978-2-8076-1803-9
ePDF 978-2-8076-1804-6
ePUB 978-2-8076-1805-3
DOI 10.3726/b19503
D/2022/5678/10

Information bibliographique publiée par « Die Deutsche Bibliothek »

« Die Deutsche Bibliothek » répertorie cette publication dans la « Deutsche Nationalbibliografie » ; les données bibliographiques détaillées sont disponibles sur le site <http://dnb.ddb.de>.

À mes parents, déjà partis, mais toujours là

Sommaire

Introduction

> « *Le problème de l'organisation régionale de l'espace est fondamental pour tous les groupements humains. Il est inséparable – comme les recherches récentes le soulignent – de deux autres questions : celle de l'organisation de la société elle-même, et celles de ses relations avec l'environnement* » (Claval, 2016, p. 12).

La région est une notion capitale pour l'aménagement des territoires et pour le développement des sociétés, comme plusieurs travaux récents le confirment (Abels & Battke, 2019 ; Lingua & Balz, 2020 ; Harrison, Galland & Tewdwr-Jones, 2021 ; Purkarthofer, Humer & Mäntysalo, 2021 ; Neuman & Zonneveld, 2021 ; Perrin, 2022). Cet ouvrage poursuit et enrichit ces travaux par une analyse approfondie de la notion de région et de ses déclinaisons opérationnelles en Europe.

La région est ici envisagée comme une construction sociale, qui évolue en interaction permanente avec la société qui la conçoit et la met en œuvre (Frémont & Guermond, 2016 ; Perrin, 2017 ; Paasi, Harrison & Jones, 2018 ; Perrin & Seys, 2019, 2019b). L'analyse privilégie les allers-retours entre les outils théoriques et les données empiriques, afin de livrer une vision actualisée des ressorts et des produits d'une « fabrique régionale » en recomposition, selon différentes situations en Europe. Cette démarche constructiviste et pragmatique, entre pensée et action, entre théories et pratiques, correspond à une des fonctions de l'aménagement du territoire comme discipline « transactionnelle », qui lie la réflexion scientifique, la pratique politique et la mise en œuvre d'une action publique (Cordobes, Desjardins & Vanier, 2020)[1].

L'ouvrage revient d'abord sur l'épistémologie de la notion de région et sur les caractéristiques de la région en Europe. À partir de cette revue épistémologique on élabore une synthèse des théories et des concepts qui permettent de penser la région aujourd'hui en Europe, auxquels correspondent, sur le terrain, des formes régionales que l'on identifie comme tendancielles. On

[1] Cf. par exemple l'agenda et les travaux de recherche du Collège international des sciences territoriales : http://cist.cnrs.fr

éprouve ensuite l'analyse à travers différentes études de cas, à différentes échelles, ce qui permet, enfin, d'ouvrir des perspectives pour une reconsidération de la région en aménagement.

Épistémologie de la notion de région

L'évolution des approches et des travaux sur la région permet d'en saisir à la fois la complexité et la permanence dans le champ de l'aménagement, sur le plan tant conceptuel qu'instrumental. L'épistémologie proposée ici combine plusieurs corpus et approches de la région pour livrer une vision à la fois interdisciplinaire et internationale du sujet, ce qui à ce jour reste peu fréquent. Elle met également en lumière les interactions parfois contradictoires entre approche scientifique et construction sociopolitique des régions dans de nombreux États européens.

Si la région a été un concept fondateur et opératoire pour l'aménagement du territoire, ce même concept a aussi connu un certain oubli, si ce n'est une défaveur dans ce même champ interdisciplinaire, depuis une quarantaine d'années, en particulier en France face à des visions renouvelées – plus sociales, voire socioculturelles – du rapport des sociétés à l'espace et aux territoires. Ces approches ont fait des notions de lieu, de territoire, des concepts plus opérants que celui de région, alors même que la région devenait cantonnée à son signifié de « collectivité politique et administrative ».

Or en adoptant une vision internationale du sujet on constate que, à la différence du corpus francophone, la région prend un autre relief dans des travaux anglophones notamment, avec l'émergence d'une « nouvelle géographie régionale » dès les années 1980, puis avec les approches post-modernes et relationnelles de la « région-réseau » ou « multi-située », avancées par certains chercheurs depuis près de vingt ans. En Allemagne aussi la région reste un sujet structurant pour l'aménagement du territoire. La pertinence scientifique de la notion de région ressort également des apports de la science politique, de la sociologie ou encore des études culturelles, qui ont renouvelé le sujet et sa portée analytique, en parallèle notamment de l'institutionnalisation d'autorités dites régionales dans de nombreux pays européens.

Le rapport des acteurs sociaux à la région révèle ainsi de nombreuses contradictions. La notion a été en permanence contestée dans ses théorisations et dans ses applications, qu'il s'agisse de pointer les limites de la géographie régionale classique, de l'analyse régionale spatiale issue de (l'ancienne) Nouvelle Géographie, ou de l'approche néo-libérale appliquée au développement régional. La région est aussi un sujet contesté sur le plan sociopolitique, une contestation dont on observe aujourd'hui certains

paroxysmes à l'œuvre dans plusieurs États qui comprennent des régions politiques fortement autonomisées, notamment en Europe de l'Ouest.

Constater l'évolution, la construction et la déconstruction permanente des concepts et théories des sciences humaines et sociales, ou celles des formes sociales et territoriales, pourrait presque relever de la tautologie. Mais l'étude de la région dépasse ce registre car, comme le montre l'épistémologie, le haut degré d'instabilité et de contestation de la notion va de concert avec une stabilité certaine en tant que concept et instrument clés de l'aménagement. Cette dialectique entre variabilité et permanence, tout comme la position scalaire intermédiaire, interstitielle, sont autant de caractéristiques qui donnent à la région toute sa praticité.

L'épistémologie amène également à forger le concept de « cooplexité » pour traduire la conjonction entre deux dynamiques caractéristiques des ensembles régionaux contemporains : d'une part, la complexité des configurations régionales possibles et des processus de gouvernance, d'autre part, la coopération entre acteurs et parties prenantes de tel ou tel ensemble (figure 5).

Par ailleurs, l'épistémologie confirme que c'est bien dans le champ de l'aménagement que les différentes significations et conceptions de la région se relient et s'articulent : l'aménagement régional recoupe et combine les aspects géographiques, historiques, économiques, politiques et culturels de la région.

La région en Europe : paramètres et perspectives

Analyser la région et l'aménagement régional en contexte européen induit des paramètres particuliers qu'il convient de prendre en compte. En effet, la région occupe une place spécifique dans la construction européenne, liée non seulement à des tendances mondiales – métropolisation, rééchelonnement des politiques publiques, néo-libéralisme économique – mais aussi à des particularités du fait régional européen. La région politique et culturelle est une maille importante dans l'organisation socio-territoriale de nombreux pays d'Europe. Par ailleurs, la recomposition et l'aménagement de régions à de nouvelles échelles – transfrontalières, transnationales – contribuent à la dynamique d'intégration sociale, économique et politique de l'Union européenne.

Sur le plan heuristique la perspective européenne permet ainsi de confirmer la plasticité de la maille régionale, entre les régions sub-étatiques internes aux États, les eurorégions transfrontalières ou transnationales, et la « grande » région Europe. Cela permet de dépasser le syndrome de complexité sémantique pour constater, d'une part que ces différentes formes régionales sont liées entre elles, d'autre part que cette plasticité donne à la

région tout son intérêt au sein du champ de l'aménagement. Parallèlement, la construction européenne modifie les représentations, les références et les pratiques des politiques d'aménagement, à travers des dynamiques d'européanisation. Autant d'éléments qui donnent aux régions européennes des caractéristiques qui leur sont propres.

La région au XXIe siècle : caractéristiques et tendances

La revue épistémologique de la notion de région et l'identification des spécificités du contexte européen amènent à une synthèse des théories et des concepts qui permettent de définir et de penser la région européenne actuelle dans une situation de cooplexité, comme par exemple l'interterritorialité, la gouvernance coopérative, le rééchelonnement de l'État, le *soft planning* ou encore l'européanisation.

En tenant compte des apports du post-modernisme ou post-structuralisme, on relativise cet exercice de caractérisation : l'objectif n'est pas de fournir une hypothétique définition ultime ou essentialisée de la région, mais bien plutôt de proposer un cadre d'analyse générique et opérationnel pour penser et comprendre la région aujourd'hui.

Cet exercice de synthèse passe également par l'identification, sur le terrain, des formes régionales tendancielles qui correspondent à deux problématiques saillantes de l'aménagement régional contemporain : la constitution de régions à une échelle métropolitaine ou métro-régionalisation, la régionalisation à plus une échelle vaste, souvent transnationale, ou macro-régionalisation. Si ces tendances s'observent à l'échelle internationale, l'analyse se concentre ici sur l'espace européen, en particulier l'Europe de l'Ouest où plusieurs réformes territoriales et régionales ont été menées, à commencer par la France. La question macro-régionale est quant à elle abordée en lien direct avec le développement et l'aménagement du territoire de l'Union européenne, compte tenu des dispositifs mis en place à cette échelle, qui constituent autant de terrains d'expérimentation.

La région en action : illustration par le terrain

Plusieurs études de cas permettent d'éprouver les problématiques, les caractéristiques et les tendances identifiées concernant la région aujourd'hui en Europe. Les cas sont issus des deux macro-régions européennes : la Méditerranée occidentale d'une part, l'Europe du Nord-Ouest d'autre part. Ils ont été sélectionnés pour représenter différentes échelles et différents enjeux de l'aménagement régional : une nouvelle région française récemment fusionnée, l'Occitanie ; un ensemble de régions transfrontalières – ou

eurorégions – au nord et à l'est de la France ; et la Méditerranée occidentale en tant que macro-région européenne.

L'analyse relève principalement d'une approche qualitative des processus socio-économiques et sociopolitiques à l'œuvre et des jeux d'acteurs qui concourent à la fabrique régionale et aux recompositions territoriales. Des données quantitatives viennent appuyer l'analyse des faits sociaux, pour enrichir la vision et la compréhension des cas étudiés. Ces études se basent sur des recherches menées depuis plus de dix ans, qui ont permis de rassembler et de traiter un ensemble de données issues d'observations directes de terrain, d'entretiens auprès d'acteurs, d'une revue de littérature et documentaire actualisée en continu. L'ouvrage permet d'en dégager les résultats les plus signifiants.

Ces terrains apportent une connaissance pratique de formes et de modalités contemporaines de régionalisation en Europe et de leurs effets en matière d'aménagement et de développement socio-territorial. Ils illustrent en particulier la dimension relationnelle et partenariale, multi-acteurs et multi-scalaire de l'aménagement régional. Ils confirment la situation de cooplexité évoqué précédemment, et amènent à développer une approche post-complexe de l'aménagement.

Vers une approche post-complexe de l'aménagement

Qu'il s'agisse de la mise en place de nouvelles régions en France, de la formation d'eurorégions à l'échelle transfrontalière ou des processus de macro-régionalisation, l'ouvrage démontre la fonction critique de l'aménagement du territoire comme réponse pragmatique et constructive pour ajuster, stabiliser et opérationnaliser les politiques territoriales dans des sociétés complexes et dans des situations de cooplexité régionale.

Appréhender la complexité est une étape essentielle pour relever les défis de l'aménagement du territoire contemporain (Roo, Yamu & Zuidema, 2020). Or, l'opérationnalisation de tels systèmes complexes appelle une approche renouvelée de l'aménagement du territoire, que l'on propose de dénommer « post-complexe ». Cette approche, qui s'appuie sur plusieurs travaux émergents dans différentes disciplines (Ang, 2011, Berthoz & Petit, 2014, Paasi, Harrison & Jones, 2018, Friedmann, 2019), souligne le besoin de réintroduire de la lisibilité et de la cohérence suite à la rupture conceptuelle post-moderniste et déconstructionniste, pour dépasser le constat de la complexité et lier théorie et pratique, science et action. La région est à la fois une notion et un terrain privilégiés pour exposer et montrer l'intérêt de cette vision renouvelée de l'aménagement. Au-delà des « pour et contre » tel ou tel découpage régional ou échelle d'action, et sachant que le périmètre parfait ou « l'optimum territorial » sont des mythes, l'approche

post-complexe réside également dans la capacité de l'aménagement à délivrer un service adapté, lisible et efficace malgré le caractère évolutif et imparfait des ensembles territoriaux, *a fortiori* des ensembles régionaux.

Au final, l'ouvrage ne prétend pas épuiser toutes les possibilités de penser la région ou de « faire région », ce qui n'aurait pas grand intérêt. L'objectif est plutôt d'actualiser et de synthétiser la façon dont on aborde la région dans le champ interdisciplinaire de l'aménagement, et de rapporter cette grille de lecture à la mise en œuvre ou au développement d'ensembles régionaux sur le terrain. Par ailleurs, cette analyse vise à mettre en lumière les enjeux que représente la région pour l'organisation des sociétés européennes, à un moment critique de la construction de l'Union européenne. En ce sens, cet ouvrage appelle à reconsidérer la région dans les problématiques et les pratiques d'aménagement, ou pour le dire autrement, à « refaire région » en Europe.

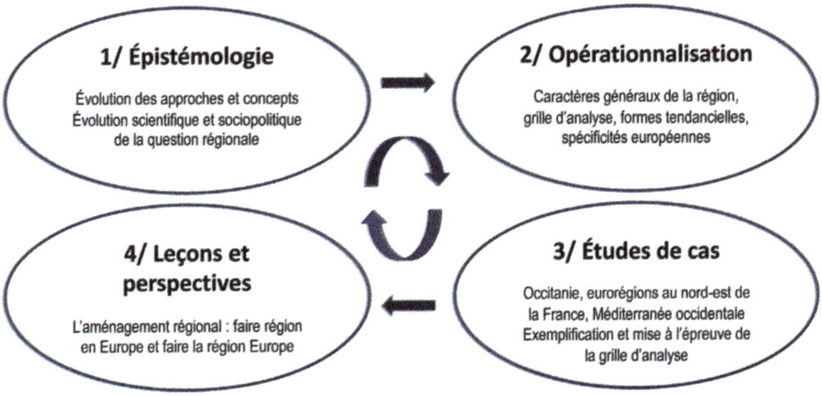

Figure 1 – Représentation de la démarche adoptée

Chapitre 1.

La notion de région, entre inconstance et permanence

Étrange destin que celui de la notion de région. Concept matriciel pour l'établissement de la géographie comme discipline scientifique moderne au tournant du XXe siècle, progressivement d'autres disciplines le mobilisent – voire se l'accaparent – pour lui donner de l'épaisseur, au risque parfois de le rendre plus opaque, et certainement plus controversé (Claval, 2016). La région est même tombée en désuétude au profit notamment de la notion de lieu, de territoire, plus signifiante et moins marquée pour certains. Cependant, la pensée régionale s'est renouvelée, d'une part avec les visions critiques de la géographique radicale (Massey, 1978), d'autre part à l'aune des opérations de décentralisation dans plusieurs pays (Cherrier & Guérard, 2014). La montée en puissance socio-économique et politique des régions remet aussi la question régionale en débat avec la théorie du « néo-régionalisme » (Balme, 1996 ; Keating, 1998). Le tournant post-moderne questionne l'interaction entre territorialité et réticularité des ensembles régionaux et ouvre la voie à une approche plus générique et plus opérationnelle du néo-régionalisme.

Sur le plan sémantique, on peut trouver nombre d'expressions ou de concepts qui se rapportent à la notion matricielle de région, et ce dans différents champs des sciences humaines et sociales. Cette situation indique « l'infini des possibles » qu'ouvre toute tentative de définition ou de délimitation de la notion. Le géographe Guy Di Méo (2003) rappelle cependant que la parenté de l'approche scientifique de l'objet « région » revient à la géographie, ce qui ne résout pas pour autant le caractère déroutant de la notion. Ainsi la région est « *une des notions essentielles, mais aussi les plus polysémiques, voire floues* » de la géographie (*ibid.*, p. 776). Pour Roger Brunet, autre géographe, la région « *est un mot vide qui ne contient que ce que l'on y met* » (cité par Bourdeau-Lepage & Huriot, 2009, p. 273). Depuis son instauration en géographie, le concept a connu une inflation sémantique jusqu'à être utilisé pour presque toutes les échelles, depuis la locale jusqu'à l'internationale : « *catégorie indéfinissable* » selon Marie-Claude Smouts

(1997, p. 37–38), théoricienne des relations internationales ; « *espace insaisissable* » pour le politiste Michael Keating (1997 p. 9–15), spécialiste des régionalismes sub-étatiques en Europe.

Pourtant, loin d'un tel flou, c'est dans un contexte marqué par le rationalisme et le positivisme que se sont développées les premières approches scientifiques de la région.

1. De la géographie aux croisements interdisciplinaires

1.1. La région, concept fondateur de la géographie moderne

La région est une des notions, avec celles de « milieu » et de « paysage », que les géographes ont mobilisées pour établir la géographie moderne comme discipline scientifique au tournant des XIXe et XXe siècles. Elle a déterminé un courant fondateur et resté longtemps prestigieux de la géographie, la géographie régionale, portant en premier lieu sur une échelle sub-étatique (Robic, 2016 ; Claval, 2016). Ce courant est représenté en particulier par l'École française de géographie classique autour de Paul Vidal de la Blache[2].

Dans cette approche, la région est l'unité spatiale que le travail géographique détermine et caractérise par le recueil et le croisement de données variées : nature des sols, climat, cours d'eau, littoraux et montagnes, types de flore et de faune, population (type, répartition, modes de vie). Cette approche régionale se déploie également dans le contexte des empires coloniaux dont il faut déterminer et caractériser les différentes régions, afin de mieux en contrôler les territoires (Singaravelou, 2007). La géographie dite régionale fonde l'identité universitaire de la discipline et en constitue la branche la plus prestigieuse. En France, différentes monographies de thèse sont emblématiques de cette approche de classification et de caractérisation de telles régions « naturelles » (tableau 1).

La géographie régionale a ainsi affirmé la géographie comme discipline scientifique à la jonction des sciences naturelles, de la sociologie et de l'histoire. Aux États-Unis Richard Hartshorne, un des fondateurs de la géographie moderne, définit dans son ouvrage *The Nature of Geography*, publié en 1939 et devenu un classique, la géographie comme une « *science de la*

---

[2] Si l'établissement de la géographie régionale classique a permis de faire entrer le concept dans la modernité scientifique, Paul Claval (2016) rappelle que l'on peut faire remonter la consubstantialité entre le travail géographique et l'approche régionale dès les premières productions des géographes grecs antiques, qui s'appliquaient à décrire, catégoriser et expliquer le monde selon ses différentes régions.

différenciation » dont l'approche régionale est l'outil privilégié. Si la géographie régionale a été ensuite été critiquée comme étant, en particulier, trop idiographique, ses apports restent néanmoins essentiels dans les travaux d'autres disciplines qui retravaillent le concept de région (Lamarre & Mukakayumba, 2019).

Tableau 1 – Quelques exemples de monographies de géographie régionale

Année	Auteur	Région et titre
1905	Camille Vallaux	*La Basse-Bretagne : étude de géographie humaine*
1905	Albert Demangeon	*La plaine picarde : Picardie, Artois, Cambrésis, Beauvaisis. Étude de géographie sur les plaines de la craie du nord de la France*
1906	Raoul Blanchard	*La Flandre, étude géographique de la plaine flamande en France, Belgique et Hollande*
1913	Maximilien Sorre	*Les Pyrénées méditerranéennes : étude de géographie biologique*
1926	Daniel Faucher	*Plaines et bassins du Rhône moyen entre Bas-Dauphiné et Provence*
1928	Henri Baulig	*Le Plateau central de la France et sa bordure méditerranéenne. Étude morphologique.*

Par ailleurs, comme souvent les délimitations conceptuelles ou théoriques ne sont ni binaires ni simplistes. Une approche dynamique de la région apparaît déjà dès les années 1910 dans certains travaux de Vidal de la Blache par exemple (Claval, 2016). Vidal oppose le paradigme du « possibilisme » au déterminisme géographique d'un Friedrich Ratzel par exemple. Il identifie le rôle des facteurs sociaux – et non plus uniquement géophysiques – dans la « fabrique » et l'organisation de telle ou telle région : un même milieu naturel peut être développé et aménagé de différentes manières selon les « genres de vie », les techniques et les cultures des populations qui l'occupent.

Cependant, alors que la géographie régionale classique continue d'adopter une approche somme toute assez descriptive des « régions naturelles », des approches plus constructivistes viennent renouveler l'analyse de la région, appréhendée comme un ensemble spatial que structurent des dynamiques sociales sur lesquelles il est possible d'intervenir, notamment dans le domaine économique.

1.2. Quand l'économie reconceptualise la région : région polarisée et science régionale

Une vision plus pragmatique et appliquée de la région comme espace d'action émerge au XXe siècle à l'entre-deux-guerres, surtout des milieux

économiques, dans le cadre des grandes opérations d'aménagement en Europe et aux États-Unis : d'abord dans le cadre de la reconstruction d'après-guerre, puis pour répondre à la crise économique des années 1930.

Cette approche se structure scientifiquement dans les années 1950 avec l'établissement disciplinaire de la « science régionale », qui s'intéresse à la dimension spatiale du comportement des agents économiques. La science régionale adopte une approche nomothétique de la région et cherche à établir des lois d'organisation spatiale des activités économiques (encadré A). Le développement de la science régionale est parallèle au tournant quantitatif en géographie, avec l'avènement d'une « Nouvelle Géographie » néorationaliste, qui s'inspire des modèles et méthodes économiques et mathématiques.

La science régionale se situe à la croisée de l'économie et de la géographie quantitativiste. En 1951, un premier centre universitaire d'économie régionale se crée à Bordeaux. En 1954 l'économiste Walter Isard fonde la *Regional Science Association* (RSA) aux États-Unis et publie en 1960 un ouvrage fondateur de cette approche : *Methods of Regional Analysis.* Il mène une campagne internationale en faveur de l'établissement de cette « nouvelle science », issue de l'économie mais qui ambitionne de croiser les apports d'autres disciplines, comme par exemple les sciences naturelles, le droit, la sociologie, la science politique, et bien entendu l'urbanisme et la géographie. En France, l'économiste François Perroux développe sa théorie des pôles de croissance pour expliquer les ressorts et les dynamiques du développement régional. L'idée est que le développement économique procède à la fois de la concentration des moyens de production dans certaines unités, et des échanges de ces « pôles » avec les espaces qui les entourent, produisant des effets d'attraction et d'entraînement économiques à l'échelle de « régions polarisées ». En 1961, Perroux et Isard fondent l'Association de science régionale de langue française (ASRDLF)[3]. Plusieurs revues et collections d'ouvrages voient le jour, témoignant du succès académique de cette discipline, comme par exemple *Papers in Regional Science, Regional Science and Urban Economics, Revue d'économie régionale et urbaine* (RERU).

Encadré A – Von Thünen et Christaller, inspirateurs de la science régionale

L'influence de l'organisation spatiale sur les dynamiques économiques se retrouve dès le XIXe siècle dans les travaux de Johann Heinrich von Thünen sur la localisation géographique des productions agricoles. L'ouvrage *Recherches sur l'influence que le prix des grains, la richesse du sol et les impôts exercent sur les systèmes de culture*, est traduit de l'allemand par Jules Laverrière et publié aux éditions Guillaumet et Cie à Paris en 1851.

3 https://www.asrdlf.org

Von Thünen produit un modèle en cercles concentriques pour optimiser la répartition de ces productions dans une plaine isotrope, en fonction de la distance à une unique ville. L'objectif est de maximiser le profit selon le rapport entre la nature du produit, plus ou moins périssable, et la durée d'acheminement vers le marché central. Walter Christaller avance sa théorie des lieux centraux dans les années 1930, par exemple dans l'ouvrage *Die zentralen Orte in Süddeutschland* publié aux éditions Fischer à Iéna en 1933. Il conçoit un modèle de répartition des villes selon une certaine hiérarchie, déterminée par le niveau de services qu'elles offrent et la distance pour y accéder, toujours dans l'hypothèse que l'individu adopte un comportement rationnel et cherche à s'approvisionner au meilleur coût. Si ces modèles ont été depuis réfutés, ils restent précurseurs pour souligner l'importance de la variable spatiale, de la localisation et des flux dans l'organisation socio-économique.

La science régionale mobilise des méthodologies statistiques et mathématiques pour comprendre, à l'aide de technologies informatisées qui se développent rapidement à partir des années 1950, les interactions entre dynamiques économiques et organisation spatiale et pour définir des régions économiques. Il s'agit d'une analyse spatiale quantitative qui appréhende la région comme un système d'interactions, afin d'identifier les causes ou les effets de la localisation et de la répartition des activités et des populations. Ces travaux permettent de mieux comprendre, par exemple, les déterminants des localisations industrielles, ou les écarts de développement entre différentes régions, entre espaces centraux et périphéries, pour essayer d'y remédier, alors que les prémices de la désindustrialisation pointent.

À ce titre ils ont influencé les politiques d'aménagement du territoire, à tel point qu'on présente souvent la science régionale comme le domaine par excellence du lien entre sciences et action territoriales. Ces travaux permettent aussi de rénover l'approche régionale en géographie avec par exemple, un article fondateur d'Étienne Juillard (1962). Il considère qu'il y a « *deux principes d'unité régionale qui reposent, l'un sur un critère d'uniformité (qu'il utilise comme synonyme d'homogénéité), c'est le paysage de la tradition vidalienne ; l'autre, sur un critère de cohésion, à travers l'action coordinatrice d'un centre. Il introduit ainsi l'idée de la région comme espace fonctionnel* » (Girard, 2004, p. 108). En 1972 Roger Brunet créée la revue *L'Espace géographique* pour, notamment, diffuser et appliquer les nouvelles approches et instruments de l'analyse spatiale en géographie. Dans cette optique il appelle au renouvellement de la géographie régionale et de l'étude des régions (Brunet, 1972, 1979). Le géographe Antoine Bailly (2009) rappelle par ailleurs que plusieurs chercheurs proches de la science régionale ont obtenu des prix Nobel d'économie, comme par exemple Wassily Léontieff en 1973, Lawrence Klein en 1980, Richard Stone en 1984.

Cependant dès les années 1970 la science régionale est confrontée à des approches géographiques plus humanistes et plus complexes des régions, qui ne se cantonnent pas à des modèles économiques spatiaux abstraits et désincarnés, mais posent des questions relatives à l'emploi, à l'exclusion sociale, aux représentations territoriales ou encore à la qualité de vie et de l'environnement (Lacour, Lavan & Maillat, 2002 ; Bailly, 2009). Un des fondateurs de la géographie radicale, David Harvey qui a lui-même débuté sa carrière dans le mouvement quantitatif en géographie, a reproché à la science régionale son manque de considération pour les problématiques sociales et politiques, et son apport relativement faible face aux crises dans les régions industrielles en transition économique (Harvey, 1973). Dans le même temps la discipline s'est quelque peu enfermée dans des débats théoriques ou épistémologiques, sans prendre la mesure des effets que la mondialisation économique néo-libérale et la consolidation de blocs régionaux de libre échange, en particulier l'Union européenne, ont pu avoir sur les politiques publiques économiques et territoriales. Dans les années 1990 la discipline apparaît en recul au sein de l'Université, avec la fermeture de départements renommés à Louvain-la-Neuve ou en Pennsylvanie par exemple (Bailly, 2009).

Assez logiquement, c'est de la sphère économique qu'est venu le renouveau de la science régionale, avec en particulier les travaux de Paul Krugman (Coissard, 2007). Dès son ouvrage *Geography and Trade* paru en 1991, Krugman réactualise le concept d'économies d'agglomération pour montrer que la proximité spatiale entre agents économiques peut être un facteur de compétitivité, concernant par exemple la baisse des coûts de transaction, l'organisation logistique ou l'échange d'information. Ses travaux fondent une « nouvelle économie géographique » qui va faire florès. Il reçoit le prix Nobel d'économie en 2008.

La nouvelle économie géographique ne s'intéresse cependant pas spécifiquement à la région comme ensemble territorial : « *la région s'efface derrière l'agglomération : le modèle séminal de Krugman comporte deux régions sans aucune dimension spatiale interne, réduisant l'espace à deux lieux sans dimension, tels des points. C'est une théorie spatialement (et régionalement) minimaliste* […] *Ce modèle est un apport fondamental à la théorie de l'agglomération, mais certainement pas à l'idée de région* » (Bourdeau-Lepage & Huriot, 2009, p. 277). Ainsi, la nouvelle économie géographique reste sur une vision assez générique et désincarnée de la région comme espace économique ou d'échanges commerciaux, à l'époque même où la région acquiert un statut institutionnel et sociopolitique renforcé au sein de nombreux pays et que, parallèlement, se structurent des unions économiques entre pays dites unions « régionales ». C'est plutôt la théorie du néo-régionalisme qui

fera le lien entre la performance économique et l'épaisseur sociopolitique de la région[4].

Cependant, malgré les limites de la nouvelle économie géographique, on observe que l'analyse spatiale quantitative s'est hybridée à partir des années 1990, au contact d'autres notions et approches du développement régional, dans « *une démarche que l'on pourrait caractériser de "maraudage", de métissage, où les chercheurs d'origine et d'âge variés vont puiser dans un fond multiple et s'efforcent de doter leurs analyses, sans doute de nouveaux concepts, mais aussi de travaux appliqués et utilisant des modèles économétriques* » (Lacour, Lavan & Maillat, 2002, p. 517). Ce renouveau correspond à la vision proposée par Antoine Bailly (2009) d'une analyse du développement régional qui croise les questions économiques, sociétales et environnementales (figure 2).

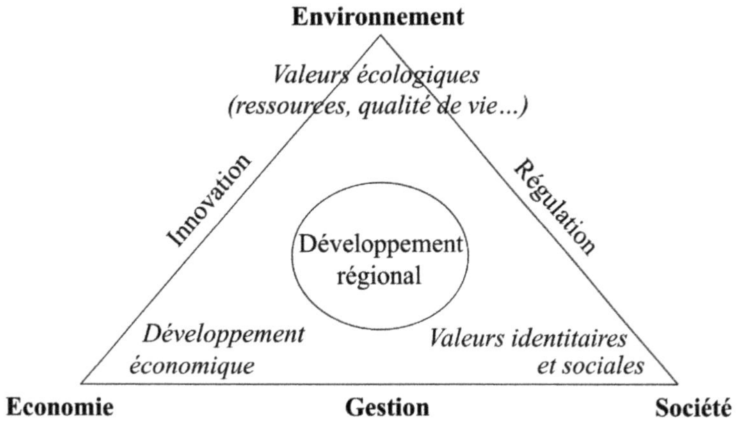

Figure 2 – Le triangle du développement régional selon Antoine Bailly
Source : Bailly, 2009, p. 6.

Ainsi, les dynamiques de localisation des activités, la formation et le fonctionnement de régions économiques intègrent des facteurs qui dépassent la stricte analyse spatiale, telles que les évolutions démographiques, la qualité des infrastructures et de l'environnement, l'attractivité territoriale, le bien-être des populations, la gouvernance, les interactions entre acteurs socio-économiques, ou encore l'histoire de telle ou telle région (Molema & Svensson, 2019). Plusieurs travaux de la science régionale contemporaine servent d'ailleurs les opérations d'aménagement comme le montre le succès

[4] Cf. infra, partie 2.3.

des notions de technopôle, de pôles de compétitivité[5], de *clusters* économiques pour n'en citer que quelques-unes (encadré E).

Cet enrichissement progressif de la science régionale fait écho aux visions sociopolitiques et géo-culturelles de la région et de la fabrique régionale, qui se sont développées en parallèle de l'approche économique et de l'analyse spatiale.

1.3. Les variations de la région politique : entre (ré)émergence et contestations

Dès la fin du XIXe siècle on assiste à l'émergence de mouvements régionalistes qui s'appuient en grande partie sur des revendications d'ordre culturel et patrimonial (Alliès, 2008). La région est souvent considérée comme l'enclos de coutumes et de cultures traditionnelles, qui donnent à l'État-nation sa richesse en même temps qu'elles doivent être préservées de l'acculturation liée à l'urbanisation et à l'industrialisation. Ces mouvements sont communs à de nombreux pays d'Europe, germaniques, scandinaves ou méridionaux notamment. Plusieurs travaux de la géographie régionale intéressent et nourrissent d'ailleurs ces mouvements et, à la même époque, se développent l'anthropologie culturaliste, la littérature provincialiste, ou encore l'architecture régionaliste (Vigato, 1994 ; Bidart, 2007, Canizaro, 2007).

Cet intérêt pour les cultures et les identités régionales débouche sur des revendications d'ordre politique : d'une part des demandes de réformes portées par des élites dans les régions, désireuses d'acquérir plus d'autonomie administrative, d'autre part des mouvements plus réactionnaires qui valorisent un retour aux modes de vie supposés « traditionnels » et aux « terroirs ». La région acquiert ainsi une dimension sociopolitique comme espace d'identité et de représentations sociales. Ces revendications prennent une résonance particulière en France du fait de la tradition centralisatrice de l'État, certes renforcée à la Révolution française mais construite dès l'Ancien Régime, avec par exemple l'établissement des intendants et des généralités dans les territoires au cours du XVIIe siècle (Grenouilleau, 2019).

La Fédération régionaliste française est créée en 1900 par Jean-Charles-Brun, un membre du Félibrige, une association de sauvegarde et de promotion de l'identité et de la culture de langue d'oc, fondée en 1854 sous l'égide du poète provençal Frédéric Mistral. En Espagne, la fin du XIXe siècle voit aussi l'avènement du mouvement politique et artistique de ré-affirmation de

[5] Les pôles de compétitivité sont mis en place en 2006 par l'État français pour dynamiser le développement économique sous la forme de clusters ou districts de spécialisation qui agglomèrent les acteurs et les compétences d'une région économique.

la langue et de la culture catalanes, la *Renaixença*. Frédéric Mistral participe, en 1859, à l'instauration de Jeux floraux à Barcelone, un concours emblématique de la littérature et de la poésie occitanes, inventé à Toulouse en 1323 par un groupe de poètes soucieux de rétablir un certain lyrisme après la croisade des Albigeois. Au XIXe siècle ont également ont été créés des Jeux floraux à Valence, où l'on parle une variante du catalan : le valencien[6].

En France la plupart des promoteurs du régionalisme souhaitent une réorganisation territoriale sous formes de régions, sans pour autant remettre en cause la centralité « organique » de l'État dans le système républicain. Tout autre est le discours des mouvements nationalistes ou d'extrême droite qui se saisissent aussi de la « question régionale ». Charles Maurras et l'Action française idéologisent le régionalisme pour s'opposer au régime républicain, et présentent les régions comme les héritières des provinces et collectivités d'Ancien Régime, garantes des valeurs et cultures traditionnelles de la France et de la richesse de sa Nation. Plusieurs mouvements régionalistes vont d'ailleurs pâtir d'une trop grande proximité avec des mouvances conservatrices et réactionnaires, voire avec le régime nazi. Le mouvement *Emsav* et le Parti national breton, qui obtiennent la création en 1940 d'un Comité consultatif de Bretagne, soutiennent le troisième Reich. Le Félibrige et mouvements associés se cantonnent à un conservatisme porté par des notables, dont certains soutiennent le maréchal Pétain. En Alsace, la coalition *Volskfront* est créée en 1928 entre des partisans de l'autonomie. Elle remporte la mairie de Strasbourg l'année suivante, mais se fissure dès les années 1930 en raison de l'orientation ouvertement pronazie de certains de ses membres. Le régionalisme politique à la Libération en France porte donc un « *héritage accablant* » (Alliès, 2008, p. 540). Il n'empêche, ces mouvements culturels et idéologiques introduisent de nouveaux paramètres dans la question régionale. Ils apportent une dimension culturelle et sociopolitique qui vient compléter, autant qu'ils s'en nourrissent, les premiers travaux de géographie régionale et de l'analyse spatiale des régions.

1.4. Du système régional à la région programmatique

L'approche de la région en tant que construit ou système social permet de venir appuyer la décision politique, en renseignant les programmes d'aménagement du territoire qui se mettent en place à partir de l'entre-deux guerres. On passe du descriptif au prescriptif, de l'observation régionale à une action

---

6 Au Moyen-Âge, le royaume de Valence a fait partie de la confédération de la couronne d'Aragon. Cette union dynastique entre le royaume d'Aragon et le comté de Barcelone a progressivement étendu son emprise sur une grande partie de la Méditerranée occidentale. Après l'union entre les couronnes d'Aragon et de Castille en 1479, la confédération a été progressivement intégrée au royaume d'Espagne.

régionale. On s'intéresse tout autant aux caractéristiques naturelles qu'aux flux, aux circulations, aux échanges et aux interactions humaines qui ont des effets sur l'organisation de l'espace et des activités – en particulier le phénomène d'urbanisation. L'objectif est de faire évoluer les dynamiques sociales qui « dessinent » telle ou telle région. Plutôt que de marquer une rupture fondamentale avec des pratiques précédentes, on retrouve ici le rôle de « conseil du Prince », le lien opérationnel entre la géographie, l'action politique et l'aménagement du territoire. Comme le rappelle Paul Claval (2016, p. 2), citant Strabon : « *La géographie est essentiellement orientée vers les besoins de la vie politique* ». Or si l'interaction change peu, les modalités et les préoccupations évoluent, et la région devient une échelle fondatrice des initiatives pour l'aménagement des territoires.

En Allemagne les premières expériences d'aménagement se font à une échelle régionale : syndicat de planification autour de Berlin et des communes voisines en 1916, syndicat pour l'aménagement du district minier de la Ruhr en 1920 (Quéva, 2007). En France la mise en place des régions économiques Clémentel en 1917 illustrent la nécessité d'organiser les dynamiques spatiales, en l'occurrence les synergies et complémentarités économiques dans un espace plus vaste que les départements et structuré autour d'une agglomération urbaine métropolitaine, au sens premier de « ville mère ». Le régime de Vichy crée des préfectures régionales en 1941 pour administrer la police, la santé et les affaires économiques. On aurait pu attendre de ces entités qu'elles répondent aux attentes des régionalistes d'extrême droite comme l'Action française, en valorisant les identités et autonomies régionales comme reflets de la « vraie France » traditionnelle. Or il s'est avant tout agi, dans la continuation des régions Clémentel, d'une entreprise administrative pour mieux encadrer les affaires et l'économie régionales.

En Espagne, la région est surtout le réceptacle d'un programme politique. Dès 1914 est créée la *Mancommunitat* de Catalogne à l'initiative d'Enric Prat de la Riba i Sarrà, fondateur de l'*Institut d'Estudis Catalans* et l'un des principaux artisans du renouveau du catalanisme politique. Ce regroupement des quatre institutions provinciales de Barcelone, Tarragone, Lérida et Gérone n'a pas de compétences dérogatoires mais il signale une première reconnaissance d'une unité territoriale de la Catalogne en Espagne depuis 1714. La dictature de Primo de Rivera mettra fin à l'expérience en 1925. La Deuxième République espagnole instaurée en 1931 suite à l'abdication du roi Alphonse XIII, adopte une constitution qui fait de l'Espagne une « *République des travailleurs de toutes les classes* », un « *État intégral, compatible avec l'autonomie des municipalités et des régions* ». Le respect des particularismes régionaux et nationaux qui composent l'Espagne est une des lignes de ce gouvernement républicain qui, dès 1932 accorde un statut d'autonomie à la Catalogne, puis à la Galice (1936) et au Pays basque (1938). La guerre civile espagnole mettra fin à ce premier épisode de régionalisation politique.

Au Royaume-Uni, dès le début du XXe siècle le savant écossais Patrick Geddes valorise l'échelle régionale dans ses travaux. Ce biologiste et sociologue de formation se révéla souvent visionnaire et deviendra un des pionniers influents de l'urbanisme et de l'aménagement. Il considère que l'échelle adéquate, pour traiter les questions sociales et environnementales liées au progrès économique et technologique, est celle de la région constituée par une ville et son territoire environnant. Il questionne les interactions bio-géographiques entre les humains, leur environnement et l'évolution des complexes spatiaux, une approche qu'il développe par exemple dans l'ouvrage *Cities in Evolution* paru dès 1915. À ce titre il est un des précurseurs de l'approche écologique de l'aménagement du territoire, et ses travaux ont inspiré des concepts aujourd'hui majeurs pour appréhender la région et l'aménagement régional, comme ceux de *city-region*, ou de bio-région, même si sa pensée est si riche et variée qu'elle se prête à de nombreuses interprétations (Biase, Lévy & Castrillo Romóm, 2016)[7]. En 1919, le géographe Charles Bungay Fawcett, considéré comme un des fondateurs de la géographie moderne britannique, s'inspire des travaux de Geddes et publie *Provinces of England : A study of some geographical aspects of devolution*[8]. Il suggère de mettre en place des diagnostics et des actions d'aménagement à l'échelle de douze provinces anglaises plus vastes que les *counties* existants. Fawcett devient ainsi un des initiateurs de ce que l'on nomme en anglais « *regional planning* », c'est-à-dire un aménagement conçu et déployé à une échelle plus vaste que celle de la ville ou de la commune (Harrison, Galland & Tewdwr-Jones, 2021 ; Purkarthofer, Humer & Mäntysalo, 2021). Cette approche ne sera effective que quelques décennies plus tard et de manière irrégulière (Baker & Roberts, 2006). En 1940 le rapport Barlow sur la localisation des activités industrielles dessine des « régions standards » [*standard regions*] en Angleterre. Dans les années 1960, des commissions d'aménagement économiques [*Economic planning councils and boards*] sont installées dans la plupart de ces régions. Au cours de ces décennies des dispositifs spécifiques sont mis en place selon les régions : aides à la reconversion industrielle pour le Nord de l'Angleterre ou la Cornouaille ; limitation des nouvelles installations à Londres et au Sud-Est. Les régions en reconversion dans les *home countries* d'Écosse et pays de Galles sont aussi concernées. Ce n'est pas avant les années 1990 que sont reconnues statutairement neuf

---

7 Cf. également le colloque *Patrick Geddes à Montpellier (1924–1932), un pionnier de l'écologie urbaine* organisé à l'école nationale supérieure d'architecture de Montpellier (ENSAM) les 14 et 15 juin 2019.

8 Éditions Williams & Norgate, Londres. Cf. https://archive.org/details/cu31924014118164/page/n7

Une édition révisée est parue en 1961 chez *Hutchinson's University Library* à Londres.

régions en Angleterre comme sièges d'administration déconcentrées de gouvernement [*Government offices for the English regions*]. Elles seront abolies en 2010 dans un contexte d'austérité budgétaire. Cependant, émerge une échelle régionale réinterprétée, inspirée du concept de *city-region* (Sykes & Nurse, 2020).

Encadré B – La dimension régionale de l'aménagement dans l'Italie d'après-guerre

En 1950, le gouvernement italien met en place un fonds pour aider au développement des régions du sud du pays : la Cassa per il Mezzogiorno ou Caisse du midi. La Caisse propose des aides à l'industrialisation et à la réforme agraire. À la fin des années 1960 cette politique s'inspire de l'approche des « pôles de croissance » : mise en place de pôles industriels avancés et concentrés pour entraîner le développement industriel et économique en aval, dans les régions de Caserte, Naples et Salerne, Catane et Syracuse, Cagliari, Bari, Brindisi et Trente. Les secteurs concernés sont les industries du fer et de l'aluminium, la pétrochimie, la construction de machines-outils. Le bilan est cependant jugé médiocre car la création d'emplois ne s'est pas accompagnée d'un véritable rattrapage. Les autres régions du pays ont continué leur progression car rien n'a limité l'industrialisation de l'Italie du Nord. Les investissements au sud sont restés dépendants des grandes entreprises localisées au nord, les bénéfices sont restés très concentrés dans certaines régions avec peu d'effet d'entraînement, et la gestion des fonds a pâti des activités criminelles de la mafia et de la corruption. La Cassa est liquidée en 1984 alors que se déploie la politique régionale de l'Union européenne pour, entre autres, financer le développement des régions européennes les moins favorisées.

En France la mise en place de l'État keynésien à la fin de la Seconde Guerre mondiale va avoir un impact sur l'aménagement du territoire et sur le développement des approches et opérations régionales. Cependant, comme on l'a vu à la Libération l'idée de région est encore associée aux mouvements régionalistes réactionnaires et d'extrême droite ou aux préfectures régionales du régime de Vichy. On favorise plutôt la maille départementale comme composante territoriale de l'État républicain. Le rejet du régionalisme politique n'empêche pourtant pas la région de devenir un outil important de la planification et de l'aménagement. La science régionale contribue à éclairer des politiques d'aménagement du territoire sur des bases scientifiques. « *Polarisation et régionalisation sont des notions très proches, apparues au même moment et exprimant la primauté du raisonnement économique* » (Girard, 2004, p. 109). Les visions économétriques ou modélisées appuient la reconstruction de l'après-guerre, les localisations stratégiques d'entreprises puis, plus tard, les reconversions de pôles industriels (Bailly, 2009).

Dès 1946 le Commissariat général au Plan introduit une dimension régionale dans ses opérations, même si cette vision a pu rencontrer des réticences de la part de la haute fonction publique (Alliès, 2008, p. 540). À partir des années 1950 des Comités d'expansion économique se constituent dans les régions pour rassembler les acteurs socio-économiques des territoires. On pense en particulier au Comité d'études et de liaison des intérêts bretons, le CELIB, sorte d'entité de *lobbying* régional qui va être importante pour défendre les spécificités socio-économiques de la région dans la négociation avec les instances de planification nationales. En 1955 l'État met en place les programmes d'action régionale en vue de « *promouvoir l'expansion économique et sociale des différentes régions* »[9]. Ces programmes deviennent les circonscriptions d'action régionale en 1960, dirigées par un préfet de région assisté d'une commission de développement économique régional (CODER), formée d'élus et de responsables économiques et professionnels. Le découpage des CODER fixera la carte régionale française jusqu'en 2016. Après l'échec d'un référendum en 1969 qui comportaient quelques avancées en matière de régionalisation, les circonscriptions sont transformées en 1972 en établissements publics régionaux, sortes de syndicats de départements, dotés d'un conseil régional qui rassemble les parlementaires de la région et des représentants des départements et communes, mais qui reste doté d'attributions limitées.

En 1963 est créée la DATAR, Délégation à l'aménagement du territoire et à l'action régionale, service du Premier Ministre qui va devenir le bras armé de l'État et le pilier de l'aménagement et du développement du territoire en France. Une de ses principales missions a été de veiller à la bonne organisation des forces économiques sur le territoire national, selon une distribution qui optimise ou valorise les dynamiques régionales constatées ou attendues. La politique des « métropoles d'équilibre », lancée en 1964, a par exemple contribué à favoriser le développement des régions françaises pour contrebalancer la domination parisienne. On retrouve dans l'action de la DATAR l'influence des travaux de la science régionale. Le *Compendium des systèmes et des politiques d'aménagement du territoire dans l'Union européenne*, premier exercice du genre commandité par la Commission européenne en 1997, caractérise d'ailleurs le système français comme relevant d'une tradition de « *planification économique régionale* » avec des « *objectifs sociaux et économiques, qui se rapportent notamment aux disparités relatives à la richesse, à l'emploi et aux conditions sociales entre les différentes régions du territoire d'un pays* » (CE, 2000, p. 31 ; Nadin & Stead, 2013).

Même non (encore) institutionnalisée politiquement, la région est donc bien une maille significative dans cette première phase de l'aménagement

---

[9] Décret n° 55–876 du 30 juin 1955 relatif aux sociétés de développement régional.

du territoire en France et dans certains pays européens, depuis la fondation de la géographie régionale jusqu'aux actions régionales des Trente Glorieuses.

2. Renouveau des approches : vers la région post-moderne

À partir des années 1960, les conceptions de la région et de son rôle dans le développement évoluent en lien avec des transformations sociales. Plusieurs phénomènes interagissent et entraînent une vision renouvelée de la région : un renouveau de la géographie régionale, avec des approches plus phénoménologiques et plus critiques ; la conjonction d'opérations de régionalisation politique et de la mondialisation néo-libérale des échanges économiques. La construction européenne contribue également à l'évolution de la région et de la fabrique régionale.

2.1. Libération sociale et renouveau de la géographique régionale

Les mouvements de libération sociale, l'individualisation des représentations et des expressions socioculturelles émergent à la fin des années 1960. Les paradigmes relativistes et les théories néo-marxistes introduisent de nouvelles approches du développement territorial et renouvellent les revendications régionalistes.

En réaction aux visions quantitativistes et aux ambitions nomothétiques de la Nouvelle Géographie, plusieurs mouvements défendent la géographie comme une science humaine, hétérogène et dont les objets sont en perpétuelle mutation. Ils privilégient une analyse phénoménologique des lieux et des espaces, selon laquelle notre perception de la réalité est le produit d'une reconstruction mentale. Le philosophe Henri Lefebvre publie en 1974 *La Production de l'espace*, qui marque un tournant dans la vision de l'espace comme construction d'une société particulière (Lefebvre, 1974). Les géographes Jacques Lévy et Christian Grataloup proposent une alternative à la géographie physique avec la revue *Espace-Temps* en 1975, tournée vers l'interdisciplinarité. Yves Lacoste s'intéresse aux dimensions spatiales et territoriales des rapports de force internationaux, et lance son école de géopolitique qui s'exprime notamment dans la revue *Hérodote* fondée en 1976.

Ces évolutions se ressentent dans l'approche de la notion de région. L'échelle d'analyse se modifie, ainsi que le vocabulaire. On s'intéresse aux perceptions des individus, aux représentations territoriales, au sens des lieux et des artefacts liés à un territoire et à une société. Cette approche porte

sur les territoires et la territorialité à des échelles diverses. La région, encore souvent associée aux approches universalistes et quantitativistes de l'analyse spatiale, perd progressivement la primauté de l'analyse géographique au profit des notions de lieu, de territoire. Mais la région n'échappe pas à la grille de lecture phénoménologique : le géographe Armand Frémont (1976) envisage la région comme un « espace vécu », comme un système de relation entre les populations et les lieux, entre l'espace et les perceptions que ses habitants en construisent (encadré C). Le concept d'espace vécu devient une référence pour le renouvellement de la géographie humaine. Il n'empêche, le tournant humaniste et phénoménologique marque une perte de primauté de la région comme notion signifiante en géographie en France. Lise Bourdeau-Lepage et Jean-Marie Huriot (2009, p. 273) remarquent que « *l'index de l'encyclopédie de géographie de Bailly et al. (1992) renvoie 6 fois à "région" et 13 fois à "territoire"* ».

Encadré C – Armand Frémont, la géographie sensible et la régionalisation

Armand Frémont, décédé en mars 2019, laisse orphelin le groupe des « quinze géographes normands » qu'il a initié en 2011. Ses travaux sont indissociables de son attachement pour la région de Normandie à laquelle il a consacré de nombreux ouvrages. Il a souligné, dans son analyse des interactions entre une société et son espace, l'importance des échanges sur le terrain, au plus près des populations. Il a aussi défendu une géographie de l'action et fut conseiller à la DATAR dans les années 1990. Précisément à la jonction entre géographie de l'humain et action territoriale, le groupe des quinze géographes normands s'est formé pour défendre l'idée d'une réunification des deux régions normandes. Un premier diagnostic est posé avec *La Normandie en débat* (Bayeux, OREP éditions, 2012). Après que les deux régions ont été réunifiées par la réforme de 2015, un colloque à Cerisy-la-Salle met en perspectives les défis d'aménagement et de développement de la nouvelle Normandie, avec par exemple la question de la métropolisation du territoire, ou la relation au Bassin parisien (Frémont & Guermond, 2016). Les travaux continuent dans le cadre de la mise en place des dispositifs d'aménagement et de développement économique installés par la réforme. Armand Frémont a ainsi créé un mouvement de référence en France pour renouveler la géographie régionale à l'aune des enjeux socio-économiques et politiques contemporains.

Cependant, une nouvelle géographie régionale émerge dans le corpus anglo-saxon. Elle est inspirée par la géographie radicale, d'influence néo-marxiste, initiée notamment par David Harvey qui, en réaction à la domination de la géographie quantitativiste, propose une étude de la pauvreté et des inégalités urbaines (Harvey, 1973). Doreen Massey va appliquer cette grille de lecture à l'échelle régionale (Massey, 1978). Elle pose la question

des inégalités entre régions du Royaume-Uni, au moment où les premières conséquences de la crise industrielle se font sentir. Elle montre que les rapports sociaux de classe ont des effets sur les inégalités de développement selon chaque région (Massey, 1984). Cette analyse est d'autant plus significative quand on la resitue dans un Royaume-Uni aux prises avec le Thatchérisme et la libéralisation à marche forcée de l'économie, qui plonge des régions entières dans des situations sociales douloureuses. Figure de l'intellectuelle engagée, Doreen Massey sera une des pionnières de la géographie féministe, une figure de la géographie post-moderne et co-fondatrice de la revue *Soundings* en 1995 avec Stuart Hall et Michael Rustin[10]. Tous trois ont aussi co-édité un manifeste paru en 2015 pour appeler à une refondation d'une pensée de gauche pour répondre aux dangers de l'épuisement du capitalisme néo-libéral : *After Neoliberalism? The Kilburn Manifesto.*

La nouvelle géographie régionale qui émerge dans les années 1980 met ainsi en lumière la région comme fabrique sociale, comme le produit de pratiques sociales qui la construisent, lui donnent du sens, peuvent la reproduire voire la supprimer. Cette approche s'incarne par exemple dans la théorie de l'institutionnalisation des régions proposée par le géographe Anssi Passi (1986), qui distingue différentes phases dans ce processus : formation territoriale, façonnage symbolique, mise en forme institutionnelle puis établissement de la région. La nouvelle géographie régionale envisage la région en relation avec des phénomènes politiques, économiques ou culturels plus larges, et par rapport à la structure des rapports de force à un moment donné. Dans la géographie allemande aussi s'opère cette transition vers une approche plus sociale de la région par laquelle « [l]*a nature de la région réside ainsi non plus dans ses caractères en tant que tels, mais dans ceux que lui attribuent un individu ou un groupe social* » (Quéva, 2007, p. 54).

Cette « socialisation » de la région va de pair avec le renforcement de l'autonomie politique et l'institutionnalisation des régions dans de nombreux pays.

2.2. L'institutionnalisation de la région, objet et sujet de science politique

Sur le plan militant et politique, l'approche plus relativiste et culturelle des régions trouve un écho dans les visions et revendications de plusieurs mouvements régionalistes qui, à partir des années 1960, agissent à des degrés divers en Europe occidentale, par exemple en Irlande, Écosse et pays de Galles, Bretagne, Flandre et Wallonie, Pays basque, Catalogne, Corse et certaines parties de l'Italie. Dès avril 1971 paraît dans *Le Monde*

---

10 https://www.lwbooks.co.uk/soundings.

diplomatique un dossier spécial sur le thème de « L'État-nation en question ? La poussée régionaliste en Europe ». La défense des droits culturels, le contexte de la décolonisation qui met en avant le droit des peuples à l'autodétermination et la jonction entre développement économique et social, sont autant d'arguments qui soutiennent la reconfiguration du régionalisme politique. Les analyses d'influence néo-marxiste sur les inégalités de développement et les rapports de domination capitalistes soulignent l'inefficacité des dispositifs des États pour résoudre les crises économiques qui émergent dans de nombreuses régions en Europe occidentale, notamment les régions d'industrie lourde ou de mines telles que les *Midlands*, le Centre de l'Écosse ou le pays de Galles au Royaume-Uni, la Wallonie en Belgique ou le Nord et l'Est de la France. Ils sont aussi utilisés pour dénoncer le retard de développement de la Bretagne par le Comité d'études et de liaison des intérêts bretons, *lobby* socio-économique créé en 1950. Robert Lafont, écrivain et linguiste occitan qui dès 1945 participe à la fondation de l'Institut d'études occitanes, lie arguments culturels et socio-économiques pour développer la notion de « colonialisme intérieur » en 1967, en écho à l'article « Les colonisés de l'intérieur » publié lors de la grève des mineurs de Decazeville en 1962 par Serge Mallet, ancien résistant et militant politique de gauche (Alcouffe, 2009). L'expression est reprise par Michel Rocard qui présente le manifeste *Décoloniser la province* en 1966 à la Rencontre socialiste de Grenoble. En mai 1968, on voit apparaître dans la cour de la Sorbonne des drapeaux basques, bretons, corses et occitans. Des géographes ont d'ailleurs pris une certaine part dans le débat sur la question des régionalismes et de l'autonomie régionale (Girard, 2004, p. 110).

Il ne s'agit pas ici de catégoriser les revendications régionalistes qui relèvent d'orientations et de lignes idéologiques fort diverses et variables dans le temps. Dans certains cas elles s'inspirent des luttes de libération anticoloniales. Plusieurs mouvements se situent à gauche de l'échiquier politique, souvent en réaction aux positions des années 1930 qui ont décrédibilisé certains régionalismes, comme dans les cas breton ou alsacien. À la même époque d'autres mouvements continuent d'être dominés par l'extrême droite ou le fascisme, ce qui d'ailleurs se vérifie toujours aujourd'hui. Certaines revendications indépendantistes sub-étatiques ont déclenché des violences armées : Irlande du Nord, Corse, Pays basque par exemple. Le régionalisme politique est un objet à géométrie variable qui se prête à toutes sortes d'interprétations et d'instrumentalisations, non sans ambivalence, notamment dans sa composante identitaire et son rapport au territoire. L'essentialisation d'une identité et d'un territoire régionaux – si ce n'est d'une ethnie régionale – peut même aboutir à des impostures intellectuelles comme le concept socio-territorial de la « région Padanie », inventé en référence à la plaine du Pô pour désigner les régions du nord de l'Italie. Le concept sera récupéré dans les années 1990 par le parti politique de

la Ligue du Nord pour défendre son agenda partisan (Huysseune, 2006 ; Rivière, 2012).

En tout état de cause, la reconnaissance du pluralisme socio-territorial au sein des États nations et la rénovation du régionalisme politique permettent, à partir des années 1970, d'accorder plus d'autonomie à des autorités régionales dans plusieurs pays d'Europe occidentale, là encore sur des modèles et à des degrés variés. La dualité francophone et flamande de la Belgique provoque un processus de fédéralisation en 1970, qui aboutira à la création de régions et de communautés dotées de compétences approfondies, y compris une communauté qui représente les intérêts des germanophones du pays. L'Italie met en place ses régions en 1970 alors qu'elles étaient inscrites dans la Constitution de 1947 mais que seules quatre régions à statut spécial avaient été réalisées : Vallée d'Aoste, Trentin-Haut-Adige, Sardaigne et Sicile. Le Portugal accorde à ses territoires insulaires d'outre-mer, les Açores et Madère, le statut de région autonome en 1976 ; un référendum sur la création de régions autonomes dans la partie continentale du pays échoue cependant en 1998 (Gusman, 2019). À partir de 1978, la transition démocratique en Espagne met en place des communautés autonomes qui obtiennent des compétences élargies mais variables, sur un modèle de décentralisation différenciée et progressive. Trois d'entre elles obtiennent le statut spécifique de nationalité historique : la Catalogne, la Galice et le Pays basque. En 1982 la décentralisation est engagée en France avec la création de régions et conseils régionaux autonomes selon la cartographie des établissements publics régionaux de 1972. Ces nouvelles régions disposent d'attributions encadrées par l'État à travers les préfectures régionales. Bien que la spécificité culturelle et identitaire des *home-nations* qui composent le Royaume-Uni ait été reconnue au cours même de la constitution de cet État, ce n'est qu'en 1997 qu'une opération de régionalisation, le processus de *devolution*[11] dote l'Écosse, le pays de Galles et l'Irlande du Nord d'institutions propres qui peuvent conduire certaines politiques de manière autonome par rapport au Parlement de Westminster (Leydier, 2008).

La Pologne se dote de régions autonomes en 1999, les voïvodies, avec un système qui croise administration déconcentrée de l'État et administration décentralisée de la collectivité régionale élue, assez proche de la décentralisation française. Dans certains États ayant recouvré la démocratie récemment, la mise en place de régions de planifications a été peu suivie de processus de décentralisation à cette échelle, comme par exemple

---

[11] En anglais le terme *devolution* porte une dimension politique plus forte que *decentralisation*. Il ne s'agit pas uniquement de déléguer des pouvoirs du haut vers le bas, mais également de répondre à une demande sociopolitique pour plus d'autonomie et de ressources propres. C'est quasiment un synonyme du français « décentralisation », alors que *decentralisation* en anglais peut aussi signifier « délocalisation ».

en Bulgarie, Hongrie ou Roumanie (Perrin & Seys, 2019). Dans d'autres États, la décentralisation « supra-communale » s'opère à des échelles correspondant aux comtés anglais, aux provinces espagnoles ou italiennes ou aux départements français. Cela montre qu'une application très générique de la notion de région peut recouvrer des entités aux dimensions très variables (Seys, 2019).

Sans vouloir multiplier ici les exemples, on constate que dans de nombreux pays européens, la région s'est institutionnalisée comme entité sociopolitique intermédiaire, qui représente les intérêts de groupes sociaux composant les États (Cherrier & Guérard, 2014). La région est ainsi devenue à la fois un objet et un sujet de la science politique, documenté et analysé par un nombre considérable de travaux, selon trois perspectives principales : la région comme institution, la région comme espace de mobilisation politique ou la région comme espace de gouvernance (Pasquier, 2012, 21–43). Beaucoup de ces travaux ont une ouverture interdisciplinaire qui correspond aux multiples facettes de la question régionale (Keating, 2004). En France, les apports de la science politique ont éclairé les processus d'institutionnalisation de l'autorité régionale, les jeux d'acteurs au sein de l'arène régionale ou encore la consolidation d'une action publique à cette échelle (Négrier, 1995 ; Nay, 1997 ; Jouve, Spenlehauer & Warin, 2001 ; Barone, 2011). D'autres travaux ont abordé le tournant politique et institutionnel des régions à l'échelle européenne permettant, par une ouverture comparative, d'envisager les effets de l'intégration européenne sur la construction sociopolitiques des régions (Le Galès & Lequesne, 1997 ; Jouve & Négrier, 1998).

La « région politique » a aussi été traitée de manière plus quantitative, avec par exemple l'élaboration d'un Indice d'autorité régionale [*Regional authority index*], qui a été appliqué à 231 unités ou gouvernements régionaux et 81 pays (Hooghe, Marks & Schakel, 2008 ; Hooghe et al., 2016). Cet indice comprend deux catégories, divisée chacune en modalités (tableau 2). Pour chaque modalité, une note est attribuée puis on ajoute les notes pour former l'indice synthétique. Cet outil enrichit les analyses comparatives de la région comme autorité territoriale institutionnalisée.

C'est à partir de l'évolution sociopolitique de la maille régionale, en lien avec les évolutions géo-économiques mondiales, que se forme une théorie du néo-régionalisme dans les années 1990.

Tableau 2 – Composition de l'Indice d'autorité régionale

	CATÉGORIES	
	Compétences propres	**Compétences partagées**
MODALITÉS	Autonomie institutionnelle	Pouvoir législatif
	Champ de compétences	Contrôle exécutif
	Capacité fiscale	Contrôle fiscal
	Représentation politique	Réforme constitutionnelle

Source : élaboration propre d'après Hooghe, Marks & Schakel, 2008.

2.3. Le néo-régionalisme, ou la conjonction de la région économique et de la région politique

L'approche théorique du « néo-régionalisme » interprète un renouveau régional sur la base de facteurs principalement économiques et politiques : les régions se renforcent à la fois comme unités intermédiaires de performance économique et de capacité politique, situées à l'interface de dynamiques locales, nationales et globales (Balme, 1996 ; Keating, 1998 ; Perrin, 2020b).

Sur le plan économique, la libéralisation et l'accroissement des flux globaux de personnes, d'information, de biens et de capitaux signalent, dès la fin des années 1970, une transition dite « post-fordiste » des économies industrialisées, par laquelle de nouvelles formes de production et de consommation émergent. Au-delà de nombreuses interprétations qui peuvent varier selon les points de vue de différentes écoles d'économie, le post-fordisme renvoie, de manière générale, à la combinaison entre la transformation des technologies d'information et de communication, la tertiarisation de l'économie et le maintien d'une organisation économique de type capitaliste. L'information et la connaissance deviennent des éléments centraux des dynamiques de production et de valorisation économiques. Cette nouvelle phase de capitalisme est désignée par le concept d'économie de la connaissance ou de « capitalisme cognitif » (Colletis & Paulré, 2008 ; Foray, 2018).

Sur le plan spatial et territorial, cette reconfiguration du capitalisme amène plusieurs analyses à considérer la région comme l'unité spatiale qui peut le mieux conjuguer, à une échelle intermédiaire, agglomération et connexion : effets d'agglomération et proximité entre les différents agents d'un système économique d'une part[12], connexion aux réseaux mondiaux d'information et de distribution d'autre part. Le géographe Erik Swyngedouw (1997) a forgé l'expression « glocalisation » pour traduire cette

---

[12] Où l'on retrouve l'influence des travaux de Paul Krugman, inspirateur du renouveau de la science régionale et de la nouvelle économie géographique. Cf. partie° 1.2.

dialectique agglomération/connexion. Si les centres urbains concentrent bien souvent les facteurs et fonctions de compétitivité, la performance se construit sur des interactions à des échelles régionales plus variées (Scott, 2001). Le stratégiste Kenichi Ohmae (1996) va plus loin et postule que les États-nations sont obsolètes et inadaptés par rapport aux régions qui émergent de la dynamique des marchés – qu'il nomme « états-régions ». Selon une lecture institutionnaliste et sociologique de l'économie, « *l'épaisseur institutionnelle* » d'une région devient un facteur de performance pour structurer le tissu économique de telle ou telle région (Amin, 1999). Cette notion d'épaisseur renvoie au capital social endogène, aux échanges et interactions entre acteurs locaux, aux politiques voire aux cultures régionales (Keating, Loughlin & Deschouwer, 2003). Au sein de l'école française de la régulation, une série de travaux dirigés par Alain Lipietz et Georges Benko (1992, 2000) illustrent, sur près d'une décennie, cette « nouvelle géographie économique »[13]. Sur le terrain, plusieurs cas illustrent ces situations, comme par exemple les districts industriels de la Troisième Italie, les complexes électroniques en Asie du Sud-Est, les industries de pointe dans la *Silicon Valley* en Californie ou le long de la route 128 au Massachussetts, l'automobile et la mécanique dans le Bade-Wurtemberg, le *Fashion District* de Los Angeles, les clusters d'entreprises du numérique dans les régions de Tel Aviv ou de Bangalore.

La théorie du « néo-régionalisme » fait le lien entre ces postulats économiques et la montée en puissance politique des autorités régionales dans plusieurs pays européens. On considère cette capacité politique comme un facteur clé pour organiser le système économique régional, pour produire des avantages comparatifs : qualité des infrastructures, capacité des acteurs socio-économiques et politiques à créer des alliances au service du développement régional. On retrouve ici l'importance des « cultures régionales » pointée par les approches économiques institutionnalistes, au sens large de comportements des acteurs qui déterminent la gouvernance et les interactions sociales de chaque ensemble régional. L'agenda néo-régionaliste ne consiste plus uniquement à demander plus d'autonomie auprès de l'État central. Il s'agit aussi d'utiliser l'autonomie déjà acquise par la décentralisation pour renforcer l'attractivité et la compétitivité d'une région, en Europe et dans le monde.

Aux côtés de la capacité institutionnelle et de l'internationalisation économique, une autre variable déterminante pour la théorie du néo-régionalisme est l'action extérieure des régions, leur capacité à développer des coopérations et à s'inscrire dans des réseaux d'action collective

---

[13] À ne pas confondre avec la nouvelle économie géographique initiée par Paul Krugman, cf. supra 1.2.

internationaux (Massart-Piérard, 2005 ; Pacheco Amaral, 2011). Certaines régions disposant et/ou mobilisant le plus de compétences en la matière mettent en place une action extérieure qualifiée de paradiplomatie en raison de son intensité particulière (Lachapelle & Paquin, 2004 ; Criekemans, 2010 ; Gomez, 2019). L'alliance supposée vertueuse entre la capacité coopérative des acteurs comme condition du succès de l'économie régionale, la nécessaire connexion des régions à des réseaux internationaux et la recherche de compétitivité internationale, donne lieu à l'expression de « coopétition », issue à l'origine du monde managérial (Chiambaretto, 2011). Les « nouvelles régions » gagnantes sont non seulement en capacité de mieux organiser leur économie en interne, mais elles sont également des espaces ouverts aux flux socio-économiques mondiaux. La construction européenne va sur ce plan apporter de nombreuses opportunités pour la mise en place de réseaux et organisations interrégionales[14].

Encadré D – Les différentes échelles du néo-régionalisme

Si on traite ici du néo-régionalisme à l'échelle sub-étatique, il existe un courant de recherche sur le régionalisme dit « macro », qui relève des relations internationales et qui porte sur la formation de régions inter-étatiques telles que l'Union européenne, l'Alena, le Mercosur (Fawn 2009 ; Perrin, 2020b ; Mareï & Richard, 2020). Dans les années 1990 on mobilise aussi la notion de néo-régionalisme à cette échelle pour analyser le renouvellement dans la gouvernance de ces organisations, lié d'ailleurs, comme pour le néo-régionalisme « micro », aux transformations de la mondialisation néo-libérale (Söderbaum, 2015). On retrouve dans ces différents usages la géométrie variable inhérente à la notion de région. Cette double dimension, macro et micro, du néo-régionalisme est d'autant plus intéressante à considérer dans le cas de l'Union européenne, une « grande » région dont le développement interagit avec celui des « petites » régions au sein de ses États membres. Le néo-régionalisme indique aussi que, face aux acteurs traditionnels que sont les États, les régions sub-étatiques tout comme l'Union européenne ont acquis une nouvelle place dans un système international qualifié de post-westphalien et de néo-médiévaliste (Duran, 2019), dans lequel la souveraineté est partagée entre différents acteurs, à diverses échelles, et les limites territoriales sont reconfigurées par les flux de l'économie globalisée. Pour d'aucuns, cette situation appelle à dépasser le « territorialisme » et à produire des « *dispositifs* [d'aménagement] *parallèles et superposés pour divers espaces territoriaux et fonctionnels* » (Faludi, 2016, p. 73).

14 Cf. infra chapitre 2, partie° 2.3.

Dans le contexte « néo-régionaliste », la compétitivité et l'attractivité deviennent des enjeux de plus en plus prégnants pour les politiques d'aménagement du territoire. Les divers territoires sont en compétition pour pouvoir capter les flux de plus en plus mobiles et flexibles d'entreprises, de capitaux et de « talents ». Le *branding* ou *marketing* territorial, les stratégies de valorisation des ressources territoriales tangibles et intangibles prennent une place de plus en plus importante par rapport aux opérations de redistribution ou de déconcentration économiques telles qu'initiées par les États centraux auparavant. En France ce changement de paradigme s'est illustré un temps avec le changement de l'acronyme DATAR en Délégation interministérielle à l'aménagement et à la compétitivité des territoires (DIACT) de 2005 à 2009. Le retour à l'acronyme DATAR en 2009 se fait avec un intitulé qui garde la même logique : Délégation interministérielle à l'aménagement du territoire et à l'attractivité régionale. En 2006 l'État français lance le programme des pôles de compétitivité[15]. Cependant, en 2014 la DATAR est intégrée au sein d'un Commissariat général à l'égalité des territoires (CGET), qui sera à son tour inclus, en 2019, dans une agence unique pour l'action territoriale de l'État : l'Agence nationale de cohésion des territoires[16]. Autre temps, autre paradigme.

Le renouvellement socio-économique et politique de certaines régions n'empêche pas le développement régional de rester un phénomène très contrasté, comme vont le montrer plusieurs travaux d'influence plus radicale.

2.4. Le développement « néo-régional » face au renouveau des approches radicales

Si la transition post-fordiste peut réussir à certaines régions, elle se traduit aussi par des processus de désindustrialisation dans d'autres régions. Toutes les régions n'ont pas la même capacité – institutionnelle, socio-économique, voire culturelle – à s'inscrire dans les flux internationaux de manière compétitive. Les hypothèses du néo-régionalisme ne se vérifient que dans un nombre limité de cas « totémiques », qui sont certes représentatifs d'évolutions saillantes du fait régional, mais restent le produit de conjonctions particulières, difficilement généralisables. Même parmi ces différents cas, il n'est pas possible, à moins de tomber dans un registre spéculatif, d'appliquer une lecture unifiée de réalités pourtant forts différentes, entre régions institutionnelles à forte autonomie, comme la Catalogne, le

---

15 Cf. supra, partie 1.2.

16 Loi n° 2019-753 du 22 juillet 2019 portant création d'une Agence nationale de la cohésion des territoires.

Bade-Wurtemberg la Flandre voire Singapour, ou des espaces moins stabilisés institutionnellement comme la Troisième Italie ou la *Silicon Valley*. Selon le type de région, les modalités et caractéristiques du développement (néo)régional ne peuvent être réduits à une formule unique. De plus, la logique de compétitivité qui sous-tend le néo-régionalisme a pu être mobilisée par certains gouvernements régionaux pour construire un récit de différenciation économique et socio-culturelle. Par exemple la métaphore *laptop und lederhosen* (« portable et culotte de cuir »), a été lancée en 1998 par le président fédéral allemand Roman Herzog, pour traduire une image de symbiose réussie entre tradition et modernité en Bavière (Keating, 2017, p. 31).

Or l'accent mis sur la compétitivité et la différenciation peut tout autant renforcer la cohésion régionale et appuyer l'attractivité, que conduire à rejeter les mécanismes nationaux de redistribution et produire de la fragmentation socio-territoriale (Rivière, 2012). Dans sa recension de Benko & Lipietz (2000), Vanier (2000) se demandait si « *la véritable richesse des régions, plutôt que dans leur capacité à fixer des dynamiques d'affaires de plus en plus sensibles aux cycles courts des conjonctures financières ou technologiques, n'est pas dans leur capacité socio-politique à développer ou à maintenir, selon les cas grâce à ces dynamiques ou malgré elles, les structures d'une régulation qui satisfassent les conditions de vie du plus grand nombre, qui sont loin d'être mécaniquement les mêmes que celles de l'enrichissement des "gagnants"* ».

Les apports de la géographie radicale montrent que le néo-régionalisme a eu tendance à sous-estimer le rôle de l'État et à survaloriser la compétitivité comme moteur du développement. Neil Brenner (2004) forge le concept de rééchelonnement de l'État [*State rescaling*]. Il analyse comment les transformations des échelles de régulation politique et des espaces du capitalisme font évoluer les politiques territoriales, dans un contexte de généralisation des dogmes du *New Public Management*, qui postule l'importation de pratiques et outils du secteur privé pour mener les affaires publiques (Merrien, 1999). Brenner montre que même « débordé » par le bas et par le haut, l'État reste dans le jeu en recomposant le spectre territorial de ses actions, soit vers les « petites » régions sub-étatiques, soit vers les « grandes » régions interétatiques telles que l'Union européennes. Les autorités et acteurs régionaux ne maîtrisent pas seuls le développement de leur région. De nombreuses forces d'action sont à l'œuvre, à différentes échelles, et c'est de leur interaction que procède l'action régionale. Par exemple la création de la région de Bruxelles-Capitale à la fin des années 1980 procède de rapports de force à niveaux multiples : au niveau international avec les enjeux autour de la localisation de l'état-major de l'Organisation du traité de l'Atlantique Nord, entre niveaux européen et national avec le siège des institutions de l'Union européenne, ou entre niveaux national et régional avec la Flandre et la Wallonie (Swyngedouw & Baeten, 2001). Les pôles de compétitivité

en France ont été initiés par l'État, même si depuis 2019 des pourparlers sont engagés pour transférer aux régions l'animation de ces pôles. Lors de la mise en place du *Localism Act* en 2011 en Angleterre, censé approfondir la décentralisation vers des *city-regions*, beaucoup d'actions dépendent encore de décisions ou de *deals* du gouvernement central et des priorités accordées selon le type de région.

Ces analyses montrent également que les métropoles et les aires urbaines sont devenues les lieux par excellence d'orientation et d'investissement des politiques d'aménagement néo-libérales. David Harvey (1989) identifie le passage d'une gouvernance urbaine de gestion [*managerialism*] qui cherche à fournir des services aux populations, à une « ville entrepreneuriale » qui met l'accent sur l'attractivité, la croissance et le retour sur investissement. Ces nouvelles orientations privilégient souvent l'intérêt spéculatif dans les opérations d'aménagement, quitte à modifier ou adapter les règles d'urbanisme et d'aménagement en fonction des priorités de la « *coalition de croissance* » (Molotch, 1976) qui rassemble élus et acteurs socio-économiques dominants du territoire, y compris les services de l'État. Lowndes & Gardner (2016) ont par exemple montré que la politique d'austérité mise en place dans les années 2010 au Royaume-Uni s'est traduite par une baisse drastique des fonds vers les autorités territoriales, qui fragilise en particulier les collectivités les plus démunies. Les approches radicales vont nourrir une nouvelle critique urbaine (Lefèvre & Négrier, 2010), parallèlement à une hybridation croissante entre échelle régionale et métropolitaine[17].

Le rôle persistant de l'État, l'importance des espaces urbains et métropolitains dans les politiques d'aménagement, ont ainsi nuancé la « centralité » des régions politiques que le néo-régionalisme a parfois défendu de manière normative, où l'analyse de la performance régionale peut s'apparenter à un plaidoyer pour plus d'autonomie, sans que les fondements objectifs d'une telle position ne soient toujours bien étayés. La perspective d'une « Europe des régions » que le néo-régionalisme a contribué à promouvoir s'est heurtée à la prégnance des États dans l'organisation territoriale et dans les procédures décisionnelles européennes, alors que la construction européenne a tout autant si ce n'est plus profité au développement institutionnel et socio-économique des villes (Le Galès, 2011)[18]. En se focalisant sur la région politique, le néo-régionalisme a parfois adopté une approche de l'espace régional par trop « circonscrite » au périmètre institutionnel, et négligé les dynamiques et réseaux spatiaux exogènes qui conditionnent le développement régional. Jones et MacLeod (2004) appellent à affiner la grille de lecture et pointent la différence entre « espaces régionaux » – économiques

---

[17] Cf. infra partie°3.1.

[18] Cf. infra chapitre 2, partie°2.

ou administratifs – et « espaces du régionalisme » – culturels et politiques, annonçant par là-même le tournant relationnel dans l'approche des régions et du régionalisme[19].

Ensemble de travaux disparates, abordant la question régionale avec plus ou moins d'acuité, le corpus néo-régionaliste a néanmoins permis, dans sa grande majorité, d'éclairer scientifiquement des évolutions significatives pour l'aménagement du territoire : transformations des échelles et des dynamiques économiques, rééchelonnement des politiques publiques, montée en capacité politique des régions en Europe, rôle des institutions pour porter le développement socio-économique, dimension urbaine et métropolitaine du fait régional.

Parallèlement, depuis près de deux décennies, l'analyse des régions s'est inscrite dans les débats sur la post-modernité spatiale et territoriale, entre tenants d'une région inscrite dans un jeu d'échelles territoriales à niveaux multiples et conceptions relationnelles de la « région-réseau ». Ces débats ont permis d'actualiser l'analyse des formes régionales contemporaines et d'opérationnaliser la notion de néo-régionalisme pour répondre aux problématiques d'aménagement.

3. La région dans l'éclatement des territoires

3.1. La maille régionale reconfigurée à l'aune de la métropolisation

En lien avec la reconfiguration spatiale de l'économie post-fordiste, l'urbanisation continue des sociétés a eu un effet sur l'approche régionale en aménagement. Depuis 2009, selon les Nations Unies plus de la moitié de la population vit dans des milieux urbains et ce chiffre atteint près de 75 % dans l'Union européenne en 2018. L'expansion des agglomérations urbaines produit des formes territoriales à de nouvelles échelles, où la ville centre et ses faubourgs laissent la place à un continuum urbain étalé, plus ou moins dense et parfois entrecoupé de discontinuités du bâti, mais dont les différents pôles de densité sont liés par des interactions fonctionnelles, à commencer par les navettes domicile-travail. C'est d'abord le concept de métropole qui a servi à qualifier ces agglomérations urbaines, en référence au sens grec de « ville mère » qui concentre des fonctions majeures tout en maintenant un lien fonctionnel avec ses périphéries.

---

[19] Cf. infra partie°3.2.

Métropole et métropolisation sont devenus des paradigmes essentiels pour comprendre le développement urbain (Paris, 2003 ; Bourdeau Lepage & Huriot, 2009 ; Lefèvre & Négrier, 2010 ; Ghorra-Gobin, 2015). Ils renvoient à quatre dynamiques :

- la concentration de ressources comme la population, les activités, la finance, l'information, les savoirs ;
- la connexion à des réseaux internationaux d'information, de communication, de commerce, de transports, d'énergie ;
- la mobilisation des acteurs politiques, socio-économiques et civils du développement métropolitain : la gouvernance métropolitaine ;
- la diffusion morphologique et fonctionnelle de la dynamique métropolitaine au sein de vastes ensembles territoriaux complexes qui dépassent les « villes mères » pour former des régions métropolitaines.

Dès le début du XXe siècle Patrick Geddes, avec le concept de conurbation, envisageait une évolution des régions naturelles par l'agglomération progressive de plusieurs centres urbains, comme par exemple les régions de Lille-Roubaix-Tourcoing, du Keihanshin au Japon, la Ruhr, la côte d'Azur, la Haute Silésie, la côte belge. De nombreux autres concepts traduisent ces évolutions des ensembles urbains (figure 3) : ville diffuse (Indovina, 1990 ; Grosjean, 2010), Métapolis (Ascher, 1995), post-métropole (Soja, 2000), *city-region* (Scott, 2001b ; Moisio & Jonas, 2018 ; Sykes & Nurse 2020).

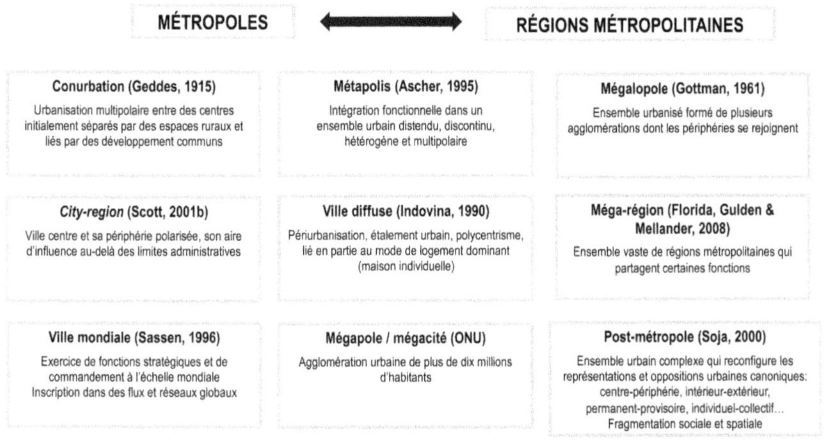

Figure 3 – Métropoles et régions métropolitaines : formes et concepts
Source : élaboration propre

On retrouve ces évolutions dans le concept de « grand territoire », qui dilate les échelles et multiplie les acteurs de l'aménagement dans les ensembles métropolitains (Deboudt & Paris, 2016). Ce concept est appliqué en France à travers des dispositifs tels que les pôles métropolitains (Guilloux & Morain, 2012)[20], ou encore les démarches dites « inter-Scot » qui rassemble les acteurs de différents schémas de cohérence territoriale (Scot) (Audiar, 2015).[21]. Certains travaux mettent en lumière la connexion de ces ensembles à la fois entre eux et à l'économie mondiale, telles les villes mondiales (Sassen, 1996), qui participent à une « économie d'archipel » constituée de métropoles articulées en réseau (Veltz, 1996). On retrouve une approche similaire dans le concept d'archipel mégalopolitain mondial proposé en 1996 par le géographe Olivier Dollfus : un réseau formé des métropoles mondiales qui concentrent la majorité des flux financiers et des connaissances scientifiques. Pierre Veltz (2019) transfère cette situation à l'échelle nationale avec le concept de « Métropole France » où l'ensemble des agglomérations urbaines importantes peut constituer un réseau métropolitain synergique et connecté aux flux mondiaux.

En 1961 le géographe Jean Gottman forge le concept de mégalopole en référence aux interactions entre l'agglomération de Boston et la conurbation Washington-Baltimore : la mégalopole « BoWas » (Gottman, 1961). Il évoque aussi la mégalopole du Midwest « Chi-Pitts » qui s'étend à l'est de Chicago en passant par Detroit, Cleveland et le sud de Pittsburgh ; et la mégalopole « SanSan » entre San Francisco et San Diego. En Europe, Roger Brunet et le GIP Reclus[22] identifient une « mégalopole européenne », autrement dénommée dorsale médiane européenne, voire « banane bleue », qui court de l'Angleterre à l'Italie du Nord via l'axe rhénan (Brunet, 1989, 2002, figure 42). En réponse à cette projection, d'autres représentations de l'espace européen ont été proposées, notamment dans le but de valoriser un développement équilibré et partagé : le Pentagone européen, dans le Schéma de développement de l'espace communautaire (CE, 1999), la

---

20 Cf. aussi https://www.vie-publique.fr/fiches/20131-quest-ce-quun-pole-metropolitain, et http://poles-metropolitains.fr

21 Selon le site du ministère français chargé de l'aménagement du territoire, « *Le schéma de cohérence territoriale (SCoT) est l'outil de conception et de mise en œuvre d'une planification stratégique intercommunale, à l'échelle d'un large bassin de vie ou d'une aire urbaine, dans le cadre d'un projet d'aménagement et de développement durables (PADD)* ».

22 Le Réseau d'étude des changements dans les localisations et les unités spatiales, plus connu sous son acronyme RECLUS ou GIP-RECLUS, est un centre scientifique fondé en 1984 à la Maison de la géographie de Montpellier à l'initiative de Roger Brunet, et actif pendant plus de 10 ans pour renouveler les techniques et méthodes de la géographie. Le nom rend hommage au géographe libertaire Élisée Reclus, auteur d'une des premières Géographie universelle, entre 1855 et 1894. Cf. http://geoconfluences.ens-lyon.fr/glossaire/gip-reclus

Grappe européenne de Klaus Kunzmann (2001) ou encore la vision du polycentrisme maillé (Baudelle & Catagnède, 2002 ; Faludi, 2015). Depuis une décennie l'échelle mégalopolitaine a été réinterprétée avec la notion de méga-région [*megaregion*] comme ensemble complexe de régions métropolitaines interdépendantes, qui forme plus que la somme de ses parties (Florida, Gulden & Mellander, 2008 ; Ross, 2009 ; Harrison & Hoyler, 2015 ; Boix & Marull, 2016), (figure 25)[23].

Ainsi, de nombreux systèmes urbains se déploient aujourd'hui à des échelles vastes, parfois transnationales, formant de véritables régions métropolitaines au sein de leurs États, ayant leurs dynamiques propres. En témoignent les termes des comparaisons et classements internationaux qui se multiplient[24], ainsi que la création d'un réseau européen des aires et régions métropolitaines METREX[25]. L'émergence de « cités-États » ou « d'États-régions » prospères dans l'économie mondiale, comme par exemple Singapour, certains États du golfe Persique (Wœssner, 2016), ou encore le Luxembourg (Sohn, 2012), confirme l'évolution des formes territoriales dans la mondialisation et montre que les régions métropolitaines peuvent être des moteurs géo-économiques de croissance, qui à la fois concentrent des fonctions majeures et sont des nœuds de connexion mondiaux. Cela fait écho aux analyses de Kenichi Ohmae (1996) sur les états-régions, qui ont appuyé la théorie du néo-régionalisme[26]. Or, le constat de Paul Claval (2016 : 10) qu' « *un certain nombre d'États européens ne sont plus guère que des cités-États, dont l'économie repose sur leur cité dominante – Londres pour la Grande-Bretagne, Amsterdam et la* Randstad *pour les Pays-Bas* », remet en question le « tout métropolitain » comme réponse unique aux enjeux du développement social et territorial (Bouba-Olga & Grossetti, 2019). La perspective de régions métropolitaines hors-sol, ou mieux reliées à l'archipel global qu'à leur base ou *hinterland* nationaux, interroge la durabilité d'une telle configuration socio-spatiale pour entraîner l'ensemble du développement national et européen (Davezies, 2015). Sur le cas de la région de Londres par exemple, alors que son économie est de plus en plus extériorisée et déconnectée par rapport au reste du Royaume-Uni, les tendances potentielles à la (re)polarisation de l'économie mondiale au sein de grands ensembles régionaux (Mareï & Richard, 2020), peuvent compromettre la capacité du pays à porter le projet de plate-forme économique mondiale

---

23 Cf. infra chapitre 3, partie°3.3.

24 Comme par exemple *GaWC: Globalization and World Cities Research Network ranking; MasterCard Global Destination Cities Index*; *Knight Frank Global Cities Index*; *A.T. Kearny Global Cities Index*. Cf. également https://citydiplomacy.org/city-ranking-and-index

25 https://www.eurometrex.org

26 Cf. supra partie°2.3.

agité par les tenants du retrait de l'Union européenne, s'il ne s'accompagne pas d'une réponse d'aménagement adaptée[27].

En tout état de cause, la régionalisation des agglomérations urbaines apparaît comme emblématique d'une post-modernité spatiale et territoriale (Soja, 2000 ; Lefèvre & Négrier, 2010 ; Scott, 2012), qui renouvelle l'approche de la région comme échelle d'aménagement du territoire et de développement des sociétés complexes.

3.2. Déconstruction et hybridation de la région

À partir de la fin des années 1990, la nouvelle géographie régionale qui avait contribué à comprendre la région comme une construction sociale – et socialisée notamment par les rapports de classe – s'oriente vers une approche dite relationnelle des régions et de la régionalisation (Allen, Cochrane & Massey, 1998 ; Amin, 2004 ; Quéva, 2007, p 54–55 ; Jones & Paasi, 2013). À l'ère de l'information généralisée et de la société en réseaux (Castells, 1998), dans un monde de flux et d'interconnections permanentes et déterritorialisées, la région est appréhendée comme une entité façonnée par des réseaux hétérogènes et complexes de relations sociales, qui évoluent selon différentes configurations et font par là-même évoluer constamment le périmètre de la région considérée. La région est un espace ouvert, fluide, aux délimitations évolutives et poreuses, composé de réseaux d'acteurs qui s'entrecroisent. Cette conception d'influence post-moderne, voire post-structuraliste pour reprendre la qualification de Jonathan Metzger et Anssi Paasi (Paasi & Metzger, 2017), intègre les apports sur la multiplication des acteurs et sur la recomposition permanente des échelles de l'action régionale (Brenner, 2004). Elle y ajoute de nouveaux paramètres pour déconstruire le processus même de faire région à l'aune des dynamiques de transnationalisation des flux socio-économiques et culturels, matériels et immatériels. Le concept même de limite ou de frontière régionale est considéré comme inopérant car il est en constante renégociation et reformation. Cette approche, dans la continuation des approches phénoménologique, contribue à nuancer toute fétichisation excessive de ce que peut être une région (Paasi & Metzger, 2017).

L'approche relationnelle a nourri tout un débat face à des conceptions considérées comme plus territorialistes. Ces dernières intègrent les dynamiques constatées de reterritorialisation, d'un « retour au (et du) territoire » et d'une persistance de l'attachement et de l'ancrage local face aux réseaux

---

[27] Pour des visions complémentaires mais discordantes de la question cf. Khanna P., 2016, « London should secede from the United Kingdom » [en ligne], *Foreign Policy*, 28 mai 2016 https://foreignpolicy.com ; et Escande P., 2019, « Brexit : La tentation du large des Britanniques » [en ligne], *Le Monde*, 9 avril 2019 : https://www.lemonde.fr.

globaux, sur les plans socio-économique, politique, culturel (Antheaume & Giraut, 2005 ; Vanier, 2009 ; Paasi, Harrison & Jones, 2018, p. 6–9). Les géographes Guy Baudelle et Olivier Vergne (2021) évoquent la tension entre « *les fonctions topologiques et topographiques des territoires. La logique topologique fait référence au maillage territorial lié au développement de la mobilité et des télécommunications, générant ainsi un espace discontinu composé de flux et de nœuds. Cette logique réticulaire peut sembler incompatible avec la logique topographique à l'origine du découpage administratif et politique d'un territoire, fondé sur le périmètre et la continuité.* »[28].

Pertinente pour ancrer la région et son développement dans la post-modernité spatiale et territoriale, l'approche relationnelle, poussée à son paroxysme, amène à des impasses car elle peut mettre systématiquement en cause le moindre degré de réification de la région du moment qu'on en conçoit toute limite, puisque « [un] *acteur-réseau donné n'est pas confiné à un territoire fini et homogène délimité par une ligne de démarcation nette, mais il porte plutôt en lui le potentiel d'une expansion infinie selon l'incorporation sans difficulté de tous les types d'acteurs, aussi différents soient-ils, que le réseau peut intégrer* » (Pedersen, 2009, p. 140)[29]. Ce qui, partant, remet en question la pertinence même d'une réflexion sur la région qui vise à l'action.

Sur le plan empirique, les possibilités de connectivité et de mobilité, quoique démultipliées, ne concerne pas l'ensemble des citoyens au même degré. L'effet des processus de déterritorialisation ou de connexion généralisée mérite d'être nuancé selon les contextes spatiaux et territoriaux, à moins d'introduire par exemple un biais urbain ou métropolitain dans l'analyse de qui peut faire région ou de ce que peut être une région. Toutes les régions ne sont pas des métropoles globales au sein d'un archipel mondial interconnecté, et c'est bien là que la dialectique territorialité/réticularité prend du sens. L'infini des possibles régional, selon une variation illimitée de combinaisons réticulaires, est une perspective essentielle pour comprendre les relations entre dynamiques sociales et territoriales, mais elle peut se révéler moins opérante quand il s'agit d'aménager ou de développer une région, quelle qu'en soit la forme ou les limites. Amin (2004, p. 42) suggère par exemple une « *politique régionale de la connectivité* », qui « *n'a rien à voir avec l'équilibre entre le localisme et le mondialisme. Il s'agit de rendre explicite et de choisir entre différents sens du lieu et de l'attachement au lieu, sur la base d'un engagement combatif entre différentes coalitions d'attachement culturel et géographique. Ainsi conçue, une région devrait pouvoir être revendiquée par des personnes lointaines, et devrait être aussi capable de s'articuler avec des développements qui ont lieu ailleurs, sur la base d'une véritable complémentarité*

28 Les citations en langue étrangère sont, tout au long du mémoire, traduites par mes soins.

29 Cité dans Paasi & Metzger, 2017, p. 23.

normative ». Cette proposition stimulante est très en phase avec la situation de nombreux territoires, en particulier les régions urbaines et métropolitaines. Elle semble cependant, pour être opérationnelle, devoir être rapportée aux cadres procéduraux et territoriaux des politiques d'aménagement.

De manière générale le débat entre approches relationnelles ou territoriales, sans être tranché, permet au contraire le croisement des perspectives afin de saisir, dans un esprit dialectique, « *le caractère polymorphe et multidimensionnel de la fabrique régionale* » (Paasi, Harrisson & Jones, 2018, p. 6)[30]. Paasi & Metzger (2017, p. 23) défendent le fait que territoire et réseaux ne sont pas des principes rivaux d'organisation spatiale : les phénomènes de territorialisation ou de régionalisation résultent de « *pratiques socio-spatiales réticulaire* » et « *la résurgence actuelle du territoire ou de la région peut être considérée comme le produit de réseaux relationnels* ». Dans la même optique, les géographes luxembourgeois Birte Nienaber et Christian Wille (2020) interprètent l'approche relationnelle des territoires comme « *une perspective qui combine les réseaux, la gouvernance et la territorialisation* ».

L'approche de la complexité territoriale développée en France en aménagement et sciences du territoire permet justement de combiner les logiques territoriales et réticulaires (Giraut & Vanier, 1999 ; Giraut, 2013)[31]. Selon cette approche, les dispositifs territoriaux complexes sont formés à l'intersection de « *la production territoriale issue de la mutation des principes et des formes* » et de « *la conservation d'artefacts territoriaux qui reposent sur les principes de la modernité territoriale* » (Giraut, 2013 ; p. 296). L'objectif de cet agenda de recherche est de dépasser la description de tels ensembles complexes pour mieux les comprendre et les appréhender, à la croisée de logiques d'enchevêtrement, d'entre-deux, et de logiques d'ancrages ; entre mouvement et fixation. Le géographe Hervé Théry (2008) estime aussi que territoires et réseaux ne s'excluent pas. Il invite à considérer simultanément les phénomènes de déterritorialisation et de reterritorialisation si l'on veut saisir toute la complexité d'un ensemble régional ou territorial donné et produire une réponse d'aménagement adaptée. Ces différentes approches font écho aux travaux sur la « transition complexe » dans le domaine de l'aménagement et de l'urbanisme (Roo, Yamu & Zuidema, 2020).

Suivant l'évolution de l'épistémologie régionale, plusieurs outils conceptuels ont été développés pour envisager l'aménagement et le développement

---

30 Y compris, par ailleurs, pour décentrer le regard vers les nouvelles approches régionales émergeant dans les BRICS (Brésil, Russie, Inde, Chine, Afrique du Sud) ou dans les pays du Sud.

31 La pensée complexe, inspirée notamment de la cybernétique et d'une approche systémique, a été développée en particulier par le sociologue Edgar Morin.

des nouvelles configurations régionales complexes, à la fois territoriales et relationnelles.

3.3. Opérationnalisation de la région complexe : le « retour » du néo-régionalisme

L'ouverture des conceptions possibles de la région, d'une part avec l'approche relationnelle des territoires, d'une part avec les travaux sur la recomposition des échelles de l'action territoriale, donne lieu à une « nouvelle » signification du néo-régionalisme : un néo-régionalisme d'aménagement, de portée plus générique que le néo-régionalisme institutionnaliste évoqué précédemment (figure 4).

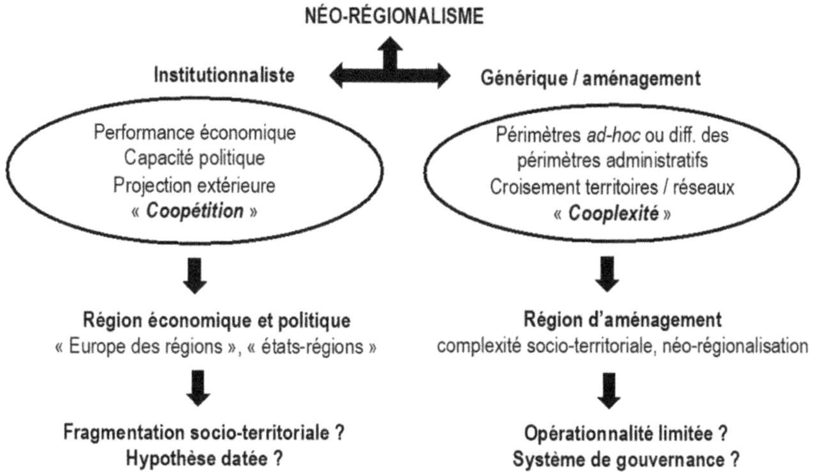

Figure 4 –Formes et modalités du néo-régionalisme : entre région sociopolitique et région d'aménagement
Source : élaboration propre

Au-delà des questions d'organisation économique ou de capacité politique, ce néo-régionalisme renvoie à la mise en place de dispositifs d'aménagement innovants, sur des périmètres souvent distincts des circonscriptions administratives institutionnalisées, mais adaptés à des problématiques particulières. Il serait d'ailleurs peut-être plus approprié de parler de « néo-régionalisation » plutôt que de néo-régionalisme, même si les mobilisations des acteurs, politiques ou socio-économiques, peut influer sur la mise en place de telles « néo-régions ».

Ce néo-régionalisme d'aménagement correspond à la signification du *new regionalism* que l'on trouve aux États-Unis notamment, où les

identifications et les représentations institutionnelles et politiques se font à l'échelle de la commune, du comté ou de l'État – fédéré ou fédéral, et où la « *region* » est avant tout un instrument et un périmètre d'aménagement générique (Wheeler, 2002 ; Seltzer & Carbonell, 2011). Cela renvoie plus largement au sens que revêt le *regional planning* en langue anglaise (Harrison, Galland & Tewdwr-Jones, 2021 ; Purkarthofer, Humer & Mäntysalo, 2021). En Allemagne aussi le terme « *region* » renvoie plus à l'aménagement qu'à un échelon de représentation sociopolitique. On distingue entre d'une part la division du territoire fédéral en une centaine de régions d'aménagement [*Raumordnungsregionen*][32], d'autre part les « néo-régions » flexibles et informelles qui sont mises en place par chaque *Land* dans le cadre de sa politique de développement dit « régional » [*Regionalentwicklung*], selon des projets ou programmes qui peuvent varier : associations de communes, associations régionales [*Regionalverbände*], réseaux de villes, conférences régionales, *etc.* (Quéva, 2007). L'approche générique du néo-régionalisme permet de faire évoluer ce concept d'une vision marquée temporellement, à une utilisation plus heuristique qui correspond mieux aux approches et aux pratiques du champ de l'aménagement.

L'importance de ce néo-régionalisme dans l'aménagement – c'est-à-dire la création permanente de nouvelles régions d'aménagement adaptées à l'évolution des paramètres sociopolitiques et socio-économiques – s'illustre dans l'inflation de notions ou de concepts formés pour désigner des régions également qualifiées de non conventionnelles, ou non standard (Deas & Lord, 2006 ; Havlík, 2018) (encadré E). Le *Handbook on the Geographies of Regions and Territories* recense jusqu'à 150 notions qui décrivent ces types de nouvelles régions, appréhendées selon des critères très variés (Paasi, Harrison & Jones, 2018, p. 14–15). En Allemagne on constate une « *inflation* » de la mise en place de néo-régions d'aménagement, avec « *environs 400 cas de coopération* [néo-régionales], *alors que les régions d'aménagement* [institutionnalisées] *ne représentent que 97 entités en Allemagne* » (Quéva, 2007, p. 57). Aux Pays-Bas, pour l'ensemble de plus de 400 collectivités territoriales[33], on recensait en 2005 « *697 accords de coopération en vertu de la Loi sur les règlements communs pour les collectivités locales et 1 165 structures de coopération de droit privé* » (Jansen, 2015, p. 957).

---

[32] 96 depuis 2011, mais ce chiffre peut évoluer en fonction des réformes de l'organisation territoriale que certains *Länder* ont la capacité d'entreprendre.

[33] Chiffres de l'étude réalisée par le Conseil des communes et régions d'Europe (CCRE) en 2016, *Gouvernements locaux et régionaux en Europe. Structures et compétences* [en ligne] : https://www.ccre.org

Encadré E – Les déclinaisons de la région innovante : innovation ou inflation ?

Frank Moulaert & Farid Sekia (2003) ont proposé une revue épistémologique des modèles d'innovation territoriale forgés dans le contexte de transition économique post-fordiste. Ils identifient sept modèles : milieu innovateur, district industriel, système de production localisé, nouveaux espaces industriels, clusters d'innovation, systèmes régionaux d'innovation, région apprenante [*learning region*]. L'analyse confirme un rééchelonnement des activités économiques, à la fois organisées selon les dynamiques territoriales endogènes, matérielles et immatérielles (information, savoirs) et ouvertes sur les flux globaux pour leur valorisation. Ils montrent également une certaine inflation sémantique qui peut venir complexifier l'analyse. Les auteurs constatent « *l'ambiguïté prédomine et il y a un besoin évident d'atteindre une certaine clarté analytique* » (*ibid.*, p. 299). Ils préconisent un modèle de « *développement régional intégré* » [*integrated area development model*] selon une « *approche multidimensionnelle de l'innovation, des dynamiques économiques et de la gouvernance locale. Le développement territorial ne se limite pas seulement à rendre possible l'économie de marché locale et régionale, mais il consiste aussi à renforcer les autres secteurs de l'économie (secteur public, économie sociale, secteur culturel, activités artisanales peu productives) et la vie locale* » (*ibid.*, p. 299–300). Ils soulignent ainsi l'importance d'adopter une vision critique de l'effet des paradigmes économiques dominants sur les politiques d'aménagement et le développement des territoires. Ils rappellent aussi la nécessité d'adopter une vision transversale et multidisciplinaire du développement régional, ce qui fait écho aux évolutions des approches de la science régionale évoquées précédemment (figure 2).

3.4. Approches et concepts du néo-régionalisme générique

Pour rendre compte de la plasticité de la (néo-)région d'aménagement, le concept de *soft-space* a été avancé (Allmendinger & Haughton, 2007 ; Allmendinger et al., 2015). Il désigne les territoires de projet aux limites floues [« *fuzzy boundaries* »], qui sont constamment mis en place à de multiples échelles pour des opérations d'aménagement spécifiques, et qui souvent chevauchent les périmètres administratifs ou institutionnalisés. Cela renvoie à une délimitation souple et potentiellement évolutive des régions d'aménagement, selon les objectifs visés et les partenaires impliqués. L'approche par les *soft spaces* peut s'appliquer à de très nombreux dispositifs : Sillon lorrain ou alpin, pôles métropolitains et pôles d'équilibre territoriaux et ruraux en France ; *Merseybelt, Thames Gateway* ou *Gatwick Diamond* au Royaume-Uni ; « régions de développement » [*regionalentwicklung*] en Allemagne ; espaces d'aménagement au sein de la *Randstad* néerlandaise ; *Euroregió de l'Arc Mediterrani* (Euram) dans le corridor méditerranéen espagnol,

territoires d'action en Suisse, pour ne citer que quelques exemples. On pense aussi aux 24 « *soft territorial cooperation areas* » analysés par un projet européen soutenu par l'Observatoire en réseau de l'aménagement du territoire européen (ORATE/ESPON). L'Union européenne est productrice de *soft spaces* par ses programmes qui ont facilité l'émergence de régions transfrontalières et transnationales, dont ni les limites ni les domaines d'action ne sont stabilisés par rapport aux ensembles territoriaux institutionnalisés (Giband & Rufí, 2018)[34]. La notion de « territoire multisitué » permet aussi de rendre compte de ces assemblages territoriaux complexes, basés sur la coopération et la mise en relation « *entre territoires institutionnels (voisins ou non) ou parties des territoires institutionnels (voisins ou non)* » (Giraut, 2013, p. 301).

Au-delà de la plasticité des échelles, ces conceptions interrogent les procédures à l'œuvre pour animer ces dispositifs dans un contexte de « *remise en cause de l'approche classique des périmètre institutionnels et de l'émergence de recompositions qui répondent à de nouvelles logiques, notamment coopératives* » (Bussi, 2009). On retrouve ici la prégnance du concept de gouvernance, devenu une norme de l'action publique à partir de sa diffusion depuis les cercles de la Banque mondiale à la fin des années 1980 (Paye, 2005 ; Gobin, 2007 ; Saurugger, 2009, p. 227–254). Auparavant, le terme a été popularisé dès l'entre-deux guerre dans le lexique de la gestion d'entreprise. Dans les années 1960, Léopold Sédar Senghor, alors président du Sénégal, l'utilise pour désigner les collectivités régionales de ce pays. Parmi les innombrables interprétations et critiques dont elle a pu faire l'objet, la gouvernance renvoie, de manière générique, au croisement et à l'interaction entre différents acteurs et niveaux de décision qui, dans les sociétés libérales complexes et plurielles, se sont multipliés avec par exemple les opérations de décentralisation, la construction européenne ou la place plus importante accordée à la société civile dans les processus décisionnels. Cet enjeu de coordination et de coopération fait écho à l'approche conventionnaliste de l'action publique (Saez, 1997) ou au concept d'échange politique territorialisé (Négrier, 1995).

La planification et l'aménagement régional fournissent des cas empiriques de systèmes de gouvernance territoriale multi-niveaux (Albrechts, Healey & Kuntzmann, 2003 ; Leloup, Moyart & Pecqueur, 2005). La capacité des acteurs à ajuster leurs intérêts, à s'inscrire dans des démarches collaboratives, est une variable clé pour l'opérationnalité de tels systèmes. C'est la position que soutient l'OCDE dans ses études sur les politiques de développement régional (OCDE, 2010 ; Charbit & Romano, 2017). La dynamique coopérative du système de gouvernance est d'autant plus

---

[34] Cf. infra chapitre 2, partie°2.3.

importante dans des espaces non conventionnels ou multisitués, dans des *soft spaces* qui agrègent des combinaisons d'acteurs inédites et mouvantes.

Inscrit dans les approches de la complexité territoriale, Martin Vanier (2008) a forgé le concept d'interterritorialité. Il part du constat que les territorialités tant vécues que perçues sont devenues plurielles, entre territoires résidentiels, professionnels, récréatifs, de services. L'interconnexion entre ces territoires est devenue plus aisée par l'accroissement des capacités de mobilité et de communication. Du large spectre sémantique que recouvre l'interterritorialité, on retiendra ici que ce concept a permis d'affiner et d'adapter aux complexes territoriaux les problématiques de gouvernance multi-niveaux et multi-acteurs. L'imbrication des territoires de vie appelle à reconfigurer les dispositifs d'aménagement autour de la coordination et de l'articulation entre acteurs et institutions de ces territoires, dans une tentative de réconcilier territoires (d'action) et réseaux (de vie). Martin Vanier fait ainsi l'hypothèse que « *demain la question des réseaux guidera la question territoriale. Les logiques d'articulation, d'agencement, de flux l'emporteront sur les logiques de découpage, de regroupement et de fusion* » (Vanier, 2016, p. 312). Il adopte des analogies biologiques : tout comme le découpage territorial devient organisation des interfaces, les frontières territoriales deviennent membranes et synapses plutôt que limites.

Ce concept novateur a rencontré du succès car il est particulièrement opérant en France, dans un contexte de décentralisation dite « horizontale ». La hiérarchie reste faible entre les collectivités territoriales, qui pour nombre d'entre elles disposent de budgets relativement limités et de prérogatives assez peu spécialisées, alors que l'État et ses services restent des acteurs transversaux des politiques publiques. Son utilisation semble d'ailleurs assez cantonnée au contexte français, dans une position parfois même militante par rapport aux réformes territoriales dans le pays (Boulineau, 2016, p. 80). Le concept peut néanmoins être mobilisé dans d'autres contextes, comme par exemple dans les régions transfrontalières de l'Union européenne, qui assemblent des territoires et croisent des échelons de gouvernance issus de systèmes nationaux différents (Perrin, 2013 ; Perrin, Peyrony & Sielker 2022).

L'évolution de la notion de région et des concepts qui permettent de penser la fabrique régionale, font ressortir deux enjeux majeurs pour l'aménagement régional aujourd'hui : la complexité et la coopération. L'urbaniste et aménageur John Friedmann (2019) qualifie certains ensembles territoriaux contemporains d'« hyper complexes ». S'il se réfère ici à l'échelle démesurée des conurbations urbaines asiatiques, on voit néanmoins qu'en Europe aussi, pour un ensemble donné, l'aménagement procède de l'articulation complexe entre plusieurs échelons de gouvernance et différents acteurs qui entrecroisent les périmètres ou les dispositifs d'aménagement : schémas ou

plans à différentes échelles (métropolitains, locaux, provinciaux, régionaux) ou selon différentes thématiques (transport, habitat, environnement, économie…). Ce constat s'applique *a fortiori* dans les ensembles régionaux compte tenu de la plasticité de cette échelle. Pour répondre à cette complexité, on a vu que l'aménagement régional est basé sur des procédures coopératives, parfois contractuelles, afin d'agréger les intérêts et les ressources des différentes parties prenantes.

Ainsi, à la dynamique de coopétition évoquée à propos du néo-régionalisme institutionnaliste, se substitue une problématique de « cooplexité » du néo-régionalisme d'aménagement (figures 4 et 5). Cette expression renvoie à la combinaison entre complexité (des configurations territoriales et de gouvernance) et coopération (entre parties prenantes) qui caractérise le fonctionnement des ensembles régionaux. Comme on le voit dans les parties suivantes, plusieurs ensembles régionaux illustrent cette situation de cooplexité.

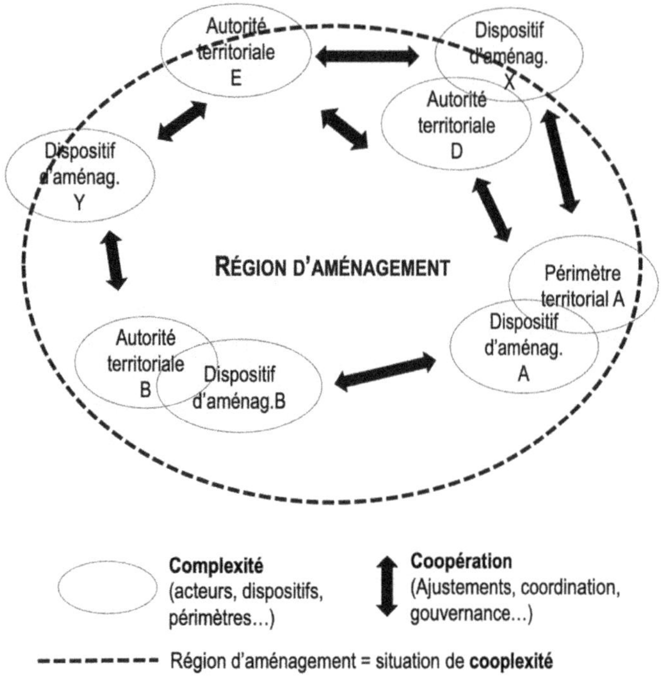

Figure 5 – La cooplexité de l'aménagement régional
Source : élaboration propre.

Conclusion

Ce qui ressort de l'évolution épistémologique et sociopolitique de la notion de région, c'est à la fois une diversité de significations et d'usages et une utilité non démentie de la maille régionale, tant pour les théoriciens que pour les praticiens de l'aménagement du territoire. Malgré les controverses qui lui sont attachées, la notion de région s'est généralisée dans le discours politique et dans les opérations d'aménagement. Une telle généralisation est justement rendue possible par la plasticité et la variabilité de l'échelle régionale. La région ne s'enferme pas dans des catégories rigidifiées, et c'est peut-être là que se situe sa pertinence tout autant conceptuelle et heuristique qu'appliquée.

L'ancienneté et la pluridisciplinarité de la notion ont pu lui faire perdre de l'intérêt dans le champ de l'aménagement et des sciences du territoire, notamment en France où on trouve assez peu de littérature récente qui traite spécifiquement de l'aménagement régional, contrairement à la notion de *regional planning* plus répandue et plus générique dans les pays anglophones. Associée aux tendances déterministes de la géographie régionale de première génération, ou aux analyses spatiales économétriques, la région perd de sa primauté au sein de la géographie française à partir des années 1970, alors même que la région politique se renforce. À la même époque une nouvelle géographie régionale émerge notamment au Royaume-Uni, même si aucune régionalisation politico-administrative n'est menée dans le pays. On observe ainsi quelques nuances et divergences dans le traitement de la région et des questions régionales entre les corpus anglophone ou francophone.

Cependant, à partir des années 1980 les courants de pensées postmoderne ou complexe posent de nouvelles problématiques. Le débat entre visions relationnelles de la région-réseau et approches territorialistes est particulièrement fort dans le corpus anglo-saxon, alors que l'approche de la complexité territoriale en France permet une analyse plus dialectique des régions, avec par exemple les concepts de territoires multi-situés et d'interterritorialité.

Ces évolutions montrent aussi que la relation entre approche scientifique et approche politique de la région n'est pas linéaire ou unilatérale : les travaux scientifiques ne sont pas toujours subordonnés aux agendas politiques et les actions politiques ne mobilisent pas systématiquement les apports scientifiques. On observe plutôt une dialectique entre science et politique dans le développement et l'aménagement des régions.

Les données de la géographie régionale, tout comme les travaux de la science régionale et de la nouvelle économie géographique ont servi les opérations d'aménagement. Les analyses politiques, culturelles ou

phénoménologiques de la région ont accompagné la régionalisation politique et fonctionnelle. Naturellement ces interactions ne sont pas toujours vertueuses et peuvent comporter des limites. Certains travaux de géographie régionale ou du néo-régionalisme ont eu parfois tendance à venir appuyer des discours régionalistes pour plus d'autonomie, au détriment des réalités objectives concernant les disparités du développement régional, qui plaident pour des dispositifs plutôt redistributifs qu'uniquement compétitifs. Certains concepts ou théories sont appliqués dans des programmes d'aménagement de manière parfois caricaturale, comme par exemple la théorie de la classe créative ou plus largement l'injonction de la « créativité généralisée » (Tremblay & Tremblay, 2010)[35].

La pertinence de la région à la fois comme concept et instrument du développement territorial se mesure aussi sur le plan empirique, avec l'émergence de formes régionales qui renouvellent les problématiques et les pratiques d'aménagement. En particulier, la construction européenne introduit des paramètres spécifiques qu'il convient de prendre en compte pour traiter des questions régionales. Ils relèvent à la fois de la géo-histoire des territoires européens et des évolutions sociopolitiques induites par la construction européenne.

[35] Cf. chapitre 2, partie 1.2.

Chapitre 2.

Les paramètres particuliers de la région en Europe

Les questions régionales présentent, en Europe, des spécificités économiques, politiques et culturelles. D'une part de nombreuses régions européennes revêtent une fonction identitaire et culturelle significative. Cette fonction n'est certes pas exclusivement européenne. On pense par exemple à la dimension culturelle que peut prendre la notion de région aux États-Unis, même sans existence institutionnelle (Reichert Powell, 2007), comme l'ont aussi montré les travaux de géographie culturelle dans les années 1960 et 1970 : D.W. Meinig sur les régions culturelles du Texas, de W. Zelisnky sur les régions culturelles des États-Unis, dont certaines recoupent d'assez près les méga-régions identifiées depuis les années 2000 (Fleming, 2015, p. 201–207) [36]. Cependant, cette fonction culturelle de la région est caractéristique de la fabrique régionale en Europe, issue de la géo-histoire particulière des États européens.

D'autre part, le processus de construction européenne en lui-même a un effet sur le développement des régions. Si un tel « effet européen » dépend des prérogatives des États membres dans de nombreux domaines, on observe néanmoins qu'une dynamique d'européanisation est à l'œuvre et fait évoluer certaines références et pratiques de l'aménagement et du développement des régions, à toutes les échelles.

1. La région culturelle en Europe

1.1. Les facteurs géo-culturels dans la construction des régions européennes

La géo-histoire des pays européens a façonné une diversité de cultures et d'appartenances à d'autres échelles que celle des États membres de l'Union européenne (Sellier, Sellier & Le Fur, 2011, 2014 ; De Boer et al., 2020). Des

[36] Sur les méga-régions cf. chapitre 3, partie 3.3.

royaumes tels que la France, le Royaume-Uni ou l'Espagne ont été composés d'entités plus ou moins autonomes, ou présentant des particularités reconnues, et ce pendant plusieurs siècles malgré des dynamiques de centralisation. On peut penser, en France, aux duchés de Bretagne ou de Bourgogne, aux comtés de Flandre ou de Provence. Le Saint Empire romain germanique était pour sa part un système d'alliance souple, polycentrique, avec des composantes conservant leurs particularismes culturels, comme la Bavière, la Saxe ou le Palatinat entre autres. Les statuts particuliers de ville-États des *Länder* d'Hambourg et de Brême en Allemagne sont liés à l'histoire et à l'identité particulière de ces anciennes villes libres d'Empire. Jusqu'à l'unification italienne au XIXe siècle, la péninsule italique était un assemblage d'entités territoriales diverses. L'Empire austro-hongrois a produit, par la mobilité de populations en son sein, une mosaïque de communautés linguistiques et culturelles formant aujourd'hui des minorités linguistiques au sein d'États (figure 6).

Figure 6 – Les groupes ethniques en Europe de l'Est
Source : CIA, https://www.gifex.com/images/0X0/2009-09-18-7404/Ethnic-groups-in-Eastern-Europe-1995.jpg

Ainsi, la construction triomphante des États nations à partir du XIXe siècle n'a pas signalé la fin des cultures ou des particularismes régionaux. Le politiste Stein Rokkan a élaboré une carte conceptuelle de l'Europe de l'Ouest, qui illustre la diversité géo-culturelle des États européens, qui pour la plupart intègrent des groupes dits « périphériques » ou « particuliers » (figure 7). Ces groupes ont une identité et un patrimoine spécifiques, issus de strates successives que la construction étatique-nationale a pu enrichir ou atténuer, mais sans les éradiquer (Rokkan, 1980 ; Rokkan & Urwin, 1982, 1983).

City network structure	*Ethnic–linguistic homogeneity*	*Institutional structure*	*Timing of state formation*	*Case*	*Particulars*
Monocephalic	High	Unitary	Medieval	Denmark	German minority in Schleswig
M	H	U	Med.	Sweden	City network less centralised; Lappish minority in north
M	H	U	20th c.	Iceland	
M	H	Federal	Med.	Austria	Slovene minority in Carinthia
M	Medium	U	Med.	France	Bretons, Flemish, Alsatian, Corsican, Occitan, Catalan minorities
M	M	U	Med.	UK	Federalising tendencies: Northern Ireland, Scotland, Wales
M	M	U	19th c.	Norway	Two linguistic standards, but no clear-cut ethnic opposition
M	M	U	20th c.	Ireland	English dominant, but Irish-speakers in west
M	Low	U	20th c.	Finland	Swedish-speaking minority in southwest
M	L	U → F	19th c.	Belgium	Flemish–Walloon opposition; federal-communal constitution under discussion [important steps 1970, 1980, 1990s]
Polycephalic	H	U	17th c.	Netherlands	Friesian minority; elements of provincial autonomy
P	H	U	Med.	Portugal	
P	H	F	19th c./ split 20th c.	FRG	Friesian minority; Bavarian particularism
P	M	U → F	19th c.	Italy	Francophone, Germanic, Friulian minorities
P	L	U → F	Med.	Spain	Basque, Catalan minorities; developed provincial government under discussion [established in 1978]
P	L	F	Med.	Switzerland	Four linguistic groups

Figure 7 – Table combinatoire de la diversité économique, culturelle et politico-administrative en Europe de l'Ouest
Source : Kuhnle S., Flora P., Urwin D. (dir.), 1999, *State Formation, Nation-Building, and Mass Politics in Europe : The Theory of Stein Rokkan*, Oxford University Press, p. 220.

Comme on l'a vu les premiers mouvements régionalistes ont d'ailleurs bâti leur cohérence sur des éléments de culture, d'identité et de patrimoine, à commencer par la défense des langues régionales. Dès le XIXe siècle un « réveil des nationalismes » s'opère à l'échelle sub-étatique dans certaines régions à forte identité. Dans sa typologie des périphéries Rokkan identifie d'ailleurs des « périphéries-interfaces » [*interface peripheries*], ou périphéries « à problèmes » [*problem peripheries*], prises entre plusieurs constructions étatiques et nationales mais pas toujours entièrement intégrées, comme par exemple la Flandre et la Wallonie, le Luxembourg et la Lorraine, la Savoie, la Vallée d'Aoste et le comté de Nice. Une autre catégorie est celle des « centres-ratés » [*'failed-centre' peripheries*] : des territoires qui auraient pu bâtir leur propre centralité, mais qui ont été confrontés à des dynamiques plus fortes d'intégration de la part d'autres centres. Rokkan y rattache l'Occitanie et la

Catalogne, ainsi que l'Écosse et la Bavière. Ce phénomène, parallèlement à un regain de nationalisme d'État, reste toujours d'actualité avec la difficulté de faire la distinction entre régionalisme ou nationalisme selon que l'on se place d'un point de vue scalaire et territorial, ou d'un point de vue culturel et identitaire ; selon également l'émetteur du message, compte tenu de la haute charge symbolique et politique de ce thème. Le concept de « nation sans État », normalisé en particulier par le politiste Jacques Leruez (1983) est repris par de nombreux mouvements autonomistes comme par exemple en Catalogne, Écosse, Flandre, Corse, pour rendre compte d'une identité et d'une culture à dimension nationale, mais enchâssée dans un territoire sub-étatique régional (Fleury Graff *et al.*, 2017). La notion de « nationalismes régionaux » est en général aussi utilisée pour interpréter ces revendications (Giblin, 1999 ; Tétart, 2010). La cartographie se révèle un outil privilégié pour représenter et donner à voir cette situation[37]. En Europe centrale et orientale, compte tenu de la diversité ethnoculturelle des territoires et des sociétés, les réserves de certains États par rapport à la régionalisation peut être interprétée comme une crainte de voir surgir des revendications national-régionalistes (Perrin & Seys, 2019). Par exemple le gouvernement hongrois mené par M. Orbán montre qu'on peut instrumentaliser la peur de cette diversité au profit d'un agenda nationaliste dit « illibéral ».

Ainsi les cultures régionales ont nourri, en Europe, la progression du régionalisme politique. Nombre de régions actuelles correspondent à des entités sociopolitiques ayant des caractéristiques identitaires et culturelles inscrites dans l'histoire. Certaines bénéficient de statuts spécifiques, qui leur accordent en particulier des compétences approfondies dans le domaine culturel. De ce fait, au-delà des facteurs géo-culturels la fonction identitaire et culturelle des régions européennes se forge également par l'action dans le domaine sectoriel des politiques culturelles.

1.2. La région opératrice de politiques culturelles

Selon le politiste Pierre Muller (2019), chaque politique procède d'un « *référentiel spécifique qui combine les valeurs, normes et images qui déterminent et orientent les critères, objectifs et contenus de cette politique* ». Suivant cette lecture, l'identité apparaît comme un élément structurant du référentiel de politique culturelle (Perrin, 2012). Les politiques culturelles soutiennent, voire mettent en scène ou en musique, les récits et les discours identitaires des autorités ancrées territorialement. L'identité culturelle ainsi construite contribue à

[37] Cf. les cartes produites par le mouvement *Eurominority* (http://eurominority.com/fr), ou encore Bodlore-Penlaez M. (dir.), 2010, *Atlas des nations sans État en Europe : Peuples minoritaires en quête de reconnaissance*, Fouesnant : Éd. Yoran Embanner.

forger l'identité institutionnelle de l'autorité instigatrice. Ainsi les politiques ou programmes culturels peuvent contribuer à « donner corps » aux autorités et aux institutions qui les mettent en œuvre. En outre, ces politiques peuvent renforcer la cohésion du groupe auquel elles s'adressent. En ce sens, les politiques culturelles peuvent contribuer au renforcement des capacités de toute autorité territoriale et sont des attributs fondamentaux pour légitimer son programme politique et son emprise territoriale. L'historienne Anne-Marie Thiesse (1999) a montré comment la mobilisation d'un corpus culturel et artistique a contribué à la construction des identités dans les États-nations. Et ce rapport peut être transféré à différentes échelles territoriales, des États aux régions ou aux autorités locales, et même à des nouvelles échelles comme les (néo)régions transfrontalières par exemple (Leloup & Perrin, 2017, Perrin, 2020).

En Europe, de nombreux gouvernements régionaux exercent la compétence pour mener leurs propres politiques culturelles. C'est bien entendu le cas dans les États très décentralisés ou qui présentent des particularismes régionaux forts : régions à statut spécial en Italie, nationalités historiques en Espagne, communautés belges, régions autonomes du Danemark, régions insulaires du Portugal ou *home nations* du Royaume-Uni par exemple. De plus, nombre de régions de droit commun bénéficient également de la reconnaissance de particularismes culturels, notamment des langues régionales. En Espagne des langues régionales sont reconnues dans neuf communautés autonomes sur les dix-sept que compte le pays, au-delà des trois nationalités historiques reconnues par la Constitution. Plus de la moitié des régions de l'Union européenne, soit une centaine de régions, incluent des minorités linguistiques et culturelles. La prise en charge de ce caractère identitaire peut grandement varier et 47 % de ces régions, soit près d'un quart des régions de l'Union européenne, reconnaît la spécificité linguistique et culturelle et se dote de dispositifs pour l'organiser et la promouvoir[38].

Par exemple, avant même les processus de décentralisation en France ou de *devolution* au Royaume-Uni, deux États parmi les plus centralisés d'Europe, l'État a investi l'échelon régional pour mener les politiques culturelles dès les années 1960 : création des premières directions régionales du ministère français de la Culture (DRAC), régionalisation des services de la *British Broadcasting Corporation* ou de certaines commissions du *Arts Council* à la même époque. Depuis la *devolution* l'Écosse, le pays de Galles ou l'Irlande du Nord ont obtenu les pleines compétences culturelles. En France on constate des évolutions institutionnelles dans des régions qui présentent le plus de particularismes identitaires, mesurés notamment à

---

[38] Résultat de l'atelier « Identités et politiques régionales en Europe », projet Jean Monnet EURÉGIO, Institut d'aménagement et d'urbanisme de Lille : http://euregio.univ-lille1.fr/fr/activites-complementaires/ateliers-etudiants.html

l'aide de la « question Moreno » (Moreno 2007, Pasquier 2012, p. 72–82)[39]. La Corse jouit depuis 2001 de prérogatives élargies en matière de politique culturelle, y compris linguistique. En 2014 la Bretagne a reçu une délégation de compétences expérimentale dans les domaines du livre, du cinéma et du patrimoine culturel immatériel, qui s'inscrit dans un processus de différenciation territoriale qui est censé s'étendre à d'autres secteurs. L'Alsace, partagée entre influences culturelles francophone et germanophone, doit bénéficier de dérogations en matière de politique culturelle suite à l'obtention d'un statut particulier de Collectivité européenne en 2021[40].

De manière plus générale les régions françaises ont investi le secteur de la culture à hauteur de leurs faibles moyens et d'une capacité déployée « *au cœur d'un système d'interdépendance à pluralité de niveaux* » (Négrier, 2017, p. 72), en interaction avec les services extérieurs de l'État que sont les DRAC voire les rectorats. En dépit d'action contrastées selon les régions, certaines tendances se dégagent : l'action culturelle permet aux autorités régionales d'asseoir un statut de collectivité « ensemblière » ou coordinatrice des politiques menées sur leur territoire, de confirmer les interventions dans les secteurs de compétences privilégiés (formation, lycées par exemple), de valoriser des dispositifs expérimentaux comme les contrats territoriaux ou les chèques cultures qui, en retour, contribuent à construire l'image de la région comme actrice politique innovante (Négrier & Teillet, 2011 ; Négrier, 2017).

Quel que soit l'échelon, en tant que sujets de politique publique, la culture et l'identité sont des éléments construits et reconstruits en permanence dans le cadre d'un programme politique spécifique. Les politiques culturelles peuvent contribuer à incarner un référentiel cognitif ou symbolique sur le terrain, par des projets concrets et opérationnels. Les références identitaires géo-historiques peuvent d'ailleurs être mobilisées dans un contexte de projection vers l'avenir ou de transition comme en Andalousie, en Saxe ou en Mecklembourg-Poméranie-Occidentale lors du retour à la démocratie de ces régions, ou encore dans le département de l'Aude avec la mise en place du label Pays cathare pour contribuer au redéveloppement du territoire. Comme on l'a vu à propos du néo-régionalisme des années 1990, le slogan *laptop und lederhosen* « portable et culotte de cuir » forgé en 1998 par le président fédéral allemand Roman Herzog en référence à la Bavière, a cherché à valoriser une identité qui combine tradition et modernité[41].

---

39 La « question Moreno » permet d'étudier les processus d'identification et le sentiment d'appartenance à différentes échelles territoriales, et de voir l'articulation entre les identités territoriales au sein d'États-nations ou d'États plurinationaux.

40 Loi n° 2019-816 du 2 août 2019 relative aux compétences de la Collectivité européenne d'Alsace.

41 Cf. chapitre 1, parties°2.3 et 2.4

Par ailleurs le référentiel des politiques culturelles a évolué suivant la transition post-fordiste des économies industrialisées (Saez & Saez, 2012). Les frontières entre innovation, créativité et culture se sont estompées et les activités culturelles et créatives ont été incorporées dans les secteurs compétitifs et productifs de la nouvelle géographie économique et du capitalisme cognitif. Le géographe Allen Scott a traduit cette évolution avec la notion de capitalisme « cognitivo-culturel » (Scott, 2014). Plus largement, l'hybridation des politiques culturelles se retrouve dans un élargissement du domaine traditionnel des politiques culturelles – le patrimoine, les arts et la littérature – à d'autres politiques sectorielles comme le tourisme, l'action sociale, l'éducation, la politique de la ville ou l'aménagement du territoire. Les événements, projets et programmes culturels sont devenus des attributs importants pour la promotion d'une « identité » territoriale attractive. La thèse du géographe Richard Florida (2012) sur la classe dite « créative » est emblématique de cette évolution : non seulement il considère que ce secteur dit créatif concentre les emplois à plus haute valeur ajoutée, mais encore il indique que le choix de localisation de ses agents économiques est très influencé par des facteurs qualitatifs liés au mode de vie ou à des éléments immatériels comme les ressentis territoriaux, les ambiances ou les « scènes » urbaines ou territoriales, liées notamment aux aménités culturelles[42]. Malgré plusieurs biais et limites (Darchen & Tremblay, 2008 ; Pignot & Saez, 2009 ; Tremblay & Tremblay, 2010 ; Bouba-Olga & Grossetti, 2019), ces travaux ont eu un retentissement mondial et ont inspiré de nombreuses opérations d'aménagement et d'urbanisme aux États-Unis et dans le monde.

Même si ce changement d'approche – et d'instrumentalisation – des politiques culturelles se concentre dans les ensembles urbains et métropolitains (Terrin, 2012 ; Grodach & Silver, 2013 ; Lussault & Mongin, 2016), on a vu que nombre de ces ensembles se déploient aujourd'hui à des échelles régionales, ce qui pose des questions d'aménagement à cette échelle. On reproche d'ailleurs à Florida de ne pas prendre convenablement en compte l'échelle régionale métropolitaine, entre ville centre et sa banlieue, dans l'élaboration de sa théorie. De plus en Europe, contrairement aux États-Unis par exemple, nombreuses sont les régions institutionnalisées qui disposent soit d'un capital identitaire géo-historique, soit de la compétence culturelle, ou combinent les deux pour mener de telles politiques (Pongy & Saez, 1994 ; D'Angelo & Vespérini, 2000 ; Palmer, 2004 ; Benneworth & Hospers, 2009 ; Bernié-Boissard et al., 2010 ; Clifton, Comunian &

---

42 « [Selon Florida], [l]*e secteur créatif regroupe* [...] *des individus du secteur artistique, que l'on identifie souvent au secteur créatif, mais aussi des individus travaillant dans les milieux de l'information et les sciences de la vie, dans le domaine informatique et mathématiques, mais aussi bien sûr dans d'autres domaines tels que l'architecture, le design, les arts et le divertissement* » (Darchen & Tremblay, 2008).

Chapain, 2015). En France, le fait de disposer de peu de budgets et d'une assise politique relativement modeste n'a pas empêché certaines régions, loin d'être les plus riches, d'investir le champ culturel de manière significative au plan national (IGAC, 2014). On pense par exemple à la région Nord-Pas-de-Calais dans sa stratégie de reconversion économique et de renouvellement d'image[43], ou à la région Languedoc-Roussillon pour renforcer son développement et son attractivité.

1.3. Culture, identité et aménagement régional : trio gagnant ou liaisons dangereuses ?

L'évolution du facteur culturel dans le développement socio-économique des territoires a renforcé l'interpénétration entre culture, identité et aménagement (Kunzmann, 2004 ; Young & Stevenson, 2013). L'échelon régional est particulièrement concerné car dans de nombreux États européens, les régions exercent des compétences avancées non seulement dans le domaine de la culture comme on vient de le voir, mais encore dans celui de l'aménagement. Ces interpénétrations s'opèrent selon trois ordres inter-reliés (figure 8) :

- Celui de l'aménagement culturel du territoire (Latarjet, 1992 ; Négrier & Teillet, 2019), pour organiser les ressources ou les équipements culturels au service du développement culturel régional, dans toutes ses fonctions : non seulement les fonctions économiques et sociales, mais aussi la fonction d'attribut du pouvoir régional, à travers notamment le récit régional que l'action culturelle contribue à forger.
- Celui des interactions entre aménagement et identité régionale. Les documents et opérations d'aménagement peuvent produire des imaginaires spatiaux, des visions territoriales qui, à l'aide des outils visuels et cartographiques notamment, travaillent les représentations territoriales, les identifications à un territoire, à une région, de manière complémentaire aux actions culturelles (Houtum & Lagendijk, 2001 ; Debarbieux, 2015 ; O'Brien, 2019). Le politiste Olivier Nay (1997) a montré par exemple comment les réflexions et productions scientifiques en aménagement ont pu contribuer à légitimer l'espace et l'action des régions nouvellement créées en France, ce qui n'est pas sans rappeler l'engagement de certains géographes dans les revendications régionalistes (Girard, 2004, p. 110). Le géographe Anssi Paasi (2013) a analysé comment la planification et l'aménagement peuvent servir la construction d'une identité régionale – non sans décalages entre les visions concurrentes de ce que peut-être une identité régionale dans un cadre territorial marqué par la « *complexité relationnelle* » (Healey, 2006). La

---

[43] C'est par exemple la Région Nord-Pas-de-Calais qui a commandité le rapport *Culture et Régions d'Europe* (Palmer, 2004).

mobilisation des dispositifs d'aménagement et de planification pour la construction discursive d'une région s'observe par exemple dans le cas de néo-régions telles que, par exemple, les méga-régions transfrontalières Cali Baja (États-Unis/Mexique) ou Cascadia (États-Unis/Canada). Les promoteurs de cette dernière, en lien avec des mouvements environnementalistes, ont développé tout un argumentaire pour distinguer cette région comme un modèle de bio-région, avec mouvement d'indépendance, institut et symboles nationaux (Brunet-Jailly & Smith, 2008 ; Celnik, 2015)[44]. L'observatoire européen de l'aménagement du territoire ESPON a soutenu un projet sur l'« Imaginaire métropolitain-régional dans la région urbaine Milan-Bologne »[45]. Cette mobilisation de l'aménagement est aussi particulièrement apparente dans le cas de régions qui cherchent à s'affirmer face à l'État, voire qui présentent de fortes revendications indépendantistes, comme par exemple la Catalogne, l'Écosse ou la Flandre (Colomb & Tomaney, 2021).

- Celui de la culture d'aménagement propre à une certaine région (Knieling & Othengrafen, 2015). L'imaginaire spatial, les éléments symboliques prennent une part importante dans la construction d'une culture d'aménagement et à l'échelle d'une région, cette culture d'aménagement peut aussi constituer un facteur de distinction territoriale et sociopolitique (Colomb & Tomaney, 2021). Certaines communautés espagnoles comme la Catalogne, l'Aragon ou la Galice mobilisent leur compétence en aménagement pour mettre en place des entités distinctes du découpage en provinces de l'État espagnol, et les doter de compétences, comme par exemples les comarques. En Catalogne les autorités ont même envisagé de remplacer les quatre provinces par sept vigueries, résurgences de l'organisation médiévale de la principauté de Catalogne. En Allemagne, les organismes et les opérations de l'aménagement régional peuvent varier selon les orientations et le programme politique propre à chaque *Land.*

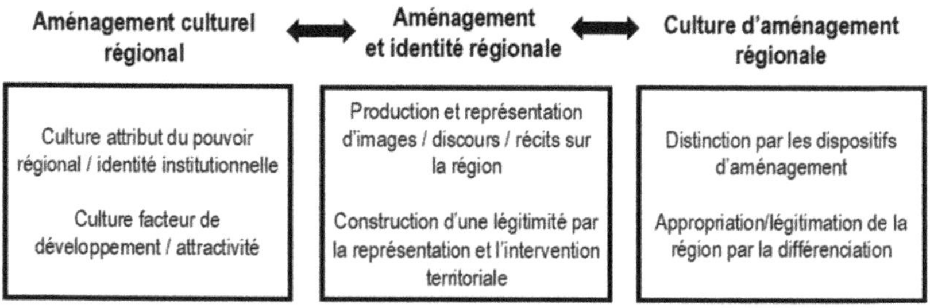

Figure 8 – Culture, identité et aménagement dans la fabrique régionale
Source : élaboration propre

---

[44] Cf. par exemple https://www.cascadianow.org, http://cascadia-institute.org

[45] https://www.espon.eu/imagine

L'interaction entre représentations et récits territoriaux, entre développement culturel et aménagement du territoire, révèle ainsi des dynamiques d'instrumentalisation et des rapports de force symboliques, ainsi que des tensions entre références culturelles territorialisées et dimension relationnelle des construits territoriaux. Les décalages croissants entre la géographie institutionnelle et les « territoires vécus » par des sociétés mobiles et interconnectées qui s'affranchissent des découpages politico-administratifs, renforcent le rôle de l'aménagement dans la (re)construction d'un récit territorial qui légitime l'intervention de l'autorité régionale.

Dans son analyse de « l'état de l'Union » et de la (dé)construction européenne actuelle, l'essayiste Robert Menasse (2015) estime que la refondation du projet européen devrait se baser à la fois sur la culture et sur l'échelle régionale sub-étatique, afin de débloquer les problèmes de désincarnation et de désenchantement du projet européen actuel. La question reste posée de comment appréhender des identités et cultures régionales complexes, et comment celles-ci peuvent s'articuler avec les autres échelles d'appartenances – aussi bien territoriales qu'a-territoriales ; et ce dans un cadre européen. Ce qui ouvre des perspectives stimulantes sur le rôle de la culture dans les dispositifs d'aménagement pour valoriser à la fois un certain ancrage identitaire et une ouverture déterritorialisée, pour favoriser une construction régionale ouverte sur l'Europe et sur le monde, ce qui schématiquement évoque la combinaison entre territoire et réseau. La proposition de Robert Menasse souligne également le rôle joué par la construction européenne dans le développement des régions, ce qui constitue une autre spécificité de la question régionale en Europe.

2. L'Europe et les régions : je t'aime moi non plus

2.1. Fédéralisme, autonomie locale et spécificité culturelle : l'Europe contre les États ?

Le projet européen est en grande partie motivé par le besoin de contrebalancer la puissance des États-nations dont les dérives ont conduit à des guerres mondiales, par les excès du protectionnisme, le surarmement. Les mouvements fédéralistes européens ont été influents lors de l'établissement de ce projet (Saurugger, 2009, p 131–155). Plusieurs pionniers de la construction européenne ont promu un fédéralisme européen – quoique parfois sous différentes formes – tels Monnet, Spinelli, De Gasperi, Adenauer. Robert Schuman, dans sa déclaration de 1950, imagine une Fédération européenne. La devise de l'Union européenne, Unie dans la diversité, ou le concept de « fédération d'États-nations » cher à l'ancien président de la Commission européenne Jacques Delors, sont comme un lointain écho aux bases fédéralistes de la construction européenne. Le philosophe Denis de

Rougemont, ardent promoteur de la construction européenne, basait son projet de Fédération européenne sur trois types de régions : régions historiques ou ethnoculturelles, régions transfrontalières et espaces de participation civique (Saint-Ouen, 2003). Les régions sont appelées à coopérer, à se mettre en réseau pour former une Europe des régions fédérées. La coopération de nature fonctionnelle et pragmatique, le dépassement des frontières héritées de l'histoire sont importants pour éviter les clivages ethnoculturels ou ne pas reproduire la logique d'un « micro État-nation ».

Dès les années 1950, le Conseil de l'Europe, créé en 1949 avant la Communauté économique qui donnera naissance à l'Union européenne, fait le lien entre État de droit et reconnaissance des groupes sub-étatiques sur le plan territorial, culturel et politique. Le Conseil est à l'initiative de la Charte européenne de l'autonomie locale de 1988, qui énonce des standards pour mieux protéger et réguler les systèmes d'administration locale, selon le principe de subsidiarité. Son application est suivie notamment par le Congrès des pouvoirs locaux et régionaux, porte-voix des villes et des régions des États-membres du Conseil de l'Europe. Comme de nombreuses organisations internationales, l'action du Conseil de l'Europe n'a pas une portée juridique très contraignante mais reste primordiale pour lancer, diffuser et normaliser des standards et des références consubstantielles à la démocratie et à l'État de droit en Europe, comme la question de la régionalisation et de la protection des spécificités régionales.

En lien avec cette vision, le Conseil de l'Europe a d'ailleurs contribué à promouvoir les cultures et identités dans les territoires relativement tôt et de manière assez novatrice (Hüser, 2003). De 1978 à 1983 un projet n° 5 a porté sur « Ville, vie et culture » (D'Angelo, 2001). Lancé en 1983, le projet n° 10 « Culture et régions » permet d'aborder le développement régional sous l'angle de la politique culturelle et non pas seulement du rapport de force politico-identitaire. Il est clôturé en 1991 par la conférence « Enjeux culturels pour les régions d'Europe » à Lyon (Bassand, 1990 ; D'Angelo & Vespérini 2000)[46]. Le Conseil de l'Europe s'est aussi saisi de la question linguistique avec la Charte européenne des langues régionales ou minoritaires, entrée en vigueur en 1998. 25 États l'ont ratifiée sur les 47 que compte le Conseil de l'Europe. Une Convention cadre pour la protection des minorités nationales est également entrée en vigueur en 1998. La France et la Turquie, ainsi qu'Andorre et Monaco, n'ont pas signé cette convention, et la Belgique, la Grèce le Luxembourg et l'Islande ne l'ont pas

[46] La Région Rhône-Alpes a également soutenu, en 2006, l'organisation de la conférence « Régions et diversité culturelle : une dynamique européenne et mondiale » : http://www.mondialisations.org/php/public/liste.php?r=593, ainsi que les Assises nationales Culture et Régions, en janvier 2012 http://www.observatoire-culture.net/rep-publications/ido-112/actes_des_assises_nationales_culture_et_regions.html

ratifiée. Ces faits ne manquent pas de susciter des critiques sur l'attitude des États face aux revendications d'autonomie régionale, et illustrent les enjeux (para)diplomatiques que peuvent revêtir les questions de régionalisme et de régionalisation.

Cependant, un des objectifs premiers de la construction européenne reste la création d'interdépendances économiques et commerciales – certes au départ sous la férule du « grand frère » protecteur, les États-Unis, et dans un contexte de guerre froide. Ce projet va se réaliser dans un autre cercle que le Conseil de l'Europe, celui de la Communauté puis Union européenne. Dans ce cadre aussi, les évolutions politiques et socio-économiques ont contribué à valoriser l'échelle – et l'institution – régionales.

2.2. La région, favorite de l'Union européenne pour les politiques de développement

Dans le préambule du traité de Rome (1957) instituant la Communauté économique européenne – devenu en 2009 traité sur le fonctionnement de l'Union européenne – les États membres énoncent l'objectif de « *renforcer l'unité de leurs économies et d'en assurer le développement harmonieux en réduisant l'écart entre les différentes régions et le retard des moins favorisés* ». Lors de leur adhésion en 1973, le Royaume-Uni, suivi par l'Irlande, deux États européens parmi les plus centralistes, réclament des compensations pour leur situation périphérique par rapport au marché continental. Ils y voient un facteur d'affaiblissement économique conjugué à la crise de certaines régions, industrielles notamment, et à des indicateurs globalement défavorables par rapport aux économies continentales. Une telle demande n'est pas sans rappeler les revendications du CELIB (Comité d'étude et de liaison des intérêts bretons) en France sur la situation périphérique et défavorable de la Bretagne qui aboutira, entre autres, au Plan routier pour cette région à partir des années 1970. La demande du Royaume-Uni et de l'Irlande débouche sur le lancement du Fonds européen de développement régional (FEDER) en 1975, qui devient la matrice de la politique régionale européenne. Une réforme de 1988 double les dotations financières à cette politique et la restructure autour d'objectifs européens partagés – et non plus différenciés selon les priorités des États – et d'une programmation affinée, plus ciblée sur chaque région. Cette politique va progressivement se renforcer et devient un des principaux postes de dépense du budget européen. Les fonds dits structurels assignés à la politique régionale sont passés de moins de 5 % du budget de l'Union européenne en 1975, à 33 % en 2016. Cela a représenté plus de 350 milliards d'euros pour la période 2014–2020 et pour la période 2021–2027 le budget programmé est de 369 milliards d'euros.

Cette politique est ainsi rapidement dénommée politique « régionale » car la doctrine européenne fait de la région l'échelle fonctionnelle de référence pour l'attribution, la distribution et la gestion des fonds structurels (Baudelle & Le Bihan, 2017). Les méthodes de mise en œuvre préconisent la subsidiarité, la gouvernance partagée et le partenariat entre acteurs publics et privés, ce qui dans de nombreux cas va permettre l'émergence et la consolidation de scènes régionales d'action publique. Même si chaque État reste libre d'adapter ces méthodes, cette politique européenne a renforcé la place de la région comme échelon de négociation et d'élaboration des stratégies de développement. Dans cet esprit la France met en place des contrats de plan État-Régions dès les années 1980. Ce dispositif national va progressivement s'articuler sur la programmation des fonds structurels et complémenter la politique régionale européenne[47].

La création d'unités régionales pour recevoir les fonds structurels est un des éléments de l'acquis communautaire auquel les nouveaux États-membres doivent se conformer. La nomenclature des unités territoriales statistiques (NUTS) de l'Union européenne a ainsi contribué à normaliser un découpage régional de l'Union européenne. Cependant il faut garder à l'esprit que les unités NUTS sont un compromis statistique. Principalement basées sur des critères démographiques, les découpages NUTS recouvrent des degrés d'autonomie administrative ou politique, et des échelles territoriales très diverses (Seys, 2019). Dans certains cas les fonds sont programmés à l'échelle de l'État, notamment dans les petites superficies : États baltes, Luxembourg, Slovénie par exemple. La gestion des fonds peut aussi grandement varier. Ce n'est qu'en 2014 que les régions sont devenues autorités de gestion en France pour la majeure partie des fonds. En Espagne, où les communautés autonomes jouissent de prérogatives très étendues, c'est le ministère central des Finances qui est resté l'autorité de gestion des programmes régionaux pour la même période.

Cette politique régionale évolue au gré des transformations des paradigmes économiques. Les opérations keynésiennes de reconversion de régions en crise dans les années 1970 cèdent progressivement la place aux orientations du *New Public Management*, pour restreindre les interventions de l'État dans le domaine social et économique et pour favoriser la compétitivité et l'attractivité de régions connectées aux flux mondiaux, en particulier les régions urbaines et métropolitaines (Brenner, 2004). Progressivement les régions urbaines sont ciblées par la politique régionale avec des programmes ou instruments spécifiques, même si la logique spatiale

---

[47] CGET, Contrats de plan État-Région : histoire et perspectives [en ligne] : https://www.cget.gouv.fr/ressources/publications/en-somme-contrats-de-plan-etat-region-histoire-et-perspectives

régionale reste prégnante pour l'allocation et la distribution des fonds. On observe ainsi une certaine contradiction dans la « formule introuvable » de la politique régionale, entre la ligne affichée de cohésion territoriale européenne – on l'appelle aussi la politique de cohésion – et l'objectif de compétitivité assigné aux régions.

2.3. Eurorégionalisme et Europe des régions : un rendez-vous manqué ?

La construction européenne a aussi renforcé les régions comme entités sociopolitiques, en permettant la mise en réseau interrégionale (Perrin, 2010). Dès le début de la construction européenne les acteurs socio-économiques et institutionnels régionaux ont compris l'intérêt d'étendre leurs revendications à l'échelle européenne. Au milieu des années 1980, des collectivités territoriales ouvrent des bureaux de représentation à Bruxelles pour travailler au plus près du système décisionnel européen, et ce mouvement s'amplifie progressivement (Huysseune & Jans, 2008 ; Rowe, 2011). Cet eurorégionalisme s'est aussi traduit par la coopération entre les régions au sein d'organes et de réseaux de représentations, dans divers domaines, généralistes ou sectoriels, comme par exemple : Conseil des communes et régions d'Europe (1951), Conférence des régions périphériques maritimes (1973), Association des régions frontalières européennes (1971), Assemblée des régions d'Europe (1985), Réseau des régions et aires métropolitaines METREX (1996), Conférence des régions à pouvoir législatif REGLEG (2000). Ces organismes sont importants à la fois pour promouvoir et pour documenter le fait régional en Europe, à travers un très grand nombre d'études et de données dont la recension peut faire l'objet d'un travail en soi[48]. Les régions et autorités territoriales acquièrent une reconnaissance formelle dans le système institutionnel de l'Union européenne avec la création du Comité européen des régions par le traité de Maastricht en 1994.

Cette évolution a participé de l'émergence, dans les années 1990, du concept « d'Europe des régions » en lien avec les approches fédéralistes et les thèses néo-régionalistes institutionnalistes[49]. Or force est de constater que l'hypothèse d'une Union européenne régionalisée, construite sur des régions plus autonomes et formant des réseaux transnationaux de coopération, s'est rapidement heurtée aux réalités du terrain (Perrin, 2017). L'Union n'intervient pas dans l'organisation territoriale interne des États membres,

---

[48] Cf. par exemple l'Observatoire de la régionalisation de l'ARE : https://aer.eu/aer-observatory-regionalisation ; le Groupe d'experts indépendants sur la Charte européenne de l'autonomie locale : https://rm.coe.int/1680719230 ; ou encore les travaux du Conseil des communes et régions d'Europe : http://www.ccre.org/fr.

[49] Cf. supra chapitre 1, partie°2.3.

qui reste d'une très grande hétérogénéité. Les montants et les modalités de la politique régionale sont négociés non seulement entre la Commission européenne, le Parlement européen et les États, mais aussi – et surtout – entre les États eux-mêmes au sein du Conseil de l'Union européenne. Ils peuvent s'accorder pour recentraliser certaines politiques européennes et limiter par là même les interactions entre acteurs locaux et services de la Commission européenne. Si l'intégration européenne a eu un effet sur le renforcement de la région comme échelle et actrice du développement territorial, c'est un effet indirect et variable selon les configurations propres à chaque État membre (Pasquier, 2015 ; Perrin & Seys 2019 & 2019b ; Perrin, 2022).

La construction européenne a surtout contribué à valoriser la maille régionale pour la politique européenne de développement et à promouvoir les spécificités culturelles régionales, sans influencer directement la montée en capacité politique des régions au sein de leurs États respectifs. Cependant le cadre européen produit un autre effet particulier qui n'est pas sans influence sur le développement des politiques et des actions régionales, et que l'on a conceptualisé sous le terme d'européanisation.

3. Européanisation et renouvellement des régions

3.1. L'« effet européen » sur les politiques et actions d'aménagement

Le concept d'européanisation renvoie à différents phénomènes : une certaine homogénéisation, un transfert et une hybridation des pratiques et dispositifs d'action dans le cadre de l'Union européenne (Oberdorff, 2008 ; Saurugger, 2009, p. 255–288). Ces phénomènes se produisent selon plusieurs dimensions (figure 9). D'une part, on distingue entre européanisation verticale descendante ou ascendante : soit la diffusion des normes et dispositifs institutionnels européens dans les politiques menées au niveau national ou local, soit *a contrario* comment des initiatives ou des traditions nationales ou locales peuvent modeler et inspirer des politiques européennes. D'autre part, l'européanisation peut se faire à l'échelle transversale, par la fertilisation croisée et l'apprentissage entre acteurs voire entre systèmes sociaux qui, à force de se côtoyer ou de collaborer, finissent par faire converger, ou par se transférer, certaines de leurs pratiques. Ces dimensions ne sont pas exclusives et sont en interaction constante. L'européanisation n'est pas non plus un processus linéaire et peut susciter des réactions d'ajustement ou de non-ajustement, à différents degrés.

Ce concept a introduit une vision plus holistique des interactions entre acteurs de la construction européenne, non plus seulement centrée sur l'idée d'un jeu à somme nulle où le gain de l'un des acteurs – Union européenne, États, régions – équivaudrait à la perte des autres. L'européanisation participe de la dynamique de rééchelonnement et d'enchevêtrement des échelles de l'action publique : l'Union européenne a contribué à normaliser certaines pratiques telles que la gouvernance multi-niveaux[50], mais elle a fait cela avec la validation des États. Ces derniers ont par exemple œuvré pour réorienter le référentiel de la politique régionale de l'Union européenne sur des lignes plus libérales, qu'ils ont ensuite dû appliquer dans et avec les régions (Brenner, 2004). Cette approche permet aussi de déconstruire des idées reçues sur le volume de lois adoptées sous la contrainte européenne – de 10 à 30 %, sur le rôle des Parlements nationaux et régionaux qui peut être sous-évalué, alors que la capacité de l'Union européenne à provoquer des changements peut être surestimée[51]. L'européanisation n'est pas uniquement une question de convergence des pratiques, mais par l'hybridation elle peut aussi produire de l'innovation, de nouvelles pratiques, comme Emmanuelle Boulineau (2016) l'a justement montré dans le domaine de l'aménagement du territoire.

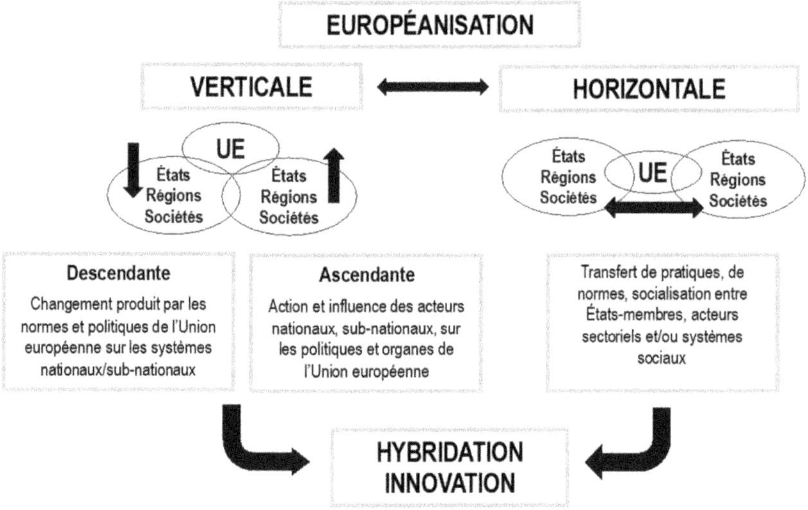

Figure 9 – L'européanisation : dimension et processus
Source : élaboration propre

---

50 Avec par exemple l'adoption d'un livre blanc sur la gouvernance en 2001 : http://ec.europa.eu/transparency/regdoc/rep/1/2001/FR/1-2001-428-FR-F1-1.Pdf

51 Par exemple en 2016 la position du parlement de la Région wallonne a bloqué un temps la signature de l'accord économique et commercial global entre l'Union européenne et le Canada.

En effet, bien que l'Union européenne n'ait pas de compétence propre dans l'aménagement du territoire, la diffusion de normes ayant un effet sur les dispositifs d'aménagement, le développement de réseaux coopératifs entre autorités et acteurs de l'aménagement produisent une européanisation spatiale et territoriale (Baudelle, 2009 ; Faludi, 2019). Différentes politiques sectorielles européennes, bien que non spécifiquement orientées sur l'aménagement, contribuent à européaniser les dispositifs et opérations d'aménagement nationales, régionales ou locales, comme l'a révélé par exemple une étude substantielle menée aux Pays-Bas (Evers & Tennekes, 2016).

Plus largement, les régions sont intégrées dans le système législatif et institutionnel de l'Union européenne et, comme on l'a vu, elles occupent une place particulière dans la *doxa* socio-économique de l'Union européenne. De nombreux projets d'aménagement régional se font en référence au contexte européen et aux priorités de l'Union européenne, qui conduisent à des enjeux similaires ou partagés entre pays européens. Ainsi, au-delà des pratiques d'action publique *stricto sensu*, se produit une européanisation plus cognitive par laquelle l'Union européenne engage de nouvelles références spatiales, une nouvelle méta-géographie qui peut, progressivement, avoir un effet sur les dispositifs d'aménagement et sur les perceptions et les représentations de l'espace européen (Baudelle, 2005). À partir des années 1990, des schémas certes non contraignants, mais cependant signifiants, tels que le Schéma de développement de l'espace communautaire (CE, 1999), l'agenda territorial de l'Union européenne lancé en 2007[52] ou l'agenda urbain de 2016[53], ont contribué à renouveler les enjeux spatiaux et territoriaux des États membres en les projetant à l'échelle européenne. Sur le terrain, les orientations et programmes européens ont permis de normaliser des formes spatiales novatrices, en appuyant notamment la coopération territoriale (Dühr, Colomb & Nadin, 2010 ; Bellini & Hilpert, 2013).

3.2. Coopération territoriale et border studies

Parmi les échelles et modalités de coopération entre autorités territoriales, la coopération autour d'une frontière étatique, dite coopération transfrontalière, occupe une place importante. Elle a été encouragée dès le début des années 1980 avec la signature de la Convention de Madrid du Conseil de l'Europe. Elle s'est renforcée et institutionnalisée à partir des années 1990 avec les financements des programmes Interreg de l'Union européenne (Perrin, 2021). L'idée est de redévelopper des zones autrefois

---

52 Pour la dernière version dite « agenda territorial 2030 », voir : https://territorialagenda.eu/home.html

53 https://futurium.ec.europa.eu/en/urban-agenda

périphériques au sein du territoire de chaque État, mais devenues des pôles de croisement de flux et d'activités dans le cadre du marché unique et de la libre circulation. L'Union européenne compte près de 40 régions frontalières terrestres intérieures d'échelle NUTS 3, couvrant 40 % de son territoire et représentant près de 30 % de sa population[54]. Les programmes Interreg soutiennent aussi la coopération dans des régions dites transnationales, que le rapport de la DATAR *Aménager la France de 2020* a intitulé les « petites Europes » (Guigou, 2002 ; Dühr, 2018, p. 543). Un dernier axe concerne l'appui aux réseaux interrégionaux. Ces programmes sont devenus des références – et les principaux supports – de la coopération territoriale en Europe. Ils ont redessiné la carte européenne et ont permis de renforcer les synergies au sein de régions européennes qui transcendent les frontières étatiques traditionnelles.

Ainsi, le développement de régions frontalières autrefois périphéries des États et qui sont devenues des espaces d'investissement et d'aménagement a été un indicateur d'européanisation méta-géographique, voire méta-territoriale. La construction européenne a produit une nouvelle forme de région « européanisée », ou eurorégion (Morata, 2010), définie comme « *une organisation européenne de coopération transfrontalière et/ou transnationale, plus ou moins structurée de part et d'autre de frontières étatiques et dotée ou non de la personnalité juridique* » (Perrin, 2017b). Ce terme générique renvoie à une grande variété d'organisations, de structures et d'échelles de coopération, et à de nombreuses appellations *sui generis* : euroregio, euregio, europarégion, Grande Région, regio, conseil, conférence, communauté, arc, *etc.* Alors qu'elles n'étaient qu'une trentaine au début des années 1990, les derniers recensements font état plus de 150 « *eurorégions actives* » (Durà et al., 2018). C'est un phénomène signifiant de l'évolution spatiale et territoriale de l'Union européenne, même si nombre d'eurorégions sont peu stabilisées et faiblement institutionnalisées. Certaines peuvent disparaître, d'autres sont créées, et leur développement est très lié à l'évolution de la construction européenne, qui peut montrer des signes de « refermeture » ou « refrontalisation » [*rebordering*] (Giband & Rufí, 2018). Les eurorégions n'ont pas vocation à se substituer aux autorités territoriales qui les composent d'autant plus qu'elles relèvent de systèmes institutionnels et territoriaux d'États distincts.

De ce fait, la dimension relationnelle et collaborative propre à toute action d'aménagement et de planification revêt, en contexte transfrontalier, des caractéristiques spécifiques en raison de « l'effet frontière » sur les cadres

---

[54] Communication de la Commission au Conseil et au Parlement européens, *Stimuler la croissance et la cohésion des régions frontalières de l'Union européenne* [en ligne], Bruxelles, 20 septembre 2017 : https://ec.europa.eu/regional_policy

institutionnels, les cultures administratives ou les échelles des politiques publiques. Sergio Peña (2005) définit cette modalité spécifique d'aménagement comme « *un processus de construction institutionnelle pour obtenir des résultats mutuellement bénéfiques. Son objectif principal est de faciliter l'action collective en ce qui concerne l'environnement commun, naturel, bâti et humain, contraint par la politique territoriale et les frontières des États-nations* ». La coopération transfrontalière induit donc des formes de gouvernance qui croisent les échelons étatiques, territoriaux et européens, selon différents systèmes de planification et cadres de gouvernance en jeu. L'Europe actuelle a été construite par et pour les États et les frontières étatiques restent les mailles dominantes de la carte européenne. Si les autorités territoriales sont devenues des actrices majeures des politiques d'aménagement du territoire en Europe par l'intermédiaire des programmes de l'Union européenne, ceux-ci restent néanmoins conditionnés par le poids décisionnel des États en matière de budget, d'allocation, d'objectifs ou encore concernant les modalités de mise en œuvre.

Pour tâcher de répondre à cette situation, l'Union européenne a créé en 2006 le statut juridique de Groupement européen de coopération territoriale (GECT), qui permet aux membres d'organisations de coopération territoriale structurer leur partenariat et de remédier à l'hétérogénéité des régimes nationaux applicables entre partenaires relevant d'États différents[55]. Une soixantaine de GECT a été créée depuis la mise en place de ce statut (figure 10).

---

[55] Règlement communautaire du 5 juillet 2006 (CE n° 1082/2006).

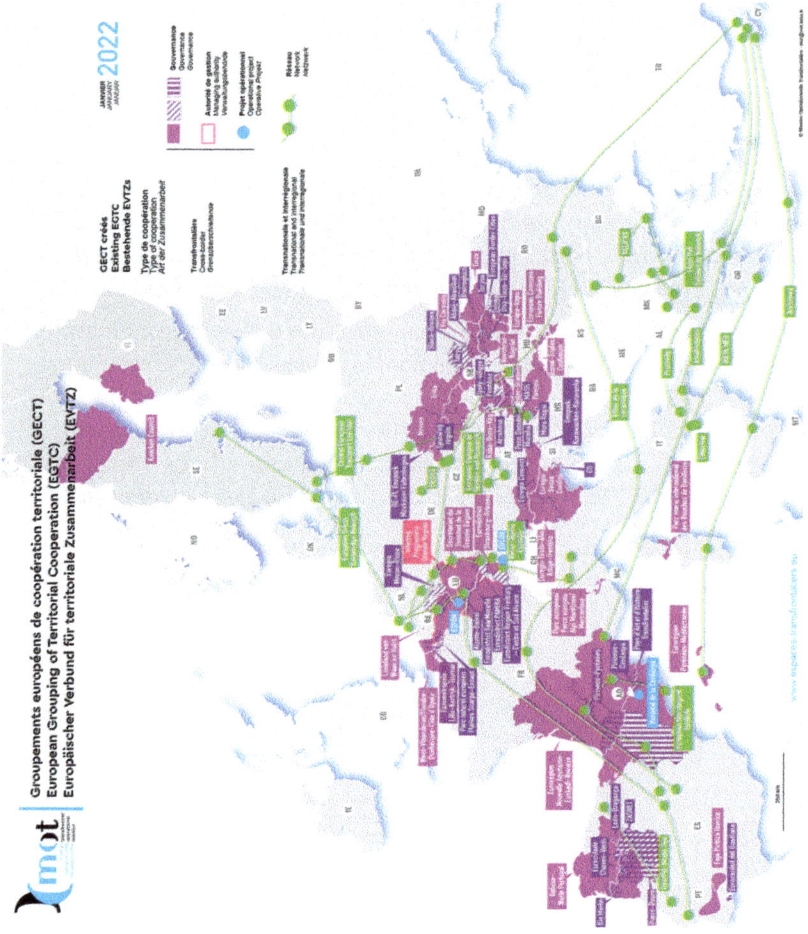

Figure 10 – Carte des GECT en 2022
Source : Mission opérationnelle transfrontalière, http://www.espaces-transfrontaliers.org

Ces phénomènes sont les terrains privilégiés des *border studies* ou études de la frontière (Wastl-Walter, 2011 ; Wilson & Donnan, 2012 ; Amilhat-Szary & Hamez, 2020). Ce champ de recherche croise de nombreuses disciplines pour étudier les phénomènes frontaliers et transfrontaliers liés au processus de mondialisation : géographie, aménagement et urbanisme, science politique, droit, sociologie, entre autres. Adoptant une perspective complexe, les *border studies* s'attachent en particulier à décrypter, plutôt qu'une opposition binaire entre frontières ouvertes ou fermées, la dialectique permanente entre *de-bordering* et *re-bordering* et les contradictions qui sont à l'œuvre dans le rapport des sociétés à leurs espaces frontaliers et transfrontaliers. Les phénomènes frontaliers et transfrontaliers sont ainsi des indicateurs de changements socioculturels, économiques ou politiques plus larges.

L'économiste Henk Van Houtum (2000) identifie trois axes principaux de recherche au sein des *border studies*, qui ne s'excluent pas et peuvent se combiner dans certaines analyses :

- l'analyse spatiale, principalement économique, de l'effet des frontières sur la localisation et les flux des biens, des services et des personnes (Perez, 1999 ; Boudeville, 1971 ; Hansen, 1983) ;
- l'analyse de la coopération transfrontalière et des dynamiques d'intégration transfrontalière (Sohn, Reitel & Walther, 2007 ; Rufí, Castañer i Vivas & Pastor Batllori, 2018) ;
- l'analyse des représentations, de la dimension cognitive ou sociologique des relations à la frontière et aux espaces transfrontaliers (Durand & Perrin, 2018 ; Considère & Perrin, 2017 ; Scott & Sohn, 2020).

Plusieurs travaux montrent ainsi que le rapport à la frontière et aux espaces transfrontaliers s'opère dans le domaine du symbolique et des représentations dans toutes sortes de configurations, entre frontières vécues par les pratiques, frontières construites par les discours et frontières matérialisées par des artefacts (Considère & Perrin, 2017). En lien avec la fonction culturelle et identitaire évoquée précédemment, nombreuses sont les régions anciennement périphériques au sein des États qui se sont investies dans la coopération transfrontalière culturelle, parfois pour renforcer des liens géo-historiques que la frontière étatique avait mitigés : espaces catalan ou basque entre la France et l'Espagne, région transfrontalière germanophone du Sud-Tyrol entre Italie et Autriche, espace du Rhin supérieur, villes transfrontalières entre Pologne et Allemagne, pour ne citer que quelques exemples (Leloup & Perrin, 2017 ; Perrin, 2020).

Même si ces phénomènes existent hors d'Europe, la coopération culturelle transfrontalière illustre bien la dialectique propre aux régions européennes, entre fonction culturelle et dynamique d'européanisation.

Conclusion

Plusieurs paramètres spécifiques caractérisent la fabrique régionale en Europe, que l'on peut résumer à travers le tryptique culture/européanisation/ coopération territoriale.

Sur le plan géo-historique, la région revêt une dimension identitaire et culturelle relativement significative dans la construction territoriale des pays européens. Si cette dimension peut varier selon la géo-histoire et l'organisation propre aux différents États, dans de nombreux cas elle reste un facteur déterminant pour les opérations de régionalisation politique et administrative qui ont permis d'autonomiser et d'institutionnaliser des ensembles régionaux sub-étatiques. Ce phénomène est particulièrement prégnant en Europe de l'Ouest, où il peut atteindre des seuils paroxystiques de différenciation politique voire d'affrontement entre États et régions, basés en grande partie sur cette dimension identitaire et culturelle. On pense notamment aux situations en Catalogne, en Écosse ou en Flandre. En tout état de cause, dans beaucoup de pays européens l'autorité régionale se voit attribuer des compétences approfondies à la fois dans le domaine culturel et dans l'aménagement du territoire, créant des interactions particulières entre ces deux champs d'action publique.

Le processus de construction européenne renforce ces dynamiques, d'une part en valorisant la dimension culturelle des régions au nom de la défense de la diversité et de l'autonomie des groupes sociaux, d'autre part en faisant de la région, avec la politique régionale de l'Union européenne, un échelon clé pour l'aménagement et le développement des territoires et des sociétés. Par ailleurs, la construction européenne induit un phénomène d'européanisation des références et des pratiques d'action publique, qui conditionne l'aménagement régional et peut produire de nouvelles formes de régionalisation : eurorégions, macro-régions, par exemple.

L'épistémologie critique de la notion de région, et l'identification des paramètres spécifiques au contexte européen, permettent de dégager les problématiques et enjeux contemporains de la fabrique régionale en Europe, sur un plan tant théorique qu'empirique.

Chapitre 3.

Penser et comprendre la région aujourd'hui

Ce chapitre élabore un cadre théorique et empirique pour analyser la région contemporaine en Europe, à partir d'une synthèse des éléments présentés aux chapitres précédents.

Sur un plan théorique, il s'agit tout d'abord de préciser la place et la signification de la région aujourd'hui comme dispositif d'aménagement et de développement des territoires en Europe. Cette clarification sémantique, qui allie à la fois la diversité du phénomène et ses caractères déterminants (figure 11), amène à former une grille de lecture qui assemble les principaux concepts opérants pour comprendre la région européenne contemporaine (tableau 4).

Sur le plan empirique, l'effort de synthèse consiste à repérer et à présenter les formes régionales les plus tendancielles des évolutions et des problématiques actuelles du fait régional en Europe : la métro-région, ou région issue de la métropolisation, et la macro-région, vaste région souvent transnationale.

Le cadre ainsi posé est celui qui sera mobilisé dans les études de cas des chapitres suivants.

1. De quoi la région est-elle le nom ?

1.1. De l'improbable ontologie de la région...

Il paraît hasardeux et peu heuristique de chercher à obtenir une définition entièrement stabilisée de la région, compte tenu de la polysémie du terme et des multiples échelles spatiales et territoriales qu'il recoupe, comme on vient de le voir. Dans une approche maximaliste, on peut même considérer que la région correspond à tout espace d'action territoriale, défini par ceux qui la conduisent. En effet la plasticité de la notion en fait un instrument flexible et souple mobilisable dans de multiples dispositifs d'aménagement...au risque de tomber dans une définition « *vide et donc complètement*

ouverte » (Bourdeau-Lepage & Huriot, 2009, p. 273), mais peu opérante pour mener une action régionale. Or comme on l'a vu il existe, particulièrement en Europe, des régions politiques et des régions culturelles relativement signifiantes, qui dans ce cas correspondent à des entités construites selon des critères plus précis, qui réintroduisent de la territorialité dans la notion de région. Combinant espace et territoire, petite et grande échelle, la région est bien représentative de la complexité territoriale.

Comme l'écrit François Taglioni (2003, p. 117) « *La région permet d'envisager des formes d'interactions qui échappent aux frontières politiques territoriales tout en conservant la représentation d'un espace territorialement situé, avec ses marqueurs et ses bornages. La notion est rassurante : elle sacrifie au postmodernisme tout en réintroduisant du territoire et par conséquent de la géopolitique. Malheureusement elle est rebelle à toute définition, ce qui limite singulièrement sa valeur descriptive. La région est un espace autoproclamé, subjectif* ». Marie-Claire Robic (2016, p. 25), revenant sur le développement du concept de région dans la géographie française, propose quant à elle une description qui resserre la focale à l'échelle des régions sub-étatiques et qui semble assez large pour être opérationnelle : « *une individualité spatiale unique, dotée d'une dimension infranationale, intermédiaire entre le local et le territoire national, qui se distingue par principe de la région strictement naturelle comme de l'entité politique ou administrative, même si des faits de coïncidence peuvent advenir et, enfin, résultant d'un processus possiblement double de formation, la combinaison nature/culture ou la situation (ou ensemble de relations spatiales)* ».

Cette définition pourrait d'ailleurs s'appliquer à l'ensemble des échelles régionales évoquées précédemment (encadré D), si les notions d'infranational, de local et de national n'y étaient pas affirmées. De plus, comme on l'a vu la notion d'échelle nationale peut prêter à confusion dans le cas des nationalismes régionaux ou des « nations sans États » (Leruez, 1983 ; Giblin, 1999). Dans un autre registre, la notion d'État peut être ambivalente dans le cas des États fédéraux, où le national peut référer soit au niveau de l'État fédéral ou à celui des États constituant la Fédération. Romain Pasquier (2012) distingue quant à lui entre la région, espace de mobilisation (espace des régionalismes) ; la région, espace fonctionnel (espace d'intervention de l'État et de l'Union européenne) ; la région, espace de gouvernance (système composite de fabrication de l'action publique).

Le tableau 3 ci-après synthétise différentes typologies et définitions élaborées par différents auteurs. Elles montrent que le régionalisme n'est pas uniquement un mouvement de mobilisation mais renvoie plus largement à une vision, une interprétation de la question régionale. Ce tableau rappelle aussi les significations et interprétations de la notion de région que l'on a détaillées au premier chapitre. On note que la distinction de Girard (2004)

entre région « *espace en devenir* » et Région « *échelon politico-administratif* » est opérante pour rendre compte des deux types majeurs de région que l'on rencontre.

Malgré l'écueil sémantique que peut représenter la région, les apports des travaux et des réflexions que l'on a passés en revue autorisent à dégager des caractères déterminants, qui permettent d'appréhender la région de manière dynamique, sans en trahir ni la complexité ni la grande variabilité. J'identifie ainsi trois caractères principaux de la région et de la fabrique régionale : un caractère fonctionnel, un caractère opérationnel et un caractère intermédiaire (figure 11).

Tableau 3 – Régionalisme et région, de quelques approches

RÉGIONALISME

France : Brennetot, 2016		Europe : Keating, 2017	
Régionalisme essentialiste	Observation croisée nature/hommes	**Régionalisme intégrateur**	Opération économique et technique dépolitisée
Régionalisme scientiste	Structures non-intentionnelles, analyse spatiale	**Régionalisme compétitif**	Structuration d'un système socio-économique *per se* dans la mondialisation
Régionalisme réactionnaire	Identités figées, traditionnalistes	**Régionalisme providence**	Redistribution, solidarité, transferts
Régionalisme administratif	Modernisation du pouvoir central, déconcentration	**Régionalisme identitaire**	Formation d'une identité sociale, construction politique et communautaire
Régionalisme progressiste	Décentralisation démocratique et civique	**Régionalisme de gouvernement**	Autonomie politique, systèmes de gouvernance
Régionalisme économique	Développement économique technique et opérationnel	**Régionalisme socio-économique**	Articulation des intérêts à l'échelle régionale, régionalisation des intérêts sectoriels et de classe

RÉGION

Bourdeau Lepage & Huriot, 2009 : définition *a minima*	Girard, 2004 : région et Région	
	région « espace en devenir »	**Région « échelon politico-administratif »**
« *échelon intermédiaire entre le national et le local pur entendu comme la localisation d'un agent économique individuel. C'est l'échelle "méso-spatiale". La région n'a pas de frontière définie, ni de taille précise. Tout échelle inférieure à l'échelle nationale fait l'affaire. Le seul élément précis de définition est son ouverture : l'absence de frontières qui autorise la libre circulation des biens et des marchandises* »	« *région* "de fait" », « *entité* [définie] *par des homogénéités internes, des relations, des solidarités entre les individus et les groupes, à travers une histoire commune, donc l'idée d'une cohérence et la conscience de cette cohérence* » « [elle] *ne peut se concevoir comme un espace fermé ni immuable ; elle évolue en fonction des dynamiques internes et de la dynamique des territoires plus vastes dans lesquels elle s'inscrit* »	« *maille administrative* » « *instance politico-administrative et spatiale* »

Source : élaboration propre d'après les documents cités

1.2. ...aux caractères déterminants de la fabrique régionale

La « région-fonction » : aménagement et organisation, représentation et démocratie

L'échelle régionale est devenue une référence fonctionnelle dans l'organisation des sociétés et dans leurs relations à l'espace et au territoire. À la différence de l'utilisation usuelle de « région fonctionnelle » pour désigner les régions polarisées de la première époque de la science régionale, ou plus globalement les régions d'aménagement, je mobilise ici la notion de fonction dans une acception élargie qui correspond à l'élargissement des conceptualisations et des types de régions. Baudelle & Vergne (2021) rappellent l'intérêt d'envisager les conceptions de la région de manière complémentaire, suggérant par là-même que le culturel ou le politique participent de la fonctionnalité d'une région : « *une forte identification au territoire, via un "récit territorial", favorise la coalition des acteurs régionaux et facilite la mise en œuvre d'une gouvernance territoriale* [et d'un aménagement] *efficace*[s] ». On considère donc que la fonctionnalité de l'échelle régionale, pour articuler les dynamiques spatiales et territoriales, s'applique non seulement dans le domaine économique, mais aussi dans les domaines sociaux, culturels, politiques. En particulier, la région remplit deux fonctions clés : l'aménagement et la représentation.

Depuis les premières grandes opérations sous l'égide des États keynésiens jusqu'aux politiques de compétitivité post-fordistes, en passant par la politique régionale de l'Union européenne, la région apparaît à la fois comme un instrument et une unité fondamentale de l'aménagement du territoire et des actions de développement, dans le but de concilier proximité, adaptabilité et efficacité des dispositifs d'aménagement. Parallèlement, en lien avec cette fonction d'aménagement du territoire, la région remplit une fonction de représentation des intérêts sociopolitiques, culturels et socio-économiques des populations. Cette fonction démocratique et citoyenne a été accentuée par les opérations de décentralisation ou d'intégration régionale supra-étatique, particulièrement dans le contexte européen, mais pas seulement.

À l'articulation de ces deux fonctions, la fonctionnalité du « récit régional » s'est renforcée dans un contexte où les territoires institutionnels de mise en œuvre des politiques correspondent moins aux territoires vécus ou aux usages territoriaux de populations plus mobiles. La « mise en récit », qui mobilise comme on l'a vu des références identitaires et culturelles tout autant qu'économiques ou techniques[56], est aujourd'hui une fonction

---

[56] Cf. supra chapitre 2, partie°1.3.

essentielle dans la construction et l'aménagement des territoires, *a fortiori* des ensembles régionaux.

La « région-opération » : la région périmètre d'action territoriale

Découlant de ces fonctions, la région forme un périmètre d'action territoriale, dans lequel s'agrègent les actions, projets et dispositifs de différents acteurs qui concourent au développement régional, selon des géométries variables en fonction des domaines d'action considérés. En effet comme on l'a vu les échelles et les acteurs de la « région-opération » se sont multipliés au gré de la complexification des processus d'action publique et de l'incrémentation des niveaux de gouvernance territoriale. Le projet Compass, soutenu par l'Observatoire en réseau de l'aménagement du territoire européen ESPON, a par exemple recensé 255 instruments de planification et d'aménagement dans 32 pays, dont 28 % opèrent à l'échelle dite sub-nationale et 41 % à l'échelle dite locale[57].

La région, de par sa plasticité consubstantielle, est particulièrement concernée par la multiplicité opérationnelle des dispositifs de l'aménagement. La région d'intervention peut être adaptée et modifiée en fonction des problématiques à traiter et de leurs évolutions. Une des spécificités de l'aménagement régional est de couvrir des périmètres ou des espaces qui peuvent être beaucoup plus variables que la seule échelle des régions administratives ou politiques. Les travaux comparatifs de l'OCDE confirment le caractère multi-acteurs et multi-niveaux du développement régional (OCDE, 2010). Et même en se limitant aux périmètres régionaux administratifs, on se trouve face à une grande diversité de situations, de configurations et d'échelons comme l'illustre la nomenclature NUTS de l'Union européenne par exemple (Seys, 2019).

[57] *Comparative analysis of territorial governance and spatial planning systems in Europe*, juin 2016–avril 2018, https://www.espon.eu/planning-systems

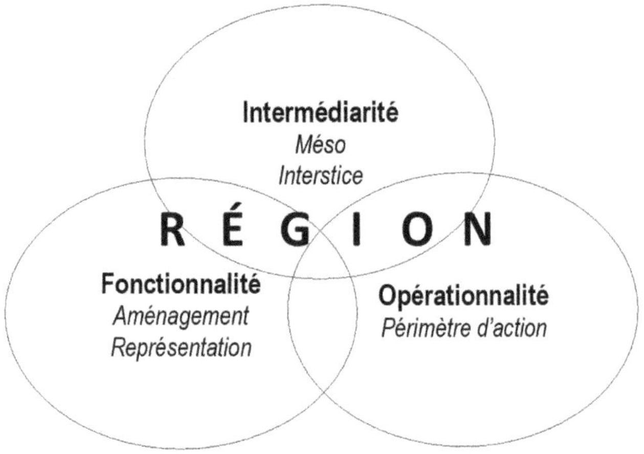

Figure 11 – Les caractères régionaux
Source : élaboration propre

La « région-interstice » : à l'entre-deux

Un autre caractère déterminant de la région est sa position intermédiaire, quelles que soient les formes ou les échelles régionales considérées. Cette position est souvent désignée par le vocable « méso », même si ce dernier renvoie autant à la position de « milieu » qu'à celle « d'entre ». Or l'échelle régionale se situe entre d'autres échelles, dans de multiples variations : entre local et national, local et global, national et global ; entre un pays et l'État, un continent et le monde.

Emmanuelle Boulineau (2016) a confirmé ce caractère intermédiaire en mobilisant le concept d'intermédiarité, qui renvoie non seulement à une position spatiale mais aussi à l'inscription fonctionnelle et opérationnelle à l'entre-deux, à l'interstice entre des systèmes juridiques, de gouvernance, de représentation : « *L'échelle régionale est une figure de l'intermédiarité qui permet d'articuler et de mettre en cohérence deux ordres d'échelles fondamentaux : le micro, comme échelle de la proximité entre les individus, et le macro comme échelle d'organisation des interdépendances entre groupements d'individus.* » (Boulineau, 2016, p. 181).

Sur la base de ces éléments, on peut définir la région comme un *ensemble territorial déterminé et organisé selon des critères évolutifs et multi-variés, à une échelle intermédiaire et distincte de celle d'un État souverain*. Cette définition ouverte et dynamique de la région se base sur les principaux apports conceptuels présentés dans les chapitres précédents, que j'ai sélectionnés pour élaborer une grille d'analyse de la fabrique régionale européenne, à mobiliser pour la planification spatiale et l'action territoriale (tableau 4).

Tableau 4 – Région et fabrique régionale : une grille d'analyse

Concept / approche	Phénomène / effet		Références
	Projection / planification	**Action territoriale**	
Rééchelonnement de l'État	Transformation de l'intervention de l'État « de bas en haut » Renouvellement du régionalisme et de la régionalisation « micro & macro »		Brenner, 2004
Interterritorialité	Emboîtement et croisement entre territoires de vie et de représentation	Conjonction & croisement de divers acteurs/intérêts à différents niveaux pour un projet/une action en commun	Vanier, 2008
Régions relationnelles *Soft spaces*	Délimitations *ad-hoc* et non fixes, « territoires de projet » évolutifs et sur mesure		Allen, Cochrane & Massey, 1998 Allmendinger et al., 2015
Gouvernance multi-niveaux		Conjonction & coordination de divers acteurs à différents niveaux pour réaliser un projet / une action en commun	Leloup, Moyart & Pecquer, 2005 Pasquier, Simoulin & Weisbein, 2013
Européanisation	Re-cartographie : promotion d'une méta-géographie renouvelée	Promotion des méthodes et des priorités de l'Union européenne	Baudelle, 2009 Faludi, 2019

À partir de ces entrées analytiques, on peut identifier deux formes de régionalisation qui illustrent particulièrement les évolutions actuelles de la fabrique régionale : d'une part une échelle régionale quasi exclusivement urbaine, la région métropolitaine ou métro-région ; d'autre part une échelle plus vaste et souvent transnationale, la macro-région. Même si, à l'intérieur de ces deux grandes catégories de métro-région et macro-région, on constate une variabilité de situations, il semble plus éclairant pour l'analyse de ne pas complexifier la production sémantique relative aux régions et d'utiliser ces deux termes de manière générique. La catégorisation « métro-macro » a une portée synthétique qui vise à opérationnaliser le sujet de la région en aménagement.

2. La métro-région, ou le binôme métropole-région

2.1. Du constat statistique à la réponse institutionnelle

Comme on l'a vu l'urbanisation continue des espaces a fait émerger une forme régionale qui devient aujourd'hui un enjeu récurrent des dispositifs d'aménagement du territoire : la région métropolitaine, ou métro-région[58]. Selon la définition de la Conférence européenne des ministres responsables de l'aménagement du territoire (CEMAT, 2007), une région métropolitaine constitue en général l'extension d'une aire métropolitaine, mais les deux notions peuvent être utilisées comme des synonymes. Cette formation régionale s'agrège autour d'un ou de plusieurs pôles urbains ou métropolitains, qui concentrent des fonctions et ressources politiques et socio-économiques. Elle se dessine non seulement par les interdépendances au sein de la métro-région, en particulier les flux de mobilité-travail, mais aussi par l'inscription de cette région dans des flux globaux de biens, de personnes, d'information et de services. Entre la « métropole (qui fait) région » et la « région (faite de) de métropoles », la morphologie et l'extension des régions métropolitaines varient, comme le montrent les différents concepts présentés précédemment (figure 3).

Certes à l'échelle mondiale, les métropoles et régions métropolitaines de l'Union européenne font figure de villes moyennes par rapport aux agglomérations urbaines très peuplées d'Asie ou d'Amérique (La Galès, 2011). Seules les régions métropolitaines de Londres et Paris peuvent s'apparenter à des mégapoles – auxquelles on peut ajouter Moscou et Istanbul aux marges européennes. Or les problématiques de la métropolisation n'en sont pas moins présentes en Europe, comme l'illustre, par exemple, l'adoption en 2015 de l'Agenda urbain de l'Union européenne.

Ces évolutions transparaissent dans l'évolution des appareils statistiques, qui ont adaptées pour refléter le phénomène de métro-régionalisation (figure 12).

---

[58] Cf. supra chapitre 1, partie°3.1.

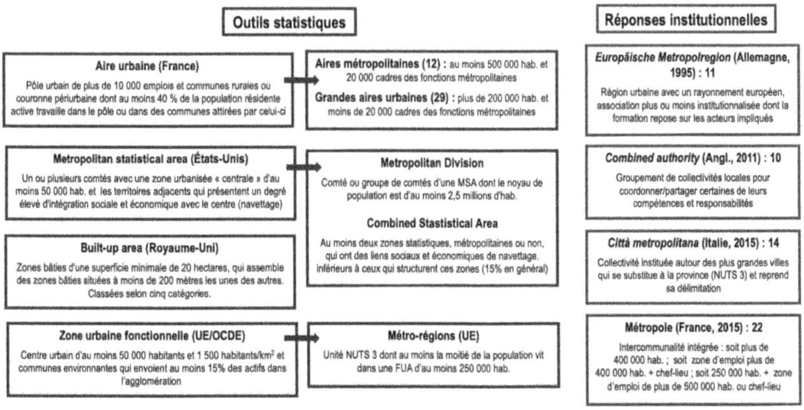

Figure 12 – Métropoles, régions métropolitaines : outils statistiques, réponses institutionnelles
Source : élaboration propre

L'Insee a recensé 12 aires urbaines dites « métropolitaines » et 29 « grandes aires urbaines » (Brutel, 2011 ; figures 15). Il existe en Allemagne la catégorie des régions métropolitaines [*Großstadtregionen*] depuis les années 1990. Au Royaume-Uni les *built-up areas* se classent selon différentes catégories dont les *large* et *major* (figure 18). Le bureau statistique des États-Unis a défini des *Combined statistical areas* pour les plus importantes régions métropolitaines. Eurostat a créé la catégorie des régions métropolitaines ou « métro-régions » (figure 13). Cette dernière catégorie, qui étend les plus importantes Zones urbaines fonctionnelles à l'échelle des unités territoriales NUTS 3[59], est moins opérante car ces unités sont extrêmement diverses au niveau européen et leur périmètre est généralement politico-administratif, éloigné des polarisations fonctionnelles (Breuer & Halleux, 2016). Par exemple selon Eurostat la région métropolitaine de Lille correspond au département du Nord, celle de Toulouse à la Haute-Garonne, autant de périmètres qui datent de la Révolution française et qui ne correspondent plus aux polarisations fonctionnelles de ces métro-régions.

[59] Comme par exemple les départements français, les provinces espagnoles ou italiennes, les arrondissements belges.

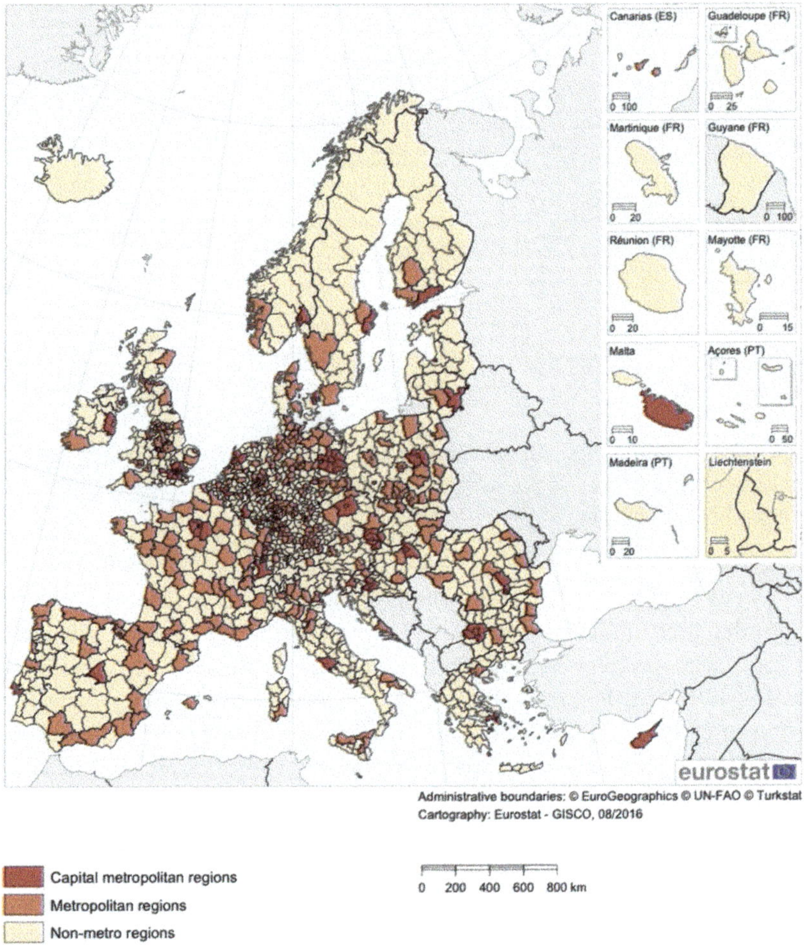

Figure 13 – Typologie des métro-régions selon Eurostat (2016)
Source : Eurostat (https://ec.europa.eu/eurostat), basé sur la grille de population 2011 et la NUTS 2013.

Ces nomenclatures statistiques visent à mieux prendre en compte l'évolution des pratiques spatiales et territoriales induite par la métro-régionalisation, ce qui soulève plusieurs enjeux : tension entre les territoires définis comme fonctionnels de la région métropolitaine et les configurations institutionnelles qui la gouvernent, taille optimale d'une juridiction pour délivrer efficacement des services publics, stratégies et modalités de gouvernance coopératives à mettre en place, échelon de représentativité pour la démocratie locale et la participation citoyenne. Dans ce débat plusieurs visions s'affrontent, où l'on retrouve l'approche néo-régionale en aménagement (tableau 5).

Tableau 5 – L'organisation institutionnelle des régions métropolitaines : visions et débats

Réformateurs / institutionnalistes		**Libéraux / choix public et individualisme rationnel**
Centristes	***(Néo-)régionalistes***	***Polycentristes***
Fusion / intégration	Création de nouvelles structures de gouvernance	Fragmentation
Meilleure gouvernabilité et meilleure productivité par effet d'agglomération, notamment sur le plan économique		Meilleure efficacité de service par la mise en compétition dans le « marché métropolitain », pluralisme des canaux de représentation

Source : élaboration propre

Christophe Breuer (2017, p. 101–103) rappelle que ce sont là des visions archétypales et que sur le plan empirique on trouve nombre de « *solutions hybrides* ». En Europe, alors que les régions capitales bénéficient en général d'arrangements institutionnels spécifiques depuis longtemps, la prise en compte du « fait métropolitain » s'est élargi à d'autres espaces et a produit des réponses institutionnelles variées. Les tableaux 6, 7 et 8 et les figures 14 à 19 donnent un aperçu de la situation dans différents pays (Zimmermann, 2017 ; Martí-Costa & Tomàs, 2018 ; Fricke, 2019 ; Zimmermann, Galland & Harrison, 2020 ; Demazière, Desjardins & Sykes, 2020).

Tableau 6 – Dispositifs de métro-régionalisation en Allemagne, France et Italie

Dispositif	Contexte	Principales caractéristiques
Allemagne (figures 14 et 17) 11 *Europäische Metropolregionen* [régions métropolitaines européennes], 1995 + *Initiativkreis Metropolitane Grenzregionen* [groupe d'initiative Régions métropolitaines transfrontalières], 2011	– Grande variété de régions d'aménagement selon les *Länder* (État fédéral) – Cité-États de Hambourg, Brême et Berlin : régions métropolitaines *per se* – Autres régions métropolitaines assez intégrées (transport, déchets, tourisme, urbanisme) sur des périmètres plus restreints : Stuttgart, Hanovre, Ruhr, Francfort…	– Transcendent les limites traditionnelles entre *Länder :* nouvelles dynamiques régionales, adaptées au contexte socio-territorial européen – Mise en œuvre flexible, basée sur l'auto-organisation des collectivités concernées – Grande diversité de situations et de structuration – Groupe d'initiative Régions métropolitaines transfrontalières (association entre Länder et associations régionales ou autres groupements d'aménagement) : promotion et renforcement de la coopération transfrontalière dans les eurorégions Meuse-Rhin, Rhin supérieur, Grande Région et région du lac de Constance.
France (figures 14, 15, 16) 22 métropoles, 2015	– Coopération intercommunale, initiée dans les années 1960 : premières communautés urbaines – Accélération à partir des années 2000 : par ex. incitations de la DATAR pour les pôles métropolitains (réseaux de villes) – Réforme territoriale engagée en 2010, relancée en 2014 : loi de réforme des collectivités territoriales (2010) ; loi de modernisation de l'action publique territoriale et d'affirmation des métropoles (MAPTAM, 2014) ; loi relative au statut de Paris et à l'aménagement métropolitain (2017)	– Intercommunalités intégrées : évolution des critères de formation suite au *lobbying* d'agglomérations moins vastes – Compétences approfondies : aménagement, développement économique, mobilité… – Peuvent négocier des transferts de compétences avec les autres échelons (département, région)

Tableau 6 A continué

Dispositif	Contexte	Principales caractéristiques
Italie (figure 14) 14 *città metropolitane* [villes métropolitaines], 2015	– Processus long, mise en œuvre complexe engagée dans les années 1990 : loi 142/90 sur la réforme des collectivités locales (1990), inscription dans l'article 114 de la Constitution en 2001 – Institution concrète par la loi n° 56 du 7 avril 2014 *Disposizioni sulle citta' metropolitane, sulle province, sulle unioni e fusioni di comuni*	– Collectivité qui se substitue à la province de la ville centre – Mission principale : plan stratégique de développement triennal et possibilité de décliner plans territoriaux plus appliqués – Coordination de service et d'infrastructures : eau, assainissement, équipements, mobilité, économie…

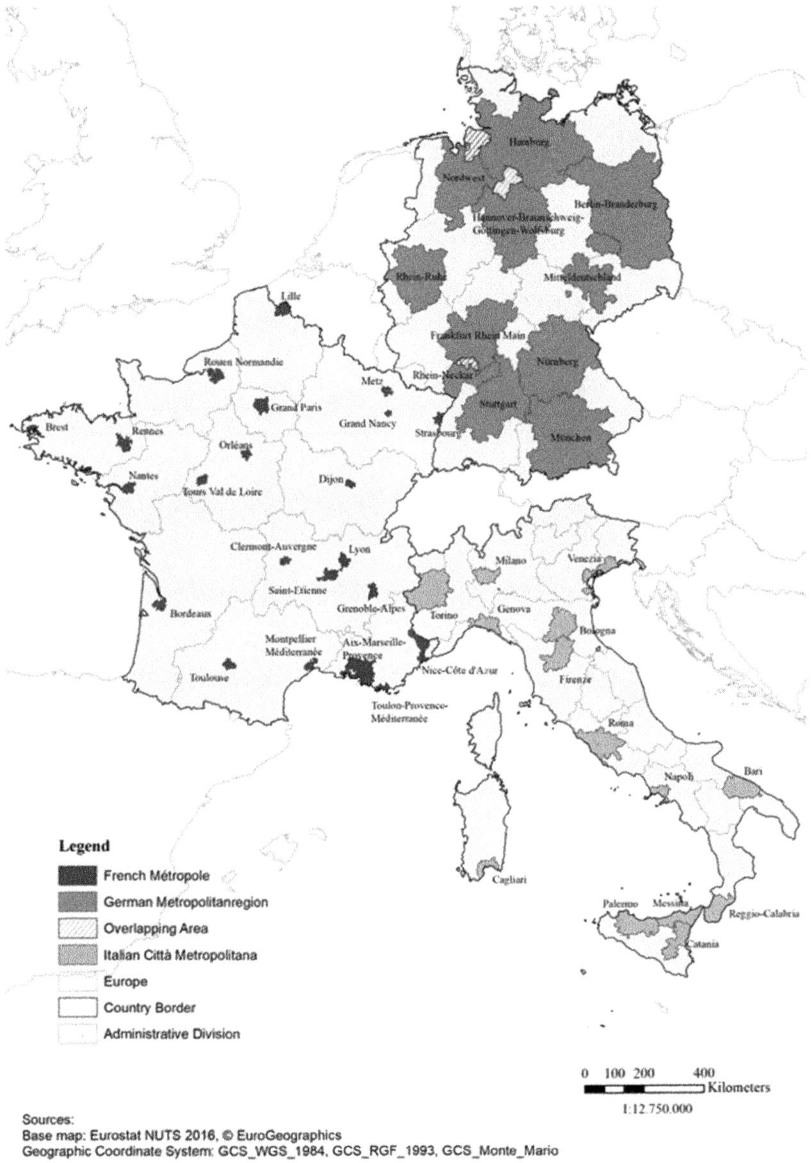

Figure 14 – Institutions métro-régionales en Allemagne, France, Italie
Source : Zimmermann & Feiertag, 2018, p. 18.

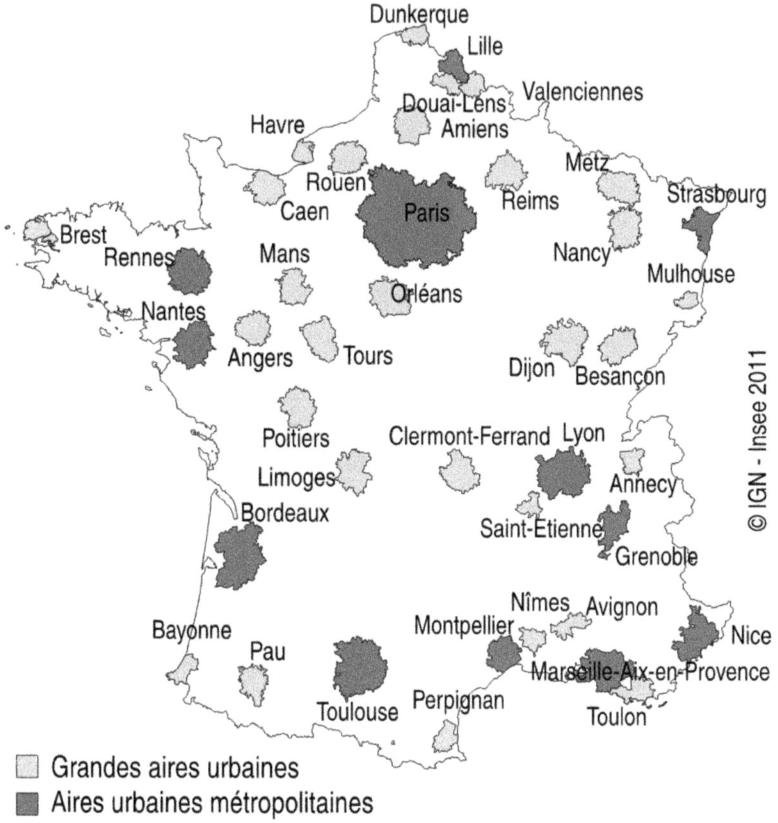

Figures 15 – Grandes aires urbaines et aires métropolitaines en France
Source : Brutel, 2011.

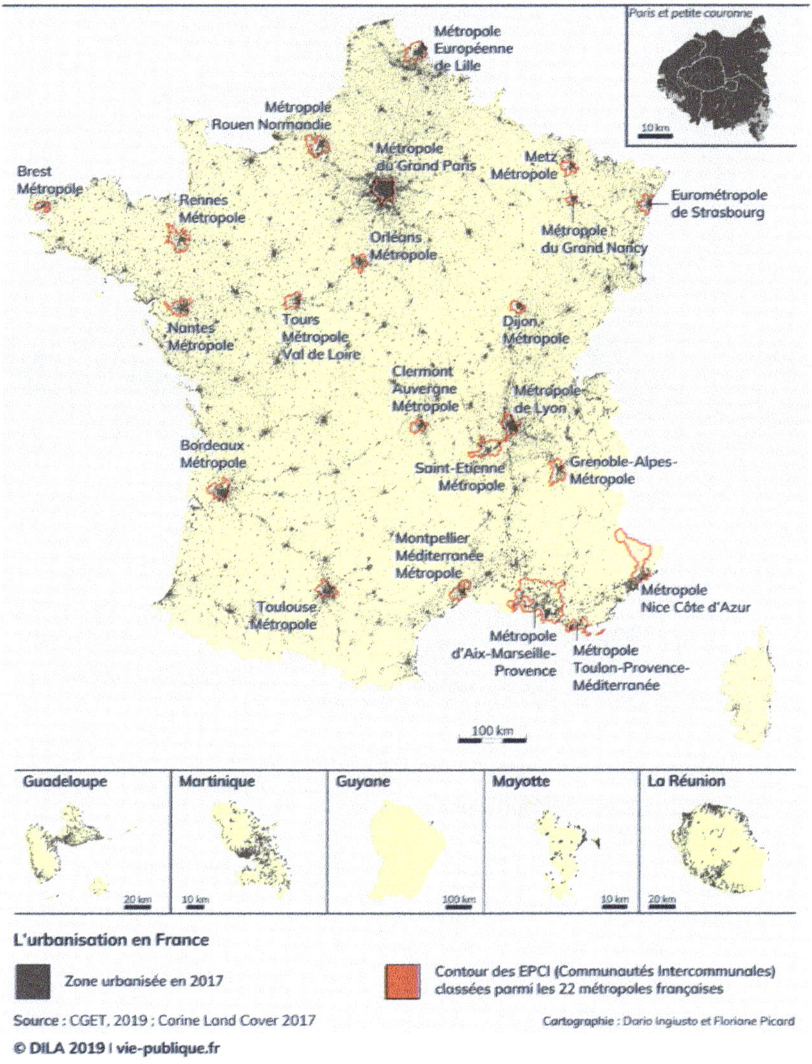

Figure 16 – Urbanisation et métropoles institutionnelles en France

Source : https://www.vie-publique.fr/carte/271110-urbanisation-et-metropoles-en-france

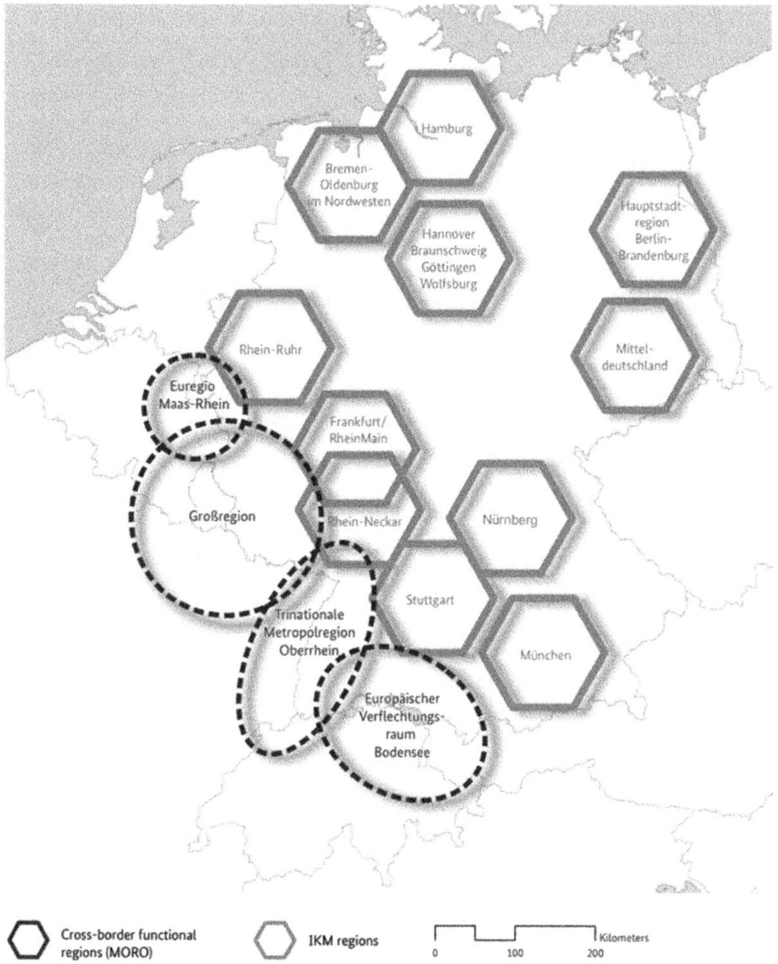

Figure 17 – Régions métropolitaines européennes et régions métropolitaines transfrontalières en Allemagne
Source : BMVBS, 2013, p. 8.

Tableau 7 – Dispositifs de métro-régionalisation en Angleterre

Dispositif	Contexte	Principales caractéristiques
Angleterre (figure 19) 10 *combined authorities*, 2011	– Centralisation (Westminster) mais processus de *devolution* – Londres : statut particulier *Greater London Authority* depuis 2000 – Agenda (conservateur) du *localism* lancé en 2010 : mise en synergie des forces publiques et privées à l'échelle d'une *city-region* – *Local Democracy, Economic Development and Construction Act* 2009, *Localism Act* 2011, *Cities and Local Government Devolution Act* 2016 – Succède au programme (travailliste) des agences régionales de développement (planification), abrogées en 2010, considérées comme trop technocratiques – Débats entre *regionalism* et *localism* dans le champ de l'aménagement au Royaume-Uni	– Groupements d'autorités locales – Modèle flexible et défini par chaque *growth coalition* constituée – Transports, économie, transferts d'autres compétences selon les accords avec Westminster – Maire élu directement dans 8 *combined authorities* (2019) – Combinaisons variées avec des dispositifs incitatifs de décentralisation : *devolution deals*, *city deals*, *Local Entreprise Partnership* (LEP)[a]…

a Les LEP sont des entités dirigées par les entreprises qui ont été mises sur pied par le gouvernement en 2011 pour déterminer les priorités économiques locales et diriger la croissance économique. Des *growth deals* sont signés avec entre le gouvernement et les LEP, qui n'ont pas nécessairement les mêmes limites géographiques que les *combined authorities*.

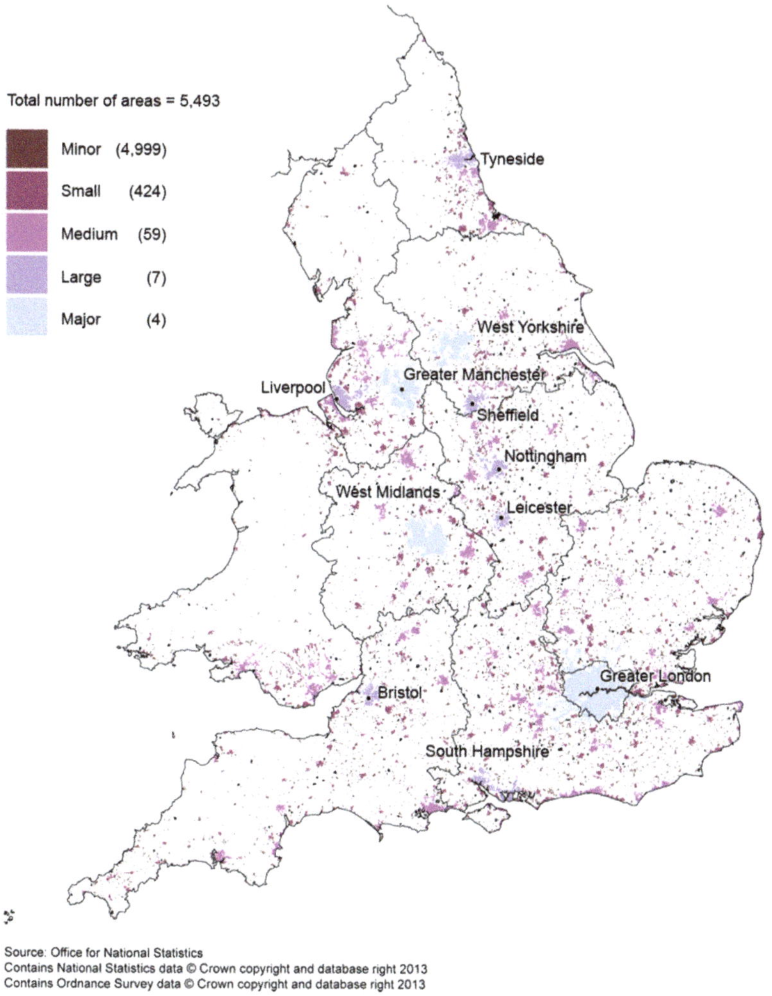

Figure 18 – Classement des *built-up areas* en Angleterre et au pays de Galles
Source : Office for national statistics, https://www.ons.gov.uk

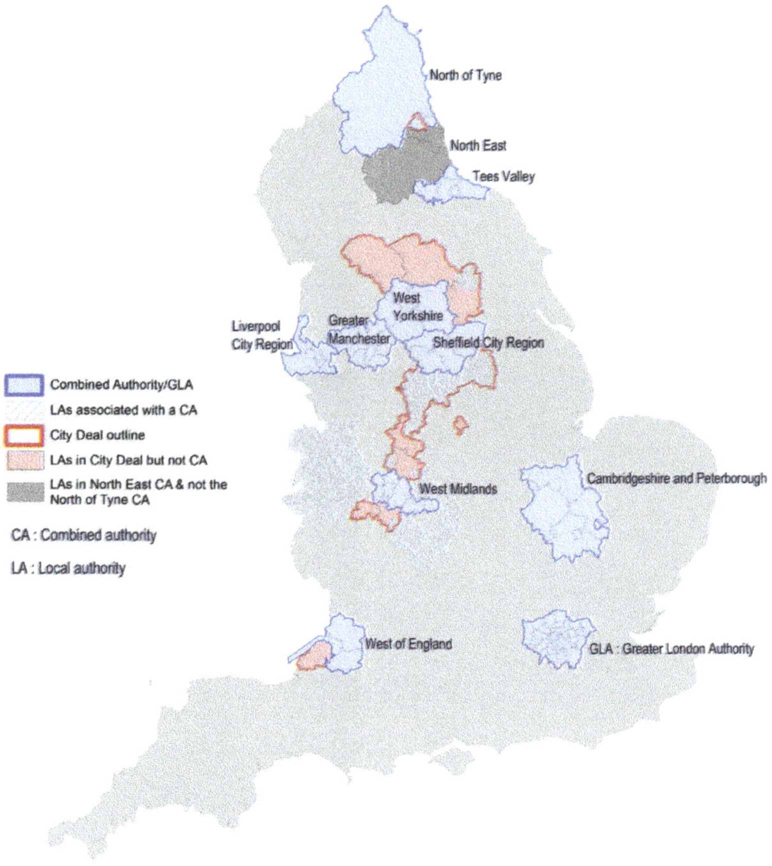

Figure 19 – *Combined authorities* et dispositifs de développement métropolitain en Angleterre
Source : Lupton et al., 2018, p. 59.

Tableau 8 – Autres dispositifs de métro-régionalisation dans l'Union européenne

Pays / dispositif	Contexte	Principales caractéristiques
Autriche *Agenda Stadtregionen*, 2015	– Reconnaissance de l'intérêt de la coopération métropolitaine par les acteurs : association *Städtebund* (municipalités urbaines) et conférence fédérale de l'aménagement (*Österreichische Raumordnungskonferenz*, ÖROK)	– Recommandations dans le cadre de la stratégie d'aménagement décennale ("ÖREK") – Mise en place d'un agenda métropolitain *Agenda Stadtregionen*
Belgique Communauté métropolitaine de Bruxelles, 2012	– Loi spéciale du 19 juillet 2012 complétant l'article 92bis de la loi spéciale du 8 août 1980 de réformes institutionnelles, en ce qui concerne la communauté métropolitaine de Bruxelles – Région métropolitaine dont l'influence et le rayonnement dépasse la région de Bruxelles-Capitale	– Organisme de concertation : mobilité, sécurité routière et travaux routiers – Communes de la région de Bruxelles-Capitale, du Brabant wallon et du Brabant flamand – Coopération peu intégrée : tensions politiques entre les acteurs wallons et flamands (État fédéral) – Difficulté d'organiser un réseau de transport express qui desserve efficacement la région métropolitaine – Initiative des acteurs privés *Brussels Metropolitan*
Espagne Divers	– État régionalisé : décentralisation avancée et différenciée – Gouvernance métropolitaine du ressort de chaque communauté autonome	– Organismes métropolitains à Barcelone, Valence ou Bilbao : eau, transports, planification… – Suppression et remplacement par des agences sectorielles – Création de l'aire métropolitaine de Barcelone (2011) : eau, environnement, transport, déchets, mais compétences restent limitées – Madrid et Séville : agences ou dispositifs métropolitains qui dépendent plus directement des communautés autonomes
Finlande Divers	– Incitations de l'État	– Projet PARAS (2007–2012) : incitations à la fusion sur base volontaire – Accords MAL (2011), incitations pour coopérer dans le domaine du logement, transport, foncier : principalement dans les plus importantes régions urbaines (Helsinki, Tampere, Turku et Oulu)

Continué

Tableau 8 A continué

Pays / dispositif	**Contexte**	**Principales caractéristiques**
Pays-Bas 8 *plusregio*, 2006–2015 *Metropoolregio*, 2015	– Organismes de coopération obligatoire entre communes – Transferts financiers de l'État – Loi de modification Wgr-Plus, 2005 (*Wet gemeenschappelijke regelingen*, loi sur les règlements communs pour les collectivités locales), abrogée en 2015	– Gestion commune des certains services : planification stratégique, mobilité, économie, équipements.... – Suppression en 2015 : pas de véritable intégration des communes, ajout d'une strate administrative supplémentaire – Soit retour des compétences aux municipalités ou provinces, soit nouveaux accords ou entités de coopération : par ex. *Metropoolregio* d'Amsterdam, de Rotterdam-La Haye ou d'Eindhoven : économie, transport, attractivité, tourisme.
Pologne **République tchèque** **Slovaquie** Divers	– Politique régionale de l'Union européenne 2014–2020 – Mise en œuvre des Investissements territoriaux intégrés (ITI) : instrument au service d'une stratégie territoriale intégrée et transsectorielle dans une zone géographique prédéfinie	– Création de regroupements au sein de zones urbaines fonctionnelles pour gérer les ITI – Processus d'apprentissage de coopération à une nouvelle échelle – Possibles tensions entre « nouvelles » et « anciennes » régions

2.2. La métro-région entre objectif d'efficacité et paysage complexe

Si ces évolutions signalent une convergence vers la prise en compte de l'échelle métro-régionale dans les problématiques et politiques d'aménagement, on remarque aussi une grande variabilité dans la mise en place des métro-régions, qui reflète les cultures d'aménagement et les chemins de dépendance particuliers à chaque pays (Zimmermann, 2017 ; Martí-Costa & Tomàs, 2018 ; Zimmermann, Galland & Harrison, 2020 ; Demazière, Desjardins & Sykes, 2020).

Les métropoles françaises sont en général plus petites qu'un département, allant d'environ 143 à 3 150 km^2 avec une moyenne de 750 km^2, et une population moyenne de 700 000 habitants (en dehors du Grand Paris). En Italie la taille des *città metropolitane* varie entre des périmètres ex-provinciaux assez larges dans le cas de Turin (6.830 km^2) et Rome (5 363 km^2) et d'autres plus petits dans la région de Milan (1 575 km^2), Gênes (1 838 km^2) et Venise (2 472 km^2). La moyenne de population,

hors Rome, est de 1,4 millions d'habitants. Les *combined authorities* ont la même moyenne de population, avec une superficie moyenne de 2 300 km^2. Les régions métropolitaines allemandes font figure d'exception parmi ces processus de métropolisation : elles sont bien plus grandes, allant de moins de 6 000 à plus de 30 000 km^2, avec des populations qui oscillent entre 2,4 et 12,8 millions avec une moyenne de plus de 5 millions d'habitants[60]. En ce sens, malgré leur dénomination et leurs objectifs déclarés, sur le plan morphologique elles s'apparentent plutôt à la catégorie de « macro-région », comme on va le voir (figure 27)[61].

En France, Italie, en Angleterre ou aux Pays-Bas, l'État est relativement actif pour établir – ou supprimer – les métro-région par des lois et des dispositions incitatives. Elle est plus faible en Allemagne et en Espagne, avec des situations variables selon les contextes sub-étatiques, même si en Allemagne on observe une volonté d'harmoniser les actions au sein de la Fédération. En Pologne l'État laisse une certaine marge de manœuvre aux acteurs pour organiser leurs coopérations. Les réformes en Italie et en Angleterre sont plus marquées par une logique d'austérité financière. En France et en Allemagne l'argument de compétitivité a particulièrement motivé la mise en place de régions métropolitaines, non sans contradictions avec l'orientation traditionnellement forte, dans les deux pays, en faveur de l'égalité ou de l'équilibre des territoires. En France, l'efficacité de l'action publique face à la fragmentation des niveaux d'administration territoriale a également été invoquée pour créer des métropoles plus intégrées, aux actions plus lisibles.

On observe aussi de la variabilité au sein des dispositifs nationaux, avec une double tendance à la différentiation territoriale et à l'enchevêtrement de dispositifs. Les *combined authorities* en Angleterre n'ont pas toutes bénéficié du même type de *city deals*, dont certains ont aussi été accordés à d'autres autorités territoriales (figure 19). Le gouvernement laisse une marge de manœuvre aux acteurs locaux pour mettre en place leurs politiques métropolitaines selon des schémas parfois distincts, mais au final le système reste assez centralisé et dépendant des incitations du gouvernement de Westminster. En France plusieurs métropoles ont des statuts dérogatoires. Les métropoles du Grand Paris et d'Aix-Marseille sont organisées en sous-ensembles territoriaux définis par la loi. La métropole de Lyon a directement absorbé, dans son périmètre, les fonctions et compétences du département du Rhône, à la manière des *città metropolitane* italiennes[62]. Les

---

60 De nombreuses données sont disponibles sur le site de l'association des régions métropolitaines : https://deutsche-metropolregionen.org

61 Cf. infra, partie°3.

62 La métropole de Lyon est donc juridiquement une « collectivité à statut particulier » à la différence des autres métropoles qui n'ont pas le statut de collectivité territoriale

statuts de Lille, Nice et Strasbourg tiennent compte de leur situation européenne spécifique et ces « eurométropoles » doivent établir un schéma de coopération transfrontalière. De plus, les politiques d'aménagement métropolitaines doivent composer avec les plans d'urbanisme et avec les schémas de cohérence territoriale dont les périmètres ne correspondent pas toujours, loin s'en faut. Comme on l'a vu, dans certains cas, des démarches de coopérations entre schémas de cohérence territoriale, dites « inter-Scot », sont à l'œuvre ; dans d'autres cas la métro-région s'inscrit dans un pôle métropolitain précédemment créé, ce qui appelle des articulations interterritoriales particulières[63]. Une tendance à la différenciation et l'expérimentation territoriales se retrouve en France à d'autres échelles[64].

En Italie toutes les *città metropolitane* n'ont pas automatiquement adopté de plan stratégique et ont préféré se doter d'un plan territorial. Certaines ont conservé le plan provincial préexistant. À Turin il existait une tradition partenariale de planification à l'échelle de l'aire métropolitaine, avec les travaux de l'association *Torino Strategica* qui a produit le plan *Torino 2025* en 2012. La création de la *città metropolitana* a modifié ces traditions, avec la dissolution de cette association et dorénavant un plan stratégique à une échelle beaucoup plus large, et un certain retour de la gestion par l'administration. À Bologne la création de la région métropolitaine a aussi modifié le contexte et les échelles de coopération qui existaient pour la planification, mais contrairement à Turin les nouvelles actions se sont appuyées sur les coopérations préexistantes. En Allemagne les régions métropolitaines européennes opèrent dans des contextes territoriaux très variés. Certaines sont très vastes mais assez faibles en termes de capacité de gouvernance. Il y a pu avoir des chevauchements voire des conflits entre ces régions métropolitaines et les dispositifs et organismes d'aménagement qui préexistent à d'autres échelles. Les résultats des combinaisons sont distincts selon les régions et peuvent être plus ou moins contraignants.

Ces exemples de métro-régionalisation signalent l'importance de cette échelle de l'aménagement régional en Europe, même si on ne peut que rappeler la taille modeste des métropoles européennes à l'échelle globale. Certains dispositifs ont accolé le label de métropole à des territoires peu

---

mais sont des types d'intercommunalités. La Constitution française ne reconnaît que six catégories de collectivités territoriales : la commune, le département, la région, les collectivités à statut particulier, les collectivités d'outre-mer, ainsi que le statut de collectivité *sui generis* de Nouvelle Calédonie.

63 Cf. chapitre 1, partie°3.1.

64 On le voit par exemple avec les dérogations accordées à la Bretagne, à la Corse ou aux régions d'outre-mer en matière de politique culturelle, ou avec la création de la collectivité européenne d'Alsace. En 2021 le gouvernement a lancé le projet de loi dit « 3DS » pour « différenciation, décentralisation, déconcentration et simplification », afin d'améliorer la démocratie locale et l'action des autorités territoriales.

urbanisés (régions métropolitaines allemandes) ou à des agglomérations urbaines moyennes voire petites à l'échelle internationale, dont le profil « métropolitain » reste sujet à caution d'un point de vue géographique et socio-économique (métropoles françaises).

Par ailleurs, ces opérations confirment les caractéristiques de la régionalisation post-moderne, où les dispositifs mis en place tâchent de composer avec la diversité et la fluidité des dynamiques spatiales et des niveaux de gouvernance, entre *soft spaces*, régions relationnelles, arrangements *ad hoc* et jeu interterritorial des échelles. Ils illustrent le rôle opérationnel de la gouvernance coopérative, de la coopération territoriale dans le fonctionnement et la mise en œuvre des dispositifs contemporains de régionalisation.

L'enjeu de coopération territoriale nous renvoie à un autre type de (néo-) régionalisation qui paraît tout aussi tendanciel : la macro-régionalisation. Un premier exemple, qui fait la jonction entre métro-région et macro-région, est celui des nouvelles régions françaises issues de la réforme territoriale de 2013–2014.

3. La macro-région, extension nationale et transnationale

3.1. Le cas des macro-régions françaises

La réforme territoriale engagée en France en 2013–2014 a créé des « macro-régions », par la fusion de 16 régions sur les 22 existant auparavant, ce qui a ramené à 13 le nombre de régions de France continentale (Bourdin & Torre, 2015 ; Marcou, 2015 ; Chauchefoin, 2020 ; Granero, 2020) (figure 20)[65]. Certaines sont plus vastes et plus peuplées que des États européens. Cette réforme fait figure d'exception en Europe, où les opérations de fusion ont surtout eu lieu à l'échelle municipale (encadré F). Les réformes territoriales entre 1973 et 2013 dans quinze pays européens ont réduit de 29 % le nombre de municipalités (Ebinger, Kuhlmann & Bogumil, 2019, p. 3). En France, les 36 000 communes subsistent et le choix a été fait de privilégier l'intercommunalité, avec par exemple la création des métropoles par cette même réforme, comme on vient de le voir.

---

[65] Loi du 17 mai 2013 relative à l'élection des conseillers départementaux, des conseillers municipaux et des conseillers intercommunaux, et modifiant le calendrier électoral ; loi du 27 janvier 2014 de modernisation de l'action publique territoriale et d'affirmation des métropoles ; loi du 16 janvier 2015 relative à la délimitation des régions, aux élections régionales et départementales et modifiant le calendrier électoral ; loi du 7 août 2015 portant nouvelle organisation territoriale de la République. Ces lois ont modifié et abrogé des dispositions de la loi du 16 décembre 2010 de réforme des collectivités territoriales adoptée sous le gouvernement précédent.

La réforme a suscité de nombreuses réactions critiques, tant sur la forme que sur le fond, parmi lesquelles : succession de plusieurs propositions de nouvelle carte régionale sans réelle concertation entre les deux chambres du Parlement ; rétablissement de la clause générale de compétences pour les départements et régions en 2014, puis suppression en 2015 ; déclarations contradictoires sur le devenir des départements ; lancement des nouveaux modes de scrutin départementaux et régionaux la même année en 2015, au risque d'augmenter la confusion des citoyens ; nombreuses annonces sur de nouveaux transferts et répartitions de compétences pour au final une procédure législative accélérée et une loi qui introduit peu de changements majeurs. Ainsi cette réforme a été réalisée dans une certaine précipitation voire cacophonie, quasiment sans débat ni concertation préalables.

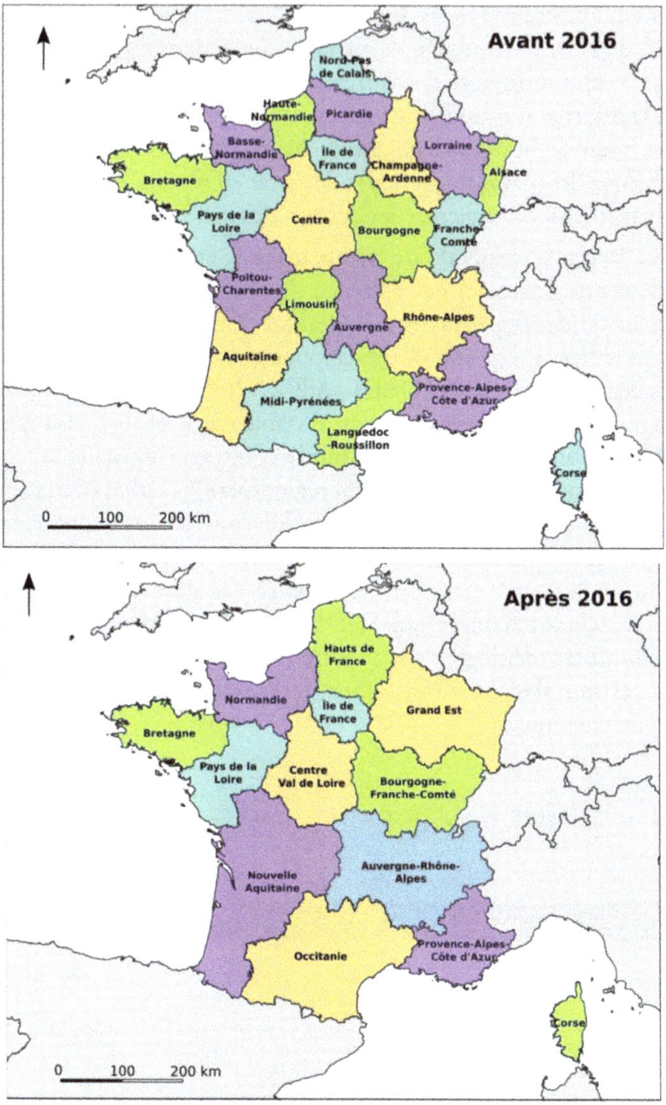

Figure 20 – Anciennes et nouvelles régions françaises
Source : réalisation Olivier Vergne, Université Rennes 2.

Les nouvelles macro-régions fusionnées ont un PIB par habitant plus proche de la moyenne des régions européennes et sont dorénavant du niveau NUTS 1 de la nomenclature européenne, à l'instar des *Länder* allemands, des régions belges, de l'Écosse ou du pays de Galles. Cependant l'objectif annoncé de créer des régions mieux calibrées et plus compétitives à l'échelle européenne ne résiste pas, précisément, à la comparaison

européenne. Plusieurs régions de plus petite taille ou moins peuplées que les régions françaises font preuve de dynamisme économique. La vraie question se situe plutôt du côté des compétences et des capacités fiscales et sur ce point la réforme n'a modifié qu'à la marge le régime de la régionalisation française : peu de budget et de compétences pour les régions, une coprésence affirmée des services extérieurs de l'État en région, pas – ou très peu – de rapports hiérarchiques entre les actions des différentes collectivités.

Certes la clause générale de compétence a été assouplie, pour que la région devienne l'autorité de référence des politiques d'aménagement du territoire et de développement économique à travers deux schémas prescriptifs : le schéma régional de développement économique, d'innovation et d'internationalisation (SRDEII) (AdCF, 2018), et le schéma régional d'aménagement, de développement durable et d'égalité des territoires (SRADDET), un « super schéma » qui doit intégrer les schémas sectoriels préexistants et qui acte le retour de la région planificatrice (Béhar, Czertok & Desjardins, 2021 ; figure 21). Or la loi confère aussi aux métropoles des compétences approfondies en matière économique et d'aménagement. Elles sont, de fait, un partenaire clé de la région dans l'élaboration de ces schémas. Le schéma économique SRDEII comporte un volet métropolitain obligatoire. Entre idéologie de la métropolisation et objectif d'égalité et de cohésion territoriales, les motivations de la réforme posent là encore des défis à l'aménagement.

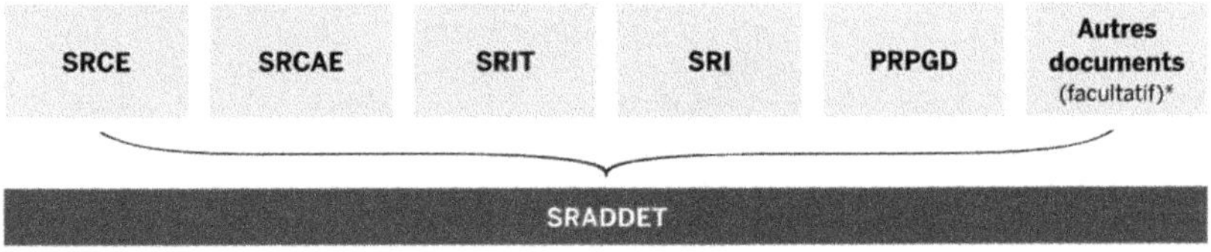

SRCE : Schéma Régional de Cohérence Ecologique – **SRCAE** : Schéma Régional Climat Air Energie – **SRIT** : Schéma Régional des Infrastructures et des Transports – **SRI** : Schéma Régional d'Intermodalité – **PRPGD** : Plan Régional de Prévention et de Gestion des Déchets – ***Autres documents** : autres documents de planification, de programmation ou d'orientation dans tout domaine contribuant à l'aménagement du territoire lorsque la région détient une compétence exclusive en la matière (ex : Stratégie de Cohérence Régionale d'Aménagement Numérique)

Figure 21 – Le nouveau schéma régional d'aménagement : un schéma intégrateur et prescriptif
Source : AdCf, Fnau, 2017, *Le SRADDET nouveaux enjeux pour les intercommunalités* [en ligne], avril 2017 : http://www.fnau.org/fr/publication/le-sraddet-nouveaux-enjeux-pour-les-intercommunalites/

De plus, plusieurs aspects la réforme apparaît comme une occasion manquée d'adapter le découpage régional aux dynamiques socio-spatiales et aux polarisations contemporaines. Le laboratoire Chôros de Lausanne a par exemple proposé une carte alternative, basée sur les bassins de vie et les systèmes urbains, et qui intègre les facteurs culturels (Lévy, 2015).

La France y est envisagée en huit cents pays, dix régions et onze espaces culturels (figure 22)[66]. Transformer l'organisation administrative du pays en profondeur aurait supposé tout un travail en amont, incompatible avec le calendrier de la réforme, qui a fait le choix de conserver la maille départementale pour établir les nouvelles régions. Non sans une certaine ironie, la macro-régionalisation a même pour conséquence de revaloriser l'échelon départemental comme celui de la proximité pour organiser certaines actions au sein de vastes ensembles, alors même qu'il était question de le supprimer en début de réforme.

Ainsi, les modalités de la réforme n'œuvrent pas dans le sens de la légitimité des nouvelles régions pour reconstruire du lien identitaire, du sentiment d'appartenance, alors même que la région n'est pas la collectivité la plus ancrée socialement en France. Cela transparaît dans la réaction en Alsace, une des régions les plus construites au niveau identitaire. Des mouvements politiques régionaux de l'Est ont déposé un recours devant le Conseil d'État pour abroger la loi opérant la fusion des régions en 2015, au motif qu'aucune collectivité n'a été consultée pour cette fusion, contrairement aux préconisations de l'article 5 de la Charte sur l'autonomie locale du Conseil de l'Europe. Ce recours a été rejeté car le Conseil d'État ne s'estime pas compétent pour se prononcer sur la procédure législative – et non pas sur le fond, ce qui ne manque pas de soulever des critiques sur un certain jacobinisme juridique de l'État français (Derdaele, 2016). Cependant les élus alsaciens ont obtenu la création d'un statut particulier pour mettre en place, en 2021, une Collectivité européenne d'Alsace (Vergne, 2019). Plusieurs autres redécoupages ont fait plus ou moins débat : occasion manquée de rattacher la Loire-Atlantique à la Bretagne, alors même que la région Bretagne reçoit des délégations spécifiques de compétences ; disparation de la région Languedoc-Roussillon dans une région Occitanie ; création d'une très vaste Nouvelle Aquitaine, allant de Poitiers à Biarritz en passant par Limoges. En tout état de cause, le choix de la nouvelle carte régionale montre le poids d'une logique électorale et politicienne, qui a partiellement porté ses fruits. Aux élections régionales de décembre 2015 les partis proches de la majorité gouvernementale ont conservé 7 régions sur 17 avec les régions d'outre-mer, alors même que le gouvernement était au plus bas dans les sondages de popularité. Ces élections ont aussi vu une forte percée de l'extrême droite et l'arrivée de majorités indépendantistes en Corse et en Martinique.

La réforme montre une ambivalence entre, d'une part des régions qui restent, en France, des sujets d'aménagement sous contrôle de l'État, d'autre part le renforcement des principes d'expérimentation et de différenciation

[66] Cf. également https://www.choros.place/projetsdepot/2017/12/5/la-france-recompose

territoriales qui viennent progressivement modifier les paramètres de la régionalisation en France, tels que définis par l'État central. Un autre point d'évolution important et parfois moins médiatisé concerne l'avancée dans la construction d'un « État régional », où la région est devenue quasiment l'échelon de droit commun des actions territoriales des services de l'État, ce qui acte une transformation importante dans la façon dont se conçoit et se pratique, en France, cette action (Chicot & Obertan, 2021).

De plus, cette réforme pose la question de l'articulation entre régions et métropoles dans le nouveau paysage territorial français, sur le plan socio-économique autant que politique (Cohen, 2015 ; Allègre et al., 2015 ; Pasquier, 2016 ; Béhar, 2018). On retrouve d'ailleurs cette question dans le contexte italien, où les *città metropolitane* ont des attributions qui rentrent aussi dans le champ d'intervention des régions (Cremaschi et al., 2015). Mais par rapport à la France les régions italiennes sont puissantes et ont plus de capacité de contrôle sur les actions des métropoles, une situation qui ne manque cependant pas de créer des tensions ou de ralentir certains processus. Ainsi la création de macro-régions en France questionne le rôle des pratiques interterritoriales coopératives dans la fabrique régionale, pour répondre aux imperfections chroniques des découpages territoriaux et de la temporalité politique, et assembler les acteurs de l'aménagement autour d'un projet commun, que le SRADDET en particulier est censé opérationnaliser. Elle remet par ailleurs au cœur des problématiques d'aménagement la question du « récit régional » à (re)construire dans les entités nouvellement créées.

Parallèlement, on observe une tendance à la macro-régionalisation à une échelle transnationale, à commencer par les macro-régions de l'Union européenne.

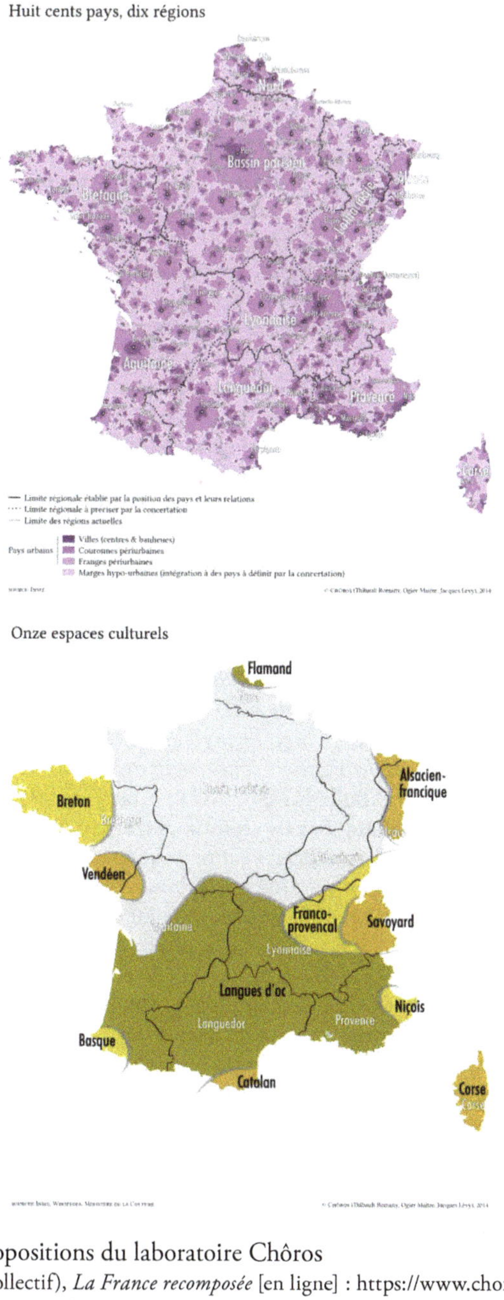

Figure 22 – Propositions du laboratoire Chôros
Source : Chôros (collectif), *La France recomposée* [en ligne] : https://www.choros.place/projetsdepot/2017/12/5/la-france-recompose

Encadré F – La taille des régions : toujours sur le métier remettez votre ouvrage

La question de la taille n'est pas nouvelle pour les régions françaises et fait plutôt figure de « *serpent de mer de l'aménagement du territoire* » (Alvergne & Taulelle, 2002, p. 157). Depuis les premiers découpages régionaux des années 1960, les exemples sont légions de propositions de revoir la carte des régions pour en réduire le nombre (Perrin, 2012b). En 1990, François Mitterrand déclarait : « *ce qui peut ne pas sembler satisfaisant dans la décentralisation, c'est peut-être le nombre excessif et la spécificité peut-être insuffisante des régions françaises* », et avançait l'idée d'une « *dizaine de grandes entités régionales, évitant toute concurrence entre la région et le département* » (Leclerc, Paris & Wachter, 1996, p. 45). La DATAR lance alors des travaux de prospective sur les coopérations ou potentiels rapprochements interrégionaux. Une décennie plus tard, le rapport Mauroy sur la décentralisation trouve dans la coopération interrégionale une voie de dépassement des lacunes du découpage régional. Le rapport livre aussi les résultats d'une enquête qui indique que 60 % des Français se prononcent pour le maintien des régions existantes contre 31 % pour le regroupement en sept ou huit régions…un résultat qui souligne tous les défis pour les nouvelles régions à recréer une adhésion symbolique auprès des populations qu'elles administrent. À l'issue de sa géo-histoire de la régionalisation en France, le géographe Jean-Marie Miossec (2008, p. 459, 575) constatait « *Si les interrelations entre régions sont, déjà, d'une extrême médiocrité, il n'existe* […] *aucune vision 'grande région', aucun lieu d'élaboration d'une politique de grande ampleur des regroupements régionaux dans un contexte européen* ». Les rapports Balladur en 2009 et Krattinger-Raffarin en 2013 proposent de réduire le nombre de régions, entre huit et quinze, afin d'atteindre une taille critique en termes économiques et démographiques. On trouve aussi des propositions de macro-régionalisation en Italie : étude de la fondation Agnelli en 1994, proposition de loi de deux députés en 2014 par exemple. En Suède ou aux Pays-Bas le gouvernement a tenté de réduire le nombre de comtés ou provinces pour créer de plus grandes régions, mais cela n'a pas abouti. Au Danemark en 2007, cinq régions ont remplacé les seize départements, en modifiant parfois leurs découpages. Depuis la création de la République fédérale d'Allemagne il existe un débat sur la « fusion des *Länder* », pour rationaliser le nombre de gouvernements, de parlements et d'administration que compte la Fédération : par exemple projets d'un État du Nord à partir de Hambourg et du Schleswig-Holstein, ou d'une fusion entre la Saxe, la Saxe-Anhalt et la Thuringe. Les résistances sont fortes et les tentatives ont pour l'instant échoué, comme par exemple lors du référendum sur la fusion entre la Ville-État de Berlin et le Land de Brandebourg en 1996. L'accent est aujourd'hui sur les coopérations volontaires entre territoires, avec notamment les *Europäische Metropolregionen* qui recomposent les découpages des *Länder* (figures 14 et 17). Des évolutions fiscales prévues en 2020 pourraient changer la donne : application de la « règle d'or » de l'équilibre budgétaire aux *Länder* et, peut-être, suppression de la « surtaxe de solidarité » des contribuables de l'Ouest pour les

Länder de l'Est. En Espagne par contre la Constitution exclut toute fédération entre communautés autonomes : compte tenu de la géo-histoire du pays cela prévient, par exemple, toute volonté d'union entre régions catalanophones – les *Països catalans* – ou de reconstitution d'un Grand Pays navarro-basque… La macro-régionalisation « à la française » cristallise les défis posés par la logique spécifique – et ambivalente – du découpage des territoires par le politique (Bonnet-Pineau & Vandermotten, 2016). Elle souligne surtout le rôle clé de l'aménagement pour ajuster les politiques publiques à des contextes multi-échelles et multi-acteurs, qui dépassent les découpages institutionnels sans pour autant en modifier les prérogatives.

3.2. Macro-régions de l'Union européenne

Depuis 2009, l'Union européenne a mis en place des stratégies dites macro-régionales, autour de la mer Baltique, du Danube, des mers Adriatique et Ionienne et de l'espace alpin (Dühr, 2011 ; Gänzle & Kern, 2016 ; Boulineau, 2017). Ces stratégies ont pour but de mieux coordonner et faire interagir les différents dispositifs de coopération territoriale – régionaux, nationaux, européens – dans la même macro-région, et ce afin de répondre conjointement à des enjeux communs de développement et d'aménagement du territoire : changement climatique, pollution, réseaux et infrastructures de transport, synergies socio-économiques. Il ne s'agit pas de créer un nouveau programme ou un nouvel échelon administratif, mais plutôt de définir des orientations stratégiques qui permettent de mieux rationaliser et d'opérationnaliser les instruments existants, suivant des thèmes et priorités préalablement négociés, et en associant les différents acteurs concernés : agents étatiques et sub-étatique, organismes privés et publics, organisations non gouvernementales. Une approche similaire se retrouve dans les stratégies régionales de bassin maritime que l'Union européenne coordonne pour la mer Baltique, la mer Noire, la mer Méditerranée, la mer du Nord, l'océan Atlantique ou l'océan Arctique (figure 23).

Ainsi les macro-régions de l'Union européenne se déploient à une échelle que l'on peut qualifier de « trans-méso » : à la fois transnationale et intermédiaire. Si les stratégies macro-régionales de l'Union européenne ont marqué un « *tournant critique* » dans l'institutionnalisation de la coopération territoriale à l'échelle « trans-méso » (Dühr, 2018), elles n'ont pas à proprement parler introduit une toute nouvelle échelle de coopération (tableau 9). Cette échelle était déjà en jeu dans les différents groupements dits sub-régionaux créés dans les années 1940 pour le Benelux, dans les années 1950 pour les Conseils nordiques et pour plusieurs d'entre eux dans le contexte de l'après-guerre froide, comme par exemple le Groupe de Visegrad (Dangerfield, 2016). On retrouve aussi cette échelle de coopération dans les programmes

Interrreg dits transnationaux lancés dans les années 1990, les « petites Europes » déjà évoquées : les zonages de ces programmes sont très proches de ceux des stratégies macro-régionales[67]. Toutefois les unions subrégionales reposent sur des modèles diplomatiques interétatiques traditionnels, contrairement aux autres types de macro-régionalisation qui reposent sur un système de gouvernance plus complexe, et ont une portée spatiale qui transcende les frontières étatiques ou les délimitations fixes.

Tableau 9 – Typologie de la macro-régionalisation en Europe

Initiative	**Acteurs principaux**	**Délimitation spatiale**	**Exemple**
Unions sub-régionales	États	Fixe Frontières étatiques	Benelux, Groupe de Visegrad, Conseils nordiques, Union pour la Méditerranée
Organisations inter-régionale	Autorités sub-étatiques	Fixe Frontières sub-étatiques	Commissions géographiques de la Conférence des régions périphériques maritimes
Programmes Interreg transnationaux	Union européenne États et autorités sub-étatiques	Fixe Nomenclature européenne NUTS	Europe du Nord-Ouest, Adriatique-Ionienne
Stratégies macro-régionales	Union européenne États et autorités sub-étatiques	Mixte Frontières étatiques ou sub-étatiques, mais discours sur la délimitation variable/adaptable en fonction de l'objectif politique ou du projet	Stratégie de l'Espace alpin, stratégie du Danube
Stratégies de bassins maritime	Union européenne États et autorités sub-étatiques	Mixte Frontières étatiques ou sub-étatiques, mais discours sur la délimitation variable/adaptable en fonction de l'objectif politique ou du projet	Atlantique, mer du Nord

Ces développements confirment que l'échelle macro-régionale européenne présente un intérêt pour organiser et aménager des régions réparties entre différents ensembles nationaux, étatiques ou supra-nationaux, mais liées par des flux et des interactions qui se jouent des frontières fixes. C'est particulièrement le cas dans un espace en dynamique d'intégration tel

[67] Cf. supra chapitre 2, partie°3.2.

que l'Union européenne (Outhwaite, 2020). Les institutions européennes ont été particulièrement actives pour étudier et promouvoir cette modalité innovante de coopération territoriale, qui a suscité plusieurs travaux d'études, des événements spécialisés et, partant, une quantité non négligeable de littérature académique (tableau 10). Le président de la région Provence-Alpes Côte d'Azur a même évoqué, en 2010, une « *fièvre macro-régionale* » (Boulineau, 2017, p. 95).

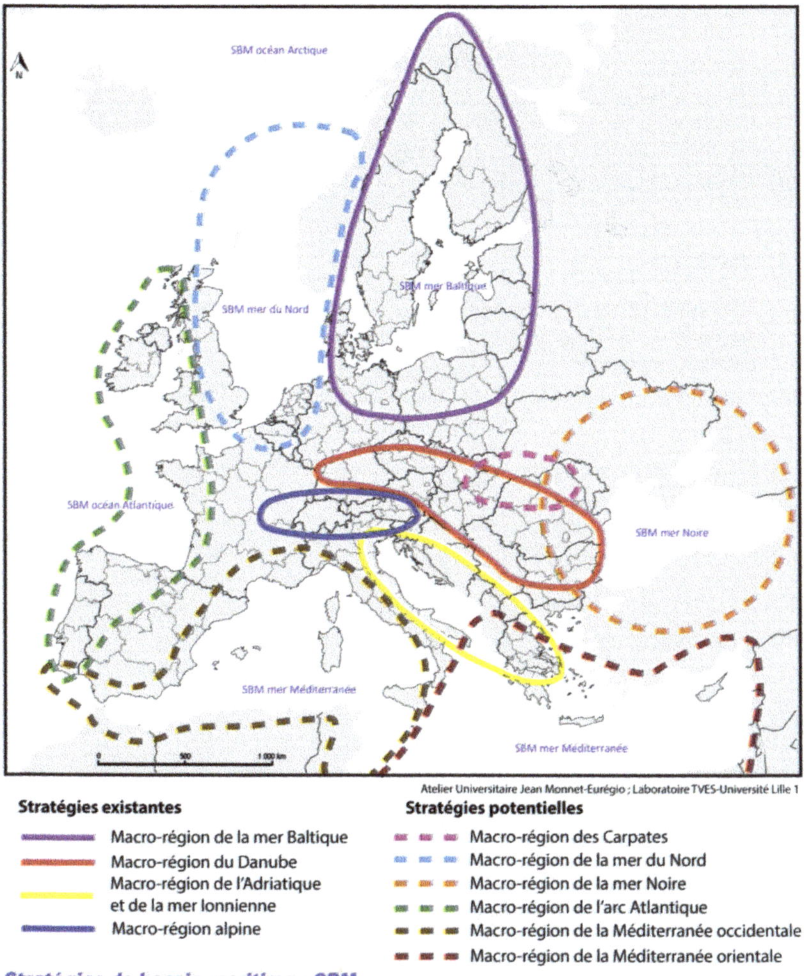

Figure 23 – Stratégies macro-régionales et de bassin maritime dans l'Union européenne

Source : conception propre à partir de *Österreichisches Institut für Raumplanung* (http://www.oir.at/en/node/953) ; co-élaboration laboratoire TVES, atelier Jean Monnet Eurégio

Tableau 10 – Récapitulatif des études et travaux de l'Union européenne sur les macro-régions, 2009–2019

Date	Organisme	Livrable	Objet / Thème
2009	Commission européenne	« *Discussion paper* »	*Macro-regional strategies in the European Union*
2013	Commission européenne	Rapport au Parlement, au Conseil, au Comité économique et social (CES) et au Comité des régions (CdR) : + document préparatoire *Staff working document* (STF)	*Valeur ajoutée des stratégies macro-régionales*
2014	Commission européenne	Rapport au Parlement, au Conseil, au CES et au CdR	*Gouvernance des stratégies macro-régionales*
2015	Parlement européen	Étude	*New role of macro-regions in European Territorial Cooperation*
2016	Programme Interact (assistance dans la gestion des programmes de coopération territoriale)	Livret de publications, *policy paper*	*Macro-regional strategies in changing times*
2016	Commission européenne	Rapport au Parlement, au Conseil, au CES et au CdR + document STF	*Mise en œuvre des stratégies macro-régionales (premier rapport)*
2017	Parlement européen	Atelier	*EU macro-regional strategies*
2017	Commission européenne	Étude	*Macro-regional strategies and their links with cohesion policy*
2017	Programme Interact (assistance dans la gestion des programmes de coopération territoriale)	Livret de publications, *policy paper*	*Making the most of macro-regions Trends. Analysis. Recommendations*
2017	Programme Interact (assistance dans la gestion des programmes de coopération territoriale)	Étude	*Embedding macro-regional strategies*
2017	Parlement européen	Rapport	*Mise en œuvre des stratégies macrorégionales de l'Union*
2019	Commission européenne	Rapport au Parlement, au Conseil, au CES et au CdR + document STF	*Mise en œuvre des stratégies macro-régionales (second rapport)*

Les travaux et programmes concernant la macro-régionalisation restent néanmoins relativement cantonnés aux cercles d'experts intéressés ou de professionnels impliqués. Cependant, certaines évolutions pourraient augurer d'une normalisation de la macro-régionalisation en Europe. Dans sa proposition pour les programmes de coopération territoriale 2021–2027, la Commission européenne préconise de mieux aligner les fonds et programmes de coopération territoriale sur les stratégies macro-régionales et de bassins maritimes existantes. Le Parlement et le Conseil confirment ces préconisations[68], et l'observatoire ESPON a soutenu la création d'un outil d'analyse spatial pour les macro-régions[69].

3.3. *Méga-régions : la macro-régionalisation métropolitaine*

Pour pousser plus avant l'analyse des formes tendancielles de régionalisation, on retrouve une correspondance entre l'échelle macro-régionale européenne et le concept de méga-régions déjà évoqué, issu lui-même du concept de mégalopole qui a été un jalon dans les réflexions sur la métropolisation des espaces et des sociétés[70]. Les méga-régions occupent une échelle trans-méso similaire aux macro-régions de l'Union européenne, basée sur l'extension de régions métropolitaines jusqu'à former un complexe polycentrique lié par des interactions fonctionnelles. L'identification des méga-régions utilise des critères de base de l'urbanisme et de l'aménagement : l'occupation des sols, déduite à partir de l'intensité des éclairages nocturnes captés par satellite, qui dessinent également les liens et interactions entre aires urbanisées (Florida et al., 2008 ; Boix & Marull, 2016). Ce critère est croisé avec des déductions de produit intérieur brut de ces méga-régions, afin de produire un classement et de montrer les potentialités économiques de ces complexes territoriaux. Les premiers travaux ont identifié 40 méga-régions dans le monde, dont douze en Europe, qui représentent 18 % de la population et 66 % de l'activité économique mondiales (figure 24).

---

[68] *Résolution du Parlement européen du 16 janvier 2018 sur la mise en œuvre des stratégies macrorégionales de l'Union*, n° 2017/2040(INI) ; *Conclusions du Conseil du 21 mai 2019 sur la mise en œuvre des stratégies macrorégionales de l'Union européenne*, n° ST 9101 2019.

[69] https://www.espon.eu/macroregional-monitor

[70] Cf. supra chapitre 1, partie 3.1.

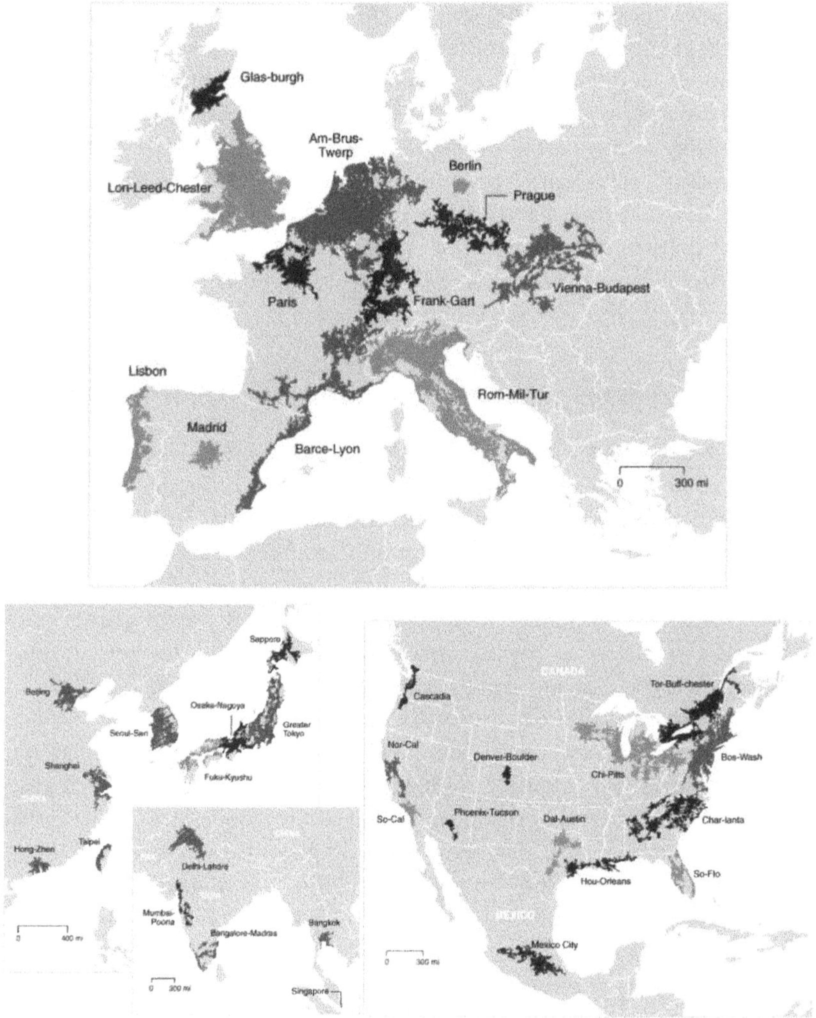

Figure 24 – Mégas-régions en Europe et dans le monde
Source : ©2008 Richard Florida, carte par Tim Gulden et Ryan Morris, site *Who's your city?*; http://www.creativeclass.com/_v3/whos_your_city/maps

Les plus peuplées sont en Amérique et en Asie : Delhi-Lahore, Shanghai, Tokyo-Séoul, Boston-Washington, Chicago-Pittsburgh, et Mexico. Certaines approches estiment que c'est à cette échelle que le modèle économique peut le mieux se transformer, pour réduire l'impact énergétique et écologique de la métropolisation par des actions d'aménagement plus intégrées et mieux coordonnées (Boix & Marull, 2016). D'autres analyses, d'influence radicale, remettent en question la durabilité des systèmes

méga-régionaux qui, en se focalisant sur la mobilité et les interactions à grande échelle, peuvent négliger la qualité des espaces publics et des services à une échelle plus locale et plus durable (Harrison & Hoyler, 2015). Le débat reste ouvert sur la dimension performative de ce concept, qui peut être instrumentalisé par des acteurs ayant intérêt à mener de grands travaux d'infrastructures, ou qui par plusieurs aspects valide la pertinence des modèles néo-libéraux axés sur un horizon de croissance exponentielle et de compétition généralisée.

Bien entendu ces méga-régions sont différentes des macro-régions de l'Union européenne, qui n'intègrent pas seulement des territoires métropolitains mais aussi des territoires ruraux, des espaces naturels. Le nom des macro-régions évoquent d'ailleurs en général des éléments géophysiques. Ces deux formes de régionalisation relèvent de visions et de régimes d'aménagement différents, tant dans leur organisation que dans leur gouvernance. Elles présentent cependant des similarités : toutes deux induisent des processus de *soft planning*, qui font évoluer et converger les représentations de différents acteurs appelés à coopérer dans un cadre territorial renouvelé.

L'évocation des méga-régions souligne aussi la prégnance des deux tendances de régionalisation identifiées dans ce travail, en ce sens qu'elles font figure de « macro-régions métropolitaines » : des régions métropolitaines vastes, formées à une échelle transnationale qui dépasse les frontières étatiques ou régionales instituées, comme les macro-régions de l'Union européenne. Elles confirment la nécessité d'adapter les dispositifs d'aménagement pour répondre à l'extension – pour ne pas dire à la macro-régionalisation – des échelles de la métropolisation, problématique que l'on retrouve dans d'autres contextes comme en Chine par exemple (encadré G, figure 25).

Encadré G – Les super-clusters urbains en Chine, miroirs démesurés des dynamiques macro-régionales européennes

La Chine a lancé un plan de macro-régionalisation urbaine avec le projet de mettre en place 19 super-clusters urbains, reliés par des lignes de train à grande vitesse (Groff & Rau, 2019 ; Harrison & Gu, 2021). Les volumes en jeu sont à l'échelle du pays : le cluster de la rivière des Perles dépasse 60 millions d'habitants, celui du delta du Yangtzi compte près de 150 millions d'habitants, et Pékin-Tiajin comprend plus de 110 millions d'habitants (figure 25). Par ailleurs, les urbanistes feu John Friedmann et André Sorensen (2019) avancent le terme de « méga-conurbation » pour interpréter les « *constellations géantes de l'urbain* » qui croissent actuellement en Asie et remettent en cause la notion même de ville. Les neuf catégories de « *flux métaboliques qui interagissent dans l'espace, de la plus grande à la plus petite échelle* » (*ibid.*, p. 2) sont autant de défis pour le développement de ces ensembles (figure 26). S'ils sont particulièrement saillants

pour le développement des immenses conurbations asiatiques, ces défis peuvent néanmoins être utiles à mobiliser pour adapter, ou faire évoluer, l'aménagement et le métabolisme des métro-régions et des macro-régions en Europe.

Figure 25 – Les super-clusters urbains en Chine

Source : « A tale of 19 mega-cities. China is trying to turn itself into a country of 19 super-regions », *The Economist,* 23 juin 2018 : https://www.economist.com/china/2018/06/23/china-is-trying-to-turn-itself-into-a-country-of-19-super-regions

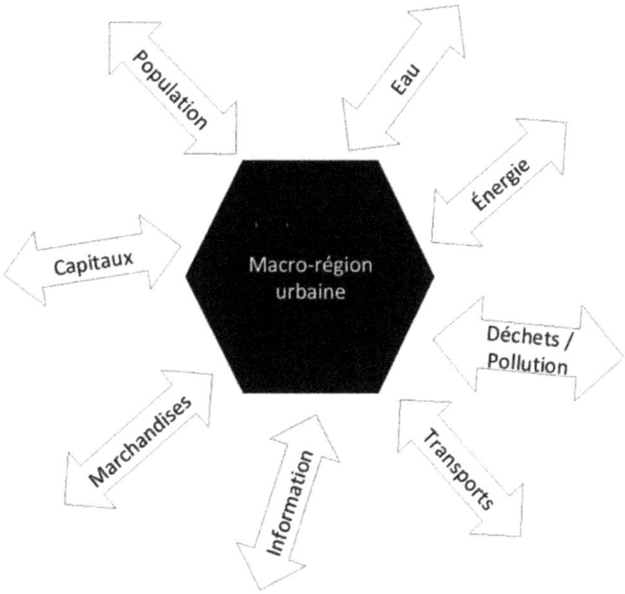

Figure 26 – Les neuf flux métaboliques du développement des ensembles régionaux
Source : élaboration propre, d'après Friedmann & Sorensen, 2019.

Au-delà de la grande variabilité des terminologies et des contextes, les exemples et expériences présentés confirment que deux tendances majeures de régionalisation renouvellent les cadres et les modalités de l'aménagement régional en Europe : la métro-régionalisation, avec l'extension et le développement de régions polarisées par une ou plusieurs agglomérations urbaines ; la macro-régionalisation avec la formation de régions vastes, à dimension transnationale, qui souvent dépassent les frontières administratives instituées pour inscrire les territoires dans l'Europe et dans le monde. Le schéma ci-dessous livre une première interprétation, d'ordre idéal-typique été exploratoire, qui permet dans un de clarifier et de consolider la lecture de ces deux tendances de régionalisation à partir des exemples étudiés (figure 27).

Dans cette typologie de base, les indicateurs « métro » et « macro » ne sont pas traités de manière statistique ou mathématique. « Métro » fait référence à la dimension urbaine de la région considérée, et « macro » à l'étendue spatiale et à la dimension transnationale. Par exemple en moyenne les métropoles françaises ont la plus petite superficie par rapport aux *combined authorities* ou aux *città metropolitane*, beaucoup de ces dernières étant moins urbanisées car elles incluent l'ensemble d'une ancienne province. Malgré leur dénomination, nombre de régions dites métropolitaines allemandes

incluent des territoires ruraux ou agricoles et s'apparentent plus à des dispositifs de macro-régionalisation, d'autant plus compte tenu de leur vocation européenne déclarée. Les macro-régions de l'Union européenne ne sont pas principalement formées d'agglomérations urbaines, contrairement aux méga-régions anglophones.

Concernant les eurorégions, qui comme on l'a vu sont des ensembles régionaux caractéristiques de l'européanisation spatiale et territoriale[71], elles peuvent relever des deux tendances selon qu'elles sont plutôt constituées autour d'agglomérations urbaines, comme l'eurométropole Lille-Courtrai-Tournai, ou à une échelle plus vaste, transnationale, comme l'eurorégion Pyrénées-Méditerranée.

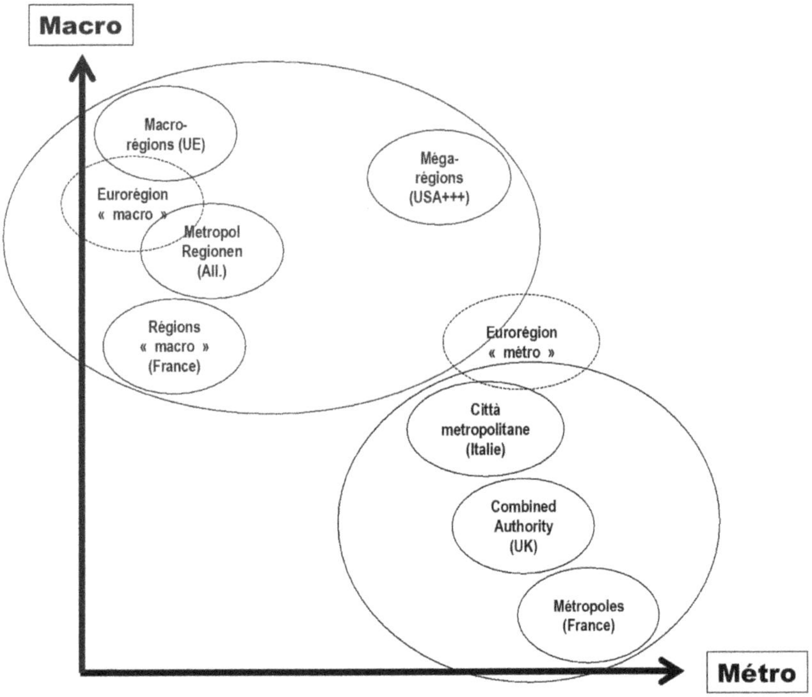

Figure 27 – Métro- et macro-régionalisation : typologie et situations
Source : élaboration propre

Pour compléter l'analyse, le visuel ci-après schématise les différentes formes de régionalisation au sein de l'Union européenne telles qu'on les a abordées jusqu'ici (figure 28). Il resitue les métro-régions et les macro-régions

[71] Cf. supra chapitre 2, partie 3.2.

parmi les autres ensembles régionaux formés à d'autres échelles : eurorégions transfrontalières, régions nationales « internes » et sub-étatiques ; ou encore régions d'aménagement qui impliquent des coopérations territoriales à diverses échelles – pôles métropolitains ou démarches inter-Scot en France, *metropolregionen* ou autres *regionalverbände* en Allemagne, dispositifs *Mersey Belt* ou *Northern Powerhouse* au Royaume-Uni. On pense aussi aux villes métropolitaines italiennes de Milan et de Bologne qui ont porté un projet au sein d'ESPON pour développer l'imaginaire d'une « métro-région Milan-Bologne »[72].

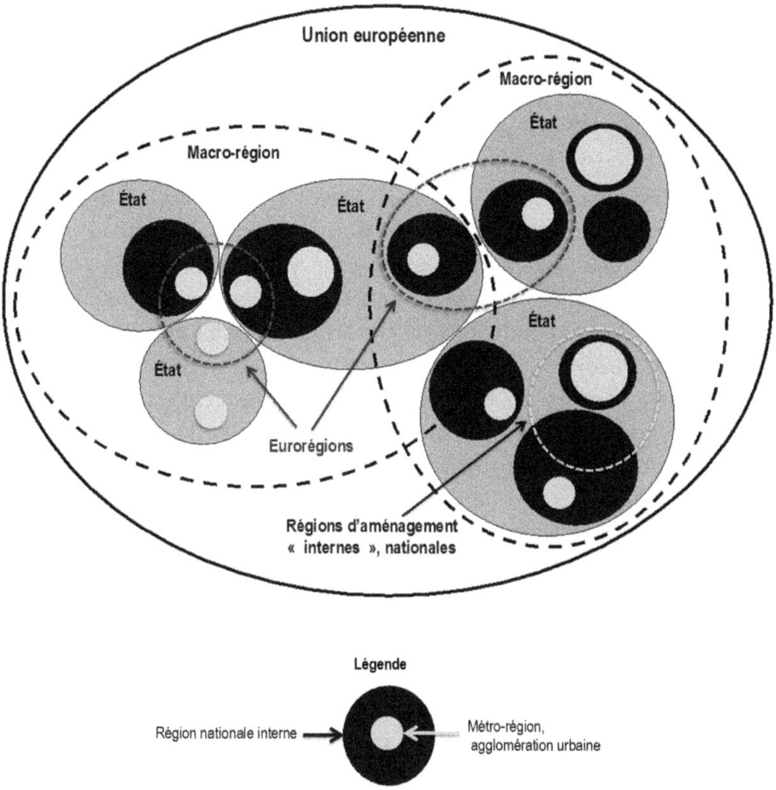

Figure 28 – Formes et tendances actuelles de régionalisation dans l'Union européenne

[72] https://www.espon.eu/imagine

Conclusion

Concept interdisciplinaire et plastique, la région se prête à de nombreuses interprétations auxquelles répondent des dispositifs d'aménagement variés. Les enjeux théoriques et empiriques majeurs de la fabrique régionale contemporaine en Europe s'illustrent à travers les deux formes tendancielles de régionalisation : métro-régionalisation et macro-régionalisation. Ces tendances sont principalement liées à la métropolisation des territoires et des sociétés d'une part, à la transnationalisation des flux et des problématiques socio-économiques dans le cadre européen et global d'autre part.

On retrouve dans ces configurations la question de l'aménagement par les *soft-spaces* et les approches relationnelles des régions, avec par exemple les régions métropolitaines allemandes, les stratégies macro-régionales voire les méga-régions. Elles illustrent aussi la situation que l'on a qualifiée de « cooplexité » (figure 5). Les régions croisent différentes échelles spatiales et différents niveaux décisionnels, et appellent à des modalités coopératives de gouvernance pour mettre en place des dispositifs partagés d'aménagement : coopération entre autorités territoriales d'une même région métropolitaine, entre organisations transfrontalières ou entre eurorégions présentes dans la même macro-région, entre autorités territoriales et services de l'État ou de l'Union européenne, entre acteurs publics et privés. Cette situation correspond au concept de l'interterritorialité, que j'envisage comme une modalité d'action coopérative qui permet d'adapter l'aménagement aux pratiques socio-territoriales multi-situées et à la conjonction de différents acteurs et autorités dans une région d'aménagement commune. On voit aussi que nombre des ensembles régionaux présentés procèdent d'un rééchelonnement des actions et des services de l'État pour s'adapter aux évolutions socio-économiques liées à la métropolisation et à la construction européenne.

Métro-régionalisation et macro-régionalisation s'inscrivent aussi dans un processus d'européanisation spatiale et territoriale. Comme on l'a vu la question de la gouvernance et de l'organisation des régions métropolitaines est commune à de nombreux pays européens. Les instruments de l'Union européenne tels que les Investissements territoriaux intégrés (ITI) influencent la mise en place de nouveaux ensembles régionaux pour leur application, par exemple en Pologne, en République tchèque ou en Slovaquie. La variable territoriale européenne guide ou dans tous les cas conditionne la plupart des réformes évoquées.

À l'échelle macro-régionale ou transfrontalière, la définition et le fonctionnement des arrangements institutionnels sont largement influencés par les visions et les méthodes de l'Union européenne. Ces coopérations

installent une gouvernance expérimentale et leur objectif est d'harmoniser les positions et les politiques sous un chapeau commun, axé sur les priorités européennes. La macro-régionalisation contribue à « *l'harmonisation, au sein de l'Union européenne, de modèles de coopération régionale auparavant distincts* » (Gänzle & Mirtl, 2019, p. 250).

Par ailleurs, la cartographie des macro-régions comme celle des eurorégions travaille la méta-géographie européenne, les références spatiales qui organisent la perception et la représentation de l'espace européen. Comme on l'a vu le concept de macro-région est issu des régions transnationales définies dès les années 1990 lors des travaux du SDEC de l'Union européenne, autant de « petites Europes » qui transcendent les limites westphaliennes de la carte des États-membres.

Après avoir identifié les évolutions conceptuelles et empiriques de la région dans le champ de l'aménagement, plusieurs études de cas permettent, dans les chapitres suivants, d'illustrer ces évolutions à différentes échelles, du national à l'Europe. Ces terrains apportent ainsi une connaissance pratique de formes et de modalités contemporaines de régionalisation en Europe, et de leurs effets en matière d'aménagement des territoires et de développement des sociétés.

Chapitre 4.

L'Occitanie en France : aménager une nouvelle région

La région Occitanie est issue de la fusion de deux régions Languedoc-Roussillon et Midi-Pyrénées lors de la réforme de 2015 en France, évoquée au chapitre précédent. Suivant cette réforme, les régions sont désormais chargées de mettre en œuvre un schéma régional schéma régional d'aménagement, de développement durable et d'égalité des territoires (SRADDET). Cette opération questionne l'interterritoralité et la coopération territoriale comme *leitmotive* et modalités de l'aménagement du territoire. Le concept polysémique d'interterritorialité est entendu ici sous l'angle des modalités d'action coopératives induites par la situation de cooplexité qui caractérise, comme on l'a vu, l'aménagement régional (figure 5). Le cas d'une nouvelle région recomposée est *a fortiori* éclairant pour approfondir ce sujet clé de l'aménagement régional et du fonctionnement des régions contemporaines.

Or les recompositions issues de cette réforme relèvent plutôt de l'arrangement unilatéral que de l'union consentie. Au lieu d'engager un diagnostic actualisé et approfondi des dynamiques socio-territoriales pour redessiner la carte des régions, et sans réellement consulter les autorités régionales ou les citoyens, le législateur a fusionné certaines régions sans en modifier les périmètres d'origine, formés sur la maille départementale. De plus, cette réforme a attribué concomitamment aux régions et aux métropoles un rôle majeur dans le développement économique et l'aménagement du territoire. La relation au sein du couple métropole-région ainsi créé devient une variable clé pour porter et entraîner ce développement. Ainsi ces nouvelles régions illustrent la conjonction de différents acteurs et autorités appelés à – si ce n'est sommés de – (re)faire région par la coopération territoriale.

Par plusieurs aspects la région Occitanie (figure 29) fait figure de cas symptomatique d'un double mariage arrangé entre deux régions d'une part, entre une (néo-)région et deux métropoles, Toulouse et Montpellier, d'autre part (Bernié-Boissard, Courouau & Perrin, 2018 ; Bernié-Boissard & Perrin, 2021 ; Négrier & Simoulin, 2021).

L'élaboration du SRADDET est l'occasion de décrypter, à travers les énoncés et les stratégies des principaux acteurs concernés, les enjeux et problématiques d'aménagement de cette nouvelle région. Ces données sont croisées avec les dynamiques de recomposition, les alliances et les articulations interterritoriales que l'on peut observer sur le terrain. Le cas de l'Occitanie permet ainsi d'analyser la mise en pratique de l'interterritorialité et le rôle de la coopération territoriale multi-niveaux dans la construction d'ensembles (néo-)régionaux complexes.

1. La réforme territoriale française entre deux feux

Comme on l'a vu, depuis plusieurs décennies les métropoles et régions métropolitaines, dans leurs différentes déclinaisons territoriales, apparaissent comme les lieux par excellence de l'innovation et, partant, de la compétitivité au sein de l'économie mondialisée post-fordiste et du capitalisme dit « cognitivo-culturel » (Scott, 2014)[73]. Les recherches en aménagement et développement des territoires se sont saisies de la question, avec en particulier l'idée que la compétitivité métropolitaine serait un horizon à la fois inévitable et profitable aux territoires environnants. Des métropoles puissantes, capables d'organiser leur compétitivité et leur attractivité pour les talents, les capitaux et les entreprises sont dès lors considérées comme les plus porteuses sur le « marché » mondial. L'affirmation des métropoles en France, selon les termes de la loi qui les a mises en place en 2014[74], illustre cette logique, certes à une échelle démographique et morphologique relativement modeste dans le contexte mondial, mais qui correspond aux paramètres du fait métropolitain en Europe.

Cependant, plusieurs travaux nuancent les approches du « tout métropolitain » et envisagent les interactions territoriales de façon moins binaire que celle de la relation centre-périphérie ou « pôle-ruissellement » (Oliveira Martins & Maguire, 2015 ; Dumont, 2018 ; Bouba-Olga & Grossetti, 2019). Certes les effets de polarisation engagés depuis plusieurs décennies font que les aires urbaines de plus de 500 000 habitants concentrent la population et les emplois : un rapport de 2017 avance par exemple les chiffres de 43 % de la population et près de la moitié des emplois (Altaber & Le Hir, 2017). Mais les analyses en termes de systèmes productivo-résidentiels, par exemple, mettent en évidence l'interdépendance entre territoires productifs d'une métropole et territoires résidentiels-présentiels de son aire

[73] Cf. supra chapitre 1, parties 2.3 et 3.1.

[74] Loi n° 2014-58 du 27 janvier 2014 de modernisation de l'action publique territoriale et d'affirmation des métropoles.

d'influence, situés parfois en zone rurale (Talandier, 2018). L'innovation et l'économie productive se basent aussi sur des interactions en dehors voire indépendamment des systèmes métropolitains, comme autant de « petits mondes » qui reconfigurent le récit territorial (Bouba-Olga, 2019 ; Pacini & Fosseux, 2019).

Les externalités négatives que peut produire la surconcentration métropolitaine sont par ailleurs bien documentées : fragmentations socio-spatiales, engorgement des réseaux de transport, problèmes de pollution, de foncier et de logement, tant en quantité qu'en qualité, marginalisation de territoires non raccrochés aux dynamiques métropolitaines. Or le bien être est devenu un enjeu plus prégnant pour l'aménagement et la planification (OCDE, 2014). La crise sanitaire de la Covid 19 a également mis en lumière les atouts des territoires non métropolitains comme lieux de vie et de travail. Ces constats appellent les politiques d'aménagement à mieux prendre en compte la diversité des interdépendances entre systèmes territoriaux et les multiples combinaisons entre les différents acteurs qui les animent. Sur le plan théorique, cette situation renvoie au concept d'interterritorialité qui, comme on l'a vu, rend compte des pratiques socio-territoriales multi-situées et de la conjonction de différents acteurs et autorités dans une région d'aménagement commune[75].

Sur le terrain, la réforme française a tenté, non sans contradictions, de combiner la primauté métropolitaine avec un objectif de co-développement interterritorial, assigné en particulier aux régions qui, dans l'esprit de la réforme, deviennent les garantes de l'équité territoriale. Or, malgré l'agenda initial, la réforme n'a modifié qu'à la marge le caractère horizontal de l'organisation territoriale française, dans laquelle plusieurs échelons interviennent concomitamment avec de faibles liens hiérarchiques (Chicot & Obertan, 2021). Le législateur a attribué à la fois aux métropoles et aux régions des compétences approfondies pour l'aménagement et le développement économique. Dans le même temps, les plans d'urbanisme et les schémas économiques des métropoles et des intercommunalités doivent être compatibles avec les schémas régionaux, qui deviennent normatifs et prescriptifs[76]. Vaste programme, qui suppose d'atteindre à la fois la compétitivité métropolitaine et l'équité régionale, et de trouver l'articulation entre les interventions des régions et des métropoles.

Plusieurs instruments ou dispositifs ont été mis en place pour répondre à cette situation de « cooplexité » des ensembles métropolitains et régionaux. La réforme a installé dans chaque région une conférence territoriale

[75] Cf. supra chapitre 1, partie 3.4.
[76] Cf. supra chapitre 3, partie 3.1.

de l'action publique (CTAP), qui doit faciliter et organiser les coopérations voire la délégation de compétences entre les différentes collectivités au sein d'une même région. En 2015 l'État a lancé l'expérimentation de « contrats de réciprocité villes-campagnes » pour renforcer, par la coopération, les complémentarités entre les espaces ruraux, périurbains et urbains. En 2016 un Pacte État-métropoles entre en vigueur et se décline en Pactes métropolitains d'innovation. Conclus avec des métropoles et leurs territoires environnants, ces accords valorisent les coopérations territoriales. Dans cet esprit les services de l'État, en partenariat avec les organismes représentatifs des métropoles et des intercommunalités, ont mis sur pied une « fabrique prospective » pour recenser et analyser près de 200 coopérations interterritoriales dans les ensembles métropolitains, permettant d'éclairer et par là même de valoriser ces modalités d'action coopératives (CGET, 2019 ; ANCT, 2021). Par ailleurs, le programme national de recherche action POPSU a abordé de 2018 à 2020 le thème de « la métropole et les autres », afin de mieux appréhender les coopérations induites par le développement d'ensembles métropolitains qui dépassent le strict périmètre de la métropole institutionnelle. Après le « tout métropolitain », « l'alliance des territoires » serait-elle la nouvelle solution aux problématiques d'aménagement et de développement ?

La création de la région Occitanie illustre ces problématiques (figure 29). Ce nouvel ensemble régional formé de treize départements, plus vaste que plusieurs États européens, doit se reconstruire à partir de deux systèmes territoriaux et sociopolitiques qui s'étaient développés indépendamment l'un de l'autre, tout au moins depuis plusieurs décennies (encadré H). La fusion réunit deux métropoles, Toulouse et Montpellier, qui sont parmi les plus attractives de France mais sont peu connectées entre elles. C'est par ailleurs une région majoritairement rurale. Les acteurs de l'aménagement mettent en avant les articulations à trouver, les coopérations à mettre en place pour combiner le dynamisme métropolitain avec le développement de l'ensemble du territoire régional.

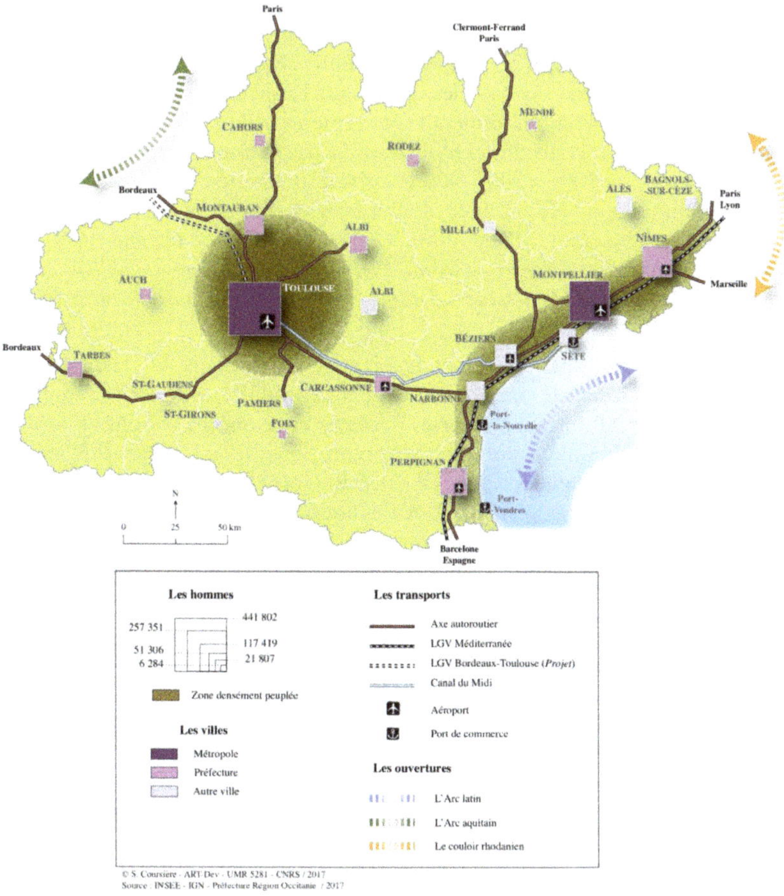

Figure 29 – La région Occitanie, un ensemble vaste, deux sous-régions urbaines
Source : Bernié-Boissard, Courouau & Perrin, 2018, p. 122.

Encadré H – Languedoc-Roussillon et Midi-Pyrénées, une alliance contre nature ? De la géo-histoire, de l'imperfection chronique des découpages et de l'aménagement régional.

La fusion des deux régions a été loin de faire l'unanimité et elle a même été rejetée lors du passage de la loi au Sénat. On a pu la considérer comme contre-tendancielle par rapport aux travaux de prospective de la DATAR sur la « France de 2020 » qui, il y a déjà près de deux décennies, préconisaient le rapprochement entre Aquitaine et Midi-Pyrénées dans un Val de Garonne, tandis que le Languedoc-Roussillon était inscrit dans un Midi méditerranéen et alpin avec PACA et Rhône-Alpes (Guigou, 2002). Il est vrai que la nouvelle carte régionale a fait peu de cas des approches scientifiques, des avis d'experts et de la masse considérable de travaux réalisés depuis la création des premières régions d'aménagement. Or dès la mise

en place de ces régions dans les années 1950–60, leurs périmètres ont été mis en débat (Perrin, 2012b). Dans les nombreuses propositions de refonte de la carte régionale, ou dans les études sur l'aménagement régional, la position des territoires qui forment l'Occitanie actuelle a beaucoup varié. Y compris dans les travaux de la DATAR, qui a par exemple mené des études de prospective de 2000 à 2006 dans le cadre d'un Grand Sud-Ouest, allant de l'Atlantique à la Méditerranée, de Bordeaux à Montpellier. Pour le géographe Jacques Lévy (2015, p. 288), « *la région lyonnaise (Rhône-Alpes + Auvergne), le grand Languedoc (Midi-Pyrénées + Languedoc-Roussillon) ou la grande Aquitaine (Aquitaine + Poitou-Charentes + Limousin)* » sont des « *espaces qui font sens* ».

On remarque aussi que, sur le plan géo-historique, les territoires de l'actuelle Occitanie ont formé, depuis l'Antiquité, des entités communes (figure 30), certes à diverses périodes et selon des configurations variables : Narbonnaise antique, Septimanie médiévale, généralités du Haut- et du Bas-Languedoc dans l'Ancien Régime (Bernié-Boissard, Courouau & Perrin, 2018, p. 12–26). À l'époque médiévale, on observe des interpénétrations continues entre comté de Toulouse, Septimanie et Catalogne du Nord. La province du Languedoc d'Ancien Régime a été pendant plusieurs siècles structurée par une bicéphalie Toulouse-Montpellier et à la même époque, le ressort du parlement de Toulouse correspond à peu de choses près à l'actuelle région Occitanie (Bisault & Mirouse, 2019). À l'époque actuelle, on peut aussi penser au *Land* de Rhénanie du Nord-Westphalie qui fonctionne avec en son sein plusieurs polarités urbaines fortes, la conurbation de la Ruhr et l'agglomération de Francfort.

Il ne s'agit pas d'idéaliser un passé géo-historique pour réinventer un récit régional ou pour justifier tel ou tel découpage régional, mais bien plutôt de constater la variation des formes et des constructions régionales au cours du temps. Dans un monde de flux, de réseaux et d'appartenances multiples, la région polarisée autour d'un unique système urbain n'est pas le modèle ultime d'ensemble régional. Tout découpage est sujet à l'incomplétude, à l'insatisfaction et à l'instabilité, et appelle à des ajustements pragmatiques et constructifs, qui sont le propre des politiques d'aménagement et des dispositifs de coopération territoriale.

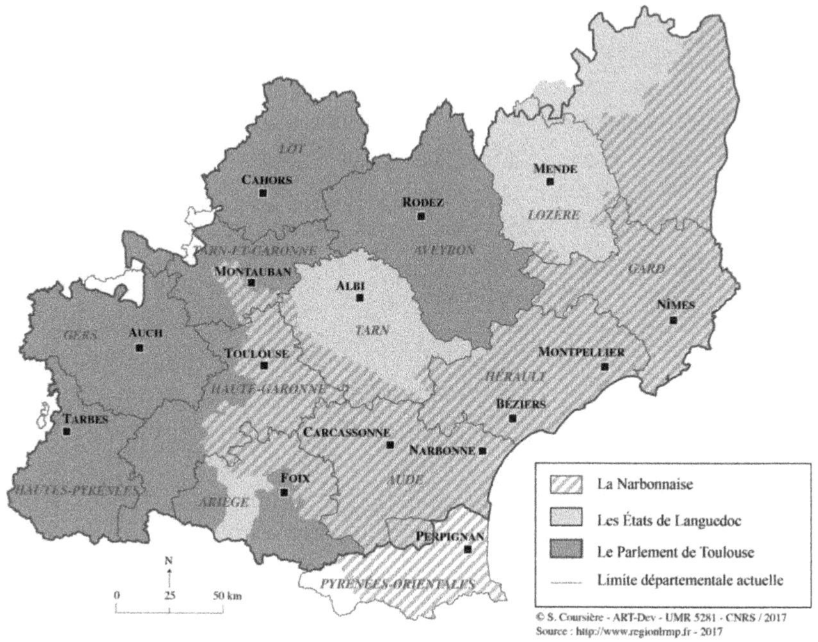

Figure 30 – La région Occitanie, proximités géo-historiques interterritoriales
Source : Bernié-Boissard, Courouau & Perrin, 2018, p. 122.

2. Une région contrastée, un récit régional à reformuler

2.1. L'Occitanie à réinventer : une région plus contrastée que bipolaire

Symptomatique des conditions et des modalités de la réforme régionale française, la création de la région Occitanie n'est pas allée de soi, malgré des situations démographiques et socio-économiques relativement proches entre les deux régions fusionnées, malgré également des proximités géo-historiques identifiées et documentées entre les territoires de cette région (encadré H). Un des indicateurs de cette situation est la différence entre les cultures politiques dominantes dans les deux anciennes régions, en dépit d'orientations de gauche *a priori* proches voire compatibles. Midi-Pyrénées et Languedoc-Roussillon ont été gouvernées de manière différente ce qui, lors de la fusion, n'a pas manqué de créer des tensions lorsqu'il s'est agi d'agréger des politiques régionales différenciées et de réorganiser les services de la région et de l'État. Des élus du Languedoc-Roussillon ont lancé un mouvement de refus de la fusion. Le Sénat les a soutenus même si l'Assemblée nationale a, en dernière lecture, acté la fusion. Le choix du nom

Occitanie a aussi créé une certaine polémique dans la partie catalane de la région, les Pyrénées-Orientales, rappelant les manifestations qui avaient eu lieu lorsque le président de Languedoc-Roussillon, Georges Frêche, avait voulu rebaptiser cette région « Septimanie » en 2005.

Ces tensions ont été renforcées par la configuration territoriale de l'Occitanie, qui abrite deux métropoles parmi les plus attractives de France, Toulouse et Montpellier. La région devrait accueillir un quart de la croissance démographique française d'ici 2030 (Béhar, Czertok & Desjardins, 2021, p. 135). À l'image des controverses qui ont accompagné la création de la région, les deux anciennes capitales régionales ont été opposées comme potentiellement concurrentes, au détriment d'un développement équilibré d'une région considérée comme bipolaire ou bicéphale, alors même que ces deux ensembles urbains ont déjà été rassemblés au sein d'une entité territoriale commune (Bisault & Mirouse, 2019).

Cependant, la création de la région Occitanie a rebattu les cartes pour chacune de ces métropoles. L'agglomération de Montpellier a perdu sa primauté socio-économique et son statut de capitale au profit de Toulouse, plus peuplée, pôle majeur de l'économie productive régionale et devenue chef-lieu de région (tableau 11). L'agglomération de Toulouse pour sa part n'a plus un poids aussi dominant que celui qu'elle avait dans l'ex-région Midi-Pyrénées, face aux agglomérations de l'arc languedocien notamment. Plus qu'une potentielle compétition, les dynamiques socio-économiques indiquent plutôt des interactions faibles entre deux réseaux urbains « *plus adossés qu'entrelacés* » selon l'image consacrée par l'Insee (Alasset et al., 2017 ; figure 31).

Tableau 11 – Montpellier et Toulouse, une vision comparative

	Montpellier	**Toulouse**
Population (aire urbaine, 2017)	616 296	**1,36 million**
Population (métropole, 2017)	472 217	771 132
Économie	Un (re)développement récent dans les années 1980 La **construction d'une attractivité réussie**, basée sur l'image/aménagement urbain : centre historique, Antigone, tramway, connexion ville-bord de mer Taux d'emploi public : 27%, 10,4/100 hab. PIB métropolitain dans la moyenne nationale	Un chemin de développement construit dès le début XXe : électrodynamique, aéronautique, aérospatial Un **complexe industriel régional de premier plan** : 50% de la création d'emploi productif, 60% d'emploi qualifié entrant Un PIB métropolitain parmi les plus élevés en France et Europe (augmentation récente)
« Statut » métropolitain	**Une technopole euro-méditerranéenne** Ville de la culture et du « bon vivre »	**Une métropole européenne de la haute technologie** Un pôle aéronautique et spatial international
Partage des attributs régionaux	**Assemblée régionale plénière** Services de l'État : culture, santé, chambre des comptes, rectrice de région Directions du conseil régional Administrations et directions bi-sites →	**Préfecture et chef-lieu de région** Services de l'État : économie, aménagement, finances Directions du conseil régional Conseil économique et social régional ←Administrations et directions bi-sites

Sources : élaboration propre à l'aide des données de l'Insee (https://insee.fr) ; étude de l'Association des maires de grandes villes de France, 2011 (https://www.attaches-unsa.com/fichiers/grandes_villes_pib.pdf) ; étude d'Eurostat, 2016 sur l'Europe urbaine (https://ec.europa.eu/eurostat/fr/web/products-statistical-books/-/KS-01-16-691) ; étude de France Stratégie sur la répartition territoriale des emplois publics, 2019 (https://www.strategie.gouv.fr/publications/repartition-territoriale-emplois-publics)

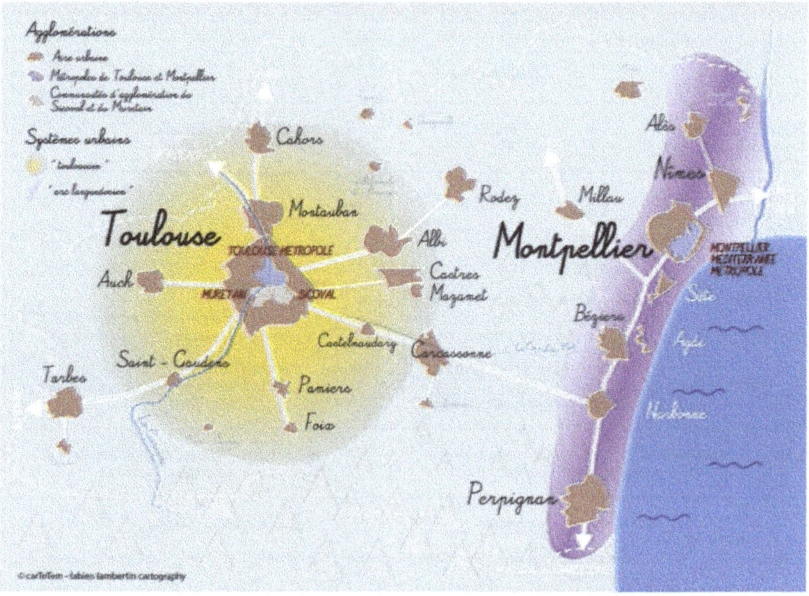

Figure 31 – Les deux grands systèmes urbains de l'Occitanie
Source : CoDev Toulouse Métropole, 2016, *Les dialogues urbains de la métropole toulousaine : L'an II de la métropole*, https://codev-toulouse.org/les-travaux-du-codev

La métropole toulousaine domine un système organisé en étoile autour d'elle, avec les « villes à une heure » de Montauban, Albi, Auch, Castres-Mazamet, Auch, voire Cahors, Saint-Gaudens ou Carcassonne. Montpellier pour sa part s'insère dans un arc urbain languedocien avec le pôle métropolitain de Nîmes-Alès, la communauté urbaine de Perpignan, les villes de Sète, Béziers et Narbonne. Distantes de 240 km, les deux métropoles se sont développées sans liens significatifs pendant plusieurs décennies, dans le cadre de réseaux urbains distincts qui dessinent une autre carte que celle de l'actuelle Occitanie, concernant par exemples les déplacements domicile-travail (figure 32). Sur ce plan il y a plus d'interactions entre les réseaux de Toulouse et de Bordeaux d'une part, entre les réseaux de Montpellier et de Marseille d'autre part.

Les échanges entre les réseaux de Toulouse et de Montpellier sont marginaux dans les flux socio-économiques régionaux, par rapport aux échanges à l'intérieur de ces deux réseaux urbains, qu'il s'agisse par exemple des navettes domicile-travail, ou des migrations résidentielles (figure 33). La région hérite ainsi d'une situation où ses deux ensembles métropolitains ne sont ni complémentaires, ni concurrents.

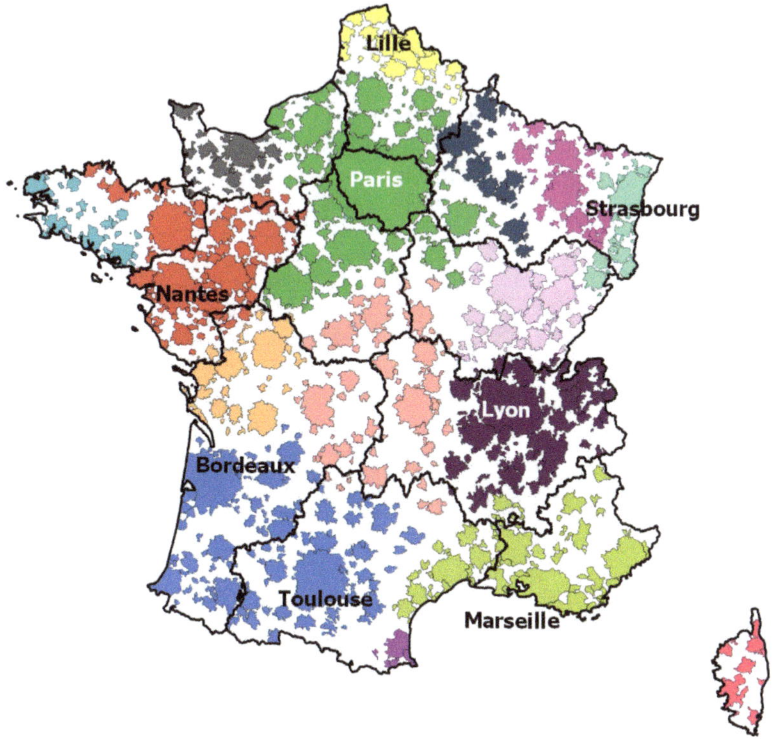

Figure 32 – Réseaux d'aires urbaines formés par les déplacements domicile-travail

Source : I. Bigot, B Dardaillon, C. Fichot, J Letournel, M. Moisan, « Les systèmes urbains en Normandie : aires urbaines, métropoles, réseaux d'échanges » [en ligne], *Insee Dossier Normandie*, n° 6, juillet 2017, p. 15 : https://www.insee.fr

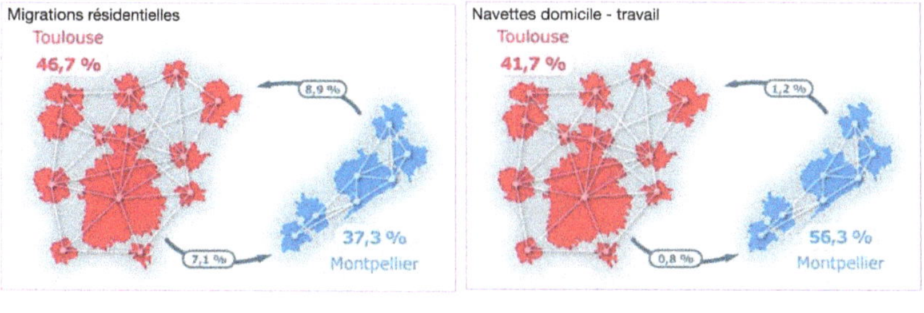

Figure 33 – Échanges entre aires urbaines des cœurs de réseaux montpelliérain et toulousain

Source : Alasset et al., 2017, p. 4. Lecture : 41,7 % des échanges domicile-travail des deux cœurs de réseaux se font entre les 13 aires urbaines du réseau toulousain et 56,3 % entre les 7 aires urbaines du réseau montpelliérain. Les échanges entre les deux réseaux ne représentent que 2 %.

Cependant, le poids des deux métropoles est nuancé par le caractère rural de la région (figure 34, tableau 12). D'après un travail de 2017, près de 57 % de la superficie régionale est composée de territoires ruraux peu denses. Les métropoles comptent environ 23 % de la population régionale, au sein d'un territoire maillé par les villes moyennes de plus de 10 000 habitants qui regroupent près de 30 % de la population. On trouve de nombreuses communes paupérisées ou en déprise.

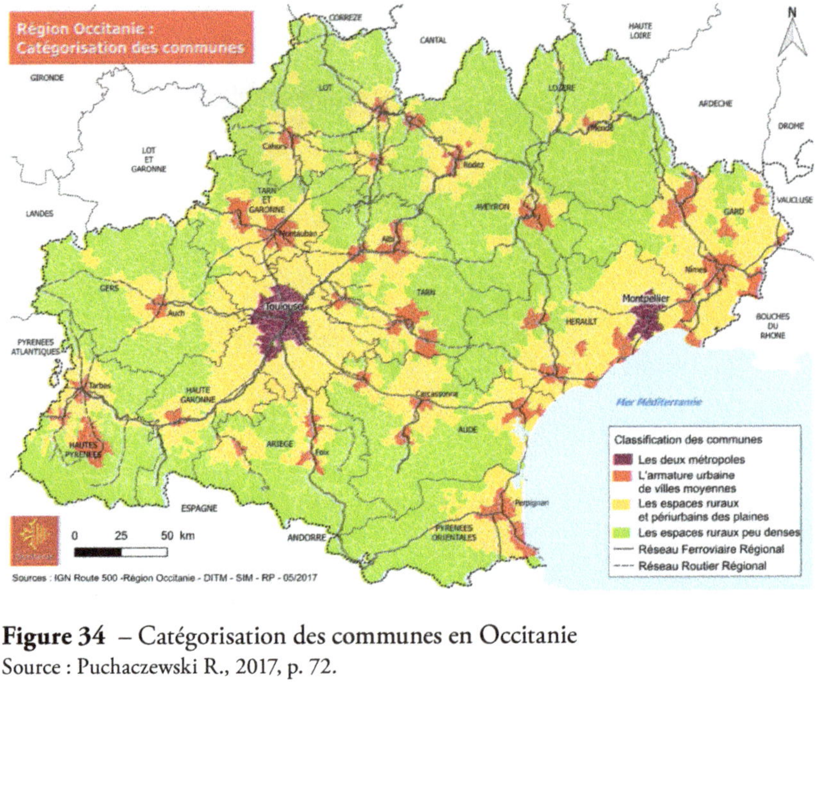

Figure 34 – Catégorisation des communes en Occitanie
Source : Puchaczewski R., 2017, p. 72.

Tableau 12 – Caractéristiques des catégories de communes en Occitanie

Espace	**Nombre d'habitants**	**Superf. (km²)**	**Densité (hab / km²)**	**Démographie**	**Caractéristiques de la population**	**Emploi**	**Principales problématiques**
Métropoles	1 334 000 (23,4 %)	1 144 (1,6 %)	1166	Croissance démographique	Très jeune, étudiants et jeunes diplômés, fortes inégalités	Emploi très dynamique et fortement qualifié	Accueil de populations, saturation des réseaux, inégalités
Armature urbaine de villes moyennes	1 700 000 (29,5 %)	4 989 (6,8 %)	341	Croissance contrastée entre centres et périphéries	Population plutôt vieillissante	Dynamiques contrastées entre les villes	Déclin des centres-villes, menace de déclassement
Espaces urbains et périurbains des plaines	1 900 000 (32,7 %)	24 600 (33,8 %)	77	Démographie très dynamique	Actifs avec enfants, population parfois aisée, poches de pauvreté.	Emploi en hausse, économie présentielle	Accueil de populations, étalement urbain, saturation des réseaux
Espaces ruraux peu denses	811 000 (14,3 %)	41 600 (57, 2 %)	19	Beaucoup d'espaces en déprise démographique	Population vieillissante, forte pauvreté	Emplois touristiques, chômage faible	Accès aux services, aux soins, à l'emploi, vieillissement
Région	5 680 000	72 700	79	Croissance démographique	Population plus vieille et plus pauvre que la moyenne française, forts contrastes	Emploi en hausse, fort taux de chômage	Accueil de populations, développement équilibré du territoire

Source : Puchaczewski R., 2017, p. 83.

À l'image d'une région bipolaire se substitue celle d'une région plus complexe, structurée par deux ensembles métropolitains certes particulièrement attractifs, mais faiblement connectés et sans grande interdépendance, tandis que la majorité du territoire est de caractère non métropolitain voire rural. L'aménagement repose donc sur deux axes majeurs : d'une part l'articulation inter-métropolitaine, avec les synergies à trouver entre les deux ensembles métropolitains, d'autre part la construction intra-régionale avec l'ensemble des systèmes territoriaux, urbains ou ruraux, qui composent cette région vaste et contrastée.

2.2. Le consensus interterritorial, entre dialogue et contractualisation

Les discours et stratégies énoncés à l'occasion de la préparation du SRADDET confirment la place importante accordée à la coopération territoriale, notamment pour relever les enjeux communs de l'aménagement régional : impact de la très forte attractivité démographique, changement climatique, développement durable, inégalités socio-économiques.

Sur le terrain, on constate une généralisation des dispositifs de coopération et de contractualisation entre les principaux acteurs de l'aménagement et du développement des territoires : l'État, la région et les deux métropoles (figure 35). La région a initié des instances dédiées au dialogue interterritorial, tandis que les métropoles ont acté un rapprochement tout en développant des contrats de réciprocité et des instances de dialogue avec leurs territoires environnants.

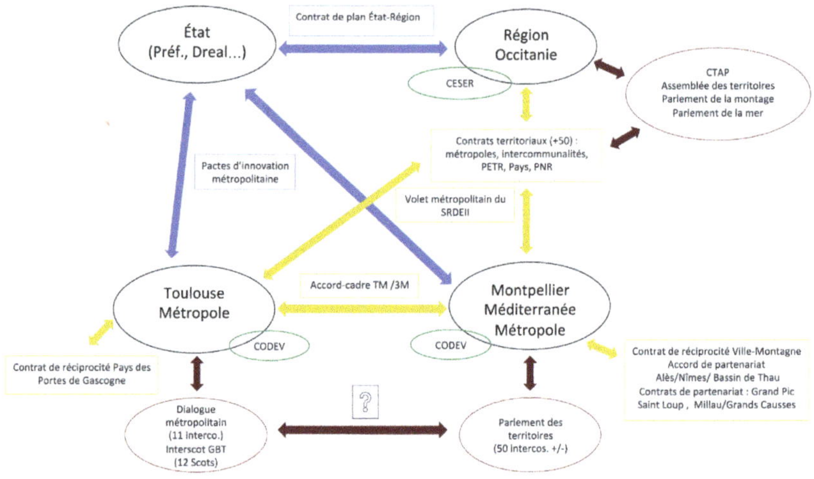

Figure 35 – Le ménage à quatre occitan. Coopération et contractualisation territoriales entre État, région et métropoles en Occitanie
CESER : conseil économique, social et environnemental régional
CODEV : conseil de développement des métropoles
CTAP : Conférence territoriale de l'action publique
SRDEII : schéma régional de développement économique, d'innovation et d'internationalisation

2.2.1. Les visions de la Région et de l'État : interdépendance et cohésion des territoires

La préparation du SRADDET s'est faite à travers une consultation la plus large possible, y compris dans la sphère civile, à travers l'opération « Occitanie 2040 »[77]. Parmi les « 3 + 1 » défis identifiés par la région, on trouve celui des interdépendances et coopérations territoriales, aux côtés des deux défis de l'attractivité et du rayonnement, et avec le défi transversal de l'adaptation en changement climatique.

Cette vision fait écho à celle des services de l'État. La note d'enjeu élaborée pour préparer le schéma régional envisage la région comme « *un système de territoires en interrelations, tissant entre eux des partenariats et des coopérations* [...] *dans une logique d'inter-territorialité, de solidarité et de complémentarité* » (DREAL, 2017, p. 56). La dimension non métropolitaine y apparaît comme un enjeu fort dans une région en forte croissance démographique, à l'urbain étalé. L'un des rôles majeurs assignés au SRADDET est de protéger le foncier agricole des effets de la métropolisation. L'interdépendance des territoires est soulignée comme essentielle pour créer des réseaux entre « pôles urbains » et « bourgs-centres », notamment par la coordination de l'offre de transports. Ainsi le partenariat et la coopération entre territoires urbains, périurbains et ruraux apparaissent comme des clés de l'aménagement de la nouvelle région.

Dans cet esprit, la marque propre des actions du conseil régional est celle de la co-construction, du dialogue avec les forces vives du territoire. La plupart des nouvelles politiques régionales ont fait l'objet de larges phases de concertation. Un MOOC Occitanie 2040 a été proposé ainsi que plusieurs cafés citoyens lors de l'élaboration du SRADDET. La région mobilise de nombreux outils de dialogue, non seulement les dispositifs réglementaires comme la CTAP, le GART (Groupement des autorités responsables de transport) ou le CESER (Conseil économique, social et environnemental régional), mais aussi des instances *ad hoc* qu'elle a créées telles que l'Assemblée des territoires, le Parlement de la mer, le Parlement de la montagne (figure 35). La région a signé une cinquantaine de contrats territoriaux avec l'ensemble des collectivités (métropoles, EPCI, territoires ruraux), afin de faire exister les territoires autres que métropolitains, même si les métropoles sont aussi concernées par ces contrats, ce qui confirme leur place spécifique dans l'alliance occitane des territoires[78].

---

[77] https://www.laregion.fr/-occitanie-2040-

[78] Les Départements qui le souhaitent peuvent être cosignataires de tels contrats.

2.2.2. Les métropoles de Toulouse et Montpellier, entre coopération et redistribution

Les métropoles ont signé en 2017 leur Pacte métropolitain avec l'État, autour de l'innovation économique et des coopérations à développer dans les ensembles métropolitains. Toulouse est spécialisée dans l'aéronautique, l'espace et les systèmes embarqués, Montpellier dans les biotechnologies et la santé, les deux dans les nouvelles technologies. Le pacte toulousain, *Pour une métropole compacte et connectée*, vise à améliorer l'accessibilité de l'aire urbaine, à favoriser la coopération métropolitaine et une alliance des territoires, à toutes les échelles : entre Toulouse et Montpellier, avec les Communes voisines, la Région, l'État. Le pacte montpelliérain, *Capital santé*, veut contribuer à une coopération interterritoriale à trois niveaux : Toulouse-Montpellier, agglomérations voisines, hinterland. Il s'agit de passer de la coexistence, voire de la concurrence avec les territoires voisins, à la complémentarité et au partenariat. On identifie ici une fonction de redistribution attribuée aux ensembles métropolitains. Ces objectifs rejoignent l'engagement des deux métropoles dans des accords et contrats interterritoriaux, et ce avant même la signature de ces pactes avec l'État (figure 35). On retrouve par exemple la coopération et les pactes territoriaux parmi les objectifs phares du schéma de développement économique de la métropole de Toulouse de 2015.

La structuration du système métropolitain toulousain s'appuie sur deux principaux cadres de coopération et de dialogue, qui reçoivent l'appui technique de l'agence d'urbanisme Toulouse aire métropolitaine (figure 36). À partir de 2001 quatre syndicats de Scot de l'aire urbaine (Grande agglomération toulousaine, Lauragais, Nord toulousain et Sud toulousain) ont engagé une démarche commune pour produire une vision stratégique du développement métropolitain. La démarche s'est étendue en 2017 avec la mise en place de l'inter-Scot du Grand Bassin toulousain, basé sur une convention triennale entre douze Scots, qui représentent 44 intercommunalités et près de 2 millions d'habitants. Parallèlement, en 2013 s'est constituée l'association du Dialogue métropolitain pour renforcer les coopérations et les interactions entre la métropole toulousaine et les intercommunalités traditionnellement dénommées les « villes à une heure de Toulouse » : la communauté de communes Cœur et Coteaux du Comminges, les communautés d'agglomération de l'Albigeois, du Grand Auch, du Grand Cahors, de Carcassonne Agglo, de Castres-Mazamet, du Pays de Foix-Varilhes, du Grand Montauban, du SICOVAL, de Tarbes Lourdes Pyrénées. La région Occitanie est membre associée. Une Biennale du patrimoine a été organisée en 2016 et 2018 pour valoriser le rôle de cet élément dans le développement urbain, économique et culturel, comme l'a montré en 2010 l'inscription d'Albi sur la liste du patrimoine mondial de l'Unesco. La Métropole a passé un contrat de réciprocité avec le PTER Portes de Gascogne

pour, notamment, l'approvisionnement de la restauration collective toulousaine, dans l'objectif de combiner qualité des produits, circuits courts et débouchés de la production locale[79].

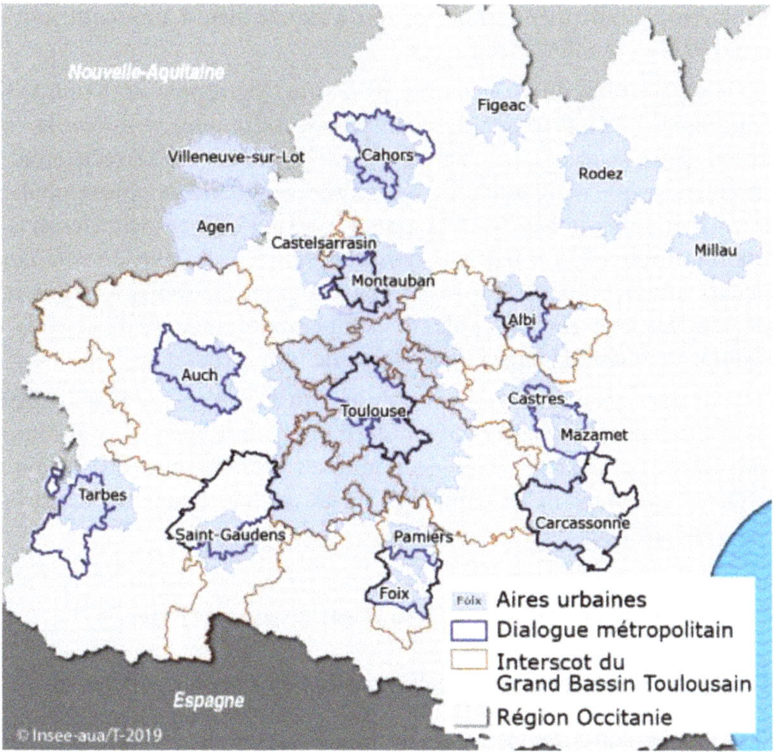

Figure 36 – Dispositifs de coopération dans la métro-région toulousaine
Source : Insee, aua/T, 2019, « Le système métropolitain toulousain vu à travers les migrations et les parcours résidentiels » [en ligne], *Insee Flash Occitanie*, n° 93, octobre 2019 : https://www.insee.fr

Dans le même esprit, en 2015 Montpellier Méditerranée Métropole a initié un Parlement des territoires pour améliorer le dialogue avec une cinquantaine de présidents d'intercommunalités de six départements : l'Aude, l'Aveyron, le Gard, l'Hérault, la Lozère et les Pyrénées-Orientales. Ce dialogue s'est concrétisé aussi par la conclusion d'accords bi- ou multi-latéraux pour renforcer les synergies dans différents domaines : filière bois[80] ;

---

79 Anne Fairise, « Quand la campagne coopère avec la ville » [en ligne], *Alternatives économiques*, 1er décembre 2018 : https://www.alternatives-economiques.fr

80 Contrat de réciprocité Ville-Montagne entre la métropole de Montpellier et la communauté de communes des Monts de Lacaune et de la Montagne du Haut Languedoc.

ou santé, tourisme et design[81]. D'autres contrats concernent un ensemble de thématiques plus transversales y compris l'agro-alimentaire, les circuits courts, la gestion de l'eau, le tourisme ou le patrimoine[82]. La métropole montpelliéraine a également participé à la concertation inter-Scot du Système métropolitain méditerranéen, qui a donné lieu à une contribution commune pour le SRADDET.

Dès la création de l'Occitanie, Toulouse Métropole et Montpellier Méditerranée Métropole ont signé un accord-cadre pour renforcer la coopération dans le tourisme, l'enseignement supérieur et la recherche, et pour défendre une meilleure offre de transport entre les deux métropoles – avec en particulier le passage à la grande vitesse sur le tronçon ferroviaire Narbonne-Toulouse. La participation commune à des événements commerciaux internationaux, la mise en place de produits touristiques, le renforcement des liens entre les pôles de compétitivité ou les deux conseils de développement témoignent d'une volonté de rapprochement.

On observe ainsi un certain consensus interterritorial dans les orientations et discours d'aménagement en Occitanie. Sur le terrain, les recompositions institutionnelles et socio-économiques liées à la nouvelle région ne masquent cependant ni les difficultés ni les contradictions de la fabrique (néo-)régionale occitane.

3. Un ensemble (néo-)régional en construction

3.1. Recompositions institutionnelles et socio-politiques

La mise en place des nouvelles politiques régionales indique une combinaison ou une adaptation des pratiques issues des deux anciens systèmes régionaux (figure 37). Ces recompositions s'opèrent non sans tensions, mais dans plusieurs domaines elles s'opèrent malgré tout, dans une sorte de pragmatisme négocié. À titre exploratoire, dès 2017 une étude sur les synergies entre Toulouse et Montpellier, a recensé plus de 150 projets de rapprochement, engagés ou en incubation, portés par des acteurs publics et privés (ARRE, 2017, p. 12–13).

La préparation du SRADDET montre une hybridation entre les cultures d'aménagement des deux anciennes régions : la lecture par systèmes territoriaux, qui prévalait en Languedoc-Roussillon, et le référentiel d'équilibre territorial issu de l'ex-Midi-Pyrénées (Estèbe & Jaillet, 2019). La marque

---

81 Accord de partenariat avec Alès Agglomération, Nîmes Métropole et la communauté d'agglomération du Bassin de Thau.

82 Contrats de partenariat avec la communauté de communes du Grand Pic Saint Loup ; ou avec la ville de Millau et la communauté de communes de Millau Grands Causses.

régionale Sud de France créée dans l'ex-Languedoc-Roussillon est devenue la marque de l'Occitanie. L'agence économique régionale Ad 'hoc a agrégé les différentes agences préexistantes dans les deux ex-régions, pour mieux harmoniser les actions sectorielles. Elle soutient les rapprochements entre acteurs et la recomposition de l'assise territoriale des organismes socio-économiques.

Le pôle de compétitivité Aerospace Valley, dispositif phare de l'économie régionale et un des premiers pôles français par le nombre d'entreprises membres et de salariés, a ouvert une antenne à Montpellier en 2018 pour agréger de nouveaux organismes de l'ancien Languedoc-Roussillon, principalement des TPE/PME. Cette extension peut profiter à la métropole montpelliéraine qui accueille des entreprises du secteur et à d'autres bassins d'emploi tels qu'Alès pour la mécanique et les matériaux, Nîmes pour la sécurité civile, Béziers et Narbonne pour la mécanique. C'est aussi une occasion d'enrichir les activités et de désengorger la métropole toulousaine.

Figure 37 – De quelques recompositions institutionnelles et socio-économiques en Occitanie
Source : élaboration propre

Encadré I – Les recompositions dans le secteur culturel, d'une politique l'autre

Certains domaines paraissent, par désir ou par nécessité, capables de s'adapter rapidement à la reconfiguration régionale, comme par exemple le domaine culturel. Dans ce domaine l'ancien Languedoc-Roussillon porte l'empreinte montpelliéraine. Pendant plus d'un quart de siècle, Georges Frêche (1938–2010), maire de Montpellier, président de l'agglomération puis président de région, associe étroitement l'essor urbain au rayonnement artistique. Les festivals deviennent des rendez-vous nationaux et internationaux : festival Radio France – devenue festival Radio France Occitanie Montpellier ; Montpellier Danse, Printemps des comédiens par exemple. Son élection à la présidence de région en 2004 renforce l'intervention culturelle régionale : valorisation du Pont du Gard et de la cité de Carcassonne, projet d'un musée régional de la Narbonne Antique, Centre régional d'art contemporain (CRAC) de Sète, musée régional de Sérignan. Pôle du cirque à Alès. Avec Total Festum, les cultures occitanes et catalanes ont chaque année leur « fête totale ». Toulouse et Midi-Pyrénées avaient une autre relation, plus axée sur une répartition des tâches entre métropole et région et sur un maillage territorial. La ville soutient à la fois les secteurs emblématiques – Orchestre du Capitole, Théâtre de la Cité – le cirque, la danse, la photo ou les arts de la rue. Dans les années 2000, elle fait de la culture un outil de proximité – mais aussi de rayonnement international fondé sur le lien original culture/nouvelles technologies, initié par la Cité de l'espace et continué avec l'installation de la Halle de la Machine sur l'ancien site aéronautique de Montaudran. Cette politique entre en résonance avec celle de l'ex-région Midi-Pyrénées, fondée sur l'aménagement culturel des huit départements qui la composent, avec d'une part les projets culturels de territoire, d'autre part la mise en valeur du patrimoine naturel et culturel : canal des Deux-Mers, label Grands Sites axé entre autres sur un tourisme culturel international.

Les deux modèles ont inspiré la politique culturelle de la nouvelle région Occitanie. L'association des directeurs des affaires culturelles d'Occitanie fédère l'ensemble de ses responsables à partir du moule établi en Midi-Pyrénées. Les agences Occitanie en scène ou Occitanie films sont refondées sur un modèle préexistant en Languedoc-Roussillon. Le label Grands Sites a quant à lui été étendu à l'ensemble de la région.

Ces évolutions font écho aux orientations d'aménagement des acteurs régionaux. Il est cependant encore tôt pour mesurer l'effet de la recomposition de politiques, d'agences ou d'organisations régionales sur les dynamiques socio-économiques, *a fortiori* avec les bouleversements et changements qu'a entraînés la crise sanitaire de la Covid-19 depuis 2020 notamment pour l'industrie aéronautique et le tourisme, deux secteurs phares de l'économie de la région. Les tendances observées par l'Insee avant la crise restent proches de celles héritées des deux anciennes régions, voire

de tendances nationales : diminution de l'emploi agricole, artificialisation des sols, force de l'industrie aéronautique et spatiale (Bisault, 2019). Le chômage reste concentré dans la frange littorale et la croissance est polarisée dans les métropoles, dont les systèmes socio-économiques interagissent toujours peu au sein de la nouvelle région, mis à part pour les quelques grands organismes que l'on a cités.

De plus, les activités économiques, scientifiques ou culturelles ont d'autres géographies que les frontières régionales : la compétitivité et l'innovation en région Occitanie ne se trouvent pas uniquement dans un rapprochement entre les acteurs des ex-régions Midi-Pyrénées et Languedoc-Roussillon. Par exemple la force du lien entre les pôles toulousains et bordelais par l'industrie aéronautique et spatiale ne peut pas être « inversée » automatiquement par la création d'une nouvelle région.

3.2. La connexion inter-métropolitaine : une question ouverte

Le rapprochement entre Toulouse et Montpellier par les transports est peu susceptible d'évoluer à moyen terme. Les deux métropoles, dans leur accord-cadre, défendent bien une ligne à grande vitesse (LGV) entre Toulouse et Narbonne, mais ce projet apparaît secondaire et hypothétique par rapport aux autres projets de LGV Toulouse-Bordeaux ou Montpellier-Perpignan, eux-mêmes loin d'être achevés. La décision d'engager des travaux pour une nouvelle LGV dépend en majeure partie de l'État, qui a soutenu l'inscription de la LGV Bordeaux-Toulouse-Narbonne dans les corridors du réseau transeuropéen de transport (RTE-T), ce qui potentiellement augmente les possibilités de financements européens, mais sans aucun calendrier ni assurance de réalisation. Avant les élections régionales de juin 2021 la région, alliée à d'autres collectivités, a obtenu un double engagement du gouvernement : financement du tronçon Toulouse-Bordeaux et début des travaux annoncé pour 2024, ouverture d'une enquête publique pour le tronçon Montpellier-Béziers en 2021 avec en vue la possibilité d'une déclaration d'utilité publique dès 2022. Les étapes sont nombreuses, le contexte pas toujours stabilisé.

Comme on l'a vu, l'État et la région ont fait le choix de maintenir une administration régionale bipolarisée pour ne pas accentuer la déconnexion et le déséquilibre entre les deux métropoles (tableau 11). Ces ajustements restent communs à d'autres nouvelles « macro-régions » issues de la réforme. Cette situation ne manque pas de complications en termes de coût, de gestion des ressources humaines ou de temps de trajet (encadré J). L'État quant à lui a renoncé à fusionner les deux rectorats de Toulouse et Montpellier, à la satisfaction de la région.

Le statut de capitale conforte la position de « centre métropolitain » que la métropole toulousaine occupait déjà au sein de l'ancienne région Midi-Pyrénées. Plusieurs acteurs notent ainsi que des organisations déplacent leurs sièges de Montpellier à Toulouse, ce qui peut accentuer un certain déséquilibre mais sans toujours entraîner des mouvements de personnels, même si en l'état actuel un tel phénomène demande une étude plus précise. La métropole toulousaine s'insère néanmoins dorénavant dans une région plus polycentrique. L'arc urbain languedocien atténue le surpoids que Toulouse avait en Midi-Pyrénées, ce qui peut devenir un avantage pour éviter une trop forte congestion métropolitaine.

En ce sens, la fusion ouvre des nouveaux horizons pour reconstituer des réseaux ou pôles métropolitains. Le Dialogue métropolitain et la démarche inter-Scot autour de Toulouse ont démontré une certaine propension des villes impliquées à coopérer. Cette expérience pourrait s'élargir à d'autres cercles de coopération, vers Montpellier et d'autres agglomérations de l'arc languedocien. La question du renforcement des liens entre les deux ensembles métropolitains reste donc ouverte et ce n'est peut-être pas uniquement dans cet hypothétique lien renforcé que se trouve la clé du développement de la région. D'autant plus que la concomitance de ces deux agglomérations au sein d'un ensemble régional commun n'est pas entièrement nouvelle et n'est pas forcément un frein au développement (Bisault & Mirouse, 2019).

En effet les nouveaux horizons du développement se trouvent aussi en dehors des métropoles, au sein d'une région majoritairement maillée par des villes moyenne et des territoires ruraux.

Encadré J – L'inflation des coûts dans la région Occitanie : une affaire de calcul ?

Toutes les régions fusionnées ont fait face à des difficultés pour réorganiser le fonctionnement des services régionaux. En Occitanie cela s'est traduit par l'installation de directions régionales bicéphales, avec des réunions en alternance à Toulouse et à Montpellier et des navettes pour assurer le déplacement des personnels, ou encore par la location du parc des Expos de Montpellier pour accueillir les assemblées régionales plénières.

En 2018 la Fondation pour la recherche sur les administrations et les politiques publiques (iFRAP) publie un rapport qui « passe au crible » les dépenses des nouvelles régions. L'Occitanie s'y retrouve en queue de peloton. La présidente de région pointe des approximations et des erreurs de méthodologie dans la prise en compte des fonds structurels européens que la région a passé en dépenses de fonctionnement à 88 % à l'inverse des autres régions. Elle appelle l'iFRAP à revoir sa copie. L'opposition régionale ne manque pas de se saisir de la polémique. Après rectification par neutralisation de l'impact des fonds structurels sur les dépenses de

fonctionnement des régions, l'Occitanie se situe à la 5ème meilleure place des régions en termes de dépense de fonctionnement, avec cependant la 2ème plus forte progression après la Normandie.

La dimension politicienne de ces débats, entre *think tank* d'obédience libérale et majorité régionale de gauche, ne masque cependant pas le fait que la fusion des régions entraîne des coûts de transition inévitables et des « gains d'efficience limités », comme l'indique la Cour des comptes dans un rapport qui est revenu précisément sur la question des nouvelles régions (CdC, 2019, p. 73–148). Les situations varient et au fil des années : la Cour pointe à la fois un effort de maîtrise des dépenses de fonctionnement en 2017, un accroissement des investissements et une hausse des charges de fonctionnement en 2019 et, de manière plus générale, « *des marges de manœuvres importantes, portées par une fiscalité économique certes volatile mais dynamique* » (*id.*, p. 147). Les services de la région pointent quant à eux les économies réalisées entre 2016 et 2020 par la massification des achats, les négociations des contrats d'assurance pour les lycées, ou les économies d'échelle pour les achats de cars pour les transports régionaux. Autant d'éléments que la crise sanitaire de la Covid-19 ne manquera pas de faire encore évoluer. La Cour préconise de renforcer le ciblage des compétences des régions, de mieux se saisir des opportunités de coopération et de concertation entre collectivités, d'accélérer la réforme des services déconcentrés de l'État pour renforcer la lisibilité de l'action publique dans les territoires.

4. Faire région avec l'ensemble des territoires

4.1. La région au-delà des métropoles : un parti d'aménagement

Plusieurs travaux affinent la connaissance des systèmes territoriaux, des dynamiques d'innovation et des performances socio-économiques dans la nouvelle région. Ils montrent que la fabrique régionale de l'Occitanie s'opère non seulement dans les métropoles et entre les systèmes métropolitains, mais aussi en dehors de ceux-ci. Ces constats rejoignent l'agenda régional en matière d'aménagement.

Les trois agences d'urbanisme de la région ont identifié des « territoires d'interrelations » polarisés autour d'agglomérations urbaines, dont certains forment des « systèmes territoriaux » relativement autonomes par rapport aux polarisations métropolitaines (Colloc, 2019 ; figure 38). L'analyse est basée principalement sur les navettes domiciles-travail. Cette étude met en lumière les polarisations autour de villes moyennes, de bourgs, autant de systèmes alternatifs aux deux systèmes métropolitains : Tarbes, Rodez,

Cahors, le bipôle Narbonne-Carcassonne, ou encore Perpignan. Cette représentation complète la carte des 73 « bassins de vie vécus » (figure 39), produite par l'Insee dans le cadre d'un travail pour la région visant à évaluer la qualité de vie (Fontès & Rodes, 2019). L'étude a, entre autres, révélé une qualité de vie contrastée dans les métropoles et des conditions de vie plutôt bonnes dans et autour des villes moyennes.

Ces travaux mettent en valeur les « petits-mondes » non métropolitains dans l'écosystème régional. On peut cependant s'interroger sur le caractère performatif de ces représentations par rapport aux orientations d'aménagement que défend la région. Dans la préparation du SRADDET l'accent est mis sur la diversité des systèmes et la création de relations hors métropoles. Les réunions consultatives se sont tenues en majorité en dehors des métropoles.

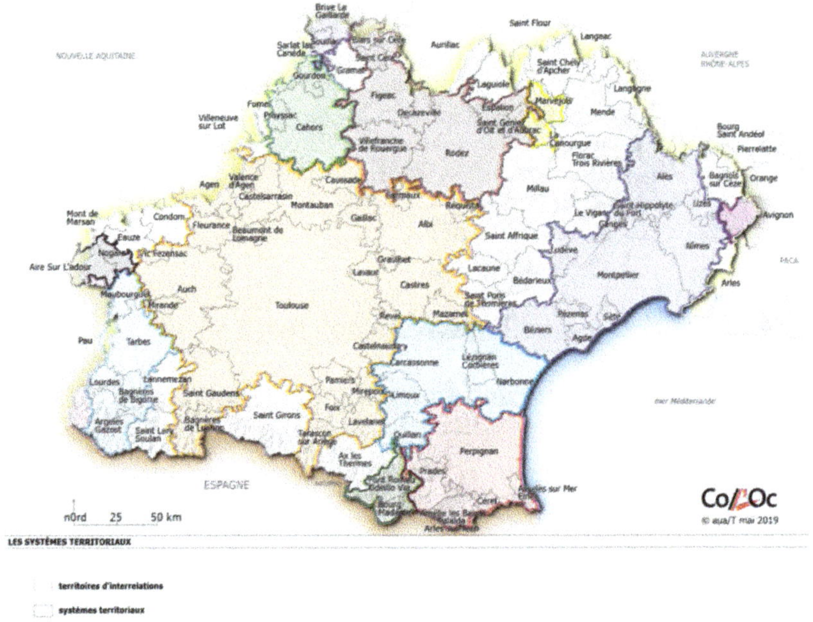

Figure 38 – Systèmes territoriaux en Occitanie
Source : Colloc, 2019, p. 19.

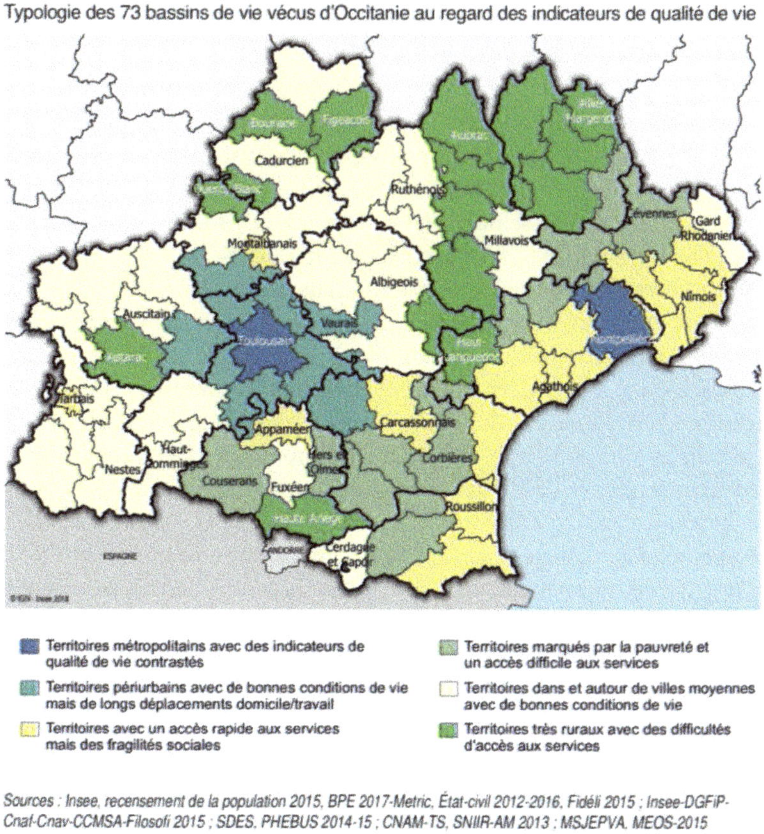

Figure 39 – Les bassins de vie vécus en Occitanie
Source : Fontès & Rodes, 2019.

Ce parti d'aménagement traduit la répartition des compétences entre région et métropoles : ces dernières étant largement responsables de l'aménagement et du développement sur leur territoire, la région est amenée à se concentrer sur les autres territoires. Le schéma régional pour l'enseignement supérieur soutient par exemple les pôles universitaires d'équilibre des villes moyennes pour favoriser l'égalité d'accès. Lorsqu'elle était députée l'actuelle présidente de région Carole Delga a été une des initiatrices des travaux qui ont débouché sur les contrats de réciprocité ville-campagne (CGET, 2019, p. 11). Sur la petite dizaine de contrats de réciprocité signés en France, deux le sont en région Occitanie : contrat Toulouse/Portes de Gascogne et Montpellier/Monts de Lacaune (Doré, 2020). Cette logique répond aux caractéristiques d'une région vaste, où les contrastes sont vifs entre attractivité métropolitaine et territoires en déprise, alors que les métropoles

représentent moins du quart de la population et que, de plus, le dynamisme économique ne se trouve pas que dans les métropoles.

Par exemple, une étude exploratoire a décelé des centralités d'innovation qui se développent à partir de la petite ville grâce, notamment, à une montée en gamme des productions : viticulture à Gaillac, ou mégisserie à Graulhet (Navereau, Tallec & Zuliani, 2019). La Mecanic Valley est un réseau industriel qui rassemble 213 entreprises et 13 000 emplois, répartis sur six départements assez ruraux, incluant le Lot et l'Aveyron en Occitanie. Les productions sont spécialisées dans l'aéronautique, l'équipement automobile et la machine-outil. Ces exemples confirment que le développement des industries de haute technologie est possible en dehors des zones urbaines hyper concentrées (Lugan, 2019). Si l'économie numérique se concentre à Toulouse et Montpellier, qui représentent 75 % des emplois du secteur et ont reçu le label « Capitale French Tech », trois territoires accèdent aussi en avril 2019 au label « Communautés French Tech » réservé à des territoires plus petits que les capitales : « Gard » autour de Nîmes (3 700 emplois), « Perpignan » (2 700 emplois) avec notamment l'IDEM (Institut de développement de l'enseignement multimédia) et « Pyrénées Adour » (1 700 emplois) qui se spécialise dans la transition énergétique, domaine porteur pour les territoires de l'arc languedocien (Hild et al., 2019). Dans le domaine agro-alimentaire, secteur phare dans la région, les membres du pôle de compétitivité Agri Sud-Ouest sont majoritairement situés en dehors des métropoles. L'Occitanie est au premier rang national pour l'agriculture biologique et les conversions ont augmenté sur l'ensemble des départements[83]. Le siège de l'entreprise internationale Ecocert est situé à l'Isle-Jourdain dans le Gers. L'association Bio Vallée accompagne le développement durable dans le territoire de la communauté de communes Lauragais-Revel-Sorèzois et organise tous les deux ans les Rencontres régionales de l'économie circulaire (RREC).

Cependant, selon un rapport du CESER sur les territoires d'industrie[84], il reste essentiel de conserver des liens entre les organismes de recherche, dont la plupart sont situés dans les métropoles, et les activités économiques et industrielles non métropolitaines. On retrouve ici le poids des métropoles dans la fabrique régionale, qui reste un facteur clé pour mettre en œuvre un aménagement basé sur l'interterritorialité.

---

83 https://www.sud-et-bio.com/sites/default/files/Synth%C3%A8se_dynamiques_agri%20bio_2018_Occitanie_IBO.pdf

84 CESER Occitanie, 2019, *Les territoires d'industrie en Occitanie* [en ligne], avis et rapport, 20 juin 2019 : https://www.ceser-occitanie.fr

4.2. *La mise en œuvre de l'interterritorialité : forces en présence et paramètres politiques*

Si la région doit exercer un certain leadership dans l'aménagement et le développement à travers ses schémas prescriptifs, les métropoles disposent d'une autonomie renforcée dans ces mêmes domaines. Les prescriptions régionales apparaissent toutes relatives face au poids socio-économique et politique des métropoles. Le schéma économique régional SRDEII comporte d'ailleurs un volet métropolitain spécifique, qui conditionne l'action régionale. La plupart de ces schémas économiques, élaborés avant les schémas SRADDET, « *se sont transformés en l'expression de politiques régionales en faveur de l'emploi et de quelques filières économiques, sans qu'on y trouve la moindre trace de dispositions prescriptives en direction de leurs rivales en la matière, les grandes intercommunalités urbaines* » (Béhar, 2018, p. 106). Le rapport de force apparaît peu ou prou similaire pour l'élaboration des schémas SRADDET.

La contribution commune des métropoles de Toulouse et Montpellier au SRADDET donne le ton : « *La place et les enjeux des métropoles sont particulièrement passés sous silence alors même que leurs spécificités, leur dynamisme, leur potentiel d'attractivité et de rayonnement, leur offre d'équipements et de services représentent de formidables moteurs, dans une logique de partage et d'intégration territoriale à toutes les échelles* » (TM-3M, 2019). Les contributions des inter-Scots du Grand Bassin toulousain ou du Système métropolitain méditerranéen affirment non seulement le rôle pivot des Scots sur les plans juridiques, politiques et techniques pour traduire et mettre en œuvre les préconisations régionales au niveau du terrain et des plans locaux d'urbanisme, mais aussi la place majeure des systèmes métropolitains comme moteurs du développement et du rayonnement de la région.

Ces positionnements soulignent que le fait métropolitain reste un paramètre clé de l'aménagement régional, qui s'apparente à un exercice d'équilibriste pour atteindre un aménagement concerté, qui profite à tous les territoires et qui s'appuie sur un dynamisme métropolitain « partagé ». L'exercice s'avère d'autant plus ardu en Occitanie. En effet on a vu que les systèmes économiques des deux métropoles sont peu connectés *a priori*, et ces métropoles sont aussi classées parmi celles qui partagent peu la dynamique d'emploi avec les territoires environnants (France Stratégie, 2017 ; Estèbe & Jaillet, 2019, p. 98), même si la croissance de l'emploi marchand de 2016 à 2019 montre une stabilité dans les départements qui abritent les métropoles, et une augmentation dans certains départements limitrophes (Callois, 2021).

De plus, les initiatives de contractualisation, qui sont certes au cœur des dispositifs d'aménagement depuis la création de la région, doivent composer avec les paramètres politiques des autorités décisionnelles. L'expression « paramètres politiques » renvoie au sens anglais de *politics* : les lignes, opinions

et rapports de force politiques, voire politiciens, qui conditionnent l'action publique [*policy*], en l'occurrence l'aménagement du territoire. Or les élus sont bien souvent amenés à prioriser le développement « endogène » de leur circonscription électorale et la coopération territoriale n'est pas toujours, loin s'en faut, ce qui rapporte le plus électoralement parlant en fonction de la conjoncture. Un constat similaire s'applique d'ailleurs dans le domaine de la coopération transfrontalière européenne. La coopération dans le système métropolitain toulousain a fonctionné au niveau des représentations, en termes de marketing ou de récit territorial, qu'il s'agisse de promouvoir les éléments patrimoniaux partagés à travers la Biennale du patrimoine, ou d'élaborer des stratégies et visions communes dans l'inter-Scot du Système métropolitain méditerranéen. La situation peut se révéler différente dans d'autres domaines : Toulouse et Montpellier, malgré les alliances nouées, n'en sont pas moins concurrentes lorsqu'il s'agit par exemple de candidater pour accueillir un centre de protonthérapie. La large démarche inter-Scot Languedoc-Roussillon, initiée au début des années 2000 entre 19 Scots autour de l'agglomération montpelliéraine, n'a pas perduré. Comme on l'a vu l'élaboration du SRADDET a cependant été l'occasion d'une contribution commune entre quatorze Scots rassemblés en Système métropolitain méditerranéen. À la suite de cela, une autre démarche d'inter-Scot Sud-Méditerranée a été relancée en 2018 entre plusieurs territoires…mais sans la métropole montpelliéraine[85].

Beaucoup de ces instances de dialogue restent des plateformes de communication et de concertation plus que de véritables arènes de décision stabilisées. Elles restent soumises aux aléas des relations entre élus, ou des priorités et lignes politiques. La création de l'Assemblée des territoires par la région, si elle montre une volonté de favoriser la coopération entre les acteurs territoriaux, peut aussi être interprétée comme un compromis pragmatique au sein de la majorité en matière de démocratie participative, de développement rural ou de proximité citoyenne. Aux côtés de la volonté de dialogue et de coopération intra-régionale, la création du Parlement des territoires par le maire de Montpellier en 2015 est aussi une opération visant à « peser » dans la nouvelle région face notamment au système métropolitain toulousain. Les controverses autour des contrats de réciprocité illustrent aussi ces enjeux. Si d'aucuns évoquent un « *regard un peu condescendant* » des métropoles et la crainte des communes hors métropoles de « *se faire manger* »[86], on ne peut pas ignorer que ce sont les paramètres politiques qui conditionnent en grande partie la logique et la mise en œuvre de ces contrats.

---

85 Plaine du Roussillon, Narbonnaise, Biterrois, Littoral Sud, Bassin de Thau et Corbières Salanque Méditerranée.

86 Entretien de l'économiste Olivier Bouba-Olga au magazine *Objectif Métropoles de France*, 28 février 2019 : https://objectifmetropolesdefrance.fr/passer-dune-logique-concurrentielle-a-une-logique-collaborative/

On retrouve ici des postures avant tout politiques voire politiciennes, qu'il serait malaisé de généraliser car elles peuvent évoluer selon différents paramètres politiques. Plutôt qu'une vision binaire, ces contrats indiquent les potentiels et la variabilité des postures coopératives (Doré, 2020).

À une autre échelle, l'alliance entre l'Occitanie et sa puissante voisine la Catalogne, qui s'inscrit dans la suite de partenariats développés depuis les années 1980 par les anciennes régions, peut révéler des lectures et priorités différentes de l'alliance territoriale. Le projet transfrontalier Trails (*Transnational intermodal links towards sustainability*) vise à accroître l'utilisation du transport ferroviaire et l'intermodalité dans le transport de marchandises entre la France et l'Espagne du côté méditerranéen. Selon certains acteurs l'intérêt pour l'Occitanie est de devenir un nœud dans ces flux, avec par exemple la plate-forme multimodale européenne Saint-Charles International de Perpignan, alors que pour la Catalogne, il s'agirait plutôt d'un territoire de passage vers d'autres marchés européens.

En tout état de cause, dès 2010 une étude a mis en évidence les liens entre Toulouse et Barcelone à travers les réseaux d'entreprises multinationales (ESPON, 2010, p. 58 ; figure 40). Ces données éclairent d'un nouveau jour les opportunités de la fusion entre Midi-Pyrénées et Languedoc-Roussillon, et soulignent la pertinence de la coopération entre Occitanie et Catalogne, incarnée en particulier dans l'eurorégion Pyrénées-Méditerranée (figure 54). Elles ouvrent des perspectives européennes de développement pour la nouvelle région, à l'échelle transfrontalière et macro-régionale, comme on va le voir.

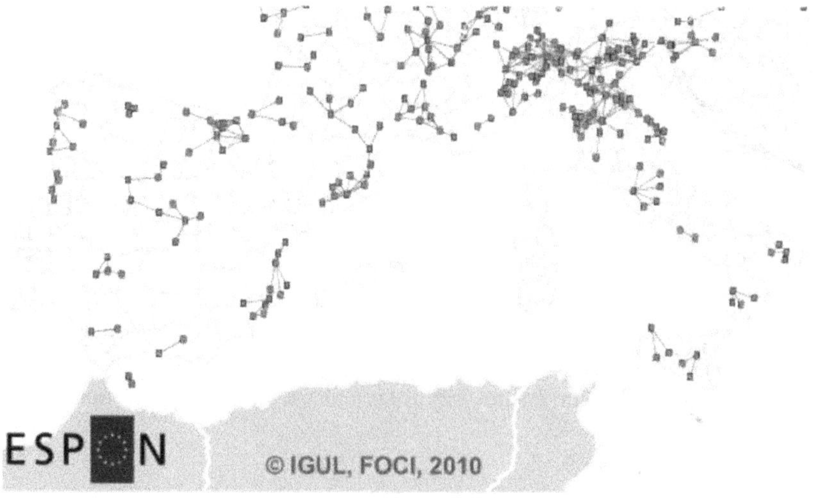

Figure 40 – Liens des firmes transnationales entre villes distantes de moins de 100 km Zoom au sud-ouest de l'Europe
Source : ESPON, 2010, p. 58.

Conclusion

L'analyse de la région Occitanie révèle à la fois le potentiel et les ambivalences de l'interterritorialité dans l'aménagement. À l'image d'une région bipolaire se substitue celle d'une région contrastée, formée de différents systèmes territoriaux plus ou moins interdépendants. Le développement de la région repose sur le dynamisme des deux métropoles mais ne s'y limite pas. Il peut se construire sur les interactions entre les métropoles, mais aussi sur d'autres formes de synergies comme dans les réseaux de villes petites ou moyennes ou avec le monde rural. Après la phase de recomposition institutionnelle, la mise en œuvre du schéma peut être l'occasion de (re) faire région en associant l'ensemble des forces vives du territoire, si tant est que le schéma régional puisse trouver la bonne articulation avec les autres documents et dispositifs de planification et d'aménagement : schémas économiques régionaux, schémas de cohérence territoriale intercommunaux, pôles métropolitains ou démarches inter-Scots, entre autres.

Par ailleurs, la réforme régionale en France est loin d'acter une « révolution régionale ». La généralisation des mécanismes de coopération ne remet pas en cause le rôle central de l'État et de ses services dans l'orientation et le soutien à l'action territoriale, malgré la décentralisation de compétences aux collectivités locales. L'expression « République territorialisée », voire régionalisée, caractérise mieux l'évolution actuelle que le terme « République des territoires ».

L'accent mis sur la coopération territoriale dans les pratiques de planification et de gestion interroge également les pratiques politico-institutionnelles et leur évolution. Une certaine approche « féodale » de l'action territoriale, fondée sur l'idée d'un périmètre d'action fixe à défendre, ne correspond plus aux expériences et aux défis du développement actuel, au niveau local, national et européen. L'évolution des dynamiques socio-territoriales implique une évolution des cultures politiques qui prend en compte la fluidité et la plasticité des usages territoriaux contemporains, pour les combiner avec une appropriation claire et identifiable par les citoyens. En Occitanie, l'alliance des territoires est aussi celle d'une région ouverte vers la Méditerranée, la vallée du Rhône, le Bassin aquitain (figure 29). L'Occitanie est une région d'Europe, dont le développement passe aussi par la coopération transfrontalière, autre modalité de régionalisation que l'on aborde au chapitre suivant à travers des exemples situés le long de la frontière nord-est de la France.

Chapitre 5.

Les eurorégions, ensembles régionaux en émergence

Introduction

L'effacement des frontières a été un corollaire de la construction européenne et, comme on l'a vu, la coopération transfrontalière a fait évoluer la maille régionale, en dessinant de nouveaux ensembles régionaux ou « eurorégions » (Perrin, 2010, 2021 ; Rufí et al., 2018).

Certains ces ensembles eurorégionaux combinent des tendances majeures de régionalisation identifiées précédemment, en particulier la métropolisation des espaces et l'européanisation de l'action territoriale (Paris & Perrin, 2020).

La frontière française du nord-est est illustre de telles tendances. On y dénombre plusieurs eurorégions formées autour d'agglomérations urbaines, dont certaines sont emblématique du projet européen, dans son objectif de paix et de prospérité, notamment le long de la frontière franco-allemande.

C'est ainsi un terrain particulièrement éclairant pour observer le croisement et la combinaison des processus de métropolisation et d'européanisation dans la formation d'ensembles régionaux à de nouvelles échelles.

1. Les régions urbaines transfrontalières

1.1. Métropolisation et européanisation à la frontière

Alors que pendant longtemps les villes frontalières représentaient un enjeu stratégique, pour consolider les frontières entre États, la construction européenne a entraîné le développement d'agglomérations urbaines à l'échelle transfrontalière (Sohn, 2017, 2018). Ce phénomène dépasse le cadre européen car il s'accorde avec les enjeux géo-économiques de la mondialisation, en permettant de tirer le meilleur parti des avantages différentiels de part et d'autre de la frontière, avantages qui ne bénéficient cependant pas

à toutes les populations des territoires frontaliers selon qu'elles se trouvent d'un côté ou de l'autre de la frontière (Revelli, 2016). On observe des synergies et développements urbains entre la cité-État de Singapour et les agglomérations voisines de Johor Bahru (Malaisie) et de l'archipel de Riau (Indonésie), une région dénommée « triangle de croissance » depuis que les trois États ont signé un protocole de coopération en 1994. Il y a trois agglomérations transfrontalières à la frontière entre États-Unis et Mexique, développées autour de l'économie des *maquiladoras*, comme par exemple, à l'ouest, la conurbation San Diego-Tijuana de près de cinq millions d'habitants, qui s'insère aujourd'hui dans une « méga région bi-nationale Cali Baja », fruit d'un partenariat entre agences économiques[87]. On trouve plusieurs autres exemples dans d'autres parties du monde (Perrin, Pupier & Reitel, 2017, p. 212).

En Europe, une masse considérable de travaux au sein des *border studies* a permis de mieux identifier et de caractériser les processus de métropolisation transfrontalière et les eurorégions urbaines (Sohn, Reitel & Walther, 2007 ; Perrin, Pupier & Reitel, 2017 ; Sohn & Licheron, 2018 ; Pupier, 2019). Toutes les eurorégions urbaines ne présentent pas les mêmes indicateurs de métropolisation. La Mission opérationnelle transfrontalière recense près de 35 agglomérations urbaines transfrontalières, avec par exemple l'Eurocité basque, la Riviera franco-italo-monégasque, le Grand Genève, les agglomérations d'Oradea-Debrecen, de Gorizia-Nova Gorica, la coopération entre Francfort-sur-Oder et Slubice. On observe également des réseaux de villes transfrontaliers comme par exemple la coopération entre les villes de l'Euregio Meuse-Rhin ou encore entre Vienne et Bratislava dans l'eurorégion Centreurope. L'étude *Metroborder* d'ESPON, pilotée par l'université du Luxembourg, a analysé les régions dites « métropolitaines polycentriques transfrontalières », afin de proposer des pistes d'aménagement pour la Grande Région, formée autour du Luxembourg, et pour l'eurorégion du Rhin supérieur entre Allemagne, France et Suisse (ESPON, 2010b). Elle identifie onze aires urbaines exerçant des fonctions métropolitaines à l'échelle transfrontalière, au-delà de la seule dimension morphologique : l'agglomération Aix-la-Chapelle-Liège-Maastricht, Bâle, Copenhague-Malmö, Genève, Katowice-Ostrava, Lille, Luxembourg, Nice, Strasbourg, Sarrebruck, Vienne-Bratislava. Une autre étude de l'Institut fédéral allemand de recherche en aménagement et urbanisme identifie peu ou prou les mêmes aires métropolitaines transfrontalières (BBSR, 2011). La plupart de ces travaux croisent coopération transfrontalière et métropolisation, selon les catégories et indicateurs de fonctions métropolitaines, ou selon des mesures de typologie spatiale.

87 http://calibaja.net

Or les eurorégions sont également des dispositifs privilégiés pour analyser les dynamiques d'européanisation, comme on l'a vu. Pour reprendre les mots d'Emmanuelle Boulineau (2016, p. 131) la coopération territoriale illustre une « *capacité d'invention de l'Union européenne pour produire entre les espaces de forte légitimité des niveaux intermédiaires qui participent de la dynamique d'européanisation. Les eurorégions, les initiatives transfrontalières sont autant de dispositifs européens pour construire la mise en réseau des espaces via les acteurs* ». Métropolisation et européanisation sont donc deux entrées particulièrement éclairantes pour analyser la régionalisation à l'échelle transfrontalière, ou eurorégionalisation.

La frontière nord-est de la France fournit plusieurs cas d'études qui permettent de varier et partant d'enrichir l'analyse. C'est à la fois un haut lieu de la construction européenne et un espace particulièrement urbanisé de l'Union européenne.

1.2. La frontière nord-est de la France : inversion sémique et ouverture macro-régionale européenne

La frontière nord-est de la France est emblématique du projet européen dans son objectif de paix et de prospérité. Pour reprendre un terme cher à Claude Raffestin (1980), on constate une certaine inversion « sémique » de cette frontière, avec un passage du pré carré à l'*open field*.

De Dunkerque sur la mer du Nord, à la frontière franco-belge, jusqu'au sud de l'Alsace dans la région de Mulhouse (France) et de Bâle (Suisse), les coopérations mises en œuvre dans les agglomérations urbaines de cette frontière constituent les nouvelles portes de la France comme *open field*. Cette situation prend le contre-pied de l'ancienne théorie géopolitique du pré carré, définie au XVIIe siècle par Vauban, ingénieur militaire du roi Louis XIV, qui considérait le royaume de France comme une enceinte à défendre. Vauban a fortifié toutes les villes le long de la frontière, de la Flandre à l'Alsace, mais aussi dans les Alpes et les Pyrénées (Barros, Salat & Sarmant, 2006). Aujourd'hui, les fortifications de Vauban sont, dans leur majorité, des sites patrimoniaux ouverts aux visiteurs du monde entier. L'inscription de douze d'entre eux sur la liste du patrimoine mondial de l'Unesco illustre cette inversion sémique de la frontière et de ses artefacts en Europe[88].

Dunkerque, Lille, Longwy, Strasbourg sont maintenant autant de citadelles ouvertes tournées vers les voisins, qui développent des stratégies transfrontalières, comme le sont réciproquement, hors de France mais tournées vers les territoires français proches, le site de Belval à Esch-sur-Alzette au

88 http://www.sites-vauban.org

Luxembourg, Sarrebruck en Allemagne ou Bâle en Suisse. La construction européenne a été un facteur primordial de ce processus d'inversion avec, en particulier, le thème fondateur de la réconciliation franco-allemande. Cette frontière est au cœur de la première initiative de Communauté européenne du charbon et de l'acier, au croisement des bassins d'industrie allemand, belge et français.

Cette « épaisseur » européenne s'illustre aussi sur le plan morphologique et géo-historique. La frontière nord-est de la France fait partie d'une zone de croissance majeure, une macro-région qui combine une forte densité démographique et urbaine avec les principales fonctions et ressources économiques, politiques et financières de l'Union européenne, désignée comme Europe rhénane (Juillard, 1968 ; figure 41), mégalopole européenne, voire Banane bleue (Brunet, 1989, 2002, figure 42)[89]. Cette macro-région accueille les principales capitales institutionnelles européennes : Bruxelles, Strasbourg, Luxembourg, Francfort-sur-le-Main. Le Schéma de développement de l'espace européen évoquait quant à lui un Pentagone européen avec ses piliers : Londres, Hambourg, Munich, Milan et Paris. En 2010 par exemple, 46 % du produit intérieur brut (PIB) européen était généré au Pentagone, qui ne représente que 14 % de la superficie de l'Europe et abrite 32 % de la population européenne (BMVBS, 2013, p. 51). Les zonages des programmes Interreg de coopération transnationale ont d'abord désigné cette macro-région comme le Centre des capitales (rapport Europe 2000+), puis comme l'Aire métropolitaine de l'Europe du Nord-Ouest (programme Interreg IIC). Elle s'insère depuis dans l'espace élargi du programme Interreg transnational de l'Europe du Nord-Ouest.

Ces analyses font écho aux travaux qui identifient une méga-région « Am-Brus-Twerp », qui s'étend entre Amsterdam-Rotterdam, la région Ruhr-Cologne, Bruxelles-Anvers et Lille (figure 24). C'est une des plus importantes en Europe, non seulement pour sa superficie mais aussi en raison de son potentiel économique transnational. Son dynamisme repose en particulier sur l'économie créative : on a estimé qu'elle accueille plus de 22 % des entreprises du secteur, le plus fort taux parmi les méga-régions identifiées en Europe (Marull et al., 2016). Une typologie cartographiée des villes frontalières en Europe confirme que cette frontière concentre les principales agglomérations qui combinent dimensions métropolitaine et transfrontalière à un degré élevé (Sohn, 2017, figure 43). Plusieurs eurorégions se sont constituées dans ces agglomérations et forment des terrains d'expérimentation régionale, au croisement des dynamiques de métropolisation et d'européanisation.

---

[89] Cf. chapitre 1, partie 3.1.

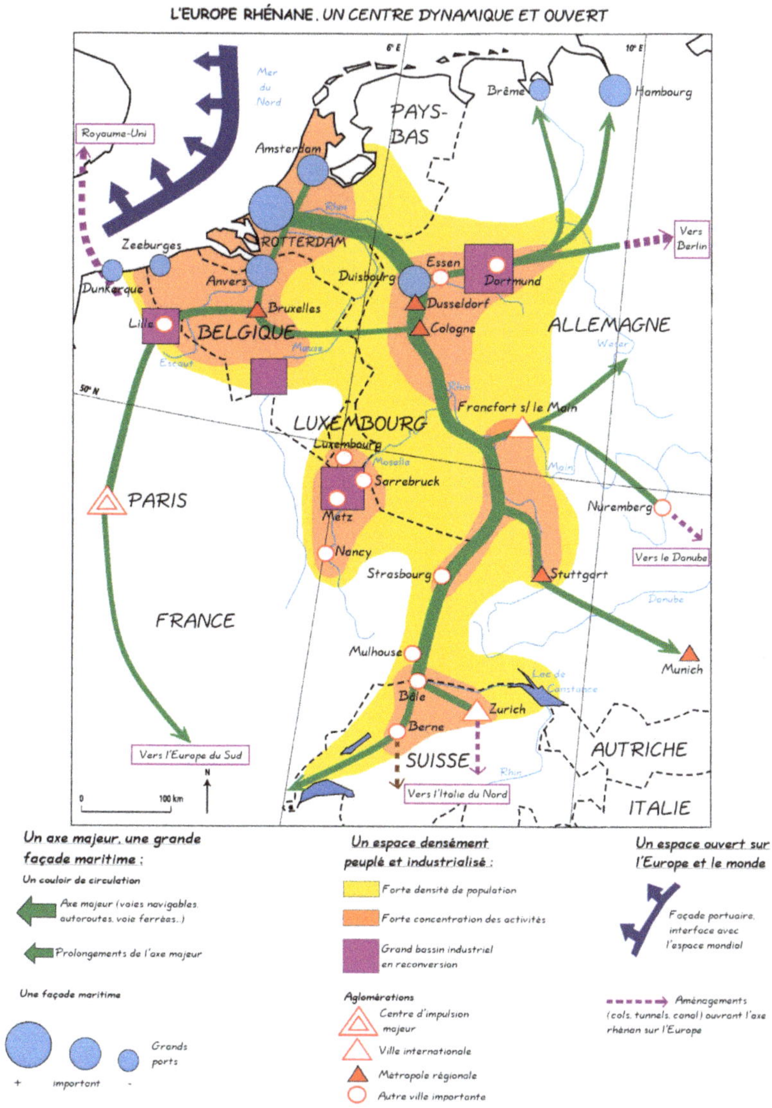

Figure 41 – L'Europe rhénane, macro-région pivot de l'Union européenne
Source : https://commons.wikimedia.org/wiki/File:Carte_Europe_rh%C3%A9nane_5_nomenclature.PNG (carte par Florian P.).

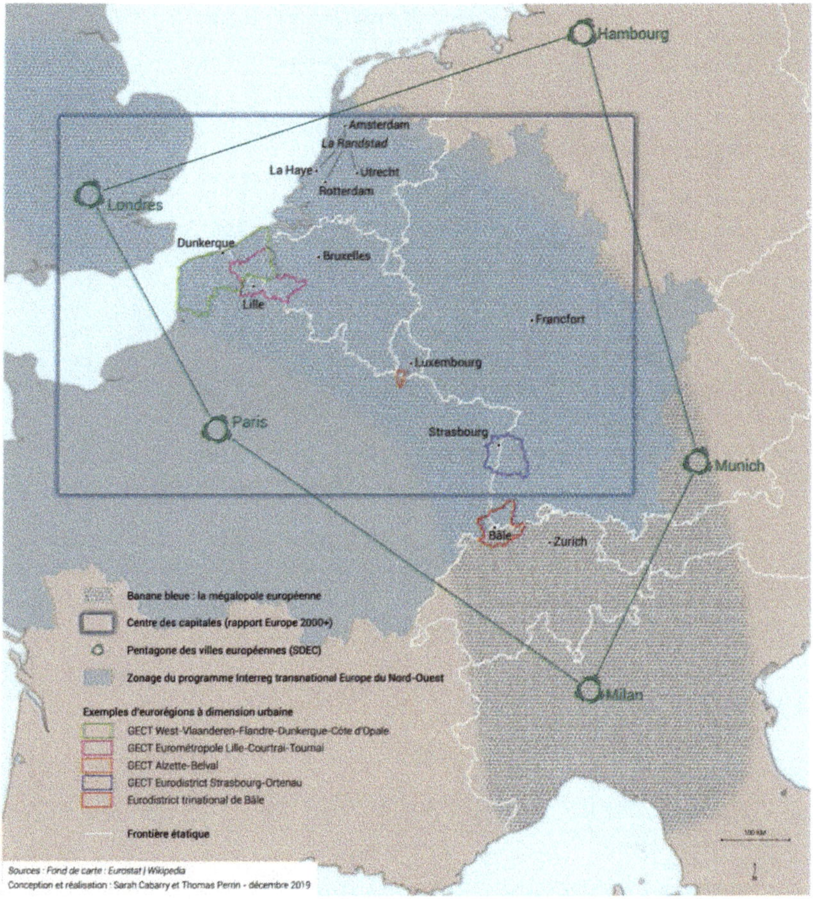

Figure 42 – La frontière nord-est de la France dans la mégalopole européenne

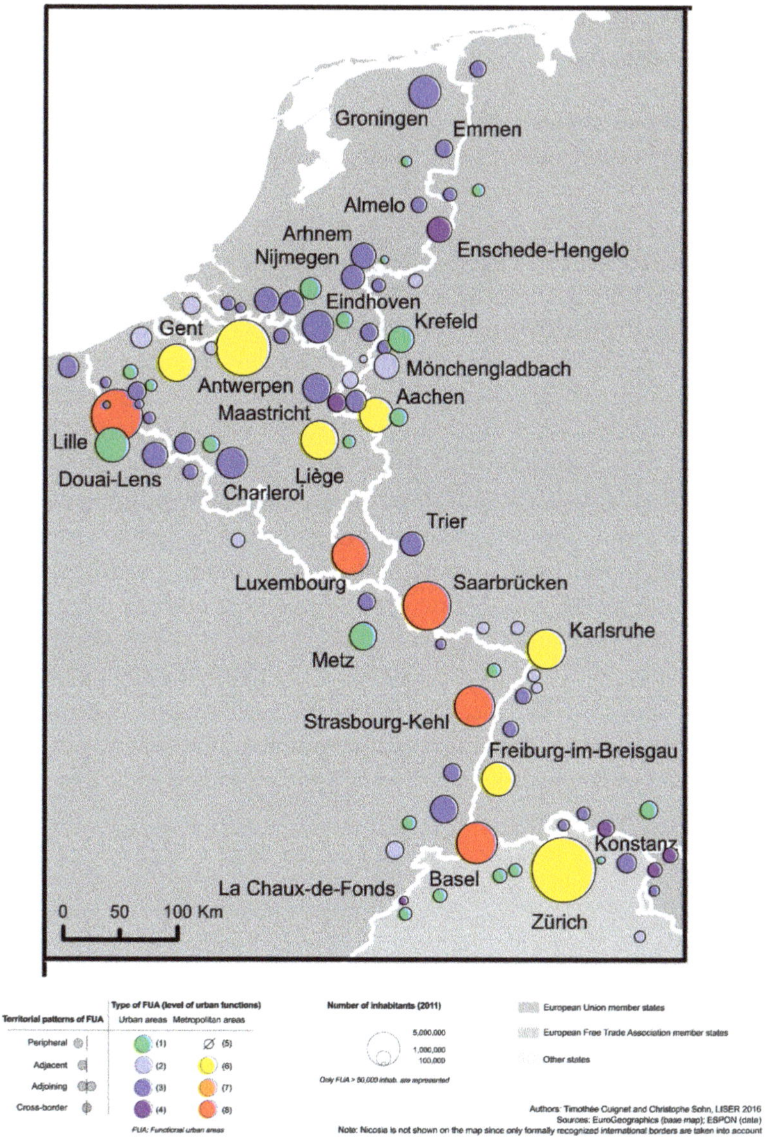

Figure 43 – Typologie des villes frontalières en Europe, zoom sur l'Europe du Nord-Ouest

Source : Sohn, 2017, p. 517.

2. Projets et stratégies de développement des eurorégions

Parmi les nombreuses eurorégions le long de la frontière nord-est de la France, on choisit ici une série de cas représentatifs de la diversité des types de coopération (figure 44).

Dans certains cas, le développement de l'eurorégion est plus directement lié à des projets urbains ciblés, comme le développement d'infrastructures de transport, l'extension ou la réhabilitation de quartiers ou de zones d'activités : l'eurodistrict trinational de Bâle engagé dans une démarche d'IBA (*Internationale Bauaustellung*) (tableau 13); les développements urbains au sein de l'eurodistrict Strasbourg-Ortenau (tableau 14) et le nouveau quartier urbain de Belval à la frontière française du Grand-Duché de Luxembourg, issu de la reconversion d'un site sidérurgique (tableau 15)

D'autres coopérations sont plutôt basées sur des stratégies territoriales transversales, qui visent à construire une eurorégion polarisée par une agglomération principale, comme dans le cas de l'eurométropole Lille-Courtrai-Tournai (tableau 16) ou dans l'eurorégion littorale entre la Côte d'Opale, l'agglomération de Dunkerque et la Flandre belge (tableau 17).

Les sous-parties suivantes synthétisent les caractéristiques et les principales réalisations des cas sélectionnés, sous forme de tableaux commentés. On analyse ensuite les dynamiques de métropolisation et d'européanisation que l'on peut observer dans ces ensembles eurorégionaux.

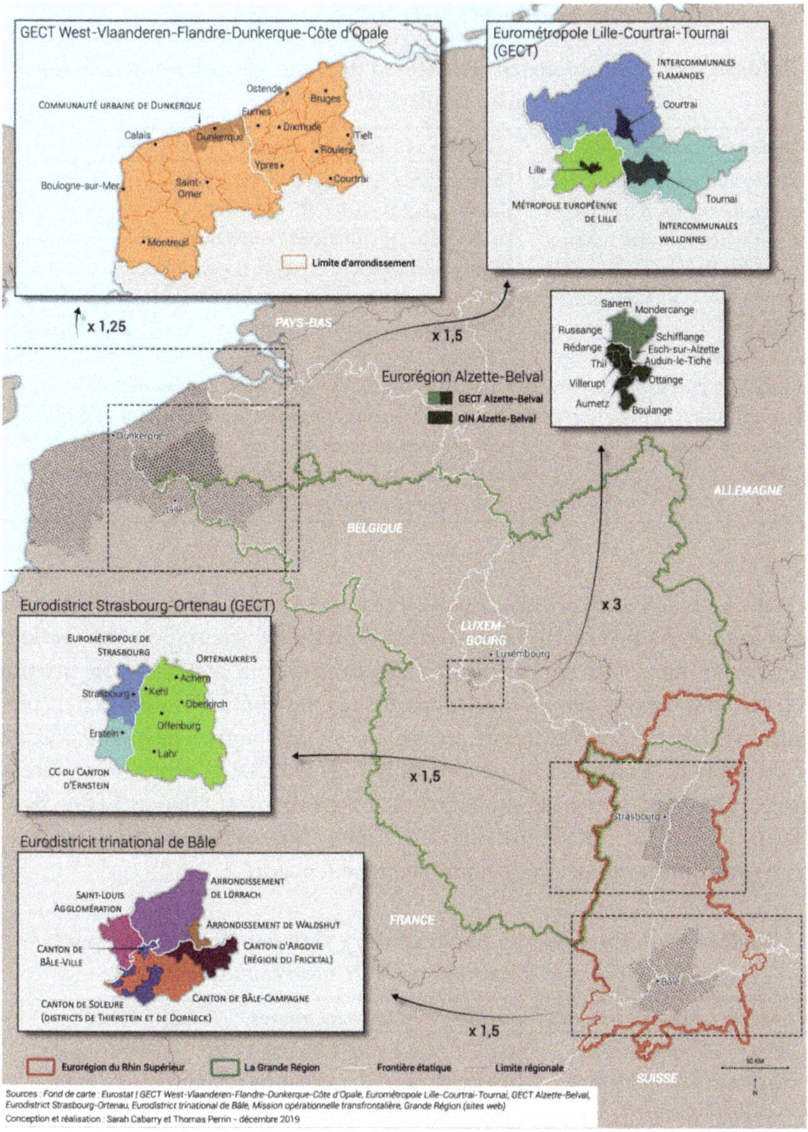

Figure 44 – Eurorégions à la frontière nord-est de la France

2.1. Eurorégions et projets urbains

Tableau 13 – L'eurodistricit trinational de Bâle : planification urbaine et mise en place d'un IBA

Contexte / caractéristiques	Outils / réalisations phares
Coopération entre collectivités de l'agglomération bâloise à la frontière entre Allemagne, France et Suisse Près de 900 000 habitants sur 2000 km^2 Fort dynamisme économique : en particulier les produits chimiques et la pharmacie (Novartis, Syngenta, Roche, BASF)	Eurodistrict trinational de Bâle (2007) : association de droit français entre 206 communes EuroAirport, trinational entre Basel-Mulhouse-Fribourg (commencée en 1946), + de 7 millions de passagers annuels Extension du tramway bâlois en France (projet jusqu'à l'aéroport) IBA Basel 2020 (*Internationale Bauausstellung*) : plateforme d'appui aux projets d'aménagement et de développement territorial qui allient participation citoyenne, innovation architecturale et dimension culturelle et artistique (2010–2020).

Situé sur la zone transfrontalière entre la Suisse, l'Allemagne (Lörrach) et la France (Saint-Louis), l'eurodistrict de Bâle est une région économique très dynamique. Les coopérations engagées pour la planification urbaine transfrontalière ont débuté il y a vingt ans et ont bénéficié du soutien de programmes Interreg et d'autres financements en provenance de Suisse, jusqu'à la création de l'association de l'eurodistrict. En 2010, pour construire le projet urbain de cette agglomération, l'Eurodistrict a lancé l'IBA Basel 2020, qui suit le modèle allemand des IBA, *Internationale Bauausstellung* ou Exposition internationale d'architecture (encadré K).

Tableau 14 – Eurodistrict de Strasbourg-Ortenau : connexion par les transports et développement de nouveaux quartiers

Contexte / caractéristiques	Outils / réalisations phares
Valeur symbolique : Strasbourg capitale de l'Europe, réconciliation entre la France et l'Allemagne Près d'1 million d'habitants sur 2400 km^2	GECT Strasbourg-Ortenau (2010) : eurométropole de Strasbourg (473.000 habitant) et communauté de communes du Canton d'Erstein en France, *Ortenaukreis* en Allemagne, soit 112 communes Développement urbain linéaire le long de cinq kilomètres de Strasbourg vers Khel, le jardin des Deux Rives et la passerelle Mimram, une nouvelle ligne de tramway transfrontalière et le pont Beatus-Rhenanus ...

À Strasbourg, le développement urbain conduit depuis des années vers la frontière et le Rhin. La spécificité tient à l'aspect linéaire de ce

développement, le long de cinq kilomètres de Strasbourg vers Khel, avec, comme support de ce développement, le nouveau tramway vers la gare de Khel et l'hôtel de ville. Ce nouveau lien entre la France et l'Allemagne ajoute à la valeur symbolique de cette coopération transfrontalière dans une des capitales de l'Europe.

Sur la frontière franco-allemande, d'autres coopérations apparaissent peut-être moins emblématiques ou actives, comme l'eurodistrict Pamina ou l'eurodistrict Saar Moselle, un autre GECT (figure 45). Toutes ces initiatives se déroulent dans un cadre plus large de coopération, entre d'une part la Conférence métropolitaine du Rhin supérieur, d'autre part la Grande Région entre Grand Est, Wallonie, Luxembourg, Sarre, Rhénanie-Palatinat. C'est d'ailleurs en lisière de cette Grande Région que se situe un autre projet urbain transfrontalier, Belval à Esch-sur-Alzette.

Figure 45 – GECT et autres dispositifs à la frontière franco-allemande
Source : Mission opérationnelle transfrontalière, http://www.espaces-transfrontaliers.org

Encadré K – Les IBA dans l'aménagement du territoire : de l'Allemagne à l'Europe

L'IBA *Internationale Bauausstellung* ou Exposition internationale d'architecture est un dispositif allemand de conception et d'appui aux politiques d'urbanisme et d'aménagement. Plus qu'une simple exposition, les IBA s'apparentent plutôt à des laboratoires de conception et d'aide à la décision. L'objectif est de rassembler et fédérer les acteurs d'une région que l'on souhaite développer ou redévelopper, pour définir une stratégie inscrite dans une moyenne à longue durée, entre 5 et 15 ans généralement. Les approches novatrices et les projets qui renouvellent les esthétiques sont encouragés. Les IBA ont associé depuis leurs débuts l'art et l'architecture, en travaillant à l'échelle de l'urbanisme comme à celle du mobilier par exemple. Les IBA suivent l'évolution des problématiques d'aménagement et d'urbanisme, tout comme celle des langages architecturaux. Le dispositif s'est dernièrement structuré : création d'un réseau *IBA meets IBA* en 2007, installation par le gouvernement fédéral allemand d'un conseil d'experts pour produire un mémorandum des bonnes pratiques des IBA en 2009. Le réseau des IBA diffuse aussi l'ensemble des informations sur les IBA sur le site https://www.open-iba.de

La première IBA s'est tenue à Darmstadt en 1901, plusieurs à Berlin (1957, 1987, 2020), une à Hambourg sur le thème du développement durable (2006–2013). Celle de l'Emscher Park dans la Ruhr (années 1989–1999) a été particulièrement innovante, notamment pour son envergure régionale. Elle a permis l'émergence du projet de capitale européenne de la culture Esssen-Ruhr 2010. L'IBA Basel 2020 conserve cette dimension artistique et culturelle. C'est la première IBA internationale et eurorégionale.

Tableau 15 – Quartier de Belval : un projet urbain lié au dynamisme économique luxembourgeois

Contexte / caractéristiques	Outils / réalisations phares
Fort navettage quotidien de travailleurs de la France vers le Luxembourg	Cité des sciences, de la recherche et de l'innovation : création de l'université du Luxembourg (2003), installation d'établissements de recherche, projet de Centre national de la culture industrielle…
Ancien site sidérurgique : transition vers une économie de la connaissance	Gare de Belval-Université (desserte transfrontalière)
Programmes de logement et de bureaux : 2400 habitants, 1450 logements, 5000 employés, 5300 étudiants, enseignants et chercheurs (2017)	Opération d'intérêt national et établissement public d'aménagement Alzette-Belval (2009) : 8 communes françaises le long de la frontière
Objectif de fin de programme : 1,35 million de m^2	GECT Alzette-Belval (2013) entre collectivités françaises et luxembourgeoises
Accord franco-luxembourgeois sur la coopération transfrontalière en 2010	Projet d'IBA Alzette-Belval
2022 : Esch-sur-Alzette Capitale européenne de la culture	

Lancée au début des années 2000, la reconversion de la zone de Belval, soutenue par des moyens financiers importants, illustre la mutation du Luxembourg depuis une économie financière vers une économie de la connaissance, après la disparition de l'ancienne économie industrielle des années 1950–1980 (figure 46). La localisation sur la frontière franco-luxembourgeoise rend le pôle économique et culturel de Belval, tout comme l'ensemble du Luxembourg, très attractif pour les frontaliers de la région Grand Est, également ancienne région industrielle autrefois dominée par l'industrie sidérurgique. Du côté français de la frontière, le territoire proche est également concerné par ce projet. La mise en place de l'opération d'intérêt national (OIN) Alzette-Belval depuis 2009 illustre l'impact transfrontalier de ce développement urbain (encadré L), tout comme la création du GECT Alzette-Belval quelques années plus tard.

Esch-sur-Alzette a reçu le titre de Capitale européenne de la culture pour 2022. La dimension transfrontalière de cette capitale est une des lignes de force affichées par les organisateurs. Dans cette optique on peut faire l'hypothèse que le site de Belval devienne un des espaces structurants de cette capitale[90]. Les partenaires du GECT ont lancé une mission de préfiguration d'une IBA Alzette-Belval, une perspective qui fait écho à l'IBA dans l'eurodistrict trinational de Bâle (tableau 13 et encadré K).

---

[90] Sur ces conjectures et leur développement à venir, cf. les travaux du réseau Jean Monnet CECCUT-Capitales européennes de la culture et cohésion urbaine transfrontalière : http://www.ceccut.eu/fr/accueil

Figure 46 – Le nouveau campus de Belval
Source : Université du Luxembourg, https://wwwfr.uni.lu, © Brumat Photo / Foersom Sàrl

Encadré L – L'opération d'intérêt national Alzette-Belval, la première OIN transfrontalière

Une opération d'intérêt national (OIN) est une opération d'urbanisme piloté par l'État français dans des zones considérées comme stratégiques et porteuses de nombreuses opportunités non exploitées. Avec la mise en place d'une l'OIN, l'instruction et la délivrance des autorisations d'urbanisme sont du ressort de l'État : permis de construire, ZAC, permis d'aménager, *etc.*

L'OIN Alzette-Belval regroupe huit communes situées à la frontière du Luxembourg, donc stratégiques compte tenu des fortes mobilités et interactions transfrontalières dans cette zone (figure 45). Pour piloter l'OIN, l'établissement public d'aménagement Alzette-Belval a été créé en 2012. Les spécificités de cette OIN sont, notamment :

- de ne pas se raccrocher à une grande métropole ou à un milieu urbanisé dense, mais d'inclure des espaces aux fonctions mixtes, potentiellement impactés par des dynamiques métropolitaines
- de porter un projet transfrontalier avec le Luxembourg, dans le cadre du GECT Alzette-Belval, créé en 2013.

2.2. Eurorégions et stratégies métropolitaines

Tableau 16 – L'Eurométropole Lille-Courtrai-Tournai : une stratégie autour de la centralité lilloise

Contexte / caractéristiques	Outils / réalisations phares
Construction d'une stratégie autour de la centralité lilloise, et tournée vers les territoires voisins belges Près de 2,15 millions d'habitants sur 3500 kms^2 (métropole lilloise environ 1,14 millions d'habitants) Processus enclenché dès les années 1980 : connexion au TGV et gare Lille-Europe, quartier Euralille (1990's), conférence intercommunale transfrontalière permanente (COPIT, 1991) capitale européenne de la culture (2004) Rôle des élus-leaders (P. Mauroy, M. Aubry), des acteurs socio-économiques (Comité Grand Lille, conseils de développement de la métropole lilloise et des territoires frontaliers de Wallonie picarde et de Flandre occidentale)	GECT Lille-Courtrai-Tournai (2008) : 14 membres dont la Métropole européenne de Lille Forum civil de l'Eurométropole (2012) et consultations citoyennes (ex. débats/consultations « Europe, je t'aime moi non plus » en 2018–19) Aménagement de la place transfrontalière Jacques Delors (2014) Lancement du Parc bleu eurométropolitain (2018) : structuration, animation et développement de la trame verte et bleue

Dès le XIXe siècle, la conurbation Lille-Roubaix-Tourcoing s'est développée au nord vers la Belgique, de l'autre côté de la frontière, soit sous la forme de villes jumelles comme Halluin-Menin, Comines-Comines-Warneton ou Wervik-Wervicq sud ; soit sous forme de continuités urbaines telles que Tourcoing-Mouscron. Depuis le début des années 1980, tant les politiciens que les acteurs économiques ont travaillé à une stratégie de développement de l'image européenne et internationale de Lille (Paris, 2010 ; Perrin, 2016).

Dès les années 1990, Pierre Mauroy a encouragé la coopération transfrontalière entre Lille, Courtrai et Tournai. Cette stratégie s'est appuyée sur les programmes européens Interreg lancés à cette période, et sur les références aux interactions transfrontalières géo-historiques dans cet espace. Par rapport à d'autres contextes comme par exemple la frontière franco-catalane, cette stratégie s'appuie moins sur la dimension culturelle que sur l'histoire industrielle et économique partagée – même si les interactions socio-économiques ne sont pas exemptes d'une proximité culturelle (Perrin, 2012c). La création de la Conférence intercommunale transfrontalière permanente (COPIT) en 1991 a été la première étape pour faire de la métropole transfrontalière une réalité politique, jusqu'à la création du GECT de l'Eurométropole Lille-Courtrai-Tournai 17 ans plus tard (figure 47).

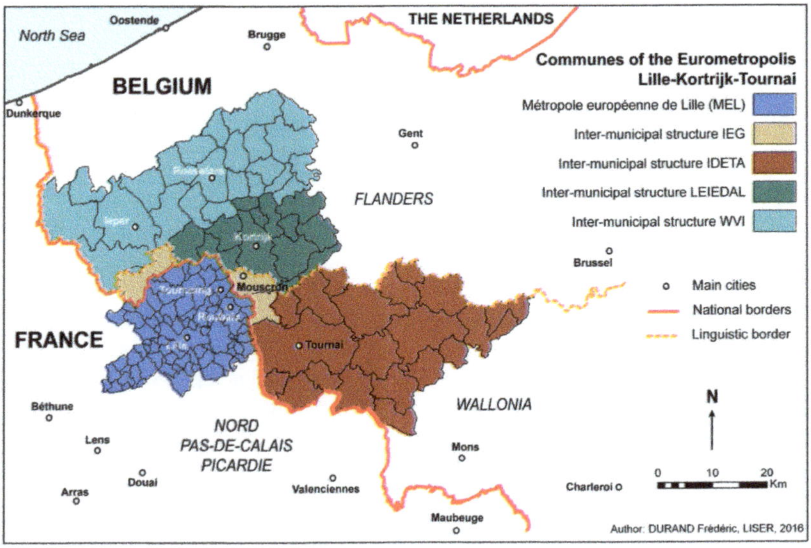

Figure 47 – L'Eurométropole Lille-Courtrai-Tournai : entre frontières nationales, intercommunales et linguistiques

N.B. Bien que cette carte n'indique pas le dernier élargissement de la Métropole européenne de Lille en 2017 (voir figure 44), elle reste éclairante pour comprendre les différentes frontières qui traversent l'Eurométropole.

Source : carte élaborée par Frédéric Durand, LISER Luxembourg Institute of Socio-Economic Research, 2016.

En 2012 un forum de la société civile a été installé, suivant le modèle du conseil de développement de Lille Métropole, rassemblant des personnes de la société civile, issues des entreprises, de la culture, des universités, des syndicats, des acteurs sociaux, afin de fournir des avis sur les politiques publiques locales et de proposer des actions pour développer le territoire. Le forum est présent dans le débat et est impliqué dans plusieurs actions. L'agence de l'Eurométropole a mis au point un projet de trame bleue et verte à une échelle transfrontalière, le long des rivières et des corridors verts, devenu le Parc bleu eurométropolitain en 2018, dispositif matriciel de la coopération dans différents domaines du développement transfrontalier.

Tableau 17 – West-Vlaanderen/Flandre-Dunkerque-Côte d'Opale : une stratégie pour consolider une eurorégion littorale

Contexte / caractéristiques	Outils / réalisations phares
Stratégie visant à la consolidation d'une eurorégion littorale Près de 2 millions d'habitants sur 7 000 kms^2 Route maritime Manche/mer du Nord (une des plus importantes au monde) Processus enclenché dans les années 1990 : nouvelles autoroutes (A16, A26), création d'une université multipolaire (ULCO), fusion des trois chambres de commerce de Dunkerque, Calais et Boulogne, stratégie Neptune de revitalisation urbaine à Dunkerque (R. Roggers, N. Michelin) Influence de Michel Delebarre : maire de Dunkerque (1989–2014), président du Comité européen des régions (2006–2008) et de la Mission opérationnelle transfrontalière (2008–2014) Défis actuels : migration, Brexit	Syndicat mixte (1996) puis Pôle métropolitain de la Côte d'Opale (2013) GECT West-Vlaanderen/Flandre-Dunkerque-Côte d'Opale (2009) : 13 membres

Sur le littoral, un processus de planification stratégique à une nouvelle échelle a débuté dans les années 1990, après la construction du tunnel sous la Manche et la réflexion, du côté français, sur son impact éventuel en termes de développement économique de la zone côtière française, la Côte d'Opale. Ce processus est polarisé autour de Dunkerque qui a obtenu le statut de communauté urbaine dès 1969[91].

Après la fermeture des anciens chantiers navals en 1987, Dunkerque a lancé une nouvelle stratégie urbaine définie à partir d'un atelier avec l'architecte Richard Roggers. Les nouveaux développements urbains portés par le syndicat mixte Dunkerque-Neptune, formé entre la ville, la communauté urbaine et le port autonome, ont transformé la ville en 20 ans. Grâce à son statut national, Michel Delebarre, maire de Dunkerque pendant 25 ans et ancien président de la Mission opérationnelle transfrontalière, a exercé un leadership non seulement dans sa ville mais aussi dans toute la Côte d'Opale, avec notamment la mise en réseau des villes dans un syndicat mixte puis un pôle métropolitain. La coopération a été étendue à la province belge de Flandre-Occidentale et le GECT West-Vlaanderen/Flandre-Dunkerque-Côte d'Opale est créé en 2009 (figure 44).

---

[91] Une communauté urbaine est un établissement public de coopération intercommunale (EPCI) français à fiscalité propre, qui est plus intégré que les communautés de communes ou les communautés d'agglomération. Depuis la création des métropoles le seuil démographique de création a été abaissé à 250 000.

C'est surtout l'agglomération de Dunkerque et le secteur transfrontalier du Westhoek, situé entre la mer du Nord, la rivière Lys et le fleuve Aa, qui ont un intérêt particulier dans ce dispositif. Calais, Boulogne ou Ostende sont plus loin de la frontière. Depuis, cette eurorégion fait face à deux défis majeurs : la question des migrants et la transformation de la frontière suite au *Brexit*.

3. Les dynamiques de métropolisation et d'européanisation

Les cas présentés montrent différentes approches dans la coopération transfrontalière urbaine. À Strasbourg, Belval et Bâle, l'enjeu est d'abord de faire du développement urbain par le projet. À Belval, dans un premier temps il n'était question que de développement urbain sans réelle vision transfrontalière. Cette dimension est arrivée dans un deuxième temps avec la réaction de l'État français qui a créé une OIN et un EPA (encadré L), puis enfin avec un accord de coopération franco-luxembourgeois et la création d'un GECT. Dans l'eurodistrict trinational, le projet d'IBA est partagé entre Bâle et sa banlieue française (Saint-Louis) et allemande, ainsi que la ville de Mulhouse en France, même si l'épicentre est bien dans le cœur helvétique de l'agglomération. À Strasbourg, les développements urbains contribuent à donner une visibilité physique à l'action, ainsi le tramway transfrontalier ou l'emblématique jardin des Deux Rives et sa passerelle sur le Rhin. Dans le cas de l'Eurométropole de Lille-Courtrai-Tournai ou de la coopération Dunkerque-Flandre-Côte d'Opale, l'enjeu est de consolider la construction de régions métropolitaines qui rayonnent au-delà de la frontière nationale, des « euro-métro-régions » en quelque sorte. On note cette prégnance de la dimension stratégique avec l'implication forte des leaders des deux agglomérations qui polarisent ces territoires : Pierre Mauroy à Lille, Michel Delebarre à Dunkerque, tous deux étant par ailleurs compagnons de route politiques.

Afin d'affiner l'analyse de la régionalisation au-delà de ces caractéristiques, le tableau 18 ci-après interprète les facteurs de métropolisation et d'européanisation selon chaque cas. Les facteurs de métropolisation correspondent à l'approche du phénomène présentée précédemment : concentration, connexion, diffusion et gouvernance[92]. Les facteurs d'européanisation sont organisés selon les différents canaux possibles d'européanisation induits par la situation de coopération transfrontalière : vertical descendant ou ascendant, horizontal bilatéral (de part et d'autre de la frontière) ou réticulaire (mise en réseau européenne)[93].

---

[92] Cf. supra chapitre 1, partie 1.3.

[93] Cf. figure 9.

Tableau 18 – Métropolisation et européanisation à la frontière nord-est de la France

		PROJETS URBAINS			STRATÉGIES TERRITORIALES	
		Eurodistrict trinational de Bâle	Strasbourg-Ortenau	Alzette-Belval	Eurométropole Lille-Courtrai-Tournai	Dunkerque- Côte d'Opale-West Vlaand.
MÉTROPOLISATION	Concentration des ressources du développement	- Industrie chimique - Autres industries et services - Mais moins de 200.000 hab. pour la ville et 830.000 pour la région urbaine transfrontalière +	- Économie diversifiée - Population 1 million +	Moins de 100.000 hab. pour le GECT, et moins de 150 000 hab. pour Luxembourg ville	- Économie diversifiée après une transition - Plus de 2 millions d'hab. ++	Les trois villes principales sont des villes moyennes
	Connexion neuronale continentale / global	- Art Basel (salon d'art contemporain) - Baselworld (salon d'horlogerie et bijouterie) - Sièges d'industries chimiques (Syngenta, Novartis...) +++ (forte connexion pour la taille)	- Parlement européen (menacé) - Dynamisme de l'économie alsacienne +	- Finance - Nouvelle université internationale (économie de la connaissance) +	- Siège social de nombreuses sociétés internationales (commerce, assurance) - Passage du TGV Bruxelles-Paris-Londres - Capitale européenne de la culture 2004, capitale mondiale du design 2020 - TIC et industries de l'image (Euratechnologies, Plaine Images...) ++	- Port de Dunkerque - Port de Calais et tunnel sous la Manche +
	Diffusion spatiale des dynamiques métropolitaines	- Tramway transfrontalier - Marché de l'emploi trinational ++	- Tramway transfrontalier - Nouveaux développements le long de la ligne de tramway +	- Station de train Belval - Autoroutes - Marché de l'emploi BE-FR-LUX	- Tarifs spécifiques sur les trajets en train transfrontaliers - Ligne de bus transfrontalière - Autoroutes +	Infrastructures qui ont rapproché les villes du côté français : université, autoroute... +
	Mobilisation des acteurs du développement métropolitain (gouvernance)	Forte volonté politique +	Convergence entre acteurs français et allemands, avec quelques difficultés dans le passé +	- Convergence tardive sur une coopération transfrontalière, sans capitalisation sur le capital de coopération - Belval est avant tout un développement privé luxembourgeois	- Investissement de la société civile, pour la métropole lilloise et l'Eurométropole. - Force de l'engagement politique sur moyen terme mais besoin de consolidation actuellement ++(+)	- Un processus conduit par les politiques, non par la société civile - Tensions entre leaders (plusieurs pôles métropolitains en France)
EUROPÉANISATION	Verticale descendante	- Programmes Interreg - Traité d'Aix-la-Chapelle et mécanisme transfrontalier	- Statut de GECT - Programmes Interreg - Schéma de coopération transfrontalière (loi nationale) - Traité d'Aix-la-Chapelle et mécanisme transfrontalier	- Statut de GECT - Programmes Interreg	- Statut de GECT - Programmes Interreg - Schéma de coopération transfrontalière (loi nationale)	- Statut de GECT - Programmes Interreg
	Verticale ascendante	Conférence du Rhin supérieur Association des régions frontalières européennes Traité d'Aix-la-Chapelle et mécanisme transfrontalier		Grande Région Plateforme des GECT		
	Horizontale bilatérale	- Mobilisation du dispositif IBA - Adoption du statut d'asso. de droit français - Traité d'Aix-la-Chapelle et collectivité d'Alsace	- Schéma de coopération transfrontalière (?) - Traité d'Aix-la-Chapelle et collectivité d'Alsace	- Création d'un OIN et EPA pour « suivre » le développement de Belval - Projet d'une IBA	- Schéma de coopération transfrontalière (?) - Forum civil et pratiques participatives	
	Horizontale réticulaire	Conférence du Rhin supérieur Association des régions frontalières européennes Plateforme des GECT		Grande Région Plateforme des GECT	Projets communs autour de l'emploi Plateforme des GECT	

Source : Paris & Perrin, 2020.

3.1. Convergence entre métropolisation et européanisation

Les cas étudiés confirment que la coopération transfrontalière induit une européanisation verticale *top-down* « descendante », avec l'intégration de dispositifs de l'Union européenne : mobilisation des programmes Interreg, adoption du statut de GECT pour structurer la coopération, tant politiquement que spatialement[94].

Les projets urbains transfrontaliers développés à Strasbourg et Bâle, contribuent au renforcement du processus de métropolisation. Le nouvel axe urbain entre le cœur de la capitale alsacienne et Kehl, revalorisant

[94] À l'exception de l'eurodistrict de Bâle qui est une association de droit français et comporte des partenaires suisses. On trouve cependant plusieurs GECT dans l'eurorégion du Rhin supérieur : eurodistrict Pamina, réseau des universités Eucor-Campus européen, ainsi que l'eurodistrict Strasbourg-Ortenau étudié ici.

d'anciennes friches fluviales et qui s'appuie à la fois physiquement et symboliquement sur des infrastructures comme le tramway, la passerelle sur le Rhin ou le jardin des Deux Rives, consolide le développement métropolitain par la nouvelle offre de logements, de bureaux et d'équipements associés. De même, l'extension du tramway bâlois vers des communes de France et d'Allemagne renforce la dynamique métropolitaine globale du territoire, d'autant que l'objectif est celui de prolonger cette connexion jusqu'à l'EuroAirport Basel Mulhouse Freiburg, un équipement métropolitain phare. Ces infrastructures doivent faciliter l'intégration transfrontalière du bassin d'emploi autour de Bâle, ce qui était attendu depuis longtemps par les acteurs helvétiques. L'opération IBA Basel 2020, par sa dimension programmatique et son rayonnement international, dans la tradition des IBA allemandes, renforce également le développement métropolitain.

La mobilisation du système de l'IBA dans l'eurodistrict trinational de Bâle et dans le GECT Alzette-Belval illustre une européanisation horizontale, où l'ensemble des acteurs de l'eurorégion adoptent une pratique d'aménagement issue du système national allemand. De plus, l'eurodistrict a un statut d'association de droit français, ce qui dénote là aussi un certain degré d'européanisation horizontale à travers un dispositif national partagé avec des partenaires d'autres pays et avec un régime linguistique bilingue. À ce propos on remarque que les différents exemples à la frontière nord-est de la France confirment que les éléments culturels et identitaires sont des variables effectives de la coopération transfrontalière. La question de la langue dans le contexte belge entre Flandre et Wallonie, langue flamande et langue française, peut parfois constituer une difficulté technique et surtout politique. Or entre les régions françaises, allemandes et suisses, l'utilisation du français et de l'allemand ne semble pas poser problème, tout comme au Luxembourg qui tient lieu de « pont linguistique » entre le français et l'allemand.

On retrouve par ailleurs dans l'Eurométropole Lille-Courtrai-Tournai une dimension horizontale d'européanisation, avec en 2012, peu après la création du GECT, l'établissement d'un forum eurométropolitain de la société civile inspiré du modèle de gouvernance de Lille. En effet la participation et l'implication de la société civile et des acteurs socio-économiques sont caractéristiques du processus de métropolisation de Lille, en particulier avec l'action du Comité Grand Lille qui réunit le patronat local, celle du conseil de développement de la métropole ou encore la forte association des populations au déroulement de la capitale européennes de la culture. On peut aussi observer que le projet de Belval a provoqué la mise en place par la France d'une OIN, actant une prise de conscience relativement tardive de l'intérêt de renforcer la coopération à cette frontière, avec par la suite la mise en place du GECT.

Pour Strasbourg et Lille on remarque qu'une dynamique d'européanisation descendante est à l'œuvre avec un certain effet potentiel du droit français sur l'ensemble de la région transfrontalière. La loi MAPTAM de 2014 sur les métropoles acte une vocation transfrontalière pour Lille et Strasbourg, devenues Métropole européenne de Lille et Eurométropole de Strasbourg : elles doivent élaborer un schéma de coopération transfrontalière, certes uniquement prospectif et non opposable[95]. Ces schémas peuvent tenir lieu de canaux d'européanisation horizontale et on voit mal comment leur élaboration pourrait se faire sans associer les villes partenaires des deux côtés de la frontière, même si la loi n'est pas prescriptive en la matière. De plus, comme on l'a vu la Collectivité européenne d'Alsace a été mise sur pied en 2021[96]. Elle est dotée de compétences élargies en matière de coopération transfrontalière qui devient une de ses compétences clés. En outre la nouvelle collectivité disposera à titre expérimental, avec le préfet de région, de pouvoirs diplomatiques à l'échelle de l'eurorégion du Rhin supérieur.

La création ces statuts spécifiques par l'État français dénote ainsi une certaine influence des injonctions de l'Union européenne en faveur de la coopération transfrontalière. Cette dynamique d'européanisation descendante se retrouve en Allemagne avec, comme on l'a vu, le groupe d'initiative « Régions métropolitaines transfrontalières » fondé en 2011 pour défendre la coopération transfrontalière et son potentiel de développement et d'aménagement de l'espace européen (BMVBS, 2013 ; figure 17)[97]. Par ailleurs, la Commission européenne a proposé, pour la politique de coopération territoriale après 2020, la mise en place d'un mécanisme transfrontalier qui permettrait, dans les régions frontalières, d'appliquer par convention les dispositions légales d'un autre État pour permettre de lever les obstacles juridiques à l'élaboration de projets communs. Sans attendre la validation de ces propositions, une telle convergence des règles dans les eurorégions est d'ores et déjà une des dispositions du traité d'Aix-la-Chapelle signé entre la France et l'Allemagne en janvier 2019 (Perrin, Peyrony & Sielker, 2022). Elle doit permettre une européanisation par le concret dans les eurorégions franco-allemandes. La frontière franco-allemande est donc particulièrement représentative d'une « importation » des visions et dispositifs de l'Union européenne sur la coopération transfrontalière.

---

[95] Le nom « eurométropole » n'était pas possible pour Lille sachant qu'il était déjà mobilisé pour le GECT avec Courtrai et Tournai. On retrouve ici à la fois l'importance de ces dispositifs pour le marketing territorial, mais aussi la complexité et l'entrecroisement d'échelles et d'organisations que produit la régionalisation, à l'échelle métropolitaine autant que transfrontalière.

[96] Loi n° 2019-816 du 2 août 2019 relative aux compétences de la Collectivité européenne d'Alsace.

[97] Cf. supra chapitre 3, partie 2.1.

Or la mise en place de ces facilités transfrontalières par les autorités françaises et allemandes relève aussi en partie d'un processus d'européanisation ascendante, des acteurs nationaux et territoriaux vers l'Union. Les propositions de la Commission européenne comme le mécanisme transfrontalier, s'élaborent en lien avec les acteurs nationaux et locaux que l'on voit mal aller à l'encontre de leurs intérêts, en particulier les États qui maintiennent un contrôle significatif sur le processus décisionnel européen[98]. Par ailleurs le groupe d'initiative allemand des « Régions métropolitaines transfrontalières » déjà évoqué a pour objectif d'influencer les décisions et politiques de l'Union en la matière. L'européanisation verticale est rarement à sens unique et s'apparente plutôt à un *gentlemen's agreement* entre l'Union européenne et ses membres.

3.2. Des dynamiques à nuancer

Le programme de Belval s'inscrit dans une logique de métropolisation, en particulier avec le développement de la récente université du Grand-Duché, assumant une nouvelle orientation stratégique vers l'économie de la connaissance. Il renforce la centralité grand-ducale vis-à-vis d'un bassin d'emploi transfrontalier qui est un des plus importants d'Europe[99]. Belval offre d'abord des opportunités aux Lorrains de France, les plus proches, puis aux Belges du secteur d'Athus. Cependant, la réalité démographique, si elle ne peut constituer le seul critère de la métropolisation, représente ici une limite : le GECT Alzette-Belval regroupe douze communes dont la moitié n'atteint pas 3 500 habitants et la plus importante, Esch, se hisse à 35 000. La ville de Luxembourg, qui n'est pas dans le GECT, mais représente la polarité principale de cette eurorégion, n'atteint par ailleurs que 119 000 habitants, au sein d'un État de 602 000 habitants[100].

Par ailleurs, tout le processus de développement, initié du côté luxembourgeois, rattrapé ensuite du côté français, ne s'est pas ancré à des initiatives antérieures, notamment celle du pôle européen de développement de Longwy, formé de 25 communes et de 120 000 habitants, à cheval sur la France, la Belgique et le Luxembourg. Ce dispositif fut lancé en 1985 pour

---

98 En ce qui concerne la France, on pense par exemple à l'intervention de la Mission opérationnelle transfrontalière dans ces évolutions : cf. à ce sujet « Le mécanisme transfrontalier européen, une victoire pour la MOT et ses partenaires ! » : http://www.espaces-transfrontaliers.org/actualites/news/news/show/le-mecanisme-transfrontalier-europeen-une-victoire-pour-la-mot-et-ses-partenaires/

99 Par exemple en 2019 on compte plus de 190 000 travailleurs frontaliers selon l'Institut national luxembourgeois de la statistique et des études économiques, dont plus de la moitié de français et l'autre moitié partagée entre belges et allemands.

100 Source : STATEC, Institut national luxembourgeois de la statistique et des études économiques, 2019.

répondre aux enjeux de la crise des industries sidérurgiques (Schulz, 1996). Si la zone industrielle s'est remplie, notamment grâce au développement de la logistique en ce point stratégique des communications terrestres du continent, avec par exemple la plate-forme d'Athus, la structure juridique du PED s'est délitée et l'association transfrontalière de l'agglomération du Pôle européen de Longwy semble relativement peu active. Reste de cette période l'Agape, agence d'urbanisme et de développement durable Lorraine nord comme ressource d'ingénierie locale. On note donc l'absence de capitalisation, de filiation, entre les deux projets.

De plus, le projet Belval n'apparaît pas dans le rapport final de l'étude Metroborder susmentionnée, qui visait à appuyer la constitution d'une « région métropolitaine polycentrique transfrontalière au sein de la Grande Région » (ESPON, 2010b). En 2018, le Département ministériel luxembourgeois de l'aménagement du territoire s'est engagé, avec 24 autres partenaires de la Grande Région, dans un projet Interreg de Schéma de développement territorial de la Grande Région[101], qui ne comporte pas de référence « métropolitaine » explicite.

Ainsi, le cas de Belval illustre un paradoxe supplémentaire du Luxembourg en matière de métropolisation et d'intégration transfrontalière (Sohn & Walther, 2009). La « métropolité » luxembourgeoise est plus fonctionnelle que morphologique, toute proportion gardée. En définitive, Belval semble se retrouver dans une espèce d'entre-deux, une métropolisation inaboutie et une européanisation partielle, chaque partenaire ayant développé ses propres outils de son côté mis à part bien entendu l'adoption du statut de GECT, qui est cependant arrivée relativement tard. On note que le GECT n'est pas directement associé à la Capitale européenne de la culture prévue à Esch en 2022, alors même que le périmètre défini pour cet événement recouvre le GECT, avec aussi d'autres communes luxembourgeoises proches, ce qui aurait pu être l'occasion de donner plus de lisibilité à l'eurorégion. Toutefois la communauté de communes du Pays Haut Val d'Alzette, c'est-à-dire la partie française du GECT, fait partie de l'association qui pilote Esch 2022 en partenariat avec la région Grand Est[102].

Pour ce qui concerne le littoral Manche-mer du Nord, on peut constater un décalage entre le périmètre de la stratégie territoriale et celui de la coopération transfrontalière. Il n'y a pas sur ce territoire de métropole de fait. La métropole régionale, Lille, exerce son influence jusque-là, certes

---

101 https://amenagement-territoire.public.lu/fr/grande-region-affaires-transfrontalieres/SDT-GR.html

102 Sur le déploiement de la dimension transfrontalière d'Esch 2022 cf. les travaux du réseau Jean Monnet CECCUT-Capitales européennes de la culture et cohésion urbaine transfrontalière : http://www.ceccut.eu/fr/accueil

moins fortement que dans l'ancien bassin minier du Valenciennois au Béthunois et de l'Artois autour d'Arras. Mais le littoral représente l'arc balnéaire métropolitain, actif en saison et chaque week-end hors saison. Dunkerque, quoique concurrencée par Anvers et Zeebruges, est un port régional relié à la métropole par un canal à grand gabarit et peut-être un jour au canal Seine-Nord quand il sera finalisé. Le TER-GV qui utilise les TGV venant ou allant à Paris en prolongation à tarif TER vers Dunkerque, Calais ou Boulogne, a singulièrement rapproché ces bassins d'emplois de Lille. Un processus de territorialisation s'est poursuivi à l'échelle de cette région littorale depuis la construction du tunnel sous la Manche : autoroute A16-rocade littorale, création de l'université multipolaire du Littoral-Côte d'Opale, insertion dans les programmes européen et national de Gestion intégrée des zones côtières, mise en place d'un pôle métropolitain (Deboudt & Paris, 2016). Mais cette stratégie planificatrice reste une construction politique qui ne transforme pas ces quatre villes moyennes en métropoles d'un coup de baguette magique. La création en janvier 2019, à l'initiative de Saint-Omer, d'un pôle métropolitain audomarois parallèle au pôle existant, rappelle que ces coopérations restent fragiles et sujettes à recomposition en fonction des paramètres politiques parfois aléatoires.

La question transfrontalière, quant à elle, ne concerne que Dunkerque et le Westhoek, à l'extrême ouest de la Flandre belge. Des projets INTERREG souvent orientés sur le tourisme et l'environnement structurent cette coopération de proximité[103]. Mais la logique de territorialisation du littoral, si ce n'est de « métropolisation », apparaît en fait disjointe de la préoccupation dunkerquoise vers le littoral belge proche (Veurne-La Panne). Du côté français, les autres territoires du pôle métropolitain ne se sentent pas vraiment concernés, quand bien même ils sont membres du GECT, et en Belgique, Ostende l'est assez peu. On est donc ici à la fois à la marge des dynamiques de métropolisation et dans un processus d'européanisation qui se limite à l'adoption des dispositifs et cadres proposés par l'Union européenne.

3.3. *Métropolisation et européanisation au-delà de l'échelle transfrontalière*

La métropole lilloise est souvent présentée comme un modèle, aussi bien pour ce qui concerne le processus de métropolisation qui l'a traversée depuis sa « *bifurcation métropolitaine* » (Paris & Stevens, 2000), que

[103] Projets Westhoeck sans frontière, Tendances, Côte à côte (http://www.gect.fr/fr/economie/tourisme) ; projet VEDETTE : Vers une éco-destination transfrontalière d'excellence (https://www.vedetteinterreg.com) ; projet Partons 2.0 (https://www.egts-gect.eu/fr/projets/projet-partons-20).

pour la stratégie d'européanisation des pratiques et des représentations métropolitaines. Les deux volets ont nourri depuis près de quarante ans le développement de la métropole (Perrin, 2016). Comme on l'a vu, à la différence de Strasbourg ou Bâle, les projets urbains semblent jouer un rôle moindre comme facteurs d'européanisation par rapport à des stratégies plus générales. Certes les autorités ont multiplié les projets dans une logique de renouvellement urbain, un sujet majeur dans cette ancienne grande agglomération industrielle : depuis les pôles d'excellence économiques symbolisés par les « Eura » – Euralille, Eurasanté, Euratechnologies, Euralogistique – jusqu'au projet Saint-Sauveur en cours de développement, en passant par Fives-Caille, les Rives de la Haute-Deûle ou le quartier de l'Union entre Roubaix et Tourcoing. Mais ces projets ne s'inscrivent pas dans une logique strictement transfrontalière, plutôt dans une stratégie internationale de lisibilité et d'attractivité que Lille partage avec la plupart des agglomérations françaises et internationales. La mise en œuvre, au sein de l'Eurométropole, de la place transfrontalière Jacques Delors entre les communes de Halluin en France et Menin en Belgique et qui se voulait un projet urbain emblématique de la « construction » physique de l'Eurométropole, a été un processus de longue haleine. L'intervention des États belge et français a été nécessaire pour la régulation de ce projet, qui a produit un résultat assez mitigé faute d'investissement du lieu par les populations, très probablement lié à sa position périphérique par rapport aux centres-bourgs que la place relie. L'échelle transfrontalière a bien constitué une marque de fabrique de la Capitale européenne de la culture lilloise de 2004, avec un retentissement notable (Bosredon & Perrin, 2019). Mais de manière générale la Capitale culturelle a plutôt relevé d'une stratégie de revitalisation urbaine par la culture, une stratégie qui de plus a dépassé l'échelle transfrontalière pour repositionner la métropole dans l'ensemble de l'Europe voire dans le monde. L'obtention du titre de Capitale mondiale du design pour 2020 s'inscrit dans une dynamique similaire.

Par ailleurs, on observe que l'européanisation horizontale entre pratiques et références des acteurs s'opère non seulement entre partenaires de la même organisation transfrontalière (« intra »), mais aussi entre organisations transfrontalières à l'échelle de l'Union européenne (« inter »). Une telle européanisation « en réseau » s'effectue à travers les rencontres, les échanges voire les collaborations entre eurorégions au sein de plusieurs dispositifs et organismes (Huggins 2018). L'Eurométropole et le GECT Dunkerque-Flandre-Côte d'Opale interviennent conjointement dans des projets Interreg sur l'emploi. Les eurodistricts franco-allemands-suisses sont en contact au sein de la conférence du Rhin supérieur. La Grande Région constitue un cadre élargi de mise en réseau pour les acteurs du GECT Alzette-Belval. Au niveau pan-européen il existe une plateforme des GECT pilotée par le Comité européen des régions, ainsi qu'une association

des régions frontalières européennes (ARFE), qui contribuent à réunir et à faire se rencontrer les acteurs du transfrontalier[104]. Ces organismes constituent des canaux multilatéraux d'européanisation horizontale entre acteurs de différentes eurorégions.

Dans le même temps, ils permettent une européanisation ascendante, depuis les acteurs des GECT ou de tout autre ensemble eurorégional vers les services de la Commission européenne en particulier, toujours friands des remontées de terrain pour faire évoluer les actions et pour réduire l'écart, ou dans tous les cas les ressentis d'un écart envers une technocratie « hors sol », qui minent l'adhésion au projet européen[105].

Au-delà de leurs caractéristiques propres, les dynamiques constatées de métropolisation et d'européanisation à la frontière nord-est de la France soulèvent la question de la recomposition macro-régionale de l'espace européen. La nature et l'épaisseur des coopérations et des arrangements le long de cette frontière dessinent un ensemble macro-régional de l'Europe rhénane en voie de structuration, qui rejoint les projections territoriales sur la mégalopole européenne déjà évoquée (figures 41 et 42).

Le rôle de cet ensemble comme une macro-région pivotale de l'intégration européenne est souligné, de manière assez ironique, par la proposition d'élus territoriaux britanniques au sein du Comité européen des régions pour défendre la mise en place d'une stratégie macro-régionale pour l'Europe du Nord-Ouest. Cela permettrait aux collectivités de cette macro-région de collaborer même après le retrait du Royaume-Uni de l'Union européenne[106]. À noter également la mise en place d'un Comité du Détroit entre les comtés anglais du Kent et d'Essex, les départements français du Pas-de-Calais et du Nord et des provinces littorales belges et néerlandaises. L'objectif est de pallier, dans le cadre renouvelé post-*Brexit*, l'arrêt programme Interreg de coopération transfrontalière qui existait dans cette eurorégion.

---

104 https://portal.cor.europa.eu/egtc/about/Pages/platform.aspx https://www.aebr.eu/fr/

105 Cf. par exemple la plateforme en ligne « Border focal point network » : https://futurium.ec.europa.eu/en/border-focal-point-network?language=fr

106 Cf. https://cor.europa.eu/fr/news/Pages/brexit-local-leaders-look-at-a-north-west-europe-macroregion-to-boost-cooperation-at-local-level-if-the-uk-leaves-the-eu.aspx ; et Comité européen des régions, 2019, *Avis : Les stratégies macrorégionales, à l'exemple de celle concernant la région du Danube : un cadre pour promouvoir les grappes transnationales d'entreprises,* CDR 6422/2018, COTER-VI/051, juin 2019.

Conclusion

La coopération transfrontalière en Europe produit de nouvelles formes régionales, des eurorégions urbaines et métropolitaines, par un double processus de métropolisation et d'européanisation. La frontière nord-est de la France permet d'observer ces processus à travers différents cas, qu'il s'agisse de projets urbains ou de stratégies territoriales plus transversales. Même si on peut dégager des tendances communes, les facteurs de métropolisation et d'européanisation varient selon les cas et ne sont pas liés au type de coopération (tableau 18). L'analyse de ces cas permet d'actualiser la corrélation entre la construction européenne et la construction de nouveaux ensembles régionaux.

La fabrique régionale à cette échelle confirme le rôle que jouent la planification et l'aménagement transfrontaliers pour estomper les frontières, non pas totalement, mais au moins pour la vie quotidienne des citoyens. Elle montre que la coopération territoriale est un levier pour construire l'Europe *depuis* et *par* les territoires. Sur le terrain, malgré les difficultés, que la crise de la Covid-19 a pu un temps mettre en exergue par les fermetures temporaires de certaines frontières, une construction eurorégionale continue grâce à des initiatives nombreuses et diverses, mais parfois fragiles. Le soutien politique à la coopération peut grandement varier, notamment depuis que les difficultés vécues depuis 2008 ont rendu l'Europe moins « porteuse » électoralement. Cependant, avec la consolidation et l'institutionnalisation des dispositifs de coopération transfrontalières depuis plusieurs décennies, la régionalisation à cette échelle – ou eurorégionalisation – acquiert plus de stabilité et de continuité face aux aléas des positions politiques. Le traité franco-allemand d'Aix-la-Chapelle fait figure de jalon significatif d'une telle évolution, même si l'intégration européenne nécessite aussi des politiques d'harmonisation économiques, fiscales et sociales.

Les asymétries transfrontalières persistantes peuvent renforcer les avantages concurrentiels de certains États, liés précisément à leurs politiques fiscales et socio-économiques, comme par exemple le Luxembourg ou la Suisse dans les eurorégions étudiées ici. On ne peut que souligner le paradoxe d'une situation par laquelle la coopération (transfrontalière) vient servir la concurrence (inter-étatique).

Par ailleurs, la situation de frontière nord-est de la France au sein de la mégalopole européenne ouvre sur une autre échelle, celle de la macrorégionalisation de l'espace européen, que l'on aborde au prochain chapitre, avant de dresser des perspectives plus générales pour une reconsidération de la région dans l'aménagement en Europe.

Chapitre 6.

La macro-régionalisation en Méditerranée occidentale

Introduction

Ce chapitre traite de la macro-régionalisation de l'espace européen, devenue une modalité récurrente de la coopération territoriale européenne. On s'intéresse ici au cas de la Méditerranée occidentale. L'objectif est de voir en quoi les dynamiques de coopération territoriale à l'œuvre dans cet espace signalent la construction – si ce n'est la constitution – d'une macro-région de l'Union européenne.

Différents travaux identifient la Méditerranée occidentale comme une macro-région européenne dynamique et cohérente, qui inclut également une dimension « externe » de coopération avec les territoires de la rive sud de la Méditerranée. De nombreuses organisations de coopération territoriale existent dans cette zone, y compris à l'échelle macro-régionale, bien qu'aucune stratégie macro-régionale *stricto sensu* n'ait été mise en place.

C'est donc un terrain d'études qui permet d'interroger différents aspects de la macro-régionalisation : le passage de la vision macro-régionale à la mise en œuvre de la coopération, le rôle des organisations de coopération préexistantes pour structurer la macro-régionalisation, les relations entre États et autorités sub-étatiques et les enjeux géopolitiques de l'Union européenne dans ses zones de voisinage.

1. La Méditerranée occidentale : quelle macro-région ?

Vu d'Europe, l'espace de la Méditerranée occidentale se prête à plusieurs lectures et à des dénominations alternatives, à géométrie variable : arc latin, arc méditerranéen nord-occidental, Méditerranée nord-occidentale, arc sud-européen, arc méditerranéen (Courtot, Daviet & Joannon, 1994 ; Voiron-Canicio, 2003 ; Rivière, 2005 ; Báguena & Carbonell, 2007 ;

Durà-Guimerà & Oliveras-González, 2013)[107]. En tant qu'« *ensemble flou* » (Voiron-Canicio, 2003, p. 19), l'arc méditerranéen tient lieu de *soft space* avant la lettre, promu et consolidé dès les années 1990 par les travaux de la Commission européenne et les opérations de marketing territorial des collectivités de cet espace. C'est donc en quelque sorte un produit ou un « construit » issu à la fois du néo-régionalisme et des visions spatiales de l'Union européenne qui à cette époque, rappelons-le, lance les premiers programmes Interreg et adopte le premier Schéma de développement de l'espace communautaire (SDEC). Cependant, au-delà d'une dimension performative, plusieurs représentations convergent pour dessiner une macro-région formée de différents sous-ensembles.

On distingue entre, d'une part, une version étendue de la Méditerranée occidentale qui englobe les régions principalement côtières allant au sud de l'Espagne au sud de l'Italie, de l'Andalousie à la Sicile, et d'autre part, une Méditerranée occidentale « nodale » qui va de la Communauté valencienne à la Toscane et relie « *trois régions économiques et leurs zones d'influence : l'axe Catalogne-Valence, l'axe Rhône et le Nord de l'Italie* » (Durà-Guimerà et Oliveras-González, 2013, p. 108) (figures 48 et 49). L'espace est structuré par les axes urbains Gênes-Marseille-Barcelone-Valence sur la côte, et Lyon-Toulouse-Turin dans les terres. C'est ce cœur de la Méditerranée occidentale que l'on désigne parfois comme « arc méditerranéen nord-occidental », ou « arc latin », sans que là encore une dénomination prenne le pas sur l'autre.

---

[107] Cf. également les travaux menés par le Groupe « L'arc méditerranéen entre réseaux de territoires et territoire-réseaux » de 2008 à 2011 au sein de l'UMR Espace : http://brachet.nathalie.chez-alice.fr/IS-ArcMedResoTerri.htm

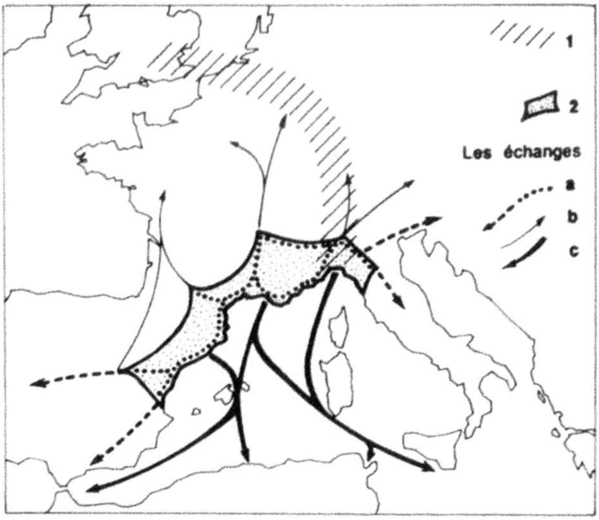

Fig. 3 - L'ARC MÉDITERRANÉEN, INTERFACE ENTRE LE NORD ET LE SUD. (Source: d'après GIP-Reclus DATAR). 1 : dorsale médio-européenne, 2 : arc méditerranéen, a : système de l'arc méditerranéen et ses prolongements, b : système de relation avec le nord de l'Europe, c: système d'ouverture vers la Méditerranée et au-delà.

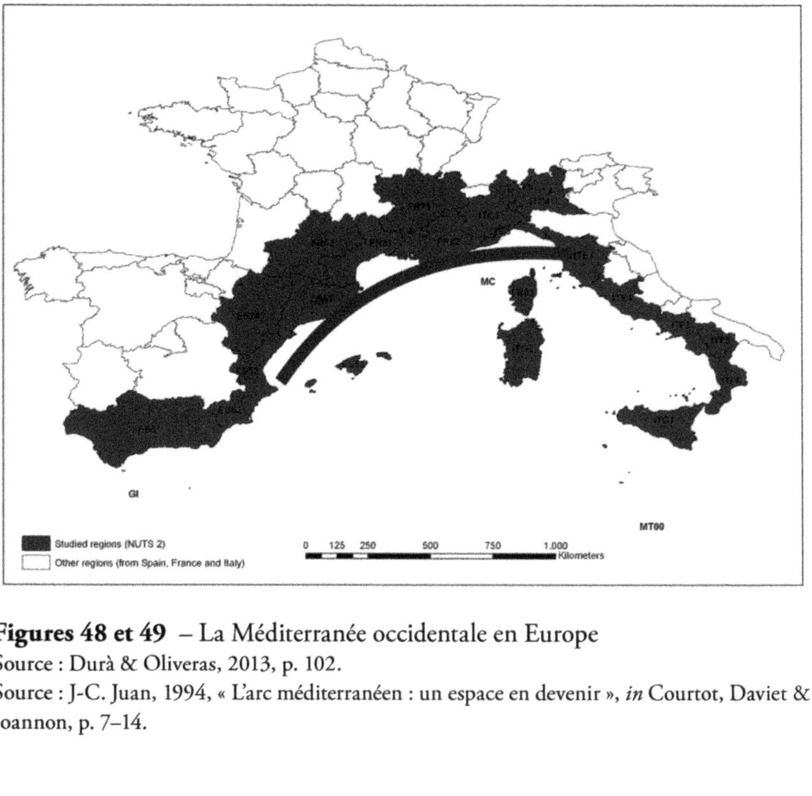

Figures 48 et 49 – La Méditerranée occidentale en Europe
Source : Durà & Oliveras, 2013, p. 102.
Source : J-C. Juan, 1994, « L'arc méditerranéen : un espace en devenir », *in* Courtot, Daviet & Joannon, p. 7–14.

Sur le plan géo-historique, le politiste Stein Rokkan, dans sa carte conceptuelle de l'Europe, a souligné que les régions de l'axe Rhin-Rhône, l'Italie du Nord et la Catalogne appartiennent à une « Europe des cités-États » relativement homogène par son dynamisme économique et commercial (Seiler, 2004). Et malgré les aléas temporels et sociopolitiques, la géo-histoire peut fournir des éléments pour apprécier le profil macro-régional d'un ensemble donné…et pour motiver les coopérations territoriales à cette échelle. En Méditerranée occidentale, des orientations socio-culturelles similaires, en particulier les capacités linguistiques proches et relativement bien partagées entre langues latines, sont considérées comme des atouts potentiels pour la coopération macro-régionale (Nagler, 2013, p. 49–50 ; Perrin, 2013, p. 78–84).

À partir des années 1990 plusieurs travaux ont pointé les potentialités de cet espace, en particulier de sa zone nodale (figures 50 et 51). Le géographe Roger Brunet et l'équipe du GIP Reclus forgent l'expression « Nord du Sud » pour désigner ce qu'ils considèrent comme un espace structurant de l'Union européenne (Brunet, 1989). Le rapport *Europe 2000* de la Commission européenne pointe un « *centre de développement secondaire important qui s'étend des régions prospères du Sud de l'Allemagne et du Nord de l'Italie vers l'ouest, aux régions en croissance rapide du Sud de la France et des régions de Barcelone et Valence* » (CEC, 1991, p. 13). La Méditerranée occidentale devient ensuite un zonage propre des programmes Interreg de coopération transnationale. Cette délimitation englobe toute la Méditerranée à partir de 2007 (Dühr, 2018).

Dans la même veine, des géographes nord-américains ont identifié une méga-région « Barce-Lyo » ou « Euro-Sunbelt » qui s'étend de Barcelone à Marseille et Lyon. Elle compte environ 25 millions d'habitants et se classe en 16ème et 11ème position parmi les méga-régions du monde, en termes de population et de richesse respectivement (Florida et al. 2008 ; Boix & Marull, 2016). D'autres travaux évoquent une « *Sun belt* » ou une « banane dorée » européenne (Lever, 1999, p. 1042). Des approches similaires positionnent la Méditerranée occidentale au cœur d'une « *Fun belt* » allant des Pyrénées aux Alpes (figure 52), comprenant des stations de ski et des « *stations balnéaires branchées dans les Baléares, la Riviera* », et qui fait figure de « *Californie européenne* » (Baudelle, Guy et Ollivro, 2002, p. 130).

Même si la crise économique a particulièrement impacté les régions d'Europe du Sud, d'après les données d'Eurostat (2019, 2020), plusieurs régions de l'arc méditerranéen nodal conservent un PIB par habitant proche ou supérieur de la moyenne européenne, alors que dans d'autres parties de la Méditerranée les écarts sont plus importants : au sud de l'Italie et de l'Espagne et à l'est de la Méditerranée en particulier. Ces régions bénéficient

aussi d'une démographie relativement dynamique à l'échelle de leur pays ou de l'Europe, en dépit d'une évolution moins favorable dans les régions italiennes.

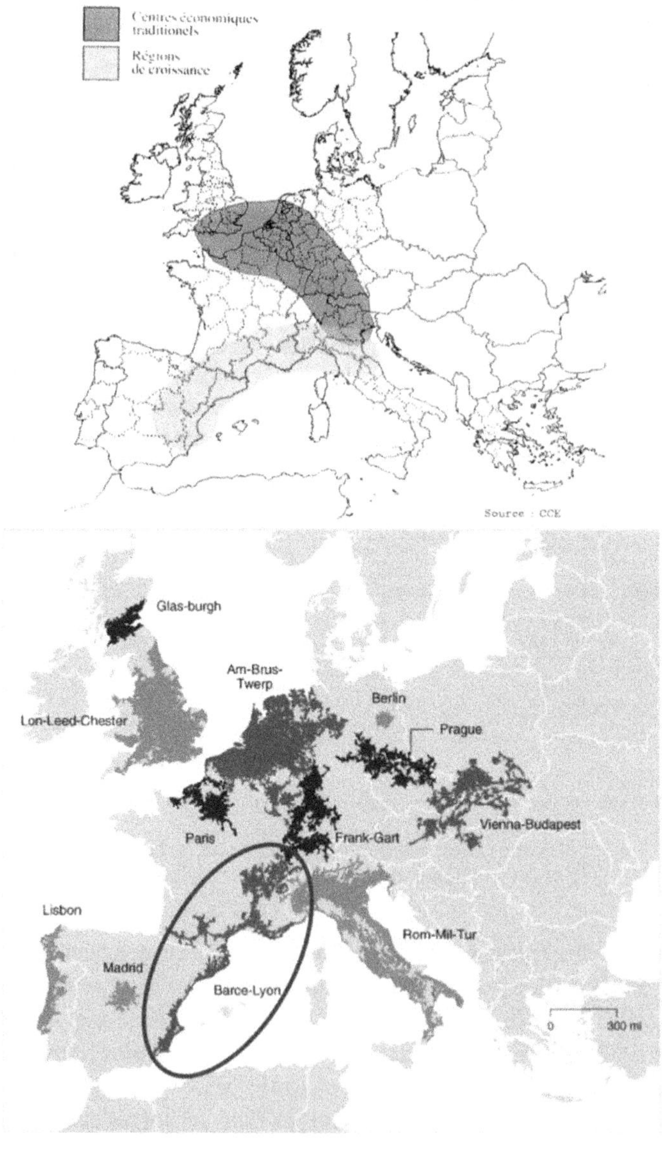

Figure 50 et 51 – Du Nord du Sud à la méga-région

Sources : – CCE, 1991, p. 13 – Carte par Tim Gulden et Ryan Morris, site Who's your city? : http://www.creativeclass.com/_v3/whos_your_city/maps ; ©2008 Richard Florida.

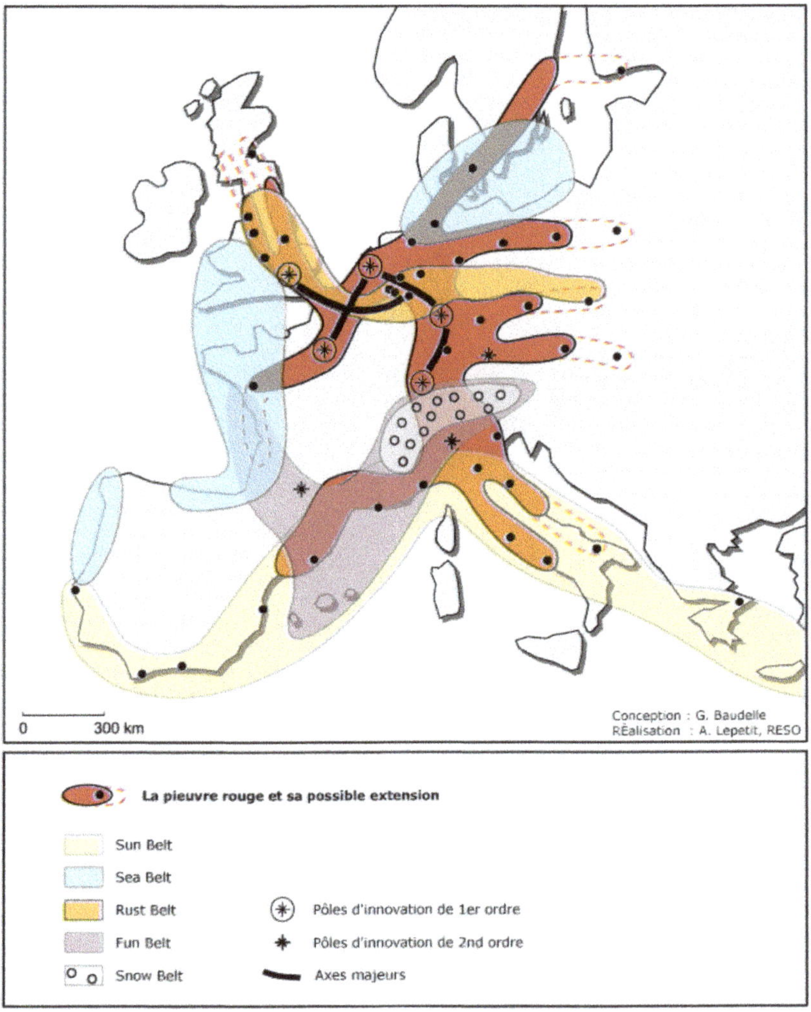

Figure 52 – La Méditerranée occidentale au cœur de la *Fun belt* européenne
Source : Baudelle G, Guy C, Ollivro J, 2002

Ces différents travaux soulignent que la Méditerranée occidentale combine, en Europe, des avantages de localisation et des secteurs économiques performants, avec un environnement et une qualité de vie attractifs. La zone est reliée à la zone centrale de croissance de l'Union européenne ou mégalopole européenne évoquée au chapitre précédent (figures 41 et 42). Les flux socio-économiques confirment les liens renforcés entre économies de la macro-région (Nagler, 2013).

Un Institut basé à Valence, l'*Institut Ignasi Villalonga d'Economia i Empresa*, s'est spécialisé dans la production de données pour promouvoir

la convergence socio-économiques entre les régions de l'arc méditerranéen espagnol et montrer leur poids dans l'économie espagnole et européenne[108]. Il défend l'amélioration des infrastructures de transport dans le corridor méditerranéen espagnol (Boira Maiques & Prytherch, 2015). L'Institut envisage cet espace comme l'eurorégion de l'Arc méditerranéen « Euram », qui s'étend de la Communauté valencienne en Espagne au département français des Pyrénées-Orientales, considéré comme « Catalogne du Nord » compte tenu de son histoire partagé avec les autres territoires de langue et culture catalanes . Sur un plan plus géoculturel, cette projection régionale n'est pas sans évoquer l'emprise territoriale de la Confédération catalano-aragonaise ou Couronne d'Aragon (Báguena & Carbonell, 2007 ; Prytherch, 2009 ; Boira Maiques, 2010)[109].

Plusieurs études de l'Union européenne étayent ces conceptions et visions d'une Méditerranée occidentale. Elles montrent que, compte tenu de la réalité géo-historique, spatiale et sociopolitique de la Méditerranée, il ne peut y avoir que plusieurs stratégies macro-régionales dans cet espace (CESE, 2012 ; PE, 2012 ; PE, 2015). Dans cette optique, la stratégie de la macro-région adriatique et ionienne (EUSAIR) représente la macro-région méditerranéenne centrale.

De plus, suivant la logique des *soft spaces*, la Méditerranée occidentale ne se limite pas à la rive nord de la Méditerranée. Une des valeurs ajoutées de cette macro-région peut être de renforcer les liens et la coopération avec les régions côtières du Maroc, d'Algérie et de Tunisie et avec leurs agglomérations urbaines, qui participent à la politique européenne de voisinage du Sud (Beckouche, Besnard & Pecout, 2016, p. 151–180 ; Scott, Celata & Coletti, 2019).

2. Une coopération de portée macro-régionale

La Méditerranée occidentale comprend de nombreuses initiatives et organisations de coopération territoriale. Elles se déclinent à toutes les échelles. Au niveau inter-étatique pan-méditerranéen, la Convention de

---

108 Ignasi Villalonga (1895–1973) est un homme d'affaire et homme politique valencien, artisan de la cause régionaliste valencienne – le valencianisme – et défenseur de l'identité valencienne, de ses traditions, de sa culture et de sa langue (une variante du Catalan).

109 Cette union dynastique entre le royaume d'Aragon et le comté de Barcelone au Moyen-Âge a progressivement étendu son emprise sur une grande partie de la Méditerranée occidentale, comprenant le royaume de Valence, ainsi que d'autres territoires comme le royaume de Majorque avec pour capitale Perpignan. Les archives de cette thalassocratie méditerranéenne sont conservées à Barcelone : http://www.culturaydeporte.gob.es/archivos-aca/ca/portada.html

Barcelone de l'ONU a installé la plupart de ses centres d'activités régionales dans le bassin occidental de la Méditerranée avec, pour la zone qui nous intéresse plus spécifiquement, le Plan Bleu, basé à Sophia-Antipolis et le Centre d'activités régionales pour la consommation et la production durables à Barcelone. Toujours à l'échelle pan-méditerranéenne, l'Union pour la Méditerranée rassemble depuis 2008 les 28 États membres de l'Union européenne et 15 pays méditerranéens partenaires. Elle a fait suite au processus de Barcelone ou partenariat Euromed qui avait été lancé en 1995. L'Union pour la Méditerranée s'est dotée d'une assemblée régionale et locale euro-méditerranéenne (ARLEM) pour porter la voix des collectivités territoriales dans ce partenariat.

À l'échelle territoriale sub-étatique, on recense une centaine d'organisations de coopération, avec une implication notable des régions situées au cœur de la Méditerranée occidentale (Durà-Guimerà & Oliveras-González, 2013 ; Duran, 2015) (figure 53). Une analyse fondée sur les programmes Interreg souligne que la région est, avec la mer Baltique, l'une des macro-régions les plus intégrées et les plus cohérentes du point de vue de la coopération territoriale (Nagler, 2013, p. 38). Ce constat va de pair avec l'hypothèse d'une corrélation entre un « capital de coopération territoriale » préexistant et le degré d'avancement de la coopération macro-régionale. On peut pour cela s'appuyer sur l'expérience des macro-régions de la Baltique ou des Alpes, dans lesquelles l'épaisseur de la coopération transfrontalière et eurorégionale a eu un effet sur la mise en place et le fonctionnement d'une stratégie macro-régionale : « *les régions transfrontalières appropriées et hautement intégrées* [...] *doivent être considérées comme des éléments constitutifs pour une intégration macro-régionale réussie* » (Nagler, 2013, p. 52). Gänzle (2017) souligne également le rôle important de la paradiplomatie, de l'action extérieure des collectivités territoriales qui disposent de compétences étendues en la matière, pour animer et déployer les stratégies macro-régionales. Plusieurs régions de la Méditerranée occidentale mènent une paradiplomatie relativement active qui recompose les échelles de la diplomatie en Méditerranée (Duran, 2015).

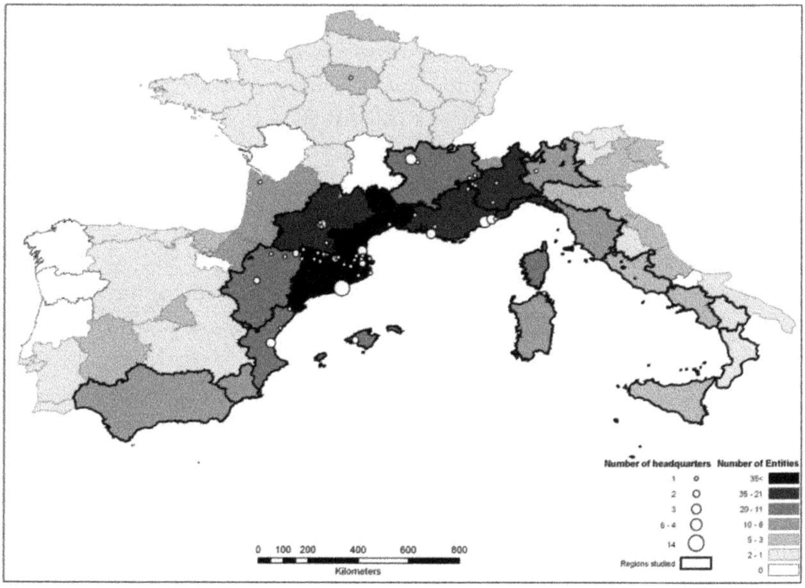

Figure 53 – La coopération territoriale en Méditerranée occidentale. Volume de la participation des villes et régions, par nombre d'entités et de sièges sociaux
Source : Durà & Oliveras, 2013, p. 109.

La Commission interméditerranéenne (CIM) est une commission géographique de la Conférence des régions périphériques maritimes. Cette commission regroupe une quarantaine d'entités sub-étatiques des pays méditerranéens, dont la Communauté valencienne, la Catalogne, l'Occitanie, la région Sud-PACA ou la Toscane. Fin 2014, la CIM a adopté une « feuille de route pour les stratégies macro-régionales et de bassin maritime en Méditerranée », et mis en place un groupe de travail spécifique sur « la coopération territoriale et les stratégies macro-régionales en Méditerranée »[110].

Plusieurs organisations recoupent plus spécifiquement l'échelle macro-régionale (tableau 19, figure 54). Le forum interétatique Dialogue 5+5, créé en 1990 entre l'Espagne, la France, l'Italie, Malte, le Portugal, l'Algérie, la Libye, le Maroc, la Mauritanie et la Tunisie, est l'organe le plus ancien qui relie les pays des deux rives de la Méditerranée. Il forme un sous-groupe actif au sein de l'Union pour la Méditerranée. Le forum a mis en place un Groupe des ministres des transports de la Méditerranée occidentale

110 https://cpmr-intermed.org/download/road-map-on-macro-regional-strategies-in-the-mediterranean-2/?wpdmdl=7484&ind=1531730836242

(GTMO 5+5), dont les travaux sont gérés par le centre CETMO, basé à Barcelone. À Barcelone également se trouve le siège de l'Arc latin, une association basée à Barcelone entre les autorités territoriales côtières de niveau NUTS 3 : provinces espagnoles et italiennes, villes métropolitaines italiennes et Italie ou départements en France.

Plusieurs programmes Interreg transnationaux de l'Union européenne peuvent soutenir la coopération macro-régionale, en particulier le programme Méditerranée (MED). Par exemple, plusieurs acteurs de la Méditerranée occidentale participent à la plate-forme Panoramed, qui est un axe du programme MED qui vise au renforcement des capacités de gouvernance et de coopération en Méditerranée, notamment par les complémentarités entre les outils, les sources de financement et les acteurs de la zone. On retrouve ici une logique de rationalisation qui rejoint celle des stratégies macro-régionales. Lors de la période de programmation précédente du programme MED, le projet Medgovernance (2008–2011) a étudié un nouveau système de gouvernance régionale efficace pour la zone euro-méditerranéenne. La coopération macro-régionale était déjà à l'ordre du jour de ce projet[111]. En outre, les programmes transnationaux Région alpine et Europe du Sud-Ouest incluent certains territoires de la Méditerranée occidentale. Les parties prenantes peuvent également mobiliser des ressources Interreg à partir de quatre programmes transfrontaliers qui maillent la Méditerranée occidentale : Alcotra (France–Italie), Poctefa (France–Espagne), le programme Maritime France–Italie et le programme transfrontalier de la politique européenne de voisinage du Sud.

La macro-régionalisation est entrée dans une nouvelle phase avec le lancement, en avril 2017, de l'initiative Ouest-Med par la Commission européenne et le Dialogue 5+5. À l'instar d'autres stratégies de bassins maritimes, l'initiative vise principalement à faire face aux enjeux du développement durable et de l'économie bleue en Méditerranée occidentale : pollution, urbanisation côtière, sécurisation du trafic. Une question critique est l'immigration Sud-Nord, dont les problèmes de gestion nourrissent un scepticisme populaire croissant vis-à-vis de l'Union européenne et nourrissent l'émergence de mouvements « anti-Union européenne » souvent xénophobes, comme en témoigne la situation dans de nombreux États membres.

En décembre 2018, l'initiative a permis à huit projets de recevoir un financement total d'environ 7,6 millions d'euros pour coopérer dans le domaine de la pêche durable, dans les instituts et académies de formation

[111] http://www.programmemed.eu/en/the-projects/project-database/results/view/single.html?no_cache=1&idProject=133&cHash=689829865606acfb85bbe053ed505901

maritime, la restauration des forêts, la planification spatiale maritime pour la sécurité, par exemple. La Commission européenne a également mis en place un mécanisme d'aide de 1,4 million d'euros pour stimuler cette initiative. La Commission doit présenter le bilan des actions au Conseil européen et au Parlement européen en 2022.

Tableau 19 – Macro-régionalisation en Méditerranée occidentale : forces en présence

Type	Organisations	Dispositifs complémentaires
Sub-régional / inter-étatique	5+5 Dialogue en Méditerranée occidentale	Union pour la Méditerranée Plan Bleu Politiques méditerranéennes de la France, l'Italie, l'Espagne Politique de voisinage Union européenne Fondation Anna Lindh Eurorégion Pyrénées-Méditerranée Eurorégion Alpes-Méditerranée Eurorégion Andalusie-Algarve-Alentejo Interreg Alcotra (France/Italie) Interreg Poctefa (France/Espagne) Association 4 Moteurs pour l'Europe
Interrégional / sub-étatique	Commission Inter-Méditerranéenne (CRPM) Arc latin	
Programmes Interreg transnationaux	Méditerrané Europe du Sud-Ouest Région alpine	
Stratégie régionale de bassin	Initiative Ouest-Med	

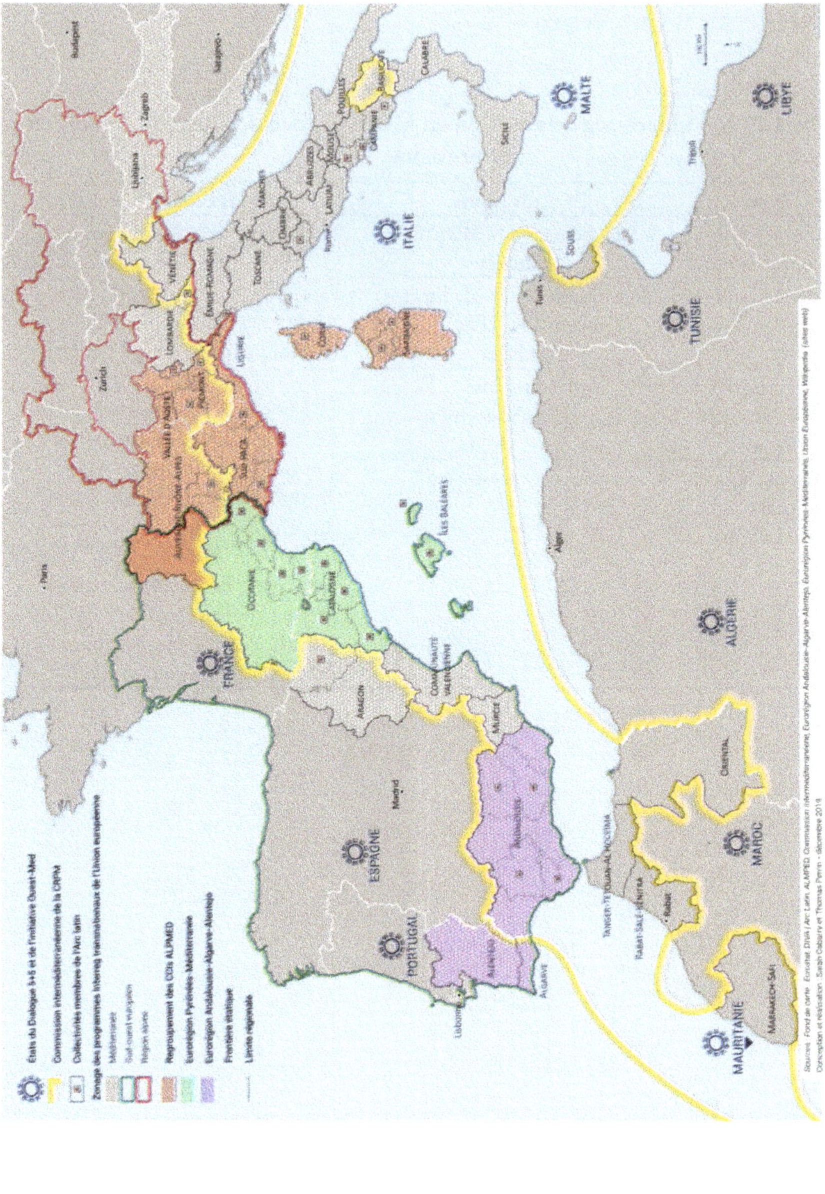

Figure 54 – Coopération macro-régionale en Méditerranée occidentale

L'initiative Ouest-Med présente des caractéristiques macro-régionales à plusieurs égards. Elle est le résultat d'une dynamique de gouvernance multi-niveaux : Commission européenne, États et autorités sub-étatiques. L'initiative illustre également une approche par le *soft space*, avec une délimitation variable et « *pas de territorialité prédéfinie, c'est plus flexible* », comme le souligne un acteur de la Commission. Sa mise en œuvre suit des questions ou des sujets qui ne doivent pas nécessairement impliquer tous les partenaires ou territoires. De nouveaux partenaires peuvent se joindre à l'initiative s'il y a lieu. On retrouve aussi l'objectif de coordonner et de rationaliser les programmes et instruments existants dans cet espace[112].

Parmi les acteurs sub-étatiques de la coopération, on remarque une implication affirmée de trois régions situées dans l'arc nodal de la Méditerranée occidentale : la Catalogne et les Régions françaises Sud-PACA et Occitanie (tableau 20). La Catalogne et la Région Sud co-président d'ailleurs le groupe de travail de la Commission interméditerranéenne sur la coopération macro-régionale et territoriale en Méditerranée. Ces trois régions sont aussi impliquées dans des eurorégions qui complètent le maillage coopératif en deux points nodaux de la Méditerranée occidentale : l'eurorégion Pyrénées-Méditerranée et l'eurorégion Alpes-Méditerranée.

Les dynamiques de coopération indiquent un certain degré de macro-régionalisation de la Méditerranée occidentale. Ce premier constat doit cependant être précisé par une analyse des principaux facteurs qui conditionnent la fabrique régionale post-moderne – et *a fortiori* la fabrique macro-régionale – que l'on rassemble ici en deux grands domaines :

- dans le domaine de l'action publique, la mobilisation des acteurs et les interactions multi-niveaux ;
- dans le domaine des recompositions territoriales, le rapport entre la logique d'européanisation et son effet opérationnel sur le terrain.

[112] Communication de la Commission au Parlement européen, au Conseil, au Comité économique et social et au Comité des régions, *Initiative en faveur du développement durable de l'économie bleue dans la Méditerranée occidentale*, COM/2017/0183 final, Bruxelles, 19 avril 2017.

Tableau 20 – Implication des régions de l'arc nodal de la Méditerranée occidentale

Catalogne	Sud-PACA	Occitanie
Barcelone principal port ouest-méditerranéen (géo-historique) Tropisme méditerranéen dans la coopération et les stratégies extérieures du gouvernement catalan (Perrin, 2014) Barcelone siège d'organisations : Union pour la Méditerranée, GTMO 5+5, Commission interméditerranéenne de la CRPM, Arc Latin, Association des chambres de commerce et d'industrie de la Méditerranée (ASCAME), Institut européen de la Méditerranée (IEMed), Partenariat pour la recherche et l'innovation dans la région méditerranéenne (PRIMA) Février 2019, Barcelone : Forum Catalogne Méditerranée pour relancer une Stratégie méditerranéenne MedCat 2030 pour la politique régionale de l'Union européenne après 2020. Signature de l'Alliance de coopération Méditerranéenne (CIM, Eurorégion Pyrénées-Méditerranée, MedCités, Arc Latin et Eurorégion Adriatique-Ionienne)	Stratégie nationale : Opération d'intérêt national Euroméditerranée pour la rénovation urbaine de Marseille (1995), LGV Méditerranée (2001), capitale européenne de la culture Marseille-Provence (2013) Autorité de gestion du programme Interreg pour la Méditerranée depuis 2007 Relations extérieures concentrées sur l'Europe et la Méditerranée ; région « *porte d'entrée d'une nouvelle diplomatie Méditerranéenne* » Rencontres Méditerranée au Futur pour promouvoir la coopération et « *dessiner la Méditerranée de demain* » (2018-19). Juin 2019, Marseille : Sommet des deux rives du Dialogue 5+5, pour relancer la coopération en Méditerranée occidentale	Languedoc-Roussillon : une des premières régions à signer un accord de coopération avec la Catalogne (1980's) Redéveloppement de Montpellier en technopole euro-méditerranéenne (1980's) Ouverture de la nouvelle maison Occitanie à Bruxelles, discours présidentiel : « *en tant que carrefour de l'Europe du Sud-Ouest, il est temps de réfléchir sur une macro-région de la Méditerranée occidentale avec l'Italie et l'Espagne, et ouverte aux pays de la rive nord de l'Afrique* » 2018 : premières Rencontres internationales de la Méditerranée ; organisation de formations à destination des responsables territoriaux des pays du Sud de la Méditerranée à la maison de région à Casablanca

3. Interactions et interférences à niveaux-multiples

3.1. La persistance des paramètres politiques[113]

La situation en Méditerranée occidentale confirme que les autorités sub-étatiques sont des agents importants de la macro-régionalisation. L'union des ressources et des voix des régions au sein du groupe de travail de la Commission interméditerranéenne (CIM) a contribué au lancement de l'initiative maritime Ouest-Med (IOM). Les représentants des régions ou des principales agglomérations urbaines participent activement à l'initiative depuis le début, comme l'a encore montré la Forum Med Cat à Barcelone en février 2019. L'implication de la Commission européenne, en particulier des directions générales Mare et Regio, a également été une variable clé dans l'établissement de l'IOM. Ce parcours évoque la stratégie maritime adriatique et ionienne qui, de 2012 à 2014, a précédé la stratégie macro-régionale EUSAIR avec un rôle clé de l'entreprenariat politique de la région italienne des Marches (Cugusi & Stochierro, 2016 ; Boulineau, 2016, p. 139–140). Ces faits suggèrent que le passage d'une initiative maritime à une stratégie macro-régionale est susceptible de se produire en Méditerranée occidentale.

Toutefois, les propos de différents acteurs, collectés lors d'une enquête de terrain à l'automne 2018, nuancent ces perspectives : « [une stratégie macro-régionale] *n'est pas un sujet* [...] *la dynamique est différente* [...] *pas assez de valeur ajoutée pour justifier une stratégie macro-régionale* » ; « *la stratégie macro-régionale n'aura jamais lieu, elle est trop complexe* ». Même s'ils reconnaissent que « [l'IOM] *peut aider à établir une stratégie macro-régionale* », ils soulignent que la mise en œuvre d'une initiative maritime est déjà un processus long et difficile. D'autres acteurs émettent également des réserves par rapport aux résultats de la transition entre stratégie maritime et stratégie macro-régionale dans la macro-région adriatique et ionienne.

L'étude de cas remet également en question l'hypothèse selon laquelle les organisations eurorégionales sont des acteurs clés systématiques de la macro-régionalisation. Les situations sont plus variables. En Europe du Nord-Ouest par exemple la coopération eurorégionale est avancée, et comme on l'a vu cette macro-région concentre des ressources et des fonctions majeures au sein de l'espace européen[114]. Or il n'y a pas dans cet espace de projet de stratégie macro-régionale, contrairement à certaines initiatives dans l'Arc atlantique, ou dans les Carpates, desquelles on ne peut toutefois rien

---

113 Comme indiqué précédemment, on se réfère dans l'expression « paramètres politiques » au sens anglais de *politics*, qui renvoie aux lignes et rapports de force politiques et politiciens, qui conditionnent l'action publique [*policy*], y compris les politiques d'aménagement (cf. supra chapitre 4, partie 4.2).

114 Cf. supra chapitre 5, partie 1.2.

préjuger[115]. Les projets pour maintenir une coopération territoriale suite au retrait du Royaume-Uni de l'Union européenne ne viennent pas fondamentalement modifier la donne concernant une stratégie macro-régionale[116]. Le degré d'avancement de la coopération eurorégionale ne conditionne pas toujours la mise en place d'une coopération à l'échelle macro-régionale. Ce n'est qu'un facteur déclencheur, ou de consolidation, parmi d'autres.

En Méditerranée occidentale, on constate d'ailleurs que l'eurorégion Alpes-Méditerranée est inactive depuis plusieurs années, notamment en raison de désaccords politiques ou d'un désintérêt des régions membres. Or ces régions se sont néanmoins impliquées, depuis 2014, dans une stratégie macro-régionale, la stratégie pour la macro-région alpine (EUSALP). On peut l'interpréter comme une priorisation de leurs enjeux communs relatifs à l'espace alpin par rapport à ceux de la Méditerranée, d'autant plus que la réforme des régions en France a fusionné la région Rhône-Alpes avec l'Auvergne, autre territoire de montagne. On peut également estimer que l'opportunité politique a joué un rôle clé dans cette réorientation des cadres de coopération : la stratégie alpine a été rapidement mise en place et elle rassemble des régions puissantes, en particulier les *Länder* allemands et autrichiens qui ont été proactifs dans l'avancement du projet. Dans l'eurorégion Pyrénées-Méditerranée, l'Occitanie et la Catalogne ont clairement affirmé leurs stratégies méditerranéennes. Mais l'Occitanie a une capacité d'action assez limitée selon l'organisation française de la décentralisation. En Catalogne, la relation sociopolitique controversée de longue date avec l'État espagnol a atteint un point de rupture en octobre 2017, lorsque le gouvernement catalan a organisé un référendum sur l'indépendance de la région, non autorisé par l'État espagnol (encadré M). Les résultats de cette crise sont incertains et questionnent l'évolution du régionalisme et la dynamique de rééchelonnement de l'État en Europe (Pellistrandi, 2018 ; Castan Pinos & Sacramento, 2019 ; Kölling, 2019).

À l'échelle de la Méditerranée occidentale, le conflit peut entraver les projets de macro-régionalisation car la Catalogne est un porteur essentiel de cette vision. Or en Espagne, l'État est l'autorité de gestion de la plupart des fonds structurels européens 2014–20, et conserve le contrôle d'autres politiques européennes qui ont des implications majeures en matière de planification, comme par exemple la réalisation d'une liaison ferroviaire rapide dans le corridor méditerranéen espagnol. Activement promu par la Catalogne et la Communauté valencienne et inclus dans le corridor

---

115 Cf. https://cpmr-atlantic.org/fr/event/a-vision-for-the-atlantic-arc/ ; https://cor.europa.eu/fr/events/Pages/coter-sc-macroregional-staregy-carpathian.aspx

116 Comité européen des régions, 2019, *Avis : Les stratégies macrorégionales, à l'exemple de celle concernant la région du Danube : un cadre pour promouvoir les grappes transnationales d'entreprises,* CDR 6422/2018, COTER-VI/051, juin 2019.

méditerranéen du réseau transeuropéen de transport, ce vaste projet d'infrastructure a fait face à une mise en œuvre lente et à des priorités étatiques divergentes (Boira Maiques & Prytherch, 2015), malgré l'existence du Groupe des ministres des transports pour la Méditerranée occidentale.

Néanmoins, les indicateurs évoluent. Depuis 2018 le gouvernement espagnol a installé un Commissaire au développement du corridor méditerranéen, en partenariat avec la Communauté valencienne. C'est d'ailleurs Josep Boira Maiques, qui a été nommé à ce poste en 2019. Comme le montre ses travaux cités plus haut, ce géographe, ancien conseiller des transports et infrastructures à la Communauté valencienne, a depuis toujours œuvré pour défendre et promouvoir la connexion ouest-méditerranéenne (Boira Maiques 2007, 2010 ; Boira Maiques & Prytherch, 2015). Par ailleurs, le lancement de la stratégie Cat Med en 2019 peut marquer un nouveau tournant dans la dynamique de coopération en Méditerranée occidentale. Les régions de la zone, et l'eurorégion Pyrénées-Méditerranée, sont étroitement associées au processus. En ce qui concerne la coopération transfrontalière franco-italienne, on peut également observer que plusieurs organisations coopératives existent au-delà de l'eurorégion Alpes-Méditerranée, comme par exemple une eurorégion AlpMed entre les chambres de commerce et d'industrie, réactivée alors que l'eurorégion politique tombait en sommeil (figure 54).

Le cas de la Méditerranée occidentale confirme que la macro-régionalisation, au-delà de la logique socio-économique ou territoriale, dépend fortement de paramètres politiques...dans lesquels les États centraux conservent une capacité prépondérante.

Encadré M – La communauté autonome de Catalogne, de la région à l'État ?

Les relations extérieures, les réseaux européens et les coopérations interrégionales peuvent être mobilisés par les régions pour affirmer leur capacité d'action face aux États, et tenter d'infléchir les décisions en fonction de leurs priorités. Cette confrontation État/région est particulièrement significative en Catalogne, dont une partie de la population et des autorités se revendiquent non comme une composante de l'Espagne, mais comme une Nation privée d'État. Cette relation compliquée, sur le mode des frères ennemis ou du « je t'aime moi non plus », vient de loin. Au Moyen-Âge une confédération catalano-aragonaise se constitue et règne un temps sur un vaste territoire à l'ouest de la Méditerranée avec ses propres structures institutionnelles, juridiques et sa propre langue, et Barcelone parmi ses capitales. Des savants et penseurs de langue catalane font alors rayonner les sciences et cultures méditerranéennes, à l'image de Ramon Llull. Après l'union dynastique de cette confédération avec la Castille, à la fin du XVe siècle, son intégration progressive au royaume d'Espagne est ponctuée

de révoltes et de soulèvements des élites et populations catalanes. L'hymne national catalan, *Els Segadors*, fait référence à un de ces conflits : la guerre des Faucheurs entre 1640 et 1659, année où le traité des Pyrénées ampute les territoires catalans en rattachant le Roussillon et certaines vallées pyrénéennes à la France. Lors de la guerre de Succession d'Espagne, la défaite du 11 septembre 1714 marque la perte d'autonomie du territoire au profit d'une centralisation perçue comme castillane. Le 11 septembre est devenu la *Diada*, journée nationale de la Catalogne.

À partir du XIXe siècle, le fort développement économique de Barcelone et de sa région s'accompagne d'un mouvement de renaissance culturelle et linguistique, la *Renaixença*, qui culmine avec la codification du Catalan par le grammairien Pompeu Fabra, devenu héros national. Des mouvements artistiques et littéraires façonnent l'identité de la Catalogne et de sa capitale Barcelone, avec par exemple les réalisations d'Antoni Gaudi. Parallèlement le catalanisme politique se structure et donne la création d'une première forme de gouvernement catalan : la *Mancomunitat,* active de 1914 à 1923. Lors d'une parenthèse républicaine dans les années 1930, la Catalogne obtient un statut d'autonomie renforcée dans l'Espagne. Le régime franquiste, sorti victorieux de la guerre civile, y mettra fin. Pendant près de quatre décennies la pratique du catalan est officiellement interdite et la région est assujettie au gouvernement central. De nombreux républicains originaires de Catalogne fuient les troupes franquistes lors d'un exode massif à travers les Pyrénées, la *Retirada*. Le Mémorial du camp de Rivesaltes, inauguré en 2015, témoigne de cet épisode douloureux de l'histoire franco-espagnole. La création à Barcelone de l'*Universitat Autònoma de Barcelona* (1968) et du *Teatre Lliure* (1976) ; les activités du Centre excursionniste de Catalogne sont autant de marques de résistance à ce qui est considéré comme une oppression.

Lors de la transition démocratique de la fin des années 1970, la Catalogne devient une des communautés autonomes de l'Espagne avec une large autonomie dans de nombreux domaines. Dès les années 1980 une opération de normalisation linguistique est menée par le gouvernement catalan, la *Generalitat*, par le biais de l'enseignement, des médias, de l'administration. Progressivement de nouvelles compétences sont accordées à la Catalogne, même si l'agenda initial des partis nationalistes catalans n'est ni le séparatisme ni l'indépendance, mais plutôt l'optimisation des intérêts catalans dans le respect du « pacte constitutionnel » scellé lors de la transition démocratique entre les forces dirigeantes de l'Espagne. Or l'arrivée d'une nouvelle génération de responsables politiques à Madrid et à Barcelone, la dégradation des relations avec l'État couplée à plusieurs affaires de corruption dans les partis de gouvernement, ainsi que la crise économique virulente à partir de 2008, changent la donne et exacerbent les tensions jusqu'à atteindre un point de rupture.

À partir de 2010, l'indépendantisme se renforce après que de nouvelles revendications pour plus d'autonomie, notamment fiscale, ont été rejetées par l'État et invalidées par le Tribunal constitutionnel. Une crise sans précédent est ouverte à l'automne 2017 lorsque le gouvernement catalan

organise unilatéralement un référendum sur l'indépendance, première étape d'un programme de « déconnexion de l'État espagnol ». Illégal au regard du droit espagnol, ce référendum est soutenu par une grande partie de la population. Le scrutin se déroule dans la confusion avec l'intervention parfois violente des forces de l'ordre dépêchées par le gouvernement espagnol. On évoque 90 % de votes en faveur de l'indépendance pour 42 % des électeurs exprimés, mais il est impossible d'obtenir un résultat fiable, et celui-ci ne serait de toute façon pas reconnu par l'État espagnol. Fait exceptionnel et unique, le roi d'Espagne donne une allocation pour déplorer la situation et accuser les responsables catalans de provoquer la division de l'Espagne. Ce qui n'empêche pas le Parlement catalan de déclarer l'indépendance de la Catalogne le 27 octobre 2017 « sous la forme d'une République ». Suite à cette déclaration, des dirigeants politiques sont emprisonnés et condamnés, le président se réfugie à Bruxelles avec des collaborateurs et tente de faire de l'Union européenne la caisse de résonance du combat indépendantiste, et l'arène de règlement du conflit. Les États européens refusent de violer les règles de la souveraineté intérieure de l'État espagnol… ce qui reviendrait à ouvrir une boîte de Pandore face aux divers mouvements régionaux sécessionnistes ou séparatistes en Europe.

Cet affrontement met en débat l'État de droit, le droit des peuples à disposer d'eux-mêmes, la légalité juridique ou l'activisme politique. L'agenda indépendantiste a trouvé un large écho dans la société catalane. Mais la voie de l'unilatéralisme a aussi conduit à diviser la société catalane et à réveiller un nationalisme espagnol d'extrême droite. Cela met à l'épreuve le modèle démocratique libéral et la coopération européenne. Comment prendre en compte le sentiment profond de millions de citoyens sans rompre le « pacte constitutionnel » qui régit l'État de droit démocratique espagnol ? Quel peut être le poids respectif des arguments politiques ou juridiques dans cette situation ? En ce qui concerne les traités de l'UE, la Catalogne respecte déjà tous les chapitres de l'acquis communautaire dans leur intégralité, ce qu'on demande aux États qui veulent rejoindre l'Union européenne. Quant à la monnaie unique, on observe que le Monténégro l'a *de facto* sans être membre ni de l'UE ni de la zone euro. La création d'un nouvel État est-elle la réponse aux mouvements nationalistes sub-étatiques ?

Par ailleurs, dans une Espagne qui comprend aussi de forts particularismes basque, galicien, voire valencien ou baléare, certains sont-ils plus légitimes que d'autres, et à quel titre ? Et *quid* de la « renaissance » du nationalisme espagnol ? La construction européenne ne devrait-elle pas permettre de dépasser, voire de sublimer de tels sentiments qui ne sont pas l'apanage de l'Espagne ? Décidément, la bonne formule hispano-catalane reste à trouver. Pour l'Espagne comme pour l'Europe, il s'agit tout autant d'un défi que d'une leçon.

3.2. Rééchelonnement et résilience de l'État

L'initiative Ouest-Med (IOM) découle d'un parcours « des États vers les États » et un acteur l'interprète comme « *une sorte de réponse* [des États] *à l'aspiration de créer une stratégie macro-régionale* ». Le projet a été initié dans le cadre interétatique du Dialogue 5+5, et même si la Commission européenne a acté sa mise en œuvre effective, le processus a été (ré)endossé par le Dialogue 5+5. Certes les régions participent à la conception des contenus et des activités de l'IOM, mais le comité directeur est formé de représentants des États. De même, seuls les représentants des États peuvent voter pour prendre une décision dans le cadre de la plate-forme de gouvernance Panoramed mentionnée précédemment. Un acteur a déclaré : « *nous devons utiliser des géométries qui correspondent aux volontés de l'État* ». Un forum du Dialogue 5+5 s'est tenu à Marseille en juin 2019, pour acter une relance la coopération et l'intégration en Méditerranée occidentale. Une seule mention de l'initiative Ouest-Med figure dans la déclaration finale « Engagements pour une nouvelle ambition en Méditerranée ». En outre, il n'existe pas le même degré de décentralisation politique entre les rives Nord et Sud de la Méditerranée occidentale, ce qui renforce la place des États, même si comme on l'a vu le Maroc, engagé dans un processus de régionalisation depuis ses réformes constitutionnelles de 2011, s'associe par exemple avec la région Occitanie pour la formation de ses responsables régionaux.

À de nombreux égards, les stratégies macro-régionales, qui représentent la forme la plus élaborée de macro-régionalisation, restent des cadres de coopération sub-diplomatiques plutôt qu'interrégionaux, dans lesquels les services diplomatiques des États membres maintiennent un contrôle et un suivi, à une autre échelle que celle de la diplomatie traditionnelle. Les stratégies doivent être approuvées par les États membres du Conseil de l'Union européenne. Les réticences ou priorité divergentes des États concernés ont un effet direct sur l'adoption formelle d'une stratégie macro-régionale : l'évolution du projet de stratégie Atlantique, voire la demande de stratégie pour l'Europe du Nord-Ouest, seront à cet égard intéressantes à observer lorsque le Royaume-Uni aura quitté l'Union européenne. En ce sens, les formes « classiques » de coopération sub-régionale entre États, malgré leur caractère *a priori* daté, peuvent avoir un rôle à jouer dans la macro-régionalisation. On le constate d'ailleurs dans le rôle joué par le Dialogue 5+5 dans l'initiative Ouest-Med ou dans celui des Conseils nordiques dans la coopération macro-régionale en mer Baltique.

Les paramètres politiques concernent également les relations entre les autorités sub-étatiques, qui peuvent varier selon les majorités et les lignes politiques, les engagements changeants et les contingences politiques réelles, comme le montre le cas de l'eurorégion Alpes-Méditerranée. Ces questions de gouvernance nous ramènent au nœud gordien de l'aménagement

régional, et *a fortiori* de l'aménagement macro-régional, dans des sociétés complexes : les projections territoriales relationnelles doivent composer avec la fixité des circonscriptions décisionnelles de pilotage et de mise en œuvre des politiques.

4. Dilemnes et limites socio-politiques et spatiales

4.1. Une coopération euro-méditerranéenne inhibée

Le cas de la Méditerranée occidentale montre que l'approche macro-régionale par le *soft space* est confrontée à la *realpolitik*. Même si dans le discours de l'Union européenne la dimension extérieure peut représenter un atout important des stratégies macro-régionales, pour organiser l'espace européen en lien avec les espaces de voisinage, la macro-région de la Méditerranée occidentale apparaît sous certains angles comme « trop ouverte pour fonctionner ». On retrouve ici un indicateur supplémentaire des aléas de la coopération euro-méditerranéenne.

L'Union pour la Méditerranée (UpM) devait marquer un nouveau départ après l'essoufflement du processus de Barcelone, première initiative lancée en 1995 et que Thierry Fabre considérait déjà en 2000 comme « *un vaste théâtre d'ombres ou, comme on le dit sur l'autre rive, un* moussem, *une fête rituelle* » (cité par Taglioni, 2003, p. 161)[117]. Jusqu'à présent, les résultats de l'UpM tranchent peu avec la situation antérieure, eu égard à la situation géopolitique, sociale et environnementale dans de nombreuses parties de la Méditerranée, avec des inégalités croissantes et le drame des guerres et des migrations. « *Les efforts et l'argent consacrés à la construction de la région et à la promotion de la démocratie au cours des vingt dernières années ont été stupéfiants, et quel que soit le point de vue de chacun sur l'opportunité de ces efforts, il est clair que les résultats ont été (autant que nous sachions) un gaspillage des ressources* » (Jones, 2014, p. 233). À titre d'exemple on constate l'impact relativement confidentiel des travaux du projet Medgovernance, livrés en 2011, sur le projet Panoramed en cours de développement, malgré la proximité des thématiques[118].

La mise en œuvre de la coopération macro-régionale représente un défi de taille dans un espace aussi instable et discontinu (PE, 2015 ; Cugusi &

---

117 L'écrivain et politologue Thierry Fabre, spécialiste de la Méditerranée et défenseur d'un universalisme méditerranéen, a été directeur du Développement culturel et des Relations internationales du MUCEM, musée des Civilisations de l'Europe et de la Méditerranée ouvert en 2013 à Marseille.

118 Cf. supra partie 2.

Stocchiero, 2016, p. 184 ; Beckouche, Besnard & Pecout, 2016, p. 168–180 ; Scott, Celata & Coletti, 2019). Sur le terrain, le programme transfrontalier méditerranéen de la politique de voisinage 2014–2020 a par exemple été retardé et le premier appel à projet n'a été lancé qu'en juillet 2017, à cause de problèmes de négociation politique entre l'Union européenne et les États concernés. Plus tragiquement, Michelle Pace (2018, p. 385) rappelle qu'alors que Malte occupait la présidence du Conseil de l'Union européenne, la Syrie connaissait une des plus graves crises humanitaires de l'époque actuelle avec plus de onze millions de morts et de réfugiés.

D'aucuns considèrent même que la logique d'une macro-régionalisation méditerranéenne véhicule un fantasme technocratique ambigu. Selon eux le discours sur le *soft space* peut servir une stratégie de « refrontiarisation », de réaffirmation des frontières de l'Union européenne [*EU rebordering*], pour à la fois exporter les priorités politiques de l'Union européenne et mieux délimiter ses limites méridionales (Bialasiewicz et al., 2013). Cela fait écho à une « *nature hautement sélective des conceptions de l'Union européenne sur les relations de voisinage et l'espace méditerranéen. Ces conceptualisations partagent généralement la tendance ambivalente de considérer la mer comme une région, d'une part, et de la considérer comme une frontière, d'autre part* » (Scott, Celata & Coletti, 2019, p. 6).

De manière générale la coopération euro-méditerranéenne pâtit depuis son origine d'un manque de consensus entre les États membres de l'Union européenne. Il y a en particulier une tension franco-allemande sur la priorité à accorder au flanc sud de l'Union européenne, depuis que l'élargissement à l'est a modifié les équilibres spatiaux et politiques à l'avantage de l'Allemagne, alors que la Méditerranée est une zone d'influence traditionnelle de la France (Taglioni, 2003, p. 161). Le projet initial d'Union pour la Méditerranée, porté par la France, n'incluait que les pays riverains[119] et non pas l'ensemble de l'Union, mais la copie a dû être revue notamment à la demande de l'Allemagne. La coopération euro-méditerranéenne se trouve donc dans une situation particulièrement ambivalente qui ne peut qu'inhiber son développement : au « consensus mou » sur l'urgence de mener cette coopération répondent non seulement des fractures socio-économiques et politiques dont certaines sont particulièrement graves, mais aussi des critiques ou désaccords permanents sur le bien-fondé ou le sens à donner à cette coopération.

---

119 Ainsi que le Portugal, la Jordanie et la Mauritanie.

4.2. Mer, frontière ou territoire : une région de coopération ambiguë

Les initiatives en faveur d'une macro-régionalisation de la Méditerranée occidentale confirment que certaines questions et problèmes de planification ne peuvent être abordés qu'à des échelles distinctes des délimitations administratives traditionnelles, impliquant une gouvernance coopérative. Elles illustrent comment l'intégration européenne peut influencer les priorités et les méthodes de l'aménagement. Mais elles révèlent aussi quelques ambiguïtés des injonctions « *soft*-européanisantes ».

Compte tenu des obstacles à la coopération euro-méditerranéenne, une solution alternative et pragmatique pour renforcer la macro-régionalisation pourrait être d'élaborer et de mettre en œuvre une stratégie pour les régions du nord-ouest de la Méditerranée, afin de renforcer et de rationaliser la coopération territoriale sans la limiter aux questions maritimes. Une telle perspective présente une certaine cohérence avec la dynamique coopérative existante. Mais différents acteurs, face à cette hypothèse, critiquent la valeur ajoutée opérationnelle, la cohérence spatiale d'une partition Nord-Sud de la Méditerranée, *a fortiori* si l'objectif est la coopération. De ce point de vue, l'IOM fournit la réponse la plus adaptée pour coopérer dans une zone aussi fragmentée, la mer étant le meilleur – ou le plus raisonnable – dénominateur commun. Le choix d'une stratégie maritime peut être interprété comme un moyen de circonscrire le domaine de la coopération à la mer, et donc d'éviter les questions territoriales potentiellement conflictuelles dans la zone.

On peut penser à la question du Sahara occidental entre le Maroc et l'Algérie, aux tensions entre le Maroc et l'Espagne sur les villes de Ceuta et Melilla, ou plus généralement aux problèmes posés par les flux migratoires du Sud vers le Nord (Scott, Celata & Coletti, 2019). Un acteur estime que « *Les rives nord et sud se parlent, et c'est déjà beaucoup* », ce qui rejoint le constat que « *la Méditerranée pourrait potentiellement signifier de nouveaux espaces d'interaction politique et de dialogue socioculturel à échelles multiples, surtout si ceux-ci facilitent une coopération négociée conjointement autour de préoccupations communes* » (*id.*, p. 7). Toutefois, beaucoup de problématiques communes, constatées de longue date dans cette macro-région, relèvent de l'aménagement territorial et non pas uniquement maritime : littoralisation et artificialisation des côtes, dégradation des milieux ruraux, pression sur les ressources, hydriques en particulier, sécheresses récurrentes et risques d'incendie.

Ceci étant, la compartimentalisation de la Méditerranée est aussi une réponse qui peut permettre d'opérationnaliser la coopération à une échelle plus efficace que l'échelle globale, mais dysfonctionnelle jusqu'ici, de l'Union pour la Méditerranée. Le Sommet organisé à l'initiative de la

France à Marseille en juin 2019, pour redynamiser la coopération euro-méditerranéenne, s'est tenu dans le cadre du Dialogue 5+5 en Méditerranée occidentale, qui apparaît ainsi comme un moteur pour une relance plus globale de la coopération. Cependant, là encore la situation reste ambiguë et comme l'ont montré les débats lors du Forum MedCat en février 2019, les avis restent partagés entre une stratégie pour l'ensemble de la Méditerranée, plusieurs stratégies méditerranéennes ou bien encore une coopération basée sur des dispositifs plus ponctuels, de composition et délimitation variables. Débats qui réaffirment la prégnance des paramètres politiques. Dans cette perspective, la mise en œuvre des programmes Interreg de l'Union européenne 2021–2027 et leur alignement sur les stratégies macro-régionales ou de bassins maritimes, seront des variables clé pour observer les tendances de la macro-régionalisation en Méditerranée occidentale[120].

De plus, si la logique de la macro-régionalisation est claire, les effets restent sujets à caution. Par plusieurs aspects le cadre macro-régional ressemble à une autre organisation intergouvernementale, un échelon supplémentaire de présidences tournantes et de réunions annuelles assez confidentielles, alors même qu'elle est censée apporter des réponses concrètes et pragmatiques à des problématiques de développement partagées. Même si la politique régionale de l'Union européenne 2021–2027 semble viser une normalisation de la coopération macro-régionale, une certaine « fatigue macro-régionale » n'est pas à exclure dans certains cas, en fonction des paramètres politiques et des résultats produits. En outre, l'implication citoyenne reste le parent pauvre des réalisations macro-régionales. Ce « découplage » entrave toute dynamique d'évolution des représentations spatiales et méta-géographiques, qui pourrait pourtant donner plus de sens et de lisibilité aux recompositions (macro-)régionales au sein de l'Union européenne. Le passage d'une incarnation technocratique à une incarnation plus socio-culturelle de la macro-régionalisation est un pas à franchir si l'agenda de l'européanisation spatiale reste d'actualité. À ce titre, le cas de la Méditerranée occidentale remet en jeu les questions d'identité, de culture et d'identification des constructions régionales à des échelles renouvelées.

---

[120] *Résolution du Parlement européen du 16 janvier 2018 sur la mise en œuvre des stratégies macrorégionales de l'Union*, n° 2017/2040(INI)) ; *Conclusions du Conseil du 21 mai 2019 sur la mise en œuvre des stratégies macrorégionales de l'Union européenne*, n° ST 9101 2019.

5. La variable culturelle dans la macro-régionalisation

5.1. L'enjeu identitaire macro-régional ou la construction d'une identité intermédiaire

Les incitations au lancement d'une stratégie macro-régionale sont principalement liées à des questions environnementales, économiques ou d'infrastructures, ainsi qu'aux caractéristiques spatiales du territoire concerné, qu'il s'agisse d'un bassin maritime, hydrographique ou d'une zone de montagne. Comme on l'a vu il n'y a pas de définition claire de la manière de délimiter une macro-région, ce qui correspond au concept de *soft space* discuté précédemment. Or, comme tout construit spatial ou territorial, le *soft space* n'est pas exempt de dimension identitaire et représentationnelle.

La définition d'une stratégie macro-régionale implique d'identifier et de délimiter d'une manière ou d'une autre les territoires et les sociétés concernés par la stratégie, en fonction de leur profil et de leurs caractéristiques spécifiques, et donc de concevoir une certaine « identité » de la macro-région projetée (Cappellin, 1998 ; Dubois et al., 2009 ; Dühr, 2014). Il y a déjà plus de deux décennies, dès la mise en place des premiers programmes Interreg à l'échelle transnationale en Méditerranée, Ricardo Cappellin a avancé le concept d'identité douce [*soft identity*] pour se référer à ce type de configuration régionale intermédiaire, peu institutionnalisée, aux frontières non stabilisées : « *La caractéristique déterminante d'une macro-région est l'existence d'une identité commune "douce"* [soft identity] *déterminée par un sentiment d'appartenance à un territoire commun au sens géographique, culturel et économique* » (Cappellin, 1998, p. 324). Michelle Pace (2018) soutient la même approche dans sa vision de la construction macro-régionale en Méditerranée : « *des sous-systèmes d'États liés par une relation géographique, une interdépendance mutuelle et le sentiment subjectif d'appartenir à une communauté distincte* ». L'identité macro-régionale peut se référer au sentiment de solidarité – situation ou défis communs, par exemple – qui est censé être une force motrice de la volonté et de la nécessité de coopérer dans une macro-région donnée. Les questions environnementales dans la Baltique ou les Alpes, ou les défis de la mobilité dans le Danube et en Adriatique et mer Ionienne, en sont des exemples. Mais bien d'autres éléments peuvent composer l'identité d'une macro-région, qu'ils soient géophysiques, géo-historiques, spatiaux, socio-économiques, linguistiques, artistiques ou créatifs.

Toutefois, la référence à une identité macro-régionale peut certainement semer la confusion quant au sens de la coopération et à la logique des réalisations attendues de la stratégie macro-régionale : trouver des réponses concrètes et efficaces à des défis tangibles, partagés à une échelle pertinente

et commune. Les macro-régions sont considérées avant tout comme des plates-formes expérimentales pour faciliter les projets de coopération territoriale et améliorer la mise en œuvre des politiques européennes. En ce sens, un débat identitaire macro-régional semble hors sujet et peut même susciter des controverses car, comme on l'a vu, les catégories de région et d'identité sont des termes contestés, qui se prêtent à de multiples interprétations et instrumentalisations (Paasi, 2009 ; Keating, 2017)[121]. La macro-région a-t-elle une identité en soi ou son identité est-elle composée d'identités multiples – et parfois contradictoires – de ses habitants ? Comment mobiliser cette identité (ou ces identités) pour favoriser la coopération macro-régionale ? L'examen des principaux rapports et études de l'Union européenne sur les macro-régions fait apparaître très peu d'occurrences du terme « identité », traitant principalement de l'« identité visuelle ».

Or comme on l'a vu également tout processus politique ou toute organisation institutionnelle nécessite une incarnation symbolique et immatérielle, y compris pour favoriser l'adhésion et la participation des populations à ce processus. Les praticiens, les élus, les cadres ou les citoyens doivent tous être capables de projeter une vision et/ou une représentation sur une institution ou une autorité donnée, et de la relier à leur propre identité perçue. Une illustration paroxystique de cette dynamique est la manipulation grotesque de la rhétorique identitaire par les mouvements politiques nationalistes ou xénophobes dans leur quête d'influence ou de représentation du « vrai peuple », pour « parler simplement » ou pour se rapprocher de « l'opinion publique ». Des dispositifs très spécifiques, ciblés et technocratiques tels que les stratégies macro-régionales ne sont pas exempts de ces dimensions immatérielles.

Cette dimension apparaît d'autant plus importante que l'un des objectifs de la stratégie est d'améliorer la lisibilité et l'efficacité des politiques et des financements de l'Union européenne, et de favoriser la participation de la société civile. Plusieurs travaux ont montré que les attentes et les identifications symboliques sont présentes y compris dans des ensembles territoriaux peu consolidés comme les régions transfrontalières (Considère & Perrin 2017 ; Durand & Perrin 2018). Ainsi, comme dans toute construction régionale, la promotion de références, de valeurs ou d'autres éléments immatériels liés à une macro-région peut contribuer à rendre cet instrument plus accessible et plus ancré dans le terrain : « *les héritages historiques et culturels communs préexistants des territoires inclus dans les macro-régions… servent de récit utile pour* [construire] *un nouvel* epos *macro-régional en termes culturels* » (Gänzle et Kern, 2016, p. 9). Mais des références macro-régionales ne peuvent pas se substituer aux autres références géo-historiques

---

121 Cf. supra chapitre 2 partie 1, chapitre 3 partie 1.

et culturelles des populations à l'échelle nationale, sub-nationale ou autre, ce qui nous renvoie ici à une problématique saillante de l'intégration européenne (Habermas, 2001 ; Lefebvre, 2013 ; Menasse, 2015). Des dimensions symboliques ou immatérielles macro-régionales peuvent compléter les identifications préexistantes des personnes plutôt que de les concurrencer. Les macro-régions ne peuvent pas créer une « communauté imaginée » au sens des constructions nationales telles que les a analysées Benedict Anderson (1991), mais des identifications intermédiaires peuvent renforcer le sentiment d'appartenance à une communauté européenne. Un objectif – pour ne pas dire un défi – qui répond à l'un des défis les plus critiques de l'Union européenne : réaliser « l'unité dans la diversité », alors que l'euroscepticisme rampant illustre une nouvelle fois la prégnance des ancrages identitaires dans les processus de construction sociopolitique (Brack & Startin, 2015 ; Chopin, 2015)[122]. Et comme on l'a vu, la politique culturelle est une de celles qui travaillent le plus les dimensions identitaire et symbolique de l'action publique.

5.2. L'action culturelle macro-régionale existe-t-elle ?

La culture fait partie des domaines prioritaires des stratégies macro-régionales de la mer Baltique et du Danube, avec des objectifs tels que :

- la promotion des industries culturelles et créatives ; la préservation et la présentation du patrimoine culturel et le renforcement de l'identité culturelle dans la macro-région de la Baltique ;
- la promotion de la culture et du tourisme, et les contacts interpersonnels [*people to people*] dans la macro-région du Danube.

La stratégie macro-régionale alpine fait référence à la culture dans son objectif de préserver le patrimoine alpin et de promouvoir l'utilisation durable des ressources naturelles et culturelles. Il n'existe pas de ligne spécifique dédiée à la culture dans la stratégie macro-régionale adriatique et ionienne. Cependant, la priorité « tourisme durable » prend en compte le patrimoine culturel et les activités créatives pour améliorer l'économie touristique de la macro-région.

Au niveau opérationnel, la coopération culturelle est assez avancée dans la macro-région de la Baltique. Le Comité du patrimoine de la région de la mer Baltique, créé en 1998, rassemble des représentants du Conseil des États de la mer Baltique (CEMB) : Allemagne (Mecklembourg-Poméranie occidentale et Schleswig-Holstein), Danemark, Estonie, Finlande, Lettonie,

---

[122] Cf. aussi « Citoyenneté et résistances à l'Europe. Entretien avec Paul Magnette », *Esprit*, avril(4), 2019, p. 113–124.

Lituanie, Norvège, Pologne et Suède. Ce comité a créé en 1991 le réseau *Ars Baltica*, qui encourage la coopération culturelle dans la macro-région. Les deux organes sont engagés dans la priorité « culture » de la stratégie macro-régionale. À plus grande échelle, la Lettonie, la Lituanie et l'Estonie ont établi un programme culturel commun, doté d'un financement commun. Même si cette dernière initiative ne concerne qu'une partie de la macro-région, elle confirme le haut degré de coopération entre les membres de la macro-région, qui a commencé bien avant 2009 et la stratégie macro-régionale (Dangerfield, 2016).

La base de données *Keep* fournit des chiffres sur les projets de coopération territoriale, y compris les projets spécifiquements liés aux stratégies macro-régionales de la Baltique, du Danube et de la Région alpine[123]. Une consultation de la base permet de voir d'une part la proportion de projets axés sur la culture et l'identité par rapport au nombre total de projets, d'autre part la proportion de projets inscrits dans les stratégies macro-régionales parmi l'ensemble des projets et autres programmes Interreg présents dans la même zone (tableau 21).

Tableau 21 – Projets de coopération culturelle dans les macro-régions Baltique et Danube

Programmes	**Projets à dimension culturelle/identitaire***	**Ensemble des champs**	**Proportion de projets culturels/identitaires (%)**
Stratégies macro-régionale (3)	34	723	4,7
Programmes Interreg 2007–13 (36)	1000	4288	23,3
Programmes Interreg 2014–20 (21)	360	1814	19,8

Note : * Champs thématiques sélectionnés : « *cultural heritage and arts* » et « *community integration and common identity* ».

Source : https://www.keep.eu ; données compilées en janvier 2022.

Ces résultats, qui n'ont qu'une visée indicative, montrent que si les thèmes culturels et identitaires sont relativement bien représentés de manière globale (environ 20 % des projets), ils occupent une place plus modeste dans les stratégies macro-régionales *stricto sensu* (moins de 5 %). On peut aussi supposer que les projets culturels directement liés aux macro-régions sont limités à des projets phares ou de plus grande envergure, qui correspondraient à la portée spatiale de la macro-région, comme par exemple le projet

123 En janvier 2022, les données de la macro-région Adriatique et Ionienne ne sont pas disponibles.

Routes4U (figures 55 & 56). Ce programme conjoint entre le Conseil de l'Europe et l'Union européenne fonctionne depuis 2017 pour réaménager et promouvoir les itinéraires culturels dans le cadre des macro-régions[124]. L'objectif est de renforcer la coopération, la planification et la promotion de ces itinéraires, avec les impacts socio-économiques attendus sur le tourisme, les industries créatives, l'implication des populations, entre autres. Cette initiative expérimentale pourrait devenir un processus d'apprentissage de la coopération culturelle et patrimoniale macro-régionale.

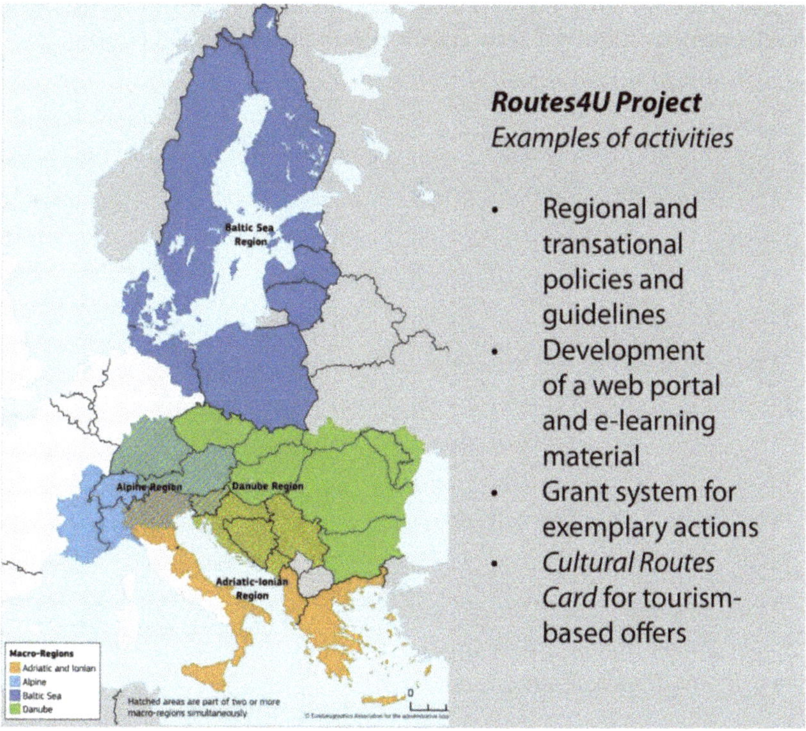

Figure 55 – Le projet *Routes4U* : patrimoine et tourisme culturels dans les macro-régions
Source : https://pjp-eu.coe.int/en/web/cultural-routes-and-regional-development

Cet aperçu préliminaire des politiques culturelles macro-régionales questionne l'apport de la culture pour la coopération macro-régionale et la pertinence du cadre macro-régional comme opportunité concrète pour la coopération culturelle. Bon nombre des projets culturels énumérés

124 https://pjp-eu.coe.int/en/web/cultural-routes-and-regional-development

peuvent avoir été développés sans stratégie macro-régionale, en particulier dans le cadre des organisations préexistantes et avancées de la coopération interétatique nordique et balte. On ne constate pas non plus de lien avéré entre la coopération macro-régionale et les projets développés dans d'autres cadres : programmes européens transfrontaliers ou transnationaux, eurorégions. Pourtant, comme on l'a vu dans le cas de la Baltique, la pratique établie de coopération territoriale a un certain effet sur l'avancement des dispositifs de macro-régionalisation, et on peut étendre ce constat au domaine culturel. En outre, le programme *Routes4U* montre que les macro-régions peuvent offrir un terrain de jeu intéressant pour la culture et le développement culturel à cette échelle spécifique (figures 55 & 56).

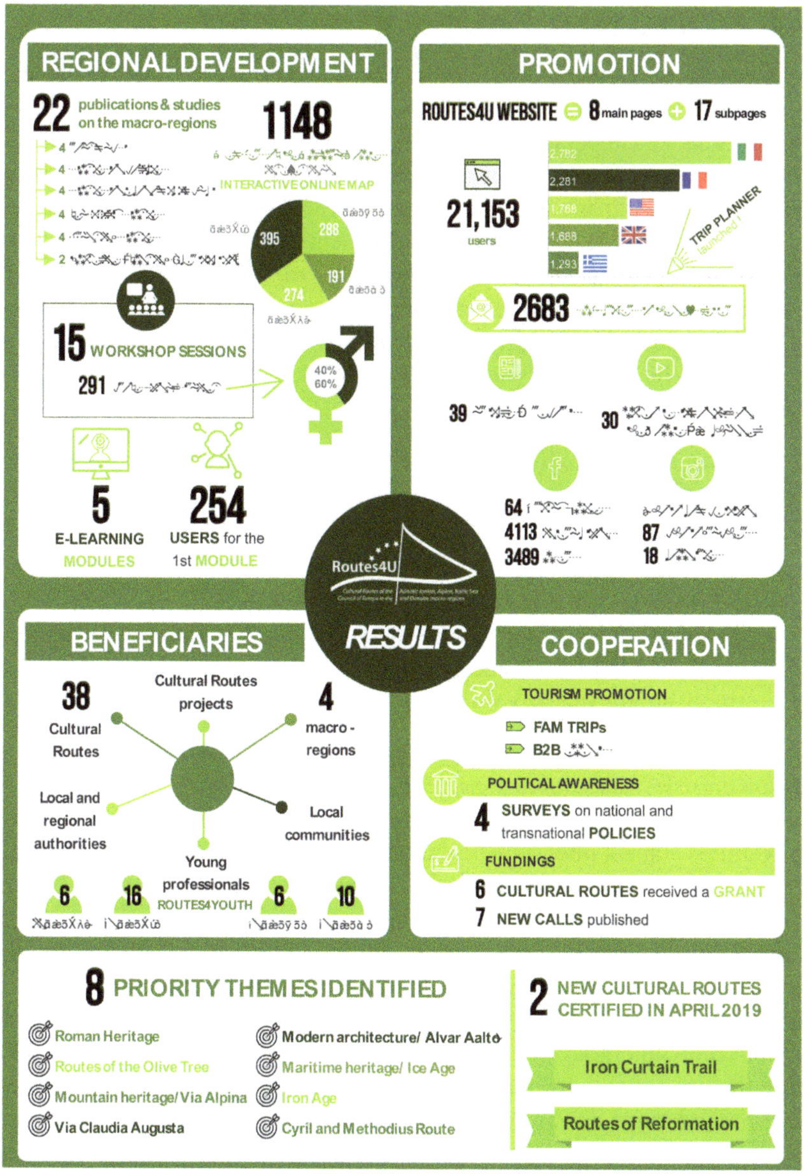

Figure 56 – Bilan des activités du projet *Routes4U* (juillet 2019)
Source : https://pjp-eu.coe.int/en/web/cultural-routes-and-regional-development

5.3. Perspectives en Méditerranée occidentale

Comme on l'a vu, la Méditerranée occidentale présente des liens géo-historiques et culturels transnationaux assez signifiants pour nourrir les interactions et coopérations culturelles dans cet espace. Des travaux de prospective ont pointé l'importance de la culture pour le développement de ce territoire, inscrit au cœur d'une *Fun Belt* européenne dont les principales potentialités sont de valoriser les équipements culturels comme éléments essentiels d'attractivité (Baudelle, Guy et Ollivro, 2002, p. 129) (figure 52). Certaines études pour l'Union européenne ont également souligné l'importance stratégique de la culture pour structurer la coopération en Méditerranée (Bouquerel & El Husseiny, 2009 ; Alfonsi, 2012), selon une approche classique des activités culturelles :

- dimension économique, avec les industries culturelles, cinématographiques et audiovisuelles ;
- rôle du patrimoine culturel dans la promotion du tourisme : la Méditerranée est une des régions les plus touristiques du monde ; elle concentre 23 % de sites inscrits sur la liste du patrimoine mondial de l'UNESCO ;
- dialogue interculturel : cette macro-région constitue une frontière extérieure de l'Union européenne et présente un degré élevé de diversité culturelle due aux variations culturelles intra-méditerranéennes.

De nombreuses coopérations culturelles existent déjà dans la macro-région entre les villes, les régions, les eurorégions et d'autres acteurs gouvernementaux et civils à différents niveaux, dont le recensement pourrait être la première étape d'une stratégie culturelle macro-régionale. Cette stratégie peut se baser sur ces ressources et les renforcer à l'aide de dispositifs nationaux et européens comme le programme des Capitales européennes de la culture, la coopération entre instituts culturels nationaux, l'organisation de saisons culturelles communes et transnationales dans la macro-région. Cet agenda pourrait inclure un partenariat avec la Fondation Anna Lindh, une organisation intergouvernementale œuvrant pour améliorer les échanges et le dialogue interculturels à travers la Méditerranée. En outre, selon les recommandations des rapports de l'Union européenne évoqués ci-dessus, la culture et les activités créatives pourraient constituer un élément des stratégies de spécialisation intelligente (S3) dans cette macro-région, afin de renforcer les synergies dans ce domaine[125].

---

125 Comme l'indique le site « Europe en France » https://europe-en-france.gouv.fr/fr : « *L'Union européenne a demandé à ses régions d'élaborer une "stratégie de spécialisation intelligente" pour la recherche et l'innovation* [...]. *Le principe de la S3 est simple : chaque région doit concentrer ses ressources sur les domaines d'innovation pour lesquels elle a les meilleurs atouts par rapport aux autres régions européennes* ».

La base de données qui cartographie les priorités nationales et régionales d'investissement public pour l'innovation en Europe, en particulier les stratégies S3, recense 11,6 % des priorités qui s'inscrivent dans l'objectif d'action publique « industries culturelles et créatives » (tableau 22). La base permet une interrogation à l'échelle des stratégies macro-régionales, ce qui indique l'importance des macro-régions dans l'approche territoriale de l'Union européenne. Le Conseil de l'Union européenne appelle d'ailleurs à « *mieux relier les écosystèmes et les politiques industrielles et d'innovation dans le cadre des stratégies macro-régionales, et à étudier et développer davantage les complémentarités avec les stratégies relatives aux bassins maritimes* »[126]. À l'échelle macro-régionale, également 11,6 % des priorités d'innovation relèvent de l'objectif d'action publique « industries culturelles et créatives ». À l'échelle de quatorze régions de la Méditerranée nord-occidentale nodale[127], cette part s'élève à 16,5 %. On peut resserrer la focale et voir que seules huit régions sur les quatorze ont adopté cette priorité[128], ce qui dessine des ouvertures pour renforcer la coopération culturelle dans cette macro-région.

Tableau 22 – Le domaine « industries culturelles et créatives » dans les priorités d'innovation

UE-échelle globale	Macro-régions « existantes »	Arc méditerranéen central
145 priorités sur 1245	86 priorités sur 739	14 priorités sur 85
11,6 %	11,6 %	16,5 %

Source : http://s3platform.jrc.ec.europa.eu/map, données compilées en janvier 2022.

Conclusion

Le cas de la Méditerranée occidentale met en lumière les diverses potentialités et difficultés de la macro-régionalisation. Il montre que cette modalité de régionalisation, bien que complexe et parfois désordonnée, est devenue un instrument d'aménagement de l'espace européen actuel.

La zone présente des indicateurs sociaux, économiques ou politiques qui peuvent favoriser la coopération macro-régionale, surtout si l'on considère l'intensité de la coopération territoriale dans cette zone, notamment à une échelle macro-régionale. Dans le même temps, la Méditerranée occidentale

[126] *Conclusions du Conseil du 21 mai 2019 sur la mise en œuvre des stratégies macrorégionales de l'UE*, n° ST 9101 2019, p. 8.

[127] Aragon, Baléares, Catalogne, Communauté valencienne, Corse, Languedoc-Roussillon, Ligurie, Lombardie, Midi-Pyrénées, Piémont, Rhône-Alpes, Sardaigne, Sud-PACA, Toscane (la base n'a pas pris en compte la nouvelle carte régionale française).

[128] Baléares, Catalogne, Communauté valencienne, Corse, Lombardie, Rhône-Alpes, Sardaigne, Sud-PACA.

révèle un contexte géopolitique fragile et tendu, qui limite en quelque sorte la coopération macro-régionale aux questions maritimes, car elles sont considérées comme les seuls dénominateurs communs raisonnables à ce jour.

On retrouve ici le poids des paramètres politiques dans l'aménagement du territoire, avec un décalage entre les discours, les projections territoriales et les rapports de force politiques. Le cas de la Méditerranée occidentale soulève des questions sur la possibilité de parvenir à renforcer la coopération macro-régionale avec ou sans une stratégie macro-régionale en propre. Des études comparatives complémentaires pourraient permettre de mieux appréhender cet aspect de la macro-régionalisation.

Ce cas illustre aussi la façon dont la macro-régionalisation contribue aux dynamiques d'européanisation, non seulement dans la convergence de pratiques d'acteurs appelés à coopérer, mais aussi par une européanisation spatiale, par laquelle la coopération territoriale construit une nouvelle cartographie de l'Europe, qui transcende les frontières westphaliennes des États. Les macro-régions participent à cette redéfinition transnationale des représentations territoriales et, partant, au renouvellement de la méta-géographie européenne.

En approfondissant la question des représentations et de l'incarnation socioculturelle des macro-régions, on peut confirmer certaines caractéristiques des politiques à dimension culturelle et identitaire, et de leurs implications dans la fabrique régionale. Le cadre macro-régional souligne la dimension controversée de la culture et de l'identité en tant que domaines d'action politiques, surtout quand on les rapporte à des ensembles territoriaux non stabilisés tels que les macro-régions, voire à deux ensembles non stabilisés en incluant, en filigrane, l'Union européenne.

Dans le même temps, lier coopération macro-régionale et culture peut aussi se révéler un exercice frustrant et spéculatif, justement car les macro-régions constituent des régions *soft*, expérimentales et des appareils de gouvernance multi-niveaux de moyenne ou faible intensité. L'analyse des politiques culturelles se réfère en général à des formes établies d'entités et de gouvernements représentant une société, un groupe ou un territoire clairement identifiés. En outre, les stratégies macro-régionales ne se concentrent pas *a priori* sur des objectifs culturels.

Toutefois, une réflexion sur la dimension culturelle des macro-régions ouvre des perspectives sur l'effet que les deux phénomènes – politique culturelle et coopération macro-régionale – peuvent avoir sur le processus de construction européenne, non seulement au niveau cognitif et méta-géographique, mais encore à un niveau plus appliqué pour l'aménagement régional et l'intégration socioculturelle européenne.

Après avoir analysé trois études de cas de régionalisation, dans des formes et des contextes distincts, il est temps de revenir sur les apports de ces analyses pour en tirer des enseignements et dresser des perspectives sur la place des ensembles régionaux dans l'aménagement et le développement des pays européens, et concomitamment dans la construction de la « région » Union européenne.

Chapitre 7.

Faire région en Europe, construire la région Europe

Les différentes études de cas ont permis d'illustrer les évolutions de la fabrique régionale en Europe, à l'aide des outils conceptuels identifiés en première partie (tableau 4).

Cette analyse des variations de la fabrique régionale en France et en Europe confirme la grande diversité du phénomène, mais elle permet aussi de dégager des tendances plus générales et communes à différents processus de régionalisation, sous la forme de quatre tensions qui révèlent les trois enjeux principaux de l'aménagement et du développement des ensembles régionaux, qui sont la coopération, la complexité et l'incarnation (figure 57). Ce chapitre revient sur ces enjeux pour ouvrir des perspectives sur le devenir de la fabrique régionale en Europe.

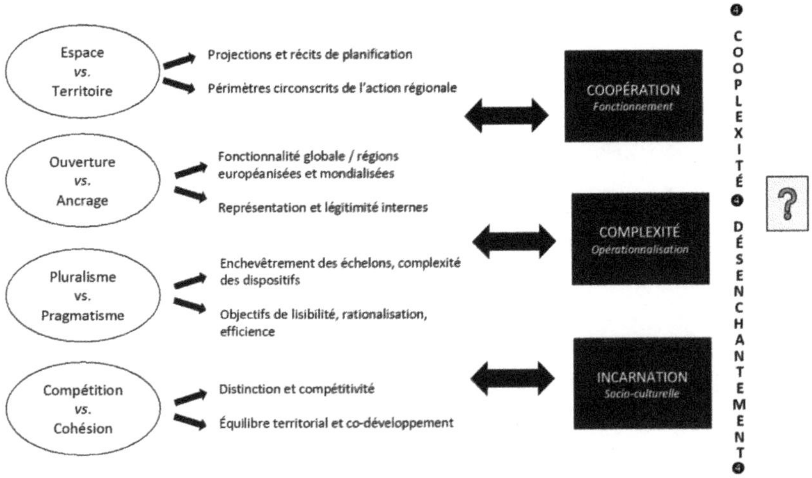

Figure 57 – Tensions et enjeux de la fabrique régionale en Europe
Source : élaboration propre

1. Sur les bienfaits de la gouvernance coopérative

La gouvernance coopérative, les agencements multi-niveaux entre les différentes parties prenantes d'un ensemble régional sont des *leitmotive* de l'action régionale. L'injonction coopérative se retrouve à toutes les échelles de gouvernance régionale, quel que soit le type de région et son degré d'institutionnalisation. Comme on l'a vu, les problématiques de l'aménagement régional indiquent cette nécessité d'articuler et de combiner des intérêts variés et variables dans une politique conjointe. Une situation qui correspond à la multiplication des acteurs et à la diversification des canaux de décision. La coopération généralisée apparaît aussi comme une réponse aux défauts chroniques du découpage des territoires. Elle permet de dépasser l'éternelle tension entre l'échelle régionale pertinente ou fonctionnelle pour l'aménagement, et le périmètre de la décision, celui du découpage administratif et politique. Une question devenue plus saillante compte tenu de l'appartenance multi-située, de la multi-territorialité des populations. La construction de *soft spaces* suppose de croiser différentes échelles et niveaux de décision et appelle des procédures coopératives, interterritoriales.

Or comme l'ont montré les cas analysés, l'injonction coopérative comporte aussi des limites, notamment sur le plan empirique. La complexification des dispositifs territoriaux n'a pas signalé la fin des appartenances et des prérogatives ancrées territorialement et liées aux agendas politiciens. Le rééchelonnement de l'action publique et la multiplication des niveaux de

décision n'ont pas annihilé le poids majeur des acteurs décisionnels traditionnels, qu'il s'agisse de l'État ou des gouvernements sub-étatiques (Jouve & Lefèvre, 1999 ; Brenner, 2004 ; Le Galès, 2011). Comme l'indiquent Breuer & Halleux (2016, p. 56) à l'issue de leurs travaux sur les régions urbaines : « [...] *la gouvernance urbaine n'a pas remplacé le gouvernement des villes. Bien qu'ils aient été fortement transformés par la compétition internationale, par la privatisation des services publics, par la montée en puissance des acteurs privés et des groupes d'intérêt dans la gestion des villes, les gouvernements urbains restent des acteurs clés – sinon centraux – de la gouvernance urbaine* ».

La mise en œuvre de la coopération reste soumise aux aléas des paramètres politiques[129]. Les accords interterritoriaux ne sont pas systématiquement suivis d'effets et peuvent rester de l'ordre du vœu pieu. Les cas analysés de coopération territoriale en Europe, à l'échelle d'une région nationale, des eurorégions ou des macro-régions, éclairent sur cette situation. En France on constate que la mise en place de dispositifs coopératifs et interterritoriaux est un exercice difficile, parfois ingrat et souvent cantonné soit à des actions très sectorielles – comme dans les contrats de réciprocité par exemple – soit à des visions ou projections stratégiques partagées certes, mais qui restent de faible intensité opérationnelle.

Dans ces rapports de force, la flexibilité territoriale et la logique coopérative peuvent aussi amener à diluer les compétences – et les responsabilités – entre les mains de différents acteurs. Cela peut introduire de la confusion et un sentiment d'impuissance du politique, quand par exemple des lignes politiques municipales ne sont pas suivies ou sont modifiées dans le cadre interterritorial de la gouvernance métropolitaine ou intercommunale. Ces ensembles régionaux peuvent ainsi apparaître comme des assemblages technocratiques, des « techno-gouvernements » déconnectés, d'autant plus quand certains élus instrumentalisent ce processus auprès de leurs électeurs directs pour se défausser de telle ou telle décision. Plus la gouvernance coopérative apparaît opaque et fondée sur des arrangements distincts des canaux habituels de représentation, plus elle est facilement attaquable par des opposants à la démocratie représentative. À une autre échelle, ce mécanisme évoque les critiques régulières sur le fonctionnement de l'Union européenne, illustrées par exemple par les polémiques lors du processus de nomination pour les postes clés de la gouvernance de l'Union européenne en 2019.

---

129 Comme on l'a vu, l'expression « paramètres politiques » se réfère au sens anglais de *politics* : les opinions, lignes et rapports de force politiques et politiciens, qui conditionnent l'action publique [*policy*], y compris l'action d'aménagement.

De plus, la généralisation du discours interterritorial et des intentions coopératives s'apparente, par bien des aspects, à un avatar ultime dans la diffusion du concept de gouvernance dans une optique néo-libérale. Avec le tournant entrepreneurial des politiques territoriales, porté par l'Union européenne et par l'OCDE par exemple, la « bonne » gouvernance est devenue un facteur d'épaisseur institutionnelle, un critère de différenciation et de compétition entre les territoires, un modèle à atteindre pour l'attractivité et pour pouvoir bénéficier de fonds publics dans le cadre d'une généralisation des systèmes d'appels à projet. Dans son analyse du *soft planning* par exemple, Emmanuelle Boulineau (2016, p. 119) pointe qu'un usage tactique des *soft spaces* peut être une façon de soumettre le politique à l'économique, par « *une incitation politique de rompre avec les entraves des modèles de travail existants qui pourraient être tenus pour lents, bureaucratiques ou ne reflétant pas les géographies réelles des problèmes et des opportunités* ». On peut entrevoir ici la capacité du système capitaliste à se réapproprier et à transformer les modèles institutionnels ou d'action publique à son avantage, notamment pour maintenir une logique d'accumulation, quelle que soit sa forme territoriale ou sa spatialité. Les acteurs sont appelés à former des alliances coopératives de manière certes innovante et vertueuse, mais compétitive. Une telle dynamique s'affranchit d'ailleurs des différences de régime politique ou socio-économique, comme le montre par exemple le constat de John Friedmann (2019, p. 17) sur la macro-région urbaine du delta du Yangtzi en Chine : « *Les villes du delta sont toutes en concurrence entre elles au sein du système et, bien qu'elles soient enclines à coopérer par l'intermédiaire* [de l'organisation de coordination économique Delta Mayoral Economic Organization], *elles souhaitent néanmoins conserver leur avantage concurrentiel pour les capitaux étrangers et nationaux, une politique très appréciée tant par les autorités de Pékin que par les citoyens locaux, qui espèrent tirer parti de nouveaux investissements par la création d'emplois et sous de nombreux autres aspects* ».

Cette situation, qui combine injonction de coopération et recherche de compétitivité et qu'on a décrite sous le vocable de « coopétition », désavantage cependant les régions les plus fragilisées, comme le montrent par exemple les limites de la théorie du « néo-régionalisme »[130]. La coopétition peut amener à marginaliser les modes de régulation et de redistribution « classiques », un phénomène identifié par Brenner (2004) dans certaines conséquences du rééchelonnement des politiques territoriales publiques. Ce qui dévoie la fonction organisationnelle et régulatrice de l'aménagement des territoires, alors même que cette fonction est d'autant plus essentielle que les systèmes territoriaux complexes ne s'autorégulent pas ou peu.

---

[130] Cf. supra chapitre 1, partie 2.3.

« *Là où les économistes et les modélisateurs (Krugman 1996 ; Batty 2013) ont tendance à supposer que les systèmes complexes s'ajusteront mutuellement et produiront des résultats efficaces, il existe en fait de nombreuses raisons pour lesquelles cela ne se produit pas* » (Friedmann et Sorensen, 2019, p. 3). Dans ce contexte, l'aménagement est nécessaire pour avoir une vision d'ensemble de systèmes régionaux complexes, pour organiser les interdépendances en leur sein et pour anticiper les évolutions d'infrastructures, de gouvernance ou d'activités socio-économiques. Les politiques de développement et d'aménagement des territoires jouent ainsi un rôle majeur pour organiser une gouvernance coopérative non pas basée sur des modèles – notamment économiques – imposés par le haut, mais adaptée à la complexité sociale et territoriale propre à chaque ensemble régional.

Ainsi, les enjeux de la gouvernance coopérative illustrent la situation de « cooplexité » dans laquelle s'opère l'aménagement régional : entre complexité des configurations spatiales et des systèmes de gouvernance, et besoin d'organiser la coopération entre les parties prenantes au sein de ces ensembles (figure 5)[131]. Une situation qui, comme on l'a vu, peut aussi complexifier la lisibilité et l'opérationnalité des actions d'aménagement. Se pose alors la question des réponses à apporter à cette « cooplexité ».

2. Vers une approche post-complexe de l'aménagement

2.1. De la cooplexité à la post-complexité

L'échelle régionale, dans sa diversité de configurations et d'assemblages, est particulièrement concernée par le défi de la cooplexité qui appelle à faire travailler ensemble de nombreux acteurs différents dans un environnement évolutif et multiscalaire. Ce constat s'applique d'autant plus dans l'Union européenne, qui forme un système complexe de prérogatives entremêlées, de sociétés mobiles et de flux interconnectés de personnes et de biens. Le sociologue Edgar Morin (1990, p. 22) définit l'Europe comme un « *Complexe (complexus : ce qui est tissé ensemble) dont le propre est d'assembler sans les confondre les plus grandes diversités et d'associer les contraires de façon non séparable* ». Comme l'illustrent les eurorégions ou les stratégies macro-régionales, la construction européenne produit des ensembles régionaux particulièrement complexes, par l'assemblage d'échelons territoriaux et d'acteurs décisionnels issus de différents systèmes nationaux : États, collectivités territoriales, organismes consulaires ou associatifs.

---

[131] Cf. chapitre 1, partie 3.

Le constat de complexité est essentiel pour comprendre les dynamiques à l'œuvre dans les ensembles régionaux contemporains (Roo, Yamu & Zuidema, 2020). Mais au-delà de comprendre et d'interpréter la complexité spatiale et territoriale, les recherches en aménagement ont une dimension appliquée qui est à l'origine même de leur développement, parfois sous le vocable de géographie appliquée. La distinction scientifique de l'aménagement du territoire s'est construite sur la confrontation non seulement au terrain, mais aussi à l'action ; sur l'analyse et la discussion des dispositifs d'action publique, des systèmes concrets qui portent le développement durable des territoires. John Friedmann (2019, p. 19) parle d'une démarche « *stratégique de court terme* » ou « *extended present* » et nous rappelle par là-même l'urgence d'organiser durablement les relations entre les sociétés et leur environnement. Pour l'aménagement, la réponse à la complexité des ensembles régionaux suppose un changement de vue, vers une approche « post-complexe ».

L'approche post-complexe a pour objet de concilier complexité et pragmatisme, pour « opérationnaliser le complexe » et répondre aux enjeux du développement régional dans un environnement complexe voire hypercomplexe. Il s'agit non seulement de rendre accessible et lisible les décisions et dispositifs d'aménagement, mais encore de renforcer leur cohérence et leur efficacité. Cette approche d'influence systémique vise à décrypter pour faire fonctionner et aménager un ensemble régional donné. Elle vise à combiner les différentes approches des systèmes complexes, entre holisme et néorationalisme d'une part et lectures plus réductionnistes ou relativistes d'autre part ou, pour reprendre les termes de Jean Hillier (2012), entre approches « romantique » et « baroque » de la complexité. La notion de « post-complexe » a une vocation heuristique, pour éclairer et interpréter les évolutions possibles de l'aménagement en fonction des évolutions des ensembles régionaux. Elle s'inspire de plusieurs travaux et analyses qui convergent dans l'appel à dépasser le constat de complexité pour faire le lien entre théorie et pratique, entre science et action (figure 58). Une perspective qui fait particulièrement écho aux spécificités du champ de l'aménagement du territoire.

Dans leur analyse de la notion de région, Paasi & Metzger (2017) soulignent le besoin de (ré)introduire de la lisibilité et de la cohérence suite à l'éclatement conceptuel post-moderniste et déconstructionniste. Ils argumentent que « *dans un monde en soi désordonné et surchargé de similitudes et de différences, qui se chevauchent de façon complexe, toute conceptualisation dans un contexte universitaire ou autre exige des simplifications qui éclairent certains ensembles de relations et d'attributs, tout en laissant d'autres en arrière-plan. Les humains doivent tout simplement fétichiser tout le temps pour « pouvoir tenir la barre »* [get some manageable handles] *dans un monde de relations complexes entre systèmes ouverts ou semi-bornés* » (Paasi & Metzger,

2017, p. 26)[132]. Dans une perspective constructiviste critique, ils rappellent que toute opération de simplification et de clarification conceptuelle n'a pas pour but de figer les concepts, mais elle doit intégrer et expliciter les choix opérés et les effets qu'ils peuvent produire, afin notamment de pouvoir réajuster le choix conceptuel. Une telle proposition semble pertinente quand, dans une opération d'aménagement, il s'agit de définir un ensemble régional ou des ensembles régionaux d'intervention, qui comme on l'a vu peuvent recouvrir un vaste champ de possibles et parfois se chevaucher.

Cet argument de « simplification post-complexe » rejoint l'appel à des « *géographies régionales consolidées, plutôt que fragmentées* » (Paasi, Harrison & Jones, 2018, p. 13 ; p. 16–18). Ce programme consiste, d'abord, à élaborer un cadre analytique et méthodologique plus holistique, qui intègre les différentes approches de la région issues de disciplines variées. Il s'agit ensuite de prendre en compte, dans l'analyse des régions, les différents paramètres du changement régional : sociaux, politiques, économiques, institutionnels par exemple. Ce qui implique également de ne pas rester centré sur l'Europe mais de considérer les régionalismes non européens ou nord-américains.

La consolidation d'une nouvelle géographie régionale passe également par une « déconstruction simplificatrice » du florilège de concepts de régions et de régionalisme afin d'en isoler la « substantifique moelle » c'est-à-dire d'extraire, de la complexité apparente, les formes significatives de l'état actuel des régions et de la régionalisation. « *La consolidation des géographies régionales nécessiterait de se concentrer moins sur la documentation de l'essor de toutes les nouvelles géographies, mais plutôt sur l'importance que nous pouvons leur accorder en nous demandant ce qui rend ces activités régionales signifiantes* » (*ibid.*, p 18).

Un premier essai de ce type de démarche a été tenté ici : tout d'abord à travers un essai de définition de la région qui synthétise les apports de différentes disciplines. Ensuite par l'établissement des deux catégories génériques de macro-région et de métro-région, basées sur les caractéristiques communes de modalités diverses de régionalisation, certes centrées sur la situation européenne, mais avec des éclairages issus d'autres parties du monde. Cette opération a eu pour but de mieux appréhender les grandes tendances de l'aménagement régional en Europe et de mieux envisager les réponses à y apporter. Ainsi, la proposition de consolidation de la géographie

---

[132] Les autres se basent ici sur le travail du sociologue John Law, un des principaux contributeurs anglo-saxons à la théorie de l'acteur-réseau, qui fut développée à partir des années 1980 au Centre de sociologie de l'innovation de l'École des mines de Paris, par Michel Callon, Bruno Latour, Madeleine Akrich et d'autres chercheurs. Ils se réfèrent en particulier à J. Law, 2014, « Working well with wickedness » [en ligne], *CRESC Working Paper*, n° 135 : http://hummedia.manchester.ac.uk/institutes/cresc/workingpapers/wp135.pdf

régionale peut nourrir les applications de l'aménagement régional, dans une perspective post-complexe.

Comme le montre la figure 58, la proposition d'une approche post-complexe est étayée par plusieurs réflexions hors du seul champ de la géographie ou de l'aménagement. En études culturelles Ien Ang (2011, 2012) a travaillé sur le cosmopolitisme, sur la dialectique entre unité et diversité dans un monde post-moderne. Elle considère que la recherche peut fournir des réponses aux défis concrets – et saillants – de la complexité, en dépassant la seule critique culturelle déconstructionniste pour aller vers ce qu'elle nomme une « *intelligence culturelle* ».

Le constat de complexité est essentiel car les solutions simplistes sont contre-productives et non viables. Or il s'agit aussi de surmonter l'effet inhibant de la complexité par une opération de « *simplification non simpliste* » : « *Alors qu'être simpliste équivaut à un réductionnisme qui dispense de la complexité, la simplification nous permet de tracer une voie à travers la complexité* » (*ibid.*).

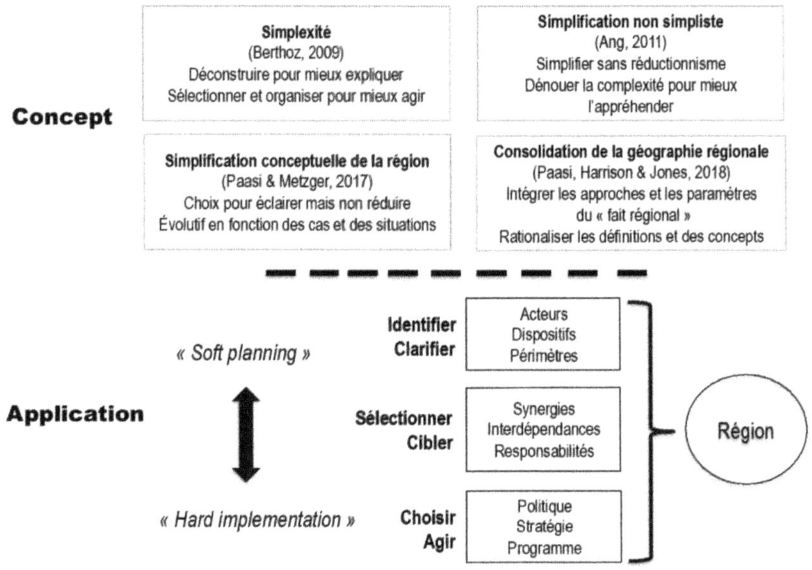

Figure 58 – L'approche post-complexe, de la théorie à l'application
Source : élaboration propre

Le neurophysiologiste Alain Berthoz avance lui aussi une critique constructive de la complexité à travers son concept de « simplexité » (Berthoz & Petit, 2014). Il construit une analogie à partir du fonctionnement neurocognitif du cerveau, qui parvient à traiter la complexité des processus

naturels par des principes simplificateurs qui permettent d'agir, de se projeter. Cette approche ne propose « *ni des caricatures, ni des raccourcis ou des résumés. Ce sont de nouvelles façons de poser les problèmes, parfois au prix de quelques détours, pour arriver à des actions plus rapides, plus élégantes, plus efficaces* » (Berthoz, 2009). Cette opération de « tamisage » induit une certaine rationalisation sélective, non pas au sens néo-libéral de baisse des coûts ou d'augmentation des profits, mais dans le sens dialectique avancé par le philosophe et politiste Raymond Aron de « *compromis entre les impératifs de la science et ceux de l'action* », pour reprendre les termes de Sophie Marcotte-Chénard dans son édition du texte « La rationalité politique » (Aron, 2016).

Comme dans la vision d'Ien Ang, les solutions de la simplexité ne sont pas d'éliminer la complexité, mais de savoir « *organiser et proposer un ordonnancement dans la pluralité des possibles* » (Béhar, Estèbe & Vanier, 2014, p. 3). Cela rejoint le propos de l'économiste Olivier Bouba-Olga, pour qui le travail du chercheur « *n'est pas de proposer un modèle mais des méthodes de réflexion, des modèles de méthode. Il ne dit pas ce que l'élu doit faire mais où il doit regarder pour démêler les fils de complexités fortes* »[133].

Selon l'approche post-complexe, une première étape pour organiser l'aménagement d'un ensemble régional donné – quels que soient son statut, son périmètre ou la thématique d'aménagement concernée – est d'identifier trois grands paramètres fondamentaux du système d'aménagement : les acteurs et procédés décisionnels, les documents ou règlements statutaires, les dispositifs de contractualisation et de coopération territoriale. L'étape suivante consiste à définir les croisements entre ces différents paramètres, les interactions, les synergies ou les recoupements, qui permettent ensuite de clarifier et de sélectionner des objectifs communs et de déterminer la manière de les atteindre. La figure 59 schématise cette démarche à partir de l'exemple français.

---

133 Entretien au magazine *Objectif Métropoles de France*, 28 février 2019 https://objectifmetropolesdefrance.fr/passer-dune-logique-concurrentielle-a-une-logique-collaborative/

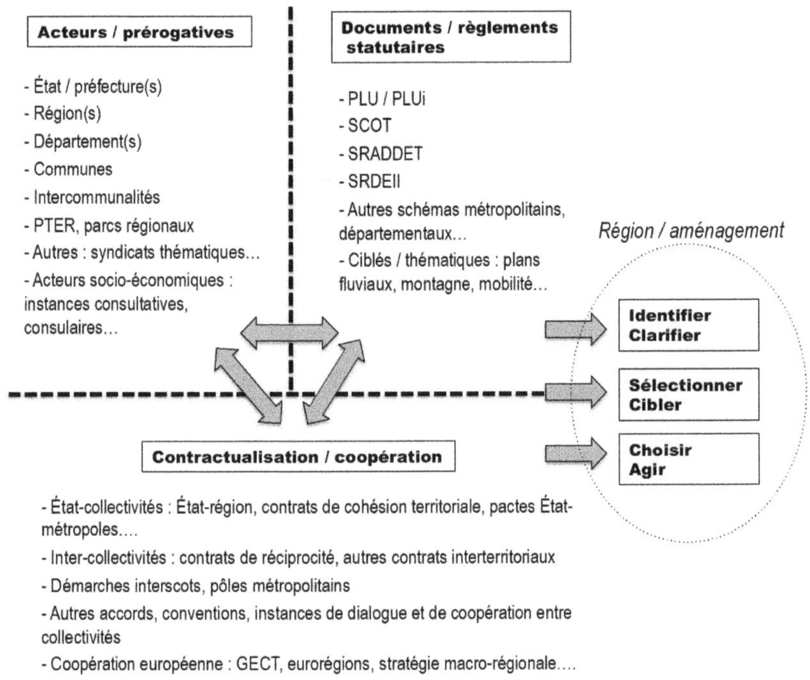

Figure 59 – La démarche post-complexe en aménagement : essai de représentation à partir de l'exemple français
Source : élaboration propre

Deux organismes publics français, le Cerema et le Comité 21[134] ont par exemple coordonné un travail qui fait écho à l'approche post-complexe. Le guide pratique *Pour l'appropriation de l'Agenda 2030 par les collectivités françaises*, publié en novembre 2019[135], classe et croise les 17 Objectifs de développement durable (ODD)[136] avec 24 champs de compétences, selon les différentes collectivités – communes ou intercommunalités, départements et régions – et selon le type de leviers d'action dont elles disposent : stratégiques, opérationnels, financement, fonctionnement.

134 Respectivement le Centre d'études et d'expertise sur les risques, l'environnement, la mobilité et l'aménagement, et le Comité français pour l'environnement et le développement durable.

135 https://www.cerema.fr/fr/centre-ressources/boutique/appropriation-agenda-2030-collectivites-francaises

136 Ces objectifs ont été adoptés en 2015 par les États membres des Nations Unies dans le cadre de l'Agenda 2030, plan d'action mondial pour le développement durable. En 2016 des indicateurs ont été définis pour mesurer les progrès dans l'atteinte de ces objectifs.

Le guide classe aussi les projets et dispositifs territoriaux selon les différents ODD auxquels ils peuvent concourir. On y retrouve de nombreux dispositifs de l'aménagement ou de l'urbanisme (figure 60). Cette première visualisation peut permettre d'identifier les croisements et recoupements possibles entre dispositifs et politiques, pour ensuite les mettre en synergie et organiser des complémentarités.

Figure 60 – Dispositifs territoriaux et ODD : classification et recoupements possibles

Source : Cerema, Comité 21, 2019, *Pour l'appropriation de l'Agenda 2030 par les collectivités françaises* [en ligne], p 34 : https://www.cerema.fr/fr/centre-ressources/boutique/appropriation-agenda-2030-collectivites-francaises

Ainsi, cette opération de classification et de clarification qui vise à opérationnaliser l'action, peut inspirer la première étape d'une démarche que l'on a qualifiée ici de post-complexe (figure 58). Par ailleurs, cette étude confirme le caractère transversal et interdisciplinaire de l'aménagement du

territoire – comprenant l'urbanisme, l'intervention économique et la planification. Les résultats montrent que c'est le champ qui polarise le plus d'ODD, ce qui souligne l'importance de trouver, précisément dans ce champ, des synergies et des modalités d'action coopératives pour articuler et concerter les actions des différentes collectivités.

Sur le plan empirique, l'approche post-complexe remet en jeu la dialectique entre territorialité et réticularité des espaces, entre flexibilité et cohérence des actions d'aménagement. En Europe, la dynamique macro-régionale fait écho à l'approche post-complexe. Les stratégies macro-régionales, avec leur logique multi-partenariale, flexible et qui, dans le même temps, vise à mettre en synergie les dispositifs de coopération existants, incarnent une tentative d'opérationnaliser le complexe, de mobiliser et d'organiser les diverses ressources de la complexité afin d'élaborer des politiques plus efficaces et lisibles. La rhétorique des stratégies macro-régionales valorise le renouvellement de la coopération territoriale à des échelles et par des modalités appropriées pour traiter des problèmes concrets, qui ne pourraient pas être traités à l'échelle nationale, régionale ou locale. Comme le mentionne une personne interrogée à propos des dynamiques macro-régionales en Méditerranée occidentale : « *l'objectif est le résultat et non l'élément bureaucratique ou l'éligibilité* [de tel ou tel dispositif] ». Simplification, flexibilité, synergies, communication et visibilité sont parmi les objectifs phares proposés par la Commission européenne pour la politique régionale de l'Union européenne pour 2021–2027.

Si ces objectifs peuvent paraître incantatoires à force d'être invoqués à chaque nouvelle période de programmation des fonds européens, on note qu'en France la loi sur l'évolution du logement, de l'aménagement et du numérique promulguée en 2018, dite loi ÉLAN[137], vise à simplifier la planification territoriale : repositionner les Scot entre les SRADDET et les plans d'urbanisme, rationnaliser les liens juridiques entre les documents d'urbanisme et les schémas sectoriels opposables. L'objectif est de remettre la planification territoriale au cœur des enjeux démocratiques en la rendant plus lisible et accessible aux citoyens. Parallèlement, l'agence nationale de cohésion des territoires créée en 2019[138] vise à décomplexifier l'action territoriale avec la mise en place d'un contrat unique de cohésion territoriale, qui a vocation à intégrer l'ensemble des dispositifs de contractualisation entre l'État et une collectivité donnée (Morvan, 2018).

---

[137] Loi n° 2018-1021 du 23 novembre 2018 portant évolution du logement, de l'aménagement et du numérique.

[138] Loi n° 2019-753 du 22 juillet 2019 portant création d'une Agence nationale de la cohésion des territoires.

La récurrence de tels objectifs, dans différents contextes, confirme le besoin de mieux appréhender la complexité sociale et territoriale et souligne l'intérêt de l'approche post complexe. Cette approche souligne aussi la limite de l'aménagement par les *soft spaces* et de l'opposition entre espaces *soft/hard.* Emmanuelle Boulineau (2016, p. 116) en a fait la démonstration en ce qui concerne les ensembles macro-régionaux, ce qui rejoint mes propres observations dans la Méditerranée occidentale : « *si les macro-régions correspondent à la définition des* soft spaces, *leur formalisation progressive par la Commission européenne les indure en* hard spaces *; avouant par là même que la distinction* soft/hard *n'est pas la plus opérationnelle* ». Dans la même optique d'autres travaux ont pointé les limites opératoires des *fuzzy boundaries* dans les macro-régions : le flou peut être un avantage pour amorcer la coopération mais il a une portée opérationnelle limitée (Balsiger et al., 2018). Ces constats s'appliquent aux régions d'aménagement en général.

Certes une délimitation flexible et variable est importante pour avancer de nouvelles thématiques et agréger des intérêts. En ce sens le *soft planning* est une modalité particulièrement adaptée à la planification territoriale stratégique (Demazière & Desjardins, 2016). Elle permet, en pré-formalisant de nouvelles échelles, en suscitant des rencontres et des échanges entre acteurs, de renouveler les cadres et les modalités de l'aménagement, de cristalliser une « *territorialité d'aspiration* [...qui] *ne repose pas sur des normes politiques et des territoires délimités, mais dans des normes et des objectifs politiques construits et partagés par les acteurs dans des espaces à géographie variable et aux limites diffuses* » (Giband & Rufí, 2018, p. 435). Le *soft planning* fournit un cadre constructif pour réorienter les agendas politiques, ouvrir de nouvelles possibilités de coordination entre échelons et acteurs, et pour discuter de questions concrètes comme les infrastructures ou l'environnement, comme le montrent les exemples des méga-régions aux États-Unis ou des macro-régions de l'Union européenne. Cependant le *soft planning* est plus un moyen qu'une fin et tout l'art de l'aménagement régional consiste à maîtriser la dialectique entre *soft planning* et *hard implementation.*

À un certain point il paraît nécessaire de (re)délimiter clairement les domaines, les champs d'application et les responsabilités, pour parvenir à des politiques efficaces et leur donner du sens. Un aménagement stratégique ne peut se contenter d'additionner des projets à géométrie variable, à moins de n'être stratégique que par le nom. Les délimitations, les périmètres restent des outils incontournables pour la connaissance, le contrôle, le gouvernement ou le développement d'un territoire donné. Une étude des régions d'aménagement en Allemagne a conclu qu'au-delà de leur caractère flexible et souple, le fonctionnement et la gouvernance de ces régions sont *in fine* assurés par des autorités territoriales institutionnalisées (Quéva, 2007). Cette reterritorialisation apparaît même comme une condition de

leur efficacité. Ce qui ne veut pas dire que les autorités et les périmètres territoriaux n'ont pas vocation à évoluer.

2.2. Le périmètre de l'action, nœud gordien de l'aménagement

L'analyse critique de la « coopération généralisée » et de la complexité territoriale font ressurgir le débat sur l'opérationnalisation des ensembles régionaux, débat que l'on peut élargir à tout ensemble territorial. Le débat se pose ici entre l'agrégation d'entités appelées de plus en plus à développer des actions conjointes, ou le renforcement des structures de coopération sans changer les périmètres institutionnels.

L'urbaniste John Friedmann (2019) par exemple défend la création d'entités intégrées pour gérer les neuf flux métaboliques des ensembles régionaux tels qu'il les a identifiés (figure 26). S'il se réfère ici aux immenses régions métropolitaines asiatiques, ses réflexions peuvent s'appliquer à d'autres métro-régions en Europe, comme le montre la généralisation d'entités métropolitaines uniques pour, par exemple, les transports, la gestion de l'eau ou des déchets. Cependant la création d'entités intégrées ne signifie pas toujours, loin s'en faut, la mise en place d'un gouvernement intégré de la métro-région. À Séoul par exemple le fait qu'un gouvernement métropolitain unique soit en place depuis 1949 a donné de l'épaisseur institutionnelle, de la lisibilité opérationnelle et une marge de manœuvre à cet organe pour aménager et développer la métro-région. On a cependant conscience du caractère paroxysmique de cet exemple avec le haut degré de centralisation et de dépendance à l'État qu'a créée cette configuration : jusqu'en 1995 le maire de Séoul était nommé et non pas élu directement. Par ailleurs, un gouvernement métropolitain centralisé peut tout aussi bien connaître des ratés dans ses opérations d'aménagement et, dans tous les cas de figure, l'adhésion des populations reste une variable clé de l'action métro-régional (encadré N).

Encadré N – *Seoul Cultureconomics*, l'échec d'une stratégie hors-sol, ou les limites de la centralisation métropolitaine

Si la métropole de Séoul est connue pour être une des pionnières du mouvement mondial de « retour des villes vers l'eau », avec le réaménagement du cours d'eau Cheonggyecheon dans les années 2000, d'autres projets n'ont pas connu la même fortune ni l'adhésion des populations (U-Seok, 2013). Oh Se-hoon, maire de Séoul de 2006 à 2011, a mis en place la stratégie *Seoul Cultureconomics* inspirée des théories de la classe créative et de la ville créative : projets d'aménagement pharaoniques sur le fleuve Han ou dans le quartier Yongsan, programme Design Séoul, entre autres.

Ces opérations, perçues comme éloignées des besoins et du quotidien de nombre d'habitants, ont rencontré la critique et la résistance des populations. Six personnes sont mortes lors de manifestations contre le réaménagement de Yongsan en 2009. Le maire a dû démissionner en 2011 suite à l'échec d'un référendum sur la gratuité des repas dans les écoles. Durant son mandat la dette de la métropole a fortement augmenté et la plupart des projets de *Seoul Cultureconomics* ont été annulés après sa démission.

En Italie, le choix de la province de niveau NUTS 3 comme périmètre des *città metropolitane*, et l'absorption des institutions provinciales préexistantes dans l'institution métropolitaine, comporte de nombreuses failles, notamment sur le plan morphologique, avec par exemple la métro-région de Turin qui s'étend jusqu'à des zones montagneuses très rurales. Or on peut aussi voir cette solution comme une réponse pour ne pas démultiplier les acteurs et les échelons d'intervention dans les métro-régions ainsi créées.

Les métropoles françaises pour leur part apparaissent à la fois étriquées dans leur périmètre institutionnel et empêtrées dans le partage de prérogatives avec les autres collectivités dont elles partagent l'espace socio-économique. La mise en fonctionnement erratique des métropoles du Grand Paris et d'Aix-Marseille, dans un cadre de surcomplexité, fait figure de situation ultime en la matière. Pour répondre à de telles situations le législateur a donné la possibilité de créer, par fusion et absorption, des collectivités à statut particulier. Dotées d'une assemblée unique, ces collectivités disposent des compétences auparavant distribuées entre différents échelons, un ou plusieurs départements et parfois la région. C'est le cas en Corse, Guyane, Martinique ; pour la métropole de Lyon et la Collectivité européenne d'Alsace[139]. Cependant, 27 % des salariés de la métropole de Lyon résident encore hors de son périmètre institutionnel, « *représentant une masse salariale équivalente à celle d'un département comme la Haute-Savoie* » (Veltz, 2019, p. 104). La carte « tronquée » du nouveau département du Rhône parle d'ailleurs pour elle-même, et elle annonce de nombreuses articulations à trouver entre la métropole et le département sur plusieurs sujets d'aménagement. L'enchevêtrement des échelons et des niveaux de décisions dans les *combined authority* au Royaume-Uni est aussi un facteur de complexité, qui peut entraver la cohérence des actions (Lupton et al., 2018).

Il ne s'agit pas ici de (ré)ouvrir le débat entre visions centralistes ou polycentristes de l'organisation territoriale, mais plutôt de souligner que ce débat doit être abordé de manière adaptative et non binaire. Quelle que soit son organisation, comme on l'a vu toute action régionale est conditionnée par les paramètres politiques, évolutifs et particuliers à chaque situation.

---

139 Cf. supra chapitre 5 partie 3.1.

Un certain degré de centralisation, l'intégration de fonctions ou d'entités peut renforcer l'efficacité de certains services ou actions et améliorer leur lisibilité. De nombreux pays européens ont opéré des fusions de communes.

Cependant la réception des populations lors des opérations de fusion est une question particulièrement sensible (Tomàs & Collin, 2005 ; Bonnet-Pineau & Vandermotten, 2016). Une étude des fusions territoriales en Europe par création de plus grandes entités [*up-scaling*], a pointé certains effets de ces réformes sur la participation démocratique et les votes protestataires, mais ils sont plus ou moins directs et ne doivent pas être surestimés car ils varient selon les situations (Ebinger, Kuhlmann & Bogumil, 2019). Sur le plan budgétaire, les effets en termes d'économies d'échelles sont contestables et difficiles à mesurer. On constate une réduction de dépenses marginale, avec des coûts fixes qui restent souvent statiques.

Lors de la fusion de régions en France, certains organismes ou entités ont montré leur adaptabilité pour se réorganiser à une nouvelle échelle (macro-)régionale. Malgré des complications voire des ratés, un tel changement ne se passe pas systématiquement dans la douleur et peut par ailleurs ouvrir de nouvelles perspectives de développement, comme on l'a vu avec le cas de l'Occitanie. Mais dans le même temps, la création de macro-régions en France a revalorisé le département comme échelon de proximité pour de nombreux services, alors qu'au début de la réforme il était question de supprimer cet échelon face aux intercommunalités. C'est par exemple le préfet de département qui occupe la fonction de délégué territorial au sein de l'agence nationale de cohésion des territoires créée en 2019[140]. Même s'il est trop tôt pour estimer une hypothétique tendance à la recentralisation, ce nouveau fonctionnement indique une volonté de revaloriser l'action de proximité de l'État dans les territoires...qui du même coup (re)consolide l'échelon départemental. Les effets de la crise sanitaire de la Covid-19 sur la façon dont se combinent les actions de l'État et des collectivités dans les territoires, seront à cet égard éclairants à suivre.

L'approche post-complexe ne consiste pas à réduire, à supprimer ou à fusionner des échelons systématiquement. La coopération territoriale reste la modalité qui permet d'articuler les logiques de flux, de réseaux avec la fixité des découpages administratifs et décisionnels. Mais le rôle de l'aménagement peut être de rationaliser les dispositifs de coopération territoriale, de réduire le degré d'enchevêtrement entre documents, programmes et prérogatives, dans le respect des spécificités et les besoins de chaque ensemble territorial, pour à la fois cibler les synergies autour d'objectifs stratégiques et améliorer la lisibilité et l'efficacité du service public.

---

140 Loi n° 2019-753 du 22 juillet 2019 portant création d'une Agence nationale de la cohésion des territoires.

3. Incarnation socio-culturelle et réenchantement

3.1. Les territorialités, l'aménagement et les citoyens : un enjeu démocratique

La perspective post-complexe s'inscrit dans une démarche plus large qui vise à rendre plus lisible l'action publique complexe, non seulement pour les acteurs qui le déploient mais aussi pour les populations qui en sont les bénéficiaires. Le projet européen Compass qui porte sur l'aménagement dans 32 pays a identifié une très forte demande de simplification des instruments de planification, afin qu'ils soient compris par le plus grand nombre[141]. En France par exemple, on ne peut que rappeler ici les dérives d'une certaine pensée qui se considère « complexe » et qui sévit dans le service public et l'administration territoriale : novlangue, « siglomanie » ou « schématologie » contribuent encore un peu plus à l'opacité et au manque de crédibilité de l'action territoriale (Huchet, 2006 ; Forray, 2019). La mission de préfiguration de l'agence nationale de cohésion des territoires préconise quant à elle une « *"approche client" au service des transitions territoriales* » qui en dit long sur une certaine évolution de la pensée du service public (Morvan, 2018, p. 8).

L'élaboration des SRADDET tels qu'ils ont été conçus dans la réforme se révèle parfois, comme on l'a vu, un exercice compliqué et contraint, dont certains élus peinent à se saisir car ils ne répondent que partiellement à leurs attentes (Béhar, Czertok & Desjardins, 2021). Que dire alors, des citoyens ? Ces préoccupations ressortent de la phase d'élaboration des mesures simplificatrices de la loi ÉLAN, qui a fait l'objet d'une consultation en ligne. Dans cette consultation, une responsable de Scot souligne les redondances entre SRADDET, Scot et PLU, et le besoin de resserrer les objectifs pour les rendre plus lisibles et opérationnels : « *Agir sur l'aménagement du territoire, c'est comprendre un écosystème complexe, où toutes les parties sont liées* [...] *Plus on met de la distance entre l'ambition et l'action, plus on prend le risque de ne jamais atteindre l'objectif* »[142].

Une « simplification non simplificatrice » de l'aménagement régional peut contribuer à transformer la perception et les représentations que se font les citoyens de l'organisation et de l'action territoriales. Si l'on reprend l'exemple des stratégies macro-régionales, l'Union européenne leur assigne

---

141 Compte rendu du séminaire ESPON « Stratégies nationales et régionales de planification territoriale : nouveaux défis et nouvelles opportunités », Paris, 28 mars 2018 : http://riate.cnrs.fr/?p=6925

142 « Scot, vers plus d'innovation ? » [en ligne], 21 octobre 2019 : https://planifions-ensemble.fr/informer/les-actualites/scot-vers-plus-dinnovation-6123

l'objectif d'introduire plus de clarté, une meilleure organisation et un meilleur « rendu » des multiples dispositifs de coopération territoriale qui coexistent. Cela participe d'un agenda général des autorités de l'Union européenne qui, depuis que l'euroscepticisme progresse, cherchent à réduire l'écart entre les citoyens et les politiques de l'Union, pour montrer la valeur ajoutée de leurs réalisations concrètes dans la vie quotidienne. C'est dans cet ordre d'idée que la Commission européenne a lancé un plan pour le développement des régions frontalières[143]. Une plate-forme a été mise en place pour appuyer les acteurs de ces régions et, par la discussion et le partage d'information, « *mettre en lumière les moyens par lesquels l'Europe peut réduire la complexité, la durée et les coûts des interactions transfrontalières et promouvoir la mise en commun des services le long des frontières intérieures de l'Union européenne* »[144].

En France, on note qu'un des premiers objectifs des SRADDET est d'intégrer, dans un dispositif unique, les divers schémas régionaux qui préexistaient. Et comme on l'a vu la loi ÉLAN vise à simplifier l'articulation entre les différents dispositifs de planification. Par ailleurs, on a vu aussi qu'une des premières missions de l'Agence nationale de la cohésion des territoires doit être de regrouper l'ensemble pléthorique de contrats territoriaux existants en un contrat unique, qui a vocation à devenir un cadre de référence intégré pour la contractualisation entre l'État et les territoires.

Il ne s'agit pas ici d'extrapoler ni de spéculer sur une corrélation entre le niveau de déficit démocratique et le fonctionnement, ou les résultats, des politiques d'aménagement. La plupart des dispositifs de coopération territoriale dans l'Union européenne restent toujours assez confidentiels pour la majorité des citoyens – quand ils ne sont pas instrumentalisés par certains acteurs politiques, par le biais de simplifications simplificatrices justement, pour attiser l'euroscepticisme. Des représentants de partis souverainistes ou d'extrême droite ont ainsi voulu faire croire que la signature du traité franco-allemand d'Aix-la-Chapelle revenait à…céder l'Alsace et la Lorraine à l'Allemagne ! On a vu par ailleurs, sans grande surprise, que la correspondance entre les objectifs déclarés et la réalité de terrain est modérée par de nombreux facteurs, notamment les priorités politiques voire politiciennes.

Mais le rôle que peut jouer l'aménagement du territoire dans le (ré)ordonnancement de la complexité et dans la perception des politiques publiques n'est pas à négliger. D'une part, on a vu que le champ

---

[143] Communication de la Commission au Conseil et au Parlement européens, *Stimuler la croissance et la cohésion des régions frontalières de l'Union européenne* [en ligne], Bruxelles, 20 septembre 2017 : https://ec.europa.eu/regional_policy

[144] https://futurium.ec.europa.eu/en/border-focal-point-network/pages/about-border-focal-point-network

de l'aménagement, de par sa transversalité, a été identifié comme un des principaux vecteurs permettant d'atteindre les Objectifs du développement durable (figure 60). D'autre part, le rôle politique de l'aménagement du territoire apparaît d'autant plus essentiel dans un contexte où les interdépendances et les connexions transnationales se renforcent (Khanna, 2016), tandis que les ancrages territoriaux restent prégnants tant dans le domaine des représentations que pour des sujets beaucoup plus concrets comme l'illustrent, par exemple, les rapports de force autour des réseaux mondiaux d'infrastructures (Turner & Johnson, 2017). On assiste même à « *un mouvement de réenchantement de la frontière comme rempart et de sacralisation du territoire en matière de droits, à la protection sociale ou à l'emploi par exemple.* » (Boulineau, 2017b, p. 15). Plutôt que d'opposer une « *fixation sur les frontières fixes et immuables* » à des « *des notions plus fluides et adaptées au XXI*[e] *siècle* » (Faludi, 2014, p. 166), il est possible de combiner, dans une relation dialectique, des pratiques ou visions transnationales et multi-situées avec un besoin d'ancrage territorial.

Les résultats d'une enquête dans l'Eurométropole Lille-Coutrai-Tournai montrent que plusieurs acteurs souhaitent que la frontière soit ouverte sans la voir disparaître complètement, dans une relation dialectique entre *debordering* et *bordering* (Durand & Perrin, 2018). Une autre enquête dans la région du Grand Genève a montré le décalage entre les discours à dimension performative sur l'effacement de la frontière, et la perception et l'expérience concrète de la majorité des habitants de cette frontière (Scott & Sohn, 2020). Michel Foucher (2019) signale, à la lumière des résultats de sondages Eurobaromètre, un paradoxe entre d'une part un fort soutien à la libre circulation des personnes dans l'Union européenne, et d'autre part l'immigration qui reste une des préoccupations majeures des citoyens, ce qui indique « *une tension politique entre liberté et sécurité, qui interpelle les États sommés d'exercer leurs prérogatives régaliennes de protection* » (*id.*, p. 5).

Les évolutions sociopolitiques mondiales indiquent que ces préoccupations ne sont pas spécifiques à l'Union européenne, mais qu'elles constituent des enjeux actuels dans les sociétés ouvertes, démocratiques et plurielles : comment concilier complexité sociale et action politique sans fausse simplification, comment réenchanter la relation entre les citoyens et leurs représentants sans démagogie grossière, comment combiner ouverture transnationale et attachement territorial. Ces arguments sont au cœur des analyses du philosophe Yascha Mounk (2018). À partir des exemples de la crise grecque et de l'ascension du « système Orban » en Hongrie, il analyse comment, dans les sociétés démocratiques, occidentales en particulier, les excès du néo-libéralisme et la crise de 2008 ont transformé les aspirations de populations. Encore privilégiées à l'échelle mondiale, ces populations se sentent pourtant de plus en plus fragilisées, menacées et précarisées par la mondialisation. Les indicateurs économiques et démographiques

ne viennent pas atténuer ces ressentis. Le refus d'élites technocratisées et repliées sur elles-mêmes de prendre en compte ces nouvelles aspirations, la communautarisation des revendications et des réponses sociales qui minent le sens du collectif, en partie *via* la survalorisation des réseaux sociaux, ont favorisé la montée des populismes dits « illibéraux ». Ces mouvements jouent sur le besoin de sécurité et proposent l'autoritarisme pour promouvoir les identités et les cultures dominantes, avec pour corollaire la consolidation des frontières étatiques. Or, entre autres choses, ces mouvements n'ont pas compris qu'un État doit savoir perdre de la souveraineté pour pouvoir mieux en gagner à plusieurs. La territorialité est un facteur signifiant de ces évolutions, et l'aménagement régional, notamment à des échelles renouvelées, peut permettre d'expérimenter des réponses à cette crise d'incarnation.

Dans cette perspective, les interactions entre dispositifs d'aménagement, politiques culturelles et identités territoriales composent un terreau fertile pour refonder la relation entre les citoyens, leurs territoires et le service public, alors même que les ensembles (néo-)régionaux croisent les échelles, les représentations et les appartenances territoriales.

3.2 La culture et l'identité dans l'aménagement : des variables à reconsidérer

Les références identitaires sont devenues multi-localisées et non plus seulement ancrées dans un lieu circonscrit. Elles s'établissent dans un monde où la transmission des savoir-faire et des connaissances, où les mobilités de population se sont accélérées et globalisées. Comme l'explique Paul Claval (2016), un des principaux théoriciens de la géographie culturelle, il y a une correspondance entre les dialectiques déterritorialisation/reterritorialisation et déculturation/reculturation. Par cette double dialectique les individus construisent leur culture sur des bases à la fois multi-territorialisées et réticulaires. Il ne s'agit donc pas d'adopter une approche par trop passéiste, vernaculaire ou figée de l'identité régionale, qui ne correspondrait ni à la réalité des flux de population et d'information ni à la « *complexité relationnelle* » des territorialités actuelles (Healey, 2006). « *L'identité régionale n'est qu'un élément parmi d'autres de la constellation complexe d'identifications que les gens ont normalement, basées sur des éléments tels que la classe sociale, le sexe, la génération, l'origine ethnique ou la religion* » (Paasi, 2009, p. 146). Le politisite Michael Keating (2017, p. 31), spécialiste de l'Europe et des régions, rappelle aussi que, au regard des résultats d'études sur les sentiments d'appartenance territoriaux, « *même dans les endroits où existent de forts mouvements nationalistes régionaux, la plupart des citoyens ont développé des identités duales plutôt que de s'identifier exclusivement à un niveau ou à*

l'autre. Ainsi l'identité n'est pas une évidence mais c'est une autre entrée par laquelle la région peut être construite et dotée de sens »[145].

En Europe, les identifications nationales restent très prégnantes et vouloir reproduire la construction d'États-nations à d'autres échelons serait une erreur. Il s'agit plutôt de résoudre l'équation entre la formation d'un *demos* européen commun et la préexistence de plusieurs nations et cultures spécifiques, à la fois résilientes et non entièrement substituables (Lefebvre, 2013 ; Menasse 2015). Pour résoudre cette équation, des acteurs de l'agence chargée des programmes culturels de l'Union européenne, suggèrent par exemple de mettre en avant, dans ces programmes, les *valeurs européennes communes*, notions potentiellement plus constructives et opérantes à l'échelle européenne que celles de culture ou d'identité.

Dans ce contexte, les politiques régionales peuvent permettre de décentrer les ancrages culturels ou identitaires exclusifs ou arc-boutés sur les références nationalistes. La position particulière d'intermédiarité de la région est intéressante à valoriser ; pour promouvoir des références à la fois territorialisées et ouvertes, qu'il s'agisse d'une région métropolitaine, d'une région sub-étatique, d'une eurorégion ou d'une macro-région. Cette vision évoque l'approche architecturale du régionalisme critique (Canizaro, 2007 ; Lefaivre & Tzonis, 2012 ; Britton, 2013).

Inspirée des travaux de Paul Ricœur (1961) sur le dilemme entre « civilisation universelle » et « retour aux sources », cette approche post-moderne entend dépasser d'une part la neutralité indifférente – et parfois désenchantée – de l'architecture moderne par rapport au lieu de construction, d'autre part le mimétisme passéiste de l'architecture régionaliste. Le régionalisme critique introduit des éléments culturels locaux ou régionaux pour distinguer les propositions architecturales et les attacher au lieu de construction, tout en les enrichissant par l'adoption de tendances, de démarches ou de techniques extérieures, transnationales. Le sujet dépasse le domaine de l'architecture et confirme la particularité de l'échelle régionale dans son intermédiarité. Cette approche peut inspirer des politiques d'aménagement qui visent à concilier les cultures et les identités territoriales dans la mondialisation.

Il serait bien sûr naïf de vouloir faire reposer sur les épaules de la culture et de l'aménagement toutes les solutions à la « polycrise » que traverse

---

[145] Ce sentiment d'appartenance territorial peut être mesuré à l'aide de la « question Moreno » évoquée au chapitre 2, partie 1.2. Elle permet d'évaluer les processus d'identification et le sentiment d'appartenance à différentes échelles territoriales, et de voir l'articulation entre les identités territoriales au sein d'États-nations ou d'États plurinationaux (Moreno, 2007).

l'Union européenne depuis maintenant près de dix ans[146], ou à la crise de représentation de la démocratie libérale. À ce titre, la représentativité et l'élection directe des organes de gouvernement restent des variables clés de l'incarnation socioculturelle dans les métro-régions, qui sont devenues des lieux de pouvoir mais pas (ou très peu) d'identification (Lefèvre & Négrier, 2010 ; Ghorra-Gobin, 2015).

L'élection d'un maire au suffrage direct des *metro-mayors* dans les *combined authorities* anglaises, en plus du maire du Grand Londres, s'inscrit dans ce débat. Les taux de participation ont augmenté entre les élections de 2017 et celles de 2021, même si la moyenne d'environ 33 % pour 2021 ne dénote ni un grand enthousiasme ni une grande implication des électeurs pour ces élections[147]. En France ou dans d'autres pays, la question de l'incrémentation démocratique des métro-régions ne pourra pas être réglée par le maintien d'élections indirectes si l'objectif est de réellement « faire région » à cet échelon doté de ressources majeures – et de plus en plus de compétences – pour le développement socio-économique. Un récit fédérateur est à construire et la représentation directe est un jalon essentiel de ce processus.

Aux côtés des problématiques de représentativité politique, la culture et l'action culturelle, dans leur acception large, restent des éléments structurants de la fabrique régionale, du récit régional à construire. Comme on l'a vu ces secteurs ont une portée symbolique significative, tant pour les autorités que pour les populations. Le rôle de l'action culturelle comme antidote aux postures de repli, aux populismes anti-libéraux ou autres mouvements fascisants est bien documenté. Yascha Mounk (2018) par exemple ne propose pas autre chose quand il appelle à réparer l'économie et à refonder la « religion civique » par l'investissement dans l'éducation, pour éveiller et éclairer les consciences citoyennes et remettre du collectif dans l'espace public. L'action culturelle combine des éléments d'ancrage et de rassemblement, les patrimoines, avec une ouverture à l'universalité des langages esthétiques ou à la diversité des expressions et des pratiques. Elle peut permettre d'expérimenter de nouvelles représentations, de donner à voir les fabriques régionales en cours et de questionner leur incarnation auprès des populations.

En dépit d'une intensité politique [*politics*] relativement faible, la Biennale européenne des patrimoines a, par exemple, été un des principaux

---

146 Le terme est issu de la conférence de presse annuelle de Jean-Claude Juncker, président de la Commission européenne, le 15 janvier 2016.

147 Cf. « Elections 2017 results: Tories win four new mayors », *BBC News*, 5 mai 2017 : https://www.bbc.com/news/election-2017-39817224 ; et « 2021 Elections – turnout, rejected ballots and results visualised », *Voting counts*: https://votingcounts.org.uk/2021-elections-visualised

dispositifs qui ont permis de « donner à voir » la coopération du Dialogue métropolitain de la métro-région toulousaine. Dans la métropole d'Aix-Marseille on observe que, malgré les aléas de la construction métropolitaine, depuis la capitale européenne de 2013 l'événementiel socio-culturel a permis des coopérations et des réalisations concrètes à l'échelle métropolitaine (Grésillon & Vignau, 2020) : capitale du sport en 2017, capitale de l'amour en 2018, année de la gastronomie en Provence en 2019 ou encore l'accueil de Manifesta, la biennale européenne de la création contemporaine en 2020[148]. Les sentiers de randonnée urbaine qui se mettent en place dans différentes métropoles – dont le GR2013 issu de la capitale européenne de la culture à Marseille fut le pionnier – sont aussi un moyen de donner corps à un nouvel ensemble métro-régional. « *À la fois infrastructures de transport, équipements touristiques, centres culturels hors-les-murs, écoles de plein air* »[149], ils permettent de renouveler les regards et les pratiques de la métropole, en reliant des lieux culturels et patrimoniaux disséminés sur l'ensemble du territoire…souvent en dehors des sentiers battus.

Avec le projet *Routes4U* présenté au chapitre précédent, l'Union européenne et le Conseil de l'Europe se sont accordés dans le choix de l'échelle macro-régionale pour à la fois redévelopper les itinéraires culturels européens tout en promouvant la coopération territoriale. On remarque d'ailleurs que dans leurs perspectives pour les macro-régions, le Parlement et le Conseil européens appellent spécifiquement à renforcer la communication autour des macro-régions, notamment par « *l'élaboration de stratégies de communication et l'organisation d'événements et d'activités* »[150].

Ainsi l'échelle macro-régionale pourrait être celle de la désignation des capitales européennes de la culture. Au lieu de garder, dans le choix de ces capitales, la dimension nationale de la désignation et la dichotomie est-ouest actuellement en vigueur, pourquoi ne pas transformer l'essai en désignant une seule capitale mais dans un cadre macro-régional : Arc atlantique, Europe rhénane, Danube, mer du Nord, mer Noire, Sud-Ouest européen… On constate en effet une certaine dilution de ce programme qui, mis à part pour les villes les plus touristiques ou connues, reste souvent un événement de portée nationale et qui, encore une fois, maintient une dichotomie méta-géographique entre « deux Europes », qu'un événement culturel européen devrait pourtant permettre de dépasser. Il est temps de refonder la portée de ce type d'événement en termes d'européanisation des

---

[148] Même si la tenue de ce dernier événement a pâti de la crise sanitaire de la Covid-19.

[149] Cf. https://metropolitantrails.org

[150] *Résolution du Parlement européen du 16 janvier 2018 sur la mise en œuvre des stratégies macrorégionales de l'Union*, n° 2017/2040(INI) ; *Conclusions du Conseil du 21 mai 2019 sur la mise en œuvre des stratégies macrorégionales de l'UE*, n° ST 9101 2019.

références culturelles et des représentations territoriales, en proposant des cadres territoriaux renouvelés, plus foncièrement transnationaux.

Dans les métro-régions, l'enjeu culturel est d'autant plus saillant compte tenu du poids des activités créatives et culturelles dans les économies métropolitaines (Lussault & Mongin, 2016). Élargir l'action culturelle régionale aux questions de représentations et d'identification territoriale peut permettre, au-delà des seules opérations sectorielles, de reconsidérer l'économie culturelle comme un écosystème social, comme un facteur du « vivre ensemble » et non pas seulement comme un secteur marchand. Aux États-Unis, la dimension culturelle peut être un facteur important d'identité et de cohésion – et partant de cohérence – dans plusieurs méga-régions, parfois même plus que les éléments économiques ou les infrastructures (Fleming, 2015, p. 201–207).

Or ces constats vont de pair avec le caractère hautement sensible et fragile de la culture face aux instrumentalisations idéologique, qui peuvent amener à figer des « cultures » ou « identités » régionales recréées sans prendre en compte la diversité culturelle régionale (Perrin, 2012, p. 467), voire à réécrire l'histoire de manière contre-mémorielle[151]. Il y a donc urgence à laisser la place à des représentations identitaires et culturelles régionales plus pragmatiques et actualisées au regard des dynamiques sociales et territoriales contemporaines. Dans cette situation, on peut formuler l'hypothèse que la dimension coopérative, multi-partenariale et inter-scalaire des régions telles qu'on les a envisagées, permette de contrer toutes tentatives ou dérives idéologiques de fermeture, qui semblent dans tous les cas vouées à l'échec face à la prégnance des identifications multi-situées.

La région peut ainsi être un échelon d'intermédiarité et d'articulation des territoires et des sociétés, pour concilier les ancrages locaux, la force des identités nationales et le rééchelonnement des interactions et des représentations sociales au sein de l'Union européenne. Les différentes configurations de la région, à différentes échelles, peuvent fournir des cadres d'action renouvelés pour répondre à des mouvements de fragmentation territoriale et sociale. Une métropolisation coordonnée avec les autres échelons territoriaux peut être l'occasion de repenser les équilibres et la répartition des fonctions et des ressources, au service d'un développement partagé.

Comme on l'a vu plusieurs autorités locales britanniques ont défendu, depuis le Comité européen des régions, la création d'une macro-région de l'Europe du Nord-Ouest pour pouvoir continuer à travailler étroitement

---

151 On peut citer l'exemple du Puy du Fou, un événement qui jouit d'un grand succès d'audience, dans l'analyse qu'en donne G. Mazeau : « Le Puy du Fou : sous le divertissement, un 'combat culturel' » [en ligne], *The Conversation*, 9 avril 2019 : https://theconversation.com

avec leurs homologues après le *Brexit.* Parallèlement un Comité du Détroit a été mis sur pied par plusieurs collectivités anglaises, françaises, belges et néerlandaises pour maintenir la coopération transfrontalière Union européenne / Royaume-Uni. En Méditerranée occidentale l'évolution du pilotage de la macro-régionalisation vers plus de responsabilités aux autorités régionales et sub-étatiques peut permettre à ces autorités de mieux développer leur agenda sociopolitique et économique dans leur espace d'influence direct : non seulement les régions françaises, dont les compétences ont été récemment réorganisées, mais aussi et surtout le gouvernement catalan, qui est un des fers de lance du projet mais qui reste entravé dans le conflit politique avec l'État espagnol (encadré M). Une plus grande latitude pour mener la coopération et les affaires macro-régionales méditerranéennes pourrait constituer un élément d'une sortie de crise par le haut. En l'état actuel ce processus de macro-régionalisation est de faible intensité et reste piloté par les États.

Dans ces options, la variable étatique est significative mais n'est pas obligatoirement inhibante. Tout dépend des termes du rééchelonnement : plusieurs exemples en Europe montrent que, loin d'être arc-boutés sur leur prééminence territoriale, de nombreux États favorisent de multiples formes de (néo-)régionalisation, tant en interne que dans le cadre européen.

Le rôle des acteurs de l'aménagement, autant les scientifiques que les praticiens, est d'ailleurs ici essentiel pour faire en sorte que le rééchelonnement de l'action de l'État vers les régions ne se fasse pas uniquement dans une logique néo-libérale de marchandisation des politiques publiques, mais assure la protection, le partage et la redistribution des ressources territoriales. L'aménagement régional, dans sa dimension symbolique et immatérielle, peut aussi contribuer à renouveler les imaginaires et les récits territoriaux pour réenchanter le rapport entre les citoyens, leurs territoires de vie et les autorités qui les représentent.

Si d'aucuns peuvent considérer ces perspectives comme infondées, spéculatives voire utopiques, il n'en reste pas moins que l'utopie joue un rôle dans le progrès. Pour paraphraser l'écrivain et historien Rutger Bregman (2017), c'est en étant « *irréaliste, déraisonnable et impossible* » que l'on arrive à changer les choses.

L'horizon régional, de par les échelles qu'il mobilise et les représentations qu'il peut véhiculer, ouvre des perspectives stimulantes pour refonder la construction sociale, territoriale et politique de l'Union européenne.

Conclusion

« *Notre monde est à la recherche de formes d'organisation régionale et territoriale qui permettent l'épanouissement des peuples qui le composent* » (Claval, 2016, p. 9).

Alors que la notion de région avait pu tomber en désuétude dans le champ de l'aménagement du territoire, cet ouvrage montre la place particulière et affirmée de la région dans l'aménagement des territoires et le développement des sociétés en Europe. Il enrichit et actualise la littérature sur la région et l'aménagement régional, qui connaît un regain d'intérêt (Abels & Battke, 2019 ; Lingua & Balz, 2020 ; Harrison, Galland & Tewdwr-Jones, 2021 Purkarthofer, Humer & Mäntysalo, 2021 ; Neuman & Zonneveld, 2021 ; Perrin, 2022). L'ouvrage révèle en quoi la notion de région et l'aménagement régional se rapportent à différents phénomènes clés du développement des sociétés et des territoires actuels : métropolisation des espaces et des sociétés, revendications régionalistes dans plusieurs pays d'Europe de l'Ouest notamment, consolidation de nombreuses eurorégions et mise en place de stratégies macro-régionales dans l'Union européenne.

Sur le plan théorique, aborder la région par l'aménagement permet de dépasser et de faire le lien entre différentes interprétations de la région, qui sont souvent restées circonscrites à des domaines disciplinaires distincts, depuis la première normalisation du concept de région effectuée par la géographie moderne – devenue « classique » – jusqu'à l'éclatement de la notion dans le paradigme post-moderne. La région en Europe n'est ni uniquement une région politique contestée, ni simplement une région économique issue de l'analyse spatiale.

L'ouvrage montre, à travers une sélection des principaux concepts opérants pour penser la région contemporaine, que l'aménagement régional suppose de croiser les différents types de régionalisation qui se juxtaposent dans un terrain d'intervention donné, pour mener des opérations ou animer des dispositifs qui soient adaptés aux réalités et aux besoins de ce terrain. Cette approche de la région confirme la vocation interdisciplinaire du champ de l'aménagement.

L'importance de croiser les différents paramètres qui forment l'épaisseur sociale d'une région – spatiaux, géographiques, géo-historiques,

socio-économiques, sociopolitiques, culturels –montre aussi que la région n'est pas juste une entité spatiale ou territoriale distincte d'une autre. Une telle vision très générique de la région a parfois tendance à être privilégiée pour répondre à la plasticité consubstantielle de la notion de région, mais elle vide en définitive la notion de sens et donc d'opérationnalité pour l'aménagement. De par son interdisciplinarité, le champ de l'aménagement est celui qui peut le mieux concilier la grande variété sémantique et scalaire avec les caractères sociaux de la région.

Ces différents enjeux sont illustrés, sur le terrain, par les différents cas analysés. Les interactions et les recompositions entre différents acteurs et entités appelés à « refaire région » dans la région Occitanie nouvellement créée en France, permettent d'éprouver l'interterritorialité et la coopération territoriale comme modalités d'aménagement et de développement des régions, y compris dans un cadre national. Cette analyse révèle de plus les impasses du tout métropolitain et, face aux dynamiques de surconcentration urbaine, la nécessité d'une meilleure répartition métro-régionale des populations et des activités, de meilleures connexions et complémentarités interterritoriales. La métropole n'est pas l'horizon ultime du développement, même si elle reste un pivot de l'organisation territoriale des sociétés contemporaines. Les déséquilibres constatés et le besoin d'interterritorialité que l'on a discutés ouvrent ainsi sur les questions des inégalités territoriales dans les crises sociales et du rôle de l'aménagement pour y répondre. Des questions dont la crise sanitaire de la Covid-19 n'a fait que renforcer la pertinence.

À une autre échelle de coopération territoriale, l'étude de plusieurs eurorégions à la frontière nord-est de la France éclaire les liens entre la construction européenne et la consolidation de nouveaux ensembles régionaux, par la combinaison des processus de métropolisation et d'européanisation dans les dispositifs et politiques d'aménagement. Les dynamiques de macrorégionalisation en Méditerranée occidentale permettent quant à elles d'approfondir plusieurs sujets clés relatifs à la région et à l'aménagement régional : la coopération territoriale européenne, l'européanisation des références et des pratiques d'aménagement, les relations de gouvernance entre différents niveaux d'action publique – du régional à l'Union européenne, en passant par les États – ou encore la portée socio-culturelle des constructions régionales.

L'ouvrage permet ainsi de questionner la construction européenne, par une réflexion sur les dynamiques d'européanisation spatiale, sur l'évolution des références méta-géographiques liées à des constructions régionales telles que les eurorégions et les macro-régions et, *a contrario*, sur les dynamiques de *rebordering*, de repli et de rejet de la diversité et du transrégionalisme. À ce titre, la macro-région de la Méditerranée occidentale croise plusieurs

enjeux : d'une part les enjeux d'un certain rééchelonnement macro-régional de l'Union européenne, avec les tensions et rapports de force socio-politiques que cela peut entraîner, d'autre part les enjeux des relations socio-économiques entre l'Union européenne et ses voisins, dans une zone marquée par de fortes inégalités, de graves tensions géopolitiques et des taux de migration élevés. Ce cas permet aussi de revenir sur la question de l'incarnation socioculturelle d'ensembles régionaux émergents et confirme l'importance des variables culturelles et identitaires dans le rapport entre sociétés et territoires.

Les réflexions et études de cas permettent de dégager trois enjeux de l'aménagement et du développement des régions : la coopération, la complexité et l'incarnation.

À partir de ces enjeux, l'ouvrage ouvre un agenda de recherche-action avec la proposition d'une approche post-complexe de l'aménagement, ou comment passer d'une situation de cooplexité à la post-complexité. Cette proposition vise à formuler et de tester une méthode ou une démarche de « simplification non simpliste » pour les dispositifs d'aménagement régionaux, à l'heure de la multiplication des acteurs de l'aménagement et de la généralisation – à tout le moins dans les intentions ou les injonctions – des procédures de coopération territoriale et d'interterritorialité.

Il s'agit de mieux envisager comment opérer une sélection, mettre en lien et construire des synergies efficientes pour l'action territoriale, à partir de l'ensemble des acteurs, dispositifs et documents d'aménagement pour un ensemble régional donné. Ces opérations peuvent permettre d'introduire une certaine rationalité dans l'action, sans compromettre la diversité des acteurs et des prérogatives engagés. Les exemples sont légion de dispositifs qui peuvent permettre d'éprouver cette approche renouvelée de l'aménagement, comme les schémas régionaux d'aménagement ou les mesures de simplification issues de lois d'organisation territoriale en France, le déploiement des stratégies macro-régionales de l'Union européenne ou bien encore la mise en œuvre de métro-régions dans différents pays européens. L'objectif étant de créer de la lisibilité non seulement pour les praticiens de l'aménagement, mais aussi pour les populations concernées.

Au final, l'idée d'une approche post-complexe souligne la dimension socio-culturelle des ensembles régionaux et met en perspective le lien entre les citoyens et l'action publique, avec en premier lieu le besoin de clarification et d'efficacité des dispositifs d'action publique. Ces perspectives démontrent la fonction sociale primordiale que revêtent les actions d'organiser et d'aménager les activités des populations sur un territoire donné. De plus, travailler la dimension culturelle à l'échelle régionale peut permettre de combiner, voire d'articuler, les vécus multi-situés des populations, les références transnationales avec l'attachement socio-culturel à tel ou tel

ensemble territorial, du local à l'Europe. Où l'on retrouve le caractère d'intermédiarité de la région.

Au moment où l'économie mondialisée semble en passe, dans certains secteurs tout au moins, de se « re-régionaliser » au sein d'ensembles tels que l'Union européenne et où, parallèlement, certaines réponses sociopolitiques semblent plus efficaces à des échelles alternatives à celle des États-nations – échelle sub-étatique, métropolitaine, transfrontalière ou transnationale – la région est définitivement un sujet pour l'aménagement des territoires et le développement des sociétés.

Bibliographie

Abels G., Battke J. (dir.), 2019, *Regional Governance in the EU. Regions and the Future of Europe*, Cheltenham : Edward Elgar.

AdCF : Assemblée des communautés de France, 2018, *Quelles ambitions économiques pour nos territoires ? Analyse des schémas régionaux de développement économique, d'innovation et d'internationalisation* [en ligne] : https://www.adcf.org/files/DOCS/etude-adcf-SRDEII-022018-web.pdf

Alasset S., Ance V., Duprat P., Pujol S., Nozières B., 2017, « Aires urbaines en Occitanie, deux grands réseaux adossés », *Insee Dossier Occitanie*, n° 3.

Albrechts L., Healey P., Kunzmann K., 2003, « Strategic Planning and regional governance in Europe », *Journal of American Planning Association*, vol. 69 n° 2, p. 113–129.

Alcouffe A., 2009, *Le colonialisme intérieur* [en ligne] : https://hal.archives-ouvertes.fr/hal-00848175/document

Alfonsi F. 2012, *Rapport sur l'évolution des stratégies macro-régionales de l'UE : pratiques actuelles et perspectives d'avenir, notamment en Méditerranée*, Bruxelles : Parlement européen, Commission du développement régional, rapport n° 2011/2179 (INI).

Allègre G., Cornilleau G., Laurent É., Timbeau X., 2015, « Nouvelle économie régionale et réforme territoriale » [en ligne], *Revue de l'OFCE*, vol. 143(7), p. 5–11 : https://www.ofce.sciences-po.fr/publications/revue.php

Alliès P., 2008, « Nationalité, nationalitaire, régionalisme », *in* A. Artous, D. Epsztajn, P. Silberstein (dir.), *La France des années 1968*, Paris : Syllepse, p. 534–549.

Allen, J., Cochrane A., Massey D., 1998, *Rethinking the Region*, Abingdon : Routledge.

Allmendinger P., Haughton G., 2007, « "Soft spaces" in planning », *Town & country planning*, 76(09), p. 306–308.

Allmendinger P., Haughton H., Knieling J., Othengrafen F., 2015, *Soft Spaces in Europe: Re-Negotiating Governance, Boundaries and Borders*, Abingdon : Routledge.

Altaber C., Le Hir B., 2017, « Dynamique de l'emploi dans les métropoles et les territoires avoisinants », *Note d'analyse* n° 64, Paris : CGET-France Stratégies.

Alvergne C., Taulelle F., 2002, *Du local à l'Europe. Les nouvelles politiques d'aménagement du territoire*, Paris : Presses universitaires de France.

Amilhat-Szary A-L., Hamez G. (dir.), 2020, *Frontières*, Paris : Armand Colin.

Amin A., 1999, « An Institutionalist Perspective on Regional Economic Development » *International Journal of Urban and Regional Research*, vol. 23(2), p. 365–378.

Amin, A., 2004, « Regions unbound: towards a new politics of place », *Geograska annaler: series B, human geography*, vol. 86(1). p. 33–44.

ANCT : Agence nationale de cohésion des territoires, 2021, Coopérations entre métropoles et territoires environnants : quels facteurs de réussite ? [en ligne] : https://agence-cohesion-territoires.gouv.fr/cooperations-entre-metropoles-et-territoires-environnants-quels-facteurs-de-reussite-383

Anderson B., 1991, *Imagined Communities: Reflections on the origin and spread of nationalism*, Londres : Verso.

Ang I., 2011, « Navigating complexity: From cultural critique to cultural intelligence », *Continuum. Journal of Media & Cultural Studies*, vol. 25(6), p. 779–794

Ang I., 2012, « Dépasser l'unité dans la diversité : pour des identités cosmopolites », *Diogène*, n° 237–2012/1, p. 12–27.

Antheaume B., Giraut F. (dir.), 2005, *Le territoire est mort. Vive les territoires ! Une (re)fabrication au nom du développement*, Montpellier : IRD Éditions.

Ascher F., 1995, *Métapolis ou l'avenir des villes*, Paris : Odile Jacob.

Aron, R., 2016, « La rationalité politique », texte présenté et édité par S. Marcotte Chénard, *Commentaire*, vol. 156(4), p. 725–742.

ARRE : Agence en réseau régionale des études en Occitanie, 2017, *Parlons-en* [en ligne], n° 11 novembre 2017 : http://www.occitanie.developpement-durable.gouv.fr

Audiar : Agence d'urbanisme et de développement intercommunal de l'Agglomération rennaise, 2015, *Les démarches interSCoT. Note d'analyse.*

Báguena J., Carbonell F., 2007, « El proceso de construcción del arco mediterráneo: una calle de doble dirección », *Papers. Regió Metropolitana de Barcelona: Territori, estratègies, planejament*, n° 44, p. 8–19.

Bailly A., 2009, « La science régionale en perspective », *Géographie, économie, société*, vol. 11(1), p. 1–7.

Bailly A., Ferras C., Pumain D. (dir.), 1992, *Encyclopédie de Géographie*, Paris : Economica.

Baker M., Roberts P., 2006, « Regions and regional identity », *in* I. Hardill, P. Benneworth, M. Baker, L. Budd (dir.), *The Rise of the English Regions?*, Abingdon : Routledge, p. 22–43.

Balme R. (dir)., 1996, *Les Politiques du néo-régionalisme : action collective régionale et globalisation*, Paris : Economica.

Balsiger J., Gloersen E., Cugusi B., Debarbieux B., 2018, « European macro-regions: policy arenas for transnational ecoregions? », *International Studies Association Annual Convention*, San Francisco, 4–7 avril 2018.

Bassand M., 1990, *Culture et régions d'Europe*, Lausanne : Presses polytechniques et universitaires romandes.

Barone S. (dir.), 2011, *Les politiques régionales en France*, Paris : La Découverte.

Barros M., Salat N., Sarmant T., 2006, *Vauban : l'intelligence du territoire*, Paris : éditions Nicolas Chaudun et Service historique de la Défense.

Baudelle G., 2005, « Figures d'Europe : une question d'image(s) » [en ligne], *Norois. Environnement, aménagement, société*, n° 194 : https://journals.openedition.org/norois/

Baudelle G., 2009, « L'européanisation croissante de l'aménagement des territoires », *in* Y. Jean, G. Baudelle (dir.), *L'Europe. Aménager les territoires*, Paris : Armand Colin, p. 39–58.

Baudelle G., Castagnède B. (dir.), 2002, *Le polycentrisme en Europe. Une vision de l'aménagement du territoire européen*, La Tour d'Aigues/Paris : Éditions de l'Aube/DATAR.

Baudelle G., Guy C., Ollivro J., 2002, « Les scénarios de l'espace européen », *in* Baudelle et Castagnède, p. 107–154.

Baudelle G. et Charles-Le Bihan D., 2017, *Les régions et la politique de cohésion européenne*, Rennes : Presses universitaires de Rennes.

Baudelle G., Vergne O., 2021, « The 'Alsace European Authority': a new step in the 'territorial differentiation' in France », *European Planning Studies*, vol. 29(2), p. 312-328.

BBSR : *Bundesinstitut für Bau-, Stadt- und Raumforschung*, 2011, *Metropolitan areas in Europe* [en ligne], *BBSR-Online-Publikation* n° 01/2011 : https://www.bbsr.bund.de

Beckouche P., Besnard P., Pecout H. (dir.), 2016, *Atlas of Challenges and Opportunities in European Neighbourhoods*, Berlin : Springer.

Béhar D., 2018, « Régions et métropoles : les rivalités territoriales d'un couple moderne », *in* G. Bettoni, D. Le Bras, F. Navarre (dir.), *Métropoles en chantiers 2. Ambitions métropolitaines, réalités territoriales*, Boulogne-Billancourt : Berger-Levrault, p. 99–110.

Béhar D., Estèbe P., Vanier M., 2014, « Réforme territoriale : avis de décès de l'interterritorialité ? » [en ligne], *Métropolitiques* : https://www.metropolitiques.eu

Béhar D., Czertok S., Desjardins X., 2021, *Faire région, faire France. Quand la région planifie.* Boulogne-Billancourt : Berger-Levrault.

Bellini N, Hilpert U (dir.), 2013, *Europe's Changing Geography. The impact of inter-regional networks*, Londres : Routldedge.

Benko G., Lipietz A. (dir.), 1992, *Les régions qui gagnent. Districts et réseaux : les nouveaux paradigmes de la géographie industrielle*, Paris : Presses universitaires de France.

Benko G., Lipiez A. (dir.), 2000, *La richesse des régions. La nouvelle géographie socio-économique*, Paris : Presses universitaires de France.

Benneworth P., Hospers G-J (dir.), 2009, *The role of culture in the economic development of old industrial regions*, Münster : LIT-Verlag.

Bernié-Boissard C., Courouau J-F., Perrin T., 2018, *Occitanie Pyrénées-Méditerranée. Portrait d'une région*, Toulouse : Le Pérégrinateur.

Bernié-Boissard C, Crozat D., Chastagner C., Fournier L-S. (dir.), 2010, *Développement culturel et territoires*, Paris : L'Harmattan.

Bernié-Boissard C., Perrin T., 2021, « L'Occitanie : une région, deux métropoles. Coupures et coutures territoriales au sein d'un espace régional », *Méditerranée*, n° 132, p. 95–106.

Berthoz A., 2009, *La simplexité*, Paris : Odile Jacob.

Berthoz A., Petit J-L. (dir.), 2014, *Complexité-Simplexité* [en ligne], Paris : Collège de France, https://books.openedition.org/cdf/3339

Bialasiewicz L., Giaccaria P., Jones A., Minca C., 2013, « Re-scaling 'EU'rope: EU macro-regional fantasies in the Mediterranean », *European Urban and Regional Studies*, vol. 20(1), p. 59–76.

Biase (de) A., Levy A, Castrillo Romón M-A. (dir.), 2016, *Patrick Geddes en héritage, Espaces et sociétés*, vol. 167(4).

Bidart P., 2007, « La production des néo-styles régionaux », *Ethnologie française*, vol. 37 2007/HS, p. 35–38.

Bisault L., 2019, « L'inégale réussite de l'économie occitane », *Insee Analyses Occitanie*, n° 76 juin 2019.

Bisault L., Mirouse B., 2019, « Toulouse et Montpellier : une primauté en Occitanie qui remonte à loin », *Insee Analyses Occitanie*, n° 79 septembre 2019.

BMVBS : *Bundesministerium für Verkehr, Bau und Stadtentwicklung* (dir.), 2013, *Initiative Group of German Regions in Cross-Border Functional Regions. Final Report of the Demonstration Project of Spatial Planning (MORO)*, Berlin–Bonn.

Boira Maiques J-V, 2007, « El eje mediterráneo y las redes transeuropeas de transporte (RTE-T) : historia de un desencuentro », *Papers. Regió Metropolitana de Barcelona: Territori, estratègies, planejament*, n° 44, p. 44–57.

Boira Maiques J-V., 2010, « L'Eix Mediterrani entre les dinàmiques locals i la perspectiva megaregional », *Documents d'anàlisi geogràfica*, vol. 56(1), p. 91–109.

Boira Maiques J-V, Prytherch D., 2015, « Mediterranean regionalism from territory to trains: spatial politics and planning of macro-regions and transport networks in Spain », *Space and Polity*, vol. 19(2), p. 110–131.

Boix R., Marull J. (dir.), 2016, *Megaregions i desenvolupament urbà sostenible. Factors estratègics per a l'àrea metropolitana de Barcelona en el context europeu, Papers. Regió Metropolitana de Barcelona: Territori, estratègies, planejament*, n° 58.

Bonnet-Pineau E., Vandermotten C. (dir.), 2016, *Les découpages territoriaux en Europe* [en l n° 35 : http://journals.openedition.org/echogeo

Bosredon P., Perrin T., 2019, « Lille 2004: Effects and legacy », *in* W. Schneider, K. Jacobsen (dir.), *Transforming Cities Paradigms and Potentials of Urban Development Within the "European Capital of Culture"*, Hildesheim : Georg Olms Verlag, p. 165–176.

Bouba-Olga O., 2019, *Pour un nouveau récit territorial*, Paris : Éditions du Puca.

Bouba-Olga O., Grossetti M., 2019, « Le récit métropolitain : une légende urbaine », *L'Information géographique*, vol. 83(2), p. 72–84.

Boudeville J-R. (dir.), 1971, « Analyse économique des régions-frontière », *Économies et Sociétés*, n° 20 série L.

Boulineau E., 2016, *La coopération territoriale entre l'Union européenne et ses voisinages orientaux et balkaniques. Contribution à une géographie politique de l'européanisation* [en ligne], Habitation à diriger des recherches, volume 1 : position et projet scientifiques, École normale supérieure de Lyon : https://hal.archives-ouvertes.fr/tel-01295213

Boulineau E., 2017, « Les macrorégions en Europe, une nouvelle régionalisation pour renforcer la cohésion territoriale ? », *in* Baudelle et Charles-Le Bihan, *op. cit.*, p. 95–108.

Boulineau E., 2017b, « Pour une géographie politique de la coopération territoriale » [en ligne], *L'Espace politique*, n° 32, 2017-2 : https://journals.openedition.org/espacepolitique/4357

Bouquerel, F. El Husseiny B. 2009, *Towards a Strategy for Culture in the Mediterranean Region. European Commission preparatory document*, Bruxelles : Commission européenne.

Bourdeau-Lepage L., Huriot J-M., 2009, « L'idée de région et le fait urbain », *Revue d'économie régionale & urbaine*, vol. avril (2), p. 267–287.

Bourdin S., Torre A. (dir.), 2015, *Big Bang Territorial : la réforme des régions en débat*, Paris : Armand Colin.

Brack N., Startin N. (dir.), 2015, *Euroscepticism from the Margins to the Mainstream, International Political Science Review*, special issue, vol. 36(3).

Bregman R., 2017, *Utopies réalistes*, Paris : Seuil.

Breuer C., 2017, *La spatialité de la gouvernance des régions urbaines intermédiaires en Europe*, thèse de doctorat en Sciences (Géographie), Université de Liège.

Breuer, C., Halleux, J-M., 2016, « Spatiality of Local Governments in European Intermediate Urban Regions: A Methodological Approach », *Quaestiones Geographicae*, vol. 35(2), p. 39–58.

Britton K. [traduction par Alice Delarbre], 2013, « L'architecture du régionalisme critique » [en ligne], *Métropolitiques* : https://metropolitiques.eu

Brunet R., 1972, « Pour une théorie de la géographie régionale », *Travaux de l'Institut géographique de Reims*, n° 11, Mélanges, p. 3–14.

Brunet R., 1979, « Systèmes et approche systémique en géographie », *Bulletin de l'Association de géographes français*, n° 465, 56ème année, p. 399–407.

Brunet R. (dir.), 1989, *Les villes « européennes »*, Montpellier/Paris : Datar-Reclus/La Documentation française.

Brunet R., 2002, « Lignes de forces de l'espace européen », *Mappemonde*, n° 2002-2, p. 14–19.

Brunet-Jailly E., Smith P. (dir.), 2008, *Cascadia, the Rise of a North American Border Region?, Canadian Political Science Review*, vol. 2(2).

Brutel C., 2011, « Un maillage du territoire français : 12 aires métropolitaines, 29 grandes aires urbaines », *Insee Première*, n° 1333.

Brenner N., 2004, *New States Spaces. Urban governance and the rescaling of statehood*, Oxford University Press.

Brennetot A, 2016, « Quel régionalisme derrière la nouvelle carte régionale ? », *in* Frémont et Guermond, *op. cit.* p. 53–67.

Bussi M. (dir.), 2009, *Un monde en recomposition. Géographie des coopérations territoriales*, Mont-Saint-Aignan : Publications des universités de Rouen et du Havre.

Callois J-M., 2021, « La géographie de l'emploi depuis la fusion des régions en France. Quelles régions gagnantes ? Quels territoires perdants ? », *Population & Avenir*, vol. 753(3), p. 17–19.

Canizaro V. (dir.), *Architectural Regionalism: Collected Writings on Place, Identity, Modernity, and Tradition*, New York : Princeton Architectural Press.

Cappellin R., 1998, « Transborder Co-operation along the External Borders and the Turnabout of Regional Development Policies: A Mediterranean Perspective », *in* L. Hedegaard, B. Lindström, P. Joenniemi, A. Östhol,

K. Peschel, C-E. Stalvant (dir.), *The NEBI Yearbook 1998*, Berlin : Springer, p. 323–335.

Castan Pinos J., Sacramento J., 2019, « L'État contre-attaque : la contre-paradiplomatie espagnole face à la Catalogne (2012–2017) », *Relations internationales*, vol. 179(3), p. 95–111.

Castells, M., 1998, *L'ère de l'information. Vol. 1 : la société en réseaux*, Paris : Fayard.

CdC : Cours des comptes, 2019, *Rapport sur la situation financière et la gestion des collectivités territoriales et de leurs établissements publics*, fascicule 2.

CE : Commission européenne, 2000, *Compendium des systèmes et des politiques d'aménagement du territoire dans l'Union européenne*, Luxembourg : Office des publications officielles des Communautés européennes.

CE : Commission européenne, Comité de développement spatial, 1999, *Schéma de développement de l'espace communautaire. Vers un développement spatial équilibré et durable du territoire de l'Union européenne*, Luxembourg : Office des publications de l'Union européenne.

CEC : Commission des communautés européennes, 1991, *Europe 2000. Les perspectives de développement du territoire communautaire*, Luxembourg : Office des publications de l'Union européenne.

Celnik J., 2015, « La Cascadia, laboratoire du modèle biorégionaliste étatsunien », *Revue française d'études américaines*, vol. spécial 145(4), p. 117–129.

CEMAT : Conférence européenne des ministres responsables de l'aménagement du territoire, 2007, *Glossaire du développement territorial*, Strasbourg : Éditions du Conseil de l'Europe, série Territoire et paysage n° 2.

CESE : Comité économique et social européen, 2012, *Avis du Comité économique et social européen sur le thème « Élaboration d'une stratégie macrorégionale en Méditerrané »*, réf. ECO/332-EESC-2012-1399.

CGET : Commissariat général à l'égalité des territoires, 2019, *Les coopérations interterritoriales* [en ligne], mars 2019 : https://www.cget.gouv.fr/ressources/publications/les-cooperations-interterritoriales

Charbit, C., Romano O., 2017, « Governing together: An international review of contracts across levels of government for regional development » [en ligne], *OECD Regional Development Working Papers*, n° 2017/04 : https://www.oecd-ilibrary.org

Chauchefoin P. (dir.), 2020, *Nouvelles régions et métropoles. La grande transformation ?* Rennes : Presses universitaires de Rennes.

Cherrier E., Guérard S. (dir.), 2014, *La régionalisation en Europe. Regards croisés*, Bruxelles : Bruylant.

Chicot P-Y., Obertan P. (dir.), 2021, *La régionalisation à l'aune de l'évolution législative de la décentralisation*, Paris : L'Harmattan.

Chopin T., 2015, « Euroscepticismes et europhobie : l'Europe à l'épreuve des populismes » [en ligne], *Question d'Europe*, n° 375 : https://www.robert-schuman.eu

Chiambaretto P., 2011, « La coopétition ou la métamorphose d'un néologisme managérial en concept » [en ligne], *Libellio d'AEGIS*, n° 7(1), printemps-supplément, p. 95–104.

Claval P., « Le problème régional en géographie. Un état de la question », *Géographie et cultures* [En ligne], n° 100–2016 : http://journals.openedition.org/gc/4712

Clifton N., Comunian R., Chapain C. (dir.), 2015, *European Creative Regions, European Planning Studies*, special issue 23(12).

Cohen P, 2015, *Les relations entre régions et métropoles dans la nouvelle organisation territoriale de la République*, rapport à la ministre de la Décentralisation et de la Fonction publique.

Coissard S., 2007, « Perspectives. La nouvelle économie géographique de Paul Krugman. Apports et limites », *Revue d'économie régionale & urbaine*, vol. mai (1), p. 111–125.

Colletis G., Paulré B. (dir.), 2008, *Les nouveaux horizons du capitalisme. Pouvoirs, valeurs, temps*, Paris : Economica.

Colloc : collectif des 3 agences d'urbanisme en Occitanie, 2019, *Armature territoriale en Occitanie. Quel fonctionnement des territoires ?*, mai 2019.

Colomb, C., Tomaney J., 2021, « Spatial planning, nationalism and territorial politics in Europe », *Regional Studies*, vol. 55(1), p. 101–114.

Considère S., Perrin T. (dir.), 2017, *Frontières et représentations sociales. Questions et perspectives méthodologiques*, Louvain-la-Neuve : Academia.

Cordobes S., Desjardins X., Vanier M. (dir.), 2020, *Repenser l'aménagement du territoire*, Boulogne-Billancourt : Berger-Levrault.

Courtot R., Daviet S., Joannon M. (dir.), 1994, *L'arc méditerranéen en questions, Méditerranée. Revue géographique des pays méditerranéens*, tome. 79(1–2).

Cremaschi M., Delpirou A., Rivière D., Salone C. (dir.), 2015, *Métropoles et Régions. Entre concurrences et complémentarités. Regards croisés France/Italie*, Rome/Milan : Planum Publisher.

Criekemans D. (dir), 2010, *Regional Sub-State Diplomacy Today, The Hague Journal of Diplomacy*, special issue vol. 5(1–2).

Cugusi B., Stocchiero A., 2016, « The European Union Strategy for the Adriatic-Ionian Region », *in* Gänzle et Kern, *op. cit.*, p. 169–188.

D'Angelo M., 2001, *Politiques culturelles en Europe : la problématique locale*, Strasbourg : Éditions du Conseil de l'Europe.

D'Angelo M., Vespérini P., 2000, *Politiques culturelles en Europe : régions et décentralisation culturelle*, Strasbourg : Éditions du Conseil de l'Europe.

Dangerfield M., 2016, « From subregionalism to macro-regionalism in Europe and the European Union », *in* Gänzle et Kern., *op. cit.*, p. 25–45.

Darchen S., Tremblay D-G., 2008, « La thèse de la "classe créative" : son incidence sur l'analyse des facteurs d'attraction et de la compétitivité urbaine », *Revue Interventions économiques* [en ligne], n° 37–2008 : https://journals.openedition.org/interventionseconomiques/503

Davezies L., 2015, *Le nouvel égoïsme territorial. Le grand malaise des nations*, Paris : Seuil.

Deas, L., Lord, A., 2006, « From a new regionalism to an unusual regionalism? The emergence of non-standard regional spaces and lessons for the territorial reorganisation of the state », *Urban Studies*, vol. 43(10), p. 1847–1877.

Debarbieux B., 2015, *L'espace de l'imaginaire. Essais et détours*, Paris : Éditions du CNRS.

De Boer D., Petersen N-H., Spierings B., Velde (van der) M. (dir.), 2020, *The historical evolution of regionalizing identities in Europe*, Berne : Peter Lang.

Deboudt P., Paris D., 2016, « La fabrication du grand territoire : résultat d'une vision stratégique planifiée ou action publique pilotée par opportunités ? L'exemple de la Côte d'Opale (Nord-Pas-de-Calais-Picardie, France) » [en ligne], *Revue Internationale d'Urbanisme*, n° 2 : http://riurba.net

Demazière C., Desjardins X. (dir.), 2016, *La planification territoriale stratégique : une illusion nécessaire ?* [en ligne], *Revue internationale d'urbanisme*, n° 2 : http://riurba.net/Revue/la-planification-territoriale-strategique-une-illusion-necessaire/

Demazière C., Desjardins X, Sykes O. (dir.), 2020, *La gouvernance des métropoles et des régions urbaines. Des réformes institutionnelles aux coopérations territoriales*, Paris : Éditions du Puca.

Derdaele E., 2016, « La fusion autoritaire des régions », *Civitas Europa*, n° 37 2016-2, p. 241–267.

Di Méo G., 2003, entrée « Région », *in* J. Lévy, M. Lussault (dir.), *Dictionnaire de la géographie et de l'espace des sociétés*, Paris : Belin, p. 776–778.

Doré G., 2020, « Quelles coopérations entre les métropoles et les territoires voisins ? » [en ligne], *Métropolitiques* : https://metropolitiques.eu

DREAL Occitanie, 2017, *Schéma régional d'aménagement, de développement durable et d'égalité des Territoires (SRADDET). Note d'enjeux de l'État* [en ligne], mars 2017 : http://www.occitanie.developpement-durable.gouv.fr

Dubois, A., Hedin S., Schmitt P., Sterling J., 2009, *EU Macro-regions and Macro-regional Strategies: A Scoping Study*, Stockholm: Nordregio Working Paper n° 4.

Dühr S., 2011, *Mer Baltique, Danube et stratégies macro-régionales : un modèle de coopération transnationale dans l'UE ?* [en ligne], Notre Europe Études et Recherches, n° 86 : https://institutdelors.eu

Dühr S., 2014, *Are there arguments for a Central European macro-regional strategy?*, projet « *City-Regions* », programme Interreg IVB Central Europe, Nimègue : Université Radboud.

Dühr S., 2018, « A Europe of 'Petites Europes': an evolutionary perspective on transnational cooperation on spatial planning », *Planning Perspectives*, vol. 33(4), p. 543–569.

Dühr S., Colomb C., Nadin V., 2010, *European spatial planning and territorial cooperation*, Abingdon : Routledge.

Dumont G-F., 2018, « Les ressorts du développement local. La dynamique des territoires en France », *Futuribles*, n° 427, novembre–décembre 2018, p. 27–40.

Durà A., Oliveras X., 2013, « A Typology of Agents and Subjects of Regional Cooperation: The Experience of the Mediterranean Arc », *in* Bellini et Hilpert, *op. cit.*, p. 101–124.

Durà A., Camonita F., Berzi M., Noferini A., 2018, *Euroregions, Excellence and Innovation across EU borders. A Catalogue of Good Practices* [en ligne], Barcelone : département de géographie de l'université autonome de Barcelone : http://blogs.uab.cat/recot/crii-catalogue

Duran M., 2015, *Mediterranean paradiplomacies*, Leyde : Brill-Nijhoff.

Duran M., 2019, « Regional diplomacy: a piece in the neo-medieval puzzle? » [en ligne], *Belgeo*, n° 2–2019 : https://doi.org/10.4000/belgeo.32375

Durand F, Perrin T, 2018, « Eurometropolis Lille–Kortrijk–Tournai: Cross-border integration with or without the border? », *European Urban and Regional Studies*, vol. 25(3), p. 320–336.

Ebinger F., Kuhlmann S., Bogumil J., 2019, « Territorial reforms in Europe: effects on administrative performance and democratic participation », *Local Government Studies*, vol. 45(1), p. 1–23.

ESPON : Observatoire en réseau de l'aménagement du territoire (dir.), 2010, *FOCI : Orientations pour l'avenir des villes* [en ligne], rapport final, 15 décembre 2010 : http://riate.cnrs.fr

ESPON : Observatoire en réseau de l'aménagement du territoire (dir.), 2010b, *Metroborder – Cross-Border Polycentric Metropolitan Regions* [en ligne], rapport final, 31 décembre 2010 : https://www.espon.eu/metroborder

Estèbe P., Jaillet, M-C., 2019, « Comment aménager une région bipolaire ? », *Pôle Sud*, vol. 50(1), p. 89–103.

Eurostat, 2019, *PIB par habitant dans 281 régions de l'UE*, communiqué de presse 34/2019, 26 février 2019.

Eurostat, 2021, *Annuaire régional 2021* [en ligne] : https://ec.europa.eu/eurostat/fr/web/regions-and-cities

Evers D., Tennekes J., 2016, *The Europeanisation of spatial planning in the Netherlands* [en ligne], La Haye : PBL Netherlands environmental assessment agency : https://www.pbl.nl/en/publications/the-europeanisation-of-spatial-planning-in-the-netherlands

Faludi A., 2014, « EUropeanisation or Europeanisation of spatial planning? », *Planning Theory & Practice*, vol. 15(2), p. 155–169.

Faludi A., 2015, « The 'Blue Banana', Revisited » [en ligne], *European Journal of Spatial Development*, article n° 56, mars 2015 : http://www.nordregio.se/Global/EJSD/Refereed

Faludi A., 2016, « The Poverty of Territorialism: Revisiting European Spatial Planning », *disP – The Planning Review*, vol. 52(3), p. 73–81.

Faludi A., 2019, « Perspectives on the EUropeanisation and EUropeanisation of Planning », i*n* F. Salvatori (dir.), *L'apporto della Geografia tra rivoluzioni e riforme. Atti del XXXII Congresso Geografico Italiano*, Rome : A.Ge.I., p. 2533–2539.

Fawn R. (dir.), 2009, *Globalising the Regional, Regionalising the Global, Review of International Studies*, vol. 35(S1) special issue.

Fleming B., 2015, « Towards a mega-regional future: analysing progress, assessing priorities in the US megaregion project », in Harrison et Hoyler, *op. cit.*, p. 200–229.

Fleury Graff T., Marti G., Mouton J-D., Pierré-Caps S., (dir.), 2017, *Les Nations sans État. Un droit à l'État ? Civitas Europa*, vol. 38(1).

Foray D., 2018, *L'Économie de la connaissance*, Paris : La Découverte, 3ème édition.

Forray J-B., 2019, *Service public : les ravages de la novlangue* [en ligne], *La Gazette des communes*, https://www.lagazettedescommunes.com/dossiers/service-public-les-ravages-de-la-novlangue

Foucher M., 2019, « Frontières en réaffirmation », *Après-demain*, n° 51(2019–3), p. 5–6.

France Stratégie, 2017, « Dynamique de l'emploi dans les métropoles et les territoires avoisinants » [en ligne], *La note d'analyse*, n° 64, novembre 2017 : https://www.strategie.gouv.fr

Frémont A., 1976, *La région, espace vécu*, Paris : Flammarion.

Frémont A., Guermond Y. (dir.), 2016, *La région de l'identité à la citoyenneté*, Paris : Hermann.

Friedmann J., 2019, « Thinking about complexity and planning », *International Planning Studies*, vol. 24(1), p. 13–22.

Friedmann J., Sorensen A., 2019, « City unbound: emerging mega-conurbations in Asia », *International Planning Studies*, vol. 24(1), p. 1–12.

Florida R., Gulden T., Mellander C., 2008, « The rise of the mega-region », *Cambridge Journal of Regions, Economy and Society*, vol. 1(3), p. 459–476.

Florida R., 2012, *The Rise of the Creative Class, Revisited*, New York: Basic Books.

Fontès-Rousseau C., Rodes V., 2019, « Une qualité de vie en Occitanie contrastée selon les territoires » [en ligne], *Insee Analyses Occitanie*, n° 67 janvier 2019.

Fricke C., 2019, *European Dimension of Metropolitan Policies. Policy Learning and Reframing of Metropolitan Regions*, Berlin : Springer.

Gänzle S., Kern K., (dir.), 2016, *A 'Macro-regional' Europe in the Making. Theoretical Approaches and Empirical Evidence*, Basingstoke : Palgrave Mac-Millan.

Gänzle S., 2017, « Macro-regional Strategies of the European Union (EU) and Experimentalist Design of Multi-level Governance: The Case of the EU Strategy for the Danube Region », *Regional and Federal Studies*, vol. 27(1), p. 1–22.

Gänzle S., Mirtl J., 2019, « Experimentalist governance beyond European Territorial Cooperation and cohesion policy: macro-regional strategies of the European Union (EU) as emerging "regional institutions"? », *Journal of European Integration*, vol. 41(2), p. 239–256.

Ghorra-Gobin C., 2015, *La métropolisation en question*, Paris : Presses universitaires de France.

Giband D., Rufí J-V., 2018, « Los espacios transfronterizos europeos: ¿un objeto geográfico de difícil definición? Una aproximación desde la perspectiva de los soft spaces », *Documents d'Anàlisi Geogràfica*, 64(3), p. 421–441.

Giblin B. (dir.), 1999, *Nationalismes régionaux en Europe, Hérodote. Revue de géographie et de géopolitique*, n° 95.

Girard N., 2004, « La région : une notion géographique ? », *Ethnologie française*, vol. 34(1), p. 107–112.

Giraut F., 2013, « Territoire multisitué, complexité territoriale et postmodernité territoriale : des concepts opératoires pour rendre compte des territorialités contemporaines ? », *L'Espace géographique*, tome. 42(4), p. 293–305.

Giraut F., Vanier M., 1999, « Plaidoyer pour la complexité territoriale », *in* F. Gerbaux (dir.), *Utopie pour le territoire : cohérence ou complexité ?*, La Tour-d'Aigues : Éditions de l'Aube, p. 143–172.

Gobin C, 2007, « Gouvernance », *Quaderni*, n° 63, printemps 2007, p. 54–57.

Gomez J., 2019, « L'activité paradiplomatique de la Catalogne », *Sud-Ouest européen* n° 48, p. 115–128.

Gottman, J., 1961, *Megalopolis, The Urbanized Northeastern Seaboard of the United States*, New York : The Twentieth Century fund.

Granero A. (dir.), 2020, *La France des 13 régions : une réforme aboutie ?*, Paris : L'Harmattan.

Grenouilleau O., 2019, *Nos petites patries. Identités régionales et État central, en France, des origines à nos jours*, Paris : Gallimard.

Grésillon B., Vignau M., 2020, « L'impossible gouvernance de la région métropolitaine Aix-Marseille : une réalité territoriale nuancée par la culture ? », *in* Demazière, Desjardins et Sykes, p. 225–248.

Grodach C., Silver D. (dir.), 2013, *The Politics of Urban Cultural Policy. Global Perspectives*, Abingdon : Routledge.

Groff S., Rau S., 2019, « China's City Clusters: Pioneering Future Mega-Urban Governance », *American Affairs*, vol. III(2), p. 134–150.

Grosjean B., 2010, *Urbanisation sans urbanisme. Une histoire de la « ville diffuse »*, Bruxelles : Mardaga.

Guigou, J. L., 2002, *Aménager la France de 2020, Mettre les territoires en mouvement*, Paris : La Documentation française.

Guilloux T., Morain M. (dir.), 2012, *Territoires métropolitains et modes de coopération. Les entretiens du Certu* [en ligne], collection Essentiel n° 9, Cerema : https://www.cerema.fr

Gusman I., 2019, « Les configurations régionales du Portugal. Où se situe le Nord ? », *Sud-Ouest Européen*, n° 48, p. 11–24.

Habermas J., 2001, *The Postnational Constellation*, Cambridge Mass : MIT Press.

Hansen N., 1983, « International Cooperation in Border Regions: An Overview and Research Agenda », *International Regional Science Review*, vol. 8(3), p. 255–270.

Harrison J., Hoyler M. (dir.), 2015, *Megaregions: Globalization's New Urban Form?*, Cheltenham : Edward Elgar.

Harrison J., Galland D., Tewdwr-Jones M. (dir.), 2021, *Planning regional futures*, *Regional Studies*, vol. 55(1).

Harrison J., Gu H., 2021, « Planning megaregional futures: spatial imaginaries and megaregion formation in China », *Regional Studies*, vol. 55(1), p. 77–89.

Harvey D., 1973, *Social Justice and the City*, Athens: University of Georgia Press

Harvey D., 1989, « From Managerialism to Entrepreneurialism: The Transformation in Urban Governance in Late Capitalism », *Geografiska Annaler. Series B, Human Geography*, vol. 71(1), p. 3–17.

Havlík V., 2018, « Competing discourses of territorial development: tensions between cities and regions as a result of the new regionalism », *European Planning Studies*, vol. 26(10), p. 1999–2014.

Healey P., 2006, « Relational complexity and the imaginative power of strategic spatial planning », *European Planning Studies*, vol. 14(4), p. 525–546.

Hild F., Steinmetz F., Dhune M., Salabert V., 2019, « Forte croissance de l'économie numérique en Occitanie, portée par les deux métropoles », *Insee Analyses Occitanie*, n° 75 juin 2019.

Hillier, J., 2012, « Baroque complexity: 'If things were simple, word would have gotten round' », *in* G. de Roo, J. Hillier, J. van Wezemael (dir.), *Complexity and Planning: Systems, Assemblages and Simulations*, Abingdon : Routledge.

Hooghe L., Marks G., Schakel A., 2008, *Regional authority in 42 democracies, 1950–2006: A measure and five hypotheses, Regional and Federal Studies*, special issue vol. 18 (2–3).

Hooghe L., Marks G., Schakel A., Chapman Osterkatz S., Niedzwiecki S., Shair-Rosenfield S., 2016, *Measuring Regional Authority. A postfunctionalist theory of governance. Volume I*, Oxford University Press.

Houtum (van), H., 2000, « An overview of European geographical research on borders and border regions », *Journal of Borderlands Studies*, vol. 15(1), p. 57–83.

Houtum (van), H., Lagendijk A., 2001, « Contextualising regional identity and imagination in the construction of new policy configurations for polycentric urban regions, the cases of the Ruhr area and the Basque Country », *Urban Studies*, vol. 38(4), p. 743–764.

Huchet J-C., 2006, « Siglomanie » [en ligne], *Éducation & Management* n° 31 : http://www.educ-revues.fr/EM/AffichageDocument.aspx?iddoc=34370

Huggins C., 2018, « Subnational transnational networking and the continuing process of local-level Europeanization », *European Urban and Regional Studies*, vol. 25(2), p. 206–227.

Hüser D., 2003, « Le Conseil de l'Europe, la culture et les régions. La démocratisation culturelle à l'échelle subnationale », *in* M-T Bitsch (dir.), *Le fait régional et la construction européenne*, Bruxelles : Bruylant, p. 134–149.

Huysseune M., 2006, « L'invention du territoire de la Padanie », *in* A. de Biase, C. Rossi, *Chez nous. Territoires et identités dans les mondes contemporaines*, Paris : Éditions de La Villette, p. 250–264.

Huysseune M., Jans T., 2008, « Bruxelles, capitale de l'Europe des régions ? Les bureaux régionaux, acteurs politiques européens » [en ligne], *Brussels Studies*, collection générale, n° 16 : http://journals.openedition.org/brussels/551

Indovina F. (dir.), 1990, *La Città diffusa*, Venise : DAEST-IUAV.

IGAC : Inspection générale des affaires culturelles du ministère de la Culture et de la Communication, 2014, *Analyse des interventions financières et des politiques culturelles en région – Phase 2*, rapport n° 2014–16.

Jansen O., 2015, « Le niveau intermédiaire de l'administration territoriale aux Pays-Bas : bilan provisoire de réformes controversées », *Revue française d'administration publique*, vol. 156(4), p. 945–958.

Jones A., 2014, « Research agendas for the Mediterranean region: opportunities and challenges », *Cahiers de la Méditerranée*, n° 89, p. 227–234.

Jones M., MacLeod G., 2004, « Regional spaces, spaces of regionalism: territory, insurgent politics and the English question », *Transactions of the Institute of British Geographers*, vol. 29(4), p. 433–452.

Jones M., Paasi A. (dir.), 2013, *Regional World(s): Advancing the Geography of Regions, Regional Studies*, special issue vol. 47(1).

Jouve B, Lefèvre C., 1999, « De la gouvernance urbaine au gouvernement des villes ? Permanence ou recomposition des cadres de l'action publique en Europe », *Revue française de science politique*, vol. 49(6), p. 835–854.

Jouve B., Négrier E. (dir.), 1998, *Que gouvernent les régions d'Europe ? Échanges politiques et mobilisations régionales*, Paris : L'Harmattan.

Jouve B., Spenlehauer V., Warin P. (dir.), 2001, *La Région, laboratoire politique. Une radioscopie de Rhône-Alpes*, Paris : La Découverte.

Juillard É., 1962, « La région : essai de définition », *Annales de Géographie*, n° 387, p. 483–499.

Juillard É., 1968, É. Juillard, *L'Europe rhénane : géographie d'un grand espace*, Paris : A. Colin.

Keating M., 1998, *The New Regionalism in Western Europe. Territorial Restructuring and Political Change*, Cheltenham : Edward Elgar Publishing.

Keating M. (dir.), 2004, *Regions and Regionalism in Europe*, Cheltenham : Edward Elgar Publishing.

Keating, M., 2017, « Les régions européennes en question », *Pôle Sud*, vol. 46(1), p. 21–41.

Keating M., Loughlin J., Deschouwer K., 2003, *Culture, Institutions and Economic Development: a study of eight European regions*, Cheltenham : Edward Elgar Publishing.

Khanna P., 2016, *Connectography. Mapping the global network revolution*, New York : Orion Publishing.

Knieling J., Othengrafen F., 2015, « Planning Culture-A Concept to Explain the Evolution of Planning Policies and Processes in Europe? », *European Planning Studies*, vol. 23(11), p. 2133–2147.

Kölling M., 2019, « The Catalan secession bid. Between structural and contemporary tensions within the State of Autonomies », *in* Abels et Battke, *op. cit.*, p. 88–105.

Kunzmann K., 2001, « La Banane bleue est morte ! Vive la grappe européenne ! », *Espace européen et politique française des transports, Cahiers du Conseil général des ponts et chaussée*, n° 2, p. 38–41.

Kunzmann K., 2004, « Culture, creativity and spatial planning », *Town Planning Review*, vol. 75(4), p. 383–404.

Lachapelle G., Paquin S. (dir.), 2004, *Mondialisation, gouvernance et nouvelles stratégies subétatiques*, Québec : Presses de l'Université Laval.

Lacour C., Layan J-B., Maillat D., 2002, « Introduction générale aux volumes "la science régionale au tournant du siècle" », *Revue d'économie régionale & urbaine*, vol. octobre (4), p. 515–518.

Lamarre J., Mukakayumba É (dir.), 2019, *La question régionale en géographie. Perspectives internationales*, Paris : L'Harmattan.

Latarjet B., 1992, *L'aménagement culturel du territoire*, Paris : La Documentation française.

Leclerc R., Paris Y., Wachter S., 1996, *Les régions au futur*, La Tour-d'Aigues : Éditions de l'Aube.

Lefaivre L., Tzonis A., 2012, *Architecture of Regionalism in the Age of Globalization: Peaks and Valleys in the Flat World*, Abingdon : Routledge.

Lefebvre H., 1974, *La production de l'espace*, Paris : Anthropos.

Lefebvre M., 2013, *La construction de l'Europe et l'avenir des nations*, Paris : Armand Colin.

Lefèvre, C. & Négrier, E. (dir.), 2010, *La nouvelle critique urbaine. Pour Bernard Jouve* [en ligne], *Métropoles*, n° spécial 7–2010 : https://journals.openedition.org/metropoles/4204

Le Galès P., 2011, *Le retour des villes européennes*, Paris : Les Presses de Sciences Po, 2ème édition.

Le Galès P., Lequesne C. (dir.), 1997, *Les paradoxes des régions en Europe*, Paris : La Découverte.

Leloup F., Moyart L., Pecqueur B., 2005, « La gouvernance territoriale comme nouveau mode de coordination territoriale ? », *Géographie, économie, société*, vol. 7(4), p. 321–332.

Leloup F., Perrin T., 2017, « La culture objet de coopération : de la marge frontalière au talus transfrontalier », in F. Moullé (dir.), *Frontières*, Pessac : Presses universitaires de Bordeaux, p. 267–287.

Leruez J., 1983, *L'Écosse, une nation sans État*, Lille : Presses universitaires du Septentrion.

Lever W-F, 1999, « Competitive Cities in Europe », *Urban Studies*, vol. 36(5-6), p. 1029-1044.

Lévy J., 2015, « Penser les régions avec leurs habitants » [en ligne], *Revue de l'OFCE*, vol. 143(7), p. 277–294 : https://www.ofce.sciences-po.fr/publications/revue.php

Leydier G.(dir.), 2008, *La dynamique de la dévolution au Royaume Uni, Revue Babel*, n° 17.

Lingua V., Balz V. (dir.), 2020, *Shaping Regional Futures – Designing and Visioning in Governance Rescaling*, Berlin : Springer.

Lugan J-C., 2019, « Une petite ville en zone rurale peut-elle se développer ? L'exemple de Figeac dans le sud-ouest de la France », *Population & Avenir*, vol. 743(3), p. 17–19.

Lupton R., Ceri H., Peake-Jones S., Cooper K., 2018, *City-region devolution in England* [en ligne], *SPDO research paper 2*, CASE/London School of Economics: http://sticerd.lse.ac.uk/case

Lussault M., Mongin O. (dir.), 2016, *Cultures et Création dans les métropoles-mondes*, Paris : Hermann.

Lowndes V., Gardner A., 2016, « Local governance under the Conservatives: super-austerity, devolution and the 'smarter state' », *Local Government Studies*, vol. 42(3), p. 357–375.

Marcou G. (dir.), 2015, *Les enjeux de la réforme territoriale, Revue française d'administration publique*, dossier spécial, vol. 156(4).

Mareï N., Richard Y. (dir.), 2020, *L'intégration régionale dans le monde, Belgeo* [en ligne], n° 4–2020 : https://doi.org/10.4000/belgeo.41996

Martí-Costa M., Tomàs M. (dir.), 2018, *Governança metropolitana, Papers. Regió Metropolitana de Barcelona: Territori, estratègies, planejament,* n° 61.

Marull J., Galletto V., Domene E., 2016, « La megaregió: una nova unitat d'anàlisi econòmico-territorial. », *in* Boix et Marull, *op. cit.*, p. 19–27.

Massart-Piérard F. (dir.), 2005, « Du local à l'international : nouveaux acteurs, nouvelle diplomatie », *Revue internationale de politique comparée*, vol. 12(2).

Massey D., 1978, « Regionalism: Some current issues », *Capital and Class*, vol. 2(3), p. 106–125.

Massey D., 1984, *Spatial Divisions of Labour: social structures and the geography of production*, Basingstoke : Macmillan.

Menasse R., 2015, *Un messager pour l'Europe. Plaidoyer contre les nationalismes*, Paris : Buchet/Chastel.

Merrien, F., 1999, « La Nouvelle Gestion publique : un concept mythique », *Lien social et Politiques*, n° 41, p. 95–103.

Miossec J-M., 2008, *Géohistoire de la régionalisation en France. L'horizon régional*, Paris : Presses universitaires de France.

Molema M., Svensson S. (dir.), 2019, *Regional economic development and history*, Abingdon : Routledge.

Molotch H., 1976, « The City as a Growth Machine: toward a political economy of place », *American Journal of Sociology*, vol. 82(2), p. 309–332.

Morata F., 2010, « Euroregions i integració europea », *Documents d'Anàlisi Geogràfica*, vol. 56(1), p. 41–56.

Moulaert F., Sekia F., 2003, « Territorial Innovation Models: A Critical Survey », *Regional Studies*, vol. 37(3), p. 289–302.

Mounk Y., 2018, *Le peuple contre la démocratie*, Paris : Éditions de l'Observatoire.

Moreno L., 2007, « Identités duales et nations sans État (la Question Moreno) », *Revue internationale de politique comparée*, vol. 14(4), p. 497–513.

Morin E., 1990, *Penser l'Europe*, Paris : Gallimard.

Morvan S. (dir.), 2018, *France Territoires. Un engagement au service des dynamiques territoriales*, rapport de la mission de préfiguration de l'Agence nationale de la cohésion des territoires.

Muller P., 2019, « Référentiel », *in* L. Boussaguet, S. Jacquot, P. Ravinet (dir.), *Dictionnaire des politiques publiques: 5e édition entièrement revue et corrigée*, Paris : Presses de Sciences Po, p. 533–540.

Nadin V., Stead D., 2013, « Opening up the Compendium: An Evaluation of International Comparative Planning Research Methodologies », *European Planning Studies*, vol. 21(10), p. 1542–1561.

Nagler A., 2013, « European Macro-Regions as a New Dimension of European Geography: Networks of Collaboration in the Light of Culture, History and Language Capabilities », *in* Bellini et Hilpert, *op. cit.*, p. 31–63.

Navereau B., Tallec J., Zuliani J-M., 2019, « Les logiques territoriales des "mondes de production" de petites villes » [en ligne], *Belgeo*, n° 3–2019 : https://doi.org/10.4000/belgeo.35017

Nay O., 1997, *La région, une institution*, Paris : L'Harmattan.

Négrier E., 1995, « Intégration européenne et échanges politiques territorialisés », *Pôle Sud*, n° 3, p. 38–54.

Négrier E., 2017, « Les régions, laboratoires de nouvelles politiques culturelles ? », *Nectart*, vol. 5(2), p. 66–76.

Négrier E., Simoulin V. (dir.), 2021, *La fusion des régions, Le laboratoire d'Occitanie*, Fontaine : Presses Universitaires de Grenoble.

Négrier E., Teillet P., 2011, « La question régionale en culture », *in* Barone, *op. cit.*, p. 135–159.

Négrier E., Teillet P., 2019, *Les projets culturels de territoire*, Fontaine : Presses Universitaires de Grenoble.

Neuman M., Zonneveld W. (dir.), 2021, *The Routledge Handbook of Regional Design*, Abingdon : Routledge.

Nienaber B., Wille C. (dir.), 2020, *Cross-border cooperation in Europe: a relational perspective*, *European Planning Studies*, vol. 28(1), p. 1–7.

Moisio S., Jonas A., 2018, « City-regions and city-regionalism », *in* Paasi, Harrison et Jones, *op. cit.*, p. 285–297.

Oberdorff H., 2008, *L'européanisation des politiques publiques*, Fontaine : Presses universitaires de Grenoble.

O'Brien P., 2019, « Spatial imaginaries and institutional change in planning: the case of the Mersey Belt in north-west England », *European Planning Studies*, vol. 27(8), p. 1503–1522.

OCDE, 2010, *Regional Development Policies in OECD Countries*, Paris : Publications de l'OCDE.

OCDE, 2014, *Comment va la vie dans votre région ? : Mesurer le bien-être régional et local pour les politiques publiques*, Paris : Publications de l'OCDE.

Ohmae K., 1996, *De l'État-nation aux États-régions*, Paris : Dunod.

Oliveira Martins J., Maguire K., 2015, « Un nouveau développement régional ? Vers un nouveau paradigme des stratégies de développement régional dans l'OCDE », *Revue de l'OFCE*, vol. 7(143), p. 145–168.

Outhwaite W., 2020, *Transregional Europe*, Bingley : Emerald Publishing.

Paasi, A., 1986, « The institutionalization of regions: a theoretical framework for understanding the emergence of regions and the constitution of regional identity », *Fennia*, vol. 164(1), p. 105–146.

Paasi A., 2009, « The resurgence of the 'Region' and 'Regional Identity': theoretical perspectives and empirical observations on regional dynamics in Europe », *Review of International Studies*, vol. 35(S1), p. 121–146.

Paasi A., 2013, « Regional Planning and the Mobilization of 'Regional Identity': From Bounded Spaces to Relational Complexity », *Regional Studies*, vol. 47(8), p. 1206–1219.

Paasi A., Metzger J., 2017, « Foregrounding the region », *Regional Studies*, vol. 51(1), p. 19–30.

Paasi A., Harrison J., Jones M. (dir.), 2018, *Handbook on the Geographies of Regions and Territories*, Cheltenham : Edward Elgar.

Pacheco Amaral C. (dir.), 2011, *Autonomie régionale et relations internationales. Nouvelles dimensions de la gouvernance multilatérale*, Paris : L'Harmattan.

Pace M., 2018, « Mediterranean "regionalism » », *in* Paasi, Harrison et Jones, *op. cit.* p. 385–394.

Pacini V., Fosseux M., 2019, « Développement des territoires : y a-t-il un modèle idéal ? », *Population & Avenir*, vol. 741(1), p. 17–19.

Palmer R. (dir.), 2004, *Culture et régions d'Europe*, rapport pour le conseil régional du Nord-Pas-de-Calais, Lille.

Paris D., 2003, « Métropole, métropolisation : question de mots », *in* N. El Haggar, D. Paris, I. Shahrour (dir.), *La Ville en débat*, Paris : L'Harmattan, p. 41–60.

Paris D., Stevens J-F., 2000, *Lille et sa région urbaine. La bifurcation métropolitaine*, Paris : L'Harmattan.

Paris D., 2010, « Lille, métropole franco-belge : un laboratoire de la coopération transfrontalière en Europe », *in* L. Cailly, M. Vanier (dir.), *La France. Une géographie urbaine*, Paris : Armand Colin, p. 107–111.

Paris D., Perrin T., 2020, « Coopération urbaine et métropolitaine transfrontalière au nord-ouest de l'Europe », *in* Demazière, Desjardins et Sykes, *op. cit.*, p. 329-354.

Pasquier R., 2012, *Le pouvoir régional*, Paris : Presses de Sciences Po.

Pasquier R., 2015, « La fin de "l'Europe des régions" ? », *Politique européenne*, vol. 50(4), p. 150–159.

Pasquier R., 2016, « Crise économique et différenciation territoriale. Les régions et les métropoles dans la décentralisation française » *Revue internationale de politique comparée*, vol. 23(3), p. 327–353.

Pasquier R., Simoulin V., Weisbein J. (dir.), 2013, *La gouvernance territoriale. Pratiques, discours et théories*, Paris : L.G.D.J., seconde édition

Paye O., 2005, « La gouvernance : D'une notion polysémique à un concept politologique » *Études internationales*, vol. 36(1), p. 13–40.

PE : Parlement européen, 2012, *Résolution du Parlement européen du 3 juillet 2012 sur l'évolution des stratégies macro-régionales de l'UE : pratiques actuelles et perspectives d'avenir, notamment en Méditerranée*, n° P7_TA(2012)0269.

PE : Parlement européen, 2015, *New Role of Macro-Regions in European Territorial Cooperation*, Bruxelles : Parlement européen, Commission du développement régional.

Pedersen M. A., 2009, « At home away from homes: Navigating the Taiga in Northern Mongolia », *in* P. W. Kirby (dir.), *Boundless worlds*, Oxford : Berghahn, p. 135–152.

Pellistrandi B., 2018, « La crise en Catalogne, une fracture décisive », *Politique étrangère* n° 2018/1, p. 103-115.

Peña S., 2005, « Cross-Border Planning, What is it? Implication for the US-Mexico Border », congrès annuel de l'AESOP, Vienne, 13–17 juillet 2005.

Perez S., 1999, *Analyse spatiale des régions frontalières et des effets de frontière : application aux espaces frontaliers franco espagnols du Pays basque et de la Catalogne, et à l'espace franco-italien des Alpes-du-Sud*, thèse de Géographie sous la direction de Christine Voiron, université de Nice Sophia Antipolis.

Perrin T., 2010, « Eurorégions, eurorégionalisme et construction de l'Europe "aux frontières" », *in* Y. Dénéchère, M-B. Vincent (dir.), *Vivre et construire l'Europe à l'échelle territoriale de 1945 à nos jours*, Bruxelles : PIE-Peter Lang, p. 175–190.

Perrin T., 2012, « New Regionalism and cultural policies. Distinctive and distinguishing strategies », *Journal of Contemporary European Studies*, vol. 20(4), p. 459–475.

Perrin T., 2012b, « Régions et coopération interrégionale : dynamiques institutionnelles, de la France à l'Europe », *Territoire en mouvement. Revue de géographie et d'aménagement*, n° 16, p. 38–56.

Perrin T., 2012c, « La coopération culturelle dans l'eurorégion Nord-Transmanche : une institutionnalisation sans institution ? » [en ligne], *Fédéralisme Régionalisme*, vol. 12 : https://popups.uliege.be/1374-3864

Perrin T., 2013, *Culture et eurorégions. La coopération culturelle entre régions européennes*, Bruxelles : Éditions de l'Université de Bruxelles.

Perrin T., 2016, « D'Euralille à la Métropole européenne de Lille : l'Europe, axe majeur du développement métropolitain ? » *in* D. Le Bras, N. Seigneuret, M. Talandier (dir.), *Métropoles en chantiers*, Boulogne-Billancourt : Berger-Levrault, p. 63–78.

Perrin T. (dir.), 2017, Thema : *L'Europe des régions : quel retour ?*, *Pôle Sud*, vol. 46(1).

Perrin T., 2017b, « Eurorégion », entrée de lexique, *in* F. Moullé (dir.), *Frontières*, Presses universitaires de Bordeaux, p. 297.

Perrin T., 2020, « Culture and Interculturality », *in* B. Reitel, B. Wassenberg (dir.), *Critical Dictionary on Borders, Cross-Border Cooperation and European Integration*, Bruxelles : PIE Peter Lang, p. 277–279.

Perrin T., 2020b, « Regionalism-New Regionalism », *in* B. Reitel, B. Wassenberg (dir.), *Critical Dictionary on Borders, Cross-Border Cooperation and European Integration*, Bruxelles : PIE Peter Lang, p. 684–687.

Perrin T., 2021, « La frontière, espace de coopération. Illustration depuis l'Europe », *L'Information géographique*, vol. 85(1), p. 53–69

Perrin T. (dir.), 2022, *Regions and regional planning: Experiences from France and Europe*, Abingdon : Routledge.

Perrin T., Peyrony J., Sielker F., 2022, « Cross-border cooperation between France and Germany: evolution, convergence and perspectives », *in*

E. Gustedt, U. Grabski-Kieron, C. Demazière, D. Paris (dir.), *Cities and Metropolises in France and Germany*, Hanovre : ARL Verlag.

Perrin T., Pupier P., Reitel B., 2017, « La métropolisation transfrontalière », *in* F. Moullé (dir.), *Frontières*, Presses universitaires de Bordeaux, p. 209–232.

Perrin T., Seys F-O., (dir.) 2019, *La région, vous dîtes ? Le kaléidoscope régional de l'Union européenne, Belgeo* [en ligne], n° 2–2019 : https://doi.org/10.4000/belgeo.28463

Perrin T., Seys F-O., (dir.), 2019b, *Régions en tension, régions en recomposition. Le Sud-Ouest européen en perspective, Sud-Ouest Européen*, n° 48.

Pignot L., Saez J-P. (dir.), 2009, *La ville créative : concept marketing ou utopie mobilisatrice ?*, *L'Observatoire*, dossier spécial, n° 36 hiver 2009–10.

Pongy M., Saez G., 1994, *Politiques culturelles et régions en Europe*, Paris : L'Harmattan.

Prytherch D. L., 2009, « New Euroregional Territories, Old Catalanist Dreams? Articulating Culture, Economy and Territory In the Mediterranean Arc », *European Urban and Regional Studies*, vol. 16(2), p. 131–145.

Puchaczewski R., 2017, *Quelles opportunités pour l'intermodalité en Occitanie ?*, mémoire de master 2 Transports & Mobilités, Université de Toulouse Jean Jaurès.

Pupier P., 2019, « La "région métropolitaine trinationale du Rhin supérieur" : contrer la périphérie étatique par la centralité métropolitaine » [en ligne], *Belgeo*, n° 2–2019 : https://doi.org/10.4000/belgeo.32078

Purkarthofer E., Humer A., Mäntysalo R. (dir.), 2021, *Regional planning: interests, institutions and relations, Regional Studies*, vol. 55(5).

Quéva, C., 2007, « Les paradoxes de la *Region* en Allemagne, entre réseaux et territoires : la région, outil de déterritorialisation ? », *Annales de géographie*, vol. 653(1), p. 41–64.

Raffestin C., 1980, *Pour une géographie du pouvoir*, Paris : Litec.

Reichert Powell D., 2007, *Critical Regionalism: Connecting Politics and Culture in the American Landscape*, Chapel Hill : The University of North Carolina Press.

Revelli P., 2016, « Triangle de croissance ou triangle des inégalités ? », *Le Monde diplomatique*, 63ème année, n° 748, juillet 2016, p. 14–15.

Ricœur P., 1961, « Civilisation universelle et cultures nationales », *Esprit*, vol. octobre(10), p. 439–452.

Rivière D., 2005, « L'Arc méditerranéen, un "objet européen" à la recherche de son identité » [en ligne], *Actes du Festival international de géographie de Saint-Dié-des-Vosges* : http://archives-fig-st-die.cndp.fr/actes/actes_2005/index.htm

Rivière D., 2012, « Régions, néo-régionalisme, quels enjeux pour la géographie ? », *Territoire en mouvement. Revue de géographie et aménagement*, n° 16, p. 57–70.

Robic M-C., 2016, « La région dans l'histoire de la géographie française. Peut-on être plainepicardien ? », *in* Frémont et Guermond, *op. cit.*, p. 21–35.

Rokkan S., 1980, « Territories, centres, and peripheries: toward a geoethnic-geoeconomic-geopolitical model of differentiation within Western Europe », *in* J. Gottman (dir.), *Centre and Periphery: spatial variation in politics*, Berverly Hills : Sage, p. 163–204

Rokkan S, Urwin D. (dir.), 1982, *The Politics of Territorial Identity. Studies in European regionalism*, Beverly Hills : Sage.

Rokkan S, Urwin D. (dir.), 1983, *Economy, territory, identity: politics of West European peripheries*, Beverly Hills : Sage.

Roo (de) P., Yamu C., Zuidema C. (dir.), 2020, *Handbook on Planning and Complexity*, Cheltenham : Edward Elgar.

Ross C. (dir.), 2009, *Megaregions. Planning for Global Competitiveness*, Washington : Island Press.

Rowe C., 2011, *Regional Representations in the European Union: between diplomacy and interest representation*, Basingstoke : Palgrave Macmillan.

Rufí J-V., Castañer i Vivas M., Pastor Batllori R. (dir.), 2018, *Espais fronterers i cooperació transfronterera a Europa*, *Documents d'Anàlisi Geogràfica*, vol. 64(3).

Saez G., 1997, « Les politiques publiques comme système de coopération. Une lecture de l'approche conventionnaliste à travers H.S. Becker (et quelques autres) », *in* J-P. Gaudin, G. Novarina (dir.), *Politiques publiques et négociation : multipolarités, flexibilités, hiérarchies. Quelques courants contemporains de recherche*, Paris : Éditions du CNRS, p. 19–43.

Saez G., Saez J-P. (dir.), 2012, *Les nouveaux enjeux des politiques culturelles. Dynamiques européennes*, Paris : La Découverte.

Saint-Ouen F., 2003, *Denis de Rougemont et l'Europe des régions*, Genève : Fondation Denis de Rougemont.

Sassen S, 1996, *La ville globale : New York, Londres, Tokyo*, Paris : Descartes et Cie.

Saurugger S., 2009, *Théories et concepts de l'intégration européenne*, Paris : Presses de Sciences Po.

Schulz C., 1996, « L'agglomération transfrontalière du Pôle européen de Développement (P.E.D.) de Longwy-Rodange-Athus. Expérience et perspectives d'un programme trinational de restructuration économique », *Revue de Géographie de l'Est*, tome. 36(2), p. 133–150.

Scott A.J., 2001, *Les régions et l'économie mondiale*, Paris : L'Harmattan.

Scott A.J. (dir.), 2001b, *Global City-Regions: trends, theory, policy*, Oxford University Press.

Scott A.J., 2012, *A World in Emergence: cities and regions in the 21st Century*, Cheltenham : Edward Elgar.

Scott A.J., 2014, « Villes et régions du capitalisme cognitif et culturel », *L'Espace géographique*, tome. 43(3), p. 215–226

Scott J-W, Celata F., Coletti R. (dir.), 2019, *Bordering imaginaries and the everyday construction of the Mediterranean neighbourhood, European Urban and Regional Studies*, special issue vol. 26(1).

Scott J-W., Sohn C, 2020, « Ghost in the Genevan borderscape! On the symbolic significance of an "invisible" border », *Transactions of the Institute of British Geographers*, vol. 45(1), p. 18–32.

Seiler D-L., 2004, « Comparaison et aires culturelles régionales. L'Europe du sud et les modèles de Rokkan », *Pôle Sud*, vol. 21(2), p. 69–80.

Sellier A., Sellier J., Le Fur A., 2011, *Atlas des peuples d'Europe occidentale*, Paris : La Découverte.

Sellier A., Sellier J., Le Fur A., 2014, *Atlas des peuples d'Europe centrale*, Paris : La Découverte.

Seltzer E., Carbonell A. (dir.), 2011, *Regional Planning in America. Practice and Prospect*, Cambridge : Lincoln Institute of Land Policy.

Seys F-O., 2019, « Des régions territoriales aux régions fonctionnelles, une proposition de classification des régions de l'Union Européenne » [en ligne], *Belgeo*, n° 2–2019 : https://doi.org/10.4000/belgeo.33263

Singaravelou P. (dir.), 2007, *L'empire des géographes. Géographie, exploration et colonisation, XIXe–XXe siècle*, Paris : Belin.

Smouts M-C., 1997, « La région comme nouvelle communauté imaginaire ? », *in* Le Galès et Lequesne, *op. cit.*, p. 37–46.

Söderbaum F., 2015, *Early, Old, New and Comparative Regionalism. The scholarly development of the field, KFG Working Paper Series*, n° 64, Freie Universität Berlin.

Sohn C. (dir.), 2012, *Luxembourg. An Emerging Cross-border Metropolitan Region*, Bruxelles : PIE Peter Lang.

Sohn C., 2017, « Cartography of a Blind Spot: An Exploratory Analysis of European Border Cities », *Tijdschrift voor Economische en Sociale Geografie*, vol. 108(4), p. 512–518.

Sohn C., 2018, « Cross-border regions », *in* Paasi, Harrison et Jones, *op. cit.*, p. 298–310.

Sohn C, Licheron J., 2018, « The multiple effects of borders on metropolitan functions in Europe », *Regional Studies*, vol. 52(11), p. 1512–1524.

Sohn C., Reitel B., Walther O., 2007, « Analyse comparée de l'intégration métropolitaine transfrontalière en Europe », *Territoire en mouvement. Revue de géographie et aménagement*, n° 4–2007, p. 62–75.

Sohn C., Walther O., 2009, « Métropolisation et intégration transfrontalière : le paradoxe luxembourgeois », *Espaces et sociétés*, vol. 138(3), p. 51–67.

Soja E., 2000, *Postmetropolis: critical studies of cities and regions*, Oxford : Blackwell.

Swyngedouw E., 1997, « Neither Global nor Local: Glocalisation and the Politics of Scale », *in* K. R. Cox (dir.), *Spaces of Globalization. Reasserting the power of the local*, New York/Londres : Guilford/Longman,, p. 137–166.

Swyngedouw E., Baeten G., 2001, « Scaling the City: The Political Economy of 'Glocal' Development – Brussels' Conundrum », *European Planning Studies*, vol. 9(7), p. 827–849.

Sykes O., Nurse A., 2020, « Une perspective longue sur les *city-regions* en Angleterre », *in* Demazière, Desjardins & Sykes, *op. cit.*, p. 73–92.

Taglioni, F., 2003, *Recherches sur les petits espaces insulaires et sur leurs organisations régionales* [en ligne], Habitation à diriger des recherches, université Paris-Sorbonne : https://tel.archives-ouvertes.fr/tel-00006995v3

Talandier M., 2018, « Réciprocité productivo-résidentielle entre les métropoles et leur hinterland », *in* M. Huré, M. Rousseau, V. Béal, S. Gardon, M-C. Meillerand (dir.), *(Re)penser les politiques urbaines. Retour sur vingt ans d'action publique dans les villes françaises (1995–2015)*, Paris : Éditions du PUCA, p. 105–115.

Terrin J-J. (dir.), 2012, *La ville des créateurs. The city of creators*, Marseille : Éditions Parenthèses.

Tétart F., 2010, « Les nationalismes 'régionaux' en Europe, facteur de fragmentation spatiale ? » [en ligne], *L'Espace politique*, n° 11 2010-2 : https://journals.openedition.org/espacepolitique

Théry H., 2008, « Mondialisation, déterritorialisation, reterritorialisation », *Bulletin de l'Association de Géographes Français*, vol. 85(3), p. 324–331.

Thiesse A-M., 1999, *La Création des identités nationales. Europe XVIIIe-XIXe siècle*, Paris : Seuil.

TM-3M (Toulouse Métropole, Montpellier Méditerranée Métropole), 2019, *Vers le schéma régional d'aménagement, de développement durable et d'égalité des territoires (SRADDET) Occitanie 2040. Contributions de Toulouse Métropole et Montpellier Méditerranée Métropole*, février 2019.

Tomàs M., Collin J-P., 2005, « Constance et mutation : le discours des acteurs municipaux devant le mouvement 'défusionniste' au Québec »,

Canadian Journal of Regional Science/Revue canadienne des sciences régionales, vol. XXVIII(1), p. 139–160.

Tremblay R., Tremblay D-G. (dir.), 2010, *La classe créative selon Richard Florida. Un paradigme urbain plausible ?*, Québec/Rennes : Presses de l'Université du Québec/Presses universitaires de Rennes.

Turner C., Johnson D., 2017, *Global Infrastructure Networks. The trans-national strategy and policy interface*, Cheltenham : Edward Elgar.

U-Seok S., 2013, « Cultureconomics strategy of Seoul », conférence à l'Institut d'aménagement et d'urbanisme de Lille, 9 novembre 2013.

Vanier M., 2000, « Benko G. et Lipietz A, *La richesse des régions ; la nouvelle géographie socio-économique* », *Géocarrefour*, vol. 75(2) p. 146.

Vanier M., 2008, *Le pouvoir des territoires. Essai sur l'interterritorialité*, Paris : Economica.

Vanier M. (dir.), 2009, *Territoires, territorialité, territorialisation, Controverses et perspectives*, Rennes : Presses universitaires de Rennes.

Vanier M., 2016, « Postface. Demain les régions », *in* Frémont et Guermond, *op. cit.*, p. 310–312.

Veltz P., 1996, *Mondialisation, villes et territoires : l'économie d'archipel*, Paris : Presses universitaires de France.

Veltz P., 2019, *La France des territoires, défis et promesses*, La Tour-d'Aigues : Éditions de l'Aube.

Vergne O., 2019, « Vers une nouvelle forme de régionalisation en France ? Le cas de la collectivité européenne d'Alsace », *Sud-Ouest européen*, n° 48, p 25–39.

Vigato J-C., 1994, *L'architecture régionaliste en France : 1890–1950*, Paris : ifa/Norma.

Voiron-Canicio C., 2003, « L'arc méditerranéen : dynamiques territoriales et rapprochements interrégionaux », *Territoires 2020*, n° 7, p. 17–22.

Wastl-Walter D. (dir.), 2011, *The Ashgate Research Companion to Border Studies*, Farham : Ashgate.

Wheeler S., 2002, « The New Regionalism. Key characteristics of an emerging movement », *Journal of the American Planning Association*, vol. 68(3), p. 267–278.

Wilson T. M., Donnan H. (dir.), 2012, *A Companion to Border Studies*, Chichester : Wiley-Blackwell.

Wœssner, R., 2016, « Dubaï et Abou Dhabi: la naissance d'un emporium », *Revue d'économie régionale & urbaine*, vol. février(1), p. 155–174.

Young G., Stevenson D. (dir.), 2013, *The Ashgate Research Companion to Planning and Culture*, Farnham : Ashgate.

Zimmermann K. (dir.), 2017, *Metropolitan Governance in Europe, Raumforschung und Raumordnung – Spatial Research and Planning*, special issue, vol. 75(3).

Zimmermann K., Feiertag P., 2018, « Return of the metro-model? Governance and planning in metropolitan regions under change. An international comparison of France, Italy and Germany », *in* Martí-Costa & Tomàs, *op. cit.*, p. 16–27.

Zimmermann K., Galland D., Harrison J. (dir.), 2020, *Metropolitan Regions, Planning and Governance*, Berlin : Springer.

Tables

Table des matières

Table des encadrés

Table des figures

Table des tableaux

Action publique

La collection « Action publique » étudie le fonctionnement de l'État sous des angles multiples. Elle privilégie l'analyse des politiques publiques (environnement, santé, emploi, culture, etc.) et l'étude institutionnelle et organisationnelle des administrations publiques. Les mutations qui caractérisent aujourd'hui l'action publique (déréglementation, externalisation, contractualisation, action en réseaux, etc.) sont au cœur de ses préoccupations.

Ainsi la collection « Action publique » accorde-t-elle également une place importante aux rapports que l'État entretient avec son environnement, l'appareil politique et la société civile bien sûr, mais aussi avec les évolutions sociétales plus larges (individualisme, globalisation, etc.).

La pluridisciplinarité est une caractéristique essentielle des travaux contemporains dans le domaine. C'est pourquoi cette collection encourage les approches économiques, historiques, juridiques, politologiques, sociologiques et philosophiques.

Directeurs de collection

Jean-Louis Genard,
Professeur à l'Université Libre de Bruxelles
Steve Jacob, Professeur à l'Université Laval.

Titres parus

N° 1 – Steve Jacob, Frédéric Varone et Jean-Louis Genard (dir.), *L'évaluation des politiques au niveau régional*, 2007, 218 p.

N° 2 – Fabrizio Cantelli, *L'État à tâtons. Pragmatique de l'action publique face au sida*, 2007, 268 p.

N° 3 – Isabelle de Lovinfosse, *How and Why Do Policies Change? A Comparison of Renewable Electricity Policies in Belgium, Denmark, Germany, the Netherlands and the UK*, 2008, 317 p.

N° 4 – Frédéric Cobruszkes, *Libéralisation et desserte des territoires: le cas du transport aérien européen*, 2008, 287 p.

N° 5 – Fabrizio Cantelli, Marta Roca i Escoda, Joan Stavo-Debauge et Luca pattaroni (dir.), *Sensibilités pragmatiques. Enquêter sur l'action publique*, 2009, 444 p.

N° 6 – Guy Lebeer & Jacques Moriau (dir.), *(Se) gouverner. Entre souci de soi et action publique*, 2010, 211 p.

N° 7 – Marc Leroy, *Taxation, the State and Society. The Fiscal Sociology of Interventionist Democracy*, 2011, 400 p.

N° 8 – Mathieu berger, Daniel Cefaï et Carole Gayet-Viaud (dir.), *Du civil au politique. Ethnographies du vivre-ensemble*, 2011, 603 p.

N° 9 – Thibauld Moulaert, *Gouverner les fins de carrière à distance.Outplacement et vieillissement actif en emploi*, 2012, 287 p.

N° 10 – Léa Lima (dir.), *L'expertise sur autrui. L'individualisation des politiques sociales entre droit et jugements*, 2013, 242 p.

N° 11 – Hélène Buisson-Fenet, Xavier Pons, *School Evaluation Policies and Educating States. Trends in Four European Countries*, 2014, 210 p.

N° 12 – Luisa Moretto, Assessing Urban Governance. *The Case of Water Service Co-production in Venezuela*, 2014, 286 p.

N° 13 – Nathalie Schiffino, Laurent Taskin, Céline Donis, Julien Raone (eds.), *Organizing after Crisis. The Challenge of Learning*, 2015, 285 p.

N° 14 – Louise Carlier, *Le cosmopolitisme, de la ville au politique. Enquête sur les mobilisations urbaines à Bruxelles*, 2016, 234 p.

N° 15 – Blandine Destremau et Isabel Georges (dir.), *Le care, nouvelle morale du capitalisme. Assistance et police des familles en Amérique latine*, 2017, 422 p

N° 16 - Stéphane Baciocchi, Alain Cottereau, Marie-Paule Hille (dir.), *Le pouvoir des gouvernés. Ethnographies de savoir-faire politiques sur quatre continents*, 2018, 486 p.

N° 17 – Nathalie Burnay, *Vieillir en intérim. Fins de carrière et parcours de vie d'une population fragilisée,* 2020, 182 p.

N° 18 – Fanny Bouquerel, *Culture et politique régionale de l'Union européenne. Stratégies et pratiques d'acteurs de Bruxelles à la Sicile,* 2021, 234 p.

N° 19 – Benjamin Biard, *L'influence (in)visible. Les partis populistes de droite radicale et la fabrique de politiques publiques en démocratie,* 2021, 356 p.

N° 20 – Silvana Segapeli (dir.). *Vous avez dit espace commun ?,* 2022. 460 p.

N° 21 – Thomas Perrin, *La région au XXIe siècle. Perspectives de France et d'Europe.* 2022, 292 p.

www.peterlang.com

www.ingramcontent.com/pod-product-compliance
Ingram Content Group UK Ltd.
Pitfield, Milton Keynes, MK11 3LW, UK
UKHW021132041026
8980IPUK00034B/1742

9 782807 618039

www.ingramcontent.com/pod-product-compliance
Ingram Content Group UK Ltd.
Pitfield, Milton Keynes, MK11 3LW, UK
UKHW021923290926
8980IPUK00016B/1426

9 783631 905470